Linear Algebra for Everyone

모두를 위한
선형대수학

Gilbert Strang 지음 김광수 · 장동의 옮김

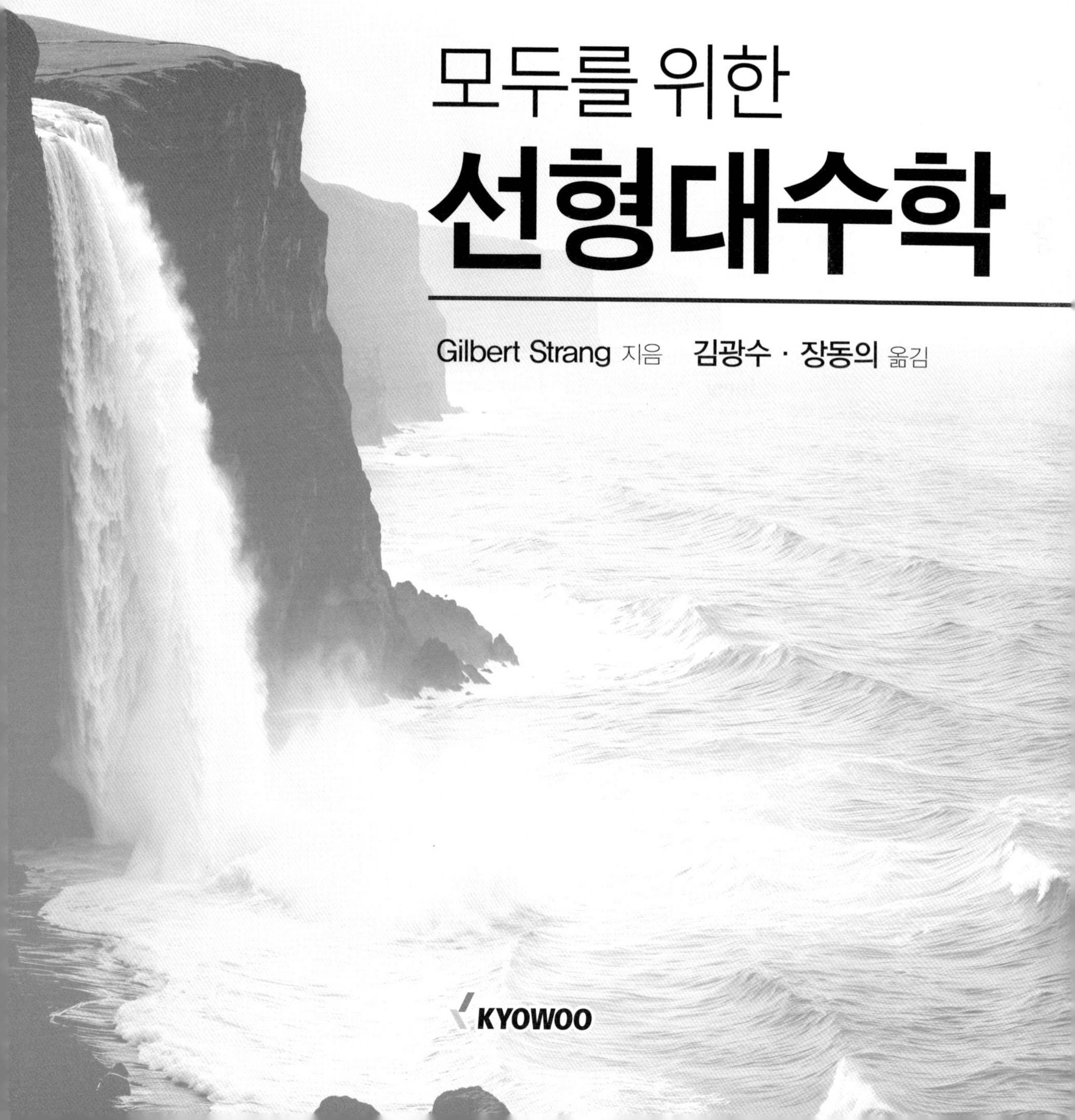

KYOWOO

서문

이 책은 새로운 시작을 담은 선형대수학 교재다. 1장은 평소와 같이 벡터로 시작하고, 벡터들의 일차결합과 내적이 나온다. 그런 다음 행렬과 함께 새로운 아이디어가 나오는데, 그 아이디어를 예를 통해 즉시 설명해보겠다.

다음과 같이 열 $\boldsymbol{a}_1, \boldsymbol{a}_2, \boldsymbol{a}_3$ 으로 구성된 3×3 행렬 A가 있다고 하자.

$$\boldsymbol{A} = \begin{bmatrix} \boldsymbol{a}_1 & \boldsymbol{a}_2 & \boldsymbol{a}_3 \end{bmatrix} = \begin{bmatrix} 1 & 2 & 3 \\ 3 & 4 & 7 \\ 4 & 2 & 6 \end{bmatrix}$$

이 열들은 3-차원 벡터다. 첫 두 개의 벡터 $\boldsymbol{a}_1$ 과 $\boldsymbol{a}_2$ 는 중심점 $(0,0,0)$ 을 점 $(1,3,4)$ 및 $(2,4,2)$ 와 각각 연결한다. 아래 그림은 그 점들을 3-차원 공간(xyz 공간)에서 보여주고 있다. 이 행렬의 핵심은 점 $(3,7,6)$ 으로 향하는 세 번째 벡터 $\boldsymbol{a}_3$ 다.

이 벡터들에서 뭔가 특별한 것을 보게 되는데, 그것은 바로 1열과 2열을 더하면 3열이 된다는 점이다. 즉 $\boldsymbol{a}_1 + \boldsymbol{a}_2 = \boldsymbol{a}_3$ 이다. 아래 3-차원 그림에서, $\boldsymbol{a}_1$ 과 $\boldsymbol{a}_2$ 가 중심점 $(0,0,0)$ 으로부터 점 $(1,3,4)$ 와 $(2,4,2)$ 로 가고 있고, 또한 이 벡터들을 어떻게 더하는지도 보여준다. 두 벡터의 모든 일차결합은 평면 하나를 채우는 것이 일반적인데 (이 평면은 실제로는 무한하지만, 이 벡터들 사이의 일부만을 그렸다.), 이 예가 특히 이례적인 것은 **세 번째 벡터 $\boldsymbol{a}_3 = (3,7,6)$ 이 $\boldsymbol{a}_1$ 과 $\boldsymbol{a}_2$ 의 평면 위에 놓여 있다**는 것이다.

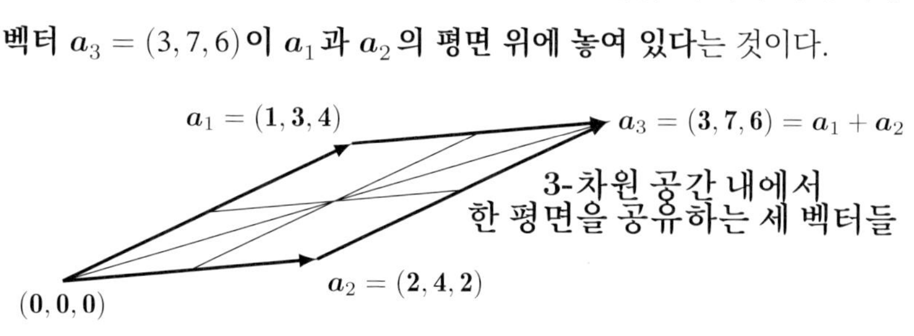

대부분의 점들은 이 평면 위에 있지 않다. 즉, 대부분의 벡터들 $\boldsymbol{a}_3$은 $\boldsymbol{a}_1$과 $\boldsymbol{a}_2$의 일차결합이 아니다. 대부분의 3×3 행렬의 열들은 독립이고, 그러면 이 행렬은 가역일 것이다. 그러나 위 예에서 세 열들은 $\boldsymbol{a}_1 + \boldsymbol{a}_2 = \boldsymbol{a}_3$이므로 동일한 평면 위에 놓여 있고 종속이다.

이 그림은 세 벡터 $\boldsymbol{a}_1, \boldsymbol{a}_2, \boldsymbol{a}_3$에 대한 가장 중요한 사실을 드러내고 있기는 하지만, 이것을 표현할 정확한 언어가 필요하다. 아이디어를 이해하고 그것을 점점 더 잘 표현하는 것이 목표인데, 다음은 그러한 방향으로 나아가는 세 단계다.

1 **말로 표현한 아이디어** 3열은 1열과 2열의 합이다.

2 **기호로 표현한 아이디어** $\boldsymbol{a}_3 = \boldsymbol{a}_1 + \boldsymbol{a}_2$

3 **행렬 곱하기 벡터** $\begin{bmatrix} \boldsymbol{a}_3 \end{bmatrix} = \begin{bmatrix} \boldsymbol{a}_1 & \boldsymbol{a}_2 \end{bmatrix} \begin{bmatrix} \mathbf{1} \\ \mathbf{1} \end{bmatrix}$

세 번째 단계는 어떻게 행렬 C를 벡터 $\boldsymbol{x}$와 곱하는지 보여준다. 즉, C의 열 $\boldsymbol{a}_1$과 $\boldsymbol{a}_2$를 $\boldsymbol{x}$의 성분인 수 $x_1 = 1$ 그리고 $x_2 = 1$과 곱한다. 그 결과인 $C\boldsymbol{x}$는 열들의 일차결합이다. 여기서 그 열들의 결합은 $\boldsymbol{a}_1 + \boldsymbol{a}_2$다.

하나 더 매우 중요한 단계로 나아가면 몇 개의 일차결합이 한번에 가능해진다. 이것이 궁극적으로 나아고자 하는 길이고, 그림이나 말로는 이 단계를 밟을 수 없다. 그것은 바로 **행렬을 행렬과 곱하는 것이다.**

4 **행렬 곱하기 행렬** $\boldsymbol{A} = \boldsymbol{CR}$은 $\begin{bmatrix} \boldsymbol{a}_1 & \boldsymbol{a}_2 & \boldsymbol{a}_3 \end{bmatrix} = \begin{bmatrix} \boldsymbol{a}_1 & \boldsymbol{a}_2 \end{bmatrix} \begin{bmatrix} \mathbf{1} & \mathbf{0} & \mathbf{1} \\ \mathbf{0} & \mathbf{1} & \mathbf{1} \end{bmatrix}$

$\boldsymbol{R}$의 세 열들로부터 $\boldsymbol{C}$의 두 열들을 일차결합하여 A의 세 열들을 얻는다.

1열: $\mathbf{1}\boldsymbol{a}_1 + \mathbf{0}\boldsymbol{a}_2 = \boldsymbol{a}_1$ **2열:** $\mathbf{0}\boldsymbol{a}_1 + \mathbf{1}\boldsymbol{a}_2 = \boldsymbol{a}_2$

3열: $\mathbf{1}\boldsymbol{a}_1 + \mathbf{1}\boldsymbol{a}_2 = (\mathbf{1}, \mathbf{3}, \mathbf{4}) + (\mathbf{2}, \mathbf{4}, \mathbf{2}) = (\mathbf{3}, \mathbf{7}, \mathbf{6}) = \boldsymbol{a}_3$

이 행렬곱 $\boldsymbol{A} = \boldsymbol{CR}$은 다음과 같은 주요한 정보들을 나타낸다.

A의 열들은 종속이다: 1열 + 2열 − 3열의 일차결합은 $(0, 0, 0)$이 된다.

A의 행들도 또한 종속이다: 행들의 어떤 일차결합은 $(0, 0, 0)$이 될 것이다.

A의 "열공간"은 전체 삼차원 공간이 아닌 오직 한 평면이다.

A의 "행공간"도 또한 전체 삼차원 공간이 아닌 한 평면이다.

정사각행렬 A는 역행렬이 존재하지 않고 행렬식은 0이다. 이것은 드문 경우다.

벡터공간의 부분공간

1장부터 4장에서 체계화하는 아이디어는 **벡터공간**이다. A의 열들은 m-차원 공간 $\mathbf{R}^m$ 내에 있고, 행들은 n-차원 공간 $\mathbf{R}^n$ 내에 있다. 그러나 동작은 **$\mathbf{R}^m$과 $\mathbf{R}^n$ 내에 있는 네 개의 부분공간**에서 일어난다. 행렬 A를 행공간 내의 $\boldsymbol{x}_{\text{row}}$와 영공간 내의 $\boldsymbol{x}_{\text{null}}$와 곱한다. 그러면 $A\boldsymbol{x}_{\text{null}} = \mathbf{0}$이기 때문에 그 결과는 열공간 내에 있는 $A\boldsymbol{x}_{\text{row}} = \boldsymbol{b}$다. 즉, $A\boldsymbol{x} = \boldsymbol{b}$의 완전해는 행공간에 속한 부분과 영공간에 속한 부분으로 이루어져 있다.

$$\boldsymbol{x} = \boldsymbol{x}_{\text{row}} + \text{임의의 } \boldsymbol{x}_{\text{null}} \qquad A\boldsymbol{x} = A\boldsymbol{x}_{\text{row}} + A\boldsymbol{x}_{\text{null}} = \boldsymbol{b} + 0 = \boldsymbol{b}$$

모든 선형방정식 $A\boldsymbol{x} = \boldsymbol{b}$는 이런 방식으로 푼다. 즉 해는 특수해 $\boldsymbol{x}_{\text{row}}$ + 임의의 제차해 $\boldsymbol{x}_{\text{null}}$이다.

이 책의 기획

앞 예는 이 책이 담고 있는 새로운 시작의 일부다. 저자는 이러한 새로운 시작이 (독자를 위해서나 강좌를 위해서나) 더 좋다고 믿는다. 대수를 소개하는 구체적인 행렬들을 다루면서 주제가 전개된다. 1장은 행렬방정식 $A = C$ 곱하기 R에 대해 다룬다. C는 $\boldsymbol{a}_1$과 $\boldsymbol{a}_2$와 같이 A의 열공간으로부터 독립인 벡터들을 취하고, R은 A의 행공간으로부터 독립인 벡터들을 취한다. 이 두 "벡터공간"이 선형대수의 중심에 있다. 3장에서 이 공간들을 제대로 만나겠지만, 독립성에 대해서는 1장의 예제들로부터 알게 될 것이다.

커다란 단계는 A를 C와 R의 곱으로 분해하는 것이다. 행렬곱셈은 매우 중요한 연산이고, 1장은 이 책의 뒷표지에도 나와 있는 행렬곱셈을 하는 네 가지 서로 다른 방법으로 끝을 맺는다. 행렬곱셈은 선형대수의 모든 중요한 분해로 가는 길을 놓아준다.

$\boldsymbol{A = LU}$	2장에서는 미지수가 n개이고 방정식이 n개인 $A\boldsymbol{x} = \boldsymbol{b}$를 푼다. A는 정사각행렬이다.
$\boldsymbol{A = CR}$	3장에서는 r개의 독립인 열들과 r개의 독립인 행들로 축소한다.
$\boldsymbol{A = QR}$	4장에서는 A의 열들을 Q의 수직인 열들로 바꾼다.
$\boldsymbol{S = Q\Lambda Q^T}$	6장에서는 $\boldsymbol{Q}$에 **고유벡터**들을 배치한다. $\boldsymbol{S}$의 **고윳값**들은 $\boldsymbol{\Lambda}$에 있다.
$\boldsymbol{A = U\Sigma V^T}$	7장에서는 $\boldsymbol{U}$와 $\boldsymbol{V}$에 **특잇값**들을, 그리고 $\boldsymbol{\Sigma}$에 **특이벡터**들을 배치한다.

2장에서는 오직 $\boldsymbol{x}_{\text{row}}$만이 유일해인 경우를 다룬다. 여기서 행렬 A는 정사각행렬이고 가역이다. 3장은 모든 $\boldsymbol{x}_{\text{null}}$을 더하여 $A\boldsymbol{x} = \boldsymbol{b}$의 전체 해를 구한다. 4장은 ($\boldsymbol{b}$에 신비

스러운 네 번째 부분공간의 부분이 들어있기 때문에) 해가 없는 방정식을 다룬다. 169 페이지의 **네 개의 모든 부분공간이 있는** "선형대수의 큰 그림"이 독자들의 마음에 들길 희망한다.

위의 다섯 가지 분해는 선형대수를 조직화하고 기억하는 완벽한 방법이다. 행렬 $\boldsymbol{\Lambda}$에 있는 고윳값들과 $\boldsymbol{\Sigma}$에 있는 특잇값들은 S와 A로부터 간단하지는 않지만 아름다운 방식으로 나온다. $S\boldsymbol{x} = \lambda\boldsymbol{x}$와 $A\boldsymbol{v} = \sigma\boldsymbol{u}$에서의 이 수들은 대칭행렬 S와 $m \times n$ 행렬 A의 내부를 깊이있게 들여다 본다. S는 공학과 물리학에서 흔히 볼 수 있고, A는 흔히 데이터 행렬인데, 데이터는 현재 어디에서든지 나오고 있다.

SVD로 사진을 압축하는 것에 관한 팀 바우만(Tim Baumann)의 373 페이지 내용을 꼭 보길 바란다.

5장은 행렬식이 만드는 놀라운 공식들을 설명한다. 놀랍긴 하지만 유감스럽게도 계산은 어렵다! 우리는 이 A의 행렬식을 (구한 후가 아니라) 구하기 전에 방정식 $A\boldsymbol{x} = \boldsymbol{b}$를 푼다. 이 방정식들은 A의 열들로부터 $\boldsymbol{b}$를 만들어내도록 요구한다.

$$\boldsymbol{A}\boldsymbol{x} = \boldsymbol{x}_1(1\textbf{열}) + \boldsymbol{x}_2(2\textbf{열}) + \cdots + \boldsymbol{x}_n(n\ \textbf{열}) = \textbf{우변}\ \boldsymbol{b}$$

원리적으로는, 행렬식은 고윳값(6장)과 특잇값(7장)을 유도한다. 실제로는, 이 중요한 수를 구하여 사용할 때는 다른 방법을 찾는다. 그리고 또한 행렬식은 n차원 내의 기울어진 각기둥의 부피와 같은 기하에 대해서도 알려준다.

단기 과정이라면 3.5절의 차원 내용에서 2×2 행렬의 고윳값으로 직접 갈 수도 있다.

마지막 장: 데이터로부터 학습

데이터 과학에 관한 내용인 8장을 추가하였다. 데이터는 흔히 사각행렬 A로 들어온다. 각 행은 한 표본의 n개의 특성을 측정한다. 이 수 n도 크고 표본의 수도 흔히 매우 큰데, 응용선형대수학은 이러한 큰 행렬에서 중요한 것이 무엇인지 찾아야 한다. 이를 통해 어떤 결정을 이끌어내는 이해를 도출하고자 한다.

기계학습(머신러닝, machine learning)에서 출력은 입력의 비선형함수다. 심층학습(딥러닝, deep learning)은 훈련 데이터로부터 이 함수를 찾고자 한다. 심층학습은 (보통 매우 거대한 계산을 통해) 학습함수 $\boldsymbol{F}(\boldsymbol{x}, \boldsymbol{v})$를 만들어낸다. 입력벡터 $\boldsymbol{v}$에는 각 훈련 표본의 특징들이 들어있다 (수많은 표본들로부터 나오는 많은 $\boldsymbol{v}$가 존재한다). 벡터 $\boldsymbol{x}$는 이러한 특징들에 부여된 가중치를 가지고 있다. 그리고 이 입력과 가중치들을 혼합하는 하나의 비선형함수가 F 내부에 숨어 있다. 한 가지 인기있는 함수가 0과 램프함수 y의 최댓값으로 정의되는 간단한 함수 ReLU(y)다.

훈련 데이터 $\boldsymbol{v}$로부터 학습하도록 가중치를 최적화시키기 위해서는 매우 큰 계산이 필요하다. 이것이 잘 되면, 시스템이 여태까지 본 적 없는 새로운 표본을 집어넣을 수 있다. 심층학습이 성공적인 것은 $F(\boldsymbol{x}, \boldsymbol{v})$가 보통 올바른 출력과 가깝다는 점이다. 학습이 잘 된 시스템이 영상을 식별하거나, 문장을 번역하거나, 이기는 수를 선택해왔다.

이것은 가중치 행렬과 ReLU가 혼합된 구간별 선형대수다. 마지막 장은 학생들을 테스트하려기 보다는, 독자들이 원하는 어떤 식으로든 추후에 사용할 수 있도록 하기 위해 포함되었다. 웹사이트 playground.tensorflow.org에서 실험을 해볼 수도 있을 것이다.

기계학습은 선형대수와 (가중치를 최적화하는) 미적분학과 (평균과 분산을 제어하는) 통계학에 기반을 두고, 중요해지고 또한 강력해져 왔다. 그러나 기계학습이 이 강좌의 일부가 되어야 한다거나 심지어 그러리라 기대하지는 않는다. 저자가 바라는 것은 더 빠른 출발을 하여 여러분들이 고윳값과 특잇값에 도달하게 하는 것이다. 이것이 이 교과목의 진정한 하이라이트다. 2장부터 7장까지는 1장 끝 부근에 있는 다음과 같은 직관의 도약을 더 확실하게 해준다.

> A의 모든 열들이 r-차원 평면 위에 놓여 있다면, A의 모든 행들 또한 (일반적으로 다른) r-차원 평면 위에 놓여 있다. 이 사실은 지대한 영향을 미친다.

이 책은 이 아름다운 학문의 핵심 아이디어들을 최대한 명확하게 모든 이들에게 설명하는, 일반적인 선형대수 수업을 위한 교재다. 감사드린다.

Gilbert Strang

이 서문을 쓴 후에, 도입 예제를 다시 살펴보았다. 이 3×3 행렬 A의 열들은 종속이다 (1열 + 2열 = 3열). 선형대수에 의해, A의 행들 또한 종속이어야 한다. 이것을 보여주는 수들이 -5와 3이다.

$$-5(1\text{열}) + 3(2\text{열}) = A\text{의 3열} \qquad -5(1,2,3) + 3(3,4,7) = (4,2,6)$$

독립인 행의 수는 독립인 열의 수와 같다. 멋지다!

선형대수를 위한 웹사이트

이 교재의 전용 웹사이트는 math.mit.edu/everyone이다. 이 책의 몇 가지 핵심적인 절들을 다운로드할 수 있다. 이 사이트에는 또한 연습문제에 대한 간략한 해답도 있다. (숙제를 내기 위해서라면, 강의자는 좀 더 자세한 해답을 요청할 수 있다.) 모든 강의는 이 과목의 핵심적인 아이디어들을 학습하는 것과 작은 크기의 행렬들로 각 단계들을 연습하는 것 사이에서 균형을 찾을 것이다.

선형대수를 위한 가장 아름다운 웹사이트는 그랜트 샌더슨(Grant Sanderson)이 제작한 3Blue1Brown.com이다. 그는 이 사이트의 이름을 그 자신의 눈이 가진 특이한 유전특성에 기반하여 선택하였다.

칠판 강의를 보기 위해서는 MIT가 만든 OpenCourseWare 사이트인 ocw.mit.edu를 방문할 수도 있다. Math 18.06과 Math 18.06SC와 Math 18.065 교과목의 비디오 강의는 이미 유튜브를 통하여 수백만 명이 시청하였다. 18.06은 MIT의 대형 선형대수 강좌다. 18.06SC 강의 비디오에는 강의자가 문제를 풀어주는 것도 들어있다. 18.065는 이 책의 8장과 math.mit.edu/learningfromdata로 이끄는 더 최신 강좌다.

덧붙일 중요한 점은 이 책에서의 "새로운 출발" 은 선형대수에 대한 근본적인 검토로 시작하는 18.065 강좌에서 처음 시험하였다는 것이다. 2020년, 18.06 사이트에 다음과 같이 온라인 자료가 두 개 더 추가되었다.

> 70-분 짜리 비디오에서 선형대수를 가르치고 배우는 새로운 출발에 대해 개괄한다. 이 "2020 비젼" 은 이 새 책의 1.3절과 1.4절을 가이드하였다. 실제 행렬들의 열들로 공부하는 것이 일차독립과 열공간 그리고 행렬 곱셈에 대해 이해하는 직접적인 루트라고 확신한다. 열-행 분해 $\boldsymbol{A} = \boldsymbol{CR}$은 연립일차방정식 $\boldsymbol{Ax} = \boldsymbol{b}$를 푸는 핵심에 놓여 있다.
>
> 라즈 라오(Raj Rao) 교수는 미시건대학교(University of Michigan)에서 전산 선형대수와 기계학습에 관한 매우 성공적인 교과목을 개발하였다. 그의 핵심 아이디어는 배운 것을 (수업시간에!) 구현하는 것이다. 웹사이트 mynerva.io 에서 이 교과목과 온라인 교재 그리고 미래 계획에 대해 설명하고 있다. 이 교재는 본 교재를 보충한다.

웹은 적절하게 사용하면 학생들과 모든 독자들에게 정말로 가치가 있다. 이것은 다른 방식으로 선형대수를 설명하며 게다가 생생하다! 비디오 강의를 이용하여 이 강좌의 흐름을 보기 바란다. 그리고 이 책을 이용하여 그 흐름을 포착하고 꽉 잡고 연습하고 이해하길 바란다.

이 책은 열공간과 행공간에서 독립인 벡터들로 시작한다. 즉 $\boldsymbol{A} = \boldsymbol{CR}$로 시작한다. 그리고 $A\boldsymbol{v} = \sigma\boldsymbol{u}$를 만족하는 SVD에서의 $\boldsymbol{u}$와 $\boldsymbol{v}$인 열공간과 행공간의 직교벡터들로 끝난다. 이 시작과 끝 사이에 선형대수의 핵심 아이디어들이 들어있다.

전산선형대수

큰 규모의 문제를 빠르게 그리고 정확하게 풀 필요가 있다. 종종 선형대수는 공학, 과학, 경영 및 회계 분야의 계산에서 핵심 역할을 한다. 이 페이지는 하드 파워와 소프트 파워, 즉 컴퓨터와 수학에 관한 최신 정보를 제공하기 위한 것이다.

top500.org/news에는 세상에서 가장 빠른 500대의 컴퓨터가 나열되어 있다. 상위에 있는 컴퓨터들은 대부분 정부가 비용을 대고 통제하고 있으며 그 위치를 보면 고베, 오크리지, 리버모어, 우시, 광저우 등이다. 그 다음 그룹에는 이탈리아, 스위스, 독일, 프랑스, 한국, 호주, 대만, 아랍에미리트, 영국, 러시아, 스페인, 사우디아라비아, 핀란드, 노르웨이, 브라질 등이 포함된다. 컴퓨터의 속도와 특별한 프로세서가 과학적인 관심사다. top500.org/resources/frequently-asked-questions에서 이에 대한 관련 정보를 얻을 수 있다.

벤치마크 테스트는 큰 행렬을 L 곱하기 R (하삼각행렬 곱하기 상삼각행렬)로 분해한 다음 연립일차방정식 $A\boldsymbol{x} = \boldsymbol{b}$를 푸는 선형대수 문제다. 실제 테스트는 고성능 LINPACK(High Performance LINPACK) 벤치마크 내에 들어 있다. 이 문제들은 2장과 3장의 핵심에 놓여 있고 현재는 병렬처리에 의해 그 속도가 빨라졌다.

가장 빠른 컴퓨터는 초당 415 페타플롭 = 415 곱하기 10^{15} 번의 배정밀도 부동 소수점 연산을 해낸다. 이것은 특수 하드웨어에 맞춰 극도로 주의깊게 코딩한 것이 함께 이뤄낸 것이다. 중요한 점은 일반적인 컴퓨터도 또한 속도면에서 놀라운 진보를 보여주고 있다는 것이다. 그리고 더 잘 설계된 알고리즘으로부터 괄목할만한 시간 절약을 할 수 있다.

수치선형대수

수치선형대수는 행렬 계산을 위한 빠른 알고리즘을 다루는 주요 연구 분야다. 최초의 연구는 "소거법" 으로 수천년 전에 이미 있었다. 이 아이디어와 임의의 새로운 아이디어에 대한 테스트의 일부는 단계 수를 세는 것이다. n개의 미지수와 n개의 식으로 이루어진 연립일차방정식의 경우에는 그 수가 $n^3/3$인데, 고윳값과 이제는 특잇값 계산에서의 큰 진전으로 또한 cn^3까지도 달성하였다. 수많은 좋은 교재들 중에 선호하는 책들은 다음과 같다.

- L. N. Trefethen and David Bau, *Numerical Linear Algebra*, SIAM (1997)
- Gene Golub and Charles van Loan, *Matrix Computations*, Johns Hopkins (2013)

(계산에 촛점을 맞추지는 않은) 선형대수의 수학으로는 다음 책들을 언급하고자 한다.

- Roger Horn and Charles Johnson, *Matrix Analysis*, Cambridge (2013)
- R. Bhatia, *Matrix Analysis*, Springer 그리고 *Positive Definite Matrix*, Princeton

랜덤화된 수치선형대수

일반적인 알고리즘은 문제가 매우 커질 때 벽을 만난다. 모든 데이터를 저장하고 읽기가 거의 불가능하다. 심지어 행렬곱 AB조차 불가능해진다. 고윳값의 경우에는 행렬 크기가 $n = 10^4$ 또는 10^5이 되면 벽에 부딪힌다.

행렬이 충분한 구조를 가진다면 한 가지 해법이 발견되었다. 랜덤 표본이 행렬에 대해 말해준다! 이것은 깊고 아름다운 주제다. *Acta Numerica* (2020)와 arXiv: 2002.01387에 실린 마르틴손(P. G. Martinsson)과 트롭(J. A. Tropp)의 걸작 논문을 보기 바란다.

도움에 대한 감사

이 책은 코로나 바이스러스로 인한 수개월의 봉쇄 기간 동안 씌여졌다. 일상 생활은 제약적이었지만 책을 쓰기 위한 시간은 거의 무제한이었다. 사회에는 어려운 시기였지만 책을 쓰는 사람에게는 완벽한 시간이었다. 새롭고 좀 더 능동적인 시작에 대한 아이디어는 이미 OpenCourseWare에 있는 Math 18.06 강좌의 새로운 녹화 강의에 들어가 있었다. (1.4절의 A의 독립인 열들이 C로 들어가는 행렬곱 $A = CR$이 이 아이디어의 일부다.) 이러한 아이디어를 이 교재 내에서 전개해 나가는 것은 매일 아침 흥분되는 일이었다.

시기는 적절했지만 도움은 필요했고, 가장 최상의 방식으로 도움을 받았다. 뭄바이에 사는 내 친구 애슐리 페르난데스(Ashley C. Fernandes)는 매일 손으로 쓴 원고를 받았다. 그러면 하룻밤 사이에 LaTeX으로 정리하여 보내주었다. 이 원고가 여러 번 왕복하였다. 애슐리와 함께 작업할 수 있었기에 *Linear Algebra for Everyone*이 나올 수 있었다. 이 책은 우리들의 여덟 번째 책이다. 이러한 행복했던 수 개월에 대해 마음 깊히 감사한다.

또 다른 행운은 다니엘 드러커(Daniel Drucker)의 도움이었다. 그는 내가 아는 한 가장 주의 깊은 독자다. 다음 일화에 대한 결정은 여러분에게 미루겠다. "매우 까다롭긴 하지만, 서문에서 교수님은 동일한 평면 위에 세 열들이 놓여있다고 말하지만, 그림에서는 세 벡터가 평면 내에 있다고 말하고 있습니다." 그러한 일을 다시는 하지 않을 것이다. 다니엘이 이 책의 앞 표지에 있는 작은 행렬들을 마음에 들어할 때 그날 하루는 매우 즐거웠다. 이 교재의 목표는 명료함과 단순함이다

행렬곱의 기본적인 아이디어가 1장에서 단계별로 전개된다.

CR의 열들은 C의 열들의 일차결합이다.

곱 AB를 계산하는 네 가지 서로 다른 방법이 있다 (책 뒷 표지를 참조하라).

핵심 성질은 AB 곱하기 $C = A$ 곱하기 BC이다.

이 책의 표지는 두 명의 아티스트, 가일 코르벳(Gail Corbett)과 로이스 셀러스(Lois Sellers)의 열 번째 작품이다. *Introduction to Linear Algebra*에서 네 부분공간에 대한 사각형들을 봤을지도 모르겠다. 이보다 더 전에 *Essays on Linear Algebra*에 알베르토 자코메티(Alberto Giacometti)의 "걷는 남자(Walking Man)" 와 *Calculus*에 Jasper Johns가 그린 유명한 곡선이 나온다. 유한요소 책에 나온 사진이 아마도 가장 아름다웠던 것 같다. 이런 것들이 모두 저자에게는 매우 행복한 기억이다.

학생들을 돕는다는 생각 자체가 아름답다.

배우자 Jill과 아들 David, John, 그리고 Robert에게 가장 큰 감사를 전한다.

이 책을 나의 가족들에게 바친다.

행렬 사전

이 책이 무엇을 담고 있는지를 독자들에게 알려주는 한 가지 좋은 방법은 앞으로 만나게 될 행렬들의 이름을 말해보는 것이다. 이러한 넓은 범위의 행렬들이 존재하는 것은 선형대수의 특별한 성질 중 하나다.

1장

항등행렬 I

열 기저 C

행 기저 R

계수가 1인 행렬 $\boldsymbol{uv}^T$

2장

소거행렬 E

하삼각행렬 L

상삼각행렬 U

역행렬 A^{-1}

전치행렬 A^T

치환행렬 P

푸리에 행렬 F

3장

사다리꼴행렬 R

자유행렬 F

특수해 S

혼합행렬 $M = W^{-1}$

접속행렬 A

라플라스 행렬 L

유사역행렬 A^+

4장

직교행렬 Q

정사영행렬 P

최소제곱 A^TA

상삼각행렬 R

반사행렬 H

5장

여인수행렬 C

기저변환 B

기울어진 각기둥 E

하우스 행렬 H

6장

대칭행렬 S

고유벡터 X

고윳값 Λ

피보나치 행렬 F

조르당 행렬 J

상사행렬 BAB^{-1}

행렬 지수 e^{At}

7장

특잇값 Σ

왼쪽 특이벡터 U

오른쪽 특이벡터 V

압축행렬 A_k

표본공분산 AA^T

힐버트 행렬 H

8장

가중치 행렬 A

컨볼루션 C

야코비안 행렬 J

헤시안 행렬 H

공분산행렬 V

시프트 행렬 S

옮긴이 서문

응용수학 일타강사이신 Strang 교수님의 또 하나의 좋은 책을 한국어판으로 소개할 수 있는 기회를 얻게 되어 매우 기쁩니다. 이 책이 저자의 베스트셀러인 Introduction to Linear Algebra와 Linear Algebra and Its Application을 포함하여 수많은 다른 선형대수 교재들와 차별되는 특징은 다음과 같다고 생각합니다. 첫째, $A = CR$이라는 행렬 분해로 시작하는 새로운 출발을 시도합니다. 이 분해를 통해 일차독립, 일차결합, 열공간과 행공간 등의 개념을 자연스럽게 익히게 합니다. 둘째, 정의-보조정리-정리-따름정리 등의 전통적인 수학책의 구조가 아닌 강의를 하는 듯한 서술 구조로 개념과 큰 그림을 강조합니다. 셋째, 행렬식이나 선형변환에 대한 내용이 상대적으로 간결한 반면에 빠르게 고윳값과 특잇값 분해로 접근하도록 기획되어 있고 이를 바탕으로 데이터 과학이나 기계학습 분야로의 연결을 유도하고자 노력하고 있습니다. 이 책을 학습하고 역시 동일 저자의 Linear Algebra and Learning from Data를 읽게 된다면 기계학습 분야에서 필요한 탄탄한 수학적 배경을 갖출 수 있을 것입니다.

추가적으로, Strang 교수님의 다른 책에서와 마찬가지로 좋은 연습문제를 빼놓을 수가 없습니다. 각 절의 해당 개념을 충분히 테스트하고 발전시킬 수 있는 문제들이 간단한 예제 수준부터 심화 주제까지 매우 풍부하게 실려 있습니다. 연습문제를 통해 추가적으로 학습할 수 있는 내용이 많으므로 이 책의 지원 웹사이트에 공개되어 있는 해답과 함께 잘 활용하면 좋겠습니다.

책의 가치를 알아주시고 출판을 기꺼이 허락하여 주신 교우사의 오판근 대표님과 남궁양 부장님께 이 자리를 빌어 감사의 말씀들 드립니다. 참고로 본 번역서는 지원 웹사이트에 게시된 2025년 12월 시점의 Errata를 반영하여 원서의 내용이 업데이트되어 있음을 밝힙니다.

옮긴이 대표 김광수

차 례

CHAPTER 1

벡터와 행렬

1.1 **벡터들의 일차결합**

1.2 **내적으로부터의 길이와 각도**

1.3 **행렬과 열공간**

1.4 **행렬의 곱과 $A = CR$**

선형대수의 핵심은 두 가지 연산에 들어 있는데, 이 둘 모두 벡터에 대한 연산이다. 두 벡터 $\boldsymbol{v}$와 $\boldsymbol{w}$를 더하여 $\boldsymbol{v}+\boldsymbol{w}$를 얻고, 각 벡터에 수 c와 d를 곱하여 $c\boldsymbol{v}$와 $d\boldsymbol{w}$를 얻는다. 이 두 가지 연산을 결합하면 ($c\boldsymbol{v}$를 $d\boldsymbol{w}$에 더하면) **일차결합**(*linear combination*) $c\boldsymbol{v}+d\boldsymbol{w}$가 된다.

일차결합 $$c\boldsymbol{v}+d\boldsymbol{w} = c\begin{bmatrix}1\\1\end{bmatrix} + d\begin{bmatrix}2\\3\end{bmatrix} = \begin{bmatrix}c+2d\\c+3d\end{bmatrix}$$

일차결합은 선형대수에서 가장 중요하다! 가끔은 $c\boldsymbol{v}+d\boldsymbol{w} = (4,5)$를 만드는 $c=2$와 $d=1$을 구체적으로 선택하는 하나의 특별한 결합을 원할 때도 있고, 또 다른 때에는 $\boldsymbol{v}$와 $\boldsymbol{w}$의 모든 결합을 원할 때도 있다. 영벡터를 만드는 일차결합은 특별히 중요하다. 물론 $0\boldsymbol{v}+0\boldsymbol{w}$는 언제나 영벡터다.

벡터 $c\boldsymbol{v}$들은 한 직선 위에 놓여 있다. $\boldsymbol{w}$가 이 직선 위에 놓여 있지 않다면, **일차결합 $c\boldsymbol{v}+d\boldsymbol{w}$은 완전한 2-차원 평면을 채운다**. 3-차원 공간상의 세 개의 벡터 $\boldsymbol{u}, \boldsymbol{v}, \boldsymbol{w}$에서 시작하면, 이 벡터들의 일차결합 $c\boldsymbol{u}+d\boldsymbol{v}+e\boldsymbol{w}$는 전체 공간을 채울 것 같지만, 항상 그렇지는 않다. 벡터들과 이 벡터들의 일차결합은 한 평면 위 또는 한 직선 위에 있을 수 있다. 즉, 핵심 문제는 **n개의 주어진 벡터들의 모든 일차결합을 묘사**하는 것이다.

다음 단계에서는 두 벡터를 행렬 A 또는 B의 열에 배치한다. 그러면, 행렬과 벡터 $\boldsymbol{x}$의 곱은 정확하게 이 열들의 일차결합이 된다.

$$A\boldsymbol{x} = \begin{bmatrix} 1 & 2 \\ 1 & 3 \end{bmatrix} \begin{bmatrix} c \\ d \end{bmatrix} = \begin{bmatrix} c+2d \\ c+3d \end{bmatrix} \quad B\boldsymbol{x} = \begin{bmatrix} 1 & 3 \\ 1 & 3 \end{bmatrix} \begin{bmatrix} c \\ d \end{bmatrix} = \begin{bmatrix} c+3d \\ c+3d \end{bmatrix}$$

반복하자면 일차결합 $A\boldsymbol{x}$는 한 평면을 채운다. 그러나, $B\boldsymbol{x}$로 얻는 벡터들은 단지 한 직선만을 채운다.

첫 번째 예 $A\boldsymbol{x}$에는 "일차독립인 열들"이 있다. 두 번째 예 $B\boldsymbol{x}$에는 "일차종속인 열들"이 있다. 1장에서는 모든 것들의 기초가 되는 이러한 중심 아이디어를 설명한다. 선형대수는 이차원 공간의 두 개의 열로부터 m차원 공간의 n개의 열로 확장한다. 그렇더라도 머릿 속에 그려지는 그림은 여전히 유효하며 행렬을 곱하는 것으로 끝맺는다.

1.1 **벡터의 덧셈 $\boldsymbol{v}+\boldsymbol{w}$와 일차결합 $c\boldsymbol{v}+d\boldsymbol{w}$**

1.2 **두 벡터의 내적 $\boldsymbol{v}\cdot\boldsymbol{w}$와 길이 $\|\boldsymbol{v}\| = \sqrt{\boldsymbol{v}\cdot\boldsymbol{v}}$**

1.3 **행렬 A와 벡터 $\boldsymbol{x}$의 곱은 A의 열들의 일차결합이다.**

1.4 **행렬 A와 행렬 B의 곱은 $[A\boldsymbol{b}_1 \ \cdots \ A\boldsymbol{b}_n]$이다. A를 B의 각 열과 곱한다.**

1.1 벡터들의 일차결합

1. $3\boldsymbol{v}+5\boldsymbol{w}$는 벡터 $\boldsymbol{v}$와 $\boldsymbol{w}$의 **일차결합** $c\boldsymbol{w}+d\boldsymbol{w}$의 한 예다.
2. $\boldsymbol{v}=\begin{bmatrix}1\\1\end{bmatrix}$와 $\boldsymbol{w}=\begin{bmatrix}2\\3\end{bmatrix}$에 대해, 이 일차결합은 $3\begin{bmatrix}1\\1\end{bmatrix}+5\begin{bmatrix}2\\3\end{bmatrix}=\begin{bmatrix}3+10\\3+15\end{bmatrix}=\begin{bmatrix}13\\18\end{bmatrix}$이다.
3. 일차결합 $c\begin{bmatrix}1\\1\end{bmatrix}+d\begin{bmatrix}2\\3\end{bmatrix}$은 **전체** xy **평면**을 채운다. 이 결합은 모든 $\begin{bmatrix}x\\y\end{bmatrix}$를 만들어 낸다.
4. 일차결합 $c\begin{bmatrix}1\\1\\1\end{bmatrix}+d\begin{bmatrix}2\\3\\4\end{bmatrix}$은 xyz **공간에 있는 한 평면**을 채운다. 이 평면은 $\begin{bmatrix}1\\1\\1\end{bmatrix}$와 $\begin{bmatrix}3\\4\\5\end{bmatrix}$의 일차결합으로 채우는 평면과 동일하다.

산술은 수로 시작한다. 우리는 이 수들에 대해 다음과 같은 두 가지 기본적인 방식으로 연산을 수행한다.

$$\textbf{덧셈}\quad 2+3=5 \qquad \textbf{곱셈}\quad (4)(5)=20$$

3을 빼는 것은 단순히 3을 더하는 것의 역(inverse)이다. 뺄셈 $5-3$을 하면 2가 복원된다.

5를 나누는 것은 단순히 5를 곱하는 것의 역이다. 20을 5로 나누면 4가 복원된다.

덧셈과 곱셈을 결합하면 다음과 같다. $(2)(3+4)=(2)(3)+(2)(4)$

선형대수는 덧셈과 곱셈을 더 높은 차원으로 확장한다. 수 하나를 다루는 대신, **벡터**(vector)를 다룬다. 벡터 $\boldsymbol{v}=(3,1,7)$은 일련의 세 개의 수다. 이것은 "3-차원 벡터" 다. 좋은 방법은 $\boldsymbol{v}$를 열벡터로 쓰는 것이다. 그런 다음 다음과 같이 두 열벡터 $\boldsymbol{v}$와 $\boldsymbol{w}$를 더할 수 있다.

$$\textbf{벡터 덧셈}\quad \boldsymbol{v}+\boldsymbol{w}=\begin{bmatrix}3\\1\\7\end{bmatrix}+\begin{bmatrix}4\\5\\2\end{bmatrix}=\begin{bmatrix}7\\6\\9\end{bmatrix}\quad \text{(성분들의 각 쌍을 더한다)} \tag{1}$$

$\boldsymbol{w}$를 빼는 것은 단순히 $\boldsymbol{w}$를 더하는 것의 역이므로, $\boldsymbol{v}+\boldsymbol{w}-\boldsymbol{w}=\boldsymbol{v}$이다.

벡터 뺄셈 $(\boldsymbol{v}+\boldsymbol{w})-\boldsymbol{w}=\begin{bmatrix}7\\6\\9\end{bmatrix}-\begin{bmatrix}4\\5\\2\end{bmatrix}=\begin{bmatrix}3\\1\\7\end{bmatrix}=\boldsymbol{v}$ (2)

벡터들의 곱셈은 어떨까? 성분들의 각 쌍을 곱할 수 있을 것이다. 이 결과들을 더한다면, "**내적**(dot product)" $\boldsymbol{v}\cdot\boldsymbol{w}=31$에 이르게 된다.

$$\boldsymbol{v}\cdot\boldsymbol{w}=\begin{bmatrix}3\\1\\7\end{bmatrix}\cdot\begin{bmatrix}4\\5\\2\end{bmatrix}=\begin{matrix}(\mathbf{3})(\mathbf{4})+(\mathbf{1})(\mathbf{5})+(\mathbf{7})(\mathbf{2})=12+5+14=\mathbf{31}\\ \textbf{내적}=\mathbf{31}\end{matrix} \quad (3)$$

내적 $\boldsymbol{v}\cdot\boldsymbol{w}$는 벡터를 곱하는 한 가지 유용한 방법이다. 다음 절에서 $\boldsymbol{v}\cdot\boldsymbol{v}$는 $\boldsymbol{v}$의 길이를 드러내고 $\boldsymbol{v}\cdot\boldsymbol{w}$는 $\boldsymbol{v}$와 $\boldsymbol{w}$ 사이의 각을 드러내게 된다. 그러나 선형대수에서 이보다 더 중요한 곱셈은 $A\boldsymbol{v}$ = 행렬 곱하기 벡터다.

$A\boldsymbol{v}$의 결과는 수가 아니라 벡터다. 즉, 행렬 A 곱하기 벡터 $\boldsymbol{v}$는 벡터 $A\boldsymbol{v}$와 같다. 행렬 A는 사각형 형태의 수들이다. m개의 행과 n개의 열을 갖는다. 2×3 행렬을 성분이 $n=3$개인 벡터와 곱한다.

행렬 곱하기 벡터 $A\boldsymbol{v}=\begin{bmatrix}4&5&2\\1&2&1\end{bmatrix}\begin{bmatrix}3\\1\\7\end{bmatrix}=\begin{bmatrix}4\cdot3+5\cdot1+2\cdot7\\1\cdot3+2\cdot1+1\cdot7\end{bmatrix}=\begin{bmatrix}31\\12\end{bmatrix}$ (4)

다음 사실에 주목한다. A는 두 개의 행이 있고, **A 곱하기 $\boldsymbol{v}$는 두 번의 내적을 하게된다.** $A\boldsymbol{v}$의 첫 번째 성분은 A의 1행을 사용하여 내적하고 그 결과는 31이었다. $A\boldsymbol{v}$의 두 번째 성분은 다음과 같이 A의 2행을 사용하여 내적하였다.

$$(A\text{의 2행})\cdot(\text{열벡터 }\boldsymbol{v})=1\cdot3+2\cdot1+1\cdot7=12$$

이렇게 A의 행들과 $\boldsymbol{v}$의 내적이 A에 $\boldsymbol{v}$를 곱하는 일반적인 방법이다. 그러나 이렇게 행·열로 계산하는 것도 좋지만, 열벡터들의 일차결합을 통해 $A\boldsymbol{v}$에 대한 이해가 더욱 명확해진다. $A\boldsymbol{v}$를 이해하는 이러한 더 좋은 방법은 1.3절에서 설명한다.

벡터에 대한 가장 기본적인 연산이기 때문에 하나의 "일차결합"을 보여주고자 한다. 2와 4 같은 수를 벡터에 곱하고 그 결과들을 더한다.

일차결합
$c\boldsymbol{v}+d\boldsymbol{w}=2\boldsymbol{v}+4\boldsymbol{w}$

$$2\begin{bmatrix}3\\1\\7\end{bmatrix}+4\begin{bmatrix}1\\2\\1\end{bmatrix}=\begin{bmatrix}6\\2\\14\end{bmatrix}+\begin{bmatrix}4\\8\\4\end{bmatrix}=\begin{bmatrix}10\\10\\18\end{bmatrix}. \quad (5)$$

이러한 일차결합은 더 큰 단계인 **행렬에 행렬을 곱하는** 단계로 나아가는데, 이에 대한 설명은 1.4절로 미룬다. 지금까지 수와 벡터와 행렬을 포함한 다음과 같은 세 가지 곱셈 방법에 대해 설명하였다.

1. 수 곱하기 벡터 ($c\boldsymbol{v}$)   2. 벡터 · 벡터 ($\boldsymbol{v}\cdot\boldsymbol{v}$)   3. 행렬 곱하기 벡터 ($A\boldsymbol{v}$)

이 세 가지는 1.1절, 1.2절, 1.3절에서 나오고, 그런 다음 AB가 1.4절에서 나오는 행렬 곱셈이다.

다시 말하자면, A 곱하기 $\boldsymbol{v}$는 행렬 A의 행을 이용할 수도 있고 또는 A의 열을 이용할 수도 있다. A에는 m개의 행벡터와 n개의 열벡터가 있고, 두 방식 모두 동일하게 mn개의 수를 사용한다. 선형대수의 주요 열쇠는 두 개념 간의 연결에서 비롯된다.

A의 행들과 내적

$$\begin{bmatrix} 3 & 4 \\ 5 & 6 \end{bmatrix}\begin{bmatrix} x \\ y \end{bmatrix} = \begin{bmatrix} 3x+4y \\ 5x+6y \end{bmatrix}$$

A의 열들의 일차결합

$$\begin{bmatrix} 3 & 4 \\ 5 & 6 \end{bmatrix}\begin{bmatrix} x \\ y \end{bmatrix} = x\begin{bmatrix} 3 \\ 5 \end{bmatrix} + y\begin{bmatrix} 4 \\ 6 \end{bmatrix}$$

일차결합

더하기와 상수배를 합쳐 $\boldsymbol{v}$와 $\boldsymbol{w}$의 "**일차결합**"을 만든다. $\boldsymbol{v}$에 상수 c를 곱하고 $\boldsymbol{w}$에 상수 d를 곱한 다음 $c\boldsymbol{v}+d\boldsymbol{w}$와 같이 더한다.

$c\boldsymbol{v}$***와*** $d\boldsymbol{w}$***의 합***은 일차 결합 $c\boldsymbol{v}+d\boldsymbol{w}$이다.

벡터의 합, 벡터의 차, 영벡터, 그리고 상수배 $c\boldsymbol{v}$는 네 가지의 특수한 일차결합이다.

$1\boldsymbol{v}+1\boldsymbol{w}=$ 벡터의 합 $(4,2)+(-1,2)=(3,4)$
$1\boldsymbol{v}-1\boldsymbol{w}=$ 벡터의 차 $(4,2)-(-1,2)=(5,0)$
$0\boldsymbol{v}+0\boldsymbol{w}=$ ***영벡터*** $(0,0)$
$c\boldsymbol{v}+0\boldsymbol{w}=\boldsymbol{v}$ 방향의 벡터 $c\boldsymbol{v}$

영벡터는 $c=d=0$으로 두면 언제나 만들 수 있는 일차결합이다. 벡터들의 "공간 (space)" 을 마주칠 때마다 영벡터는 언제나 포함되어 있을 것이다. $\boldsymbol{v}$와 $\boldsymbol{w}$의 모든 일차 결합을 취한다는 이 거대한 관점이 선형대수가 작동하는 모습이다.

다음 그림들은 벡터를 시각화할 수 방법을 보여준다. 대수라면 단지 (4와 2와 같은) 성분들만 필요하다. 그러한 벡터 $\boldsymbol{v}$를 화살표가 나타낸다. 이 화살표는 $v_1=4$만큼 오른쪽으로 그리고 $v_2=2$만큼 위로 향하고, x,y 좌표가 $4,2$인 점에서 끝난다. 이 점은 벡터를 표현하는 또 하나의 방식이다. 그러므로 다음과 같이 $\boldsymbol{v}$를 기술하는 세 가지 방법이 있다.

$\boldsymbol{v}$의 표현 두 개의 수, $(0,0)$에서 출발한 화살표, 평면 위의 점

수를 사용하여 더하고, $\boldsymbol{v}$, $\boldsymbol{w}$, 그리고 $\boldsymbol{v}+\boldsymbol{w}$에 대한 화살표를 이용하여 $\boldsymbol{v}+\boldsymbol{w}$를 시각화한다.

벡터 덧셈 (머리를 꼬리에 위치) ***$\boldsymbol{v}$의 끝부분에, $\boldsymbol{w}$의 시작점을 위치시킨다.***

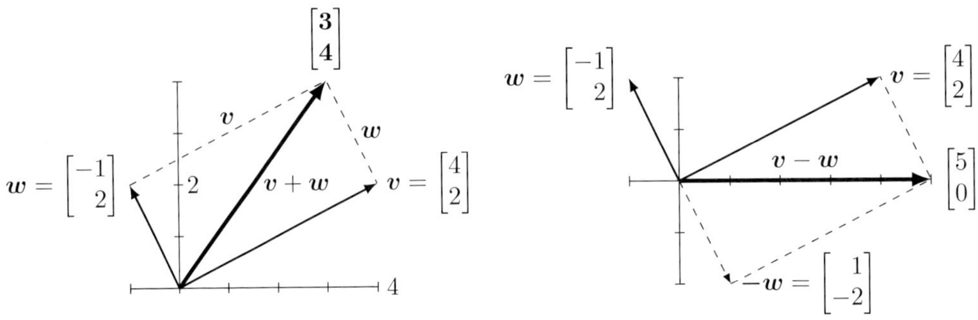

$$\boldsymbol{v}+\boldsymbol{w}=\begin{bmatrix}4\\2\end{bmatrix}+\begin{bmatrix}-1\\2\end{bmatrix}=\begin{bmatrix}3\\4\end{bmatrix} \qquad \boldsymbol{v}-\boldsymbol{w}=\begin{bmatrix}4\\2\end{bmatrix}-\begin{bmatrix}-1\\2\end{bmatrix}=\begin{bmatrix}5\\0\end{bmatrix}$$

그림 1.1: 벡터 덧셈 $\boldsymbol{v}+\boldsymbol{w}=(3,4)$는 평행사변형의 대각선을 만든다. 오른쪽 그림에서 $\boldsymbol{w}$의 역은 $-\boldsymbol{w}$이다. 이 일차결합은 $\boldsymbol{v}-\boldsymbol{w}=(5,0)$이다.

$\boldsymbol{v}$를 따라간 다음 $\boldsymbol{w}$을 따라간다. 또는 $\boldsymbol{v}+\boldsymbol{w}$ 방향의 지름길인 대각선을 따라간다. 또한 $\boldsymbol{w}$를 따라간 다음 $\boldsymbol{v}$를 따라갈 수도 있다. 다시 말하자면 **$\boldsymbol{w}+\boldsymbol{v}$와 $\boldsymbol{v}+\boldsymbol{w}$의 답은 동일하다**. 이것들은 평행사변형(이 경우에는 직사각형)을 따라가는 서로 다른 방법들이다.

3차원에서의 벡터

성분이 두 개인 벡터는 xy 평면 위의 한 점에 해당한다. $\boldsymbol{v}$의 성분들은 그 점의 좌표들이다. 즉 $x=v_1$이고 $y=v_2$다. 화살표가 $(0,0)$에서 출발한다면 이 점 (v_1,v_2)에서 끝난다. 이제 벡터가 세 개의 성분 (v_1,v_2,v_3)을 가질 수 있게 한다.

3-차원 xyz 공간이 xy 평면을 대체한다. 다음은 (여전히 열벡터이지만 성분이 세 개인) 전형적인 벡터들이다.

$$\boldsymbol{v} = \begin{bmatrix} 1 \\ 1 \\ -1 \end{bmatrix} \quad \text{와} \quad \boldsymbol{w} = \begin{bmatrix} 2 \\ 3 \\ 4 \end{bmatrix} \quad \text{그리고} \quad \boldsymbol{v} + \boldsymbol{w} = \begin{bmatrix} 3 \\ 4 \\ 3 \end{bmatrix}$$

벡터 $\boldsymbol{v}$는 3-차원 공간 내의 화살표에 해당한다. 일반적으로 이 화살표는 xyz 축들이 만나고 좌표가 $(0, 0, 0)$인 "원점"에서 출발하고, 좌표가 v_1, v_2, v_3인 점에서 끝난다. **열벡터**와 ***원점에서 출발한 화살표***, 그리고 ***화살표가 끝나는 점*** 사이에 완벽한 일치가 존재한다.

(두 개의 수로 이루어진) 평면 내의 벡터 (x, y)는 3-차원 공간 상의 $(x, y, 0)$과 다르다!

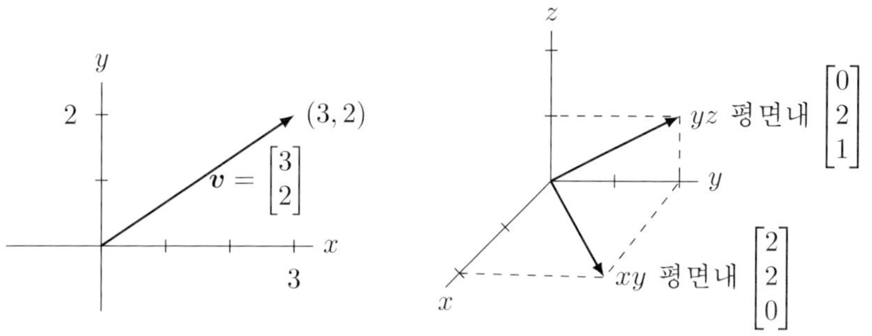

그림 1.2: 벡터 $\begin{bmatrix} x \\ y \end{bmatrix}$와 $\begin{bmatrix} x \\ y \\ z \end{bmatrix}$는 2D와 3D 상의 점 (x, y)와 (x, y, z)에 대응한다.

지면 아끼기: 지금부터는 $\boldsymbol{v} = \begin{bmatrix} 1 \\ 1 \\ -1 \end{bmatrix}$ ***을 또한*** $\boldsymbol{v} = (1, 1, -1)$ ***로도 쓴다.***

(괄호 기호로 표시한) 행 형태를 쓰는 이유는 지면을 아끼기 위해서다. 그렇더라도 $\boldsymbol{v} = (1, 1, -1)$은 행벡터가 아니다! 실제로는 단지 임시로 눕혀져 있는 열벡터다. 행벡터인 $[1, 1, -1]$은 성분은 동일하게 세 개이지만 완전히 다르다. 이 1×3 행벡터 $\boldsymbol{v}^T = [1, 1, -1]$는 3×1 열벡터 $\boldsymbol{v}$의 "전치(transpose)" 다.

3차원에서도 $\boldsymbol{v} + \boldsymbol{w}$는 여전히 한 번에 성분 하나씩 구한다. 이 합의 성분은 $v_1 + w_1$, $v_2 + w_2$, 그리고 $v_3 + w_3$이다. 그러면 4 또는 5 또는 n 차원에 있는 벡터들도 어떻게 더하는지 알 것이다. $\boldsymbol{w}$가 $\boldsymbol{v}$의 끝부분에서 시작하면, 세 번째 변이 $\boldsymbol{v} + \boldsymbol{w}$다. 다른 방법으로 평행사변형의 둘레를 따라가는 것이 $\boldsymbol{w} + \boldsymbol{v}$다. 이 네 변은 모두 동일한 평면 위에 있는 걸까? 그렇다. 그리고 합 $\boldsymbol{v} + \boldsymbol{w} - \boldsymbol{v} - \boldsymbol{w}$은 완전히 한 바퀴를 돌아 ___ 벡터가 된다.

3차원 공간 내에 있는 세 벡터들의 일차결합의 전형적인 한 예가 $\boldsymbol{u} + 4\boldsymbol{v} - 2\boldsymbol{w}$다.

일차결합
$1, 4, -2$**를 곱한다.**
그런 다음 더한다 $\boldsymbol{u}+4\boldsymbol{v}-2\boldsymbol{w}$

$$\begin{bmatrix}1\\0\\3\end{bmatrix}+4\begin{bmatrix}1\\2\\1\end{bmatrix}-2\begin{bmatrix}2\\3\\-1\end{bmatrix}=\begin{bmatrix}1\\2\\9\end{bmatrix}$$

중요한 문제: 모든 일차결합

하나의 벡터 $\boldsymbol{u}$에 대해, 유일한 일차결합은 상수배 $c\boldsymbol{u}$ 뿐이다. 두 벡터에 대해 일차결합은 $c\boldsymbol{u}+d\boldsymbol{v}$이고, 세 벡터에 대해 일차결합은 $c\boldsymbol{u}+d\boldsymbol{v}+e\boldsymbol{w}$이다. 하나의 일차결합으로부터 **모든 일차결합**으로 크게 도약할 것인가? **모든** c**와** d**와** e**가 허용된다**. 벡터 $\boldsymbol{u}, \boldsymbol{v}, \boldsymbol{w}$가 3차원 공간에 있다고 가정하면,

1. 모든 결합 $c\boldsymbol{u}$의 그림은 무엇인가?
2. 모든 결합 $c\boldsymbol{u}+d\boldsymbol{v}$의 그림은 무엇인가?
3. 모든 결합 $c\boldsymbol{u}+d\boldsymbol{v}+e\boldsymbol{w}$의 그림은 무엇인가?

이에 대한 답은 특정 벡터들 $\boldsymbol{u}, \boldsymbol{v}, \boldsymbol{w}$에 따라 달라진다. 이 벡터들이 (임의로 선택된) 영이 아닌 일반적인 벡터라면, 답은 다음과 같이 세 가지다. 이것은 이번 주제의 핵심이다.

> 1. 일차결합 $c\boldsymbol{u}$는 $(0,0,0)$**을 지나는 하나의 직선**을 채운다.
> 2. 일차결합 $c\boldsymbol{u}+d\boldsymbol{v}$는 $(0,0,0)$**을 지나는 하나의 평면**을 채운다.
> 3. 일차결합 $c\boldsymbol{u}+d\boldsymbol{v}+e\boldsymbol{w}$는 **3차원 공간**을 채운다.

영벡터 $(0,0,0)$은 c가 0이 될 수 있기 때문에 직선 위에 존재한다. 영벡터는 c와 d가 모두 0이 될 수 있기 때문에 평면 위에 존재한다. 벡터 $c\boldsymbol{u}$의 직선은 (앞으로 그리고 뒤로) 무한히 길다. 여러분들이 특별히 생각을 해봐야 할 것은 (3차원 공간 내의 두 벡터 $\boldsymbol{u}, \boldsymbol{v}$를 일차결합한) **모든** $c\boldsymbol{u}+d\boldsymbol{v}$**의 평면**이다.

> 그림 1.3에서 한 직선 위의 모든 $c\boldsymbol{u}$를 다른 직선 위의 모든 $d\boldsymbol{v}$에 더하면 하나의 평면을 채운다.

세 번째 벡터 $\boldsymbol{w}$를 포함하면, 상수배 $e\boldsymbol{w}$는 세 번째 직선을 만든다. **이 세 번째 직선이** $\boldsymbol{u}$**와** $\boldsymbol{v}$**의 평면 내에 있지 않다고 가정하자**. 그러면 모든 $c\boldsymbol{u}+d\boldsymbol{v}$와 모든 $e\boldsymbol{w}$을 결합하면 전체 3차원 공간을 가득 채운다. 즉, $c\boldsymbol{u}+d\boldsymbol{v}+e\boldsymbol{w}$는 3차원 내의 모든 점과 대응된다.

이것이 일반적인 상황이다! **직선** 다음에 **평면** 다음에 **공간**이다. 그러나 다른 가능성도 존재한다. $\boldsymbol{w}$가 우연히 $c\boldsymbol{u}+d\boldsymbol{v}$라면, 이 세 번째 벡터 $\boldsymbol{w}$는 첫 두 벡터의 평면 내에

있다. $\boldsymbol{u}, \boldsymbol{v}, \boldsymbol{w}$의 일차결합은 $\boldsymbol{uv}$ 평면 바깥으로 나가지 않을 것이다. 그러면 전체 3차원 공간을 얻을 수 없다. 연습 문제의 1번 문제에서 이러한 특별한 경우들에 대해 생각해 보길 바란다.

모든 $c\boldsymbol{u}$를 포함하는 직선

그림 1.3

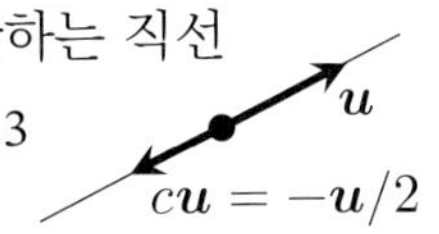

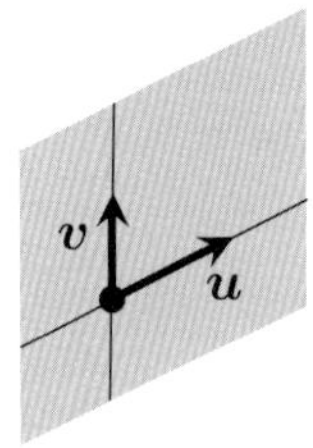

모든 $c\boldsymbol{u} + d\boldsymbol{v}$ 로부터의 평면

풀이가 있는 연습 문제

1.1 A $\boldsymbol{v} = (1, 1, 0)$과 $\boldsymbol{w} = (0, 1, 1)$의 일차결합은 $\mathbf{R}^3$ 내에 있는 한 평면을 채운다. 이 평면에 대해 묘사하라. 이 평면 위에 있지 않은, 즉 $\boldsymbol{v}$와 $\boldsymbol{w}$의 일차결합이 아닌 벡터 하나를 찾아라.

풀이 $\boldsymbol{v}$와 $\boldsymbol{w}$의 평면은 모든 일차결합 $c\boldsymbol{v} + d\boldsymbol{w}$을 포함한다. 이 평면 내의 벡터들은 임의의 c와 d를 허용한다. 그림 1.3에서의 평면은 이 두 직선 사이에서 가득 채우고 있다.

$$\text{일차결합} \quad c\boldsymbol{v} + d\boldsymbol{w} = c\begin{bmatrix}1\\1\\0\end{bmatrix} + d\begin{bmatrix}0\\1\\1\end{bmatrix} = \begin{bmatrix}c\\c+d\\d\end{bmatrix} \text{는 한 평면을 채운다.}$$

이 평면 내에 있는 네 벡터는 $(0, 0, 0)$과 $(2, 3, 1)$과 $(5, 7, 2)$과 $(\pi, 2\pi, \pi)$다. 두 번째 성분인 $c + d$는 언제나 첫 번째 성분과 세 번째 성분의 합이다. 대부분의 벡터들처럼, $(1, 2, 3)$은 이 평면 내에 있지 않는데 $1 + 3$이 2가 아니기 때문이다.

$(0, 0, 0)$을 지나는 이 평면을 묘사하는 또 하나의 방법은 $\boldsymbol{n} = (1, -1, 1)$이 이 평면에 **수직**임을 아는 것이다. 1.2절에서 내적을 테스트함으로써 각 $90°$가 맞는지 확인해 볼 것이다.

1.1 B **일차결합 $c\boldsymbol{v} + d\boldsymbol{w}$가 $\boldsymbol{b}$와 같아지기 위한** c와 d에 대한 두 개의 방정식을 구하라.

$$\boldsymbol{v} = \begin{bmatrix}2\\-1\end{bmatrix} \quad \boldsymbol{w} = \begin{bmatrix}-1\\2\end{bmatrix} \quad \boldsymbol{b} = \begin{bmatrix}1\\0\end{bmatrix}.$$

풀이 수학을 적용할 때, 많은 문제가 모델링과 풀이라는 두 부분으로 이루어져 있다. 여기서는 모델링 부분(방정식)에 대해 묻고 있고, 2장은 (c와 d를 구하는) 풀이 부분에 집중한다. 이 예제는 다음과 같은 선형대수의 기초 모델에 잘 들어맞는다.

벡터 방정식 $c\boldsymbol{v} + d\boldsymbol{w} = \boldsymbol{b}$를 만족하는 두 수 c와 d를 구하라.

$n = 2$인 경우에는 c와 d에 대한 공식을 곧 구할 것이다. 그러나 2장에서의 "소거법"은 $n = 1000$개가 훨씬 넘는 열벡터인 경우에도 통한다. 그때는 행렬을 사용해야만 한다!

벡터 방정식 $c\boldsymbol{v} + d\boldsymbol{w} = \boldsymbol{b}$	$c\begin{bmatrix}2\\5\end{bmatrix} + d\begin{bmatrix}-1\\-3\end{bmatrix} = \begin{bmatrix}1\\1\end{bmatrix}$	로부터	$\begin{matrix}2c - d = 1\\5c - 3d = 1\end{matrix}$	$\begin{matrix}c = 2\\d = 3\end{matrix}$

벡터의 덧셈은 두 개의 방정식을 만든다. 각 방정식의 그래프는 직선이 된다. 두 직선은 해에서 교차한다. 우리가 가려는 곳이 결국 행렬 방정식이기 때문에 이것을 또한 **행렬 방정식** $A\boldsymbol{x} = \boldsymbol{b}$로 보면 어떨까.

$$\begin{matrix}2 \times 2\ \textbf{행렬}\\ A\boldsymbol{x} = \boldsymbol{b}\end{matrix} \qquad \begin{bmatrix}\mathbf{2} & \mathbf{-1}\\ \mathbf{5} & \mathbf{-3}\end{bmatrix}\begin{bmatrix}c\\d\end{bmatrix} = \begin{bmatrix}1\\1\end{bmatrix}$$

연습 문제

1 $\begin{bmatrix}c\\d\end{bmatrix}$가 $\begin{bmatrix}a\\b\end{bmatrix}$의 m배가 되기 위한 a, b, c, d의 조건은 무엇인가? 두 방정식 $c = ma$와 $d = mb$로 시작하라. m을 제거하여 a, b, c, d를 연결하는 하나의 방정식을 찾아라. 이 수들은 0이 아니라고 가정해도 된다.

2 차례대로 $(0, 0)$부터 $(5, 0)$, $(0, 12)$, $(0, 0)$을 따라 삼각형 모양으로 돌 때, 세 벡터 $\boldsymbol{u}, \boldsymbol{v}, \boldsymbol{w}$는 무엇인가? $\boldsymbol{u} + \boldsymbol{v} + \boldsymbol{w}$는 무엇인가? 각 벡터의 길이 $\|\boldsymbol{u}\|$와 $\|\boldsymbol{v}\|$와 $\|\boldsymbol{w}\|$는 얼마인가? 벡터 $\boldsymbol{u} = (u_1, u_2)$의 길이의 제곱은 $\|\boldsymbol{u}\|^2 = u_1^2 + u_2^2$이다.

3–9번 문제는 벡터의 덧셈과 일차결합에 관한 것이다.

3 다음 벡터들의 모든 일차결합을 기하적으로 (직선, 평면, 또는 $\mathbf{R}^3$ 전체) 설명하라.

$$\text{(a)} \begin{bmatrix}1\\2\\3\end{bmatrix} \text{ 와 } \begin{bmatrix}3\\6\\9\end{bmatrix} \qquad \text{(b)} \begin{bmatrix}1\\0\\0\end{bmatrix} \text{ 와 } \begin{bmatrix}0\\2\\3\end{bmatrix} \qquad \text{(c)} \begin{bmatrix}2\\0\\0\end{bmatrix} \text{ 와 } \begin{bmatrix}2\\2\\2\end{bmatrix} \text{ 와 } \begin{bmatrix}2\\2\\3\end{bmatrix}$$

4 동일한 xy 평면 위에 $\boldsymbol{v} = \begin{bmatrix} 4 \\ 1 \end{bmatrix}$와 $\boldsymbol{w} = \begin{bmatrix} -1 \\ 2 \end{bmatrix}$와 $\boldsymbol{v}+\boldsymbol{w}$와 $\boldsymbol{v}-\boldsymbol{w}$를 그려라.

5 $\boldsymbol{v}+\boldsymbol{w} = \begin{bmatrix} 5 \\ 1 \end{bmatrix}$이고 $\boldsymbol{v}-\boldsymbol{w} = \begin{bmatrix} 1 \\ 5 \end{bmatrix}$일 때, $\boldsymbol{v}$와 $\boldsymbol{w}$를 계산하고 그려라.

6 $\boldsymbol{v} = \begin{bmatrix} 2 \\ 1 \end{bmatrix}$와 $\boldsymbol{w} = \begin{bmatrix} 1 \\ 2 \end{bmatrix}$로부터 $3\boldsymbol{v}+\boldsymbol{w}$와 $c\boldsymbol{v}+d\boldsymbol{w}$의 성분들을 구하라.

7 $\boldsymbol{u}+\boldsymbol{v}+\boldsymbol{w}$와 $2\boldsymbol{u}+2\boldsymbol{v}+\boldsymbol{w}$을 계산하라. $\boldsymbol{u}, \boldsymbol{v}, \boldsymbol{w}$가 한 평면 내에 있음을 어떻게 알 수 있는가?

$\boldsymbol{w} = c\boldsymbol{u}+d\boldsymbol{v}$이므로 이 벡터들은 한 평면 내에 있다. c와 d를 구하라

$$\boldsymbol{u} = \begin{bmatrix} 1 \\ 2 \\ 3 \end{bmatrix}, \quad \boldsymbol{v} = \begin{bmatrix} -3 \\ 1 \\ -2 \end{bmatrix}, \quad \boldsymbol{w} = \begin{bmatrix} 2 \\ -3 \\ -1 \end{bmatrix}$$

8 $\boldsymbol{v} = (1,-2,1)$과 $\boldsymbol{w} = (0,1,-1)$의 모든 일차결합은 더해서 ______가 되는 성분들을 갖는다. $c\boldsymbol{v}+d\boldsymbol{w} = (3,3,-6)$이 되는 c와 d를 구하라. 왜 $(3,3,6)$은 불가능할까?

9 xy 평면에 다음 모든 아홉 가지 경우의 일차결합을 표시하라.

$$c\begin{bmatrix} 2 \\ 1 \end{bmatrix} + d\begin{bmatrix} 0 \\ 1 \end{bmatrix} \quad \text{여기서 } c = 0,1,2 \text{ 그리고 } d = 0,1,2$$

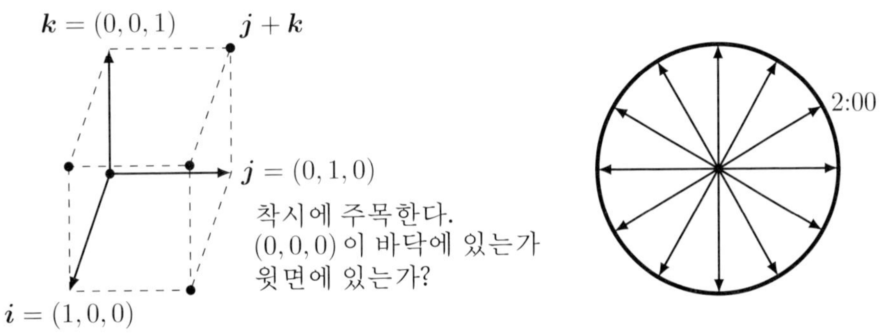

그림 1.4: $\boldsymbol{i}, \boldsymbol{j}, \boldsymbol{k}$로부터의 단위 정육면체와 열두 개의 시계 벡터들: 모든 길이 = 1.

10–14번 문제는 그림 1.4의 정육면체와 시계에 있는 특별한 벡터들에 관한 것이다.

10 평행사변형의 세 꼭짓점이 $(1,1)$, $(4,2)$ 그리고 $(1,3)$일 때, 네 번째 꼭짓점이 될 수 있는 세 가지의 모든 경우는 무엇인가? 이들 중 두 개를 그려라.

11 단위 정육면체의 네 꼭짓점은 $(0,0,0), (1,0,0), (0,1,0), (0,0,1)$ 이다. 나머지 네 개의 꼭짓점은 무엇인가? 이 정육면체의 중심점의 좌표를 구하라. 여섯 면의 중심 점들은 ________ 이다. 이 정육면체의 변은 몇 개인가?

12 복습 문제. xyz 평면에서, $\boldsymbol{i} = (1,0,0)$ 과 $\boldsymbol{i}+\boldsymbol{j} = (1,1,0)$ 의 모든 일차결합으로 이루어진 평면은 어디에 있는가?

13 (a) 시계의 중심으로부터 1:00, 2:00, ..., 12:00로 가는 열두 개 벡터들의 합 $\boldsymbol{V}$ 는 무엇인가?

(b) 2:00 벡터를 제거한다면, 왜 남은 열한 개 벡터들을 더하면 8:00로 가는 벡터가 되는가?

(c) 2:00 벡터 $\boldsymbol{v} = (\cos\theta, \sin\theta)$ 의 x, y 성분은 무엇인가?

14 열두 개의 벡터들이 중심에 있는 $(0,0)$ 대신 맨 아래의 6:00에서 시작한다고 가정하자. 12:00로의 벡터는 $(0,2)$ 로 두 배가 된다. 이렇게 만들어진 새로운 열 두개의 벡터들의 합은 ______ 이다.

15 세 벡터들의 일차결합 $c\boldsymbol{u}+d\boldsymbol{v}+e\boldsymbol{w}$ 가 오직 한 직선만을 채우는 세 벡터들을 그려라. 세 벡터들의 일차결합 $c\boldsymbol{u}+d\boldsymbol{v}+e\boldsymbol{w}$ 가 오직 한 평면만을 채우는 세 벡터들을 구하라.

16 어떤 일차결합 $c\begin{bmatrix}\mathbf{1}\\\mathbf{2}\end{bmatrix}+d\begin{bmatrix}\mathbf{3}\\\mathbf{1}\end{bmatrix}$ 가 $\begin{bmatrix}\mathbf{14}\\\mathbf{8}\end{bmatrix}$ 를 생성하는가? 일차결합에서의 계수 c 와 d 에 대한 두 개의 방정식으로 이 문제를 표현하라.

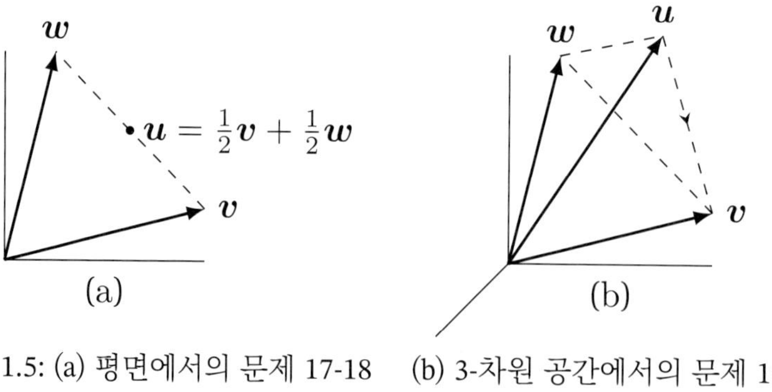

그림 1.5: (a) 평면에서의 문제 17-18 (b) 3-차원 공간에서의 문제 19-22

17–18번 문제는 v 와 w 의 일차결합에서 더 나아간다 (그림 1.5a)

17 그림 1.5a는 $\frac{1}{2}\boldsymbol{v}+\frac{1}{2}\boldsymbol{w}$을 보여준다. $\frac{3}{4}\boldsymbol{v}+\frac{1}{4}\boldsymbol{w}$과 $\frac{1}{4}\boldsymbol{v}+\frac{1}{4}\boldsymbol{w}$과 $\boldsymbol{v}+\boldsymbol{w}$가 가리키는 점들을 표시하라. $c+d=1$일 때 모든 일차결합 $c\boldsymbol{v}+d\boldsymbol{w}$의 직선을 그려라.

18 $0 \le c \le 1$과 $0 \le d \le 1$로 제한될 때, 모든 일차결합 $c\boldsymbol{v}+d\boldsymbol{w}$으로 표현되는 영역을 표시하라. 단지 $c \ge 0$과 $d \ge 0$로만 제한될 때, 모든 일차결합 $c\boldsymbol{v}+d\boldsymbol{w}$이 나타내는 "원뿔" 을 그려라.

19–22번 문제는 3-차원 공간에 있는 $\boldsymbol{u}, \boldsymbol{v}, \boldsymbol{w}$를 다룬다. (그림 1.5b)

19 그림 1.5b에서 $\frac{1}{3}\boldsymbol{u}+\frac{1}{3}\boldsymbol{v}+\frac{1}{3}\boldsymbol{w}$와 $\frac{1}{2}\boldsymbol{u}+\frac{1}{2}\boldsymbol{w}$가 가리키는 점들을 표시하라. 도전 문제: c, d, e에 대한 어떤 조건에서 점선으로 표시된 삼각형 내부를 일차결합 $c\boldsymbol{u}+d\boldsymbol{v}+e\boldsymbol{w}$가 채울까? 삼각형 내부에 머물기 위한 하나의 요구 조건은 $c \ge 0, d \ge 0, e \ge 0$이다.

20 삼각형의 점선으로 표시된 세 변은 $\boldsymbol{v}-\boldsymbol{w}$와 $\boldsymbol{w}-\boldsymbol{v}$와 $\boldsymbol{u}-\boldsymbol{w}$다. 이들의 합은 _______ 이다. $(3,1)$ 더하기 $(-1,1)$ 더하기 $(-2,2)$의 평면 삼각형 둘레로 시작점을 끝점에 놓는 방식의 벡터 덧셈을 그려라.

21 $c \ge 0,\ d \ge 0,\ e \ge 0$와 $c+d+e \le 1$일 때, 일차결합 $c\boldsymbol{u}+d\boldsymbol{v}+e\boldsymbol{w}$의 삼각뿔 내부의 영역을 표시하라. 벡터 $\frac{1}{2}(\boldsymbol{u}+\boldsymbol{v}+\boldsymbol{w})$를 이 삼각뿔 내부 또는 외부로 표시하라.

22 이 벡터들 $\boldsymbol{u}, \boldsymbol{v}, \boldsymbol{w}$의 모든 일차결합을 볼 때, $c\boldsymbol{u}+d\boldsymbol{v}+e\boldsymbol{w}$로부터 생성할 수 없는 벡터가 있는가? 만일 $\boldsymbol{u}, \boldsymbol{v}, \boldsymbol{w}$가 모두 _______ 에 있다면 답이 달라진다.

도전 문제

23 4차원 상의 초입방체 큐브는 꼭짓점이 몇 개인가? 3차원 면은 몇 개인가? 변은 몇 개인가? 꼭짓점의 한 예는 $(0,0,1,0)$이다. 변의 한 예는 $(0,1,0,0)$으로 간다.

24 $\boldsymbol{b}=(0,1)$을 생성하는 세 벡터 $\boldsymbol{u}=(1,3)$와 $\boldsymbol{v}=(2,7)$과 $\boldsymbol{w}=(1,5)$의 서로 다른 두 개의 일차결합을 구하라. 약간 민감한 문제: 평면 내에서 임의의 세 벡터 $\boldsymbol{u}, \boldsymbol{v}, \boldsymbol{w}$를 택하면, $\boldsymbol{b}=(0,1)$을 생성하는 서로 다른 두 개의 일차결합이 항상 존재할까?

25 $\boldsymbol{v} = (a, b)$와 $\boldsymbol{w} = (c, d)$의 일차결합은 ______ 않는다면 평면을 채운다. 각각 네 개의 성분을 갖는 네 벡터의 일차결합 $c\boldsymbol{u} + d\boldsymbol{v} + e\boldsymbol{w} + f\boldsymbol{z}$가 4차원 공간 내의 모든 벡터들 (b_1, b_2, b_3, b_4)를 생성하는 벡터 $\boldsymbol{u}, \boldsymbol{v}, \boldsymbol{w}, \boldsymbol{z}$를 구하라.

26 $c\boldsymbol{u} + d\boldsymbol{v} + e\boldsymbol{w} = \boldsymbol{b}$가 되도록 c, d, e에 대한 방정식 세 개를 작성하라. 이 $\boldsymbol{b}$에 대해 c, d, e를 구할 수 있는가?

$$\boldsymbol{u} = \begin{bmatrix} 2 \\ -1 \\ 0 \end{bmatrix} \quad \boldsymbol{v} = \begin{bmatrix} -1 \\ 2 \\ -1 \end{bmatrix} \quad \boldsymbol{w} = \begin{bmatrix} 0 \\ -1 \\ 2 \end{bmatrix} \quad \boldsymbol{b} = \begin{bmatrix} 1 \\ 0 \\ 0 \end{bmatrix}$$

1.2 내적으로부터의 길이와 각도

1. $\boldsymbol{v} = \begin{bmatrix}1\\2\end{bmatrix}$와 $\boldsymbol{w} = \begin{bmatrix}4\\6\end{bmatrix}$의 "내적"은 $\boldsymbol{v}\cdot\boldsymbol{w} = (1)(4) + (2)(6) = 4 + 12 = \mathbf{16}$.
2. $\boldsymbol{v} = (1, 3, 2)$의 길이의 제곱은 $\boldsymbol{v}\cdot\boldsymbol{v} = 1 + 9 + 4 = 14$. **길이는** $\|\boldsymbol{v}\| = \sqrt{14}$.
3. 단위벡터 $\boldsymbol{u} = \dfrac{\boldsymbol{v}}{\|\boldsymbol{v}\|} = \dfrac{\boldsymbol{v}}{\sqrt{14}} = \dfrac{1}{\sqrt{14}}(1, 3, 2)$에 대해, $\|\boldsymbol{u}\|^2 = \dfrac{1}{14} + \dfrac{9}{14} + \dfrac{4}{14} = 1$.
4. $\boldsymbol{v} = (1, 3, 2)$는 $\boldsymbol{w} = (4, -4, 4)$와 수직이다. $\boldsymbol{v}\cdot\boldsymbol{w} = 0$이기 때문이다.
5. $\boldsymbol{v} = \begin{bmatrix}1\\0\end{bmatrix}$와 $\boldsymbol{w} = \begin{bmatrix}1\\1\end{bmatrix}$ 사이의 각 $\theta = 45°$로 $\cos\theta = \dfrac{\boldsymbol{v}\cdot\boldsymbol{w}}{\|\boldsymbol{v}\|\|\boldsymbol{w}\|} = \dfrac{1}{(1)(\sqrt{2})}$.
6. 모든 각에 대해 $|\cos\theta| \le 1$. 모든 벡터에 대해 $|\boldsymbol{v}\cdot\boldsymbol{w}| \le \|\boldsymbol{v}\|\|\boldsymbol{w}\|$ (**슈바르츠 부등식**) 와 $\|\boldsymbol{v} + \boldsymbol{w}\| \le \|\boldsymbol{v}\| + \|\boldsymbol{w}\|$ (**삼각 부등식**)이 성립한다.

내적 $\boldsymbol{v}\cdot\boldsymbol{v}$는 벡터 $\boldsymbol{v}$의 길이의 제곱인 $\|\boldsymbol{v}\|^2$을 알려준다.

내적 $\boldsymbol{v}\cdot\boldsymbol{w}$는 두 벡터 $\boldsymbol{v}$와 $\boldsymbol{w}$ 사이의 각을 알려준다.

$$\textbf{길이 } \|\boldsymbol{v}\| \textbf{는 } \|\boldsymbol{v}\|^2 = \boldsymbol{v}\cdot\boldsymbol{v} = v_1^2 + v_2^2 + \cdots + v_n^2 \textbf{ 으로 주어진다.} \tag{1}$$

2차원 공간에서, 이것은 직각삼각형에 대한 피타고라스 정리 $a^2 + b^2 = c^2$이다. 두 변이 $a^2 = v_1^2$와 $b^2 = v_2^2$이고, 빗변은 $\|\boldsymbol{v}\|^2 = v_1^2 + v_2^2 = a^2 + b^2$이다. 이 길이 제곱에 대한 공식은 일반적인 평면 기하학과 일치한다.

n 차원에 도달하기 위해 한 번에 한 차원씩 추가한다. 그림 1.6은 3차원 공간에서의 $\boldsymbol{w} = (1, 2, 3)$을 보여준다. 직각삼각형의 두 변은 $(1, 2, 0)$과 $(0, 0, 3)$이 된다. 이 두 벡터의 합은 $\boldsymbol{w}$이다. 첫 번째 변은 xy 평면 내에 있고, 두 번째 변은 수직인 z축을 향해 위로 올라간다. 빗변이 $\boldsymbol{w} = (1, 2, 3)$인 3차원에서의 이 삼각형에 대해, 공식 $a^2 + b^2 = c^2$은 $(1^2 + 2^2) + (3^2) = 14 = \|\boldsymbol{w}\|^2$이 된다.

4차원 벡터의 길이는 $\sqrt{v_1^2 + v_2^2 + v_3^2 + v_4^2}$이 될 것이다. 따라서 벡터 $(1, 1, 1, 1)$의 길이는 $\sqrt{1^2 + 1^2 + 1^2 + 1^2} = 2$이다. 이 길이는 4차원 공간에서의 단위 큐브(cube)의 대각선 길이이다. n 차원에서의 단위 큐브의 대각선 길이는 $\sqrt{n}$이다.

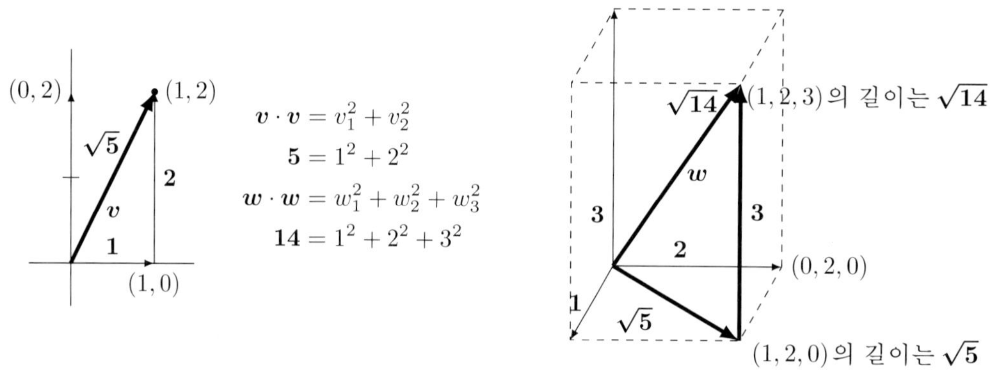

그림 1.6: 평면 위에서 길이 $\sqrt{\boldsymbol{v}\cdot\boldsymbol{v}} = \sqrt{5}$와 3차원 공간에서 길이 $\sqrt{\boldsymbol{w}\cdot\boldsymbol{w}} = \sqrt{14}$

벡터의 길이가 1일 때 **단위벡터**(unit vector)라는 용어를 사용한다. $\boldsymbol{v}$을 $\|\boldsymbol{v}\|$로 나눈다.

단위벡터 $\boldsymbol{u}$의 길이는 $\|\boldsymbol{u}\| = 1$이다. $\boldsymbol{v} \neq \mathbf{0}$이라면, $\boldsymbol{u} = \dfrac{\boldsymbol{v}}{\|\boldsymbol{v}\|}$은 단위벡터다.

예제 1 x축과 y축에 나란한 표준단위벡터를 $\boldsymbol{i}$와 $\boldsymbol{j}$로 쓴다. xy 평면에서, x축과 각 θ를 이루는 단위벡터는 $(\cos\theta, \sin\theta)$이다.

$$\textbf{단위벡터} \quad \boldsymbol{i} = \begin{bmatrix}1\\0\end{bmatrix} \quad \text{와} \quad \boldsymbol{j} = \begin{bmatrix}0\\1\end{bmatrix} \quad \text{그리고} \quad \boldsymbol{u} = \begin{bmatrix}\cos\theta\\ \sin\theta\end{bmatrix}$$

$\theta = 0$일 때, 수평한 벡터 $\boldsymbol{u}$는 $\boldsymbol{i}$이다. $\theta = 90°$일 때, 수직인 벡터 $\boldsymbol{u}$는 $\boldsymbol{j}$이다. 임의의 각에 대해, $\boldsymbol{u} = (\cos\theta, \sin\theta)$**는** $\boldsymbol{u}\cdot\boldsymbol{u} = \cos^2\theta + \sin^2\theta = 1$**이기 때문에 단위벡터다.**

3차원 공간에서 표준단위벡터는 $\boldsymbol{i} = (1, 0, 0)$과 $\boldsymbol{j} = (0, 1, 0)$과 $\boldsymbol{k} = (0, 0, 1)$이다. 4차원 공간에서 단위벡터의 한 예는 $\boldsymbol{u} = \left(\frac{1}{2}, \frac{1}{2}, \frac{1}{2}, \frac{1}{2}\right)$이다. 또는 벡터 $\boldsymbol{v} = (1, 5, 5, 7)$로 시작할 수도 있다. 그러면 $\|\boldsymbol{v}\|^2 = 1 + 25 + 25 + 49 = 100$이다. 그러므로 $\boldsymbol{v}$는 길이가 10이고 $\boldsymbol{u} = \boldsymbol{v}/10$은 단위벡터다.

"**단위**(unit)" 라는 용어는 언제나 어떤 측정값이 "1" 과 같다는 것을 의미한다. 단위가격은 한 물품에 대한 가격이다. 단위 큐브는 각 변의 길이가 1이다. 단위원은 반지름이 1인 원이다. 이제 길이 = 1이라는 "단위벡터" 의 의미를 알게 되었을 것이다.

수직인 벡터

$\boldsymbol{v}$와 $\boldsymbol{w}$ 사이의 각이 90°라고 하자. 이 각의 코사인은 0이다. 이것은 수직인 벡터에 대한 값진 테스트인 $\boldsymbol{v} \cdot \boldsymbol{w} = 0$을 탄생시킨다.

$$\boxed{\textbf{수직인 벡터는 } \boldsymbol{v} \cdot \boldsymbol{w} = 0 \textbf{이다. 그러면 } \|\boldsymbol{v}+\boldsymbol{w}\|^2 = \|\boldsymbol{v}\|^2 + \|\boldsymbol{w}\|^2} \qquad (2)$$

이것은 가장 중요한 특별한 경우이다. 이것은 다시 각 90° 와 길이 $a^2 + b^2 = c^2$으로 돌아가게 해준다. 수직인 벡터($\boldsymbol{v} \cdot \boldsymbol{w} = 0 = \boldsymbol{w} \cdot \boldsymbol{v}$)들의 대수는 쉽다.

$$\|\boldsymbol{v}+\boldsymbol{w}\|^2 = (\boldsymbol{v}+\boldsymbol{w}) \cdot (\boldsymbol{v}+\boldsymbol{w}) = \boldsymbol{v} \cdot \boldsymbol{v} + \boldsymbol{v} \cdot \boldsymbol{w} + \boldsymbol{w} \cdot \boldsymbol{v} + \boldsymbol{w} \cdot \boldsymbol{w} = \|\boldsymbol{v}\|^2 + \|\boldsymbol{w}\|^2 \qquad (3)$$

두 항이 0이다. $\|\boldsymbol{v}-\boldsymbol{w}\|^2$ 또한 $\|\boldsymbol{v}\|^2 + \|\boldsymbol{w}\|^2$과 같다.

예제 2 벡터 $\boldsymbol{v} = (1, 1)$은 x축과 45° 각을 이룬다.
벡터 $\boldsymbol{v} = (1, -1)$은 x축과 -45° 각을 이룬다.

그러므로 $(1, 1)$과 $(1, -1)$ 사이의 각은 90°다. 이 두 벡터의 내적은 $\boldsymbol{v} \cdot \boldsymbol{w} = 1 - 1 = 0$이다. 이 직각삼각형에서 $\|\boldsymbol{v}\|^2 = 2$이고 $\|\boldsymbol{w}\|^2 = 2$이고 $\|\boldsymbol{v}-\boldsymbol{w}\|^2 = \|\boldsymbol{v}+\boldsymbol{w}\|^2 = 4$이다.

예제 3 벡터 $\boldsymbol{v} = (4, 2)$와 $\boldsymbol{w} = (-1, 2)$의 내적은 영이다.

내적이 0
벡터가 수직이다 $\quad \begin{bmatrix} 4 \\ 2 \end{bmatrix} \cdot \begin{bmatrix} -1 \\ 2 \end{bmatrix} = -4 + 4 = 0$

(0보다 왼쪽에 있는) 점 $x = -1$에 4만큼 가중치를 주고 (0보다 오른쪽에 있는) 점 $x = 2$에 2만큼 가중치를 준다. x축은 시소처럼 중심점에서 균형을 이룰 것이다. 내적이 $(4)(-1) + (2)(2) = 0$이기 때문에 이 가중치들은 균형을 맞추게 해준다.

이러한 예는 공학 및 과학 분야의 전형적인 예다. 가중치 벡터는 $(w_1, w_2) = (4, 2)$이다. 중심으로부터 거리 벡터는 $(v_1, v_2) = (-1, 2)$이다. 가중치 곱하기 거리인 w_1v_1과 w_2v_2는 "모멘텀(momentum)" 이 된다. 시소가 균형을 맞추기 위한 식은 $\boldsymbol{w} \cdot \boldsymbol{v} = w_1v_1 + w_2v_2 = 0$이다.

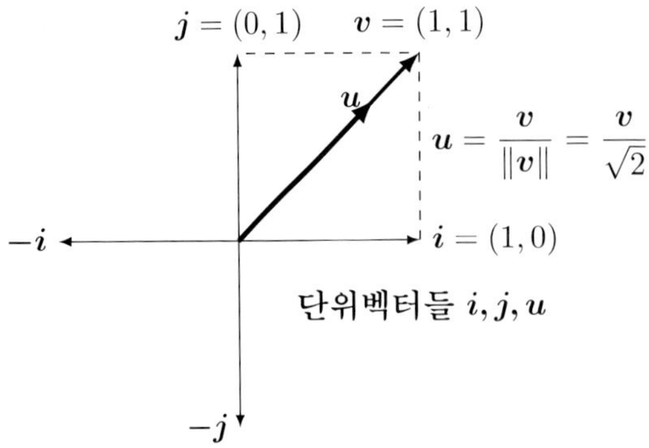

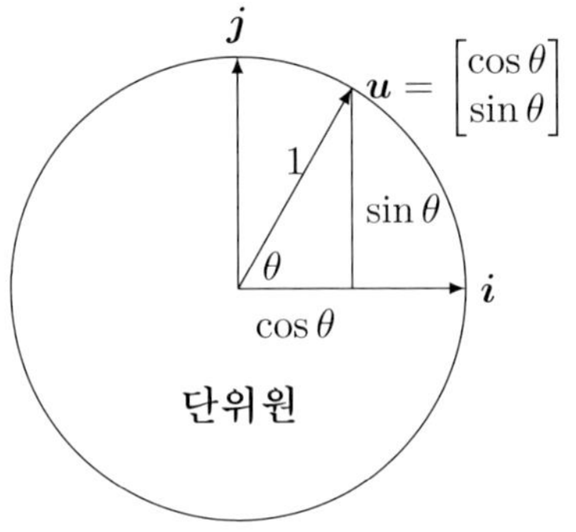

그림 1.7: 좌표 벡터 $\boldsymbol{i}$와 $\boldsymbol{j}$. 45° 각을 갖는 단위 벡터 $\boldsymbol{u}$는 $\boldsymbol{v} = (1,1)$을 그 길이인 $\|\boldsymbol{v}\| = \sqrt{2}$로 나눈다. 단위 벡터 $\boldsymbol{u} = (\cos\theta, \sin\theta)$의 각은 θ이다.

예제 4 단위 벡터 $\boldsymbol{v} = (1,0)$과 $\boldsymbol{u} = (\cos\theta, \sin\theta)$에 대해, $\boldsymbol{v} \cdot \boldsymbol{u} = \cos\theta$이다. 이제 내적을 벡터 사이의 각도와 연결짓는다.

각 θ의 코사인 코사인 공식은 다음과 같이 단위벡터에 대해 기억하기 쉽다.

만일 $\|\boldsymbol{v}\| = 1$이고 $\|\boldsymbol{u}\| = 1$이면, $\boldsymbol{v}$와 $\boldsymbol{u}$ 사이의 각 θ에 대해, $\cos\theta = \boldsymbol{v} \cdot \boldsymbol{u}$이다.

수학에서 0은 언제나 특별한 수다. 내적에서는, 0은 두 벡터가 수직임을 의미한다. 두 벡터 사이의 각은 90°다. 수직인 벡터에 대한 가장 명확한 예는 x축과 나란한 $\boldsymbol{i} = (1,0)$과 y축과 나란한 $\boldsymbol{j} = (0,1)$이다. 다시 한 번 내적은 $\boldsymbol{i} \cdot \boldsymbol{j} = 0 + 0 = 0$이다. 90°의 코사인은 0이다.

예제 5 내적은 경제와 경영에도 적용된다. 사야할 물품 세 개가 있다. 각 물품의 단위 가격은 (p_1, p_2, p_3)이다. 이것이 가격 벡터 $\boldsymbol{p}$다. 구매하는 양은 (q_1, q_2, q_3)이다. p_1의 가격에 q_1만큼 사면 이 물품의 가격은 $q_1 p_1$이 된다. 총비용은 구매량 $\boldsymbol{q}$ 곱하기 가격 $\boldsymbol{p}$가 된다. ***이것은 3차원 공간에서의 내적 $\mathbf{q} \cdot \mathbf{p}$ 이다***.

$$\textbf{비용} = (q_1, q_2, q_3) \cdot (p_1, p_2, p_3) = q_1 p_1 + q_2 p_2 + q_3 p_3 = \textbf{내적}$$

내적이 0인 것은 "장부 상의 대차대조가 맞았음" 을 의미한다. $\boldsymbol{q} \cdot \boldsymbol{p} = 0$이면 총판매량과 총구매량이 동일하다. 그러면 $\boldsymbol{p}$는 (3차원 공간 상에서) $\boldsymbol{q}$와 수직이다. 수천 가지의 물품을 가진 수퍼마켓이라면 이 벡터들은 매우 빠르게 고차원이 된다.

스프레드시트는 경영에서 필수가 되었다. 스프레드시트는 일차결합과 내적을 계산한다. 스크린 상에서 보이는 것은 행렬이다.

두 벡터 사이의 각

수직인 벡터는 $\boldsymbol{v}\cdot\boldsymbol{w}=0$임을 안다. 각이 90°이면 내적은 0이다. 다음 단계는 모든 내적을 각과 연결짓는 것이다. 내적 $\boldsymbol{v}\cdot\boldsymbol{w}$는 임의의 영벡터가 아닌 두 벡터 $\boldsymbol{v}$와 $\boldsymbol{w}$ 사이의 각을 알려준다.

예제 6 단위벡터 $\boldsymbol{v}=(\cos\alpha,\sin\alpha)$와 $\boldsymbol{w}=(\cos\beta,\sin\beta)$의 내적은 $\boldsymbol{v}\cdot\boldsymbol{w}=\cos\alpha\cos\beta+\sin\alpha\sin\beta$이다. 삼각함수 공식에서 이것은 $\cos(\beta-\alpha)$이다. 그림 1.8은 단위 벡터 $\boldsymbol{v}$와 $\boldsymbol{w}$ 사이의 각이 $\beta-\alpha$임을 보여준다.

내적 $\boldsymbol{w}\cdot\boldsymbol{v}$는 $\boldsymbol{v}\cdot\boldsymbol{w}$와 동일하다. $\boldsymbol{v}$와 $\boldsymbol{w}$의 순서는 아무런 차이가 없다.

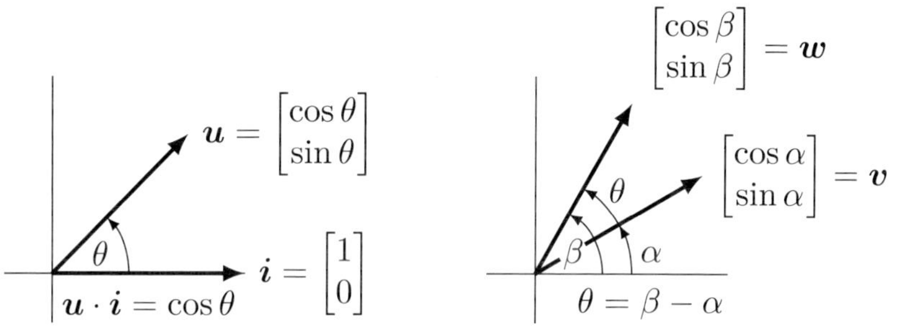

그림 1.8: 단위벡터들: $\boldsymbol{u}\cdot\boldsymbol{i}=\cos\theta$. 벡터 사이의 각은 θ.

$\boldsymbol{v}\cdot\boldsymbol{w}$가 0**이 아니다**고 가정하자. 양수일 수도 있고 음수일 수도 있다. $\boldsymbol{v}\cdot\boldsymbol{w}$의 부호는 직각보다 큰지 또는 작은지를 즉각적으로 말해준다. $\boldsymbol{v}\cdot\boldsymbol{w}$가 양수이면 각은 90°보다 작다. $\boldsymbol{v}\cdot\boldsymbol{w}$가 음수이면 각은 90°보다 크다. 그림 1.9의 오른쪽 그림은 $\boldsymbol{v}=(3,1)$을 보여준다. $\boldsymbol{w}=(1,3)$과의 각은 $\boldsymbol{v}\cdot\boldsymbol{w}=6$이 양수이기 때문에 90°보다 작다.

경계선은 벡터가 $\boldsymbol{v}$와 수직인 곳이다. 플러스와 마이너스 사이의 이 경계선 위에 있는 $\boldsymbol{w}_2=(1,-3)$은 $\boldsymbol{v}=(3,1)$과 수직이다. 이 둘의 내적은 0이다. 다음으로 $\boldsymbol{w}_3$은 $\boldsymbol{v}$와의 각이 90°를 넘어간다. 이에 대한 테스트는 $\boldsymbol{v}\cdot\boldsymbol{w}_3<0$, 즉 내적이 음수다.

내적은 정확한 각 θ를 드러내준다. 반복하면, 단위 벡터 $\boldsymbol{u}$와 $\boldsymbol{U}$에 대해, ***내적 $\boldsymbol{u}\cdot\boldsymbol{U}$는 θ의 코사인이다.*** 이 명제는 n 차원에서도 여전히 유효하다.

각이 θ인 단위 벡터 $\boldsymbol{u}$와 $\boldsymbol{U}$에 대해, $\boldsymbol{u}\cdot\boldsymbol{U}=\cos\theta$이다. 당연히 $|\boldsymbol{u}\cdot\boldsymbol{U}|\leq 1$

$\cos\theta$는 절대로 1보다 크지 않다는 점을 떠올리자. 또한 -1보다 절대 작지 않다. 단위 벡터들의 내적은 -1과 1 사이이다. **θ의 코사인이 $\boldsymbol{u}\cdot\boldsymbol{U}$에 의해 드러난다.**

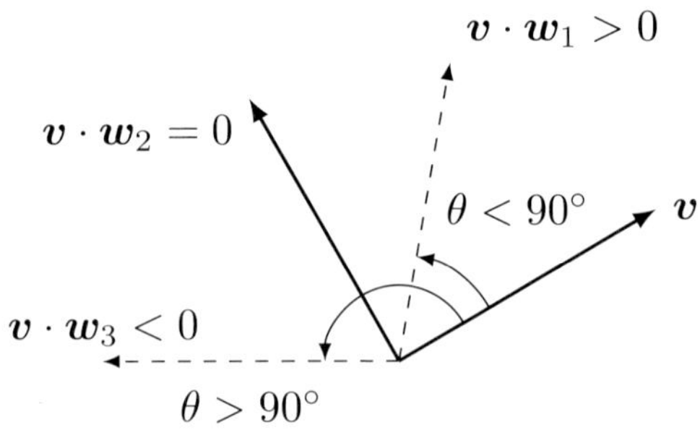

그림 1.9: 작은 각 $v \cdot w_1 > 0$. 직각 $v \cdot w_2 = 0$. 큰 각 $v \cdot w_3 < 0$

v와 w가 단위 벡터가 아니면 어떡할까? 각자의 길이로 나누어 $u = v/\|v\|$와 $U = w/\|w\|$를 얻는다. 그런 다음 이러한 단위 벡터 u와 U의 내적을 하면 $\cos\theta$를 얻는다.

코사인 공식 v와 w가 영벡터가 아니라면, $\dfrac{v \cdot w}{\|v\|\|w\|} = \cos\theta$	(4)

어떤 각이든, 이 $v/\|v\|$와 $w/\|w\|$의 내적은 절대로 1을 넘지 않는다. 이것이 바로 내적에 대한 "**슈바르츠(Schwarz) 부등식**" - 좀 더 정확하게는 코시-슈바르츠-부니아코프스키(Cauchy-Schwarz-Buniakowsky) 부등식 $|v \cdot w| \leq \|v\|\|w\|$이다. 이 부등식은 프랑스와 독일와 러시아에서 발견되었다 (그리고 아마도 다른 곳에서 발견되었을 수도 있다. 이 부등식은 수학에서 가장 중요한 부등식이다).

$|\cos\theta|$는 1을 절대 넘지 않기 때문에, 식 (4)에서의 코사인 공식은 다음 두 개의 위대한 부등식을 유도한다.

슈바르츠 부등식	$v \cdot w \leq \|v\|\|w\|$
삼각 부등식	$\|v + w\| \leq \|v\| + \|w\|$

예제 7 $v = \begin{bmatrix} 2 \\ 1 \end{bmatrix}$와 $w = \begin{bmatrix} 1 \\ 2 \end{bmatrix}$에 대해 $\cos\theta$를 구하고 두 부등식이 성립함을 확인하라.

내적은 $v \cdot w = 4$이다. 두 벡터 v와 w 모두 길이는 $\sqrt{5}$이다. 그러므로 $\|v\|\|w\| = 5$이다.

$$\cos\theta = \frac{v \cdot w}{\|v\|\|w\|} = \frac{4}{\sqrt{5}\sqrt{5}} = \frac{4}{5}.$$

슈바르츠 부등식은 $4 < 5$이다. 삼각 부등식에 의해 세 번째 변 $= \|v + w\|$는 첫 번째 변 + 두 번째 변보다 작다. $v + w = (3, 3)$으로서 세 번째 변은 $\sqrt{18} < \sqrt{5} + \sqrt{5}$이다. 양변을 제곱해 보면 $18 < 20$이다. 이것으로써 삼각 부등식이 성립함을 확인하였다.

예제 8 $\boldsymbol{v} = (a, b)$와 $\boldsymbol{w} = (b, a)$의 내적은 $2ab$이다. 각각의 길이는 $\|\boldsymbol{v}\| = \|\boldsymbol{w}\| = \sqrt{a^2+b^2}$이다. 슈바르츠 부등식 $\boldsymbol{v} \cdot \boldsymbol{w} \leq \|\boldsymbol{v}\|\|\boldsymbol{w}\|$은 $2\boldsymbol{ab} \leq \boldsymbol{a}^2 + \boldsymbol{b}^2$이다.

$$\text{임의의 수 } a^2\text{과 } b^2\text{에 대해, 기하 평균 } ab \leq \text{산술 평균 } \frac{1}{2}(a^2+b^2)$$

삼각 부등식은 슈바르츠 부등식으로부터 직접 유도된다! 마지막으로, 각을 사용하지 않는 슈바르츠 부등식에 대한 증명을 여기에 보인다. 모든 벡터 $\boldsymbol{u}$에 대해, $0 \leq \boldsymbol{u} \cdot \boldsymbol{u}$이다. 이 사실을 벡터 $\boldsymbol{u} = \|\boldsymbol{v}\|\boldsymbol{w} \pm \|\boldsymbol{w}\|\boldsymbol{v}$에 적용시킨다.

$$\begin{aligned} 0 \leq \boldsymbol{u} \cdot \boldsymbol{u} = \|\boldsymbol{v}\|^2 \boldsymbol{w} \cdot \boldsymbol{w} \pm 2\|\boldsymbol{v}\|\|\boldsymbol{w}\|\boldsymbol{w} \cdot \boldsymbol{v} + \|\boldsymbol{w}\|^2 \boldsymbol{v} \cdot \boldsymbol{v} \text{ 로부터} \\ 2\|\boldsymbol{v}\|^2\|\boldsymbol{w}\|^2 \geq 2\|\boldsymbol{v}\|\|\boldsymbol{w}\||\boldsymbol{w} \cdot \boldsymbol{v}| \end{aligned} \tag{5}$$

양변을 $2\|\boldsymbol{v}\|\|\boldsymbol{w}\|$로 나눈다. 그러면 $\boldsymbol{v} \cdot \boldsymbol{w} \leq \|\boldsymbol{v}\|\|\boldsymbol{w}\|$은 슈바르츠 부등식이다. 이 부등식으로부터

$$\|\boldsymbol{v}+\boldsymbol{w}\|^2 = \boldsymbol{v} \cdot \boldsymbol{v} + \boldsymbol{v} \cdot \boldsymbol{w} + \boldsymbol{w} \cdot \boldsymbol{v} + \boldsymbol{w} \cdot \boldsymbol{w} \leq \|\boldsymbol{v}\|^2 + 2\|\boldsymbol{v}\|\|\boldsymbol{w}\| + \|\boldsymbol{w}\|^2 \tag{6}$$

이고, 양쪽에 제곱근을 취하면 $\|\boldsymbol{v}+\boldsymbol{w}\| \leq \|\boldsymbol{v}\| + \|\boldsymbol{w}\|$. **세 번째 변의 길이는 첫 번째 변의 길이 + 두 번째 변의 길이를 초과할 수 없다**.

풀이가 있는 연습 문제

1.2 A 벡터 $\boldsymbol{v} = (3, 4)$와 $\boldsymbol{w} = (4, 3)$에 대해, $\boldsymbol{v} \cdot \boldsymbol{w}$에 대한 슈바르츠 부등식을 테스트하고 $\|\boldsymbol{v}+\boldsymbol{w}\|$에 대한 삼각 부등식을 테스트하라. $\boldsymbol{v}$와 $\boldsymbol{w}$ 사이의 각 θ에 대해 $\cos\theta$를 구하라.

풀이 내적은 $\boldsymbol{v} \cdot \boldsymbol{w} = (3)(4) + (4)(3) = 24$이다. $\boldsymbol{v}$의 길이 $\|\boldsymbol{v}\| = \sqrt{9+16} = 5$이고 $\|\boldsymbol{w}\|$의 길이 $\|\boldsymbol{w}\| = 5$이다. 벡터의 합 $\boldsymbol{v}+\boldsymbol{w} = (7, 7)$의 길이는 $7\sqrt{2} < 10$이다.

슈바르츠 부등식	$\lvert\boldsymbol{v} \cdot \boldsymbol{w}\rvert \leq \|\boldsymbol{v}\|\|\boldsymbol{w}\|$는 $24 < 25$로 만족한다.
삼각 부등식	$\|\boldsymbol{v}+\boldsymbol{w}\| \leq \|\boldsymbol{v}\| + \|\boldsymbol{w}\|$는 $7\sqrt{2} < 5+5$로 만족한다.
각의 코사인	$\cos\theta = \dfrac{24}{25}$ $\boldsymbol{v} = (3, 4)$로부터 $\boldsymbol{w} = (4, 3)$까지의 얇은 각

1.2 B 슈바르츠 부등식과 삼각 부등식에서 $|\boldsymbol{v} \cdot \boldsymbol{w}| = \|\boldsymbol{v}\|\|\boldsymbol{w}\|$와 $\|\boldsymbol{v}+\boldsymbol{w}\| = \|\boldsymbol{v}\| + \|\boldsymbol{w}\|$와 같이 등호가 성립하게 하는 $\boldsymbol{v}$와 $\boldsymbol{w}$는 어떤 벡터들인가?

등호: $\boldsymbol{w} = c\boldsymbol{v}$에서와 같이 한 벡터가 다른 벡터의 상수배다. 그러면 각은 0° 또는 180°이다. 이 경우에 $|\cos\theta| = 1$이고 $|\boldsymbol{v}\cdot\boldsymbol{w}|$는 $\|\boldsymbol{v}\|\|\boldsymbol{w}\|$와 동일하다. $\boldsymbol{w} = 2\boldsymbol{v}$에서와 같이 각이 0°라면, $\|\boldsymbol{v}+\boldsymbol{w}\| = \|\boldsymbol{v}\| + \|\boldsymbol{w}\|$이다 (양변이 모두 $3\|\boldsymbol{v}\|$가 된다). 이렇게 $\boldsymbol{v}, 2\boldsymbol{v}, 3\boldsymbol{v}$로 만들어지는 삼각형은 극도로 가늘다.

1.2 C $\boldsymbol{v} = (3,4)$ 방향의 단위 벡터 $\boldsymbol{u}$를 구하라. $\boldsymbol{u}$와 수직인 단위벡터 $\boldsymbol{U}$를 구하라. 두 가지 가능성의 $\boldsymbol{U}$가 존재한다.

풀이 단위 벡터 $\boldsymbol{u}$는 $\boldsymbol{v}$를 그 길이인 $\|\boldsymbol{v}\| = 5$로 나누어 구한다. 수직인 벡터 $\boldsymbol{V}$로서 $(-4,3)$ 또는 $(4,-3)$을 선택한다. **단위**벡터 $\boldsymbol{U}$는 $\boldsymbol{V}$를 그 길이인 $\|\boldsymbol{V}\| = 5$로 나누어 구한다.

연습 문제

1 내적 $\boldsymbol{u}\cdot\boldsymbol{v}$, $\boldsymbol{u}\cdot\boldsymbol{w}$, $\boldsymbol{u}\cdot(\boldsymbol{v}+\boldsymbol{w})$, 그리고 $\boldsymbol{w}\cdot\boldsymbol{v}$를 계산하라.

$$\boldsymbol{u} = \begin{bmatrix} -.6 \\ .8 \end{bmatrix} \quad \boldsymbol{v} = \begin{bmatrix} 4 \\ 3 \end{bmatrix} \quad \boldsymbol{w} = \begin{bmatrix} 1 \\ 2 \end{bmatrix}.$$

2 1번 문제에서의 벡터들의 길이 $\|\boldsymbol{u}\|$, $\|\boldsymbol{v}\|$, 그리고 $\|\boldsymbol{w}\|$를 계산하라. 슈바르츠 부등식 $|\boldsymbol{u}\cdot\boldsymbol{v}| \le \|\boldsymbol{u}\|\|\boldsymbol{v}\|$와 $|\boldsymbol{v}\cdot\boldsymbol{w}| \le \|\boldsymbol{v}\|\|\boldsymbol{w}\|$가 성립함을 보여라.

3 1번 문제에서 $\boldsymbol{v}$와 $\boldsymbol{w}$ 방향의 단위벡터들을 구하고 두 벡터 사이의 각 θ의 코사인 값을 구하라. $\boldsymbol{w}$와 $0^\circ, 90^\circ$ 그리고 180°를 이루는 벡터 $\boldsymbol{a}, \boldsymbol{b}, \boldsymbol{c}$를 선택하라.

4 임의의 단위벡터 $\boldsymbol{v}$와 $\boldsymbol{w}$에 대해, 다음 내적(실제 값)을 구하라.

(a) $\boldsymbol{v}$와 $-\boldsymbol{v}$ (b) $\boldsymbol{v}+\boldsymbol{w}$와 $\boldsymbol{v}-\boldsymbol{w}$ (c) $\boldsymbol{v}-2\boldsymbol{w}$와 $\boldsymbol{v}+2\boldsymbol{w}$

5 $\boldsymbol{v} = (1,3)$과 $\boldsymbol{w} = (2,1,2)$ 방향으로의 단위 벡터 $\boldsymbol{u}_1$과 $\boldsymbol{u}_2$를 구하라. $\boldsymbol{u}_1$과 수직인 단위벡터 $\boldsymbol{U}_1$과 $\boldsymbol{u}_2$와 수직인 단위벡터 $\boldsymbol{U}_2$를 구하라.

6 (a) $\boldsymbol{v} = (2,-1)$과 수직인 모든 벡터 $\boldsymbol{w} = (w_1, w_2)$에 대해 설명하라.

(b) $\boldsymbol{V} = (1,1,1)$와 수직인 모든 벡터들은 3차원 내에서 ______ 위에 놓여있다.

(c) $(1,1,1)$과 $(1,2,3)$에 모두 수직인 벡터들은 ______ 위에 놓여있다.

7 다음 벡터쌍들 사이의 각 θ를 (코사인으로부터) 구하라.

(a) $\boldsymbol{v} = \begin{bmatrix} 1 \\ \sqrt{3} \end{bmatrix}$와 $\boldsymbol{w} = \begin{bmatrix} 1 \\ 0 \end{bmatrix}$ (b) $\boldsymbol{v} = \begin{bmatrix} 2 \\ 2 \\ -1 \end{bmatrix}$와 $\boldsymbol{w} = \begin{bmatrix} 2 \\ -1 \\ 2 \end{bmatrix}$

(c) $\boldsymbol{v} = \begin{bmatrix} 1 \\ \sqrt{3} \end{bmatrix}$와 $\boldsymbol{w} = \begin{bmatrix} -1 \\ \sqrt{3} \end{bmatrix}$ (d) $\boldsymbol{v} = \begin{bmatrix} 3 \\ 1 \end{bmatrix}$와 $\boldsymbol{w} = \begin{bmatrix} -1 \\ -2 \end{bmatrix}$

8 참 또는 거짓을 말하라 (참이면 근거를 들고 거짓이면 반례를 들어라).

(a) $\boldsymbol{u} = (1,1,1)$이 $\boldsymbol{v}$ 및 $\boldsymbol{w}$와 수직이면, $\boldsymbol{v}$는 $\boldsymbol{w}$와 평행이다.

(b) $\boldsymbol{u}$가 $\boldsymbol{v}$ 및 $\boldsymbol{w}$와 수직이면, $\boldsymbol{u}$는 $\boldsymbol{v} + 2\boldsymbol{w}$와 수직이다.

(c) $\boldsymbol{u}$와 $\boldsymbol{v}$가 수직인 단위벡터이면, $\|\boldsymbol{u} - \boldsymbol{v}\| = \sqrt{2}$이다. 그렇다!

9 $(0,0)$으로부터 (v_1, v_2)와 (w_1, w_2) 까지의 화살표의 기울기는 v_2/v_1과 w_2/w_1이다. **이 기울기들의 곱** $v_2 w_2 / v_1 w_1$ **이** -1**이라고 가정하자**. $\boldsymbol{v} \cdot \boldsymbol{w} = 0$이고 따라서 이 벡터들은 수직임을 보여라. (직선 $y = 4x$는 $y = -\frac{1}{4}x$와 수직이다.)

10 $(0,0)$으로부터 점 $\boldsymbol{v} = (1,2)$와 $\boldsymbol{w} = (-2,1)$까지 화살표를 그린다. 이 화살표들의 기울기를 곱한다. 이 답은 $\boldsymbol{v} \cdot \boldsymbol{w} = 0$이고 이 화살표들은 _______ 임을 나타낸다.

11 $\boldsymbol{v} \cdot \boldsymbol{w}$가 음수인 것은 $\boldsymbol{v}$와 $\boldsymbol{w}$ 사이의 각에 대해 무엇을 말해주는가? 3-차원 벡터 $\boldsymbol{v}$를 (화살표로) 그린 다음, $\boldsymbol{v} \cdot \boldsymbol{w} < 0$을 만족하는 모든 $\boldsymbol{w}$는 어디에 있겠는지 보여라.

12 $\boldsymbol{v} = (1,1)$과 $\boldsymbol{w} = (1,5)$에 대해, $\boldsymbol{w} - c\boldsymbol{v}$가 $\boldsymbol{v}$와 수직이 되게 하는 수 c를 선택하라. 그런 다음 임의의 영이 아닌 벡터 $\boldsymbol{v}$와 $\boldsymbol{w}$에 대한 c의 공식을 구하라.

13 $(1,1,1,1)$과 수직이면서 서로 서로 수직인 영이 아닌 벡터들 $\boldsymbol{u}, \boldsymbol{v}, \boldsymbol{w}$를 구하라.

14 $x = 2$와 $y = 8$의 기하평균은 $\sqrt{xy} = 4$이다. 산술평균은 더 크다. $\frac{1}{2}(x+y) =$ _______. 이것은 $\boldsymbol{v} = (\sqrt{2}, \sqrt{8})$와 $\boldsymbol{w} = (\sqrt{8}, \sqrt{2})$에 대한 슈바르츠 부등식으로부터 유도될 수 있을 것이다. 이 $\boldsymbol{v}$와 $\boldsymbol{w}$에 대해 $\cos\theta$를 구하라.

15 **9차원 내에서 벡터** $\boldsymbol{v} = (1,1,\ldots,1)$**은 얼마나 긴가?** $\boldsymbol{v}$와 같은 방향인 단위벡터 $\boldsymbol{u}$와 $\boldsymbol{v}$에 수직인 단위벡터 $\boldsymbol{w}$를 구하라.

16 벡터 $(1,0,-1)$과 각 축과 나란한 단위벡터들 $\boldsymbol{i}, \boldsymbol{j}, \boldsymbol{k}$ 사이의 각 α, β, θ의 코사인은 얼마인가? $\cos^2\alpha + \cos^2\beta + \cos^2\theta = 1$임을 확인하라.

17–25번 문제는 삼각형에서의 길이와 각에 대한 주요 사실들로 이어진다.

17 변 $\boldsymbol{v} = (4, 2)$와 $\boldsymbol{w} = (-1, 2)$를 두 변으로 하는 평행사변형은 직사각형이다. ***직각 삼각형에 대해서만*** 성립하는 피타고라스 정리 $a^2 + b^2 = c^2$을 확인하라.

$$(\boldsymbol{v}\text{의 길이})^2 + (\boldsymbol{w}\text{의 길이})^2 = (\boldsymbol{v} + \boldsymbol{w}\text{의 길이})^2$$

18 (내적에 대한 규칙) 다음 식들은 간단하면서도 유용하다.

(1) $\boldsymbol{v} \cdot \boldsymbol{w} = \boldsymbol{w} \cdot \boldsymbol{v}$ (2) $\boldsymbol{u} \cdot (\boldsymbol{v} + \boldsymbol{w}) = \boldsymbol{u} \cdot \boldsymbol{v} + \boldsymbol{u} \cdot \boldsymbol{w}$ (3) $(c\boldsymbol{v}) \cdot \boldsymbol{w} = c(\boldsymbol{v} \cdot \boldsymbol{w})$

$\boldsymbol{u} = \boldsymbol{v} + \boldsymbol{w}$로 두고 (2)를 사용하여 $\|\boldsymbol{v} + \boldsymbol{w}\|^2 = \boldsymbol{v} \cdot \boldsymbol{v} + 2\boldsymbol{v} \cdot \boldsymbol{w} + \boldsymbol{w} \cdot \boldsymbol{w}$를 증명하라.

19 "코사인 법칙" 은 $(\boldsymbol{v} - \boldsymbol{w}) \cdot (\boldsymbol{v} - \boldsymbol{w}) = \boldsymbol{v} \cdot \boldsymbol{v} - 2\boldsymbol{v} \cdot \boldsymbol{w} + \boldsymbol{w} \cdot \boldsymbol{w}$로부터 나온다.

$$\textbf{코사인 법칙} \qquad \|\boldsymbol{v} - \boldsymbol{w}\|^2 = \|\boldsymbol{v}\|^2 - 2\|\boldsymbol{v}\|\|\boldsymbol{w}\| \cos\theta + \|\boldsymbol{w}\|^2$$

변 $\boldsymbol{v}$와 $\boldsymbol{w}$와 $\boldsymbol{v} - \boldsymbol{w}$로 이루어진 삼각형을 그려라. 이 삼각형에서 어떤 각이 θ인가?

20 **삼각 부등식**은 다음 관계식을 말한다. $(\boldsymbol{v} + \boldsymbol{w}$의 길이$) \le (\boldsymbol{v}$의 길이$) + (\boldsymbol{w}$의 길이$)$. 18번 문제에서 $\|\boldsymbol{v} + \boldsymbol{w}\|^2 = \|\boldsymbol{v}\|^2 + 2\boldsymbol{v} \cdot \boldsymbol{w} + \|\boldsymbol{w}\|^2$임을 알았다. $\boldsymbol{v} \cdot \boldsymbol{w}$을 $\|\boldsymbol{v}\|\|\boldsymbol{w}\|$까지 증가시켜 $\|$**변** 3$\|$가 $\|$**변** 1$\| + \|$**변** 2$\|$를 초과할 수 없음을 보여라.

$$\textbf{삼각 부등식} \quad \|\boldsymbol{v} + \boldsymbol{w}\|^2 \le (\|\boldsymbol{v}\| + \|\boldsymbol{w}\|)^2 \quad \text{즉} \quad \boxed{\|\boldsymbol{v} + \boldsymbol{w}\| \le \|\boldsymbol{v}\| + \|\boldsymbol{w}\|}$$

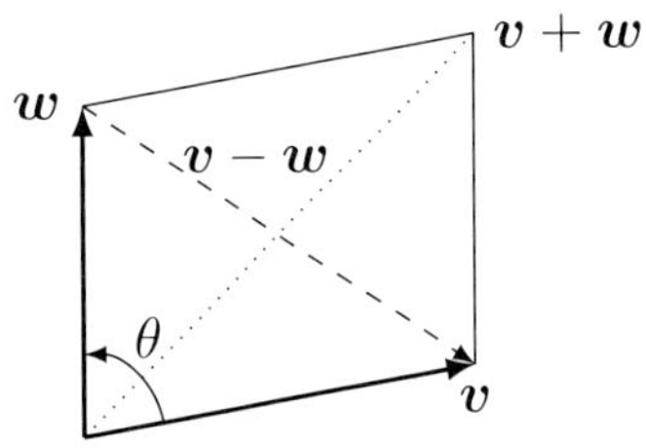

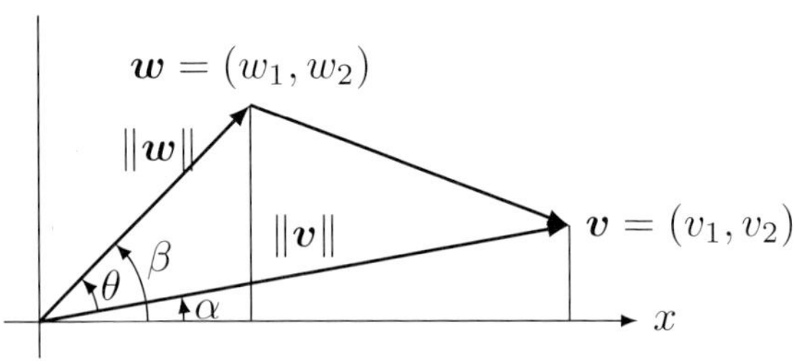

21 삼각법 대신 대수에 의한 슈바르츠 부등식 $|\boldsymbol{v} \cdot \boldsymbol{w}| \le \|\boldsymbol{v}\|\|\boldsymbol{w}\|$

(a) $(v_1 w_1 + v_2 w_2)^2 \le (v_1^2 + v_2^2)(w_1^2 + w_2^2)$의 양변을 전개하라.

(b) 이 양변의 차가 $(v_1 w_2 - v_2 w_1)^2$임을 보여라. 이것은 제곱이므로 음수가 될 수 없고 따라서 이 부등식은 참이다.

22 단위벡터들 (u_1, u_2)와 (U_1, U_2)에 대해 부등식 $|\boldsymbol{u}\cdot\boldsymbol{U}| \le 1$을 한 줄로 증명하면 다음과 같다.

$$|\boldsymbol{u}\cdot\boldsymbol{U}| \le |u_1||U_1| + |u_2||U_2| \le \frac{u_1^2+U_1^2}{2} + \frac{u_2^2+U_2^2}{2} = 1$$

이 식에 $(u_1, u_2) = (.6, .8)$과 $(U_1, U_2) = (.8, .6)$을 집어넣고 $\cos\theta$를 구하라.

23 왜 $|\cos\theta|$는 1보다 클 수 없는가? 이등변삼각형에서 $\cos\theta$를 구하라.

24 대각선 길이의 제곱의 합 $\|\boldsymbol{v}+\boldsymbol{w}\|^2+\|\boldsymbol{v}-\boldsymbol{w}\|^2$은 네 변 길이의 제곱의 합 $2\|\boldsymbol{v}\|^2+2\|\boldsymbol{w}\|^2$이 되는 것을 보여라.

25 (추천) $\|\boldsymbol{v}\| = 5$이고 $\|\boldsymbol{w}\| = 3$이면, $\|\boldsymbol{v}-\boldsymbol{w}\|$의 가능한 값 중 가장 큰 값과 가장 작은 값은 얼마인가? $\boldsymbol{v}\cdot\boldsymbol{w}$의 가능한 값 중 가장 큰 값과 가장 작은 값은 얼마인가?

도전 문제

26 xy 평면 상의 세 벡터가 $\boldsymbol{u}\cdot\boldsymbol{v} < 0$ 그리고 $\boldsymbol{v}\cdot\boldsymbol{w} < 0$ 그리고 $\boldsymbol{u}\cdot\boldsymbol{w} < 0$일 수 있는가? xyz 공간에서는 얼마나 많은 수의 벡터들이 모두 음의 내적을 가질 수 있을지 모르겠다. (평면에 있는 네 개의 벡터들은 틀림없이 불가능할 것이다...)

27 $(\pm\frac{1}{2}, \pm\frac{1}{2}, \pm\frac{1}{2}, \pm\frac{1}{2})$ 형태의 서로 수직인 단위 벡터 네 개를 구하라. + 또는 −를 선택한다.

28 MATLAB에서 $\boldsymbol{v} = \text{randn}(3, 1)$을 이용하여 랜덤한 단위벡터 $\boldsymbol{u} = \boldsymbol{v}/\|\boldsymbol{v}\|$을 만들어라. $V = \text{randn}(3, 30)$을 이용하여 좀 더 많은 수의 랜덤한 단위벡터들 $\boldsymbol{U_j}$을 만들어라. 내적 크기 $|\boldsymbol{u}\cdot\boldsymbol{U_j}|$의 평균은 얼마인가? 미적분학에서 평균은 $\int_0^\pi |\cos\theta| d\theta/\pi = 2/\pi$다.

29 xy 평면에서, 네 벡터 $\boldsymbol{v}_1, \boldsymbol{v}_2, \boldsymbol{v}_3, \boldsymbol{v}_4$가 언제 사각형의 네 변이 될 수 없는가?

1.3 행렬과 열공간

1. $A = \begin{bmatrix} 1 & 2 \\ 3 & 4 \\ 5 & 6 \end{bmatrix}$ 는 3×2 **행렬**이다. $m = 3$개의 행과 $n = 2$개의 열이 있다. 계수(rank)는 2다.

2. $A\boldsymbol{x}$의 세 성분은 A의 세 행과 벡터 $\boldsymbol{x}$와의 내적이다.

한 번에 한 행씩 A 곱하기 $\boldsymbol{x}$ $\quad \begin{bmatrix} 1 & 2 \\ 3 & 4 \\ 5 & 6 \end{bmatrix} \begin{bmatrix} 7 \\ 8 \end{bmatrix} = \begin{bmatrix} 1\cdot7+2\cdot8 \\ 3\cdot7+4\cdot8 \\ 5\cdot7+6\cdot8 \end{bmatrix} = \begin{bmatrix} 23 \\ 53 \\ 83 \end{bmatrix}$

3. $\begin{bmatrix} 1 & 2 \\ 3 & 4 \\ 5 & 6 \end{bmatrix} \begin{bmatrix} 7 \\ 8 \end{bmatrix}$는 또한 **열벡터들의 일차결합**이다. $\quad A\boldsymbol{x} = \mathbf{7} \begin{bmatrix} 1 \\ 3 \\ 5 \end{bmatrix} + \mathbf{8} \begin{bmatrix} 2 \\ 4 \\ 6 \end{bmatrix}$

4. **A의 열공간**(column space)은 열벡터의 **모든 일차결합** $A\boldsymbol{x} = x_1\boldsymbol{a}_1 + x_2\boldsymbol{a}_2$을 포함한다.

5. **계수가 1인 행렬들**: A의 모든 열벡터들 (그리고 모든 일차결합 $A\boldsymbol{x}$)은 한 직선 위에 놓여 있다.

1.1절과 1.2절에서는 일차결합, 내적, 길이, 그리고 각 등의 벡터들의 역학에 대해 설명하였다. 벡터들은 $\mathbf{R}^2$와 $\mathbf{R}^3$와 모든 $\mathbf{R}^n$에 속한다.

1.3절에서는 실제 목표인 $m \times n$ 행렬의 대수를 시작한다. 일반적인 행렬 A는 m 곱하기 n개의 수로 이루어진 직사각형이다. 즉, **m개의 행과 n개의 열이 있다**. m과 n이 같으면, A는 "정사각행렬(square matrix)"이다. 다음 예들은 3×3 행렬들이다.

$$\begin{bmatrix} \mathbf{1} & 0 & 0 \\ 0 & \mathbf{1} & 0 \\ 0 & 0 & \mathbf{1} \end{bmatrix} \quad \begin{bmatrix} \mathbf{2} & 0 & 0 \\ 0 & \mathbf{4} & 0 \\ 0 & 0 & \mathbf{5} \end{bmatrix} \quad \begin{bmatrix} 2 & \mathbf{1} & \mathbf{-3} \\ \mathbf{0} & 4 & 7 \\ \mathbf{0} & \mathbf{0} & 5 \end{bmatrix} \quad \begin{bmatrix} 2 & \mathbf{1} & \mathbf{-3} \\ \mathbf{1} & 4 & 7 \\ \mathbf{-3} & \mathbf{7} & 5 \end{bmatrix}$$

항등(identity) 행렬   **대각**(diagonal) 행렬   **삼각**(triangular) 행렬   **대칭**(symmetric) 행렬

흔히 A의 열들을 벡터들 $\boldsymbol{a}_1, \boldsymbol{a}_2, \ldots, \boldsymbol{a}_n$으로 생각한다. 이들 n개의 벡터들 각각은 m-차원 공간에 속해있다. 이 예에서 $\boldsymbol{a}$들은 각각 $m = 3$개의 성분을 가지고 있다.

$$m = 3\text{개의 행} \quad n = 4\text{개의 열} \quad 3 \times 4\text{ 행렬} \qquad A = \begin{bmatrix} \boldsymbol{a}_1 & \boldsymbol{a}_2 & \boldsymbol{a}_3 & \boldsymbol{a}_4 \end{bmatrix} = \begin{bmatrix} \mathbf{-1} & \mathbf{1} & 0 & 0 \\ 0 & \mathbf{-1} & \mathbf{1} & 0 \\ 0 & 0 & \mathbf{-1} & \mathbf{1} \end{bmatrix}$$

이 예는 "차분행렬(difference matrix)"인데 A를 $\boldsymbol{x}$와 곱하면 차분 벡터 $A\boldsymbol{x}$를 얻기 때문이다. $m \times n$ 행렬 A를 $n \times 1$ 벡터 $\boldsymbol{x}$와 어떻게 곱할까? 동일한 답에 이르는 두 가지 방법이 있다. A의 행으로 계산하거나 또는 A의 열로 계산한다.

$A\boldsymbol{x}$의 **행 그림**은 $\boldsymbol{x}$와 A의 행들의 **내적**으로부터 나올 것이다.

$A\boldsymbol{x}$의 **열 그림**은 A의 열들의 **일차결합**으로부터 나올 것이다.

$A\boldsymbol{x}$의 행 그림 A의 각 행을 열벡터 $\boldsymbol{x}$와 곱한다. 이러한 행 곱하기 열 곱셈은 내적이다! 첫 번째 내적은 A의 1행에서 나온다.

$$(1\text{행}) \cdot \boldsymbol{x} = (-1, 1, 0, 0) \cdot (x_1, x_2, x_3, x_4) = \boldsymbol{x}_2 - \boldsymbol{x}_1.$$

$A\boldsymbol{x}$에 들어가는 $m = 3$개의 내적을 구하기 위해서는 m 곱하기 n 번의 작은 곱셈이 필요하다.

세 번의 내적

$$A\boldsymbol{x} = \begin{bmatrix} -1 & 1 & 0 & 0 \\ 0 & -1 & 1 & 0 \\ 0 & 0 & -1 & 1 \end{bmatrix} \begin{bmatrix} x_1 \\ x_2 \\ x_3 \\ x_4 \end{bmatrix} = \begin{bmatrix} 1\text{행} \cdot \boldsymbol{x} \\ 2\text{행} \cdot \boldsymbol{x} \\ 3\text{행} \cdot \boldsymbol{x} \end{bmatrix} = \begin{bmatrix} \boldsymbol{x}_2 - \boldsymbol{x}_1 \\ \boldsymbol{x}_3 - \boldsymbol{x}_2 \\ \boldsymbol{x}_4 - \boldsymbol{x}_3 \end{bmatrix} \tag{1}$$

A의 각 행은 벡터 $\boldsymbol{x}$의 성분과 동일한 개수의 성분을 가지고 있음에 주목한다. 네 개의 열 성분을 x_1부터 x_4까지 곱한다. 그렇지 않으면 곱셈 $A\boldsymbol{x}$은 불가능할 것이다.

$A\boldsymbol{x}$의 열 그림 행렬 A 곱하기 벡터 $\boldsymbol{x}$는 **A의 열들의 일차결합이다**. n개의 열들은 $\boldsymbol{x}$에 있는 n개의 수와 곱해진다. 그런 다음 이 열벡터들 $x_1\boldsymbol{a}_1, \ldots, x_n\boldsymbol{a}_n$을 더하여 벡터 $A\boldsymbol{x}$를 구하게 된다.

$$\boxed{A\boldsymbol{x} = x_1(\text{열 } \boldsymbol{a}_1) + x_2(\text{열 } \boldsymbol{a}_2) + x_3(\text{열 } \boldsymbol{a}_3) + x_4(\text{열 } \boldsymbol{a}_4)} \tag{2}$$

이러한 n개 열들의 일차결합은 $\boldsymbol{x}$와 m개의 행들의 내적과 정확하게 동일한 곱셈을 수행한다. 그러나 열 그림이 더 높은 레벨이다! 세 번의 내적 대신 벡터 방정식을 얻는다.

식 (1)과 식 (3)에서 $A\boldsymbol{x}$가 동일함을 알 수 있다.

$$\textbf{열들의 일차결합} \quad A\boldsymbol{x} = x_1\begin{bmatrix}-1\\0\\0\end{bmatrix} + x_2\begin{bmatrix}1\\-1\\0\end{bmatrix} + x_3\begin{bmatrix}0\\1\\-1\end{bmatrix} + x_4\begin{bmatrix}0\\0\\1\end{bmatrix} = \begin{bmatrix}\boldsymbol{x}_2-\boldsymbol{x}_1\\\boldsymbol{x}_3-\boldsymbol{x}_2\\\boldsymbol{x}_4-\boldsymbol{x}_3\end{bmatrix} \tag{3}$$

솔직히 말하자면, A와 $\boldsymbol{x}$에 수가 있고, 내가 $A\boldsymbol{x}$를 계산하고자 한다면, 행 그림인 내적을 사용하곤 한다. 그러나 내가 $A\boldsymbol{x}$를 이해하고자 한다면, 열 그림이 더 낫다. "열벡터 $A\boldsymbol{x}$는 A의 열들의 일차결합이다."

목표로 하는 것은 (특정한 하나의 $\boldsymbol{x}$로부터 얻게 되는) 단 하나의 일차결합 $A\boldsymbol{x}$만의 그림은 아니다. 정말로 원하는 것은 (A를 모든 벡터 $\boldsymbol{x}$와 곱하여 얻는) **열들의 모든 일차결합**의 그림이다. 아래 그림은 특정한 일차결합 $2\boldsymbol{a}_1 + \boldsymbol{a}_2$ 하나와 모든 일차결합 (모든 x_1과 x_2에 대한) $x_1\boldsymbol{a}_1 + x_2\boldsymbol{a}_2$의 평면을 비교하여 보여준다.

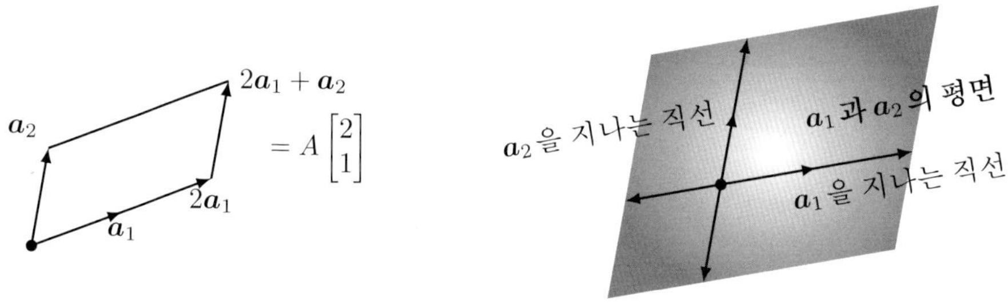

그림 1.10: $\boldsymbol{a}_1$과 $\boldsymbol{a}_2$의 일차결합. 모든 일차결합은 하나의 평면을 채운다.

다음으로 중요한 단어는 **일차독립, 일차종속**, 그리고 **열공간**이다.

여기 핵심 포인트가 있다! A의 열들이 새로운 어떤 것에도 기여하지 않을 수 있다. 즉, (이미 포함했던) 이전 열들의 일차결합일 수도 있다. 예제 1과 예제 2는 각각 새로운 방향을 제공하는 열들과 이전 열들의 일차결합인 열을 보여준다.

예제 1 **독립인 열들** $\quad A_1 = \begin{bmatrix}1&0&0\\2&4&0\\3&5&6\end{bmatrix}$ 각 열은 새로운 방향을 제공한다. 이 열들의 일차결합은 3차원 공간 $\mathbf{R}^3$을 채운다.

열들의 모든 일차결합을 살펴보면, 모든 벡터 (b_1, b_2, b_3)를 볼 수 있다. 즉, 3차원 공간을 보게 된다. 첫 번째 열의 상수배인 $x_1(1,2,3)$로 임의의 수 b_1을 맞출 수 있다. 그런 다음 $x_2(0,4,5)$로 b_1은 그대로 두면서 임의의 수 b_2를 맞출 수 있다. 마지막으로 $x_3(0,0,6)$로 b_1과 b_2를 건드리지 않고 임의의 b_3를 맞출 수 있다. $A_1\boldsymbol{x} = \boldsymbol{b}$가 되도록 하는 x_1, x_2, x_3을 찾은 것이다.

독립은 $A\boldsymbol{x} = (0,0,0)$을 만들어 내는 유일한 열들의 일차결합이 $\boldsymbol{x} = (0,0,0)$일 때 뿐임을 의미한다. 각각의 새로운 열이 이전 열들의 일차결합으로 얻을 수 없는 벡터일 때 이 열들은 **독립**(independent)이다. "독립" 이라는 이 단어는 앞으로 중요해질 것이다.

예제 2 **종속인 열들** $A_2 = \begin{bmatrix} 1 & 2 & 3 \\ 1 & 4 & 5 \\ 6 & 0 & 6 \end{bmatrix}$ **1열 + 2열 = 3열**
이 일차결합은 3차원 공간을 채우지 않는다.
$1+2=3$
$1+4=5$
$6+0=6$

독립의 반대는 "종속(dependent)" 이다. A_2의 세 열들은 **종속**이다. 3열은 1열과 2열의 평면 위에 있다. 3열로부터 새로운 것은 없다.

저자는 보통 왼쪽에서 오른쪽으로 가면서 독립 여부를 테스트한다. 열 $(1,1,6)$은 아무 문제가 없다. 2열은 1열의 상수배가 아니므로 $(2,4,0)$은 새로운 방향을 준다. 그러나 3열은 1열과 2열의 합이다. 세 번째 열벡터 $(3,5,6)$은 $(1,1,6)$ 및 $(2,4,0)$와 독립이 아니다. 오직 두 개의 독립인 열만 있을 뿐이다.

만일 오른쪽에서 왼쪽으로 갔다면, 독립인 3열과 2열로 시작했을 것이다. 그러면 1열은 2열과 3열의 일차결합이다 (3열 − 2열). 어떻든 세 개의 열들은 **동일한 평면**에 있다. 즉, 두 개의 독립인 열들이 3차원 내의 한 평면을 생성한다.

이 평면이 이 행렬의 **열공간이다**. 즉, 평면 = 열들의 모든 일차결합이다.

예제 2에서 종속인 열들 | 1열 + 2열 − 3열은 $(0,0,0)$ |

예제 3 $A_3 = \begin{bmatrix} 1 & 3 & 4 \\ 2 & 6 & 8 \\ 5 & 15 & 20 \end{bmatrix}$ 이제 $\boldsymbol{a}_2$는 $\boldsymbol{a}_1$의 3배. 그리고 $\boldsymbol{a}_3$은 $\boldsymbol{a}_1$의 4배
모든 열들의 쌍은 종속이다.

이 예는 중요하다. 이것을 극단적인 경우라고 불러도 좋다. A_3의 세 개의 열 모두가 3차원 공간상에서 **동일한 직선** 위에 놓여 있다. 이 직선은 $(1,2,5)$의 모든 상수배인 열벡터들 $(c,2c,5c)$로 이루어져 있다. $c=0$이면 점 $(0,0,0)$이 되는 점에 주목한다.

3차원 공간에서 이 직선이 행렬 A_3에 대한 열공간이다. 이 직선은 모든 벡터 $A_3\boldsymbol{x}$을 포함한다. 벡터 $\boldsymbol{x}$가 모든 벡터가 되도록 허용함으로써 A_3의 열공간을 채우게 되는데, 여기에서는 단지 한 직선만을 채웠다. 이것은 가능한 열공간 중 거의 가장 작은 열공간이다.

A의 열공간은 모든 벡터 $A\boldsymbol{x}$의 집합이다. 즉, **열들의 모든 일차결합이다.**

A의 열공간에 대해 생각해 보기

"벡터공간(vector space)" 은 핵심 주제다. 벡터공간의 예들은 대단히 일찍 나올 것인데, 이 예들을 통해 선형대수가 무엇에 대한 것인지를 알 수 있다. 모든 열들의 일차결합은 열공간을 생성하지만, 오직 r개의 독립인 열들만 필요하다. 따라서 1열에서 시작하여 **왼쪽에서 오른쪽으로** 가면서 독립인 열들을 찾아낸다. 여기 A_4와 A_5 두 개의 예가 있다.

$$A_4 = \begin{bmatrix} 1 & 1 & 1 & 1 \\ 0 & 1 & 1 & 1 \\ 0 & 0 & 1 & 1 \\ 0 & 0 & 0 & 1 \end{bmatrix} \qquad A_5 = \begin{bmatrix} \mathbf{1} & \mathbf{1} & 0 & 0 \\ 0 & \mathbf{1} & \mathbf{1} & 0 \\ 0 & 0 & \mathbf{1} & \mathbf{1} \\ \mathbf{1} & 0 & 0 & \mathbf{1} \end{bmatrix}$$

A_4의 독립인 열들은 네 개다. 예를 들면, 4열은 1,2,3열의 일차결합이 아니다. A_4에는 종속인 열이 없다. A_4와 같은 삼각행렬은 주대각 성분에 0이 없다면 독립 여부의 판단이 쉽다. 여기서는 주대각 성분이 $1, 1, 1, 1$이다.

A_5는 그렇게 쉽지 않다. 1열과 2열 그리고 3열은 독립이다. 4열이 독립인지 또는 1,2,3열의 일차결합인지가 큰 질문이다. 4열의 마지막 1을 맞추기 위해서는, 이 일차결합이 1열에서 시작해야만 할 것이다.

A_5의 맨 왼쪽 위에 있는 1을 상쇄하기 위해서는 2열에 마이너스 부호를 붙여야 한다. 그런 다음 2행에 있는 -1과 $+1$ 또한 상쇄되기 위해서는 3열에 플러스 부호를 붙여야 한다. 이제 이 행렬 A_5에 대한 진실이 무엇인지 알게 된다.

$$A_5\textbf{의 4열} = \textbf{1열} - \textbf{2열} + \textbf{3열} \tag{4}$$

따라서 A_5의 4열은 1, 2, 3열의 일차결합이다. A_5의 독립인 열들은 오직 세 개 뿐이다.

다음 단계는 네 열들의 모든 일차결합인 열공간을 "시각화" 하는 것이다. 이 단어를 괄호로 표시한 이유는 시각화하는 것이 아마도 불가능할 것이기 때문이다. (틀린 말일 수도 있겠지만) 4-차원 그림이 도움이 되지 않을 것 같다. 첫 번째 행렬 A_4는 좋은 출발점이다. 왜냐하면 이 행렬의 열공간은 전체 4-차원 공간 $\mathbf{R}^4$이기 때문이다.

왜 $\boldsymbol{C}(A_4) = \mathbf{R}^4$인지 알겠는가? 대수에 의지한다면, $\mathbf{R}^4$에 있는 모든 벡터 $\boldsymbol{v}$가 이 열들의 일차결합인 것을 안다. $\boldsymbol{v}$을 (v_1, v_2, v_3, v_4)와 같이 쓴다면, A_4로부터 모든 벡터

$\boldsymbol{v}$를 만들어내는 정확한 일차결합을 문자 그대로 보여줄 수 있다.

$$\boldsymbol{v} = \begin{bmatrix} v_1 \\ v_2 \\ v_3 \\ v_4 \end{bmatrix} = (v_1 - v_2)\begin{bmatrix} 1 \\ 0 \\ 0 \\ 0 \end{bmatrix} + (v_2 - v_3)\begin{bmatrix} 1 \\ 1 \\ 0 \\ 0 \end{bmatrix} + (v_3 - v_4)\begin{bmatrix} 1 \\ 1 \\ 1 \\ 0 \end{bmatrix} + (v_4)\begin{bmatrix} 1 \\ 1 \\ 1 \\ 1 \end{bmatrix} \tag{5}$$

식 (5)는 $\boldsymbol{v}$가 이 열들의 일차결합임을 말해줄 뿐만 아니라, 어떤 일차결합인지도 보여준다. **네 개의 방정식 $A_4\boldsymbol{x} = \boldsymbol{v}$를 푼 것이다**! $\boldsymbol{x} = (x_1, x_2, x_3, x_4)$에 있는 네 개의 미지수가 식 (5)의 네 개의 괄호 안에 있음을 알 수 있다.

기하적으로, 모든 벡터 $\boldsymbol{v}$는 A_4의 네 열들의 일차결합이다. 여기서 A_4를 바라보는 한 가지 방법이 있다. 첫 번째 열 $(1, 0, 0, 0)$은 4-차원 공간에서의 한 직선을 책임진다. 이 직선은 모든 벡터 $(c_1, 0, 0, 0)$를 포함한다. 두 번째 열은 모든 벡터 $(c_2, c_2, 0, 0)$을 포함하는 또 다른 직선을 책임진다. 모든 벡터 $(c_1, 0, 0, 0)$을 모든 벡터 $(c_2, c_2, 0, 0)$에 더하면, 4-차원 공간 내부에 있는 2-차원 평면을 얻는다.

이것은 첫 두 개의 열이었고, 선형대수의 주된 규칙은 계속 된다. 마지막 두 열은 추가로 $\mathbf{R}^4$ 내의 두 개의 방향을 주는데, 이것들은 첫 두 열와 독립이다. 마침내, 식 (5)는 어떻게 **모든 4-차원 벡터가 A_4의 네 열들의 일차결합인지**를 보여준다. A_4의 열공간은 $\mathbf{R}^4$ 전체다.

행렬 A_5에 대해 동일한 방법을 시도한다면, 처음 세 개의 열들은 협력적이다. 그러나 A_5의 4열은 1, 2, 3열의 일차결합이다. 이 세 열들은 일차결합하여 $\mathbf{R}^4$ 내부에 있는 3-차원 부분공간(subspace)을 생성한다. 4열은 우연하게 이 부분공간 안에 있다.

이 3-차원 부분공간이 전체 열공간 $\boldsymbol{C}(A_5)$이다. $A_2\boldsymbol{x} = \boldsymbol{v}$는 $\boldsymbol{v}$가 $\boldsymbol{C}(A_5)$ 내에 있을 때에만 풀 수 있다. 행렬 A_5의 독립인 열들은 오직 세 개 뿐이다.

A의 열공간을 표기할 때 저자는 언제나 $\boldsymbol{C}(A)$로 쓴다. A의 행이 m개면, 열들은 m-차원 공간 $\mathbf{R}^m$ 내에 있는 벡터들이다. 이 열공간은 전체 $\mathbf{R}^m$을 채울 수도 있고 그렇지 않을 수도 있다. $m = 3$일 때, 3-차원 공간에서 가능한 열공간은 모두 네 가지가 있다.

1.	$\mathbf{R}^3$ 전체 공간	3개의 독립인 열
2.	$(0, 0, 0)$을 지나는 $\mathbf{R}^3$ 내의 한 평면	2개의 독립인 열
3.	$(0, 0, 0)$을 지나는 $\mathbf{R}^3$ 내의 한 직선	1개의 독립인 열
4.	$\mathbf{R}^3$ 내의 한 점 $(0, 0, 0)$ (A가 영행렬일 때!)	

다음은 네 가지의 가능한 열공간 $\boldsymbol{C}(A)$을 보여주는 간단한 행렬들이다.

$$\begin{bmatrix}\mathbf{1}&0&0\\0&\mathbf{1}&0\\0&0&\mathbf{1}\end{bmatrix}\qquad\begin{bmatrix}\mathbf{1}&0&0\\0&\mathbf{1}&0\\0&0&0\end{bmatrix}\qquad\begin{bmatrix}\mathbf{1}&0&0\\0&0&0\\0&0&0\end{bmatrix}\qquad\begin{bmatrix}0&0&0\\0&0&0\\0&0&0\end{bmatrix}$$

$\boldsymbol{C}(A)=\mathbf{R}^3=xyz$ 공간 $\boldsymbol{C}(A)=xy$ 평면 $\boldsymbol{C}(A)=x$ 축 $\boldsymbol{C}(A)=$ 한 점 $(0,0,0)$

저자의 각주 "열공간"이라는 단어는 저자의 이전 책들의 1장에서는 나타나지 않았다. **공간**이라는 아이디어가 그렇게 빨리 나오기에는 너무 중요하다고 생각했다. 지금은 그처럼 중요한 아이디어를 이해하기 위한 가장 좋은 방법은 그것을 빨리 그리고 자주 보는 것이라고 생각한다. 인생에서처럼 수학에서도 아이디어를 명확하게 해주는 것은 정의보다는 예다.

다음은 이어지는 질문들이다. 1.4절에서 훈련을 하게 되면 이에 대한 해답의 열쇠를 찾게 될 것이다. 이 열쇠들은 임의의 행렬 A를 잘 이해하게 해준다.

1. A의 얼마나 많은 열들이 독립일까? 그 수 r이 A의 "**계수**(rank)" 다.
2. 어떤 열들이 첫 r개의 독립인 열일까? 이 열들이 열공간의 "**기저**(basis)" 다.
3. 그러한 기본 r개 열들의 어떤 일차결합이 나머지 $n-r$개의 열들을 만들어 낼까?
4. A를 $m\times r$ 열행렬 C 곱하기 $r\times n$ 행렬 R로 써라: $\boldsymbol{A}=\boldsymbol{CR}$
5. (놀랍게도) R의 r개 행들은 A의 행들의 일차결합 집합인 **행공간**(row space)의 기저다.

1.4절은 그러한 행렬 C와 R을 곱하는 방법에 대해 설명한다. 그 결과가 $A=CR$이다. C는 A의 열들을 포함한다. R의 행들은 A에서 직접적으로 도출되지는 않는다는 점에 주의한다.

계수가 1인 행렬

이제 모든 행렬들을 구축하는 기본적인 조각에 도달한다. 계수 r인 모든 행렬은 계수 1인 r개의 행렬들의 합이다. 계수 1인 행렬은 모든 열벡터들이 동일한 직선에 따라 놓여 있다. $(0,0,0)$을 지나는 이 직선은 계수 1인 행렬의 전체 열공간이다.

예제 $A_6=\begin{bmatrix}1&3&-2\\4&12&-8\\2&6&-4\end{bmatrix}$의 계수는 $r=1$이다. 모든 열들이 같은 방향이다!

2열과 3열은 첫 번째 열 $\boldsymbol{a}_1 = (1, 4, 2)$의 상수배다. 즉, 2열은 $3\boldsymbol{a}_1$이고 3열은 $-2\boldsymbol{a}_1$이다. 열공간 $\boldsymbol{C}(A_6)$는 단지 모든 벡터들 $c\boldsymbol{a}_1 = (c, 4c, 2c)$의 직선이다.

임의의 계수 1인 행렬에 대한 멋진 사실이 하나 있다. A_6의 행들에 주목했을지 모르겠다. **모든 행들이 한 행의 상수배다**. 열공간이 m-차원 공간 상에서 하나의 직선일 때, 행공간은 n-차원 공간 상에서 하나의 직선이다. 이 행렬 A_6의 모든 행들은 ___ 의 상수배다.

A_6과 같은 예는 기본적인 질문을 제기한다. **모든 열들의 방향이 같다면, 왜 모든 행들도 방향이 같아지게 될까?** 답을 찾기 위해 먼저 다음 2×2 행렬을 보자. 2열은 1열의 m배이므로 열계수는 1이다.

$$A = \begin{bmatrix} a & ma \\ b & mb \end{bmatrix} \quad \text{2행은 1행의 상수배인가?}$$

그렇다! 두 번째 행 (b, mb)는 첫 번째 행 (a, ma)의 $\frac{b}{a}$배이다. 열계수가 1이면, 행계수가 1이다. 모든 가능성을 고려하기 위해 $a = 0$일 때 경우도 체크해야 한다. 그러면 첫 번째 행 $[0 \quad 0]$은 2행의 0배이다. 그러므로 행공간은 2행을 지나는 직선이다.

2×2 증명은 끝났다. 다음으로 계수가 1인 다음과 같은 3×3 행렬을 살펴보자.

$$A = \begin{bmatrix} a & ma & pa \\ b & mb & pb \\ c & mc & pc \end{bmatrix} \quad \begin{array}{l} \text{2열은 1열의 } m \text{배} \\ \text{3열은 1열의 } p \text{배} \\ \text{2행과 3행은 1행의 } b/a \text{배와 } c/a \text{배} \end{array}$$

이 행렬은 두 개의 독립인 열이 없다. A의 행의 경우에도 동일할까? 2행은 1행과 방향이 같은가? 그렇다. 3행은 1행과 방향이 같은가? 그렇다. 규칙은 여전히 유효하다. 이 A의 행계수 또한 (열계수와 동일하게) 1이다.

계수 1인 행렬에서 모든 행렬로 점프해보자. 이 지점에서 다음과 같은 추측을 해볼 수 있을 것이다. 즉, **모든 행렬에 대해 행계수와 열계수가 동일하다는 것이** 가능할 것처럼 보인다. A에 r개의 독립인 열이 있으면, A에 r개의 독립인 행이 있다. 멋진 사실이다!

나는 이것이 선형대수에서 첫 번째 위대한 정리라고 믿는다. 지금까지는 계수 1인 행렬들의 경우만 보아왔다. 다음 1.4절에서는 행렬의 곱 AB에 대해 설명하고 이를 통해 모든 행렬에 대해 "행계수 = 열계수" 임을 이해하게 될 것이다.

연습 문제

이 장에서 열공간을 소개한다. 그러나 아직 열벡터들의 종속성과 독립성을 결정할 수 있는 계산 장치가 없다. 그러므로 이 문제들은 자연수와 작은 크기의 행렬로만 국한한다.

1 다음 행렬들의 열공간을 (한 점, 한 직선, 한 평면, 3차원 공간 전체로) 기술하라.

$$A_1 = \begin{bmatrix} 2 & 2 \\ 1 & 1 \\ 5 & 6 \end{bmatrix} \qquad A_2 = \begin{bmatrix} 1 & 0 & 0 \\ 1 & 1 & 0 \\ 1 & 1 & 1 \end{bmatrix} \qquad A_3 = \begin{bmatrix} 1 & 5 \\ 2 & 10 \\ 1 & 5 \end{bmatrix} \qquad A_4 = \begin{bmatrix} 0 & 0 \\ 0 & 0 \\ 0 & 0 \end{bmatrix}$$

2 $(0, 0, 0)$을 생성하는 열벡터들의 일차결합을 구하라. 열공간 = 평면

$$\text{종속인 열들} \qquad A_1 = \begin{bmatrix} 1 & 2 & 3 \\ 4 & 5 & 6 \\ 7 & 8 & 9 \end{bmatrix} \qquad A_2 = \begin{bmatrix} 1 & 4 & 7 \\ 2 & 5 & 8 \\ 3 & 6 & 9 \end{bmatrix}$$

3 B와 C의 $\mathbf{R}^3$ 내에서의 열공간을 묘사하라.

$$B = \begin{bmatrix} 1 & 2 \\ 2 & 1 \\ 3 & 3 \end{bmatrix} \qquad C = \begin{bmatrix} B & -B \end{bmatrix} \quad (3 \times 4 \text{ 블럭행렬})$$

4 (A의 행들)$\cdot \boldsymbol{x}$에서와 같이 내적을 이용하여 곱 $A\boldsymbol{x}$와 $B\boldsymbol{y}$와 $I\boldsymbol{z}$을 계산하라.

$$A\boldsymbol{x} = \begin{bmatrix} 2 & 1 & 2 \\ 4 & 2 & 4 \\ 0 & 1 & 0 \end{bmatrix} \begin{bmatrix} 1 \\ 2 \\ 5 \end{bmatrix} \quad B\boldsymbol{y} = \begin{bmatrix} 1 & 0 & 0 \\ 1 & 1 & 0 \\ 1 & 1 & 1 \end{bmatrix} \begin{bmatrix} 4 \\ 4 \\ 10 \end{bmatrix} \quad I\boldsymbol{z} = \begin{bmatrix} 1 & 0 & 0 \\ 0 & 1 & 0 \\ 0 & 0 & 1 \end{bmatrix} \begin{bmatrix} z_1 \\ z_2 \\ z_3 \end{bmatrix}$$

5 동일한 A 곱하기 $\boldsymbol{x}$와 B 곱하기 $\boldsymbol{y}$와 I 곱하기 $\boldsymbol{z}$를 $A\boldsymbol{x} = 1(1\text{ 열}) + 2(2\text{ 열}) + 5(3\text{ 열})$에서와 같이 A와 B와 I의 열들의 일차결합을 이용하여 곱하라.

6 4번 문제에서, A는 독립인 열이 몇 개인가? B는 독립인 열이 몇 개인가? $A + B$는 독립인 열이 몇 개인가?

7 두 행렬 모두 독립인 열이 두 개이고, $A + B$가 각각 다음을 만족하도록 하는 A와 B를 구할 수 있겠는가?

(a) 독립인 열이 한 개다 (b) 독립인 열이 없다

(c) 독립인 열이 네 개다

8 행렬의 "열공간"은 열들의 모든 일차결합들을 포함한다. $\mathbf{R}^3$ 내의 A와 B와 C의 열공간을 묘사하라.

$$A = \begin{bmatrix} 1 & 0 & 0 \\ 0 & 1 & 0 \\ 0 & 0 & 1 \end{bmatrix} \qquad B = \begin{bmatrix} 2 & 4 \\ 1 & 2 \\ 2 & 4 \end{bmatrix} \qquad C = \begin{bmatrix} 1 & 0 & 1 & 2 \\ 0 & 2 & 2 & 4 \\ 0 & 2 & 2 & 4 \end{bmatrix}$$

9 독립인 열이 세 개이고, 아홉 개의 모든 성분들이 1 또는 2인 3×3 행렬 A를 구하라. (1은 최대 몇 개까지 가능할까?)

10 A와 B가 계수 1인 행렬이 되도록 빠진 부분을 완성하라. A와 B의 열공간은 무엇인가? A와 B의 행공간은 무엇인가?

$$A = \begin{bmatrix} 3 & \\ 5 & 15 \end{bmatrix} \qquad B = \begin{bmatrix} 1 & 2 & -5 \\ 4 & & \end{bmatrix}$$

11 A가 열 $\boldsymbol{a}_1$과 $\boldsymbol{a}_2$를 가진 5×2 행렬이라고 하자. 여기에 한 개의 열을 추가하여 B (5×3 행렬)을 만든다. 다음 조건일 때 A와 B의 열공간은 동일한가?

(a) 새로 추가된 열이 영벡터일 때 (b) 새로 추가된 열이 $(1, 1, 1)$일 때

(c) 새로 추가된 열이 차 $\boldsymbol{a}_2 - \boldsymbol{a}_1$일 때

12 다음의 중요한 명제를 설명하라. 이것은 열공간을 연립일차방정식과 연결한다.

$A\boldsymbol{x} = \boldsymbol{b}$은 벡터 $\boldsymbol{b}$가 A의 열공간 내에 있다면 해벡터 $\boldsymbol{x}$를 갖는다.

방정식 $A\boldsymbol{x} = \boldsymbol{b}$은 $\boldsymbol{b}$를 생성하는 A의 열들의 일차결합을 찾는다. 다음과 같은 우변 $\boldsymbol{b}$에 대해 어떤 벡터가 $A\boldsymbol{x} = \boldsymbol{b}$의 해벡터가 되는가?

$$\begin{bmatrix} 1 & 3 \\ 2 & 4 \end{bmatrix} \begin{bmatrix} x_1 \\ x_2 \end{bmatrix} = \begin{bmatrix} 4 \\ 6 \end{bmatrix} \quad \text{또는} \quad \begin{bmatrix} -2 \\ -2 \end{bmatrix} \quad \text{또는} \quad \begin{bmatrix} 1 \\ 1 \end{bmatrix}$$

13 $(1, 1, 1)$에 수직인 모든 벡터들로 이루어진 평면을 동일하게 열공간으로 갖는 두 개의 3×3 행렬 A와 B를 구하라.

14 A의 독립인 열이 두 개가 되려면 q는 어떤 수여야 하는가?

$$A = \begin{bmatrix} 1 & 0 & 2 \\ 3 & 1 & 9 \\ 5 & 0 & q \end{bmatrix} \qquad A = \begin{bmatrix} 1 & 4 & 7 \\ 2 & 5 & 8 \\ 3 & 6 & q \end{bmatrix} \qquad A = \begin{bmatrix} 1 & 1 & 2 \\ 2 & 2 & 4 \\ 0 & 0 & q \end{bmatrix}$$

15 A 곱하기 $\boldsymbol{x}$가 $\boldsymbol{b}$와 같다고 하자. $\boldsymbol{b}$를 A의 열로 추가하여 덧붙이면 왜 계수 r (독립인 열들의 수)이 동일하게 유지되는지 설명하라.

16 참 또는 거짓을 말하라.

(a) 5×2 행렬 A와 B의 열들이 독립이면, $A+B$의 열들도 독립이다.

(b) $m \times n$ 행렬 A의 열들이 독립이면, $m \geq n$이다.

(c) 무작위 3×3 행렬은 거의 확실하게 열들이 독립이다.

17 A와 B의 계수가 1이라면, $A+B$의 계수는 어떤 값이 가능할까? 각 가능성에 대한 예를 들어라.

18 일차결합 $3\boldsymbol{s}_1 + 4\boldsymbol{s}_2 + 5\boldsymbol{s}_3 = \boldsymbol{b}$를 구하라. 그런 다음 $\boldsymbol{b}$를 $\boldsymbol{x}$의 성분이 $3, 4, 5$인 행렬-벡터 곱 $S\boldsymbol{x}$로 써라. 세 개의 내적 (S의 행) $\cdot\, \boldsymbol{x}$을 계산하라.

$$\boldsymbol{s}_1 = \begin{bmatrix} 1 \\ 1 \\ 1 \end{bmatrix} \quad \boldsymbol{s}_2 = \begin{bmatrix} 0 \\ 1 \\ 1 \end{bmatrix} \quad \boldsymbol{s}_3 = \begin{bmatrix} 0 \\ 0 \\ 1 \end{bmatrix} \quad \text{가 } S\text{의 열로 들어간다.}$$

19 $\boldsymbol{s}_1, \boldsymbol{s}_2, \boldsymbol{s}_3$가 합행렬 S의 열일 때, 다음 방정식 $S\boldsymbol{y} = \boldsymbol{b}$를 풀어라.

$$\begin{bmatrix} 1 & 0 & 0 \\ 1 & 1 & 0 \\ 1 & 1 & 1 \end{bmatrix} \begin{bmatrix} y_1 \\ y_2 \\ y_3 \end{bmatrix} = \begin{bmatrix} 1 \\ 1 \\ 1 \end{bmatrix} \quad \text{그리고} \quad \begin{bmatrix} 1 & 0 & 0 \\ 1 & 1 & 0 \\ 1 & 1 & 1 \end{bmatrix} \begin{bmatrix} y_1 \\ y_2 \\ y_3 \end{bmatrix} = \begin{bmatrix} 1 \\ 4 \\ 9 \end{bmatrix}$$

첫 세 개의 홀수의 합은 ________ 이다. 첫 열 개의 홀수의 합은 ________ 이다.

20 다음 y_1, y_2, y_3에 대한 세 개의 방정식을 c_1, c_2, c_3에 대하여 풀어라.

$$S\boldsymbol{y} = \boldsymbol{c} \qquad \begin{bmatrix} 1 & 0 & 0 \\ 1 & 1 & 0 \\ 1 & 1 & 1 \end{bmatrix} \begin{bmatrix} y_1 \\ y_2 \\ y_3 \end{bmatrix} = \begin{bmatrix} c_1 \\ c_2 \\ c_3 \end{bmatrix}.$$

해 $\boldsymbol{y}$를 행렬 A 곱하기 벡터 $\boldsymbol{c}$로 써라. A는 "역행렬" S^{-1}이다. S의 열들은 독립인가 또는 종속인가?

21 다음 정사각행렬 A의 세 개의 행들은 종속이다. 그러면 선형대수로부터 이 세 개의 열들 또한 종속이어야 한다. $A\boldsymbol{x} = 0$을 만족하는 $\boldsymbol{x}$를 구하라.

$$A = \begin{bmatrix} 1 & 2 & 3 \\ 3 & 5 & 6 \\ 4 & 7 & 9 \end{bmatrix} \qquad \begin{array}{l} 1\text{ 행} + 2\text{ 행} = 3\text{ 행} \\ \text{두 개의 독립인 행} \\ \text{그러면 오직 두 개의 독립인 열} \end{array}$$

22 열들이 종속이려면 c는 어떤 값이어야 하는가? 그러면 열들의 일차결합은 영벡터다.

$$\begin{bmatrix} 1 & 1 & 0 \\ 3 & 2 & 1 \\ 7 & 4 & c \end{bmatrix} \quad \begin{bmatrix} 1 & 0 & c \\ 1 & 1 & 0 \\ 0 & 1 & 1 \end{bmatrix} \quad \begin{bmatrix} c & c & c \\ 2 & 1 & 5 \\ 3 & 3 & 6 \end{bmatrix} \quad \begin{bmatrix} c & 1 \\ 4 & c \end{bmatrix}$$

23 열들이 일차결합되어 $A\boldsymbol{x} = 0$이 된다면, A의 각 행은 **행** $\cdot\, \boldsymbol{x} = 0$을 만족한다.

$$\begin{bmatrix} & & \\ \boldsymbol{a}_1 & \boldsymbol{a}_2 & \boldsymbol{a}_3 \\ & & \end{bmatrix} \begin{bmatrix} x_1 \\ x_2 \\ x_3 \end{bmatrix} = \begin{bmatrix} 0 \\ 0 \\ 0 \end{bmatrix} \textbf{ 이면} \qquad \textbf{행마다 } \begin{bmatrix} \boldsymbol{r}_1 \cdot \boldsymbol{x} \\ \boldsymbol{r}_2 \cdot \boldsymbol{x} \\ \boldsymbol{r}_3 \cdot \boldsymbol{x} \end{bmatrix} = \begin{bmatrix} 0 \\ 0 \\ 0 \end{bmatrix} \textbf{ 이다.}$$

이 세 행들도 또한 한 평면 위에 놓여 있다. 왜 이 평면은 $\boldsymbol{x}$와 수직일까?

1.4 행렬의 곱과 $\boldsymbol{A} = \boldsymbol{CR}$

1. 곱셈 AB를 하기 위해서는 A의 행의 길이 = B의 열의 길이일 필요가 있다.
2. AB의 i행, j열의 성분은 **($\boldsymbol{A}$의 $\boldsymbol{i}$행) · ($\boldsymbol{B}$의 $\boldsymbol{j}$열)**이다.
3. 열별로 곱셈하면: **$\boldsymbol{A}$ 곱하기 $\boldsymbol{B}$의 $\boldsymbol{j}$열은 $\boldsymbol{AB}$의 $\boldsymbol{j}$열이 된다.**
4. 일반적으로 AB는 BA와 다르다. 그러나 $(\boldsymbol{AB})\boldsymbol{C} = \boldsymbol{A}(\boldsymbol{BC})$는 언제나 성립한다.
5. A에 r개의 독립인 열이 있다면, $\boldsymbol{A} = \boldsymbol{CR} = (m \times r)(r \times n)$이다.

이제 우리는 행렬 A에 벡터 $\boldsymbol{x}$를 곱하여 $A\boldsymbol{x}$를 만들 수 있다. 행 방식과 열 방식을 모두 기억하라. 이 곱셈의 결과는 벡터다.

행 방식 A의 각 행과 $\boldsymbol{x}$의 내적

열 방식 $A\boldsymbol{x} = x_1\boldsymbol{a}_1 + \cdots + x_n\boldsymbol{a}_n = A$의 열들의 일차결합

이제 선형대수에서 더 높은 수준의 연산인 **두 행렬을 곱하는** 것에 다다랐다. A와 B의 형태가 제대로 되어 있어야 곱셈 AB를 할 수 있다. A의 열이 n개이면, B의 행은 반드시 n개여야 한다.

A가 $m \times n$이고 B가 $n \times p$이면, AB는 $m \times p$이다. 즉, m개의 열과 p개의 행이 존재한다.

AB에 대한 규칙은 $A\boldsymbol{x}$에 대한 규칙의 확장일 것이다. 벡터 $\boldsymbol{x}$를 단지 열이 하나인 행렬 B로 생각할 수 있다. $A\boldsymbol{x}$에 대해 했던 것들을 이제 AB에 대해서도 똑같이 한다.

B의 열들은 벡터들이다 $[\boldsymbol{x}\ \boldsymbol{y}\ \boldsymbol{z}]$. **$\boldsymbol{AB}$의 열들은 벡터들이다** $[A\boldsymbol{x}\ A\boldsymbol{y}\ A\boldsymbol{z}]$

다시 말하면, **$\boldsymbol{A}$를 $\boldsymbol{B}$의 각 열들과 곱한다.** A를 열벡터와 곱하는 방법은 두 가지가 있고, 따라서 곱셈 AB에 대해서도 두 가지 방법이 있다.

내적 **($\boldsymbol{A}$의 $\boldsymbol{i}$ 행)·($\boldsymbol{B}$의 $\boldsymbol{j}$ 행)**이 AB의 i행, j열로 들어간다.

$\boldsymbol{A}$의 열들의 일차결합 B의 각 열에서의 수들을 이용한다.

내적을 하거나(수) 또는 A 열들의 일차결합(벡터)을 할 수 있다. 손으로 계산할 목적이면 행 방식을 사용하여 AB 내의 각 숫자들을 구할 것이다. 큰 그림을 보기 위해서라면 나라면 열 방식을 “떠올릴” 것이다. **$\boldsymbol{AB}$의 열들은 $\boldsymbol{A}$ 열들의 일차결합이다.**

예제 1 곱셈 $AB = \begin{bmatrix}\mathbf{1} & \mathbf{2}\\ \mathbf{3} & \mathbf{4}\end{bmatrix}\begin{bmatrix}\mathbf{5} & \mathbf{6}\\ \mathbf{7} & \mathbf{8}\end{bmatrix}$을 두 가지 방식으로 계산하라. 몇 단계가 필요한가?

$(A$의 1행$)\cdot(B$의 1열$)$은 $(\mathbf{1},\mathbf{2})\cdot(\mathbf{5},\mathbf{7}) = 5 + 14 = \mathbf{19}$

(A의 행들) · (B의 열들) $AB = \begin{bmatrix}1\text{행}\cdot 1\text{열} & 1\text{행}\cdot 2\text{열}\\ 2\text{행}\cdot 1\text{열} & 2\text{행}\cdot 2\text{열}\end{bmatrix} = \begin{bmatrix}\mathbf{19} & \mathbf{22}\\ \mathbf{43} & \mathbf{50}\end{bmatrix}$

$A\boldsymbol{b}_1$와 $A\boldsymbol{b}_2$는 A 열들의 일차결합이다. $AB = \left[\mathbf{5}\begin{bmatrix}1\\3\end{bmatrix} + \mathbf{7}\begin{bmatrix}2\\4\end{bmatrix} \quad \mathbf{6}\begin{bmatrix}1\\3\end{bmatrix} + \mathbf{8}\begin{bmatrix}2\\4\end{bmatrix}\right] = \begin{bmatrix}\mathbf{19} & \mathbf{22}\\ \mathbf{43} & \mathbf{50}\end{bmatrix}$

어느 방법이든, AB는 2×2 행렬에 대해 여덟 번의 곱셈이 필요하다. 곱셈 $A\boldsymbol{x}$는 $m \times n$ 행렬에 대해 mn번의 곱셈이 필요했었다. B의 열이 p개면 A를 각 열과 곱해야만 하므로 $(m \times n)$ 곱하기 $(n \times p)$인 AB는 mnp번의 곱셈을 한다. 이 예에서 $m = n = p = 2$이므로, $2\cdot 2\cdot 2 = 8$번의 곱셈을 수행한다.

어려운 질문: $n \times n$ 행렬 A와 B를 n^3보다 더 적은 횟수의 작은 곱셈으로 곱할 수 있을까? (추가적으로 덧셈을 허용하여) 이것은 가능하다고 알려져 있다. 지금 당장은 필요한 곱셈의 수 n^E에서 가장 작은 지수 E를 모른다. $E < 3$인 것은 알고 있고 실제로 $E < 2.373$이다. 그러나 아마도 $E = 2.0001$은 불가능할 것이다.

여기 행렬 곱셈에 대한 도전적인 질문이 있다. 왜 $\boldsymbol{C}(AB)$에 속하는 모든 벡터(AB의 열들의 모든 일차결합)는 또한 A의 열공간 $\boldsymbol{C}(A)$에 속하는지 설명해 보아라.

예제 2 **항등행렬(identity matrix)**은 행렬의 크기가 맞다면 $AI = A$와 $IB = B$를 만족한다.

$$\text{모든 } A\text{에 대해} \quad \boldsymbol{AI} = \begin{bmatrix}a & b\\ c & d\end{bmatrix}\begin{bmatrix}\mathbf{1} & 0\\ 0 & \mathbf{1}\end{bmatrix} = \begin{bmatrix}a & b\\ c & d\end{bmatrix} = \boldsymbol{A}$$

$$\text{모든 } B\text{에 대해} \quad \boldsymbol{IB} = \begin{bmatrix}\mathbf{1} & 0\\ 0 & \mathbf{1}\end{bmatrix}\begin{bmatrix}P & Q\\ R & S\end{bmatrix} = \begin{bmatrix}P & Q\\ R & S\end{bmatrix} = \boldsymbol{B}$$

예제 3 행렬 $\boldsymbol{E} = \begin{bmatrix} 0 & \mathbf{1} \\ \mathbf{1} & 0 \end{bmatrix}$는 행을 바꾸거나 또는 열을 바꿀 것이다.

$$\boldsymbol{AE} = \begin{bmatrix} a & b \\ c & d \end{bmatrix} \begin{bmatrix} 0 & \mathbf{1} \\ \mathbf{1} & 0 \end{bmatrix} = \begin{bmatrix} b & a \\ d & c \end{bmatrix} \quad A\text{의 열을 바꾼다. } (E\text{를 오른쪽에 곱한다})$$

$$\boldsymbol{EB} = \begin{bmatrix} 0 & \mathbf{1} \\ \mathbf{1} & 0 \end{bmatrix} \begin{bmatrix} P & Q \\ R & S \end{bmatrix} = \begin{bmatrix} R & S \\ P & Q \end{bmatrix} \quad B\text{의 행을 바꾼다. } (E\text{를 왼쪽에 곱한다})$$

예제 4 대부분의 행렬에 대해 $AE \neq EA$이다. 열을 바꾸는 것과 행을 바꾸는 것은 다르다.

$$A = \begin{bmatrix} 1 & 2 \\ 3 & 4 \end{bmatrix} \quad AE = \begin{bmatrix} 2 & 1 \\ 4 & 3 \end{bmatrix} \text{는 } EA = \begin{bmatrix} 3 & 4 \\ 1 & 2 \end{bmatrix} \text{와 다르다.}$$

이 예는 ***AB*가 쉽게 *BA*와 다를 수 있다**는 중요한 사실을 보여준다. 즉, 행렬의 곱셈은 "교환법칙"이 성립하지 않는다. AB 또는 ABC에서 행렬의 순서를 꼭 지켜야 한다. 물론 $AB = BA$인 예도 존재하지만, 이것은 특별한 경우이고 일반적인 경우는 아니다.

예제 5 교환행렬의 제곱은 $E^2 = \begin{bmatrix} 0 & 1 \\ 1 & 0 \end{bmatrix} \begin{bmatrix} 0 & 1 \\ 1 & 0 \end{bmatrix} = I$이다. 왜 이것이 사실일까?

예제 6 ***AB* 곱하기 *C*는 *A* 곱하기 *BC*와 같다.** 행렬의 곱셈은 "결합법칙"이 성립한다.

$(\boldsymbol{AB})\boldsymbol{C} = \boldsymbol{A}(\boldsymbol{BC})$. 증명없이 이 사실을 포함시켰는데 너무나 중요하기 때문이다. 이 행렬들의 순서 ABC는 반드시 동일하게 유지해야 한다! AB를 먼저 곱할 수도 있고 BC를 먼저 곱할 수도 있다. 선형대수에서 매우 매우 많은 증명이 이러한 기본적인 사실에 의존한다.

물론 A, B, C의 행렬 크기는 서로 맞아야 한다. 즉, $(m \times n) \times (n \times p) \times (p \times q)$이어야 한다. 이러한 결합법칙의 특수한 2×2 경우가 아마도 $(EA)E = E(AE)$일 것이다. A의 행을 먼저 바꾸거나 또는 A의 열을 먼저 바꾼다. 세 행렬의 곱 EAE는 행과 열을 모두 바꾼다.

계수가 1인 행렬과 $\boldsymbol{A} = \boldsymbol{CR}$

계수가 1인 행렬의 모든 열들은 동일한 직선 위에 놓여 있다. 이 직선이 열공간 $\boldsymbol{C}(A)$이다. 1.3절에서의 예제들은 다음과 같은 중요한 사실을 지적하였다. 즉, 행들도 또한 한 직선 위에 놓여 있다. 모든 열들의 방향이 동일하다면, 모든 행들의 방향도 동일하다. 여기 한 예가 있다.

$$A = \begin{bmatrix} 1 & 2 & 10 & 100 \\ 3 & 6 & 30 & 300 \\ 2 & 4 & 20 & 200 \end{bmatrix} = \begin{array}{l} \text{계수가 1인 행렬} \\ \text{독립인 열 1개} \\ \text{독립인 행 1개} \end{array}$$

모든 열들이 $(1, 3, 2)$의 상수배다. 모든 행들은 $[1 \quad 2 \quad 10 \quad 100]$의 상수배다. 오직 하나의 독립인 열이 존재한다면 오직 하나의 독립인 행만이 존재한다. 왜 이것이 사실일까?

여기에서의 접근은 행렬의 곱셈을 통하는 것이다. A를 C와 R로 분해한다. A가 특별히 계수가 1인 행렬이라면, C의 열은 한 개이고 R의 행도 한 개다. 즉, CR은 $(3 \times 1)(1 \times 4)$이다.

$$\boldsymbol{A} = \boldsymbol{CR} \qquad \begin{bmatrix} 1 & 2 & 10 & 100 \\ 3 & 6 & 30 & 300 \\ 2 & 4 & 20 & 200 \end{bmatrix} = \begin{bmatrix} \mathbf{1} \\ \mathbf{3} \\ \mathbf{2} \end{bmatrix} \begin{bmatrix} \mathbf{1} & \mathbf{2} & \mathbf{10} & \mathbf{100} \end{bmatrix} \tag{1}$$

내적 (C의 행)$\cdot$(R의 열)은 3 곱하기 10과 같은 단순한 곱셈이다. 이것은 얇은 행렬들의 곱셈 CR이다. 오직 열두 번의 작은 곱셈만 하면 된다.

A의 행들은 R의 (유일한) 행 $[1 \quad 2 \quad 10 \quad 100]$에 수 $1, 3, 2$를 곱한 것이다. 이러한 특별한 A를 **한 개의 열 곱하기 한 개의 행**으로 분해함으로써, 다음과 같은 결론이 도출된다.

$\boldsymbol{A}$의 열공간이 하나의 직선이라면, $\boldsymbol{A}$의 행공간 또한 하나의 직선이다.

C에는 열이 한 개, R에는 행이 한 개. 아름다운 결과이지만, 아직 끝난 것은 아니다. 큰 목표는 C에 r개의 열이 있을 수 있도록 하고 R에 들어갈 r개의 행을 구하는 것이다. 그리고 또한 $A = CR$인지 보는 것이다.

C는 독립인 열들을 포함한다

임의의 행렬 A에 있는 독립인 열들을 찾기 위해 왼쪽에서 오른쪽으로 간다고 가정하자.

> A의 1열의 모든 성분이 0이 아니라면, 이 열을 행렬 C에 넣는다.
>
> A의 2열이 1열의 상수배가 아니라면, 이 열을 C에 넣는다.
>
> A의 3열이 1열과 2열의 일차결합이 아니라면, 이 열을 C에 넣는다. 계속한다.

마침내 C에는 A로부터 추출한 r개의 열이 존재하게 될 것이다. 이 수 r이 **A의 계수**다. A의 n개 열들은 종속일 수 있지만, C의 r개 열들은 분명 **독립**일 것이다.

독립인 C의 어떠한 열도 앞 열들의 일차결합이 아니다.

열들 C의 어떠한 일차결합도 영벡터인 $\boldsymbol{x}$을 제외하고는 $C\boldsymbol{x} = \mathbf{0}$이 되지 않는다.

이러한 독립인 열들이 결합하여 모든 열들을 만들어 낸다면, **기저**(basis)가 된다. $C\boldsymbol{x} = 0$은 x_1(C의 1열) + x_2(C의 2열) + ⋯ = 영벡터임을 의미한다. 독립인 열들이라면, 이것은 모든 x들이 0인 경우에만 성립한다. 그렇지 않다면 마지막으로 0이 아닌 계수 x로 나눌 수 있고 그 열은 이전 열들의 일차결합이 될 것이다. 이것은 C를 만드는 과정에 위배된다. 따라서 C의 열들은 독립이다.

예제 7 $A = \begin{bmatrix} \mathbf{2} & 6 & \mathbf{4} \\ \mathbf{4} & 12 & \mathbf{8} \\ \mathbf{1} & 3 & \mathbf{5} \end{bmatrix}$ 로부터 $C = \begin{bmatrix} \mathbf{2} & \mathbf{4} \\ \mathbf{4} & \mathbf{8} \\ \mathbf{1} & \mathbf{5} \end{bmatrix}$ 을 이끌어 낸다.

1열은 C에 들어간다. 2열은 (1열의 3배이므로) C에 들어가지 않는다. 3열은 C에 들어간다.

행렬 곱셈 C 곱하기 R

이제 $A = CR$에 대한 새로운 단계로 접어든다. R이 C의 열들로부터 A의 열들을 어떻게 생성해내는지 말해준다. A의 첫 번째 열은 사실 C에 들어 있으므로 R의 첫 번째 열은 단순히 1과 0이다. A의 세 번째 열 또한 C에 들어 있으므로, R의 세 번째 열도 단순히 0과 1이다.

계수 2
R 내부의
I에 주목한다

$$A = \begin{bmatrix} 2 & 6 & 4 \\ 4 & 12 & 8 \\ 1 & 3 & 5 \end{bmatrix} = \begin{bmatrix} \mathbf{2} & \mathbf{4} \\ \mathbf{4} & \mathbf{8} \\ \mathbf{1} & \mathbf{5} \end{bmatrix} \begin{bmatrix} \mathbf{1} & ? & \mathbf{0} \\ \mathbf{0} & ? & \mathbf{1} \end{bmatrix} = \boldsymbol{CR} \qquad (2)$$

A의 두 개의 열은 바로 C로 들어갔으므로, R의 일부가 항등행렬이다. 2열에 물음표가 있는데 A의 2열이 C에 없기 때문이다. 2열은 독립인 열이 아니었다. A의 2열은 1열의

3배이다. 이 수 3이 R에 들어간다. 그러면 R은 C의 두 개의 열을 어떻게 결합하여 원래 A의 모든 열들을 얻게 되는지를 보여준다.

A는 $m \times n$
C는 $m \times r$
R은 $r \times n$

$$\boldsymbol{A} = \boldsymbol{CR}\text{은 } \begin{bmatrix} 2 & 6 & 4 \\ 4 & 12 & 8 \\ 1 & 3 & 5 \end{bmatrix} = \begin{bmatrix} \mathbf{2} & \mathbf{4} \\ \mathbf{4} & \mathbf{8} \\ \mathbf{1} & \mathbf{5} \end{bmatrix} \begin{bmatrix} \mathbf{1} & \mathbf{3} & \mathbf{0} \\ \mathbf{0} & \mathbf{0} & \mathbf{1} \end{bmatrix} \tag{3}$$

이것으로 $A = CR$을 완성한다. 이제 행들에서 마법이 나타난다. **$\boldsymbol{A}$의 모든 행들은 R의 행들로부터 나온다**. 이러한 사실은 행렬의 곱셈 CR로부터 즉시 따라 나온다.

R의 행을 이용하여 CR을 곱한다

A의 1행은 **2** (R의 1행) + **4** (R의 2행)
A의 2행은 **4** (R의 1행) + **8** (R의 2행)
A의 3행은 **1** (R의 1행) + **5** (R의 2행)

R의 행공간은 $\boldsymbol{A}$의 행공간과 동일하다. R 행들의 일차결합은 A의 모든 행들을 만든다. 이 A의 독립인 행은 세 개가 아니라 두 개다. R에 있는 두 개의 행을 일차결합하여 A의 모든 행들을 만들어 낸다.

앞 표지에서 $A = CR$의 두 번째 예

$$\begin{bmatrix} 1 & 2 & 3 \\ 4 & 5 & 6 \\ 7 & 8 & 9 \end{bmatrix} = \begin{bmatrix} 1 & 2 \\ 4 & 5 \\ 7 & 8 \end{bmatrix} \begin{bmatrix} \mathbf{1} & \mathbf{0} & \mathbf{-1} \\ \mathbf{0} & \mathbf{1} & \mathbf{2} \end{bmatrix} \tag{4}$$

A의 열 하나가 C에 들어갈 때, I의 열 하나가 R에 들어간다. R의 "자유" 열 $-1, 2$는 C에서의 독립적인 열들로부터 A의 종속적인 열들을 어떻게 생성해 내는지 말해준다. A의 3열은 $-\mathbf{1}(1, 4.7) + \mathbf{2}(2, 5, 8)$이다. 그리고 또한 R의 행들로부터 A의 행들이 만들어진다.

$\boldsymbol{A}$의 $\boldsymbol{j}$ 열 = $\boldsymbol{C}$ 곱하기 **R의 $\boldsymbol{j}$ 열** **$\boldsymbol{A}$의 $\boldsymbol{i}$ 행 = $\boldsymbol{C}$의 $\boldsymbol{i}$ 행** 곱하기 **R**

질문 A의 모든 n개의 열들이 독립이면, $C = A$이다. R은 어떤 행렬인가?

답 n개의 열들이 독립인 경우에는 $\boldsymbol{R} = \boldsymbol{I}$(항등행렬)이다. 계수는 n이다.

> **R을 찾는 법**. C로 들어가는 A의 독립적인 r개 열들에서 시작한다.
>
> A의 3열 = C에 들어 있는 두 번째 독립적인 열이라면, R의 3열은 $\begin{matrix}\mathbf{0}\\\mathbf{1}\end{matrix}$ 이다.
>
> $$A = \begin{bmatrix} 1 & 2 & \mathbf{3} & 4 \\ 1 & 2 & \mathbf{4} & 5 \end{bmatrix} = \begin{bmatrix} 1 & \mathbf{3} \\ 1 & \mathbf{4} \end{bmatrix} \begin{bmatrix} 1 & 2 & \mathbf{0} & 1 \\ 0 & 0 & \mathbf{1} & 1 \end{bmatrix} = \boldsymbol{CR} \quad \text{세 행렬 모두 계수} = 2$$
>
> 종속 열: A의 4열 = C의 1열 + 2열이면, R의 4열은 $\begin{matrix}\mathbf{1}\\\mathbf{1}\end{matrix}$ 이다.
>
> **R은 $\boldsymbol{C}$에 있는 독립 열들로부터 $\boldsymbol{A}$의 모든 열들을 어떻게 복원하는지 말해준다.**

다음은 A**의 행계수와** A**의 열계수가 같음**을 보이는 간략한 증명이다.

1. C의 r개의 열들은 독립이다 (C의 구성으로부터)
2. A의 모든 열은 그러한 C의 r개 열들의 일차결합이다 ($A = CR$이므로)
3. R의 r개의 열들은 독립이다 (R은 $r \times r$ 행렬 I를 포함하고 있다)
4. A의 모든 행은 그러한 R의 r개 열들의 일차결합이다 ($A = CR$이므로)

핵심 사실들	C의 r개의 열들은 A의 열공간의 **기저**다: **차원은 R**
	R의 r개의 행들은 A의 행공간의 **기저**다: **차원은 R**

"기저" 와 "차원" 용어들은 3.4절에서 정확하게 정의된다! 3.2절에서는 A의 **기약행사다리꼴**(reduced row echelon form)로부터 0인 행들을 지워서 동일한 행행렬 R을 어떻게 즉각 만들어 낼 수 있는지 보여줄 것이다. 1장에서는 C에 배치되는 A의 독립인 열들로부터 시작하였다. 3장에서는 A의 행으로 시작하고 이것들을 결합하여 R에 배치한다.

행렬 C와 R 모두가 중요하기 때문에 우리는 CR 분해를 강조하고 있다. C는 A의 독립인 r개의 열들을 포함한다. R은 이러한 열들을 어떻게 결합하여 A의 모든 열들이 되는지 말해준다. (A의 열들이 이미 C에 들어 있다면 R은 I를 포함한다.) 3장에서는 전산 수학에서 가장 자주 사용되는 소거법에 의해 A로부터 바로 R을 만드는 것에 대해 설명할 것인데, 이것은 근본적인 문제인 선형방정식 $A\boldsymbol{x} = \boldsymbol{b}$에 대한 열쇠가 된다.

왜 행렬 곱 AB를 이런 식으로 정의할까?

AB의 정의를 다음과 같은 중요한 식이 되도록 선택하였다. 즉, **($\boldsymbol{AB}$) 곱하기 $\boldsymbol{x}$가 $\boldsymbol{A}$ 곱하기 $\boldsymbol{Bx}$와 같다.** 이것은 매우 중요한 법칙 $(\boldsymbol{AB})\boldsymbol{C} = \boldsymbol{A}(\boldsymbol{BC})$으로 이끈다. AB에 대한 다른 그럴싸한 선택을 할 수 없었다! 선형대수는 이 법칙을 계속 반복해서 사용할 것이다. 세 단계에 걸쳐 중요한 식인 $(AB)\boldsymbol{x} = A(B\boldsymbol{x})$가 왜 맞는지를 보여주고자 한다.

> $B\boldsymbol{x}$는 B의 열들의 일차결합 $x_1\boldsymbol{b}_1 + x_2\boldsymbol{b}_2 + \cdots + x_n\boldsymbol{b}_n$이다.
> 행렬-벡터의 곱은 선형이다. 즉 $A(B\boldsymbol{x}) = x_1A\boldsymbol{b}_1 + x_2A\boldsymbol{b}_2 + \cdots + x_n(A\boldsymbol{b}_n)$.
> 이것은 $(AB)\boldsymbol{x} = x_1(AB$의 1열$) + \cdots + x_n(AB$의 n열$)$이다.

2번 줄과 3번 줄을 비교해보라. AB의 1열은 전적으로 A 곱하기 B의 1열과 같아야 한다. 우리의 규칙은 다음과 같다. $B = [\ \boldsymbol{x}\ \boldsymbol{y}\ \boldsymbol{z}\ ]$일 때, AB의 열들은 $[\ A\boldsymbol{x}\ A\boldsymbol{y}\ A\boldsymbol{z}\ ]$이다.

예제 8 $A = \begin{bmatrix} 1 & 2 \\ 3 & 4 \end{bmatrix}$ $B = \begin{bmatrix} 5 & 6 \\ 7 & 8 \end{bmatrix}$ $\boldsymbol{x} = \begin{bmatrix} 1 \\ 0 \end{bmatrix}$ $(AB)\boldsymbol{x} = A(B\boldsymbol{x})$

$(AB)\boldsymbol{x} = A(B\boldsymbol{x})$임을 보이면, 이 사실로 인해 괄호 기호를 없앨 수 있고, 단지 $AB\boldsymbol{x}$로 쓸 수 있다. 세 행렬도 단순히 ABC로 쓸 수 있다.

$(AB)\boldsymbol{x}$와 $A(B\boldsymbol{x})$를 비교하기 위해, 예제 1에서 AB를 계산했음을 기억하자.

$$(AB)\boldsymbol{x} = \begin{bmatrix} 19 & 22 \\ 43 & 50 \end{bmatrix}\begin{bmatrix} 1 \\ 0 \end{bmatrix} = \begin{bmatrix} \mathbf{19} \\ \mathbf{43} \end{bmatrix}$$
$$A(B\boldsymbol{x}) = \begin{bmatrix} 1 & 2 \\ 3 & 4 \end{bmatrix}\begin{bmatrix} 5 & 6 \\ 7 & 8 \end{bmatrix}\begin{bmatrix} 1 \\ 0 \end{bmatrix} = \begin{bmatrix} 1 & 2 \\ 3 & 4 \end{bmatrix}\begin{bmatrix} 5 \\ 7 \end{bmatrix} = \begin{bmatrix} \mathbf{19} \\ \mathbf{43} \end{bmatrix}$$

괄호는 문제가 되지 않지만 순서 ABC는 확실히 중요하다. 곱 BAC와 ACB는 거의 언제나 서로 다른 답을 얻게 된다. 사실 BAC는 곱셈 자체가 불가능할 것이다.

A의 열들 곱하기 B의 행들

이 장이 끝나기 전에, (당연하게도 동일한 행렬 AB가 되는) 행렬 곱셈의 또 다른 방법이 있음을 알려주고 싶다. 이 방법은 **A의 열들을 B의 행들과 곱하는** 것인데, 그다지 잘 알려져 있지는 않지만 강력한 방법이므로, 여기서 확인해보고 사용하고자 한다.

$$AB = \begin{bmatrix} \boldsymbol{a}_1 & \boldsymbol{a}_2 & \boldsymbol{a}_3 \end{bmatrix}\begin{bmatrix} \boldsymbol{b}_1^* \\ \vdots \\ \boldsymbol{b}_n^* \end{bmatrix} = \boldsymbol{a}_1\boldsymbol{b}_1^* + \boldsymbol{a}_2\boldsymbol{b}_2^* + \cdots + \boldsymbol{a}_n\boldsymbol{b}_n^* \tag{5}$$

열 $\boldsymbol{a}_k$ 　 행 $\boldsymbol{b}_k^*$ 　 열 $\boldsymbol{a}_k$ 곱하기 행 $\boldsymbol{b}_k^*$

이 행렬들 $\boldsymbol{a}_k\boldsymbol{b}_k^*$를 외적(outer product)이라 한다. 외적은 열 곱하기 행으로서 계수가 1임을 알 수 있다. 외적은 (행 곱하기 열인) 내적과 완전히 다르다. A가 $m \times n$ 행렬이고 B가 $n \times p$ 행렬이면, 열 곱하기 행을 더하는 것은 행 곱하기 열로서 구한 AB와 동일한 결과를 만든다.

실제로 내적과 외적은 동일한 mnp번의 작은 곱셈을 수행하지만 순서는 다르다!

(행) · (열)	각각 n번씩 곱하는 mp번의 내적	**총 mnp**
(열)(행)	각각 mp번 곱하는 n개의 계수 1인 행렬들	**총 mnp**

A 곱하기 B 을 위한 행 × 열 $\begin{bmatrix} 1 & 4 \\ 2 & 5 \\ 3 & 6 \end{bmatrix}\begin{bmatrix} 7 & 8 & 9 \\ 10 & 11 & 12 \end{bmatrix} = \begin{bmatrix} 1 \\ 2 \\ 3 \end{bmatrix}\begin{bmatrix} 7 & 8 & 9 \end{bmatrix} + \begin{bmatrix} 4 \\ 5 \\ 6 \end{bmatrix}\begin{bmatrix} 10 & 11 & 12 \end{bmatrix}$

$$\begin{matrix}\textbf{계수 1}\\ \textbf{+ 계수 1}\end{matrix} = \begin{bmatrix}7 & 8 & 9\\ 14 & 16 & 18\\ 21 & 24 & 27\end{bmatrix} + \begin{bmatrix}40 & 44 & 48\\ 50 & 55 & 60\\ 60 & 66 & 72\end{bmatrix} = \begin{bmatrix}\mathbf{47} & \mathbf{52} & \mathbf{57}\\ \mathbf{64} & \mathbf{71} & \mathbf{78}\\ \mathbf{81} & \mathbf{90} & \mathbf{99}\end{bmatrix} \qquad (6)$$

이 예는 $mnp = (3)(2)(3) = 18$번의 작은 곱셈을 수행한다. 두 번째 줄의 시작 부분에서 (두 개의 3×3 행렬에 들어 있는) 열여덟 개의 곱셈을 볼 수 있다. 그런 다음 아홉 번의 덧셈을 하면 AB에 대한 올바른 답을 얻는다.

이 절에서 배웠던 것과 같이 AB의 계수는 2다. 세 개가 아닌 두 개의 독립인 열들이 있다. 세 개가 아닌 두 개의 독립인 행들이 있다. 다음 장에서는 다음과 같이 다른 용어를 사용할 것이다. AB는 역행렬이 없다. AB는 비가역이다. 또한 책의 후반부에서는 다음과 같이 쓸 것이다. AB의 행렬식은 0이다.

"사다리꼴 행렬" $\boldsymbol{R}$과 $\boldsymbol{R}_0$에 대한 언급

$A = CR$에 있는 행행렬 R이 선형대수에서 이미 유명한 행렬이라는 점을 알게 되어 놀랐다! 이 행렬은 기본적으로 원래 A의 "**기약행사다리꼴**"이다. MATLAB은 이것을 rref(A)로 호출하고 $m - r$개의 0 행들을 포함한다. 0 행들을 모두 포함하여 이것을 $\boldsymbol{R}_0$이라고 한다.

행렬 분해 $\boldsymbol{A} = \boldsymbol{CR}$은 선형대수에서 큰 도약이다. 연습 문제에서 행렬 R을 자세히 살펴볼 것인데, 그 형태가 놀랍다. R은 r개의 열에서 항등행렬을 가진다. 그런 다음 C는 R의 각 열과 곱하여 A의 열을 만든다. **$\boldsymbol{R}_0$는 3장에 나온다.**

예제 9 $\quad A = [\boldsymbol{a}_1 \quad \boldsymbol{a}_2 \quad 3\boldsymbol{a}_1 + 4\boldsymbol{a}_2] = [\boldsymbol{a}_1 \quad \boldsymbol{a}_2] \begin{bmatrix}\mathbf{1} & 0 & \mathbf{3}\\ 0 & \mathbf{1} & \mathbf{4}\end{bmatrix} = \boldsymbol{CR}$

여기서 $\boldsymbol{a}_1$과 $\boldsymbol{a}_2$는 A의 독립인 열이다. 세 번째 열은 $\boldsymbol{a}_1$과 $\boldsymbol{a}_2$의 일차결합으로서 종속이다. 그러므로 세 번째 열은 1열과 2열이 만드는 평면에 속해 있다. 세 행렬 A, C, R의 계수는 모두 $r = 2$다.

예제 9에서의 CR 곱셈을 빠르게 하기 위해 다음과 같이 새로운 방법(열 $\times$ 행)을 시도해볼 수 있을 것이다.

$\boldsymbol{C}$의 열들 곱하기
R의 행들

$$CR = \boldsymbol{a}_1 \begin{bmatrix}1 & 0 & 3\end{bmatrix} + \boldsymbol{a}_2 \begin{bmatrix}0 & 1 & 4\end{bmatrix} = [\boldsymbol{a}_1 \quad \boldsymbol{a}_2 \quad 3\boldsymbol{a}_1 + 4\boldsymbol{a}_2] = A$$

곱셈 $AB = C$의 네 가지 방법

$\begin{bmatrix} \boldsymbol{X} & \boldsymbol{X} \\ \boldsymbol{x} & \boldsymbol{x} \\ \boldsymbol{x} & \boldsymbol{x} \end{bmatrix} \begin{bmatrix} \boldsymbol{X} & \boldsymbol{x} & \boldsymbol{x} & \boldsymbol{x} \\ \boldsymbol{X} & \boldsymbol{x} & \boldsymbol{x} & \boldsymbol{x} \end{bmatrix}$	(A의 $\boldsymbol{i}$ **행**) · (B의 $\boldsymbol{k}$ **열**) $i = 1 \sim 3 \quad k = 1 \sim 4$	= **수** $\boldsymbol{C_{ik}}$ 12 **개의 수**
$\begin{bmatrix} \boldsymbol{X} & \boldsymbol{X} \\ \boldsymbol{X} & \boldsymbol{X} \\ \boldsymbol{X} & \boldsymbol{X} \end{bmatrix} \begin{bmatrix} \boldsymbol{X} & \boldsymbol{x} & \boldsymbol{x} & \boldsymbol{x} \\ \boldsymbol{X} & \boldsymbol{x} & \boldsymbol{x} & \boldsymbol{x} \end{bmatrix}$	$\boldsymbol{A}$ 곱하기 (B의 k **열**) $k = 1 \sim 4$	= $\boldsymbol{C}$ **의** k **열** 4 **개의 열**
$\begin{bmatrix} \boldsymbol{X} & \boldsymbol{X} \\ \boldsymbol{x} & \boldsymbol{x} \\ \boldsymbol{x} & \boldsymbol{x} \end{bmatrix} \begin{bmatrix} \boldsymbol{X} & \boldsymbol{X} & \boldsymbol{X} & \boldsymbol{X} \\ \boldsymbol{X} & \boldsymbol{X} & \boldsymbol{X} & \boldsymbol{X} \end{bmatrix}$	(A의 i **행**) 곱하기 $\boldsymbol{B}$ $i = 1 \sim 3$	= $\boldsymbol{C}$ **의** i **행** 3 **개의 행**
$\begin{bmatrix} \boldsymbol{X} & \boldsymbol{x} \\ \boldsymbol{X} & \boldsymbol{x} \\ \boldsymbol{X} & \boldsymbol{x} \end{bmatrix} \begin{bmatrix} \boldsymbol{X} & \boldsymbol{X} & \boldsymbol{X} & \boldsymbol{X} \\ \boldsymbol{x} & \boldsymbol{x} & \boldsymbol{x} & \boldsymbol{x} \end{bmatrix}$	(A의 j **열**) (B의 j **행**) $j = 1 \sim 2$	= **계수가** 1**인 행렬** 2 **개의 행렬**

연습 문제

1 A가 $m \times n$이고 B가 $n \times p$일 때, 위와 같은 네-가지 곱셈표를 만들어라. 각 방법에서 AB에 얼마나 많은 수의 내적, 열, 행, 그리고 계수가 1인 행렬들이 들어가는가? 네 가지 모든 경우에서 작은 곱셈의 총 수는 mnp다.

2 $A = [\boldsymbol{a} \quad \boldsymbol{a} \quad \boldsymbol{a}]$의 모든 열들이 동일한 $\boldsymbol{a} \neq 0$이면, C와 R은 무엇인가?

3 다음 (세 가지 예에서) A 곱하기 B를 각 행 곱하기 각 열인 내적을 이용하여 곱하라.

$$\begin{bmatrix} 1 & 0 & 0 \\ 1 & 1 & 0 \\ 1 & 1 & 1 \end{bmatrix} \begin{bmatrix} 1 & 0 & 0 \\ -1 & 1 & 0 \\ 1 & -1 & 1 \end{bmatrix} \qquad \begin{bmatrix} 1 & 2 & 3 \end{bmatrix} \begin{bmatrix} 4 \\ 5 \\ 6 \end{bmatrix} \qquad \begin{bmatrix} 4 \\ 5 \\ 6 \end{bmatrix} \begin{bmatrix} 1 & 2 & 3 \end{bmatrix}$$

4 결합법칙 $(AB)C = A(BC)$의 성립 여부를 확인하라.

(a) $\begin{bmatrix} 1 & 1 \end{bmatrix} \begin{bmatrix} 1 \\ 1 \end{bmatrix} \begin{bmatrix} 1 & 1 & 1 \end{bmatrix}$ (b) $\begin{bmatrix} 1 & 2 \\ 0 & 1 \end{bmatrix} \begin{bmatrix} 1 & 3 \\ 0 & 1 \end{bmatrix} \begin{bmatrix} 1 & 4 \\ 0 & 1 \end{bmatrix}$

5 일곱 개의 열과 네 개의 행으로 구성된 행렬 A에는 다섯 개의 독립인 열이 존재하는 것이 왜 불가능한가? 이것은 사소하거나 쓸모 없는 질문이 아니다.

6 왼쪽에서 오른쪽으로 가면서, A의 열이 이전 열들의 일차 결합이 아니면 행렬 C에 넣어라.

$$A = \begin{bmatrix} 2 & -2 & 1 & 6 & 0 \\ 1 & -1 & 0 & 2 & 0 \\ 3 & -3 & 0 & 6 & 1 \end{bmatrix} \qquad C = \begin{bmatrix} 2 & & & & \\ 1 & & & & \\ 3 & & & & \end{bmatrix}$$

7 6번 문제에서 $A = CR$이 되는 R을 구하라. C의 열이 r개이면, R의 행은 r개다. R의 다섯 개의 열들은 C에 있는 열들로부터 어떻게 A의 다섯 개의 열들을 생성하는지 말해준다.

8 다음 행렬 A의 세 열들은 독립이다. 그러므로 C도 독립인 이 세 열들이 있다. $A = CR$을 만족하는 3×3 행렬 R은 무엇인가? B와 다른 점은 무엇인가?

$$\text{상삼각행렬} \quad A = \begin{bmatrix} 2 & 2 & 2 \\ 0 & 4 & 4 \\ 0 & 0 & 6 \end{bmatrix} \qquad B = \begin{bmatrix} 2 & 2 & 2 \\ 0 & 0 & 4 \\ 0 & 0 & 6 \end{bmatrix}$$

9 A를 무작위 4×4 행렬이라고 하자. A의 열들이 "독립" 일 확률은 1이다. 이 경우에, $A = CR$이 되는 C와 R은 무엇인가?

참고 랜덤 행렬 이론은 응용선형대수학에서 중요한 분야가 되었다. 특히 곱셈 AB조차 너무 비싼, 매우 큰 행렬을 다루는 경우에 그렇다. "확률 1" 의 한 예는 무작위로 두 개의 자연수를 고르는 경우다. 이 두 수가 서로 다를 확률은 1이다. 그러나 두 수가 같을 수도 있다! 10번 문제는 이러한 종류의 또 하나의 예다.

10 A를 무작위 4×5 행렬이라고 하자. 확률 1로, $A = CR$에서의 C와 R에 대해 무엇을 말할 수 있을까? 특히, 왼쪽에서 오른쪽으로 가면서 (C에 들어가는) A의 어떤 열들이 이전 열들과 아마도 독립일까?

11 계수 $r = 2$인 각자 자신만의 4×4 행렬 A를 만들고, A를 $CR = (4 \times 2)(2 \times 4)$로 분해하라.

12 다음 행렬들을 $A = CR = (m \times r)(r \times n)$으로 분해하라. 계수는 모두 r로 동일하다.

$$A_1 = \begin{bmatrix} 1 & 2 & 3 \\ 1 & 3 & 4 \end{bmatrix} \; A_2 = \begin{bmatrix} 0 & 1 & 2 & 3 \\ 0 & 1 & 3 & 5 \end{bmatrix} \; A_3 = \begin{bmatrix} 2 & 1 & 3 \\ 6 & 3 & 9 \end{bmatrix} \; A_4 = \begin{bmatrix} 1 & 0 & 0 & 4 \\ 0 & 2 & 2 & 0 \end{bmatrix}$$

13 $C = \begin{bmatrix} 1 \\ 3 \end{bmatrix}$와 $R = \begin{bmatrix} 2 & 4 \end{bmatrix}$에서 출발하여 CR과 RC와 CRC와 RCR을 계산하라.

14 아래 적힌 요구 사항을 만족하도록 다음 2×2 행렬들을 완성하라.

$$\begin{bmatrix} 3 & 6 \\ 5 & \end{bmatrix} \qquad \begin{bmatrix} 6 & \\ 7 & \end{bmatrix} \qquad \begin{bmatrix} 2 & \\ 3 & 6 \end{bmatrix} \qquad \begin{bmatrix} 3 & 4 \\ & -3 \end{bmatrix}$$

계수가 1　　수직인 열들　　계수 2　　$A^2 = I$

15 C의 열들이 독립이고 R의 행들이 독립이면서 $A = CR$이라고 가정하자. 어떻게 다음 논리적인 단계들이 $A = CR = (m \times r)(r \times n)$로부터 따라오는지 설명하라.

1. A의 모든 열은 C 열들의 일차결합이다.
2. A의 모든 행은 R 행들의 일차결합이다. 1행의 일차결합은 무엇인가?
3. C의 열의 수 = (CR에 필요한?) R의 행의 수다.
4. 열계수는 행계수와 동일하다. A의 독립인 열들의 수는 A의 독립인 행들의 수와 동일하다.

16 (a) 벡터들 $AB\boldsymbol{x}$은 AB의 열공간을 생성한다. 왜 이 벡터 $AB\boldsymbol{x}$가 또한 A의 열공간 내에 있는지 설명하라. (어떤 벡터 $\boldsymbol{y}$에 대해 $AB\boldsymbol{x} = A\boldsymbol{y}$일까?) 결론: A의 열공간은 AB의 열공간을 포함한다.

(b) AB의 열공간이 오직 영벡터 하나만을 포함하도록 하는 영이 아닌 행렬 A와 B를 선택하라. 이것은 가장 작은 가능한 열공간이다.

17 근거를 들어 참 또는 거짓을 말하라 (쉽지 않음)

(a) 3×3 행렬 A와 B의 계수가 1이면, AB의 계수는 언제나 1일 것이다.

(b) 3×3 행렬 A와 B의 계수가 3이면, AB의 계수는 언제나 3일 것이다.

(c) 모든 2×2 행렬 B에 대해 $AB = BA$라고 가정하자. 그러면 어떤 수 c에 대해 $A = \begin{bmatrix} c & 0 \\ 0 & c \end{bmatrix} = cI$이다. 오직 이런 행렬 A만이 모든 B와 교환법칙이 성립한다.

18 이 절의 예제 6에서 결합법칙 $(\boldsymbol{AB})\boldsymbol{C} = \boldsymbol{A}(\boldsymbol{BC})$의 한 특별한 경우를 언급하였다.

$$A = C = \text{자리바꿈 행렬 } \begin{bmatrix} 0 & 1 \\ 1 & 0 \end{bmatrix} \qquad B = \begin{bmatrix} 1 & 2 \\ 3 & 4 \end{bmatrix}$$

(a) 먼저 AB(행 바꿈)를 계산하고 또한 BC(열 바꿈)를 계산하라.

(b) 이제 이중 자리바꿈을 계산하라. $(AB)C$는 행을 먼저 바꾸고 $A(BC)$는 열을 먼저 바꾼다. 이러한 이중 자리바꿈은 동일한 결과 ABC를 만들어냄을 확인하라.

19 식 (5)에서의 열-행 곱셈을 테스트하여 AB와 BA를 구하라.

$$AB = \begin{bmatrix} 1 & 0 & 0 \\ 1 & 1 & 0 \\ 1 & 1 & 0 \end{bmatrix} \begin{bmatrix} 1 & 1 & 1 \\ 0 & 1 & 1 \\ 0 & 0 & 1 \end{bmatrix} \qquad BA = \begin{bmatrix} 1 & 1 & 1 \\ 0 & 1 & 1 \\ 0 & 0 & 1 \end{bmatrix} \begin{bmatrix} 1 & 0 & 0 \\ 1 & 1 & 0 \\ 1 & 1 & 0 \end{bmatrix}$$

20 행렬의 크기가 $ABC = (4 \times 3)(3 \times 2)(2 \times 1)$이면 $(AB)C$와 $A(BC)$에 대해 얼마나 많은 수의 작은 곱셈이 필요한가? 이 선택은 연산 횟수에 영향을 끼친다.

1장에 대한 저자의 생각

대부분의 교과서에는 저자의 생각을 표현할 지면이 따로 없지만, 새로운 교과서 집필을 시작할 때는 많은 결정을 하게 되므로 이 자리를 빌어 처음 집필을 시작할 때의 저자의 생각을 간략하게 밝히고자 한다. 1장에서는 독립과 계수에 대한 논의와 함께 의도적으로 지체없이 선형대수의 주제 속으로 뛰어 들어갔다. 수많은 좋은 아이디어들이 앞에 놓여있고, 이 아이디어를 흡수하는 데 시간이 걸리므로 바로 시작하지 않을 이유가 없다. 집필에 영향을 준 두 가지 질문은 다음과 같다.

이 주제를 쉽게 만드는 것이 무엇일까? 모든 방정식들이 선형이다.

이 주제를 어렵게 만드는 것이 무엇일까? 너무 많은 식과 미지수와 아이디어들

책에 나온 예제들은 규모가 작다. 그러나 예를 들어, 수많은 지점에서 엔진의 온도를 알고 싶고 각 지점마다 하나씩 방정식이 존재한다면, 쉽게 미지수의 개수 $n = 1000$이 된다.

미루지 않고 즉시 행렬을 다루는 것이 핵심이라고 저자는 믿는다. $A\boldsymbol{x} = \boldsymbol{b}$는 모든 크기의 문제를 허용할 수 있는 완전한 형식이다. 선형성은 기호 $A\boldsymbol{x}$에 구축되어 들어있는데, 그 규칙은 $A(\boldsymbol{x}+\boldsymbol{y}) = A\boldsymbol{x}+A\boldsymbol{y}$이다. $A\boldsymbol{x} = \boldsymbol{b}$에서 m개의 방정식 각각은 하나의 평면을 나타낸다.

$2x + 5y - 4z = 6$ 은 3-차원 공간 상의 한 평면이다

$2x + 5y - 4z + 7w = 9$ 은 4-차원 공간 상의 3-차원 평면(초평면?)이다.

선형성이 유리한 조건이긴 하지만, 11-차원 공간에서 열 개의 평면이 만나는 것을 시각화하는 데에는 심각한 문제가 존재한다. 희망적으로는 열 개의 평면들이 차원이 $11-10 = 1$인 한 직선을 따라 만난다. 그리고 열한 번째 평면이 한 점에서 이 직선을 잘라내야 한다 (이 점이 열한 개 방정식의 해다). 교과서와 표기법이 반드시 해야 할 일은 이러한 계산을 단순하게 유지하는 것이다.

무작위 $m \times n$ 행렬 A에 대해 다음을 기대할 수 있다.

$\boldsymbol{m} < \boldsymbol{n}$ m개의 방정식 $A\boldsymbol{x} = \boldsymbol{b}$에 대한 해가 무수히 많거나 해가 없다

$\boldsymbol{m} = \boldsymbol{n}$ n개의 방정식 $A\boldsymbol{x} = \boldsymbol{b}$에 대해 한 개의 해만 있을 수 있다.

$\boldsymbol{m} > \boldsymbol{n}$ 해가 없을 가능성이 높다. $\boldsymbol{x}$에 단지 n개의 미지수가 있는데 비해 방정식이 너무 많다.

그러나 이러한 해의 개수를 세는 것이 반드시 우리가 얻는 것은 아니다! A의 열들은 이전 열들의 일차결합이 될 수 있다. 그러면 새로운 것은 없다. 한 방정식이 이전 방정식들의 일차결합이 될 수 있다. 독립인 열과 행으로부터 **계수 r은 문제의 실제 크기에 대해 말해준다.** $\boldsymbol{A} = \boldsymbol{CR} = (m \times r)(r \times n)$은 아름다운 공식이다. 계수가 r인 세 개의 행렬들이 있다.

참고: C에 들어가는 A의 열들은 R 내부에서 행렬 I를 만들어야 한다.

멋진 결합법칙 $(\boldsymbol{AB})\boldsymbol{C} = \boldsymbol{A}(\boldsymbol{BC})$로 마무리 하자. C의 열이 한 개 뿐이라고 가정해 보자. 그러면

> AB의 열들은 $A\boldsymbol{b}_1, \ldots, A\boldsymbol{b}_n$이고 그러면 $(AB)c$는 $c_1A\boldsymbol{b}_1 + \cdots + c_nA\boldsymbol{b}_n$과 같다.
> Bc는 한 개의 열 $c_1\boldsymbol{b}_1 + \cdots + c_n\boldsymbol{b}_n$이고 $A(Bc) = A(c_1\boldsymbol{b}_1 + \cdots + c_n\boldsymbol{b}_n)$이다.
> 선형성은 이 두 개의 합이 같음을 보장해준다. 이것으로서 $(AB)c = A(Bc)$가 증명된다.
> 이것은 C의 모든 열에 대해 성립한다. 따라서 $(\boldsymbol{AB})\boldsymbol{C} = \boldsymbol{A}(\boldsymbol{BC})$이다.

CHAPTER 2

연립일차방정식 $Ax = b$ 풀기

이 장에서 행렬들은 정사각행렬이다. 즉 $n \times n$ 행렬이다. 그러면 $A\boldsymbol{x} = \boldsymbol{b}$는 ($A$의 각 행마다 한 개씩) n개의 방정식들이 있다. 이 방정식의 n개의 미지수들은 벡터 $\boldsymbol{x}$에 있다. 항상은 아니지만 종종 각각의 $\boldsymbol{b}$에 대해 유일한 해 $\boldsymbol{x}$가 존재한다. 이 경우에 $A^{-1}A = I$와 $AA^{-1} = I$를 만족하는 A의 **역행렬**(inverse) $\boldsymbol{A}^{-1}$이 존재한다. 그리고 $A\boldsymbol{x} = \boldsymbol{b}$의 양변에 A^{-1}을 곱하여 $\boldsymbol{x} = A^{-1}\boldsymbol{b}$와 같은 기호로 해를 표현한다.

이 장에서는 이 해 $\boldsymbol{x}$를 구하는 것을 목표로 하는데, 그렇지만 A^{-1}을 계산해서 해를 얻는 것은 아니다. (모든 가능한 $\boldsymbol{b}$에 대해 $A\boldsymbol{x} = \boldsymbol{b}$을 풀게 될 것이다.) A가 독립인 열들로 구성되어 있다고 가정하고 열을 따라 하나씩 진행한다. 이렇게 하는 것이 틀렸다고 판명되면 멈추면 된다. 마침내 삼각행렬 L, U를 구하게 되고 $\boldsymbol{x}$를 찾기가 쉬워진다.

$A\boldsymbol{x} = \boldsymbol{b}$는 과학 및 공학 분야 그리고 모든 수를 다루는 분야에서 일반적인 문제이다. $n = 10$인 방정식이 될 수도 있는데, 이미 이 정도면 손으로 푸는 범위를 벗어난다. 많은 문제들에서 $n = 1000$ 또는 그 이상의 값이며, 이런 경우 틀림없이 A^{-1}를 구하고 싶지는 않을 것이다. 우리는 해벡터 $\boldsymbol{x}$를 계산하는 효율적인 방법이 필요하다.

여기 (중국으로) 수천 년을 거슬러 올라가는 아이디어가 하나 있다. "소거법"의 각 단계는 행렬 내에서 0을 만들 것이다. 원래의 A는 점점 상삼각행렬 모양으로 변해간다. 이 행렬의 반은 0이 될 것이다. 간단한 소거행렬 E_{ij}가 i행과 j열이 만나는 곳에서 0을 만들어 낸다. 흥분할 만큼 특별한 일은 아니지만 A를 단순화시키는 자연스러운 방법일 뿐이다.

이러한 모든 단계들을 설명하기 위해 행렬들이 필요한데, 이것이 선형대수의 핵심이다! 이 행렬이 바로 U에 도달하기 위한 E와 같은 **소거행렬**(elimination matrices)이다. 그리고 U에 **역행렬** $L = E^{-1}$을 곱하면 A로 되돌아온다. 다음 행렬들이 이 장에서 핵심적인 행렬들이다.

계수행렬 A	상삼각행렬 U	하삼각행렬 L
소거행렬 E_{ij}	전체 소거 E	역행렬 A^{-1}
치환행렬 P	전치행렬 A^T	대칭행렬 $S = S^T$

목표는 **$\boldsymbol{A}$에서 $\boldsymbol{EA} = \boldsymbol{U}$로 그리고 다시 $\boldsymbol{A} = \boldsymbol{E}^{-1}\boldsymbol{U} = \boldsymbol{LU}$로** 가는 소거 단계를 설명하는 것이다. (만일 단계 도중에 실패한다면, 이것은 $A\boldsymbol{x} = \boldsymbol{b}$의 해가 없다는 신호다.) 모든 컴퓨터 시스템에는 U를 찾고 그 다음 $\boldsymbol{x}$를 구하는 코드가 들어 있다. 이 코드는 너무 자주 사용되어 이러한 소거 작업이 모든 과학 컴퓨팅에서 가장 큰 비용으로 누적된다.

그러나 이 코드는 극도로 잘 고안되어 있어서 $\boldsymbol{x}$를 구하는 더 좋은 방법이 알려져 있지 않다.

2.1 소거법 아이디어

1. 소거법은 i행에서 j행의 l_{ij} 상수배를 빼서 A_{ij}를 0이 되게 한다.
2. $A\boldsymbol{x} = \boldsymbol{b}$는 $U\boldsymbol{x} = \boldsymbol{c}$가 된다 (또는 그렇지 않은 경우 $A\boldsymbol{x} = \boldsymbol{b}$는 해가 없음으로 판명된다).
3. 가능한 경우 행교환을 하고 $U\boldsymbol{x} = \boldsymbol{c}$를 역대입으로 푼다.

이 장에서는 n개의 미지수에 대해 n개의 방정식으로 이루어진 $A\boldsymbol{x} = \boldsymbol{b}$를 체계적으로 푸는 방법을 설명한다. $n \times n$ 행렬 A가 주어지고 $n \times 1$ 벡터 $\boldsymbol{b}$가 주어진다. $A\boldsymbol{x} = \boldsymbol{b}$의 해가 되는 벡터 $\boldsymbol{x} = (x_1, x_2, \ldots, x_n)$이 없을 수도 있고, 또는 정확하게 한 개의 해가 있을 수도 있고, 또는 무한히 많은 해벡터 $\boldsymbol{x}$가 있을 수도 있다. 우리가 해야 할 일은 이 세 가지 가능성 중에 하나를 결정하고 모든 해를 구하는 것이다. 다음은 $n = 2$인 경우의 예다.

1. $A\boldsymbol{x} = \boldsymbol{b}$**의 해가 정확히 한 개**. 이 경우에 A의 열들은 독립이다. A의 계수는 2이다. $A\boldsymbol{x} = \boldsymbol{0}$의 유일한 해는 $\boldsymbol{x} = \boldsymbol{0}$이다. A는 역행렬 A^{-1}를 가진다.

   가장 좋은 경우는 독립인 열을 가진 정사각행렬 A $(m = n)$일 때이다. 그러면 모든 벡터 $\boldsymbol{b}$에 대해 한 개의 해 $\boldsymbol{x}$(A의 열들의 한 가지 일차결합)가 존재한다.

   한 개의 해 $(x, y) = (1, 1)$**만 가지는 예**　　$2x + 3y = 5$
   독립인 열 $(2, 4)$**와** $(3, 2)$　　$4x + 2y = 6$

2. $A\boldsymbol{x} = \boldsymbol{b}$**의 해가 없음**. 이 경우에 $\boldsymbol{b}$는 A의 열들의 일차결합이 아니다. 다시 말하면 $\boldsymbol{b}$는 A의 열공간 내에 있지 않다. A의 계수는 1이다.

   해가 없는 예　　$2x + 3y = 6$
   종속인 열 $(2, 4)$**와** $(3, 6)$　　$4x + 6y = 15$

   두 번째 방정식에서 첫 번째 방정식의 2배를 빼면 $0 = 3$이 된다. **해가 없다**.

3. $AX = \boldsymbol{0}$은 A의 열들이 독립이 아닐 때 **무수히 많은 해**가 있을 것이다. 이것이 **종속 열**의 의미이다. 즉, 영벡터 $\boldsymbol{b} = \boldsymbol{0}$를 만들어 내는 수많은 방법이 있다. 모든

상수배 $c\boldsymbol{X}$는 $A(c\boldsymbol{X}) = \mathbf{0}$이 된다.

$A\boldsymbol{x} = \boldsymbol{b}$의 해가 한 개 존재한다면, 이 해를 $A\boldsymbol{X} = \mathbf{0}$의 임의의 해와 더할 수 있다. 모든 벡터 $\boldsymbol{x} + c\boldsymbol{X}$는 동일한 방정식의 해가 되므로, 결국 수많은 해가 존재한다.

$$A(\boldsymbol{x} + c\boldsymbol{X}) = A\boldsymbol{x} + cA\boldsymbol{X} = \boldsymbol{b} + \mathbf{0} = \mathbf{0} \tag{1}$$

무수히 많은 해가 있는 예
A의 열들은 종속이고 $\boldsymbol{b}$는 $\boldsymbol{C}(A)$에 속함

$$\begin{aligned} 2x + 3y &= 6 \\ 4x + 6y &= 12 \end{aligned}$$

이 방정식 $A\boldsymbol{x} = \boldsymbol{b}$는 $x = 0, y = 2$일 때 성립한다. 그러나 $\boldsymbol{X} = (3, -2)$가 $A\boldsymbol{X} = \mathbf{0}$의 해가 되기 때문에 더 많은 해가 존재한다. 그러면 $2\boldsymbol{X} = (6, -4)$ 또한 $A(2\boldsymbol{X}) = \mathbf{0}$이다. 모든 벡터 $c\boldsymbol{X}$를 특수해 $\boldsymbol{x} = (0, 2)$에 더하면 더 많은 해가 만들어진다.

$\boldsymbol{x} + c\boldsymbol{X} = (0 + 3\boldsymbol{c}, 2 - 2\boldsymbol{c})$ 는 두 개의 방정식 $A\boldsymbol{x} = \boldsymbol{b}$의 해 직선이다.

이 장에서는 위 세 가지 가능성인 유일해, 해 없음, 무수히 많은 해 중에 하나를 선택하는 체계적인 방법을 알려줄 것이다. 이 체계를 **소거법**(elimination)이라 한다. 이 방법은 방정식 $A\boldsymbol{x} = \boldsymbol{b}$의 임의의 해 $\boldsymbol{x}$를 바꾸지 않으면서 행렬 A를 단순화시킨다. 동일한 연산을 식의 양변에 모두 적용하고 이 연산은 거꾸로 되돌릴 수도 있다. 소거법은 새로운 해를 만들어 내지 않고 모든 해 $\boldsymbol{x}$를 유지한다.

먼저 소거법을 통해 상삼각행렬이 만들어지는 이상적인 경우를 보여주고자 한다. 이 상삼각행렬을 U라고 한다. 그러면 $A\boldsymbol{x} = \boldsymbol{b}$**는** $U\boldsymbol{x} = \boldsymbol{c}$**가 되고**, 이 식은 쉽게 풀린다.

소거법은 U에 도달한다
역대입으로 $\boldsymbol{x}$를 구한다

$$U\boldsymbol{x} = \boldsymbol{c}\text{는} \begin{bmatrix} 2 & 3 & 4 \\ 0 & 5 & 6 \\ 0 & 0 & 7 \end{bmatrix} \begin{bmatrix} x_1 \\ x_2 \\ x_3 \end{bmatrix} = \begin{bmatrix} 19 \\ 17 \\ 14 \end{bmatrix} = \boldsymbol{c}$$

문자 U는 **상삼각**행렬(upper triangular)임을 나타낸다. 이 행렬은 대각선 아래가 모두 0이다. **주대각 위치에 있는 "피벗(pivot)"** $2, 5, 7$**은 0이 아니라는** 사실이 매우 중요하다. 그러면 x_3을 구한 다음 x_2를 구하고 그 다음으로 x_1을 구하는 등 가장 아래로부터 위로 올라가면서 이 방정식을 풀 수 있다.

역대입	마지막 방정식 $7x_3 = 14$로부터 $\boldsymbol{x}_3 = 2$를 얻는다.
윗방향으로 작업	다음 방정식 $5x_2 + 6(2) = 17$로부터 $\boldsymbol{x}_2 = 1$을 얻는다.
다시 윗방향으로	첫 번째 방정식 $2x_1 + 3(1) + 4(2) = 19$로부터 $\boldsymbol{x}_1 = 4$를 얻는다.
결론	이 예 $U\boldsymbol{x} = \boldsymbol{c}$의 유일한 해는 $\boldsymbol{x} = (4, 1, 2)$이다.
특별히 주목	x_1, x_2, x_3를 구할 때, 피벗 $2, 5, 7$로 나눌 필요가 있었다.

이 피벗들은 아마도 원래 행렬 A의 대각선 위치에 없었을 것이다 (우리는 아직 A를 본 적이 없다). 피벗 $2, 5, 7$은 "소거법"이 U에 있는 하삼각 부분의 0들을 만들어 낼 때 발견된 값들이다. A에서 U로 가는 이 중요한 단계는 아직 설명하지 않았다!

참고 수 0이 피벗이 되는 것은 허락하지 않을 것이다. 피벗이 0이 되면 $0x_1 = 2$ 또는 $0x_2 = 5$ 또는 $0x_3 = 8$과 같은 방정식은 해가 없기 때문에 우리의 계획을 망가뜨린다. 역대입은 어떤 피벗 자리에든 (U의 대각선에) 0이 있게 되면 실패한다. 열들이 독립인지를 테스트하는 방법은 (1장에서 $C = A$이고 $R = I$일 때, $A = CR$은 $A = AI$가 된다) **0이 아닌 피벗 n개가 있는지 여부**이다.

열들이 독립인 (계수가 꽉찬) 모든 정사각행렬 A는 모든 피벗이 0이 아닌 상삼각행렬 U로 단순화시킬 수 있다. 이렇게 단순화시키는 것이 우리가 할 일이다. 이 때, 방정식 $A\boldsymbol{x} = \boldsymbol{b}$을 다른 순서로 배치할 필요가 있을 수도 있다. 먼저 소거법으로 A에서 U로 가고, 역대입으로 $A\boldsymbol{x} = \boldsymbol{b}$를 만족하는 유일한 벡터 $\boldsymbol{x}$를 구하는 일반적인 경우로 시작해보자.

각 열에서 소거법

먼저 행교환이 필요하지 않은 (독립인 열을 가진) 행렬 A가 있다.

시작하는 행렬은 A이다.
첫 번째 피벗은 2다.

$$A = \begin{bmatrix} 2 & 3 & 4 \\ 4 & 11 & 14 \\ 2 & 8 & 17 \end{bmatrix} \tag{2}$$

첫 번째 피벗 행은 $[2 \quad 3 \quad 4]$이다. 이 행을 2만큼 곱하고 2행으로부터 **뺀다**.

첫 번째 단계: $E_{21}A$에서
곱하는 수는 $4/2 = 2$였다.

$$\begin{bmatrix} 2 & 3 & 4 \\ \mathbf{0} & 5 & 6 \\ 2 & 8 & 17 \end{bmatrix} \tag{3}$$

0이 아닌 피벗을 가진 정사각행렬인 경우에 U의 열들은 독립이다. 또한 행들도 독립이다. 소거법은 원래의 행렬 A를 삼각행렬 U로 단순화시켰기 때문에 이런 사실을 즉시 알 수 있다.

U^*의 대각선에 0이 존재하면 종속인 열들이 되는 것을 어떻게 알 수 있을까?

$$U^* = \begin{bmatrix} * & * & * & * \\ 0 & * & * & * \\ 0 & 0 & 0 & * \\ 0 & 0 & 0 & * \end{bmatrix} = \text{대각선 위치에 추가적으로 0이 있는 상삼각행렬}$$

1. 첫 세 개의 열들은 종속이다. 2. 마지막 두 개의 행은 종속이다.

행 그림과 열 그림

다음 그림들은 $\boldsymbol{Ax} = \boldsymbol{b}$에 대해 해가 없거나 해가 한 개거나 또는 무수히 많은 해의 세 가지 가능성을 보여준다. 이것을 바라보는 두 가지 방법이 있다. A의 행에서 시작하여 두 방정식의 그래프를 그린다. 이것이 행 그림이다.

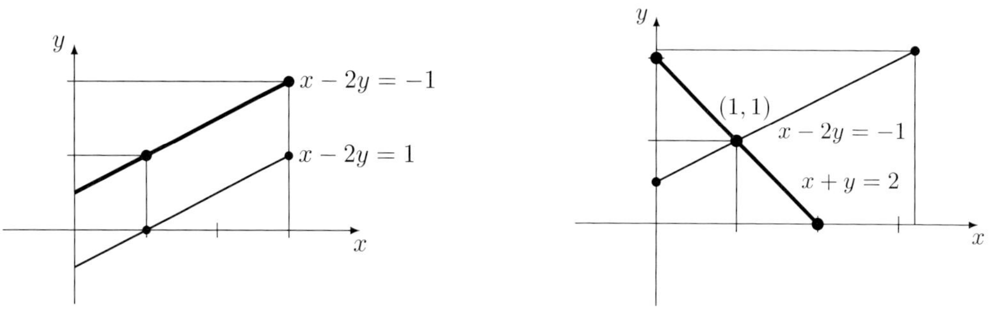

(a) 평행인 직선은 해가 없음을 의미한다. 위의 겹친 두 직선은 해가 많음을 의미한다.

(b) 교차하는 직선은 해가 한 개다. 해는 두 직선이 만나는 곳이다.

그림 2.1: $\boldsymbol{Ax} = \boldsymbol{b}$의 해에 대한 세 가지 가능성

만일 x, y, z에 대한 세 개의 방정식이 있다면, 이제 두 개의 직선이 세 개의 평면으로 바뀐다. $2x + 4y + 3z = 0$와 같은 평면은 3-차원 공간상에 있을 것이다. 이 행 그림은 그리기가 어려워진다. 다음에 나오는 열 그림이 3차원 또는 그 이상의 차원에서는 훨씬 쉽다.

열 그림은 단지 A의 열들과 벡터 $\boldsymbol{b}$ 등의 열벡터들을 보여준다. $\boldsymbol{Ax} = \boldsymbol{b}$을 푸는 목표는 이 열벡터들이 만나는 점을 찾는 것이 아니고, 벡터 $\boldsymbol{b}$를 만들어 내도록 **A의 열들을 일차결합하는 것이다.**

(n-차원 공간상에 있는 n개의 벡터들인) A의 열들이 독립이면 이러한 일차결합을 찾는 것은 언제나 가능하다. 이때 A의 열공간은 $\mathbf{R}^n$ 내의 모든 벡터 $\boldsymbol{b}$를 포함한다. $\boldsymbol{b}$와 같아지는 정확히 딱 하나의 열들의 일차결합 $A\boldsymbol{x}$가 존재한다. 소거법은 그 딱 하나의 $\boldsymbol{x}$를 찾는다.

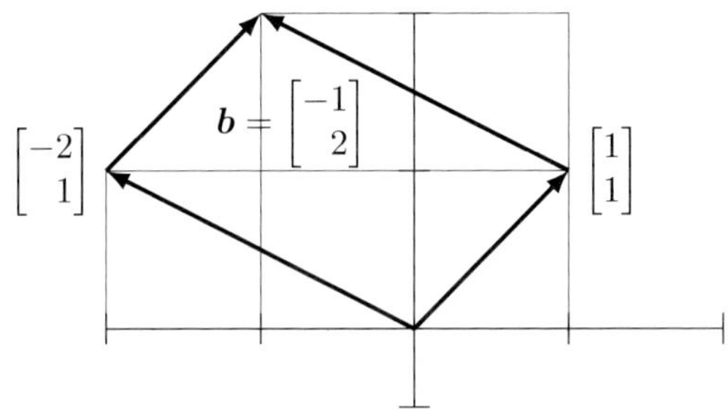

A의 열들은 독립이다.
1열 + 2열 $= \boldsymbol{b}$
그러면 해는 $x = 1, y = 1$이다.
이 열들로부터 $\boldsymbol{b}$를 만든다!

그림 2.2: 열 그림. 벡터 $\boldsymbol{b}$는 A의 열들의 일차결합 $A\boldsymbol{x}$다.

소거법 예와 치환

이제 행렬을 이용하여 소거법 전체 과정을 표현해 보자. 소거행렬 E를 A에 적용할 것이다. 피벗 위치에 0이 나타나는 경우에는 치환행렬 P가 필요하다. 그 결과로 상삼각행렬 U와 새로운 우변 $\boldsymbol{c}$를 얻는다. 그런 다음 $U\boldsymbol{x} = \boldsymbol{c}$를 역대입으로 푼다.

실제로는 컴퓨터가 이 단계들을 수행한다 (MATLAB에서는 $\boldsymbol{x} = A\backslash\boldsymbol{b}$). 그러나 너무 많이는 말고 몇 개의 예를 손으로 풀어보는 것이 좋다. 그러면 해 $\boldsymbol{x}$ 뿐만 아니라 $U\boldsymbol{x} = \boldsymbol{c}$로 가는 단계들을 보게 된다. 이 페이지에는 그러한 방법을 보여주는 다양한 예들이 있다.

$$A = \begin{bmatrix} 2 & 4 & -2 \\ 4 & 9 & -3 \\ -2 & -3 & 7 \end{bmatrix} \xrightarrow{E_{21}} \begin{bmatrix} 2 & 4 & -2 \\ \mathbf{0} & 1 & 1 \\ -2 & -3 & 7 \end{bmatrix} \xrightarrow{E_{31}} \begin{bmatrix} 2 & 4 & -2 \\ \mathbf{0} & 1 & 1 \\ \mathbf{0} & 1 & 5 \end{bmatrix} \xrightarrow{E_{32}} \begin{bmatrix} 2 & 4 & -2 \\ \mathbf{0} & 1 & 1 \\ \mathbf{0} & \mathbf{0} & 4 \end{bmatrix} = U$$

이러한 소거 단계들 E_{21}과 E_{31}과 E_{32}는 $(2,1)$과 $(3,1)$과 $(3,2)$ 위치에 0을 만든다. 행렬 E에서 그 자리는 -2와 $+1$과 -1이 된다. 등식을 유지하기 위해서는 동일한 단계를 우변 $\boldsymbol{b}$에도 적용해야 한다.

$$\boldsymbol{b} = \begin{bmatrix} 2 \\ 8 \\ 10 \end{bmatrix} \to E_{21}\boldsymbol{b} = \begin{bmatrix} 2 \\ 4 \\ 10 \end{bmatrix} \to E_{31}E_{21}\boldsymbol{b} = \begin{bmatrix} 2 \\ 4 \\ 12 \end{bmatrix} \to E_{32}E_{31}E_{21}\boldsymbol{b} = E\boldsymbol{b} = \boldsymbol{c} = \begin{bmatrix} 2 \\ 4 \\ 8 \end{bmatrix}$$

(식의 좌변에 있는) 행렬 A에 적용되는 모든 연산이 또한 (식의 우변에 있는) $\boldsymbol{b}$에도 실행되도록 확실히 하는 더 좋은 방법이 있다. 그 방법은 **$\boldsymbol{b}$를 A의 추가 열로서 포함시키는**

것이다. 이 조합 $[A \quad \boldsymbol{b}]$를 **덧붙인 행렬**(augmented matrix)이라 한다.

$$[A \quad \boldsymbol{b}] = \left[\begin{array}{cc|c} 3 & 2 & 7 \\ 6 & 5 & 16 \end{array}\right] \xrightarrow{E} \left[\begin{array}{cc|c} 3 & 2 & 7 \\ 0 & 1 & 2 \end{array}\right] = [U \quad \boldsymbol{c}] \tag{7}$$

이제 치환행렬 P가 필요한 예를 보자. 이 예에서 식을 서로 바꿔 피벗이 0이 되는 것을 피한다. 다음 예에서는 2열에서 P가 필요하다.

2행과 3행을 서로 바꾼다

$$A = \begin{bmatrix} 1 & 1 & 1 \\ 2 & 2 & 3 \\ 0 & 4 & 5 \end{bmatrix} \xrightarrow{E} \begin{bmatrix} 1 & 1 & 1 \\ 0 & \mathbf{0} & 1 \\ 0 & 4 & 5 \end{bmatrix} \xrightarrow{P} \begin{bmatrix} 1 & 1 & 1 \\ 0 & 4 & 5 \\ 0 & \mathbf{0} & 1 \end{bmatrix} = U$$

A에 적용된 소거법의 마지막 표현 $PA = LU$에서, 모든 E들은 우변으로 옮겨져 있을 것이다. $E_{32}E_{31}E_{21}$에서의 각 행렬들의 **역을 취하고**, 이 역행렬들은 $L = E_{21}^{-1}E_{31}^{-1}E_{32}^{-1}$에 **역순**로 들어간다. 전체 식은 $\boldsymbol{PA = LU}$이다. 대부분의 경우 치환이 필요하지 않으며, 이때는 소거법으로 가장 최상의 식인 $\boldsymbol{A = LU}$을 얻는다.

치환 P_{23}은 피벗이 0이 되는 것을 피할 필요가 있을 때 2행과 3행을 서로 바꾸었다. 그러나 시작부터 2행과 3행을 바꿀 수도 있었을 것이다. (그러면 E_{21}과 E_{31}이 서로 자리를 바꾸어야 한다.) 2.4절에서는 이 주제로 다시 돌아와 n개 행들의 모든 가능한 치환을 고려할 것이다. 사실 행치환을 하지 않는 $P = I$를 포함해서, 가능한 행렬 P는 모두 $n!$개가 존재한다.

연습 문제

1–10번 문제는 2×2 연립방정식의 소거법에 관한 것이다.

1 첫 번째 식의 얼마의 상수배 l_{21}를 두 번째 식으로부터 빼야만 하는가?

$$\begin{aligned} 2x + 3y &= 1 \\ 10x + 9y &= 11 \end{aligned}$$

소거 후, 상삼각 형태의 연립방정식을 쓰고 두 개의 피벗에 동그라미를 그려라. 역대입을 이용하여 x와 y를 구하라 (그리고 해가 맞는지 체크하라).

2 만일 첫 번째 식을 두 번째 식에 더한다면, 행 그림에서의 평면들, 열 그림에서의 벡터들, 계수행렬, 해들 중 어떤 것이 변하는가?

3 첫 번째 식의 얼마의 상수배를 두 번째 식으로부터 빼야만 하는가?

$$\begin{aligned} 2x - 4y &= 6 \\ -x + 5y &= 0 \end{aligned}$$

이 소거 단계 후, 삼각 형태의 연립방정식을 풀어라. 우변이 $(-6, 0)$으로 바뀐다면, 새로운 해는 무엇인가?

4 c를 제거하기 위해 첫 번째 식의 얼마의 상수배 l을 두 번째 식으로부터 빼야만 하는가?

$$\begin{aligned} ax + by &= f \\ cx + dy &= g \end{aligned}$$

첫 번째 피벗은 (영이 아니라고 가정한) a다. 소거법은 두 번째 피벗을 위해 어떤 식을 만드는가? y는 무엇인가? $ad = bc$인 특이 경우일 때 두 번째 피벗은 없다.

5 해가 없도록 우변을 선택하고 무수히 많은 해가 되도록 또 다른 우변을 선택하라. 무수히 많은 해 중 두 개는 무엇인가?

특이 시스템 $3x + 2y = 10$ 그리고 $6x + 4y =$ ____

6 다음 연립방정식을 특이 시스템으로 만드는 계수 b를 선택하라. 그런 다음 이 연립방정식의 해가 존재하도록 우변 g를 선택하라. 특이 경우에 두 개의 해를 구하라.

$$\begin{aligned} 2x + by &= 16 \\ 4x + 8y &= g \end{aligned}$$

7 a가 어떤 값일 때 소거법이 (1) 영구히 또는 (2) 일시적으로 실패하는가? 행치환으로 일시적인 실패를 복구한 후에 x와 y를 구하라.

$$\begin{aligned} ax + 3y &= -3 \\ 4x + 6y &= 6 \end{aligned}$$

8 k가 어떤 세 개의 값일 때 소거법이 실패하는가? 어떤 값일 때 행치환에 의해 복구되는가? 각각의 경우에 해의 개수는 0 또는 1 또는 ∞인가? **세 개의 행 그림을**

그려라.

$$\begin{aligned} kx + 3y &= 6 \\ 3x + ky &= -6 \end{aligned}$$

9 b_1과 b_2에 대한 어떤 테스트로 이 두 방정식의 해의 존재 여부를 결정할 수 있는가? 얼마나 많은 수의 해가 존재하는가? $\boldsymbol{b} = (1, 2)$와 $(1, 0)$에 대해 열 그림을 그려라.

$$\begin{aligned} 3x - 2y &= b_1 \\ 6x - 4y &= b_2 \end{aligned}$$

10 직선 $x + y = 5$ 그리고 $x + 2y = 6$ 그리고 소거법으로부터 나오는 방정식 $y =$ ________를 그려라. 어떤 직선 $5x - 4y = c$가 이 방정식의 해를 지나는가?

11–20번 문제는 3×3 연립방정식에 대한 소거법 (그리고 있을 수도 있는 실패)에 관해 탐구한다.

11 (추천함) 연립일차방정식은 정확하게 두 개의 해는 가질 수 없다. 왜 그럴까?

(a) (x, y, z)와 (X, Y, Z)가 두 개의 해라면, 또 다른 해는 무엇인가?

(b) 25개의 평면이 두 점에서 만난다면, 이 평면들은 또 다른 어디에서 만나는가?

12 행변환을 수행하여 상삼각 형태로 축소시켜라. 그런 다음 x, y, z를 구하라.

$$\begin{aligned} 2x + 3y + z &= 8 \\ 4x + 7y + 5z &= 20 \\ -2y + 2z &= 0 \end{aligned} \qquad\qquad \begin{aligned} 2x - 3y \phantom{{}+ z} &= 3 \\ 4x - 5y + z &= 7 \\ 2x - y - 3z &= 5 \end{aligned}$$

13 d가 어떤 수일 때 행치환을 해야만 하고, 그러한 d에 대해 (비특이인) 삼각 형태의 연립방정식은 무엇인가? d가 어떤 값일 때 이 연립방정식은 (세 번째 피벗이 없는) 특이가 되는가?

$$\begin{aligned} 2x + 5y + z &= 0 \\ 4x + dy + z &= 2 \\ y - z &= 3 \end{aligned}$$

14 b가 어떤 수일 때 이후에 행치환을 해야만 하는가? b가 어떤 수일 때 피벗이 사라지게 되는가? 그러한 특이 경우에 영이 아닌 해 x, y, z를 구하라.

$$\begin{aligned} x + by &= 0 \\ x - 2y - z &= 0 \\ y + z &= 0 \end{aligned}$$

15 (a) 삼각 형태가 되기 위해 두 번의 행치환을 필요로 하는 3×3 연립방정식을 만들어라.

(b) 한 번의 행치환이 필요하고 이후 실패하게 되는 연립방정식을 만들어라.

16 1행과 2행이 동일하다면, (행치환이 가능한) 소거법으로 얼마나 멀리 도달할 수 있는가? 1행과 2행이 동일하다면, 어떤 피벗이 사라지는가?

동일한 행 $\begin{aligned} 2x - y + z &= 0 \\ 2x - y + z &= 0 \\ 4x + y + z &= 2 \end{aligned}$ $\qquad$ $\begin{aligned} 2x + 2y + z &= 0 \\ 4x + 4y + z &= 0 \\ 6x + 6y + z &= 2 \end{aligned}$ **동일한 열**

17 좌변에 아홉 개의 서로 다른 계수를 가졌지만, 소거법에서 2행과 3행이 영이 되는 3×3 예 하나를 만들어라. $\boldsymbol{b} = (1, 10, 100)$일 때 각자가 만든 연립방정식의 해는 몇 개이고 $\boldsymbol{b} = (0, 0, 0)$일 때는 몇 개인가?

18 q가 어떤 수일 때 이 연립방정식이 특이가 되고, 우변의 t가 어떤 수일 때 해가 무수히 많아지는가? $z = 1$인 해를 구하라.

$$\begin{aligned} x + 4y - 2z &= 1 \\ x + 7y - 6z &= 6 \\ 3y + qz &= t \end{aligned}$$

19 a가 어떤 두 개의 수일 때 $A = \begin{bmatrix} \boldsymbol{a} & 2 \\ \boldsymbol{a} & \boldsymbol{a} \end{bmatrix}$에 대한 소거법이 실패하는가?

20 a가 어떤 세 개의 수일 때 소거법으로 세 개의 피벗을 얻는 데 실패하는가?

$$A = \begin{bmatrix} a & 2 & 3 \\ a & a & 4 \\ a & a & a \end{bmatrix} \text{ 는 세 개의 } a\text{값에 대해 특이다.}$$

21 행의 합이 4와 8이고 열의 합이 2와 s인 행렬을 찾아라. 이 네 개의 방정식은 $s =$ ________ 일 때에만 해가 존재한다. 올바른 행의 합과 열의 합을 가진 두 개의 행렬을

구하라. $\boldsymbol{x} = (a, b, c, d)$ 인 4×4 연립방정식 $A\boldsymbol{x} = \boldsymbol{b}$을 작성하고 소거법으로 A를 삼각행렬로 만들어라.

$$\text{행렬 } \begin{bmatrix} a & b \\ c & d \end{bmatrix} \qquad \begin{matrix} a+b=4 & a+c=2 \\ c+d=8 & b+d=s \end{matrix} \qquad \begin{matrix} \text{네 개의 방정식} \\ \text{네 개의 미지수} \end{matrix}$$

22 3×3 행렬 A를 이미 안다면, 1행의 3배를 기존 2행으로부터 빼서 새로운 2행을 만드는 MATLAB 명령어 A(2, :) = ... 를 작성하여라.

23 0과 1 사이의 랜덤한 성분을 갖는 MATLAB의 $[L, U]$ = lu(rand(3))으로부터 첫 번째와 두 번째와 세 번째 피벗 크기를 실험적으로 구하라. $U(1,1)$의 평균은 $\frac{1}{2}$ 이상인데 lu는 1열에 가장 큰 피벗을 선택하기 때문이다.

24 맨 구석에 있는 성분 $A(5,5) = 11$이고 A의 마지막 피벗이 $U(5,5) = 4$이면, 성분 $A(5,5)$가 어떤 다른 값일 때 A가 특이가 될까?

25 소거법으로 행치환없이 A에서 U가 되었다고 가정하자. 그러면 U의 j행은 A의 어떤 행들의 일차결합인가? $A\boldsymbol{x} = \boldsymbol{0}$이면 $U\boldsymbol{x} = \boldsymbol{0}$인가? $A\boldsymbol{x} = \boldsymbol{b}$이면 $U\boldsymbol{x} = \boldsymbol{b}$인가? A가 하삼각행렬로 시작한다면, 상삼각행렬 U는 무엇인가?

26 100개의 미지수 $\boldsymbol{x} = (x_1, \ldots, x_{100})$에 대한 100개의 방정식 $A\boldsymbol{x} = \boldsymbol{0}$으로 시작한다. 소거법이 100번째 방정식을 $0 = 0$으로 축소시켰다고 가정하자. 그러면 이 연립방정식은 "특이" 다.

(a) 특이 시스템 $A\boldsymbol{x} = \boldsymbol{0}$은 무수히 많은 해를 갖는다. 이것은 A의 100개의 **열들**의 어떤 일차결합은 ________ 임을 의미한다.

(b) 성분 중 0은 없는 100×100 특이행렬을 만들어라.

(c) 만든 $A\boldsymbol{x} = \boldsymbol{0}$의 행 그림과 열 그림을 묘사하라.

2.2 소거행렬과 역행렬

1. 소거법은 A에 $E_{21}, \ldots, E_{n1}$을 곱한 다음 $E_{32}, \ldots, E_{n2}, \ldots$를 곱하여 A가 $EA = U$가 된다.

2. 역순으로 E의 역행렬을 U에 곱하면 $A = E^{-1}U$가 복원된다. 이것이 LU다.

3. $A^{-1}A = I$이고 $(LU)^{-1} = U^{-1}L^{-1}$이다. 그러면 $A\boldsymbol{x} = \boldsymbol{b}$는 $\boldsymbol{x} = A^{-1}\boldsymbol{b} = U^{-1}L^{-1}\boldsymbol{b}$이다.

소거법의 모든 단계들은 행렬로 할 수 있다. 이 단계들은 또한 행렬로 되돌릴 수도 (역으로 할 수도) 있다. 3×3 행렬에 대해, 각 단계들을 단어 하나 하나로 상세하게 자세히 쓸 수도 있지만, 실제 응용을 위해서는 행렬이 더 좋은 방법이다.

기본적인 소거 단계는 j번째 식에 상수배 l_{ij}를 한 다음 i번째 식에서 빼는 것이다. 소거가 진행될 때 언제나 뺄셈에 대해 언급한다. 첫 번째 피벗이 $a_{11} = 3$이고 그 아래가 $a_{21} = -3$이라면, 단순히 1식을 2식에 더하면 된다. 그러면 0이 된다. 그러나 뺄셈을 유지하기 위해, 1식에 $l_{21} = -1$배를 하고 2식에서 뺀다. 결과는 동일하다. 역 단계는 덧셈이다. 식 (10)과 식 (11)을 비교하면 이 모든 것들을 볼 수 있다.

다음은 1행에 2배를 하여 3행에서 빼는 행렬이다. 1행과 2행은 그대로이다.

소거행렬 $\boldsymbol{E_{ij}}$
3행, 1열, 상수배 2

$$E_{31} = \begin{bmatrix} 1 & 0 & 0 \\ 0 & 1 & 0 \\ -2 & 0 & 1 \end{bmatrix}$$

행치환이 필요하지 않다면, 소거행렬 E_{21}과 E_{31}과 E_{32}는 대각선 아래를 0으로 만들 것이다. 그렇게 하면 A는 삼각행렬 U로 바뀐다.

$$\boxed{A\text{는 } 3 \times 3 \qquad U\text{는 상삼각행렬} \qquad \boldsymbol{E_{32}E_{31}E_{21}A = U}} \tag{1}$$

수 l_{32}는 앞서 나오는 l_{21}과 l_{31}의 영향을 받는다. (A의 원래 두 번째 행이 아닌, 마지막 행렬의 두 번째 행렬인) U의 2행에 l_{32}를 상수배 한 것을 뺀다. 이 단계는 U의 3행, 2열을 0으로 만든다. E_{32}가 3×3 소거 단계의 마지막을 마무리한다.

예제 1 E_{21}과 E_{31}은 A의 1행의 상수배를 2행과 3행에서 뺀다.

$$E_{31}E_{21}A = \begin{bmatrix} 1 & 0 & 0 \\ 0 & 1 & 0 \\ -2 & 0 & 1 \end{bmatrix} \begin{bmatrix} 1 & 0 & 0 \\ 1 & 1 & 0 \\ 0 & 0 & 1 \end{bmatrix} \begin{bmatrix} 3 & 1 & 0 \\ -3 & 1 & 1 \\ 6 & 8 & 4 \end{bmatrix} = \begin{bmatrix} 3 & 1 & 0 \\ \mathbf{0} & 2 & 1 \\ \mathbf{0} & 6 & 4 \end{bmatrix} \quad \textbf{1열에 새로운 두 개의 0} \tag{2}$$

2열에서 0을 만들기 위해, E_{32}는 새로운 2행의 $l_{32} = 3$ 상수배를 3행에서 뺀다.

$$E_{32}(E_{31}E_{21}A) = \begin{bmatrix} 1 & 0 & 0 \\ 0 & 1 & 0 \\ 0 & -3 & 1 \end{bmatrix} \begin{bmatrix} 3 & 1 & 0 \\ 0 & 2 & 1 \\ 0 & 6 & 4 \end{bmatrix} = \begin{bmatrix} 3 & 1 & 0 \\ \mathbf{0} & 2 & 1 \\ \mathbf{0} & \mathbf{0} & 1 \end{bmatrix} = U \quad \textbf{U의 주대각선 아래가 모두 0} \tag{3}$$

다시 한 번 주의: E_{32}는 A의 원래 행이 아니라 행 $0, 2, 1$의 3배를 뺀다. 마침내 피벗 $3, 2, 1$이 U의 주대각선 위에 있고, 그 아래는 모두 0이다.

예제 4는 각 소거행렬 E_{ij}의 "역"을 보여주는데, 이로부터 소거행렬들의 곱 $E = E_{32}E_{31}E_{21}$의 역이 나온다. E의 역은 매우 특별하며 이것을 L이라고 한다.

역행렬

A가 정사각행렬이라고 하자. **A^{-1}와 A의 곱이 I가 되는** 같은 크기의 "***역행렬(inverse matrix)***" A^{-1}을 구하고자 한다. A가 하는 모든 일을 A^{-1}은 되돌린다. 이 둘의 곱은 벡터에 아무 일도 하지 않는 항등행렬이므로 $A^{-1}A\boldsymbol{x} = \boldsymbol{x}$이다. 그러나 A^{-1}가 존재하지 않을 수 있다.

정사각행렬 A가 가역이기 위해서는 열들이 독립일 필요가 있다. 그러면 $A^{-1}A = I$.

행렬이 하는 대부분의 일은 벡터를 곱하는 것이다. $A\boldsymbol{x} = \boldsymbol{b}$에 A^{-1}을 곱하면 $A^{-1}A\boldsymbol{x} = A^{-1}\boldsymbol{b}$가 된다. **이것이 $\boldsymbol{x} = A^{-1}\boldsymbol{b}$이다.** 곱 $A^{-1}A$는 어떤 수를 곱했다가 다시 그 수로 나눈 것과 비슷하다. 어떤 수가 0이 아니라면 그 역이 존재한다. 행렬은 이보다 복잡하고 좀 더 흥미롭다. 행렬 A^{-1}을 "A의 역행렬"이라 한다.

> **정의** 행렬 A를 "역으로 하는" 행렬 A^{-1}이 존재하면 A가 ***가역(invertible)***이라 한다.
>
> $$\textbf{양쪽 역행렬} \qquad \boldsymbol{A^{-1}A = I} \text{ 그리고 } \boldsymbol{AA^{-1} = I} \tag{4}$$

모든 행렬의 역행렬이 존재하는 것은 아니다. 정사각행렬에 대한 첫 번째 질문은 A가 가역인지 여부다. A가 가역이기 위해서는 열들이 독립이어야 한다. 실제로 A^{-1}을

계산한다는 의미가 아니다. 대부분의 문제에서는 역행렬을 계산하지 않는다! 다음은 A^{-1} 에 대한 일곱 가지 참고사항이다.

참고 1 ***역행렬이 존재하는 것과 소거법으로 n 개의 피벗을 만드는 것은 동치다.*** (행치환도 허용한다.) 소거법은 명시적으로 역행렬 A^{-1}을 이용하지 않고 $A\boldsymbol{x} = \boldsymbol{b}$의 해를 구한다.

참고 2 행렬 A는 두 개의 서로 다른 역행렬을 가질 수 없다. $BA = I$이고 또한 $AC = I$라고 가정하자. 그러면 다음과 같은 "괄호에 의한 증명" 에 따라 $B = C$이다.

$$B(AC) = (BA)C\text{로부터 } BI = IC \text{ 즉 } B = C \tag{5}$$

이것은 (A의 왼쪽에 곱하는) 왼쪽 역행렬(left-inverse) B와 ($AC = I$가 되도록 A의 오른쪽에 곱하는) 오른쪽 역행렬(right-inverse) C가 동일한 행렬이어야 함을 보여준다.

참고 3 A가 가역이면, $A\boldsymbol{x} = \boldsymbol{b}$의 단 하나의 유일한 해는 $\boldsymbol{x} = A^{-1}\boldsymbol{b}$이다.

$$\boxed{A\boldsymbol{x} = \boldsymbol{b}\textbf{의 양변에 } A^{-1}\textbf{을 곱한다. 그러면 } \boldsymbol{x} = A^{-1}A\boldsymbol{x} = A^{-1}\boldsymbol{b}}$$

참고 4 (중요) ***$A\boldsymbol{x} = \boldsymbol{0}$을 만족하는 0이 아닌 벡터 $\boldsymbol{x}$가 존재한다고 가정하자.*** 그러면 A는 종속인 열을 갖는다. A는 역행렬을 가질 수 없다. 어떤 행렬도 $\boldsymbol{0}$에서 $\boldsymbol{x}$로 되돌릴 수 없다.

A가 가역이면, $A\boldsymbol{x} = \boldsymbol{0}$의 해는 $\boldsymbol{x} = A^{-1}\boldsymbol{0} = \boldsymbol{0}$ 뿐이다.

참고 5 정사각행렬이 가역인 것과 이 행렬의 열들이 독립인 것은 동치다.

참고 6 2×2 행렬이 가역인 것과 $ad - bc$가 0이 아닌 것은 동치다.

$$\boxed{2 \times 2 \textbf{ 행렬} \quad \begin{bmatrix} a & b \\ c & d \end{bmatrix}^{-1} = \frac{1}{ad - bc}\begin{bmatrix} d & -b \\ -c & a \end{bmatrix}} \tag{6}$$

이 수 $ad - bc$는 A의 행렬식(determinant)이다. 어떤 행렬의 행렬식이 0이 아니면 이 행렬은 가역이다 (5장). A가 가역인지 여부는 행렬식 이전에 n개 피벗에 대한 테스트로 흔히 결정된다.

참고 7 삼각행렬은 대각원소 d_i에 0이 없다면 역행렬이 존재한다.

$$A = \begin{bmatrix} \boldsymbol{d}_1 & \times & \times & \times \\ 0 & \bullet & \times & \times \\ 0 & 0 & \bullet & \times \\ 0 & 0 & 0 & \boldsymbol{d}_n \end{bmatrix} \quad \text{이면} \quad A^{-1} = \begin{bmatrix} 1/\boldsymbol{d}_1 & \times & \times & \times \\ 0 & \bullet & \times & \times \\ 0 & 0 & \bullet & \times \\ 0 & 0 & 0 & 1/\boldsymbol{d}_n \end{bmatrix}$$

예제 2 2×2 행렬 $A = \begin{bmatrix} 1 & 2 \\ 1 & 2 \end{bmatrix}$는 가역이 아니다. 이 행렬은 $ad = bc$이기 때문에 참고 6에서의 테스트가 실패한다. 또한 $\boldsymbol{x} = (2, -1)$일 때 $A\boldsymbol{x} = \mathbf{0}$이므로 참고 4에서의 테스트도 실패한다. 참고 1에서 요구하는 두 개의 피벗을 갖는 것도 실패한다. 행들이 종속이다.

소거법으로 이 행렬 A의 두 번째 행이 영행으로 바뀐다. 그러면 피벗이 없다.

예제 3 다음 행렬들 중 세 개는 가역이고 세 개는 특이(singular) 행렬이다. 역행렬이 존재한다면 그 역행렬을 구하라. 나머지 세 행렬이 비가역인 근거(행렬식이 0, 피벗이 적음, $A\boldsymbol{x} = \mathbf{0}$의 0이 아닌 해)를 대라. 행렬들은 순서대로 A, B, C, D, S, T이다.

$$\begin{bmatrix} 4 & 3 \\ 8 & 6 \end{bmatrix} \quad \begin{bmatrix} 4 & 3 \\ 8 & 7 \end{bmatrix} \quad \begin{bmatrix} 6 & 6 \\ 6 & 0 \end{bmatrix} \quad \begin{bmatrix} 6 & 6 \\ 6 & 6 \end{bmatrix} \quad \begin{bmatrix} 1 & 0 & 0 \\ 1 & 1 & 0 \\ 1 & 1 & 1 \end{bmatrix} \quad \begin{bmatrix} 1 & 1 & 1 \\ 1 & 1 & 0 \\ 1 & 1 & 1 \end{bmatrix}$$

풀이

$$B^{-1} = \frac{1}{4}\begin{bmatrix} 7 & -3 \\ -8 & 4 \end{bmatrix} \quad C^{-1} = \frac{1}{36}\begin{bmatrix} 0 & 6 \\ 6 & -6 \end{bmatrix} \quad S^{-1} = \begin{bmatrix} 1 & 0 & 0 \\ -1 & 1 & 0 \\ 0 & -1 & 1 \end{bmatrix}$$

A는 행렬식이 $4 \cdot 6 - 3 \cdot 8 = 24 - 24 = 0$이기 때문에 가역이 아니다. D는 두 번째 행을 첫 번째 행에서 뺄 때 두 번째 행이 0이 되어 오직 한 개의 피벗만 존재하기 때문에 가역이 아니다. T는 두 개의 행이 동일하다 (그리고 두 번째 열 빼기 첫 번째 열은 0이다). 다시 말하면 $T\boldsymbol{x} = \mathbf{0}$은 $\boldsymbol{x} = (-1, 1, 0)$과 같은 0이 아닌 해를 갖기 때문에 가역이 아니다.

곱 AB의 역행렬

0이 아닌 두 수 a와 b에 대해, 합 $a + b$는 가역일 수도 있고 아닐 수도 있다. 수 $a = 3$과 $b = -3$은 $\frac{1}{3}$과 $-\frac{1}{3}$을 역으로 갖는다. 두 수의 합 $a + b = 0$은 역이 없다. 그러나 곱 $ab = -9$는 역이 있고, 그 값은 $\frac{1}{3}$ 곱하기 $-\frac{1}{3}$이다.

행렬 A와 B에 대해서도 상황은 비슷하다. 두 행렬의 곱 AB가 역행렬을 갖는 것과 A와 B가 (동일한 크기이고) 개별적으로 가역인 것은 동치다. 중요한 점은 A^{-1}과 B^{-1}의 ***순서가 반대로*** 나오는 것이다.

A와 B가 (같은 크기이고) 가역이라면, AB의 역행렬은 $\boldsymbol{B^{-1}A^{-1}}$이다.
$$(\boldsymbol{AB})^{-1} = \boldsymbol{B}^{-1}\boldsymbol{A}^{-1} \quad (\boldsymbol{AB})(\boldsymbol{B}^{-1}\boldsymbol{A}^{-1}) = \boldsymbol{AIA}^{-1} = \boldsymbol{AA}^{-1} = \boldsymbol{I} \qquad (7)$$

BB^{-1}을 먼저 곱하도록 괄호를 옮겼다. 비슷하게 $B^{-1}A^{-1}$ 곱하기 AB도 I와 동일하다.

$B^{-1}A^{-1}$은 역은 반대 순서로 나온다는 수학의 기본적인 규칙중 하나를 보여준다. 이 규칙은 또한 상식이기도 하다. 양말을 신고 난 다음 신발을 신는다면, 먼저 벗어야 하는 것은 ___ 이다. 동일한 반대 순서는 세 개 이상의 행렬에 대해서도 적용된다.

$$\textbf{반대 순서} \qquad (ABC)^{-1} = C^{-1}B^{-1}A^{-1} \qquad (8)$$

예제 4 ***소거행렬의 역행렬***. E가 1행의 5배를 2행에서 빼는 것이라면, E^{-1}은 1행의 5배를 2행에 더하는 것이다.

E는 뺀다 **E^{-1}은 더한다**	$E = \begin{bmatrix} 1 & 0 & 0 \\ -5 & 1 & 0 \\ 0 & 0 & 1 \end{bmatrix}$ 그리고 $E^{-1} = \begin{bmatrix} 1 & 0 & 0 \\ 5 & 1 & 0 \\ 0 & 0 & 1 \end{bmatrix}$

EE^{-1}와 같이 곱하면 항등행렬 I가 된다. 또한 $E^{-1}E$도 I가 된다. 동일한 1행의 5배를 더하고 빼고 있는 것이다. 만일 $AC = I$라면 자동으로 $CA = I$다.

정사각행렬에 대해, 한 쪽의 역행렬은 자동으로 다른 쪽의 역행렬이다.

예제 5 F가 2행의 4배를 3행에서 빼고, F^{-1}는 이것을 거꾸로 더한다고 하자.

$$F = \begin{bmatrix} 1 & 0 & 0 \\ 0 & 1 & 0 \\ 0 & -4 & 1 \end{bmatrix} \text{ 그리고 } F^{-1} = \begin{bmatrix} 1 & 0 & 0 \\ 0 & 1 & 0 \\ 0 & 4 & 1 \end{bmatrix}$$

이제 예제 4에서의 E에 F를 곱하여 FE를 구해본다. 또한 E^{-1} 곱하기 F^{-1}을 하여 $(FE)^{-1}$을 구해본다. FE와 $E^{-1}F^{-1}$의 순서에 주의해야 한다!

$$FE = \begin{bmatrix} 1 & 0 & 0 \\ \mathbf{-5} & 1 & 0 \\ \mathbf{20} & -4 & 1 \end{bmatrix} \text{ 는 } E^{-1}F^{-1} = \begin{bmatrix} 1 & 0 & 0 \\ \mathbf{5} & 1 & 0 \\ \mathbf{0} & 4 & 1 \end{bmatrix} \textbf{ 에 의해 반전된다.} \tag{9}$$

그 결과는 아름답고 정확하다. 곱 FE는 "20"을 포함하고 있지만 역행렬에는 없다. E는 1행의 5배를 2행에서 뺀다. 그런 다음 F는 (1행에 의해 바뀐) 새로운 2행의 4배를 3행에서 뺀다. ***이 순서 FE에서 3행은 1행으로부터 20 크기 만큼의 영향을 느끼게 된다.***

순서 $E^{-1}F^{-1}$에서는, 그러한 효과가 발생하지 않는다. 먼저 F^{-1}는 2행의 4배를 3행에 더한다. 그런 후에 E^{-1}은 1행의 5배를 2행에 더한다. 20이 존재하지 않는데, 3행이 다시 바뀌지 않기 때문이다. ***이 순서 $E^{-1}F^{-1}$에서 3행은 1행으로부터 어떠한 영향도 느끼지 않는다.***

이것이 삼각행렬 U로부터 원래 행렬 A로 돌아가기 위해 $A = LU$를 선택한 이유다. 상수배들은 아래 식 (11)과 같이 하삼각행렬 L 안의 완벽한 자리에 들어간다.

소거 순서는 FE이다. 역순 $L = E^{-1}F^{-1}$은 특별하다. ***상수배 5와 4는 L 안에서 대각선 1 아래 자리로 들어간다.***

L은 E의 역이다

E는 A를 상삼각행렬 형태 $EA = U$로 만드는 모든 소거행렬들 E_{ij}의 곱이다. 당분간은 어떠한 행치환도 필요하지 않다고 (따라서 $P = I$) 가정한다. E의 어려움은 모든 개별적인 소거 단계들의 E_{ij}를 곱하면 멋진 공식을 만들어내지 않는다는 점이다. 그러나 그 역단계들 E_{ij}^{-1}을 곱하면 역행렬 E^{-1}는 아름다워진다. 이러한 단계들은 반대 순서로 나온다는 점을 기억해야 한다.

$n = 3$일 때, $E = E_{32}E_{31}E_{21}$의 복잡함은 아래쪽 구석에 있다.

$$\boldsymbol{E} = \begin{bmatrix} 1 & & \\ 0 & 1 & \\ 0 & -l_{32} & 1 \end{bmatrix} \begin{bmatrix} 1 & & \\ 0 & 1 & \\ -l_{31} & 0 & 1 \end{bmatrix} \begin{bmatrix} 1 & & \\ -l_{21} & 1 & \\ 0 & 0 & 1 \end{bmatrix} = \begin{bmatrix} 1 & & \\ -l_{21} & 1 & \\ (\boldsymbol{l}_{32}\boldsymbol{l}_{21} - \boldsymbol{l}_{31}) & -l_{32} & 1 \end{bmatrix} \tag{10}$$

$\boldsymbol{E}^{-1} = \boldsymbol{L}$에 대해서는 이러한 혼란스러움이 어떻게 사라지는지 주목하자. 따라서 역순이

좋은 방법이다.

$$\boxed{\boldsymbol{E}^{-1} = \begin{bmatrix} 1 & & \\ l_{21} & 1 & \\ 0 & 0 & 1 \end{bmatrix} \begin{bmatrix} 1 & & \\ 0 & 1 & \\ l_{31} & 0 & 1 \end{bmatrix} \begin{bmatrix} 1 & & \\ 0 & 1 & \\ 0 & l_{32} & 1 \end{bmatrix} = \begin{bmatrix} 1 & & \\ \boldsymbol{l}_{21} & 1 & \\ \boldsymbol{l}_{31} & \boldsymbol{l}_{32} & 1 \end{bmatrix} = \boldsymbol{L}} \tag{11}$$

모든 상수배 l_{ij}가 L 내의 각자의 정확한 위치에 나타난다. 다음 절에서는 이것이 모든 행렬 크기에 대해서도 사실임을 보일 것이다. **그러면 $\boldsymbol{EA} = \boldsymbol{U}$는 $\boldsymbol{A} = \boldsymbol{LU}$가 된다.**

식 (11)이 이 장에서의 핵심이다. 각 l_{ij}가 제자리에 있다.

연습 문제

1-11번 문제는 소거행렬에 관한 것이다.

1 다음 소거 단계를 행하는 3×3 행렬을 작성하라.

(a) E_{21}은 1행의 5배를 2행으로부터 뺀다.

(b) E_{32}는 2행의 -7배를 3행으로부터 뺀다.

(c) P는 1행과 2행을 바꾼 다음, 2행과 3행을 바꾼다.

2 1번 문제에서 $\boldsymbol{b} = (1, 0, 0)$에 E_{21}을 적용한 다음 E_{32}를 적용하면 $E_{32}E_{21}\boldsymbol{b} =$ _______ 이다. E_{21} 전에 E_{32}를 먼저 적용하면 $E_{21}E_{32}\boldsymbol{b} =$ _______ 이다. E_{32}가 먼저 나올 때, ___ 행은 ___ 행으로부터 전혀 영향을 받지 않는 것처럼 느낀다.

3 어떤 세 개의 행렬 E_{21}, E_{31}, E_{32}로 다음 A가 삼각 형태 U로 바뀌는가?

$$A = \begin{bmatrix} 1 & 1 & 0 \\ 4 & 6 & 1 \\ -2 & 2 & 0 \end{bmatrix} \quad \text{그리고} \quad E_{32}E_{31}E_{21}A = EA = U$$

하나의 소거행렬 E가 되도록 이 E_{ij}들을 곱하라. $E^{-1} = L$은 무엇인가?

4 3번 문제에서 $\boldsymbol{b} = (1, 0, 0)$을 네 번째 열로 포함시켜 $[A \quad \boldsymbol{b}]$를 만들어라. 이 덧붙인 행렬에 소거법을 적용하여 $A\boldsymbol{x} = \boldsymbol{b}$을 풀어라.

5 $a_{33} = 7$이고 세 번째 피벗이 5라고 가정하자. 만일 a_{33}을 11로 바꾼다면, 세 번째 피벗은 _______ 이다. 만일 a_{33}을 _______ 로 바꾼다면, 세 번째 피벗은 없다.

6 A의 모든 열이 $(1,1,1)$의 상수배라면, $A\boldsymbol{x}$는 언제나 $(1,1,1)$의 상수배다. 3×3 예를 들어라. 소거법으로 얼마나 많은 수의 피벗이 생성되는가?

7 E가 1행의 7배를 3행에서 뺀다고 가정하자.

(a) 이 단계를 역으로 하려면, ____행의 7배를 ____행에 ____해야 한다.

(b) 이러한 역단계를 행하는 "역행렬" E^{-1}는 (그러므로 $E^{-1}E = I$) 무엇인가?

(c) 만일 이 역단계를 먼저 적용하고 (그런 다음 E를 적용한다면) $EE^{-1} = I$임을 보여라.

8 $M = \begin{bmatrix} a & b \\ c & d \end{bmatrix}$의 ***행렬식***은 $\det M = ad - bc$다. 1행의 l배를 2행으로부터 빼서 새로운 M^*를 만들어라. 모든 l에 대해 $\det M^* = \det M$임을 보여라. $l = c/a$일 때, 피벗들의 곱은 행렬식과 같다. 즉, $(a)(d - lb)$는 $ad - bc$와 같다.

9 (a) E_{21}은 1행을 2행으로부터 뺀 다음 P_{23}은 2행과 3행을 서로 바꾼다. 어떤 행렬 $M = P_{23}E_{21}$이 한 번에 이 두 단계를 수행하는가?

(b) P_{23}은 2행과 3행을 서로 바꾼 다음 E_{31}은 1행을 3행으로부터 뺀다. 어떤 행렬 $M = E_{31}P_{23}$이 한 번에 이 두 단계를 수행하는가? 왜 M은 동일하지만 E들은 서로 다른지 설명하라.

10 (a) 어떤 행렬이 1행을 3행에 더하고 동시에 3행을 1행에 더하는가?

(b) 어떤 행렬이 1행을 3행에 더한 다음 3행을 1행에 더하는가?

11 $a_{11} = a_{22} = a_{33} = 1$이지만, 소거법이 행교환 없이 두 개의 음수인 피벗을 생성하는 행렬을 만들어라. (첫 번째 피벗은 1이다.)

12 다음 "치환행렬"에 대해 시행 착오를 통해 (1과 0으로 구성된) P^{-1}을 구하라.

$$P = \begin{bmatrix} 0 & 0 & 1 \\ 0 & 1 & 0 \\ 1 & 0 & 0 \end{bmatrix} \quad \text{그리고} \quad P = \begin{bmatrix} 0 & 1 & 0 \\ 0 & 0 & 1 \\ 1 & 0 & 0 \end{bmatrix}$$

13 A^{-1}의 첫 번째 열 (x, y)와 두 번째 열 (t, z)에 대해 풀어라. AA^{-1}을 체크하라.

$$\begin{bmatrix} 10 & 20 \\ 20 & 50 \end{bmatrix} \begin{bmatrix} x \\ y \end{bmatrix} = \begin{bmatrix} 1 \\ 0 \end{bmatrix} \quad \text{그리고} \quad \begin{bmatrix} 10 & 20 \\ 20 & 50 \end{bmatrix} \begin{bmatrix} t \\ z \end{bmatrix} = \begin{bmatrix} 0 \\ 1 \end{bmatrix}$$

14 $U^2 = I$를 만족하는 (대각행렬이 아닌) 상삼각행렬 U를 구하라. 그러면 $U^{-1} = U$다.

15 (a) A가 가역이고 $AB = AC$이면, $B = C$임을 간단히 증명하라.

(b) $A = \begin{bmatrix} 1 & 1 \\ 1 & 1 \end{bmatrix}$이면, $AB = AC$가 되는 두 개의 서로 다른 행렬을 구하라.

16 (중요) A에서 1행 + 2행 = 3행이면, A는 가역이 아님을 보여라.

(a) $A\boldsymbol{x} = (0, 0, 1)$은 왜 해가 없는지 설명하라. 첫 번째 식과 두 번째 식을 더하라.

(b) 우변의 어떤 (b_1, b_2, b_3)에 대해 $A\boldsymbol{x} = \boldsymbol{b}$의 해가 존재하는가?

(c) 소거법 과정에서, 세 번째 식에 어떤 일이 일어나는가?

17 A에서 1열 + 2열 = 3열이면, A는 가역이 아님을 보여라.

(a) $A\boldsymbol{x} = \mathbf{0}$에 대한 영이 아닌 해 $\boldsymbol{x}$를 구하라. 이 행렬은 3×3이다.

(b) 소거법은 여전히 1열 + 2열 = 3열을 유지한다. 왜 세 번째 피벗이 존재하지 않는지 설명하라.

18 A가 가역이고 첫 두 개의 행을 서로 바꾸어 B가 되었다고 가정하자. 이 새로운 행렬 B는 가역인가? A^{-1}로부터 B^{-1}을 어떻게 구할 것인가?

19 (a) A와 B는 가역이지만, $A + B$는 가역이 아닌 A와 B를 구하라.

(b) $A + B$가 가역인 특이행렬 A와 B를 구하라.

20 곱 $C = AB$가 가역이면 (A와 B는 정사각행렬), A 자체가 가역이다. C^{-1}와 B를 포함한 A^{-1}에 대한 식을 구하라.

21 세 정사각행렬의 곱 $M = ABC$가 가역이면, B는 가역이다. (A와 C 또한 가역이다.) M^{-1}와 A와 C를 포함한 B^{-1}에 대한 식을 구하라.

22 A의 1행을 2행에 더하여 B를 얻는다면, A^{-1}로부터 B^{-1}를 어떻게 구하는가?

23 모든 성분이 0인 열이 있는 행렬은 역행렬이 존재할 수 없음을 증명하라.

24 $\begin{bmatrix} a & b \\ c & d \end{bmatrix}$와 $\begin{bmatrix} d & -b \\ -c & a \end{bmatrix}$를 곱하라. $ad \neq bc$라면 각 행렬의 역행렬은 무엇인가?

25 (a) 어떤 3×3 행렬 E가 다음 세 단계와 동일한 효과를 가지는가? 1행을 2행으로부터 빼고, 1행을 3행으로부터 뺀 다음, 2행을 3행으로부터 뺀다.

(b) 어떤 단일 행렬 L이 다음 세 개의 역단계와 동일한 효과를 가지는가? 2행을 3행과 더하고, 1행을 3행과 더한 다음, 1행을 2행에 더한다.

26 B가 A^2의 역행렬이면, AB는 A의 역행렬임을 보여라.

27 A = 4 ∗ eye(4) - ones(4, 4)는 가역이 아님을 보여라. A ∗ ones(4, 1)을 곱하라.

28 성분이 1과 0으로 구성된 열여섯 개의 2×2 행렬이 존재한다. 이 중 가역인 것은 몇 개인가?

29 소거법이 A를 I로 축소시키는 것처럼 I를 A^{-1}로 바꾸어라 (가우스-요르단 아이디어).

$$[A \quad I] = \begin{bmatrix} 1 & 3 & 1 & 0 \\ 2 & 7 & 0 & 1 \end{bmatrix} \quad \text{그리고} \quad [A \quad I] = \begin{bmatrix} 1 & 4 & 1 & 0 \\ 3 & 9 & 0 & 1 \end{bmatrix}$$

30 4×4 행렬 A는 모든 행이 동일한 순서로 $0, 1, 2, 3$ 수들을 포함한다면 가역일 수 있는가? B의 모든 행이 동일한 순서로 $0, 1, 2, -3$을 포함하는 경우는 어떤가?

31 $[A \quad I]$과 $[B \quad I]$에 대해 소거법을 적용하여 (만일 존재한다면) A^{-1}와 B^{-1}을 구하라.

$$A = \begin{bmatrix} 2 & 1 & 1 \\ 1 & 2 & 1 \\ 1 & 1 & 2 \end{bmatrix} \quad \text{그리고} \quad B = \begin{bmatrix} 2 & -1 & -1 \\ -1 & 2 & -1 \\ -1 & -1 & 2 \end{bmatrix}$$

32 $[U \quad I]$에 대해 가우스-요르단 소거법을 사용하여 상삼각행렬 U^{-1}을 구하라.

$$\boldsymbol{UU^{-1} = I} \qquad \begin{bmatrix} 1 & a & b \\ 0 & 1 & c \\ 0 & 0 & 1 \end{bmatrix} \begin{bmatrix} \boldsymbol{x}_1 & \boldsymbol{x}_2 & \boldsymbol{x}_3 \end{bmatrix} = \begin{bmatrix} 1 & 0 & 0 \\ 0 & 1 & 0 \\ 0 & 0 & 1 \end{bmatrix}$$

33 참 또는 거짓을 말하라 (거짓이면 반례를 들고 참이면 근거를 들어라.)

(a) 모든 성분이 0인 행이 있는 4×4 행렬은 가역이 아니다.

(b) 주대각성분이 모두 1인 모든 행렬은 가역이다.

(c) A가 가역이면 A^{-1}와 A^2도 가역이다.

34 (추천) $a \neq 0$이고 $b \neq 0$이면 A가 가역임을 증명하라. (피벗을 찾거나 A^{-1}을 구하라.) 그런 다음 C가 가역이지 않도록 하는 세 개의 수 c를 구하라.

$$A = \begin{bmatrix} a & b & b \\ a & a & b \\ a & a & a \end{bmatrix} \qquad C = \begin{bmatrix} 2 & c & c \\ c & c & c \\ 8 & 7 & c \end{bmatrix}$$

35 이 행렬은 놀라운 역행렬을 가지고 있다. $[A \quad I]$에 대한 소거법으로 A^{-1}을 구하라. 5×5 "교차행렬" 로 확장하고 그 역행렬을 추측하라. 그런 다음 곱하여 확인하라.

$$A = \begin{bmatrix} 1 & -1 & 1 & -1 \\ 0 & 1 & -1 & 1 \\ 0 & 0 & 1 & -1 \\ 0 & 0 & 0 & 1 \end{bmatrix}$$ 의 역행렬을 구하여 $A\boldsymbol{x} = (1, 1, 1, 1)$의 해를 구하라.

36 행렬 P와 Q는 I와 동일한 행들을 가졌지만 행들의 순서는 임의적이라고 가정하자. 이 행렬들은 "치환행렬" 이다. $(P - Q)\boldsymbol{x} = \mathbf{0}$를 풀어 $P - Q$가 특이임을 보여라.

37 다음 **블록행렬**들의 역행렬이 존재한다고 가정할 때, 각 행렬들의 역행렬을 구하고 확인하라.

$$\begin{bmatrix} I & 0 \\ C & I \end{bmatrix} \quad \begin{bmatrix} A & 0 \\ C & D \end{bmatrix} \quad \begin{bmatrix} 0 & I \\ I & D \end{bmatrix}$$

38 3×3 행렬에 대해 A부터 U까지의 소거법이 A가 가역인지 여부를 어떻게 알려주는가?

2.3 행렬 연산과 $\boldsymbol{A}=\boldsymbol{LU}$

1. A에서 U까지의 소거 단계는 $\frac{1}{3}n^3$ 번의 곱셈과 뺄셈이 소요된다.
2. 모든 우변 $\boldsymbol{b}$는 단지 n^2 번 만큼만 소요된다. $U\boldsymbol{x}=\boldsymbol{c}$로 진행한 다음, 역대입하여 $\boldsymbol{x}$를 구한다.
3. 행치환 없이 소거하면 A를 LU로 분해한다 ($A=LU$에 대한 두 가지 증명이 있다)

여러분들은 $n\times n$ 행렬 A의 역행렬을 어떻게 계산하려고 하는가? 이 질문에 답을 하기 전에 다음과 같이 묻지 않을 수 없다. 정말로 A^{-1}를 알기를 원하는가? (우리가 원하는) $A\boldsymbol{x}=\boldsymbol{b}$에 대한 해가 $\boldsymbol{x}=\boldsymbol{A}^{-1}\boldsymbol{b}$로 주어진다는 것은 사실이다. 그러나 $\boldsymbol{x}$를 구하기 위해 A^{-1}를 계산하고 곱셈 $A^{-1}\boldsymbol{b}$을 하는 것은 매우 느린 방법이다. 다만 A^{-1}를 사용하지는 않더라도 A^{-1}을 이해하고는 있어야 한다.

다음은 A^{-1}에 대한 간단한 아이디어다. 이 행렬은 식 $AA^{-1}=I$의 해다. 항등행렬에는 n개의 열 $\boldsymbol{e}_1,\boldsymbol{e}_2,\ldots,\boldsymbol{e}_{\boldsymbol{n}}$이 있다. 그러면 식 $AA^{-1}=I$는 실제로는 A^{-1}의 n개의 열 $\boldsymbol{x}_{\boldsymbol{k}}$에 대한 n개의 방정식 $A\boldsymbol{x}_{\boldsymbol{k}}=\boldsymbol{e}_{\boldsymbol{k}}$이다. 행렬이 3×3이라면 방정식은 세 개다.

$$AA^{-1}=I \quad A\begin{bmatrix}\boldsymbol{x}_1 & \cdots & \boldsymbol{x}_n\end{bmatrix}=\begin{bmatrix}\boldsymbol{e}_1 & \cdots & \boldsymbol{e}_n\end{bmatrix} \quad A\begin{bmatrix}\boldsymbol{x}_1 & \boldsymbol{x}_2 & \boldsymbol{x}_3\end{bmatrix}=\begin{bmatrix}1&0&0\\0&1&0\\0&0&1\end{bmatrix} \tag{1}$$

우리는 n개의 방정식을 풀고 있고 이 방정식들의 계수행렬 A는 동일하다. 그러므로 이것들을 한꺼번에 풀 수 있다. 이것을 "가우스-요르단 소거법(Gauss-Jordan elimination)"이라 한다. 우변의 벡터 $\boldsymbol{b}$ 하나만 추가한 행렬 $[A \quad \boldsymbol{b}]$ 대신, n개의 우변(I의 열들)을 추가한 행렬 $[A \quad I]$를 만든다. 그러면 소거법을 통해 $[I \quad A^{-1}]$가 된다.

$$[\boldsymbol{A} \quad \boldsymbol{I}]=\left[\begin{array}{rrr|rrr}1&0&0&1&0&0\\-1&1&0&0&1&0\\\mathbf{0}&-1&1&0&0&1\end{array}\right]\rightarrow\left[\begin{array}{rrr|rrr}1&0&0&1&0&0\\\mathbf{0}&1&0&1&1&0\\\mathbf{0}&-1&1&0&0&1\end{array}\right]$$

$$\textbf{가우스-요르단} \qquad \rightarrow\left[\begin{array}{rrr|rrr}1&0&0&1&0&0\\\mathbf{0}&1&0&1&1&0\\\mathbf{0}&\mathbf{0}&1&1&1&1\end{array}\right]=[\boldsymbol{I} \quad \boldsymbol{A}^{-1}]$$

핵심은 A에 대한 소거 단계를 한 번만 하면 된다는 점이다. 동일한 단계를 우변에 적용하지만 이번에는 $AA^{-1} = I$는 n개의 우변이 있다. $A\boldsymbol{x}_i = \boldsymbol{e}_i$에 대한 n개의 해 $\boldsymbol{x}_i$들이 A^{-1}의 n개의 열로 들어간다. 그러면 가우스-요르단 소거법은 $[A \quad I]$를 $[I \quad A^{-1}]$로 바꾼다. 여기서 소거는 A^{-1}로 곱하는 것이다.

이 예에서 A는 행들을 빼고 A^{-1}은 행들을 더한다. 이것은 $f(x)$의 적분을 미분한 것은 $f(x)$와 같다는 미적분학 기본정리(Fundamental Theorem of Calculus)의 선형대수 버전이다.

소거법의 비용

매우 실용적인 질문은 비용, 즉 계산 시간에 관한 것이다. 1000개의 방정식을 PC 상에서 풀 수 있다. $n = 100,000$이면 어떨까? (A가 빽빽한 행렬인가 또는 성긴 행렬인가?) 대규모 시스템은 과학 계산에서 언제나 나타나고, 이 시스템에서 3-차원 문제는 쉽게 수백만 개의 미지수를 갖게 된다. 이러한 계산을 밤새 수행하도록 할 수는 있지만, 100년 동안 둘 수는 없다.

소거법의 첫 단계에서 1열의 첫 피벗 아래를 0으로 만든다. 피벗 아래의 각각의 새로운 항들을 찾기 위해서는 행 하나당 한 번의 곱셈과 한 번의 뺄셈이 필요하다. 이 첫 번째 단계를 n^2의 곱셈과 n^2의 뺄셈으로 카운트할 것이다. 실제로는 $n^2 - n$인데 1행은 변하지 않기 때문이다.

다음 단계에서는 두 번째 피벗 아래의 두 번째 열을 정리한다. 작업 대상이 되는 행렬은 이제 크기가 $n-1$이다. 이 단계에서는 $(n-1)^2$의 곱셈과 뺄셈으로 추정한다. 소거법이 진행될수록 행렬은 점점 작아진다. U에 도달하기 위한 대략적인 카운트를 하면 제곱들의 합 $n^2 + (n-1)^2 + \cdots + 2^2 + 1^2$이다.

이 합에 대한 정확한 공식은 $\frac{1}{3}n\left(n+\frac{1}{2}\right)(n+1)$이다. n이 크면, $\frac{1}{2}$과 1은 중요하지 않고, $\frac{1}{3}n^3$이 중요한 수다. 제곱의 합은 마치 x^2의 적분과 비슷하다! 0부터 n까지 적분이 $\frac{1}{3}n^3$이다.

A에 대한 소거법은 약 $\frac{1}{3}n^3$ 만큼의 곱셈과 $\frac{1}{3}n^3$ 만큼의 뺄셈이 필요하다

우변의 $\boldsymbol{b}$는 어떨까? 앞으로 나아갈 때 b_1의 상수배를 아래 성분들인 $b_2, \dots, b_n$에서 뺀다. 이렇게 하는 데 $n-1$ 스텝이 필요하다. 두 번째 단계에서는 b_1이 포함되지 않기 때문에 단지 $n-2$ 스텝이 필요하다. ($\boldsymbol{b}$에서 $\boldsymbol{c}$로 가는) 순방향 소거의 마지막 단계는 한 번의 스텝이 필요하다.

이제 역대입을 시작한다. x_n 계산은 (마지막 피벗으로 나누는) 한 스텝만 사용한다. 다음 미지수는 두 스텝을 사용한다. x_1에 이르면 (나머지 미지수들에 $n-1$번 치환한 다음 첫 번째 피벗으로 나누는) n 스텝이 필요할 것이다. 바닥으로 나아가고 다시 위로 돌아오는, $\boldsymbol{b}$에서 $\boldsymbol{c}$가 되고 다시 $\boldsymbol{x}$가 되는 동안, 우변에서의 총 카운트는 정확하게 n^2이다.

$$[(n-1)+(n-2)+\cdots+1]+[1+2+\cdots+(n-1)+n]=n^2 \tag{2}$$

합 계산은 $(n-1)$을 1과 짝을 맺고 $(n-2)$를 2와 짝을 맺으면, 각 짝이 n인 n개의 항이 남는다. 따라서 n^2이 된다. 우변이 좌변보다 훨씬 더 적은 비용이 든다!

각각의 우변은 n^2 번의 곱셈과 n^2 번의 뺄셈이 필요하다.

$A\boldsymbol{x} = \boldsymbol{b}$를 푸는 데에 얼마나 시간이 오래 걸릴까? 차수 $n = 1000$인 랜덤한 행렬의 경우, PC 상에서 일반적으로 1초 정도 걸린다. n이 두 배가 되면 이 시간은 약 8배 정도가 된다. 전문적인 코드는 netlib.org에서 찾을 수 있다.

이러한 n^3 규칙에 따르면 (10,000 차수만큼) 10배 정도 큰 행렬은 1000초가 걸린다. 차수가 100,000인 행렬은 1백만 초가 걸릴 것이다. 수퍼 컴퓨터가 없다면 너무나 비싼 비용이다. 그러나 이 행렬들은 꽉찬 행렬이라는 점을 기억해야 한다. 실제 대부분의 큰 행렬들은 (수많은 0을 원소로 갖는) 성긴 행렬이다. 이 경우에는 $A = LU$가 훨씬 더 빠르다.

$\boldsymbol{A = LU}$ 증명하기

소거법은 $EA = U$로 표현되고 그 역은 $A = LU$로 표현된다. 2.2절에서 식 (11)은 배수 l_{ij}들이 어떻게 E^{-1} 즉 L 안에서 올바른 자리에 정확하게 들어가는지 보여주었다.

왜 증명을 찾으려는 걸까? 이유는 다음과 같다. 증명은 우리가 그러한 패턴을 이제 막 알게 되었고 믿으며 좋아할 뿐만 아니라 그것을 이해했음을 의미한다.

위대한 분해 $\boldsymbol{A} = \boldsymbol{LU}$

소거법의 순방향 단계를 되새겨 보자. 이 단계는 행렬 A로 시작하여 U로 끝난다. 모든 소거 단계 E_{ij}는 대각선 아래 부분을 0으로 만든다. 그러한 단계 E_{ij}는 j번째 식의 l_{ij} 상수배를 그 아래에 있는 i번째 식으로부터 뺀다. 행을 바꾸는 것(치환)은 아직 고려하지 않지만 곧 나올 것이다.

한 소거 단계 E_{ij}를 거꾸로 하기 위해서는 빼기 대신 더하기를 한다.

$$E_{31} = \begin{bmatrix} 1 & & \\ 0 & 1 & \\ -l_{31} & 0 & 1 \end{bmatrix} \text{ 그리고 } L_{31} = E_{31}^{-1} = \begin{bmatrix} 1 & & \\ 0 & 1 & \\ l_{31} & 0 & 1 \end{bmatrix}.$$

2.2절에서의 식 (10)은 $E_{32}E_{31}E_{21}$을 곱하여 다소 지저분한 결과를 만들었다.

$$E = \begin{bmatrix} 1 & & \\ 0 & 1 & \\ 0 & -l_{32} & 1 \end{bmatrix} \begin{bmatrix} 1 & & \\ 0 & 1 & \\ -l_{31} & 0 & 1 \end{bmatrix} \begin{bmatrix} 1 & & \\ -l_{21} & 1 & \\ 0 & 0 & 1 \end{bmatrix} = \begin{bmatrix} 1 & & \\ -l_{21} & 1 & \\ (l_{32}l_{21} - l_{31}) & -l_{32} & 1 \end{bmatrix}.$$

식 (11)은 어떻게 ($E_{21}^{-1}E_{31}^{-1}E_{32}^{-1}$와 같이 역순으로) 각각의 역들이 완전한 결과를 만들어 내는지 보여주었다.

$$\boldsymbol{E}^{-1} = \begin{bmatrix} 1 & & \\ l_{21} & 1 & \\ 0 & 0 & 1 \end{bmatrix} \begin{bmatrix} 1 & & \\ 0 & 1 & \\ l_{31} & 0 & 1 \end{bmatrix} \begin{bmatrix} 1 & & \\ 0 & 1 & \\ 0 & l_{32} & 1 \end{bmatrix} = \begin{bmatrix} 1 & & \\ \boldsymbol{l}_{21} & 1 & \\ \boldsymbol{l}_{31} & \boldsymbol{l}_{32} & 1 \end{bmatrix} = \boldsymbol{L}$$

U로부터 A로 거꾸로 거슬러 간다면, 소거법 $EA = U$는 $A = E^{-1}U = LU$가 된다. 여기서는 임의의 행렬 크기 n에 대해서도 동일한 결과가 성립함을 보여주고자 한다. $A = LU$ 공식은 선형대수에서 위대한 행렬 분해들 중 하나다.

다음은 왜 L이 서로 섞이지 않고 제 위치에 모든 l_{ij}를 갖게 되는지를 이해하는 한 가지 방법이다.

A가 LU인 핵심 이유: 더 아래쪽에 있는 행들로부터 빼는 피벗 행들에 대해 질문해보자. 피벗 행들은 A의 원래의 행들인가? 그렇지 않다. 소거 과정에서 아마도 바뀌었을 것이다. 피벗 행들은 U의 행들인가? 그렇다. 피벗 행들은 다시는 바뀌지 않는다. U의 세 번째 행을 계산할 때, (A의 행들이 아니고!) U의 이전 행들의

상수배를 뺀다.

$$U\text{의 3행} = (A\text{의 3행}) - l_{31}(U\text{의 1행}) - l_{32}(U\text{의 2행}) \tag{3}$$

이 식을 행 $[l_{31} \quad l_{32} \quad 1]$가 행렬 U에 곱해지는 형태로 보이도록 하기 위해 다시 쓰면 다음과 같다.

$$A\text{의 3행} = l_{31}(U\text{의 1행}) + l_{32}(U\text{의 2행}) + 1(U\text{의 3행}) \tag{4}$$

이것은 정확하게 $A = LU$의 3행이다. L의 행은 $l_{31}, l_{32}, 1$을 가지고 있다. A의 크기가 얼마이든지, 모든 행들이 이와 같은 모습이다. 행교환이 없다면 $\boldsymbol{A} = \boldsymbol{LU}$가 된다.

$\boldsymbol{A} = \boldsymbol{LU}$의 두번째 증명: 열 곱하기 행

$A = LU$에 대한 또 하나의 증명을 보여주고자 한다. 아이디어는 소거법을 A로부터 L의 한 열 곱하기 U의 한 행을 제거하는 것으로 보는 것이다. 그러면 문제의 크기가 하나씩 점점 작아진다.

소거법은 피벗 행 = A의 1행에서 출발한다. 이 피벗 행에 수 l_{21}과 l_{31} 그리고 l_{n1} 등등을 곱한다. 그런 다음 A의 2행과 3행 그리고 n 행 등등에서 뺀다. $l_{21} = a_{21}/a_{11}$, $l_{31} = a_{31}/a_{11}$, 그리고 $l_{n1} = a_{n1}/a_{11}$ 등으로 선택하면, 이러한 뺄셈은 1열에서 0을 남긴다.

$$1\text{ 단계는 } A\text{로부터 } \begin{bmatrix} 1(1\text{행}) \\ l_{21}(2\text{행}) \\ l_{31}(3\text{행}) \\ l_{41}(4\text{행}) \end{bmatrix} \text{를 제거하고 } \boldsymbol{A}_2 = \begin{bmatrix} 0 & 0 & 0 & 0 \\ 0 & \times & \times & \times \\ 0 & \times & \times & \times \\ 0 & \times & \times & \times \end{bmatrix} \text{를 남긴다.}$$

핵심 포인트: **계수가 1인 행렬인 열 곱하기 행을 제거하였다.** 이것은 열 $\boldsymbol{l}_1 = (1, l_{21}, l_{31}, l_{41})$ 곱하기 첫 번째 피벗 행 $\boldsymbol{u}_1$인 A의 1행이다.

이제 A_2에 대해 유사한 문제를 만난다. 그리고 비슷한 단계를 거쳐 A_3에 이른다.

$$2\text{ 단계는 } A_2\text{로부터 } \begin{bmatrix} 0(A_2\text{의 2행}) \\ 1(A_2\text{의 2행}) \\ l_{32}(A_2\text{의 2행}) \\ l_{42}(A_2\text{의 2행}) \end{bmatrix} \text{를 제거하고 } \boldsymbol{A}_3 = \begin{bmatrix} 0 & 0 & 0 & 0 \\ 0 & 0 & 0 & 0 \\ 0 & 0 & \times & \times \\ 0 & 0 & \times & \times \end{bmatrix} \text{를 남긴다.}$$

A_2의 2행은 두 번째 피벗 행 $= U$의 두 번째 행 $\boldsymbol{u}_2$이었다. 열 $\boldsymbol{l}_2 = (0, 1, l_{32}, l_{42})$ 곱하기 이 두 번째 피벗 행을 제거한 것이다. 같은 방법으로 계속하면 각 단계마다 열 $\boldsymbol{l_j}$ 곱하기 U의 피벗 행 $\boldsymbol{u_j}$를 제거한다. 이제 이 조각들을 하나로 모으면 다음과 같다.

$$\boldsymbol{A} = \boldsymbol{l}_1\boldsymbol{u}_1 + \boldsymbol{l}_2\boldsymbol{u}_2 + \cdots + \boldsymbol{l_n}\boldsymbol{u_n} = \begin{bmatrix} \boldsymbol{l}_1 & \cdots & \boldsymbol{l_n} \end{bmatrix} \begin{bmatrix} \boldsymbol{u}_1 \\ \vdots \\ \boldsymbol{u_n} \end{bmatrix} = \boldsymbol{LU} \tag{5}$$

마지막 핵심적인 단계는 L 곱하기 U의 열-행 곱이었다. 이 곱은 1장의 맨 마지막에서 소개하였다. 이 절의 연습 문제에서는 계수 1인 행렬들 (L의 열들에 U의 행들을 곱한 행렬들)을 더하여 LU를 곱하는 이러한 중요한 방법을 복습하게 될 것이다.

U가 상삼각행렬임에 주목한다. 피벗 행 $\boldsymbol{u_k}$는 $k-1$개의 0으로 시작한다. 그리고 L은 주대각 위치에 1들이 있는 하삼각행렬이다. 열 $\boldsymbol{l_k}$ 또한 $k-1$개의 0으로 시작한다.

행교환 없는 소거

다음 절에서는 행교환 P_{ij}를 허용할 것이다. 이것은 피벗 위치에서 0들을 제거하기 위해 필요하다. 그 단계로 가기 전에 다음과 같은 기본적인 질문을 할 수 있다. 언제 행교환 없이 그리고 피벗에 0이 없이 $A = LU$가 가능할까?

> 답 **A의 모든 왼쪽 상단 $k \times k$ 행렬들이 가역이어야 한다.** ($k = 1$부터 n까지)

이유는 소거법이 또한 모든 하위 행렬들(A의 $k \times k$ 코너)을 분해하기 때문이다. 그러한 모든 코너 행렬 A_k는 (L과 U의 $k \times k$ 코너) L_kU_k와 일치한다.

$$\begin{bmatrix} \boldsymbol{A_k} & * \\ * & * \end{bmatrix} = \begin{bmatrix} \boldsymbol{L_k} & 0 \\ * & * \end{bmatrix} \begin{bmatrix} \boldsymbol{U_k} & * \\ 0 & * \end{bmatrix} \text{은 } \boldsymbol{A_k} = \boldsymbol{L_k}\boldsymbol{U_k} \text{임을 말해준다.} \tag{6}$$

연습 문제

1–8번 문제는 $\boldsymbol{A = LU}$ (또한 $A = LDU$) 분해를 계산한다.

1 (중요) 순방향 소거는 $\begin{bmatrix}1 & 1\\1 & 2\end{bmatrix}\boldsymbol{x} = \boldsymbol{b}$를 삼각 형태 $\begin{bmatrix}1 & 1\\0 & 1\end{bmatrix}\boldsymbol{x} = \boldsymbol{c}$로 바꾼다.

$$\begin{matrix} x + \ \ y = \mathbf{5} \\ x + 2y = \mathbf{7} \end{matrix} \longrightarrow \begin{matrix} x + y = \mathbf{5} \\ y = \mathbf{2} \end{matrix} \qquad \begin{bmatrix}1 & 1 & \mathbf{5}\\1 & 2 & \mathbf{7}\end{bmatrix} \longrightarrow \begin{bmatrix}1 & 1 & \mathbf{5}\\0 & 1 & \mathbf{2}\end{bmatrix}$$

이 단계는 1행의 l_{21} = ___배를 2행으로부터 뺀다. 이것의 역단계는 1행의 l_{21}배를 2행에 더한다. 이 역단계에 대한 행렬은 L = _______이다. 이 L을 삼각 형태 연립방정식 $\begin{bmatrix}1 & 1\\0 & 1\end{bmatrix}\boldsymbol{x}_1 = \begin{bmatrix}5\\2\end{bmatrix}$에 곱하여 _______ = _______를 얻는다. 문자로 표현하면, $U\boldsymbol{x} = \boldsymbol{c}$에 L을 곱하여 _______를 얻는다.

2 1번 문제에서 2×2 삼각 형태 연립방정식 $L\boldsymbol{c} = \boldsymbol{b}$와 $U\boldsymbol{x} = \boldsymbol{c}$의 식을 써라. $\boldsymbol{c} = (5, 2)$는 첫 번째 연립방정식의 해가 되는 것을 확인하라. 두 번째 연립방정식의 해 $\boldsymbol{x}$를 구하라.

3 어떤 행렬 E가 A를 삼각 형태 $EA = U$가 되도록 하는가? $E^{-1} = L$을 곱하여 A를 LU로 분해하라.

$$A = \begin{bmatrix}2 & 1 & 0\\0 & 4 & 2\\6 & 3 & 5\end{bmatrix}$$

4 어떤 두 개의 소거행렬 E_{21}과 E_{32}가 A를 상삼각 형태 $E_{32}E_{21}A = U$가 되도록 하는가? E_{32}^{-1}와 E_{21}^{-1}을 곱하여 A를 $LU = E_{21}^{-1}E_{32}^{-1}U$로 분해하라.

$$A = \begin{bmatrix}1 & 1 & 1\\2 & 4 & 5\\0 & 4 & 0\end{bmatrix}$$

5 어떤 세 개의 소거행렬 E_{21}, E_{31}, E_{32}가 A를 상삼각 형태 $E_{32}E_{31}E_{21}A = U$가 되도록 하는가? E_{32}^{-1}, E_{31}^{-1}와 E_{21}^{-1}을 곱하여 A를 L 곱하기 U로 분해하라.

$$A = \begin{bmatrix}1 & 0 & 1\\2 & 2 & 2\\3 & 4 & 5\end{bmatrix} \qquad L = E_{21}^{-1}E_{31}^{-1}E_{32}^{-1}$$

6 A와 B는 대각선을 기준으로 대칭이다 (왜냐하면 $4 = 4$이기 때문에). 이들의 삼중

분해 LDU를 구하고 이 대칭행렬들에 대해 U가 어떻게 L과 관련되는지 말하라.

$$\textbf{대칭} \qquad A = \begin{bmatrix} 2 & 4 \\ 4 & 11 \end{bmatrix} \quad \text{그리고} \quad B = \begin{bmatrix} 1 & 4 & 0 \\ 4 & 12 & 4 \\ 0 & 4 & 0 \end{bmatrix}$$

7 (추천) 대칭행렬 A에 대해 L과 U를 계산하라.

$$A = \begin{bmatrix} a & a & a & a \\ a & b & b & b \\ a & b & c & c \\ a & b & c & d \end{bmatrix}$$

네 개의 피벗을 가진 $A = LU$를 얻기 위한 a, b, c, d에 대한 네 개의 조건을 구하라.

8 다음 비대칭 행렬은 7번 문제에서와 동일한 L을 갖을 것이다.

$$\textbf{다음 행렬에 대해 } L\textbf{과 } U\textbf{를 구하라} \qquad A = \begin{bmatrix} a & r & r & r \\ a & b & s & s \\ a & b & c & t \\ a & b & c & d \end{bmatrix}$$

피벗이 네 개인 $A = LU$를 얻기 위한 a, b, c, d, r, s, t에 대한 네 개의 조건을 구하라.

9 삼각 형태 연립방정식 $L\boldsymbol{c} = \boldsymbol{b}$를 풀어 $\boldsymbol{c}$를 구하라. 그런 다음 $U\boldsymbol{x} = \boldsymbol{c}$를 풀어 $\boldsymbol{x}$를 구하라.

$$L = \begin{bmatrix} 1 & 0 \\ 4 & 1 \end{bmatrix} \quad \text{그리고} \quad U = \begin{bmatrix} 2 & 4 \\ 0 & 1 \end{bmatrix} \quad \text{그리고} \quad \boldsymbol{b} = \begin{bmatrix} 2 \\ 11 \end{bmatrix}.$$

안전을 위해 LU를 곱하고 기존 방법으로 $A\boldsymbol{x} = \boldsymbol{b}$을 풀어라. $\boldsymbol{c}$를 보게 되면 동그라미 표시를 하라.

10 $L\boldsymbol{c} = \boldsymbol{b}$를 풀어 $\boldsymbol{c}$를 구하라. 그런 다음 $U\boldsymbol{x} = \boldsymbol{c}$를 풀어 $\boldsymbol{x}$를 구하라. **$\boldsymbol{A}$는 무엇이었나?**

$$L = \begin{bmatrix} 1 & 0 & 0 \\ 1 & 1 & 0 \\ 1 & 1 & 1 \end{bmatrix} \quad \text{그리고} \quad U = \begin{bmatrix} 1 & 1 & 1 \\ 0 & 1 & 1 \\ 0 & 0 & 1 \end{bmatrix} \quad \text{그리고} \quad \boldsymbol{b} = \begin{bmatrix} 4 \\ 5 \\ 6 \end{bmatrix}$$

11 (a) L에 대한 일반적인 소거 단계를 거치면, 어떤 행렬에 도달하는가?

$$L = \begin{bmatrix} 1 & 0 & 0 \\ l_{21} & 1 & 0 \\ l_{31} & l_{32} & 1 \end{bmatrix}$$

(b) I에 동일한 단계를 적용하면, 어떤 행렬을 얻는가?

(c) LU에 동일한 단계를 적용하면, 어떤 행렬을 얻는가?

12 $A = LDU$ 이고 또한 $A = L_1D_1U_1$ 이면서 모든 행렬들이 가역이라면, $L = L_1$ 이고 $D = D_1$ 이고 $U = U_1$ 이다. "이 세 개의 인수들은 유일하다."

식 $L_1^{-1}LD = D_1U_1U^{-1}$ 를 유도하라. 양변은 삼각행렬인가 또는 대각행렬인가? $L = L_1$ 과 $U = U_1$ 임을 추론하라 (이 행렬의 모든 대각 성분들은 1이다). 그러면 $D = D_1$ 이다.

13 삼중대각(tridiagonal)행렬은 주대각과 두 개의 이웃하는 대각 위치를 제외하고 모든 성분이 0이다. 이 행렬을 $A = LU$ 와 $A = LDL^T$ 로 분해하라.

$$A = \begin{bmatrix} 1 & 1 & 0 \\ 1 & 2 & 1 \\ 0 & 1 & 2 \end{bmatrix} \quad \text{그리고} \quad A = \begin{bmatrix} a & a & 0 \\ a & a+b & b \\ 0 & b & b+c \end{bmatrix}$$

14 A 와 B 에서 x 로 표시된 곳이 0이 아닌 성분이라면, L 과 U 로 분해되었을 때 (0으로 표시된) 0들 중 어떤 0이 그대로 0으로 남아있을까?

$$A = \begin{bmatrix} x & x & x & x \\ x & x & x & 0 \\ 0 & x & x & x \\ 0 & 0 & x & x \end{bmatrix} \qquad B = \begin{bmatrix} x & x & x & 0 \\ x & x & 0 & x \\ x & 0 & x & x \\ 0 & x & x & x \end{bmatrix}$$

15 쉽지만 중요. A 가 행치환 없이 피벗 $5, 9, 3$ 을 갖는다면, (A 의 3행과 3열을 지운) 왼쪽 상단의 부분행렬 A_2 에 대한 피벗은 무엇인가?

16 $A = LU$ 에 대한 두 번째 증명을 따를 때, 계수가 1인 어떤 세 개의 행렬이 더해져 A 가 되는가?

$$A = \begin{bmatrix} 1 & 2 & 0 \\ 1 & 5 & 1 \\ 0 & 6 & 4 \end{bmatrix} = \boldsymbol{l}_1\boldsymbol{u}_1 + \boldsymbol{l}_2\boldsymbol{u}_2 + \boldsymbol{l}_3\boldsymbol{u}_3 = LU! \quad \text{열벡터 곱하기 행벡터}$$

17 3×3 하삼각행렬 L 이 여섯 개의 1을 가질 때, 열벡터 곱하기 행벡터로 L^TL 과 LL^T 을 곱하라.

2.4 치환과 전치

1. **치환행렬**(permutation matrix) $\boldsymbol{P}$는 (임의의 순서로) I와 동일한 행을 갖는다. $n!$의 서로 다른 순서가 존재한다.

2. 그러면 $P\boldsymbol{x}$는 성분 $x_1, x_2, \dots, x_n$을 새로운 순서로 배치한다. 그리고 $\boldsymbol{P^T}$ **는** $\boldsymbol{P}^{-1}$ **와 같다**.

3. $\boldsymbol{A}$**의 열들은** $\boldsymbol{A^T}$ **의 행들이다.** $\boldsymbol{Ax}$**와** $\boldsymbol{AB}$**의 전치는** $\boldsymbol{x^T A^T}$**와** $\boldsymbol{B^T A^T}$ **이다.**

4. A^T 바탕에 있는 아이디어는 $A\boldsymbol{x}\cdot\boldsymbol{y}$가 $\boldsymbol{x}\cdot A^T\boldsymbol{y}$와 같다는 것이다. 왜냐하면 $(A\boldsymbol{x})^T\boldsymbol{y} = \boldsymbol{x}^T A^T\boldsymbol{y} = \boldsymbol{x}^T(A^T\boldsymbol{y})$이기 때문이다.

5. **대칭행렬**(symmetric matrix)은 $\boldsymbol{S^T} = \boldsymbol{S}$를 만족한다. 곱 $S = A^T A$는 언제나 대칭이다.

치환

치환행렬은 각 행과 각 열에서 1이 하나이고, 다른 모든 성분들은 0이다. 이 행렬 P를 벡터와 곱하면, 벡터의 성분들의 순서가 바뀐다.

$\boldsymbol{x}$의 순환 이동
1, 2, 3을 3, 1, 2로

$$P\boldsymbol{x} = \begin{bmatrix} 0 & 0 & 1 \\ 1 & 0 & 0 \\ 0 & 1 & 0 \end{bmatrix} \begin{bmatrix} x_1 \\ x_2 \\ x_3 \end{bmatrix} = \begin{bmatrix} \boldsymbol{x}_3 \\ \boldsymbol{x}_1 \\ \boldsymbol{x}_2 \end{bmatrix}$$

이 예에서, P는 x_1을 두 번째 자리로 내린다. 반복한다면 P^2는 x_1을 세 번째 자리로 이동시킨다. 그러면 $P^3 = I$이고 원래의 순서 x_1, x_2, x_3가 복원된다.

카드 한 패를 섞는 것은 크기 $n = 52$의 치환일 것이다. 페르시 디아코니스(Persi Diaconis)는 일곱 번을 랜덤하게 치환한 후에야 새로운 패가 잘 섞이는 것을 증명하였다.

크기가 3인 $3! = 6$가지의 치환행렬이 존재하고, 크기가 4인 $4! = 24$가지의 치환행렬이 존재한다. 다음은 이러한 4×4 치환행렬이 벡터 $\boldsymbol{x}$와 곱해질 때 수행하는 특정한 작업의 예다.

순서를 x_4, x_3, x_2, x_1 으로 거꾸로 만든다.	$\begin{bmatrix} 0 & 0 & 0 & \mathbf{1} \\ 0 & 0 & \mathbf{1} & 0 \\ 0 & \mathbf{1} & 0 & 0 \\ \mathbf{1} & 0 & 0 & 0 \end{bmatrix}$	고속푸리에변환에서 홀수 x_1, x_3 이전에 짝수 x_0, x_2	$\begin{bmatrix} \mathbf{1} & 0 & 0 & 0 \\ 0 & 0 & \mathbf{1} & 0 \\ 0 & \mathbf{1} & 0 & 0 \\ 0 & 0 & 0 & \mathbf{1} \end{bmatrix}$
순환 이동 x_1, x_2, x_3, x_4 를 x_4, x_1, x_2, x_3 으로 이동	$\begin{bmatrix} 0 & 0 & 0 & \mathbf{1} \\ \mathbf{1} & 0 & 0 & 0 \\ 0 & \mathbf{1} & 0 & 0 \\ 0 & 0 & \mathbf{1} & 0 \end{bmatrix}$	2행과 3행을 교환 다시 교환하면 1, 2, 3, 4로 리셋	$\begin{bmatrix} \mathbf{1} & 0 & 0 & 0 \\ 0 & 0 & \mathbf{1} & 0 \\ 0 & \mathbf{1} & 0 & 0 \\ 0 & 0 & 0 & \mathbf{1} \end{bmatrix}$

크기 n의 $n!$ 치환의 반은 "짝(even)"이고 반은 "홀(odd)"이다. 짝치환은 행렬 I에 도달하기 위해 단순 행교환이 짝수 번 필요하다. 맨 마지막 예는 (한 번의 교환으로 I에 도달하므로) 홀치환이다. 첫 번째 예는 (1과 4를 교환하고, 2와 3을 교환해야 하므로) 짝치환이다.

$\boldsymbol{P}$의 행들은
$\boldsymbol{P}^{-1}$의 열들이다.
$\boldsymbol{P}^{-1} = \boldsymbol{P}$의 전치

$$P^{-1}P = \begin{bmatrix} 0 & \mathbf{1} & 0 \\ 0 & 0 & \mathbf{1} \\ \mathbf{1} & 0 & 0 \end{bmatrix} \begin{bmatrix} 0 & 0 & \mathbf{1} \\ \mathbf{1} & 0 & 0 \\ 0 & \mathbf{1} & 0 \end{bmatrix} = \begin{bmatrix} \mathbf{1} & & \\ & \mathbf{1} & \\ & & \mathbf{1} \end{bmatrix} = I$$

치환행렬의 성질들

1. P의 n개의 서로 다른 행과 n개의 서로 다른 열에서 n개의 1이 나타난다.
2. P의 열들은 직교한다. 열끼리 내적은 모두 0이다.
3. 치환행렬의 곱 P_1P_2 또한 치환행렬이다.
4. A가 가역이라면, PA에 대해 소거법을 적용할 때 **피벗 위치에 0이 없도록 하게끔** 미리 A의 행들의 순서를 조정하는 치환행렬 P가 존재한다. 그러면 $\boldsymbol{PA} = \boldsymbol{LU}$다.

$\boldsymbol{PA} = \boldsymbol{LU}$ 분해: $\boldsymbol{P}$로부터의 행교환

한 예를 통해 피벗 위치에 0이 나타나더라도 종종 소거법이 어떻게 성공할 수 있는지 보여줄 것이다. 소거법이 첫 번째 피벗으로서 1에서 출발한다고 가정하자. 1행에 2배를 하여 빼면 받아들일 수 없는 두 번째 피벗으로서 0을 만든다.

$$\boldsymbol{A} = \begin{bmatrix} 1 & 2 & a \\ 2 & 4 & b \\ 3 & 7 & c \end{bmatrix} \rightarrow \begin{bmatrix} 1 & 2 & a \\ 0 & \mathbf{0} & b-2a \\ 0 & 1 & c-3a \end{bmatrix} \xrightarrow{\boldsymbol{P}} \begin{bmatrix} 1 & 2 & a \\ 0 & 1 & c-3a \\ 0 & 0 & b-2a \end{bmatrix} = \boldsymbol{U}$$

이러한 0에도 불구하고, A는 가역이다. 소거법이 실패하지 않도록 P는 2행과 3행을 교환한다. 이렇게 하여 위에 보인 것과 같이 1을 두 번째 피벗으로 집어 넣는다. 그러므로 계속 진행할 수 있게 된다.

이 행렬 A가 가역인 것과 세 번째 피벗에서 $b-2a$가 0이 아닌 것은 동치다. 만일 $b=2a$이면, A의 2행은 2(A의 1행)이 된다. 이 경우에 A는 확실히 가역이 아니다.

미리 2행과 3행을 교환하여 PA를 얻을 수 있다. 그러면 LU 분해는 $\boldsymbol{PA}=\boldsymbol{LU}$가 된다. 행렬 PA는 0인 피벗을 만나지 않고 순조롭게 소거를 해나간다.

$$\underset{\boldsymbol{P}}{\begin{bmatrix}1&0&0\\0&0&1\\0&1&0\end{bmatrix}}\underset{\boldsymbol{A}}{\begin{bmatrix}1&2&a\\2&4&b\\3&7&c\end{bmatrix}}=\underset{\boldsymbol{PA}}{\begin{bmatrix}1&2&a\\3&7&c\\2&4&b\end{bmatrix}}=\underset{\boldsymbol{L}}{\begin{bmatrix}1&0&0\\3&1&0\\2&0&1\end{bmatrix}}\underset{\boldsymbol{U}}{\begin{bmatrix}1&2&a\\0&1&c-3a\\0&0&b-2a\end{bmatrix}}$$

원칙적으로 몇 번의 행교환이 필요할 수 있다. 그러면 전체 치환 P는 이것들을 모두 포함하게 되고 여전히 $PA=LU$가 된다. 다니엘 드러커(Daniel Drucker)는 행렬 A에 특별한 열을 추가함으로써 P를 추적하는 깔끔한 방법을 보여주었다. 행이 교환될 때, 그 열은 원래 행의 위치(수)들을 추적한다. 이 열도 또한 교환을 한다면, 최종 치환 P를 쉽게 볼 수 있다. 이 동일한 예는 P에서 한 번의 행교환만 있다.

$$\begin{bmatrix}1&2&a&1\\2&4&b&2\\3&7&c&3\end{bmatrix}\to\begin{bmatrix}1&2&a&1\\0&0&b-2a&2\\0&1&c-3a&3\end{bmatrix}\to\begin{bmatrix}1&2&a&1\\0&1&c-3a&3\\0&0&b-2a&2\end{bmatrix}.\ \boldsymbol{P}_{132}\text{는 }\begin{bmatrix}1&0&0\\0&0&1\\0&1&0\end{bmatrix}\text{이다.}$$

반올림 오차를 줄이기 위한 "부분 피벗팅"

모든 좋은 소거법 코드는 안정성을 높이는 추가 행교환을 허용한다. **작은 피벗은 안전하지 않다!** 이 코드는 (동일한 열에서) 피벗 아래의 수가 더 큰 수가 나타날 때 작은 크기의 피벗을 맹목적으로 받아들이지 않는다. 피벗에 가장 큰 수가 만들어지도록 하기 위해 행들을 교환한다면 계산이 더 안정하다.

다음 예는 첫 번째 피벗이 1이지만, 1열에 더 큰 수인 2와 3이 있다. **이 코드는 첫 번째 피벗으로서 가장 큰 수인 3을 선택할 것이므로 1행과 3행을 교환한다.** 행의 순서는 이 행렬의 일부가 아닌 맨 끝 열로 추적한다.

$$\begin{bmatrix}1&2&a&\mathbf{1}\\2&4&b&\mathbf{2}\\3&7&c&\mathbf{3}\end{bmatrix}\overset{\boldsymbol{P}}{\to}\begin{bmatrix}3&7&c&\mathbf{3}\\2&4&b&\mathbf{2}\\1&2&a&\mathbf{1}\end{bmatrix}\to\begin{bmatrix}3&7&c&\mathbf{3}\\0&-\frac{2}{3}&b-\frac{2}{3}c&\mathbf{2}\\0&-\frac{1}{3}&a-\frac{1}{3}c&\mathbf{1}\end{bmatrix}\to\begin{bmatrix}3&7&c&\mathbf{3}\\0&-\frac{2}{3}&b-\frac{2}{3}c&\mathbf{2}\\0&0&a-\frac{1}{2}b&\mathbf{1}\end{bmatrix}$$

이 예에서 $PA = LU$ 이고 여기서 $P = \begin{bmatrix} 0 & 0 & \mathbf{1} \\ 0 & \mathbf{1} & 0 \\ \mathbf{1} & 0 & 0 \end{bmatrix}$ 이고 $L = \begin{bmatrix} 1 & 0 & 0 \\ \mathbf{\frac{2}{3}} & 1 & 0 \\ \mathbf{\frac{1}{3}} & \mathbf{\frac{1}{2}} & 1 \end{bmatrix}$ 이다.

각 피벗들이 피벗 아래의 모든 수들보다 더 크다면 L의 모든 성분들은 ≤ 1 이다.

고속푸리에변환

이 절의 앞 부분에 나온 한 예가 "홀수 이전에 짝수 치환" 이었다. 이것은 고속푸리에변환(Fast Fourier Transform (FFT))의 모든 단계에서 나타나고, 각 단계에서 하나의 변환 $F\boldsymbol{x}$를 1/2 크기의 두 개의 변환으로 줄인다. 이산푸리에변환(Discrete Fourier Transform)은 F에 의한 곱이다. FFT는 아마도 계산 과학에서 가장 중요한 알고리즘일 것이다! 1단계는 1024^2 개의 0이 아닌 값을 가진 푸리에 행렬 F_{1024}를 (1/2 크기의) F_{512}에 의한 두 개의 곱으로 줄인다.

$$\boldsymbol{F}_{1024} = \begin{bmatrix} \boldsymbol{I} & \boldsymbol{D} \\ \boldsymbol{I} & -\boldsymbol{D} \end{bmatrix} \begin{bmatrix} \boldsymbol{F}_{512} & \mathbf{0} \\ \mathbf{0} & \boldsymbol{F}_{512} \end{bmatrix} [\boldsymbol{P}] \qquad P = \begin{bmatrix} I\text{의 } 0, 2, 4, 8, \ldots \text{ 행} \\ I\text{의 } 1, 3, 5, 7, \ldots \text{ 행} \end{bmatrix}$$

모든 성분들이 0인 부분행렬들이 계산 작업을 반으로 줄인다 (대각행렬 D와 치환행렬 P에 대한 작은 작업이 더해지기는 하다). 짝수 번째를 변환하고 홀수 번째를 변환한다. 그러면 핵심 아이디어는 **$\boldsymbol{F}_{512}$ 를 같은 방식으로 두 개의 $\boldsymbol{F}_{256}$ 으로 줄이는 재귀**(recursion)에 있다.

재귀적으로 F_{128}와 F_{64} 등등으로 계속 진행되면서, 유일한 곱셈은 대각행렬 D만 포함한다. 치환은 각 단계마다 짝수-홀수 치환의 곱인 하나의 P로 합쳐진다. 1024에서 1까지 단계 수는 ($2^{10} = 1024$ 이므로) $\log_2 1024 = 10$ 이다. 각 단계는 D로부터의 512번의 곱셈 비용이 든다. 그러므로 FFT의 총 비용은 N^2 대신에 $\frac{1}{2}\boldsymbol{N}\log_2\boldsymbol{N}$에 비례한다.

$N = 1024$ 인 경우, F를 직접 곱하는 것은 $(1024)^2 \approx 1$ 백만 번의 단계가 필요하다. FFT 방식은 1백만을 $\frac{1}{2}(1024)(10) = 5120$ 번의 곱셈으로 줄인다. 이러한 차이 덕분에 산업 전반에서 데이터를 성공적으로 다룰 수 있다.

$\boldsymbol{A}$의 전치

한 가지 행렬이 더 필요한데 다행스럽게도 역행렬보다 훨씬 간단하다. 바로 A의 "***전치 (transpose)***" 이고 A^T로 나타낸다. A^T의 열들은 A의 행들이다.

A가 $m \times n$ 행렬일 때, 전치는 $n \times m$이다. 3×2는 2×3이 된다.

전치 만일 $A = \begin{bmatrix} \mathbf{1} & \mathbf{2} & \mathbf{3} \\ 0 & 0 & 4 \end{bmatrix}$이면 $A^T = \begin{bmatrix} \mathbf{1} & 0 \\ \mathbf{2} & 0 \\ \mathbf{3} & 4 \end{bmatrix}$이다.

A의 행들을 A^T의 열들로 써 넣는다. 또는 A의 열들을 A^T의 행들로 써 넣는다. 행렬을 주대각을 기준으로 "뒤집는다". A^T의 i행, j열은 원래 행렬 A의 j행, i열로부터 나온다.

행과 열을 교환한다 $\boxed{(A^T)_{ij} = A_{ji}}$

하삼각행렬의 전치는 상삼각행렬이다. A^T의 전치는 A다.

참고 A^T에 대한 MATLAB의 기호는 A'이다. `[1 2 3]`이라고 타이핑하면 행 벡터가 되고 열 벡터는 $\boldsymbol{v}$ = `[1 2 3]'`이다. 두 번째 열 $\boldsymbol{w}$ = `[4 5 6]'`을 가진 행렬 M은 $M = [\boldsymbol{v} \quad \boldsymbol{w}]$이다. M = `[1 2 3; 4 5 6]'`와 같이 행과 전치 행렬로 입력하는 것이 더 빠르다.

전치에 대한 규칙은 매우 직접적이다. $A+B$의 전치는 $(A+B)^T$이다. 또는 A와 B의 각각의 전치를 만든 다음 $A^T + B^T$와 같이 더할 수 있고 그 결과는 같다.

진지한 질문은 곱 AB와 역행렬 A^{-1}의 전치에 관한 것이다.

합	$A+B$의 전치는	$A^T + B^T$이다.	(1)
곱	AB의 전치는	$(\boldsymbol{AB})^{\boldsymbol{T}} = \boldsymbol{B^T A^T}$이다.	(2)
역행렬	A^{-1}의 전치는	$(A^{-1})^T = (A^T)^{-1}$이다.	(3)

특별히 어떻게 $B^T A^T$가 역순으로 나오는지 주목한다. 역행렬에 대해서는 이러한 역순이 체크하기 쉬웠다. 즉 $A^{-1}A = B^{-1}B = I$이기 때문에 $B^{-1}A^{-1}$ 곱하기 AB는 I가 된다. $(AB)^T = B^T A^T$를 이해하기 위해, B가 단지 벡터인 $(A\boldsymbol{x})^T = \boldsymbol{x}^T A^T$로부터 시작하자.

$A\boldsymbol{x}$는 A의 열들의 일차결합인 반면에 $\boldsymbol{x}^T A^T$는 A^T의 행들의 일차결합이다.

이것은 동일한 벡터들의 동일한 일차결합이다! 이 벡터들은 A에서는 열들이고, A^T에서는 행들이다. 그러므로 열 $A\boldsymbol{x}$의 전치는 행 $\boldsymbol{x}^T A^T$이다. 공식 $(A\boldsymbol{x})^T = \boldsymbol{x}^T A^T$에 딱 들어맞는다. 이제 B가 여러 개의 열들을 가질 때 $(AB)^T = B^T A^T$를 증명할 수 있다.

B가 두 개의 열 $\boldsymbol{x}_1$과 $\boldsymbol{x}_2$를 가진다면, 각 열에 대해 동일한 아이디어를 적용한다. AB의 열들은 $A\boldsymbol{x}_1$과 $A\boldsymbol{x}_2$이다. 이들의 전치는 정확하게 B^TA^T의 행들에서 나타난다.

$$AB = \begin{bmatrix} A\boldsymbol{x}_1 & A\boldsymbol{x}_2 & \cdots \end{bmatrix} \text{를 전치하면 } B^TA^T \text{인 } \begin{bmatrix} \boldsymbol{x}_1^TA^T \\ \boldsymbol{x}_2^TA^T \\ \vdots \end{bmatrix} \text{가 된다.} \tag{4}$$

정답 B^TA^T는 한 번에 한 행씩 나온다. 다음에서 수를 통해 $(AB)^T = B^TA^T$가 성립하는 것을 알 수 있다.

$$\boldsymbol{AB} = \begin{bmatrix} 1 & 0 \\ 1 & 1 \end{bmatrix}\begin{bmatrix} 5 & 0 \\ 4 & 1 \end{bmatrix} = \begin{bmatrix} \mathbf{5} & \mathbf{0} \\ \mathbf{9} & \mathbf{1} \end{bmatrix} \quad \text{그리고} \quad \boldsymbol{B^TA^T} = \begin{bmatrix} 5 & 4 \\ 0 & 1 \end{bmatrix}\begin{bmatrix} 1 & 1 \\ 0 & 1 \end{bmatrix} = \begin{bmatrix} \mathbf{5} & \mathbf{9} \\ \mathbf{0} & \mathbf{1} \end{bmatrix}.$$

이 역순 규칙은 세 개 이상의 곱으로 확장된다. 즉 $(ABC)^T$는 $C^TB^TA^T$와 같다.

이제 $A^{-1}A = I$의 양변에 이 곱 규칙을 적용해보자. 우변에서 I^T는 I이다. 그러면 $(A^{-1})^T$은 A^T의 역행렬이라는 규칙을 확인할 수 있다.

역행렬의 전치 $\quad A^{-1}A = I$를 전치하면 $A^T(A^{-1})^T = I$가 된다. (5)

유사하게 $AA^{-1} = I$로부터 $(A^{-1})^TA^T = I$를 유도할 수 있다. 전치를 역으로 할 수도 있고 또는 역행렬을 전치할 수도 있다. 특히 주목해야 하는 점은 **A가 가역일 때 정확히 A^T가 가역이다**는 점이다. $A = \begin{bmatrix} \mathbf{1} & \mathbf{0} \\ \mathbf{6} & \mathbf{1} \end{bmatrix}$의 역행렬은 $A^{-1} = \begin{bmatrix} \mathbf{1} & \mathbf{0} \\ \mathbf{-6} & \mathbf{1} \end{bmatrix}$이다. 전치 행렬은 $A^T = \begin{bmatrix} \mathbf{1} & \mathbf{6} \\ \mathbf{0} & \mathbf{1} \end{bmatrix}$이다.

$$(\boldsymbol{A}^{-1})^{\boldsymbol{T}} \textbf{와 } (\boldsymbol{A}^{\boldsymbol{T}})^{-1} \textbf{는 모두 } \begin{bmatrix} \mathbf{1} & \mathbf{-6} \\ \mathbf{0} & \mathbf{1} \end{bmatrix} \textbf{로 동일하다.}$$

내적의 의미

$\boldsymbol{x}$와 $\boldsymbol{y}$의 내적은 x_iy_i의 합이다. 이제 비전문적인 점 기호를 사용하지 않고 $\boldsymbol{x}\cdot\boldsymbol{y}$를 표현하는 좀 더 나은 방법이 있다. 행렬 기호 $\boldsymbol{x}^T\boldsymbol{y}$를 사용하는 것이다.

^{T}가 안쪽에 있다	**$\boldsymbol{x^Ty}$은 내적이다**	$(1\times n)(n\times 1) = 1\times 1$
^{T}가 바깥쪽에 있다	**$\boldsymbol{xy^T}$은 계수가 1인 외적이다**	$(n\times 1)(1\times n) = \boldsymbol{n}\times\boldsymbol{n}$

$\boldsymbol{x}^T\boldsymbol{y}$는 수이고, $\boldsymbol{xy}^T$는 행렬이다. 양자역학에서는 $<\boldsymbol{x}|\boldsymbol{y}>$ (내적)과 $|\boldsymbol{x}><\boldsymbol{y}|$ (외적)

와 같이 쓰기도 한다. 혹시 우주가 선형대수의 지배를 받는 것은 아닐까? 다음은 내적이 의미를 갖는 세 가지 추가적인 예다.

역학으로부터	일 = (변위)(힘) = $\boldsymbol{x}^T\boldsymbol{f}$
회로로부터	열 손실 = (전압 하강)(전류) = $\boldsymbol{e}^T\boldsymbol{y}$
경제학으로부터	수입 = (수량)(가격) = $\boldsymbol{q}^T\boldsymbol{p}$

응용수학의 핵심에 매우 가깝게 접근하였고 강조하고자 하는 점이 하나 더 있다. 내적과 A의 전치 사이의 더 깊은 관계에 관한 것이다.

주대각선을 기준으로 행렬을 뒤집는 것으로 A^T를 정의하였다. 이것은 수학이 아니다. 더 나은 방법이 있다. A^T는 이러한 내적들이 같게 만드는 행렬이다.

$$(\boldsymbol{Ax})^T\boldsymbol{y} = \boldsymbol{x}^T(\boldsymbol{A}^T\boldsymbol{y}) \quad \textbf{\textit{Ax}와 \textit{y}의 내적 = \textit{x}와 \textit{A}}^T\textbf{\textit{y}의 내적}$$

예제 1 다음으로 시작한다. $A = \begin{bmatrix} -1 & 1 & 0 \\ 0 & -1 & 1 \end{bmatrix}$ $\boldsymbol{x} = \begin{bmatrix} x_1 \\ x_2 \\ x_3 \end{bmatrix}$ $\boldsymbol{y} = \begin{bmatrix} y_1 \\ y_2 \end{bmatrix}$

$A\boldsymbol{x}$를 $\boldsymbol{y}$에 곱하면 $(x_2 - x_1)y_1 + (x_3 - x_2)y$를 얻는다. 이것을 정리하면 $x_1(-y_1) + x_2(y_1 - y_2) + x_3(y_2)$와 같다. 이제 $\boldsymbol{x}$를 $A^T\boldsymbol{y}$에 곱한다.

$$A^T\boldsymbol{y} = \begin{bmatrix} -1 & 0 \\ 1 & -1 \\ 0 & 1 \end{bmatrix} \begin{bmatrix} y_1 \\ y_2 \end{bmatrix} = \begin{bmatrix} -y_1 \\ y_1 - y_2 \\ y_2 \end{bmatrix} \qquad \begin{matrix} (\boldsymbol{Ax})^T\boldsymbol{y} \\ = \\ \boldsymbol{x}^T(\boldsymbol{A}^T\boldsymbol{y}) \end{matrix}$$

예제 2 약간의 미적분학 얘기를 하고자 한다. 이것은 중요하며 선형대수를 떠나지는 않을 것이다. (이것은 함수에 대한 선형대수다.) **행렬을 미분으로 바꾸자. 즉 $\boldsymbol{A} = \boldsymbol{d/dt}$.** d/dt의 전치는 $(\boldsymbol{Ax})^T\boldsymbol{y} = \boldsymbol{x}^T(\boldsymbol{A}^T\boldsymbol{y})$로부터 나온다.

먼저 내적 $\boldsymbol{x}^T\boldsymbol{y}$는 $x_1y_1 + \cdots + x_ny_n$으로부터 $x(t)y(t)$의 적분으로 바꾼다.

함수 $\boldsymbol{x}$와 $\boldsymbol{y}$의 내적 정의에 의해 $\boldsymbol{x}^T\boldsymbol{y} = (x, y) = \int_{-\infty}^{\infty} x(t)y(t)dt$

함수에 대한 전치 규칙 $(\boldsymbol{Ax})^T\boldsymbol{y} = \boldsymbol{x}^T(\boldsymbol{A}^T\boldsymbol{y})$

$$\int_{-\infty}^{\infty} \frac{dx}{dt} y(t)dt = \int_{-\infty}^{\infty} x(t)\left(-\frac{dy}{dt}\right)dt \tag{6}$$

독자들이 "**부분적분**"을 알아차렸길 바란다. 미분이 첫 번째 함수 $x(t)$로부터 두 번째 함수 $y(t)$로 움직였다. 이 이동 과정에서 마이너스 부호가 나타난다. 이러한 사실은

$\boldsymbol{A = d/dt}$ 의 전치는 $\boldsymbol{A^T = -A = -d/dt}$ 임을 말해준다.

미분은 반대칭(anti-symmetric)이다. 대칭행렬은 $A^T = A$를 만족하고, 반대칭 행렬은 $A^T = -A$를 만족한다. 예제 1에서의 2×3 차분행렬이 어떤 의미에서 이러한 패턴을 따랐다. 3×2 행렬 A^T는 마이너스 차분행렬이었다. 이 행렬은 $A^T\boldsymbol{y}$의 가운데 성분에서 차 $y_2 - y_1$ 대신에 $y_1 - y_2$를 만들었다.

부분적분은 매우 중요하며 단순한 요령이 아니다.

대칭행렬

대칭행렬이면, A를 A^T로 전치해도 아무런 변화가 없다. 이 경우에 A^T는 A와 같다. 대칭행렬의 (j, i) 성분은 주대각선 건너편에 있는 (i, j) 성분과 동일하다. 저자의 의견으로는 대칭행렬이 모든 행렬들 중에 가장 중요한 행렬이다. 대칭행렬은 특별한 문자 S로 표시한다.

대칭행렬은 $\boldsymbol{S^T = S}$를 만족한다. 이 식은 $\boldsymbol{s_{ji} = s_{ij}}$임을 의미한다.

$$\textbf{대칭행렬들} \qquad S = \begin{bmatrix} 1 & 2 \\ 2 & 5 \end{bmatrix} = S^T \quad \text{그리고} \quad D = \begin{bmatrix} 1 & 0 \\ 0 & 10 \end{bmatrix} = D^T$$

대칭행렬의 역행렬은 대칭행렬이다. S^{-1}의 전치행렬은 $(S^{-1})^T = (S^T)^{-1} = S^{-1}$이다. S가 가역이라면, 이것은 S^{-1}가 대칭행렬임을 의미한다.

$$\textbf{대칭인 역행렬} \qquad S^{-1} = \begin{bmatrix} 5 & -2 \\ -2 & 1 \end{bmatrix} \quad \text{그리고} \quad D^{-1} = \begin{bmatrix} 1 & 0 \\ 0 & 0.1 \end{bmatrix}.$$

이제 ***임의의 행렬 $\boldsymbol{A}$를 $\boldsymbol{A^T}$와 곱하여*** 대칭행렬 S를 만든다.

대칭인 곱 A^TA와 AA^T 그리고 LDL^T

일반적인 사각형 형태인 임의의 행렬 A를 선택한다. A^T를 A와 곱한다. 그러면 곱 $S = A^TA$는 자동으로 정사각 대칭행렬이다.

$$\textbf{$\boldsymbol{A^TA}$의 전치행렬 $\boldsymbol{(A^TA)^T}$은 다시 $\boldsymbol{A^TA}$이다.} \tag{7}$$

행렬 AA^T 또한 대칭이다. (A와 A^T의 형태가 곱셈을 가능하게 한다.) 그러나 AA^T는 A^TA와 다른 행렬이다. 경험상, 사각행렬 A로 시작하는 대부분의 과학적인 문제들은 결국 A^TA 또는 AA^T 또는 둘 다가 된다. 최소제곱 문제에서와 같이 말이다.

예제 3 $A = \begin{bmatrix} -1 & 1 & 0 \\ 0 & -1 & 1 \end{bmatrix}$를 $A^T = \begin{bmatrix} -1 & 0 \\ 1 & -1 \\ 0 & 1 \end{bmatrix}$와 순서를 바꾸어 곱한다.

$$\boldsymbol{AA^T} = \begin{bmatrix} 2 & -1 \\ -1 & 2 \end{bmatrix} \text{ 그리고 } \boldsymbol{A^TA} = \begin{bmatrix} 1 & -1 & 0 \\ -1 & 2 & -1 \\ 0 & -1 & 1 \end{bmatrix} \text{는 모두 대칭행렬이다.}$$

곱 AA^T는 $m \times m$이고, 반대 순서로 A^TA는 $n \times n$이다. 둘 모두 대칭이고 주대각성분이 양수다. (왜 그럴까?) 그러나 $m = n$이라 하더라도 $A^TA \neq AA^T$일 확률이 매우 높다.

소거법에서 대칭행렬 $S^T = S$인 행렬은 행렬의 반쪽에 대해서만 (대각선 포함) 작업해도 되기 때문에 소거법을 두 배 빠르게 만든다. ***대칭행렬은 세 행렬의 곱 $\boldsymbol{S = LDL^T}$으로 표현된다.*** 대각행렬인 피벗행렬 D를 쪼갤 수 있고 $U = L^T$가 된다.

$$\begin{bmatrix} 1 & 2 \\ 2 & 7 \end{bmatrix} = \begin{bmatrix} 1 & 0 \\ 2 & 1 \end{bmatrix} \begin{bmatrix} 1 & 2 \\ 0 & 3 \end{bmatrix} \qquad \begin{matrix} LU\text{는 } S\text{의 대칭성을 놓친다} \\ U\text{에서 피벗 } 1,3\text{을 쪼갠다} \end{matrix}$$

$$\begin{bmatrix} 1 & 2 \\ 2 & 7 \end{bmatrix} = \begin{bmatrix} \mathbf{1} & 0 \\ \mathbf{2} & \mathbf{1} \end{bmatrix} \begin{bmatrix} 1 & 0 \\ 0 & 3 \end{bmatrix} \begin{bmatrix} \mathbf{1} & \mathbf{2} \\ 0 & \mathbf{1} \end{bmatrix} \qquad \begin{matrix} \boldsymbol{S = LDL^T}\textbf{는 } S\textbf{의 대칭성을 포착한다} \\ \textbf{이제 } \boldsymbol{U}\textbf{는 } \boldsymbol{L}\textbf{의 전치행렬이다} \end{matrix}$$

A가 일반적인 사각행렬일 때, 이 ***안장점(saddle-point) 행렬 $\boldsymbol{S}$***는 대칭이고 중요하다.

최소제곱법으로부터
블록행렬

$$\boldsymbol{S} = \begin{bmatrix} \boldsymbol{I} & \boldsymbol{A} \\ \boldsymbol{A^T} & \mathbf{0} \end{bmatrix} = \boldsymbol{S^T}\text{의 크기는 } m \times n$$

블록 소거법을 적용하면 **블록 분해** $S = LDL^T$를 구할 수 있다. 그러면 가역성 테스트는 다음과 같다.

$$\boldsymbol{S}\textbf{는 가역} \quad \Longleftrightarrow \quad \boldsymbol{A^TA}\textbf{는 가역} \quad \Longleftrightarrow \quad \boldsymbol{x} \neq 0\textbf{일 때 } \boldsymbol{Ax} \neq 0$$

블록 소거법
$\boldsymbol{A^T}$(1행)을 뺀다

$$S = \begin{bmatrix} I & A \\ A^T & 0 \end{bmatrix}\text{가 } \begin{bmatrix} I & A \\ 0 & -\boldsymbol{A^TA} \end{bmatrix}\text{가 된다. 이 행렬이 } U\text{이다.}$$

블록 피벗행렬 D는 I와 $-A^TA$를 포함한다. 그러면 L와 L^T는 A^T와 A를 포함한다.

$$\textbf{블록 분해} \qquad \boldsymbol{S = LDL^T} = \begin{bmatrix} I & 0 \\ A^T & I \end{bmatrix} \begin{bmatrix} I & 0 \\ 0 & -A^TA \end{bmatrix} \begin{bmatrix} I & A \\ 0 & I \end{bmatrix}$$

연습 문제

1–7번 문제는 전치의 규칙에 관한 것이다.

1 $A = \begin{bmatrix} 1 & 0 \\ 9 & 3 \end{bmatrix}$와 $\begin{bmatrix} 1 & c \\ c & 0 \end{bmatrix}$에 대해 A^T와 A^{-1}와 $(A^{-1})^T$와 $(A^T)^{-1}$을 구하라.

2 $(AB)^T$는 B^TA^T와 같고 A^TB^T와는 다르다는 사실을 확인하라.

$$A = \begin{bmatrix} 1 & 0 \\ 2 & 1 \end{bmatrix} \qquad B = \begin{bmatrix} 1 & 3 \\ 0 & 1 \end{bmatrix} \qquad AB = \begin{bmatrix} 1 & 3 \\ 2 & 7 \end{bmatrix}$$

또한 AA^T는 A^TA와 다름을 보여라. 그러나 두 행렬 모두 _______ 이다.

3 (a) 행렬 $((AB)^{-1})^T$는 $(A^{-1})^T$와 $(B^{-1})^T$로부터 나온다. 어떤 순서인가?

(b) U가 상삼각행렬이면 $(U^{-1})^T$는 ___ 삼각행렬이다.

4 (A가 영행렬이 아니라면) $A^2 = 0$은 가능하지만 $A^TA = 0$은 불가능함을 보여라.

5 (a) $\boldsymbol{x}^TA\boldsymbol{y} = \begin{bmatrix} 0 & 1 \end{bmatrix} \begin{bmatrix} 1 & 2 & 3 \\ 4 & 5 & 6 \end{bmatrix} \begin{bmatrix} 0 \\ 1 \\ 0 \end{bmatrix} =$ ___을 계산하라.

(b) 이것은 행벡터 $\boldsymbol{x}^TA =$ _______ 곱하기 열벡터 $\boldsymbol{y} = (0, 1, 0)$이다.

(c) 이것은 행벡터 $\boldsymbol{x}^T = \begin{bmatrix} 0 & 1 \end{bmatrix}$ 곱하기 열벡터 $A\boldsymbol{y} =$ _______ 이다.

6 블록행렬 $M = \begin{bmatrix} \mathbf{A} & \mathbf{B} \\ \mathbf{C} & \mathbf{D} \end{bmatrix}$의 전치는 $M^T =$ _______ 이다. 하나의 예로 테스트하라. A, B, C, D에 대한 어떤 조건 하에서 이 블록행렬이 대칭인가?

7 참 또는 거짓을 말하라.

(a) 블록행렬 $\begin{bmatrix} \mathbf{0} & \mathbf{A} \\ \mathbf{A} & \mathbf{0} \end{bmatrix}$은 자동으로 대칭이다.

(b) A와 B가 대칭이면 곱 AB도 대칭이다.

(c) A가 대칭이 아니면, A^{-1}도 대칭이 아니다.

(d) A, B, C가 대칭일 때, ABC의 전치는 CBA다.

8–15번 문제는 치환행렬에 관한 것이다.

8 왜 n차인 $n!$개의 치환행렬이 존재하는가?

9 P_1과 P_2가 치환행렬이면, P_1P_2도 치환행렬이다. 이것은 여전히 어떤 순서로 I의 행들을 가진다. $P_1P_2 \neq P_2P_1$이고 $P_3P_4 = P_4P_3$인 예를 들어라.

10 짝수 번 서로 자리를 바꾸는 $(1, 2, 3, 4)$의 "짝" 치환은 열두 개가 존재한다. 이것들 중 두 개는 한 번도 바꾸지 않는 $(1, 2, 3, 4)$와 두 번 바꾼 $(4, 3, 2, 1)$이다. 나머지 열 개를 나열하라. 각각의 4×4 행렬 대신 단순히 수들의 순서만 적는다.

11 P의 $(1, n)$부터 $(n, 1)$까지 역대각 위치의 성분이 1이면, PAP에 대해 묘사하라. $P = P^T$임에 주의한다.

12 왜 $\boldsymbol{x}$와 $\boldsymbol{y}$의 내적이 $P\boldsymbol{x}$와 $P\boldsymbol{y}$의 내적과 같은지 설명하라. 그러면 $(P\boldsymbol{x})^T(P\boldsymbol{y}) = \boldsymbol{x}^T\boldsymbol{y}$는 임의의 치환에 대해 $P^TP = I$임을 말한다. $\boldsymbol{x} = (1, 2, 3)$과 $\boldsymbol{y} = (1, 4, 2)$일 때 $P\boldsymbol{x} \cdot \boldsymbol{y}$가 항상 $\boldsymbol{x} \cdot P\boldsymbol{y}$인 것은 아님을 보여주는 P를 선택하라.

13 어떤 치환행렬이 PA를 상삼각행렬로 만드는가? 어떤 치환행렬이 P_1AP_2를 하삼각행렬로 만드는가? **A의 오른편에 P_2를 곱하면 A의 _______을 서로 바꾼다.**

$$A = \begin{bmatrix} 0 & 0 & 6 \\ 1 & 2 & 3 \\ 0 & 4 & 5 \end{bmatrix}$$

14 $P^3 = I$인 (그러나 $P = I$는 아닌) 3×3 치환행렬을 구하라. 왜 P가 _______이 될 수 없는가? $\widehat{P}^4 \neq I$인 4×4 치환행렬 $\widehat{P}$를 구하라.

15 모든 행치환행렬은 대칭이다. 즉 $P^T = P$이다. 그러면 $P^TP = I$는 $P^2 = I$가 된다. 다른 치환행렬은 대칭일 수도 있고 아닐 수도 있다.

(a) P가 1행을 4행으로 보내면, P^T는 ___행을 ___행으로 보낸다. $P^T = P$일 때 이 행치환은 겹치지 않고 쌍을 이룬다.

(b) 모든 네 개의 행을 움직이는 $P^T = P$을 만족하는 4×4의 한 예를 구하라.

16–18번 문제는 대칭행렬과 대칭행렬의 분해에 관한 것이다.

16 $A = A^T$이고 $B = B^T$이면, 다음 행렬들 중 확실히 대칭인 것은 어떤 것인가?

(a) $A^2 - B^2$ (b) $(A + B)(A - B)$ (c) ABA (d) $ABAB$

17 (a) $S = S^T$이고 5×5이면, S의 얼마나 많은 성분을 독립적으로 선택할 수 있을까?

(b) 어떻게 (역시 5×5인) L과 D에서의 선택의 수가 LDL^T에서의 선택의 수와 같을까?

(c) A가 반대칭(skew-symmetric)이면 $(A^T = -A)$ 얼마나 많은 수의 성분을 선택할 수 있을까?

(d) 왜 A^TA의 대각성분들은 음수가 아닐까?

18 다음 대칭행렬들을 $S = LDL^T$로 분해하라. 피벗행렬 D는 대각행렬이다.

$$S = \begin{bmatrix} 1 & 3 \\ 3 & 2 \end{bmatrix} \quad \text{그리고} \quad S = \begin{bmatrix} 1 & b \\ b & c \end{bmatrix} \quad \text{그리고} \quad S = \begin{bmatrix} 2 & -1 & 0 \\ -1 & 2 & -1 \\ 0 & -1 & 2 \end{bmatrix}$$

19 다음 행렬에 대해 $PA = LU$ 분해를 구하라 (그리고 체크하라).

$$A = \begin{bmatrix} 0 & 1 & 1 \\ 1 & 0 & 1 \\ 2 & 3 & 4 \end{bmatrix} \quad \text{그리고} \quad A = \begin{bmatrix} 1 & 2 & 0 \\ 2 & 4 & 1 \\ 1 & 1 & 1 \end{bmatrix}$$

20 소거법의 끝에 도달하기 위해 세 번의 행치환을 필요로 하는 4×4 치환행렬(이것을 A라고 하자)을 구하라. 이 행렬에 대해, 인수인 P, L 그리고 U는 무엇인가?

21 항등행렬은 세 개 (또는 다섯 개)의 행치환의 곱이 될 수 없음을 증명하라. 항등행렬은 두 개 (또는 네 개)의 행치환의 곱이 될 수 있다.

22 4×4 행렬의 모든 행이 동일한 순서로 $0, 1, 2, 3$을 포함한다면, 이 행렬은 대칭이 될 수 있는가?

23 3×3 행렬 A의 아홉 개의 성분으로 출발한다. 어떠한 행의 재배치나 열의 재배치로 A^T을 만들어낼 수 없음을 증명하라. (대각성분에 주목한다.)

24 보스턴, 시카고, 시애틀 사이에 전선이 연결되어 있다. 이 도시들에서의 전압은 x_B, x_C, x_S이다. 도시들 사이의 단위 저항에 대해, 도시들 사이의 전류가 $\boldsymbol{y}$에 들어 있다.

$$\boldsymbol{y} = A\boldsymbol{x} \qquad \begin{bmatrix} y_{BC} \\ y_{CS} \\ y_{BS} \end{bmatrix} = \begin{bmatrix} 1 & -1 & 0 \\ 0 & 1 & -1 \\ 1 & 0 & -1 \end{bmatrix} \begin{bmatrix} x_B \\ x_C \\ x_S \end{bmatrix}.$$

(a) 이 세 도시로부터 나오는 총 전류 $A^T\boldsymbol{y}$를 구하라.

(b) $(A\boldsymbol{x})^T\boldsymbol{y}$는 $\boldsymbol{x}^T(A^T\boldsymbol{y})$와 일치함을 확인하여라. 두 값 모두 여섯 개의 항으로 이루어져 있다.

25 (x, y, z)와 곱하여 (z, x, y)가 되게 하는 행렬 P는 또한 회전행렬이다. P와 P^3을 구하라. 회전축 $\boldsymbol{a} = (1, 1, 1)$은 움직이지 않고 $P\boldsymbol{a}$와 같다. $\boldsymbol{v} = (2, 3, -5)$에서 $P\boldsymbol{v} = (-5, 2, 3)$로의 회전각은 얼마인가?

26 다음은 새로운 분해 $A = LS$ = 삼각행렬 곱하기 대칭행렬이다.

$A = LDU$에서 출발한다. 그러면 A는 $L(U^T)^{-1}$ 곱하기 $S = U^TDU$와 같다.

왜 $L(U^T)^{-1}$은 삼각행렬인가? 왜 U^TDU는 대칭행렬인가?

27 대수에서 행렬의 군(group)은 A와 B를 포함한다면 AB와 A^{-1}도 포함한다. "곱과 역행렬은 군 안에 머물러 있다." 다음 집합들 중 어떤 집합이 군인가?

대각성분이 1인 하삼각행렬들 L, 대칭행렬 S, 양의 정부호 행렬 M, 대각이고 가역인 행렬 D, 치환행렬 P, $Q^T = Q^{-1}$을 만족하는 직교행렬, **추가적으로 두 개의 행렬군을 만들어라.**

도전 문제

28 치환행렬을 거듭제곱하면, 왜 어떤 P^k가 궁극적으로 I와 같아지는가? I와 같아지는 가장 작은 거듭제곱이 P^6인 5×5 치환행렬 P를 구하라.

29 (a) 3×3 행렬 M을 써라. M을 $S + A$로 쪼개라. 여기서 $S = S^T$는 대칭행렬이고 $A = -A^T$는 반대칭행렬이다.

(b) M과 M^T를 포함하는 S와 A에 대한 식을 구하라. $M = S + A$가 되길 원한다.

30 Q^T가 Q^{-1}과 같다고 가정하자 (전치가 역행렬과 같다. 즉 $Q^TQ = I$)

(a) 열벡터들 $\boldsymbol{q}_1, \ldots, \boldsymbol{q}_{\boldsymbol{n}}$은 단위벡터임을 보여라. 즉 $\|\boldsymbol{q}_{\boldsymbol{i}}\|^2 = 1$.

(b) Q의 모든 두 개의 열벡터들은 수직임을 보여라. 즉 $\boldsymbol{q}_1^T\boldsymbol{q}_2 = 0$.

(c) 첫 번째 성분 $q_{11} = \cos\theta$인 2×2 예를 구하라.

CHAPTER 3

네 개의 기본 부분공간

3.1 벡터공간과 부분공간

3.2 A의 영공간: $Ax = 0$ 풀기

3.3 $Ax = b$의 완전해

3.4 독립, 기저, 그리고 차원

3.5 네 부분공간의 차원

3.1절은 순수한 대수 문제로 시작한다. "벡터공간(vector space)"을 어떻게 정의할까? $\mathbf{R}^3$을 보면, 핵심 연산은 $\boldsymbol{v} + \boldsymbol{w}$와 $c\boldsymbol{v}$이다. 이 둘은 $c(\boldsymbol{v} + \boldsymbol{w}) = c\boldsymbol{v} + c\boldsymbol{w}$와 같은 간단한 법칙에 의해 연결된다. $\boldsymbol{v} + \boldsymbol{w}$와 같이 더할 수 있어야 하고 c로 곱할 수 있어야 한다. 3.1절은 벡터 $\boldsymbol{v}$와 스칼라 c가 만족해야 하는 여덟 가지 규칙을 제시할 것이다.

$\boldsymbol{v}$와 $\boldsymbol{w}$가 행렬이 될 수 있다는 점에 주목한다! 행렬들을 더할 수 있고 함수들을 더할 수 있다 (그리고 c를 곱할 수도 있다). 따라서 행렬공간이 있을 수 있고 함수공간이 있을 수 있다. 그리고 $\mathbf{R}^n$ 내부에서, $A\boldsymbol{x} = \mathbf{0}$을 만족하는 벡터 $\boldsymbol{x}$만을 허용할 수도 있을 것이다. 이것으로부터 "A**의 영공간**(nullspace)"이 나온다. 이 해들의 모든 일차결합도 또한 해가 된다. 영공간은 하나의 부분공간이다.

선형대수는 $A\boldsymbol{x} = \mathbf{0}$을 푸는 한 가지 방법을 제시한다. 가장 좋은 시스템은 이 방정식을 $R\boldsymbol{x} = \mathbf{0}$으로 축소시키는 소거법이다. 그런 다음 각 종속 열들에 대한 "특별해"를 구한다. 이것들의 모든 일차결합을 만드는 것이 영공간을 생성하는 핵심 단계다.

마지막으로 **기저**(basis)에 대한 아이디어가 나온다. 기저는 완벽하게 공간을 기술하는 벡터들의 집합이다. 기저벡터들의 일차결합은 공간 내의 모든 벡터를 만드는 단 하나의 방법을 제시한다. 독립인 r개의 A의 열들은 $\boldsymbol{C}(A)$의 기저다. $A\boldsymbol{x} = \mathbf{0}$에 대한 $n-r$개의 특별해들은 $\boldsymbol{N}(A)$의 기저다. 이 부분공간 $\boldsymbol{C}(A)$와 $\boldsymbol{N}(A)$의 "차원(dimension)" 은 각각 r과 $n-r$이다.

2장은 가역인 정사각행렬들에 대한 내용이었다. $PA = LU$에서 네 개의 모든 행렬들의 계수는 꽉찬 $r = m = n$이었다. A의 열공간과 행공간은 전체공간 $\mathbf{R}^n$이었다.

3장에서는 더 높은 단계로 옮겨간다! 아마도 이 책에서 가장 중요한 장이 될 것이다. 모든 $m \times n$ 행렬이 가능하고 $n > m$이면 $A\boldsymbol{x} = \mathbf{0}$에 대해 $\mathbf{0}$이 아닌 해가 반드시 존재할 것이다. A의 이 영공간은 열공간 그리고 행공간과 비슷하지 않다는 점에 주목한다. **영공간은 A로부터의 열 또는 행이 아니라 방정식 $A\boldsymbol{x} = \mathbf{0}$에서 시작한다.**

이 장의 핵심 목표는 "선형대수의 기본정리(Fundamental Theorem of Linear Algebra)" 다. 3.5절에서 이 정리는 다음과 같은 네 개의 부분공간과 그 차원들을 연결한다.

A의 열공간, A의 행공간, A의 영공간, A^T의 영공간

함께 나오는 그림이 이 기본정리를 쉽게 기억할 수 있게 해주면 좋을 것 같다.

3.1 벡터공간과 부분공간

1. 모든 일차결합 $c\boldsymbol{v} + d\boldsymbol{w}$는 벡터공간 안에 머물러 있어야 한다.
2. A의 행공간은 A의 행들로 "생성(span)" 된다. 열들은 $\boldsymbol{C}(A)$를 생성한다.
3. 행렬 M_1부터 M_N까지와 함수 f_1부터 f_N까지는 행렬공간과 함수공간을 생성한다.

벡터공간 $\mathbf{R}^1, \mathbf{R}^2, \mathbf{R}^3, \ldots$에서 출발한다. 공간 $\mathbf{R}^n$은 길이가 n인 모든 열벡터 $\boldsymbol{v}$를 포함한다. 성분 v_1부터 v_n은 실수다. ($v_1 = 2 + 3i$와 같은 복소수를 허용한다면, 이 공간은 $\mathbf{C}^1, \mathbf{C}^2, \mathbf{C}^3, \ldots$가 된다.) 우리는 $\mathbf{R}^n$에 속하는 벡터들 $\boldsymbol{v}$와 $\boldsymbol{w}$를 어떻게 더하는지 알고 있다. 우리는 벡터에 수 c와 d를 어떻게 곱하여 $c\boldsymbol{v}$와 $d\boldsymbol{w}$를 얻는지 알고 있다. 그러므로 벡터공간 $\mathbf{R}^n$에서 **일차결합** $c\boldsymbol{v} + d\boldsymbol{w}$를 찾을 수 있다.

"일차결합" 의 이러한 연산은 모든 벡터공간에서 기본이다. 이 연산은 여덟 가지 규칙들을 만족해야 한다. 이 여덟 가지 규칙들이 3.1절 연습 문제 시작 지점에 나열되어 있다. 이 규칙은 $\boldsymbol{v} + \boldsymbol{w} = \boldsymbol{w} + \boldsymbol{v}$로 시작하며 $\mathbf{R}^n$ 상에서 쉽게 체크할 수 있다. 이것들을 외울 필요는 없다!

한 가지 중요한 요구 사항은 모든 일차결합 $c\boldsymbol{v} + d\boldsymbol{w}$가 **벡터공간 내에 머물러 있어야 한다**는 것이다. 모든 $v_i > 0$일 때 양수 벡터들 $(v_1, \ldots, v_n)$의 집합은 벡터공간이 아니다. $A\boldsymbol{x} = (1, 1, \ldots, 1)$에 대한 해집합은 벡터공간이 아니다. $\mathbf{R}^n$ 상의 직선도 $(0, 0, \ldots, 0)$을 지나지 않는다면 벡터공간이 아니다.

이 직선이 $\mathbf{0}$을 지난다면, 이 직선을 떠나지 않으면서 직선 위의 점들에 임의의 수 c를 곱하고 직선 위의 점들을 더할 수 있다. $\mathbf{R}^n$에서 이 직선은 **다른 벡터공간 안에 있는 또 다른 벡터공간인 부분공간에 대한 아이디어**를 보여준다.

벡터공간의 예

이 책은 주로 벡터공간 $\mathbf{R}^n$과 직선 및 평면과 같은 벡터공간 $\mathbf{R}^n$의 부분공간에 대해 다룬다. 오직 영벡터 $\mathbf{0} = (0, 0, \ldots, 0)$만 포함하는 공간 $\mathbf{Z}$도 하나의 부분공간으로 간주한다! 일차결합 $c\mathbf{0} + d\mathbf{0}$은 여전히 (이 부분공간에 속하는) $\mathbf{0}$이다. $\mathbf{Z}$는 가장 작은 벡터공간이다.

종종 $\mathbf{Z}$를 가역인 행렬의 영공간으로서 보게 된다. 만일 $A\boldsymbol{x} = \mathbf{0}$에 대한 유일한 해가 영벡터 $\boldsymbol{x} = \mathbf{0}$뿐이라면, A의 영공간은 $\mathbf{Z}$이다.

틀림없이 행렬의 벡터공간도 가능하다. 공간 $\mathbf{R}^{3\times 3}$은 모든 3×3 행렬들을 포함한다. 이러한 행렬들의 일차결합 $cA + dB$를 만들 수 있다. 이 공간은 쉽게 여덟 가지의 규칙을 만족한다. 아홉 개의 모든 성분들이 동일한 3×3 행렬들은 "한 줄의 행렬들로서" 이 벡터공간의 한 부분공간이 될 것이다. $\mathbf{Z}$ = {영행렬}과 $\mathbf{S}$ = 대칭인 3×3 행렬들 또한 부분공간임에 주목한다. A와 B가 $\mathbf{S}$에 속할 때 $A + B$는 여전히 대칭이다. 그러나 가역행렬들은 부분공간이 아니다.

또한 함수들의 벡터공간도 가능하다. 일련의 함수들인 $\boldsymbol{y} = \boldsymbol{c}e^{\boldsymbol{x}}$ (c는 임의의 수)는 "함수공간 안의 한 직선"이 될 것이다. 그 직선은 미분방정식 $dy/dx = y$의 모든 해들을 포함한다. 또 다른 함수공간은 모든 이차함수 $\boldsymbol{y} = \boldsymbol{a} + \boldsymbol{b}\boldsymbol{x} + \boldsymbol{c}\boldsymbol{x}^2$를 포함한다. 이 공간은 $d^3y/dx^3 = 0$의 모든 해를 포함한다. 함수공간으로 이동하면 어떻게 선형미분방정식이 선형대수방정식 $A\boldsymbol{x} = \mathbf{0}$을 대체하는지 알 수 있다.

어떤 의미에서 3×3 행렬들의 공간은 본질적으로 $\mathbf{R}^9$와 동일하다. $f(x) = a+bx+cx^2$의 함수공간은 본질적으로 $\mathbf{R}^3$이다.

행렬들과 함수들의 일차결합들은 안전하게 그 공간 안에 있다. 이 책은 거의 전적으로 함수가 아닌 일반적인 열벡터들을 다룰 것이다.

"공간"이라는 용어는 벡터 또는 행렬 또는 함수의 일차결합이 그 공간 안에 머문다는 의미다.

벡터공간의 부분공간

서로 다른 시점에서 행렬들과 함수들을 벡터로 생각하도록 요구할 것이다. 그러나 언제나 우리에게 가장 필요한 벡터들은 일반적인 열벡터들이다. 이 벡터들의 성분은 n개다. 그러나 n개의 성분을 갖는 모든 벡터들은 아닐 수도 있다. $\mathbf{R}^n$ **내부에** 중요한 부분공간들이 존재한다. 이것들은 $\mathbf{R}^n$의 **부분공간들**이다.

일반적인 3-차원 공간 $\mathbf{R}^3$로부터 시작하자. 원점 $(0, 0, 0)$을 지나는 평면 하나를 선택한다. ***이 평면은 그 자체로 하나의 벡터공간이다.*** 이 평면 위의 두 벡터를 더하면, 그 합은 이 평면 위에 있다. 이 평면 위의 벡터에 2 또는 -5 등을 곱하면, 그 벡터는 이 평면 위에 머물러 있다. 3-차원 공간 내의 한 평면은 (비록 $\mathbf{R}^2$ 처럼 보인다 할지라도) $\mathbf{R}^2$가 아니다. 이 벡터들의 성분은 세 개이고 $\mathbf{R}^3$에 속한다. 이 평면은 $\mathbf{R}^3$ **내의** 한 벡터공간이다.

이것은 선형대수에서 가장 기본적인 아이디어중 하나를 시사한다. $(0,0,0)$을 지나는 평면은 전체 벡터공간 $\mathbf{R}^3$의 ***부분공간(subspace)***이다.

정의 한 벡터공간의 ***부분공간***은 다음 두 가지 요구 조건을 만족하는 ($\mathbf{0}$을 포함하는) 벡터들의 집합이다. ***$\boldsymbol{v}$와 $\boldsymbol{w}$가 이 부분공간의 벡터이고 c가 임의의 스칼라일 때,***

(i) $\boldsymbol{v}+\boldsymbol{w}$가 이 부분공간에 있다	(ii) $c\boldsymbol{v}$가 이 부분공간에 있다

다시 말하면, 벡터들의 집합은 덧셈 $\boldsymbol{v}+\boldsymbol{w}$와 곱셈 $c\boldsymbol{v}$ (그리고 $d\boldsymbol{w}$)에 대해 "닫혀있다". 이 연산들은 그 부분공간에 머물러 있게 한다. 또한 뺄셈도 할 수 있는데 왜냐하면 $-\boldsymbol{w}$가 이 부분공간에 있고 $\boldsymbol{v}$와의 합은 $\boldsymbol{v}-\boldsymbol{w}$이기 때문이다. ***모든 일차결합은 이 부분공간 내에 머무른다.***

이 연산들은 호스트 공간의 규칙을 따르므로 여덟 가지의 요구되는 조건은 자동으로 만족한다. 부분공간에 대한 일차결합 요구 조건만 체크하면 된다.

첫 번째 사실: ***모든 부분공간은 영벡터를 포함한다.*** $\mathbf{R}^3$ 내의 평면은 $(0,0,0)$을 지나야만 한다. 이 사실을 특별히 강조하기 위해서 별도로 언급하고 있지만, 이 사실은 규칙 (ii)로부터 즉각적으로 따라 나온다. $c=0$으로 선택하면 이 규칙은 $0\boldsymbol{v}$가 이 부분공간에 있어야 함을 요구한다.

원점을 포함하지 않는 평면은 이 테스트에서 실패한다. 그러한 평면은 부분공간이 아니다.

원점을 지나는 직선 또한 부분공간이다. 직선 위에 있는 벡터에 5를 곱하거나 두 벡터를 더해도 그 직선 위에 머물러 있다. 그러나 이 직선은 반드시 $(0,0,0)$을 지나야 한다.

또 하나의 부분공간은 $\mathbf{R}^3$ 전체이다. 이 전체 공간은 (그 자체의) 부분공간이다. 다음은 $\mathbf{R}^3$의 모든 가능한 부분공간들의 리스트다.

(L) $(0,0,0)$을 지나는 임의의 직선	**($\mathbf{R}^3$)** 전체 공간
(P) $(0,0,0)$을 지나는 임의의 평면	**(Z)** 단일 벡터 $(0,0,0)$

한 평면 또는 한 직선의 단지 일부분만을 유지하려고 시도하면, 부분공간이기 위한 요구 조건이 성립하지 않는다. $\mathbf{R}^2$ 내에서 이러한 예 (부분공간이 아닌 예)를 살펴보자.

예제 1 성분들이 양수이거나 0인 벡터들 (x, y)만을 유지한다 (이것은 일사분면이다). 벡터 $(2,3)$은 여기에 포함되지만 $(-2,-3)$은 포함되지 않는다. 그러므로 $c = -1$을 곱하려고 하면 규칙 (ii)가 위반된다. ***일사분면은 부분공간이 아니다.***

예제 2 성분들이 모두 음수인 벡터들도 포함시키자. 이제 두 개의 일사분면이 된다. 요구 조건 (ii)는 만족한다. 임의의 c를 곱할 수 있다. 그러나 이제 규칙 (i)이 실패한다. $\boldsymbol{v} = (2,3)$과 $\boldsymbol{w} = (-3,-2)$의 합은 $(-1,1)$인데 이 벡터는 두 개의 일사분면 바깥에 있다. ***두 개의 일사분면은 부분공간을 만들지 않는다.***

규칙 (i)과 (ii)는 벡터 덧셈 $\boldsymbol{v}+\boldsymbol{w}$와 스칼라 c와 d의 곱을 수반한다. 이 두 개의 규칙을 단 하나의 요구 조건으로 합칠 수 있다. 다음은 부분공간이기 위한 규칙이다.

v와 w를 포함하는 부분공간은 모든 일차결합 $cv + dw$를 포함해야만 한다.

예제 3 2×2 행렬들의 벡터공간 $\mathbf{M}$ 내에, 다음과 같은 두 개의 부분공간이 있다.

$$(\mathbf{U})\ \text{모든 상삼각행렬들} \begin{bmatrix} a & b \\ 0 & d \end{bmatrix} \qquad (\mathbf{D})\ \text{모든 대각행렬들} \begin{bmatrix} a & 0 \\ 0 & d \end{bmatrix}$$

$\mathbf{U}$에 속하는 임의의 상삼각행렬들을 더하면, 그 합은 $\mathbf{U}$ 안에 있다. 대각행렬들을 더하면 그 합은 대각행렬이다. 이 경우에 $\mathbf{D}$ 또한 $\mathbf{U}$의 부분공간이다! 물론 a, b, d가 0일 때 영행렬은 이 부분공간에 들어 있다. $\mathbf{Z}$는 언제나 부분공간이다.

항등행렬의 상수배 또한 M의 한 부분공간을 이룬다. 그러한 행렬들 cI는 $\mathbf{M}$과 $\mathbf{U}$와 $\mathbf{D}$ 내부에서 "한 직선의 행렬들" 을 형성한다.

I는 그 자체로 부분공간일까? 그렇지 않다. 오직 영행렬만이 그 자체로 부분공간이다. 생각을 해보면 좀 더 많은 2×2 행렬들의 부분공간들을 만들어낼 수 있을 것이다. 이것에 관한 문제가 연습문제 5번이다.

A의 열공간

가장 중요한 부분공간들은 행렬 A와 직접적으로 연결되어 있다. 우리는 $A\boldsymbol{x} = \boldsymbol{b}$를 풀고자 한다. A가 가역이 아니라면, 어떤 $\boldsymbol{b}$에 대해서는 이 연립방정식의 해가 존재하고 또 다른 $\boldsymbol{b}$에 대해서는 해가 존재하지 않는다. A 곱하기 어떤 벡터 $\boldsymbol{x}$로 쓸 수 있는 벡터인 우변의 좋은 $\boldsymbol{b}$를 기술하고자 한다. 그러한 $\boldsymbol{b}$들이 A의 "열공간(column space)" 을 형성한다.

$A\boldsymbol{x}$는 A의 열들의 일차결합인 점을 기억하자. 모든 가능한 $\boldsymbol{b}$를 얻기 위해서는 모든 가능한 $\boldsymbol{x}$를 사용해야만 한다. A의 열들로 시작하고 ***이 열들의 모든 일차결합을 취한다. 그러면 A의 열공간이 만들어진다.*** **열공간은 열벡터들로 이루어진 벡터공간이다.**

정의 ***열공간은 열들의 모든 일차결합으로*** 이루어져 있다. 이 일차결합들이 모든 가능한 벡터 $A\boldsymbol{x}$이다. 이것들이 열공간 $\boldsymbol{C}(A)$를 채운다.

이 열공간은 이 책 전체에서 가장 중요한데 그 이유는 다음과 같다. ***$A\boldsymbol{x} = \boldsymbol{b}$를 푸는 것은 $\boldsymbol{b}$를 열들의 일차결합으로 표현하는 것이다.*** 우변의 $\boldsymbol{b}$는 A에 의해 만들어지는 이 열공간 안에 있어야 한다. 그렇지 않으면 $A\boldsymbol{x} = \boldsymbol{b}$는 해가 없다!

방정식 $A\boldsymbol{x} = \boldsymbol{b}$의 해가 존재하는 것과 $\boldsymbol{b}$가 A의 열공간에 있어야 하는 것은 동치다

$\boldsymbol{b}$가 이 열공간 $\boldsymbol{C}(A)$에 있을 때, 그것은 A의 열들의 한 일차결합이다. 이 일차결합에서 계수들이 $A\boldsymbol{x} = \boldsymbol{b}$의 해가 될 것이다. 열들의 모든 일차결합을 취함으로써 "공간" 이라는 용어가 정당화된다. 열공간은 $\mathbf{R}^m$의 부분공간이다.

주의: A의 열들만으로는 부분공간을 형성하지 않는다! 가역인 행렬들만으로는 부분공간을 형성하지 않는다. 특이행렬들만으로는 부분공간을 형성하지 않는다. 모든 일차결합을 포함시켜야만 한다. 열들의 일차결합 모두를 취할 때 A의 열들은 부분공간을 "**생성**(span)" 한다.

A의 행공간

A의 행들은 $n \times m$ 전치행렬인 A^T의 열들이다. 열벡터로 작업하는 것을 선호하기 때문에 A^T를 환영한다.

A의 행공간은 전치행렬 A^T의 열공간 $C(A^T)$이다.

이 행공간은 $\mathbf{R}^n$의 부분공간이다. 이 공간은 A^T로부터의 m개의 열벡터들과 이것들의 일차결합을 포함한다. 방정식 $A^T\boldsymbol{y} = \boldsymbol{c}$는 정확하게 $\boldsymbol{c}$가 부분공간 $\boldsymbol{C}(A^T) = A$의 행공간 안에 있을 때 해가 존재한다.

1장에서는 왜 $\boldsymbol{C}(A)$와 $\boldsymbol{C}(A^T)$가 모두 r개의 독립인 벡터들을 포함하고 그 이상은 포함하지 않는지에 대해 설명하였다. 그러면 $r = A$의 계수 $= A^T$의 계수이다. 새로운 증명은 3.5절에 나온다.

예제 계수가 1인 행렬 $A = \boldsymbol{u}\boldsymbol{v}^T$의 행공간은 모든 열벡터들의 직선 $c\boldsymbol{v}$이다. 이것은 $A^T = \boldsymbol{v}\boldsymbol{u}^T$의 모든 열들이 $\boldsymbol{v}$의 스칼라곱이기 때문이다. 한 개의 벡터 $\boldsymbol{v}$가 행공간을 생성하고 한 개의 벡터 $\boldsymbol{u}$가 열공간을 생성한다.

A의 열들은 벡터공간 $\boldsymbol{C}(\boldsymbol{A})$를 생성한다

또 하나의 새로운 용어: "생성". $\mathbf{R}^m$ 내 벡터들의 집합 $\boldsymbol{S}$로 시작하자. 만일 $\boldsymbol{S}$가 오직 N개의 벡터들만을 포함하고 있다면, 이것은 틀림없이 벡터공간이 아니다. 그러나 $\boldsymbol{S}$에 속하는 벡터들의 모든 일차결합을 포함한다면, 벡터공간 $\mathbf{V}$를 얻는다. 이 경우에 **집합 $\boldsymbol{S}$가 $\mathbf{V}$를 생성한다**. 사실 $\mathbf{V}$는 $\boldsymbol{S}$를 포함하는 가장 작은 벡터공간이다 (왜냐하면 벡터공간을 만들기 위해서는 모든 일차결합의 포함을 강요하기 때문이다).

이것은 정확하게 A의 열들에 대해 앞에서 했던 것이다. n개의 열들은 열공간 $\boldsymbol{C}(A) =$ 열들의 모든 일차결합을 생성한다. 독립성은 생성이라는 단어가 요구하지는 않는다. 같은 방식으로 A^T의 m개의 열들은 행공간 $\boldsymbol{C}(A^T)$을 생성한다.

테스트 문제. 가역인 2×2 행렬들은 $\mathbf{R}^{2\times 2}$를 생성함을 보여라.

예제 $n \times n$ 행렬 A가 가역이면, 이 열들은 $\mathbf{R}^n$을 생성한다.

가역인 3×3 행렬은 행렬공간 $\mathbf{R}^{3\times 3}$을 생성한다.

3×3 특이행렬 (비가역행렬) 또한 $\mathbf{R}^{3\times 3}$을 생성한다.

다음에는 영공간 $\boldsymbol{N}(A)$가 나오고 이것은 새로운 아이디어를 필요로 한다. (벡터가 아닌 방정식인) $A\boldsymbol{x} = \mathbf{0}$으로 시작한다. 이 방정식에 대한 해 $\boldsymbol{x}$가 영공간을 만든다. $A\boldsymbol{x} = \mathbf{0}$이고 $A\boldsymbol{y} = \mathbf{0}$이면 $A(c\boldsymbol{x} + d\boldsymbol{y}) = \mathbf{0}$이 되기 때문에 이것은 벡터공간이다. 그러나 이러한 해 $\boldsymbol{x}$와 $\boldsymbol{y}$를 찾기 위한 작업을 해야만 한다.

테스트 문제. 언제 열 개의 벡터가 $\mathbf{R}^5$를 생성할까? 이것은 매우 가능한 일이다.

연습 문제

처음 1–7번 문제는 일반적인 벡터공간에 관한 것이다. 이 공간에 속한 벡터들은 반드시 열벡터일 필요는 없다. 벡터공간의 정의에서, 벡터 덧셈 $\boldsymbol{x}+\boldsymbol{y}$와 스칼라곱 $c\boldsymbol{x}$는 다음 여덟 가지 규칙을 따라야만 한다.

(1) $\boldsymbol{x}+\boldsymbol{y}=\boldsymbol{y}+\boldsymbol{x}$

(2) $\boldsymbol{x}+(\boldsymbol{y}+\boldsymbol{z})=(\boldsymbol{x}+\boldsymbol{y})+\boldsymbol{z}$

(3) 모든 $\boldsymbol{x}$에 대해 $\boldsymbol{x}+\boldsymbol{0}=\boldsymbol{x}$를 만족하는 유일한 "영벡터"가 존재한다.

(4) 모든 $\boldsymbol{x}$에 대해 $\boldsymbol{x}+(-\boldsymbol{x})=\boldsymbol{0}$을 만족하는 유일한 벡터 $-\boldsymbol{x}$가 존재한다.

(5) 1 곱하기 $\boldsymbol{x}$는 $\boldsymbol{x}$과 같다.

(6) $(c_1c_2)\boldsymbol{x}=c_1(c_2\boldsymbol{x})$

(7) $c(\boldsymbol{x}+\boldsymbol{y})=c\boldsymbol{x}+c\boldsymbol{y}$

(8) $(\boldsymbol{c}_1+\boldsymbol{c}_2)\boldsymbol{x}=\boldsymbol{c}_1\boldsymbol{x}+\boldsymbol{c}_2\boldsymbol{x}$.

(1)에서 (4)까지는 $\boldsymbol{x}+\boldsymbol{y}$에 관한 것이다.
(5)에서 (6)까지는 $c\boldsymbol{x}$에 관한 것이다.
(7)에서 (8)까지는 이것들을 연결한다.

1 $(x_1,x_2)+(y_1,y_2)$가 (x_1+y_2, x_2+y_1)으로 정의된다고 가정하자. 일반적인 상수배 $c\boldsymbol{x}=(cx_1,cx_2)$을 할 때, 여덟 가지 조건 중 어떤 조건을 만족하지 못하는가?

2 상수배 $c\boldsymbol{x}$를 (cx_1,cx_2) 대신 $(cx_1,0)$으로 정의한다고 가정하자. $\mathbf{R}^2$에서의 일반적인 덧셈을 할 때, 여덟 가지 조건을 모두 만족하는가?

3 (a) $\mathbf{R}^1$ 내의 양수 $x>0$로만 국한한다면, 어떤 규칙이 깨지는가? 모든 c는 허용되어야 한다. 반직선은 부분공간이 아니다.

(b) $\boldsymbol{x}+\boldsymbol{y}$와 $c\boldsymbol{x}$를 일반적인 xy와 x^c로 재정의한 양수들의 집합은 여덟 가지 규칙들을 만족한다. $c=3, x=2, y=1$일 때 일곱 번째 규칙을 테스트하라. (그러면 $\boldsymbol{x}+\boldsymbol{y}=2$이고 $c\boldsymbol{x}=8$이다.) 어떤 수가 "영벡터"의 역할을 할까?

4 행렬 $A=\begin{bmatrix}2 & -2\\ 2 & -2\end{bmatrix}$는 모든 2×2 행렬의 공간 $\mathbf{M}$에 속하는 "벡터"다. 이 공간에서의 영벡터, 벡터 $\frac{1}{2}A$, 그리고 벡터 $-A$를 써라. A를 포함하는 가장 작은 부분공간(A에 의해 생성되는 부분공간)에 어떤 행렬들이 속하는가?

5 (a) $A=\begin{bmatrix}0 & 1\\ 0 & 0\end{bmatrix}$는 포함하지만 $B=\begin{bmatrix}0 & 0\\ 0 & -1\end{bmatrix}$은 포함하지 않는 부분공간 $\mathbf{M}$을 기술하라.

(b) $\mathbf{M}$의 부분공간이 A와 B를 모두 포함한다면, 이 부분공간은 I를 포함해야만 하는가?

(c) 영이 아닌 대각 행렬들은 포함하지 않는 $\mathbf{M}$의 부분공간을 묘사하라.

6 함수 $\boldsymbol{f}(x) = x^2$과 $\boldsymbol{g}(x) = 5x$는 $\mathbf{F}$에 속하는 "벡터들"이다. 이것은 모든 실함수들의 벡터공간이다. (함수들은 $-\infty < x < \infty$에 대해 정의된다.) 일차결합 $3\boldsymbol{f}(x) - 4\boldsymbol{g}(x)$는 함수 $\boldsymbol{h}(x) =$ _______ 이다.

7 $\boldsymbol{f}(x)$에 c를 곱하면 $\boldsymbol{f}(cx)$가 된다면 어떤 규칙이 깨지는가? 일반적인 덧셈 $\boldsymbol{f}(x) + \boldsymbol{g}(x)$는 유지한다.

8-15번 문제는 "부분공간 요구조건"에 관한 것이다. 즉, $\boldsymbol{x} + \boldsymbol{y}$와 $c\boldsymbol{x}$ (그러면 모든 일차결합 $c\boldsymbol{x} + d\boldsymbol{y}$)은 이 부분공간 내에 머물러야 한다.

8 부분공간에 대한 한 요구조건이 만족되더라도 다른 조건이 실패할 수 있다. 다음을 구하여 이것을 보여라.

(a) $\boldsymbol{x} + \boldsymbol{y}$는 이 집합 내에 있지만 $\frac{1}{2}\boldsymbol{x}$는 이 집합을 벗어날 수 있는 $\mathbf{R}^2$ 내의 벡터들의 집합

(b) 모든 $c\boldsymbol{x}$는 이 집에 속하지만 $\boldsymbol{x}+\boldsymbol{y}$는 이 집합을 벗어날 수 있는 (두 개의 사분면 외에) $\mathbf{R}^2$ 내의 벡터들의 집합

9 다음 $\mathbf{R}^3$의 부분집합 중 실제로 부분공간인 것들은 어떤 것인가? 이것들은 모두 부분공간을 생성한다!

(a) $b_1 = b_2$를 만족하는 벡터들 (b_1, b_2, b_3)의 평면

(b) $b_1 = 1$인 벡터들의 평면

(c) $b_1 b_2 b_3 = 0$인 벡터들

(d) $\boldsymbol{v} = (1, 4, 0)$과 $\boldsymbol{w} = (2, 2, 2)$의 모든 일차결합들

(e) $b_1 + b_2 + b_3 = 0$을 만족하는 모든 벡터들

(f) $b_1 \le b_2 \le b_3$인 모든 벡터들

10 다음을 포함하는 행렬 공간 $\mathbf{M}$의 가장 작은 부분공간에 대해 묘사하라.

(a) $\begin{bmatrix} 1 & 0 \\ 0 & 0 \end{bmatrix}$ 와 $\begin{bmatrix} 0 & 1 \\ 0 & 0 \end{bmatrix}$ (b) $\begin{bmatrix} 1 & 1 \\ 0 & 0 \end{bmatrix}$ (c) $\begin{bmatrix} 1 & 1 \\ 1 & 1 \end{bmatrix}$ 와 $\begin{bmatrix} 1 & 0 \\ 0 & 1 \end{bmatrix}$

11 $x+y-2z=4$를 만족하는 $\mathbf{R}^3$ 내의 평면을 P라고 하자. 원점 $(0,0,0)$은 이 평면 P에 속하지 않는다! P에 속하는 두 개의 벡터를 구하고 이들의 합이 P에 속하는지 여부를 체크하라.

12 11번의 평면 P와 평행하고 $(0,0,0)$을 통과하는 평면을 $\mathbf{P_0}$라고 하자. $\mathbf{P_0}$에 대한 방정식은 무엇인가? $\mathbf{P_0}$에 속하는 벡터 두 개를 구하고 이들의 합이 $\mathbf{P_0}$에 속하는지 여부를 체크하라.

13 $(0,0,0)$을 지나는 평면을 $\mathbf{P}$라 하고 $(0,0,0)$을 지나는 직선을 $\mathbf{L}$이라고 하자. $\mathbf{P}$와 $\mathbf{L}$을 모두 포함하는 가장 작은 벡터공간은 ___ 또는 ___ 이다.

14 (a) $\mathbf{M}$ 내의 가역인 행렬들의 집합은 부분공간이 아님을 보여라.

(b) $\mathbf{M}$ 내의 특이인 행렬들의 집합은 부분공간이 아님을 보여라.

15 참 또는 거짓을 말하라 (하나의 예를 통해 각 경우에서 덧셈을 체크하라).

(a) $\mathbf{M}$ 내의 ($A^T=A$인) 대칭행렬들은 부분공간을 형성한다.

(b) $\mathbf{M}$ 내의 ($A^T=-A$인) 반대칭행렬들은 부분공간을 형성한다.

(c) $\mathbf{M}$ 내의 ($A^T\neq A$인) 비대칭행렬들은 부분공간을 **생성**한다.

16–26번 문제는 열공간 $\boldsymbol{C}(A)$와 방정식 $A\boldsymbol{x}=\boldsymbol{b}$에 관한 것이다.

16 다음 특정 행렬들의 열공간 (직선 또는 평면들)에 대해 묘사하라.

$$A=\begin{bmatrix}1&2\\0&0\\0&0\end{bmatrix}\quad \text{그리고}\quad B=\begin{bmatrix}1&0\\0&2\\0&0\end{bmatrix}\quad \text{그리고}\quad C=\begin{bmatrix}1&0\\2&0\\0&0\end{bmatrix}$$

17 어떤 우변에 대해 이 연립방정식의 해가 존재하는가? (b_1,b_2,b_3에 대한 조건을 구하라.)

(a) $\begin{bmatrix}1&4&2\\2&8&4\\-1&-4&-2\end{bmatrix}\begin{bmatrix}x_1\\x_2\\x_3\end{bmatrix}=\begin{bmatrix}b_1\\b_2\\b_3\end{bmatrix}$ (a) $\begin{bmatrix}1&4\\2&9\\-1&-4\end{bmatrix}\begin{bmatrix}x_1\\x_2\end{bmatrix}=\begin{bmatrix}b_1\\b_2\\b_3\end{bmatrix}$

18 A의 1행을 2행에 더해 B를 만든다. 1열을 2열에 더해 C를 만든다. (B 또는 C의) 열들의 일차결합은 또한 A 열들의 일차결합이다. 어떤 두 개의 행렬이 동일한 열

____을 가질까?

$$A = \begin{bmatrix} 1 & 2 \\ 2 & 4 \end{bmatrix} \quad \text{그리고} \quad B = \begin{bmatrix} 1 & 2 \\ 3 & 6 \end{bmatrix} \quad \text{그리고} \quad C = \begin{bmatrix} 1 & 3 \\ 2 & 6 \end{bmatrix}$$

19 어떤 벡터 (b_1, b_2, b_3)에 대해 다음 연립방정식들이 해를 가질까?

$$\begin{bmatrix} 1 & 1 & 1 \\ 0 & 1 & 1 \\ 0 & 0 & 1 \end{bmatrix} \begin{bmatrix} x_1 \\ x_2 \\ x_3 \end{bmatrix} = \begin{bmatrix} b_1 \\ b_2 \\ b_3 \end{bmatrix} \quad \text{그리고} \quad \begin{bmatrix} 1 & 1 & 1 \\ 0 & 1 & 1 \\ 0 & 0 & 0 \end{bmatrix} \begin{bmatrix} x_1 \\ x_2 \\ x_3 \end{bmatrix} = \begin{bmatrix} b_1 \\ b_2 \\ b_3 \end{bmatrix}$$

$$\text{그리고} \quad \begin{bmatrix} 1 & 1 & 1 \\ 0 & 0 & 1 \\ 0 & 0 & 1 \end{bmatrix} \begin{bmatrix} x_1 \\ x_2 \\ x_3 \end{bmatrix} = \begin{bmatrix} b_1 \\ b_2 \\ b_3 \end{bmatrix}$$

20 (추천) 행렬 A에 추가로 열 $\boldsymbol{b}$를 덧붙이면, ________가 아니라면 열공간은 더 커진다. 열공간이 더 커지는 예와 더 커지지 않는 예를 각각 하나씩 들어라. 왜 열공간이 더 커지지 않을 때 $A\boldsymbol{x} = \boldsymbol{b}$는 해가 존재하는가? 그러면 A와 $[A \quad \boldsymbol{b}]$의 열공간은 동일하다.

21 AB의 열들은 A 열들의 일차결합들이다. 이것은 (같은 경우를 포함해서) AB의 열공간이 A의 열공간에 포함되는 것을 의미한다. A와 AB의 열공간이 같지 않은 예 하나를 들어라.

22 $A\boldsymbol{x} = \boldsymbol{b}$와 $A\boldsymbol{y} = \boldsymbol{b}^*$ 모두 해가 존재한다고 가정하자. 그러면 $A\mathbf{Z} = \boldsymbol{b} + \boldsymbol{b}^*$는 해가 존재한다. $\mathbf{Z}$는 무엇인가? 이것을 다음과 같이 말할 수 있다. $\boldsymbol{b}$와 $\boldsymbol{b}^*$가 열공간 $\boldsymbol{C}(A)$에 속한다면, $\boldsymbol{b} + \boldsymbol{b}^*$는 $\boldsymbol{C}(A)$에 속한다. 이것은 벡터공간에 대한 한 가지 요구조건이다.

23 A가 5×5인 가역행렬이라면, 이것의 열공간은 ________이다. 왜 그런가?

24 참 또는 거짓을 말하라 (거짓이면 반례를 들어라.)

(a) 열공간 $\boldsymbol{C}(A)$에 속하지 않은 벡터들 $\boldsymbol{b}$는 부분공간을 형성한다.

(b) $\boldsymbol{C}(A)$가 오직 영벡터만 포함한다면, A는 영행렬이다.

(c) $2A$의 열공간은 A의 열공간과 같다.

(d) $A - I$의 열공간은 A의 열공간과 같다 (이것을 테스트하라.)

25 열공간이 $(1,1,0)$과 $(1,0,1)$은 포함하지만 $(1,1,1)$은 포함하지 않는 3×3 행렬을 만들어라. 열공간이 오직 하나의 직선인 3×3 행렬을 만들어라.

26 9×12 연립방정식 $A\boldsymbol{x} = \boldsymbol{b}$가 모든 $\boldsymbol{b}$에 대해 해가 존재한다면, $\boldsymbol{C}(A) =$ ______ 이다.

도전 문제

27 $\mathbf{S}$와 $\mathbf{T}$를 벡터공간 $\mathbf{V}$의 두 부분공간이라고 하자.

(a) **정의: 합** $\mathbf{S}+\mathbf{T}$는 $\mathbf{S}$에 속하는 벡터 $\boldsymbol{s}$와 $\mathbf{T}$에 속하는 $\boldsymbol{t}$의 모든 합 $\boldsymbol{s}+\boldsymbol{t}$를 포함한다. $\mathbf{S}+\mathbf{T}$가 벡터공간이 되기 위한 모든 요구 조건들을 만족함을 보여라. 덧셈과 스칼라배는 $\mathbf{S}+\mathbf{T}$ 내부에 머무른다.

(b) $\mathbf{S}$와 $\mathbf{T}$가 $\mathbf{R}^m$ 내의 직선들이면, $\mathbf{S}+\mathbf{T}$와 $\mathbf{S} \cup \mathbf{T}$의 차이점은 무엇일까? 이 합집합은 $\mathbf{S}$ 또는 $\mathbf{T}$ 또는 둘 모두로부터의 모든 벡터들을 포함한다. 다음 명제를 설명하라. **$\mathbf{S} \cup \mathbf{T}$의 생성공간은 $\mathbf{S}+\mathbf{T}$다.** (3.5절에서 이 단어 "생성공간" 으로 다시 돌아온다.)

28 $\mathbf{S}$가 A의 열공간이고 $\mathbf{T}$가 $\boldsymbol{C}(B)$이면, $\mathbf{S}+\mathbf{T}$는 어떤 행렬 M의 열공간인가? A와 B와 M의 열들은 모두 $\mathbf{R}^m$ 내에 있다. $A+B$가 언제나 올바른 M은 아닐 것 같다 생각한다. M의 열들이 $\mathbf{S}+\mathbf{T}$를 생성하기를 원한다.

29 행렬 A와 (추가 열들을 갖는) $[A \quad AB]$의 열공간은 동일함을 보여라. 그러나 $\boldsymbol{C}(A^2)$이 $\boldsymbol{C}(A)$보다 더 작은 정사각행렬 A를 구하라. 중요한 점은 $n \times n$ 행렬은 A가 정확하게 ___ 행렬일 때 $\boldsymbol{C}(A) = \mathbf{R}^n$이 된다는 것이다.

30 이차미분방정식 $\boldsymbol{d}^2\boldsymbol{y}/\boldsymbol{dx}^2 = \boldsymbol{y}$에 대한 ($y = e^x$에 이은) 또 하나의 독립인 해를 구하라. $\boldsymbol{d}^2\boldsymbol{y}/\boldsymbol{dx}^2 = -\boldsymbol{y}$에 대한 두 개의 독립인 해를 구하라. 그러면 2-차원 해공간은 모든 일차결합 $y =$ ______ 을 포함한다.

31 $\mathbf{V}$와 $\mathbf{W}$를 벡터공간 $\mathbf{R}^n$의 두 부분공간이라고 하자. 이것들의 "교집합" $\mathbf{V} \cap \mathbf{W}$은 두 부분공간 모두에 속하는 벡터들을 포함한다. (영벡터는 $\mathbf{V}$와 $\mathbf{W}$에 모두 속한다는 점에 주목한다.) 부분공간이 되기 위한 요구조건들을 테스트하여 $\mathbf{V} \cap \mathbf{W}$

이 부분공간임을 보여라. $\boldsymbol{x}$와 $\boldsymbol{y}$가 $\mathbf{V} \cap \mathbf{W}$에 속하면, 왜 $c\boldsymbol{x} + d\boldsymbol{y}$는 $\mathbf{V} \cap \mathbf{W}$에 속하는가?

3.2 $\boldsymbol{A}$의 영공간: $\boldsymbol{Ax} = \mathbf{0}$ 풀기

1. $\mathbf{R}^n$ 내의 **영공간**(nullspace) $\boldsymbol{N}(A)$는 $A\boldsymbol{x} = \mathbf{0}$의 모든 해를 포함한다. 영공간은 $\boldsymbol{x} = \mathbf{0}$을 포함한다.

2. A에서 U로 다시 R_0로 소거하더라도 영공간은 변하지 않는다. $\boldsymbol{N}(A) = \boldsymbol{N}(U) = \boldsymbol{N}(R_0)$

3. **기약행사다리꼴** $\boldsymbol{R_0} = \textbf{rref}(\boldsymbol{A})$은 r개의 열에서 $\boldsymbol{I}$이고 $n-r$개의 열에서 $\boldsymbol{F}$이다.

4. R_0의 j열이 자유롭다면 (피벗이 없다면), $x_j = 1$인 $A\boldsymbol{x} = \mathbf{0}$의 "특별해"가 존재한다.

5. $m < n$인 모든 짧고 굵은 행렬에 대해, 영공간에 속하는 $A\boldsymbol{x} = \mathbf{0}$의 $\mathbf{0}$이 아닌 해가 존재한다.

이 절은 $A\boldsymbol{x} = \mathbf{0}$의 모든 해들을 포함하는 영공간에 대한 내용이다. $m \times n$ 행렬 A는 정사각행렬이거나 직사각행렬이다. 우변은 $\boldsymbol{b} = \mathbf{0}$이다. 즉각적인 해 하나는 $\boldsymbol{x} = \mathbf{0}$이다. 가역인 정사각행렬이라면 이것이 유일한 해다. 다른 행렬인 경우는 $A\boldsymbol{x} = \mathbf{0}$에 대한 $n-r$개의 특별해들을 구한다. 각 해 $\boldsymbol{x}$는 A의 영공간에 속한다.

소거법으로 모든 해들을 구하여 이 중요한 부분공간인 영공간을 식별할 것이다.

> 영공간 $\boldsymbol{N}(A)$***는*** $A\boldsymbol{x} = \mathbf{0}$***의 모든 해로 이루어져 있다. 이 벡터들*** $\boldsymbol{x}$***는*** $\mathbf{R}^n$***에 속해 있다.***

이 벡터들이 부분공간을 형성하는 것을 확인해 보자. $\boldsymbol{x}$와 $\boldsymbol{y}$가 영공간에 속한다고 가정하자 (이것은 $A\boldsymbol{x} = \mathbf{0}$과 $A\boldsymbol{y} = \mathbf{0}$임을 의미한다). 행렬 곱셈의 규칙에 따라 $A(\boldsymbol{x}+\boldsymbol{y}) = \mathbf{0}+\mathbf{0}$이다. 이 규칙에 따라 또한 $A(c\boldsymbol{x}) = c\mathbf{0}$이다. 우변은 여전히 0이다. 따라서 $\boldsymbol{x}+\boldsymbol{y}$와 $c\boldsymbol{x}$ 또한 영공간 $\boldsymbol{N}(A)$에 속해 있고, 부분공간 테스트를 통과한다.

반복하자면, 해벡터 $\boldsymbol{x}$는 n개의 성분을 갖는다. 이것들은 $\mathbf{R}^n$에 있는 벡터들이므로, 영공간은 $\mathbf{R}^n$의 부분공간이다. 열공간 $\boldsymbol{C}(A)$은 $\mathbf{R}^m$의 부분공간이다.

예제 1 $A = \begin{bmatrix} 1 & 2 \\ 3 & 6 \end{bmatrix}$의 영공간을 묘사하라. 이 행렬은 특이행렬이다!

풀이 소거법을 적용하여 선형연립일차방정식 $A\boldsymbol{x} = \mathbf{0}$을 $R_0\boldsymbol{x} = \mathbf{0}$으로 바꾼다.

$$\begin{aligned} x_1 + 2x_2 &= 0 \\ 3x_1 + 6x_2 &= 0 \end{aligned} \quad \rightarrow \quad \begin{aligned} x_1 + 2x_2 &= 0 \\ \mathbf{0} &= \mathbf{0} \end{aligned} \qquad \begin{bmatrix} 1 & 2 \\ 3 & 6 \end{bmatrix} \rightarrow R_0 = \begin{bmatrix} 1 & 2 \\ 0 & 0 \end{bmatrix} = \begin{bmatrix} I & F \\ 0 & 0 \end{bmatrix}$$

실제로는 오직 방정식 한 개만 존재한다. 두 번째 방정식은 첫 번째 방정식을 3배 한 것이다. 행 그림에서, 직선 $x_1 + 2x_2 = 0$는 직선 $3x_1 + 6x_2 = 0$과 동일하다. 이 직선이 영공간 $\boldsymbol{N}(A)$다. 이 공간은 모든 해 $(x_1, x_2) = (-2c, c) = \boldsymbol{c}(-2, 1)$를 포함한다.

$A\boldsymbol{x} = \mathbf{0}$의 해를 묘사하기 위한 효율적인 방법은 다음과 같다. 하나의 "***특별해***"를 선택하라. 그러면 모든 해는 이 해의 상수배다. 이 예에서는 두 번째 성분 $x_2 = 1$을 선택한다 (특별한 선택). 그러면 방정식 $x_1 + 2x_2 = 0$으로부터 첫 번째 성분은 $x_1 = -2$여야 한다. **특별해는** $\boldsymbol{s} = (-2, 1)$ **이다.**

특별해 $A\boldsymbol{s} = \mathbf{0}$ $\quad A = \begin{bmatrix} 1 & 2 \\ 3 & 6 \end{bmatrix}$의 영공간은 $\boldsymbol{s} = \begin{bmatrix} -2 \\ \mathbf{1} \end{bmatrix}$의 모든 상수배를 포함한다.

이것이 영공간을 묘사하는 가장 좋은 방법이다. **해 $\boldsymbol{s}$는 자유변수가 1이기 때문에 특별하다.** $\boldsymbol{R}$과 $\boldsymbol{s}$에 대한 간단한 공식이 이번 3.2절의 끝에 나온다.

> ***만일 $r < n$이면, $\boldsymbol{N}(A)$는 $A\boldsymbol{x} = \mathbf{0}$에 대한 $n - r$개의 특별해들의 모든 일차결합으로 이루어져 있다.***

예제 2 $x + 2y + 3z = 0$은 1×3 행렬 $A = [1 \quad 2 \quad 3]$으로부터 나온다. 그러면 $A\boldsymbol{x} = \mathbf{0}$은 한 평면을 만든다. 이 평면 위의 모든 벡터들은 $(1, 2, 3)$과 수직이다. 이 평면이 A의 영공간이다. 두 개의 자유변수 y와 z가 존재한다. 이 변수들을 각각 번갈아가며 0과 1로 둔다.

$$[1 \quad 2 \quad 3] \begin{bmatrix} x \\ y \\ z \end{bmatrix} = 0 \text{는 **두 개의 특별해** } \boldsymbol{s}_1 = \begin{bmatrix} -2 \\ \mathbf{1} \\ \mathbf{0} \end{bmatrix} \text{와 } \boldsymbol{s}_2 = \begin{bmatrix} -3 \\ \mathbf{0} \\ \mathbf{1} \end{bmatrix} \text{을 갖는다.}$$

벡터 $\boldsymbol{s}_1$과 $\boldsymbol{s}_2$는 평면 $x + 2y + 3z = 0$ 위에 놓여 있다. 이 평면 위의 모든 벡터들은 $\boldsymbol{s}_1$과 $\boldsymbol{s}_2$의 일차결합이다. 이 예에서 $A = R_0 = [1 \quad 2 \quad 3] = [I \quad F]$이다.

$\boldsymbol{s}_1$과 $\boldsymbol{s}_2$의 특별한 점에 주목한다. 마지막 두 개의 성분들은 "자유롭고" 이것들을 특별히 $1, 0$과 $0, 1$로 선택하였다. 그러면 다음 방정식 $x + 2y + 3z = 0$에 의해 첫 번째 성분들 -2와 -3이 정해진다.

$x + 2y + 3z = \mathbf{6}$의 해들도 한 평면 위에 놓여 있지만, 이 평면은 부분공간이 아니다. $\boldsymbol{b} = \mathbf{0}$이면 벡터 $\boldsymbol{x} = \mathbf{0}$이 유일한 해다. 3.3절에서는 $A\boldsymbol{x} = \boldsymbol{b}$의 해들이 (만일 존재한다면) 어떻게 한 개의 특수해에 의해 0으로부터 이동되는지 보여줄 것이다.

두 개의 핵심 단계들	(1) **$\boldsymbol{A}$를 행사다리꼴 $\boldsymbol{R}_0$와 $\boldsymbol{R}$로 축소하기**
이 절에서	(2) **$R\boldsymbol{x} = \mathbf{0}$에 대한 $\boldsymbol{n} - \boldsymbol{r}$개의 특별해 $\boldsymbol{s}$ 구하기**
3.3절의 마지막 단계	(3) **$A\boldsymbol{x} = \boldsymbol{b}$의 특수해 구하기**

R은 $A = CR$에 의해 A와 연결된다. 1장에서와 같이, C에는 r개의 독립인 열들이 있다. 소거법 (행연산들)으로 이제 C 없이도 A로부터 R_0로 그리고 R로 직접 가게 된다.

예제 $\quad A = \begin{bmatrix} 1 & 2 & 1 \\ 2 & 4 & 5 \\ 3 & 6 & 9 \end{bmatrix}$. 2열은 1열의 2배인 것을 알 수 있다. 그러면 1열과 3열은 독립이고 계수 $r = 2$다. 그러나 우리는 이 정보를 이용하고 싶지 않다! 우리는 임의의 행렬 A에 대해 종속적인 열들을 찾는 체계적인 방법을 원한다. 이러한 체계적인 방법은 직접적으로 R로 이끄는 A에 대한 연속적인 행연산들이다.

행연산은 A에서 U(상삼각행렬)로 이끄는 2장에서의 소거법과 비슷하다. 그러나 이제 **U에서 멈추지 않는다.** 계속하여 R_0와 R로 나아간다. C 이전에 R을 발견할 것이다. **이 행렬 $\boldsymbol{R}$이 A의 영공간을 드러낸다.**

단계 1 $\quad$ 1열의 첫 번째 피벗 아래를 정리하기 위해 1열의 상수배를 뺀다. 2열 또한 정리한다.

$$\boldsymbol{A} = \begin{bmatrix} \mathbf{1} & 2 & 1 \\ 2 & 4 & 5 \\ 3 & 6 & 9 \end{bmatrix} \rightarrow \begin{bmatrix} 1 & 2 & 1 \\ 0 & 0 & 3 \\ 3 & 6 & 9 \end{bmatrix} \rightarrow \begin{bmatrix} \mathbf{1} & 2 & 1 \\ 0 & 0 & \mathbf{3} \\ 0 & 0 & 6 \end{bmatrix}$$

단계 2 $\quad$ 2열을 3으로 나누면 두 번째 피벗 $= 1$이 된다. 이것을 이용하여 6과 1을 소거한다.

$$\boldsymbol{A} = \begin{bmatrix} 1 & 2 & 1 \\ 0 & 0 & 3 \\ 0 & 0 & 6 \end{bmatrix} \rightarrow \begin{bmatrix} \mathbf{1} & \mathbf{2} & 1 \\ 0 & 0 & \mathbf{1} \\ 0 & 0 & 6 \end{bmatrix} \rightarrow \begin{bmatrix} \mathbf{1} & \mathbf{2} & \mathbf{0} \\ 0 & 0 & \mathbf{1} \\ 0 & 0 & \mathbf{0} \end{bmatrix} = \boldsymbol{R}_0$$

이 행렬 $\boldsymbol{R}_0$은 **기약행사다리꼴**(reduced row echelon form)이다. $\boldsymbol{R}_0$의 계수는 2로써 A의 계수와 동일하다. 사다리꼴이라는 용어는 R_0에서 1들이 왼쪽에서 오른쪽으로 가면서 지속적으로 아래로 내려가는 것을 의미한다. R_0의 행공간은 A의 행공간과 동일하다 (모든 행연산들은 가역이다). R_0의 영공간은 A의 영공간과 동일하다. 방정식 $R_0\boldsymbol{x} = \mathbf{0}$은 방정식 $A\boldsymbol{x} = \mathbf{0}$의 일차결합이다.

R_0에 있는 영행에 주목한다. 행공간 또는 열공간을 바꾸지 않으면서 이 행을 제거할 수 있다. **$\boldsymbol{R}_0$는 영행이 없는 $\boldsymbol{R}$이 된다.** 이것이 1장에서 원했던 R이다.

$$\boldsymbol{R}_0 = \begin{bmatrix} 1 & 2 & 0 \\ 0 & 0 & 1 \\ \mathbf{0} & \mathbf{0} & \mathbf{0} \end{bmatrix} \quad \boldsymbol{A} = \boldsymbol{CR}\text{은} \begin{bmatrix} 1 & 2 & 1 \\ 2 & 4 & 5 \\ 3 & 6 & 9 \end{bmatrix} = \begin{bmatrix} 1 & 1 \\ 2 & 5 \\ 3 & 9 \end{bmatrix} \begin{bmatrix} \mathbf{1} & 2 & 0 \\ 0 & 0 & \mathbf{1} \end{bmatrix} \text{이다.}$$

C는 A의 첫 r개의 독립된 열들을 포함한다. (1열과 3열)

R은 1열과 3열에서 항등행렬을 가지고 2열에서 F를 갖는다. 계수 $r = 2$이다.

$R\boldsymbol{x} = \mathbf{0}$의 특별해는 자유변수 $= 1$인 $\boldsymbol{s} = (-2, 1, 0)$이다.

A와 R_0 그리고 R의 영공간은 특별해 $\boldsymbol{s}$의 모든 상수배를 포함한다.

이것은 1.4절에서 C에 있는 독립인 열들을 찾아서 만들었던 $\boldsymbol{A} = \boldsymbol{CR} = (\boldsymbol{m} \times \boldsymbol{r})(\boldsymbol{r} \times \boldsymbol{n})$와 동일하다. 이제 하나의 좋은 계산 시스템을 가지게 되었다. **소거법은 $\boldsymbol{A}$로부터 $\boldsymbol{R}_0$와 $\boldsymbol{R}$로 단계적으로 나아간** 다음, R 내부에서 $r \times r$ 항등행렬을 찾는다.

R을 만듦으로써, C 안으로 들어가는 A의 올바른 열들을 알게 된다. 이 열들은 R에서 항등행렬 I를 만든다. 그러면 $A = CR$은 임의의 행렬에 대한 소거법의 결과로서 $A = LU$를 넘어 모든 행렬 A까지 허용한다.

$\boldsymbol{R}$과 $\boldsymbol{A}$의 피벗열과 자유열

만일 $R\boldsymbol{x} = \mathbf{0}$이면 $A\boldsymbol{x} = CR\boldsymbol{x} = \mathbf{0}$이다. 피벗이 없는 A의 모든 열들에 대해 특별해 $\boldsymbol{x} = \boldsymbol{s}$가 존재한다. r개의 피벗은 I의 1들이고, R의 $n - r$개의 자유열들을 남긴다. 다음은 계수 $r = 3$이고 C의 독립인 열이 $\boldsymbol{a}_1$과 $\boldsymbol{a}_3$와 $\boldsymbol{a}_5$일 때 4×5 행렬에 대한 소거법의 결과다. 자유열인 $\boldsymbol{a}_2$와 $\boldsymbol{a}_4$는 C 안에 없다.

$$\underset{4 \times 5}{\boldsymbol{A}} = \begin{bmatrix} \boldsymbol{a}_1 & \boldsymbol{a}_2 & \boldsymbol{a}_3 & \boldsymbol{a}_4 & \boldsymbol{a}_5 \end{bmatrix} = \begin{bmatrix} \boldsymbol{a}_1 & \boldsymbol{a}_3 & \boldsymbol{a}_5 \end{bmatrix} \begin{bmatrix} \mathbf{1} & p & 0 & q & 0 \\ 0 & 0 & \mathbf{1} & r & 0 \\ 0 & 0 & 0 & 0 & \mathbf{1} \end{bmatrix} = \underset{4 \times 3}{\boldsymbol{C}} \quad \underset{3 \times 5}{\boldsymbol{R}}$$

R에서 3×3 항등행렬을 볼 수 있을 것이다. 4×5 행렬 A에 대한 소거법은 4×5 행렬 R_0으로 이끌었다. 랭크 $r = 3$이므로 R_0의 네번째 행은 모두 0이었다. R_0로부터 이

영행을 제거하여 완벽하게 $A = CR$로 분해하였다.

A에 대한 소거법은 끝났고 R에 다다랐다. 남은 단계는 $5 - 3 = 2$개의 $R\boldsymbol{x} = \mathbf{0}$에 대한 특별해를 읽어 내는 것이다.

$n - r = 5 - 3 = 2$개의 특별해 $\boldsymbol{s}_1$과 $\boldsymbol{s}_2$는 무엇일까? 이 벡터들은 $R\boldsymbol{s}_1 = \mathbf{0}$과 $R\boldsymbol{s}_2 = \mathbf{0}$의 해다. C를 곱하면 이 벡터들은 또한 $A\boldsymbol{s}_1 = \mathbf{0}$과 $A\boldsymbol{s}_2 = \mathbf{0}$의 해다. **일차결합 $c_1\boldsymbol{s}_1 + c_2\boldsymbol{s}_2$는 영공간 $\boldsymbol{N}(A)$을 채운다.**

> 특별해들을 찾기 위해, $\boldsymbol{s}_1 = (__, 1, __, \mathbf{0})$과 $\boldsymbol{s}_2 = (__, \mathbf{0}, __, 1)$로 시작한다.
>
> R에서 항등행렬을 포함하고 있는 1, 3, 5열에 해당하지 않는 $n - r = 5 - 3 = 2$개의 위치에 값 1, 0과 값 0, 1을 할당하고 있다. 방정식 $R\boldsymbol{s}_1 = \mathbf{0}$과 $R\boldsymbol{s}_2 = \mathbf{0}$은 이 특별해 $\boldsymbol{s}_1$과 $\boldsymbol{s}_2$의 나머지를 어떻게 채우는지 알려준다.
>
> **$R\boldsymbol{x} = \mathbf{0}$에 대한 특별해들** $\quad \boldsymbol{s}_1 = \begin{bmatrix} -p \\ \mathbf{1} \\ 0 \\ \mathbf{0} \\ 0 \end{bmatrix}$ 그리고 $\boldsymbol{s}_2 = \begin{bmatrix} -q \\ \mathbf{0} \\ -r \\ \mathbf{1} \\ 0 \end{bmatrix}$ **영공간 $\boldsymbol{N}(A) = \boldsymbol{N}(R)$은 모든 $\boldsymbol{x} = c_1\boldsymbol{s}_1 + c_2\boldsymbol{s}_2$을 포함한다.**

이 세 개의 수 $-p$와 $-q$와 $-r$은 단지 R에 있는 세 수들의 반대 부호일 뿐이다. 소거법에 의해 R의 영공간에 있는 $n - r = 2$개의 독립인 벡터들을 체계적으로 구했다. 그것은 바로 $R\boldsymbol{x} = \mathbf{0}$과 $A\boldsymbol{x} = \mathbf{0}$의 두 개의 특별해 $\boldsymbol{s}_1$과 $\boldsymbol{s}_2$다.

자유 성분들은 피벗이 없는 열들에 대응한다. (0 또는 1의) 특별한 선택은 이 특별해에서 오직 자유변수들을 위한 것이다.

예제 3 $\quad A, B, M$의 영공간을 구하고 $M\boldsymbol{x} = \mathbf{0}$의 특별해 두 개를 구하라.

$$\boldsymbol{A} = \begin{bmatrix} 1 & 2 \\ 3 & 8 \end{bmatrix} \quad \boldsymbol{B} = \begin{bmatrix} A \\ 2A \end{bmatrix} = \begin{bmatrix} 1 & 2 \\ 3 & 8 \\ 2 & 4 \\ 6 & 16 \end{bmatrix} \quad \boldsymbol{M} = [A \quad 2A] = \begin{bmatrix} 1 & 2 & 2 & 4 \\ 3 & 8 & 6 & 16 \end{bmatrix}$$

풀이 $\quad$ 방정식 $A\boldsymbol{x} = \mathbf{0}$의 해는 오직 $\boldsymbol{x} = \mathbf{0}$뿐이다. 영공간은 $\mathbf{Z}$이다. 이 공간은 오직 $\mathbf{R}^2$

내의 점 하나 $\boldsymbol{x}=\mathbf{0}$만을 포함하고 있다. 이러한 사실은 다음 소거법으로부터 나온다.

$$\boldsymbol{Ax}=\begin{bmatrix}1&2\\3&8\end{bmatrix}\to\begin{bmatrix}1&2\\0&2\end{bmatrix}\to\begin{bmatrix}1&0\\0&1\end{bmatrix}=R=I \quad \textbf{자유변수 없음}$$

A는 가역이다. $A\boldsymbol{x}=\mathbf{0}$의 특별해는 없다. 이 행렬의 두 열에는 모두 피벗이 있다.

사각행렬 B의 영공간은 동일하게 $\mathbf{Z}$이다. $B\boldsymbol{x}=\mathbf{0}$에서의 첫 두 개의 방정식은 다시 한 번 $\boldsymbol{x}=\mathbf{0}$을 요구한다. 마지막 두 개의 방정식도 또한 $\boldsymbol{x}=\mathbf{0}$이 되게끔 한다. 추가적으로 방정식을 늘리더라도 (행이 추가되더라도), 영공간은 확실히 더 커지지 않는다. 추가된 행들은 영공간 내의 벡터 $\boldsymbol{x}$에 더 많은 제한 조건을 부과한다.

사각행렬 M은 다르다. M은 행 대신 열이 추가되었다. 해벡터 $\boldsymbol{x}$의 성분은 네 개다. 소거법으로 M의 두 열에서 피벗이 만들어진다. **$\boldsymbol{M}$의 마지막 두 열은 "자유" 열이고 피벗이 없다.**

$$\boldsymbol{M}=\begin{bmatrix}1&2&2&4\\3&8&6&16\end{bmatrix}\quad \boldsymbol{U}=\begin{bmatrix}\mathbf{1}&2&2&4\\0&\mathbf{2}&0&4\end{bmatrix}\quad \boldsymbol{R}=\begin{bmatrix}\mathbf{1}&\mathbf{0}&2&0\\\mathbf{0}&\mathbf{1}&0&2\end{bmatrix}=[\boldsymbol{I}\quad \boldsymbol{F}]$$

↑ ↑ ↑ ↑
피벗열 자유열

자유변수 x_3와 x_4에 대해, 1과 0이라는 특별한 선택을 한다. 먼저 $x_3=1, x_4=0$을 선택하고 다음으로 $x_3=0, x_4=1$을 선택한다. 피벗변수 x_1과 x_2는 방정식 $U\boldsymbol{x}=\mathbf{0}$ (또는 $R\boldsymbol{x}=\mathbf{0}$)에 의해 결정된다. 그러면 M의 영공간에 속하는 특별해 두 개를 얻게 된다. 소거법이 해를 바꾸지 않기 때문에 M의 영공간은 또한 U와 R의 영공간이다.

특별해			
$\boldsymbol{R}=\begin{bmatrix}1&0&2&0\\0&1&0&2\end{bmatrix}$	$\boldsymbol{s}_1=\begin{bmatrix}-2\\0\\1\\0\end{bmatrix}$ 그리고	$\boldsymbol{s}_2=\begin{bmatrix}0\\-2\\0\\1\end{bmatrix}$	← **두 개의** ← **피벗변수들** ← **두 개의** ← **자유변수들**
$R\boldsymbol{s}_1=\mathbf{0}\quad R\boldsymbol{s}_2=\mathbf{0}$			

기약행사다리꼴 $\boldsymbol{R}$

요약 소거법은 상삼각행렬 U에서 멈추지 않을 것이다. R_0와 R로 계속 나아간다.

1. ***피벗 위를* 0 *으로 만든다.***	**피벗행을 사용하여 위쪽으로 소거한다.**
2. ***피벗을* 1 *로 만든다.***	**피벗행 전체를 피벗으로 나눈다.**

이 단계들이 방정식 우변에 있는 영벡터를 바꾸지 않으므로 영공간은 그대로 유지된다. 즉 $\boldsymbol{N}(A) = \boldsymbol{N}(U) = \boldsymbol{N}(R)$이다. 이 영공간은 ***기약행사다리꼴***에 도달하면 가장 잘 보인다. ***R의 열들이 I를 포함한다.***

$$\textbf{기약행사다리꼴 } \boldsymbol{R} \qquad U = \begin{bmatrix} 1 & 2 & 2 & 4 \\ 0 & 2 & 0 & 4 \end{bmatrix} \text{가 } R = \begin{bmatrix} \mathbf{1} & \mathbf{0} & 2 & 0 \\ \mathbf{0} & \mathbf{1} & 0 & 2 \end{bmatrix} \text{이 된다.}$$

U의 2행을 1행에서 뺐다. 그런 다음 2행에 $\frac{1}{2}$를 곱해 피벗 = 1을 얻었다.

이제 **(자유 3열)** = 2**(피벗 1열)**이므로, -2가 $\boldsymbol{s}_1 = (-\mathbf{2}, 0, 1, 0)$에 나타난다. 이 특별해는 축소시스템 $R\boldsymbol{x} = \mathbf{0}$으로부터 구하기가 훨씬 더 쉽다. R의 각 자유열에서, 모든 부호를 바꿔 $\boldsymbol{s}$를 구한다. 두 번째 특별해는 $\boldsymbol{s}_2 = (0, -\mathbf{2}, 0, 1)$이다.

$m \times n$ 행렬 A와 이 행렬의 영공간 $\boldsymbol{N}(A)$ 및 특별해로 나아가기 전에, 한 가지만 반복해서 지적하고자 한다. 많은 행렬들에 대해, $A\boldsymbol{x} = \mathbf{0}$의 유일해는 $\boldsymbol{x} = \mathbf{0}$이다. 이 행렬의 영공간 $\boldsymbol{N}(A) = \mathbf{Z}$는 오직 영벡터 하나만 포함한다. 특별해는 없다. 그러면 $\boldsymbol{b} = \mathbf{0}$을 만들어내는 A 열들의 유일한 일차결합은 "영 일차결합" 뿐이다.

이 영차 영공간 $\mathbf{Z}$의 경우가 가장 중요하다. 이것은 A의 열들이 **독립**임을 말해준다. ($\boldsymbol{x} = \mathbf{0}$을 제외하고) 열들의 어떠한 다른 일차결합도 영벡터가 되지 않는다. 그러나 이러한 일은 $n > m$이면 발생하지 않는다. $\mathbf{R}^m$에서 n개의 열들이 독립일 수 없다.

중요 ***A가 행보다 열이 더 많다고 가정하자. $n > m$이면 최소한 하나의 자유변수가 존재한다. 연립방정식 $Ax = 0$의 영이 아닌 해가 최소한 한 개는 존재한다.***

> **$A\boldsymbol{x} = \mathbf{0}$이 방정식의 개수보다 미지수의 개수가 더 많다고 하자 ($\boldsymbol{n} > \boldsymbol{m}$). 반드시 최소한 $\boldsymbol{n} - \boldsymbol{m}$개의 자유열들이 존재한다. $A\boldsymbol{x} = \mathbf{0}$은 $\boldsymbol{N}(A)$내에 영이 아닌 해가 존재한다.**

영공간은 부분공간이다. 영공간의 "차원" 은 자유변수들의 개수다. ***부분공간의 차원***에 대한 이러한 핵심 아이디어는 이번 장의 3.5절에서 설명한다.

사다리꼴행렬 R에서 피벗변수와 자유변수

$$\boldsymbol{A} = \begin{bmatrix} p & p & f & p & f \\ | & | & | & | & | \\ | & | & | & | & | \\ | & | & | & | & | \end{bmatrix} \quad \boldsymbol{R} = \begin{bmatrix} \mathbf{1} & 0 & a & 0 & c \\ 0 & \mathbf{1} & b & 0 & d \\ 0 & 0 & 0 & \mathbf{1} & e \\ 0 & 0 & 0 & 0 & 0 \end{bmatrix} \quad \boldsymbol{s}_1 = \begin{bmatrix} -a \\ -b \\ \mathbf{1} \\ 0 \\ \mathbf{0} \end{bmatrix} \quad \boldsymbol{s}_2 = \begin{bmatrix} -c \\ -d \\ \mathbf{0} \\ -e \\ \mathbf{1} \end{bmatrix}$$

R이 드러낼	피벗열에 있는 I	특별해 $R\boldsymbol{s}_1 = \mathbf{0}$와 $R\boldsymbol{s}_2 = \mathbf{0}$
세 개의 피벗열 p	피벗열에 있는 F	$-a$부터 $-e$는 R로부터 나옴
두 개의 자유열 f	세 개의 피벗: 계수 $r = 3$	$R\boldsymbol{s} = \mathbf{0}$은 $A\boldsymbol{s} = \mathbf{0}$을 의미

R은 명확하게 3열 = $\boldsymbol{a}$(1열) + $\boldsymbol{b}$(2열)을 보여준다. A에서도 똑같이 성립해야 한다. 특별해 $\boldsymbol{s}_1$은 그러한 일차결합을 반복하므로 $(-\boldsymbol{a}, -\boldsymbol{b}, 1, 0, 0)$은 $R\boldsymbol{s}_1 = \mathbf{0}$을 만족한다.

A의 영공간 = R의 영공간 = $\boldsymbol{s}_1$과 $\boldsymbol{s}_2$의 모든 일차결합

다음 페이지에서 사다리꼴행렬 $\boldsymbol{R}$에 대한 간단한 공식과 $\boldsymbol{Ax} = 0$과 $\boldsymbol{Rx} = 0$에 대한 $n - r$개의 특별해 s를 보게 될 것이다.

예 다음 4×7 기약행사다리꼴행렬 $\boldsymbol{R}_0$은 피벗이 세 개다. 4행을 제거하면 R을 얻는다.

$$\boldsymbol{R}_0 = \begin{bmatrix} \mathbf{1} & \mathbf{0} & x & x & x & \mathbf{0} & x \\ \mathbf{0} & \mathbf{1} & x & x & x & \mathbf{0} & x \\ \mathbf{0} & \mathbf{0} & 0 & 0 & 0 & \mathbf{1} & x \\ 0 & 0 & 0 & 0 & 0 & 0 & 0 \end{bmatrix}$$

세 개의 피벗변수 x_1, x_2, x_6
네 개의 자유변수 x_3, x_4, x_5, x_7
$\boldsymbol{N}(R_0) = \boldsymbol{N}(R)$에 있는 네 개의 특별해 s
피벗행과 피벗열은 $\boldsymbol{I}$를 포함한다

$\boldsymbol{R} = [\boldsymbol{I} \quad \boldsymbol{F}]\boldsymbol{P}$는 4행을 제거한다. 치환행렬 P는 I의 3열을 6열에 넣는다.

질문 이 행렬 $\boldsymbol{R}$의 열공간과 영공간은 무엇인가?

답 R_0의 열들은 성분이 네 개이므로 $\mathbf{R}^4$ 내에 있다. ($\mathbf{R}^3$이 아니다!) 각 열의 네 번째 성분은 0이다. R_0의 열공간은 $(b_1, b_2, b_3, 0)$ 형태의 모든 벡터들로 이루어져 있다. 영공간 $\boldsymbol{N}(R) = \boldsymbol{N}(R_0)$은 $\mathbf{R}^7$의 부분공간이다. $R_0\boldsymbol{x} = \mathbf{0}$의 해는 (자유변수 하나에 한 개씩)인 이 네 특별해들의 일차결합이다.

1. 3, 4, 5, 7열은 피벗이 없다. 그러므로 네 개의 자유변수는 x_3, x_4, x_5, x_7이다.

2. 하나의 자유변수를 1로 두고 나머지 세 개의 자유변수를 0으로 둔다.

3. 모든 $\boldsymbol{s}$를 구하기 위해 x_1, x_2, x_6에 대해 $R\boldsymbol{s} = \boldsymbol{0}$을 푼다. 그러면 네 개의 특별해를 얻는다.

반복하면, 짧고 굵은 행렬 $(n > m)$의 영공간에는 언제나 영벡터가 아닌 벡터가 존재한다. 피벗의 개수는 m을 넘을 수 없으므로 최소한 $n - m$개의 자유변수가 존재해야 한다.

행렬로 본 사다리꼴과 특별해

예를 통해 R_0과 R까지의 단계들을 보았다. 2장에서는 U에서 피벗 아래를 0으로 만들었다. 3장에서는 또한 R_0에서 피벗 위도 0으로 만들었다. 이제 A에서 독립인 열들을 식별하고 $A = CR$에 이르는 체계적인 방법을 알게 됐다.

이 행사다리꼴은 유명하긴 하지만 간단한 행렬 공식은 거의 없다. 이 페이지에서는 $A\boldsymbol{s} = \boldsymbol{0}$의 특별해와 더불어 R_0와 R에 대한 공식을 소개한다. 이 $n - r$개의 특별해들을 일차결합하면 $A\boldsymbol{x} = \boldsymbol{0}$의 모든 해집합인 영공간이 된다. R_0은 A에 적용한 (위아래로의) 소거법으로부터 나온다. 다음은 기본적인 공식이다.

$$\boldsymbol{R}_0 = \begin{bmatrix} \boldsymbol{I} & \boldsymbol{F} \\ \boldsymbol{0} & \boldsymbol{0} \end{bmatrix} \boldsymbol{P} \qquad \boldsymbol{R} = [\boldsymbol{I} \quad \boldsymbol{F}]\boldsymbol{P} \qquad \boldsymbol{A} = \boldsymbol{CR} = [\boldsymbol{C} \quad \boldsymbol{CF}]\boldsymbol{P} \tag{1}$$

이 열 치환행렬 P는 I와 F의 열들을 R의 정확한 자리에 집어 넣는다.

$\boldsymbol{F}$는 $\boldsymbol{A}$ 내의 독립인 열들이 어떻게 일차결합하여 종속인 열들이 되는지 알려준다

$\boldsymbol{Ax} = 0$의 특별해 A의 계수가 r이기 때문에, $n - r$개의 독립인 해를 기대할 수 있다.

$$\boldsymbol{Ax} = \boldsymbol{0}\text{은 } \boldsymbol{Rx} = [\boldsymbol{I} \quad \boldsymbol{F}]\boldsymbol{Px} = 0 \text{ 이 된다}$$

여기서 I는 $r \times r$이고 F는 $r \times (n - r)$이다. I의 단순함 덕분에 그리고 $PP^T = I$라는 사실 덕분에 특별해들의 행렬 $\boldsymbol{S}$인 $[\boldsymbol{s}_1 \quad \ldots \quad \boldsymbol{s}_{n-r}]$를 즉시 알 수 있다.

$$\boldsymbol{S} = \boldsymbol{P}^T \begin{bmatrix} -\boldsymbol{F} \\ \boldsymbol{I} \end{bmatrix} \quad \text{그리고} \quad \boldsymbol{RS} = [\boldsymbol{I} \quad \boldsymbol{F}]\,\boldsymbol{PS} = [\boldsymbol{I} \quad \boldsymbol{F}]\,\boldsymbol{PP}^T \begin{bmatrix} -\boldsymbol{F} \\ \boldsymbol{I} \end{bmatrix} = \boldsymbol{0}$$

S에는 n개의 행과 (특별해들인) $n - r$개의 열이 있다. S에서 항등행렬의 크기는 $n - r$이다. 특별해가 언제나 그렇듯이 각 열에는 1이 한 개만 있다. 그 열에서 0이 아닌 다른

성분들은 F로부터 바로 나오고 부호만 거꾸로 하여 $-F$가 된다. P^T의 역할은 이러한 특별해 내에서 1들을 올바른 위치(자유 위치)로 옮기는 것이다. 만일 A의 r개의 독립인 열들이 먼저 나온다면, P는 항등행렬이고 S는 정말로 간단하다. 즉 $RS = -F + F = 0$이다.

다음은 A의 행과 열을 동일한 방식으로 다루는 신기한 분해다. C는 언제나 그렇듯이 A의 첫 r개의 독립인 열들을 포함한다. **$\boldsymbol{R}^*$가 $\boldsymbol{A}$의 첫 r개의 독립인 행들을 포함한다고 하자.** (행계수 = 열계수임을 알고 있다). R^*의 행들은 $r \times r$ 행렬 W에서 C의 열들과 만날 것이다. 그러면 $\boldsymbol{A}$는 $\boldsymbol{CW}^{-1}\boldsymbol{R}^*$로 분해된다.

$$\begin{bmatrix}1&4&7\\2&5&8\\3&6&9\end{bmatrix} = \begin{bmatrix}1&4\\2&5\\3&6\end{bmatrix}\begin{bmatrix}\mathbf{1}&\mathbf{4}\\\mathbf{2}&\mathbf{5}\end{bmatrix}^{-1}\begin{bmatrix}1&4&7\\2&5&8\end{bmatrix} \text{ 에서와 같이 } \boldsymbol{A} = \begin{bmatrix}\\ \boldsymbol{C}\\ \\ \end{bmatrix}[\boldsymbol{W}^{-1}][\quad \mathbf{R}^* \quad]$$

$W^{-1}R^*$의 첫 번째 열은 $W^{-1}W = I$가 될 것이다. 마지막 열은 자유 부분 F가 될 것이다. 치환행렬은 독립인 행들과 열들이 A에서 먼저 나오기 때문에 단지 $P = I$다.

$$\boldsymbol{W}^{-1}\boldsymbol{R}^* \text{는 } \boldsymbol{R} = [\boldsymbol{I} \quad \boldsymbol{F}] \text{와 동일한 행렬이다. 자유 부분 } \boldsymbol{F} = \begin{bmatrix}\mathbf{1}&\mathbf{4}\\\mathbf{2}&\mathbf{5}\end{bmatrix}^{-1}\begin{bmatrix}\mathbf{7}\\\mathbf{8}\end{bmatrix} \text{이다.}$$

세 개의 동일한 분해 $\boldsymbol{A} = \boldsymbol{CR} = \boldsymbol{C}[\boldsymbol{I} \quad \boldsymbol{F}]\boldsymbol{P} = \boldsymbol{CW}^{-1}\boldsymbol{R}^*$

선택사항인 이 페이지는 $A = CR$ 분해에 대한 설명을 완성한다. C는 A의 첫 r개의 독립인 열들을 포함하고 R^*는 A의 첫 r개의 독립인 행들을 포함한다. C와 R^*는 $r \times r$ 행렬 W에서 만난다. 그러면 $W^{-1} = M$은 혼합행렬이고 42 페이지에서의 작은 예는 "마법 분해" $\boldsymbol{A} = \boldsymbol{CW}^{-1}\boldsymbol{R}^*$로 자라난다.

$$A = \left[\begin{array}{cc|c}\mathbf{1}&\mathbf{4}&7\\\mathbf{2}&\mathbf{5}&8\\\hline 3&6&9\end{array}\right] \qquad R = W^{-1}R^* = \frac{1}{3}\begin{bmatrix}-5&4\\2&-1\end{bmatrix}\begin{bmatrix}1&4&7\\2&5&8\end{bmatrix} = \begin{bmatrix}\mathbf{1}&\mathbf{0}&\mathbf{-1}\\\mathbf{0}&\mathbf{1}&\mathbf{2}\end{bmatrix} = [I \quad F]$$

$\boldsymbol{A}$	= 계수 r인 임의의 행렬	$m \times n$
$\boldsymbol{C}$	= A의 첫 r개의 독립 열들	$m \times r$
$\boldsymbol{R}^*$	= A의 첫 r개의 독립 행들	$r \times n$
$\boldsymbol{W}$	= C와 R의 교차	$r \times r$

$$\boldsymbol{A} = \underset{\quad r \quad\; n-r}{\begin{bmatrix} \boldsymbol{W} & \boldsymbol{H} \\ \boldsymbol{J} & \boldsymbol{K} \end{bmatrix}} \begin{matrix} r \\ m-r \end{matrix}$$

$$\boldsymbol{C} = \begin{bmatrix} \boldsymbol{W} \\ \boldsymbol{J} \end{bmatrix} \qquad \boldsymbol{R}^* = [\boldsymbol{W} \quad \boldsymbol{H}]$$

정리 $\quad$ **$\boldsymbol{r} \times \boldsymbol{r}$ 행렬 $\boldsymbol{W}$의 계수도 또한 $\boldsymbol{r}$이고 $\boldsymbol{A} = \boldsymbol{C}\boldsymbol{W}^{-1}\boldsymbol{R}^*$이다.**

1. R^*의 일차결합들 V는 $[\boldsymbol{J} \quad \boldsymbol{K}]$에 있는 종속인 행들을 만들어내야만 한다. 그러면 어떤 행렬 $\boldsymbol{V}$와 $\boldsymbol{C} = \begin{bmatrix} \boldsymbol{I} \\ \boldsymbol{V} \end{bmatrix} \boldsymbol{W}$에 대해 $[\boldsymbol{J} \quad \boldsymbol{K}] = \boldsymbol{V}\boldsymbol{R}^* = [\boldsymbol{VW} \quad \boldsymbol{VH}]$이다.

2. C의 열들의 일차결합들 T는 $\begin{bmatrix} \boldsymbol{H} \\ \boldsymbol{K} \end{bmatrix}$에 있는 종속인 열들을 만들어내야만 한다. 그러면 어떤 행렬 $\boldsymbol{T}$와 $\boldsymbol{R}^* = \boldsymbol{W}[\boldsymbol{I} \quad \boldsymbol{T}]$에 대해 $\begin{bmatrix} \boldsymbol{H} \\ \boldsymbol{K} \end{bmatrix} = \boldsymbol{CT} = [\boldsymbol{WT} \quad \boldsymbol{JT}]$이다.

3. $\boldsymbol{A} = \begin{bmatrix} W & H \\ VW & VH \end{bmatrix} = \begin{bmatrix} W & WT \\ VW & VWT \end{bmatrix} = \begin{bmatrix} \boldsymbol{I} \\ \boldsymbol{V} \end{bmatrix} [\boldsymbol{W}][\boldsymbol{I} \quad \boldsymbol{T}] = \boldsymbol{C}\boldsymbol{W}^{-1}\boldsymbol{R}^*$

A의 계수가 r이기 때문에, 이 행렬의 각 분해 행렬들의 계수는 r 이상이어야 한다. 이들 형태로부터 이것은 계수 r을 의미한다. 만일 C와 R^*가 A의 첫 r개의 열과 행에 없었다면, 행의 치환행렬 P_R과 열의 치환행렬 P_C로부터 $P_RAP_C = \begin{bmatrix} W & H \\ J & K \end{bmatrix}$가 될 것이고 증명이 성공한다.

I. 위 A의 전치행렬에 대해 C, R^*, W, W^{-1}, 그리고 $R = W^{-1}R^*$를 구하라.

II. 덧붙인 행렬 $[A \quad \boldsymbol{b}]$와 $[C \quad D]$의 계수에 대한 다음 명제를 설명하여라.

A의 계수가 $[\boldsymbol{A} \quad \boldsymbol{b}]$의 계수와 같다는 것은 $\boldsymbol{Ax} = \boldsymbol{b}$를 풀 수 있다는 것과 동치다.
C의 계수가 $[\boldsymbol{C} \quad \boldsymbol{D}]$의 계수와 같다는 것은 $\boldsymbol{CT} = \boldsymbol{D}$를 풀 수 있다는 것과 동치다.

III. 만일 $A = CMR^*$의 크기가 $(m \times r)(r \times r)(r \times n)$이고 rank $A = r$이면, rank $M = r$임을 보여라.

연습 문제

1 왜 A와 $R = EA$의 영공간이 동일한가? E는 가역임을 알고 있다.

2 행사다리꼴 R과 A와 B의 계수 r을 구하여라 (이들 모두 c에 따라 달라진다). 어떤 것이 피벗열인가? $A\boldsymbol{x} = \mathbf{0}$과 $B\boldsymbol{x} = \mathbf{0}$의 특별해를 구하라.

$$\textbf{특별해를 구하라} \qquad A = \begin{bmatrix} 1 & 2 & 1 \\ 3 & 6 & 3 \\ 4 & 8 & c \end{bmatrix} \qquad \text{그리고} \qquad B = \begin{bmatrix} c & c \\ c & c \end{bmatrix}$$

3 $R\boldsymbol{x} = \mathbf{0}$에 대한 특별해가 $\boldsymbol{s}_1$과 $\boldsymbol{s}_2$인 2×4 행렬 R을 만들어라.

$$\boldsymbol{s}_1 = \begin{bmatrix} -3 \\ \mathbf{1} \\ 0 \\ \mathbf{0} \end{bmatrix} \quad \text{그리고} \quad \boldsymbol{s}_2 = \begin{bmatrix} -2 \\ \mathbf{0} \\ -6 \\ \mathbf{1} \end{bmatrix}$$

1열과 3열은 피벗열
자유변수는 x_2와 x_4
x_2와 x_4는 $1, 0$과 $0, 1$

4 A와 B를 행사다리꼴 R로 축소시켜라. 어떤 변수가 자유변수인가?

(a) $A = \begin{bmatrix} 1 & 2 & 2 & 4 & 6 \\ 1 & 2 & 3 & 6 & 9 \\ 0 & 0 & 1 & 2 & 3 \end{bmatrix}$ (b) $B = \begin{bmatrix} 2 & 4 & 2 \\ 0 & 4 & 4 \\ 0 & 8 & 8 \end{bmatrix}$

5 4번 문제에서 행렬 A에 대해, 각각의 자유변수에 대한 $R\boldsymbol{x} = \mathbf{0}$의 특별해를 구하라. 한 자유변수를 1로 두고 다른 자유변수들은 0으로 두어 $R\boldsymbol{x} = \mathbf{0}$의 해를 구하라.

6 참 또는 거짓을 말하라 (참이면 근거를 들고 거짓이면 반례를 들어라)

(a) 정사각행렬은 자유변수가 없다.

(b) 가역행렬은 자유변수가 없다.

(c) $m \times n$ 행렬의 피벗변수는 기껏해야 n개다.

(d) $m \times n$ 행렬의 피벗변수는 기껏해야 m개다.

7 피벗열들이 다음과 같은 4×7 행사다리꼴 행렬 U에 가급적 많은 1을 집어 넣어라.

(a) $2, 4, 5$ (b) $1, 3, 6, 7$ (c) 4와 6

8 자유변수 열이 (a) $2, 4, 5, 6$ 또는 (b) $1, 3, 6, 7, 8$이 되도록 축약행사다리꼴 행렬 R에 가급적 많은 1을 집어 넣어라.

9 3×5 행렬의 4열이 모두 0이라고 가정하자. 그러면 x_4는 반드시 ___ 변수이다. 이 변수에 대한 특별해는 벡터 $\boldsymbol{x} =$ _______ 이다.

10 3×5 행렬의 첫 번째 열과 맨 마지막 열이 (0은 아니면서) 동일하다고 가정하자. 그러면 ___은 자유변수다. 이 자유변수에 대한 특별해를 구하라.

11 5×5 행렬의 영공간은 이 행렬이 ___개의 피벗을 가질 때 유일하게 $\boldsymbol{x} = \mathbf{0}$만을 포함한다. 이 경우에 열공간은 $\mathbf{R}^5$이다. 왜 그런지 설명하라.

12 $m \times n$ 행렬이 r개의 피벗을 가진다고 가정하자. 특별해의 수는 집계 정리(Counting theorem)에 의해 ___개다. 영공간은 $r =$ ___ 일 때, 오직 $\boldsymbol{x} = \mathbf{0}$만을 포함한다. 열공간은 계수가 $r =$ ___ 일 때, $\mathbf{R}^m$ 전체다.

13 (추천) 평면 $x - 3y - z = 12$는 $x - 3y - z = 0$과 평행하다. 이 평면 위의 한 점은 $(12, 0, 0)$이다. 이 평면 위의 모든 점들은 다음 형태를 갖는다.

$$\begin{bmatrix} x \\ y \\ z \end{bmatrix} = \begin{bmatrix} \\ 0 \\ 0 \end{bmatrix} + y \begin{bmatrix} \\ 1 \\ 0 \end{bmatrix} + z \begin{bmatrix} \\ 0 \\ 1 \end{bmatrix}$$

14 피벗이 네 개인 4×5 행렬에서 1열 $+ 3$열 $+ 5$열 $= \mathbf{0}$이라고 하자. 어떤 열이 피벗이 없는가? 특별해는 무엇인가? $\boldsymbol{N}(A)$에 대해 묘사하라.

15–20번 문제는 특별한 성질을 가진 행렬들에 대해 묻는다.

15 $\boldsymbol{N} = (2, 2, 1, 0)$과 $(3, 1, 0, 1)$의 모든 일차결합인 행렬을 만들어라.

16 $\boldsymbol{N} = (4, 3, 2, 1)$의 모든 상수배인 행렬 A를 구축하라. 이 행렬의 계수는 ___이다.

17 열공간이 $(1, 1, 5)$와 $(0, 3, 1)$을 포함하고 영공간이 $(1, 1, 2)$를 포함하는 행렬을 만들어라.

18 열공간이 $(1, 1, 0)$과 $(0, 1, 1)$을 포함하고 영공간이 $(1, 0, 1)$을 포함하는 행렬을 만들어라.

19 영공간이 열공간과 같은 2×2 행렬을 구축하라. 이것은 가능한 일이다.

20 왜 3×3 행렬의 영공간은 이 행렬의 열공간과 같지 않은가?

21 $AB = 0$이면 B의 열공간은 A의 ___에 포함된다. 왜 그런가?

22 무작위로 선택된 성분으로 이루어진 3×3 행렬의 축약형 R은 거의 틀림없이 ____ 이다. 무작위 행렬 A가 4×3이면 어떤 R이 거의 확실한가?

23 $\boldsymbol{N}(A) = \boldsymbol{x} = (2, 1, 0, 1)$의 모든 상수배이면, R은 무엇이고 계수는 얼마인가?

24 $R\boldsymbol{x} = \mathbf{0}$의 특별해가 다음 영공간 행렬들 N의 열에 있을 때, 단계를 거슬러 축약행렬 R의 영이 아닌 행들을 각각 구하라.

$$N = \begin{bmatrix} 2 & 3 \\ 1 & 0 \\ 0 & 1 \end{bmatrix} \quad \text{그리고} \quad N = \begin{bmatrix} 0 \\ 0 \\ 1 \end{bmatrix} \quad \text{그리고} \quad N = \begin{bmatrix} \ \\ \ \\ \ \end{bmatrix} \ (\text{빈 } 3 \times 1)$$

25 (a) 성분이 모두 0과 1인 다섯 개의 2×2 축약행렬 R은 무엇인가?

(b) 성분이 모두 0과 1인 여덟 개의 1×3 행렬은 무엇인가? 이들 여덟 개는 모두 축약행사다리꼴 행렬 R인가?

26 A가 4×4이고 가역일 때, 4×8 행렬 $B = [A \quad A]$의 영공간에 대해 묘사하라. 왜 A와 $-A$의 축약행사다리꼴 R은 언제나 동일한지 설명하라.

27 $C = \begin{bmatrix} A \\ B \end{bmatrix}$이면 영공간 $\boldsymbol{N}(C)$가 공간 $\boldsymbol{N}(A)$ 및 $\boldsymbol{N}(B)$와 어떻게 연관되는가?

28 다음 행렬들 각각에 대한 축약형 R_0와 R을 구하라.

$$A = \begin{bmatrix} 0 & 0 & 0 \\ 2 & 4 & 6 \end{bmatrix} \qquad B = \begin{bmatrix} A & A \\ 0 & A \end{bmatrix} \qquad C = \begin{bmatrix} A & A \\ A & 0 \end{bmatrix}$$

29 두 개의 피벗변수가 처음이 아니라 마지막에 나온다고 가정하자. (열이 세 개인) 축약행사다리꼴 행렬 R과 특별해를 포함하는 영공간 행렬 N에 대해 묘사하라.

30 A의 피벗열이 r개면, A^T의 피벗열도 r개인 것을 어떻게 아는가? A와 A^T가 서로 다른 개수의 피벗열을 가진 3×3 예를 들어라.

31 다음 행렬들의 계수가 1이 되도록 빈 성분들을 채워라.

$$A = \begin{bmatrix} a & b & c \\ d & & \\ g & & \end{bmatrix} \quad \text{그리고} \quad B = \begin{bmatrix} & 9 & \\ 1 & & \\ 2 & 6 & -3 \end{bmatrix} \quad \text{그리고} \quad M = \begin{bmatrix} a & b \\ c & \end{bmatrix}$$

32 A가 계수가 1인 행렬이면, R의 두 번째 열은 ______ 이다. 예를 들어라.

33 A의 계수가 r이면 가역인 $r \times r$ 부분행렬 S가 존재한다. A, B 그리고 C 내부에서 $m - r$개의 행과 $n - r$개의 열을 제거하여 가역인 부분행렬 S를 구하라. 피벗행과

피벗열을 유지할 수 있을 것이다.

$$A = \begin{bmatrix} 1 & 2 & 3 \\ 1 & 2 & 4 \end{bmatrix} \qquad B = \begin{bmatrix} 1 & 2 & 3 \\ 2 & 4 & 6 \end{bmatrix} \qquad C = \begin{bmatrix} 0 & 1 & 0 \\ 0 & 0 & 0 \\ 0 & 0 & 1 \end{bmatrix}$$

34 A와 B의 축소행사다리꼴 행렬 R이 동일하다고 하자.

(a) A와 B의 영공간과 행공간이 동일함을 보여라.

(b) $E_1 A = R$이고 $E_2 B = R$임을 알고 있다. 그러므로 A는 ____ 행렬 곱하기 B와 같다.

35 키르히호프 전류 법칙(Kirchhoff's Current Law) $A^T \boldsymbol{y} = \boldsymbol{0}$은 모든 노드에서 들어오는 전류 = 나가는 전류임을 말한다. 노드 1에서 이것은 $y_3 = y_1 + y_4$다 (화살표는 각 y의 양의 방향을 나타낸다). A^T를 (3개의 행을 가진) R로 축소시키고 A^T의 영공간 내에 있는 특별해 세 개를 구하라.

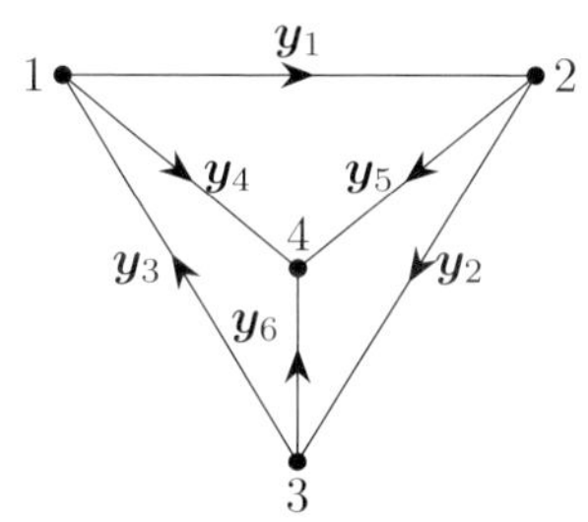

$$A^T = \begin{bmatrix} -1 & 0 & 1 & -1 & 0 & 0 \\ 1 & -1 & 0 & 0 & -1 & 0 \\ 0 & 1 & -1 & 0 & 0 & 1 \\ 0 & 0 & 0 & 1 & 1 & 1 \end{bmatrix}$$

36 C는 A의 r개의 피벗열을 포함한다. ($r \times m$ 행렬) C^T의 r개의 피벗열을 구하라. 다시 전치하여 A 내부의 가역인 $r \times r$ 부분행렬 S를 구하라.

$A = \begin{bmatrix} 1 & 2 & 3 \\ 2 & 4 & 6 \\ 2 & 4 & 7 \end{bmatrix}$에 대해 ($3 \times 2$ 행렬) C를 구한 다음 가역인 (2×2 행렬) S를 구하라.

37 왜 열공간 $\boldsymbol{C}(AB)$는 $\boldsymbol{C}(A)$의 부분공간인가? 그러면 $\text{rank}(AB) \le \text{rank}(A)$다.

38 B의 j열이 B의 이전 열들의 일차결합이라고 하자. AB의 j열은 AB 이전 열들의 동일한 일차결합임을 보여라. 그러면 AB는 새로운 피벗열을 가질 수 없고 따라서 $\text{rank}(\boldsymbol{AB}) \le \text{rank}(\boldsymbol{B})$이다.

39 (중요) A와 B가 $n \times n$ 행렬이고 $AB = I$라고 하자. $\text{rank}(AB) \le \text{rank}(A)$로부터 A의 계수가 n임을 증명하라. 따라서 A는 가역이고 B가 역행렬이어야 한다. 따라서 $BA = I$다 (그다지 자명한 것은 아니다!).

40 A가 2×3이고 B가 3×2이며 $AB = I$이면, 이들 계수로부터 $BA \neq I$임을 보여라. $AB = I$인 A와 B의 예를 하나 들어라. $m < n$이면, 오른쪽 역행렬은 왼쪽 역행렬이 아니다.

41 A, B, C에 대해 (특별해를 포함하는) 영공간 행렬 N은 무엇인가?

$$2 \times 2 \text{ 블록들} \quad A = [I \quad I] \quad \text{그리고} \quad B = \begin{bmatrix} I & I \\ 0 & 0 \end{bmatrix} \quad \text{그리고} \quad C = [I \quad I \quad I]$$

42 A가 계수 r인 $m \times n$ 행렬이라고 하자. 이 행렬의 (모든 영인 행들을 포함하는) 축약행사다리꼴은 R_0다. R_0^T의 축약행사다리꼴 행렬을 전치시켜서 나오는 행렬 Z를 정확하게 (크기와 모든 성분에 대해) 묘사하라. $\mathbf{Z} = (\text{rref}(\boldsymbol{A}^T))^T$.

43 (추천) $R_0 = \begin{bmatrix} I & F \\ 0 & 0 \end{bmatrix}$를 계수 r인 $m \times n$ 행렬이라고 하자. 피벗열들은 먼저 나온다.

(a) m과 n과 r을 근거로 이 네 블록들의 크기는 어떻게 되는가?

(b) $r = m$이면 $R_0 B = I$인 오른쪽 역행렬 B를 구하라. 영블록들이 사라진다.

(c) $r = n$이면 $CR_0 = I$인 왼쪽 역행렬 C를 구하라. F와 영열들이 사라진다.

(d) R_0^T의 축약행사다리꼴은 (크기와 함께) 무엇인가?

(e) $R_0^T R_0$의 축약행사다리꼴은 (크기와 함께) 무엇인가?

44 (R_0에 이르게 하는) A에 대한 기본행연산 뿐만 아니라 기본열연산 또한 허용한다고 하자. 계수 r인 $m \times n$ 행렬 A에 대한 "행 및 열 사다리꼴" 은 무엇인가?

45 123 페이지에 있는 식 (1)이 올바름을 확인하라. $W = \begin{bmatrix} 1 & 4 \\ 2 & 5 \end{bmatrix}$는 가역이고

$$F = W^{-1} \begin{bmatrix} 7 \\ 8 \end{bmatrix} \text{ 는 } A = CR = C\,[I \quad F] \text{ 내에 있는 } F\text{와 일치한다.}$$

46 A의 첫 r개 행과 열이 독립이면, 마법 분해는 쉽다. 첫 번째 블록행의 얼마의 상수배가 이 행렬의 두 번째 블록행과 같을까?

$$\begin{bmatrix} W \\ J \end{bmatrix} [W^{-1}] [W \quad H] = \begin{bmatrix} W & H \\ J & JW^{-1}H \end{bmatrix}$$

소거법: 큰 그림

이 페이지는 A가 R로 축소되었을 때, 벡터 레벨과 부분공간 레벨에서 소거법을 설명한다. 소거법의 단계는 모두 알고있기 때문에 반복하지는 않는다. 소거법은 첫 번째 피벗에서 시작한다. 그리고 U를 향해 한 번에 한 열씩 (왼쪽에서 오른쪽으로) 그리고 한 번에 한 행씩 (위에서 아래로) 진행한다. 그런 다음 윗방향으로 소거를 하면 R_0와 R을 만든다. 소거법은 다음 두 가지 질문에 대한 답을 준다.

질문 1 이번 열이 이전 열들의 일차결합인가?
그 열이 피벗을 포함하고 있다면 답은 아니오다. 피벗열들은 이전 열들과 "독립" 이다. 만일 4열이 피벗이 없다면, 그 열은 1, 2, 3열의 일차결합이다.

질문 2 이번 행이 이전 행들의 일차결합인가?
그 행이 피벗을 포함하고 있다면 답은 아니오다. 피벗 행들은 이전 행들과 독립이고, 이 행에서 처음으로 0이 아닌 성분은 I로부터의 1이다. R_0에서 모두 0인 행들은 독립이 아니고 R에서는 사라진다.

행렬을 한 번 통과하여 질문 1과 2에 대해 답을 준다는 것은 놀라운 일이다. 소거법은 행에 대해 작용하지만 그 결과는 열에 대해서 말해준다! R에 있는 항등행렬은 A 안에 있는 첫 r개의 독립 열들을 위치시킨다. 그런 다음 R에 있는 자유열들 F는 A 내에 있는 종속열들을 생성하는 독립열들의 일차결합에 대해 말해준다. 이것은 $A = CR$ 분해를 보지 않으면 놓치기 쉽다.

R**은** $\boldsymbol{Ax} = \mathbf{0}$**의 특별해에 대해 말해준다**. 서로 다른 행교환과 소거 단계를 거쳐 A로부터 R에 이를 수 있지만, 언제나 동일한 R에 도착한다. (이것은 특별해가 A에 의해 결정되기 때문이다. 3.2절의 연습문제 앞에 그 공식이 나온다.) 이후에 나올 용어를 사용하면, R은 다음 세 개의 기본 부분공간의 "기저" 를 드러낸다.

A의 **열공간** - R에서 피벗을 만들어 내는 A의 열들을 선택한다.

A의 **행공간** - R의 행들을 기저로 선택한다.

A의 **영공간** - $R\boldsymbol{x} = \mathbf{0}$ ($A\boldsymbol{x} = \mathbf{0}$)에 대한 특별해를 선택한다.

좌영공간 $\boldsymbol{N}(A^T)$에 대해서는 소거법 단계 $EA = R_0$을 살펴본다. R_0의 마지막 $m-r$개의 행들은 0이다. E의 마지막 $m-n$개의 행들이 좌영공간의 기저다! $[A \quad I]$를 $[R_0 \quad E]$로 축소시킬 때, 행렬 E는 잃어버릴 수 있는 소거법의 기록을 보관한다.

C와 R^* (모두 계수가 r인 $m\times r$과 $r\times n$ 행렬들)를 고정한다 가정하자. 임의의 가역인 $r\times r$ 혼합행렬 M을 선택한다. CMR^*의 모든 행렬들은 원래의 행렬 A와 **동일한 네 개의 기본 부분공간**을 갖는다.

3.3 $\boldsymbol{Ax} = \boldsymbol{b}$의 완전해

1. $A\boldsymbol{x} = \boldsymbol{b}$의 완전해 = (하나의 특수해 $\boldsymbol{x}_p$) + (영공간 내의 임의의 $\boldsymbol{x}_n$)
2. $[A \quad \boldsymbol{b}]$에 대해 소거법을 적용하면 $[R_0 \quad \boldsymbol{d}]$가 된다. R_0의 영행들이 $\boldsymbol{d}$에서도 0일 때 해가 존재한다.
3. $R_0\boldsymbol{x} = \boldsymbol{d}$의 해가 존재할 때, 하나의 매우 특수한 해 $\boldsymbol{x}_p$는 모든 자유변수들이 0이다.
4. A는 영공간 $\boldsymbol{N}(A) =$ 영벡터, 즉 자유변수가 없을 때 **꽉찬 열계수** $\boldsymbol{r} = \boldsymbol{n}$을 갖는다.
5. A는 열공간 $\boldsymbol{C}(A) = \mathbf{R}^m$일 때 **꽉찬 행계수** $\boldsymbol{r} = \boldsymbol{m}$을 갖는다. $A\boldsymbol{x} = \boldsymbol{b}$는 언제나 해가 존재한다.

바로 앞 절에서 완전하게 $A\boldsymbol{x} = \boldsymbol{0}$을 풀었다. 소거법은 문제를 $R_0\boldsymbol{x} = \boldsymbol{0}$으로 변환하였다. 자유변수들에게 특별한 값 (1과 0)을 주고, 그런 다음 역대입법으로 피벗변수들을 구하였다. 우변 $\boldsymbol{b}$에는 특별히 관심을 두지 않았는데 항상 0으로 유지되었기 때문이다. 그러면 R_0에서의 영행들은 문제가 되지 않았다.

이제 $\boldsymbol{b}$가 0이 아니다. 좌변에 수행한 행연산들을 우변에도 또한 적용해야 한다. $A\boldsymbol{x} = \boldsymbol{b}$는 (해가 있다면) 동일한 해를 갖는 더 간단한 연립방정식 $R_0\boldsymbol{x} = \boldsymbol{d}$으로 축소된다. 이것을 체계화하는 한 방법은 ***행렬의 추가 열로서 b를 덧붙이는*** 것이다. A에 우변 $(b_1, b_2, b_3) = (1, 6, 7)$을 "덧붙여서" **덧붙인 행렬** $[A \quad \boldsymbol{b}]$을 만든다.

$$\begin{bmatrix}1&3&0&2\\0&0&1&4\\1&3&1&6\end{bmatrix}\begin{bmatrix}x_1\\x_2\\x_3\\x_4\end{bmatrix} = \begin{bmatrix}\mathbf{1}\\\mathbf{6}\\\mathbf{7}\end{bmatrix} \text{ 의 덧붙인 행렬은 } \begin{bmatrix}1&3&0&2&\mathbf{1}\\0&0&1&4&\mathbf{6}\\1&3&1&6&\mathbf{7}\end{bmatrix} = [A \quad \boldsymbol{b}] \text{ 다.}$$

A에 대해 일반적인 소거법을 적용하여 R_0에 이를 때, $\boldsymbol{b}$에도 또한 이 소거법을 적용한다.

이 예에서는 1행을 3행에서 뺀다. 그런 다음 2행을 3행에서 뺀다. 이렇게 하면 R_0에 영행이 만들어지고, $\boldsymbol{b}$가 새로운 우변인 $\boldsymbol{d} = (\mathbf{1}, \mathbf{6}, \mathbf{0})$으로 변한다.

$$\begin{bmatrix} 1 & 3 & 0 & 2 \\ 0 & 0 & 1 & 4 \\ 0 & 0 & 0 & 0 \end{bmatrix} \begin{bmatrix} x_1 \\ x_2 \\ x_3 \\ x_4 \end{bmatrix} = \begin{bmatrix} \mathbf{1} \\ \mathbf{6} \\ \mathbf{0} \end{bmatrix} \text{ 의 덧붙인 행렬은 } \boxed{\begin{bmatrix} 1 & 3 & 0 & 2 & \mathbf{1} \\ 0 & 0 & 1 & 4 & \mathbf{6} \\ 0 & 0 & 0 & 0 & \mathbf{0} \end{bmatrix} = [R_0 \quad \boldsymbol{d}]} \text{ 다.}$$

이 맨 마지막 행이 매우 중요하다. 세 번째 방정식은 $0 = 0$이 된다. 그러므로 이 방정식의 해는 존재한다. 원래 행렬 A에서 첫 번째 행 더하기 두 번째 행은 세 번째 행과 같다. $A\boldsymbol{x} = \boldsymbol{b}$를 풀기 위해서는 우변에서 역시 $b_1 + b_2 = b_3$일 필요가 있다. $\boldsymbol{b}$의 가장 중요한 성질은 $\mathbf{1} + \mathbf{6} = \mathbf{7}$이었다. 이것이 세 번째 방정식에서 $0 = 0$으로 이끌었다. 이것이 핵심이었다.

다음은 일반적인 $\boldsymbol{b} = (b_1, b_2, b_3)$에 대한 동일한 덧붙인 행렬이다.

$$[A \quad \boldsymbol{b}] = \begin{bmatrix} 1 & 3 & 0 & 2 & \boldsymbol{b}_1 \\ 0 & 0 & 1 & 4 & \boldsymbol{b}_2 \\ 1 & 3 & 1 & 6 & \boldsymbol{b}_3 \end{bmatrix} \longrightarrow \begin{bmatrix} 1 & 3 & 0 & 2 & \boldsymbol{b}_1 \\ 0 & 0 & 1 & 4 & \boldsymbol{b}_2 \\ 1 & 3 & 1 & 6 & \boldsymbol{b}_3 - \boldsymbol{b}_1 - \boldsymbol{b}_2 \end{bmatrix} = [R_0 \quad \boldsymbol{d}]$$

이제 $b_3 - b_1 - b_2 = 0$일 때에만 세 번째 방정식이 $0 = 0$이 되고, 이것은 $b_1 + b_2 = b_3$이다.

하나의 특수해 $A\boldsymbol{x}_p = \boldsymbol{b}$

해 $\boldsymbol{x}_p$를 쉽게 찾기 위해 자유변수들을 0으로 선택한다. 즉 $x_2 = x_4 = 0$으로 둔다. 그런 다음 두 개의 0이 아닌 방정식으로부터 두 개의 피벗변수 $x_1 = 1$과 $x_3 = 6$을 얻는다. $A\boldsymbol{x} = \boldsymbol{b}$ (그리고 또한 $R_0\boldsymbol{x} = \boldsymbol{d}$)의 특수해는 $\boldsymbol{x}_p = (1, 0, 6, 0)$이다. ***자유변수들 = 0 이고 피벗변수들은 $\boldsymbol{d}$로부터*** 찾는 이 특수해는 개인적으로 즐겨 사용하는 방법이다.

해가 존재하기 위해서는 R_0에서의 영행들이 또한 d에서 0이어야 한다. I는 $\boldsymbol{R}_0$**의 피벗 행과 피벗열에 있으므로, $\boldsymbol{x}_{\text{특수}}$에서 피벗변수들은 d로부터 나온다.**

$$R_0\boldsymbol{x}_p = \begin{bmatrix} \mathbf{1} & 3 & \mathbf{0} & 2 \\ \mathbf{0} & 0 & \mathbf{1} & 4 \\ 0 & 0 & 0 & 0 \end{bmatrix} \begin{bmatrix} \mathbf{1} \\ 0 \\ \mathbf{6} \\ 0 \end{bmatrix} = \begin{bmatrix} 1 \\ \mathbf{6} \\ 0 \end{bmatrix} \qquad \begin{array}{l} \textbf{피벗변수들 } \mathbf{1, 6} \\ \textbf{자유변수들 } \mathbf{0, 0} \\ \textbf{해 } \boldsymbol{x_p} = (1, 0, 6, 0) \end{array}$$

어떻게 자유변수들을 (0으로) 선택하고 피벗변수들에 대해 풀었는지 주목하라. R_0로 행 축소를 하고 난 후, 이 단계들은 빨라진다. 자유변수들이 0이면, $\boldsymbol{x}_p$에서의 피벗변수들은 이미 우변의 벡터 $\boldsymbol{d}$에서 보인다.

$\boldsymbol{x}_{\text{특수}}$	**특수해는 다음 방정식의 해다**	$\boldsymbol{Ax_p} = \boldsymbol{b}$
$\boldsymbol{x}_{\text{영공간}}$	$\boldsymbol{n-r}$**개의 특별해는 다음 방정식의 해다**	$\boldsymbol{Ax_n} = \boldsymbol{0}$

특수해는 $(1,0,6,0)$이다. $R_0\boldsymbol{x} = \boldsymbol{0}$의 두 개의 특별한 (영공간) 해는 R_0의 $3, 2$ 그리고 4의 부호를 반대로 하여 두 개의 자유열로부터 나온다. ***$\boldsymbol{Ax} = \boldsymbol{b}$의 완전해 $\boldsymbol{x_p} + \boldsymbol{x_n}$을 어떻게 쓰는지 주목하길 바란다.***

완전해
한 개의 $\boldsymbol{x}_p$ + 수많은 $\boldsymbol{x}_n$
$\boldsymbol{x}_p$: 자유변수들
$\boldsymbol{x}_n$: 특별해들

$$\boldsymbol{x} = \boldsymbol{x_p} + \boldsymbol{x_n} = \begin{bmatrix}1\\0\\6\\0\end{bmatrix} + x_2\begin{bmatrix}-3\\1\\0\\0\end{bmatrix} + x_4\begin{bmatrix}-2\\0\\-4\\1\end{bmatrix}$$

질문 A가 $m = n = r$인 가역인 정사각행렬이라고 가정하자. $\boldsymbol{x}_p$와 $\boldsymbol{x}_n$은 무엇일까?

답 특수해는 단 한 개의 유일한 해 $\boldsymbol{x}_p = \boldsymbol{A}^{-1}\boldsymbol{b}$이다. 특별해 또는 자유변수는 존재하지 않는다. $R_0 = I$는 영행이 없다. 영공간에 속하는 유일한 벡터는 $\boldsymbol{x}_n = \boldsymbol{0}$이다. 완전해는 $\boldsymbol{x} = \boldsymbol{x_p} + \boldsymbol{x_n} = \boldsymbol{A}^{-1}\boldsymbol{b} + \boldsymbol{0}$이다.

2장에서는 영공간을 언급하지 않았는데 A가 가역이었기 때문이다. 이 행렬은 언제나 I로 축소되었다. $[A \quad \boldsymbol{b}]$는 $[I \quad \boldsymbol{A}^{-1}\boldsymbol{b}]$가 되었다. 그러면 $A\boldsymbol{x} = \boldsymbol{b}$는 $\boldsymbol{x} = A^{-1}\boldsymbol{b}$이 되고 이것은 $\boldsymbol{d}$이다. 이것은 여기에서는 한 가지 특별한 경우이지만, 가역인 정사각행렬은 최고의 행렬이다. 그러므로 이 장 이전에 전적으로 그런 행렬을 다룬 장을 할애하였다.

작은 예에서는 $[A \quad \boldsymbol{b}]$을 $[R_0 \quad \boldsymbol{d}]$로 축소시킬 수 있다. 큰 행렬에 대해서는 MATLAB이 더 잘 한다. (여기서 우리가 찾았던 그 특수해가 반드시 아니더라도) 하나의 특수해는 역슬래시 기호를 사용한 $\boldsymbol{x} = \boldsymbol{A}\backslash\boldsymbol{b}$이다. 다음은 열계수가 꽉찬 예다. 두 열에 모두 피벗이 있다.

예제 1 $A\boldsymbol{x} = \boldsymbol{b}$의 해가 존재하기 위한 (b_1, b_2, b_3)에 대한 조건을 구하라.

$$A = \begin{bmatrix}1 & 1\\1 & 2\\-2 & -3\end{bmatrix} \quad \text{그리고} \quad \boldsymbol{b} = \begin{bmatrix}b_1\\b_2\\b_3\end{bmatrix}$$

풀이 $\boldsymbol{b}$를 열로 추가한 덧붙인 행렬을 이용한다. $[A \quad \boldsymbol{b}]$의 1행을 2행에서 뺀다. 그런

다음 1행의 2배를 3행에 더하면 $[R_d \quad \boldsymbol{d}]$에 도달한다.

$$\begin{bmatrix} 1 & 1 & b_1 \\ 1 & 2 & b_2 \\ -2 & -3 & b_3 \end{bmatrix} \to \begin{bmatrix} 1 & 1 & b_1 \\ 0 & 1 & b_2 - b_1 \\ 0 & -1 & b_3 + 2b_1 \end{bmatrix} \to \begin{bmatrix} 1 & 0 & 2b_1 - b_2 \\ 0 & 1 & b_2 - b_1 \\ 0 & 0 & \boldsymbol{b_3 + b_1 + b_2} \end{bmatrix} = [R_0 \quad \boldsymbol{d}]$$

마지막 방정식은 $b_3 + b_1 + b_2 = 0$이면 $0 = 0$이다. 이것은 $\boldsymbol{b}$를 열공간에 넣기 위한 조건이다. 그러면 $A\boldsymbol{x} = \boldsymbol{b}$의 해가 존재한다. A의 행들은 더하면 영행이 된다. 그러므로 모순이 없기 위해 (이것들은 방정식들이다!) $\boldsymbol{b}$의 성분들 또한 더해서 0이 되어야 한다.

이 예제는 $n - r = 2 - 2$이므로 자유변수가 없다. 따라서 특별해도 없다. 영공간 해는 $\boldsymbol{x}_n = \boldsymbol{0}$이다. $A\boldsymbol{x} = \boldsymbol{b}$와 $R_0\boldsymbol{x} = \boldsymbol{d}$의 특수해는 최종 열 $\boldsymbol{d}$의 윗쪽에 있다.

$$\boldsymbol{r = n} \quad A\boldsymbol{x} = \boldsymbol{b}\textbf{의 해 하나} \quad \boldsymbol{x} = \boldsymbol{x_p} + \boldsymbol{x_n} = \begin{bmatrix} 2b_1 - b_2 \\ b_2 - b_1 \end{bmatrix} + \begin{bmatrix} 0 \\ 0 \end{bmatrix}$$

만일 $b_3 + b_1 + b_2$가 0이 아니라면, $A\boldsymbol{x} = \boldsymbol{b}$의 해는 없다 ($\boldsymbol{x}_p$와 $\boldsymbol{x}$가 존재하지 않는다).

이 예제는 매우 중요한 경우인 A의 열계수가 꽉찬 경우에 대한 대표적인 예다. 모든 열에 피벗이 있다. 계수는 $r = n$이다. 행렬은 길쭉하고 얇다 $(m \geq n)$. 행축소는 윗부분에 I를 위치시키고 A는 계수가 n인 R로 축소된다.

$$\textbf{꽉찬 열계수 } \boldsymbol{r = n} \quad R_0 = \begin{bmatrix} I \\ 0 \end{bmatrix} = \begin{bmatrix} n \times n \text{ 항등행렬} \\ m - n \text{개의 영행들} \end{bmatrix} \tag{1}$$

자유열 또는 자유행이 존재하지 않는다. 영공간은 $\mathbf{Z} = \{\text{영벡터}\}$이다.

이러한 종류의 행렬을 알아보는 몇 가지 다른 방법들을 정리하면 다음과 같다.

열계수가 꽉찬 $(\boldsymbol{r = n})$ 모든 행렬 A는 다음 성질들을 가진다.

1. A의 모든 열들은 피벗열들이다. 자유변수가 없다.
2. 영공간 $\boldsymbol{N}(A)$는 오직 영벡터 $\boldsymbol{x} = 0$만 포함한다.
3. 만일 $A\boldsymbol{x} = \boldsymbol{b}$의 해가 존재한다면, 오직 단 하나의 해만 존재한다.

다음 절에서의 핵심 용어를 사용한다면, ***이 A의 열들은 독립이다.*** $A\boldsymbol{x} = \boldsymbol{0}$은 오직 $\boldsymbol{x} = \boldsymbol{0}$일 때만 성립한다. 이후에 위에 나열된 사실에 다음과 같은 한 가지 사실을 추가할 것이다. 정사각행렬 A^TA는 계수가 n일 때 가역이다. A에는 행들이 많이 있을 수 있다.

이 경우에 A의 영공간은 영벡터로 쪼그라든다. $A\boldsymbol{x} = \boldsymbol{b}$의 해는 (만일 존재한다면) 유일하다. R_0에는 $m-n$개의 영행들이 존재할 것이다. 그러므로 이 행들에서 $0=0$이 되기 위한, 그래서 $\boldsymbol{b}$가 열공간에 있게 하기 위한 $\boldsymbol{b}$에 대한 $m-n$개의 조건이 존재한다. 열계수가 꽉차면 $A\boldsymbol{x} = \boldsymbol{b}$의 해는 한 개이거나 없다.

꽉찬 행계수와 완전해

또 하나의 극단적인 경우가 꽉찬 행계수다. 이제 $A\boldsymbol{x} = \boldsymbol{b}$는 한 개 또는 무한히 많은 해를 갖는다. 이 경우에 A는 짧고 굵어야 한다 ($m \le n$). ***$r = m$* 이면 행렬의 행계수는 꽉찬다.** "행들은 독립이다." 모든 행들에 피벗이 있다. 다음은 그러한 예다.

예제 2 다음 연립방정식 $A\boldsymbol{x} = \boldsymbol{b}$의 미지수는 $n = 3$개이지만 식은 오직 $m = 2$개뿐이다.

$$\textbf{꽉찬 행계수} \qquad \begin{aligned} x + y + z &= 3 \\ x + 2y - z &= 4 \end{aligned} \qquad (\text{계수 } \boldsymbol{r} = \boldsymbol{m} = 2)$$

이것은 xyz 공간에서의 두 개의 평면이다. 이 평면들은 평행하지 않기 때문에 한 직선에서 서로 만난다. 이 직선 형태의 해가 바로 정확하게 소거법으로 찾는 것이다. ***특수해는 이 직선 위의 한 점일 것이다. 영공간 벡터 $\boldsymbol{x}_n$을 더하면 그림 3.1에서와 같이 직선 위를 움직이게 된다.*** 그러면 전체 해직선 $\boldsymbol{x} = \boldsymbol{x_p} +$ 모든 $\boldsymbol{x_n}$을 얻게 된다.

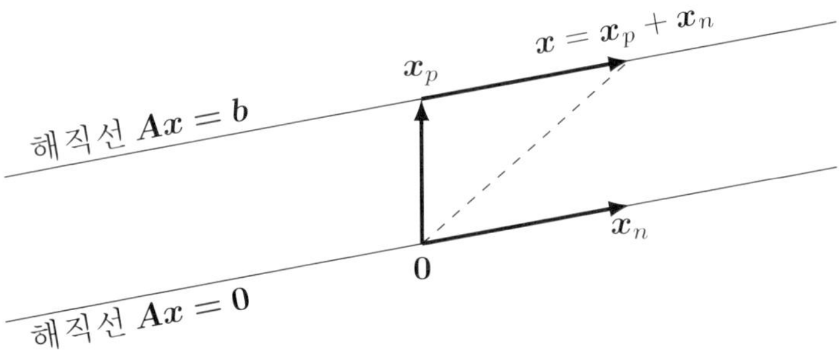

그림 3.1: 완전해 = 하나의 특수해 $\boldsymbol{x}_p$ + 모든 영공간 해 $\boldsymbol{x}_n$

$[A \quad \boldsymbol{b}]$에 대해 아랫방향과 윗방향으로 소거법을 적용하여 $\boldsymbol{x}_p$와 $\boldsymbol{x}_n$을 구한다.

$$\begin{bmatrix} 1 & 1 & 1 & \mathbf{3} \\ 1 & 2 & -1 & \mathbf{4} \end{bmatrix} \to \begin{bmatrix} 1 & 1 & 1 & \mathbf{3} \\ 0 & 1 & -2 & \mathbf{1} \end{bmatrix} \to \begin{bmatrix} 1 & \mathbf{0} & 3 & \mathbf{2} \\ 0 & 1 & -2 & \mathbf{1} \end{bmatrix} = [R \quad \boldsymbol{d}]$$

특수해 $(2,1,0)$은 자유변수 $x_3 = 0$이다. 이것은 $\boldsymbol{d}$로부터 바로 나온다. 특별해 $\boldsymbol{s}$는 $x_3 = 1$이다. 그러면 $-x_1$과 $-x_2$는 R의 자유열로부터 나온다.

$\boldsymbol{x}_p$와 $\boldsymbol{s}$가 원래의 방정식 $A\boldsymbol{x}_p = \boldsymbol{0}$과 $A\boldsymbol{s} = \boldsymbol{0}$을 만족하는지 체크해 보는 것이 현명하다.

$$\begin{aligned} 2+1 &= 3 \qquad\qquad & -2+2+1 &= 0 \\ 2+2 &= 4 \qquad\qquad & -3+4-1 &= 0 \end{aligned}$$

영공간 해 $\boldsymbol{x}_n$은 $\boldsymbol{s}$의 임의의 상수배다. 이것은 $\boldsymbol{x}_{특수}$에서 출발하여 해 직선을 따라 움직인다. ***다시 한 번 답을 어떻게 쓰는지 주목하길 바란다.***

완전해
특수해 + 영공간 해

$$\boldsymbol{x} = \boldsymbol{x_p} + \boldsymbol{x_n} = \begin{bmatrix} 2 \\ 1 \\ 0 \end{bmatrix} + x_3 \begin{bmatrix} -3 \\ 2 \\ 1 \end{bmatrix}$$

이 해 직선이 그림 3.1에 그려져 있다. 이 직선 위의 어떤 점이든 특수해로 선택될 수 있었을 것이다. 우리는 $x_3 = 0$인 점을 $\boldsymbol{x}_p$로 선택하였다.

이 특수해는 임의의 상수로 곱해져 있지 않다! 특별해는 이 상수가 필요하고 왜 그런지 알고 있다. 영공간 내에서 모든 $\boldsymbol{x}_n$을 만들기 위해서다.

이제 행계수가 꽉찬 짧고 굵은 경우를 요약한다. $m < n$이면 방정식 $A\boldsymbol{x} = \boldsymbol{b}$는 **과소결정**(underdetermined)이다 (무수히 많은 해).

행계수가 꽉찬 $(\boldsymbol{r} = \boldsymbol{m})$ 모든 행렬 A는 다음 성질들을 가진다.

1. A의 모든 행들은 피벗행들이고, $\boldsymbol{R}_0$**는 영행이 없다. 즉** $\boldsymbol{R}_0 = \boldsymbol{R}$**이다.**
2. **모든 우변** $\boldsymbol{b}$**에 대해** $A\boldsymbol{x} = \boldsymbol{b}$**의 해가 존재한다.**
3. 열공간은 전체 공간 $\mathbf{R}^m$이다.
4. A의 영공간에 $n - r = n - m$개의 특별해가 존재한다.

피벗이 m개인 이 경우에, ***행들은 일차독립이다.*** 그러므로 A^T의 열들은 일차독립이다. A^T의 영공간은 오직 영벡터만 포함한다. 그리고 이 영공간 $\boldsymbol{N}(A^T)$는 네 번째의 기본 부분공간이 될 것이다.

네 가지 가능성에 대해 요약하면 바로 즉시 계수에 따른 일차독립에 대한 정의를 내릴 준비가 된다. r, m, n이 어떻게 중요한 수가 되는지 주목하길 바란다.

계수 R 에 따른 선형방정식의 네 가지 가능성

$\boldsymbol{r = m}$	그리고	$\boldsymbol{r = n}$	가역이고 정사각인	$Ax = \boldsymbol{b}$의 해는 한 개다.
$\boldsymbol{r = m}$	그리고	$r < n$	짧고 굵은	$Ax = \boldsymbol{b}$의 해는 무한히 많다.
$r < m$	그리고	$\boldsymbol{r = n}$	길고 얇은	$Ax = \boldsymbol{b}$의 해는 없거나 한 개다.
$r < m$	그리고	$r < n$	꽉찬 계수가 아닌	$Ax = \boldsymbol{b}$의 해는 없거나 무한히 많다.

축소된 R_0은 행렬 A와 동일한 유형에 속할 것이다. 피벗열들이 우연히 앞쪽에 나오는 경우에는 이러한 네 가지 경우를 바로 드러내 보일 수 있다. $R_0\boldsymbol{x} = \boldsymbol{d}$와 $A\boldsymbol{x} = \boldsymbol{b}$의 해가 존재하기 위해서는, $\boldsymbol{d}$는 $m - r$개의 0으로 끝나야만 한다. F는 R_0의 자유 부분이다.

$\boldsymbol{R_0}$**의 네 가지 타입**	$[\boldsymbol{I}]$	$[\boldsymbol{I} \quad \boldsymbol{F}]$	$\begin{bmatrix}\boldsymbol{I}\\ \boldsymbol{0}\end{bmatrix}$	$\begin{bmatrix}\boldsymbol{I} & \boldsymbol{F}\\ \boldsymbol{0} & \boldsymbol{0}\end{bmatrix}$
각 계수들	$\boldsymbol{r = m = n}$	$\boldsymbol{r = m < n}$	$\boldsymbol{r = n < m}$	$\boldsymbol{r < m, r < n}$

1번과 2번 경우는 $r = m$인 꽉찬 행계수를 갖는다. 1번과 3번 경우에는 $r = n$인 꽉찬 열계수를 갖는다.

핵심 아이디어 정리

1. 계수 r은 피벗의 개수다. 행렬 R_0에는 $m - r$개의 영행이 있다.

2. $A\boldsymbol{x} = \boldsymbol{b}$의 해가 존재하는 것과 마지막 $m - r$개의 방정식이 $0 = 0$으로 축소되는 것은 동치다.

3. 한 개의 특수해 $\boldsymbol{x}_p$는 모든 자유변수들을 0으로 둔다.

4. 자유변수들을 선택한 후에 피벗변수들을 결정한다.

5. $r = n$인 꽉찬 열계수는 자유변수가 없음을 의미한다. 즉 해가 한 개이거나 없다.

6. $r = m$인 꽉찬 행계수는 $m = n$이면 한 개의 해만 존재하고 $m < n$이면 무수히 많은 해가 존재함을 의미한다.

풀이가 있는 연습 문제

3.3 A 이 문제는 소거법 (**피벗열들과 역대입**)을 (좀 더 높은 수준의 그림인) **열공간-영공간-계수-해의 존재성**과 연결짓는다. A의 계수는 2다.

$$A\boldsymbol{x}=\boldsymbol{b} \text{ 는 } \begin{array}{r} x_1+2x_2+3x_3+\ \ 5x_4=b_1 \\ 2x_1+4x_2+8x_3+12x_4=b_2 \\ 3x_1+6x_2+7x_3+13x_4=b_3 \end{array} \text{ 이다.} \qquad A=\begin{bmatrix}1&2&3&5\\2&4&8&12\\3&6&7&13\end{bmatrix}$$

1. $A\boldsymbol{x}=\boldsymbol{b}$인 삼각형 형태의 연립방정식 $U\boldsymbol{x}=\boldsymbol{c}$가 되도록 $[A \quad \boldsymbol{b}]$를 $[U \quad \boldsymbol{c}]$로 축소하라.
2. $A\boldsymbol{x}=\boldsymbol{b}$의 해가 한 개이기 위한 b_1, b_2, b_3의 조건을 구하라.
3. A의 열공간을 설명하라. $\mathbf{R}^3$ 내의 어떤 평면인가?
4. A의 영공간을 설명하라. $\mathbf{R}^4$ 내의 어떤 특별해들인가?
5. $[U \quad \boldsymbol{c}]$를 $[R_0 \quad \boldsymbol{d}]$로 축소하라. R_0로부터 특별해, $\boldsymbol{d}$로부터 특수해를 구하라.
6. $A\boldsymbol{x}=(0,6,-6)$의 특수해를 구하고, 완전해를 구하라.

풀이

1. 소거법에서 상수배들은 2와 3과 -1이다. 이 수에 의해 $[A \quad \boldsymbol{b}]$로부터 $[U \quad \boldsymbol{c}]$로 간다.

$$\begin{bmatrix}1&2&3&5&\boldsymbol{b}_1\\2&4&8&12&\boldsymbol{b}_2\\3&6&7&13&\boldsymbol{b}_3\end{bmatrix} \to \left[\begin{array}{cccc|c}1&2&3&5&\boldsymbol{b}_1\\0&0&2&2&\boldsymbol{b}_2-2\boldsymbol{b}_1\\0&0&-2&-2&\boldsymbol{b}_3-3\boldsymbol{b}_1\end{array}\right] \to \left[\begin{array}{cccc|c}1&2&3&5&\boldsymbol{b}_1\\0&0&2&2&\boldsymbol{b}_2-2\boldsymbol{b}_1\\0&0&0&0&\boldsymbol{b}_3+\boldsymbol{b}_2-5\boldsymbol{b}_1\end{array}\right]$$

2. 마지막 방정식은 해가 존재할 조건 $b_3+b_2-5b_1=0$을 보여준다. 그러면 $0=0$이다.

3. **첫 번째 설명:** 열공간은 피벗열 $(1,2,3)$과 $(3,8,7)$의 모든 일차결합을 포함하는 평면이다. 이 피벗들은 1열과 3열에 있다. **두 번째 설명:** 열공간은 $b_3+b_2-5b_1=0$을 만족하는 모든 벡터들을 포함한다. 이 조건이 $A\boldsymbol{x}=\boldsymbol{b}$의 해가 존재하게 만들고 따라서 $\boldsymbol{b}$는 열공간 안에 있다. A의 모든 열들은 이러한 테스트 $b_3+b_2-5b_1=0$을 통과한다. 이것은 첫 번째 설명에서의 바로 그 평면에 대한 방정식이다!

4. 특별해는 자유변수 $x_2 = 1, x_4 = 0$이고, 다음으로 $x_2 = 0, x_4 = 1$이다.

$A\boldsymbol{x} = \mathbf{0}$의 특별해
$U\boldsymbol{x} = \mathbf{0}$에서 역대입
또는 R에서의 $2, 2, 1$의 부호를 바꾼다.

$$\boldsymbol{s}_1 = \begin{bmatrix} -2 \\ \mathbf{1} \\ 0 \\ \mathbf{0} \end{bmatrix} \quad \boldsymbol{s}_2 = \begin{bmatrix} -2 \\ \mathbf{0} \\ -1 \\ \mathbf{1} \end{bmatrix}$$

$\mathbf{R}^4$ 내에 있는 영공간은 모든 $\boldsymbol{x}_n = c_1\boldsymbol{s}_1 + c_2\boldsymbol{s}_2$를 포함한다.

5. 축소 형태 R_0에서, 세 번째 열은 U에서의 $(3, 2, 0)$에서 $(0, 1, 0)$으로 바뀐다. 우변 $\boldsymbol{c} = (0, 6, 0)$는 $\boldsymbol{d} = (-9, 3, 0)$이 되고 $\boldsymbol{x}_p$에서의 -9와 3을 보여준다.

$$[U \quad \boldsymbol{c}] = \begin{bmatrix} 1 & 2 & 3 & 5 & \mathbf{0} \\ 0 & 0 & 2 & 2 & \mathbf{6} \\ 0 & 0 & 0 & 0 & \mathbf{0} \end{bmatrix} \longrightarrow [R_0 \quad \boldsymbol{d}] = \begin{bmatrix} 1 & 2 & 0 & 2 & \mathbf{-9} \\ 0 & 0 & 1 & 1 & \mathbf{3} \\ 0 & 0 & 0 & 0 & \mathbf{0} \end{bmatrix}$$

6. $\boldsymbol{x} = (-9, 0, 3, 0)$은 자유변수들 = 0으로 하는 바로 그 특수해다. $A\boldsymbol{x} = (0, 6, -6)$의 완전해는 $\boldsymbol{x} = \boldsymbol{x}_p + \boldsymbol{x}_n = \boldsymbol{x}_p + c_1\boldsymbol{s}_1 + c_2\boldsymbol{s}_2$이다.

3.3 B 어떤 특정 $\boldsymbol{b}$에 대해 $A\boldsymbol{x} = \boldsymbol{b}$의 해에 대한 다음 정보들을 가지고 있다고 하자. 이 정보가 m과 n 그리고 r에 대해 (그리고 A 자체에 대해) 무엇을 말해주는가? 그리고 가능하다면 $\boldsymbol{b}$에 대해서도 무엇을 말해주는가?

1. 정확히 한 개의 해가 존재한다.
2. $A\boldsymbol{x} = \boldsymbol{b}$의 모든 해는 $\boldsymbol{x} = \begin{bmatrix} 2 \\ 1 \end{bmatrix} + c\begin{bmatrix} 1 \\ 1 \end{bmatrix}$
3. 해가 없다.
4. $A\boldsymbol{x} = \boldsymbol{b}$의 모든 해는 $\boldsymbol{x} = \begin{bmatrix} 2 \\ 1 \\ 0 \end{bmatrix} + c\begin{bmatrix} 1 \\ 0 \\ 1 \end{bmatrix}$ 형태다.

풀이

1번 경우, 정확히 해가 하나면 반드시 A의 열계수 $r = n$으로 꽉차야 한다. A의 영공간은 오직 영벡터만 포함한다. 필연적으로 $m \geq n$이다.

2번 경우, A는 $n = 2$개의 열이 있어야 한다 (m은 어떤 값이든 상관없다). $\left[\begin{smallmatrix} 1 \\ 1 \end{smallmatrix}\right]$이 A의 영공간에 있고 2열은 1열의 반대 부호다. 또한 $A \neq 0$이고 계수는 1이다. $\boldsymbol{x} = \left[\begin{smallmatrix} 2 \\ 1 \end{smallmatrix}\right]$이 하나의 해고 $\boldsymbol{b} = 2(1\text{열}) + (2\text{열})$이다. $\boldsymbol{x}_p$에 대한 저자의 선택은 $(1, 0)$일 것이다.

3번 경우, $\boldsymbol{b}$가 A의 열공간에 없다는 것만 알 수 있다. A의 계수는 m보다 작아야만 한다. $\boldsymbol{b} \neq \boldsymbol{0}$임을 추측할 수 있는데, 그렇지 않으면 $\boldsymbol{x} = \boldsymbol{0}$이 해가 될 것이다.

4번 경우, A는 $n = 3$개의 열이 있어야 한다. $(1, 0, 1)$이 A의 영공간에 있고 3열은 $-(1열)$이다. 계수는 $3 - 1 = 2$이고 $\boldsymbol{b}$는 1열 + 2열이다.

3.3 C $[A \quad \boldsymbol{b}]$에 대해 순방향 소거법을 적용하여 완전해 $\boldsymbol{x} = \boldsymbol{x}_p + \boldsymbol{x}_n$을 구하라.

풀이

$$\begin{bmatrix} 1 & 2 & 1 & 0 & \mathbf{4} \\ 2 & 4 & 4 & 8 & \mathbf{2} \\ 4 & 8 & 6 & 8 & \mathbf{10} \end{bmatrix} \longrightarrow \begin{bmatrix} 1 & 2 & 1 & 0 & \mathbf{4} \\ 0 & 0 & 2 & 8 & \mathbf{-6} \\ 0 & 0 & 0 & 0 & \mathbf{0} \end{bmatrix} \longrightarrow \begin{bmatrix} 1 & 2 & 0 & -4 & \mathbf{7} \\ 0 & 0 & 1 & 4 & \mathbf{-3} \\ 0 & 0 & 0 & 0 & \mathbf{0} \end{bmatrix}$$

$\boldsymbol{b} = \boldsymbol{0}$에 대한 영공간 해 $\boldsymbol{x}_n$을 구하기 위해 자유변수 x_2, x_4를 $1, 0$으로, 그 다음에는 $0, 1$로 둔다.

특별해들 $\boldsymbol{s}_1 = (-2, 1, 0, 0)$ 그리고 $\boldsymbol{s}_2 = (4, 0, -4, 1)$ **특수해** $\boldsymbol{x}_p = (7, 0, -3, 0)$

그러면 $A\boldsymbol{x} = \boldsymbol{b}$의 완전해는 $\boldsymbol{x}_{완전} = \boldsymbol{x}_p + c_1\boldsymbol{s}_1 + c_2\boldsymbol{s}_2$다.

A의 행들은 $2(1열) + (2열) - (3열) = (0, 0, 0, 0)$과 같이 영행을 만든다. 따라서 $\boldsymbol{y} = (2, 1, -1)$이다. $\boldsymbol{b} = (4, 2, 10)$에 대한 동일한 일차결합은 $2(4) + (2) - (10) = 0$이 된다.

(좌변에서) 행들의 일차결합이 영행을 만든다면, 우변에서도 동일한 일차결합이 0을 만들어야 한다. 물론이다! 그렇지 않으면 해가 없다.

나중에 이 사실을 다음과 같이 다른 방식으로 다시 한 번 얘기할 것이다. 만일 A의 모든 열들이 $\boldsymbol{y} = (2, 1, -1)$에 수직이라면, 이러한 열들의 임의의 일차결합 $\boldsymbol{b}$는 반드시 $\boldsymbol{y}$와 수직이어야 한다. 그렇지 않으면 $\boldsymbol{b}$는 열공간에 있지 않으며 $A\boldsymbol{x} = \boldsymbol{b}$는 해가 없다.

그리고 반복하면, 만일 $\boldsymbol{y}$가 A^T의 영공간에 있다면, $\boldsymbol{y}$는 A의 열공간에 있는 모든 $\boldsymbol{b}$와 수직이어야만 한다. 나중을 기대하시라.

연습 문제

1 (추천) 풀이가 있는 예제 **3.3 A**의 여섯 단계를 실행하여 A의 열공간과 영공간을 묘사하고 $A\boldsymbol{x} = \boldsymbol{b}$의 완전해를 구하라.

$$A = \begin{bmatrix} 2 & 4 & 6 & 4 \\ 2 & 5 & 7 & 6 \\ 2 & 3 & 5 & 2 \end{bmatrix} \qquad \boldsymbol{b} = \begin{bmatrix} b_1 \\ b_2 \\ b_3 \end{bmatrix} = \begin{bmatrix} 4 \\ 3 \\ 5 \end{bmatrix}$$

2 계수 1인 이 행렬 A에 대해 동일한 여섯 단계를 실행하라. $A\boldsymbol{x} = \boldsymbol{b}$의 해가 존재하기 위한 b_1, b_2, b_3에 대한 조건 두 개를 찾게 될 것이다. 이 두 조건은 함께 $\boldsymbol{b}$를 ____ 공간에 넣는다 (두 개의 평면이 하나의 직선을 만든다).

$$A = \begin{bmatrix} 1 \\ 3 \\ 2 \end{bmatrix} \begin{bmatrix} 2 & 1 & 3 \end{bmatrix} = \begin{bmatrix} 2 & 1 & 3 \\ 6 & 3 & 9 \\ 4 & 2 & 6 \end{bmatrix} \qquad \boldsymbol{b} = \begin{bmatrix} b_1 \\ b_2 \\ b_3 \end{bmatrix} = \begin{bmatrix} 10 \\ 30 \\ 20 \end{bmatrix}$$

3–15번 문제는 $A\boldsymbol{x} = \boldsymbol{b}$의 해에 관한 것이다. 본문 내의 단계를 따라 $\boldsymbol{x}_p$와 $\boldsymbol{x}_n$을 구하라. 맨 마지막 열이 $\boldsymbol{b}$인 덧붙인 행렬로 출발하라.

3 $\boldsymbol{x}_p$ 더하기 영공간 내에 있는 $\boldsymbol{s}$의 임의의 상수배로서 완전해를 써라.

$$\begin{aligned} x + 3y &= 7 \\ 2x + 6y &= 14 \end{aligned} \qquad \begin{aligned} x + 3y + 3z &= 1 \\ 2x + 6y + 9z &= 5 \\ -x - 3y + 3z &= 5 \end{aligned}$$

4 다음 식에 대한 완전해 $\boldsymbol{x} = \boldsymbol{x}_p +$ 임의의 $\boldsymbol{x}_n$ (또한 일반해라고도 함)을 구하라.

$$\begin{bmatrix} 1 & 3 & 1 & 2 \\ 2 & 6 & 4 & 8 \\ 0 & 0 & 2 & 4 \end{bmatrix} \begin{bmatrix} x \\ y \\ z \\ t \end{bmatrix} = \begin{bmatrix} 1 \\ 3 \\ 1 \end{bmatrix}.$$

5 다음 연립방정식은 b_1, b_2, b_3에 대한 어떤 조건에서 해가 존재하는가? 소거법에서 $\boldsymbol{b}$를 네 번째 열로 포함시켜라. 이 조건이 성립할 때 모든 해를 구하라.

$$\begin{aligned} x + 2y - 2z &= b_1 \\ 2x + 5y - 4z &= b_2 \\ 4x + 9y - 8z &= b_3 \end{aligned} \qquad \begin{aligned} 2x + 2z &= b_1 \\ 4x + 4y &= b_2 \\ 8x + 8y &= b_3 \end{aligned}$$

6 b_1, b_2, b_3에 대한 어떤 조건에서 각 연립방정식의 해가 존재하는가? 각 경우에서 $\boldsymbol{x}$를 구하라.

$$\begin{bmatrix}1&2\\2&4\\2&5\\3&9\end{bmatrix}\begin{bmatrix}x_1\\x_2\end{bmatrix}=\begin{bmatrix}b_1\\b_2\\b_3\\b_4\end{bmatrix} \qquad \begin{bmatrix}1&2&3\\2&4&6\\2&5&7\\3&9&12\end{bmatrix}\begin{bmatrix}x_1\\x_2\\x_3\end{bmatrix}=\begin{bmatrix}b_1\\b_2\\b_3\\b_4\end{bmatrix}$$

7 $b_3 - 2b_2 + 4b_1 = 0$이면 (b_1, b_2, b_3)가 열공간 내에 있음을 소거법으로 보여라. 계수는 $r=2$다. A의 행들의 어떤 일차결합이 영행을 만드는가?

$$A=\begin{bmatrix}1&3&1\\3&8&2\\2&4&0\end{bmatrix}$$

8 어떤 벡터 (b_1, b_2, b_3)가 A의 열공간 내에 있는가? A의 행들의 어떤 일차결합이 영행을 만드는가?

(a) $A=\begin{bmatrix}1&2&1\\2&6&3\\0&2&5\end{bmatrix}$ (b) $A=\begin{bmatrix}1&1&1\\1&2&4\\2&4&8\end{bmatrix}$

9 다음 계수가 꽉찬 연립방정식에 대해 $\boldsymbol{x}_p + \boldsymbol{x}_n$의 형태로 완전해를 구하라.

(a) $x+y+z=4$ (b) $\begin{aligned}x+y+z&=4\\x-y+z&=4\end{aligned}$

10 특수해 $\boldsymbol{x}_p=(2,4,0)$과 제차해 $\boldsymbol{x}_n=(1,1,1)$의 임의의 상수배를 갖는 2×3 연립방정식 $A\boldsymbol{x}=\boldsymbol{b}$를 세워라.

11 왜 1×3 연립방정식은 $\boldsymbol{x}_p=(2,4,0)$과 $\boldsymbol{x}_n=(1,1,1)$의 임의의 상수배를 가질 수 없는가?

12 (a) $A\boldsymbol{x}=\boldsymbol{b}$의 해가 $\boldsymbol{x}_1$과 $\boldsymbol{x}_2$일 때, $A\boldsymbol{x}=\boldsymbol{0}$의 해 두 개를 구하라.

(b) 그런 다음 $A\boldsymbol{x}=\boldsymbol{0}$의 또 하나의 해와 $A\boldsymbol{x}=\boldsymbol{b}$의 또 하나의 해를 구하라.

13 왜 다음 문장들은 모두 거짓인지 설명하라.

(a) 완전해는 $\boldsymbol{x}_p$와 $\boldsymbol{x}_n$의 임의의 일차결합이다.

(b) 연립방정식 $A\boldsymbol{x}=\boldsymbol{b}$는 최소한 한 개의 특수해가 존재한다. 이것은 A가 ____ 이면 참이다.

(c) 모든 자유변수들이 0인 해 $\boldsymbol{x}_p$는 (최소 길이 $\|\boldsymbol{x}\|$인) 가장 짧은 해다. 2×2인 반례를 들어라.

(d) A가 가역이면, 영공간 내에는 해 $\boldsymbol{x}_n$이 존재하지 않는다.

14 U의 5열에 피벗이 없다고 하자. 그러면 x_5는 ___ 변수다. 영벡터는 $A\boldsymbol{x} = \boldsymbol{0}$의 유일한 (해다) (해가 아니다). $A\boldsymbol{x} = \boldsymbol{b}$의 해가 존재한다면, 그것은 ___ 해다.

15 U의 3행에 피벗이 없다고 하자. 그러면 이 행은 _______ 다. 방정식 $U\boldsymbol{x} = \boldsymbol{c}$는 _______ 일 때만 해가 존재한다. 방정식 $A\boldsymbol{x} = \boldsymbol{b}$는 해가 (존재한다) (존재하지 않는다) (존재하지 않을 수도 있다).

16 3×5 행렬의 가장 큰 가능한 계수는 ___ 다. 그러면 U와 R의 모든 ___ 에 피벗이 존재한다. $A\boldsymbol{x} = \boldsymbol{b}$의 해는 (언제나 존재한다)(유일하다). A의 열공간은 ___ 다. 한 예가 $A =$ _______ 다.

17 6×4 행렬의 가장 큰 가능한 계수는 ___ 다. 그러면 U와 R의 모든 ___ 에 피벗이 존재한다. $A\boldsymbol{x} = \boldsymbol{b}$의 해는 (언제나 존재한다)(유일하다). A의 영공간은 ___ 다. 한 예가 $A =$ _______ 다.

18 A의 계수를 소거법으로 구하고 또한 A^T의 계수도 구하라.

$$A = \begin{bmatrix} 1 & 4 & 0 \\ 2 & 11 & 5 \\ -1 & 2 & 10 \end{bmatrix} \quad \text{그리고} \quad A = \begin{bmatrix} 1 & 0 & 1 \\ 1 & 1 & 2 \\ 1 & 1 & q \end{bmatrix} \text{ (계수는 } q\text{에 따라 다르다.)}$$

19 $A\boldsymbol{x} = \boldsymbol{b}$의 해가 무한히 많다면, 왜 $A\boldsymbol{x} = \boldsymbol{B}$ (새로운 우변)의 해가 오직 하나일 수는 없는가? $A\boldsymbol{x} = \boldsymbol{B}$는 해가 없을 수 있을까?

20 (가능하다면) 계수가 (a) 1 (b) 2 (c) 3이 되도록 수 q를 선택하라.

$$A = \begin{bmatrix} 6 & 4 & 2 \\ -3 & -2 & -1 \\ 9 & 6 & q \end{bmatrix} \quad \text{그리고} \quad B = \begin{bmatrix} 3 & 1 & 3 \\ q & 2 & q \end{bmatrix}$$

21 $A\boldsymbol{x} = \boldsymbol{b}$의 해의 개수가 다음과 같은 행렬 A의 예를 들라.

(a) $\boldsymbol{b}$에 따라 0 또는 1 (b) $\boldsymbol{b}$와 상관없이 ∞

(c) $\boldsymbol{b}$에 따라 0 또는 ∞ (d) $\boldsymbol{b}$와 상관없이 1

22 $A\boldsymbol{x} = \boldsymbol{b}$의 해가 다음과 같을 때, r과 m과 n 사이의 모든 알려진 관계를 적어라.

(a) 어떤 $\boldsymbol{b}$에 대해 해가 없음

(b) 어떤 $\boldsymbol{b}$에 대해서는 한 개의 해, 또 다른 $\boldsymbol{b}$에 대해서는 해가 없음

(c) 모든 $\boldsymbol{b}$에 대해 해가 무수히 많음 (d) 모든 $\boldsymbol{b}$에 대해 정확하게 한 개의 해만 있음

23-27번 문제는 축약행사다리꼴 행렬 R_0와 R에 관한 것이다.

23 피벗으로 행을 나눠라. 그런 다음 피벗 위를 0으로 만들어 R_0와 R에 도달하라.

$$U=\begin{bmatrix}2&4&4\\0&3&6\\0&0&0\end{bmatrix} \quad \text{그리고} \quad U=\begin{bmatrix}2&4&4\\0&3&6\\0&0&5\end{bmatrix} \quad \text{그리고} \quad U=\begin{bmatrix}0&0&4\\0&1&0\end{bmatrix}$$

24 A가 삼각행렬이면, 언제 $R_0=\text{rref}(A)$가 I와 같아지는가?

25 $U\boldsymbol{x}=\mathbf{0}$과 $U\boldsymbol{x}=\boldsymbol{c}$에 소거법을 적용하라. $R_0\boldsymbol{x}=\mathbf{0}$과 $R_0\boldsymbol{x}=\boldsymbol{d}$에 도달하라.

$$\begin{bmatrix}U & \mathbf{0}\end{bmatrix}=\begin{bmatrix}1&2&3&\mathbf{0}\\0&0&4&\mathbf{0}\end{bmatrix} \quad \text{그리고} \quad \begin{bmatrix}U & \boldsymbol{c}\end{bmatrix}=\begin{bmatrix}1&2&3&\mathbf{5}\\0&0&4&\mathbf{8}\end{bmatrix}$$

$R_0\boldsymbol{x}=\mathbf{0}$을 풀어 $x_2=1$인 $\boldsymbol{x}_n$을 구하라. $R_0\boldsymbol{x}=\boldsymbol{d}$를 풀어 $x_2=0$인 $\boldsymbol{x}_p$를 구하라.

26 $U\boldsymbol{x}=\mathbf{0}$과 $U\boldsymbol{x}=\boldsymbol{c}$을 $R_0\boldsymbol{x}=\mathbf{0}$과 $R_0\boldsymbol{x}=\boldsymbol{d}$으로 축약하라. $R_0\boldsymbol{x}=\boldsymbol{d}$의 해는 무엇인가?

$$\begin{bmatrix}U & 0\end{bmatrix}=\begin{bmatrix}3&0&6&\mathbf{0}\\0&0&0&\mathbf{0}\\0&0&2&\mathbf{0}\end{bmatrix} \quad \text{그리고} \quad \begin{bmatrix}U & \boldsymbol{c}\end{bmatrix}=\begin{bmatrix}3&0&6&\mathbf{9}\\0&0&0&\mathbf{4}\\0&0&2&\mathbf{5}\end{bmatrix}$$

27 $U\boldsymbol{x}=\boldsymbol{c}$를 축약하면 (가우스 소거법) $R_0\boldsymbol{x}=\boldsymbol{d}$다. 특수해 $\boldsymbol{x}_p$와 모든 제차해 $\boldsymbol{x}_n$을 구하라.

$$A\boldsymbol{x}=\begin{bmatrix}1&0&2&3\\1&3&2&0\\2&0&4&9\end{bmatrix}\begin{bmatrix}x_1\\x_2\\x_3\\x_4\end{bmatrix}=\begin{bmatrix}2\\5\\10\end{bmatrix}=\boldsymbol{b}$$

28 주어진 성질을 가진 A와 B를 구하거나 왜 구할 수 없는지를 설명하라.

(a) $A\boldsymbol{x}=\begin{bmatrix}\mathbf{1}\\\mathbf{2}\\\mathbf{3}\end{bmatrix}$의 유일한 해는 $\boldsymbol{x}=\begin{bmatrix}\mathbf{0}\\\mathbf{1}\end{bmatrix}$이다.

(b) $B\boldsymbol{x}=\begin{bmatrix}\mathbf{0}\\\mathbf{1}\end{bmatrix}$의 유일한 해는 $\boldsymbol{x}=\begin{bmatrix}\mathbf{1}\\\mathbf{2}\\\mathbf{3}\end{bmatrix}$이다.

29 A의 LU 분해를 구하고 $A\boldsymbol{x} = \boldsymbol{b}$의 모든 해를 구하라.

$$A = \begin{bmatrix} 1 & 3 & 1 \\ 1 & 2 & 3 \\ 2 & 4 & 6 \\ 1 & 1 & 5 \end{bmatrix} \quad \text{그리고} \quad \boldsymbol{b} = \begin{bmatrix} 1 \\ 3 \\ 6 \\ 5 \end{bmatrix} \quad \text{그런 다음} \quad \boldsymbol{b} = \begin{bmatrix} 1 \\ 0 \\ 0 \\ 0 \end{bmatrix}$$

30 $A\boldsymbol{x} = \begin{bmatrix} \mathbf{1} \\ \mathbf{3} \end{bmatrix}$의 완전해는 $\boldsymbol{x} = \begin{bmatrix} \mathbf{1} \\ \mathbf{0} \end{bmatrix} + c \begin{bmatrix} \mathbf{0} \\ \mathbf{1} \end{bmatrix}$이다. A를 구하라.

31 (추천) 3×4 행렬 A가 $A\boldsymbol{x} = \mathbf{0}$의 유일한 특별해로서 벡터 $\boldsymbol{s} = (2, 3, 1, 0)$을 가지고 있음을 안다고 가정하자.

(a) A의 계수는 얼마이고 $A\boldsymbol{x} = \mathbf{0}$의 완전해는 무엇인가?

(b) A의 완벽한 축약행사다리꼴 형태 R_0는 무엇인가?

(c) 모든 $\boldsymbol{b}$에 대해 $A\boldsymbol{x} = \boldsymbol{b}$의 해가 존재한다는 것을 어떻게 아는가?

32 $A\boldsymbol{x} = \boldsymbol{b}$와 $C\boldsymbol{x} = \boldsymbol{b}$의 (완전)해가 모든 $\boldsymbol{b}$에 대해 동일하다고 하자. A가 C와 같다는 것은 참일까?

33 계수가 r인 축약행사다리꼴 행렬 R_0의 열공간에 대해 묘사하라. 모든 영행들을 제거하고, R의 열공간에 대해 묘사하라.

3.4 독립, 기저, 그리고 차원

1. **독립인 벡터들**: $\mathbf{0}$을 만드는 일차결합 $c_1\boldsymbol{v}_1 + \cdots + c_k\boldsymbol{v}_k = \mathbf{0}$은 모든 c들이 0일 때 뿐이다.
2. 벡터들 $\boldsymbol{v}_1, \dots, \boldsymbol{v}_k$는 $\mathbf{S} = \boldsymbol{v}$들의 모든 일차결합이면 **공간 S를 생성한다**.
3. 벡터들 $\boldsymbol{v}_1, \dots, \boldsymbol{v}_k$는 (1) 일차독립이고 (2) $\mathbf{S}$를 생성하다면 **S의 기저**다.
4. **공간 S의 차원**은 $\mathbf{S}$의 모든 기저에 있는 벡터들의 개수 k다.

이번 절은 부분공간의 진짜 크기에 대한 중요한 내용에 관한 것이다. $m \times n$ 행렬에 n개의 열이 있지만, 열공간의 진짜 "차원"이 반드시 n인 것은 아니다. $\boldsymbol{C}(A)$의 차원은 **독립인 열들**을 세어 측정한다. 열공간의 진짜 차원은 계수 r임을 다시 한 번 보게 될 것이다.

독립에 대한 아이디어는 임의의 벡터공간 내의 임의의 벡터들에 적용된다. 이 절의 대부분은 우리가 알고 있고 사용하는 부분공간들, 특히 A의 열공간과 영공간에 집중하지만, 마지막 부분에서는 열벡터가 아닌 "벡터들"에 대해서도 또한 탐구한다. 이것들은 행렬과 함수가 될 수 있고, 일차독립이거나 일차종속일 수 있다. 열벡터를 이용한 핵심 예들이 먼저 나온다.

목표는 ***"공간을 생성하는" 독립 벡터들인 기저(basis)***를 이해하는 것이다.

공간 내의 모든 벡터는 기저 벡터들의 유일한 일차결합이다.

우리는 선형대수의 핵심에 와 있고 기저 없이는 앞으로 나아갈 수가 없다. 이 절에서의 네 가지의 필수적인 아이디어는 (각각의 의미에 대한 초기 힌트와 함께) 다음과 같다.

1. **독립인 벡터들**	(추가적인 벡터들이 없음)
2. **공간을 생성하기**	(나머지들을 만들기 충분한 벡터들)
3. **공간에 대한 기저**	(너무 많지도 않고 너무 적지도 않은)
4. **공간의 차원**	(모든 기저에서의 벡터의 개수)

일차독립

일차독립에 대한 첫 번째 정의는 그다지 전통적인 정의는 아니지만, 아마도 받아들일 준비가 되어 있을 것이다.

> **정의** $A\boldsymbol{x} = \mathbf{0}$의 유일해가 $\boldsymbol{x} = \mathbf{0}$일 때 A의 열들은 ***일차독립(linearly independent)***이다. ***열들의 어떠한 다른 일차결합 $A\boldsymbol{x}$도 영벡터가 되지 않는다.***

영공간 $\boldsymbol{N}(A)$가 오직 영벡터만을 포함할 때 열들은 일차독립이다. $\mathbf{R}^3$ 내의 세 개의 벡터로 독립(그리고 종속)에 대해 보여주고자 한다.

1. 만일 $\mathbf{R}^3$ 내의 세 벡터들이 동일한 평면 내에 없다면, 이 벡터들은 독립이다. 그림 3.2에서 $\boldsymbol{v}_1, \boldsymbol{v}_2, \boldsymbol{v}_3$의 어떠한 일차결합도 $0\boldsymbol{v}_1 + 0\boldsymbol{v}_2 + 0\boldsymbol{v}_3$을 제외하고는 영벡터가 되지 않는다.

2. 만일 $\mathbf{R}^3$ 내의 세 벡터들이 동일한 평면 내에 있다면, 이 벡터들은 종속이다.

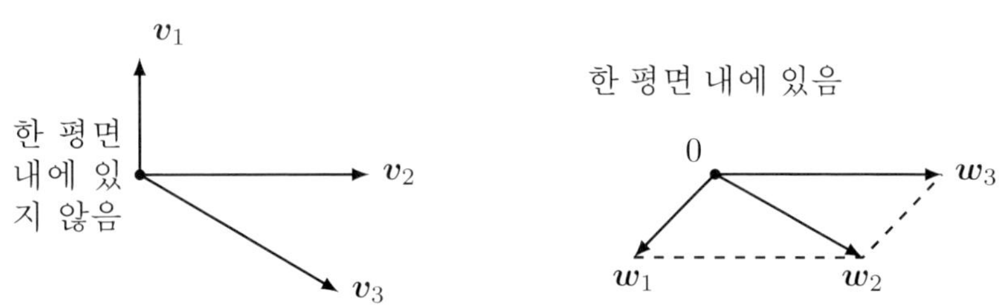

그림 3.2: 독립: 오직 $0\boldsymbol{v}_1 + 0\boldsymbol{v}_2 + 0\boldsymbol{v}_3$만 영벡터가 된다. 종속: $\boldsymbol{w}_1 - \boldsymbol{w}_2 + \boldsymbol{w}_3 = \mathbf{0}$

이러한 독립에 대한 아이디어는 12-차원 공간에 있는 일곱 개의 벡터에도 적용된다. 벡터들이 A의 열이면, 그리고 독립이면, 영공간은 오직 $\boldsymbol{x} = \mathbf{0}$만을 포함한다. 어떤 벡터도 다른 여섯 벡터들의 일차결합이 아니다.

이제 임의의 벡터 공간에서 동일한 아이디어를 표현하기 위한 다른 용어를 선택한다.

정의 일련의 벡터들 $\boldsymbol{v}_1, \ldots, \boldsymbol{v}_n$은 영벡터가 되는 유일한 일차결합이 $0\boldsymbol{v}_1 + 0\boldsymbol{v}_2 + \cdots + 0\boldsymbol{v}_n$이면 ***일차독립(linearly independent)***이다.

> **일차독립**
> $x_1\boldsymbol{v}_1 + x_2\boldsymbol{v}_2 + \cdots + x_n\boldsymbol{v}_n = \mathbf{0}$은 모든 x들이 0일때만 성립한다. (1)

x들이 모두 0은 아닌 일차결합이 $\mathbf{0}$이 되면, 이 벡터들은 종속이다.

올바른 언어: "일련의 벡터들이 일차독립이다." 허용가능한 단축어: "벡터들이 독립이다." 허용불가능: "행렬이 독립이다."

일련의 벡터들은 종속이거나 또는 독립이다. 즉, (0이 아닌 x들로) 벡터들을 일차결합하여 영벡터가 되거나 또는 영벡터가 될 수 없다. 그러므로 벡터들의 어떠한 일차결합이 영벡터가 되는지가 핵심 질문이다. $\mathbf{R}^2$에서의 작은 예로 시작한다.

(a) 벡터 $(1, 0)$과 $(1, 0.00001)$은 독립이다.

(b) 벡터 $(1, 1)$과 $(-1, -1)$은 종속이다.

(c) 벡터 $(1, 1)$과 $(0, 0)$은 영벡터때문에 종속이다.

(d) $\mathbf{R}^2$에서 임의의 세 개의 벡터 (a, b)와 (c, d)와 (e, f)는 종속이다.

종속인 열들
영공간에 있는 $\boldsymbol{x} \neq \mathbf{0}$

$$\begin{bmatrix} 1 & -1 \\ 1 & -1 \end{bmatrix} \begin{bmatrix} x_1 \\ x_2 \end{bmatrix} = \begin{bmatrix} 0 \\ 0 \end{bmatrix} \text{가 } x_1 = 1\text{과 } x_2 = 1\text{에 대해 성립}$$

$\mathbf{R}^2$ 내의 세 벡터들은 독립일 수 없다! 이것을 볼 수 있는 한 가지 방법은 이 세 개의 벡터를 열로 갖는 행렬 A는 자유변수를 가질 수 밖에 없고 그러면 $A\boldsymbol{x} = \mathbf{0}$에 대한 특별해가 존재할 수밖에 없다는 것이다.

이제 $\mathbf{R}^3$ 내의 세 개의 벡터로 이동한다. 만일 이들 중 하나가 다른 하나의 상수배라면, 이 벡터들은 종속이다. 그런데 세 개의 모든 벡터들을 한번에 포함하여 완전한 테스트를 할 수도 있다. 이 벡터들을 행렬에 넣고 $A\boldsymbol{x} = \mathbf{0}$의 해를 구해본다.

예제 1 이 행렬 A의 열들은 종속이다. $A\boldsymbol{x} = \mathbf{0}$에 대해 $\mathbf{0}$이 아닌 해가 존재한다.

$$A\boldsymbol{x} = \begin{bmatrix} 1 & 0 & 3 \\ 2 & 1 & 5 \\ 1 & 0 & 3 \end{bmatrix} \begin{bmatrix} -3 \\ 1 \\ 1 \end{bmatrix} \text{는 } -3 \begin{bmatrix} 1 \\ 2 \\ 1 \end{bmatrix} + 1 \begin{bmatrix} 0 \\ 1 \\ 0 \end{bmatrix} + 1 \begin{bmatrix} 3 \\ 5 \\ 3 \end{bmatrix} = \begin{bmatrix} \mathbf{0} \\ \mathbf{0} \\ \mathbf{0} \end{bmatrix} \text{이다.}$$

계수는 단지 $r = 2$이다. 독립인 열들은 꽉찬 열계수 $r = n = 3$을 만든다. 정사각행렬에 대해서는 열들이 종속인 것은 행들이 종속임을 의미하며 그 반대도 역시 성립한다.

질문 $A\boldsymbol{x} = \mathbf{0}$의 해를 어떻게 구할까? 체계적인 방법은 소거법이다.

$A = \begin{bmatrix} 1 & 0 & 3 \\ 2 & 1 & 5 \\ 1 & 0 & 3 \end{bmatrix}$은 $R_0 = \begin{bmatrix} 1 & 0 & 3 \\ 0 & 1 & -1 \\ 0 & 0 & 0 \end{bmatrix}$로 축소된다. 그러면 $F = \begin{bmatrix} 3 \\ -1 \end{bmatrix}$이고 $\boldsymbol{x} = \begin{bmatrix} -3 \\ 1 \\ 1 \end{bmatrix}$이다.

> **꽉찬 열계수** A의 열들은 정확하게 계수가 $r = n$일 때 독립이다. n개의 피벗이 존재하고 자유변수는 없고 $A = C$다. 오직 $\boldsymbol{x} = \mathbf{0}$만이 영공간 내에 존재한다.

어떤 한 경우는 처음부터 독립 여부가 확실하기 때문에 특별히 중요하다. 성분이 다섯 개인 일곱 개의 열들이 있다고 하자 (**$\boldsymbol{m} = 5$는 $\boldsymbol{n} = 7$보다 적다**). 그러면 이 열들은 반드시 종속이다. $\mathbf{R}^5$로부터 나오는 임의의 일곱 개의 벡터들은 종속이다. A의 계수는 5보다 클 수 없다. 다섯 개의 행에서 다섯 개보다 더 많은 피벗이 존재할 수는 없다. $A\boldsymbol{x} = \mathbf{0}$은 최소한 $7 - 5 = 2$개의 자유변수를 갖게 되므로, $\mathbf{0}$이 아닌 해가 존재하게 되고 이것은 열들이 종속임을 의미한다.

> $\mathbf{R}^m$ 내에서 임의의 n개의 벡터들의 집합은 $n > m$이라면 반드시 일차종속이다.

이러한 종류의 행렬은 행보다 열의 개수가 더 많다. 즉 짧고 굵은 형태다. $n > m$이라면 이 열들은 틀림없이 종속이다. 왜냐하면 $A\boldsymbol{x} = \mathbf{0}$에 대해 $\mathbf{0}$이 아닌 해가 존재하기 때문이다.

$n \leq m$이라면 열들은 종속이 될 수도 있고 또는 독립이 될 수도 있다. 소거법을 적용하면 r개의 피벗열들이 드러날 것이다. C에 있는 독립인 열들은 이러한 r개의 피벗열들이다.

참고 일차종속을 기술하는 또 다른 방법은 다음과 같다. "한 벡터가 다른 벡터들의 일차결합이다." 이것은 자명한 것처럼 들린다. 왜 처음부터 이렇게 말하지 않았을까? 우리의 정의는 다음과 같이 더 길었다. "모든 $x = 0$인 자명한 일차결합 말고도 어떤 일차결합이 영벡터를 만든다." 영벡터를 얻는 이 쉬운 방법을 반드시 배제하고 자명하지 않은 일차결합은 없는지 살펴봐야 한다.

요점은 우리의 정의는 하나의 특별한 벡터를 유죄라고 골라내지 않는다는 것이다. A의 모든 열들을 동일하게 다룬다. $A\boldsymbol{x} = \mathbf{0}$의 해가 $\mathbf{0}$만 존재하는지 또는 $\mathbf{0}$이 아닌 해가 존재하는지 살펴봐야 한다.

부분공간을 생성하는 벡터들

이 책에서 첫 부분공간은 열공간이었다. 열 $\boldsymbol{v}_1, \ldots, \boldsymbol{v}_n$ 으로 시작하여 $\boldsymbol{C}(A)$는 모든 일차결합 $x_1\boldsymbol{v}_1 + \cdots + x_n\boldsymbol{v}_n$ 을 포함한다. 열공간은 열들의 모든 일차결합 $A\boldsymbol{x}$로 이루어져 있다. 하나의 용어인 "생성(span)" 으로 $\boldsymbol{C}(A)$를 다음과 같이 기술한다.

행렬의 열들은 열공간을 생성한다. 이 열들은 종속일 수도 있다.

예제 2 A의 열공간과 행공간을 묘사하라.

$$m = 3 \quad n = 2 \qquad A = \begin{bmatrix} 1 & 4 \\ 2 & 7 \\ 3 & 5 \end{bmatrix} \text{ 그리고 } A^T = \begin{bmatrix} 1 & 2 & 3 \\ 4 & 7 & 5 \end{bmatrix}$$

A의 열공간은 A의 두 열로 생성되는 $\mathbf{R}^3$ 내의 평면이다. A의 행공간은 A의 세 개의 행들 (A^T의 열들)로 생성된다. 이 행공간은 $\mathbf{R}^2$ 전체이다. 행들은 행공간을 생성하면서 $\mathbf{R}^n$ 내에 있다. 열들은 열공간을 생성하면서 $\mathbf{R}^m$ 내에 있다. 동일한 수지만, 서로 다른 벡터이고 서로 다른 공간이다.

벡터공간의 기저

두 개의 벡터가 독립이라 하더라도 $\mathbf{R}^3$ 전체를 생성할 수 없다. 네 개의 벡터는 $\mathbf{R}^3$을 생성하더라도 독립일 수 없다. 우리는 ***공간을 생성하기에 충분한 (하지만 더 많지는 않은) 독립인 벡터***를 원한다. "***기저(basis)***" 가 딱이다.

> 정의 벡터공간의 ***기저***는 다음 두 가지 성질을 가진 일련의 벡터들이다.
>
> ***기저벡터들은 일차독립이고 공간을 생성한다.***

이 일차결합이 선형대수의 핵심이다. 공간 내의 모든 벡터 $\boldsymbol{v}$는 기저벡터들의 일차결합이다. 왜냐하면 기저벡터들이 그 공간을 생성하기 때문이다. 그보다 더, $\boldsymbol{v}$를 만드는 일차결합은 유일하다. 왜냐하면 기저벡터들 $\boldsymbol{v}_1, \ldots, \boldsymbol{v}_n$은 독립이기 때문이다.

$\boldsymbol{v}$를 기저벡터들의 일차결합으로 쓰는 방법은 오직 한 가지 방법만 존재한다.

이유: $\boldsymbol{v} = a_1\boldsymbol{v}_1 + \cdots + a_n\boldsymbol{v}_n$이고 또한 $\boldsymbol{v} = b_1\boldsymbol{v}_1 + \cdots + b_n\boldsymbol{v}_n$라고 가정하자. 변변 빼면 $(a_1 - b_1)\boldsymbol{v}_1 + \cdots + (a_n - b_n)\boldsymbol{v}_n$은 영벡터다. $\boldsymbol{v}$들의 독립성으로부터 모든 $a_i - b_i = 0$이다. 따라서 $a_i = b_i$이고 $\boldsymbol{v}$를 만드는 두 가지 방법은 없다.

예제 3 $I = \begin{bmatrix}1 & 0\\0 & 1\end{bmatrix}$의 열들은 $\mathbf{R}^2$의 "표준기저"가 된다. 기저벡터들 $\boldsymbol{i} = \begin{bmatrix}1\\0\end{bmatrix}$와 $\boldsymbol{j} = \begin{bmatrix}0\\1\end{bmatrix}$는 독립이다. 이 벡터들은 $\mathbf{R}^2$를 생성한다.

모든 이들이 이 기저를 가장 먼저 떠올린다. 벡터 $\boldsymbol{i}$는 옆으로 가고 $\boldsymbol{j}$는 똑바로 위로 간다. $n \times n$ 항등행렬의 열들은 $\mathbf{R}^n$의 "**표준 기저**(standard basis)"가 된다.

이제 수많은 다른 기저들을 구해보자 (무한히 많다). 기저는 유일하지 않다!

예제 4 (중요) 모든 가역인 $n \times n$ 행렬의 열들은 $\mathbf{R}^n$에 대한 기저가 된다.

가역행렬 독립인 열들 열공간은 $\mathbf{R}^3$	$A = \begin{bmatrix}1 & 0 & 0\\1 & 1 & 0\\1 & 1 & 1\end{bmatrix}$	**특이행렬** 종속인 열들 열공간 $\neq \mathbf{R}^3$	$B = \begin{bmatrix}1 & 0 & 1\\1 & 1 & 2\\1 & 1 & 2\end{bmatrix}$

$A\boldsymbol{x} = \mathbf{0}$의 유일한 해는 $\boldsymbol{x} = A^{-1}\mathbf{0} = \mathbf{0}$이다. 이 열들은 독립이다. 모든 벡터 $\boldsymbol{b}$가 이 열들의 일차결합이므로 이 열들은 전체 공간 $\mathbf{R}^n$을 생성한다. $A\boldsymbol{x} = \boldsymbol{b}$는 $\boldsymbol{x} = A^{-1}\boldsymbol{b}$라는 해가 언제나 존재한다. 가역행렬인 경우, 모든 것들이 어떻게 통합되는지 알 수 있겠는가? 다음과 같이 한 문장으로 요약할 수 있다.

> 벡터들 $\boldsymbol{v}_1, \ldots, \boldsymbol{v}_n$은 이 벡터들이 정확하게 ***가역인*** $n \times n$ ***행렬의 열들***일 때 $\mathbf{R}^n$ ***의 기저***다. 따라서 $\mathbf{R}^n$은 무한히 많은 서로 다른 기저가 존재한다.

열들이 종속일 때는, 위의 행렬 B의 첫 두 개의 열과 같은 오직 피벗열들만 유지한다. 이 두 개의 열들은 독립이고 열공간을 생성한다.

> **모든 독립인 벡터들의 집합은 기저로 확장할 수 있다.**
> **모든 벡터들의 생성 집합은 기저로 축소할 수 있다.**

예제 5 이 행렬은 가역이 아니다. 이 행렬의 열들은 어떤 공간에 대해서도 기저가 아니다!

한 개의 피벗열
한 개의 피벗행 ($r = 1$) $A = \begin{bmatrix}2 & 4\\3 & 6\end{bmatrix}$는 $R_0 = \begin{bmatrix}1 & 2\\0 & 0\end{bmatrix}$로 축소된다.

예제 6 다음 계수 2인 행렬의 열공간과 행공간의 기저를 구하라.

$$R_0 = \begin{bmatrix} 1 & 2 & 0 & 3 \\ 0 & 0 & 1 & 4 \\ 0 & 0 & 0 & 0 \end{bmatrix}$$

1열과 3열은 피벗열이다. 이 열들은 R_0의 열공간의 기저다. 이 열공간은 xyz 공간 $\mathbf{R}^3$ 내에 있는 "xy 평면" 이다. 이 평면은 $\mathbf{R}^2$가 아니며 $\mathbf{R}^3$의 부분공간이다. 2열과 3열 또한 동일한 열공간의 기저다. R_0의 어떤 열들의 쌍이 이 열공간의 기저가 아닐까?

행공간은 $\mathbf{R}^4$의 부분공간이다. 이 행공간의 가장 간단한 기저는 R_0의 두 개의 **0**이 아닌 행이다. **영벡터는 절대로 기저에 포함되지 않는다.**

질문 $\mathbf{R}^7$ 내의 다섯 개의 벡터가 주어졌을 때, ***이 벡터들이 생성하는 공간의 기저를 어떻게 찾을까?***

첫 번째 답 이 벡터들을 ***A*의 행들**로 만들고 소거법을 적용하여 R에서의 0이 아닌 행들을 찾는다.

두 번째 답 이 벡터들을 ***A*의 열들**로 집어넣는다. 소거법을 적용하여 피벗열들을 찾는다. C에서의 이 피벗열들이 열공간의 기저다.

또 다른 기저들은 이보다 더 많은 벡터를 가질까 아니면 더 적은 벡터를 가질까? 이것의 정답은 아니오이고 핵심적인 질문이다. ***한 벡터공간의 모든 기저는 동일한 수의 벡터들을 포함한다.***

임의의 그리고 모든 기저에 있는 벡터의 수가 그 공간의 "차원(dimension)" 이다.

벡터공간의 차원

방금 언급한 것을 증명해야 한다. 기저벡터를 선택하는 방법은 많지만, **기저벡터들의 수는 변하지 않는다.**

만일 $\boldsymbol{v}_1, \ldots, \boldsymbol{v}_m$과 $\boldsymbol{w}_1, \ldots, \boldsymbol{w}_n$이 모두 동일한 벡터공간의 기저라면, $m = n$이다.

증명 $\boldsymbol{v}$들보다 $\boldsymbol{w}$들이 더 많다고 가정하자. $n > m$으로부터 모순에 이르길 원한다. $\boldsymbol{v}$들이 기저이므로 $\boldsymbol{w}_1$은 이 $\boldsymbol{v}$들의 일차결합이어야 한다. 만일 $\boldsymbol{w}_1$이 $a_{11}\boldsymbol{v}_1 + \cdots a_{m1}\boldsymbol{v}_m$

이라면, 이것은 행렬 곱셈 $VA = W$의 첫 번째 열이다.

모든 $\boldsymbol{w}$는 $\boldsymbol{v}$들의 일차결합이다

$$W = \begin{bmatrix} \boldsymbol{w}_1 & \boldsymbol{w}_2 & \ldots & \boldsymbol{w}_n \end{bmatrix} = \begin{bmatrix} \boldsymbol{v}_1 & \ldots & \boldsymbol{v}_m \end{bmatrix} \begin{bmatrix} a_{11} & & a_{1n} \\ \vdots & & \vdots \\ a_{m1} & & a_{mn} \end{bmatrix} = VA$$

각각의 a_{ij}는 모르지만, A의 형태는 안다 ($m \times n$ 행렬이다). 두 번째 벡터 $\boldsymbol{w}_2$도 또한 이 $\boldsymbol{v}$들의 일차결합이다. 이 일차결합에서 계수들은 A의 두 번째 열을 채운다. 핵심은 A가 모든 $\boldsymbol{v}$에 대한 행과 모든 $\boldsymbol{w}$에 대한 열을 갖는다는 것이다. $n > m$이라 가정하였으므로 A는 짧고 굵은 행렬이다. 그러므로 $A\boldsymbol{x} = \boldsymbol{0}$은 **_$\boldsymbol{0}$이 아닌 해가 존재한다._**

$A\boldsymbol{x} = \boldsymbol{0}$으로부터 $VA\boldsymbol{x} = \boldsymbol{0}$이고 이것은 $W\boldsymbol{x} = \boldsymbol{0}$이다. $\boldsymbol{w}$들의 일차결합이 0이 된다! 그러면 $\boldsymbol{w}$들은 기저가 될 수 없었다. 두 개의 기저에 대해 가정 $n > m$은 **가능하지 않다**.

만일 $m > n$이면 $\boldsymbol{v}$들과 $\boldsymbol{w}$들을 서로 바꾸어서 동일한 단계를 반복한다. 모순을 피하는 유일한 방법은 $m = n$이 되는 것이다. 이것으로써 $m = n$이라는 증명을 완성한다.

기저벡터들의 개수가 차원이다. 그러므로 $\mathbf{R}^n$의 차원은 n이다. 이제 **_차원_**이라는 중요한 용어를 정의한다.

> 정의 **_한 공간의 차원(dimension)은 모든 기저에 있는 벡터들의 개수_**다.

차원은 우리의 직관과 일치한다. $\boldsymbol{v} = (1, 5, 2)$를 지나는 직선의 차원은 1이다. 이것은 기저에 한 개의 벡터 $\boldsymbol{v}$만 있는 부분공간이다. 평면 $x + 5y + 2z = 0$은 이 직선과 수직이다. 이 평면의 차원은 2다. 이것을 증명하기 위해 기저벡터 $(-5, 1, 0)$과 $(-2, 0, 1)$을 구한다. 기저가 이 두 벡터만을 포함하기 때문에 차원은 2다.

이 평면은 행렬 $A = [1 \quad 5 \quad 2]$의 영공간이다. 이 행렬의 자유변수는 두 개다. 기저벡터들 $(-5, 1, 0)$과 $(-2, 0, 1)$은 $A\boldsymbol{x} = \boldsymbol{0}$의 "특별해" 다. $n - r$개의 특별해들은 언제나 차원이 $n - r$인 영공간의 기저가 된다.

선형대수의 언어에 대한 참고 "공간의 계수" 또는 "기저의 차원" 또는 "행렬의 기저" 라고 절대 말하지 않는다. 이러한 용어들은 아무런 의미가 없다. **_행렬의 계수_**와 동등한 것은 **_열공간의 차원_**이다.

행렬공간과 함수공간의 기저

"독립성" 과 "기저" 그리고 "차원" 이라는 용어들은 열벡터에만 제한되지 않는다. 세 개의 행렬 A_1, A_2, A_3가 독립인지 여부를 물을 수 있다. 이 행렬들이 3×4 행렬이라면, 어떤 일차결합이 영행렬이 되게 할 수도 있다. 또한 전체 3×4 행렬공간의 차원에 대해서도 물을 수 있다. (차원은 12다).

미분방정식에서 $d^2y/dx^2 = y$의 해공간이 존재한다. 하나의 기저는 $y = e^x$과 $y = e^{-x}$이다. 기저함수를 세면 이 해공간에 대한 차원이 2가 된다. (이계미분때문에 차원이 2다.)

행렬공간 벡터공간 $\mathbf{M}$은 모든 2×2 행렬을 포함한다. 이 공간의 차원은 4다.

$$\textbf{한 기저는} \quad A_1, A_2, A_3, A_4 = \begin{bmatrix} \mathbf{1} & 0 \\ 0 & 0 \end{bmatrix}, \begin{bmatrix} 0 & \mathbf{1} \\ 0 & 0 \end{bmatrix}, \begin{bmatrix} 0 & 0 \\ \mathbf{1} & 0 \end{bmatrix}, \begin{bmatrix} 0 & 0 \\ 0 & \mathbf{1} \end{bmatrix}$$

이 행렬들은 일차독립이다. 이 행렬들의 열들을 보고 있는 것이 아니라 전체 행렬을 보고 있다. 이 네 행렬들의 일차결합은 $\mathbf{M}$ 내에 있는 모든 행렬들을 만들어 낼 수 있다.

모든 A는 기저행렬들을 일차결합한다

$$c_1A_1 + c_2A_2 + c_3A_3 + c_4A_4 = \begin{bmatrix} c_1 & c_2 \\ c_3 & c_4 \end{bmatrix} = A.$$

c들이 모두 0인 경우에만 A가 영행렬이다. 이것으로서 A_1, A_2, A_3, A_4의 독립성이 증명된다.

세 행렬 A_1, A_2, A_4는 상삼각행렬들로 이루어진 부분공간의 기저다. 이 부분공간의 차원은 3이다. A_1과 A_4는 대각행렬들에 대한 기저이다. 대칭행렬들에 대한 기저는 무엇일까? A_1과 A_4를 유지하고 $A_2 + A_3$을 덧붙여라.

전체 $n \times n$ 행렬공간의 차원은 n^2이다.

상삼각행렬 부분공간의 차원은 $\frac{1}{2}n^2 + \frac{1}{2}n$이다.

대각행렬 부분공간의 차원은 n이다.

대칭행렬 부분공간의 차원은 $\frac{1}{2}n^2 + \frac{1}{2}n$이다. (왜 그럴까?)

함수공간 방정식 $d^2y/dx^2 = 0$과 $d^2y/dx^2 = -y$와 $d^2y/dx^2 = y$는 이계미분을 포함한다. 미적분학에서 이 방정식을 풀면 다음과 같이 함수 $y(x)$를 구한다.

$y'' = 0$ 의 해는 임의의 선형함수 $y = cx + d$이다.

$y'' = -y$ 의 해는 임의의 일차결합 $y = c \sin x + d \cos x$이다.

$y'' = y$ 의 해는 임의의 일차결합 $y = ce^x + de^{-x}$이다.

$y'' = -y$의 해공간에는 두 개의 기저함수 $\sin x$와 $\cos x$가 존재한다. $y'' = 0$에 대한 공간은 두 개의 기저함수 x와 1을 갖는다. 이것은 이계미분의 "영공간"이다! 각 경우에서 차원은 2다 (이 식들은 이계미분방정식이다).

$y'' = 2$는 우변 $b = 2$가 0이 아니고 부분공간을 형성하지 않는다. 하나의 특수해는 $y(x) = x^2$이다. 완전해는 $y(x) = x^2 + cx + d$이다. 이 모든 함수들이 $y'' = 2$를 만족한다. 완전해가 특수해 더하기 영공간에 있는 $cx + d$임에 주목한다. 선형미분방정식은 선형행렬방정식 $A\boldsymbol{x} = \boldsymbol{b}$와 비슷하다.

오직 영벡터만을 포함하는 공간 $\mathbf{Z}$로 마무리한다. 이 공간의 차원은 0이다. (아무 벡터도 포함하지 않는) ***공집합이* $\mathbf{Z}$*에 대한 기저다.*** 영벡터가 기저에 포함되는 것을 허용하지 않는데 그러면 일차독립성을 잃어버리기 때문이다.

이 절에서의 핵심 용어들은 **독립, 생성, 기저, 차원**이었다.

1. $A\boldsymbol{x} = \mathbf{0}$의 유일한 해가 $\boldsymbol{x} = \mathbf{0}$이면 A의 열들은 **독립**이다.

2. 벡터들 $\boldsymbol{v}_1, \ldots, \boldsymbol{v}_r$의 일차결합이 한 공간을 꽉 채우면 이 벡터들은 그 공간을 ***생성***한다.

3. ***기저는 한 공간을 생성하는 일차독립인 벡터들로 이루어져 있다.*** 그 공간 안에 있는 모든 벡터는 기저벡터들의 유일한 일차결합이다.

4. 한 공간에 대한 모든 기저들은 동일한 개수의 벡터를 가진다. 기저 내의 이 벡터들의 개수가 그 공간의 ***차원***이다.

5. 피벗열들은 열공간의 하나의 기저다. 차원은 r이다.

풀이가 있는 연습 문제

3.4 A (***중요한 예제***) $\boldsymbol{v}_1, \ldots, \boldsymbol{v}_n$이 $\mathbf{R}^n$의 한 기저이고 $n \times n$ 행렬 A가 가역이라고 하자. **$A\boldsymbol{v}_1, \ldots, A\boldsymbol{v}_n$ 또한 $\mathbf{R}^n$의 기저임을 보여라.**

풀이 행렬 용어로: 기저벡터들 $\boldsymbol{v}_1, \ldots, \boldsymbol{v}_n$을 가역인(!) 행렬 V에 넣는다. 그러면 $A\boldsymbol{v}_1, \ldots, A\boldsymbol{v}_n$은 AV의 열들이다. A가 가역이므로, AV 또한 가역이다. 이 행렬의 열들은 기저가 된다.

벡터 용어로: $c_1 A\boldsymbol{v}_1 + \cdots + c_n A\boldsymbol{v}_n = \mathbf{0}$이라고 가정하자. 이것은 $\boldsymbol{v} = c_1\boldsymbol{v}_1 + \cdots + c_n\boldsymbol{v}_n$일 때 $A\boldsymbol{v} = \mathbf{0}$이다. A^{-1}을 곱하면 $\boldsymbol{v} = \mathbf{0}$에 이른다. $\boldsymbol{v}$들의 일차독립성에 의해 모든 $c_i = 0$이다. 이것은 $A\boldsymbol{v}$들이 독립임을 보여준다.

$A\boldsymbol{v}$들이 $\mathbf{R}^n$을 생성하는 것을 보이기 위해 $c_1 A\boldsymbol{v}_1 + \cdots + c_n A\boldsymbol{v}_n = \boldsymbol{b}$을 푼다. 이것은 $c_1\boldsymbol{v}_1 + \cdots + c_n\boldsymbol{v}_n = A^{-1}\boldsymbol{b}$와 같다. $\boldsymbol{v}$들이 기저이므로, 이것은 반드시 해가 존재한다.

3.4 B 벡터 $\boldsymbol{v}_1 = (1, 2, 0)$과 $\boldsymbol{v}_2 = (2, 3, 0)$으로 시작하자. (a) 이 벡터들은 일차독립인가? (b) 이 벡터들은 임의의 공간의 기저인가? (c) $\boldsymbol{V}$의 차원은 얼마인가? (d) $\boldsymbol{V}$는 어떤 행렬 A의 열공간이 되는가? (e) $\boldsymbol{V}$는 어떤 행렬의 영공간이 되는가? (f) $\boldsymbol{v}_1, \boldsymbol{v}_2, \boldsymbol{v}_3$이 $\mathbf{R}^3$의 기저가 되도록 하는 모든 $\boldsymbol{v}_3$에 대해 설명하라.

풀이

(a) $\boldsymbol{v}_1$과 $\boldsymbol{v}_2$는 독립이다. $\mathbf{0}$이 되게 하는 유일한 일차결합은 $0\boldsymbol{v}_1 + 0\boldsymbol{v}_2$ 뿐이다.

(b) 이 벡터들이 생성하는 모든 벡터 $(x, y, 0)$의 공간 $\boldsymbol{V}$에 대한 기저다.

(c) 기저가 두 개의 벡터를 포함하므로 $\boldsymbol{V}$의 차원은 2다.

(d) 모든 열들이 $\boldsymbol{v}_1$과 $\boldsymbol{v}_2$의 일차결합이라면, 이 $\boldsymbol{V}$는 계수가 2인 임의의 $3 \times n$ 행렬 A의 열공간이다.

(e) 모든 행들이 $(0, 0, 1)$의 상수배라면, 이 $\boldsymbol{V}$는 계수가 1인 임의의 $m \times 3$ 행렬 B의 영공간이다. 특히 $B = [0 \quad 0 \quad 1]$을 취한다. 그러면 $B\boldsymbol{v}_1 = \mathbf{0}$이고 $B\boldsymbol{v}_2 = \mathbf{0}$이다.

(f) $c \neq 0$이면 임의의 세 번째 벡터 $\boldsymbol{v}_3 = (a, b, c)$는 $\mathbf{R}^3$의 기저를 완성시킬 것이다.

3.4 C 독립인 세 벡터들 $\boldsymbol{w}_1, \boldsymbol{w}_2, \boldsymbol{w}_3$으로 시작하자. 이 벡터들의 일차결합을 취하여 $\boldsymbol{v}_1, \boldsymbol{v}_2, \boldsymbol{v}_3$을 만든다. 이 일차결합을 $V = WB$와 같은 행렬 형태로 쓴다.

$$\begin{aligned} \boldsymbol{v}_1 &= \boldsymbol{w}_1 + \boldsymbol{w}_2 \\ \boldsymbol{v}_2 &= \boldsymbol{w}_1 + 2\boldsymbol{w}_2 + \boldsymbol{w}_3 \\ \boldsymbol{v}_3 &= \phantom{\boldsymbol{w}_1 +{}} \boldsymbol{w}_2 + c\boldsymbol{w}_3 \end{aligned} \qquad \begin{bmatrix} \boldsymbol{v}_1 & \boldsymbol{v}_2 & \boldsymbol{v}_3 \end{bmatrix} = \begin{bmatrix} \boldsymbol{w}_1 & \boldsymbol{w}_2 & \boldsymbol{w}_3 \end{bmatrix} \begin{bmatrix} 1 & 1 & 0 \\ 1 & 2 & 1 \\ 0 & 1 & c \end{bmatrix}$$

$V = WB$가 독립인 열들을 갖는지 여부를 알기 위해 B에 어떤 테스트를 해야 하는가? 만일 $\boldsymbol{c} \neq 1$이면 $\boldsymbol{v}_1, \boldsymbol{v}_2, \boldsymbol{v}_3$는 일차독립임을 보여라. 만일 $\boldsymbol{c} = 1$이면 $\boldsymbol{v}$들은 일차종속임을 보여라.

풀이 독립인 열들에 대해, V의 영공간은 반드시 영벡터만을 포함해야 한다. 즉 $V\boldsymbol{x} = \mathbf{0}$은 $\boldsymbol{x} = (0,0,0)$인 것을 요구한다.

만일 이 문제에서 $\boldsymbol{c} = 1$이면 두 가지 방법으로 종속성을 알 수 있다. 먼저, $\boldsymbol{v}_1 + \boldsymbol{v}_3$은 $\boldsymbol{v}_2$와 같아질 것이다. 그러면 $\boldsymbol{v}_1 - \boldsymbol{v}_2 + \boldsymbol{v}_3 = \mathbf{0}$이고 이것은 $\boldsymbol{v}$들이 종속임을 말한다.

다른 방법은 B의 영공간을 살펴보는 것이다. 만일 $\boldsymbol{c} = 1$이면 벡터 $\boldsymbol{x} = (1,-1,1)$은 이 영공간 안에 있고 $B\boldsymbol{x} = \mathbf{0}$이다. 그러면 틀림없이 $WB\boldsymbol{x} = \mathbf{0}$이고 이것은 $V\boldsymbol{x} = \mathbf{0}$과 같다. 그러므로 $\boldsymbol{v}_1 - \boldsymbol{v}_2 + \boldsymbol{v}_3 = \mathbf{0}$이고 $\boldsymbol{v}$들은 종속이다.

이제 $\boldsymbol{c} \neq 1$라고 가정하자. 그러면 행렬 B는 가역이다. 그러므로 $\boldsymbol{x}$가 임의의 0이 아닌 벡터라면, $B\boldsymbol{x}$는 $\mathbf{0}$이 아닌 벡터이다. $\boldsymbol{w}$들이 독립이라고 주어졌으므로 추가적으로 $WB\boldsymbol{x}$도 $\mathbf{0}$이 아닌 벡터이다. $V = WB$이므로, 이것은 $\boldsymbol{x}$가 V의 영공간에 속하지 않음을 말한다. 다시 말하면 $\boldsymbol{v}_1, \boldsymbol{v}_2, \boldsymbol{v}_3$은 독립이다.

일반적인 규칙은 "B가 가역이면 독립인 $\boldsymbol{w}$들로부터 독립인 $\boldsymbol{v}$들이다". 그리고 만일 이 벡터들이 $\mathbf{R}^3$ 내에 있다면, 이것들은 독립일 뿐만 아니라 $\mathbf{R}^3$의 기저다. ***"기저변환 행렬 B가 가역이면 $\boldsymbol{w}$들의 기저로부터 $\boldsymbol{v}$들의 기저를 얻는다."***

연습 문제

1–10번 문제는 일차독립과 일차종속에 관한 것이다.

1 $\boldsymbol{v}_1, \boldsymbol{v}_2, \boldsymbol{v}_3$는 독립이지만 $\boldsymbol{v}_1, \boldsymbol{v}_2, \boldsymbol{v}_3, \boldsymbol{v}_4$는 종속임을 보여라.

$$\boldsymbol{v}_1 = \begin{bmatrix}1\\0\\0\end{bmatrix} \quad \boldsymbol{v}_2 = \begin{bmatrix}1\\1\\0\end{bmatrix} \quad \boldsymbol{v}_3 = \begin{bmatrix}1\\1\\1\end{bmatrix} \quad \boldsymbol{v}_4 = \begin{bmatrix}2\\3\\4\end{bmatrix}$$

$c_1\boldsymbol{v}_1 + c_2\boldsymbol{v}_2 + c_3\boldsymbol{v}_3 + c_4\boldsymbol{v}_4 = \mathbf{0}$ 즉 $A\boldsymbol{x} = \mathbf{0}$을 풀어라. $\boldsymbol{v}$들이 A의 열들로 들어간다.

2 (추천) 다음 벡터들 중에 가능한 가장 많은 독립인 벡터들의 수를 구하라.

$$\boldsymbol{v}_1 = \begin{bmatrix}1\\-1\\0\\0\end{bmatrix} \quad \boldsymbol{v}_2 = \begin{bmatrix}1\\0\\-1\\0\end{bmatrix} \quad \boldsymbol{v}_3 = \begin{bmatrix}1\\0\\0\\-1\end{bmatrix} \quad \boldsymbol{v}_4 = \begin{bmatrix}0\\1\\-1\\0\end{bmatrix} \quad \boldsymbol{v}_5 = \begin{bmatrix}0\\1\\0\\-1\end{bmatrix} \quad \boldsymbol{v}_6 = \begin{bmatrix}0\\0\\1\\-1\end{bmatrix}$$

3 $a = 0$ 또는 $d = 0$ 또는 $f = 0$ (세 가지 경우)이면, U의 열들은 종속임을 증명하라.

$$U = \begin{bmatrix} a & b & c \\ 0 & d & e \\ 0 & 0 & f \end{bmatrix}$$

4 3번 문제에서 a, d, f가 0이 아니라면, $U\boldsymbol{x} = \mathbf{0}$의 유일해는 $\boldsymbol{x} = \mathbf{0}$임을 보여라. 대각 성분이 0이 아닌 상삼각행렬 U의 열들은 독립이다.

5 다음의 독립성 또는 종속성을 따져라.

(a) 벡터들 $(1, 3, 2)$와 $(2, 1, 3)$과 $(3, 2, 1)$

(b) 벡터들 $(1, -3, 2)$와 $(2, 1, -3)$과 $(-3, 2, 1)$

6 U의 세 개의 독립인 열들을 선택하라. 그런 다음 두 가지 다른 선택을 하라. A에 대해서도 똑같이 하라.

$$U = \begin{bmatrix} 2 & 3 & 4 & 1 \\ 0 & 6 & 7 & 0 \\ 0 & 0 & 0 & 9 \\ 0 & 0 & 0 & 0 \end{bmatrix} \quad \text{그리고} \quad A = \begin{bmatrix} 2 & 3 & 4 & 1 \\ 0 & 6 & 7 & 0 \\ 0 & 0 & 0 & 9 \\ 4 & 6 & 8 & 2 \end{bmatrix}$$

7 $\boldsymbol{w}_1, \boldsymbol{w}_2, \boldsymbol{w}_3$이 독립인 벡터들이라면, 차 $\boldsymbol{v}_1 = \boldsymbol{w}_2 - \boldsymbol{w}_3$와 $\boldsymbol{v}_2 = \boldsymbol{w}_1 - \boldsymbol{w}_3$와 $\boldsymbol{v}_3 = \boldsymbol{w}_1 - \boldsymbol{w}_2$는 종속임을 보여라. 영벡터가 되는 $\boldsymbol{v}$들의 일차결합을 찾아라. $[\boldsymbol{v}_1 \quad \boldsymbol{v}_2 \quad \boldsymbol{v}_3] = [\boldsymbol{w}_1 \quad \boldsymbol{w}_2 \quad \boldsymbol{w}_3]A$에서 어떤 행렬 A가 특이행렬인가?

8 $\boldsymbol{w}_1, \boldsymbol{w}_2, \boldsymbol{w}_3$이 독립인 벡터들이라면, 합 $\boldsymbol{v}_1 = \boldsymbol{w}_2 + \boldsymbol{w}_3$와 $\boldsymbol{v}_2 = \boldsymbol{w}_1 + \boldsymbol{w}_3$와 $\boldsymbol{v}_3 = \boldsymbol{w}_1 + \boldsymbol{w}_2$는 독립임을 보여라. ($c_1\boldsymbol{v}_1 + c_2\boldsymbol{v}_2 + c_3\boldsymbol{v}_3 = \mathbf{0}$을 $\boldsymbol{w}$에 대한 식으로 써라. c에 대한 방정식을 구하고 이 식을 풀어서 c들이 모두 0임을 보여라.)

9 $\boldsymbol{v}_1, \boldsymbol{v}_2, \boldsymbol{v}_3, \boldsymbol{v}_4$를 $\mathbf{R}^3$ 내의 벡터들이라고 하자.

(a) 이 네 벡터들은 종속이다. 왜냐하면 __________이기 때문이다.

(b) 두 벡터 $\boldsymbol{v}_1$과 $\boldsymbol{v}_2$는 __________라면 종속일 것이다.

(c) 벡터 $\boldsymbol{v}_1$과 $(0, 0, 0)$은 __________이기 때문에 종속이다.

10 $\mathbf{R}^4$ 내에 있는 평면 $x + 2y - 3z - t = 0$ 위에 있는 두 개의 독립인 벡터들을 구하라. 그런 다음 세 개의 독립인 벡터들을 구하라. 왜 네 개는 없는가? 이 평면은 어떤 행렬의 영공간인가?

11–14번 문제는 벡터 집합에 의해 생성된 공간에 관한 것이다. 벡터들의 모든 일차결합을 취한다.

11 다음으로 생성되는 $\mathbf{R}^3$의 부분공간을 기술하라 (직선인가? 평면인가? $\mathbf{R}^3$ 인가?)

(a) 두 벡터 $(1,1,-1)$과 $(-1,-1,1)$

(b) 세 벡터 $(0,1,1)$과 $(1,1,0)$과 $(0,0,0)$

(c) 성분이 자연수인 $\mathbf{R}^3$ 내의 모든 벡터들

(d) 성분이 양수인 모든 벡터들

12 벡터 $\boldsymbol{b}$는 _______의 해가 존재할 때, A의 열들로 생성되는 부분공간 내에 있다. 벡터 $\boldsymbol{c}$는 _______의 해가 존재할 때, A의 행공간 내에 있다.

참 또는 거짓: 영벡터가 행공간 내에 있다면, 행들은 종속이다.

13 다음 네 공간의 차원을 구하라. 이 공간들 중 어느 두 개의 공간이 동일한가? (a) A의 열공간, (b) U의 열공간, (c) A의 행공간, (d) U의 행공간

$$A = \begin{bmatrix} 1 & 1 & 0 \\ 1 & 3 & 1 \\ 3 & 1 & -1 \end{bmatrix} \quad \text{그리고} \quad U = \begin{bmatrix} 1 & 1 & 0 \\ 0 & 2 & 1 \\ 0 & 0 & 0 \end{bmatrix}$$

14 $\boldsymbol{v}+\boldsymbol{w}$와 $\boldsymbol{v}-\boldsymbol{w}$는 $\boldsymbol{v}$와 $\boldsymbol{w}$의 일차결합이다. $\boldsymbol{v}$와 $\boldsymbol{w}$을 $\boldsymbol{v}+\boldsymbol{w}$와 $\boldsymbol{v}-\boldsymbol{w}$의 일차결합으로 써라. 벡터들의 이 두 쌍은 동일한 공간을 _______한다. 이것들은 언제 이 동일한 공간의 기저인가?

15–25번 문제는 기저가 되기 위한 요구사항에 관한 것이다.

15 $\boldsymbol{v}_1, \ldots, \boldsymbol{v}_n$이 일차독립이면, 이것들이 생성하는 공간의 차원은 ____이다. 이 벡터들은 이 공간에 대한 하나의 ____이다. 이 벡터들이 $m \times n$ 행렬의 열들이면, m은 n보다 ____다. $m = n$이면, 이 행렬은 ____이다.

16 다음 $\mathbf{R}^4$의 각 부분공간에 대한 기저를 구하라.

(a) 성분들이 동일한 모든 벡터들

(b) 성분들의 합이 0인 모든 벡터들

(c) $(1,1,0,0)$과 $(1,0,1,1)$에 수직인 모든 벡터들

(d) (4×4) I의 열공간과 영공간

17 $U = \begin{bmatrix} 1 & 0 & 1 & 0 & 1 \\ 0 & 1 & 0 & 1 & 0 \end{bmatrix}$의 열공간의 서로 다른 세 개의 기저를 구하라. 그런 다음 U의 행공간의 서로 다른 두 개의 기저를 구하라.

18 $\boldsymbol{v}_1, \dots, \boldsymbol{v}_6$을 $\mathbf{R}^4$ 내의 여섯 개의 벡터라고 하자.

(a) 이 벡터들은 $\mathbf{R}^4$를 생성 (한다)(하지 않는다)(하지 않을 수도 있다).

(b) 이 벡터들은 일차독립 (이다)(이 아니다)(일 수 있다).

(c) 이 벡터들 중 임의의 네 벡터는 $\mathbf{R}^4$의 기저 (이다)(가 아니다)(일 수 있다).

19 A의 열들은 $\mathbf{R}^m$으로부터의 n개의 벡터들이다. 이것들이 일차독립이면, A의 계수는 얼마인가? 이것들이 $\mathbf{R}^m$을 생성하면, 계수는 얼마인가? 이것들이 $\mathbf{R}^m$의 기저이면, 계수는 얼마인가? 미리 보기: 계수 r은 ______ 열들의 수를 센다.

20 $\mathbf{R}^3$ 내에 있는 평면 $x - 2y + 3z = 0$에 대한 기저를 구하라. 그런 다음 이 평면과 xy 평면과의 교선에 대한 기저를 구하라. 그런 다음 이 평면과 수직인 모든 벡터들에 대한 기저를 구하라.

21 5×5 행렬 A의 열들이 $\mathbf{R}^5$의 기저라고 하자.

(a) 방정식 $A\boldsymbol{x} = \mathbf{0}$는 ______이기 때문에 유일한 해 $\boldsymbol{x} = \mathbf{0}$만이 존재한다.

(b) $\boldsymbol{b}$가 $\mathbf{R}^5$ 내에 있다면, 기저 벡터들이 $\mathbf{R}^5$를 ______하기 때문에 $A\boldsymbol{x} = \boldsymbol{b}$는 해가 존재한다.

결론: A는 가역이다. 계수는 5다. 행들은 또한 $\mathbf{R}^5$의 기저다.

22 $\boldsymbol{S}$는 $\mathbf{R}^6$의 5-차원 부분공간이라고 하자. 참 또는 거짓을 말하라 (거짓이면 반례를 들라).

(a) $\boldsymbol{S}$의 모든 기저는 하나의 벡터를 추가하여 $\mathbf{R}^6$의 기저로 확장시킬 수 있다.

(b) $\mathbf{R}^6$의 모든 기저는 하나의 벡터를 제거하여 $\boldsymbol{S}$의 기저로 축소시킬 수 있다.

23 U는 A에서 1행을 3행으로부터 빼서 나온 것이다.

$$A = \begin{bmatrix} 1 & 3 & 2 \\ 0 & 1 & 1 \\ 1 & 3 & 2 \end{bmatrix} \quad \text{그리고} \quad U = \begin{bmatrix} 1 & 3 & 2 \\ 0 & 1 & 1 \\ 0 & 0 & 0 \end{bmatrix}$$

이 두 열공간의 기저를 구하라. 이 두 행공간의 기저를 구하라. 이 두 영공간의 기저를 구하라. 소거법에서 여전히 고정되어 있는 공간은 어떤 공간인가?

24 참 또는 거짓을 말하라 (타당한 근거를 대어라).

(a) 행렬의 열들이 종속이면, 행들도 종속이다.

(b) 2×2 행렬의 열공간은 이 행렬의 행공간과 같다.

(c) 2×2 행렬의 열공간의 차원은 행공간의 차원과 같다.

(d) 행렬의 열들은 열공간의 기저다.

25 $\boldsymbol{v}_1, \dots, \boldsymbol{v_k}$가 $\mathbf{R}^n$을 생성한다고 하자. 어떻게 이 집합을 기저로 축소시킬까? $\boldsymbol{v}_1, \dots, \boldsymbol{v_j}$가 $\mathbf{R}^n$ 내에서 독립이라고 하자. 어떻게 벡터들을 추가하여 기저에 도달할까?

26 어떤 수 c와 d에 대해 다음 두 행렬의 계수가 모두 2가 될까?

$$A = \begin{bmatrix} 1 & 2 & 5 & 0 & 5 \\ 0 & 0 & c & 2 & 2 \\ 0 & 0 & 0 & d & 2 \end{bmatrix} \quad \text{그리고} \quad B = \begin{bmatrix} c & d \\ d & c \end{bmatrix}$$

27-31번 문제는 "벡터들"이 행렬인 공간에 관한 것이다.

27 3×3 행렬의 다음 각 부분공간의 기저(그리고 차원)를 구하라.

(a) 모든 대각행렬들

(b) 모든 대칭행렬들 ($A^T = A$)

(c) 모든 반대칭행렬들 ($A^T = -A$)

28 여섯 개의 일차독립인 3×3 사다리꼴 행렬 $U_1, \dots, U_6$를 구축하라.

29 열들의 합이 0인 모든 2×3 행렬들의 공간에 대한 기저를 구하라. 행도 또한 더하여 0이 되는 부분공간에 대한 기저를 구하라.

30 3×3 행렬들의 어떤 부분공간이 다음에 의해 생성되는가?

(a) 가역행렬들

(b) 계수가 1인 행렬들

(c) 항등행렬

31 영공간이 $(2, 1, 1)$을 포함하는 2×3 행렬의 공간에 대한 기저를 구하라.

32–36번 문제는 "벡터들"이 함수인 공간에 관한 것이다.

32 (a) $\frac{dy}{dx} = 0$을 만족하는 모든 함수들을 구하라.

(b) $\frac{dy}{dx} = 3$을 만족하는 특수 함수 하나를 골라라.

(c) $\frac{dy}{dx} = 3$을 만족하는 모든 함수들을 구하라.

33 코사인 공간 $\mathbf{F}_3$은 모든 일차결합 $y(x) = A\cos x + B\cos 2x + C\cos 3x$를 포함한다. $y(0) = 0$인 이 부분공간의 기저를 구하라.

34 다음을 만족하는 함수공간의 기저를 구하라.

(a) $\frac{dy}{dx} - 2y = 0$

(b) $\frac{dy}{dx} - \frac{y}{x} = 0$.

35 $y_1(x), y_2(x), y_3(x)$를 세 개의 서로 다른 x의 함수들이라고 하자. 이것들이 생성하는 벡터공간의 차원은 1, 2, 또는 3이 될 수 있다. 각각의 가능성을 보여주는 y_1, y_2, y_3의 예를 하나씩 들어라.

36 삼차 이하의 다항식 $p(x)$의 부분공간에 대한 기저를 구하라. $p(1) = 0$인 부분공간의 기저를 구하라.

37 $a + c + d = 0$을 만족하는 벡터들 (a, b, c, d)의 공간 $\boldsymbol{S}$의 기저를 구하고 또한 $a + b = 0$과 $c = 2d$를 만족하는 벡터들 (a, b, c, d)의 공간 $\boldsymbol{T}$의 기저를 구하라. 교집합 $\boldsymbol{S} \cap \boldsymbol{T}$의 차원은 얼마인가?

38 A를 계수가 4인 5×4 행렬이라고 하자. 5×5 행렬 $[A \quad \boldsymbol{b}]$가 가역일 때 $A\boldsymbol{x} = \boldsymbol{b}$는 해가 없음을 보여라. $[A \quad \boldsymbol{b}]$가 특이일 때, $A\boldsymbol{x} = \boldsymbol{b}$는 해가 존재함을 보여라.

39 $d^2y/dx^2 = y(x)$의 모든 해들의 공간에 대한 기저와 $d^2y/dx^2 = -y(x)$의 모든 해들의 공간에 대한 기저를 구하라.

도전 문제

40 3×3 항등행렬을 서로 다른 다섯 개의 치환행렬들의 일차결합으로 써라! 그런 다음 이 다섯 개의 행렬들이 일차독립임을 보여라. 이것은 열의 합과 행의 합이 모두 동일한 3×3 행렬들의 부분공간에 대한 기저다.

41 $\mathbf{R}^4$ 내의 $\boldsymbol{x} = (x_1, x_2, x_3, x_4)$를 선택하라. 그러면 (x_2, x_1, x_3, x_4)와 (x_4, x_3, x_1, x_2)와 같이 이것의 스물 네 가지 재배열이 존재한다. $\boldsymbol{x}$ 자체를 포함하여 이 스물 네 개의 벡터들은 부분공간 $\boldsymbol{S}$를 생성한다. $\boldsymbol{S}$의 차원이 (a) 0, (b) 1, (c) 3, (d) 4가 되도록 하는 구체적인 벡터들 $\boldsymbol{x}$를 구하라.

42 교집합과 합은 다음 관계식을 만족한다. $\dim(\boldsymbol{V}) + \dim(\boldsymbol{W}) = \dim(\boldsymbol{V} \cap \boldsymbol{W}) + \dim(\boldsymbol{V}+\boldsymbol{W})$. 교집합 $\boldsymbol{V} \cap \boldsymbol{W}$에 대한 기저 $\boldsymbol{u}_1, \dots, \boldsymbol{u}_r$로 출발한다. $\boldsymbol{v}_1, \dots, \boldsymbol{v}_s$를 가지고 $\boldsymbol{V}$의 기저로 확장하고 별개로 $\boldsymbol{w}_1, \dots, \boldsymbol{w}_t$를 가지고 $\boldsymbol{W}$의 기저로 확장하라. $\boldsymbol{u}$들, $\boldsymbol{v}$들, 그리고 $\boldsymbol{w}$들은 **독립**임을 증명하라. 차원은 $(\boldsymbol{r}+\boldsymbol{s})+(\boldsymbol{r}+\boldsymbol{t}) = (\mathbf{R})+(\boldsymbol{r}+\boldsymbol{s}+\boldsymbol{t})$다.

43 $\mathbf{R}^n$ 내에서, $\dim(\boldsymbol{V}) + \dim(\boldsymbol{W}) > n$이라고 가정하자. $\boldsymbol{V}$와 $\boldsymbol{W}$ 모두에 속하는 $\mathbf{0}$이 아닌 어떤 벡터가 존재함을 보여라.

44 A는 10×10이고 $A^2 = \mathbf{0}$ (영행렬)이라고 하자. 그러므로 A 곱하기 A의 각 열들은 영벡터가 된다. 그러면 A의 열공간은 ________ 내에 포함된다. A의 계수가 r이면, 이 부분공간의 차원 $r \le 10 - r$이다. 그러므로 계수는 $r \le 5$이다.

3.5 네 부분공간의 차원

1. 열공간 $\boldsymbol{C}(A)$와 행공간 $\boldsymbol{C}(A^T)$는 모두 차원이 (A의 계수인) r이다.
2. 영공간 $\boldsymbol{N}(A)$의 차원은 $n-r$이다. 좌영공간 $\boldsymbol{N}(A^T)$의 차원은 $m-r$이다.
3. 소거법은 종종 $\boldsymbol{C}(A)$와 $\boldsymbol{N}(A^T)$를 바꾼다 (그러나 차원은 바뀌지 않는다).

이번 장의 주요 정리는 ***계수***와 ***차원***을 연결한다. 행렬의 ***계수***는 독립인 열의 개수를 세고, 부분공간의 ***차원***은 기저에 있는 벡터들의 개수다. 우리는 피벗을 세거나 기저벡터들을 셀 수 있다. A의 계수는 네 개의 모든 기본 부분공간의 차원을 드러내준다. 다음은 새로운 한 개를 포함한 부분공간들이 있다.

두 개의 부분공간은 A에서 직접 나오고, 나머지 두 개는 A^T에서 나온다.

	네 개의 기본 부분공간	차원
1.	**행공간**은 $\mathbf{R}^n$의 부분공간인 $\boldsymbol{C}(A^T)$이다.	$\boldsymbol{r}$
2.	**열공간**은 $\mathbf{R}^m$의 부분공간인 $\boldsymbol{C}(A)$이다.	$\boldsymbol{r}$
3.	**영공간**은 $\mathbf{R}^n$의 부분공간인 $\boldsymbol{N}(A)$이다.	$\boldsymbol{n-r}$
4.	**좌영공간**은 $\mathbf{R}^m$의 부분공간인 $\boldsymbol{N}(A^T)$이다.	$\boldsymbol{m-r}$

우리는 $\boldsymbol{C}(A)$와 $\boldsymbol{N}(A)$에 대해서는 꽤 잘 알고 있다. 이제 $\boldsymbol{C}(A^T)$와 $\boldsymbol{N}(A^T)$가 앞으로 나온다. 행공간은 행들의 모든 일차결합을 포함하는데, 이 행공간은 A^T의 열공간이다.

좌영공간에 대해서는 $n \times m$ 연립방정식인 $A^T\boldsymbol{y} = \mathbf{0}$을 푼다. 예제 2에서는 이 식이 응용수학의 위대한 방정식 중 하나인 키르히호프 전류 법칙(Kirchhoff's Current Law)을 만들어 낸다. 전류는 망주변을 흐르고 노드에서 쌓이지 않는다. 네 개의 부분공간은 노드(node)와 에지(edge)와 루프(loop)와 트리(tree)로부터 나온다. 이 부분공간들은 지극히 아름다운 방식으로 연결된다.

기본정리의 파트 1은 네 부분공간의 차원을 구한다. 먼저 한 가지 사실이 두드러진다. 즉 ***행공간과 열공간의 차원은*** r ***로서 동일하다.*** 이 숫자 r은 A의 계수다 (1장). 또 하나의 중요한 사실은 두 개의 영공간을 포함한다. 즉,

$\boldsymbol{N}(A)$ 와 $\boldsymbol{N}(A^T)$ 의 차원은 $n-r$ 과 $m-r$ 이므로 n 과 m 을 짝차게 보충한다.

기본정리의 파트 2는 이 네 부분공간이 어떻게 껴맞춰지는가를 설명한다. 영공간은 행공간과 수직이고 $\boldsymbol{N}(A^T)$는 $\boldsymbol{C}(A)$와 수직이다. 이것으로서 $A\boldsymbol{x} = \boldsymbol{b}$를 이해하는 "올바른 방법" 을 완성한다. 계속 전진하라. 여러분들은 진짜 수학을 하고 있다.

$\boldsymbol{R}_0$ 에 대한 네 부분공간

A가 행사다리꼴 R_0로 축소되었다고 가정하자. 이 특별한 형태 R_0에서 네 개의 부분공간은 쉽게 식별된다. 각 부분공간에 대한 기저를 찾을 것이고 그 차원을 점검할 것이다. 그런 다음 A를 다시 봤을 때 이 부분공간들이 어떻게 변하는지 관찰한다. (이들 중 두 개는 변하지 않는다!) 주요 포인트는 A와 R_0의 네 개의 차원이 동일하다는 점이다.

A와 R이라면, 네 부분공간 중 하나의 차원은 서로 다를 수 있다. **어떤 부분공간일까?**

구체적인 3×5 예로서, 다음 사다리꼴행렬 R_0에 대한 네 부분공간을 살펴보자.

$$\begin{matrix} \boldsymbol{m} = 3 \\ \boldsymbol{n} = 5 \\ \boldsymbol{r} = 2 \end{matrix} \qquad \boldsymbol{R}_0 = \begin{bmatrix} \mathbf{1} & \mathbf{3} & \mathbf{5} & 0 & \mathbf{7} \\ 0 & 0 & 0 & \mathbf{1} & \mathbf{2} \\ 0 & 0 & 0 & 0 & 0 \end{bmatrix} \qquad \begin{matrix} \textbf{피벗 행 } 1\textbf{과 } 2 \\ \\ \textbf{피벗열 } 1\textbf{과 } 4 \end{matrix}$$

이 행렬의 계수는 $\boldsymbol{r} = 2$이다 (두 개의 피벗). 차례대로 네 부분공간을 살펴본다.

1. **행공간**의 차원은 계수와 일치하여 2다.

이유: 첫 두 개의 행들이 기저다. 행공간은 모든 세 행들의 일차결합을 포함하지만, 세 번째 행(영행)은 행공간에 아무것도 추가하지 않는다.

피벗행 1과 피벗행 2는 독립이다. 이 사실은 이 예에서 명확하고 언제나 참이다. 피벗열들만 본다면, $r \times r$ 항등행렬을 볼 수 있다. (모든 계수들이 0인 일차결합을 제외하고) 이 행들을 일차결합하여 영행이 되게 하는 방법은 없다. 그러므로 r개의 피벗 행들 (R의 행들)은 행공간의 기저다.

행공간의 차원은 계수 r 이다. R_0 의 영이 아닌 행들은 기저를 형성한다.

2. R_0의 **열공간**의 차원 또한 $r = 2$다.

이유: 피벗열 1과 피벗열 4는 기저를 형성한다. 이 열들은 $r \times r$ 항등행렬을 포함하기 때문에 독립이다. (모든 계수들이 0인 일차결합을 제외하고) 이 열들을 일차결합하여

영열이 되게 하는 방법은 없다. 그리고 이 열들은 또한 열공간을 생성한다. 다른 모든 (자유)열은 이 피벗열들의 일차결합이다. 실제로 우리에게 필요한 일차결합은 다음과 같은 세 개의 특별해들이다!

2열은 3(1열)이다. 특별해는 $(-3, 1, 0, 0, 0)$ 이다.

3열은 5(1열)이다. 특별해는 $(-5, 0, 1, 0, 0)$ 이다.

5열은 7(1열) + 2(4열)이다. 특별해는 $(-7, 0, 0, -2, 1)$ 이다.

피벗열들은 독립이고 $\boldsymbol{C}(R_0)$을 생성하므로 $\boldsymbol{C}(R_0)$에 대한 기저다.

열공간의 차원은 계수 r 이다. 피벗열들은 기저를 형성한다.

> 3. R_0의 **영공간**의 차원은 $\boldsymbol{n} - \boldsymbol{r} = 5 - 2$다. 세 개의 자유변수들로부터 $R_0\boldsymbol{x} = \boldsymbol{0}$에 대한 **세 개의 특별해**가 만들어진다. 자유변수들을 1과 0과 0으로 둔다.

$$\boldsymbol{s}_2 = \begin{bmatrix} \mathbf{-3} \\ \mathbf{1} \\ \mathbf{0} \\ 0 \\ \mathbf{0} \end{bmatrix} \quad \boldsymbol{s}_3 = \begin{bmatrix} \mathbf{-5} \\ \mathbf{0} \\ \mathbf{1} \\ 0 \\ \mathbf{0} \end{bmatrix} \quad \boldsymbol{s}_5 = \begin{bmatrix} \mathbf{-7} \\ \mathbf{0} \\ \mathbf{0} \\ \mathbf{-2} \\ \mathbf{1} \end{bmatrix}$$

$R_0\boldsymbol{x} = \boldsymbol{0}$의 완전해는 $\boldsymbol{x} = x_2\boldsymbol{s}_2 + x_3\boldsymbol{s}_3 + x_5\boldsymbol{s}_5$ 이다. 영공간의 차원은 3이다.

이유: 각 자유변수마다 특별해가 하나씩 존재한다. n개의 변수과 r개의 피벗이 있으면, $n-r$개의 자유변수와 특별해를 남긴다. 이 특별해들은 독립이다. 왜냐하면 2, 3, 5행에서 항등 행렬을 포함하고 있기 때문이다.

영공간 $\boldsymbol{N}(A)$의 차원은 $\boldsymbol{n} - \boldsymbol{r}$ 이다. 특별해들은 기저를 형성한다.

> 4. $\boldsymbol{R}_0^T$의 **영공간** ($\boldsymbol{R}_0$의 좌영공간)의 차원은 $\boldsymbol{m} - \boldsymbol{r} = \mathbf{3} - \mathbf{2}$다.

이유: R_0에는 r개의 독립인 행들과 $m-r$개의 영행들이 있다. 그러면 R_0^T에는 r개의 독립인 열들과 $\boldsymbol{m} - \boldsymbol{r}$**개의 영열들이 있다.** 그러므로 R_0^T의 영공간에 있는 $\boldsymbol{y}$는 마지막 $m-r$개의 성분이 0이 아닌 값이 될 수 있다. 다음 예는 R_0^T에서 $m - r = 1$개의 영열이 있고 $\boldsymbol{y}$에서 한 개의 영이 아닌 성분이 있다.

$$R_0^T\boldsymbol{y} = \begin{bmatrix} 1 & 0 & 0 \\ 3 & 0 & 0 \\ 5 & 0 & 0 \\ 0 & 1 & 0 \\ 7 & 2 & 0 \end{bmatrix} \begin{bmatrix} y_1 \\ y_2 \\ y_3 \end{bmatrix} = \begin{bmatrix} 0 \\ 0 \\ 0 \\ 0 \\ 0 \end{bmatrix} \text{ 의 해는 } \boldsymbol{y} = \begin{bmatrix} 0 \\ 0 \\ y_3 \end{bmatrix} \text{ 이다.} \tag{1}$$

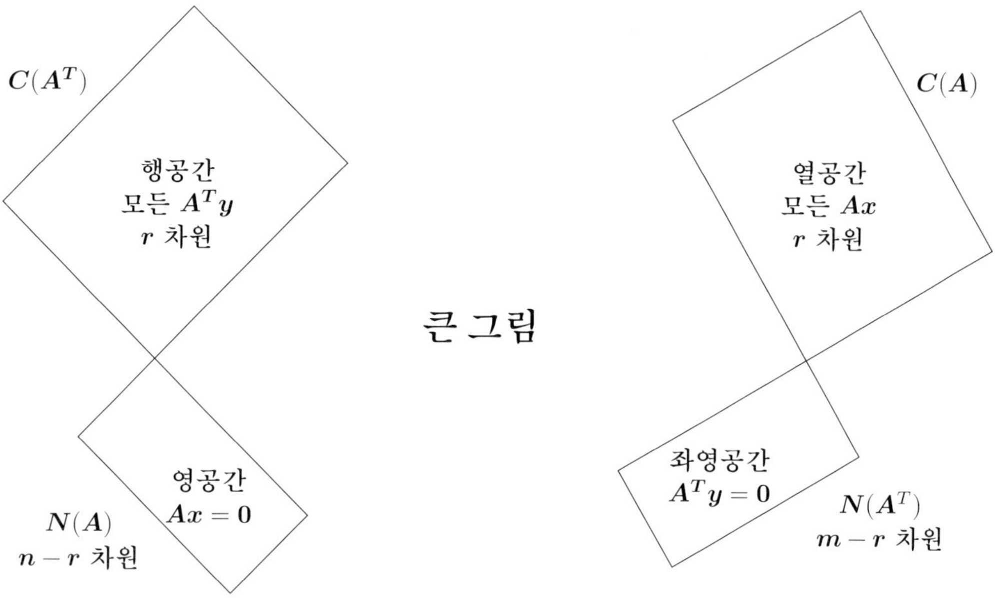

그림 3.3: (R_0와 A에 대한) 네 기본 부분공간의 차원들

R_0에 있는 영행과 R_0^T에 있는 영열때문에, 네 번째 기본 부분공간의 차원을 (심지어 기저도) 쉽게 알아볼 수 있다.

만일 R_0에 $m - r$개의 영행이 있다면, 좌영공간의 차원은 $m - r$이다.

왜 이것이 "좌영공간" 일까? 왜냐하면 $R_0^T y = 0$을 $y^T R_0 = 0^T$으로 전치시킬 수 있기 때문이다. 이제 y^T는 R의 왼쪽에 있는 행벡터다. 이 부분공간은 네 번째로 나왔고 어떤 선형대수 책들은 이것을 생략하기도 하지만, 그러면 전체 주제의 아름다움을 놓친다.

$\mathbf{R}^n$ 에서 행공간과 영공간의 차원은 r과 $n - r$이다 (더해서 n).
$\mathbf{R}^m$ 에서 열공간과 좌영공간의 차원은 r과 $m - r$이다 (총 m).

아직 해야 할 일이 남아 있다. ***A의 네 부분공간의 차원은 R_0에 대해서도 동일하다.*** 왜 그런지 설명해야 하는 일이 남아 있다. 이제 A는 $R_0 = \text{rref}(A)$로 축소되는 임의의 행렬이다.

이 A는 R_0로 축소된다 $A = \begin{bmatrix} 1 & 3 & 5 & 0 & 7 \\ 0 & 0 & 0 & 1 & 2 \\ \mathbf{1} & \mathbf{3} & \mathbf{5} & \mathbf{1} & \mathbf{9} \end{bmatrix}$ **R_0와 동일한 행공간**
서로 다른 열공간
그러나 차원은 동일!

A의 네 부분공간

1 *A는 R_0 및 R과 행공간이 동일하다. 차원 r도 동일하고 기저도 동일하다.*

이유: A의 모든 행은 R_0의 행들의 일차결합이다. 또한 R_0의 모든 행은 A의 행들의 일차결합이다. 소거법이 행들을 바꾸기는 하지만 행공간을 바꾸는 것은 아니다.

A의 행공간이 R_0의 행공간과 동일하기 때문에, R_0의 첫 r개의 행들은 여전히 기저다. 또는 r개의 원래 A의 적당한 행들을 선택할 수도 있을 것이다. 이 행들은 A의 첫 r개의 행들이 아닐 수도 있다. 왜냐하면 이 행들이 종속일 수도 있기 때문이다. A의 좋은 r개의 행들은 R_0와 R에서 피벗행들이 되는 행들이다.

2 *A의 열공간의 차원은 r이다. 열계수는 행계수와 같다.*

독립인 열의 개수 = 독립인 행의 개수

틀린 이유: "A의 열공간은 R_0의 열공간과 동일하다." 이 명제는 거짓이다. R_0의 열들은 종종 0들로 끝나지만, A의 열들은 종종 0들로 끝나지 않는다. 그러면 $\boldsymbol{C}(A)$는 $\boldsymbol{C}(R_0)$가 아니다.

옳은 이유: A와 R_0에 대해 열들의 **동일한 일차결합**은 $\mathbf{0}$이다 (또는 $\mathbf{0}$이 아니다). A에서의 종속 $\Leftrightarrow$ R_0에서의 종속이다. 다른 방식으로 말하자면 정확하게 $R_0\boldsymbol{x} = \mathbf{0}$일 때 $A\boldsymbol{x} = \mathbf{0}$이다. 열공간은 서로 다르지만, 차원은 계수 r로 서로 동일하다.

결론 A의 r개의 피벗열들은 이것의 열공간 $\boldsymbol{C}(A)$의 기저다.

3 *A의 영공간은 R_0의 영공간과 동일하다. 차원 $n-r$도 동일하고 기저도 동일하다.*

이유: 소거법 단계들은 해를 바꾸지 않는다. (이미 알고 있듯이) 특별해들은 이 영공간의 기저다. $n-r$개의 자유변수가 존재하므로 영공간의 차원은 $n-r$이다. 이것은 **$\boldsymbol{r}+(\boldsymbol{n}-\boldsymbol{r})$은 $\boldsymbol{n}$과 같다는 집계 정리(Counting theorem)다.**

(열공간의 차원) + (영공간의 차원) = $\mathbf{R}^n$ 의 차원

4 *A의 좌영공간 (A^T의 영공간)의 차원은 $m-r$이다.*

이유: A^T는 A만큼이나 좋은 행렬이다. 모든 A에 대한 차원을 안다면, 우리는 또한 A^T에 대한 차원을 안다. A의 열공간의 차원은 r임을 증명하였다. A^T는 $n \times m$이므로

이제 "전체 공간" 은 $\mathbf{R}^m$ 이다. A에 대한 집계 정리는 $r + (n - r) = n$이었다. $\boldsymbol{A}^T$ **에 대한 집계 정리는** $\boldsymbol{r} + (\boldsymbol{m} - \boldsymbol{r}) = \boldsymbol{m}$ **이다**. 다음 큰 정리 하나에 모든 상세 내용이 담겨 있다.

> ***선형대수의 기본정리*, 파트 1**
>
> ***열공간과 행공간의 차원은 모두*** $\boldsymbol{r}$ ***이다.***
>
> ***영공간들의 차원은*** $\boldsymbol{n} - \boldsymbol{r}$ ***과*** $\boldsymbol{m} - \boldsymbol{r}$ ***이다.***

개별적인 수 또는 벡터가 아닌 벡터들의 공간에 집중함으로써 이러한 깔끔한 규칙을 얻는다. 이윽고 이 규칙들이 명확한 것처럼 보이기 시작하여 여러분들은 곧 이것들을 당연하게 여기게 될 것이다. 그러나 187개의 0이 아닌 성분을 갖는 11×17 행렬을 쓴다면, 대부분의 사람들은 왜 다음과 같은 사실들이 참인지 알지 못할 것이다.

두 가지 핵심 사실들

$$\boldsymbol{C}(A)\text{의 차원} = \boldsymbol{C}(A^T)\text{의 차원} = A\text{의 계수}$$
$$\boldsymbol{C}(A)\text{의 차원} + \boldsymbol{N}(A)\text{의 차원} = 17.$$

열공간 내의 모든 벡터 $A\boldsymbol{x} = \boldsymbol{b}$는 행공간 안에 있는 정확히 한 개의 $\boldsymbol{x}$로부터 나온다! (만일 $A\boldsymbol{y} = \boldsymbol{b}$도 또한 성립한다면, $A(\boldsymbol{x} - \boldsymbol{y}) = \boldsymbol{b} - \boldsymbol{b} = \boldsymbol{0}$이다. 그러므로 $\boldsymbol{x} - \boldsymbol{y}$는 행공간에 있을 뿐만 아니라 영공간에도 있고, 이것은 $\boldsymbol{x} = \boldsymbol{y}$를 강제한다.) A의 행공간으로부터 열공간까지 A는 마치 $r \times r$ 항등행렬과 같다.

"A의 유사역행렬(pseudoinverse)" 을 정의하도록 만드는 것은 이 영공간들이다. 181 페이지를 참고한다.

예제 1 $A = \begin{bmatrix} 1 & 2 & 3 \\ 2 & 4 & 6 \end{bmatrix}$는 $n = 3$이고 $m = 2$이다. 계수는 $r = 1$이다.

행공간은 $(1, 2, 3)$을 지나는 직선이다. 영공간은 평면 $x_1 + 2x_2 + 3x_3 = 0$이다. 직선의 차원과 평면의 차원을 더하면 $1 + 2 = 3$이 된다. 열공간과 좌영공간은 $\mathbf{R}^2$ **내에서 수직인 직선들**이다. 각 차원들의 합은 $1 + 1 = 2$이다.

$$\text{열공간} = \begin{bmatrix} 1 \\ 2 \end{bmatrix}\text{를 지나는 직선} \qquad \text{좌영공간} = \begin{bmatrix} 2 \\ -1 \end{bmatrix}\text{를 지나는 직선}$$

마지막 포인트: 좌영공간에 있는 $\boldsymbol{y}$ ***들은*** $\boldsymbol{A}$ ***의 행들을 일차결합하여 영행을 만든다.***

예제 2 지어낸 예제들로 세 장을 거의 마쳤지만 영원히 지속될 수는 없다. 다음은

(그림 3.4에서 각 에지마다 한 개의 방정식인) 다섯 개의 방정식에 대한 좀 더 나은 예제다. 이 다섯 개의 방정식에는 (각 노드당 한 개의 미지수인) 네 개의 미지수가 있다. $A\boldsymbol{x} = \boldsymbol{b}$에서의 행렬은 **접속행렬**(incidence matrix)이다. 이 행렬 A는 각 행에 1과 -1이 있다.

에지 1, 2, 3, 4, 5**에 걸쳐**
노드 1, 2, 3, 4 **사이의**
차분 방정식 $A\boldsymbol{x} = \boldsymbol{b}$
$\boldsymbol{m} = \mathbf{5}$ 그리고 $\boldsymbol{n} = \mathbf{4}$

$$\begin{array}{rrrrl} -x_1 & +x_2 & & & = b_1 \\ -x_1 & & +x_3 & & = b_2 \\ & -x_2 & +x_3 & & = b_3 \\ & -x_2 & & +x_4 & = b_4 \\ & & -x_3 & +x_4 & = b_5 \end{array} \tag{2}$$

이 행렬에 대한 네 개의 기본 부분공간(A와 A^T의 열공간들과 영공간들)을 이해한다면 선형대수의 핵심 아이디어를 포착한 것이다.

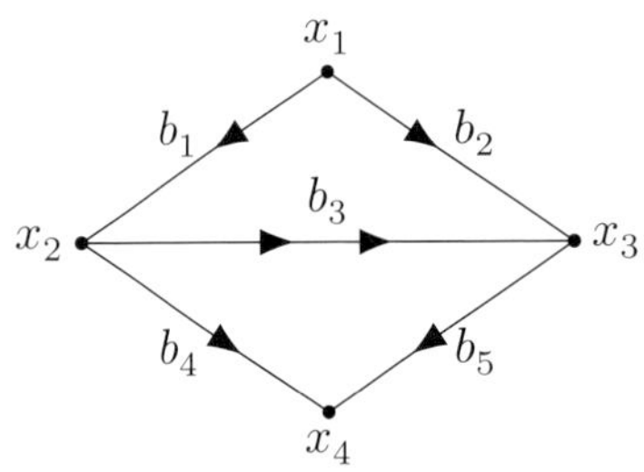

$$\begin{array}{c} \text{노드} \quad x_1 \quad x_2 \quad x_3 \quad x_4 \quad \text{에지} \end{array}$$

$$A = \begin{bmatrix} \mathbf{-1} & \mathbf{1} & & \\ \mathbf{-1} & \mathbf{1} & & \\ & \mathbf{-1} & \mathbf{1} & \\ & \mathbf{-1} & & \mathbf{1} \\ & & \mathbf{-1} & \mathbf{1} \end{bmatrix} \begin{array}{c} 1 \\ 2 \\ 3 \\ 4 \\ 5 \end{array}$$

그림 3.4: 다섯 개의 에지와 네 개의 노드를 가진 "**그래프**". A는 이 그래프의 5×4 **접속행렬**이다.

영공간 $\boldsymbol{N}(A)$ 영공간을 구하기 위해 $\boldsymbol{b} = \mathbf{0}$으로 둔다. 그러면 첫 번째 방정식으로부터 $x_1 = x_2$이다. 두 번째 방정식은 $x_3 = x_1$이다. 네 번째 방정식은 $x_2 = x_4$이다. 네 미지수 x_1, x_2, x_3, x_4 모두가 같은 값 c를 갖는다. 벡터 $\boldsymbol{x} = (c, c, c, c)$는 A의 영공간을 채운다.

이 영공간은 $\mathbf{R}^4$ 내의 한 직선이다. 특별해 $\boldsymbol{x} = (1, 1, 1, 1)$는 $\boldsymbol{N}(A)$의 기저다. $\boldsymbol{N}(A)$의 차원은 1이다(기저에 벡터가 한 개). A의 계수는 3이어야 하는데, $n - r = 4 - 3 = 1$이기 때문이다. 이제 네 부분공간의 차원을 모두 안다.

열공간 $\boldsymbol{C}(A)$ $r = 3$개의 독립인 열들이 존재해야 한다. 빠른 방법은 A의 첫 세 개의 열을 살펴보는 것이고, 체계적인 방법은 $R_0 = \text{rref}\,(A)$를 구하는 것이다.

$$\begin{array}{c} \boldsymbol{A}\text{의} \\ 1,2,3\ \textbf{열} \end{array} \quad \begin{array}{rrr} -1 & 1 & 0 \\ -1 & 0 & 1 \\ 0 & -1 & 1 \\ 0 & -1 & 0 \\ 0 & 0 & -1 \end{array} \qquad \boldsymbol{R}_0 = \textbf{기약행사다리꼴} = \begin{bmatrix} 1 & 0 & 0 & -1 \\ 0 & 1 & 0 & -1 \\ 0 & 0 & 1 & -1 \\ 0 & 0 & 0 & 0 \\ 0 & 0 & 0 & 0 \end{bmatrix}$$

R_0로부터 다시 한 번 특별해 $\boldsymbol{x} = (1,1,1,1)$을 볼 수 있다. 첫 세 개의 열들이 기본이고, 네 번째 열은 자유열이다. $\boldsymbol{C}(R_0)$이 아닌 $\boldsymbol{C}(A)$의 기저를 만들기 위해서는, A의 1, 2, 3 열로 돌아가야 한다. 열공간의 차원은 $r = 3$이다.

행공간 $\boldsymbol{C}(A^T)$ 차원은 다시 한 번 $r = 3$이어야 한다. 그러나 A의 첫 세 개의 행들은 독립이 아니다. 3행 = 2행 − 1행이다. 그러므로 3행은 소거법에서 영이 되고 3행은 4행과 교환된다. 첫 세 개의 독립인 행들은 1, 2, 4행이다. 이 세 개의 행들은 행공간의 기저(하나의 가능한 기저)다.

에지 1, 2, 3은 그래프에서 **루프**를 형성한다:	종속인 1, 2, 3 행
에지 1, 2, 4는 **트리**를 형성한다. **트리는 루프가 없다!**	독립인 1, 2, 4 행

좌영공간 $\boldsymbol{N}(A^T)$ 이제 $A^T\boldsymbol{y} = \boldsymbol{0}$을 푼다. 행들의 일차결합이 0이 된다. 3행 = 2행 − 1행임을 이미 알고 있으므로 하나의 해는 $\boldsymbol{y} = (1,-1,1,0,0)$이다. 이 $\boldsymbol{y}$는 그래프 내의 상위 루프를 따라가는 것으로부터 나온다고 할 수 있겠다. 또 다른 $\boldsymbol{y}$는 하위 루프 주위를 도는 것으로부터 나오고 3행 = 4행 - 5행이므로 이것은 $\boldsymbol{y} = (0,0,\mathbf{-1},\mathbf{1},\mathbf{-1})$이다. 이러한 두 개의 $\boldsymbol{y}$는 독립이면서 $A^T\boldsymbol{y} = \boldsymbol{0}$의 해이고 $\boldsymbol{N}(A^T)$의 차원은 $\boldsymbol{m}-\boldsymbol{r} = 5-3 = \mathbf{2}$이다. 그러므로 이 두 벡터는 좌영공간의 하나의 기저가 된다.

어떻게 “루프”와 “트리”가 이 문제 안으로 들어왔는지 궁금할 수 있다. 이것은 우연이 아니다. 소거법을 이용하여 $A^T\boldsymbol{y} = \boldsymbol{0}$을 풀 수도 있었을 것이다. 이 4×5 행렬 A^T에는 세 개의 피벗열 1, 2, 4와 두 개의 자유열 3, 5가 있을 것이다. 그러면 특별해 두 개가 존재하고 A^T의 영공간의 차원은 $m - r = 5 - 3 = 2$다. 그러나 루프와 트리는 모든 접속행렬에 대해 아름다운 방식으로 종속인 행과 독립인 행들을 식별한다.

방정식 $A\boldsymbol{x} = \boldsymbol{b}$는 네 노드에서의 “전압” x_1, x_2, x_3, x_4을 알려주고, 방정식 $A^T\boldsymbol{y} = \boldsymbol{0}$은 다섯 개 에지에서의 “전류” y_1, y_2, y_3, y_4, y_5를 알려준다. 이 두 개의 방정식은 **키르히호프 전압 법칙**(Kirchhoff's Voltage Law)과 **키르히호프 전류 법칙**(Kirchhoff's Current Law)이다. 이 법칙들은 전기 회로에 적용되지만, 용어 뒤에 숨어 있는 아이디어는 공학, 과학, 경제학, 경영학 등에 걸쳐 모두 적용된다. 선형대수는 이 법칙들을 네 개의 부분공간과 연결한다.

그래프는 이산응용수학 분야에서 가장 중요한 모델이다. 도로, 파이프라인, 혈류, 뇌, 웹, 한 나라 또는 전세계의 경제 등 어디에서나 그래프를 볼 수 있다. 이제 우리는 그래프의 행렬 A와 A^T를 이해할 수 있다. 요약하면 다음과 같다.

접속행렬 A는 n개의 노드와 m개의 에지를 가진 연결그래프로부터 나온다. 행공간과 열공간의 차원 $r = n - 1$이다. A와 A^T의 영공간의 차원은 1과 $m - n + 1$이다.

$\boldsymbol{N}(A)$	상수 벡터들 $(c, c, \dots, c)$가 A의 영공간을 형성한다. 차원 = 1
$\boldsymbol{C}(A^T)$	임의의 트리의 에지는 r개의 A의 독립인 행들을 만든다. $r = n - 1$
$\boldsymbol{C}(A)$	***전압법칙***: $A\boldsymbol{x}$의 성분들은 루프를 돌면서 더하면 0이 된다. 차원 = $n - 1$
$\boldsymbol{N}(A^T)$	***전류법칙***: 루프 전류는 $A^T\boldsymbol{y}$ = **(유입량) - (유출량) = 0**의 해가 된다.
	그래프 내에 $m - r = m - n + 1$ ***개의 독립인 작은 루프가 존재한다.***

한 평면 내의 모든 그래프에 대해, 선형대수는 위상수학에서 1번 정리인 ***오일러 공식*** *(Euler's formula)*을 만들어 낸다!

$$(\textbf{노드들}) - (\textbf{에지들}) + (\textbf{작은 루프들}) = (\boldsymbol{n}) - (\boldsymbol{m}) + (\boldsymbol{m} - \boldsymbol{n} + \mathbf{1}) = \mathbf{1}$$

계수가 2인 행렬 = 계수 1 더하기 계수 1

계수가 1인 행렬의 형태는 $\boldsymbol{uv}^T$다. 여기 계수 $r = 2$인 행렬 A가 있다. A로부터 바로 r을 알 수 없으므로 이 행렬을 행연산에 의해 R_0로 축소시킨다. $\boldsymbol{R_0}$**은** $\boldsymbol{A}$**와 행공간이 동일하다.** 역시 행공간이 동일한 R을 구하기 위해 영행들을 없앤다.

$$\textbf{계수 2} \qquad \boldsymbol{A} = \begin{bmatrix} 1 & 0 & 3 \\ 1 & 1 & 7 \\ 4 & 2 & 20 \end{bmatrix} = \begin{bmatrix} \mathbf{1} & \mathbf{0} \\ \mathbf{1} & \mathbf{1} \\ \mathbf{4} & \mathbf{2} \end{bmatrix} \begin{bmatrix} \mathbf{1} & \mathbf{0} & \mathbf{3} \\ \mathbf{0} & \mathbf{1} & \mathbf{4} \end{bmatrix} = \boldsymbol{CR} \tag{3}$$

이제 열들을 살펴본다. R의 피벗열들은 확실히 $(1, 0)$과 $(0, 1)$이다. 그러면 A의 피벗열들도 또한 1열과 2열에 있다. $\boldsymbol{u}_1 = (1, 1, 4)$와 $\boldsymbol{u}_2 = (0, 1, 2)$다. C에 이것과 동일한 첫 두 개의 열이 있음을 주목한다. 이것은 보장되어 있었는데 (R 내에 있는) 항등행렬의 두 개의 열들을 곱하는 것은 피벗열들 $\boldsymbol{u}_1$과 $\boldsymbol{u}_2$를 바꾸지 않을 것이기 때문이다.

열과 행에 대해 문자를 쓴다면, **계수** 2 = **계수** 1 + **계수** 1임을 알 수 있다.

행렬 $\boldsymbol{A}$
계수 2

$$A = \begin{bmatrix} \boldsymbol{u}_1 & \boldsymbol{u}_2 & \boldsymbol{u}_3 \end{bmatrix} \begin{bmatrix} \boldsymbol{v}_1^T \\ \boldsymbol{v}_2^T \\ \textbf{영행} \end{bmatrix} = \boldsymbol{u}_1\boldsymbol{v}_1^T + \boldsymbol{u}_2\boldsymbol{v}_2^T$$

C의 열들 곱하기 R의 행들. 계수 r인 모든 행렬들은 계수 1인 r개 행렬들의 합이다.

풀이가 있는 연습 문제

3.5 A 행공간의 차원을 가능한 작게 유지하면서 5 × 6 **영행렬에 네 개의 1을 넣어라.** 열공간의 차원을 가능한 작게 만드는 모든 방법에 대해 설명하라. 그런 다음 영공간을 가능한 작게 만드는 모든 방법에 대해 설명하라. 네 개의 모든 부분공간의 차원의 합을 작게 만들 수 있는 방법이 있을까?

풀이 네 개의 1이 동일한 행 또는 동일한 열에 들어간다면 계수가 1이다. 또한 두 개의 행과 두 개의 열에 들어갈 수도 있다 (그러므로 $a_{ii} = a_{ij} = a_{ji} = a_{jj} = 1$). 열공간과 행공간의 차원은 언제나 동일하므로 이것이 처음 두 질문에 대한 답이 된다. 이때 차원은 1이다.

영공간의 가장 작은 차원은 계수 $r = 4$일 때 $6 - 4 = 2$이다. 계수 4를 달성하기 위해서는 네 개의 1이 서로 다른 행과 서로 다른 열에 들어가야만 한다.

합 $r + (n - r) + r + (m - r) = \boldsymbol{n} + \boldsymbol{m}$**에 대해서는 할 수 있는 일이 아무 것도 없다.** 1이 어떻게 배치되든 이 합은 $6 + 5 = 11$이 될 것이다. 1이 하나도 없더라도 이 합은 11이다.

A의 다른 모든 성분들이 0 대신에 2이면, 이 답들이 어떻게 변할까?

3.5 B AB의 모든 행들은 B의 행들의 일차결합이다. 그러므로 AB의 행공간은 B의 행공간 내에 포함된다 (동일할 가능성도 있다). **계수** $(\boldsymbol{AB}) \leq$ **계수** $(\boldsymbol{B})$.

AB의 모든 열들은 A의 열들의 일차결합이다. 그러므로 AB의 열공간은 A의 열공간 내에 포함된다 (동일할 가능성도 있다). **계수** $(\boldsymbol{AB}) \leq$ **계수** $(\boldsymbol{A})$.

A에 가역행렬 B를 곱하면, 계수는 변하지 않을 것이다. 계수가 떨어질 수 없다. 왜냐하면 가역행렬을 곱할 때 계수가 거꾸로 점프해서 올라갈 수는 없기 때문이다.

부록 I에는 행렬의 계수에 대한 핵심 사실들이 정리되어 있다.

연습 문제

1 (a) 7×9 행렬의 계수가 5이면, 네 부분공간의 차원은 얼마인가? 네 개의 차원을 모두 더하면 얼마인가?

(b) 3×4 행렬의 계수가 3이면, 이 행렬의 열공간과 좌영공간은 무엇인가?

2 A 및 B와 연관된 네 부분공간의 기저와 차원을 구하라.

$$A = \begin{bmatrix} 1 & 2 & 4 \\ 2 & 4 & 8 \end{bmatrix} \quad \text{그리고} \quad B = \begin{bmatrix} 1 & 2 & 4 \\ 2 & 5 & 8 \end{bmatrix}$$

3 A와 연관된 네 부분공간 각각에 대한 기저를 구하라.

$$A = \begin{bmatrix} 0 & 1 & 2 & 3 & 4 \\ 0 & 1 & 2 & 4 & 6 \\ 0 & 0 & 0 & 1 & 2 \end{bmatrix} = \begin{bmatrix} 1 & 0 & 0 \\ 1 & 1 & 0 \\ 0 & 1 & 1 \end{bmatrix} \begin{bmatrix} 0 & 1 & 2 & 3 & 4 \\ 0 & 0 & 0 & 1 & 2 \\ 0 & 0 & 0 & 0 & 0 \end{bmatrix}$$

4 요구하는 성질을 가진 행렬을 구축하거나 또는 그렇게 하는 것이 불가능한 이유를 설명하라.

(a) 열공간은 $\begin{bmatrix} 1 \\ 1 \\ 0 \end{bmatrix}$, $\begin{bmatrix} 0 \\ 0 \\ 1 \end{bmatrix}$를 포함하고 행공간은 $\begin{bmatrix} 1 \\ 2 \end{bmatrix}$, $\begin{bmatrix} 2 \\ 5 \end{bmatrix}$를 포함한다.

(b) 열공간의 기저는 $\begin{bmatrix} 1 \\ 1 \\ 3 \end{bmatrix}$이고, 영공간의 기저는 $\begin{bmatrix} 3 \\ 1 \\ 1 \end{bmatrix}$이다.

(c) 영공간의 차원 = 1 + 좌영공간의 차원

(d) 영공간은 $\begin{bmatrix} 1 \\ 3 \end{bmatrix}$를 포함하고, 열공간은 $\begin{bmatrix} 3 \\ 1 \end{bmatrix}$를 포함한다.

(e) 행공간 = 영공간, 영공간 $\neq$ 좌영공간

5 $\boldsymbol{V}$가 $(1,1,1)$과 $(2,1,0)$에 의해 생성되는 부분공간이면, $\boldsymbol{V}$가 행공간인 행렬 A를 구하라. $\boldsymbol{V}$가 영공간인 행렬 B를 구하라. AB를 곱하라.

6 소거법을 사용하지 않고, 다음 행렬에 대한 네 부분공간에 대한 차원과 기저를 구하라.

$$A = \begin{bmatrix} 0 & 3 & 3 & 3 \\ 0 & 0 & 0 & 0 \\ 0 & 1 & 0 & 1 \end{bmatrix} \quad \text{그리고} \quad B = \begin{bmatrix} 1 \\ 4 \\ 5 \end{bmatrix}$$

7 3×3 행렬 A가 가역이라고 하자. A의 네 부분공간에 대한 기저를 쓰고 또한 3×6 행렬 $B = [A \quad A]$의 네 부분공간에 대한 기저를 써라. ($\mathbf{Z}$에 대한 기저는 비어있다.)

8 I가 3×3 항등행렬이고 0은 3×2 영행렬이면, A, B, C에 대한 네 부분공간의 차원은 얼마인가?

$$A = [I \quad 0] \quad \text{그리고} \quad B = \begin{bmatrix} I & I \\ 0^T & 0^T \end{bmatrix} \quad \text{그리고} \quad C = [0]$$

9 다음 서로 다른 크기의 행렬에 대해 어떤 부분공간이 동일한가?

(a) $[A]$ 그리고 $\begin{bmatrix} A \\ A \end{bmatrix}$ (b) $\begin{bmatrix} A \\ A \end{bmatrix}$ 그리고 $\begin{bmatrix} A & A \\ A & A \end{bmatrix}$

이 세 행렬들의 계수는 모두 동일하게 r임을 증명하라.

10 3×3 행렬의 성분들을 0과 1 사이에서 랜덤하게 선택하면, 네 부분공간의 차원은 어떻게 될 가능성이 가장 클까? 랜덤한 행렬이 3×5이면 어떨까?

11 (중요) A는 계수 r인 $m \times n$ 행렬이다. $A\boldsymbol{x} = \boldsymbol{b}$의 해가 없도록 하는 우변 $\boldsymbol{b}$가 존재한다고 가정하자.

(a) m, n 그리고 r 사이에 항상 참이어야 하는 모든 부등식들은 무엇인가?

(b) $A^T\boldsymbol{y} = \mathbf{0}$이 $\boldsymbol{y} = \mathbf{0}$ 이외의 해가 존재한다는 것을 어떻게 아는가?

12 $(1, 0, 1)$과 $(1, 2, 0)$이 행공간과 열공간의 기저가 되는 행렬을 구축하라. 왜 이것은 행공간과 영공간의 기저가 될 수는 없는가?

13 참 또는 거짓을 말하라 (근거를 대거나 또는 반례를 들어라.)

(a) $m = n$이면 A의 행공간은 열공간과 같다.

(b) 행렬 A와 $-A$는 동일한 네 부분공간을 공유한다.

(c) A와 B가 동일한 네 부분공간을 공유한다면, A는 B의 상수배다.

14 A를 계산하지 않고, 네 기본 부분공간에 대한 기저를 구하라.

$$A = \begin{bmatrix} 1 & 0 & 0 \\ 6 & 1 & 0 \\ 9 & 8 & 1 \end{bmatrix} \begin{bmatrix} 1 & 2 & 3 & 4 \\ 0 & 1 & 2 & 3 \\ 0 & 0 & 1 & 2 \end{bmatrix}$$

15 A의 첫 두 개의 행을 서로 바꾼다면, 네 부분공간 중 어떤 부분공간이 동일하게 유지되는가? $\boldsymbol{v} = (1, 2, 3, 4)$가 A의 좌영공간 내에 있다면, 행 교환 후의 새로운 행렬의 좌영공간 내에 있는 벡터를 써라.

16 왜 $\boldsymbol{v} = (1, 0, -1)$은 A의 행이 되면서 또한 영공간 내에 있을 수 없는지 설명하라.

17 다음 행렬들과 연관된 $\mathbf{R}^3$의 네 부분공간을 묘사하라.

$$A = \begin{bmatrix} 0 & 1 & 0 \\ 0 & 0 & 1 \\ 0 & 0 & 0 \end{bmatrix} \quad \text{그리고} \quad I + A = \begin{bmatrix} 1 & 1 & 0 \\ 0 & 1 & 1 \\ 0 & 0 & 1 \end{bmatrix}$$

18 틱택톡(tic-tac-toe) 게임에서 (다섯 개의 1과 네 개의 0인 성분으로 이루어진 A에서) rank$(A) = 2$이지만, 어느 쪽도 승리할 수 있는 수를 포기하지 않는 상태로 틱택토를 완성할 수 있을까?

19 (좌영공간) $\boldsymbol{b}$를 추가하고 A를 사다리꼴로 축약시켜라.

$$[A \quad \boldsymbol{b}] = \begin{bmatrix} 1 & 2 & 3 & b_1 \\ 4 & 5 & 6 & b_2 \\ 7 & 8 & 9 & b_3 \end{bmatrix} \quad \rightarrow \quad \begin{bmatrix} 1 & 2 & 3 & b_1 \\ 0 & -3 & -6 & b_2 - 4b_1 \\ 0 & 0 & 0 & b_3 - 2b_2 + b_1 \end{bmatrix}$$

A의 행들의 한 일차결합은 영행을 만든다. 이 일차결합은 무엇인가? (우변에 있는 $b_3 - 2b_2 + b_1$을 보라.) 어떤 벡터가 A^T의 영공간 내에 있고 어떤 벡터가 A의 영공간 내에 있는가?

20 (a) $A\boldsymbol{x} = \boldsymbol{0}$의 해들은 A의 행들과 수직임을 확인하라.

$$\boldsymbol{A} = \begin{bmatrix} 1 & 0 & 0 \\ 2 & 1 & 0 \\ 3 & 4 & 1 \end{bmatrix} \begin{bmatrix} 4 & 2 & 0 & 1 \\ 0 & 0 & 1 & 3 \\ 0 & 0 & 0 & 0 \end{bmatrix} = \boldsymbol{E}\boldsymbol{R}_0 = \boldsymbol{C}\boldsymbol{R}$$

(b) 얼마나 많은 $A^T\boldsymbol{y} = \boldsymbol{0}$의 독립인 해들이 있는가? 왜 $\boldsymbol{y}^T = E^{-1}$의 3행인가?

21 A가 계수 1인 두 행렬의 합이라고 하자. $A = \boldsymbol{u}\boldsymbol{v}^T + \boldsymbol{w}\boldsymbol{z}^T$.

(a) 어떤 벡터들이 A의 열공간을 생성하는가?

(b) 어떤 벡터들이 A의 행공간을 생성하는가?

(c) ________ 이거나 또는 ________ 이면 계수는 2보다 작다.

(d) $\boldsymbol{u} = \boldsymbol{z} = (1,0,0)$이고 $\boldsymbol{v} = \boldsymbol{w} = (0,0,1)$일 때, A와 계수를 계산하라.

22 열공간의 기저가 $(1,2,4),(2,2,1)$이고 행공간의 기저가 $(1,0),(1,1)$인 $A = \boldsymbol{u}\boldsymbol{v}^T + \boldsymbol{w}\boldsymbol{z}^T$를 구축하라. A를 (3×2) 곱하기 (2×2)로 써라.

23 곱셈을 실제로 하지 말고, A의 행공간과 열공간의 기저를 구하라.

$$A = \begin{bmatrix} 1 & 2 \\ 4 & 5 \\ 2 & 7 \end{bmatrix} \begin{bmatrix} 3 & 0 & 3 \\ 1 & 1 & 2 \end{bmatrix}$$

이 모양으로부터 어떻게 A가 가역이 될 수 없음을 아는가?

24 (중요) $A^T\boldsymbol{y} = \boldsymbol{d}$는 $\boldsymbol{d}$가 네 부분공간 중 어디 내에 있어야 해가 존재하는가? ________가 오직 영벡터만을 포함할 때 해 $\boldsymbol{y}$는 유일하다.

25 참 또는 거짓을 말하라 (근거를 대거나 또는 반례를 들어라.)

(a) A와 A^T의 피벗의 개수는 동일하다.

(b) A와 A^T의 좌영공간은 동일하다.

(c) 행공간과 열공간이 같으면, $A^T = A$이다.

(d) $A^T = -A$이면, A의 행공간은 열공간과 같다.

26 $a \neq 0$인 a,b,c가 주어지면, $\begin{bmatrix} a & b \\ c & d \end{bmatrix}$의 계수가 1이 되도록 d를 어떻게 선택할 것인가? 행공간과 영공간의 기저를 구하라. 이들이 수직임을 보여라!

27 8×8 체커판 행렬 B와 체스 행렬 C의 계수를 구하라. '

$$B = \begin{bmatrix} 1 & 0 & 1 & 0 & 1 & 0 & 1 & 0 \\ 0 & 1 & 0 & 1 & 0 & 1 & 0 & 1 \\ 1 & 0 & 1 & 0 & 1 & 0 & 1 & 0 \\ \cdot & \cdot & \cdot & \cdot & \cdot & \cdot & \cdot & \cdot \\ 0 & 1 & 0 & 1 & 0 & 1 & 0 & 1 \end{bmatrix} \quad \text{그리고} \quad C = \begin{bmatrix} r & n & b & q & k & b & n & r \\ p & p & p & p & p & p & p & p \\ & & & \text{네 개의 영행} & & & & \\ p & p & p & p & p & p & p & p \\ r & n & b & q & k & b & n & r \end{bmatrix}$$

수 r,n,b,q,k,p는 모두 서로 다르다. B와 C의 행공간과 좌영공간의 기저를 구하라. C의 영공간의 기저를 구하라.

도전 문제

28 $A = \boldsymbol{u}\boldsymbol{v}^T$가 계수가 1인 2×2 행렬일 때, 네 개의 기본 부분공간을 명확하게 보여주도록 그림 3.5를 다시 그려라. B가 이것과 동일한 네 부분공간을 만든다면, A에 대한 B의 정확한 관계는 무엇인가?

29 $\mathbf{M}$은 3×3 행렬의 공간이다. $\mathbf{M}$ 내의 모든 행렬 X를 다음과 곱한다.

$$A = \begin{bmatrix} 1 & 0 & -1 \\ -1 & 1 & 0 \\ 0 & -1 & 1 \end{bmatrix}. \quad A\begin{bmatrix} 1 \\ 1 \\ 1 \end{bmatrix} = \begin{bmatrix} 0 \\ 0 \\ 0 \end{bmatrix}$$ 를 주목한다.

(a) 어떤 행렬 X가 AX = 영행렬이 되도록 하는가?

(b) 어떠한 행렬 X에 대해 어떤 행렬들이 AX 형태를 갖는가?

(a)는 연산 AX의 "영공간"을 찾고 (b)는 "열공간"을 찾는다. $\mathbf{M}$의 이 두 부분공간의 차원은 얼마인가? 왜 이것들을 더하면 9가 되는가?

30 $m \times n$ 행렬 A와 B의 네 부분공간이 동일하다고 가정하자. 이들 모두 축약행사다리꼴이라면, ***F*와 *G*는 같아야 함**을 증명하라.

$$A = \begin{bmatrix} I & F \\ 0 & 0 \end{bmatrix} \qquad B = \begin{bmatrix} I & G \\ 0 & 0 \end{bmatrix}$$

모든 행렬 A의 유사역행렬 A^+가 존재한다

A의 열들이 독립이라면, $A^+ = (A^TA)^{-1}A^T$는 $A^+A = I$를 만족하는 **왼쪽 역행렬**(left-inverse)이다. A의 행들이 독립이라면, $A^+ = A^T(AA^T)^{-1}$는 $AA^+ = I$를 만족하는 **오른쪽 역행렬**(right-inverse)이다. 이 페이지에서는 종속인 열들과 종속인 행들을 허용하고 **유사역행렬**(pseudoinverse) A^+을 만든다.

다음은 $A^+\boldsymbol{b}$에 대한 핵심 아이디어다. **$\boldsymbol{b}$를 $\boldsymbol{p}$와 $\boldsymbol{e}$로 쪼개라.** 열공간 내에서 $\boldsymbol{p}$ 부분은 행공간 내에서의 한 벡터 $\boldsymbol{x}^+$에 대해 $A\boldsymbol{x}^+$와 같다 (171 페이지 참조). $\boldsymbol{e}$ 부분은 (네 번째 부분공간인) A^T의 영공간 내에 있다. 그러면 가장 좋은 가능한 역 A^+은 두 부분에 대해서 $A^+\boldsymbol{p} = \boldsymbol{x}^+$과 $A^+\boldsymbol{e} = \boldsymbol{0}$을 만족한다. 선형성에 의해 $A^+\boldsymbol{b} = A^+(\boldsymbol{p}+\boldsymbol{e}) = \boldsymbol{x}^+$이다.

간단히 말하자면, A는 행공간을 열공간으로 보낸다. A^+는 가역인 부분을 역으로 보낸다.

$$A = \begin{bmatrix} 3 & 0 & 0 \\ 0 & 0 & 0 \end{bmatrix} \text{ 이면 } A^+ = \begin{bmatrix} \frac{1}{3} & 0 \\ 0 & 0 \\ 0 & 0 \end{bmatrix} \text{ 이고 } AA^+ = \begin{bmatrix} 1 & 0 \\ 0 & 0 \end{bmatrix} \text{ 와 } A^+A = \begin{bmatrix} 1 & 0 & 0 \\ 0 & 0 & 0 \\ 0 & 0 & 0 \end{bmatrix} \text{ 이다.}$$

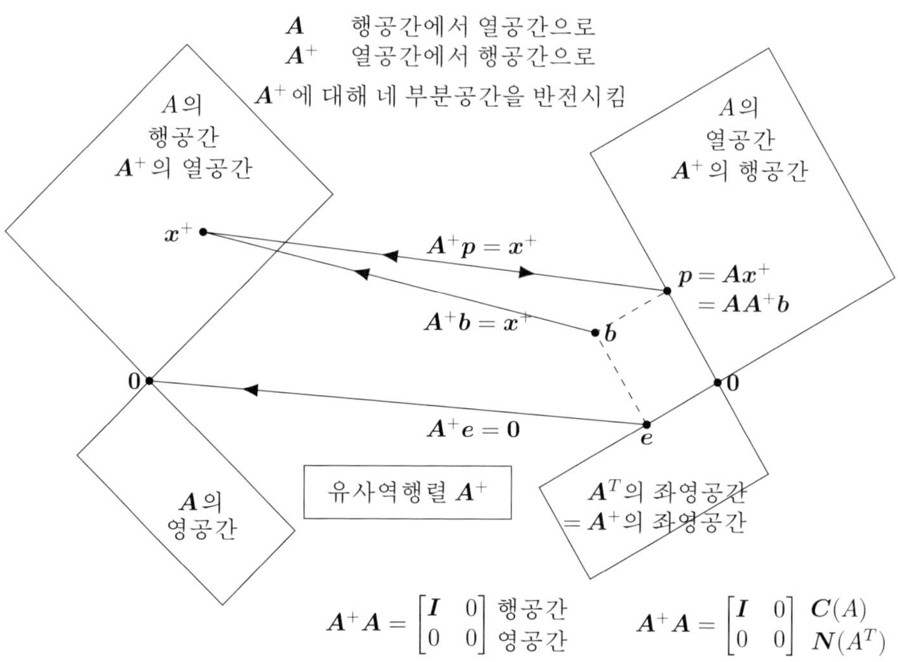

그림 3.5: A의 열공간 내에 있는 벡터 $\boldsymbol{p} = A\boldsymbol{x}^+$는 행공간에 있는 $\boldsymbol{x}^+$로 돌아간다.

주목! (열공간 내에 있지 않은) 그러한 벡터 $\boldsymbol{b}$에서 출발한다고 가정하자. 그러면 $A^+\boldsymbol{b} =$

$\boldsymbol{x}^+$는 행공간에 있고 $AA^+\boldsymbol{b} = A\boldsymbol{x}^+ = \boldsymbol{p}$는 열공간 내에 있다. 그러므로 $AA^+ \neq I$이다. 그러나 $\boldsymbol{p}$는 $\boldsymbol{b}$에 가능한 가장 가깝다. 실제로 $\boldsymbol{p}$는 열공간 위로의 $\boldsymbol{b}$의 "**정사영**"이다. 정사영은 4장의 주제다. 대칭적으로, $A^+A\boldsymbol{x}$는 행공간 위로의 $\boldsymbol{x}$의 **정사영**이다.

예 $\begin{bmatrix} 1 & 1 \\ 1 & 1 \end{bmatrix}^+ = \frac{1}{4}\begin{bmatrix} 1 & 1 \\ 1 & 1 \end{bmatrix}$ 만일 $A = CR = (m \times r)(r \times n)$이면 $A^+ = R^+C^+$이다.

CHAPTER 4

직교성

두 벡터의 내적이 영이면 즉 $\boldsymbol{v} \cdot \boldsymbol{w} = \boldsymbol{v}^T\boldsymbol{w} = 0$이면 두 벡터는 직교다. 이 장은 **직교 부분공간**과 **직교기저**와 **직교행렬**로 이동한다. 두 부분공간에 있는 모든 벡터들의 쌍, 기저에 있는 모든 벡터들의 쌍, 그리고 Q에 있는 모든 열벡터들의 쌍이 직교가 될 것이다. 두 변이 $\boldsymbol{v}$와 $\boldsymbol{w}$인 직각삼각형에 대해 $a^2 + b^2 = c^2$을 떠올려 보라.

직교 벡터들 $\quad \boldsymbol{v}^T\boldsymbol{w} = 0 \quad$ 그리고 $\quad \|\boldsymbol{v}\|^2 + \|\boldsymbol{w}\|^2 = \|\boldsymbol{v} + \boldsymbol{w}\|^2$

우변은 $(\boldsymbol{v}+\boldsymbol{w})^T(\boldsymbol{v}+\boldsymbol{w})$이고, $\boldsymbol{v}^T\boldsymbol{w} = \boldsymbol{w}^T\boldsymbol{v} = 0$이면 $\boldsymbol{v}^T\boldsymbol{v} + \boldsymbol{w}^T\boldsymbol{w}$와 같다.

부분공간이 3장에 들어와서 $A\boldsymbol{x} = \boldsymbol{b}$에 빛을 비추었다. 즉시 열공간과 영공간이 필요했다. 그런 다음 이 빛은 A^T로 향했고 두 개의 추가적인 부분공간이 드러났다. 이 네 개의 부분공간은 행렬이 실제로 무엇을 하는지 보여준다.

A 곱하기 $\boldsymbol{x}$와 같이 행렬에 벡터를 곱한다. 첫 번째 단계에서는 이것은 단지 여러 수들이다. 두 번째 단계에서 $A\boldsymbol{x}$은 열벡터들의 일차결합이다. 세 번째 단계는 부분공간을 보여준다. 그러나 그림 4.2를 공부하기 전까지는 여러분들이 전체 그림을 다 보지는 못했다고 생각한다. **이 기본 부분공간들은 직교다**.

영공간 $\boldsymbol{N}(A)$는 행공간 $\boldsymbol{C}(A^T)$과 직교인 모든 벡터들을 포함한다.

영공간 $\boldsymbol{N}(A^T)$는 열공간 $\boldsymbol{C}(A)$과 직교인 모든 벡터들을 포함한다. $A\boldsymbol{x} = \boldsymbol{0}$은 $\boldsymbol{x}$를 A의 각 행과 직교가 되도록 한다. $A^T\boldsymbol{y} = \boldsymbol{0}$은 $\boldsymbol{y}$를 A의 각 열과 직교가 되도록 한다.

이 장에서 핵심 아이디어는 **정사영**(projection)인데, $\boldsymbol{b}$가 A의 열공간 바깥에 있다면, 열공간 내부에 있는 가장 가까운 점 $\boldsymbol{p}$를 구하고자 한다. $\boldsymbol{b}$로부터 $\boldsymbol{p}$까지의 직선은 오차 $\boldsymbol{e}$를 보여주고, 이 직선은 열공간과 수직이다. 최소제곱 방정식 $A^TA\widehat{\boldsymbol{x}} = A^T\boldsymbol{b}$는 가장 가까운 $\boldsymbol{p} = A\widehat{\boldsymbol{x}}$와 가능한 최소의 $\boldsymbol{e}$를 산출해낸다. 이것은 $A\boldsymbol{x} = \boldsymbol{b}$가 해가 없을 때 최적의 $\widehat{\boldsymbol{x}}$를 제시하고, 이 최적의 $\widehat{\boldsymbol{x}}$은 $\|A\widehat{\boldsymbol{x}} - \boldsymbol{b}\|^2 = \|\boldsymbol{e}\|^2$을 가능한 가장 작게 만든다.

방정식 $A^TA\widehat{\boldsymbol{x}} = A^T\boldsymbol{b}$는 $A^TA = I$라면 풀기 쉬운데, 이때 A의 열들은 수직인 단위벡터들인 정규직교다. 이러한 일은 우연하게 발생하지는 않지만 그렇게 되도록 만들 수 있다. $\boldsymbol{a}_1$부터 $\boldsymbol{a}_n$까지의 열들을 직교화시키면 $\boldsymbol{q}_i^T\boldsymbol{q}_j = 0$이고 $\boldsymbol{q}_i^T\boldsymbol{q}_i = 1$을 만족하는 $\boldsymbol{q}_1$부터 $\boldsymbol{q}_n$을 만들어낸다. 직교행렬 Q는 $Q^TQ = I$를 만족하고 $\boldsymbol{A} = \boldsymbol{QR}$에 의해 A와 연결된다.

직교행렬은 계산에 있어서 완벽하다. 7.4절 전체는 Q를 집중 조명한다. 많은 면에서 $A = QR$이 $A = LU$보다 더 나은데, 왜 그런지 이번 장에서 보여준다.

4.1 네 부분공간의 직교성

1. 직교벡터들은 $\boldsymbol{v}^T\boldsymbol{w} = 0$을 만족한다. 그러면 $a^2+b^2 = c^2$에서와 같이 $\|\boldsymbol{v}\|^2+\|\boldsymbol{w}\|^2 = \|\boldsymbol{v}+\boldsymbol{w}\|^2$이다.
2. 부분공간 $\mathbf{V}$에 속하는 모든 $\boldsymbol{v}$와 부분공간 $\mathbf{W}$에 속하는 모든 $\boldsymbol{w}$에 대해 $\boldsymbol{v}^T\boldsymbol{w} = 0$이면 두 부분공간 $\mathbf{V}$와 $\mathbf{W}$는 직교다.
3. A의 행공간은 영공간과 직교다. 열공간은 $\boldsymbol{N}(A^T)$와 직교다.
4. 차원들을 더하면 $r+(n-r) = n$이고 $r+(m-r) = m$이 된다. 즉, 직교여공간이다.
5. $\mathbf{R}^n$ 내의 n개의 벡터들이 독립이면, 이 벡터들은 $\mathbf{R}^n$을 생성한다. n개의 벡터들이 $\mathbf{R}^n$을 생성하면, 이 벡터들은 독립이다.

1장에서는 내적 $\boldsymbol{v}^T\boldsymbol{w}$를 $\boldsymbol{v}$와 $\boldsymbol{w}$ 사이의 각과 연결시켰다. 각이 90°이면 $\boldsymbol{v}^T\boldsymbol{w} = 0$이다. 이 장에서는 직교벡터 $\boldsymbol{v}$와 $\boldsymbol{w}$에서 직교 부분공간 $\mathbf{V}$와 $\mathbf{W}$로 확장한다.

이 부분공간들은 아귀가 서로 잘 맞아 A 곱하기 $\boldsymbol{x}$의 숨겨진 실상을 보여준다. 부분공간 사이의 90°가 새롭긴 하지만, 이제 이 직각이 의미하는 바가 무엇인지 말할 수 있다.

행공간은 영공간과 수직이다. A의 모든 행은 $A\boldsymbol{x} = \mathbf{0}$의 모든 해와 수직이다. 이러한 사실로부터 그림의 왼편에 90°를 표시한다. 이러한 부분공간들의 직교성이 선형대수의 기본정리 파트 2다.

열공간은 A^T의 영공간과 수직이다. $A\boldsymbol{x} = \boldsymbol{b}$를 풀고자 하나 해가 없을 때, 이 A^T의 영공간은 "최소-제곱" 해 $\widehat{\boldsymbol{x}}$에 대해 오차 $\boldsymbol{e} = \boldsymbol{b} - \boldsymbol{A}\widehat{\boldsymbol{x}}$를 포함한다. 이것은 선형대수의 핵심 응용이다.

정의 　한 벡터공간내의 두 개의 부분공간 $\mathbf{V}$와 $\mathbf{W}$는 $\mathbf{V}$ 내의 모든 벡터 $\boldsymbol{v}$가 $\mathbf{W}$ 내의 모든 벡터 $\boldsymbol{w}$와 수직이면 ***직교(orthogonal)***다.

직교 부분공간	$\mathbf{V}$ 내의 모든 벡터 $\boldsymbol{v}$와 $\mathbf{W}$ 내의 모든 벡터 $\boldsymbol{w}$에 대해 $\boldsymbol{v}^T\boldsymbol{w} = 0$

예제 1 방 안의 두 개의 벽은 수직인 것처럼 보이지만 이 두 부분공간은 **직교가 아니다!** 두 벽이 만나는 직선은 $\mathbf{V}$와 $\mathbf{W}$ 모두에 속하는데, 이 직선은 그 자신과 수직이 아니다. (차원이 각각 2와 2인) $\mathbf{R}^3$ 내의 두 개의 평면은 직교인 부분공간이 될 수 없다.

예제 2 바닥과 수직인 직선은 직교 부분공간이 된다. 이 둘의 차원의 합은 $2+1=3$이다. $\mathbf{0}$을 지나는 수직인 직선들 또한 직교 부분공간이 된다.

한 벡터가 두 개의 직교인 부분공간 내에 있을 때, 이 벡터는 반드시 $\mathbf{0}$이어야 한다. 왜냐하면 이 벡터는 그 자신과 수직이어야 하는데, 이 벡터가 $\boldsymbol{v}$이고 또한 $\boldsymbol{w}$이므로 $\boldsymbol{v}^T\boldsymbol{v}=0$이다. 따라서 이 벡터는 영벡터여야 한다.

선형대수에서 매우 중요한 예가 네 개의 기본 부분공간으로부터 나온다. $\mathbf{0}$은 영공간이 행공간과 만나는 유일한 점이다. 그보다 더, **A의 영공간과 행공간은 $90°$로 만난다.** 이러한 핵심적인 사실은 $A\boldsymbol{x}=\mathbf{0}$으로부터 바로 나온다.

> $A\boldsymbol{x}=\mathbf{0}$이기 때문에 영공간 내의 모든 벡터 $\boldsymbol{x}$는 A의 모든 행과 수직이다.
> ***영공간 $\boldsymbol{N}(A)$와 행공간 $\boldsymbol{C}(A^T)$는 $\mathbf{R}^n$의 직교 부분공간이다.***

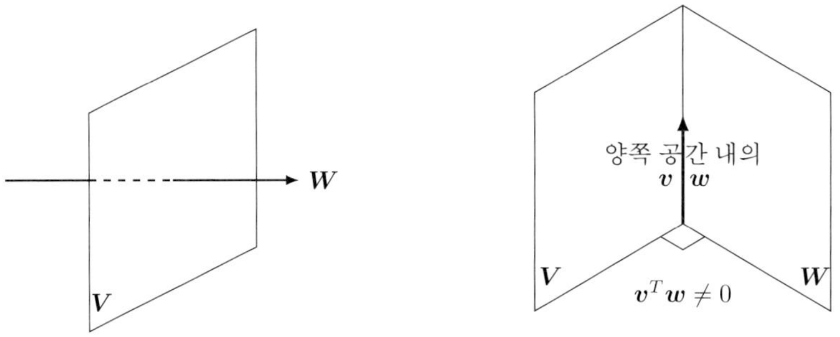

직교인 평면 $\boldsymbol{V}$와 직선 $\boldsymbol{W}$ 두 평면은 $\mathbf{R}^3$ 내에서 직교일 수 없음

그림 4.1: $\dim \mathbf{V} + \dim \mathbf{W} > \dim$(전체 공간)일 때 직교성은 불가능하다.

왜 $\boldsymbol{x}$가 행들과 수직인지 보기 위해 $A\boldsymbol{x}=\mathbf{0}$을 살펴본다. 각 행을 $\boldsymbol{x}$와 곱한다.

$$A\boldsymbol{x} = \begin{bmatrix} \text{1행} \\ \vdots \\ m\,\text{행} \end{bmatrix} \begin{bmatrix} \boldsymbol{x} \end{bmatrix} = \begin{bmatrix} 0 \\ \vdots \\ 0 \end{bmatrix} \quad \begin{matrix} \longleftarrow & (\text{1행}) \cdot \boldsymbol{x}\text{는 } 0 \\ \\ \longleftarrow & (m\ \text{행}) \cdot \boldsymbol{x}\text{는 } 0 \end{matrix} \tag{1}$$

첫 번째 방정식은 1행이 $\boldsymbol{x}$와 수직임을 말해주고, 마지막 방정식은 m행이 $\boldsymbol{x}$와 수직임을 말해준다. 각 행과 $\boldsymbol{x}$의 내적이 모두 0이다. 그러면 $\boldsymbol{x}$는 또한 행들의 모든 일차결합과 수직이다. 즉, 전체 행공간 $\boldsymbol{C}(A^T)$는 $\boldsymbol{N}(A)$와 직교다.

간결하게 행렬을 좋아하는 이들을 위한 두 번째 증명은 다음과 같다. A의 행공간 내에 있는 벡터들은 행들의 일차결합 $A^T\boldsymbol{y}$이다.

$$\textbf{행공간과 직교인 영공간} \quad \boldsymbol{x}^T(A^T\boldsymbol{y}) = (A\boldsymbol{x})^T\boldsymbol{y} = \boldsymbol{0}^T\boldsymbol{y} = 0. \tag{2}$$

우리는 첫 번째 증명을 좋아하는데, 식 (1)에서 A의 열들이 $\boldsymbol{x}$와 곱해져서 0이 만들어지는 것을 볼 수 있기 때문이다. 한편 두 번째 증명은 왜 A와 A^T와 모두 기본정리에 들어 있는지를 보여준다.

기본정리의 파트 1은 네 부분공간의 차원에 대해 말하였다. 행공간과 열공간의 차원은 동일하게 r이고(이 둘은 같은 크기로 그려진다), 두 영공간의 차원은 나머지 $n-r$과 $m-r$이다. 이제 ***행공간과 영공간은 $\mathbf{R}^n$ 내에서 직교인 부분공간***임을 안다.

예제 3 A의 행들은 영공간 내의 $\boldsymbol{x} = (1, 1, -1)$과 수직이다.

$$A\boldsymbol{x} = \begin{bmatrix} 1 & 3 & 4 \\ 5 & 2 & 7 \end{bmatrix} \begin{bmatrix} 1 \\ 1 \\ -1 \end{bmatrix} = \begin{bmatrix} 0 \\ 0 \end{bmatrix} \text{는 내적들을 만든다} \quad \begin{matrix} 1+3-4=0 \\ 5+2-7=0 \end{matrix}$$

이제 또 다른 한 쌍인 A의 열공간과 A^T의 영공간으로 주의를 돌려보자.

> A^T의 영공간 내의 모든 벡터 $\boldsymbol{y}$는 A의 각 열과 수직이다.
>
> ***좌영공간 $\boldsymbol{N}(A^T)$와 열공간 $\boldsymbol{C}(A)$는 $\mathbf{R}^m$ 내의 직교 부분공간이다.***

원래의 증명을 A^T에 적용한다. A^T의 영공간은 A^T의 행공간과 직교다. 그리고 A^T의 행공간은 A의 열공간이다. 증명 끝.

시각적인 증명을 위해서는 $A^T\boldsymbol{y} = \boldsymbol{0}$을 살펴본다. A의 각 열은 $\boldsymbol{y}$와 곱하면 0이 된다. A의 열 곱하기 $\boldsymbol{y}$는 0이다.

$$\boldsymbol{C}(\boldsymbol{A}) \perp \boldsymbol{N}(\boldsymbol{A}^T) \qquad A^T\boldsymbol{y} = \begin{bmatrix} (1\text{열})^T \\ \vdots \\ (n\text{열})^T \end{bmatrix} \begin{bmatrix} \\ \boldsymbol{y} \\ \\ \end{bmatrix} = \begin{bmatrix} 0 \\ \vdots \\ 0 \end{bmatrix} \tag{3}$$

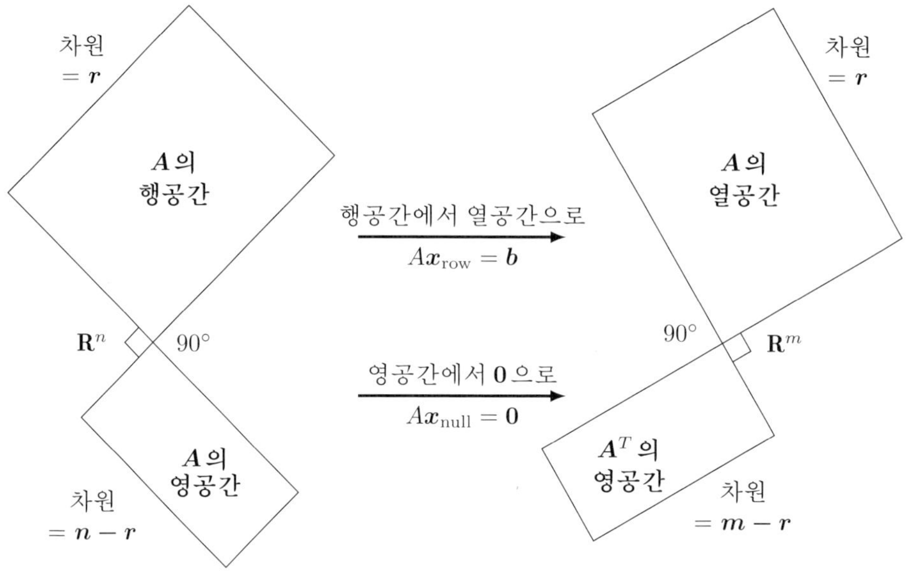

그림 4.2: **두 쌍의 직교인 부분공간.** 차원들은 더해서 n과 m이 된다. 이것은 $\mathbf{R}^n$에서의 두 개의 부분공간과 $\mathbf{R}^m$에서의 두 개의 부분공간에 대한 **큰 그림이다.**

직교여공간

중요. 기본 부분공간들은 단지 (쌍으로) 직교인 것 이상이다. 이들의 차원도 또한 올바르다. 두 개의 직선은 $\mathbf{R}^3$ 내에서 수직일 수 있지만, **이 두 직선들은 3×3 행렬의 행공간과 영공간이 될 수는 없었을 것이다.** 이 직선들의 차원은 1과 1이고 더해서 2가 된다. 그러나 올바른 차원인 r과 $n-r$은 더해서 $n=3$이 되어야만 한다.

그림 4.1은 방 안의 두 개의 벽을 보여주었다. 차원 $2+2 \neq 3$은 실패한다.

3×3 행렬의 기본 부분공간들은 차원이 2와 1이거나 3과 0이다. 그러한 부분공간들의 쌍은 직교일 뿐만 아니라 직교여공간이다.

정의 벡터공간 $\mathbf{V}$의 ***직교여공간(orthogonal complement)*** $\mathbf{V}^\perp$는 **$\mathbf{V}$에 수직인 모든 벡터들**을 포함한다. $\mathbf{V}$와 $\mathbf{V}^\perp$의 차원을 더하면 (전체 공간의 차원)이 된다.

이 정의에 의해 영공간은 행공간의 직교여공간이다. 행들과 수직인 **모든** x는 $Ax = 0$을 만족하고 영공간 내에 놓여 있다. 그 역도 또한 참이다. ***v가 영공간에 직교면, 행공간 내에 있어야만 한다.***

같은 방법으로, 좌영공간과 영공간은 $\mathbf{R}^m$에서 직교이고, 이 둘은 직교여공간이다. 이들의 차원 r과 $m-r$을 더하면 꽉찬 차원 m이 된다.

선형대수의 기본정리, 파트 2

($\mathbf{R}^n$ 내에서) $\boldsymbol{N}(A)$은 행공간 $\boldsymbol{C}(A^T)$의 직교여공간이다.

($\mathbf{R}^m$ 내에서) $\boldsymbol{N}(A^T)$은 열공간 $\boldsymbol{C}(A)$의 직교여공간이다.

파트 1은 부분공간의 차원에 관한 것이었다. 파트 2는 이들 사이의 각 $90°$에 관한 것이다. 모든 $\boldsymbol{x}$는 행공간 성분 $\boldsymbol{x}_r$과 영공간 성분 $\boldsymbol{x}_n$으로 쪼갤 수 있다. A에 $\boldsymbol{x} = \boldsymbol{x}_r + \boldsymbol{x}_n$을 곱하면, 그림 4.3은 어떤 일이 벌어지는지 보여준다. $A\boldsymbol{x}_n = \mathbf{0}$이고 $A\boldsymbol{x}_r = A\boldsymbol{x}$은 열공간 내에 있다.

모든 벡터 $A\boldsymbol{x}$는 열공간 안으로 간다! A를 곱하는 것은 이 외에 다른 일은 할 수 없다. 그보다 더, 열공간 내의 모든 벡터 $\boldsymbol{b}$는 행공간 내의 정확히 하나의 벡터 $\boldsymbol{x}_r$에서 나온다. 증명: 만일 $A\boldsymbol{x}_r = A\boldsymbol{x}'_r$이라면, 두 벡터의 차 $\boldsymbol{x}_r - \boldsymbol{x}'_r$은 영공간 내에 있다. 이것은 또한 $\boldsymbol{x}_r$과 $\boldsymbol{x}'_r$이 나오는 행공간 내에 있다. 영공간과 행공간은 서로 수직이므로 이 차는 반드시 영벡터여야 한다. 따라서 $\boldsymbol{x}_r = \boldsymbol{x}'_r$이다.

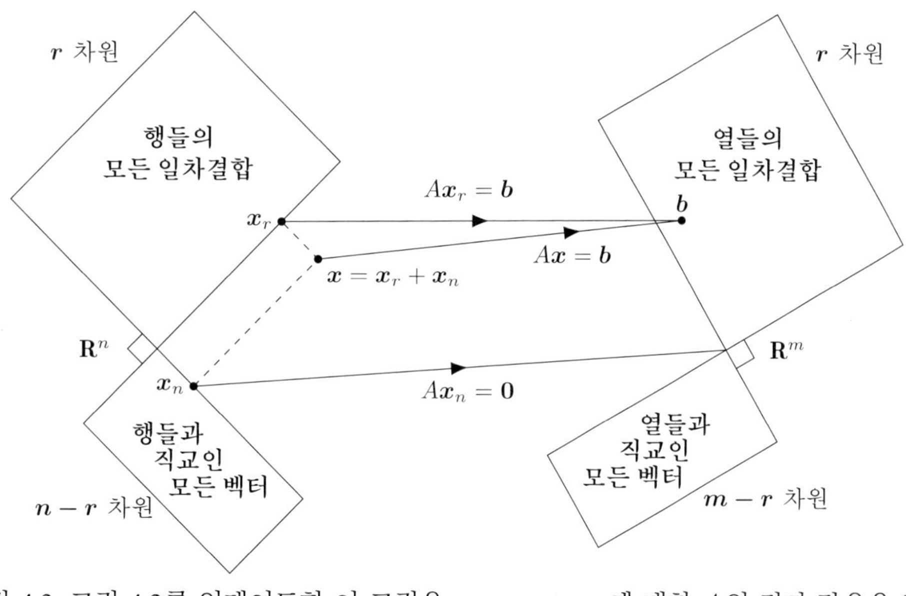

그림 4.3: 그림 4.2를 업데이트한 이 그림은 $\boldsymbol{x} = \boldsymbol{x}_r + \boldsymbol{x}_n$에 대한 A의 진짜 작용을 보여준다. A 곱하기 $\boldsymbol{x}_r$은 열공간 내에 있다. A 곱하기 $\boldsymbol{x}_n$은 영벡터다.

이 두 개의 영공간을 제거한다면, A 내부에 숨어 있는 $r \times r$ 가역행렬이 존재한다. ***행공간에서 열공간으로 A는 가역이다.*** **유사역행렬** $\boldsymbol{A}^{+}$는 A의 이 부분을 반전시킨다 (181 페이지 참조).

예제 4 **계수가 r인 모든 행렬에는 가역인 $r \times r$ 부분행렬이 존재한다.** B의 계수는 2다.

$$B = \begin{bmatrix} 1 & 2 & 3 & 4 & 5 \\ 1 & 2 & 4 & 5 & 6 \\ 1 & 2 & 4 & 5 & 6 \end{bmatrix} \text{는 피벗행과 피벗열에서 } \begin{bmatrix} 1 & 3 \\ 1 & 4 \end{bmatrix} \text{를 포함하고 있다.}$$

이것보다 더, 모든 행렬은 올바른 직교기저를 선택한다면 대각화가능하다. 여러분들은 놀라운 사실인 A의 **특잇값분해**(*Singular Value Decomposition*)에 반드시 도달하기를 바란다.

다시 반복하면, 두 개의 직교 부분공간에 속하는 유일한 벡터는 영벡터 뿐이다.

부분공간으로부터 기저 합치기

기저는 그 공간을 생성하는 일차독립인 벡터들을 포함한다. 일반적으로 기저의 두 가지 성질을 체크해야 하지만, 개수를 정확히 센다면, 한 성질은 다른 성질을 내포한다. 즉, 모든 벡터는 **정확히 한 가지 방법으로** 기저벡터들의 일차결합이다.

> $\mathbf{R}^n$ 내의 임의의 독립인 n개 벡터는 $\mathbf{R}^n$을 생성해야 한다. 그러므로 이 벡터들은 기저다.
>
> $\mathbf{R}^n$을 생성하는 임의의 n개의 벡터는 독립이어야 한다. 그러므로 이 벡터들은 기저다.

정확한 개수의 벡터로 시작하면, 기저의 한 가지 성질은 다른 성질을 만들어낸다. 이것은 어느 벡터공간에서나 참이지만, 우리는 $\mathbf{R}^n$을 가장 많이 신경을 쓴다. 이 벡터들이 $n \times n$ 정사각행렬 A의 열들로 들어가면, 다음은 동일한 두 가지 사실이다.

> A의 n개 열들이 독립이라면, 이 열들은 $\mathbf{R}^n$을 생성한다. 그러므로 $A\boldsymbol{x} = \boldsymbol{b}$는 해가 존재한다.
>
> 만일 n개 열들이 $\mathbf{R}^n$을 생성한다면, 이 열들은 독립이다. 그러므로 $A\boldsymbol{x} = \boldsymbol{b}$의 해는 유일하다.
>
> 만일 정사각행렬들의 곱 $AB = I$이면, $BA = I$이다.

유일성이 존재성을 내포하고 존재성이 유일성을 내포한다. ***그러면 A는 가역이다.*** 만일 자유변수가 존재하지 않는다면 해 $\boldsymbol{x}$는 유일하다. n개의 피벗열들이 존재해야만 하고, 그러면 역대입으로 $A\boldsymbol{x} = \boldsymbol{b}$의 해를 구한다 (해가 존재한다).

반대 방향으로 시작하여, $A\boldsymbol{x} = \boldsymbol{b}$가 모든 $\boldsymbol{b}$에 대해 풀 수 있다고 가정하자 (해의 존재성). 그러면 소거법으로 영행은 만들어지지 않는다. n개의 피벗이 존재하고 자유변수는 존재하지 않는다. 영공간은 오직 $\boldsymbol{x} = \mathbf{0}$만 포함한다 (해의 유일성).

행공간과 영공간에 대한 기저로부터 $r + (n - r)$개의 벡터가 있고, 이것은 올바른 개수다. 이러한 n개의 벡터들은 독립이다.[1] ***따라서 이 벡터들은 $\mathbf{R}^n$을 생성한다.***

모든 $\boldsymbol{x}$는 행공간 벡터 $\boldsymbol{x}_r$과 영공간 벡터 $\boldsymbol{x}_n$의 합 $\boldsymbol{x}_r + \boldsymbol{x}_n$이다. 그림 4.3에서 $\boldsymbol{x}_r + \boldsymbol{x}_n$로 쪼개는 것은 차원이 더해져서 n이 되고 모든 벡터들이 완전히 고려된다는 직교여공간의 핵심 포인트를 보여준다.

예제 5 $A = \begin{bmatrix} 1 & 2 \\ 3 & 6 \end{bmatrix}$에 대해, $\boldsymbol{x} = \begin{bmatrix} 4 \\ 3 \end{bmatrix}$를 $\boldsymbol{x}_r + \boldsymbol{x}_n = \begin{bmatrix} 2 \\ 4 \end{bmatrix} + \begin{bmatrix} 2 \\ -1 \end{bmatrix}$로 쪼갠다. 벡터 $(2, 4)$는 행공간 내에 있다. 직교벡터인 $(2, -1)$은 영공간 내에 있다. 다음 절에서는 정사영행렬 P로 이러한 분할 계산을 한다.

예제 6 **$\mathbf{S}$를 9-차원 공간 $\mathbf{R}^9$의 6-차원 부분공간이라고 하자.**

(a) $\mathbf{S}$와 직교인 부분공간의 가능한 차원은? **$\mathbf{0, 1, 2, 3}$**

(b) $\mathbf{S}$의 직교여공간 $\mathbf{S}^\perp$의 가능한 차원은? **$\mathbf{3}$**

(c) $\mathbf{S}$가 행공간인 행렬 A의 가장 작은 가능한 크기는? **$\mathbf{6 \times 9}$**

(d) $\mathbf{S}^\perp$가 영공간인 행렬 B의 가장 작은 가능한 크기는? **$\mathbf{6 \times 9}$**

연습 문제

1 계수 1인 2×3 행렬을 구축하라. 그림 4.2를 복사하고 각 부분공간 내에 벡터 하나를 집어 넣어라 (영공간에는 두 개의 벡터를 넣어라). 어떤 벡터들이 직교인가?

2 계수가 $r = 2$인 3×2 행렬에 대해 그림 4.3을 다시 그려라. 어떤 부분공간이 (영벡터만으로 이루어진) $\mathbf{Z}$인가? $\mathbf{R}^2$ 내의 임의의 벡터 $\boldsymbol{x}$의 영공간 부분은 $\boldsymbol{x}_n =$

[1]모든 n개 벡터들의 일차결합이 $\boldsymbol{x}_r + \boldsymbol{x}_n = \mathbf{0}$이 된다면, $\boldsymbol{x}_r = -\boldsymbol{x}_n$은 두 부분공간 모두에 들어있다. 그러므로 $\boldsymbol{x}_r = \boldsymbol{x}_n = \mathbf{0}$이다. 행공간 기저의 모든 계수(coefficient)와 영공간 기저의 모든 계수(coefficient)는 0이어야 한다. 이것은 n개 벡터들의 독립성을 증명한다.

_______ 이다.

3 요구하는 성질을 가진 행렬을 구축하거나 또는 왜 그것이 불가능한지 말하라.

(a) 열공간은 $\begin{bmatrix} 1 \\ 2 \\ -3 \end{bmatrix}$ 과 $\begin{bmatrix} 2 \\ -3 \\ 5 \end{bmatrix}$ 를 포함하고, 영공간은 $\begin{bmatrix} 1 \\ 1 \\ 1 \end{bmatrix}$ 를 포함한다.

(b) 행공간은 $\begin{bmatrix} 1 \\ 2 \\ -3 \end{bmatrix}$ 과 $\begin{bmatrix} 2 \\ -3 \\ 5 \end{bmatrix}$ 를 포함하고, 영공간은 $\begin{bmatrix} 1 \\ 1 \\ 1 \end{bmatrix}$ 를 포함한다.

(c) $A\boldsymbol{x} = \begin{bmatrix} 1 \\ 1 \\ 1 \end{bmatrix}$ 의 해가 존재하고 $A^T \begin{bmatrix} 1 \\ 0 \\ 0 \end{bmatrix} = \begin{bmatrix} 0 \\ 0 \\ 0 \end{bmatrix}$ 이다.

(d) 모든 행은 모든 열과 직교다. (A는 영행렬이 아니다.)

(e) 열들을 모두 더하면 모든 성분이 0인 열이 되고, 행들을 모두 더하면 모든 성분이 1인 행이 된다.

4 $AB = 0$이면 B의 열들은 A의 _______ 내에 있다. A의 행들은 B의 _______ 내에 있다. $AB = 0$이면 왜 A와 B는 계수가 2인 3×3 행렬이 될 수 없는가?

5 (a) $A\boldsymbol{x} = \boldsymbol{b}$의 해가 존재하고 $A^T\boldsymbol{y} = \boldsymbol{0}$이면, $(\boldsymbol{y}^T\boldsymbol{x} = 0)$인가 아니면 $(\boldsymbol{y}^T\boldsymbol{b} = 0)$인가?

(b) $A^T\boldsymbol{y} = (1, 1, 1)$의 해가 존재하고 $A\boldsymbol{x} = \boldsymbol{0}$이면, _______ 이다.

6 다음 연립일차방정식 $A\boldsymbol{x} = \boldsymbol{b}$는 해가 없다 (이것은 $0 = 1$이 된다)

$$\begin{aligned} x + 2y + 2z &= 5 \\ 2x + 2y + 3z &= 5 \\ 3x + 4y + 5z &= 9 \end{aligned}$$

이 방정식들에 각각 곱해서 더하면 $0 = 1$이 되는 수 y_1, y_2, y_3를 구하라. 방금 찾은 $\boldsymbol{y}$는 어떤 부분공간 내의 벡터인가? 내적 $\boldsymbol{y}^T\boldsymbol{b}$은 1이므로 해 $\boldsymbol{x}$는 없다.

7 해가 없는 모든 연립방정식 $A\boldsymbol{x} = \boldsymbol{b}$는 6번 문제에서의 방정식과 같다. m개의 방정식들에 곱해서 더하면 $0 = 1$이 되는 수 $y_1, \dots, y_m$가 존재한다. 이것을 **프레드홀름의 대안**(Fredholm's Alternative)이라 한다. 즉, **$\boldsymbol{b}$가 $\boldsymbol{C}(A)$ 내에 없다면, $\boldsymbol{b}$의 일부는 $\boldsymbol{N}(\boldsymbol{A}^T)$ 내에 있다.**

정확하게 하나의 문제는 한 개의 해를 갖는다: $A\boldsymbol{x} = \boldsymbol{b}$ **또는** $\boldsymbol{y}^T\boldsymbol{b} = 1$을 **만족하는** $A^T\boldsymbol{y} = \boldsymbol{0}$

방정식 $x_1 - x_2 = 1$과 $x_2 - x_3 = 1$과 $x_1 - x_3 = 1$에 곱하여 더하면 $0 = 1$이 되도록 선택한 수 y_1, y_2, y_3를 곱하라.

8 그림 4.3에서, $A\boldsymbol{x}_r$이 $A\boldsymbol{x}$와 같다는 것을 어떻게 아는가? 이 벡터가 열공간 내에 있다는 것을 어떻게 아는가? $A = \begin{bmatrix} 1 & 1 \\ 1 & 1 \end{bmatrix}$이고 $\boldsymbol{x} = \begin{bmatrix} 1 \\ 0 \end{bmatrix}$이면 $\boldsymbol{x}_r$은 무엇인가?

9 **$A^T A\boldsymbol{x} = \mathbf{0}$이면 $A\boldsymbol{x} = \mathbf{0}$이다.** 이유: $A\boldsymbol{x}$는 A^T의 영공간 내에 있고 또한 A의 _______ 내에 있으면 이 공간들은 _______ 이다. 결론: $A\boldsymbol{x} = \mathbf{0}$이고 따라서 $A^T A$는 A와 영공간이 동일하다. 이러한 핵심적인 사실은 다음 절에서 또 다시 나온다.

10 A가 대칭행렬이라고 하자 ($A^T = A$).

(a) 왜 열공간은 영공간과 직교인가?

(b) $A\boldsymbol{x} = \mathbf{0}$이고 $A\boldsymbol{z} = 5\boldsymbol{z}$이면, 어떤 부분공간이 이러한 "고유벡터" $\boldsymbol{x}$와 $\boldsymbol{z}$를 포함하는가? **대칭행렬의 고유벡터들은 $\boldsymbol{x}^T\boldsymbol{z} = 0$를 만족하는 직교벡터들이다.**

11 그림 4.2를 그려서 $A = \begin{bmatrix} 1 & 2 \\ 3 & 6 \end{bmatrix}$와 $B = \begin{bmatrix} 1 & 0 \\ 3 & 0 \end{bmatrix}$에 대해 올바르게 각 부분공간들을 보여라.

12 $A = \begin{bmatrix} 1 & -1 \\ 0 & 0 \end{bmatrix}$이고 $\boldsymbol{x} = \begin{bmatrix} 2 \\ 0 \end{bmatrix}$일 때 $\boldsymbol{x}_r$과 $\boldsymbol{x}_n$을 구하고 그림 4.3을 그려라.

13–23**번 문제는 직교 부분공간에 관한 것이다.**

13 부분공간 $\mathbf{V}$와 $\mathbf{W}$의 기저들을 행렬 V와 W의 열들에 배치하라. 왜 직교 부분공간에 대한 테스트를 $V^T W =$ 영행렬으로 쓸 수 있는지 설명하라. 이것은 직교하는 벡터들에 대한 $\boldsymbol{v}^T\boldsymbol{w} = 0$과 대응된다.

14 바닥인 $\mathbf{V}$와 벽인 $\mathbf{W}$는 직교하는 부분공간이 아니다. 왜냐하면 (이 두 공간이 교차하는 직선을 따라) 영이 아닌 벡터들을 공유하기 때문이다. $\mathbf{R}^3$ 내의 어떠한 평면 $\mathbf{V}$와 $\mathbf{W}$도 직교가 될 수 없다! 두 행렬 모두의 열공간 내에 있는 벡터를 구하라.

$$A = \begin{bmatrix} 1 & 2 \\ 1 & 3 \\ 1 & 2 \end{bmatrix} \quad \text{그리고} \quad B = \begin{bmatrix} 5 & 4 \\ 6 & 3 \\ 5 & 1 \end{bmatrix}$$

이것은 벡터 $A\boldsymbol{x}$이고 또한 벡터 $B\widehat{\boldsymbol{x}}$가 될 것이다. $[A \quad B]$인 3×4 행렬을 생각하라.

15 14번 문제를 $\mathbf{R}^n$의 p-차원 부분공간 $\mathbf{V}$와 q-차원 부분공간 $\mathbf{W}$로 확장하라. $p+q$에 대한 어떤 부등식이 영이 아닌 벡터에서 $\mathbf{V}$와 $\mathbf{W}$가 교차하도록 보장하는가? 이러한 부분공간들은 직교할 수 없다.

16 식 (2)의 행렬 표현을 사용하여 $\boldsymbol{N}(A^T)$ 내의 모든 $\boldsymbol{y}$는 열공간 내의 모든 $A\boldsymbol{x}$와 수직임을 증명하라. $A^T\boldsymbol{y} = \mathbf{0}$에서 출발하라.

17 $\mathbf{S}$가 영벡터만을 포함하는 $\mathbf{R}^3$의 부분공간이라면, $\mathbf{S}^\perp$는 무엇인가? $\mathbf{S}$가 $(1,1,1)$에 의해 생성된다면, $\mathbf{S}^\perp$는 무엇인가? $\mathbf{S}$가 $(1,1,1)$와 $(1,1,-1)$에 의해 생성된다면, $\mathbf{S}^\perp$의 기저는 무엇인가?

18 $\mathbf{S}$가 오직 두 개의 벡터 $(1,5.1)$과 $(2,2,2)$만을 포함한다고 하자 (부분공간은 아니다). 그러면 $\mathbf{S}^\perp$는 행렬 $A =$ ______의 영공간이다. $\mathbf{S}^\perp$는 $\mathbf{S}$가 부분공간이 아니더라도 하나의 부분공간이다.

19 $\mathbf{L}$을 $\mathbf{R}^3$ 내의 1-차원 부분공간(직선)이라고 하자. 이것의 직교여공간 $\mathbf{L}^\perp$는 $\mathbf{L}$과 수직인 ______이다. 그러면 $(\mathbf{L}^\perp)^\perp$는 $\mathbf{L}^\perp$와 수직인 ______이다. 사실 $(\mathbf{L}^\perp)^\perp$는 ______과 동일하다.

20 $\mathbf{V}$가 $\mathbf{R}^4$ 전체 공간이라고 하자. 그러면 $\mathbf{V}^\perp$는 오직 ___ 벡터만을 포함한다. 그러면 $(\mathbf{V}^\perp)^\perp$는 ______이다. 그러므로 $(\mathbf{V}^\perp)^\perp$는 ______과 동일하다.

21 $\mathbf{S}$가 벡터 $(1,2,2,3)$과 $(1,3,3,2)$에 의해 생성된다고 하자. $\mathbf{S}^\perp$를 생성하는 두 개의 벡터를 구하라. 이것은 어떤 A에 대해 $A\boldsymbol{x} = \mathbf{0}$을 푸는 것과 동일한가?

22 $\mathbf{P}$가 $x_1 + x_2 + x_3 + x_4 = 0$을 만족하는 $\mathbf{R}^4$ 내의 벡터들의 평면이라면, $\mathbf{P}^\perp$의 기저를 작성하라. $\mathbf{P}$가 영공간인 행렬을 구축하라.

23 부분공간 $\mathbf{S}$가 부분공간 $\mathbf{V}$에 포함된다면, 왜 $\mathbf{S}^\perp$가 $\mathbf{V}^\perp$를 포함하는지 설명하라.

24–28번 문제는 수직인 열과 행에 관한 것이다.

24 $n \times n$ 행렬이 가역이라고 하자. 즉 $AA^{-1} = I$다. 그러면 A^{-1}의 첫 번째 열은 A의 어떤 행들에 의해 생성된 공간과 직교인가?

25 A의 열들이 단위벡터이고 서로 수직일 때, A^TA를 구하라.

26 모든 성분들이 0이 아니면서 열들이 서로 수직인 3×3 행렬 A를 구축하라. $A^T A$를 계산하라. 왜 이것은 대각행렬인가?

27 직선 $3x + y = b_1$과 $6x + 2y = b_2$는 ______ 이다. 만일 ______ 라면, 이 둘은 동일하다. 이 경우에 (b_1, b_2)는 벡터 ______ 과 수직이다. 이 행렬의 영공간은 직선 $3x + y =$ ___ 이다. 이 영공간 내의 하나의 특수한 벡터는 ______ 이다.

28 왜 다음 문장들은 모두 거짓인가?

(a) $(1, 1, 1)$은 $(1, 1, -2)$와 수직이므로 평면 $x + y + z = 0$과 $x + y - 2z = 0$은 직교하는 부분공간이다.

(b) $(1, 1, 0, 0, 0)$과 $(0, 0, 0, 1, 1)$에 의해 생성되는 부분공간은 $(1, -1, 0, 0, 0)$과 $(2, -2, 3, 4, -4)$에 의해 생성되는 부분공간의 직교여공간이다.

(c) 영벡터에서만 교차하는 두 개의 부분공간은 직교한다.

29 $\boldsymbol{v} = (1, 2, 3)$가 행공간과 열공간 내에 모두 있는 행렬 A를 구하라. $\boldsymbol{v}$가 영공간과 열공간 내에 모두 있는 행렬 B를 구하라. 어떤 부분공간 쌍이 $\boldsymbol{v}$를 공유할 수 없는가?

30 A는 3×4이고 B는 4×5이고 $AB = 0$이라고 하자. 그러므로 $\boldsymbol{N}(A)$는 $\boldsymbol{C}(B)$를 포함한다. $\boldsymbol{N}(A)$와 $\boldsymbol{C}(B)$의 차원으로부터 $\text{rank}(A) + \text{rank}(B) \leq 4$임을 증명하라.

31 명령어 $N =$ null(A)는 A의 영공간에 대한 기저를 생성할 것이다. 그런 다음 명령어 $B =$ null(N')은 A의 ______ 에 대한 기저를 생성할 것이다.

32 $\mathbf{R}^2$ 내의 영이 아닌 벡터들 $\boldsymbol{r}, \boldsymbol{n}, \boldsymbol{c}, \boldsymbol{l}$이 2×2 행렬의 네 개의 기본 부분공간들 $\boldsymbol{C}(A^T)$, $\boldsymbol{N}(A)$, $\boldsymbol{C}(A)$, $\boldsymbol{N}(A^T)$의 기저가 될 조건은 무엇인가?

33 언제 $\mathbf{R}^4$ 내의 벡터들 $\boldsymbol{r}_1, \boldsymbol{r}_2, \boldsymbol{n}_1, \boldsymbol{n}_2, \boldsymbol{c}_1, \boldsymbol{c}_2, \boldsymbol{l}_1, \boldsymbol{l}_2$가 4×4 행렬의 네 개의 기본 부분공간들의 기저가 될 수 있는가? 하나의 가능한 A는 무엇인가?

4.2 부분공간 위로의 정사영

1. $\boldsymbol{a}$를 지나는 직선 위로의 벡터 $\boldsymbol{b}$의 정사영은 가장 가까운 점 $\boldsymbol{p} = \boldsymbol{a}(\boldsymbol{a}^T\boldsymbol{b}/\boldsymbol{a}^T\boldsymbol{a})$이다.
2. 오차 $\boldsymbol{e} = \boldsymbol{b} - \boldsymbol{p}$는 $\boldsymbol{a}$와 수직이다. 직각삼각형 $\boldsymbol{b}\ \boldsymbol{p}\ \boldsymbol{e}$는 $\|\boldsymbol{p}\|^2 + \|\boldsymbol{e}\|^2 = \|\boldsymbol{b}\|^2$을 만족한다.
3. 부분공간 $\mathbf{S}$ 위로의 $\boldsymbol{b}$의 **정사영**은 $\mathbf{S}$ 내에 있는 가장 가까운 $\boldsymbol{p}$이다. $\boldsymbol{b} - \boldsymbol{p}$는 $\mathbf{S}$와 직교다.
4. 그러면 A의 열공간 위로의 $\boldsymbol{b}$의 정사영은 벡터 $\boldsymbol{p} = A(A^TA)^{-1}A^T\boldsymbol{b}$이다.
5. $\boldsymbol{C}(A)$ 위로의 **정사영행렬**은 $\boxed{P = A(A^TA)^{-1}A^T}$이다. 그러면 $\boldsymbol{p} = P\boldsymbol{b}$이고 $P^2 = P$이다.

이번 절은 **최근접 점**에 관한 것이다. 부분공간 $\mathbf{S}$ 내에 있지 않은 점 $\boldsymbol{b}$가 있다 (둘 모두 m 차원 내에 있다). 이 부분공간 내에 있는 어떤 점 $\boldsymbol{p}$가 $\boldsymbol{b}$에 가장 가까울까? **$\boldsymbol{b}$로부터 $\boldsymbol{p}$까지의 직선이 이 부분공간과 수직인** 그림이 이 문제의 해에 대한 열쇠를 암시한다. 그림 4.5에서 이 직선은 오차 $\boldsymbol{e} = \boldsymbol{b} - \boldsymbol{p}$를 보여준다.

첫 번째 예는 xy 평면과 같은 특별한 부분공간 위로 $\boldsymbol{b}$를 "정사영" 시킨다. $\boldsymbol{b}$에 곱하여 이것의 정사영 $\boldsymbol{p} = P\boldsymbol{b}$를 만들어 내는 **정사영행렬**(projection matrix) P가 존재한다.

1 $\boldsymbol{b} = (2, 3, 4)$의 z축과 xy 평면 위로의 정사영은 무엇인가?

2 직선 위와 평면 위로의 정사영 $P\boldsymbol{b}$를 만들어 내는 행렬 P_1과 P_2는 무엇인가?

$\boldsymbol{b}$를 직선 위로 정사영시킬 때, ***정사영 $\boldsymbol{p}$는 그 직선과 나란한 $\boldsymbol{b}$의 부분이다.*** $\boldsymbol{b}$를 평면 위로 정사영시킬 때, $\boldsymbol{p}$는 그 평면 내에 있는 $\boldsymbol{b}$의 부분이다. ***정사영 $\boldsymbol{p}$는 $P\boldsymbol{b}$ 이다.***

z축 위로의 정사영을 $\boldsymbol{p}_1$이라고 하자. 두 번째 정사영은 xy 평면 위로 똑바로 내려온다. 여러분은 그림 4.4와 같이 상상할 것이다. $\boldsymbol{b} = (2, 3, 4)$로 시작하자. z-정사영은

$\boldsymbol{p}_1 = (0,0,4)$가 된다. 아래로 내려오는 정사영은 $\boldsymbol{p}_2 = (2,3,0)$이 된다. 이것들은 z 축을 따라 그리고 xy 평면 내의 $\boldsymbol{b}$의 부분이다.

정사영행렬 P_1과 P_2는 3×3이다. 성분이 세 개인 $\boldsymbol{b}$를 곱하여 성분이 세 개인 $\boldsymbol{p}$를 만든다. 직선 위와 평면 위로의 정사영은 각각 계수 1인 행렬과 계수 2인 행렬로부터 나온다.

z축 위로의 **정사영행렬**	$P_1 = \begin{bmatrix} 0 & 0 & 0 \\ 0 & 0 & 0 \\ 0 & 0 & \mathbf{1} \end{bmatrix}$	xy 평면 위로의 **정사영행렬**	$P_2 = \begin{bmatrix} \mathbf{1} & 0 & 0 \\ 0 & \mathbf{1} & 0 \\ 0 & 0 & 0 \end{bmatrix}$

P_1은 모든 벡터의 z 성분을 추출하고, P_2는 x와 y 성분들을 추출한다. $\boldsymbol{b}$의 정사영 $\boldsymbol{p}_1$과 $\boldsymbol{p}_2$를 구하기 위해, P_1과 P_2로 $\boldsymbol{b}$를 곱한다. (벡터는 소문자 $\boldsymbol{p}$이고, $\boldsymbol{b}$와 곱해서 $\boldsymbol{p}$를 만드는 행렬은 대문자 P다.)

$$\boldsymbol{p}_1 = P_1\boldsymbol{b} = \begin{bmatrix} 0 & 0 & 0 \\ 0 & 0 & 0 \\ 0 & 0 & 1 \end{bmatrix} \begin{bmatrix} x \\ y \\ z \end{bmatrix} = \begin{bmatrix} \mathbf{0} \\ \mathbf{0} \\ \boldsymbol{z} \end{bmatrix} \qquad \boldsymbol{p}_2 = P_2\boldsymbol{b} = \begin{bmatrix} 1 & 0 & 0 \\ 0 & 1 & 0 \\ 0 & 0 & 0 \end{bmatrix} \begin{bmatrix} x \\ y \\ z \end{bmatrix} = \begin{bmatrix} \boldsymbol{x} \\ \boldsymbol{y} \\ \mathbf{0} \end{bmatrix}$$

이 경우에 $\boldsymbol{p}_1$은 $\boldsymbol{p}_2$와 수직이다. xy 평면과 z 축은 어떤 방의 바닥과 두 벽 사이의 직선과 비슷하게 ***직교 부분공간***이다. 그러면 $P_2 P_1 = 0$이다.

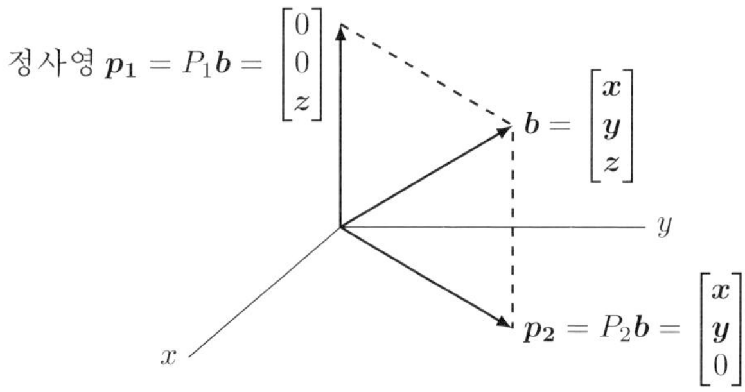

그림 4.4: z 축과 xy 평면 위로의 정사영 $\boldsymbol{p}_1 = P_1\boldsymbol{b}$와 $\boldsymbol{p}_2 = P_2\boldsymbol{b}$

단순한 직교 이상으로, 이 직선과 평면은 직교**여공간**이다. 이들의 차원은 더해서 $1+2=3$이 된다. 전체 공간 내의 모든 벡터 $\boldsymbol{b}$는 이 두 부분공간 내의 $\boldsymbol{b}$의 부분들의 합이다. 정사영 $\boldsymbol{p}_1$과 $\boldsymbol{p}_2$는 정확하게 $\boldsymbol{b}$의 이 두 부분이다.

$$\text{이 벡터들은 } \boldsymbol{p}_1 + \boldsymbol{p}_2 = \boldsymbol{b}\text{가 된다} \qquad \text{이 행렬들은 } P_1 + P_2 = I\text{가 된다} \qquad (1)$$

이것은 완벽하다. 이 예에 대해서는 우리의 목표를 달성하였다. 임의의 직선과 임의의 평면과 $\mathbf{R}^m$의 임의의 n-차 부분공간에 대해서도 동일한 목표가 있다. 각 부분공간 내의 부분 $\boldsymbol{p}$를 구하고 그 부분 $\boldsymbol{p} = P\boldsymbol{b}$를 만들어 내는 정사영행렬 P를 구하는 것이 목적이다. $\mathbf{R}^m$의 모든 부분공간은 그 자신의 $m \times m$ 정사영행렬 P가 있다.

한 부분공간을 가장 잘 기술하는 것은 기저다. 기저벡터들을 A의 열들로 배치한다. ***이제 A의 열공간 위로 정사영시킨다!*** 확실하게 z 축은 3×1 행렬 A_1의 열공간이고, xy 평면은 A_2의 열공간이다. 이 평면은 또한 A_3의 열공간이다 (한 부분공간의 기저는 수없이 많다). 그러므로 $\boldsymbol{p}_2 = \boldsymbol{p}_3$이고 $P_2 = P_3$이다.

$$A_1 = \begin{bmatrix} 0 \\ 0 \\ 1 \end{bmatrix} \quad \text{그리고} \quad A_2 = \begin{bmatrix} 1 & 0 \\ 0 & 1 \\ 0 & 0 \end{bmatrix} \quad \text{그리고} \quad A_3 = \begin{bmatrix} 1 & 2 \\ 2 & 3 \\ 0 & 0 \end{bmatrix} \quad \begin{matrix} A_3\text{는 } A_2\text{와} \\ \text{열공간이} \\ \text{동일하다.} \end{matrix}$$

우리의 문제는 $m \times n$ 행렬 A의 열공간 위로 임의의 $\boldsymbol{b}$를 정사영시키는 것이다. (차원 $n = 1$인) 직선으로 시작하자. 행렬 A의 열은 오직 한 개일 것이다. 이것을 $\boldsymbol{a}$라고 하자.

직선 위로의 정사영

한 직선이 원점을 지나고 방향은 $\boldsymbol{a} = (a_1, \ldots, a_m)$이다. 이 직선을 따라, $\boldsymbol{b} = (b_1, \ldots, b_m)$에 가장 가까운 점 $\boldsymbol{p}$를 찾고자 한다. 정사영의 핵심은 직교성이다. ***$\boldsymbol{b}$로부터 $\boldsymbol{p}$까지의 직선은 벡터 $\boldsymbol{a}$와 수직이다.*** 그림 4.5의 왼편에 오차를 나타내는 $\boldsymbol{e} = \boldsymbol{b} - \boldsymbol{p}$로 표시된 점선이 이 직선이다. 이제 대수로 $\boldsymbol{p}$를 계산한다.

정사영 $\boldsymbol{p}$는 $\boldsymbol{a}$의 어떤 상수배가 될 것이다. 이것을 $\boldsymbol{p} = \widehat{\boldsymbol{x}}\boldsymbol{a} =$ "$\boldsymbol{x}$ hat" 곱하기 $\boldsymbol{a}$라고 하자. 이 수 $\widehat{\boldsymbol{x}}$를 계산하면 벡터 $\boldsymbol{p}$를 얻게 된다. 그러면 $\boldsymbol{p}$에 대한 식으로부터, 정사영행렬 P를 읽어낼 것이다. 다음과 같은 세 단계로 모든 정사영행렬을 유도하게 될 것이다. **$\widehat{\boldsymbol{x}}$을 구한다. 그런 다음 벡터 $\boldsymbol{p} = A\boldsymbol{x}$를 구한다. 그런 다음 행렬 P를 구한다.**

점선 $\boldsymbol{b} - \boldsymbol{p}$는 "오차" $\boldsymbol{e} = \boldsymbol{b} - \widehat{\boldsymbol{x}}\boldsymbol{a}$이고, $\boldsymbol{e}$는 $\boldsymbol{a}$와 수직이다. 이것으로부터 $\widehat{\boldsymbol{x}}$를 결정할 것이다. $\boldsymbol{b} - \widehat{\boldsymbol{x}}\boldsymbol{a}$와 $\boldsymbol{a}$은 이 두 벡터의 내적이 0일 때 **수직이라**는 사실을 이용하라.

$$\boxed{\begin{matrix} \boldsymbol{a}\text{ 위로 }\boldsymbol{b}\text{를 정사영시키면 오차는 } \boldsymbol{e} = \boldsymbol{b} - \widehat{\boldsymbol{x}}\boldsymbol{a} \\ \boldsymbol{a} \cdot (\boldsymbol{b} - \widehat{\boldsymbol{x}}\boldsymbol{a}) = 0 \quad \text{즉} \quad \boldsymbol{a} \cdot \boldsymbol{b} = \widehat{\boldsymbol{x}}\boldsymbol{a} \cdot \boldsymbol{a} \end{matrix} \qquad \widehat{\boldsymbol{x}} = \frac{\boldsymbol{a} \cdot \boldsymbol{b}}{\boldsymbol{a} \cdot \boldsymbol{a}} = \frac{\boldsymbol{a}^T\boldsymbol{b}}{\boldsymbol{a}^T\boldsymbol{a}}} \qquad (2)$$

곱 $\boldsymbol{a}^T\boldsymbol{b}$는 $\boldsymbol{a} \cdot \boldsymbol{b}$와 같다. 전치를 사용하는 것이 더 나은데 왜냐하면 행렬에도 또한 적용할

수 있기 때문이다. 식 $\widehat{\boldsymbol{x}} = \boldsymbol{a}^T\boldsymbol{b}/\boldsymbol{a}^T\boldsymbol{a}$로부터 정사영 $\boldsymbol{p} = \widehat{\boldsymbol{x}}\boldsymbol{a}$을 얻는다.

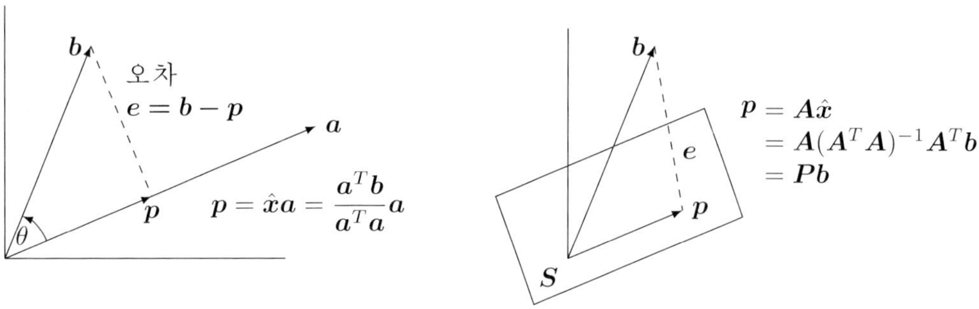

그림 4.5: 직선 위와 (왼쪽) $\mathbf{S} = A$의 열공간 위로의 $\boldsymbol{b}$의 정사영 $\boldsymbol{p}$

> **$\boldsymbol{a}$를 지나는 직선 위로의 $\boldsymbol{b}$의 정사영은 벡터 $\boldsymbol{p} = \widehat{\boldsymbol{x}}\boldsymbol{a} = \dfrac{\boldsymbol{a}^T\boldsymbol{b}}{\boldsymbol{a}^T\boldsymbol{a}}\boldsymbol{a}$이다.**
>
> 특별한 경우 1: 만일 $\boldsymbol{b} = \boldsymbol{a}$이면 $\widehat{\boldsymbol{x}} = 1$. $\boldsymbol{a}$ 위로의 $\boldsymbol{a}$의 정사영은 그 자체다. $P\boldsymbol{a} = \boldsymbol{a}$.
>
> 특별한 경우 2: 만일 $\boldsymbol{b}$가 $\boldsymbol{a}$와 수직이면, $\boldsymbol{a}^T\boldsymbol{b} = 0$. 정사영은 $\boldsymbol{p} = \boldsymbol{0}$이다.

예제 1 $\boldsymbol{a} = \begin{bmatrix}1\\2\\2\end{bmatrix}$ 위로 $\boldsymbol{b} = \begin{bmatrix}1\\1\\1\end{bmatrix}$를 정사영시켜 그림 4.5에서 $\boldsymbol{p} = \widehat{\boldsymbol{x}}\boldsymbol{a} = \dfrac{5}{9}\boldsymbol{a}$를 구하라.

풀이 수 $\widehat{\boldsymbol{x}}$은 $\boldsymbol{a}^T\boldsymbol{a} = 9$에 대한 $\boldsymbol{a}^T\boldsymbol{b} = 5$의 비다. 그러므로 정사영은 $\boldsymbol{p} = \frac{5}{9}\boldsymbol{a}$다. $\boldsymbol{b}$와 $\boldsymbol{p}$ 사이의 오차 벡터는 $\boldsymbol{e} = \boldsymbol{b} - \boldsymbol{p}$다. 이러한 벡터 $\boldsymbol{p}$와 $\boldsymbol{e}$를 더하면 $\boldsymbol{b}$가 될 것이다.

$$\boldsymbol{p} = \frac{5}{9}\boldsymbol{a} = \left(\frac{5}{9}, \frac{10}{9}, \frac{10}{9}\right) \quad \text{그리고} \quad \boldsymbol{e} = (1,1,1) - \boldsymbol{p} = \left(\frac{4}{9}, -\frac{1}{9}, -\frac{1}{9}\right)$$

이 오차 $\boldsymbol{e}$는 $\boldsymbol{a} = (1,2,2)$와 수직이어야 하는데 실제로 $\boldsymbol{e}^T\boldsymbol{a} = \frac{4}{9} - \frac{2}{9} - \frac{2}{9} = 0$이다.

$\boldsymbol{b}, \boldsymbol{p}$ 그리고 $\boldsymbol{e}$의 직각삼각형을 살펴보자. 벡터 $\boldsymbol{b}$는 두 부분으로 쪼개지는데, 직선을 따르는 성분이 $\boldsymbol{p}$이고 이것과 수직인 성분이 $\boldsymbol{e}$다. 이 두 개의 변 $\boldsymbol{p}$와 $\boldsymbol{e}$의 길이는 $\|\boldsymbol{p}\| = \|\boldsymbol{b}\|\cos\theta$과 $\|\boldsymbol{e}\| = \|\boldsymbol{b}\|\sin\theta$이다. 삼각법과 내적이 일치한다.

$$\boldsymbol{p} = \frac{\boldsymbol{a}^T\boldsymbol{b}}{\boldsymbol{a}^T\boldsymbol{a}}\boldsymbol{a}\text{의 길이는 } \|\boldsymbol{p}\| = \frac{\|\boldsymbol{a}\|\|\boldsymbol{b}\|\cos\theta}{\|\boldsymbol{a}\|^2}\|\boldsymbol{a}\| = \|\boldsymbol{b}\|\cos\theta\text{이다.} \tag{3}$$

내적이 $\cos\theta$와 $\boldsymbol{b}$의 길이에 휘말리는 것보다 훨씬 더 간단하다. 이 예에서 $\cos\theta = 5/3\sqrt{3}$과 $\|\boldsymbol{b}\| = \sqrt{3}$에서 제곱근이 있지만, 정사영 $\boldsymbol{p} = 5\boldsymbol{a}/9$에서는 제곱근이 없다. $\boldsymbol{a}^T\boldsymbol{b}/\boldsymbol{a}^T\boldsymbol{a}$가 $5/9$에 이르는 좋은 방법이다.

이제 ***정사영행렬***이 나온다. $\boldsymbol{p}$에 대한 식에서, 어떤 행렬이 $\boldsymbol{b}$에 곱해질까? 수 $\widehat{\boldsymbol{x}}$이 $\boldsymbol{a}$의 오른쪽에 있다면 이 행렬을 좀 더 잘 알 수 있다.

$$\boxed{\textbf{정사영행렬 } \boldsymbol{P} \quad \boldsymbol{P} = \frac{\boldsymbol{a}\boldsymbol{a}^T}{\boldsymbol{a}^T\boldsymbol{a}}\text{일 때} \quad \boldsymbol{p} = \boldsymbol{a}\widehat{\boldsymbol{x}} = \boldsymbol{a}\frac{\boldsymbol{a}^T\boldsymbol{b}}{\boldsymbol{a}^T\boldsymbol{a}} = \boldsymbol{P}\boldsymbol{b}}$$

P는 열 곱하기 행이다! 열은 $\boldsymbol{a}$이고 행은 $\boldsymbol{a}^T$이다. 그런 다음 수 $\boldsymbol{a}^T\boldsymbol{a}$로 나눈다. 정사영행렬 P는 $m \times m$이지만, ***이것의 계수는*** **1** ***이다.*** 지금 1-차원 부분공간인 $\boldsymbol{a}$를 지나는 직선 위로 정사영시키고 있다. 이 직선은 P의 열공간이다.

예제 2 $\quad \boldsymbol{a} = \begin{bmatrix}1\\2\\2\end{bmatrix}$를 지나는 직선 위로의 정사영행렬 $P = \dfrac{\boldsymbol{a}\boldsymbol{a}^T}{\boldsymbol{a}^T\boldsymbol{a}}$를 구하여라.

풀이 열 $\boldsymbol{a}$를 행 $\boldsymbol{a}^T$와 곱하고 $\boldsymbol{a}^T\boldsymbol{a} = 9$로 나눈다.

$$\textbf{정사영행렬} \quad P = \frac{\boldsymbol{a}\boldsymbol{a}^T}{\boldsymbol{a}^T\boldsymbol{a}} = \frac{1}{9}\begin{bmatrix}1\\2\\2\end{bmatrix}\begin{bmatrix}1 & 2 & 2\end{bmatrix} = \frac{1}{9}\begin{bmatrix}1 & 2 & 2\\2 & 4 & 4\\2 & 4 & 4\end{bmatrix}$$

이 행렬은 임의의 벡터 $\boldsymbol{b}$를 $\boldsymbol{a}$ 위로 정사영시킨다. 예제 1에서 $\boldsymbol{b} = (1,1,1)$에 대해 $\boldsymbol{p} = P\boldsymbol{b}$를 체크해보면

$$\boldsymbol{p} = P\boldsymbol{b} = \frac{1}{9}\begin{bmatrix}1 & 2 & 2\\2 & 4 & 4\\2 & 4 & 4\end{bmatrix}\begin{bmatrix}1\\1\\1\end{bmatrix} = \frac{1}{9}\begin{bmatrix}5\\10\\10\end{bmatrix}\text{는 올바른 결과다.}$$

벡터 $\boldsymbol{a}$를 두 배로 하더라도, 행렬 P는 그대로이다! 이것은 여전히 동일한 직선 위로 정사영시킨다. P를 제곱하면, P^2은 P와 같다. ***두 번 정사영시키는 것은 아무 것도 바꾸지 않는다. 그러므로*** $\boldsymbol{P}^2 = \boldsymbol{P}$ ***이다.*** P의 대각선 성분을 모두 더하면 $\frac{1}{9}(1+4+4) = 1 =$ 직선의 차원이다.

$$P^2 = \frac{\boldsymbol{a}\boldsymbol{a}^T}{\boldsymbol{a}^T\boldsymbol{a}}\frac{\boldsymbol{a}\boldsymbol{a}^T}{\boldsymbol{a}^T\boldsymbol{a}}\text{에서 수 }\frac{\boldsymbol{a}^T\boldsymbol{a}}{\boldsymbol{a}^T\boldsymbol{a}}\text{를 약분하면 } P^2 = P$$

행렬 $I - P$도 또한 정사영이어야 한다. 이것은 $\boldsymbol{b}$의 수직인 부분인 삼각형의 또 다른 변 $\boldsymbol{e}$를 만들어 낸다. $(I-P)\boldsymbol{b} = \boldsymbol{b} - \boldsymbol{p}$이고 이것은 좌영공간 내에 있는 $\boldsymbol{e}$임에 주목한다. $\boldsymbol{P}$***가 한 부분공간 위로 정사영시키면,*** $\boldsymbol{I} - \boldsymbol{P}$***는 수직인 부분공간 위로 정사영시킨다.***

이제 $\mathbf{R}^3$ 내의 직선과 평면을 뛰어 넘는다. $\mathbf{R}^m$의 n-차원 부분공간 위로 정사영시키는 것은 더 많은 노력이 든다. 핵심 식들을 식 (5)- (6)- (7)에 정리할 것이다. 기본적으로 이

세 개의 식을 기억할 필요가 있다.

부분공간 위로의 정사영

$\mathbf{R}^m$ 내에 있는 n개의 벡터 $\boldsymbol{a}_1, \dots, \boldsymbol{a}_n$으로 시작한다. 이 $\boldsymbol{a}$들이 일차독립이라고 가정한다.

문제: 주어진 벡터 $\boldsymbol{b}$에 가장 가까운 일차결합 $\boldsymbol{p} = \widehat{x}_1\boldsymbol{a}_1 + \cdots + \widehat{x}_n\boldsymbol{a}_n$을 구하라. $\mathbf{R}^m$ 내의 모든 $\boldsymbol{b}$를 $\boldsymbol{a}$들로 생성되는 $n-$차원 부분공간 위로 정사영시키고 있다.

$n = 1$ (벡터 한 개 $\boldsymbol{a}_1$)이면 이것은 직선 위로의 정사영이다. 이 직선은 단지 열이 한 개인 A의 열공간이다. 일반적으로 행렬 A는 n개의 열들 $\boldsymbol{a}_1, \dots, \boldsymbol{a}_n$이 있다.

$\mathbf{R}^m$ 내에서의 일차결합은 열공간 내의 벡터 $A\boldsymbol{x}$이다. $\boldsymbol{b}$에 가장 가까운 특정 일차결합 $\boldsymbol{p} = A\widehat{\boldsymbol{x}}$ (**정사영**)을 찾고 있다. $\widehat{\boldsymbol{x}}$ 위의 윗꺽쇠는 열공간 내에서 가장 가까운 벡터를 만드는 최상의 선택 $\widehat{\boldsymbol{x}}$임을 가리킨다. 이 선택은 $n = 1$일 때 $\widehat{\boldsymbol{x}} = \boldsymbol{a}^T\boldsymbol{b}/\boldsymbol{a}^T\boldsymbol{a}$이다. $n > 1$에 대해, 최선의 $\widehat{\boldsymbol{x}} = (\hat{x}_1, \dots, \hat{x}_n)$을 이제 구하고자 한다.

이전과 마찬가지로 세 단계로 n-차원 부분공간 위로의 정사영을 계산한다.

벡터 $\widehat{x}$를 구한다. 정사영 $\boldsymbol{p} = A\widehat{\boldsymbol{x}}$를 구한다. 정사영행렬 $\boldsymbol{P}$를 구한다.

열쇠는 기하학에 있다! 그림 4.5에서 점선은 $\boldsymbol{b}$로부터 부분공간 내의 가장 가까운 점 $A\widehat{\boldsymbol{x}}$로 간다. ***이 오차 벡터 $\boldsymbol{b} - A\widehat{\boldsymbol{x}}$는 이 부분공간과 수직이다.*** 오차 $\boldsymbol{b} - \boldsymbol{A}\widehat{\boldsymbol{x}}$는 기저에 있는 모든 벡터들 $\boldsymbol{a}_1, \dots, \boldsymbol{a}_n$과 직각을 이룬다. 이러한 n개의 직각은 $\widehat{\boldsymbol{x}}$에 대한 n개의 방정식을 만든다.

$$\boxed{\begin{matrix} \boldsymbol{a}_1^T(\boldsymbol{b} - A\widehat{\boldsymbol{x}}) = 0 \\ \vdots \\ \boldsymbol{a}_n^T(\boldsymbol{b} - A\widehat{\boldsymbol{x}}) = 0 \end{matrix} \quad \text{즉} \quad \begin{bmatrix} — \boldsymbol{a}_1^T — \\ \vdots \\ — \boldsymbol{a}_n^T — \end{bmatrix} \begin{bmatrix} \\ \boldsymbol{b} - \boldsymbol{A}\widehat{\boldsymbol{x}} \\ \\ \end{bmatrix} = \begin{bmatrix} \\ \mathbf{0} \\ \\ \end{bmatrix}} \tag{4}$$

이러한 행 $\boldsymbol{a}_i^T$를 갖는 행렬이 A^T다. 이 n개의 방정식은 정확하게 $A^T(\boldsymbol{b} - A\widehat{\boldsymbol{x}}) = \mathbf{0}$이다.

$A^T(\boldsymbol{b} - A\widehat{\boldsymbol{x}}) = \mathbf{0}$을 유명한 형태인 $\boldsymbol{A}^T\boldsymbol{A}\widehat{\boldsymbol{x}} = \boldsymbol{A}^T\boldsymbol{b}$로 다시 쓴다. 이것은 $\widehat{\boldsymbol{x}}$에 대한 방정식이고 계수행렬은 A^TA이다. 이제 $\widehat{\boldsymbol{x}}$ 그리고 $\boldsymbol{p}$ 그리고 P를 순서대로 구한다.

$\boldsymbol{b}$에 가장 가까운 일차결합 $\boldsymbol{p} = \hat{x}_1\boldsymbol{a}_1 + \cdots + \hat{x}_n\boldsymbol{a}_n$은 $\boldsymbol{p} = A\widehat{\boldsymbol{x}}$이다.

$$\boxed{\widehat{\boldsymbol{x}}\ (n \times 1)\textbf{을 구하라} \quad A^T(\boldsymbol{b} - A\widehat{\boldsymbol{x}}) = \mathbf{0} \quad \text{즉} \quad \boldsymbol{A}^T\boldsymbol{A}\widehat{\boldsymbol{x}} = \boldsymbol{A}^T\boldsymbol{b}} \tag{5}$$

이 대칭행렬 A^TA는 $n \times n$이다. $\boldsymbol{a}$들이 독립이면, 이 행렬은 가역이고, 해는 $\widehat{\boldsymbol{x}} = (A^TA)^{-1}A^T\boldsymbol{b}$이다. 부분공간 위로의 $\boldsymbol{b}$의 **정사영**은 $\boldsymbol{p}$이다.

$$\boxed{\boldsymbol{p}\ (m \times 1)\text{를 구하라} \quad \boldsymbol{p} = A\widehat{\boldsymbol{x}} = A(A^TA)^{-1}A^T\boldsymbol{b}} \tag{6}$$

다음 식은 식 (6)에서 $\boldsymbol{b}$에 곱하고 있는 ***정사영행렬***을 뽑아낸 것이다.

$$\boxed{\boldsymbol{P}\ (m \times n)\text{를 구하라} \quad P = A(A^TA)^{-1}A^T} \tag{7}$$

직선 위로의 정사영과 비교한다. A는 열이 한 개고 $A^TA = \boldsymbol{a}^T\boldsymbol{a}\ (1 \times 1)$이다.

$$n = 1\text{에 대해} \quad \widehat{\boldsymbol{x}} = \frac{\boldsymbol{a}^T\boldsymbol{b}}{\boldsymbol{a}^T\boldsymbol{a}} \quad \text{그리고} \quad \boldsymbol{p} = \boldsymbol{a}\frac{\boldsymbol{a}^T\boldsymbol{b}}{\boldsymbol{a}^T\boldsymbol{a}} \quad \text{그리고} \quad P = \frac{\boldsymbol{a}\boldsymbol{a}^T}{\boldsymbol{a}^T\boldsymbol{a}}$$

이 식들은 (5)와 (6)과 (7)과 동일하다. 수 $\boldsymbol{a}^T\boldsymbol{a}$는 행렬 A^TA가 된다. 수일 때는 그 수로 나누고, 행렬일 때는 그 행렬의 역을 취한다. 열들 $\boldsymbol{a}_1, \dots, \boldsymbol{a}_n$의 일차독립성은 A^TA가 가역임을 보장한다.

핵심적인 단계는 $A^T(\boldsymbol{b} - A\widehat{\boldsymbol{x}}) = \boldsymbol{0}$였고, ($\boldsymbol{e}$가 각 $\boldsymbol{a}$들과 직교라는) 기하학을 사용하였다. 그러나 선형대수도 다음과 같이 매우 빠르고 아름다운 방식으로 이 "법선 방정식(normal equation)"을 제공한다.

1. 여기서 부분공간은 A의 열공간이다.
2. 오차 벡터 $\boldsymbol{e} = \boldsymbol{b} - A\widehat{\boldsymbol{x}}$는 이 열공간과 수직이다.
3. $\boldsymbol{e}$는 A^T의 영공간 내에 있다! 그러면 $A^T(\boldsymbol{e} = \boldsymbol{b} - A\widehat{\boldsymbol{x}}) = \boldsymbol{0}$이고 $\boldsymbol{A}^T\boldsymbol{A}\widehat{\boldsymbol{x}} = \boldsymbol{A}^T\boldsymbol{b}$이다.

좌영공간은 정사영에서 중요하다. 이 A^T의 영공간은 오차 벡터 $\boldsymbol{e} = \boldsymbol{b} - A\widehat{\boldsymbol{x}}$를 포함한다. 벡터 $\boldsymbol{b}$는 정사영 $\boldsymbol{p}$와 오차 $\boldsymbol{e} = \boldsymbol{b} - \boldsymbol{p}$로 나뉜다. 정사영은 $\boldsymbol{p}, \boldsymbol{e}$ 그리고 $\boldsymbol{b}$를 변으로 갖는 직각삼각형을 만든다.

예제 3 $A = \begin{bmatrix} 1 & 0 \\ 1 & 1 \\ 1 & 2 \end{bmatrix}$이고 $\boldsymbol{b} = \begin{bmatrix} 6 \\ 0 \\ 0 \end{bmatrix}$일 때, $\widehat{\boldsymbol{x}}$와 $\boldsymbol{p}$와 P를 구하라.

풀이 정사각행렬 A^TA와 벡터 $A^T\boldsymbol{b}$를 계산하고, $A^TA\widehat{\boldsymbol{x}} = A^T\boldsymbol{b}$를 푼다.

$$A^TA = \begin{bmatrix}1&1&1\\0&1&2\end{bmatrix}\begin{bmatrix}1&0\\1&1\\1&2\end{bmatrix} = \begin{bmatrix}3&3\\3&5\end{bmatrix} \quad \text{그리고} \quad A^T\boldsymbol{b} = \begin{bmatrix}1&1&1\\0&1&2\end{bmatrix}\begin{bmatrix}6\\0\\0\end{bmatrix} = \begin{bmatrix}6\\0\end{bmatrix}$$

$$\text{방정식 } A^TA\widehat{\boldsymbol{x}} = A^T\boldsymbol{b}\text{, 즉 } \begin{bmatrix}3&3\\3&5\end{bmatrix}\begin{bmatrix}\widehat{x}_1\\\widehat{x}_2\end{bmatrix} = \begin{bmatrix}6\\0\end{bmatrix}\text{를 풀면 } \widehat{\boldsymbol{x}} = \begin{bmatrix}\widehat{x}_1\\\widehat{x}_2\end{bmatrix} = \begin{bmatrix}\mathbf{5}\\\mathbf{-3}\end{bmatrix}. \tag{8}$$

일차결합 $\boldsymbol{p} = A\widehat{\boldsymbol{x}}$은 A의 열공간 위로의 $\boldsymbol{b}$의 정사영이다.

$$\boldsymbol{p} = \mathbf{5}\begin{bmatrix}1\\1\\1\end{bmatrix} - \mathbf{3}\begin{bmatrix}0\\1\\2\end{bmatrix} = \begin{bmatrix}5\\2\\-1\end{bmatrix}. \quad \text{오차는} \quad \boldsymbol{e} = \boldsymbol{b} - \boldsymbol{p} = \begin{bmatrix}1\\-2\\1\end{bmatrix}\text{이다.} \tag{9}$$

두 가지 검산. 첫째, 오차 $\boldsymbol{e} = (1,-2,1)$는 A의 두 개의 열 $(1,1,1)$ 및 $(0,1,2)$와 수직이다. 둘째, 행렬 P 곱하기 $\boldsymbol{b} = (6,0,0)$은 정확하게 $\boldsymbol{p} = (5,2,-1)$이 된다. 이렇게 하나의 특정 $\boldsymbol{b}$에 대한 문제를 푼다.

정사영행렬은 $P = A(A^TA)^{-1}A^T$이다. A^TA의 행렬식은 $15 - 9 = 6$이다. 그러면 A 곱하기 $(A^TA)^{-1}$ 곱하기 A^T를 하면 P에 도달한다.

$$(A^TA)^{-1} = \frac{1}{6}\begin{bmatrix}5&-3\\-3&3\end{bmatrix} \quad \text{그리고} \quad P = \frac{1}{6}\begin{bmatrix}5&2&-1\\2&2&2\\-1&2&5\end{bmatrix} \tag{10}$$

$P^2 = P$여야 한다. 왜냐하면 두 번째 정사영은 첫 번째 정사영을 바꾸지 않기 때문이다!

경고 행렬 $P = A(A^TA)^{-1}A^T$는 현혹적이다. $(A^TA)^{-1}$을 A^{-1} 곱하기 $(A^T)^{-1}$로 쪼갤려고 할지 모른다. 이런 실수를 해서 이것을 P에 대입하면, $P = AA^{-1}(A^T)^{-1}A^T$가 되는 것을 발견할 것이다. 명확하게 모든 것들이 상쇄된다. 이것은 $P = I$, 즉 항등행렬처럼 보인다. 왜 이것이 틀렸는지 얘기하고자 한다.

행렬 A는 직사각행렬이다. 이 행렬은 역행렬이 없다. $(A^TA)^{-1}$을 A^{-1} 곱하기 $(A^T)^{-1}$로 쪼갤 수 없다. 왜냐하면 우선 A^{-1}이 존재하지 않기 때문이다.

경험상, 직사각행렬을 포함한 문제는 거의 언제나 A^TA로 이어진다. A의 열들이 독립이라면, A^TA는 가역이다. 이 사실은 매우 중요하여 명확하게 언급하고 증명한다.

A^TA가 가역인 것과 A의 열들이 일차독립인 것은 동치다.

증명 A^TA는 정사각행렬이다 $(n\times n)$. 모든 행렬 A에 대해, 이제 A^TA***와 A의 영공간은***

동일함을 보일 것이다. A의 열들이 일차독립이면, 이것의 영공간은 오직 영벡터만을 포함한다. 그러면 영공간이 동일한 A^TA는 가역이다.

A를 임의의 행렬이라고 하자. 만일 $\boldsymbol{x}$가 이 행렬의 영공간 내에 있다면, $A\boldsymbol{x} = \mathbf{0}$이다. A^T를 양변에 곱하면 $A^TA\boldsymbol{x} = \mathbf{0}$이 된다. 그러므로 $\boldsymbol{x}$는 또한 A^TA의 영공간 내에 있다.

이제 A^TA의 영공간으로 시작한다. $A^TA\boldsymbol{x} = \mathbf{0}$ **으로부터** $A\boldsymbol{x} = \mathbf{0}$**을 증명해야 한다.** 일반적으로 존재하지 않는 $(A^T)^{-1}$을 곱할 수는 없다. 단지 $\boldsymbol{x}^T$를 곱한다.

$$(\boldsymbol{x})^TA^TA\boldsymbol{x} = 0 \quad \text{즉} \quad (A\boldsymbol{x})^T(A\boldsymbol{x}) = 0 \quad \text{즉} \quad \|A\boldsymbol{x}\|^2 = 0. \tag{11}$$

$A^TA\boldsymbol{x} = \mathbf{0}$이면 $A\boldsymbol{x}$의 길이는 0이 됨을 보였다. 따라서 $A\boldsymbol{x} = \mathbf{0}$이다. 한 영공간 내에 있는 모든 벡터 $\boldsymbol{x}$가 다른 영공간 내에 있다. A^TA에 종속인 열들이 있다면, A도 마찬가지다. 만일 A^TA의 열들이 독립이라면, A도 마찬가지다. 이것은 A^TA가 가역인 좋은 경우다.

***A*의 열들이 독립이라면, *A^TA*는 정사각행렬이고 대칭행렬이고 가역이다.**

$$\overset{A^T}{\begin{bmatrix}1&1&0\\2&2&0\end{bmatrix}}\ \underset{\text{종속}}{\overset{A}{\begin{bmatrix}1&2\\1&2\\0&0\end{bmatrix}}} = \underset{\textbf{특이}}{\overset{A^TA}{\begin{bmatrix}2&4\\4&8\end{bmatrix}}} \qquad \overset{A^T}{\begin{bmatrix}1&1&0\\2&2&1\end{bmatrix}}\ \underset{\text{독립}}{\overset{A}{\begin{bmatrix}1&2\\1&2\\0&1\end{bmatrix}}} = \underset{\textbf{가역}}{\overset{A^TA}{\begin{bmatrix}2&4\\4&9\end{bmatrix}}}$$

매우 간결한 요약 정사영 $\boldsymbol{p} = \hat{x}_1\boldsymbol{a}_1 + \cdots + \hat{x}_n\boldsymbol{a}_n$을 구하기 위해 $A^TA\widehat{\boldsymbol{x}} = A^T\boldsymbol{b}$를 푼다. 이 식으로부터 $\widehat{\boldsymbol{x}}$를 얻는다. $\boldsymbol{b}$의 정사영은 $\boldsymbol{p} = A\widehat{\boldsymbol{x}}$이고 오차는 $\boldsymbol{e} = \boldsymbol{b} - \boldsymbol{p} = \boldsymbol{b} - A\widehat{\boldsymbol{x}}$이다. 정사영행렬 $P = A(A^TA)^{-1}A^T$로부터 $\boldsymbol{p} = P\boldsymbol{b}$를 얻는다. **이 행렬은** $P^2 = P$**를 만족한다.** ***b*로부터 부분공간 *C*(*A*) 까지의 거리는** $\|\boldsymbol{e}\| = \|\boldsymbol{b} - \boldsymbol{p}\|$ ***이다* (*p* = *최근접 점*).**

예제 맥박이 분당 $x = 70$회, 그 다음엔 $x = 80$회, 그리고 $x = 120$회가 측정된다고 가정하자. 미지수 한 개에 대한 세 개의 방정식 $A\boldsymbol{x} = \boldsymbol{b}$에서 $A^T = [1 \quad 1 \quad 1]$이고 $\boldsymbol{b} = (70, 80, 120)$이다. ***그러면*** $\widehat{\boldsymbol{x}} = 90$**은** $70, 80, 120$ ***의 평균이다.*** 미적분이나 대수를 사용하면,

1. $E = (x-70)^2 + (x-80)^2 + (x-120)^2$에 대해 $dE/dx = 6x - 540 = 0$을 풀어 E를 최소화시킨다.
2. $\boldsymbol{b} = (70, 80, 120)$을 $\boldsymbol{a} = (1, 1, 1)$ 위로 정사영시켜 $\hat{x} = \dfrac{\boldsymbol{a}^T\boldsymbol{b}}{\boldsymbol{a}^T\boldsymbol{a}} = \dfrac{70+80+120}{3} = 90$을 구한다.

연습 문제

1-9번 문제는 직선 위로의 정사영 $\boldsymbol{p}$에 대해 묻는다. 또한 $\boldsymbol{e} = \boldsymbol{b} - \boldsymbol{p}$와 행렬 P에 대해서도 묻는다.

1 $\boldsymbol{a}$를 지나는 직선 위로의 벡터 $\boldsymbol{b}$의 정사영을 구하라. $\boldsymbol{e}$가 $\boldsymbol{a}$와 수직임을 체크하라.

(a) $\boldsymbol{b} = \begin{bmatrix}1\\2\\2\end{bmatrix}$ 와 $\boldsymbol{a} = \begin{bmatrix}1\\1\\1\end{bmatrix}$ (b) $\boldsymbol{b} = \begin{bmatrix}1\\3\\1\end{bmatrix}$ 와 $\boldsymbol{a} = \begin{bmatrix}-1\\-3\\-1\end{bmatrix}$

2 $\boldsymbol{a}$ 위로의 $\boldsymbol{b}$의 정사영을 그리고 또한 $\boldsymbol{p} = \widehat{\boldsymbol{x}}\boldsymbol{a}$로부터 계산하라.

(a) $\boldsymbol{b} = \begin{bmatrix}\cos\theta\\\sin\theta\end{bmatrix}$ 와 $\boldsymbol{a} = \begin{bmatrix}1\\0\end{bmatrix}$ (b) $\boldsymbol{b} = \begin{bmatrix}1\\1\end{bmatrix}$ 와 $\boldsymbol{a} = \begin{bmatrix}1\\-1\end{bmatrix}$

3 1번 문제에서, 각각의 벡터 $\boldsymbol{a}$를 지나는 직선 위로의 정사영행렬 $P = \boldsymbol{a}\boldsymbol{a}^T/\boldsymbol{a}^T\boldsymbol{a}$를 구하라. 두 경우 모두에서 $P^2 = P$임을 확인하라. 각 경우에서 $P\boldsymbol{b}$를 곱하여 정사영 $\boldsymbol{p}$를 계산하라. **직선 위로의 정사영행렬은 계수가 1이다.**

4 2번 문제에서의 $\boldsymbol{a}$를 지나는 직선 위로의 정사영행렬 P_1과 P_2를 구축하라. $(P_1 + P_2)^2 = P_1 + P_2$이 참인가? $P_1P_2 = 0$이면 이 문장은 참일 것이다.

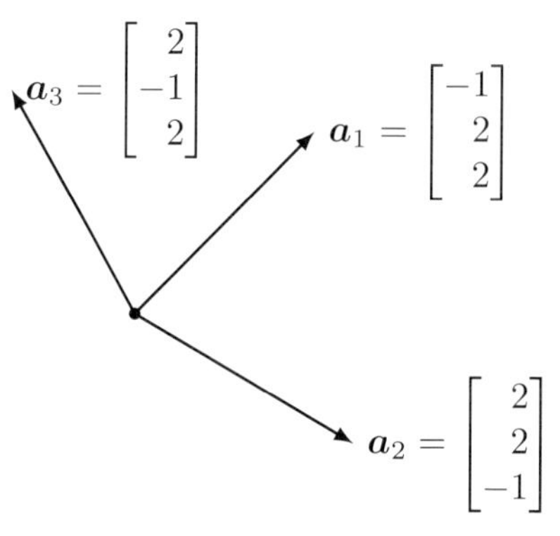

문제 5-6-7: 직교

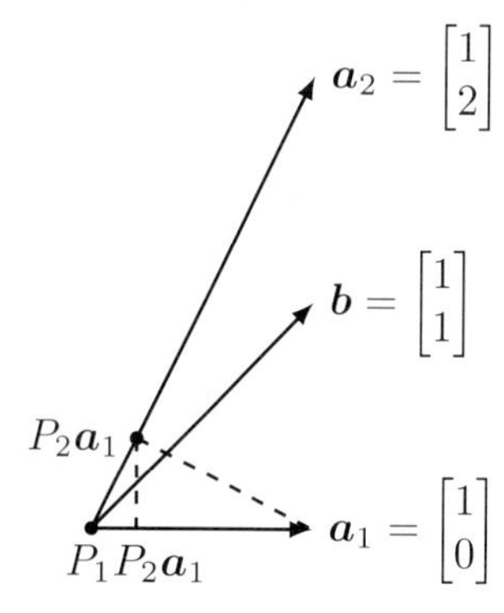

문제 8-9-10: 직교가 아님

5 $\boldsymbol{a}_1 = (-1, 2, 2)$와 $\boldsymbol{a}_2 = (2, 2, -1)$을 지나는 직선 위로의 정사영행렬 $\boldsymbol{a}\boldsymbol{a}^T/\boldsymbol{a}^T\boldsymbol{a}$를 계산하라. 이 정사영행렬들을 곱하여 왜 이 곱 P_1P_2가 그러한 결과가 나오는지 설명하라.

6 5번 문제에서의 $\boldsymbol{a}_1$과 $\boldsymbol{a}_2$ 그리고 또한 $\boldsymbol{a}_3 = (2, -1, 2)$를 지나는 직선 위로의 $\boldsymbol{b} = (1, 0, 0)$의 정사영을 구하라. 이 세 정사영을 모두 더한 $\boldsymbol{p}_1 + \boldsymbol{p}_2 + \boldsymbol{p}_3$를 구하라.

7 5–6번 문제를 계속하여, $\boldsymbol{a}_3 = (2, -1, 2)$ 위로의 정사영행렬 P_3를 구하라. $P_1 + P_2 + P + 3 = I$ 임을 확인하라. 이것은 기저 $\boldsymbol{a}_1, \boldsymbol{a}_2, \boldsymbol{a}_3$가 직교이기 때문이다!

8 $\boldsymbol{a}_1 = (1, 0)$과 $\boldsymbol{a}_2 = (1, 2)$를 지나는 직선 위로 벡터 $\boldsymbol{v} = (1, 1)$을 정사영시켜라. 정사영 $\boldsymbol{p}_1$과 $\boldsymbol{p}_2$를 그리고 $\boldsymbol{p}_1 + \boldsymbol{p}_2$와 같이 더하라. 이 정사영들은 더해서 $\boldsymbol{b}$가 되지 않는데 $\boldsymbol{a}$ 벡터들이 직교가 아니기 때문이다.

9 8번 문제에서, $\boldsymbol{a}_1$과 $\boldsymbol{a}_2$의 평면 위로의 $\boldsymbol{b}$의 정사영은 $\boldsymbol{b}$와 같아질 것이다. $A = [\boldsymbol{a}_1 \quad \boldsymbol{a}_2] = \begin{bmatrix} 1 & 1 \\ 0 & 2 \end{bmatrix}$ = 가역행렬에 대한 $P = A(A^TA)^{-1}A^T$를 구하라.

10 $\boldsymbol{a}_2 = (1, 2)$ 위로 $\boldsymbol{a}_1 = (1, 0)$을 정사영시켜라. 그런 다음 이 결과를 다시 $\boldsymbol{a}_1$ 위로 정사영시켜라. 이 정사영들을 그리고 P_1P_2와 같이 정사영행렬을 곱하라. 이것은 정사영인가?

11–20번 문제는 부분공간 위로의 정사영과 정사영행렬에 관해 묻는다.

11 $A^TA\widehat{\boldsymbol{x}} = A^T\boldsymbol{b}$와 $\boldsymbol{p} = A\widehat{\boldsymbol{x}}$를 풀어서 A의 열공간 위로 $\boldsymbol{b}$를 정사영시켜라.

(a) $A = \begin{bmatrix} 1 & 1 \\ 0 & 1 \\ 0 & 0 \end{bmatrix}$ 와 $\boldsymbol{b} = \begin{bmatrix} 2 \\ 3 \\ 4 \end{bmatrix}$ (b) $A = \begin{bmatrix} 1 & 1 \\ 1 & 1 \\ 0 & 1 \end{bmatrix}$ 와 $\boldsymbol{b} = \begin{bmatrix} 4 \\ 4 \\ 6 \end{bmatrix}$

$\boldsymbol{e} = \boldsymbol{b} - \boldsymbol{p}$를 구하라. 이것은 A의 열들과 수직이어야 한다.

12 11번 문제에서의 열공간 위로의 정사영행렬 P_1과 P_2를 계산하라. $P_1\boldsymbol{b}$가 첫 번째 정사영 $\boldsymbol{p}_1$이 되는 것을 확인하라. 또한 $P_2^2 = P_2$임을 확인하라.

13 (신속하고 추천함) A를 4×4 항등행렬에서 맨 마지막 열을 제거한 행렬이라고 하자. A는 4×3이다. A의 열공간 위로 $\boldsymbol{b} = (1, 2, 3, 4)$를 정사영시켜라. 정사영행렬 P는 어떤 모양이고 P는 무엇인가?

14 $\boldsymbol{b}$가 A의 첫 번째 열 곱하기 2와 같다고 하자. A의 열공간 위로의 $\boldsymbol{b}$의 정사영은 무엇인가? 이 경우에 확실하게 $P = I$인가? $\boldsymbol{b} = (0, 2, 4)$이고 A의 열들이 $(0, 1, 2)$와 $(1, 2, 0)$일 때 $\boldsymbol{p}$와 P를 계산하라.

15 A를 두 배한다면, $P = \mathbf{2}A(\mathbf{4}A^TA)^{-1}\mathbf{2}A^T$다. 이것은 $A(A^TA)^{-1}A^T$와 같다. $2A$의 열공간은 ________과 동일하다. $\widehat{\boldsymbol{x}}$는 A에 대해서나 $2A$에 대해서나 동일할까?

16 $(1, 2, -1)$과 $(1, 0, 1)$의 어떤 일차결합이 $\boldsymbol{b} = (2, 1, 1)$과 가장 가까운가?

17 (중요) $P^2 = P$이면 $(I-P)^2 = I-P$임을 보여라. P가 A의 열공간 위로 정사영시킬 때, $I-P$는 ______ 위로 정사영시킨다.

18 (a) P가 $(1,1)$을 지나는 직선 위로의 2×2 정사영행렬이면, $I-P$는 ______ 위로의 정사영행렬이다.

(b) P가 $(1,1,1)$을 지나는 직선 위로의 3×3 정사영행렬이면, $I-P$는 ______ 위로의 정사영행렬이다.

19 평면 $x-y-2z=0$ 위로의 정사영행렬을 구하기 위해, 이 평면 내에 있는 두 개의 벡터를 선택하고 이것을 A의 열이 되게 하라. 이 평면은 A의 열공간이 될 것이다! 그런 다음 $P = A(A^TA)^{-1}A^T$를 계산하라.

20 동일한 평면 $x-y-2z=0$ 위로의 정사영행렬을 구하기 위해, 이 평면에 수직인 벡터 $\boldsymbol{e}$를 써라. 정사영 $Q = \boldsymbol{e}\boldsymbol{e}^T/\boldsymbol{e}^T\boldsymbol{e}$를 계산한 다음 $P = I-Q$다.

21 행렬 $P = A(A^TA)^{-1}A^T$를 그 자신과 곱하라. 정리하여 $\boldsymbol{P^2 = P}$임을 증명하라. 왜 $P(P\boldsymbol{b})$가 항상 $P\boldsymbol{b}$와 같은지 설명하라. 벡터 $P\boldsymbol{b}$는 A의 열공간 내에 있으므로 열공간 위로의 이 벡터의 정사영은 ______ 이다.

22 $P = A(A^TA)^{-1}A^T$가 대칭임을 P^T를 계산하여 증명하라. 대칭행렬의 역행렬 또한 대칭임을 기억하라.

23 A가 정사각행렬이고 가역이면, $(A^TA)^{-1}$를 쪼개는 것에 대한 경고는 적용되지 않는다. 그러면 $AA^{-1}(A^T)^{-1}A^T = I$다. A가 가역일 때, 왜 $P = I$인가? **$\boldsymbol{e}$는 무엇인가?**

24 A^T의 영공간은 열공간 $\boldsymbol{C}(A)$와 ______ 이다. 그러므로 $A^T\boldsymbol{b} = \boldsymbol{0}$이면, $\boldsymbol{C}(A)$ 위로의 $\boldsymbol{b}$의 정사영은 $\boldsymbol{p} =$ ______ 여야 한다. $P = A(A^TA)^{-1}A^T$가 이에 대한 답을 제공함을 체크하라.

25 $\mathbf{R}^m$의 n-차원 부분공간 위로의 정사영행렬 P의 계수는 $r=n$이다. ***이유***: 정사영 $P\boldsymbol{b}$는 부분공간 $\mathbf{S}$를 채운다. 그러므로 $\mathbf{S}$는 P의 ______ 이다.

26 $m\times m$ 행렬 A가 $A^2 = A$를 만족하고 계수가 m이면, $A = I$임을 증명하라.

27 이 절의 마지막에 나온 중요한 사실은 $\boldsymbol{A^TAx = 0}$ **이면** $\boldsymbol{Ax = 0}$이라는 것이다. 새로운 증명: 벡터 $A\boldsymbol{x}$는 ______ 의 영공간 내에 있다. $A\boldsymbol{x}$는 언제나 ______ 의

열공간 내에 있다. **두 개의 직교인 공간 모두에 속하기 위해서는, $\boldsymbol{Ax}$는 0이어야 한다.**

28 $P^T = P$와 $P^2 = P$임을 이용하여 2열의 길이의 제곱은 언제나 대각원소 P_{22}와 같음을 증명하라. 다음 행렬에 대해 이 수는 $\frac{2}{6} = \frac{4}{36} + \frac{4}{36} + \frac{4}{36}$이다.

$$P = \frac{1}{6}\begin{bmatrix} 5 & 2 & -1 \\ 2 & 2 & 2 \\ -1 & 2 & 5 \end{bmatrix}$$

29 B의 계수가 m이면 (꽉찬 계수이고, 독립된 행들) BB^T는 가역임을 보여라.

30 (a) (다음 행렬을 면밀히 들여다 본 후에) A의 열공간 위로의 2×2 정사영행렬 P_C를 구하라.

$$A = \begin{bmatrix} 3 & 6 & 6 \\ 4 & 8 & 8 \end{bmatrix}$$

(b) A의 행공간 위로의 3×3 정사영행렬 P_R을 구하라. 곱 $B = P_C A P_R$을 계산하라. 계산 결과인 B는 다소 놀라울 것인데, 그것을 설명할 수 있겠는가?

31 $\mathbf{R}^m$ 내에서, $\boldsymbol{b}$와 $\boldsymbol{a}_1, \dots, \boldsymbol{a_n}$의 일차결합 $\boldsymbol{p}$가 주어졌다고 하자. $\boldsymbol{p}$가 $\boldsymbol{a}$들에 의해 생성된 부분공간 위로의 $\boldsymbol{b}$의 정사영인지 여부를 알아보는 테스트를 어떻게 할 것인가?

32 $b_1, b_2, \dots, b_{999}$의 산술평균 $\hat{x}_{old}$를 안다고 가정하자. b_{1000}이 도착할 때, $\hat{x}_{new} = \hat{x}_{old} + (b_{1000} - \hat{x}_{old})/1000$이 되는 것을 체크하라. 이 단계는 $\hat{x}_{old}$를 $\hat{x}_{new}$로 업데이트한다.

33 P_1과 P_2가 정사영행렬이라고 하자 ($P_i^2 = P_i = P_i^T$). 다음 사실을 증명하라.

P_1P_2가 정사영행렬인 것과 $P_1P_2 = P_2P_1$인 것은 서로 동치다.

4.3 최소제곱근사

1. $\boxed{A^T A\widehat{\boldsymbol{x}} = A^T\boldsymbol{b}}$ 을 풀면 A의 열공간 위로의 $\boldsymbol{b}$의 정사영 $\boldsymbol{p} = A\widehat{\boldsymbol{x}}$를 얻는다.
2. $A\boldsymbol{x} = \boldsymbol{b}$의 해가 없다면, $\widehat{\boldsymbol{x}}$는 $\|\boldsymbol{b} - A\widehat{\boldsymbol{x}}\|^2$ = 최소인 "최소제곱해" 다.
3. $E = \|A\boldsymbol{x} - \boldsymbol{b}\|^2$의 편미분을 0으로 두어도 $\left(\frac{\partial E}{\partial x_i} = 0\right)$ 또한 $A^T A\widehat{\boldsymbol{x}} = A^T\boldsymbol{b}$를 얻는다.
4. 점들 $(t_1, b_1), \ldots, (t_m, b_m)$을 직선으로 회귀시키기 위해, $(1, \ldots, 1)$과 $(t_1, \ldots, t_m)$을 A의 열로 한다.

자주 $A\boldsymbol{x} = \boldsymbol{b}$의 해가 없을 때가 있다. 일반적인 이유는 방정식이 너무 많다는 것이다. 행렬 A는 열보다 행이 더 많고. 미지수보다 더 많은 방정식이 존재한다 (m이 n보다 크다). n개의 열들은 m-차원 공간의 작은 부분을 생성한다. 모든 측정이 완전하지 않다면, $\boldsymbol{b}$는 A의 열공간 바깥에 있다. 소거법은 불가능한 식에 다다르고 멈춘다. 그러나 단순히 측정값에 잡음이 포함되어 있다고 멈출 수는 없다!

반복하자면, 언제나 잔차 $\boldsymbol{e} = \boldsymbol{b} - A\boldsymbol{x}$를 0으로 만들 수는 없다. $\boldsymbol{e}$가 0이면, $\boldsymbol{x}$는 $A\boldsymbol{x} = \boldsymbol{b}$의 정확한 해다. 잔차 $\boldsymbol{e}$가 가능한 작다면, $\widehat{\boldsymbol{x}}$는 최소제곱해다. "최소제곱" 이라는 용어는 $\|\boldsymbol{b} - A\widehat{\boldsymbol{x}}\|^2$이 최소라는 의미다. 이 절에서 목표는 $\widehat{\boldsymbol{x}}$를 계산하고 이용하는 것이다. 이것은 실제 문제들이고 해답이 필요한 문제다.

참고 통계학에서는 **선형회귀**(linear regression) 문제다. $\boldsymbol{x}$와 $\boldsymbol{b}$가 종종 $\boldsymbol{Y}$와 $\boldsymbol{X}$가 된다.

앞 절에서는 (정사영) $\boldsymbol{p}$를 강조하였고, 이 절에서는 (최소제곱해) $\widehat{\boldsymbol{x}}$을 강조한다. 이 둘은 $\boldsymbol{p} = A\widehat{\boldsymbol{x}}$로 연결되어 있다. 기본 방정식은 여전히 $A^T A\widehat{\boldsymbol{x}} = A^T\boldsymbol{b}$이고, 이 "법선 방정식" 에 이르는 짧은 비공식적 방법은 다음과 같다.

$$\boxed{A\boldsymbol{x} = \boldsymbol{b}\text{가 해가 없을 때, } A^T\text{를 곱하고 } A^T A\widehat{\boldsymbol{x}} = A^T\boldsymbol{b}\text{를 푼다.}}$$

예제 1 최소제곱의 핵심 응용은 m개의 점에 직선을 맞추는 것이다. 세 개의 점으로 시작한다. 점 $(0,6),(1,0)$ 그리고 $(2,0)$에 가장 가까운 직선을 구하라.

이 세 점을 지나는 직선 $b=C+Dt$는 없다. 그럼에도 세 개의 방정식을 만족하는 두 개의 수 C와 D를 요구하고 있다. 그러면 $n=2$이고 $m=3$이며 $m>n$이다. $t=0,1,2$에서 주어진 값 $b=6,0,0$에 부합하는 세 개의 방정식은 다음과 같다.

$\boldsymbol{t=0}$ $C+D\cdot 0=6$이면 첫 번째 점이 직선 $b=C+Dt$ 위에 있다.

$\boldsymbol{t=1}$ $C+D\cdot 1=0$이면 두 번째 점이 직선 $b=C+Dt$ 위에 있다.

$\boldsymbol{t=2}$ $C+D\cdot 2=0$이면 세 번째 점이 직선 $b=C+Dt$ 위에 있다.

이러한 3×2 연립방정식은 해가 없다. $\boldsymbol{b}=(6,0,0)$이 열 $(1,1,1)$과 $(0,1,2)$의 일차결합이 아니다. 이 방정식으로부터 다음과 같이 A와 $\boldsymbol{x}$와 $\boldsymbol{b}$를 읽어 낸다.

$$A=\begin{bmatrix}1&0\\1&1\\1&2\end{bmatrix}\quad \boldsymbol{x}=\begin{bmatrix}C\\D\end{bmatrix}\quad \boldsymbol{b}=\begin{bmatrix}6\\0\\0\end{bmatrix}$$

$A\boldsymbol{x}=\boldsymbol{b}$는 해가 없다
$\boldsymbol{x}$는 과대결정되어(overdetermined) 있다.

앞 절에 있는 예제 3에서와 숫자들이 같고 $\widehat{\boldsymbol{x}}=(5,-3)$을 계산했었다. **이 수들은 최적의 $\boldsymbol{C}$와 $\boldsymbol{D}$이므로,** $5-3t$**는 이 세 점에 대한 최적의 직선이다.** 이제 이 문제도 왜 $A^TA\widehat{\boldsymbol{x}}=A^T\boldsymbol{b}$인지를 설명하여 정사영과 최소제곱을 연결해야만 한다.

실전 문제에서는 $m=3$ 대신 쉽게 $m=100$개의 점이 될 수 있다. 이 점들은 그 어떤 직선 $C+Dt$에도 정확하게 매치되지 않는다. 그림 4.6에서는 e_1,e_2,e_3이 눈에 잘 띄도록 수 $6,0,0$으로 이 잔차를 과장하고 있다.

잔차 최소화

어떻게 잔차 $\boldsymbol{e}=\boldsymbol{b}-A\boldsymbol{x}$를 가능한 작게 만들 수 있을까? 이것은 아름다운 답을 가진 중요한 문제다. ($\widehat{\boldsymbol{x}}$이라고 하는) 최적의 $\boldsymbol{x}$를 기하적으로 찾을 수 있다 (잔차 $\boldsymbol{e}$가 A의 열공간과 90°로 만난다). 또한 대수로도 $A^TA\widehat{\boldsymbol{x}}=A^T\boldsymbol{b}$를 찾을 수 있고, 미적분으로도 동일한 해 $\widehat{\boldsymbol{x}}$를 얻는다. 즉, 잔차 $\|A\boldsymbol{x}-\boldsymbol{b}\|^2$의 미분이 $\widehat{\boldsymbol{x}}$에서 0이다.

기하로부터 모든 $A\boldsymbol{x}$는 열 $(1,1,1)$과 $(0,1,2)$의 평면에 놓여 있다. 이 평면 안에서 $\boldsymbol{b}$와 가장 가까운 점을 찾는다. 가장 가까운 점은 정사영 $\boldsymbol{p}$다.

$A\widehat{\boldsymbol{x}}$에 대한 최적의 선택은 정사영 $\boldsymbol{p}$다. 가장 작은 가능한 잔차는 이 열들과 수직인 $\boldsymbol{e} = \boldsymbol{b} - \boldsymbol{p}$이다. $\boldsymbol{p}$는 A의 열공간 내에 있기 때문에 높이 (p_1, p_2, p_3)에 있는 세 점은 한 직선위에 놓여 있다. 최적의 직선 $C + Dt$는 $\widehat{\boldsymbol{x}} = (C, D)$로부터 나온다.

대수로부터 모든 벡터 $\boldsymbol{b}$는 두 부분으로 나뉜다. 열공간 내의 부분은 $\boldsymbol{p}$고, 이것과 수직인 부분은 $\boldsymbol{e}$다. 해가 없는 방정식이 있고 ($A\boldsymbol{x} = \boldsymbol{b}$). 다음과 같이 ($\boldsymbol{e}$를 제거하고 $A^TA\widehat{\boldsymbol{x}} = A^T\boldsymbol{b}$를 풀어서) 해를 구할 수 있는 방정식 $A\widehat{\boldsymbol{x}} = \boldsymbol{p}$가 있다.

$$A\boldsymbol{x} = \boldsymbol{b} = \boldsymbol{p} + \boldsymbol{e}\text{는 해가 없다.} \quad A\widehat{\boldsymbol{x}} = \boldsymbol{p}\text{는 해가 있다.} \quad \widehat{\boldsymbol{x}}\text{는 } (A^TA)^{-1}A^T\boldsymbol{b}\text{다.} \tag{1}$$

$A\widehat{\boldsymbol{x}} = \boldsymbol{p}$의 해는 잔차($\boldsymbol{e}$)를 가능한 가장 작게 한다.

$$\textbf{임의의 } \boldsymbol{x}\textbf{에 대한 길이의 제곱} \qquad \|A\boldsymbol{x} - \boldsymbol{b}\|^2 = \|A\boldsymbol{x} - \boldsymbol{p}\|^2 + \|\boldsymbol{e}\|^2 \tag{2}$$

이 식은 직각삼각형의 $c^2 = a^2 + b^2$ 법칙이다. 열공간 내의 벡터 $A\boldsymbol{x} - \boldsymbol{p}$는 좌영공간 내의 $\boldsymbol{e}$와 수직이다. $\boldsymbol{x} = \widehat{\boldsymbol{x}}$로 선택하여 $A\boldsymbol{x} - \boldsymbol{p}$를 $\boldsymbol{0}$으로 줄인다. 이렇게 하면 더 이상은 줄일 수 없는 가장 작은 가능한 잔차 $\boldsymbol{e} = (e_1, e_2, e_3)$를 남기게 된다.

"가장 작은"이 의미하는 것에 주목한다. $A\boldsymbol{x} - \boldsymbol{b}$의 길이 제곱이 최소가 된다.

최소제곱해 $\widehat{\boldsymbol{x}}$은 $\boldsymbol{E} = \|\boldsymbol{Ax} - \mathbf{b}\|^2$를 가능한 가장 작게 만든다.

그림 4.6(a)는 가장 가까운 직선을 보여준다. 이 직선은 거리 $e_1, e_2, e_3 = 1, -2, 1$만큼씩 벗어난다. 이 값들은 수직 거리다. 최소제곱직선은 $E = e_1^2 + e_2^2 + e_3^2$을 최소화한다.

그림 4.6(b)는 3-차원 공간 ($\boldsymbol{b}$ $\boldsymbol{p}$ $\boldsymbol{e}$ 공간)에서 같은 문제를 보여준다. 벡터 $\boldsymbol{b}$는 A의 열공간 내에 없다. 이것이 바로 $A\boldsymbol{x} = \boldsymbol{b}$을 풀 수 없는 이유다. 어떤 직선도 세 점을 지나지 않는다. 가장 작은 가능한 잔차는 수직 벡터 $\boldsymbol{e}$다. 이것은 세 개의 방정식에서 잔차들의 벡터 $(1, -2, 1)$인 $\boldsymbol{e} = \boldsymbol{b} - A\widehat{\boldsymbol{x}}$이고, 최적 직선으로부터의 거리들이다. 기본 방정식 $A^TA\widehat{\boldsymbol{x}} = A^T\boldsymbol{b}$이 두 그림의 바탕에 있다.

잔차 $1, -2, 1$을 모두 더하면 0이 되는 점에 주목한다. 이유: 잔차 $\boldsymbol{e} = (e_1, e_2, e_3)$는 A에 있는 첫 번째 열 $(1, 1, 1)$과 수직이다. 내적을 하면 $e_1 + e_2 + e_3 = 0$이 된다.

미적분으로부터 대부분의 함수는 미적분에 의해 최소화된다! E의 그래프는 아래로 볼록이고 밑바닥에서 모든 방향으로의 미분이 0이다. 여기서 최소화하기 위한 잔차 함수

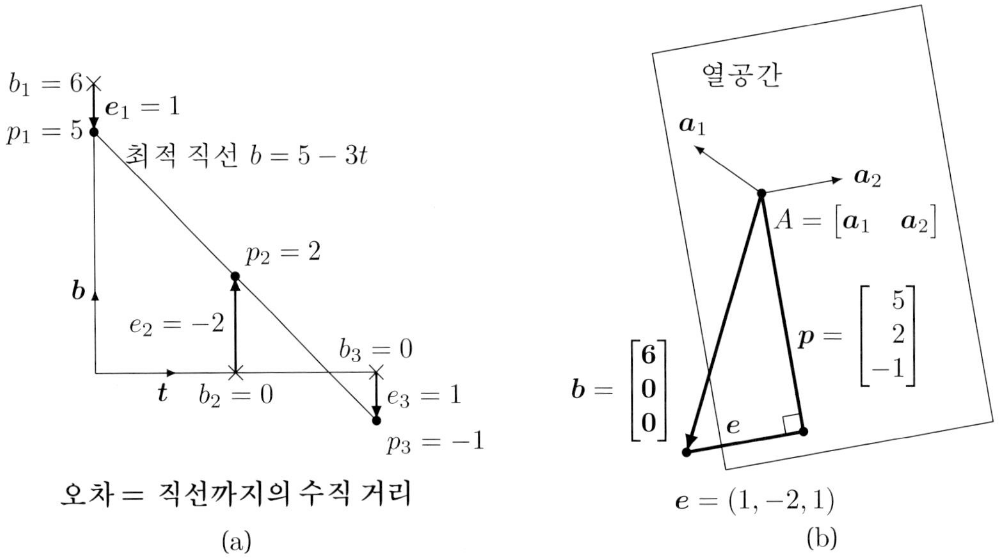

그림 4.6: **최적 직선과 정사영: 두 개의 그림, 동일한 문제.** 직선은 잔차 $\boldsymbol{e} = (1, -2, 1)$로서 높이 $\boldsymbol{p} = (5, 2, -1)$를 가진다. 방정식 $A^TA\widehat{\boldsymbol{x}} = A^T\boldsymbol{b}$로부터 $\widehat{\boldsymbol{x}} = (5, -3)$을 얻는다. 최적 직선은 $b = 5 - 3t$이고 가장 가까운 점은 $\boldsymbol{p} = 5\boldsymbol{a}_1 - 3\boldsymbol{a}_2$이다. 답은 동일하다!

E는 제곱의 합 $e_1^2 + e_2^2 + e_3^2$ (각 방정식에서 잔차의 제곱)이다.

$$E = \|A\boldsymbol{x} - \boldsymbol{b}\|^2 = (C + D\cdot 0 - 6)^2 + (C + D\cdot 1)^2 + (C + D\cdot 2)^2 \tag{3}$$

미지수 C와 D가 가장 가까운 직선 $C + Dt$를 말해준다. 두 개의 미지수를 가진 두 개의 미분이 존재하고 최소인 곳에서 모두 0이다. 이 미분들은 "편미분" 인데 $\partial E/\partial C$는 D를 상수처럼 취급하고 $\partial E/\partial D$는 C를 상수처럼 취급하기 때문이다.

$$\begin{aligned}\partial E/\partial C &= 2(C + D\cdot 0 - 6) \quad + 2(C + D\cdot 1) \quad + 2(C + D\cdot 2) \quad = 0.\\ \partial E/\partial D &= 2(C + D\cdot 0 - 6)(\mathbf{0}) + 2(C + D\cdot 1)(\mathbf{1}) + 2(C + D\cdot 2)(\mathbf{2}) = 0.\end{aligned}$$

$\partial E/\partial D$는 연쇄 법칙으로 인해 인수 $\mathbf{0}, \mathbf{1}, \mathbf{2}$를 추가적으로 포함한다. ($(C+2D)^2$의 마지막 미분은 2 곱하기 $C + 2D$ 곱하기 추가적으로 2다.) 이 인수들은 $\partial E/\partial C$에서는 $\mathbf{1}, \mathbf{1}, \mathbf{1}$이다.

$\|A\boldsymbol{x} - \boldsymbol{b}\|^2$의 미분에서 이 인수들 $1, 1, 1$과 $0, 1, 2$가 A의 열인 것은 우연이 아니다. 이제 모든 항들에서 2를 약분하고 C와 D를 모으면 다음과 같다.

$$\begin{matrix} C \text{ 미분이 } 0 & 3C + 3D = 6 \\ D \text{ 미분이 } 0 & 3C + 5D = 0 \end{matrix} \qquad \textbf{행렬} \begin{bmatrix}3 & 3\\3 & 5\end{bmatrix} \textbf{는 } \boldsymbol{A^TA} \textbf{이다!} \tag{4}$$

이 방정식들은 $A^TA\widehat{x} = A^T\boldsymbol{b}$***와 동일하다.*** 최적의 C와 D는 $\widehat{x}$의 성분들이다. 미적분으로부터의 방정식들은 선형대수로부터의 "법선 방정식들"과 동일하다. 이것들은 최소제곱 = 선형회귀의 핵심 방정식들이다.

$$\boxed{\boldsymbol{A^TA\widehat{x} = A^Tb}\textbf{일 때 } \|Ax-\boldsymbol{b}\|^2 \textbf{의 편미분은 } \widehat{x}\textbf{에서 } \boldsymbol{0}\textbf{이다.}}$$

해는 $C = 5$와 $D = -3$이므로 $b = 5 - 3t$가 최적 직선이다. 이 직선이 세 점에서 가장 가깝고, $t = 0, 1, 2$에서 $\boldsymbol{p} = 5, 2, -1$을 지난다. $\boldsymbol{b} = 6, 0, 0$을 지날 수는 없을 것이다. 그러면 잔차는 $1, -2, 1$이고, 이것이 벡터 $\boldsymbol{e}$다!

최소제곱에 대한 큰 그림

이 책의 핵심 그림은 네 개의 부분공간과 행렬의 진짜 동작을 보여준다. 그림 4.3의 왼쪽에 있는 벡터 $\boldsymbol{x}$는 오른쪽에 있는 $\boldsymbol{b} = A\boldsymbol{x}$로 갔다. 그 그림에서 $\boldsymbol{x}$는 $\boldsymbol{x}_r + \boldsymbol{x}_n$으로 쪼개졌다. $A\boldsymbol{x} = \boldsymbol{b}$에 대한 무수히 많은 해가 존재했다.

이 절에서는 이러한 상황이 반대다. $A\boldsymbol{x} = \boldsymbol{b}$에 대한 해가 없다. $\boldsymbol{x}$를 쪼개는 대신, $\boldsymbol{b} = \boldsymbol{p} + \boldsymbol{e}$로 쪼개고 있다. 그림 4.7은 최소제곱에 대한 큰 그림을 보여준다. $A\boldsymbol{x} = \boldsymbol{b}$ 대신에 $A\widehat{\boldsymbol{x}} = \boldsymbol{p}$를 푼다. 잔차 $\boldsymbol{e} = \boldsymbol{b} - \boldsymbol{p}$는 피할 수 없다.

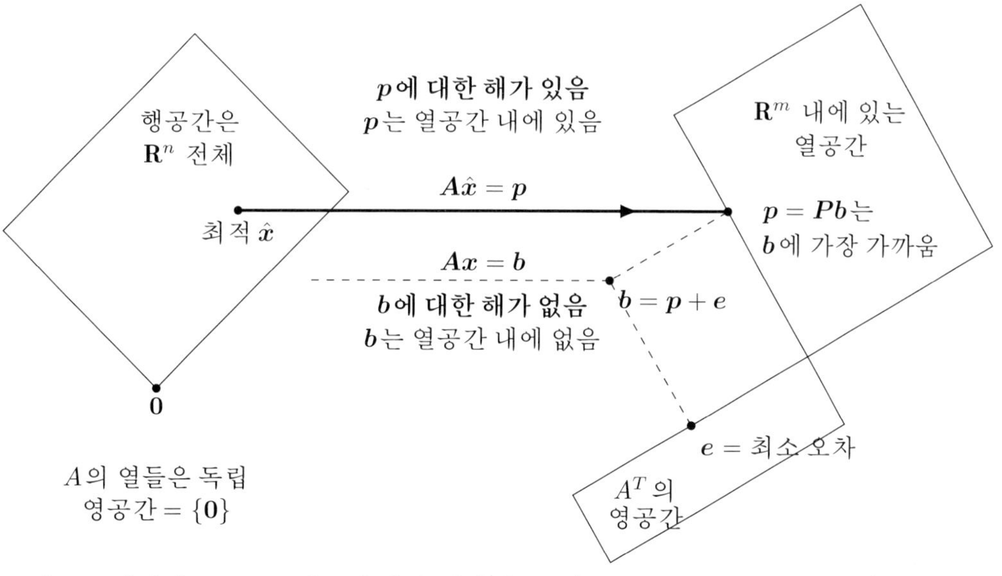

그림 4.7: 정사영 $\boldsymbol{p} = A\widehat{\boldsymbol{x}}$이 $\boldsymbol{b}$에 가장 가깝다. 그러므로 $\widehat{\boldsymbol{x}}$은 $E = \|\boldsymbol{b} - A\boldsymbol{x}\|^2$을 최소로 한다.

영공간 $\boldsymbol{N}(A)$가 겨우 한 점으로 얼마나 작은지 주목한다. 열이 독립이면, $A\boldsymbol{x}=\boldsymbol{0}$에 대한 유일해는 $\boldsymbol{x}=\boldsymbol{0}$ 뿐이다. 그러면 A^TA는 가역이다. 방정식 $A^TA\widehat{\boldsymbol{x}}=A^T\boldsymbol{b}$는 완전하게 최적의 벡터 $\widehat{\boldsymbol{x}}$을 결정한다. 잔차는 $A^T\boldsymbol{e}=\boldsymbol{0}$을 만족한다.

직선 적합

직선으로의 적합(fitting)은 최소제곱을 가장 명확하게 응용한 것이다. 직선 근처에 있기를 바라는 $m>2$개의 점으로 시작한다. 시각 $t_1,\ldots,t_m$에서 이 점들 (t_i,b_i)는 높이 $b_1,\ldots,b_m$에 있다. 최적 직선 $C+Dt$는 수직 거리 $e_1,\ldots,e_m$만큼 이 점들을 놓친다. 어떤 직선도 완전하지 않고 최소제곱 직선은 $E=e_1^2+\cdots+e_m^2$을 최소로 한다.

이 절에서 첫 번째 예는 그림 4.6에서 세 개의 점이 있었으나, 이제 m개의 점들을 허용한다 (m이 매우 클 수 있다). $\widehat{\boldsymbol{x}}$의 두 개의 성분은 여전히 C와 D다.

정확하게 $A\boldsymbol{x}=\boldsymbol{b}$를 풀 때는 직선이 m개의 점을 지나지만, 일반적으로 그렇게 할 수가 없다. 두 개의 미지수 C와 D가 직선 하나를 결정하므로 A에는 단지 $n=2$ 개의 열이 있다. m개의 점들을 맞추기 위해 m개의 방정식을 풀고자 한다. (그리고 미지수는 단 두 개다!)

$$A\boldsymbol{x}=\boldsymbol{b}\text{ 는 }\begin{array}{rcl}\boldsymbol{C}+\boldsymbol{Dt}_1&=&\boldsymbol{b}_1\\\boldsymbol{C}+\boldsymbol{Dt}_2&=&\boldsymbol{b}_2\\&\vdots&\\\boldsymbol{C}+\boldsymbol{Dt_m}&=&\boldsymbol{b}_m\end{array}\text{ 이고 }\quad A=\begin{bmatrix}1&t_1\\1&t_2\\\vdots&\vdots\\1&t_m\end{bmatrix}\text{ 그리고 }\widehat{\boldsymbol{x}}=\begin{bmatrix}C\\D\end{bmatrix}\text{ 이다.}\qquad(5)$$

A의 열공간은 너무 가늘어 거의 틀림없이 $\boldsymbol{b}$는 이 공간의 바깥에 있다. $\boldsymbol{b}$가 우연히 이 열공간 내에 있다면, 점들이 우연히 한 직선 위에 놓여 있게 된다. $\boldsymbol{b}=\boldsymbol{p}$이면 $A\boldsymbol{x}=\boldsymbol{b}$의 해가 존재하고 $\boldsymbol{e}=(0,\ldots,0)$이지만, 이런 경우는 매우 드물다.

> ***가장 가까운 직선 $\boldsymbol{C}+\boldsymbol{Dt}$의 높이는 잔차가 $e_1,\ldots,e_m$ 인 $\boldsymbol{p}_1,\ldots,\boldsymbol{p}_m$ 이다.***
> ***$\widehat{\boldsymbol{x}}=(\boldsymbol{C},\boldsymbol{D})$에 대해 $\boldsymbol{A}^T\boldsymbol{A}\widehat{\boldsymbol{x}}=\boldsymbol{A}^T\boldsymbol{b}$를 푼다. 잔차는 $e_i=\boldsymbol{b}_i-\boldsymbol{C}-\boldsymbol{Dt}_i$ 이다.***

직선으로 점들을 적합시키는 것은 너무 중요하므로 이제 두 방정식 $A^TA\widehat{\boldsymbol{x}}=A^T\boldsymbol{b}$을 단번에 푼다. A의 두 열들은 (모든 시각 t_i가 동일하지 않는 이상) 독립이다. 그러므로 최소제곱으로 돌아가 $A^TA\widehat{\boldsymbol{x}}=A^T\boldsymbol{b}$을 푼다.

$$\textbf{내적 행렬}\quad \boldsymbol{A^TA}=\begin{bmatrix}1&\cdots&1\\t_1&\cdots&t_m\end{bmatrix}\begin{bmatrix}1&t_1\\\vdots&\vdots\\1&t_m\end{bmatrix}=\begin{bmatrix}m&\sum t_i\\\sum t_i&\sum t_i^2\end{bmatrix}\qquad(6)$$

법선방정식의 우변은 2×1 벡터 $A^T\boldsymbol{b}$이다.

$$A^T\boldsymbol{b} = \begin{bmatrix} 1 & \cdots & 1 \\ t_1 & \cdots & t_m \end{bmatrix} \begin{bmatrix} b_1 \\ \vdots \\ b_m \end{bmatrix} = \begin{bmatrix} \sum b_i \\ \sum t_i b_i \end{bmatrix} \tag{7}$$

구체적인 문제에서, t와 b 값들이 주어지고, 최적의 $\widehat{\boldsymbol{x}} = (C, D)$는 $(A^TA)^{-1}A^T\boldsymbol{b}$이다.

> 직선 $C + Dt$는 $A^TA\widehat{\boldsymbol{x}} = A^T\boldsymbol{b}$일 때, $e_1^2 + \cdots + e_m^2 = \|A\boldsymbol{x} - \boldsymbol{b}\|^2$을 최소로 한다.
>
> $$\boldsymbol{A^TA\widehat{x} = A^Tb} \quad \begin{bmatrix} m & \sum t_i \\ \sum t_i & \sum t_i^2 \end{bmatrix} \begin{bmatrix} C \\ D \end{bmatrix} = \begin{bmatrix} \sum b_i \\ \sum t_i b_i \end{bmatrix} \tag{8}$$

직선 위의 m개 점에서 수직 잔차는 $\boldsymbol{e} = \boldsymbol{b} - \boldsymbol{p}$의 성분들이다. 이 잔차벡터 (잔차(residual)) $\boldsymbol{b} - A\widehat{\boldsymbol{x}}$는 A의 열공간과 수직이다 (기하). 이 잔차는 A^T의 영공간에 속한다 (선형대수). 최적의 $\widehat{\boldsymbol{x}} = (C, D)$는 제곱의 합인 총잔차 E를 최소화한다 (미적분).

$$E(\boldsymbol{x}) = \|A\boldsymbol{x} - \boldsymbol{b}\|^2 = (C + Dt_1 - b_1)^2 + \cdots + (C + Dt_m - b_m)^2.$$

미적분은 미분 $\partial E/\partial C$와 $\partial E/\partial D$를 0으로 놓고, $A^TA\widehat{\boldsymbol{x}} = A^T\boldsymbol{b}$를 만들어 낸다.

다른 최소제곱 문제들에서는 미지수가 두 개 이상이다. 최적의 포물선으로 맞추는 것은 $n = 3$개의 계수 C, D, E가 있다 (아래 참조). 일반적으로 m개 데이터 점들을 n개의 파라미터 $x_1, \ldots, x_n$으로 맞춘다. 행렬 A의 열들은 n개이고 $n < m$이다. $\|A\boldsymbol{x} - \boldsymbol{b}\|^2$의 미분은 n개의 방정식 $A^TA\widehat{\boldsymbol{x}} = A^T\boldsymbol{b}$를 만든다. **제곱의 미분은 선형이다.** 이 선형성이 최소제곱 방법이 인기가 좋은 이유다.

예제 2 측정 시각 t_i들이 더해서 0이 될 때 A는 직교인 열들을 갖는다. 시각 $t = -2, 0, 2$에서 $\boldsymbol{b} = 1, 2, 4$라고 가정하자. 이 시각들은 더하면 0이 된다. A의 열들은 내적이 0이다. 즉 $(1, 1, 1)$은 $(-2, 0, 2)$와 직교다.

$$\begin{aligned} C + \ D(-2) &= 1 \\ C + \ \ D(0) &= 2 \\ C + \ \ D(2) &= 4 \end{aligned} \quad \text{즉} \quad A\boldsymbol{x} = \begin{bmatrix} 1 & -2 \\ 1 & 0 \\ 1 & 2 \end{bmatrix} \begin{bmatrix} C \\ D \end{bmatrix} = \begin{bmatrix} 1 \\ 2 \\ 4 \end{bmatrix}$$

A의 열들이 직교면 A^TA는 대각행렬이 될 것이다 (이것은 좋은 일이다).

$$A^TA\widehat{\boldsymbol{x}} = A^T\boldsymbol{b} \quad \text{는} \quad \begin{bmatrix} 3 & \mathbf{0} \\ \mathbf{0} & 8 \end{bmatrix}\begin{bmatrix} C \\ D \end{bmatrix} = \begin{bmatrix} 7 \\ 6 \end{bmatrix}. \tag{9}$$

주요 포인트: A^TA가 대각행렬이므로, 빠르게 $C = \frac{7}{3}$과 $D = \frac{6}{8}$를 찾는다. A^TA에서의 0들은 A의 직교 열들의 내적이다. 성분이 $m = 3$개이고 $t_1^2 + t_2^2 + t_3^2 = 8$인 대각행렬 A^TA는 거의 항등행렬만큼이나 단순하다.

직교인 열들은 매우 도움이 되므로 평균 시각 $\hat{t} = (t_1 + \cdots + t_m)/m$만큼 빼서 시간을 이동시킬만한 가치가 있다. 만일 원래 시각이 $1, 3, 5$라면, 이들의 평균은 $\hat{t} = 3$이다. 이동된 시각 $T = t - \hat{t} = t - 3$는 $-2, 0, 2$다. 이 시각들은 더하면 0이 된다!

$$\begin{matrix} T_1 = & 1 - 3 = & -2 \\ T_2 = & 3 - 3 = & 0 \\ T_3 = & 5 - 3 = & 2 \end{matrix} \qquad A_{\text{new}} = \begin{bmatrix} 1 & T_1 \\ 1 & T_2 \\ 1 & T_3 \end{bmatrix} \qquad A_{\text{new}}^T A_{\text{new}} = \begin{bmatrix} 3 & \mathbf{0} \\ \mathbf{0} & 8 \end{bmatrix}.$$

이제 C와 D는 식 (9)로부터 쉽게 나온다. 그러면 최적의 직선은 $C + DT$를 사용한다. 여기서 $C + DT = C + D(t - \hat{t}) = C + D(t - 3)$이다. 연습문제 30번은 더 나아가 C와 D에 대한 공식을 구한다.

시간 이동은 다음 절에 나오는 열들을 미리 직교로 만든다는 "그람-슈미트(Gram-Schmidt) 아이디어"의 완벽한 예다. 그러면 $A_{\text{new}}^T A_{\text{new}}$는 대각행렬이고 $\widehat{\boldsymbol{x}}_{\text{new}}$를 구하기 쉽다.

A의 종속인 열들: 어떤 $\hat{x}$이 최선일까?

시작부터 이번 장은 A의 독립 열들을 가정하였다. 그러면 A^TA가 가역이고, $A^TA\widehat{\boldsymbol{x}} = A^T\boldsymbol{b}$는 $A\boldsymbol{x} = \boldsymbol{b}$의 최소제곱해를 만들어 준다. **만일 A의 열들이 종속이라면 어떤 $\widehat{\boldsymbol{x}}$이 최선일까?** 아래 그림에서 모든 점선들의 잔차는 $\boldsymbol{e} = (1, -1)$로 동일하다.

$$\begin{bmatrix} 1 & 1 \\ 1 & 1 \end{bmatrix}\begin{bmatrix} x_1 \\ x_2 \end{bmatrix} = \begin{bmatrix} 3 \\ 1 \end{bmatrix} = \boldsymbol{b} \qquad \begin{bmatrix} 1 & 1 \\ 1 & 1 \end{bmatrix}\begin{bmatrix} \hat{x}_1 \\ \hat{x}_2 \end{bmatrix} = \begin{bmatrix} 2 \\ 2 \end{bmatrix} = \boldsymbol{p}$$

$$A\boldsymbol{x} = \boldsymbol{b} \qquad \begin{bmatrix} 1 & 1 \\ 1 & 1 \end{bmatrix} \text{는 특이행렬} \qquad A\widehat{\boldsymbol{x}} = \boldsymbol{p}$$

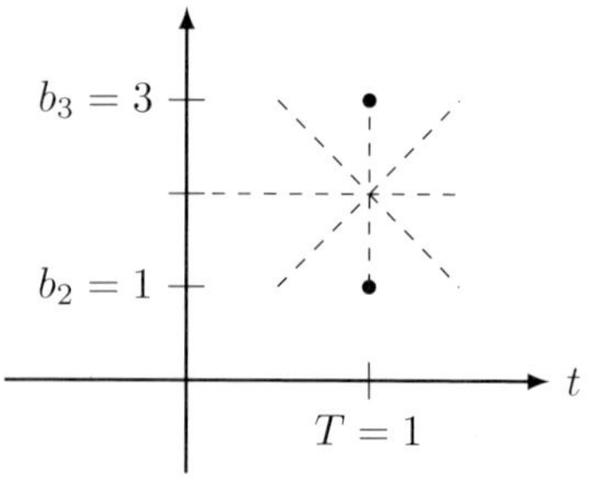

$b_1 = 3$과 $b_2 = 1$은 동일한 시각 T에서의 측정값이다! 직선 $C + Dt$는 두 점을 모두 지날 수 없다. $\boldsymbol{b} = (3, 1)$을 A의 열공간 내에 있는 $\boldsymbol{p} = (2, 2)$로 정사영시키는 것이 맞을 것 같다. 그러면 방정식 $A\boldsymbol{x} = \boldsymbol{b}$를 방정식 $A\widehat{\boldsymbol{x}} = \boldsymbol{p}$로 바꾼다. 해가 없던 방정식이 무수히 해가 많은 방정식이 되었다. 문제는 A의 열이 종속이고 $\hat{x}_1 + \hat{x}_2 = 2$의 해가 무수히 많다는 점이다.

어떤 해 $\widehat{\boldsymbol{x}}$을 선택해야 할까? 그림에서 모든 점선들의 잔차는 시각 T에서 1과 -1로 동일하다. 이러한 잔차 $(1, -1) = \boldsymbol{e} = \boldsymbol{b} - \boldsymbol{p}$는 가능한 가장 작다. 그러나 이것이 어떤 점선이 가장 최선인지는 알려주지 않는다. 아마도 본능적으로 높이 2에 있는 수평선을 선택할 것 같다.

A의 "유사역행렬"은 $A\widehat{\boldsymbol{x}} = \boldsymbol{p}$**의 가장 짧은 해** $\boldsymbol{x}^+ = \boldsymbol{A}^+\boldsymbol{b}$를 선택할 것이다. 여기서 가장 짧은 해는 $\boldsymbol{x}^+ = (1, 1)$일 것이다. 이것은 A의 행공간 내에 있는 특수해이고 $\boldsymbol{x}^+$의 길이는 $\sqrt{2}$다. (두 개의 해 $\widehat{\boldsymbol{x}} = (2, 0)$과 $(0, 2)$ 모두 길이가 2다.) 우리는 해 $\boldsymbol{x}^+$의 영공간 성분이 0이 되도록 선택하고 있다.

A의 열이 독립일 때, 영공간은 오직 영벡터만을 포함하고 유사역행렬은 일반적인 왼쪽 역행렬 $L = (A^TA)^{-1}A^T$이다. 이런 식으로 쓰면, 이 유사역행렬이 $\boldsymbol{x}$를 선택하는 가장 좋은 방법처럼 들린다. 가장 짧은 해 $\boldsymbol{x}^+$를 종종 **최소노름해**(minimum norm solution)라 한다. 이 해의 영공간 성분은 0이다.

참고　특이행렬들로 MATLAB을 실험해보면 Inf 또는 NaN (Not a Number) 또는 $\mathbf{10^{16}}$ (안 좋은 수)가 나온다. 모든 경우에 경고가 존재한다. Inf와 NaN 그리고 $\mathbf{10^{16}}$은 $0\boldsymbol{x} = \boldsymbol{b}$ 그리고 $0\boldsymbol{x} = 0$ 그리고 $10^{-16}\boldsymbol{x} = 1$의 가능성으로부터 나온다.

이들 각각은 해가 없는 특이 경우, 해가 무수히 많은 특이 경우, 그리고 특이 경우에 매우 매우 가까운 경우로서, 세 가지의 큰 어려움이 있는 작은 예들이다. 독자 여러분들이 더 많은 실험을 해보길 바란다.

포물선 적합

공을 던졌을 때의 경로를 직선으로 맞추는 것은 정상이 아닐 것이다. 포물선 $b = C + Dt + Et^2$은 공이 위로 올라 갔다가 다시 내려오도록 한다 (b는 시각 t에서의 높이다). 실제 경로는 완벽한 포물선은 아니지만, 발사체에 대한 모든 이론이 여기서 시작한다.

갈릴레오가 피사의 사탑에서 돌을 떨어뜨렸을 때, 그 돌은 가속하였다. 거리는 이차항 $\frac{1}{2}gt^2$을 포함한다. (갈릴레오의 요점은 돌의 무게는 무관하다는 것이었다.) 이 t^2항이 없다면 우리는 지구 궤도에 인공위성을 보내지 못했을 것이다. 그러나 t^2과 같은 비선형 함수가 있음에도 불구하고 미지수 C, D, E는 여전히 선형처럼 보인다! 최선의 포물선을 맞추는 것은 여전히 선형대수의 한 문제다.

문제 시각 $t_1, \dots, t_m$에서의 높이 $b_1, \dots, b_m$을 포물선 $C + Dt + Et^2$으로 맞추어라.

풀이 $m > 3$개의 점이 있으면, 정확한 맞춤을 위한 m개의 방정식은 일반적으로 풀 수 없다.

$$\begin{aligned} C + Dt_1 + Et_1^2 &= b_1 \\ &\vdots \\ C + Dt_m + Et_m^2 &= b_m \end{aligned} \quad \text{는 다음 } m \times 3 \text{ 행렬을 가진 } A\boldsymbol{x} = \boldsymbol{b} \text{이다.} \quad A = \begin{bmatrix} 1 & t_1 & t_1^2 \\ \vdots & \vdots & \vdots \\ 1 & t_m & t_m^2 \end{bmatrix}. \tag{10}$$

최소제곱 가장 가까운 포물선 $C + Dt + Et^2$은 세 개의 법선 방정식 $A^T A\widehat{\boldsymbol{x}} = A^T\boldsymbol{b}$의 해가 되는 $\widehat{\boldsymbol{x}} = (C, D, E)$를 선택한다.

이 문제를 정사영 문제로 직접 변환시켜 보길 바란다. A의 열공간의 차원은 ___이다. $\boldsymbol{b}$의 정사영은 계수 C, D, E를 사용하여 세 개의 열들을 일차결합한 $\boldsymbol{p} = A\widehat{\boldsymbol{x}}$이다. 첫 번째 데이터 점에서 잔차는 $e_1 = b_1 - C - Dt_1 - Et_1^2$이다. 총 제곱 잔차는 e_1^2+ _____이다. 미적분으로 최소화시키는 방법을 선호한다면, ___, ___, ___에 대해 E의 편미분을 취한다. $\widehat{\boldsymbol{x}} = (C, D, E)$가 3×3 연립방정식 $A^T A\widehat{\boldsymbol{x}} = A^T\boldsymbol{b}$의 해가 될 때, 이 세 개의 미분은 0이 될 것이다.

예제 3 포물선 $b = C + Dt + Et^2$이 $t = 0, 1, 2$일 때 세 개의 높이 $b = 6, 0, 0$을 지나기 위한 C, D, E에 대한 방정식은 다음과 같다.

$$\begin{aligned} C + D \cdot 0 + E \cdot 0^2 &= 6 \\ C + D \cdot 1 + E \cdot 1^2 &= 0 \\ C + D \cdot 2 + E \cdot 2^2 &= 0 \end{aligned} \tag{11}$$

이것은 $A\boldsymbol{x} = \boldsymbol{b}$이고, 정확하게 풀 수 있다. 세 개의 데이터 점으로 세 개의 방정식과 정사각행렬이 만들어진다. 해는 $\boldsymbol{x} = (C, D, E) = (\mathbf{6}, \mathbf{-9}, \mathbf{3})$이다. 세 점을 지나는 포물선은 $b = \mathbf{6 - 9t + 3t^2}$이다.

이것이 정사영에 대해 의미하는 바는 무엇일까? 이 행렬의 열은 세 개이고, 전체 공간 $\mathbf{R}^3$을 생성한다. 정사영행렬은 항등행렬이다. $\boldsymbol{b}$의 정사영은 $\boldsymbol{b}$이다. 잔차는 $\mathbf{0}$이다. $A\boldsymbol{x} = \boldsymbol{b}$를 풀었기 때문에 $A^TA\widehat{\boldsymbol{x}} = A^T\boldsymbol{b}$는 필요없다.

그러나, 만일 $m = 4$개의 데이터 점이 있다면, 다시 A^TA와 최소제곱이 필요하다.

잔차 측정의 세 가지 방법

시각 $t = 1, \dots, 9$에서 모두 0인 b_1부터 b_9까지 아홉 개의 측정으로 시작한다. 열 번째 측정 $b_{10} = 40$은 이상치(outlier)다. 잔차 E에 대한 다음 세 가지 선택을 이용하여 열 개의 점 $(1, 0), (2, 0), \dots, (9, 0), (10, 40)$을 맞추는 **최선의 수평선** $\boldsymbol{y} = \boldsymbol{C}$을 구하라.

(1) **최소제곱** $\boldsymbol{E}_2 = \boldsymbol{e}_1^2 + \cdots + \boldsymbol{e}_{10}^2$ (그러면 C에 대한 법선 방정식은 선형이다)

(2) **최소 최대 잔차** $\boldsymbol{E}_\infty = |\boldsymbol{e}_{\max}|$

(3) **최소 잔차합** $\boldsymbol{E}_1 = |\boldsymbol{e}_1| + \cdots + |\boldsymbol{e}_{10}|$.

풀이

(1) 수평선으로 $0, 0, \dots, 0, 40$에 대한 최소제곱 맞춤은 $\boldsymbol{C} = \mathbf{4}$다.

$$A = 1\text{들의 열} \quad A^TA = 10 \quad A^T\boldsymbol{b} = b_i\text{의 합} = 40. \quad \text{그러므로 } 10C = 40.$$

(2) 최소 최대 잔차는 0과 40의 중간인 $\boldsymbol{C} = \mathbf{20}$을 요구한다.

(3) 최소 잔차합은 $\boldsymbol{C} = \mathbf{0}$(!!)을 요구한다. 잔차의 합은 $9|C| + |40 - C|$은 C가 0으로부터 올라가면 증가할 것이다.

최소합은 중간값(median) 측정으로부터 나온다 $(0, \dots, 0, 40$의 중간값은 0이다). 많은 통계학자들은 최소제곱해가 $b_{10} = 40$과 같은 이상치에 너무 크게 영향을 받는다고 믿으며 최소합을 더 선호한다. 그러나 방정식은 비선형이 된다.

이제 위의 $(1, 0)$부터 $(10, 40)$까지의 열 개의 점들을 통과하는 최소제곱 직선 $C + Dt$를 구하라.

$$A^TA = \begin{bmatrix} 10 & \sum t_i \\ \sum t_i & \sum t_i^2 \end{bmatrix} = \begin{bmatrix} 10 & 55 \\ 55 & 385 \end{bmatrix} \qquad A^T\boldsymbol{b} = \begin{bmatrix} \sum b_i \\ \sum t_ib_i \end{bmatrix} = \begin{bmatrix} 40 \\ 400 \end{bmatrix}$$

이 식들은 식 (8)로부터 나온다. 그러면 $A^TA\widehat{\boldsymbol{x}} = A^T\boldsymbol{b}$에서 $C = -8$과 $D = 24/11$을 얻는다.

연습 문제

1-11번 문제는 핵심 아이디어를 도출하기 위해 네 개의 데이터 점 $\boldsymbol{b} = (0, 8, 8, 20)$을 사용한다.

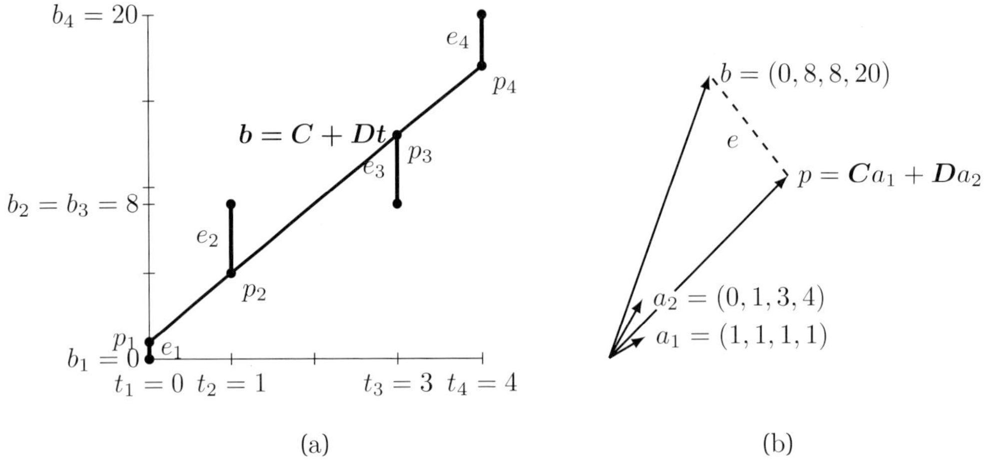

그림 4.8: 1-11**번 문제**: 가장 가까운 직선 $C + Dt$는 $\mathbf{R}^4$ 내의 $C\boldsymbol{a}_1 + D\boldsymbol{a}_2$를 맞춘다.

1 $t = 0, 1, 3, 4$에서 $\boldsymbol{b} = 0, 8, 8, 20$일 때, 법선방정식 $A^T A\widehat{\boldsymbol{x}} = A^T\boldsymbol{b}$를 세우고 풀어라. 그림 4.8(a)에서의 최적 직선에 대해, 네 개의 높이 p_i와 네 개의 잔차 e_i를 구하라. 최솟값 $E = e_1^2 + e_2^2 + e_3^2 + e_4^2$은 얼마인가?

2 (직선 $C + Dt$는 p들을 지난다) $t = 0, 1, 3, 4$에서 $\boldsymbol{b} = 0, 8, 8, 20$일 때, 네 개의 방정식 $A\boldsymbol{x} = \boldsymbol{b}$(해 없음)을 세워라. $p = 1, 5, 13, 17$로 측정값을 바꾸고 $A\widehat{\boldsymbol{x}} = \boldsymbol{p}$의 정확한 해를 구하라.

3 $\boldsymbol{e} = \boldsymbol{b} - \boldsymbol{p} = (-1, 3, -5, 3)$이 동일한 행렬 A의 두 개의 열 모두와 수직임을 체크하라. $\boldsymbol{b}$로부터 A의 열공간까지 가장 짧은 거리 $\|\boldsymbol{e}\|$는 얼마인가?

4 (미적분으로부터) $E = \|A\boldsymbol{x} - \boldsymbol{b}\|^2$을 제곱 항 네 개의 합으로 써라. 마지막 항은 $(C + 4D - 20)^2$이다. 미분방정식 $\partial E/\partial C = 0$과 $\partial E/\partial D = 0$을 구하라. 2로 나누어 법선방정식 $A^T A\widehat{\boldsymbol{x}} = A^T\boldsymbol{b}$을 얻어라.

5 $\boldsymbol{b} = (0, 8, 8, 20)$을 근사시키는 최적 수평선의 높이 C를 구하라. 정확한 근사는 해가 없는 방정식들 $C = 0, C = 8, C = 8, C = 20$을 풀려고 할 것이다. 이 방정식에서

4×1 행렬 A를 구하고 $A^TA\hat{x} = A^T\boldsymbol{b}$를 풀어라. 높이 $\hat{x} = C$에 수평선과 $\boldsymbol{e}$에 있는 네 개의 잔차를 그려라.

6 $\boldsymbol{a} = (1,1,1,1)$을 지나는 직선 위로 $\boldsymbol{b} = (0,8,8,20)$을 정사영시켜라. $\hat{x} = \boldsymbol{a}^T\boldsymbol{b}/\boldsymbol{a}^T\boldsymbol{a}$와 정사영 $\boldsymbol{p} = \hat{x}\boldsymbol{a}$를 구하라. $\boldsymbol{e} = \boldsymbol{b} - \boldsymbol{p}$는 $\boldsymbol{a}$와 수직임을 체크하고, $\boldsymbol{b}$로부터 $\boldsymbol{a}$를 지나는 직선까지 최단 거리 $\|\boldsymbol{e}\|$를 구하라.

7 동일한 네 점에 가장 근접한 원점을 지나는 직선 $b = Dt$를 구하라. 정확한 근사는 $D \cdot 0 = 0, D \cdot 1 = 8, D \cdot 3 = 8, D \cdot 4 = 20$을 풀려고 할 것이다. 4×1 행렬 A를 구하고 $A^TA\hat{x} = A^T\boldsymbol{b}$를 풀어라. 최적 직선 $b = Dt$와 $\boldsymbol{e}$들이 보이도록 그림 4.8(a)를 다시 그려라.

8 $\boldsymbol{a} = (0,1,3,4)$를 지나는 직선 위로 $\boldsymbol{b} = (0,8,8,20)$을 정사영시켜라. $\hat{x} = D$와 $\boldsymbol{p} = \hat{x}\boldsymbol{a}$를 구하라. 5–6번 문제에서 최적의 C와 7–8번 문제에서 최적의 D는 1–4번 문제에서의 최적의 (C, D)와 일치하지 않는다. 그것은 $(1,1,1,1)$과 $(0,1,3,4)$가 수직이 _____ 때문이다.

9 동일한 네 점에 대한 가장 근접한 포물선 $b = C + Dt + Et^2$에 대해, 세 개의 미지수 $\boldsymbol{x} = (C, D, E)$가 있는 해가 없는 방정식 $A\boldsymbol{x} = \boldsymbol{b}$를 세워라. 세 개의 법선방정식 $A^TA\widehat{\boldsymbol{x}} = A^T\boldsymbol{b}$를 세워라 (해는 필요하지 않다). 그림 4.8(a)에서 네 점에 대해 포물선 하나를 근사시키고 있다. 그림 4.8(b)에서는 어떤 일이 일어나고 있는가?

10 동일한 네 점에 대한 가장 근접한 삼차식 $b = C + Dt + Et^2 + Ft^3$에 대해, 네 개의 방정식 $A\boldsymbol{x} = \boldsymbol{b}$를 세우고, 소거법으로 이 방정식을 풀어라. 그림 4.8(a)에서 이제 이 삼차식은 정확하게 이 점들을 지난다. $\boldsymbol{p}$와 $\boldsymbol{e}$는 무엇인가?

11 네 시각의 산술평균은 $\hat{t} = \frac{1}{4}(0+1+3+4) = 2$다. 네 개의 b들의 산술평균은 $\hat{b} = \frac{1}{4}(0+8+8+20) = 9$다.

(a) 최적의 직선은 중심점 $(\hat{t}, \hat{b}) = (2, 9)$를 지나는 것을 확인하라.

(b) 왜 $C + D\hat{t} = \hat{b}$가 $A^TA\widehat{\boldsymbol{x}} = A^T\boldsymbol{b}$의 첫 번째 방정식으로부터 나오는지 설명하라.

12–16번 문제는 최소제곱에 대한 기초가 되는 통계학의 기본 아이디어들을 소개한다.

12 (추천) 이 문제는 $\boldsymbol{a} = (1, \dots, 1)$를 지나는 직선 위로 $\boldsymbol{b} = (b_1, \dots, b_m)$을 정사영시킨다. (최소제곱에 의해) 하나의 미지수 x에 대한 m개의 방정식 $\boldsymbol{a}x = \boldsymbol{b}$를 푼다.

(a) $\boldsymbol{a}^T\boldsymbol{a}\hat{x} = \boldsymbol{a}^T\boldsymbol{b}$를 풀어 $\hat{x}$이 $\boldsymbol{b}$들의 평균(산술평균)임을 보여라.

(b) $\boldsymbol{e} = \boldsymbol{b} - \boldsymbol{a}\hat{x}$와 분산 $\|\boldsymbol{e}\|^2$와 표준편차 $\|\boldsymbol{e}\|$를 구하라.

(c) 수평선 $\hat{\boldsymbol{b}} = 3$이 $\boldsymbol{b} = (1, 2, 6)$에 가장 가깝다. $\boldsymbol{p} = (3, 3, 3)$이 $\boldsymbol{e}$와 수직인 것을 체크하고 3×3 정사영행렬 P를 구하라.

13 최소제곱 이면의 첫 번째 가정: $A\boldsymbol{x} = \boldsymbol{b} -$ (**평균이 0인 잡음 $\boldsymbol{e}$**). 잔차벡터 $\boldsymbol{e} = \boldsymbol{b} - A\boldsymbol{x}$에 $(A^TA)^{-1}A^T$를 곱하여 우변에서 $\widehat{\boldsymbol{x}} - \boldsymbol{x}$를 얻는다. 추정 오차 $\widehat{\boldsymbol{x}} - \boldsymbol{x}$ 또한 평균은 0이다. 추정 $\widehat{\boldsymbol{x}}$는 편향되지 않는다.

14 최소제곱 이면의 두 번째 가정: m개의 잔차 $\boldsymbol{e}_i$는 분산이 σ^2이고 독립이다. 그러므로 $(\boldsymbol{b} - A\boldsymbol{x})(\boldsymbol{b} - A\boldsymbol{x})^T$의 평균은 $\sigma^2 I$다. 왼편에 $(A^TA)^{-1}A^T$를 곱하고 오른편에 $A(A^TA)^{-1}$을 곱하여 평균행렬 $(\widehat{\boldsymbol{x}} - \boldsymbol{x})(\widehat{\boldsymbol{x}} - \boldsymbol{x})^T$는 $\sigma^2(A^TA)^{-1}$임을 보여라. **이것은 8.4절에서의 공분산행렬이다.**

15 의사가 심장 박동수를 네 번 잰다. $x = b_1, \dots, x = b_4$에 대한 최적의 해는 $b_1, \dots, b_4$의 산술평균 $\hat{x}$이다. 행렬 A는 모든 성분이 1인 한 개의 열로 되어 있다. 14번 문제에서 잔차 $(\hat{x} - x)^2$의 기댓값은 $\sigma^2(A^TA)^{-1} =$ ________ 으로 주어진다. **평균을 취함으로써, 분산이 σ^2으로부터 $\sigma^2/4$로 떨어진다.**

16 만약 아홉 개의 수 $b_1, \dots, b_9$의 평균 $\hat{x}_9$을 안다면, 한 개 더 많은 수 b_{10}까지 포함한 평균 $\hat{x}_{10}$을 얼마나 빠르게 구할 수 있을까? 재귀적인 최소제곱의 아이디어는 수 열 개를 더하는 것을 피하는 것이다. $\hat{x}_{10}$을 계산할 때 $\hat{x}_9$에 어떤 수를 곱하는가?

$$\hat{x}_{10} = \tfrac{1}{10}b_{10} + \underline{\qquad\qquad}\hat{x}_9 = \tfrac{1}{10}(b_1 + \cdots + b_{10})$$

17–24번 문제는 $\widehat{\boldsymbol{x}}$과 $\boldsymbol{p}$와 $\boldsymbol{e}$에 대해 더 연습시킨다.

17 직선 $b = C + Dt$가 $t = -1$일 때 $b = 7$, $t = 1$일 때 $b = 7$, $t = 2$일 때 $b = 21$을 지나도록 하는 세 개의 방정식을 세워라. 최소제곱해 $\widehat{\boldsymbol{x}} = (C, D)$를 구하고 가장 가까운 직선을 그려라.

18 17번 문제에서 정사영 $\boldsymbol{p} = A\widehat{\boldsymbol{x}}$를 구하라. 이것은 가장 가까운 직선의 세 개의 높이를 준다. 잔차벡터는 $\boldsymbol{e} = (2, -6, 4)$ 임을 보여라. 왜 $P\boldsymbol{e} = \mathbf{0}$ 인가?

19 $t = -1, 1, 2$에서의 측정값이 18번 문제에서의 잔차들인 $2, -6, 4$라고 가정하자. $\widehat{\boldsymbol{x}}$과 이 새로운 측정값과 가장 가까운 직선을 계산하라. 그리고 답을 설명하라. 즉, $\boldsymbol{b} = (2, -6, 4)$는 ______과 수직이므로 정사영은 $\boldsymbol{p} = \mathbf{0}$이다.

20 $t = -1, 1, 2$에서의 측정값이 $\boldsymbol{b} = (5, 13, 17)$ 이라고하자. $\widehat{\boldsymbol{x}}$과 가장 가까운 직선과 $\boldsymbol{e}$를 계산하라. 잔차는 $\boldsymbol{e} = \mathbf{0}$ 인데 왜냐하면 이 $\boldsymbol{b}$가 ______ 이기 때문이다.

21 네 부분공간 중 어떤 부분공간이 잔차벡터 $\boldsymbol{e}$를 포함하는가? 어떤 부분공간이 $\boldsymbol{p}$를 포함하는가? 어떤 부분공간이 $\widehat{\boldsymbol{x}}$을 포함하는가? 어떤 것이 A의 영공간인가?

22 $t = -2, -1, 0, 1, 2$에서 $\boldsymbol{b} = 4, 2, -1, 0, 0$을 근사하는 최적 직선 $C + Dt$를 구하라.

23 잔차벡터 $\boldsymbol{e}$는 $\boldsymbol{b}$ 또는 $\boldsymbol{p}$ 또는 $\boldsymbol{e}$ 또는 $\widehat{\boldsymbol{x}}$와 직교인가? $\|\boldsymbol{e}\|^2$는 $\boldsymbol{b}^T\boldsymbol{b} - \boldsymbol{p}^T\boldsymbol{b}$와 동일한 $\boldsymbol{e}^T\boldsymbol{b}$와 같음을 보여라.

24 $\|A\boldsymbol{x}\|^2$ 의 $x_1, \ldots, x_n$ 에 대한 편미분은 벡터 $2A^TA\boldsymbol{x}$를 채운다. $2\boldsymbol{b}^TA\boldsymbol{x}$의 미분은 $2A^T\boldsymbol{b}$를 채운다. 그러므로 $\|A\boldsymbol{x} - \boldsymbol{b}\|^2$ 의 미분들은 ______ 일 때 0이다.

도전 문제

25 $(t_1, b_1), (t_2, b_2), (t_3, b_3)$에 대한 어떤 조건이 이 세 점들을 한 직선 위에 놓이게 하는가? 열공간에 의한 답은 다음과 같다. (b_1, b_2, b_3)는 $(1, 1, 1)$과 (t_1, t_2, t_3)의 일차결합이어야 한다. t들과 b들을 연결하는 특정한 방정식에 도달하도록 노력하라. 이 문제를 조금 더 일찍 생각해냈어야 했다!

26 정사각형의 네 꼭짓점 $(1, 0)$과 $(0, 1)$과 $(-1, 0)$과 $(0, -1)$에서의 네 개의 값 $\boldsymbol{b} = (0, 1, 3, 4)$에 가장 잘 근사한 평면을 구하라. 네 점에서의 방정식 $C + Dx + Ey = \boldsymbol{b}$는 세 개의 미지수 $\boldsymbol{x} = (C, D, E)$를 가진 $A\boldsymbol{x} = \boldsymbol{b}$이다. A는 무엇인가? 정사각형의 중심 $(0, 0)$에서 $C + Dx + Ey = b$들의 산술평균임을 보여라.

27 (직선 사이의 거리) 점 $P = (x, x, x)$와 $Q = (y, 3y, -1)$은 교차하지 않는 공간 내의 두 직선이다. 제곱 거리 $\|P - Q\|^2$을 최소로 하는 x와 y를 선택하라. 가장 가까운 P와 Q를 잇는 직선은 ______에 수직이다.

28 A의 열들이 독립이 아니라고 가정하자. $P = B(B^TB)^{-1}B^T$가 A의 열공간 위로 정사영을 내리도록 하는 행렬 B를 어떻게 찾을 수 있을까? (A^TA가 가역이 아닐 때는 일반적인 공식은 실패한다.)

29 일반적으로 n개의 주어진 점들 $\boldsymbol{x} = \mathbf{0}, \boldsymbol{a}_1, \ldots, \boldsymbol{a}_{n-1}$을 포함하는 $\mathbf{R}^n$ 내에 정확히 한 개의 초평면이 존재할 것이다. ($n = 3$에 대해 예를 들면, _______ 않는다면, $\mathbf{0}, \boldsymbol{a}_1, \boldsymbol{a}_2$를 포함하는 한 개의 평면이 있을 것이다.) $\mathbf{R}^n$ 내에 정확하게 한 개의 평면이 있는지를 테스트하는 방법은 무엇인가?

30 예제 2는 시각 t_i들을 평행이동시켜 이들의 합이 0이 되도록 하였다. 평균 시각 $\hat{t} = (t_1 + \cdots + t_m)/m$을 모두 빼서 $T_i = t_i - \hat{t}$를 얻었다. 이 T_i들을 모두 더하면 0이 된다.

열 $(1, \ldots, 1)$과 $(T_1, \ldots, T_m)$은 이제 직교이므로, A^TA는 대각행렬이다. 이것의 성분들은 m과 $T_1^2 + \cdots + T_m^2$이다. 최적의 C와 D는 다음과 같이 직접적인 공식으로 주어짐을 보여라.

$$\boldsymbol{T}\text{는 } \boldsymbol{t} - \hat{\boldsymbol{t}}\text{이다.} \qquad C = \frac{b_1 + \cdots + b_m}{m} \quad \text{그리고} \quad D = \frac{b_1T_1 + \cdots + b_mT_m}{T_1^2 + \cdots + T_m^2}$$

최적 직선은 $C + DT$ ***즉*** $C + D(t - \hat{t})$ ***이다.*** A^TA를 대각행렬로 만든 시간 이동은 A의 열들을 사전에 직교화시키는 그람-슈미트 과정의 한 예다. 이 내용은 4.4절에 나온다.

4.4 직교행렬과 그람-슈미트

1. 열들 $\boldsymbol{q}_1, \dots, \boldsymbol{q}_n$은 $\boldsymbol{q}_i^T \boldsymbol{q}_j = \begin{cases} 0 & i \neq j \text{ 일 때} \\ 1 & i = j \text{ 일 때} \end{cases}$ 이면 정규직교다. 그러면 $\boxed{Q^T Q = I}$.
2. $Q\boldsymbol{x} = \boldsymbol{b}$의 최소제곱해는 $\widehat{\boldsymbol{x}} = Q^T \boldsymbol{b}$다. $\boldsymbol{b}$의 정사영은 $\boldsymbol{p} = QQ^T\boldsymbol{b} = P\boldsymbol{b}$다.
3. **그람-슈미트**는 독립인 $\boldsymbol{a}_i$로부터 정규직교 $\boldsymbol{q}_i$를 만들어낸다. $\boldsymbol{q}_1 = \boldsymbol{a}_1/\|\boldsymbol{a}_1\|$로 시작한다.
4. $\boldsymbol{q}_i = (\boldsymbol{a}_i - \text{정사영 } \boldsymbol{p}_i)/\|\boldsymbol{a}_i - \boldsymbol{p}_i\|$. $\boldsymbol{p}_i = (\boldsymbol{a}_i^T \boldsymbol{q}_1)\boldsymbol{q}_1 + \cdots + (\boldsymbol{a}_i^T \boldsymbol{q}_{i-1})\boldsymbol{q}_{i-1}$을 뺀다.
5. $\boldsymbol{a}_i$는 $\boldsymbol{q}_1$부터 $\boldsymbol{q}_i$까지의 일차결합이 될 것이다. 그러면 **직교행렬 Q와 삼각행렬 R에 대해 $A = QR$이다**.

이 절은 **왜**와 **어떻게**라는 두 가지 목표가 있다. 첫 번째 목표는 왜 직교성이 좋은지 아는 것이다. Q의 열들이 정규직교이면, $Q^TQ = I$다. 최소제곱문제가 쉬워진다. 두 번째 목표는 A의 독립인 벡터들을 Q의 정규직교벡터들로 변환하는 것이다. 그람-슈미트 방법으로 어떻게 A의 열들을 일차결합하여 직각인 Q의 열들을 만들어 내는지 보게 될 것이다.

기저는 한 공간을 생성하는 독립 벡터들로 이루어져 있다 (3장 참조). 기저벡터들은 (0°와 180°를 제외하고) 임의의 각도로 만날 수 있을 것이다. 그러나 축을 시각화할 때 기저벡터들은 수직이다. 우리의 상상속에서 좌표축들은 실질적으로 언제나 직교다. 직교인 좌표축은 그림과 계산을 매우 단순하게 만든다.

벡터들 $\boldsymbol{q}_1, \dots, \boldsymbol{q}_n$은 내적 $\boldsymbol{q}_i \cdot \boldsymbol{q}_j$가 0일 때 **직교**다. 좀 더 정확하게는 $i \neq j$일 때마다 $\boldsymbol{q}_i^T \boldsymbol{q}_j = 0$이다. 한 단계 더 나아가, 각 벡터를 자신의 길이로 나누면, 이 벡터들은 **직교단위벡터**가 된다. 이 벡터들의 길이는 모두 1(정규)이다. 그러면 이 기저는 **정규직교** (orthonormal)다.

정의 벡터들 $\boldsymbol{q}_1, \dots, \boldsymbol{q}_n$ 은 이들의 내적이 0 또는 1이면 **정규직교**다.

$$\boldsymbol{q}_i^T \boldsymbol{q}_j = \begin{cases} 0 & i \neq j \text{일 때} \quad (\textbf{직교}\text{벡터}) \\ 1 & i = j \text{일 때} \quad (\textbf{단위}\text{벡터} : \|\boldsymbol{q}_i\| = 1) \end{cases}$$

열들이 정규직교인 행렬에는 특별한 기호 Q를 부여한다.

행렬 Q는 $Q^TQ = I$ 이므로 다루기가 쉽다. 이 식은 열들 $\boldsymbol{q}_1, \dots, \boldsymbol{q}_n$이 정규직교라는 사실을 행렬 언어로 반복한 것이다. Q가 언제나 정사각행렬이어야 하는 것은 아니다.

열들이 정규직교인 행렬 Q는 $Q^TQ = I$을 만족한다.

$$Q^TQ = \begin{bmatrix} - & \boldsymbol{q}_1^T & - \\ & \vdots & \\ - & \boldsymbol{q}_n^T & - \end{bmatrix} \begin{bmatrix} | & & | \\ \boldsymbol{q}_1 & \cdots & \boldsymbol{q}_n \\ | & & | \end{bmatrix} = \begin{bmatrix} 1 & \cdots & 0 \\ \vdots & \ddots & \vdots \\ 0 & \cdots & 1 \end{bmatrix} = I$$

Q^T의 i행이 Q의 j열과 곱해지면, 이것은 내적 $\boldsymbol{q}_i^T\boldsymbol{q}_j$다. 대각선 위에 있지 않으면 $(i \neq j)$ 이 내적은 직교성에 의해 0이다. 대각선 위에서는$(i = j)$ $\boldsymbol{q}_i^T\boldsymbol{q}_j = \|\boldsymbol{q}_i\|^2 = 1$인 단위벡터가 되게 한다. Q는 직사각행렬$(m > n)$이 될 수도 있고 정사각행렬$(m = n)$이 될 수도 있다.

Q가 정사각행렬이면, $Q^TQ = I$는 $Q^T = Q^{-1}$를 의미한다. 즉 전치행렬 = 역행렬이다.
Q가 정사각행렬이 아니면, 계수는 $n < m$이다. 그러므로 QQ^T는 $I_{m \times m}$이 될 수 없다.

열들이 (단위벡터는 아니고) 단지 직교이기만 하더라도, 내적은 여전히 대각행렬 Q^TQ를 만든다 (그러나 항등행렬은 아니다). 이 대각행렬은 거의 I 만큼이나 좋다. 중요한 것은 직교성이다. 단위벡터를 만들어내는 것은 쉽다.

반복하자면, Q가 직사각행렬이더라도 $Q^TQ = I$이다. 이 경우에 Q^T는 왼쪽 역행렬일 뿐이다. Q가 정사각행렬이면 또한 $QQ^T = I$이므로, Q^T는 Q의 양쪽 역행렬이다. 정사각행렬 Q의 행들은 열들과 마찬가지로 정규직교다. ***역행렬은 자신의 전치행렬이다.*** 정사각행렬인 경우 이러한 Q를 ***직교행렬(orthogonal matrix)***이라 한다.[2]

다음은 직교행렬의 세 가지 예로서 회전행렬과 치환행렬과 반사행렬이다. 직교행렬에 대한 가장 빠른 테스트는 $Q^TQ = I$다.

[2] "정규직교행렬" 이라는 용어가 Q에 대한 더 나은 이름이었을 것이지만, 이 이름을 사용하지 않는다. 열들이 정규직교인 임의의 행렬을 문자 Q로 쓴다. 오직 **이 행렬이 정사각행렬일 때만 직교행렬**이라 한다.

예제 1 **(회전)** Q는 평면 내의 모든 벡터를 각도 θ만큼 회전시키고 Q^{-1}은 $-\theta$만큼 회전시킨다.

$$Q = \begin{bmatrix} \cos\theta & -\sin\theta \\ \sin\theta & \cos\theta \end{bmatrix} \quad \text{그리고} \quad Q^T = Q^{-1} = \begin{bmatrix} \cos\theta & \sin\theta \\ -\sin\theta & \cos\theta \end{bmatrix}$$

Q의 열들은 직교다 (내적을 해보라). $\sin^2\theta + \cos^2\theta = 1$이므로 각 열들은 단위벡터다. 이 열들은 평면 $\mathbf{R}^2$의 ***정규직교기저***가 된다.

예제 2 **(치환)** 다음 행렬들은 성분들의 순서를 (y, z, x)와 (y, x)로 바꾼다.

$$\begin{bmatrix} 0 & 1 & 0 \\ 0 & 0 & 1 \\ 1 & 0 & 0 \end{bmatrix} \begin{bmatrix} x \\ y \\ z \end{bmatrix} = \begin{bmatrix} y \\ z \\ x \end{bmatrix} \quad \text{그리고} \quad \begin{bmatrix} 0 & 1 \\ 1 & 0 \end{bmatrix} \begin{bmatrix} x \\ y \end{bmatrix} = \begin{bmatrix} y \\ x \end{bmatrix}.$$

이 Q들의 모든 열들은 단위벡터이고(길이가 명확하게 1이다), 또한 직교다(1들이 서로 엇갈린 위치에 나타난다). 치환행렬의 역행렬은 그 자신의 전치다. $Q^{-1} = Q^T$. 역행렬은 순서가 바뀐 성분들을 원래 자리로 되돌려 놓는다.

$$\textbf{역행렬=전치} \quad \begin{bmatrix} 0 & 1 & 0 \\ 1 & 0 & 0 \\ 0 & 1 & 0 \end{bmatrix} \begin{bmatrix} \boldsymbol{y} \\ \boldsymbol{z} \\ \boldsymbol{x} \end{bmatrix} = \begin{bmatrix} \boldsymbol{x} \\ \boldsymbol{y} \\ \boldsymbol{z} \end{bmatrix} \quad \text{그리고} \quad \begin{bmatrix} 0 & 1 \\ 1 & 0 \end{bmatrix} \begin{bmatrix} \boldsymbol{y} \\ \boldsymbol{x} \end{bmatrix} = \begin{bmatrix} \boldsymbol{x} \\ \boldsymbol{y} \end{bmatrix}.$$

모든 치환행렬은 직교행렬이다.

예제 3 **(반사)** $\boldsymbol{u}$가 임의의 단위벡터일 때, $Q = I - 2\boldsymbol{u}\boldsymbol{u}^T$로 놓는다. $\boldsymbol{u}^T\boldsymbol{u}$는 수 $\|\boldsymbol{u}\|^2 = 1$인 반면에, $\boldsymbol{u}\boldsymbol{u}^T$는 행렬임에 주의한다. 그러면 Q^T와 Q^{-1}은 모두 Q와 같다.

$$Q^T = I - 2\boldsymbol{u}\boldsymbol{u}^T = Q \quad \text{그리고} \quad Q^TQ = I - 4\boldsymbol{u}\boldsymbol{u}^T + 4\boldsymbol{u}\boldsymbol{u}^T\boldsymbol{u}\boldsymbol{u}^T = I. \tag{1}$$

반사 행렬 $I - 2\boldsymbol{u}\boldsymbol{u}^T$은 대칭행렬이고 또한 직교행렬이다. 이 행렬을 제곱하면, $Q^2 = Q^TQ = I$와 같이 항등행렬을 얻는다. 거울을 통해 두 번 반사시키면 $(-1)^2 = 1$과 비슷하게 원래로 돌아온다. 식 (1)의 $4\boldsymbol{u}\boldsymbol{u}^T\boldsymbol{u}\boldsymbol{u}^T$에서 $\boldsymbol{u}^T\boldsymbol{u} = 1$임에 주의한다.

한 예로서 방향 $\boldsymbol{u} = (-1/\sqrt{2}, 1/\sqrt{2})$를 선택한다. $2\boldsymbol{u}\boldsymbol{u}^T$ (열 곱하기 행)를 계산하고 I에서 빼면 45° 직선 너머로의 반사행렬 Q를 얻는다.

$$\textbf{반사} \quad \boldsymbol{Q} = I - 2\begin{bmatrix} .5 & -.5 \\ -.5 & .5 \end{bmatrix} = \begin{bmatrix} \mathbf{0} & \mathbf{1} \\ \mathbf{1} & \mathbf{0} \end{bmatrix} \quad \text{그리고} \quad \begin{bmatrix} 0 & 1 \\ 1 & 0 \end{bmatrix} \begin{bmatrix} x \\ y \end{bmatrix} = \begin{bmatrix} \boldsymbol{y} \\ \boldsymbol{x} \end{bmatrix}$$

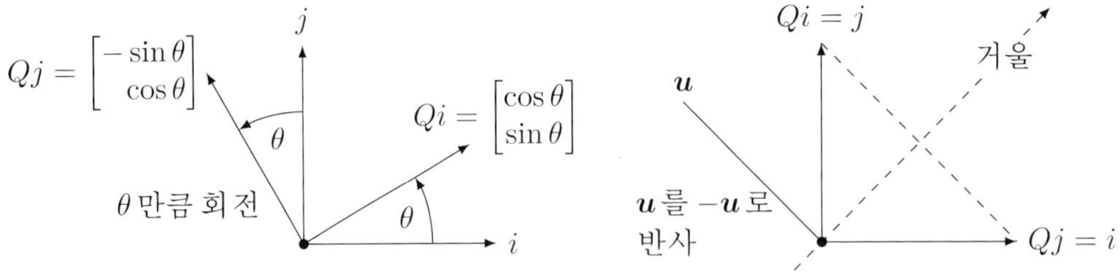

그림 4.9: $Q = \begin{bmatrix} c & -s \\ s & c \end{bmatrix}$에 의한 회전과 $Q = \begin{bmatrix} \mathbf{0} & \mathbf{1} \\ \mathbf{1} & \mathbf{0} \end{bmatrix}$에 의한 45° 너머 반사

(x, y)가 (y, x)로 간다면, $(3, 3)$과 같은 벡터는 움직이지 않는다. 이 벡터는 거울선 위에 놓여 있다.

회전은 모든 벡터의 길이를 보존한다. 반사도 마찬가지고 치환도 마찬가지다.

> ***Q* 의 열들이 정규직교면 ($Q^TQ = I$), 길이는 그대로 유지된다.** $\|Qx\| = \|x\|$
>
> Qx**에 대한 동일한 길이** $\quad (Qx)^T(Qx) = x^TQ^TQx = xIx = x^Tx \qquad (2)$
>
> **동일한 내적** $\quad (Qx)^T(Qy) = x^TQ^TQy = x^Ty$. 단지 $Q^TQ = I$임을 이용함

정규직교기저를 이용한 정사영: Q가 A를 대체

직교행렬은 계산에 있어서 매우 뛰어난 행렬이다. 벡터의 길이가 고정된다면 수들이 터무니 없이 크게 증가할 수 없다. 따라서 안정한 컴퓨터 코드는 되도록이면 많은 Q를 사용한다.

부분공간 위로의 정사영에 대한 모든 공식은 A^TA를 포함한다. A^TA의 성분들은 A의 열들끼리의 내적이다. 일반적으로 A^TA는 대각행렬이 아니다.

이 열들이 사실은 정규직교라고 가정하자. $\boldsymbol{a}$가 $\boldsymbol{q}$가 된다. 그러면 A^TA는 $Q^TQ = I$로 간단해진다. $\widehat{x}$과 $\boldsymbol{p}$와 정사영행렬 P에서 개선되는 점들을 보라. Q^TQ 대신에 항등행렬이 빈 칸에 표시된다.

$$\_\_\_\_\widehat{\boldsymbol{x}} = Q^T\boldsymbol{b} \quad 그리고 \quad \boldsymbol{p} = Q\widehat{\boldsymbol{x}} \quad 그리고 \quad P = Q\_\_\_\_Q^T \qquad (3)$$

***$Qx = b$* 의 최소제곱해는 $\widehat{x} = Q^Tb$ 이다.** 역을 취해야 할 행렬이 없다. 이것이 정규직교기저의 포인트다. 최적의 $\widehat{\boldsymbol{x}} = Q^T\boldsymbol{b}$에는 단지 $\boldsymbol{q}_1, \ldots, \boldsymbol{q}_n$과 $\boldsymbol{b}$의 내적들만 있다. 1-차원 정사영인 것이다! A^TA는 이제 $Q^TQ = I$이다. 커플링이 없다. A가 열들이 정규직교인

Q일 때, $\boldsymbol{p} = Q\widehat{\boldsymbol{x}} = QQ^T\boldsymbol{b}$는 다음과 같다.

$$\boxed{\textbf{q들 위로의 정사영} \quad \boldsymbol{p} = \begin{bmatrix} | & & | \\ \boldsymbol{q}_1 & \cdots & \boldsymbol{q}_n \\ | & & | \end{bmatrix} \begin{bmatrix} \boldsymbol{q}_1^T\boldsymbol{b} \\ \vdots \\ \boldsymbol{q}_n^T\boldsymbol{b} \end{bmatrix} = \boldsymbol{q}_1(\boldsymbol{q}_1^T\boldsymbol{b}) + \cdots + \boldsymbol{q}_n(\boldsymbol{q}_n^T\boldsymbol{b}).} \tag{4}$$

Q가 정사각행렬인 중요한 경우: $m = n$이면, 부분공간은 전체공간이다. 그러면 $Q^T = Q^{-1}$이고 $\widehat{\boldsymbol{x}} = Q^T\boldsymbol{b}$는 $\boldsymbol{x} = Q^{-1}\boldsymbol{b}$와 동일하다. 근사해가 아닌 정확한 해다! 전체 공간 위로의 $\boldsymbol{b}$의 정사영은 $\boldsymbol{b}$ 그 자체다. 이 경우에 $\boldsymbol{p} = \boldsymbol{b}$이고 $P = QQ^T = I$이다.

전체공간 위로의 정사영은 언급할 가치가 없다고 생각할지 모르겠다. 그러나 Q가 정사각행렬이고 $\boldsymbol{p} = \boldsymbol{b}$이면, 위 공식은 $\boldsymbol{b}$를 이것의 1-차원 정사영들로부터 조립해낸다. 만일 $\boldsymbol{q}_1, \ldots, \boldsymbol{q}_n$이 전체공간에 대한 정규직교기저라면, $\boldsymbol{b}$는 $QQ^T\boldsymbol{b}$와 같다. **모든 $\boldsymbol{b}$는 $\boldsymbol{q}$ 방향 성분들의 합이다.**

$$\boxed{\boldsymbol{b} = \boldsymbol{q}_1(\boldsymbol{q}_1^T\boldsymbol{b}) + \cdots + \boldsymbol{q}_n(\boldsymbol{q}_n^T\boldsymbol{b}).} \tag{5}$$

예제 4 다음 직교행렬 Q의 열들은 정규직교벡터 $\boldsymbol{q}_1, \boldsymbol{q}_2, \boldsymbol{q}_3$이다.

$$\boldsymbol{m} = \boldsymbol{n} = 3 \quad Q = \frac{1}{3}\begin{bmatrix} -1 & 2 & 2 \\ 2 & -1 & 2 \\ 2 & 2 & -1 \end{bmatrix} \quad \text{는} \quad \boldsymbol{Q^TQ} = \boldsymbol{QQ^T} = \boldsymbol{I}\text{를 만족한다.}$$

$\boldsymbol{q}_1$과 $\boldsymbol{q}_2$와 $\boldsymbol{q}_3$ 위로의 $\boldsymbol{b} = (0, 0, 1)$의 개별적인 정사영은 $\boldsymbol{p}_1$과 $\boldsymbol{p}_2$와 $\boldsymbol{p}_3$이다.

$$\boldsymbol{q}_1(\boldsymbol{q}_1^T\boldsymbol{b}) = \tfrac{2}{3}\boldsymbol{q}_1 \quad \text{그리고} \quad \boldsymbol{q}_2(\boldsymbol{q}_2^T\boldsymbol{b}) = \tfrac{2}{3}\boldsymbol{q}_2 \quad \text{그리고} \quad \boldsymbol{q}_3(\boldsymbol{q}_3^T\boldsymbol{b}) = -\tfrac{1}{3}\boldsymbol{q}_3$$

첫 두 개의 합은 $\boldsymbol{q}_1$과 $\boldsymbol{q}_2$ 평면 위로의 $\boldsymbol{b}$의 정사영이다. 세 개 모두의 합은 $\boldsymbol{b}$ 그 자체인 전체공간 위로의 $\boldsymbol{b}$의 정사영이다.

$\boldsymbol{b}$를 복원한다
$\boldsymbol{b} = \boldsymbol{p}_1 + \boldsymbol{p}_2 + \boldsymbol{p}_3$

$$\frac{2}{3}\boldsymbol{q}_1 + \frac{2}{3}\boldsymbol{q}_2 - \frac{1}{3}\boldsymbol{q}_3 = \frac{1}{9}\begin{bmatrix} -2+4-2 \\ 4-2-2 \\ 4+4+1 \end{bmatrix} = \begin{bmatrix} 0 \\ 0 \\ 1 \end{bmatrix} = \boldsymbol{b}.$$

변환 $QQ^T = I$는 푸리에 급수와 응용수학의 모든 위대한 "변환들"의 기초다. 이것은 벡터 $\boldsymbol{b}$ 또는 함수 $f(x)$를 수직인 조각들로 쪼갠다. 그런 다음 식 (5)에서와 같이 조각들을 더함으로써, 역변환은 $\boldsymbol{b}$와 $f(x)$를 원래대로 조합한다.

$$\textbf{푸리에 급수}\quad f(x) = a_0 + a_1 \cos x + b_1 \sin x + a_2 \cos 2x + b_2 \sin 2x + \cdots$$

일반적인 행렬의 경우와 오직 두 가지 점에서만 다르다. 즉, 기저벡터들이 사인-코사인 함수이고, 차원이 $m = n = \infty$인 무한이다.

그람-슈미트 과정

이 절의 포인트는 "직교는 좋다"는 것이다. 정사영과 최소제곱은 언제나 A^TA를 포함한다. 이 행렬이 $Q^TQ = I$가 된다면, 역행렬은 문제가 되지 않고, 1-차원 정사영들은 커플링되어 있지 않다. 최적의 $\widehat{\boldsymbol{x}}$은 (단지 n개의 개별적인 내적인) $Q^T\boldsymbol{b}$이다. 이 내용들이 참이기 위해서는, "벡터들이 정규직교라면"이라고 말해야만 한다. ***이제 정규직교벡터들을 생성하는 "그람-슈미트 방법"을 설명한다.***

독립인 세 벡터들 $\boldsymbol{a}, \boldsymbol{b}, \boldsymbol{c}$로 시작하여 세 개의 직교벡터들 $\boldsymbol{A}, \boldsymbol{B}, \boldsymbol{C}$를 만들어내고자 한다. 그리고 $\boldsymbol{A}, \boldsymbol{B}, \boldsymbol{C}$를 각각의 길이로 나누면, 세 개의 정규직교벡터들 $\boldsymbol{q}_1 = \boldsymbol{A}/\|\boldsymbol{A}\|, \boldsymbol{q}_2 = \boldsymbol{B}/\|\boldsymbol{B}\|, \boldsymbol{q}_3 = \boldsymbol{C}/\|\boldsymbol{C}\|$를 만들어낸다.

그람-슈미트(Gram-Schmidt) $\boldsymbol{A} = \boldsymbol{a}$로 선택하고 시작한다. 이 첫 번째 방향은 있는 그대로 받아들인다. 다음 방향 $\boldsymbol{B}$는 $\boldsymbol{A}$와 수직이어야 한다. ***$\boldsymbol{b}$로 시작하여 이 벡터의 $\boldsymbol{A}$ 방향으로의 정사영을 뺀다.*** 이렇게 하면 수직인 성분이 남고, 이것이 직교벡터 $\boldsymbol{B}$다.

$$\boxed{\textbf{그람-슈미트 첫 단계}\qquad \boldsymbol{B} = \boldsymbol{b} - \frac{\boldsymbol{A}^T\boldsymbol{b}}{\boldsymbol{A}^T\boldsymbol{A}}\boldsymbol{A}} \tag{6}$$

$\boldsymbol{A}$와 $\boldsymbol{B}$는 그림 4.10에서와 같이 직교다. 식 (6)의 양변에 $\boldsymbol{A}^T$를 곱하면 $\boldsymbol{A}^T\boldsymbol{B} = \boldsymbol{A}^T\boldsymbol{b} - \boldsymbol{A}^T\boldsymbol{b} = 0$을 확인할 수 있다. 이 벡터 $\boldsymbol{B}$는 $\boldsymbol{A}$와 수직인, 오차벡터 $\boldsymbol{e}$라고 불렀던 것이다. 식 (6)에서 $\boldsymbol{B}$는 영벡터가 아니다 (그렇지 않다면 $\boldsymbol{a}$와 $\boldsymbol{b}$는 종속이었을 것이다). $\boldsymbol{A}$와 $\boldsymbol{B}$ 방향이 이제 정해졌다.

세 번째 방향은 $\boldsymbol{c}$로 시작한다. $\boldsymbol{c}$는 $\boldsymbol{A}$와 $\boldsymbol{B}$의 일차결합이 아니며 (왜냐하면 $\boldsymbol{c}$는 $\boldsymbol{a}$와 $\boldsymbol{b}$의 일차결합이 아니기 때문이다) $\boldsymbol{A}$ 및 $\boldsymbol{B}$와 수직이 아닐 가능성이 크다. 이 두 방향으로의

성분을 빼면 수직인 방향 $\boldsymbol{C}$를 얻는다.

$$\boxed{\textbf{그람-슈미트 다음 단계} \qquad \boldsymbol{C} = \boldsymbol{c} - \frac{\boldsymbol{A}^T\boldsymbol{c}}{\boldsymbol{A}^T\boldsymbol{A}}\boldsymbol{A} - \frac{\boldsymbol{B}^T\boldsymbol{c}}{\boldsymbol{B}^T\boldsymbol{B}}\boldsymbol{B}} \qquad (7)$$

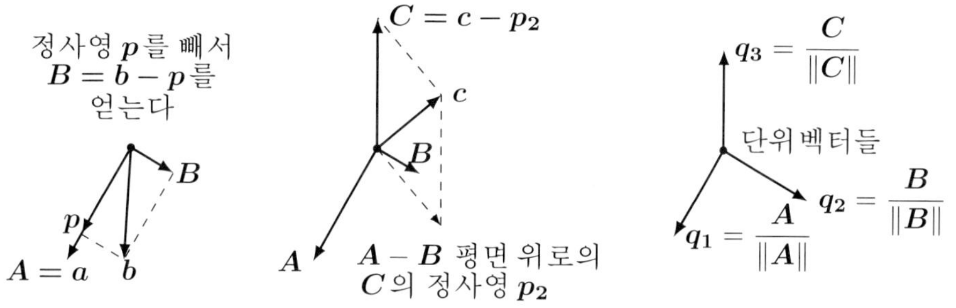

그림 4.10: 먼저 $\boldsymbol{a}$를 지나는 직선 위로 $\boldsymbol{b}$를 정사영시키고 $\boldsymbol{b}-\boldsymbol{p}$로서 직교인 $\boldsymbol{B}$를 구한다. 그런 다음 $\boldsymbol{AB}$ 평면 위로 $\boldsymbol{c}$를 정사영시키고 $\boldsymbol{c}-\boldsymbol{p}_2$로서 $\boldsymbol{C}$를 구한다. $\|\boldsymbol{A}\|, \|\boldsymbol{B}\|, \|\boldsymbol{C}\|$로 나눈다.

각각의 새로운 벡터로부터 이미 정해진 방향으로의 정사영들을 빼는 것이 그람-슈미트 과정의 유일한 아이디어다. 이 아이디어는 각 단계에서 반복된다.

만일 네 번째 벡터 $\boldsymbol{d}$가 있다면, $\boldsymbol{A}, \boldsymbol{B}, \boldsymbol{C}$ 위로의 세 개의 정사영들을 빼서 $\boldsymbol{D}$를 얻을 것이다. 맨 마지막에, 또는 각각 하나씩 찾을 때마다, 직교벡터들 $\boldsymbol{A}, \boldsymbol{B}, \boldsymbol{C}, \boldsymbol{D}$를 각자의 길이로 나눈다. 그 결과 얻게 되는 벡터들 $\boldsymbol{q}_1, \boldsymbol{q}_2, \boldsymbol{q}_3, \boldsymbol{q}_4$는 정규직교다.

그람-슈미트의 예 다음 $\boldsymbol{a}, \boldsymbol{b}, \boldsymbol{c}$는 독립이지만 직교는 아닌 벡터들이다.

$$\boldsymbol{a} = \begin{bmatrix} 1 \\ -1 \\ 0 \end{bmatrix} \quad \text{그리고} \quad \boldsymbol{b} = \begin{bmatrix} 2 \\ 0 \\ -2 \end{bmatrix} \quad \text{그리고} \quad \boldsymbol{c} = \begin{bmatrix} 3 \\ -3 \\ 3 \end{bmatrix}.$$

$\boldsymbol{A} = \boldsymbol{a}$로 두면 $\boldsymbol{A}^T\boldsymbol{A} = 2$와 $\boldsymbol{A}^T\boldsymbol{b} = 2$를 만족한다. $\boldsymbol{A}$ 방향으로의 $\boldsymbol{b}$의 정사영 $\boldsymbol{p}$를 $\boldsymbol{b}$로부터 빼면,

$$\textbf{첫 단계} \qquad \boldsymbol{B} = \boldsymbol{b} - \frac{\boldsymbol{A}^T\boldsymbol{b}}{\boldsymbol{A}^T\boldsymbol{A}}\boldsymbol{A} = \boldsymbol{b} - \frac{2}{2}\boldsymbol{A} = \begin{bmatrix} 1 \\ 1 \\ -2 \end{bmatrix}$$

검산: 요구한대로 $\boldsymbol{A}^T\boldsymbol{B} = 0$이다. 이제 $\boldsymbol{A}$와 $\boldsymbol{B}$로의 $\boldsymbol{c}$의 정사영을 빼서 $\boldsymbol{C}$를 얻는다.

$$\textbf{다음 단계} \qquad \boldsymbol{C} = \boldsymbol{c} - \frac{\boldsymbol{A}^T\boldsymbol{c}}{\boldsymbol{A}^T\boldsymbol{A}}\boldsymbol{A} - \frac{\boldsymbol{B}^T\boldsymbol{c}}{\boldsymbol{B}^T\boldsymbol{B}}\boldsymbol{B} = \boldsymbol{c} - \frac{6}{2}\boldsymbol{A} + \frac{6}{6}\boldsymbol{B} = \begin{bmatrix}1\\1\\1\end{bmatrix}$$

검산: $\boldsymbol{C} = (1,1,1)$은 $\boldsymbol{A}$와 $\boldsymbol{B}$ 모두에 수직이다. 마지막으로 $\boldsymbol{A}, \boldsymbol{B}, \boldsymbol{C}$를 길이가 1인 단위벡터로 변환하여 정규직교벡터들로 만든다. $\boldsymbol{A}, \boldsymbol{B}, \boldsymbol{C}$의 길이는 $\sqrt{2}$와 $\sqrt{6}$과 $\sqrt{3}$이고, 각각의 길이로 나누어 정규직교기저 $\boldsymbol{q}_1, \boldsymbol{q}_2, \boldsymbol{q}_3$를 얻는다.

$$\boldsymbol{q}_1 = \frac{1}{\sqrt{2}}\begin{bmatrix}1\\-1\\0\end{bmatrix} \quad \text{그리고} \quad \boldsymbol{q}_2 = \frac{1}{\sqrt{6}}\begin{bmatrix}1\\1\\-2\end{bmatrix} \quad \text{그리고} \quad \boldsymbol{q}_3 = \frac{1}{\sqrt{3}}\begin{bmatrix}1\\1\\1\end{bmatrix}.$$

일반적으로 $\boldsymbol{A}, \boldsymbol{B}, \boldsymbol{C}$는 분수를 포함하고, 거의 언제나 $\boldsymbol{q}_1, \boldsymbol{q}_2, \boldsymbol{q}_3$는 제곱근을 포함한다.

$\boldsymbol{A} = \boldsymbol{QR}$ 분해

열 $\boldsymbol{a}, \boldsymbol{b}, \boldsymbol{c}$로 이루어진 A로 시작하여, 열 $\boldsymbol{q}_1, \boldsymbol{q}_2, \boldsymbol{q}_3$로 이루어진 Q로 끝났다. 이 두 행렬이 어떻게 연결될까? 벡터들 $\boldsymbol{a}, \boldsymbol{b}, \boldsymbol{c}$가 $\boldsymbol{q}$들의 일차결합이므로 (반대도 마찬가지), A를 Q에 연결하는 제3의 행렬이 틀림없이 있다. 이 제3의 행렬이 $A = QR$에 있는 삼각행렬 R이다 (1장에서 나오는 그 R이 아니다).

첫 번째 단계는 $\boldsymbol{q}_1 = \boldsymbol{a}/\|\boldsymbol{a}\|$이였다 (다른 벡터들은 관여하지 않는다). 두 번째 단계는 식 (6)이었는데, 여기서 $\boldsymbol{b}$는 $\boldsymbol{A}$와 $\boldsymbol{B}$의 일차결합이다. 이 단계에서 $\boldsymbol{C}$와 $\boldsymbol{q}_3$은 관여하지 않는다. 뒤에 있는 벡터들이 이렇게 관여하지 않는 것이 그람-슈미트의 핵심 포인트다.

- 벡터들 $\boldsymbol{a}$와 $\boldsymbol{A}$와 $\boldsymbol{q}_1$은 모두 한 직선과 나란하다.
- 벡터들 $\boldsymbol{a}, \boldsymbol{b}$와 $\boldsymbol{A}, \boldsymbol{B}$와 $\boldsymbol{q}_1, \boldsymbol{q}_2$는 모두 동일한 평면 내에 있다.
- 벡터들 $\boldsymbol{a}, \boldsymbol{b}, \boldsymbol{c}$와 $\boldsymbol{A}, \boldsymbol{B}, \boldsymbol{C}$와 $\boldsymbol{q}_1, \boldsymbol{q}_2, \boldsymbol{q}_3$는 모두 하나의 부분공간 (차원은 3) 내에 있다.

각 단계에서 $\boldsymbol{a}_1, \ldots, \boldsymbol{a}_k$는 $\boldsymbol{q}_1, \ldots, \boldsymbol{q}_k$의 일차결합이다. 뒤에 나오는 $\boldsymbol{q}$들은 앞 벡터들에 관여하지 않는다. 따라서 연결해주는 행렬 R은 **삼각**행렬이고 $A = QR$이 성립한다.

$$\begin{bmatrix}\boldsymbol{a} & \boldsymbol{b} & \boldsymbol{c}\end{bmatrix} = \begin{bmatrix}\boldsymbol{q}_1 & \boldsymbol{q}_2 & \boldsymbol{q}_3\end{bmatrix}\begin{bmatrix}\boldsymbol{q}_1^T\boldsymbol{a} & \boldsymbol{q}_1^T\boldsymbol{b} & \boldsymbol{q}_1^T\boldsymbol{c}\\ 0 & \boldsymbol{q}_2^T\boldsymbol{b} & \boldsymbol{q}_2^T\boldsymbol{c}\\ 0 & 0 & \boldsymbol{q}_3^T\boldsymbol{c}\end{bmatrix} \quad \text{즉} \quad \boxed{\boldsymbol{A} = \boldsymbol{QR}} \tag{8}$$

$A = QR$은 간결하게 말하면 그람-슈미트다. Q^T를 곱하면 $\boldsymbol{R} = \boldsymbol{Q^T A}$임을 알 수 있다.

> **(그람-슈미트)** 독립인 벡터들 $\boldsymbol{a}_1, \ldots, \boldsymbol{a}_n$ 로부터, 그람-슈미트는 정규직교벡터들 $\boldsymbol{q}_1, \ldots, \boldsymbol{q}_n$ 을 만들어낸다. 이 열들로 이루어진 행렬은 $A = QR$을 만족한다. 그러면 나중에 나오는 $\boldsymbol{q}$들은 이전의 $\boldsymbol{a}$들과 직교이기 때문에 $R = Q^T A$는 **상삼각**행렬이다.

다음은 앞 예에서의 원래 $\boldsymbol{a}$들과 최종적인 $\boldsymbol{q}$들이다. $R = Q^T A$의 i, j 성분은 Q^T의 i 행 곱하기 A의 j 열이다. 내적 $\boldsymbol{q_i^T a_j}$가 R에 들어간다. 그러면 $A = QR$이다.

$$\boldsymbol{A} = \begin{bmatrix} 1 & 2 & 3 \\ -1 & 0 & -3 \\ 0 & -2 & 3 \end{bmatrix} = \begin{bmatrix} 1/\sqrt{2} & 1/\sqrt{6} & 1/\sqrt{3} \\ -1/\sqrt{2} & 1/\sqrt{6} & 1/\sqrt{3} \\ 0 & -2/\sqrt{6} & 1/\sqrt{3} \end{bmatrix} \begin{bmatrix} \boldsymbol{\sqrt{2}} & \sqrt{2} & \sqrt{18} \\ \boldsymbol{0} & \boldsymbol{\sqrt{6}} & -\sqrt{6} \\ \boldsymbol{0} & \boldsymbol{0} & \boldsymbol{\sqrt{3}} \end{bmatrix} = \boldsymbol{QR}$$

Q와 R을 자세히 살펴보자. $\boldsymbol{A}, \boldsymbol{B}, \boldsymbol{C}$의 길이는 R의 대각선에 있는 $\sqrt{2}, \sqrt{6}, \sqrt{3}$이다. Q의 열들은 정규직교다. 이 제곱근때문에 QR이 LU보다 더 어렵게 보일 수도 있다. 선형대수에서 이 두 가지 분해 모두 계산에 있어 핵심적인 역할을 한다.

열들이 독립인 $m \times n$ 행렬 A를 $A = QR$로 분해할 수 있다. $m \times n$ 행렬 Q의 열들은 정규직교이고 정사각행렬 R은 대각성분이 양수인 상삼각행렬이다. 이것이 왜 최소제곱에 유용한지 잊어버리면 안 된다. $\boldsymbol{A^T A} = (\boldsymbol{QR})^T \boldsymbol{QR} = \boldsymbol{R^T Q^T QR} = \boldsymbol{R^T R}$이므로, 최소제곱 방정식 $A^T A\widehat{\boldsymbol{x}} = A^T \boldsymbol{b}$는 $R^T R\widehat{\boldsymbol{x}} = R^T Q^T \boldsymbol{b}$로 단순해진다. 그러면 마지막으로 $R\widehat{\boldsymbol{x}} = Q^T \boldsymbol{b}$에 도달한다. 성공이다.

$$\boxed{\textbf{최소제곱} \qquad R^T R\widehat{\boldsymbol{x}} = R^T Q^T \boldsymbol{b} \quad \text{즉} \quad R\widehat{\boldsymbol{x}} = Q^T \boldsymbol{b} \quad \text{즉} \quad \widehat{\boldsymbol{x}} = R^{-1} Q^T \boldsymbol{b}} \qquad (9)$$

불가능한 $A\boldsymbol{x} = \boldsymbol{b}$를 푸는 대신, 역대입으로 $R\widehat{\boldsymbol{x}} = Q^T \boldsymbol{b}$을 푼다. 이것은 매우 빠르다. 실제 비용은 그람-슈미트 과정에서 필요한 mn^2 번의 곱셈이다.

다음 페이지에는 비공식적인 코드가 하나 나온다. 이 코드는 각 새로운 열 $\boldsymbol{v} = \boldsymbol{a}_j$ 을 앞 단계에서 구한 정규직교 열들인 $\boldsymbol{q}_1, \ldots, \boldsymbol{q}_{j-1}$ 위로 정사영시킨다. 이 정사영들을 $\boldsymbol{a}_j$ 로부터 뺀 후, 마지막 줄에서 새롭게 직교화된 벡터(여전히 $\boldsymbol{v}$라고 함)를 그 길이 r_{jj}로 나눈다. 이렇게 하여 다음 정규직교벡터 $\boldsymbol{q}_j$를 만들어낸다.

이 코드는 $\boldsymbol{a}, \boldsymbol{b}, \boldsymbol{c} = \boldsymbol{a}_1, \boldsymbol{a}_2, \boldsymbol{a}_3$ 으로부터 시작하여 $\boldsymbol{q}_1, \boldsymbol{B}, \boldsymbol{q}_2, \boldsymbol{C}^*, \boldsymbol{C}, \boldsymbol{q}_3$ 을 만들어 낼

것이다.

$$\begin{array}{lll} \boldsymbol{q}_1 = \boldsymbol{a}_1/\|\boldsymbol{a}_1\| & \boldsymbol{B} = \boldsymbol{a}_2 - (\boldsymbol{q}_1^T\boldsymbol{a}_2)\boldsymbol{q}_1 & \boldsymbol{q}_2 = \boldsymbol{B}/\|\boldsymbol{B}\| \\ \boldsymbol{C}^* = \boldsymbol{a}_3 - (\boldsymbol{q}_1^T\boldsymbol{a}_3)\boldsymbol{q}_1 & \boldsymbol{C} = \boldsymbol{C}^* - (\boldsymbol{q}_2^T\boldsymbol{C}^*)\boldsymbol{q}_2 & \boldsymbol{q}_3 = \boldsymbol{C}/\|\boldsymbol{C}\| \end{array} \quad (10)$$

주의: 우리는 $\boldsymbol{C}^*$에서 그러고 난 다음에는 $\boldsymbol{C}$에서 **한 번에 한 개씩 정사영**을 뺐다. 이런 변화를 ***수정된 그람-슈미트***라고 한다. 이 코드는 한 번에 모든 정사영을 빼는 식 (7)보다 수치적으로 훨씬 안정하다.

for $j = 1 : n$	% **수정된 그람-슈미트**
$v = A(:, j);$	% $\boldsymbol{v}$는 원래 행렬 A의 j열로 시작한다
for $i = 1 : j-1$	% $\boldsymbol{q}_1$ 부터 $\boldsymbol{q}_{j-1}$ 열들은 이미 Q에 들어 있다
$R(i, j) = Q(:, i)' * v;$	% $R_{ij} = \boldsymbol{q}_i^T\boldsymbol{a}_j$ $(\boldsymbol{q}_i^T\boldsymbol{v})$를 계산한다
$v = v - R(i, j) * Q(:, i);$	% **정사영** $(\boldsymbol{q}_i^T\boldsymbol{v})\boldsymbol{q}_i$**을 뺀다**
end	% $\boldsymbol{v}$는 이제 모든 $\boldsymbol{q}_1, \dots, \boldsymbol{q}_{j-1}$과 수직이다
$R(j, j) =$ norm$(v);$	% 대각성분 R_{jj}는 길이다
$Q(:, j) = v/R(j, j);$	% 다음 $\boldsymbol{q}_j$를 얻기 위해 $\boldsymbol{v}$를 그 길이로 나눈다
end	% 루프 "for $j = 1 : n$"은 모든 $\boldsymbol{q}_j$를 만들어낸다

A의 j열을 복원시키기 위해서는, 코드의 마지막 단계와 중간 단계를 거꾸로 한다.

$$R(j,j)\boldsymbol{q}_j = (\boldsymbol{v}\ \textbf{빼기 이것의 정사영}) = (A\text{ 의 } j\text{ 열}) - \sum_{i=1}^{j-1} R(i,j)\boldsymbol{q}_i \quad (11)$$

합을 왼쪽 맨 끝으로 보내면, 이것이 곱 $QR = A$에서 j열이다.

참고: MATLAB과 Julia 그리고 Python과 같은 좋은 시스템에서 사용되는 LAPACK 같은 우수한 소프트웨어는 $A = QR$로 분해하는 다른 대안을 제공할 것이다. "하우스홀더 반사(Householder reflections)"는 A에 작용하여 상삼각행렬 R을 만들어낸다. 이 방법은 소거법이 LU에서 상삼각행렬 U를 만들어 내는 것과 동일한 방식으로 한 번에 한 열씩 차례대로 수행된다.

이러한 반사행렬 $I - 2\boldsymbol{u}\boldsymbol{u}^T$는 7.4절에서 설명할 것이다. A가 삼중대각행렬(tridiagonal matrix)이면, 좀 더 단순화시켜 2×2 회전을 이용할 수 있고, 그 결과는 언제나 $A = QR$이다. A를 직교화시키는 MATLAB 명령어는 $[Q, R] =$ qr(A)이다.

반올림 오차를 줄이는 개선된 방법은 A 열들의 재배열을 허용하는 것이다. 각각의 새로운 $\boldsymbol{q}_j$가 구해질 때, 이것의 정사영을 나머지 모든 $j+1$부터 n열로부터 뺀다. 그런 다음 그 결과로 얻은 벡터 중 가장 큰 벡터를 ($\boldsymbol{q}_{j+1}$로 유도하는) $\boldsymbol{a}_{j+1}$로 선택한다. 소거법이 행을 바꿨듯이 열을 바꾸는 것이다. 그러므로 A의 열쪽에 치환행렬 P가 허용되고 $\boldsymbol{AP}=\boldsymbol{QR}$이 된다.

반사 또는 회전 또는 열교환이 좀 더 완벽한 Q가 되도록 하긴 하지만 여전히 그람-슈미트는 이해하기에 좋은 방법이라 믿는다.

핵심 아이디어 정리

1. 정규직교벡터들 $\boldsymbol{q}_1, \dots, \boldsymbol{q}_n$이 Q의 열이면, $\boldsymbol{q}_i^T\boldsymbol{q}_j=0$과 $\boldsymbol{q}_i^T\boldsymbol{q}_i=1$는 행렬곱$Q^TQ=I$를 의미한다.
2. Q가 정사각행렬이면 (**직교행렬**이면) $Q^T=Q^{-1}$이다. 즉 **전치행렬 = 역행렬**이다.
3. $Q\boldsymbol{x}$의 길이는 $\boldsymbol{x}$의 길이와 같다. 즉 $\|Q\boldsymbol{x}\|=\|\boldsymbol{x}\|$
4. 벡터들 $\boldsymbol{q}$로 생성되는 Q의 열공간 위로의 정사영행렬은 $P=QQ^T$이다.
5. Q가 정사각행렬이면 $P=QQ^T=I$이고 모든 $\boldsymbol{b}=\boldsymbol{q}_1(\boldsymbol{q}_1^T\boldsymbol{b})+\cdots+\boldsymbol{q}_n(\boldsymbol{q}_n^T\boldsymbol{b})$이다.
6. 그람-슈미트는 독립인 $\boldsymbol{a},\boldsymbol{b},\boldsymbol{c}$로부터 정규직교벡터들 $\boldsymbol{q}_1,\boldsymbol{q}_2,\boldsymbol{q}_3$를 만들어 낸다. 행렬 형태로 이것은 $\boldsymbol{QR}$ 분해 $A=$ (직교행렬 Q)(삼각행렬 R)이다.

풀이가 있는 연습 문제

모든 성분들이 1 또는 −1인 두 개의 행과 열을 추가하면 4×4 **아다마르 행렬**(Hadamard matrix)의 열들은 직교다. 어떻게 하면 H_4를 직교행렬 Q로 바꿀 수 있을까?

$$H_2=\begin{bmatrix}1 & 1\\ 1 & -1\end{bmatrix} \quad H_4=\begin{bmatrix}1 & 1 & x & x\\ 1 & -1 & x & x\\ 1 & 1 & x & x\\ 1 & -1 & x & x\end{bmatrix} \quad \text{그리고} \quad H_8=\begin{bmatrix}H_4 & H_4\\ H_4 & -H_4\end{bmatrix}$$

H_4의 첫 번째 열 위로의 $\boldsymbol{b} = (6,0,0,2)$의 정사영은 $\boldsymbol{p}_1 = (2,2,2,2)$다. 두 번째 열 위로의 정사영은 $\boldsymbol{p}_2 = (1,-1,1,-1)$이다. 이 첫 두 개의 열이 생성하는 2-차원 공간 위로의 $\boldsymbol{b}$의 정사영 $\boldsymbol{p}_{1,2}$는 무엇인가?

풀이 H_8을 H_4로 구축한 것처럼 H_4는 H_2로 구축한다.

$$H_4 = \begin{bmatrix} H_2 & H_2 \\ H_2 & -H_2 \end{bmatrix} = \begin{bmatrix} 1 & 1 & 1 & 1 \\ 1 & -1 & 1 & -1 \\ 1 & 1 & -1 & -1 \\ 1 & -1 & -1 & 1 \end{bmatrix} \text{의 열들은 직교다}$$

그러면 $Q = H/2$의 열들은 정규직교다. 2로 나누었으므로 Q의 열벡터들이 단위벡터가 된다. 5×5 아다마르 행렬은 불가능하다. 왜냐하면 열들을 내적하면 다섯 개의 1 또는 -1이 나오고 이것들을 더해서는 0이 될 수 없기 때문이다. H_8의 열들은 길이가 $\sqrt{8}$이고 직교이다.

$$H_8^T H_8 = \begin{bmatrix} H^T & H^T \\ H^T & -H^T \end{bmatrix} \begin{bmatrix} H & H \\ H & -H \end{bmatrix} = \begin{bmatrix} 2H^T H & 0 \\ 0 & 2H^T H \end{bmatrix} = \begin{bmatrix} 8I & 0 \\ 0 & 8I \end{bmatrix}. \quad Q_8 = \frac{H_8}{\sqrt{8}}$$

직교인 열들의 핵심 포인트는 무엇일까? 답: $A^T A$가 대각행렬이고 역행렬을 구하기 쉽다. **직선들 위로 정사영을 내리고 단순히 더할 수 있다**. 축들이 직교다.

연습 문제

1-12번 문제는 직교벡터와 직교행렬에 관한 것들이다.

1 다음 벡터들의 쌍은 정규직교인가 아니면 단순히 직교인가 아니면 단순히 독립인가?

(a) $\begin{bmatrix} 1 \\ 0 \end{bmatrix}$ 와 $\begin{bmatrix} -1 \\ 1 \end{bmatrix}$ (b) $\begin{bmatrix} .6 \\ .8 \end{bmatrix}$ 와 $\begin{bmatrix} .4 \\ -.3 \end{bmatrix}$ (c) $\begin{bmatrix} \cos\theta \\ \sin\theta \end{bmatrix}$ 와 $\begin{bmatrix} -\sin\theta \\ \cos\theta \end{bmatrix}$

필요하다면 두 번째 벡터를 바꿔서 정규직교벡터가 되게 하라.

2 두 벡터 $(2,2,-1)$과 $(-1,2,2)$는 직교다. 각각의 길이로 나누어서 정규직교벡터 $\boldsymbol{q}_1$과 $\boldsymbol{q}_2$를 구하라. 이것들을 Q의 열로 하고 곱 $Q^T Q$와 QQ^T를 계산하라.

3 (a) A의 열들이 모두 길이가 4이고 직교이면, $A^T A$는 무엇인가?

(b) A의 열들이 길이가 각각 $1, 2, 3$이고 직교이면, $A^T A$는 무엇인가?

4 다음 각각에 대한 예를 들라.

(a) 열들이 정규직교이지만 $QQ^T \neq I$ 인 행렬 Q

(b) 일차독립이 아닌 두 개의 직교벡터

(c) $\boldsymbol{q}_1 = (1,1,1)/\sqrt{3}$ 을 포함하는 $\mathbf{R}^3$ 의 정규직교기저

5 평면 $x+y+2z=0$ 내에 있는 두 개의 직교벡터를 구하라. 그리고 이것을 정규직교벡터로 만들어라.

6 Q_1 과 Q_2 가 직교행렬이면, 이들의 곱 Q_1Q_2 또한 직교행렬임을 보여라. ($Q^TQ = I$ 를 사용하라.)

7 Q 의 열들이 정규직교이면, $Q\boldsymbol{x} = \boldsymbol{b}$ 의 최소제곱해 $\widehat{\boldsymbol{x}}$ 는 무엇인가?

8 $\boldsymbol{q}_1$ 과 $\boldsymbol{q}_2$ 가 $\mathbf{R}^5$ 에 속하는 정규직교벡터이면, 어떤 일차결합 ______ $\boldsymbol{q}_1$ + ______ $\boldsymbol{q}_2$ 가 주어진 벡터 $\boldsymbol{b}$ 와 가장 가까운가?

9 (a) $\boldsymbol{q}_1 = (.8,.6,0)$ 이고 $\boldsymbol{q}_2 = (-.6,.8,0)$ 일 때 $P = QQ^T$ 를 계산하라. 또한 $P^2 = P$ 임을 확인하라.

(b) $Q^TQ = I$ 를 이용하여 언제나 $(QQ^T)^2 = QQ^T$ 임을 증명하라. 그러면 $P = QQ^T$ 는 Q 의 열공간 위로의 정사영행렬이다.

10 정규직교벡터들 $\boldsymbol{q}_1, \boldsymbol{q}_2, \boldsymbol{q}_3$ 는 자동으로 일차독립이다.

(a) 벡터로 증명: $c_1\boldsymbol{q}_1 + c_2\boldsymbol{q}_2 + c_3\boldsymbol{q}_3 = \mathbf{0}$ 일 때, 어떤 내적으로 $c_1 = 0$ 이 되는가? 비슷하게 $c_2 = 0$ 이고 $c_3 = 0$ 이다. 따라서 $\boldsymbol{q}$ 들은 독립이다.

(b) 행렬로 증명: $Q\boldsymbol{x} = \mathbf{0}$ 으로부터 $\boldsymbol{x} = \mathbf{0}$ 이 유도됨을 보여라. Q 는 직사각행렬일 수 있으므로, Q^{-1} 이 아닌 Q^T 를 사용한다.

11 $\boldsymbol{a} = (1,3,4,5,7)$ 과 $\boldsymbol{b} = (-6,6,8,0,8)$ 에 의해 생성되는 평면에 속하는 정규직교벡터들 $\boldsymbol{q}_1$ 과 $\boldsymbol{q}_2$ 를 구하라. 이 두 벡터의 어떤 일차결합이 $(1,0,0,0,0)$ 에 가장 가까운가?

12 $\boldsymbol{a}_1, \boldsymbol{a}_2, \boldsymbol{a}_3$ 이 $\mathbf{R}^3$ 의 기저이면, 임의의 벡터 $\boldsymbol{b}$ 를 $\boldsymbol{b} = x_1\boldsymbol{a}_1 + x_2\boldsymbol{a}_2 + x_3\boldsymbol{a}_3$ 으로 쓸 수 있다.

(a) 세 벡터 $\boldsymbol{a}_1, \boldsymbol{a}_2, \boldsymbol{a}_3$ 가 정규직교라고 하자. $x_1 = \boldsymbol{a}_1^T\boldsymbol{b}$ 임을 보여라.

(b) 세 벡터 $\boldsymbol{a}_1, \boldsymbol{a}_2, \boldsymbol{a}_3$ 가 직교라고 하자. $x_1 = \boldsymbol{a}_1^T\boldsymbol{b}/\boldsymbol{a}_1^T\boldsymbol{a}_1$ 임을 보여라.

(c) 세 벡터 $\boldsymbol{a}_1, \boldsymbol{a}_2, \boldsymbol{a}_3$가 독립이면, x_1은 _______ 곱하기 $\boldsymbol{b}$의 첫 번째 성분이다.

13 $\boldsymbol{a} = \begin{bmatrix}1\\1\end{bmatrix}$의 얼마의 상수배를 $\boldsymbol{b} = \begin{bmatrix}4\\0\end{bmatrix}$로부터 빼야 그 결과인 $\boldsymbol{B}$가 $\boldsymbol{a}$와 직교가 되는가? $\boldsymbol{a}, \boldsymbol{b}$ 그리고 $\boldsymbol{B}$를 보여주는 그림을 그려라.

14 13번 문제에서 $\boldsymbol{q}_1 = \boldsymbol{a}/\|\boldsymbol{a}\|$와 $\boldsymbol{q}_2 = \boldsymbol{B}/\|\boldsymbol{B}\|$를 계산하고 QR 분해함으로써 그람-슈미트 과정을 완성하라.

$$\begin{bmatrix}1 & 4\\1 & 0\end{bmatrix} = \begin{bmatrix} \boldsymbol{q}_1 & \boldsymbol{q}_2 \end{bmatrix} \begin{bmatrix}\|\boldsymbol{a}\| & ?\\ 0 & \|\boldsymbol{B}\|\end{bmatrix}$$

15 $\boldsymbol{q}_1$과 $\boldsymbol{q}_2$가 A의 열공간을 생성하는 정규직교벡터들 $\boldsymbol{q}_1, \boldsymbol{q}_2, \boldsymbol{q}_3$를 구하라. $\boldsymbol{q}_3$는 어떤 "기본 부분공간"에 포함되는가? 최소제곱법으로 $A\boldsymbol{x} = (1, 2, 7)$을 풀어라.

$$A = \begin{bmatrix}1 & 1\\ 2 & -1\\ -2 & 4\end{bmatrix}$$

16 $\boldsymbol{a} = (4, 5, 2, 2)$의 얼마의 상수배가 $\boldsymbol{b} = (1, 2, 0, 0)$과 가장 가까운가? $\boldsymbol{a}$와 $\boldsymbol{b}$의 평면 내에 있는 정규직교벡터들 $\boldsymbol{q}_1$과 $\boldsymbol{q}_2$를 구하라.

17 $\boldsymbol{a} = (1, 1, 1)$을 지나는 직선 위로 $\boldsymbol{b} = (1, 3, 5)$를 정사영시켜라. 그런 다음 $\boldsymbol{p}$와 $\boldsymbol{e}$를 구하라. 정규직교벡터인 $\boldsymbol{q}_1 = \boldsymbol{a}/\|\boldsymbol{a}\|$와 $\boldsymbol{q}_2 = \boldsymbol{e}/\|\boldsymbol{e}\|$를 계산하라.

18 (추천) 그람-슈미트 과정으로 $\boldsymbol{a}, \boldsymbol{b}, \boldsymbol{c}$로부터 직교벡터들 $\boldsymbol{A}, \boldsymbol{B}, \boldsymbol{C}$를 구하라.

$$\boldsymbol{a} = (1, -1, 0, 0) \qquad \boldsymbol{b} = (0, 1, -1, 0) \qquad \boldsymbol{c} = (0, 0, 1, -1)$$

$\boldsymbol{A}, \boldsymbol{B}, \boldsymbol{C}$와 $\boldsymbol{a}, \boldsymbol{b}, \boldsymbol{c}$는 $\boldsymbol{d} = (1, 1, 1, 1)$과 수직인 벡터들에 대한 기저다.

19 $A = QR$이면 $A^TA = R^TR =$ ____ 삼각행렬 곱하기 ____ 삼각행렬이다. A에 그람-슈미트 과정을 적용하는 것은 A^TA에 소거법을 적용하는 것과 대응된다. A^TA의 피벗들은 R의 대각성분들의 제곱이어야만 한다. 그람-슈미트 과정을 다음 A에 적용하여 Q와 R을 구하라.

$$A = \begin{bmatrix}-1 & 1\\ 2 & 1\\ 2 & 4\end{bmatrix} \qquad \text{그리고} \qquad A^TA = \begin{bmatrix}9 & 9\\ 9 & 18\end{bmatrix} = \begin{bmatrix}1 & 0\\ 1 & 1\end{bmatrix}\begin{bmatrix}9 & \\ & 9\end{bmatrix}\begin{bmatrix}1 & 1\\ 0 & 1\end{bmatrix}$$

20 A의 열공간에 대한 정규직교기저를 구하라. 그런 다음 $\boldsymbol{b}$를 $\boldsymbol{C}(A)$ 위로 정사영시켜라.

$$A = \begin{bmatrix} 1 & -2 \\ 1 & 0 \\ 1 & 1 \\ 1 & 3 \end{bmatrix} \qquad \text{그리고} \qquad \boldsymbol{b} = \begin{bmatrix} -4 \\ -3 \\ 3 \\ 0 \end{bmatrix}$$

21 그람-슈미트 과정으로 다음 벡터들로부터 직교벡터들 $\boldsymbol{A}, \boldsymbol{B}, \boldsymbol{C}$를 구하라.

$$\boldsymbol{a} = \begin{bmatrix} 1 \\ 1 \\ 2 \end{bmatrix} \quad \text{그리고} \quad \boldsymbol{b} = \begin{bmatrix} 1 \\ -1 \\ 0 \end{bmatrix} \quad \text{그리고} \quad \boldsymbol{c} = \begin{bmatrix} 1 \\ 0 \\ 4 \end{bmatrix}$$

22 (독립 열들인) $\boldsymbol{a}, \boldsymbol{b}, \boldsymbol{c}$의 일차결합으로 (정규직교인) $\boldsymbol{q}_1, \boldsymbol{q}_2, \boldsymbol{q}_3$을 구하라. 그런 다음 A를 QR로 나타내라.

$$A = \begin{bmatrix} 1 & 2 & 4 \\ 0 & 0 & 5 \\ 0 & 3 & 6 \end{bmatrix}$$

23–26번 문제는 식 (11) 위에 있는 QR 코드를 사용한다. 이 코드는 그람-슈미트 과정을 실행한다.

23 왜 (식 (10)에서의 $\boldsymbol{C}^*$를 통해 구한) $\boldsymbol{C}$가 식 (7)에서의 $\boldsymbol{C}$와 같은지 보여라.

24 식 (7)은 $\boldsymbol{A}$와 $\boldsymbol{B}$를 따라 각 성분을 $\boldsymbol{c}$로부터 뺀다. 왜 $\boldsymbol{a}$와 $\boldsymbol{b}$를 따라 빼지 않는가?

25 그람-슈미트 과정을 실행할 때 mn^2개의 작은 곱셈은 어디에서 나타나는가?

26 $\boldsymbol{a} = (2, 2, -1), \boldsymbol{b} = (0, -3, 3), \boldsymbol{c} = (1, 0, 0)$에 MATLAB qr 코드를 적용하라. 이것으로 얻은 $\boldsymbol{q}$는 무엇인가?

27 $\boldsymbol{u}$가 단위벡터이면, $Q = I - 2\boldsymbol{u}\boldsymbol{u}^T$는 반사행렬이다 (예제 3). $\boldsymbol{u} = (0, 1)$로부터 Q_1을 구하고 $\boldsymbol{u} = (0, \sqrt{2}/2, \sqrt{2}/2)$로부터 Q_2를 구하라. Q_1과 Q_2에 벡터들 $(1, 2)$와 $(1, 1, 1)$을 곱하여 반사된 벡터들을 그려라.

28 직교이자 하삼각행렬인 모든 행렬들을 구하라.

29 $Q = I - 2\boldsymbol{u}\boldsymbol{u}^T$는 $\boldsymbol{u}^T\boldsymbol{u} = 1$일 때 반사행렬이다. 두 번 반사하게 되면 $Q^2 = I$가 된다.

(a) $Q\boldsymbol{u} = -\boldsymbol{u}$임을 보여라. 거울은 $\boldsymbol{u}$와 수직이다.

(b) $\boldsymbol{u}^T\boldsymbol{v} = 0$일 때 $Q\boldsymbol{v}$를 구하라. 거울은 $\boldsymbol{v}$를 포함한다. 이것은 그 자신을 반사시킨다.

도전 문제

30 (MATLAB) A의 열들이 $(1, -1, 0, 0)$과 $(0, 1, -1, 0)$과 $(0, 0, 1, -1)$일 때 [Q, R] = **qr**(A) 명령으로 분해하라. Q의 직교인 열들의 크기를 조절하여 성분들이 깔끔하게 정수가 되도록 할 수 있겠는가?

31 A가 $m \times n$이고 계수가 n이면, qr(A)는 정사각행렬 Q와 아래 부분이 0인 R을 만든다.

MATLAB으로부터의 분해는 $(m \times m)(m \times n)$이다. $A = \begin{bmatrix} Q_1 & Q_2 \end{bmatrix} \begin{bmatrix} R \\ 0 \end{bmatrix}$

Q_1의 n개 열들은 어떤 기본 부분공간의 정규직교기저인가? Q_2의 $m-n$개 열들은 어떤 기본 부분공간의 정규직교기저인가?

32 $P = QQ^T$는 ($m \times n$인) Q의 열공간 위로의 정사영행렬인 것을 알고 있다. 이제 또 하나의 열 $\boldsymbol{a}$를 추가하여 $A = [Q \quad \boldsymbol{a}]$을 만든다. 그람-슈미트 과정은 $\boldsymbol{a}$를 어떤 벡터 $\boldsymbol{q}$로 대체하는가? $\boldsymbol{a}$에서 시작하고, _______을 빼고, _______으로 나누어 $\boldsymbol{q}$를 구하라.

CHAPTER 5

행렬식과 선형변환

5.1 **3 × 3 행렬식**

5.2 **행렬식의 성질과 응용**

5.3 **선형변환**

정사각행렬의 행렬식은 놀라운 수다. 만일 $\det A = 0$이면 이것은 열벡터들이 종속이고 A는 가역이지 않다는 신호를 준다. $\det A$가 0이 아니면, A^{-1}에 대한 공식은 이 행렬식으로 나누게 된다. 5.1절에서는 3×3 행렬식과 $\det A$와 A^{-1}에 대한 "여인수 공식"을 구한다.

5.2절은 $\boldsymbol{x} = A^{-1}\boldsymbol{b}$에 대한 크래머 법칙과 함께 대수로 시작한 다음 기울어진 각기둥의 부피 문제인 기하로 옮긴다. 각기둥의 모서리들은 A의 열벡터들이다. 이 각기둥이 납작하다면 A는 특이행렬이다. 모든 경우에, 이 각기둥의 부피는 $|\det A|$다.

행렬들을 AB와 같이 곱할 때 이들의 행렬식도 곱한다. 왜 그런지, 각기둥들을 곱하면서 이 각기둥들의 부피를 곱하고 있다. 이런 사실은 평면에서 보기가 가장 쉬운데, 여기에서 각기둥들은 평행사변형이고 $|\det A|$ = 넓이다. 5.3절은 $\det AB$에 대한 행렬들을 곱한다.

부피와의 이러한 연관성은 자연스럽게 선형변환으로 이끈다. $\mathbf{R}^3$에서의 선형변환은 정육면체를 기울어진 각기둥으로 가져간다. 이 각기둥의 모서리들을 안다면, 모든 것을 아는 것이다. 선형대수의 용어로는 선형변환 T가 한 기저에 어떤 일을 하는지 안다면, 모든 벡터 $\boldsymbol{v}$에 대해 $T(\boldsymbol{v})$를 아는 것이다.

$\det A$에 대한 세 가지 유용한 공식이 존재한다. 계산용 공식은 $PA = LU$에서 삼각행렬 U로부터의 피벗들을 곱한다. 언제나 $\det P = 1$ 또는 -1이고 $\det L = 1$이다. 그러므로 U 안에 있는 피벗들의 곱이 $\pm\det A$가 된다. 이것이 일반적으로 가장 빠른 방법이다.

두 번째 공식은 A의 "여인수" 인 $n-1$ 크기의 행렬식을 이용한다. 이것으로부터 A^{-1}에 대한 최고의 공식을 얻는다. A^{-1}의 i, j 성분은 j, i 여인수를 $\det A$로 나눈 것이다.

$\det A$에 대한 "큰 공식" 은 행렬을 따라 내려가는 각 경로마다 한 개씩 $n!$개의 항들을 더한다. 각 경로는 모든 행과 열에서 한 개의 성분을 선택하고 경로상에 있는 n개의 성분들을 곱한다. 경로에서 열 번호의 치환이 홀수이면, 부호를 반대로 한다. 3×3 행렬은 여섯 개의 경로가 있고 큰 공식은 각 3×3 치환마다 한 개씩 총 여섯 개의 항을 가진다.

이번 장은 쉽게 공식들로 꽉 찰 수도 있다! 선형변환과의 연결성은 n 차원 내에 있는 한 도형에 $n \times n$ 행렬이 어떤 작용을 하는지 보여준다. 이것은 또 다른 도형을 만들어내고, 두 부피의 비는 $|\det A|$다.

행렬식은 계산이 너무 어렵지만 않다면, 모든 것을 말해 줄 수도 있을 것이다.

5.1 3×3 행렬식

1. $A = \begin{bmatrix} a & b \\ c & d \end{bmatrix}$의 **행렬식**은 $ad - bc$다. 특이행렬 $\begin{bmatrix} a & xa \\ c & xc \end{bmatrix}$의 $\det = 0$이다.
2. **행교환은 행렬식의 부호를 반대로 한다** $PA = \begin{bmatrix} 0 & 1 \\ 1 & 0 \end{bmatrix}\begin{bmatrix} a & b \\ c & d \end{bmatrix} = \begin{bmatrix} c & d \\ a & b \end{bmatrix}$는 $\det PA = \boldsymbol{bc} - \boldsymbol{ad} = -\det A$.
3. $\begin{bmatrix} xa + yA & xb + yB \\ c & d \end{bmatrix}$의 행렬식은 $\boldsymbol{x}(\boldsymbol{ad} - \boldsymbol{bc}) + \boldsymbol{y}(\boldsymbol{Ad} - \boldsymbol{Bc})$다. **행렬식은 선형이다**
4. A가 $n \times n$이면 1, 2, 3은 여전히 참이다. 즉, A가 특이행렬이면 $\det = 0$이다. 행들이 서로 바뀌면, det**의 부호가 반전된다**. det**는** 1**행에서 선형이다**. **또한**, det = **피벗들의 곱**이다. 언제나 $\det BA = (\det B)(\det A)$이고 $\det A^T = \det A$이다. 행렬식은 놀라운 수다.

행렬식은 아름다운 공식으로 이끌기는 하지만, 종종 계산면에서 실용적이진 않다. 이 절에서는 행렬식으로부터 A^{-1}을 어떻게 얻는지 보기 위해 3×3 행렬에 초점을 맞출 것이다. (A^{-1}에 대한 이 공식은 1장에서 4장까지에서 본 적이 없다.) 먼저 2×2 행렬이 나온다.

$$\det\begin{bmatrix} 1 & 0 \\ 0 & 1 \end{bmatrix} = 1 \quad \det\begin{bmatrix} 0 & 1 \\ 1 & 0 \end{bmatrix} = -1 \quad \det\begin{bmatrix} a & b \\ c & d \end{bmatrix} = \boldsymbol{ad} - \boldsymbol{bc} \quad \det\begin{bmatrix} c & d \\ a & b \end{bmatrix} = \boldsymbol{bc} - \boldsymbol{ad}$$

두 개의 치환행렬로 시작한다. 행이 바뀌면 행렬식은 부호가 바뀐다. 이것과 동일한 부호 변화 규칙은 임의의 행렬에서도 나타나며, 모든 크기의 행렬식에 대한 하나의 열쇠가 된다. $\det A = 0$이면 이 행렬의 역행렬은 없다.

2×2 행렬에 대해, $\det A = 0$은 $a/c = b/d$임을 의미한다. 즉, 행들이 평행하다. $n \times n$ 행렬에 대해, $\det A = 0$은 A의 열들이 독립이 아님을 의미한다. 열들의 일차결합은 영벡터가 된다. 즉 $\boldsymbol{x} \neq \boldsymbol{0}$에 대해 $A\boldsymbol{x} = \boldsymbol{0}$이다. A는 가역이 아니다.

이러한 성질들과 더 많은 성질들이 행렬식을 정의한 후에 뒤따를 것이다.

3×3 행렬식

2×2 행렬의 행렬식은 쉽다. $ad - bc$다. 4×4 행렬의 행렬식은 어렵다. 소거법(또는 컴퓨터)을 쓰는 것이 더 낫다. 3×3 행렬인 경우는 행렬식에 $3! = 6$개의 항이 있고, 손으로 종종 계산할 수 있으며, 어떻게 하는지 보여줄 것이다.

항등행렬 ($\det I = 1$)과 두 행의 교환 (그러면 $\det = -1$)으로 시작한다. 행을 다시 교환하면 $\det = +1$로 되돌린다. 재빠르게 여섯 개의 모든 치환행렬을 만들 수 있다. 각 행교환은 ($+1$을 -1로 또는 -1을 $+1$로) 행렬식의 부호를 반전시킬 것이다.

$$\begin{bmatrix}1&&\\&1&\\&&1\end{bmatrix}\quad\begin{bmatrix}&1&\\1&&\\&&1\end{bmatrix}\quad\begin{bmatrix}&1&\\&&1\\1&&\end{bmatrix}\quad\begin{bmatrix}&&1\\&1&\\1&&\end{bmatrix}\quad\begin{bmatrix}&&1\\1&&\\&1&\end{bmatrix}\quad\begin{bmatrix}1&&\\&&1\\&1&\end{bmatrix}$$

$$\det = +1 \qquad \mathbf{-1} \qquad \mathbf{+1} \qquad \mathbf{-1} \qquad \mathbf{+1} \qquad \mathbf{-1}$$

주의! 두 개의 행, 예를 들어 1행과 2행을 교환한다면, **각 행렬식은 부호가 바뀐다.** 치환 1과 2가 서로 바꾸고, 치환 3과 4가 서로 바꾸고, 치환 5와 6이 서로 바꾼다. 이것은 모든 행렬식들로 이어져서, 행교환은 $\det A$에 -1를 곱한다.

한 행에 어떤 수를 곱하면, 행렬식도 그 수로 곱해진다. 세 행이 $\boldsymbol{a\ b\ c}$와 $\boldsymbol{p\ q\ r}$과 $\boldsymbol{x\ y\ z}$라고 하자. 이 아홉 개의 수에 ± 1을 곱한다.

$$\begin{bmatrix}\boldsymbol{a}&&\\&\boldsymbol{q}&\\&&\boldsymbol{z}\end{bmatrix}\quad\begin{bmatrix}&\boldsymbol{b}&\\\boldsymbol{p}&&\\&&\boldsymbol{z}\end{bmatrix}\quad\begin{bmatrix}&\boldsymbol{b}&\\&&\mathbf{R}\\\boldsymbol{x}&&\end{bmatrix}\quad\begin{bmatrix}&&\boldsymbol{c}\\&\boldsymbol{q}&\\\boldsymbol{x}&&\end{bmatrix}\quad\begin{bmatrix}&&\boldsymbol{c}\\\boldsymbol{p}&&\\&\boldsymbol{y}&\end{bmatrix}\quad\begin{bmatrix}\boldsymbol{a}&&\\&&\mathbf{R}\\&\boldsymbol{y}&\end{bmatrix}$$

$$\det = +\boldsymbol{aqz} \qquad -\boldsymbol{bpz} \qquad +\boldsymbol{brx} \qquad -\boldsymbol{cqx} \qquad +\boldsymbol{cpy} \qquad -\boldsymbol{ary}$$

마지막으로 가장 강력한 성질을 사용한다. **$\boldsymbol{A}$의 행렬식은 개별적으로 각 행에서 선형이다.** 식 (3)에서 보여주듯이, 이러한 여섯 개의 행렬식을 더할 수 있다. 플러스와 마이너스 기호를 기억하기 위해, 다음 행렬 그림에서 화살표를 따라간다.

det = 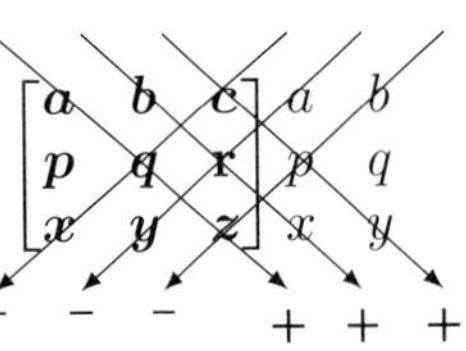

여섯 개의 단순한 행렬식들을 $\det A$로 합친다 (1)

$+aqz + brx + cpy - ary - bpz - cqx$

주의! 이 여섯 개의 모든 항에는 각 행에서 뽑은 성분들이 하나씩 들어 있다. 또한 각 열에서 뽑은 성분들이 하나씩 들어 있다. 여섯 개의 3×3 치환행렬이 존재하기 때문에 $6 = 3!$개의 항이 있다. 4×4 행렬식은 $4! = 24$개의 항이 존재할 것이다.

이것은 $n \times n$ 행렬의 행렬식에 대한 "큰 공식" 으로 우리를 안내한다. 각 $n \times n$ 치환행렬에 대해 항이 하나씩 만들어져서, 이 공식에는 총 $n!$개의 $a_{1j}a_{2k} \dots a_{nz}$ 항들이 존재한다. 각각의 치환행렬 P는 A에서 (각 행과 열에서 한 개씩) n개의 수들을 추출한다. 이 n개의 수들에 $\det \boldsymbol{P} = 1$ 또는 -1을 곱한다. 그런 다음 2×2 행렬식의 $a_{11}a_{22} - a_{12}a_{21} = \boldsymbol{ad} - \boldsymbol{bc}$와 같이 그 결과들을 모두 더한다.

$\det P$는 231과 같은 짝수 치환에 대해서는 1이고 213과 같은 홀수 치환에 대해서는 -1이다. 이것들은 항등행렬 I로부터 짝수 또는 홀수번 교환을 통해 도달한 것이다. 각 치환행렬 P는 열 번호 $1, 2, \dots, n$을 어떤 순서 $j, k, \dots, z$로 재정렬한다.

행렬식은 $(-1)\boldsymbol{a}_{12}\boldsymbol{a}_{21}\boldsymbol{a}_{33} = -\boldsymbol{bpz}$와 같은 $n!$개의 단순한 행렬식들의 합이다.

$$\boxed{\begin{aligned}\det \boldsymbol{A} &= \text{모든 } n! \text{개의 열치환 } P = (j, k, \dots, z)\text{에 걸친 합} \\ &= \sum (\det \boldsymbol{P}) \boldsymbol{a}_{1j}\boldsymbol{a}_{2k} \cdots \boldsymbol{a}_{nz} = \textbf{큰 공식}\end{aligned}} \tag{2}$$

따라서 큰 공식에서의 모든 항은 A의 각 행과 동시에 A의 각 열로부터 하나의 수 a_{ij}를 뽑는다. 이 n개의 수들에 1 또는 -1을 곱한다. 치환행렬들 P와 이것의 플러스-마이너스 부호가 행렬식의 핵심이다!

잠시 $\det \boldsymbol{A}$**는 각 행에서 개별적으로 선형이다**는 행렬식의 강력한 성질로 돌아가보자. 1행을 $(a, 0, 0) + (0, b, 0) + (0, 0, c)$로 쪼갤 수 있다. 2행과 3행도 이와 같은 방식으로 쪼갤 수 있다. 이렇게 하면 매우 많은 조각 ($3^3 = 27$개 조각)이 만들어진다. 그러나 이 조각들 중 오직 여섯 개만이 중요하고 나머지 21개는 자동으로 영이다 (영열). 각 행과 열을 한번씩만 사용하는 $3! = 6$가지 방법이 있고 만일 열을 중복할 수 있었다면 $3^3 = 27$가지 방법이 있었을 것이다.

$$\det \begin{bmatrix} \boldsymbol{a} & 0 & 0 \\ 0 & \boldsymbol{q} & 0 \\ 0 & 0 & \boldsymbol{z} \end{bmatrix} = \boldsymbol{aqz}\text{가 중요하다}$$

식 (1)에서 이것과 같은 것이 여섯 개

$$\det \begin{bmatrix} \boldsymbol{a} & 0 & 0 \\ \boldsymbol{p} & 0 & 0 \\ 0 & 0 & \boldsymbol{z} \end{bmatrix} = \text{자동으로 } \mathbf{0}$$

이것과 같은 것이 21개

여인수와 A^{-1}에 대한 공식

여섯 개의 항이 있는 식 (1)에서의 3×3 행렬식으로 A의 행렬식과 역행렬에 대한 "여인수 공식(cofactor formulas)" 을 설명할 수 있다. 아이디어는 3×3에서 2×2로 줄이는 것이다. $\det A$에 있는 여섯 개의 항 중에 두 개씩은 1행에 있는 a와 b와 c로 시작한다.

$$\textbf{여인수 공식} \qquad \boxed{\det A = a(\boldsymbol{qz} - \boldsymbol{ry}) + b(\boldsymbol{rx} - \boldsymbol{pz}) + c(\boldsymbol{py} - \boldsymbol{qx})} \tag{3}$$

a, b, c를 각자의 "여인수(cofactor)" 로부터 분리하였다. **모든 여인수는 2×2 행렬식이다.** 1행 1열 위치에 있는 인수 a는 2, 3행과 2, 3열로부터의 a의 여인수를 취한다. 각 행과 열은 딱 한번씩만 사용해야 한다! 1행과 2열에 있는 b의 여인수는 $rx - qz$인 점에 주목한다. 여기서 다른 행인 2, 3행과 다른 열인 1, 3열을 보게 된다. 그런데 실제 2×2 행렬식은 $+\boldsymbol{pz} - \boldsymbol{rx}$일 것이지만, b의 여인수는 이것들의 $\pm$ 부호를 반대로 한다.

다음은 여인수 C_{ij}에 대한 정의와 이것들의 플러스와 마이너스 부호에 대한 $(-1)^{i+j}$ 규칙이다.

> i, j 여인수 C_{ij}를 계산하기 위해, 행렬 A의 i행과 j열을 제거한다.
> C_{ij}는 $(-1)^{i+j}$ 곱하기 남아 있는 (크기가 $n-1$인) 행렬의 행렬식과 같다.
> i**행을 따라 전개한 여인수 공식은** $\det \boldsymbol{A} = \boldsymbol{a}_{i1}\boldsymbol{C}_{i1} + \cdots + \boldsymbol{a}_{in}\boldsymbol{C}_{in}$ 이다. (4)

핵심 포인트: 여인수 C_{ij}는 단지 a_{ij}와 곱해지는 $\det A$ 내의 모든 항들을 모은다. 따라서 2×2 행렬의 여인수는 1×1 행렬식을 포함한다.

$$A = \begin{bmatrix} \boldsymbol{a} & \boldsymbol{b} \\ \boldsymbol{c} & \boldsymbol{d} \end{bmatrix} \text{의 여인수는 여인수 행렬 } C = \begin{bmatrix} \boldsymbol{d} & -\boldsymbol{c} \\ -\boldsymbol{b} & \boldsymbol{a} \end{bmatrix} \text{에 들어 있다.}$$

이제 뭔가 멋진 것에 주목한다. **$\boldsymbol{A}$를 ($\boldsymbol{C}$가 아닌) $\boldsymbol{C}^{\boldsymbol{T}}$에 곱하면 $\det \boldsymbol{A}$ 곱하기 $\boldsymbol{I}$를 얻는다.**

$$\boldsymbol{AC^T} = \begin{bmatrix} \boldsymbol{ad} - \boldsymbol{bc} & 0 \\ 0 & \boldsymbol{ad} - \boldsymbol{bc} \end{bmatrix} = \begin{bmatrix} \det \boldsymbol{A} & 0 \\ 0 & \det \boldsymbol{A} \end{bmatrix} = (\det \boldsymbol{A})\boldsymbol{I}. \tag{5}$$

$\det A$로 나누면, 여인수로부터 역행렬 A^{-1}에 대한 최초이자 최고의 공식을 얻는다.

$$\boxed{\textbf{역행렬 공식} \qquad \boldsymbol{A}^{-1} = \boldsymbol{C}^{\boldsymbol{T}} / \det \boldsymbol{A}} \tag{6}$$

이 공식은 역행렬의 행렬식이 왜 0이 될 수 없는지를 보여준다. 즉, 행렬 C^T를 수 $\det A$로 나눠야 하기 때문이다. 역행렬 A^{-1}의 각 성분들은 두 행렬식의 비다 (크기 $n-1$인 여인수의 행렬식 나누기 크기 n인 A의 행렬식).

다음 예는 행렬식이 1이므로 역행렬은 정확하게 (여인수) C^T 다. C_{32} 가 어떻게 3행과 2열을 제거하는지 주목한다. 이렇게 하면 행렬식이 1인 2×2 행렬이 남는다. $(-1)^{2+3} = -\mathbf{1}$ 이므로 이것은 C^T 에서 -1이 된다.

A^{-1} 의 예
행렬식 = 1
C^T 내의 여인수들

$$A^{-1} = \begin{bmatrix} 1 & 1 & 1 \\ 0 & 1 & 1 \\ 0 & 0 & 1 \end{bmatrix}^{-1} = \begin{bmatrix} 1 & -1 & \mathbf{0} \\ 0 & 1 & -\mathbf{1} \\ 0 & 0 & 1 \end{bmatrix} = C^T \quad (7)$$

AC^T 의 대각성분들은 언제나 $\det A$ 다. 이것은 정확하게 여인수 공식이다. 연습문제 24번에서는 왜 AC^T 의 비대각성분들이 언제나 0이 되는지 보여줄 것이다. 그 수들은 동일한 두 개의 행이 존재하는 행렬의 행렬식임이 밝혀지게 되고, 따라서 자동으로 0이다.

여인수 C_{31} 은 3행과 1열을 제거한다. 위의 3×3 예에서, 이렇게 하면 모든 성분이 1인 2×2 행렬이 남고, 행렬식은 0이다. 이것이 A^{-1} 에서 굵게 표시된 0이다.

A를 $2A$로 바꾸면, 행렬식은 $(2)(2)(2) = 8$이 곱해진다. C에 있는 모든 여인수들은 $(2)(2) = 4$가 곱해진다. 그러면 $\boldsymbol{A}^{-1} = \boldsymbol{C}^{\boldsymbol{T}} / \det \boldsymbol{A}$는 2로 나누어진다. 당연한 결과다.

5.2절은 $A\boldsymbol{x} = \boldsymbol{b}$를 풀 것이고 5.3절에서는 $\det A$로 부피를 구할 것이다.

연습 문제

1–5번 문제는 행렬식의 규칙에 관한 것이다.

1 4×4 행렬의 행렬식이 $\det A = \frac{1}{2}$ 일 때, $\det(2A)$와 $\det(-A)$와 $\det(A^2)$과 $\det(A^{-1})$을 구하라.

2 3×3 행렬의 행렬식이 $\det A = -1$일 때, $\det(\frac{1}{2}A)$와 $\det(-A)$와 $\det(A^2)$과 $\det(A^{-1})$을 구하라. 만일 $\det A = 0$이면 각각의 답은 어떻게 되는가?

3 참 또는 거짓을 말하라. 참이면 근거를 대고 거짓이면 반례를 들어라.

(a) $I + A$의 행렬식은 $1 + \det A$다.

(b) ABC의 행렬식은 $|A||B||C|$다.

(c) $4A$의 행렬식은 $4|A|$다.

(d) $AB - BA$의 행렬식은 0이다. $A = \begin{bmatrix} 0 & 0 \\ 0 & 1 \end{bmatrix}$를 예로써 시도해보라.

4 어떠한 행교환이 이러한 "역항등행렬들" J_3와 J_4에 대해, $|J_3| = -1$이지만 $|J_4| = +1$임을 보여주는가?

$$\det \begin{bmatrix} 0 & 0 & 1 \\ 0 & 1 & 0 \\ 1 & 0 & 0 \end{bmatrix} = \mathbf{-1} \quad \text{그러나} \quad \det \begin{bmatrix} 0 & 0 & 0 & 1 \\ 0 & 0 & 1 & 0 \\ 0 & 1 & 0 & 0 \\ 1 & 0 & 0 & 0 \end{bmatrix} = \mathbf{+1}$$

5 $n = 5, 6, 7$에 대해, 역항등행렬 J_n을 항등행렬 I_n으로 치환시키는 행교환 횟수를 세어라. 모든 크기 n에 대한 규칙을 제시하고 J_{101}의 행렬식이 $+1$일지 또는 -1일지 예측하여라.

6 (주대각 위치의) $+aqz$와 (반대각 위치의) $-cqx$와 같은 식 (1)에서의 여섯 개의 항들을 구하라. 이 여섯 항들을 A, B, C의 행렬식으로 결합하여라.

$$A = \begin{bmatrix} 2 & -1 & 0 \\ -1 & 2 & -1 \\ 0 & -1 & 2 \end{bmatrix} \qquad B = \begin{bmatrix} 2 & 1 & 4 \\ 4 & 2 & 8 \\ 6 & 3 & 12 \end{bmatrix} \qquad C = \begin{bmatrix} 1 & 2 & 3 \\ 4 & 5 & 6 \\ 7 & 8 & 9 \end{bmatrix}$$

7 1행 = $[a \quad b \quad c]$를 2행 = $[p \quad q \quad r]$에 더하여 2행이 $[p+a \quad q+b \quad r+c]$가 된다면, 식 (1)에서 3×3 행렬식은 바뀌지 않음을 보여라. 다음은 또 다른 접근 방법이다.

$$\det \begin{bmatrix} \text{1행} \\ \text{1행} + \text{2행} \\ \text{3행} \end{bmatrix} = \det \begin{bmatrix} \text{1행} \\ \text{1행} \\ \text{3행} \end{bmatrix} + \det \begin{bmatrix} \text{1행} \\ \text{2행} \\ \text{3행} \end{bmatrix} = \mathbf{0} + \det \begin{bmatrix} \text{1행} \\ \text{2행} \\ \text{3행} \end{bmatrix}$$

8 3×3인 A와 A^T 모두의 행렬식은 brx와 같이 동일한 여섯 개의 항들로부터 나오기 때문에 $\det A^T = \det A$임을 보여라. 즉 모든 치환행렬 P에 대해 $\det P^T = \det P$다.

9 다음 행렬들의 행렬식은 $0, 1, 2$ 또는 3인가?

$$A = \begin{bmatrix} 0 & 0 & 1 \\ 1 & 0 & 0 \\ 0 & 1 & 0 \end{bmatrix} \quad B = \begin{bmatrix} 0 & 1 & 1 \\ 1 & 0 & 1 \\ 1 & 1 & 0 \end{bmatrix} \quad C = \begin{bmatrix} 1 & 1 & 1 \\ 1 & 1 & 1 \\ 1 & 1 & 1 \end{bmatrix} \quad D = \begin{bmatrix} 1 & 1 & 1 \\ 0 & 1 & 0 \\ 1 & 1 & 1 \end{bmatrix}$$

10 A의 모든 행들은 각 행의 성분들을 모두 더하면 0이 될 때, $A\boldsymbol{x} = \mathbf{0}$을 풀어서 $\det A = 0$임을 증명하라. 이 성분들이 더해서 1이면 $\det(A - I) = 0$임을 보여라. 이것은 $\det A = 1$임을 의미하는가?

11 왜 치환행렬에 대해 $\det(P_1 P_2) = (\det P_1)$ 곱하기 $(\det P_2)$ 인가? 만일 I에 도달하는 데 P_1은 두 번의 행교환이 필요하고 P_2는 세 번의 행교환이 필요하다면, 왜 $P_1 P_2$는 $2+3$번의 행교환에 의해 I에 도달하는가? 그러면 이것들의 행렬식은 $(-1)^2(-1)^3 = (-1)^5$ 일까?

12 왜 모든 5×5 치환의 반은 ($\det P = 1$인) 짝치환인지 설명하라.

13 A를 U로 축소하고 $\det A =$ 피벗들의 곱을 구하라.

$$A = \begin{bmatrix} 1 & 1 & 1 \\ 1 & 2 & 2 \\ 1 & 2 & 3 \end{bmatrix} \qquad A = \begin{bmatrix} 1 & 2 & 3 \\ 2 & 2 & 3 \\ 3 & 3 & 3 \end{bmatrix}$$

14 상삼각행렬 U를 만들기 위한 행 연산들을 적용하여 다음을 계산하라.

$$\det \begin{bmatrix} 1 & 2 & 3 & 0 \\ 2 & 6 & 6 & 1 \\ -1 & 0 & 0 & 3 \\ 0 & 2 & 0 & 7 \end{bmatrix} \qquad \text{그리고} \qquad \det \begin{bmatrix} 2 & -1 & 0 & 0 \\ -1 & 2 & -1 & 0 \\ 0 & -1 & 2 & -1 \\ 0 & 0 & -1 & 2 \end{bmatrix}$$

15 행연산을 이용하여 간단하게 만든 다음 행렬식을 계산하라.

$$\det \begin{bmatrix} 101 & 201 & 301 \\ 102 & 202 & 302 \\ 103 & 203 & 303 \end{bmatrix} \qquad \text{그리고} \qquad \det \begin{bmatrix} 1 & t & t^2 \\ t & 1 & t \\ t^2 & t & 1 \end{bmatrix}$$

16 계수 1인 행렬과 반-대칭 행렬의 행렬식을 구하라.

$$A = \begin{bmatrix} 1 \\ 2 \\ 3 \end{bmatrix} \begin{bmatrix} 1 & -4 & 5 \end{bmatrix} \qquad \text{그리고} \qquad A = \begin{bmatrix} 0 & 1 & 3 \\ -1 & 0 & 4 \\ -3 & -4 & 0 \end{bmatrix}$$

17 A의 i, j 성분이 i 곱하기 j이면, $\det A = 0$임을 보여라. ($A = [1]$은 예외.) A의 i, j 성분이 $i + j$이면, $\det A = 0$임을 보여라. ($n = 1$ 또는 2일 때는 예외.)

18 행연산을 사용하여 3×3 "방데르몽드(Vandermonde) 행렬식"이 다음과 같음을 보여라.

$$\det \begin{bmatrix} 1 & a & a^2 \\ 1 & b & b^2 \\ 1 & c & c^2 \end{bmatrix} = (b-a)(c-a)(c-b)$$

19 4×4 행렬에 $\det A = 0$을 보장할 가장 적은 수의 0을 배치하라. 여전히 $\det A \neq 0$이면서 가능한 많은 수의 0을 배치하여라.

20 (a) $a_{11} = a_{22} = a_{33} = 0$이면, $\det A$에서 여섯 개의 항 중 얼마나 많은 항들이 0이 될 것인가?

(b) $a_{11} = a_{22} = a_{33} = a_{44} = 0$이면, 24개의 곱 $a_{1j}a_{2k}a_{3l}a_{4m}$ 중 몇 개가 확실히 0인가?

21 모든 여인수가 0이면, A가 역행렬을 갖지 않음을 어떻게 아는가? 여인수 중 어떤 것도 0이 아니면, A는 확실히 가역인가?

22 큰 공식은 $n!$개의 항이 존재한다. 그러나 A의 한 성분이 0이면, $(n-1)!$개의 항들이 사라진다. A가 (A의 중심에서) 오직 세 개의 대각성분들만 0이 아니라면, 몇 개의 항들이 남는가?

$n = 1, 2, 3, 4$에 대해, 이 삼중대각행렬의 행렬식은 $1, 2, 3, 5$개의 항들이 남는다. 이 수들은 6.2절에서의 피보나치(Fibonacci) 수다! 왜 5×5 삼중대각행렬의 행렬식은 (다시 피보나치 수인) $5 + 3 = 8$개의 0이 아닌 항들이 남는지 보여라. a_{11}과 a_{12}의 여인수를 사용하라.

23 두 행이 같을 때 여인수 공식. 3×3 행렬이 1행 = 2행 = a, b, c일 때 $\det A$에 있는 여섯 개의 항들을 써라. 이 행렬식은 0이어야 한다.

24 두 행이 동일한 행렬은 왜 항상 특이인가? **그러면 $\det A = 0$이다**. 한 행의 여인수들을 다른 행에 있는 수들과 결합하면, A^*가 동일한 행을 가질 때의 $\det A^*$를 계산하게 될 것이다. 그러면 $\det A^* = 0$이다. 이것이 $AC^T = (\det A)I$에서 비대각성분이 0이 되게 만든다.

25 A가 4×4이면 큰 공식은 24개의 항이 있다.

(a) 얼마나 많은 항들이 a_{14}를 포함하는가?

(b) 얼마나 많은 항들이 a_{13}과 a_{22}를 포함하는가?

(c) $a_{11} = a_{22} = a_{33} = a_{44} = 0$이면 얼마나 많은 항들이 남는가?

5.2 행렬식의 성질과 응용

1. 유용한 성질: $\det A^T = \det A$ 그리고 $\det AB = (\det A)(\det B)$ 그리고 $|\det Q| = 1$.
2. 크래머의 법칙은 행렬식의 비로부터 $\boldsymbol{x} = A^{-1}\boldsymbol{b}$를 구한다 (느린 방법)
3. 모서리가 $\boldsymbol{e}_1$ 부터 $\boldsymbol{e}_n$ 인 각기둥 (2D에서는 평행사변형)의 부피는 $|\det \boldsymbol{E}|$다.

정사각행렬의 행렬식은 놀라운 수다. 먼저 가역행렬은 $\det A \neq 0$이고, 특이행렬은 $\det A = 0$이다. $A\boldsymbol{x} = \lambda\boldsymbol{x}$인 고윳값 λ와 고유벡터 $\boldsymbol{x}$에 대해서는 고윳값 방정식을 $(A - \lambda I)\boldsymbol{x} = \boldsymbol{0}$으로 쓸 것이다. 이것은 $A - \lambda I$가 특이행렬이고 $\det(\boldsymbol{A} - \boldsymbol{\lambda I}) = 0$임을 의미한다. 그러면 λ에 대한 방정식을 얻는다.

전반적으로 이 공식들은 크기가 작은 행렬들과 특별한 행렬들에 대해 유용하다. 그리고 행렬식의 성질들로부터 이 공식들은 더 간단해진다. 만일 행렬이 삼각행렬이거나 대각행렬이면, 대각성분들을 곱하기만 하면 행렬식을 얻는다.

삼각행렬
대각행렬

$$\det \begin{bmatrix} \boldsymbol{a} & b & c \\ & \boldsymbol{q} & r \\ & & \boldsymbol{z} \end{bmatrix} = \det \begin{bmatrix} \boldsymbol{a} & & \\ & \boldsymbol{q} & \\ & & \boldsymbol{z} \end{bmatrix} = \boldsymbol{aqz} \tag{1}$$

A를 전치시키더라도, 행렬식의 공식은 동일하게 각 행과 각 열로부터 한 개씩만 성분을 취한다. 즉,

행렬을 전치시키기 $$\det(\boldsymbol{A^T}) = \det(\boldsymbol{A}) \tag{2}$$

AB와 같이 행렬을 곱하면, 행렬식도 단순히 곱한다 (아름다운 사실). 즉,

두 행렬을 곱하기 $$\det(\boldsymbol{AB}) = (\det \boldsymbol{A})(\det \boldsymbol{B}) \tag{3}$$

대수적인 방법으로 이를 증명하는 것은 꽤 복잡해질 수 있으므로, 기하적인 방법으로 식 (3)을 간단히 증명할 것이다.

그러나 행렬을 더할 때는, 단순히 행렬식을 더하지 않는다! ($I + I$를 시도해보라.)

다음 두 가지 사실은 식 (2)와 식 (3)로부터 얻는 좋은 결과들이다. 첫 번째 사실은

직교행렬 Q의 행렬식은 1 또는 −1이다.

$QQ^T = I$임을 알고 있으므로, $(\det Q)^2 = (\det Q^T)(\det Q) = 1$이다. 따라서 $\det Q$는 ± 1이다. 두 번째 사실은

가역행렬은 $\det \boldsymbol{A} = \pm$ (피벗들의 곱)

$A = LU$이면 $\det A = (\det L)(\det U) = \det U$다. U는 삼각행렬이므로 피벗들을 곱한다. 만일 행교환때문에 $PA = LU$이면 $\det P = 1$ 또는 -1이다. 치환행렬이다!

$U_{11}U_{22}\ldots U_{nn}$와 같이 대각선 위의 피벗들을 곱하면 A의 행렬식을 얻을 수 있다. 이것은 MATLAB을 포함하여 모든 선형대수용 컴퓨터 시스템이 행렬식을 계산하는 방법이다. 2장에서 U를 구하는 비용은 단지 $n^3/3$ 곱셈에 불과하였다. 주목: $\det A$에 대한 "큰 공식" 은 $n!$개 항들의 합이므로 훨씬 더 많은 비용이 든다.

행을 바꾸면 $\det A$의 부호가 반전되는 것을 안다. 동일한 행이 있으면 $\det A = 0$이다. 선형성 덕분에 식 (4)에서와 같이 한 행을 쪼갤 수 있다. i행에 x배를 해서 j행에서 빼는 소거법의 핵심 연산은 행렬식을 바꾸지 않는다.

$$\det \begin{bmatrix} a & b \\ c - xa & d - xb \end{bmatrix} = \det \begin{bmatrix} a & b \\ c & d \end{bmatrix} - x \det \begin{bmatrix} a & b \\ a & b \end{bmatrix} = \det \begin{bmatrix} a & b \\ c & d \end{bmatrix} - \text{영} \tag{4}$$

이것은 "1행이 고정된 상태에서 2행에서의 선형성" 이었다. 이것은 (반복하지만) 원래 행렬 A에서 상삼각행렬 U로 가는 소거법 단계들이 행렬식을 바꾸지 않음을 의미한다.

$$\boxed{\det \boldsymbol{A} = \det \boldsymbol{U} = U_{11}U_{22}\ldots U_{nn} = \textbf{피벗들의 곱}} \tag{5}$$

$\boldsymbol{Ax} = \boldsymbol{b}$를 풀기 위한 크래머 법칙

깔끔한 아이디어로부터 $A\boldsymbol{x} = \boldsymbol{b}$에 대한 해벡터 $\boldsymbol{x}$의 첫 번째 성분 x_1을 얻는다. I의 첫 번째 열을 $\boldsymbol{x}$로 대체한다. 이 새로운 행렬의 행렬식은 x_1이다. 이 행렬을 A와 곱하면 첫

번째 열은 $\boldsymbol{b}$인 $A\boldsymbol{x}$가 된다. B_1의 다른 열들은 A에서 복사된다.

$$\textbf{핵심 아이디어} \quad \begin{bmatrix} & & \\ & A & \\ & & \end{bmatrix} \begin{bmatrix} \boldsymbol{x}_1 & 0 & 0 \\ \boldsymbol{x}_2 & 1 & 0 \\ \boldsymbol{x}_3 & 0 & 1 \end{bmatrix} = \begin{bmatrix} \boldsymbol{b}_1 & a_{12} & a_{13} \\ \boldsymbol{b}_2 & a_{22} & a_{23} \\ \boldsymbol{b}_3 & a_{32} & a_{33} \end{bmatrix} = \boldsymbol{B}_1 \qquad (6)$$

한 번에 열 하나를 곱하였다. 세 행렬의 행렬식을 계산하면 x_1을 얻는다.

$$\textbf{곱 규칙} \quad (\det A)(x_1) = \det B_1 \quad \text{즉} \quad \boldsymbol{x}_1 = \frac{\det B_1}{\det A} \qquad (7)$$

이것이 크래머 법칙에서 $\boldsymbol{x}$의 첫 번째 성분이다. A의 한 열을 바꾸어 B_1을 얻었다. x_2와 B_2를 구하기 위해서는 $\boldsymbol{x}$와 $\boldsymbol{b}$를 I와 A의 두 번째 열에 넣는다.

$$\textbf{같은 아이디어} \quad \begin{bmatrix} \boldsymbol{a}_1 & \boldsymbol{a}_2 & \boldsymbol{a}_3 \end{bmatrix} \begin{bmatrix} 1 & x_1 & 0 \\ 0 & x_2 & 0 \\ 0 & x_3 & 1 \end{bmatrix} = \begin{bmatrix} \boldsymbol{a}_1 & \boldsymbol{b} & \boldsymbol{a}_3 \end{bmatrix} = B_2 \qquad (8)$$

행렬식을 취하면 $(\det A)(x_2) = \det B_2$를 얻는다. 이것으로부터 $\boldsymbol{x}_2 = (\det B_2)/(\det A)$를 얻는다.

예제 1 $\mathbf{3}x_1 + \mathbf{4}x_2 = \mathbf{2}$와 $\mathbf{5}x_1 + \mathbf{6}x_2 = \mathbf{4}$를 풀기 위해서는 다음과 같은 세 개의 행렬식이 필요하다.

각각의 B 안에
2와 4를 넣는다

$$\det A = \begin{vmatrix} 3 & 4 \\ 5 & 6 \end{vmatrix} \quad \det B_1 = \begin{vmatrix} \mathbf{2} & 4 \\ \mathbf{4} & 6 \end{vmatrix} \quad \det B_2 = \begin{vmatrix} 3 & \mathbf{2} \\ 5 & \mathbf{4} \end{vmatrix}$$

B_1과 B_2의 행렬식은 각각 -4와 2다. 이것들을 $\det A = -2$로 나눈다.

$$\boldsymbol{x} = \boldsymbol{A}^{-1}\boldsymbol{b}\ \textbf{구하기} \quad x_1 = \frac{-4}{-2} = \mathbf{2} \quad x_2 = \frac{2}{-2} = \mathbf{-1} \quad \textbf{검산} \begin{bmatrix} 3 & 4 \\ 5 & 6 \end{bmatrix} \begin{bmatrix} \mathbf{2} \\ \mathbf{-1} \end{bmatrix} = \begin{bmatrix} 2 \\ 4 \end{bmatrix}$$

크래머 법칙 $\det A$가 0이 아니면, $A\boldsymbol{x} = \boldsymbol{b}$을 행렬식으로 푼다.

$$x_1 = \frac{\det B_1}{\det A} \qquad x_2 = \frac{\det B_2}{\det A} \qquad \cdots \qquad x_n = \frac{\det B_n}{\det A} \qquad (9)$$

행렬 B_j는 행렬 A의 j 열을 벡터 b로 바꾼 것이다.

$n \times n$ 크래머 법칙은 (A와 서로 다른 n개의 B들에 대한) 총 $n+1$개의 행렬식을

계산하여 연립방정식을 푼다. 치환으로 이루어진 "큰 공식"을 적용한다면, 각 행렬식이 $n!$개의 항의 합이므로, 총 $(n+1)!$개의 항이 된다. 이런 식으로 방정식을 푸는 것은 정신 나갈 일일 것이다. 그러나 궁극적으로 $A\boldsymbol{x} = \boldsymbol{b}$의 해를 구하는 명시적인 공식 하나는 갖게 되었다.

예제 2 크래머 법칙은 수를 다룰 때는 비효율적이지만 문자를 다룰 때는 꽤 적합하다. $n = 2$인 경우, $AA^{-1} = A[\boldsymbol{x} \quad \boldsymbol{y}] = I$을 풀어서 A^{-1}의 열 $\boldsymbol{x}$와 $\boldsymbol{y}$를 구한다.

$$A\boldsymbol{x} = \begin{bmatrix} a & b \\ c & d \end{bmatrix} \begin{bmatrix} x_1 \\ x_2 \end{bmatrix} = \begin{bmatrix} \mathbf{1} \\ \mathbf{0} \end{bmatrix} \qquad A\boldsymbol{y} = \begin{bmatrix} a & b \\ c & d \end{bmatrix} \begin{bmatrix} y_1 \\ y_2 \end{bmatrix} = \begin{bmatrix} \mathbf{0} \\ \mathbf{1} \end{bmatrix}$$

두 식은 동일한 행렬 A를 공유한다. 다음과 같이 $|A|$와 x_1, x_2, y_1, y_2에 대한 네 개의 행렬식이 필요하다.

$$\begin{vmatrix} a & b \\ c & d \end{vmatrix} \quad \text{그리고} \quad \begin{vmatrix} \mathbf{1} & b \\ \mathbf{0} & \boldsymbol{d} \end{vmatrix} \quad \begin{vmatrix} a & \mathbf{1} \\ \boldsymbol{c} & \mathbf{0} \end{vmatrix} \quad \begin{vmatrix} \mathbf{0} & \boldsymbol{b} \\ \mathbf{1} & d \end{vmatrix} \quad \begin{vmatrix} \boldsymbol{a} & \mathbf{0} \\ c & \mathbf{1} \end{vmatrix}$$

마지막 네 개의 행렬식은 $d, -c, -b$ 그리고 a다. (이것들은 여인수다!) A^{-1}은 다음과 같다.

$$x_1 = \frac{d}{|A|},\ x_2 = \frac{-c}{|A|},\ y_1 = \frac{-b}{|A|},\ y_2 = \frac{1}{|A|} \ \text{그러면}\ A^{-1} = \frac{1}{ad-bc} \begin{bmatrix} d & -b \\ -c & a \end{bmatrix}.$$

주요 포인트가 명확하게 드러나도록 2×2를 선택하였다. 핵심 아이디어는 **A^{-1}은 여인수를 포함한다**는 것이다. $AA^{-1} = I$에서와 같이 우변이 항등행렬 I의 열일 때, **크래머 법칙에서의 B_j 각각의 행렬식은 A의 여인수다.**

$n = 3$인 경우에도 이러한 여인수들을 볼 수 있다. $A\boldsymbol{x} = (1, 0, 0)$을 풀어 A^{-1}의 첫 번째 1열을 구한다.

$$\textbf{B들의 행렬식은 A의 여인수들이다} \quad \begin{vmatrix} \mathbf{1} & a_{12} & a_{13} \\ \mathbf{0} & a_{22} & a_{23} \\ \mathbf{0} & a_{32} & a_{33} \end{vmatrix} \quad \begin{vmatrix} a_{11} & \mathbf{1} & a_{13} \\ a_{21} & \mathbf{0} & a_{23} \\ a_{31} & \mathbf{0} & a_{33} \end{vmatrix} \quad \begin{vmatrix} a_{11} & a_{12} & \mathbf{1} \\ a_{21} & a_{22} & \mathbf{0} \\ a_{31} & a_{32} & \mathbf{0} \end{vmatrix}$$

이 B_1의 행렬식은 여인수 $C_{11} = a_{22}a_{33} - a_{23}a_{32}$다. 그러면 $|B_2|$는 여인수 C_{12}다. $-(a_{21}a_{33} - a_{23}a_{31})$에서 마이너스 부호가 맞게 나타나고 있음을 주목한다. 이 여인수

C_{12}는 A^{-1}의 1열에 들어간다. $\det A$로 나누면, 역행렬을 계산한 것이다.

$$\textbf{A}^{-1}\text{에 대한 공식} \qquad (\boldsymbol{A}^{-1})_{ij} = \frac{\boldsymbol{C}_{ji}}{\det A} \qquad \boldsymbol{A}^{-1} = \frac{\boldsymbol{C}^T}{\det A} \tag{10}$$

넓이과 부피

행렬식은 넓이와 부피 공식을 유도한다. 도형의 형태는 직선으로 이루어져 있지만 정사각형은 아니다. 대표적인 형태는 평행사변형 또는 평행사변형의 1/2인 삼각형이다. 문제는 **넓이를 구하는** 것이다. 삼각형의 경우, 넓이는 밑변 곱하기 높이의 1/2인 $\frac{1}{2}\boldsymbol{bh}$다. 평행사변형은 같은 넓이를 가진 두 개의 삼각형으로 이루어져 있다. 그러므로 $\frac{1}{2}$를 생략하면 평행사변형의 넓이 $= \boldsymbol{bh} =$ 밑변 곱하기 높이다.

이 공식은 사용하고 기억하기에는 간단하지만, 여기서는 밑변과 높이가 주어져 있지 않기 때문에 이 공식은 적합하지 않다. 우리는 단지 **꼭짓점의 위치**만 알 뿐이다. 삼각형의 경우, 꼭짓점이 $(0,0)$과 (a,b)와 (c,d)라 가정한다. (두 배 넓은) 평행사변형은 네 번째 꼭짓점 $(a+c, b+d)$가 존재한다. a, b, c, d를 알 때, 넓이는 얼마일까?

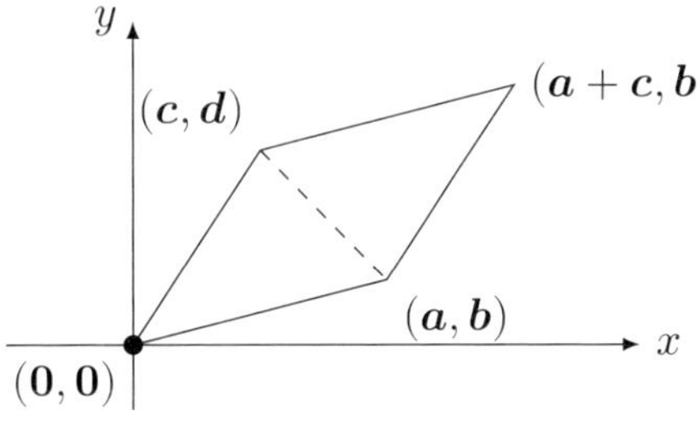

밑변은 가장 아래쪽 변이 될 수 있고 길이는 $\sqrt{a^2+b^2}$이다. 높이를 찾기 위해, (c,d)로부터 밑변까지 수직인 선분을 그린다. 이 선분의 길이 h는 좀 더 복잡한 제곱근을 포함할 것이다. 그러나 제곱근이 없는 아름다운 넓이 공식이 있다.

$$\textbf{평행사변형의 넓이 = 행렬의 행렬식} = \pm \begin{vmatrix} \boldsymbol{a} & \boldsymbol{b} \\ \boldsymbol{c} & \boldsymbol{d} \end{vmatrix} = |\boldsymbol{ad} - \boldsymbol{bc}|. \tag{11}$$

목표는 제곱근도 없고 음의 값도 아닌 이 공식을 선형대수로 구하는 것이다.

또한 좀 더 어려운 목표도 있다. 3차원으로 그리고 궁극적으로는 n차원으로 이동할 필요가 있다. 각기둥의 네 개의 꼭짓점 $0,0,0$과 a,b,c와 p,q,r과 x,y,z로 시작한다.

(각기둥은 직사각기둥이 아니다. 모든 면은 평행사변형이고, 한 쪽으로 치우친 것처럼 보일 것이다.) 넓이 공식 (11)을 길라잡이로 사용하면, 다음과 같은 올바른 부피 공식을 생각해낼 수 있다.

$$\textbf{각기둥의 부피 = 행렬의 행렬식} = \pm \begin{vmatrix} a & b & c \\ p & q & r \\ x & y & z \end{vmatrix} \qquad (12)$$

첫 번째는 평면 위에서 시도한다. 이 경우에 기하를 사용한다. 그림 5.1은 평행사변형에 조각들을 덧붙여서 사각형 하나를 만드는 것을 보여준다. 사각형의 넓이에서 이 여섯 조각의 넓이를 빼면, 평행사변형 넓이 $\boldsymbol{ad - bc}$에 올바르게 도달한다 (제곱근은 없다). 그림이 그다지 우아하지는 않지만, 2차원에서는 성공적이다.

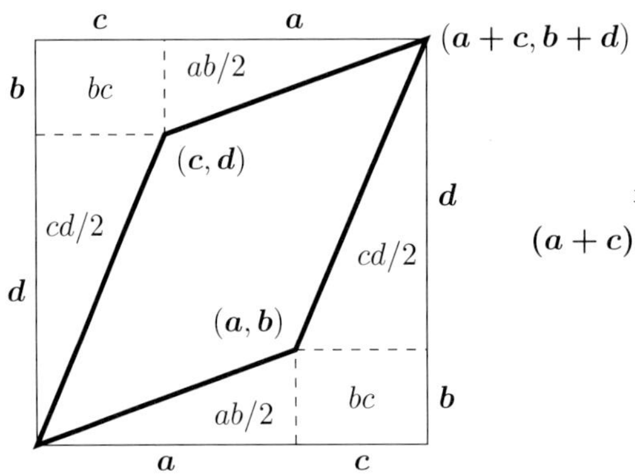

평행사변형의 넓이
$$(\boldsymbol{a+c})(\boldsymbol{b+d}) - \boldsymbol{2bc} - \boldsymbol{ab} - \boldsymbol{cd}$$
$$= \boldsymbol{ad - bc}$$

그림 5.1: 평행사변형에 여섯 개의 작은 조각을 더하면 직사각형이 된다.

삼차원에서도 이와 비슷하게 구축하는 것이 가능할까? 그림 5.1을 따르면, 간단한 조각들을 추가하여 기울어진 각기둥을 직사각기둥 형태로 만들 수 있을 것으로 생각되지만, 쉬워 보이지는 않는다. 게다가 선형대수라는 더 좋은 방법이 있다.

선형대수에 의한 넓이와 부피

이 문제를 다루면서, 대수를 더 많이 하면 기하가 덜 필요하다는 이해를 하게 되었다. 매우 자주 선형대수는 행렬을 분해하는 것으로 귀착되는데, 아이디어를 얻기 위해 행렬분해를 살펴볼 것이다.

n차원에 있는 각기둥은 원점으로부터 바깥으로 향하는 n개의 모서리 $\boldsymbol{e}_1, \boldsymbol{e}_2, \ldots, \boldsymbol{e}_n$가 있다. 2차원에서 평행사변형은 두 개의 벡터 $\boldsymbol{e}_1 = (a, b)$와 $\boldsymbol{e}_2 = (c, d)$가 있었다.

이 벡터들 $\boldsymbol{e}$는 2차원에서는 두 개의 꼭짓점을 그리고 n차원에서는 "각기둥" 의 n개의 꼭짓점을 형성한다. 2차원 그림에서, 네 번째 꼭짓점은 $\boldsymbol{e}_1 + \boldsymbol{e}_2$였다. n-차원 그림에서도, 각기둥의 다른 꼭짓점들은 이 $\boldsymbol{e}$들의 합이 될 것이다. 각기둥은 행렬 E안에 있는 n개의 모서리로 완전히 결정된다.

$$\textbf{모서리 행렬} \qquad \boldsymbol{E}_2 = \begin{bmatrix} a & c \\ b & d \end{bmatrix} \quad \text{그리고} \quad \boldsymbol{E}_n = \begin{bmatrix} | & & | \\ \boldsymbol{e}_1 & \cdots & \boldsymbol{e}_n \\ | & & | \end{bmatrix}$$

목표는 각기둥의 부피가 $|\det \boldsymbol{E}|$ 임을 증명하는 것이다. 이 목표에 도달하기 위해 2장과 4장 그리고 7장에서 나오는 세 가지 가능한 E의 분해를 고려하였다. 세 번째 분해는 E의 특잇값분해(Singular Value Decomposition), SVD라 한다.

$$\begin{array}{ll} \textbf{하삼각행렬 곱하기 상삼각행렬} & \boldsymbol{E} = \boldsymbol{LU} \\ \textbf{직교행렬 곱하기 상삼각행렬} & \boldsymbol{E} = \boldsymbol{QR} \\ \textbf{직교행렬-대각행렬-직교행렬} & \boldsymbol{E} = \boldsymbol{U\Sigma V}^T \end{array}$$

E가 정사각행렬($n \times n$)이므로 E의 인수들은 모두 정사각행렬이다. L의 행렬식은 (대각원소들이 모두 1이므로) 1임을 떠올리자. 또한 임의의 직교행렬의 행렬식은 1 또는 -1이다. 그러므로 $\det L = |\det Q| = |\det U| = |\det V| = 1$이다. 행렬곱의 행렬식에 대한 곱법칙을 쓸 수 밖에 없는데, 이에 따르면 다음이 성립한다.

$$\boxed{|\det E| = |\det U| = |\det R| = |\det \Sigma|} \tag{13}$$

문제는 각기둥의 부피를 이 행렬식들 중 하나와 연결하는, 즉 기하를 대수와 연결하는 것이다. 직교행렬 Q의 기하로 시작한다.

$\mathbf{R}^n$ 내의 임의의 영역에 대한 핵심 아이디어는 모든 점에 직교행렬 Q를 곱하더라도 **부피는 바뀌지 않는다**는 것이다. $\boldsymbol{E} = \boldsymbol{Q}$ 곱하기 $\mathbf{R}$에 대해 이 사실을 먼저 이해해보자.

임의의 행렬을 곱하면, 직선은 직선인 채로 있다.

직교행렬 Q를 곱하면, $\boldsymbol{x}^T\boldsymbol{x}$는 $(Q\boldsymbol{x})^T(Q\boldsymbol{x})$와 같고 $\boldsymbol{x}^T\boldsymbol{y}$는 $(Q\boldsymbol{x})^T(Q\boldsymbol{y})$와 같다.

그러면 길이와 각도와 각기둥의 모양 및 부피는 $\boldsymbol{Q}$에 의해 바뀌지 않는다.

이 사실은 휘어져 있는 영역에 대해서도 성립한다. 이 영역을 수많은 작은 정육면체 더하기 얇은 휘어진 조각들로 나눈다. 이 휘어진 조각들의 총부피는 0으로 다가간다.

정육면체들의 부피는 Q에 의해 변하지 않는다. R로 만들어지는 각기둥과 $E = QR$로 만들어지는 각기둥의 부피는 같다.

R은 삼각행렬이다. 이 각기둥의 부피는 계산할 수 있다. xy 평면 내의 평행사변형에 대해, **밑변과 높이는 정확하게 R의 대각성분들이다.**

$$\mathbf{R} = \begin{bmatrix} \boldsymbol{u} & \boldsymbol{v} \\ \mathbf{0} & \boldsymbol{w} \end{bmatrix}$$

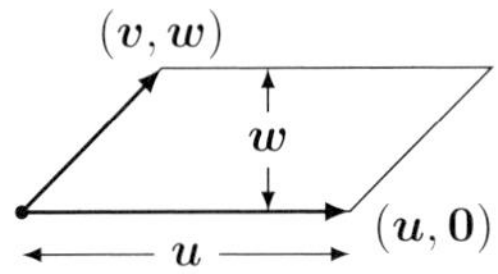

밑변 $= \boldsymbol{u}$, **높이** $= \boldsymbol{w}$

|**넓이**| $=$ |$\boldsymbol{u}$ **곱하기** $\boldsymbol{w}$| $= |\det R|$

핵심 포인트는 R의 주대각은 각각 새로운 차원에서의 높이를 보여준다는 점이다. R의 대각선에 있는 수들을 곱하면, **각기둥의 부피와 그리고 또한 삼각행렬 R의 행렬식을 얻는다.** $|\det Q| = 1$이고 $|\det E| = |\det R|$이기 때문에 모든 차원에서 부피 공식 $|\det E|$가 증명된다.

마지막 언급: 특잇값분해 $E = U\Sigma V^T$에는 두 개의 직교행렬 U와 V가 있다. $|\det E|$의 값은 $|\det \Sigma|$와 같다. 그리고 이 행렬 Σ는 대각행렬이다. 이것은 $\mathbf{R}^n$ 내에서 완벽하게 평범한 사각기둥이 된다. 이 $U\Sigma V^T$에 의한 SVD 접근방식은 기울어진 각기둥을 만드는 삼각행렬 R이 있는 QR보다 더 간단한 것처럼 보인다.

그러나 이러한 기울어진 그림은 R의 대각성분에 대해 밑변과 높이라는 명확한 기하적 의미를 보여준다. SVD의 기하학은 7장에서 살펴볼 것이다. SVD의 기하학은 n차원 내의 타원에 대해서는 아름다울만치 명확하지만, 각기둥에 대해서는 특잇값이 그렇게 명확하지 않다. Σ는 타원의 축 길이를 나타내지만, 사각기둥의 변 길이를 나타내지는 않는다. 반면에 모서리가 직선인 각기둥에 대해서는 $E = QR$로부터 부피 $= |\det R|$이라는 식이 바로 유도된다.

다음 절에서는 단지 각기둥이 아닌 임의의 형태도 포함한다.

연습 문제

1 $\det A = 2$이면, $\det A^{-1}$과 $\det A^n$과 $\det A^T$는 얼마인가?

2 A, B, C, D의 행렬식을 계산하라. 각 행렬의 열들은 독립인가?

$$A = \begin{bmatrix} 1 & 1 & 0 \\ 1 & 0 & 1 \\ 0 & 1 & 1 \end{bmatrix} \quad B = \begin{bmatrix} 1 & 2 & 3 \\ 4 & 5 & 6 \\ 7 & 8 & 9 \end{bmatrix} \quad C = \begin{bmatrix} A & 0 \\ 0 & A \end{bmatrix} \quad D = \begin{bmatrix} A & 0 \\ 0 & B \end{bmatrix}$$

3 x로 표시된 다섯 개의 수에 상관없이 $\det A = 0$임을 보여라.

$$A = \begin{bmatrix} x & x & x \\ 0 & 0 & x \\ 0 & 0 & x \end{bmatrix}$$

1행의 여인수들은 무엇인가?

A의 계수는 얼마인가?

$\det A$에서 여섯 개의 항들은 무엇인가?

4 (a) $D_n = \det(A^n)$이면, 모든 $|A_{ij}| < 1$이더라도 $D_n \to \infty$일 수 있을까?

(b) 모든 $|A_{ij}| > 1$이더라도 $D_n \to 0$일 수 있을까?

5–9번 문제는 $\boldsymbol{x} = \boldsymbol{A}^{-1}\boldsymbol{b}$에 대한 크래머 법칙에 관한 것이다.

5 다음 연립일차방정식을 크래머 법칙 $x_j = \det B_j / \det A$로 풀어라.

(a) $$\begin{aligned} 2x_1 + 5x_2 &= 1 \\ x_1 + 4x_2 &= 2 \end{aligned}$$ (b) $$\begin{aligned} 2x_1 + x_2 \qquad &= 1 \\ x_1 + 2x_2 + x_3 &= 0 \\ x_2 + 2x_3 &= 0 \end{aligned}.$$

6 크래머 법칙을 이용하여 (오직) y만을 구하라. 3×3 행렬식을 D라고 하자.

(a) $$\begin{aligned} ax + by &= 1 \\ cx + dy &= 0 \end{aligned}$$ (b) $$\begin{aligned} ax + by + cz &= 1 \\ dx + ey + fz &= 0 \\ gx + hy + iz &= 0 \end{aligned}.$$

7 크래머 법칙은 $\det A = 0$일 때는 동작하지 않는다. 예 (a)는 해가 없는 반면에 예 (b)는 무수히 많은 해가 존재한다. 이 두 경우에 비 $x_j = \det B_j / \det A$는 무엇인가?

(a) $$\begin{aligned} 2x_1 + 3x_2 &= 1 \\ 4x_1 + 6x_2 &= 1 \end{aligned}$$ (평행한 직선) (b) $$\begin{aligned} 2x_1 + 3x_2 &= 1 \\ 4x_1 + 6x_2 &= 2 \end{aligned}$$ (동일한 직선)

8 크래머 법칙에 대한 빠른 증명. 행렬식은 1열에 대한 선형 함수다. 두 열이 같으면 행렬식은 0이다. $\boldsymbol{b} = A\boldsymbol{x} = x_1\boldsymbol{a}_1 + x_2\boldsymbol{a}_2 + x_2\boldsymbol{a}_3$가 A의 첫 번째 열로 들어가면,

이 행렬 B_1의 행렬식은 다음과 같다.

$$|\boldsymbol{b} \quad \boldsymbol{a}_2 \quad \boldsymbol{a}_3| = |x_1\boldsymbol{a}_1 + x_2\boldsymbol{a}_2 + x_2\boldsymbol{a}_3 \quad \boldsymbol{a}_2 \quad \boldsymbol{a}_3| = x_1|\boldsymbol{a}_1 \quad \boldsymbol{a}_2 \quad \boldsymbol{a}_3| = x_1 \det A$$

(a) 좌변 = 우변으로부터 x_1에 대한 어떤 식이 나오는가?

(b) 어떤 단계를 통해 중간 부분의 방정식이 얻어지는가?

9 A의 첫 번째 열이 우변의 $\boldsymbol{b}$일 때 3×3 연립방정식 $A\boldsymbol{x} = \boldsymbol{b}$를 풀어라. 크래머 법칙에서 각 행렬식이 어떻게 이러한 해 $\boldsymbol{x}$를 유도해내는가?

10 (a) 모서리가 $\boldsymbol{v} = (3, 2)$와 $\boldsymbol{w} = (1, 4)$인 평행사변형의 넓이를 구하라.

(b) 세 변이 $\boldsymbol{v}, \boldsymbol{w}$와 $\boldsymbol{v} + \boldsymbol{w}$인 삼각형을 그리고 그 넓이를 구하라.

(c) 세 변이 $\boldsymbol{v}, \boldsymbol{w}$와 $\boldsymbol{w} - \boldsymbol{v}$인 삼각형을 그리고 그 넓이를 구하라.

11 (a) 세 꼭짓점이 $(2, 1)$과 $(3, 4)$와 $(0, 5)$인 삼각형의 넓이는 얼마인가?

(b) $(-1, 0)$에 꼭짓점을 추가하여 (네 변으로 이루어진) 치우쳐진 도형을 만든다. 넓이를 구하라.

12 아다마르(Hadamard) 행렬 H의 열들은 직교다. 이 각기둥은 하이퍼큐브(hypercube)다!

$$|H| = \begin{vmatrix} 1 & 1 & 1 & 1 \\ 1 & 1 & -1 & -1 \\ 1 & -1 & -1 & 1 \\ 1 & -1 & 1 & -1 \end{vmatrix}$$
= $\mathbf{R}^4$ 내의 하이퍼큐브의 부피는 얼마인가? 각 변의 길이는 2다.

13 n-차원 큐브의 꼭짓점은 몇 개인가? 모서리는 몇 개인가? $(n-1)$차원의 면은 몇 개인가? 모서리가 $2I$의 행들인 $\mathbf{R}^n$ 내의 큐브의 부피는 ________ 이다. 하이퍼큐브 컴퓨터는 모서리를 따라 연결된 꼭짓점에 병렬 프로세서들이 있다.

14 꼭짓점이 $(0, 0), (1, 0), (0, 1)$인 삼각형의 넓이는 $\frac{1}{2}$다. 네 개의 꼭짓점이 $(0, 0, 0), (1, 0, 0), (0, 1, 0), (0, 0, 1)$인 $\mathbf{R}^3$ 내의 사면체의 부피는 ________ 이다. 다섯 개의 꼭짓점이 $(0, 0, 0, 0)$과 I의 네 개의 열인 $\mathbf{R}^4$ 내의 다면체의 부피는 얼마인가?

15 E_n이 n차 삼중대각 $1, 1, 1$ 행렬의 행렬식이라고 하자. 1행의 여인수로 $E_n = E_{n-1} - E_{n-2}$임을 보여라. $E_1 = 1$과 $E_2 = 0$에서 출발하여 $E_3, E_4, \ldots, E_8$을

구하라. E들이 어떻게 반복되는지 관찰하여, E_{100}을 구하라.

$$E_1 = |1| \quad |E_2| = \begin{vmatrix} 1 & 1 \\ 1 & 1 \end{vmatrix} \quad E_3 = \begin{vmatrix} 1 & 1 & 0 \\ 1 & 1 & 1 \\ 0 & 1 & 1 \end{vmatrix} \quad E_4 = \begin{vmatrix} 1 & 1 & 0 & 0 \\ 1 & 1 & 1 & 0 \\ 0 & 1 & 1 & 1 \\ 0 & 0 & 1 & 1 \end{vmatrix}$$

16 여인수 공식 $AC^T = (\det A)I$로부터 $\det C = (\det A)^{n-1}$임을 보여라.

17 $\det A = 1$이고 C 안의 모든 여인수들을 안다고 하자. A를 어떻게 찾을 수 있을까?

18 3×3 행렬의 성분이 $1, 2, 3, 4, \ldots, 9$이면, 행렬식의 최댓값은 얼마인가?

19 모서리 행렬 E가 직교이면, 이 각기둥의 부피는 _______ 이다.

모서리 행렬 E가 특이면, 이 각기둥의 부피는 _______ 이다.

R^n 내의 부피가 V면, $2E$에 대한 각기둥의 부피는 _______ 이다.

20 $\begin{bmatrix} 2 & 1 \\ 3 & 4 \end{bmatrix}$와 $\begin{bmatrix} 2 & 3 \\ 1 & 4 \end{bmatrix}$에 대한 평행사변형을 그려라. 이 두 넓이가 같은 이유를 알 수 있겠는가?

21 모서리 행렬 $\begin{bmatrix} u & v \\ 0 & w \end{bmatrix}$를 전치시키면 행렬식이 같은 행렬과 넓이가 같은 새로운 평행사변형이 생긴다. 이것을 그리고 넓이를 다시 계산할 수 있겠는가?

5.3 선형변환

1. 선형변환 T는 규칙 $T(c\boldsymbol{v}+d\boldsymbol{w})=cT(\boldsymbol{v})+dT(\boldsymbol{w})$을 따른다.
2. 미분과 적분은 함수공간 내의 선형변환들이다.
3. 모든 형태의 부피는 $\boldsymbol{x}$가 $A\boldsymbol{x}$가 될 때 $|\det A|$만큼 곱해진다.

변환 T는 함수와 동일한 아이디어를 따른다. 즉, 입력이 수 x 또는 벡터 $\boldsymbol{v}$이고, 출력이 $f(x)$ 또는 $T(\boldsymbol{v})$다. 하나의 벡터 $\boldsymbol{v}$ 또는 하나의 수 x에 대해 변환 T를 적용하거나 $f(x)$를 평가한다. 좀 더 깊은 목표는 한꺼번에 모든 벡터들 $\boldsymbol{v}$를 보는 것이다. 즉, 전체 공간 $\mathbf{V}$를 변환한다.

다시 행렬 A로 시작한다. 행렬 A는 $\boldsymbol{v}$를 $A\boldsymbol{v}$로 변환하고, $\boldsymbol{w}$를 $A\boldsymbol{w}$로 변환한다. 그러면 $\boldsymbol{u}=\boldsymbol{v}+\boldsymbol{w}$에 어떤 일이 일어나는지 안다. $A\boldsymbol{u}$는 의심의 여지없이 $A\boldsymbol{v}+A\boldsymbol{w}$와 같아야 한다. 행렬 곱셈 $T(\boldsymbol{v})=A\boldsymbol{v}$는 ***선형변환(linear transformation)***의 한 예다.

> ***변환*** T는 $\mathbf{V}$ 내의 각 입력 벡터 $\boldsymbol{v}$에 한 출력 $T(\boldsymbol{v})$를 할당한다.
> 모든 $\boldsymbol{v}$와 $\boldsymbol{w}$에 대해 다음 요구사항을 만족하면 이 변환은 ***선형(linear)***이다.
> (a) $T(\boldsymbol{v}+\boldsymbol{w})=T(\boldsymbol{v})+T(\boldsymbol{w})$ (b) 모든 c에 대해 $T(c\boldsymbol{v})=cT(\boldsymbol{v})$

이 규칙들은 만일 입력이 $\boldsymbol{v}=\mathbf{0}$이면, 출력은 반드시 $T(\mathbf{0})=\mathbf{0}$이어야 한다는 것을 말해준다. 이동이 없다.

$T(\mathbf{0}+\boldsymbol{w})=T(\mathbf{0})+T(\boldsymbol{w})$ 양변에서 $T(\boldsymbol{w})$를 제거하면 $\mathbf{0}=T(\mathbf{0})$이 남는다.

이 두 규칙을 결합하면 $\boldsymbol{v}$와 $\boldsymbol{w}$의 일차결합에 대해 말해준다.

$$\boxed{T(c\boldsymbol{v}+d\boldsymbol{w})=T(c\boldsymbol{v})+T(d\boldsymbol{w})=cT(\boldsymbol{v})+dT(\boldsymbol{w})} \tag{1}$$

예제 1 T_1은 전체 xy평면을 중심점 $(0,0)$ 둘레로 90° 회전시킨다.

이것은 선형변환이다! 직선은 직선으로 회전할 것이다. 정사각형은 같은 크기의 정사각형으로 회전할 것이다. $T(\mathbf{0}) = \mathbf{0}$이므로 중심점 $(0, 0)$은 움직이지 않는다. 일차결합 $c\boldsymbol{v} + d\boldsymbol{w}$에 대한 식 (1)의 필수 조건은 만족된다.

이 예제에서 마음에 드는 부분은 어떠한 행렬도 필요하지 않았다는 점이다. 선형대수 없이도 선형기하를 시각화할 수 있다. xy평면의 또 다른 선형변환 T_2가 있다면, T_2는 T_1 뒤를 따라 T_2T_1을 만들 수 있다. 먼저 $T_1(\boldsymbol{v})$를 구하고 그런 다음 T_2를 적용한다.

예제 2 T_2는 각 벡터 (x, y)를 x축 건너의 거울상 $(x, -y)$로 반사시킨다.

이것은 행렬을 필요로 하지 않는 또 하나의 선형변환이다. T_2T_1은 T_1T_2와 다르다는 점에 주목한다. 즉, 회전된 벡터를 반사시킨 것 $\neq$ 반사된 벡터를 회전시킨 것이다. $(1, 0)$은 $(0, 1)$로 회전하고 $(\mathbf{0}, -\mathbf{1})$로 반사된다. 그러나 $(1, 0)$은 $(1, 0)$으로 반사되고 $(\mathbf{0}, \mathbf{1})$로 회전한다.

예제 3 길이 $T(\boldsymbol{v}) = \|\boldsymbol{v}\|$는 선형이 아니다. 선형성을 위한 조건 (a)는 $\|\boldsymbol{v} + \boldsymbol{w}\| = \|\boldsymbol{v}\| + \|\boldsymbol{w}\|$이고, 조건 (b)는 $\|c\boldsymbol{v}\| = c\|\boldsymbol{v}\|$일 것이다. 이 변환에 대해서는 두 조건이 모두 거짓이다!

(a)가 아닌 이유: 삼각형의 변들은 부등식 $\|\boldsymbol{v} + \boldsymbol{w}\| \leq \|\boldsymbol{v}\| + \|\boldsymbol{w}\|$을 만족한다.

(b)가 아닌 이유: 길이 $\|-\boldsymbol{v}\|$는 $\|\boldsymbol{v}\|$이지 $-\|\boldsymbol{v}\|$가 아니다. 음수 c에 대해 선형성이 깨진다.

T(기저벡터들)로부터 T(모든 벡터)

선형성에 대한 규칙은 세 개의 벡터 또는 n개의 벡터들로 확장된다.

선형성 $\boldsymbol{u} = c_1\boldsymbol{v}_1 + c_2\boldsymbol{v}_2 + \cdots + c_n\boldsymbol{v}_n$은 다음으로 변환되어야 한다

$$T(\boldsymbol{u}) = c_1T(\boldsymbol{v}_1) + c_2T(\boldsymbol{v}_2) + \cdots + c_nT(\boldsymbol{v}_n) \tag{2}$$

2-개 벡터 규칙으로 3-개 벡터 증명을 시작한다: $T(c\boldsymbol{u}+d\boldsymbol{v}+e\boldsymbol{w}) = T(c\boldsymbol{u})+T(d\boldsymbol{v}+e\boldsymbol{w})$. 그런 다음 선형성을 두 부분에 보두 적용하면 다음 식이 된다 $cT(\boldsymbol{u}) + dT(\boldsymbol{v}) + eT(\boldsymbol{w})$.

n-개 벡터 규칙 (2)는 선형변환의 가장 중요한 다음과 같은 사실로 나아간다.

> **기저에 있는 모든 벡터들 $\boldsymbol{v}_1, \dots, \boldsymbol{v}_n$에 대해 $T(\boldsymbol{v})$를 안다고 가정하자.**
> **그러면 이 공간 내에 있는 모든 벡터 $\boldsymbol{u}$에 대해 $T(\boldsymbol{u})$를 안다.**

알다시피 이유는 다음과 같다. 공간 내의 모든 $\boldsymbol{u}$는 기저벡터들 $\boldsymbol{v}_j$의 일차결합이다. 그러면 선형성으로부터 $T(\boldsymbol{u})$가 각 출력들 $T(\boldsymbol{v}_j)$의 동일한 일차결합이어야 함을 알 수 있다.

선형변환에 대한 핵심 포인트는 **입력 공간과 출력 공간에 대한 기저를 선택하면, $\boldsymbol{T}$를 행렬 $\boldsymbol{A}$로 규정할 수 있다**는 점이다. A를 구축하는 규칙은 두 개의 기저(출력 공간 = 입력 공간이면 같을 수도 있음)를 사용해야만 한다.

1 단계. 모든 입력 기저벡터 $\boldsymbol{v}_j$에 T를 적용한다.

2 단계. 출력 $T(\boldsymbol{v}_j)$를 출력 기저벡터 $\boldsymbol{w}_i$의 일차결합으로 쓴다.

3 단계. 일차결합 $T(\boldsymbol{v}_j) = \sum A_{ij}\boldsymbol{w}_i$에서의 계수들 A_{ij}들이 A의 j열로 들어간다.

이 행렬 A는 임의의 입력 $\boldsymbol{v}$에 대한 출력 $T(\boldsymbol{v})$를 구한다. 만일 벡터 $\boldsymbol{c} = (c_1, \dots, c_n)$이 $\boldsymbol{v} = c_1\boldsymbol{v}_1 + \cdots + c_n\boldsymbol{v}_n$에서의 입력 계수들이라면, $\boldsymbol{b} = A\boldsymbol{c}$는 $T(\boldsymbol{v}) = b_1\boldsymbol{w}_1 + \cdots + b_m\boldsymbol{w}_m$에서의 출력 계수들이다. **$\boldsymbol{T}$는 $\boldsymbol{A}$와의 곱이 된다.**

예제 4 T는 기저벡터가 $\begin{bmatrix}1\\0\end{bmatrix}$와 $\begin{bmatrix}0\\1\end{bmatrix}$인 xy평면의 θ만큼의 회전이다.

$$\boldsymbol{T}\begin{bmatrix}1\\0\end{bmatrix} = \begin{bmatrix}\cos\theta\\ \sin\theta\end{bmatrix} \quad \text{그리고} \quad \boldsymbol{T}\begin{bmatrix}0\\1\end{bmatrix} = \begin{bmatrix}-\sin\theta\\ \cos\theta\end{bmatrix} \text{ 는 } \boldsymbol{A} = \begin{bmatrix}\cos\theta & -\sin\theta\\ \sin\theta & \cos\theta\end{bmatrix} \text{를 만든다.}$$

미분은 선형변환이다

$u(x) = 6 - 4x + 3x^2$의 미분을 구하기 위해 여러분이 사용하는 것은 다름 아닌 선형성이다. 1과 x와 x^2의 미분으로 시작하자. 이 함수들은 기저벡터들이고, 미분은 각각 0과 1과 $2x$다. 그런 다음 $u(x)$와 같은 임의의 일차결합의 미분에 대해 선형성을 사용한다.

$$\frac{du}{dx} = \boldsymbol{6}(1\text{의 미분}) - \boldsymbol{4}(x\text{의 미분}) + \boldsymbol{3}(x^2\text{의 미분}) = -\boldsymbol{4} + \boldsymbol{6x}$$

미적분학의 모든 것은 선형성에 의존한다! 기초미적분학은 x^n과 $\sin x$와 $\cos x$와 e^x에 대한 몇 가지 기초적인 미분을 구한다. 그런 다음 이것들의 모든 일차결합에 선형성을 적용한다.

미적분학에서 유일하게 특별한 규칙은 연쇄법칙(chain rule)이라고 말할 수 있다. 이것은 합성함수들 $f(g(x))$ 또는 $f(g(h(x)))$의 미분을 만드는 규칙이다. 심층학습(딥러닝)에서 필요하다!

$T(u) = du/dx$의 영공간. 영공간을 구하기 위해 $T(u) = 0$을 푼다. u가 상수함수일 때 미분은 0이다. 따라서 d/dx의 영공간은 함수공간에서 하나의 직선이다. 즉 특수해 $u = 1$의 모든 상수배다. "미분연산자는 가역이 아니다."

$T(u) = du/dx$의 열공간. 위 예에서 입력 공간은 모든 이차식 $a + bx + cx^2$을 포함한다. 그러면 출력(T의 열공간)은 모든 선형 함수 $b + 2cx$다. 여전히 **집계정리(Counting Theorem)** $\boldsymbol{r} + (\boldsymbol{n} - \boldsymbol{r}) = (\boldsymbol{n} - 1) + 1 = \boldsymbol{n}$가 성립함에 주목한다.

(**열공간**)의 차원 + (**영공간**)의 차원 = **2** + **1** = (**입력 공간**)의 차원

d/dx에 대한 행렬은 무엇일까? 미분을 다루면서 행렬에 대해 묻지 않을 수 없다. $T = d/dx$는 선형변환이고, 이 변환이 기저함수들에 대해 무엇을 하는지 안다.

$$\boldsymbol{v}_1, \boldsymbol{v}_2, \boldsymbol{v}_3 = \mathbf{1}, \boldsymbol{x}, \boldsymbol{x}^2 \qquad \frac{d\boldsymbol{v}_1}{dx} = \mathbf{0} \quad \frac{d\boldsymbol{v}_2}{dx} = 1 = \boldsymbol{v}_1 \quad \frac{d\boldsymbol{v}_3}{dx} = 2x = \mathbf{2}\boldsymbol{v}_2 \tag{3}$$

3-차원 입력 공간 **V** (= 이차식)를 2-차원 출력 공간 **W** (= 선형 함수들)로 변환시킨다. 만일 $\boldsymbol{v}_1, \boldsymbol{v}_2, \boldsymbol{v}_3$가 벡터라면, 행렬을 알 것이다.

$$\boxed{\boldsymbol{A} = \begin{bmatrix} 0 & \mathbf{1} & 0 \\ 0 & 0 & \mathbf{2} \end{bmatrix} = \textbf{미분 } \boldsymbol{T} = \frac{\boldsymbol{d}}{\boldsymbol{dx}} \textbf{의 행렬 형태}} \tag{4}$$

선형변환 du/dx는 행렬곱 $A\boldsymbol{u}$가 완벽하게 복제한다.

$$\begin{matrix}\textbf{입력 } \boldsymbol{u} \\ a + bx + cx^2\end{matrix} \qquad \textbf{행렬곱 } A\boldsymbol{u} = \begin{bmatrix} 0 & 1 & 0 \\ 0 & 0 & 2 \end{bmatrix} \begin{bmatrix} a \\ b \\ c \end{bmatrix} = \begin{bmatrix} \boldsymbol{b} \\ 2\boldsymbol{c} \end{bmatrix} \qquad \textbf{출력 } \frac{\boldsymbol{du}}{\boldsymbol{dx}} = b + 2cx$$

적분은 선형변환이다

다음으로 0부터 x까지의 적분을 살펴보자. **이것은 미분의 유사역변환 T^+를 제공한다!** 1의 미분이 $T(1) = 0$이면 T^{-1}라고 쓰거나 "T의 역"이라고 말할 수 없다.

예제 5 **적분 T^+ 또한 선형이다**: $\displaystyle\int_0^x (D+Ex)dx = Dx + \frac{1}{2}Ex^2.$

입력 기저는 이제 $1, x$다. 출력 기저는 $1, x, x^2$이다. T에 대한 행렬 A는 2×3이다. T^+에 대한 행렬 A^+는 3×2다. A^+는 가능한 곳에서 A를 반전시킨다.

입력 $\boldsymbol{v} = D + Ex$ **행렬곱** $\boldsymbol{A^+v} = \begin{bmatrix} 0 & 0 \\ 1 & 0 \\ 0 & \frac{1}{2} \end{bmatrix}\begin{bmatrix} D \\ E \end{bmatrix} = \begin{bmatrix} \boldsymbol{0} \\ \boldsymbol{D} \\ \frac{1}{2}\boldsymbol{E} \end{bmatrix}$ **출력 = $\boldsymbol{v}$의 적분** $T^+(\boldsymbol{v}) = Dx + \frac{1}{2}Ex^2$

미적분학의 기본정리(The Fundamental Theorem of Calculus)**는 적분이 미분의 유사역변환임을 말해준다.** 선형대수에서는 행렬 A^+는 A의 유사역행렬이다.

$$A^+A = \begin{bmatrix} 0 & 0 \\ 1 & 0 \\ 0 & \frac{1}{2} \end{bmatrix}\begin{bmatrix} 0 & 1 & 0 \\ 0 & 0 & 2 \end{bmatrix} = \begin{bmatrix} \mathbf{0} & 0 & 0 \\ 0 & \mathbf{1} & 0 \\ 0 & 0 & \mathbf{1} \end{bmatrix} \quad \text{그리고} \quad AA^+ = \begin{bmatrix} \mathbf{1} & 0 \\ 0 & \mathbf{1} \end{bmatrix} \tag{5}$$

상수함수의 미분은 0이다. 이 0이 A^+A의 대각선 위에 있다. $T = d/dx$의 이러한 일차원 영공간이 없다면 미적분학이 미적분학이 아닐 것이다.

예제 6 A가 가역행렬이라고 가정하자. 틀림없이 $T(\boldsymbol{v}+\boldsymbol{w}) = \boldsymbol{Av}+\boldsymbol{Aw} = T(\boldsymbol{v})+T(\boldsymbol{w})$이다. 또 다른 선형변환은 $\boldsymbol{A}^{-1}$을 곱한 것이다. 이것은 모든 벡터 $T(\boldsymbol{v})$를 $\boldsymbol{v}$로 되돌리는 **역변환** T^{-1}이다.

$$T^{-1}(T(\boldsymbol{v})) = \boldsymbol{v} \quad \text{는 행렬곱} \quad \boldsymbol{A}^{-1}(\boldsymbol{Av}) = \boldsymbol{v} \quad \text{와 상응한다.}$$

피할 수 없는 질문에 도달하고 있다. ***V로부터 W로의 모든 선형변환은 행렬에 의해 생성될까?*** 선형 T를 "회전" 또는 "정사영" 또는 "등등..." 으로 기술할 때, T 배후에 숨어 있는 행렬 A가 항상 존재할까? $T(\boldsymbol{v})$는 언제나 $A\boldsymbol{v}$일까?

답은 그렇다이다! 이것은 행렬로 출발하지 않은 선형대수에 대한 한 가지 접근 방법이다. 여전히 입력 기저와 출력 기저를 선택한 후에는 행렬로 끝을 맺는다.

예제 7 T가 전체 평면을 1만큼 평행이동시킨다고 하자. **이 변환은 선형이 아니다.** 하지만 컴퓨터 그래픽스에서는 행렬을 사용하는 한 가지 방법을 발견하였는데, 이 행렬은 $\mathbf{3}\times\mathbf{3}$이다. 모든 점 (x, y)에 "동차 좌표(homogeneous coordinate)" $(x, y, 1)$을 부여한다. 그런 다음 이 행렬을 이용함으로써 한 페이지를 평행이동시킬 수 있다.

대각행렬은 페이지의 크기를 재설정하고 직교행렬은 페이지를 회전시킨다.

선형변환의 기하학

T가 xy평면으로부터 동일한 평면으로의 가역인 선형변환이라고 가정하자. 그러면 모든 직선은 직선으로 변환되고, 모든 삼각형은 삼각형으로 변환된다.

벡터 $\boldsymbol{v}_1$과 $\boldsymbol{v}_2$가 기저를 형성한다. $T(\boldsymbol{v}_1)$과 $T(\boldsymbol{v}_2)$를 안다면, 모든 다른 점들 $\boldsymbol{u}$에 대해 $T(\boldsymbol{u})$를 안다. 삼각형 $\mathbf{0}-\boldsymbol{v}_1-\boldsymbol{v}_2$는 삼각형으로 변환된다. 모든 삼각형들의 넓이는 어디에 있든 다음과 같은 넓이/행렬식 공식에 의해 연결될 것이다.

변환된 삼각형의 넓이 = 원래 삼각형의 넓이 곱하기 $|\det T|$

xy 평면의 선형변환 T의 행렬식은 무엇일까? 변환의 행렬을 사용하라!

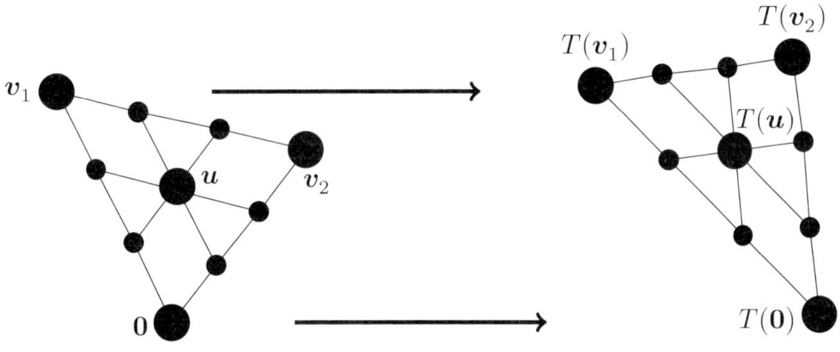

그림 5.2: 직선은 직선으로, 동일 간격은 동일 간격으로, $\boldsymbol{u}=\mathbf{0}$은 $\boldsymbol{T}(\boldsymbol{u})=\mathbf{0}$으로

넓이에 대한 한 가지 핵심 포인트. 그림 5.2에서 선형변환 T가 평면의 한 부분을 다른 부분으로 변환시킬 때, 큰 삼각형의 넓이는 어떤 한 수와 곱해진다. 각각의 작은 삼각형의 넓이 또한 이 수와 곱해진다. 더 많은 사실은 모든 원과 정사각형 그리고 면적을 가진 모든 형태들은 **바로 이 동일한 수와 곱해진다**는 것이다.

도형을 얼마든지 원하는 만큼 가깝게 작은 정사각형들로 채운다. 이 정사각형들의 넓이는 모두 동일한 방식으로 곱해진다. 5.2절에서는 이 넓이의 상수배가 행렬 E의 행렬식임을 발견하였다. E는 정사각형을 평행사변형으로 원을 타원으로 가져간다.

왜 행렬식이 곱해질까?

$|\det \boldsymbol{AB}| = |\det \boldsymbol{A}||\det \boldsymbol{B}|$라는 이 값진 성질은 증명이 복잡해 보인다. 이 증명은 어느 정도 행렬식에 대한 큰 공식에 들어가 있다. 여기서는 서로 다른 두 가지 증명으로서,

부피를 이용한 기하에 의한 증명과 행렬식의 성질을 이용한 논리에 의한 증명을 소개한다.

기하 n차원 내의 표준 입방체(cube)로 시작한다. 각 모서리의 길이는 1이다. $(0, \ldots, 0)$으로부터 바깥으로 향한 n개의 모서리들은 단위행렬 I의 n개의 행들이다. 이 입방체의 부피는 1이고, 이것은 I의 행렬식이다.

이제 입방체의 모든 점들에 행렬 B를 곱한다. 이렇게 하면 B로부터의 변들로 이루어진 각기둥이 된다. 우리는각기둥의 부피 = B의 행렬식임을 안다. 이 논리가 순환논리일 수 있다는 위험을 제외하고는 아직까지는 문제가 없다.

이제 이 B-각기둥 내의 모든 점들에 행렬 A를 곱한다. 이렇게 하면 새로운 AB-각기둥이 된다. 종합하면 항등행렬의 열들에 AB를 곱하였으므로 AB-각기둥의 부피 = $|\det \boldsymbol{AB}|$다.

그러나 또한 B-각기둥에 A를 곱하였다. 어떤 모양이든 A를 곱하면, 그 부피는 $|\det A|$가 곱해진다. B-각기둥의 부피는 $|\det B|$이므로, AB-각기둥의 부피 = $|\det \boldsymbol{A}||\det \boldsymbol{B}|$다.

동일한 부피에 대한 두 가지 계산이므로 $|\det \boldsymbol{AB}| = |\det \boldsymbol{A}||\det \boldsymbol{B}|$이다.

논리 이것은 행렬식과는 다른 접근 방법이다. 행렬식을 계산하는 공식 대신에 (큰 공식은 다루기가 어려웠다), 모든 행렬식들의 다음 세 가지 성질을 제시한다.

1. $A = I$의 행렬식은 1이다.

2. A의 두 행을 교환하면 행렬식의 부호는 반대가 된다.

3. 행렬식은 개별적으로 각 행의 선형함수다.

이 성질들 **1**, **2**, **3**으로부터 임의의 행렬을 삼각행렬로 만들어 행렬식을 구할 수 있다. 규칙 3은 소거법과 같은 행연산을 가능하게 해준다. 규칙 2는 행을 교환할 수 있게 해준다. 규칙 1은 단위 입방체의 부피에 대해 배율을 1로 설정한다.

비 $\det AB / \det B$가 동일한 이 세 가지 성질을 가지고 있음을 체크해보면 곱 규칙이 나온다. 이 비는 $\det A$여야 한다. 따라서 $\det \boldsymbol{AB} = (\det \boldsymbol{A})(\det \boldsymbol{B})$다.

기저 변환

입력 공간과 출력 공간이 모두 $\mathbf{R}^2$라고 가정하자. $\boldsymbol{v}_1, \boldsymbol{v}_2$는 입력 기저이고 $\boldsymbol{w}_1, \boldsymbol{w}_2$는 출력 기저라고 하자. 항등변환 $T(\boldsymbol{v}) = \boldsymbol{v}$에 대한 (이 기저를 이용한) 행렬 B는 무엇일까? 항상 I인 것은 아니다! B는 "기저 변환 행렬" 이다.

> **$\boldsymbol{V} = [\boldsymbol{v}_1 \quad \boldsymbol{v}_2]$ 이고 $\boldsymbol{W} = [\boldsymbol{w}_1 \quad \boldsymbol{w}_2]$ 일 때, 기저변환 행렬 $\boldsymbol{B} = \boldsymbol{W}^{-1}\boldsymbol{V}$ 다.**
> **임의의 선형변환에 대해, (기존 기저에 대한) 이 변환의 행렬 $\boldsymbol{A}$는 $\boldsymbol{W}^{-1}\boldsymbol{AV}$로 바뀐다.**

이 규칙을 이해하는 명확한 방법이 있다. 동일한 벡터 $\boldsymbol{u}$를 입력 기저 $\boldsymbol{v}$와 출력 기저 $\boldsymbol{w}$에 대해 쓴다고 하자. 그러면 $T = I$ 다. 이 행렬은 $\boldsymbol{d} = \boldsymbol{W}^{-1}\boldsymbol{Vc}$가 되게 한다.

$$\begin{matrix} \boldsymbol{u} = c_1\boldsymbol{v}_1 + \cdots + c_n\boldsymbol{v}_n \\ \boldsymbol{u} = d_1\boldsymbol{w}_1 + \cdots + d_n\boldsymbol{w}_n \end{matrix} \text{ 는 } \begin{bmatrix} \\ \boldsymbol{v}_1 & \cdots & \boldsymbol{v}_n \\ \\ \end{bmatrix} \begin{bmatrix} c_1 \\ \vdots \\ c_n \end{bmatrix} = \begin{bmatrix} \\ \boldsymbol{w}_1 & \cdots & \boldsymbol{w}_n \\ \\ \end{bmatrix} \begin{bmatrix} d_1 \\ \vdots \\ d_n \end{bmatrix} \text{ 이고 } \boldsymbol{Vc} = \boldsymbol{Wd}\text{다.}$$

새로운 기저 $\boldsymbol{w}$에서의 계수 $\boldsymbol{d}$는 $\boldsymbol{d} = \boldsymbol{W}^{-1}\boldsymbol{Vc}$다. 그러면 $\boldsymbol{B}$는 $\boldsymbol{W}^{-1}\boldsymbol{V}$ 다. 두 공간 $\boldsymbol{V}$와 $\boldsymbol{W}$ 사이의 변환 T에 대해, T에 대한 행렬을 삽입하면 $\boldsymbol{W}^{-1}\boldsymbol{AV}$를 얻는다.

$$T(\boldsymbol{v}) = \boldsymbol{w} \text{ 는 } \begin{bmatrix} \\ T(\boldsymbol{v}_1) & \cdots & T(\boldsymbol{v}_m) \\ \\ \end{bmatrix} \begin{bmatrix} c_1 \\ \vdots \\ c_n \end{bmatrix} = \begin{bmatrix} \\ \boldsymbol{w}_1 & \cdots & \boldsymbol{w}_n \\ \\ \end{bmatrix} \begin{bmatrix} d_1 \\ \vdots \\ d_n \end{bmatrix} \text{ 그리고 } \boldsymbol{AVc} = \boldsymbol{Wd} \text{ 다.}$$

기저변환은 WAV가 아니라 $W^{-1}AV$가 된다. 더 큰 벡터 $\boldsymbol{w}$는 더 작은 계수 d를 갖는다!

가장 좋은 기저는 A의 고유벡터(A가 대칭행렬이면 고유벡터들은 직교다)와 특이벡터(특이벡터들은 모든 A에 대해 직교다)다. 행렬은 **대각행렬**이 된다.

고유벡터 기저 **고윳값 행렬** **6장**	$\begin{bmatrix} \boldsymbol{\lambda}_1 & & \\ & \ddots & \\ & & \boldsymbol{\lambda}_n \end{bmatrix}$	**특이벡터 $\boldsymbol{u}, \boldsymbol{v}$** **모든 $\boldsymbol{A}$에 대해 직교** **7장**	$\begin{bmatrix} \boldsymbol{\sigma}_1 & & \\ & \ddots & \\ & & \boldsymbol{\sigma}_r \end{bmatrix}$

하우스의 선형변환

변환을 정의하는 것보다 변환을 보는 것이 더 흥미롭다. 2×2 행렬 A를 $\mathbf{R}^2$ 내의 모든 벡터들에 곱하면, 어떤 작용을 하는지 관찰할 수 있다. 열한 개의 점으로 이루어진 "하우스"로 시작한다. 이 열한 개의 벡터 $\boldsymbol{v}$는 열한 개의 벡터 $A\boldsymbol{v}$로 변환된다. $\boldsymbol{v}$들 사이의 직선들은 변환된 벡터 $A\boldsymbol{v}$ 사이의 직선들이 된다. (하우스에서 하우스로의 변환은 선형이다!) 표준 하우스에 A를 적용하면 늘어나거나 회전하거나 그렇지 않으면 거주할 수 없는 새로운 하우스가 만들어진다.

이 책에서 이 부분은 이론적인 것이 아니고 시각적인 것이다. 네 가지의 하우스와

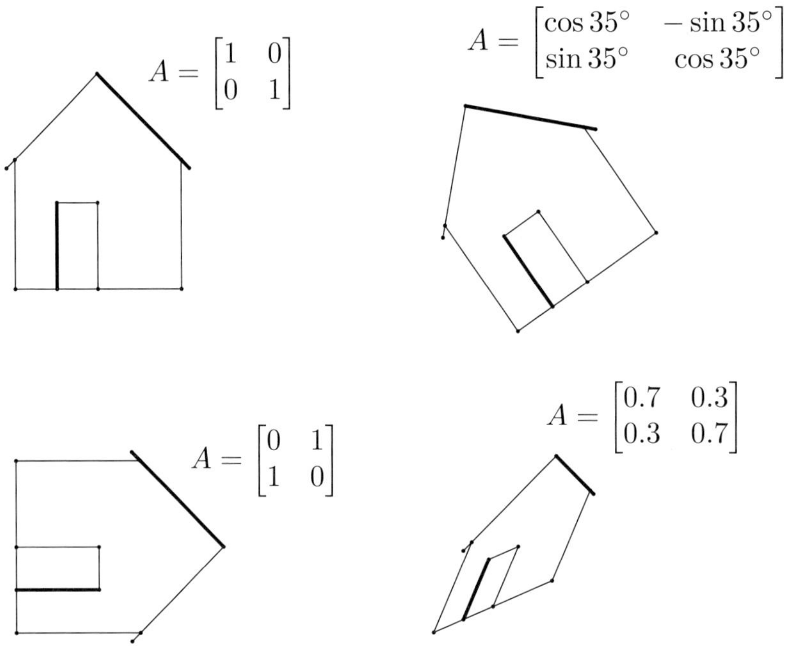

그림 5.3: plot2d($A * H$)로 그린 하우스의 선형변환

이것들을 만들어내는 행렬들을 보여줄 것이다. H의 열들은 첫 번째 하우스의 열한 개의 꼭짓점들이다. (H는 2×12이므로 웹사이트에서 plot2d로 이 열한 개의 꼭짓점들을 이으면 첫 번째 집이 될 것이다.) 하우스 행렬 H 내의 열한 개의 점에 A를 곱하면 다른 하우스의 꼭짓점 AH가 만들어진다.

하우스 행렬 $\quad \boldsymbol{H} = \begin{bmatrix} -6 & -6 & -7 & 0 & 7 & 6 & 6 & -3 & -3 & 0 & 0 & -6 \\ -7 & 2 & 1 & 8 & 1 & 2 & -7 & -7 & -2 & -2 & -7 & -7 \end{bmatrix}$

연습 문제

1 선형변환은 영벡터를 고정된 채로 두어야 한다. $T(\mathbf{0}) = \mathbf{0}$. 이것을 $T(\boldsymbol{v}+\boldsymbol{w}) = T(\boldsymbol{v}) + T(\boldsymbol{w})$로부터 $\boldsymbol{w} =$ ____로 선택하여 증명하라. 이것을 또한 $T(c\boldsymbol{v}) = cT(\boldsymbol{v})$로부터 $c =$ ____로 선택하여 증명하라.

2 선형변환 T가 $(1,1)$를 $(2,2)$로 $(2,0)$을 $(0,0)$으로 변환한다고 하자. $T(\boldsymbol{v})$를 구하라.

(a) $\boldsymbol{v} = (2,2)$ (b) $\boldsymbol{v} = (3,1)$ (c) $\boldsymbol{v} = (-1,1)$ (d) $\boldsymbol{v} = (a,b)$

3 다음 변환들 중 어떤 것이 선형이 아닌가? 입력은 $\boldsymbol{v} = (v_1, v_2)$다.

(a) $T(\boldsymbol{v}) = (v_2, v_1)$ (b) $T(\boldsymbol{v}) = (v_1, v_1)$ (c) $T(\boldsymbol{v}) = (0, v_1)$

(d) $T(\boldsymbol{v}) = (0, 1)$ (e) $T(\boldsymbol{v}) = v_1 - v_2$ (f) $T(\boldsymbol{v}) = v_1 v_2$

4 S와 T가 선형변환이면, $T(S(\boldsymbol{v}))$은 선형인가 또는 이차인가?

(a) (특수한 경우) $S(\boldsymbol{v}) = \boldsymbol{v}$이고 $T(\boldsymbol{v}) = \boldsymbol{v}$이면, $T(S(\boldsymbol{v})) = \boldsymbol{v}$ 또는 $\boldsymbol{v}^2$?

(b) (일반적인 경우) $S(\boldsymbol{v}_1+\boldsymbol{v}_2) = S(\boldsymbol{v}_1)+S(\boldsymbol{v}_2)$이고 $T(\boldsymbol{v}_1+\boldsymbol{v}_2) = T(\boldsymbol{v}_1)+T(\boldsymbol{v}_2)$를 결합하면 $T(S(\boldsymbol{v}_1 + \boldsymbol{v}_2)) = T(\_\_\_\_\_\_\_) = \_\_\_\_\_\_\_ + \_\_\_\_\_\_\_$.

5 $T(0, v_2) = (0, 0)$을 제외하고 $T(\boldsymbol{v}) = \boldsymbol{v}$라고 하자. 이 변환은 $T(c\boldsymbol{v}) = cT(\boldsymbol{v})$을 만족하지만 $T(\boldsymbol{v} + \boldsymbol{w}) = T(\boldsymbol{v}) + T(\boldsymbol{w})$은 만족하지 않음을 보여라.

6 다음은 참인가 거짓인가? $\mathbf{R}^n$ 내의 n개의 서로 다른 0이 아닌 벡터에 대해 $T(\boldsymbol{v})$를 안다면, $\mathbf{R}^n$ 내의 모든 벡터 $\boldsymbol{v}$에 대한 $T(\boldsymbol{v})$를 안다.

7 다음 변환들 중 어떤 것이 $T(\boldsymbol{v}+\boldsymbol{w}) = T(\boldsymbol{v})+T(\boldsymbol{w})$을 만족하고 어떤 것이 $T(c\boldsymbol{v}) = cT(\boldsymbol{v})$을 만족하는가?

(a) $T(\boldsymbol{v}) = \boldsymbol{v}/\|\boldsymbol{v}\|$ (b) $T(\boldsymbol{v}) = v_1 + v_2 + v_3$ (c) $T(\boldsymbol{v}) = (v_1, 2v_2, 3v_3)$

(d) $T(\boldsymbol{v}) = \boldsymbol{v}$의 가장 큰 성분

8 T(하우스)에 대한 그림으로부터

(a) 어떻게 A가 대각행렬이라 말할 수 있을까? 하우스가 각 축에 따라 확장되거나 축소된다.

(b) 어떻게 A가 계수가 1인 행렬이라 말할 수 있을까?

(c) 어떻게 A가 하삼각행렬이라 말할 수 있을까?

9 다음 행렬들에 대해 T(하우스)에 대한 그림을 그려라.

$$D = \begin{bmatrix} 2 & 0 \\ 0 & 1 \end{bmatrix} \quad \text{그리고} \quad A = \begin{bmatrix} .7 & .7 \\ .3 & .3 \end{bmatrix} \quad \text{그리고} \quad U = \begin{bmatrix} 1 & 1 \\ 0 & 1 \end{bmatrix}$$

10 다음을 보장하기 위한 $A = \begin{bmatrix} a & b \\ c & d \end{bmatrix}$에 대한 조건은 무엇인가?

(a) T(하우스)가 똑바로 앉아 있는다.

(b) T(하우스)가 모든 방향으로 3만큼씩 집을 확장한다.

(c) T(하우스)가 모양은 전혀 바꾸지 않고 집을 회전시킨다.

11 컴퓨터를 사용하지 말고 다음 행렬들 A에 대해 집 $A * H$를 스케치하라.

$$\begin{bmatrix} 1 & 0 \\ 0 & .1 \end{bmatrix} \quad \text{그리고} \quad \begin{bmatrix} .5 & .5 \\ .5 & .5 \end{bmatrix} \quad \text{그리고} \quad \begin{bmatrix} .5 & .5 \\ -.5 & .5 \end{bmatrix} \quad \text{그리고} \quad \begin{bmatrix} 1 & 1 \\ 1 & 0 \end{bmatrix}$$

12 $\det A = ad - bc$에 대한 어떤 조건이 출력 하우스 AH가 다음과 같이 되도록 보장하는가?

(a) 직선을 따라 쪼그라든다.

(b) (반사되지 않고) 시계방향 순서로 끝점을 유지한다

(c) 원래의 하우스와 동일한 넓이를 가진다.

13 다음 코드는 50개의 각을 갖는 벡터 theta를 생성한다. 이것은 단위원을 그린 다음 T(원) = 타원을 그린다. **곱 $\boldsymbol{Av}$는 원을 타원으로 변환한다.**

```
A = [2 1; 1 2]     % A를 바꿀 수 있음
theta = [0:2*pi/50; 2*pi];     % 50개의 각도
circle = [cos(theta); sin(theta)];     % 50개 점들
ellipse = A * circle;     % 원을 타원으로
axis([-4 4 -4 4]); axis('square')
plot(circle(1,:), circle(2,:), ellipse(1,:), ellipse(2,:))
```

14 $\mathbf{V}$와 $\mathbf{W}$가 동일한 기저 $\boldsymbol{v}_1, \boldsymbol{v}_2$를 갖는다고 하자.

(a) 그 자신의 역과 같은 (I가 아닌) 변환 T를 묘사하라.

(b) T^2과 같은 (I가 아닌) 변환 T를 묘사하라.

(c) 왜 (a)와 (b)에 대해 동일한 T를 사용할 수 없을까?

15–18번 문제는 기저 변환에 관한 것이다.

15 (a) 어떤 행렬 B가 $(1,0)$을 $(2,5)$로 변환시키고 $(0,1)$을 $(1,3)$으로 변환시키는가?

(b) 어떤 행렬 C가 $(2,5)$를 $(1,0)$으로 그리고 $(1,3)$을 $(0,1)$로 변환시키는가?

(c) 왜 $(2, 6)$을 $(1, 0)$으로 그리고 $(1, 3)$을 $(0, 1)$로 변환시키는 행렬은 없는가?

16 (a) 어떤 행렬 M이 $(1, 0)$를 $(0, 1)$로 그리고 (r, t)를 (s, u)로 변환시키는가?

(b) 어떤 행렬 N이 (a, c)를 (b, d)로 그리고 $(1, 0)$을 $(0, 1)$로 변환시키는가?

(c) a, b, c, d에 대한 어떤 조건이 (b)가 불가능하게 만들까?

17 (a) 16번 문제에서 어떻게 M과 N이 (a, c)를 (r, t)로 그리고 (b, d)를 (s, u)로 변환시키는 행렬을 만들어낼까?

(b) 어떤 행렬이 $(2, 5)$를 $(1, 1)$로 그리고 $(1, 3)$을 $(0, 2)$로 변환시키는가?

18 동일한 기저벡터들을 유지하면서 다른 순서로만 배열하면, 기저 변환 행렬 B는 _______ 행렬이다. 이 기저벡터들의 순서는 유지하지만 길이를 바꾼다면, B는 _______ 행렬이다.

19 왜 적분은 미분의 역이 아닌가?

CHAPTER 6

고윳값과 고유벡터

고윳값 λ와 고유벡터 $\boldsymbol{x}$는 방정식 $A\boldsymbol{x} = \lambda\boldsymbol{x}$를 따른다. 여기서 A는 정사각행렬이고 λ는 하나의 수다. 벡터 $A\boldsymbol{x}$가 특이하게도 $\boldsymbol{x}$와 방향이 같다. $A\boldsymbol{x}_1 = \lambda_1\boldsymbol{x}_1$부터 $A\boldsymbol{x}_n = \lambda_n\boldsymbol{x}_n$까지의 n개의 쌍을 구하면, n-차원 문제가 n개의 일차원 문제로 바뀐다. 고유벡터들의 일차결합으로 입력을 쓰면, 고유벡터들의 일차결합으로 출력을 구한다.

다음은 한 예다. $\boldsymbol{u}_{k+1} = \boldsymbol{A}\boldsymbol{u}_k$**을 푼다.** 각 단계마다 A를 곱하므로 각각의 고유벡터 $\boldsymbol{x}_k$에 고윳값 λ_k를 곱하는 것과 같다. 입력과 출력은 모두 n개의 단순한 조각들의 합이다.

입력 $\boldsymbol{u}_0 = c_1\boldsymbol{x}_1 + \cdots + c_n\boldsymbol{x}_n$ **출력** $\boldsymbol{u}_N = \boldsymbol{A}^N\boldsymbol{u}_0 = c_1\lambda_1^N\boldsymbol{x}_1 + \cdots + c_n\lambda_n^N\boldsymbol{x}_n$

입력 일차결합 $\boldsymbol{u}_0$은 출력 일차결합 $\boldsymbol{u}_N$을 유도한다. 미분방정식 $d\boldsymbol{u}/dt = A\boldsymbol{u}$도 정확하게 동일한 방법으로 시각 t에서 풀린다. 이때 수 λ^N가 함수 $e^{\lambda t}$로 바뀐다.

행렬 언어를 쓴다면, 고유벡터들의 행렬 X는 A를 $X^{-1}AX = \Lambda$로 바꾼다. Λ는 고윳값들로 이루어진 대각행렬이다. 대각행렬로 바뀌었다는 것은 연립방정식이 분리되어 $d\boldsymbol{u}/dt = \lambda\boldsymbol{u}$와 같은 n개의 풀기 쉬운 방정식이 되고 $\boldsymbol{u} = e^{\lambda t}$가 해가 된다는 것을 의미한다.

6.1절과 6.2절에서는 고윳값의 핵심 아이디어를 설명한다. 그런 다음 6.3절에서는 일반적인 행렬 A에서 대칭행렬 S로 이동한다. S의 고유벡터들은 직교다. 이것들의 고유벡터 행렬 X는 $Q^TQ = I$를 만족하는 Q가 된다. 그리고 고윳값은 $\lambda > 0$인 양수로서, 순수 및 응용 수학에서 가장 좋은 행렬인 **대칭이면서 양의 정부호인** 행렬을 얻게 된다.

행렬의 양의 정부호 여부는 양수 피벗, 행렬식, 고윳값, 에너지 (그리고 $S = A^TA$에 의한) 등 다섯 가지 방법으로 테스트할 수 있다. 이 테스트들은 이 책의 첫 다섯 개의 장과 연결된다. 핵심 아이디어들이 최고의 행렬에서 모인다.

6.1 고윳값 소개

1. **고유벡터** $\boldsymbol{x}$는 A 곱하기 $\boldsymbol{x}$와 동일한 직선을 따라 놓여 있다. $\boxed{A\boldsymbol{x} = \lambda\boldsymbol{x}}$ **고윳값은 $\boldsymbol{\lambda}$이다.**

2. $A\boldsymbol{x} = \lambda\boldsymbol{x}$이면 $A^2\boldsymbol{x} = \lambda^2\boldsymbol{x}$이고 $A^{-1}\boldsymbol{x} = \lambda^{-1}\boldsymbol{x}$이고 $(A + cI)\boldsymbol{x} = (\lambda + c)\boldsymbol{x}$이다. 모두 동일한 $\boldsymbol{x}$다.

3. $A\boldsymbol{x} = \lambda\boldsymbol{x}$이면 $(A-\lambda I)\boldsymbol{x} = \mathbf{0}$이고 $A-\lambda I$는 특이행렬이다. $\boxed{\det(\boldsymbol{A} - \boldsymbol{\lambda I}) = 0}$로부터 n개의 고윳값을 얻는다.

4. $\det A = (\lambda_1)(\lambda_2)\cdots(\lambda_n)$과 대각합 $a_{11} + a_{22} + \cdots + a_{nn} = \lambda$들의 합으로 λ를 확인한다.

5. 정사영행렬의 고윳값 $\lambda = 1$과 0이다. 반사행렬의 고윳값은 1과 -1이다. 회전행렬의 고윳값은 복소수인 $e^{i\theta}$와 $e^{-i\theta}$이다.

이 장은 선형대수의 새로운 부분으로 진입한다. 이 책의 첫 번째 부분은 정상상태를 구하는 일차 방정식 $A\boldsymbol{x} = \boldsymbol{b}$에 관한 것이었다. 이제 두 번째 부분은 **변화**에 관련된 것이다. 미분방정식 $d\boldsymbol{u}/dt = A\boldsymbol{u}$에서의 연속시간 또는 차분방정식 $\boldsymbol{u}_{k+1} = A\boldsymbol{u}_k$에서의 이산시간과 같이 시간이 그림 안으로 등장한다. 이 방정식들은 소거법으로 풀지 않는다. 핵심 아이디어는 고정된 벡터 $\boldsymbol{x}$의 방향으로 머무는 해 $\boldsymbol{u}(t)$를 구하는 것이다.

A를 곱할 때 방향을 바꾸지 않는 "고유벡터"를 원한다. 고유벡터-고윳값 방정식 $A\boldsymbol{x} = \lambda\boldsymbol{x}$이고, n개의 고유벡터 $\boldsymbol{x}$와 고윳값 λ를 찾고자 한다. 그러면 $A^2\boldsymbol{x} = A(\lambda\boldsymbol{x}) = \lambda^2\boldsymbol{x}$이므로 A^2의 고유벡터 또한 $\boldsymbol{x}$다.

하나의 좋은 모델이 행렬의 거듭제곱 $A, A^2, A^3, \ldots$으로부터 나온다. 100 거듭제곱인 A^{100}이 필요하다 해보자. A^{100}의 열들은 고유벡터 $\boldsymbol{x} = (.6, .4)$에 매우 가깝다.

$$\boldsymbol{A}, A^2, A^3 = \begin{bmatrix} \mathbf{.8} & \mathbf{.3} \\ \mathbf{.2} & \mathbf{.7} \end{bmatrix} \quad \begin{bmatrix} .70 & .45 \\ .30 & .55 \end{bmatrix} \quad \begin{bmatrix} .650 & .525 \\ .350 & .475 \end{bmatrix} \qquad \boldsymbol{A}^{100} \approx \begin{bmatrix} \mathbf{.6000} & \mathbf{.6000} \\ \mathbf{.4000} & \mathbf{.4000} \end{bmatrix}$$

A^{100}을 100개의 행렬을 곱하여서가 아니라 **A의 고윳값**을 사용하여 구하였다. 다시 한 번, 각 고유벡터 $\boldsymbol{x}$에 대해 $A\boldsymbol{x} = \lambda\boldsymbol{x}$을 만족하는 고윳값 λ가 있다. 그러면 $A^{100}\boldsymbol{x} = \lambda^{100}\boldsymbol{x}$이다.

고윳값을 설명하기 위해 먼저 고유벡터를 설명한다. 대부분의 모든 벡터들은 A를 곱하면 방향이 바뀐다. ***어떤 예외적인 벡터 x는 Ax와 방향이 같다. 이 벡터들이 고유벡터다.*** 고유벡터에 A를 곱하면 벡터 $A\boldsymbol{x}$는 수 λ 곱하기 원래의 $\boldsymbol{x}$다.

기본 방정식은 $A\boldsymbol{x} = \boldsymbol{\lambda x}$이다. 이 식으로부터 $(\boldsymbol{A} - \boldsymbol{\lambda I})\boldsymbol{x} = \mathbf{0}$을 얻는다.

고윳값 λ는 고유벡터 $\boldsymbol{x}$가 A와 곱해졌을 때 늘어나는지 줄어드는지 또는 반전되는지 아니면 방향이 그대로 있는지를 말해준다. $\lambda = 2$ 또는 $\frac{1}{2}$ 또는 -1 또는 1이 될 수 있다. $\lambda = 0$이면 $A\boldsymbol{x} = 0\boldsymbol{x}$은 이 고유벡터 $\boldsymbol{x}$가 A의 영공간에 속해 있음을 의미한다.

A가 항등행렬이면, 모든 벡터는 $A\boldsymbol{x} = \boldsymbol{x}$을 만족한다. 모든 벡터들이 I의 고유벡터들이다. 모든 고윳값 "람다"는 $\lambda = 1$이다. 이것은 조금도 과장하지 않고 특이한 경우다. 대부분의 2×2 행렬은 $A\boldsymbol{x}_1 = \lambda_1\boldsymbol{x}_1$ 그리고 $A\boldsymbol{x}_2 = \lambda_2\boldsymbol{x}_2$와 같이 두 개의 고유벡터의 방향과 두 개의 고윳값을 갖는다.

이 절에서 $\boldsymbol{x}$와 λ들을 어떻게 계산하는지 설명한다. 오직 2×2 행렬 $A - \lambda I$의 행렬식만 필요하기 때문에 일찌감치 과정 초반에 설명할 수 있다.

예제 1 A는 두 개의 고윳값 $\lambda = 1$과 $\lambda = 1/2$이 있다. $\det(\boldsymbol{A} - \boldsymbol{\lambda I}) = 0$**을 푼다.**

$$A = \begin{bmatrix} .8 & .3 \\ .2 & .7 \end{bmatrix} \qquad \det\begin{bmatrix} .8-\lambda & .3 \\ .2 & .7-\lambda \end{bmatrix} = \boldsymbol{\lambda}^2 - \frac{\mathbf{3}}{\mathbf{2}}\boldsymbol{\lambda} + \frac{\mathbf{1}}{\mathbf{2}} = (\boldsymbol{\lambda} - \mathbf{1})\left(\boldsymbol{\lambda} - \frac{\mathbf{1}}{\mathbf{2}}\right).$$

이차식을 $\lambda - 1$과 $\lambda - \frac{1}{2}$로 인수분해하면 고윳값 $\boldsymbol{\lambda} = 1$과 $\frac{1}{2}$이 보인다. 이 수들에 대해 행렬 $A - \lambda I$는 (행렬식이 0인) 특이행렬이 된다. 그러면 고유벡터 $\boldsymbol{x}_1$과 $\boldsymbol{x}_2$는 $(A - \lambda_1 I)\boldsymbol{x}_1 = \mathbf{0}$과 $(A - \lambda_2 I)\boldsymbol{x}_2 = \mathbf{0}$의 해가 된다.

$$(A - I)\boldsymbol{x}_1 = \mathbf{0}\text{는} \begin{bmatrix} -.2 & .3 \\ .2 & -.3 \end{bmatrix}\boldsymbol{x}_1 = \begin{bmatrix} \mathbf{0} \\ \mathbf{0} \end{bmatrix} \text{이고 첫 번째 고유벡터는 } \boldsymbol{x}_1 = \begin{bmatrix} .6 \\ .4 \end{bmatrix} \text{이다.}$$

$$(A - \tfrac{1}{2}I)\boldsymbol{x}_2 = \mathbf{0}\text{는} \begin{bmatrix} .3 & .3 \\ .2 & .2 \end{bmatrix}\boldsymbol{x}_2 = \begin{bmatrix} \mathbf{0} \\ \mathbf{0} \end{bmatrix} \text{이고 두 번째 고유벡터는 } \boldsymbol{x}_2 = \begin{bmatrix} 1 \\ -1 \end{bmatrix} \text{이다.}$$

$\boldsymbol{x}_1$에 A를 한 번 더 곱하더라도 여전히 $\boldsymbol{x}_1$을 얻는다. A의 모든 거듭제곱은 $A^n\boldsymbol{x}_1 = \boldsymbol{x}_1$을 만족한다. $\boldsymbol{x}_2$에 A를 곱하면 $\frac{1}{2}\boldsymbol{x}_2$가 되고, 다시 한 번 곱하면 $(\frac{1}{2})^2 = \frac{1}{4}$ 곱하기 $\boldsymbol{x}_2$가

된다.

A를 제곱하면, 고유벡터는 동일하게 유지된다. 고윳값은 제곱이 된다.

이러한 패턴은 계속되는데, 고유벡터들은 그 자신의 방향을 유지하기 때문이다 (그림 6.1). 고유벡터들은 절대 섞이지 않는다. A^{100}의 고유벡터들은 동일한 $\boldsymbol{x}_1$과 $\boldsymbol{x}_2$다. A^{100}의 고윳값들은 $1^{100} = 1$과 $(\frac{1}{2})^{100}$ = 매우 작은 수다.

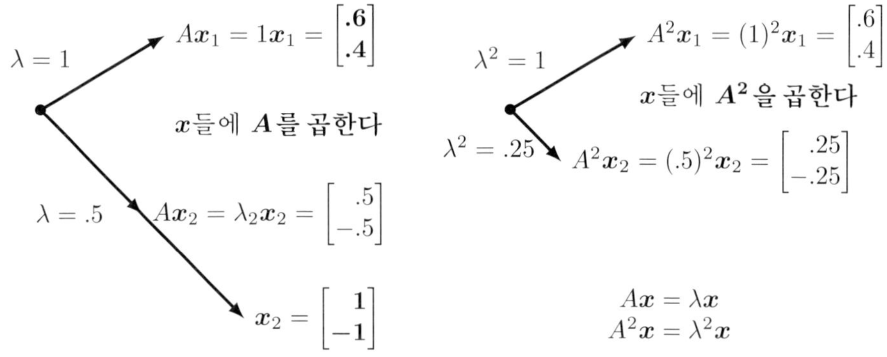

그림 6.1: A의 고유벡터들은 또한 A^2의 고유벡터들이다. 고윳값 = λ^2

$(.8, .2)$와 같은 고유벡터가 아닌 다른 벡터들은 방향이 바뀐다. 그러나 모든 다른 벡터들은 이 두 고유벡터들 $\boldsymbol{x}_1 = (.6, .4)$와 $\boldsymbol{x}_2 = (1, -1)$의 일차결합이다. A의 첫 번째 열은 $\boldsymbol{x}_1 + (.2)\boldsymbol{x}_2$다.

$$\textbf{다른 벡터들을 고유벡터들로 쪼갠다} \qquad \begin{bmatrix} .8 \\ .2 \end{bmatrix} = \boldsymbol{x}_1 + (.2)\boldsymbol{x}_2 = \begin{bmatrix} .6 \\ .4 \end{bmatrix} + \begin{bmatrix} .2 \\ -.2 \end{bmatrix} \tag{1}$$

$\boldsymbol{x}_1 + (.2)\boldsymbol{x}_2$에 A를 곱하면, ***각 고유벡터는 자신의 고윳값과 곱해진다.***

$$\begin{matrix}\boldsymbol{x}_1\textbf{과 }\boldsymbol{x}_2\textbf{에} \\ \boldsymbol{\lambda} = \mathbf{1}\textbf{과 }\boldsymbol{\lambda} = \frac{\mathbf{1}}{\mathbf{2}}\textbf{을 곱한다}\end{matrix} \qquad A\begin{bmatrix} .8 \\ .2 \end{bmatrix} = A\begin{bmatrix} .6 \\ .4 \end{bmatrix} + A\begin{bmatrix} .2 \\ -.2 \end{bmatrix} = \begin{bmatrix} .6 \\ .4 \end{bmatrix} + \begin{bmatrix} .1 \\ -.1 \end{bmatrix} = \begin{bmatrix} .7 \\ .3 \end{bmatrix}$$

A를 곱할 때마다, $\boldsymbol{x}_2$는 $(\frac{1}{2})$이 곱해지고, 첫 번째 고유벡터 $\boldsymbol{x}_1$은 1이 곱해진다. 그러면 99번의 단계를 거치면 $(1)^{99} = 1$이 되고, 매우 작은 수 $(\frac{1}{2})^{99}$이 A^{100}에 나타난다.

$$A^{99}\begin{bmatrix} .8 \\ .2 \end{bmatrix} \text{는 실제로 } (1)^{99}\boldsymbol{x}_1 + (.2)\left(\frac{1}{2}\right)^{99}\boldsymbol{x}_2 = \begin{bmatrix} \mathbf{.6} \\ \mathbf{.4} \end{bmatrix} + \begin{bmatrix} \text{매우} \\ \text{작은} \\ \text{벡터} \end{bmatrix}$$

이것이 A^{100}의 첫 번째 열이다. 앞에서 0.6000으로 썼던 수는 정확하진 않다. 실제로는 소수점 아래 30번째 자리에서도 나타나지 않을 $(.2)\left(\frac{1}{2}\right)^{99}$을 빠트렸다.

고유벡터 $\boldsymbol{x}_1$은 변하지 않는 "정상상태" 다 (왜냐하면 $\lambda_1 = 1$이기 때문이다).
고유벡터 $\boldsymbol{x}_2$는 "소멸하면서" 사실상 사라진다 (왜냐하면 $\lambda_2 = \frac{1}{2}$이기 때문이다).

A의 거듭제곱이 클수록, 이 행렬의 열들은 정상상태로 다가간다. 이 특별한 A는 각 열의 성분들의 합이 1인 ***마르코프 행렬(Markov matrix)***이다. 이 행렬의 가장 큰 고윳값은 $\lambda = 1$이다. 이 고윳값의 고유벡터 $\boldsymbol{x}_1 = (.6, .4)$는 A^k의 모든 열들이 다가갈 정상상태다. 위대한 마르코프 행렬이 정말 빠른 구글 검색 엔진의 핵심이다.

다른 행렬들은 다른 고윳값을 갖는다. 정사영행렬은 열공간에 있는 벡터에 대해서는 $\boldsymbol{\lambda} = \mathbf{1}$이고 (영벡터로 정사영되는) 영공간에 있는 벡터에 대해서는 $\boldsymbol{\lambda} = \mathbf{0}$이다. 그러면 $P\boldsymbol{x}_1 = \boldsymbol{x}_1$이고 $P\boldsymbol{x}_2 = \mathbf{0}$이다. $1^2 = 1$이고 $0^2 = 0$이기 때문에 $P^2 = P$다.

예제 2 **정사영행렬** $P = \begin{bmatrix} .5 & .5 \\ .5 & .5 \end{bmatrix}$의 고윳값은 $\boldsymbol{\lambda} = 1$와 $\boldsymbol{\lambda} = 0$이다.

고유벡터는 $\boldsymbol{x}_1 = (1, 1)$과 $\boldsymbol{x}_2 = (1, -1)$이다. 이 벡터들에 대해 $P\boldsymbol{x}_1 = \boldsymbol{x}_1$ (정상상태)이고 $P\boldsymbol{x}_2 = \mathbf{0}$ (영공간)이다. 그러면 $P^2\boldsymbol{x}_1 = \boldsymbol{x}_1$이고 $P^2\boldsymbol{x}_2 = \mathbf{0}$이고 $P^2 = P$다. 예제에서 마르코프 행렬과 특이행렬과 대칭행렬을 보여주는데, 이 행렬들은 특별한 λ와 특별한 고유벡터를 갖는다.

1. **마르코프 행렬**: 각 열들의 합이 1이다. 이것은 $\lambda = 1$을 고윳값으로 만든다.

2. **특이행렬**: 어떤 벡터가 $\boldsymbol{Ax} = 0$을 만족한다. 그러면 $\lambda = 0$은 고윳값이다.

3. **대칭행렬**: 고유벡터 $(1, 1)$과 $(1, -1)$은 직교다.

정사영행렬의 고윳값은 오직 0과 1이다. 영공간은 영벡터로 정사영된다. 열공간은 자기 자신으로 정사영된다. 정사영은 열공간은 유지하고 영공간은 파괴한다. 그러므로 $\lambda = 1$과 $\lambda = 0$이다.

각각의 부분을 정사영시킨다 $\quad \boldsymbol{v} = \begin{bmatrix} 1 \\ -1 \end{bmatrix} + \begin{bmatrix} 2 \\ 2 \end{bmatrix}$ **는** $P\boldsymbol{v} = \begin{bmatrix} \mathbf{0} \\ \mathbf{0} \end{bmatrix} + \begin{bmatrix} \mathbf{2} \\ \mathbf{2} \end{bmatrix}$ **위로 정사영시킨다**

다음 행렬 R은 반사행렬이면서 치환행렬이다.

예제 3 **반사행렬 $R = \begin{bmatrix} 0 & 1 \\ 1 & 0 \end{bmatrix}$의 고윳값은 1과 -1이다.**

고유벡터 $(1,1)$은 R에 의해 바뀌지 않는다. 두 번째 고유벡터는 $(1,-1)$이다. 이것의 부호는 R에 의해 반전된다. 성분 중에 음수가 없는 행렬도 음수 고윳값을 가질 수 있다! R의 고유벡터는 P의 고유벡터와 동일한데 왜냐하면 반사 $= 2$(정사영) $- I$이기 때문이다.

$$\boldsymbol{R = 2P - I}\text{의 고윳값} \qquad \lambda = 2(1) - 1 = \mathbf{1} \text{ 그리고 } \lambda = 2(0) - 1 = \mathbf{-1} \tag{2}$$

행렬이 I만큼 이동하면, 각 λ는* 1 *만큼 이동한다. 고유벡터는 변함이 없다.

고윳값에 대한 방정식

$Px = x$ 그리고 $Px = \mathbf{0}$와 같이 정사영행렬에 대해 기하로 λ와 x를 구하였다. 하지만 다른 행렬들에 대해서는 행렬식과 선형대수를 이용한다. 고윳값과 고유벡터를 구하는 것은 이 장에서 핵심적인 계산인데 대부분의 모든 응용은 $Ax = \lambda x$를 푸는 것으로 시작한다.

먼저 λx를 왼쪽으로 옮긴다. 식 $Ax = \lambda x$를 $(A - \lambda I)x = \mathbf{0}$으로 쓴다. ***고유벡터들은 $A - \lambda I$의 영공간에 속한다.*** 고윳값 λ를 알게 되면, $(A - \lambda I)x = \mathbf{0}$을 풀어 x를 구한다.

고윳값이 먼저다. $(A - \lambda I)x = \mathbf{0}$이 $\mathbf{0}$이 아닌 해를 가진다면, $A - \lambda I$는 가역이 아니다. ***$A - \lambda I$의 행렬식은 0이어야 한다.*** 이것이 고윳값 λ를 알아내는 방법이다.

고윳값	**λ는 A의 고윳값이다 $\Leftrightarrow$ $A - \lambda I$가 특이행렬이다**	(3)
λ에 대한 식	$\det(\boldsymbol{A} - \boldsymbol{\lambda I}) = 0$	

이 "특성방정식(characteristic equation)" $\det(A - \lambda I)$는 x는 관련되지 않고 오직 λ만 관련된다. A가 $n \times n$이면, 식 (3)은 λ^n을 포함하고 있다. 그러므로 A는 (중복을 허락하여) n개의 고윳값을 갖는다. 그런 다음 각각의 λ가 x로 이어진다.

각 고윳값 λ에 대해 $(A - \lambda I)x = \mathbf{0}$ 즉 $Ax = \lambda x$ 을 풀어 고유벡터 x를 구한다

예제 4 $A = \begin{bmatrix} \mathbf{1} & \mathbf{2} \\ \mathbf{2} & \mathbf{4} \end{bmatrix}$는 이미 특이행렬이다(행렬식이 0이다). 이 행렬의 λ과 $\boldsymbol{x}$를 구하라.

A가 특이행렬이면 $\lambda = 0$은 고윳값들 중 하나다. 방정식 $A\boldsymbol{x} = 0\boldsymbol{x}$는 해가 존재하고, 이 해가 $\lambda = 0$에 대한 고유벡터다. 하지만, $\det(A - \lambda I) = 0$을 푸는 것이 모든 λ와 $\boldsymbol{x}$를 구하는 방법이다. 언제나 A로부터 λI를 뺀다.

$$\textbf{\textit{A}의 대각성분에서 } \lambda \textbf{를 빼서 } A - \lambda I = \begin{bmatrix} 1-\lambda & 2 \\ 2 & 4-\lambda \end{bmatrix} \textbf{를 구한다} \tag{4}$$

이* 2×2 *행렬의 행렬식 "$ad - bc$"을 계산한다. $1 - \lambda$ 곱하기 $4 - \lambda$로부터 "ad" 부분은 $\lambda^2 - 5\lambda + 4$이다. λ가 없는 "bc" 부분은 2 곱하기 2다. 빼면,

$$\det \begin{bmatrix} 1-\lambda & 2 \\ 2 & 4-\lambda \end{bmatrix} = (1-\lambda)(4-\lambda) - (2)(2) = \boldsymbol{\lambda}^2 - 5\boldsymbol{\lambda} \tag{5}$$

이 행렬식 $\boldsymbol{\lambda}^2 - 5\boldsymbol{\lambda}$를 $\mathbf{0}$으로 둔다. 해 하나가 $\lambda_1 = 0$이다. A가 특이행렬이므로 이것은 예견했던 것이다. $\lambda^2 - 5\lambda$를 λ 곱하기 $\lambda - 5$로 인수분해하면 또 다른 고윳값 $\lambda_2 = 5$다.

$$\det(\boldsymbol{A} - \boldsymbol{\lambda I}) = \boldsymbol{\lambda}^2 - 5\boldsymbol{\lambda} = \mathbf{0} \text{ 으로부터 고윳값 } \boldsymbol{\lambda}_1 = \mathbf{0} \textbf{ 그리고 } \boldsymbol{\lambda}_2 = \mathbf{5}\textbf{를 얻는다}$$

이제 고유벡터를 찾는다. $\lambda_1 = 0$과 $\lambda_2 = 5$에 대해 개별적으로 $(A - \lambda I)\boldsymbol{x} = \mathbf{0}$을 푼다.

$(A - 0I)\boldsymbol{x} = \begin{bmatrix} 1 & 2 \\ 2 & 4 \end{bmatrix} \begin{bmatrix} y \\ z \end{bmatrix} = \begin{bmatrix} 0 \\ 0 \end{bmatrix}$로부터 $\lambda_1 = 0$에 대한 고유벡터 $\begin{bmatrix} y \\ z \end{bmatrix} = \begin{bmatrix} 2 \\ -1 \end{bmatrix}$를 얻는다.

$(A - 5I)\boldsymbol{x} = \begin{bmatrix} -4 & 2 \\ 2 & -1 \end{bmatrix} \begin{bmatrix} y \\ z \end{bmatrix} = \begin{bmatrix} 0 \\ 0 \end{bmatrix}$로부터 $\lambda_2 = 5$에 대한 고유벡터 $\begin{bmatrix} y \\ z \end{bmatrix} = \begin{bmatrix} 1 \\ 2 \end{bmatrix}$를 얻는다.

행렬 $A - 0I$와 $A - 5I$는 특이행렬이다 ($\lambda = 0$과 5가 고윳값이기 때문이다). 고유벡터 $(2, -1)$과 $(1, 2)$는 각각 A와 $A - 5I$의 영공간에 속한다. $(A - \lambda I)\boldsymbol{x} = \mathbf{0}$은 $A\boldsymbol{x} = \lambda\boldsymbol{x}$이다.

$\lambda = 0$에 대해 특별할 것은 없다는 점을 강조할 필요가 있다. 모든 다른 수처럼, 0은 고윳값이 될 수도 있고 아닐 수도 있다. A가 특이행렬이면, $\lambda = 0$에 대한 고유벡터는 영공간을 채운다. $A\boldsymbol{x} = 0\boldsymbol{x} = \mathbf{0}$. A가 가역이면, 0은 고윳값이 아니다. A를 I의

상수배만큼 이동시켜 특이행렬로 만든다.

예제 4에서 이동된 행렬 $A-5I$는 특이행렬이다. 그러면 5는 A의 또 다른 고윳값이다.

요약 $n \times n$ 행렬의 고윳값을 구하기 위해서는 다음 단계를 따른다. $n=2$이면 제일 좋다.

1. $A-\lambda I$ ***의 행렬식을 계산한다.*** 대각선을 따라 λ를 빼면, 이 행렬식은 λ^n 또는 $-\lambda^n$으로 시작한다. 이것은 λ에 대한 n차 다항식이다.

2. $\det(A-\lambda I)=0$을 풀어서 ***이 다항식의 근들을 구한다.*** n개의 근이 A의 n개의 고윳값이다. 이 n개의 수는 $A-\lambda I$를 특이행렬로 만든다.

3. 각 고윳값 λ에 대해, $(A-\lambda I)\boldsymbol{x}=\mathbf{0}$ ***을 풀어서*** $A\boldsymbol{x}=\lambda\boldsymbol{x}$ ***을 만족하는 고유벡터를 구한다.***

4. **삼각행렬**의 고윳값은 대각선 위에 있는 수들이다.

2×2 행렬의 고유벡터에 대한 참고. $A-\lambda I$가 특이행렬일 때, 두 행은 모두 벡터 (a,b)의 상수배다. 고유벡터의 방향은 $(b,-a)$이다. 앞 예에서

$\lambda=0$: $A-0I$의 행들은 $(1,2)$의 방향이고 고유벡터는 $(2,-1)$ 방향이다.

$\lambda=5$: $A-5I$의 행들은 $(-4,2)$의 방향이고 고유벡터는 $(2,4)$ 방향이다.

이전에 두 번째 고유벡터를 $(1,2)$로 썼다. $(1,2)$와 $(2,4)$ 모두 맞다. 고유벡터의 전체 직선이 존재한다. 임의의 $\boldsymbol{x}$의 0이 아닌 상수배는 $\boldsymbol{x}$와 마찬가지로 좋다. MATLAB의 eig(A)는 고유벡터를 단위벡터로 만들기 위해 $\boldsymbol{x}$의 길이로 나눈다.

한 가지 경고를 추가한다. 어떤 2×2 행렬들은 오직 하나의 고유벡터 직선만을 갖는다. 이것은 두 개의 고윳값이 동일할 때 발생할 수 있다. (반면에 $A=I$는 동일한 고윳값과 매우 많은 고유벡터를 갖는다.) 완전한 고유벡터 집합이 없다면, 기저가 없다. 모든 $\boldsymbol{v}$를 고유벡터들의 일차결합으로 쓸 수 없다. 다음 절에서 나올 용어로는, n개의 일차독립인 고유벡터가 없다면 행렬을 대각화시킬 수 없다.

행렬식과 대각합

먼저 나쁜 소식: A의 한 행을 다른 행에 더하거나 행들을 교환하면, 고윳값은 일반적으로 바뀐다. 소거법은 λ를 보존하지 않는다. 상삼각행렬 U는 대각선을 따라 고윳값들을

갖는다. 이것들은 피벗들이다. 이 피벗들은 U의 고윳값이지 A의 고윳값이 아니다! 1행을 2행에 더하면 고윳값이 바뀐다.

$$U = \begin{bmatrix} 1 & 3 \\ 0 & 0 \end{bmatrix} \text{는 } \lambda = 0 \text{과 } \lambda = 1 \text{을 갖는다.} \qquad A = \begin{bmatrix} 1 & 3 \\ 1 & 3 \end{bmatrix} \text{는 } \lambda = 0 \text{과 } \lambda = 4 \text{를 갖는다.}$$

두 번째는 좋은 소식: 곱 $\lambda_1\lambda_2$와 합 $\lambda_1 + \lambda_2$는 행렬로부터 빠르게 구할 수 있다. 이 A에 대해, 고윳값들의 곱은 0 곱하기 4이고, 이것은 (0인) 행렬식과 일치한다. 고윳값들의 합은 $0 + 4$다. 이것은 A의 주대각성분을 더한 것과 일치한다 (**대각합**(trace)은 $1 + 3$이다). 이러한 빠른 확인은 언제나 통한다.

n개의 고윳값들의 곱은 행렬식과 같다.
n개의 고윳값들의 합은 n개의 대각성분들의 합과 같다.

주대각선을 따라 A의 성분들의 합을 A의 **대각합**이라 한다.

$$\boxed{\lambda_1 + \lambda_2 + \cdots + \lambda_n = \textbf{대각합} = a_{11} + a_{22} + \cdots + a_{nn}} \tag{6}$$

이 식은 6.1절과 6.2절의 연습문제에서 반복하여 증명한다. 이렇게 확인해 보는 것은 유용하기는 하지만, λ를 계산하는 수고로움을 없애지는 않는다. 그러나 계산이 틀렸을 때, 이 식은 계산이 틀렸음을 알려준다. 그러면 λ를 맞게 계산하기 위해 $\det(A - \lambda I) = 0$으로 돌아간다.

행렬이 2×2일 때는 대각합과 행렬식이 모든 것을 말해준다. 우리는 결코 그것들이 틀리는 것을 원치 않는다! 다음 행렬들의 대각합 = 3이고 det = 2이므로 이 행렬들의 고윳값은 $\lambda = \mathbf{1}$과 $\lambda = \mathbf{2}$다.

$$A = \begin{bmatrix} 1 & 9 \\ 0 & 2 \end{bmatrix} \text{ 또는 } \begin{bmatrix} 3 & 1 \\ -2 & 0 \end{bmatrix} \text{ 또는 } \begin{bmatrix} 7 & -3 \\ 10 & -4 \end{bmatrix} \tag{7}$$

다음은 고윳값을 찾기 가장 쉬운 행렬인 삼각행렬 A에 대한 질문이다.

삼각행렬 A의 고윳값들은 왜 대각선을 따라 놓여있을까?

허수 고윳값

그다지 최악은 아니지만 또 한 가지 가능성이 있다. 고윳값이 실수가 아닐 수 있다.

예제 5 **90° 회전 $Q = \begin{bmatrix} \mathbf{0} & \mathbf{-1} \\ \mathbf{1} & \mathbf{0} \end{bmatrix}$ 은 실수 고유벡터가 없다. 이 행렬의 고윳값은 $\boldsymbol{\lambda}_1 = \boldsymbol{i}$ 와 $\boldsymbol{\lambda}_2 = -\boldsymbol{i}$ 다. 그러면 $\boldsymbol{\lambda}_1 + \boldsymbol{\lambda}_2 =$ 대각합 $= \mathbf{0}$ 이고 $\boldsymbol{\lambda}_1\boldsymbol{\lambda}_2 =$ 행렬식 $= \mathbf{1}$ 이다.**

한 번 회전 후에, $\boldsymbol{x}$와 동일한 방향을 유지하는 실수 벡터 $Q\boldsymbol{x}$는 없다 ($\boldsymbol{x} = \mathbf{0}$은 쓸모가 없다). 허수로 가지 않는다면 고유벡터가 존재할 수 없으므로, 허수로 간다.

어떻게 $i = \sqrt{-1}$이 도움이 되는지 보기 위해 90° 만큼의 회전 Q를 살펴본다. 그러면 Q^2은 180° 만큼의 회전이다. 이 행렬의 고윳값은 $-I\boldsymbol{x} = -1\boldsymbol{x}$이기 때문에 -1과 -1이다. Q를 제곱하면 각 λ를 제곱할 것이므로 $\lambda^2 = -1$이어야 한다. 90° 회전 행렬 Q의 고윳값들은 $i^2 = -1$이므로 $+i$와 $-i$다.

이러한 λ는 평소처럼 $\det(Q - \lambda I) = 0$으로부터도 나온다. 이 방정식은 $\lambda^2 + 1 = 0$이다. 근은 i와 $-i$다. 고유벡터에서도 허수 i를 만난다.

$$\textbf{복소수 고유벡터} \qquad \begin{bmatrix} 0 & -1 \\ 1 & 0 \end{bmatrix} \begin{bmatrix} 1 \\ i \end{bmatrix} = -\boldsymbol{i} \begin{bmatrix} 1 \\ i \end{bmatrix} \text{ 그리고 } \begin{bmatrix} 0 & -1 \\ 1 & 0 \end{bmatrix} \begin{bmatrix} i \\ 1 \end{bmatrix} = \boldsymbol{i} \begin{bmatrix} i \\ 1 \end{bmatrix}$$

어떻게든 복소수 벡터 $\boldsymbol{x}_1 = (1, i)$와 $\boldsymbol{x}_2 = (i, 1)$은 회전할 때 방향을 유지한다. 어떻게 그런지는 묻지 말라. 이 예는 실수 행렬들이 복소수 고윳값과 고유벡터를 가질 수 있음을 강조한다. 이 특수한 고윳값 i와 $-i$는 또한 행렬 Q의 두 가지 성질을 보여준다.

1. 모든 λ의 절댓값은 $|\lambda| = 1$이다. 직교행렬 Q는 $\|Q\boldsymbol{x}\| = \|\boldsymbol{x}\|$가 성립한다.
2. Q는 반대칭(skew-symmetric) 행렬 $(Q^T = -Q)$이므로 모든 λ는 순허수다.

대칭행렬$(S^T = S)$은 실수에 비유할 수 있다: λ는 실수다.
반대칭행렬$(A^T = -A)$은 허수와 같다: λ가 허수다.
직교행렬$(Q^TQ = I)$은 $|\lambda| = 1$인 복소수에 해당된다.

이러한 특별한 행렬들 S와 A와 Q의 고유벡터들은 직교다. $(i, 1)$과 $(1, i)$는 복소 벡터의 내적을 하면 직교다.

AB와 $A + B$의 고윳값

AB의 고윳값에 대한 첫 번째 추측은 **참이 아니다.** 즉 A의 고윳값 λ 곱하기 B의 고윳값 β는 일반적으로 AB의 고윳값이 아니다.

$$\textbf{잘못된 증명} \qquad AB\boldsymbol{x} = A\beta\boldsymbol{x} = \beta A\boldsymbol{x} = \beta\lambda\boldsymbol{x} \tag{8}$$

만일 $\boldsymbol{x}$가 A와 B 모두의 고유벡터이면 이 식은 맞다. 그런데 ***A와 B가 동일한 고유벡터 x를 자동으로 공유할 것으로 기대하는 것이 실수다.*** 일반적으로 그렇지 않다. A의 고유벡터는 일반적으로 B의 고유벡터가 아니다. 다음 특이행렬들 A와 B의 고윳값은 모두 0인 반면에 AB와 $A+B$의 고윳값은 1이다.

$$A = \begin{bmatrix} 0 & 1 \\ 0 & 0 \end{bmatrix} \text{ 그리고 } B = \begin{bmatrix} 0 & 0 \\ 1 & 0 \end{bmatrix}; \text{ 그러면 } AB = \begin{bmatrix} 1 & 0 \\ 0 & 0 \end{bmatrix} \text{ 그리고 } A+B = \begin{bmatrix} 0 & 1 \\ 1 & 0 \end{bmatrix}.$$

$A+B$의 고윳값은 일반적으로 $\lambda+\beta$가 아니다. 여기서 $\lambda+\beta=0$인 반면에 $A+B$의 고윳값은 1과 -1이다. 대각합 = 0이고 행렬식 = -1이다.

잘못된 증명은 무엇이 참인지 시사한다. $\boldsymbol{x}$가 실제로 A와 B의 고유벡터라고 가정하자. 그러면 $AB\boldsymbol{x}=\lambda\beta\boldsymbol{x}$이고 $BA\boldsymbol{x}=\lambda\beta\boldsymbol{x}$이다. A와 B가 모든 n개의 고유벡터들을 공유한다면, 이들 고윳값들을 곱할 수 있다. 공유된 고유벡터를 위한 $AB=BA$ 테스트는 이러한 선형대수의 응용을 언급하기에 시간이 부족하긴 하지만 양자역학에서는 중요하다.

A와 B가 동일한 n개의 독립인 고유벡터를 공유하는 것과 $\boldsymbol{AB}=\boldsymbol{BA}$인 것은 동치다.

하이젠베르크(Heisenberg)**의 불확정성 원리**(uncertainty principle)　양자역학에서 위치 행렬 P와 모멘텀 행렬 Q는 교환법칙이 성립하지 않는다. 실제로 $QP-PQ=I$(이것은 무한대 행렬이다)이다. $Q\boldsymbol{x}=\boldsymbol{0}$일 때 동시에 $P\boldsymbol{x}=\boldsymbol{0}$이기 위해서는 $\boldsymbol{x}=I\boldsymbol{x}=\boldsymbol{0}$이어야 할 것이다. 그러나 위치를 정확하게 안다면, 모멘텀을 또한 정확하게 알 수는 없을 것이다. 하이젠베르크의 불확정성의 원리 $\|P\boldsymbol{x}\|\|Q\boldsymbol{x}\| \geq \frac{1}{2}\|\boldsymbol{x}\|^2$는 연습문제에 나온다.

풀이가 있는 연습 문제

6.1 A　A와 A^2과 A^{-1}와 $A+4I$의 고윳값 및 고유벡터를 구하라.

$$A = \begin{bmatrix} 2 & -1 \\ -1 & 2 \end{bmatrix} \text{ 그리고 } A^2 = \begin{bmatrix} 5 & -4 \\ -4 & 5 \end{bmatrix}$$

대각합 $\lambda_1+\lambda_2=2+2=4$이고 행렬식은 $\lambda_1\lambda_2=4-1=3$임을 확인하라. A^2의 고윳값 λ^2을 구하기 위해 A^2을 계산할 필요는 없다.

풀이 A의 고윳값은 $\det(A-\lambda I)=0$으로부터 나온다.

$$A=\begin{bmatrix}2 & -1\\ -1 & 2\end{bmatrix} \qquad \det(A-\lambda I)=\begin{vmatrix}\mathbf{2-\lambda} & \mathbf{-1}\\ \mathbf{-1} & \mathbf{2-\lambda}\end{vmatrix}=\boldsymbol{\lambda}^2-\mathbf{4}\boldsymbol{\lambda}+\mathbf{3}=0$$

이것은 $(\lambda-1)(\lambda-3)=0$으로 인수분해되므로 A의 고윳값은 $\lambda_1=1$과 $\lambda_2=3$이다. 대각합에 대해서는 합 $2+2$가 $1+3$과 일치한다. 행렬식 3은 곱 $\lambda_1\lambda_2$와 일치한다.

고유벡터들은 $A\boldsymbol{x}=\lambda\boldsymbol{x}$인 $(A-\lambda I)\boldsymbol{x}=\mathbf{0}$을 풀어서 개별적으로 나온다.

$\boldsymbol{\lambda}=1$: $\quad (A-I)\boldsymbol{x}=\begin{bmatrix}1 & -1\\ -1 & 1\end{bmatrix}\begin{bmatrix}x\\ y\end{bmatrix}=\begin{bmatrix}0\\ 0\end{bmatrix}$에서 고유벡터 $\boldsymbol{x}_1=\begin{bmatrix}1\\ 1\end{bmatrix}$을 얻는다.

$\boldsymbol{\lambda}=3$: $\quad (A-3I)\boldsymbol{x}=\begin{bmatrix}-1 & -1\\ -1 & -1\end{bmatrix}\begin{bmatrix}x\\ y\end{bmatrix}=\begin{bmatrix}0\\ 0\end{bmatrix}$에서 고유벡터 $\boldsymbol{x}_2=\begin{bmatrix}1\\ -1\end{bmatrix}$을 얻는다.

A^2과 A^{-1}은 A와 동일한 고유벡터를 유지한다. 이들의 고윳값들은 λ^2과 λ^{-1}이다.

A^2의 고윳값은 $1^2=\mathbf{1}$과 $3^2=\mathbf{9}$다. $\quad A^{-1}$의 고윳값은 $\dfrac{\mathbf{1}}{\mathbf{1}}$과 $\dfrac{\mathbf{1}}{\mathbf{3}}$이다.
$A+4I$의 고윳값은 $1+4=\mathbf{5}$와 $3+4=\mathbf{7}$이다.

이후 절을 위한 참고로 A는 직교 고유벡터를 갖는다(대칭행렬에 대한 6.3절). $\lambda_1\neq\lambda_2$이므로 A는 대각화할 수 있다(6.2절). A는 고윳값 1과 3을 가진 임의의 2×2 행렬과 유사하다 (6.2절). A는 양의 정부호 행렬이다(6.3절).

6.1 B **임의의 A의 고윳값을 어떻게 추정할 수 있을까?** 게르시고린(Gershgorin)이 이에 대한 답을 내놓았다.

A의 모든 고윳값은 주대각선 위에 있는 성분 a_{ii} 중 적어도 하나의 "가까이에" 있어야 한다. λ가 "a_{ii} 가까이" 있다는 것은 $|a_{ii}-\lambda|$가 **행렬의 $\boldsymbol{i}$행에 있는 모든 다른 $|\boldsymbol{a_{ij}}|$ 들의 합 $\boldsymbol{R_i}$보다 크지 않다**는 것이다. 그러면 $R_i=\sum_{j\neq i}|a_{ij}|$는 a_{ii}을 중심으로 한 원의 반지름이다.

모든 $\boldsymbol{\lambda}$는 하나 또는 그 이상의 대각성분 a_{ii} 주위의 원 안에 있다 $|\boldsymbol{a_{ii}}-\boldsymbol{\lambda}|\leq\boldsymbol{R_i}$

증명. $\quad (A-\lambda I)\boldsymbol{x}=\mathbf{0}$이고 $\boldsymbol{x}$의 가장 큰 성분이 x_2라고 가정하자. 그러면

$$a_{21}x_1+(a_{22}-\lambda)x_2+a_{23}x_3=0\text{으로부터 } |a_{22}-\lambda||x_2|\leq|a_{21}||x_2|+|a_{23}||x_2|$$

$|x_2|$로 나누면 $|a_{22}-\lambda|\leq R_2$가 남고 λ는 두 번째 게르시고린 원 내부에 있다.

예 1. 다음 A의 모든 고윳값 λ는 중심이 a와 d이고 반지름이 $R_1 = |b|$와 $R_2 = |c|$인 **게르시고린 원**(Gershgorin circle)의 하나 또는 둘 모두의 내부에 들어있다.

$$A = \begin{bmatrix} a & b \\ c & d \end{bmatrix} \qquad \begin{array}{ll} \text{첫 번째 원:} & |\lambda - a| \leq |b| \\ \text{두 번째 원:} & |\lambda - d| \leq |c| \end{array}$$

λ가 분명히 복소수가 될 수도 있기 때문에 이것들은 복소평면 내에서의 원들이다.

예 2. 다음 A의 모든 고윳값들은 대각 성분들 d_1, d_2, d_3의 하나 또는 그 이상의 주변으로 반지름 $R = 3$인 원 안에 놓여 있다.

$$A = \begin{bmatrix} d_1 & 1 & 2 \\ 2 & d_2 & 1 \\ -1 & 2 & d_3 \end{bmatrix} \qquad \begin{array}{l} |\lambda - d_1| \leq 1 + 2 = R_1 \\ |\lambda - d_2| \leq 2 + 1 = R_2 \\ |\lambda - d_3| \leq 1 + 2 = R_3 \end{array}$$

이 예에서 "가깝다"는 것은 d_1 또는 d_2 또는 d_3으로부터 3보다 더 떨어지지 않았음을 의미하는 것을 알 수 있다.

6.1 C 다음 3×3 대칭행렬 S의 고윳값 $0, 1, 3$과 고유벡터를 구하라.

대칭행렬
특이행렬
대각합 $\mathbf{1 + 2 + 1 = 4}$

$$S = \begin{bmatrix} 1 & -1 & 0 \\ -1 & 2 & -1 \\ 0 & -1 & 1 \end{bmatrix}$$

모든 고윳값들이
게르시고린 원
$|\lambda - 2| \leq 1 + 1$ 안에 있다

풀이 S의 모든 행들이 더하면 0이므로, 벡터 $\boldsymbol{x} = (1, 1, 1)$은 $S\boldsymbol{x} = \mathbf{0}$을 만족한다. 이것은 $\lambda = 0$에 대한 고유벡터다. λ_2와 λ_3를 구하기 위해 3×3 행렬식을 계산할 것이다.

$$\det(S - \lambda I) = \begin{vmatrix} 1-\lambda & -1 & 0 \\ -1 & 2-\lambda & -1 \\ 0 & -1 & 1-\lambda \end{vmatrix} \begin{array}{l} = (1-\lambda)(2-\lambda)(1-\lambda) - 2(1-\lambda) \\ = (1-\lambda)[(2-\lambda)(1-\lambda) - 2] \\ = \mathbf{(1-\boldsymbol{\lambda})(-\boldsymbol{\lambda})(3-\boldsymbol{\lambda})} \end{array}$$

이 세 인수로부터 $\boldsymbol{\lambda} = 0, 1, 3$을 얻는다. 각각의 고윳값은 하나의 고유벡터와 대응한다.

$$\boldsymbol{x}_1 = \begin{bmatrix} 1 \\ 1 \\ 1 \end{bmatrix} \quad S\boldsymbol{x}_1 = \mathbf{0}\boldsymbol{x}_1 \qquad \boldsymbol{x}_2 = \begin{bmatrix} 1 \\ 0 \\ -1 \end{bmatrix} \quad S\boldsymbol{x}_2 = \mathbf{1}\boldsymbol{x}_2 \qquad \boldsymbol{x}_3 = \begin{bmatrix} 1 \\ -2 \\ 1 \end{bmatrix} \quad S\boldsymbol{x}_3 = \mathbf{3}\boldsymbol{x}_3$$

다시 한 번 S가 대칭행렬이면 고유벡터들이 직교임에 주목한다. 운좋게도 $\lambda = 0, 1, 3$을 찾았다. 더 큰 행렬에 대해서는 eig(A)를 사용할 것이며 행렬식은 손대지 않을 것이다.

전체 명령어 $[\boldsymbol{X}, \boldsymbol{E}] = \text{eig}(A)$는 X의 열들에 단위 고유벡터들을 만들어 낼 것이다.

연습 문제

1 이 장의 시작 부분에 나온 예에는 다음 행렬 A의 거듭제곱이 나온다.

$$A = \begin{bmatrix} .8 & .3 \\ .2 & .7 \end{bmatrix} \quad \text{그리고} \quad A^2 = \begin{bmatrix} .70 & .45 \\ .30 & .55 \end{bmatrix} \quad \text{그리고} \quad A^\infty = \begin{bmatrix} .6 & .6 \\ .4 & .4 \end{bmatrix}$$

이 행렬들의 고윳값들을 구하라. 모든 거듭제곱들은 동일한 고유벡터를 갖는다.

(a) A로부터 행교환이 어떻게 다른 고윳값을 만들어낼 수 있는지 보여라.

(b) 왜 소거법 단계들로 고윳값 0은 바뀌지 않을까?

2 다음 두 행렬의 고윳값과 고유벡터를 구하라.

$$A = \begin{bmatrix} 1 & 4 \\ 2 & 3 \end{bmatrix} \quad \text{그리고} \quad A + I = \begin{bmatrix} 2 & 4 \\ 2 & 4 \end{bmatrix}$$

$A + I$는 A와 ________한 고유벡터를 갖는다. 이것의 고윳값은 1만큼 ________하다.

3 A와 A^{-1}의 고윳값과 고유벡터를 계산하라. 대각합을 체크하라!

$$A = \begin{bmatrix} 0 & 2 \\ 1 & 1 \end{bmatrix} \quad \text{그리고} \quad A^{-1} = \begin{bmatrix} -1/2 & 1 \\ 1/2 & 0 \end{bmatrix}$$

A^{-1}는 A와 ________한 고유벡터를 갖는다. A의 고윳값이 λ_1과 λ_2이면, 역행렬의 고윳값은 ________이다.

4 A와 A^2의 고윳값과 고유벡터를 계산하라.

$$A = \begin{bmatrix} -1 & 3 \\ 2 & 0 \end{bmatrix} \quad \text{그리고} \quad A^2 = \begin{bmatrix} 7 & -3 \\ -2 & 6 \end{bmatrix}$$

A^2은 A와 동일한 ________를 갖는다. A의 고윳값이 λ_1과 λ_2이면, A^2의 고윳값은 ________이다. 이 예에서, 왜 $\lambda_1^2 + \lambda_2^2 = 13$인가?

5 A와 B와 $A+B$의 고윳값을 구하라 (삼각행렬인 경우에는 쉽다).

$$A=\begin{bmatrix}3&0\\1&1\end{bmatrix} \quad \text{그리고} \quad B=\begin{bmatrix}1&1\\0&3\end{bmatrix} \quad \text{그리고} \quad A+B=\begin{bmatrix}4&1\\1&4\end{bmatrix}$$

$A+B$의 고윳값들은 A의 고윳값 + B의 고윳값과 (같다)(같지 않다).

6 A와 B와 AB와 BA의 고윳값들을 구하라.

$$A=\begin{bmatrix}1&0\\1&1\end{bmatrix} \quad \text{그리고} \quad B=\begin{bmatrix}1&2\\0&1\end{bmatrix} \quad \text{그리고} \quad AB=\begin{bmatrix}1&2\\1&3\end{bmatrix} \quad \text{그리고} \quad BA=\begin{bmatrix}3&2\\1&1\end{bmatrix}$$

(a) AB의 고윳값들은 A의 고윳값 곱하기 B의 고윳값과 같은가?

(b) AB의 고윳값들은 BA의 고윳값들과 같은가?

7 소거법을 통해 $A=LU$를 얻는다. U의 고윳값들이 대각선 위에 있고 이것들은 _______ 이다. L의 고윳값들이 대각선 위에 있고 이것들은 모두 _______ 이다. A의 고윳값들은 _______ 과 같지 않다.

8 (a) $\boldsymbol{x}$가 고유벡터인 것을 안다면, λ를 구하는 방법은 _______ 이다.

(b) λ가 고유값인 것을 안다면, $\boldsymbol{x}$를 구하는 방법은 _______ 이다.

9 (a), (b), 그리고 (c)를 증명하기 위해 방정식 $A\boldsymbol{x}=\lambda\boldsymbol{x}$에 무엇을 할까?

(a) 4번 문제에서처럼, λ^2은 A^2의 고윳값이다.

(b) 3번 문제에서처럼, λ^{-1}은 A^{-1}의 고윳값이다.

(c) 2번 문제에서처럼, $\lambda+1$은 $A+I$의 고윳값이다.

10 다음 마르코프 행렬 A와 A^∞ 둘 모두에 대한 고윳값과 고유벡터를 구하라. 이 답으로부터 왜 A^{100}가 A^∞와 가까운지 설명하라.

$$A=\begin{bmatrix}.6&.2\\.4&.8\end{bmatrix} \quad \text{그리고} \quad A^\infty=\begin{bmatrix}1/3&1/3\\2/3&2/3\end{bmatrix}$$

11 고윳값 $\lambda_1 \neq \lambda_2$인 2×2 행렬에 대한 이상한 사실이 있다. 즉, $A-\lambda_1 I$의 열들은 고유벡터 $\boldsymbol{x}_2$의 상수배다. 왜 이래야 하는지 설명하라.

12 다음 행렬 P ($\lambda = 1$과 0인 정사영행렬)에 대한 세 개의 고유벡터를 구하라.

$$\textbf{정사영행렬} \qquad P = \begin{bmatrix} .2 & .4 & 0 \\ .4 & .8 & 0 \\ 0 & 0 & 1 \end{bmatrix}$$

두 개의 고유벡터가 동일한 고윳값을 공유한다면, 이 고유벡터들의 모든 일차결합도 동일한 고윳값을 공유한다. 성분 중에 0이 없는 P의 고유벡터를 구하라.

13 단위벡터 $\boldsymbol{u} = (1,1,3,5)/6$으로부터 계수가 1인 사영행렬 $P = \boldsymbol{u}\boldsymbol{u}^T$를 구축하라. $\boldsymbol{u}^T\boldsymbol{u} = 1$이기 때문에 이 행렬은 $P^2 = P$를 만족한다.

(a) $(\boldsymbol{u}\boldsymbol{u}^T)\boldsymbol{u} = \boldsymbol{u}(\boldsymbol{u}^T\boldsymbol{u}) = \boldsymbol{u}$로부터 $P\boldsymbol{u} = \boldsymbol{u}$가 나온다. 그러면 $\boldsymbol{u}$는 고윳값 $\lambda = 1$에 대한 고유벡터다. 이 경우에 $P^{100}\boldsymbol{u}$를 구하라.

(b) $\boldsymbol{v}$가 $\boldsymbol{u}$와 수직이라면, $P\boldsymbol{v} = \mathbf{0}$임을 보여라. 그러면 $\lambda = 0$이다.

(c) $\lambda = 0$에 대한 P의 세 개의 독립인 고유벡터들을 구하라.

14 이차방정식의 근의 공식으로 $\det(Q - \lambda I) = 0$을 풀어 $\lambda = \cos\theta \pm i\sin\theta$에 도달하라.

$$Q = \begin{bmatrix} \cos\theta & -\sin\theta \\ \sin\theta & \cos\theta \end{bmatrix} \quad \text{는 } xy \text{ 평면을 } \theta \text{만큼 회전시킨다. 실수인 } \lambda \text{는 없다.}$$

$(Q - \lambda I)\boldsymbol{x} = \mathbf{0}$을 풀어서 Q의 고유벡터들을 구하라. $i^2 = -1$인 사실을 이용하라.

15 모든 치환행렬은 $\boldsymbol{x} = (1, 1, \ldots, 1)$을 그대로 둔다. 그러면 $\lambda = 1$이다. $\det(P - \lambda I) = 0$으로부터 다음 치환행렬에 대한 (아마도 복소수인) λ를 두 개 더 구하라.

$$P = \begin{bmatrix} 0 & 1 & 0 \\ 0 & 0 & 1 \\ 1 & 0 & 0 \end{bmatrix} \quad \text{그리고} \quad P = \begin{bmatrix} 0 & 0 & 1 \\ 0 & 1 & 0 \\ 1 & 0 & 0 \end{bmatrix}$$

16 **A의 행렬식은 곱 $\boldsymbol{\lambda}_1\boldsymbol{\lambda}_2\cdots\boldsymbol{\lambda}_n$과 같다.** 다항식 $\det(A - \lambda I)$로 시작하여 n개의 인수들로 인수분해하라 (언제나 가능함). 그런 다음 $\lambda = 0$으로 둔다.

$$\det(A - \lambda I) = (\lambda_1 - \lambda)(\lambda_2 - \lambda)\cdots(\lambda_n - \lambda) \quad \text{그러므로} \quad \det A = \underline{\qquad\qquad}$$

마르코프 행렬의 고윳값이 $\lambda = 1$과 $\frac{1}{2}$인 예제 1에서 이 규칙을 체크하라.

17 A가 $\lambda_1 = 4$와 $\lambda_2 = 5$를 갖는다면 $\det(A - \lambda I) = (\lambda - 4)(\lambda - 5) = \lambda^2 - 9\lambda + 20$이다. 대각합이 $a + d = 9$이고 행렬식은 20이고 $\lambda = 4, 5$인 세 개의 행렬을 구하라.

18 3×3 행렬 B의 고윳값이 $0, 1, 2$라고 알려져 있다. 이것은 다음 중 세 개를 구하는 데 충분한 정보다. (가능하다면 그 답을 구하라.)

(a) B의 계수 (b) $B^T B$의 행렬식

(c) $B^T B$의 고윳값 (d) $(B^2 + I)^{-1}$의 고윳값

19 각각 $4, 7$과 $1, 2, 3$이 고윳값이 되도록 A와 C의 마지막 행을 선택하라.

$$\textbf{동반행렬} \qquad A = \begin{bmatrix} 0 & 1 \\ * & * \end{bmatrix} \quad C = \begin{bmatrix} 0 & 1 & 0 \\ 0 & 0 & 1 \\ * & * & * \end{bmatrix}$$

20 ***A의 고윳값은 A^T의 고윳값과 같다.*** 이것은 $\det(A - \lambda I)$가 $\det(A^T - \lambda I)$와 같기 때문이다. 이것은 ________이기 때문에 참이다. A와 A^T의 고유벡터들은 동일하지 않음을 예를 들어 보여라.

21 $\lambda_1 = \lambda_2 = 0$인 세 개의 2×2 행렬을 구하라. 대각합은 0이고 행렬식도 0이다. A는 영행렬이 아닐 것이지만 $A^2 = 0$인지 체크하라.

22 다음 행렬은 계수 1인 특이행렬이다. 세 개의 λ와 세 개의 고유벡터를 구하라.

$$A = \begin{bmatrix} 1 \\ 2 \\ 1 \end{bmatrix} \begin{bmatrix} 2 & 1 & 2 \end{bmatrix} = \begin{bmatrix} 2 & 1 & 2 \\ 4 & 2 & 4 \\ 2 & 1 & 2 \end{bmatrix}$$

모든 고윳값들은
게르시고린 원 내에 있다
$|\lambda - 2| \le 8$.

23 A와 B가 동일한 독립인 고유벡터들 $\boldsymbol{x}_1, \dots, \boldsymbol{x}_n$과 동일한 고윳값들 $\lambda_1, \dots, \lambda_n$을 가진다고 하자. 그러면 $A = B$다. 이유: 임의의 벡터 $\boldsymbol{x}$는 일차결합 $c_1\boldsymbol{x}_1 + \cdots + c_n\boldsymbol{x}_n$이다. $A\boldsymbol{x}$는 무엇인가? $B\boldsymbol{x}$는 무엇인가?

24 A와 C의 계수와 네 개의 고윳값들을 구하라.

$$A = \begin{bmatrix} 1 & 1 & 1 & 1 \\ 1 & 1 & 1 & 1 \\ 1 & 1 & 1 & 1 \\ 1 & 1 & 1 & 1 \end{bmatrix} \quad \text{그리고} \quad C = \begin{bmatrix} 1 & 0 & 1 & 0 \\ 0 & 1 & 0 & 1 \\ 1 & 0 & 1 & 0 \\ 0 & 1 & 0 & 1 \end{bmatrix}$$

25 (복습) A, B 그리고 C의 고윳값들을 구하라.

$$A = \begin{bmatrix} 1 & 2 & 3 \\ 0 & 4 & 5 \\ 0 & 0 & 6 \end{bmatrix} \quad \text{그리고} \quad B = \begin{bmatrix} 0 & 0 & 1 \\ 0 & 2 & 0 \\ 3 & 0 & 0 \end{bmatrix} \quad \text{그리고} \quad C = \begin{bmatrix} 2 & 2 & 2 \\ 2 & 2 & 2 \\ 2 & 2 & 2 \end{bmatrix}$$

26 A의 고윳값이 $0, 3, 5$이고 고유벡터는 독립인 $\boldsymbol{u}, \boldsymbol{v}, \boldsymbol{w}$라고 하자.

(a) 영공간의 기저와 열공간의 기저를 구하라.

(b) $A\boldsymbol{x} = \boldsymbol{v} + \boldsymbol{w}$에 대한 특수해 $\boldsymbol{x}$를 구하라. 전체 해를 구하라.

(c) $A\boldsymbol{x} = \boldsymbol{u}$는 해가 없다. 해를 갖는다면 ________은 열공간 내에 있을 것이다.

도전 문제

27 $\boldsymbol{u}$는 계수가 1인 2×2 행렬 $A = \boldsymbol{u}\boldsymbol{v}^T$의 고유벡터임을 보여라. A의 고윳값 두 개를 구하라. $\lambda_1 + \lambda_2$가 대각합 $u_1 v_1 + u_2 v_2 = \boldsymbol{u}^T\boldsymbol{v}$와 일치하는지 체크하라.

28 여섯 개의 3×3 치환행렬 P가 존재한다. 어떤 수가 P의 행렬식이 될 수 있을까? 어떤 수가 피벗이 될 수 있을까? 어떤 수가 P의 대각합이 될 수 있을까? 15번 문제에서와 마찬가지로, 어떤 네 개의 수가 P의 고윳값이 될 수 있을까?

29 **(하이젠베르크의 불확정성 원리)** $A = A^T$와 $B = -B^T$를 만족하는 무한히 많은 행렬에 대해 $AB - BA = I$가 될 수 있다. 그러면

$$\boldsymbol{x}^T\boldsymbol{x} = \boldsymbol{x}^T AB\boldsymbol{x} - \boldsymbol{x}^T BA\boldsymbol{x} \le 2\|A\boldsymbol{x}\|\|B\boldsymbol{x}\|$$

슈바르츠 부등식 $|\boldsymbol{u}^T\boldsymbol{v}| \le \|\boldsymbol{u}\|\|\boldsymbol{v}\|$을 이용하여 마지막 단계를 설명하라. 그러면 하이젠베르크의 부등식은 $\|A\boldsymbol{x}\|/\|\boldsymbol{x}\|$ 곱하기 $\|B\boldsymbol{x}\|/\|\boldsymbol{x}\|$이 최소한 $\frac{1}{2}$임을 말한다. 위치 오차와 모멘텀 오차를 모두 매우 작게 하는 것은 불가능하다.

30 $A^3 = I$를 만족하는 (I 이외의) 2×2 회전 행렬을 구하라. 이것의 고윳값들은 $\lambda^3 = 1$을 만족해야 한다. 이것들은 $e^{2\pi i/3}$과 $e^{-2\pi i/3}$일 수 있다. 대각합과 행렬식은 얼마인가?

6.2 행렬의 대각화

1. $AX = X\Lambda$의 열들은 $A\boldsymbol{x}_k = \lambda_k \boldsymbol{x}_k$다. 고윳값 행렬 Λ는 대각행렬이다.
2. X 내의 n개의 독립인 고유벡터들은 A를 대각화한다. $\boxed{\boldsymbol{A} = \boldsymbol{X\Lambda X}^{-1}}$ 그리고 $\boxed{\boldsymbol{\Lambda} = \boldsymbol{X}^{-1}\boldsymbol{AX}}$
3. $\boldsymbol{u}_k = A^k\boldsymbol{u}_0 = X\Lambda^k X^{-1}\boldsymbol{u}_0 = \boxed{c_1(\lambda_1)^k\boldsymbol{x}_1 + \cdots + c_n(\lambda_n)^k\boldsymbol{x}_n}$은 $\boldsymbol{u}_{k+1} = A\boldsymbol{u}_k$의 해다.
4. 동일한 고윳값이 없다 $\Rightarrow$ X 내에 n개의 독립인 고유벡터가 있고, A를 대각화할 수 있다.

   동일한 고윳값이 있다 $\Rightarrow$ A의 독립인 고유벡터가 너무 적을 수 있다. 그러면 X^{-1}가 없다.
5. 모든 행렬 $C = B^{-1}AB$는 A와 고윳값이 동일하다. 이러한 C를 A와 **"상사"**라고 한다.

$\boldsymbol{x}$가 고유벡터이면, A를 곱하는 것은 단지 수 λ를 곱하는 것이다. 즉 $A\boldsymbol{x} = \lambda\boldsymbol{x}$. 행렬의 모든 어려움들이 날라간다. 서로 얽혀 있는 연립방정식 대신에 개별적으로 고유벡터들을 따라갈 수 있다. 이것은 비대각 성분끼리 얽힘이 없는 대각행렬을 갖는 것과 같다. 대각행렬의 100번 거듭제곱은 계산이 쉽다.

이 절의 포인트는 매우 직접적이다. ***고유벡터를 적절하게 사용하면 A가 대각행렬 Λ로 바뀐다.*** A를 대각화하는 것은 핵심 아이디어를 행렬로 표현한 것이다.

$n \times n$ 행렬 A의 n개의 일차독립인 고유벡터 $\boldsymbol{x}_1, \ldots, \boldsymbol{x}_n$가 있다고 하자. 이것들을 ***고유벡터 행렬 $\boldsymbol{X}$의 열로 집어 넣는다.*** 그러면 $\boldsymbol{AX} = \boldsymbol{X\Lambda}$임을 증명할 것이다.

따라서 $\boldsymbol{X^{-1}AX}$ **는 고윳값 행렬** $\boldsymbol{\Lambda}$ **이다**

고유벡터 행렬 $\boldsymbol{X}$
고윳값 행렬 $\boldsymbol{\Lambda}$

$$\boldsymbol{X^{-1}AX} = \boldsymbol{\Lambda} = \begin{bmatrix} \boldsymbol{\lambda_1} & & \\ & \ddots & \\ & & \boldsymbol{\lambda_n} \end{bmatrix} \qquad (1)$$

행렬 A가 "대각화되었다". (A의 고윳값인) 소문자 λ들이 대각선 위에 있기 때문에 고윳값 행렬에 대해 대문자 Λ를 사용한다.

예제 **1** 다음 A는 삼각행렬이므로 이 행렬의 고윳값 1과 6이 주대각선에 있다.

고유벡터들이
$\boldsymbol{X}$**로 들어간다** $\begin{bmatrix} \mathbf{1} \\ \mathbf{0} \end{bmatrix} \begin{bmatrix} \mathbf{1} \\ \mathbf{1} \end{bmatrix}$

$$\underset{\boldsymbol{X^{-1}}}{\begin{bmatrix} 1 & -1 \\ 0 & 1 \end{bmatrix}} \underset{\boldsymbol{A}}{\begin{bmatrix} \mathbf{1} & \mathbf{5} \\ \mathbf{0} & \mathbf{6} \end{bmatrix}} \underset{\boldsymbol{X}}{\begin{bmatrix} 1 & 1 \\ 0 & 1 \end{bmatrix}} = \underset{\boldsymbol{\Lambda}}{\begin{bmatrix} \mathbf{1} & 0 \\ 0 & \mathbf{6} \end{bmatrix}}$$

즉 $A = X\Lambda X^{-1}$이다. 그러면 $A^2 = X\Lambda X^{-1}X\Lambda X^{-1}$이므로 $\boldsymbol{A^2}$**은** $\boldsymbol{X\Lambda^2X^{-1}}$ **이다.**

$\boldsymbol{A^2}$ 은 $\boldsymbol{X}$ 에 있는 동일한 고유벡터를 가지며 이것의 고윳값의 제곱은 $\boldsymbol{\Lambda^2}$ 안에 있다.

왜 $\boldsymbol{AX = X\Lambda}$**일까?** A에 X의 열들인 이 행렬의 고유벡터들을 곱한다. AX의 첫 번째 열은 $A\boldsymbol{x}_1$이다. 이것은 $\lambda_1\boldsymbol{x}_1$이다. X의 각 열은 A의 고윳값과 곱해진다.

$\boldsymbol{A}$ 곱하기 $\boldsymbol{X}$ $$AX = A\begin{bmatrix} \boldsymbol{x}_1 & \cdots & \boldsymbol{x}_n \end{bmatrix} = \begin{bmatrix} \lambda_1\boldsymbol{x}_1 & \cdots & \lambda_n\boldsymbol{x}_n \end{bmatrix}$$

핵심 아이디어는 이 행렬 AX를 X 곱하기 Λ로 분해하는 것이다.

$\boldsymbol{X}$ 곱하기 $\boldsymbol{\Lambda}$ $$\begin{bmatrix} \lambda_1\boldsymbol{x}_1 & \cdots & \lambda_n\boldsymbol{x}_n \end{bmatrix} = \begin{bmatrix} \boldsymbol{x}_1 & \cdots & \boldsymbol{x}_n \end{bmatrix} \begin{bmatrix} \lambda_1 & & \\ & \ddots & \\ & & \lambda_n \end{bmatrix} = X\Lambda$$

이 행렬들의 순서를 올바르게 유지해야 한다! 그러면 보이는 것처럼 λ_1이 첫 번째 열 $\boldsymbol{x}_1$에 곱해진다. 대각화가 완료되었고 두 가지 좋은 방식으로 $AX = X\Lambda$를 쓸 수 있다.

$$\boxed{AX = X\Lambda \text{ 는 } \boldsymbol{X^{-1}AX = \Lambda} \text{ 또는 } \boldsymbol{A = X\Lambda X^{-1}}} \qquad (2)$$

행렬 X는 역행렬이 존재하는데 (A의 고유벡터들인) 이 행렬의 열들이 일차독립이라고 가정하였기 때문이다. n개의 독립인 고유벡터 없이는 A를 대각화할 수 없다.

A와 Λ는 동일한 고윳값 $\lambda_1, \dots, \lambda_n$을 갖는다. 그러나 이 둘의 고유벡터들은 다르다. 원래의 고유벡터들 $\boldsymbol{x}_1, \dots, \boldsymbol{x}_n$이 해야 할 일은 A를 대각화하는 것이었다. X 내의 이 고유벡터들은 $A = X\Lambda X^{-1}$을 만든다. 곧 이 대각화의 단순함과 중요성 그리고 의미를 알게 될 것이다. k 거듭제곱은 $A^k = X\Lambda^k X^{-1}$이 될 것이고 계산이 쉽다.

$$\boldsymbol{A^k = (X\Lambda X^{-1})(X\Lambda X^{-1}) \dots (X\Lambda X^{-1}) = X\Lambda^k X^{-1}}$$

예제 1
$\boldsymbol{\lambda = 1}$ **과** $\boldsymbol{6}$

$$\begin{bmatrix} 1 & 5 \\ 0 & 6 \end{bmatrix}^k = \begin{bmatrix} 1 & 1 \\ 0 & 1 \end{bmatrix} \begin{bmatrix} 1 & \\ & 6^k \end{bmatrix} \begin{bmatrix} 1 & -1 \\ 0 & 1 \end{bmatrix} = \begin{bmatrix} \mathbf{1} & \boldsymbol{6^k - 1} \\ 0 & \boldsymbol{6^k} \end{bmatrix} = A^k$$

$k = 1$이면 A를 얻는다. $k = 0$이면 $A^0 = I$를 얻는다 (그리고 $\lambda^0 = 1$). $k = -1$이면 고윳값 1과 $\frac{1}{6}$을 가진 A^{-1}을 얻는다. $A^2 = [\,1 \quad 35; \quad 0 \quad 36]$이 $k = 2$일 때 공식과 어떻게 잘 들어맞는지 볼 수 있다.

예제 2에서의 Λ를 다시 사용하기 전에 네 가지 참고 사항을 간단히 언급하고자 한다.

참고 1 고윳값 $\lambda_1, \dots, \lambda_n$이 모두 다르다고 가정하자. 그러면 고유벡터들 $\boldsymbol{x}_1, \dots, \boldsymbol{x}_n$들은 자동으로 일차독립이고, 고유벡터 행렬 X는 가역이 될 것이다. ***중복된 고윳값이 없는 모든 행렬은 대각화가능하다.***

참고 2 ***고유벡터에 0이 아닌 임의의 상수를 곱할 수 있다.*** $A(c\boldsymbol{x}) = \lambda(c\boldsymbol{x})$는 여전히 참이다. 예제 1에서, 단위 고유벡터를 만들기 위해 $\boldsymbol{x} = (1, 1)$을 $\sqrt{2}$로 나눌 수 있다.

MATLAB과 실질적으로 모든 다른 코드들은 길이가 $\|\boldsymbol{x}\| = 1$인 고유벡터를 만들어 낸다.

참고 3 X 내의 고유벡터들은 Λ 내의 고윳값들과 동일한 순서로 나온다. Λ에서의 순서를 거꾸로 하기 위해서는 X에서 고유벡터 $(1, 0)$ 앞에 고유벡터 $(1, 1)$을 배치한다.

새로운 순서 6, 1

$$\begin{bmatrix} 0 & 1 \\ 1 & -1 \end{bmatrix} \begin{bmatrix} 1 & 5 \\ 0 & 6 \end{bmatrix} \begin{bmatrix} 1 & 1 \\ 1 & 0 \end{bmatrix} = \begin{bmatrix} \mathbf{6} & 0 \\ 0 & \mathbf{1} \end{bmatrix} = \Lambda_{\text{new}}$$

A를 대각화하기 위해서는 고유벡터 행렬을 반드시 사용해야만 한다. $X^{-1}AX = \Lambda$로부터 $AX = X\Lambda$임을 안다. X의 첫 번째 열이 $\boldsymbol{x}$라고 가정하자. 그러면 AX와 $X\Lambda$의 첫 번째 열은 $A\boldsymbol{x}$와 $\lambda_1 \boldsymbol{x}$다. 이 두 벡터가 같으려면, $\boldsymbol{x}$가 고유벡터여야 한다.

참고 4 (중복된 고윳값에 대해 다시 한 번 주의) 어떤 행렬들은 고유벡터들의 개수가 충분하지 못하다. 이러한 행렬들은 대각화할 수 없다. 다음은 두 가지 예다.

A와 B는 대각화할 수 없다
오직 한 개의 고유벡터만 갖는다 $\quad A = \begin{bmatrix} 1 & -1 \\ 1 & -1 \end{bmatrix}$ 그리고 $B = \begin{bmatrix} 0 & 1 \\ 0 & 0 \end{bmatrix}$

이들의 고윳값은 우연히도 0과 0이다. $\lambda = 0$에 대해서는 특별할 것은 없다. 문제는 λ가 반복되는 것이다. 첫 번째 행렬의 모든 고유벡터는 $(1, 1)$의 상수배다.

오직 한 직선의 고유벡터들 $\quad A\boldsymbol{x} = 0\boldsymbol{x}$는 $\begin{bmatrix} 1 & -1 \\ 1 & -1 \end{bmatrix} \begin{bmatrix} \boldsymbol{x} \end{bmatrix} = \begin{bmatrix} 0 \\ 0 \end{bmatrix}$와 $\boldsymbol{x} = c\begin{bmatrix} 1 \\ 1 \end{bmatrix}$를 의미한다.

두 번째 고유벡터는 없으므로 이 일반적이지 않은 행렬 A는 대각화할 수 없다.

이러한 행렬들은 고유벡터에 대한 임의의 명제를 테스트하기 좋은 최고의 예다. 많은 참-거짓 문제에서, 대각화불가능 행렬들은 거짓인 답으로 이끈다.

가역성과 대각화가능성 사이에는 연관이 없다는 점을 기억해야 한다.

- ***가역성***은 ***고윳값***과 관련된다 ($\lambda = 0$ 또는 $\lambda \neq 0$)
- ***대각화가능성***은 ***고유벡터***와 관련된다 (X에 대해 너무 적거나 또는 충분하거나)

각 고윳값은 최소한 하나의 고유벡터를 갖는다! $A - \lambda I$는 특이행렬이다. 만일 $(A - \lambda I)\boldsymbol{x} = \boldsymbol{0}$의 해가 $\boldsymbol{x} = \boldsymbol{0}$가 된다면, λ는 고윳값이 아니다. $\det(A - \lambda I) = 0$을 풀 때 계산 실수가 없었는지 살펴봐야 한다.

n개의 서로 다른 λ에 대한 고유벡터들은 일차독립이다. 그러면 A를 대각화할 수 있다.

> **서로 다른 λ로부터의 독립인 $\boldsymbol{x}$** 　개별적인 (모두 서로 다른) 고윳값에 해당하는 고유벡터들 $\boldsymbol{x}_1, \ldots, \boldsymbol{x}_j$은 일차독립이다. n개의 서로 다른 고윳값 (중복되지 않은 λ들)을 가진 $n \times n$ 행렬은 대각화가능해야 한다.

증명 　$c_1\boldsymbol{x}_1 + c_2\boldsymbol{x}_2 = \boldsymbol{0}$이라고 가정하자. A를 곱하면 $c_1\lambda_1\boldsymbol{x}_1 + c_2\lambda_2\boldsymbol{x}_2 = \boldsymbol{0}$이 되고, λ_2를 곱하면 $c_1\lambda_2\boldsymbol{x}_1 + c_2\lambda_2\boldsymbol{x}_2 = \boldsymbol{0}$이 된다. 이제 한 식을 다른 식으로부터 빼서 $c_1 = 0$이 되는 것을 보인다.

빼면 다음과 같다 $\quad (\lambda_1 - \lambda_2)c_1\boldsymbol{x}_1 = \boldsymbol{0}$. 　그러면 $\lambda_1 \neq \lambda_2$이기 때문에 $\boldsymbol{c}_1 = \boldsymbol{0}$이다.

이와 비슷하게 $c_2 = 0$이다. $c_1 = c_2 = 0$으로 하는 $\boldsymbol{x}$의 일차결합만이 $c_1\boldsymbol{x}_1 + c_2\boldsymbol{x}_2 = \boldsymbol{0}$가 된다. 그러므로 고유벡터 $\boldsymbol{x}_1$과 $\boldsymbol{x}_2$는 일차독립이어야 한다.

이 증명은 세 개의 고유벡터로 바로 확장된다. $c_1\boldsymbol{x}_1 + c_2\boldsymbol{x}_2 + c_3\boldsymbol{x}_3 = \mathbf{0}$이라고 가정하자. $A - \lambda_3 I$와 $\boldsymbol{x}_3$를 곱하면 사라진다. $A - \lambda_2 I$와 $\boldsymbol{x}_2$를 곱하면 사라진다.

$$\textbf{오직 } \boldsymbol{x}_1 \textbf{ 만이 남는다} \qquad (\lambda_1 - \lambda_2)(\lambda_1 - \lambda_3)c_1\boldsymbol{x}_1 = \mathbf{0}\text{은 } c_1 = 0\text{이 되게 한다.} \tag{3}$$

이와 비슷하게 모든 $c_i = 0$이다. λ가 모두 서로 다르면, 고유벡터들은 독립이다. n개의 완전한 고유벡터 집합이 고유벡터 행렬 X의 n개의 열들로 들어갈 수 있다.

예제 2 **A의 거듭제곱** 마르코프 행렬 $A = \begin{bmatrix} .8 & .3 \\ .2 & .7 \end{bmatrix}$의 고윳값은 $\lambda_1 = 1$과 $\lambda_2 = .5$이다. 다음은 대각행렬 Λ에 이 고윳값들이 들어있는 $A = X\Lambda X^{-1}$이다.

$$\textbf{마르코프 예} \qquad \begin{bmatrix} .8 & .3 \\ .2 & .7 \end{bmatrix} = \begin{bmatrix} .6 & 1 \\ .4 & -1 \end{bmatrix} \begin{bmatrix} 1 & 0 \\ 0 & .5 \end{bmatrix} \begin{bmatrix} 1 & 1 \\ .4 & -.6 \end{bmatrix} = X\Lambda X^{-1}$$

고유벡터들 $(.6, .4)$와 $(1, -1)$이 X의 열에 있다. 이것들은 또한 A^2의 고유벡터다. A^2이 어떻게 동일한 X를 가지고 ***A^2 의 고윳값 행렬이 Λ^2 인지*** 잘 관찰하라.

$$\textbf{A^2에 대한 동일한 X} \qquad \boxed{\boldsymbol{A}^2 = X\Lambda X^{-1}X\Lambda X^{-1} = \boldsymbol{X\Lambda^2X^{-1}}} \tag{4}$$

거듭제곱을 계속하면 왜 높은 차수의 A^k가 "정상상태"로 다가가는지 알게 된다.

$$\textbf{A의 거듭제곱} \qquad A^k = X\Lambda^k X^{-1} = \begin{bmatrix} .6 & 1 \\ .4 & -1 \end{bmatrix} \begin{bmatrix} 1^k & 0 \\ 0 & (.5)^k \end{bmatrix} \begin{bmatrix} 1 & 1 \\ .4 & -.6 \end{bmatrix}$$

k가 점점 커질수록, $(.5)^k$는 점점 작아진다. 극한에서는 완전히 사라진다. 이 극한이 A^∞다.

$$\textbf{극한 } \boldsymbol{k} \to \infty \qquad A^\infty = \begin{bmatrix} .6 & 1 \\ .4 & -1 \end{bmatrix} \begin{bmatrix} 1 & 0 \\ 0 & 0 \end{bmatrix} \begin{bmatrix} 1 & 1 \\ .4 & -.6 \end{bmatrix} = \begin{bmatrix} \mathbf{.6} & \mathbf{.6} \\ \mathbf{.4} & \mathbf{.4} \end{bmatrix}$$

이 극한은 두 열이 모두 고유벡터 $\boldsymbol{x}_1$이다. 이러한 A^∞를 6장의 바로 첫 페이지에서 본 적이 있는데, 이제 그것이 $A^{100} = X\Lambda^{100}X^{-1}$과 같은 거듭제곱에서 나오고 있음을 알게 된다.

질문 ***언제 $A^k \to$ 영행렬일까?*** **답** **모든 $|\boldsymbol{\lambda}| < 1$**

상사행렬: 동일한 고윳값

고윳값 행렬 Λ가 고정되었다고 가정하자. 고유벡터 행렬 X를 바꾸면서, 모두 Λ에서 동일한 고윳값을 갖는 서로 다른 행렬들 $A = X\Lambda X^{-1}$의 전체 집합을 얻게 된다. (Λ에서 동일한 고윳값을 갖는) 이러한 모든 행렬 A를 **상사(similar)**라고 한다.

이 아이디어는 대각화할 수 없는 행렬 C로 확장된다. 다시 한 번 모든 가역 행렬 B를 허용하여 행렬 $\boldsymbol{A} = \boldsymbol{BCB}^{-1}$의 전체 집합을 살펴보면, 이러한 모든 행렬 A와 C는 **상사**다.

C가 대각화되지 않을 수 있기 때문에 Λ 대신 C를 사용하고, B의 열들이 고유벡터들이 아닐 수 있기 때문에 X 대신에 B를 사용한다. B가 가역이기만 하면 된다. **상사행렬 $\boldsymbol{C}$와 $\boldsymbol{BCB}^{-1}$의 고윳값은 동일하다.**

모든 행렬들 $\boldsymbol{A} = \boldsymbol{BCB}^{-1}$은 상사다. 이 행렬들은 $\boldsymbol{C}$의 고윳값들을 공유한다.

$C\boldsymbol{x} = \lambda\boldsymbol{x}$라고 가정하자. 그러면 BCB^{-1} 또한 고윳값 λ를 갖는다. 새로운 고유벡터는 $B\boldsymbol{x}$이다.

$$\textbf{동일한 } \boldsymbol{\lambda} \qquad (BCB^{-1})(\boldsymbol{Bx}) = BC\boldsymbol{x} = B\lambda\boldsymbol{x} = \lambda(\boldsymbol{Bx}). \tag{5}$$

고정된 행렬 C가 모든 B를 허용하면서 상사 행렬 BCB^{-1}의 모든 전체 집합을 만든다. C가 항등행렬이면, 이 "집합"은 매우 작다. 유일한 원소는 $BIB^{-1} = I$다. 항등행렬은 모든 고윳값이 $\lambda = 1$이면서 대각화할 수 있는 유일한 행렬이다.

$\lambda = 1$과 1로 오직 하나의 고유벡터를 가질 때 (대각화 불가능) 이 집합은 더 크다. 이 집합 내에서 가장 간단한 C를 조르당 표준형(Jordan form)이라 한다. 이 집합 내의 모든 행렬 A의 행렬식 = 1이고 대각합 = 2이며 $A = I$인 특별한 형태는 제외한다.

$$C = \begin{bmatrix} \mathbf{1} & \mathbf{1} \\ 0 & \mathbf{1} \end{bmatrix} = \text{모든 } A\text{에 대한 조르당 표준형} = BCB^{-1} = \begin{bmatrix} 1-rs & r^2 \\ -s^2 & 1+rs \end{bmatrix} \tag{6}$$

중요한 예로서 (중복되지 않는!) 고윳값 $\lambda = 1$과 0의 경우를 보자. 이제 상사행렬의 전체 집합은 동일한 고윳값 행렬 Λ를 가지고 대각화가능하다. 고윳값이 1과 0인 모든

2×2 행렬을 얻는다. A의 대각합은 1이고 행렬식은 0이다.

모든 상사 $\quad \Lambda = \begin{bmatrix} \mathbf{1} & 0 \\ 0 & \mathbf{0} \end{bmatrix} \quad A = \begin{bmatrix} 1 & 1 \\ 0 & 0 \end{bmatrix}$ 또는 $A = \begin{bmatrix} .5 & .5 \\ .5 & .5 \end{bmatrix}$ 또는 임의의 $A = \dfrac{\boldsymbol{x}\boldsymbol{y}^T}{\boldsymbol{x}^T\boldsymbol{y}}$

이 집합은 $A = \Lambda$를 포함하여 $A^2 = A$인 모든 행렬들을 포함한다. A가 대칭행렬이면 이것들은 정사영행렬 $P^2 = P$이다. 고윳값 1과 0이 편안하게 해준다.

피보나치 수

각각의 새로운 피보나치 수가 바로 앞 두 개의 피보나치 수들의 합인 유명한 예를 소개한다. 그러면 A의 고윳값은 이 피보나치 수들이 얼마나 빠르게 커지는지 알려준다.

수열 $\quad 0, 1, 1, 2, 3, 5, 8, 13, \ldots$ **는** $F_{k+2} = F_{k+1} + F_k$ **로부터 나온다.**

문제: 피보나치 수 $\boldsymbol{F}_{100}$을 구하라 느린 방법은 한 번에 한 단계씩 규칙 $F_{k+2} = F_{k+1} + F_k$을 적용하는 것이다. $F_6 = 8$을 $F_7 = 23$에 더하여 $F_8 = 21$에 이른다. 마침내 F_{100}에 도달한다. 선형대수는 더 좋은 방법을 제시한다.

핵심은 행렬방정식 $\boldsymbol{u}_{k+1} = A\boldsymbol{u}_k$로 시작하는 것이다. 피보나치는 스칼라에 대한 두-단계 규칙을 제시한 반면, 이것은 벡터에 대한 한-단계 규칙이다. 두 개의 피보나치 수를 하나의 벡터 $\boldsymbol{u}$에 넣음으로써 이 규칙들을 매치시킨다. 그러면 다음 행렬 A를 보게 된다.

$$\boldsymbol{u}_k = \begin{bmatrix} F_{k+1} \\ F_k \end{bmatrix} \text{라고 하자. 규칙 } \begin{matrix} F_{k+2} = F_{k+1} + F_k \\ F_{k+1} = F_{k+1} \end{matrix} \text{ 는 } \boldsymbol{u}_{k+1} = \begin{bmatrix} \mathbf{1} & \mathbf{1} \\ \mathbf{1} & \mathbf{0} \end{bmatrix} \boldsymbol{u}_k \text{ 이다.} \qquad (7)$$

각 단계마다 $A = \begin{bmatrix} 1 & 1 \\ 1 & 0 \end{bmatrix}$**을 곱한다.** 100 단계 후 $\boldsymbol{u}_{100} = A^{100}\boldsymbol{u}_0$에 도달한다.

$$\boldsymbol{u}_0 = \begin{bmatrix} 1 \\ 0 \end{bmatrix}, \quad \boldsymbol{u}_1 = \begin{bmatrix} 1 \\ 1 \end{bmatrix}, \quad \boldsymbol{u}_2 = \begin{bmatrix} 3 \\ 2 \end{bmatrix}, \quad \ldots, \quad \boldsymbol{u}_{100} = \begin{bmatrix} F_{101} \\ F_{100} \end{bmatrix}$$

이 문제는 완벽한 고윳값 문제다. $A - \lambda I$의 행렬식을 계산한다.

$$A - \lambda I = \begin{bmatrix} 1-\lambda & 1 \\ 1 & -\lambda \end{bmatrix} \text{로부터 } \det(A - \lambda I) = \lambda^2 - \lambda - 1\text{을 얻는다.}$$

방정식 $\lambda^2 - \lambda - 1 = 0$의 해는 근의 공식 $(-b \pm \sqrt{b^2 - 4ac})/2a$로부터 다음과 같다.

$$\textbf{고윳값} \qquad \lambda_1 = \frac{1+\sqrt{5}}{2} \approx \mathbf{1.618} \quad \text{그리고} \quad \lambda_2 = \frac{1-\sqrt{5}}{2} \approx \mathbf{-0.618}$$

이 고윳값들로부터 고유벡터 $\boldsymbol{x}_1 = (\lambda_1, 1)$과 $\boldsymbol{x}_2 = (\lambda_2, 1)$을 얻는다. 2 단계에서 시작 벡터 $\boldsymbol{u}_0 = (1, 0)$이 되는 이 고유벡터들의 일차결합을 구한다.

$$\begin{bmatrix}1\\0\end{bmatrix} = \frac{1}{\lambda_1 - \lambda_2}\left(\begin{bmatrix}\lambda_1\\1\end{bmatrix} - \begin{bmatrix}\lambda_2\\1\end{bmatrix}\right) \quad \text{즉} \quad \boldsymbol{u}_0 = \frac{\boldsymbol{x}_1 - \boldsymbol{x}_2}{\lambda_1 - \lambda_2} \tag{8}$$

3 단계에서는 $\boldsymbol{u}_0$에 A^{100}을 곱하여 $\boldsymbol{u}_{100}$을 구한다. 고유벡터 $\boldsymbol{x}_1$과 $\boldsymbol{x}_2$가 개별적으로 머물러 있다! 이 고유벡터에 $(\lambda_1)^{100}$과 $(\lambda_2)^{100}$이 곱해진다.

$$\boldsymbol{u}_0 \textbf{ 로부터 100 단계 후} \qquad \boldsymbol{u}_{100} = \frac{(\lambda_1)^{100}\boldsymbol{x}_1 - (\lambda_2)^{100}\boldsymbol{x}_2}{\lambda_1 - \lambda_2} \tag{9}$$

우리는 $F_{100} = \boldsymbol{u}_{100}$의 두 번째 원소를 원한다. $\boldsymbol{x}_1$과 $\boldsymbol{x}_2$의 두 번째 원소들은 1이다. $\lambda_1 = (1+\sqrt{5})/2$와 $\lambda_2 = (1-\sqrt{5})/2$의 차는 $\sqrt{5}$다. 그리고 $\lambda_2^{100} \approx 0$이다.

$$\text{100번째 피보나치 수} = \frac{\boldsymbol{\lambda}_1^{100} - \boldsymbol{\lambda}_2^{100}}{\boldsymbol{\lambda}_1 - \boldsymbol{\lambda}_2} = \frac{1}{\sqrt{5}}\left(\frac{1+\sqrt{5}}{2}\right)^{100} \text{에 가장 가까운 정수} \tag{10}$$

모든 F_k는 정수다. 비 F_{101}/F_{100}은 극한 비 $(1+\sqrt{5})/2$에 매우 가까워야 한다. 그리스인들은 이 수를 "황금비"라고 불렀다. 어떤 이유에서 변 길이가 1.681과 1인 직사각형은 특히 우아하게 보인다.

행렬 거듭제곱 A^k

피보나치의 예는 전형적인 차분방정식 $\boldsymbol{u}_{k+1} = A\boldsymbol{u}_k$이다. ***각 단계마다 A를 곱한다.*** 해는 $\boldsymbol{u}_k = A^k\boldsymbol{u}_0$이다. 어떻게 행렬을 대각화로 A^k를 빠르게 계산하고 3 단계만에 $\boldsymbol{u}_k$를 구할 수 있는지 명확하게 이해하고자 한다.

고유벡터 행렬 X는 $A = X\Lambda X^{-1}$을 만든다. 이것은 $A = LU$ 또는 $A = QR$과 같이 행렬의 분해다. 이 새로운 분해는 거듭제곱을 계산하는 데 완벽하게 들어맞는데, X^{-1}과

X를 곱할 때마다 I가 되기 때문이다.

$$\textbf{A의 거듭제곱} \quad A^k\boldsymbol{u}_0 = (X\Lambda X^{-1})\cdots(X\Lambda X^{-1})\boldsymbol{u}_0 = \boldsymbol{X\Lambda X^{-1}}\boldsymbol{u}_0$$

$X\Lambda X^{-1}\boldsymbol{u}_0$을 세 단계로 쪼갤 것이다. 식 (11)은 고윳값이 어떻게 작동하는지 보여줄 것이다.

1. $\boldsymbol{u}_0$을 고유벡터들의 일차결합 $c_1\boldsymbol{x}_1 + \cdots + c_n\boldsymbol{x}_n$으로 쓴다. 그러면 $c = X^{-1}\boldsymbol{u}_0$이다.
2. 각 고유벡터 $\boldsymbol{x}_i$에 $(\lambda_i)^k$를 곱한다. 그러면 $\Lambda^k X^{-1}\boldsymbol{u}_0$이 된다.
3. 조각들 $c_i(\lambda_i)^k\boldsymbol{x}_i$를 더하여 해 $\boldsymbol{u}_k = A^k\boldsymbol{u}_0$을 구한다. 이것이 $X\Lambda X^{-1}\boldsymbol{u}_0$이다.

$$\boldsymbol{u_{k+1}} = \boldsymbol{Au_k}\textbf{에 대한 해} \quad \boldsymbol{u}_k = A^k\boldsymbol{u}_0 = c_1(\lambda_1)^k\boldsymbol{x}_1 + \cdots + c_n(\lambda_n)^k\boldsymbol{x}_n \tag{11}$$

행렬 용어로 A^k는 X 곱하기 Λ^k 곱하기 X^{-1}인 $(X\Lambda X^{-1})^k$와 같다. 1 단계에서, X에 있는 고유벡터들은 일차결합 $\boldsymbol{u}_0 = c_1\boldsymbol{x}_1 + \cdots + c_n\boldsymbol{x}_n$에 있는 c들을 유도한다.

$$\text{1 단계} \qquad \boldsymbol{u}_0 = \begin{bmatrix} \boldsymbol{x}_1 & \cdots & \boldsymbol{x}_n \end{bmatrix} \begin{bmatrix} c_1 \\ \vdots \\ c_n \end{bmatrix}. \quad \text{이것은 } \boldsymbol{u}_0 = X\boldsymbol{c}\text{임을 말한다.} \tag{12}$$

1 단계에서 계수들은 $\boldsymbol{c} = X^{-1}\boldsymbol{u}_0$이다. 그러면 2 단계에서는 각 c_k에 Λ^k를 곱한다. 3 단계에서 최종 결과 $\boldsymbol{u}_k = \sum c_i(\lambda_i)^k\boldsymbol{x}_i$는 X와 Λ^k와 $\boldsymbol{c} = X^{-1}\boldsymbol{u}_0$의 곱이다.

$$\boldsymbol{A^k u}_0 = X\Lambda^k X^{-1}\boldsymbol{u}_0 = X\Lambda^k\boldsymbol{c} = \begin{bmatrix} \boldsymbol{x}_1 & \cdots & \boldsymbol{x}_n \end{bmatrix} \begin{bmatrix} (\boldsymbol{\lambda}_1)^{\boldsymbol{k}} & & \\ & \ddots & \\ & & (\boldsymbol{\lambda_n})^{\boldsymbol{k}} \end{bmatrix} \begin{bmatrix} c_1 \\ \vdots \\ c_n \end{bmatrix} \tag{13}$$

이 결과는 정확하게 $\boldsymbol{u_k} = \boldsymbol{c}_1(\boldsymbol{\lambda}_1)^{\boldsymbol{k}}\boldsymbol{x}_1 + \cdots + \boldsymbol{c_n}(\boldsymbol{\lambda_n})^{\boldsymbol{k}}\boldsymbol{x_n}$이고, $\boldsymbol{u}_{k+1} = A\boldsymbol{u}_k$의 해다.

대각화불가능 행렬 (선택)

λ가 A의 고윳값이라고 가정하자. 이 사실을 두 가지 방식으로 발견한다.

1 **고유벡터** (기하적) $\quad A\boldsymbol{x} = \lambda\boldsymbol{x}$에 대한 0이 아닌 해가 존재한다.

2 **고윳값** (대수적) $\quad A - \lambda I$의 행렬식이 0이다.

수 λ는 단순 고윳값 또는 중복된 고윳값일 수 있고 이것의 **중복도**(multiplicity)를 알고 싶어한다. 대부분의 고윳값들의 중복도는 $M = 1$ (단순 고윳값)이다. 그러면 단일 직선의 고유벡터가 존재하고, $\det(A - \lambda I)$는 제곱 인수가 없다.

예외적인 행렬에 대해, 고윳값이 ***중복될***(repeated) 수 있다. 그러면 이것의 중복도를 세는 두 가지 다른 방법이 존재한다. 모든 λ에 대해 언제나 GM $\leq$ AM이다.

1 (기하 중복도 = GM) λ에 대한 **독립인 고유벡터들**을 센다. 그러면 GM은 $A - \lambda I$의 영공간의 차원이다.

2 (대수 중복도 = AM) AM은 A의 고윳값들 사이에서 **λ가 중복된 횟수**를 센다. $\det(A - \lambda I) = 0$의 n개의 근을 살핀다.

만일 A의 고윳값 $\lambda = 4, 4, 4$이면, 이 고윳값의 AM = 3이고 GM = 1 또는 2 또는 3이다.

다음 행렬 A는 골치아픈 예다. 이 행렬의 $\lambda = 0$는 중복된다. 이것은 단지 한 개의 독립인 고유벡터 $\boldsymbol{x} = (1, 0)$만 존재하는 두 번 중복되는 고윳값 (AM = 2)이다.

AM = **2**
GM = **1**

$$A = \begin{bmatrix} 0 & 1 \\ 0 & 0 \end{bmatrix} \text{의 } \det(A - \lambda I) = \begin{vmatrix} -\lambda & 1 \\ 0 & -\lambda \end{vmatrix} = \lambda^2 \text{이다.}$$

$\boldsymbol{\lambda} = \mathbf{0, 0}$ 그러나 고유벡터 한 개

GM이 AM보다 작을 때 이렇게 고유벡터가 부족한 것은 A가 대각화불가능함을 의미한다.

풀이가 있는 연습 문제

6.2 A 다음 행렬 A의 역행렬과 고윳값과 행렬식을 구하라.

$$\boldsymbol{A} = 5 * \text{eye}(4) - \text{ones}(4) = \begin{bmatrix} 4 & -1 & -1 & -1 \\ -1 & 4 & -1 & -1 \\ -1 & -1 & 4 & -1 \\ -1 & -1 & -1 & 4 \end{bmatrix}$$

$X^{-1}AX = \Lambda$가 되게 하는 고유벡터 행렬 X를 묘사하라.

풀이 모든 성분이 1인 행렬의 고윳값은 무엇일까? 이 행렬의 계수는 틀림없이 1이므로, 세 개의 고윳값은 $\lambda = 0, 0, 0$이다. 대각합은 4이므로 또 다른 고윳값은 $\lambda = 4$다. 모든 원소가 1인 이 행렬을 $5I$에서 빼면 위의 행렬 A를 얻는다.

$\mathbf{5, 5, 5, 5}$로부터 고윳값 $\mathbf{4, 0, 0, 0}$을 뺀다. $\boldsymbol{A}$의 고윳값은 $\mathbf{1, 5, 5, 5}$다.

A의 행렬식은 이 네 고윳값의 곱인 125다. $\lambda = 1$에 대한 고유벡터는 $\boldsymbol{x} = (1,1,1,1)$ 또는 (c,c,c,c)다. 다른 고유벡터들은 $\boldsymbol{x}$와 수직이다 (A가 대칭행렬이기 때문에). 가장 멋진 고유벡터 행렬 X는 대칭행렬이자 직교행렬인 **아다마르 행렬**(Hadamard matrix) $\boldsymbol{H}$다. 인수 $\frac{1}{2}$은 단위 열벡터 = A의 고유벡터가 되게 한다.

$$\textbf{정규직교인 고유벡터들} \quad X = H = \frac{1}{2}\begin{bmatrix} 1 & 1 & 1 & 1 \\ 1 & -1 & 1 & -1 \\ 1 & 1 & -1 & -1 \\ 1 & -1 & -1 & 1 \end{bmatrix} = H^T = H^{-1}$$

A^{-1}의 고윳값들은 $1, \frac{1}{5}, \frac{1}{5}, \frac{1}{5}$이다. 고유벡터는 변하지 않으므로 $A^{-1} = H\Lambda^{-1}H^{-1}$이다. 역행렬은 놀랍도록 깔끔하다. $A^{-1} = (I +$ 모든 성분이 $1)/5$.

A의 계수는 $5I$의 계수에서 1만큼 바뀌고 (즉 4), A^{-1}의 계수는 $I/5$의 계수에서 1만큼 바뀐다 (즉 4).

다섯 개의 노드를 가진 그래프에서, 행렬식 125는 "신장 트리(spanning tree)" 의 개수를 센 값이다. 이 트리들은 **루프가 없고** 다섯 개의 모든 노드와 닿는다. 노드가 여섯 개라면, 행렬 $6 *$ eye(5) − ones(5)의 다섯 개의 고윳값은 $1, 6, 6, 6, 6$이다.

연습 문제

1–7번 문제는 고윳값 행렬 Λ와 고유벡터 행렬 X에 관한 것이다.

1 (a) 다음 행렬들을 $A = X\Lambda X^{-1}$로 분해하라.

$$A = \begin{bmatrix} 1 & 2 \\ 0 & 3 \end{bmatrix} \qquad \text{그리고} \qquad A = \begin{bmatrix} 1 & 1 \\ 3 & 3 \end{bmatrix}$$

(b) $A = X\Lambda X^{-1}$이면 $A^3 = (\quad)(\quad)(\quad)$ 그리고 $A^{-1} = (\quad)(\quad)(\quad)$.

2 A의 고유벡터가 $\boldsymbol{x}_1 = \begin{bmatrix} 1 \\ 0 \end{bmatrix}$일 때 고윳값이 $\lambda_1 = 2$이고, $\boldsymbol{x}_2 = \begin{bmatrix} 1 \\ 1 \end{bmatrix}$일 때 고윳값이 $\lambda_2 = 5$이면, $X\Lambda X^{-1}$을 이용하여 A를 구하라. 동일한 λ와 $\boldsymbol{x}$를 갖는 다른 행렬은 없다.

3 $A = X\Lambda X^{-1}$라고 하자. $A + 2I$에 대한 고윳값 행렬은 무엇인가? 고유벡터 행렬은 무엇인가? $A + 2I = (\quad)(\quad)(\quad)^{-1}$인지 체크하라.

4 참 또는 거짓을 말하라. (A의 고유벡터인) X의 열들이 일차독립이면

(a) A는 가역이다 (b) A는 대각화가능이다

(c) X는 가역이다 (d) X는 대각화가능이다

5 A의 고유벡터들이 I의 열들이면, A는 ______ 행렬이다. 고유벡터 행렬 X가 삼각행렬이면, X^{-1}은 삼각행렬이다. A 또한 삼각행렬임을 증명하라.

6 다음 행렬 A를 대각화하는 모든 행렬 X를 묘사하라 (모든 고유벡터들을 구하라).

$$A = \begin{bmatrix} 4 & 0 \\ 1 & 2 \end{bmatrix} \quad \text{왜 이 } X\text{는 또한 } A^{-1} = \frac{1}{8}\begin{bmatrix} 2 & 0 \\ -1 & 4 \end{bmatrix}\text{를 대각화할까?}$$

7 X^{-1}를 완성하여 피보나치 행렬을 대각화하라.

$$\begin{bmatrix} 1 & 1 \\ 1 & 0 \end{bmatrix} = \begin{bmatrix} \lambda_1 & \lambda_2 \\ 1 & 1 \end{bmatrix}\begin{bmatrix} \lambda_1 & 0 \\ 0 & \lambda_2 \end{bmatrix}\begin{bmatrix} & \\ & \end{bmatrix}$$

곱셈 $\boldsymbol{X\Lambda^k X}^{-1}\begin{bmatrix} 1 \\ 0 \end{bmatrix}$를 계산하여 두 번째 성분을 구하라. 이것은 k번째 피보나치 수 $F_k = (\lambda_1^k - \lambda_2^k)/(\lambda_1 - \lambda_2)$다.

8 G_{k+2}는 바로 직전 두 개의 수 G_{k+1}와 G_k의 산술평균이라고 하자.

$$\begin{aligned} G_{k+2} &= \tfrac{1}{2}G_{k+1} + \tfrac{1}{2}G_k \\ G_{k+1} &= G_{k+1} \end{aligned} \quad \text{는} \quad \begin{bmatrix} G_{k+2} \\ G_{k+1} \end{bmatrix} = \begin{bmatrix} & A & \end{bmatrix}\begin{bmatrix} G_{k+1} \\ G_k \end{bmatrix}$$

(a) A의 고윳값과 고유벡터를 구하라.

(b) 행렬 $A^n = X\Lambda^n X^{-1}$의 $n \to \infty$일 때 극한을 구하라.

(c) $G_0 = 0$이고 $G_1 = 1$이면 피보나치 수는 $\frac{2}{3}$로 다가감을 보여라.

9 $0, 1, 1, 2, 3, \ldots$ 에서 매 세 번째 피보나치 수는 짝수임을 증명하라.

10 고유벡터가 $\begin{bmatrix} 1 \\ 1 \end{bmatrix}$와 $\begin{bmatrix} 1 \\ -1 \end{bmatrix}$인 가장 일반적인 행렬을 써라.

11–14번 문제는 대각화가능에 관한 것이다.

11 참 또는 거짓을 말하라. A의 고윳값들이 $2, 2, 5$이면, 이 행렬은 반드시

(a) 가역이다 (b) 대각화가능이다 (c) 대각화가능하지 않다

12 참 또는 거짓을 말하라. A의 유일한 고유벡터가 $(1,4)$의 상수배이면, A는

(a) 역행렬이 없다 (b) 고윳값이 중복된다 (c) 대각분해 $X\Lambda X^{-1}$가 없다

13 $\det A = 25$가 되도록 다음 행렬들을 완성하라. 그런 다음 $\lambda = 5$가 중복되는지 체크하라. 대각합은 10이고 따라서 $(A - \lambda I)$의 행렬식은 $(\lambda - 5)^2$이다. $A\boldsymbol{x} = 5\boldsymbol{x}$를 만족하는 고유벡터를 구하라. 이 행렬들은 대각화가능하지 않는데 고유벡터의 두 번째 직선이 없기 때문이다.

$$A = \begin{bmatrix} 8 & \\ & 2 \end{bmatrix} \quad \text{그리고} \quad A = \begin{bmatrix} 9 & 4 \\ & 1 \end{bmatrix} \quad \text{그리고} \quad A = \begin{bmatrix} 10 & 5 \\ -5 & \end{bmatrix}$$

14 행렬 $A = \begin{bmatrix} 3 & 1 \\ 0 & 3 \end{bmatrix}$는 대각화가능하지 않다. 왜냐하면 $A - 3I$의 계수가 ___이기 때문이다. 성분 하나를 바꾸어서 A가 대각화가능하도록 만들어라. 어떤 성분을 바꿀 수 있겠는가?

15–19번 문제는 행렬의 거듭제곱에 관한 것이다.

15 $A^k = X\Lambda^k X^{-1}$이 $k \to \infty$일 때 영행렬로 다가가는 것과 모든 λ의 절댓값이 ___ 보다 작다는 것은 동치다. 다음 행렬 중 어떤 행렬이 $A^k \to 0$인가?

$$A_1 = \begin{bmatrix} .6 & .9 \\ .4 & .1 \end{bmatrix} \qquad \text{그리고} \qquad A_2 = \begin{bmatrix} .6 & .9 \\ .1 & .6 \end{bmatrix}$$

16 (추천) 15번 문제에서 A_1을 대각화하는 Λ와 X를 구하라. $k \to \infty$일 때 Λ^k의 극한은 무엇인가? $X\Lambda^k X^{-1}$의 극한은 무엇인가? 이 극한 행렬의 열들에서 _______을 보게 된다.

17 15번 문제에서 A_2를 대각화하는 Λ와 X를 구하라. 다음 $\boldsymbol{u}_0$에 대해 $(A_2)^{10}\boldsymbol{u}_0$은 무엇인가?

$$\boldsymbol{u}_0 = \begin{bmatrix} 3 \\ 1 \end{bmatrix} \quad \text{그리고} \quad \boldsymbol{u}_0 = \begin{bmatrix} 3 \\ -1 \end{bmatrix} \quad \text{그리고} \quad \boldsymbol{u}_0 = \begin{bmatrix} 6 \\ 0 \end{bmatrix}$$

18 A를 대각화하고 $X\Lambda^k X^{-1}$을 계산하여 A^k에 대한 다음 공식을 증명하라.

$$A = \begin{bmatrix} 2 & -1 \\ -1 & 2 \end{bmatrix} \quad \text{에 대해} \quad A^k = \frac{1}{2}\begin{bmatrix} 1+3^k & 1-3^k \\ 1-3^k & 1+3^k \end{bmatrix}$$

19 B를 대각화하고 $X\Lambda^k X^{-1}$을 계산하여 B^k에 대한 다음 공식을 증명하라.

$$B = \begin{bmatrix} 5 & 1 \\ 0 & 4 \end{bmatrix} \quad \text{에 대해} \quad B^k = \begin{bmatrix} 5^k & 5^k - 4^k \\ 0 & 4^k \end{bmatrix}$$

20 $A = X\Lambda X^{-1}$이라고 하자. 행렬식을 계산하여 $\det A = \lambda_1 \lambda_2 \cdots \lambda_n$임을 증명하라. 이러한 간략한 증명은 A를 _______ 할 수 있을 때에만 통한다.

21 XY와 YX의 대각성분들을 더하여 $\text{trace}(XY) = \text{trace}(YX)$임을 보여라.

$$X = \begin{bmatrix} a & b \\ c & d \end{bmatrix} \qquad \text{그리고} \qquad Y = \begin{bmatrix} q & r \\ s & t \end{bmatrix}$$

이제 Y를 ΛX^{-1}이 되게끔 선택하라. 그러면 $X\Lambda X^{-1}$은 $\Lambda X^{-1}X = \Lambda$와 대각합이 동일하다. 이것은 A의 대각합이 Λ의 대각합 = 고윳값들의 합과 같음을 증명한다.

22 **언제 행렬 A는 이것의 고윳값 행렬 Λ와 상사인가?**

A와 Λ는 언제나 동일한 고윳값을 갖는다. 그러나 상사행렬이 되기 위해서는 $A = B\Lambda B^{-1}$을 만족하는 B가 필요하다. 그러면 B는 _______ 행렬이고 A는 n개의 독립인 _______ 을 가져야 한다.

23 $A = X\Lambda X^{-1}$일 때, 블록 행렬 $B = \begin{bmatrix} A & 0 \\ 0 & 2A \end{bmatrix}$를 대각화하라. 이것의 고윳값과 고유벡터 (블록) 행렬들을 구하라.

24 동일한 고정된 고유벡터 행렬 X로 대각화가능한 모든 4×4 행렬 A를 생각하자. A들은 하나의 부분공간을 형성함을 보여라 (cA와 $A_1 + A_2$는 이 동일한 X를 갖는다). $X = I$일 때 이 부분공간은 무엇인가? 이것의 차원은 얼마인가?

25 $A^2 = A$라고 하자. 좌변에서 A는 A의 각 열들을 곱한다. 네 개의 기본 부분공간 중 어떤 부분공간이 $\lambda = 1$에 해당하는 고유벡터를 포함하는가? 어떤 부분공간이 $\lambda = 0$에 대한 고유벡터를 포함하는가? 이 부분공간들의 차원으로부터, A는 독립인 고유벡터들의 전체 집합을 갖는다. 그러므로 $A^2 = A$를 만족하는 행렬은 대각화가 능하다.

26 (추천) $A\boldsymbol{x} = \lambda\boldsymbol{x}$라고 하자. $\lambda = 0$이면 $\boldsymbol{x}$는 영공간에 속한다. $\lambda \neq 0$이면 $\boldsymbol{x}$는 열공간에 속한다. 이 공간들의 차원은 $(n - r) + r = n$을 만족한다. 그러므로 왜 모든 정사각행렬이 n개의 일차독립인 고유벡터를 갖는 것은 아닌가?

27 A의 고윳값은 1과 9이고 B의 고윳값은 -1과 9다.

$$A = \begin{bmatrix} 5 & 4 \\ 4 & 5 \end{bmatrix} \qquad \text{그리고} \qquad B = \begin{bmatrix} 4 & 5 \\ 5 & 4 \end{bmatrix}$$

$R = X\sqrt{\Lambda}X^{-1}$로부터 A의 제곱근 행렬을 구하라. 왜 B의 실제곱근 행렬은 존재하지 않는가?

28 A와 B가 동일한 독립인 고유벡터를 가진 동일한 λ들을 갖는다면, ________으로의 이들의 분해는 동일하다. 따라서 $A = B$다.

29 동일한 X가 A와 B를 대각화한다고 하자. 이것들은 $A = X\Lambda_1 X^{-1}$와 $B = X\Lambda_2 X^{-1}$에서 동일한 고유벡터를 갖는다. $AB = BA$임을 증명하라.

30 (a) $A = \begin{bmatrix} a & b \\ 0 & d \end{bmatrix}$이면, $A - \lambda I$의 행렬식은 $(\lambda - a)(\lambda - d)$다. "케일리-해밀턴 정리(Cayley-Hamilton Theorem)" $(A - aI)(A - dI) =$ 영행렬이 성립하는지 체크하라.

(b) 피보나치의 $A = \begin{bmatrix} 1 & 1 \\ 1 & 0 \end{bmatrix}$에 대해 케일리-해밀턴 정리를 테스트하라. 이 정리에 따르면 $A^2 - A - I = 0$을 만족할 것이다. 왜냐하면 다항식 $\det(A - \lambda I)$가 $\lambda^2 - \lambda - 1$이기 때문이다.

31 $A = X\Lambda X^{-1}$을 곱 $(A - \lambda_1 I)(A - \lambda_2 I) \cdots (A - \lambda_n I)$로 대체하고 왜 이것이 영행렬을 만드는지 설명하라. 다항식 $p(\lambda) = \det(A - \lambda)$에서 수 λ 대신 행렬 A를 대입하고 있다. ***케일리-해밀턴 정리***에 따르면 A가 대각화가 가능하지 않더라도 이 곱은 언제나 $p(A) =$ 영행렬이다.

32 $A = \begin{bmatrix} 1 & 0 \\ 0 & 2 \end{bmatrix}$이고 $AB = BA$이면, $B = \begin{bmatrix} a & b \\ c & d \end{bmatrix}$ 또한 대각행렬임을 보여라. B는 A와 동일한 (고윳값)(고유벡터)를 가지지만 다른 (고윳값)(고유벡터)를 가진다. 이러한 대각행렬들 B는 행렬공간의 2-차원 부분공간을 형성한다. $AB - BA = 0$으로부터 미지수 a, b, c, d에 대한 네 개의 방정식이 나온다. 이 4×4 행렬의 계수를 구하라.

33 거듭제곱 A^k는 모든 $|\lambda_i| < 1$이면 영행렬로 다가가고 임의의 $|\lambda_i| > 1$이면 발산한다. 페테르 럭스(Peter Lax)는 그의 저서 Linear Algebra에서 다음과 같은 놀라운

예들을 보여준다.

$$A = \begin{bmatrix} 3 & 2 \\ 1 & 4 \end{bmatrix} \qquad B = \begin{bmatrix} 3 & 2 \\ -5 & -3 \end{bmatrix} \qquad C = \begin{bmatrix} 5 & 7 \\ -3 & -4 \end{bmatrix} \qquad D = \begin{bmatrix} 5 & 6.9 \\ -3 & -4 \end{bmatrix}$$

$$\|\boldsymbol{A}^{1024}\| > 10^{700} \qquad \boldsymbol{B}^{1024} = \boldsymbol{I} \qquad \boldsymbol{C}^{1024} = -\boldsymbol{C} \qquad \|\boldsymbol{D}^{1024}\| < 10^{-78}$$

B와 C의 고윳값 $\lambda = e^{i\theta}$를 구해 $B^4 = I$이고 $C^3 = -I$임을 보여라.

34 θ만큼 회전의 n 거듭제곱은 $n\theta$ 만큼 회전하는 것이다.

$$A^n = \begin{bmatrix} \cos\theta & -\sin\theta \\ \sin\theta & \cos\theta \end{bmatrix}^n = \begin{bmatrix} \cos n\theta & -\sin n\theta \\ \sin n\theta & \cos n\theta \end{bmatrix}$$

$A = X\Lambda X^{-1}$으로 대각화시켜 이 깔끔한 공식을 증명하라. (X의 열인) 고유벡터들은 $(1, i)$와 $(i, 1)$이다. 오일러 공식 $e^{i\theta} = \cos\theta + i\sin\theta$를 알 필요가 있다.

35 $A = X\Lambda X^{-1}$의 전치는 $A^T = (X^{-1})^T \Lambda X^T$다. $A^T\boldsymbol{y} = \lambda\boldsymbol{y}$에서 고유벡터는 행렬 $(X^{-1})^T$의 열들이다. 이것들은 종종 ***A*의 왼쪽 고유벡터**라 한다. 왜냐하면 $\boldsymbol{y}^T A = \lambda\boldsymbol{y}^T$이기 때문이다. A에 대한 다음 공식을 구하기 위해 행렬들을 어떻게 곱해야 할까?

계수가 1인 행렬들의 합 $\quad A = X\Lambda X^{-1} = \lambda_1\boldsymbol{x}_1\boldsymbol{y}_1^T + \cdots + \lambda_n\boldsymbol{x}_n\boldsymbol{y}_n^T$

36 $A = \text{eye}(n) + \text{ones}(n)$의 역행렬은 $A^{-1} = \text{eye}(n) + C * \text{ones}(n)$이다. 곱 AA^{-1}을 계산하여 (n에 따라 달라지는) 수 C를 구하라.

37 A_1과 A_2가 $n \times n$인 가역행렬이라고 하자. 어떤 행렬 B가 $A_2A_1 = B(A_1A_2)B^{-1}$임을 보여주는가? 그러면 A_2A_1은 A_1A_2와 상사다. 즉, 고유값이 같다.

38 (파벨 그린펠드(Pavel Grinfeld)) 어떠한 계산식도 쓰지 않고 다음 행렬의 고윳값을 찾을 수 있겠는가? 2020 거듭제곱인 A^{2020}을 구할 수 있겠는가?

$$A = \begin{bmatrix} 110 & 55 & -164 \\ 42 & 21 & -62 \\ 88 & 44 & -131 \end{bmatrix}$$

6.3 대칭인 양의 정부호 행렬

1. 대칭행렬 S의 n개의 고윳값 λ_i은 실수이고 n개의 고유벡터 $\boldsymbol{q}_i$는 정규직교다.
2. 대칭행렬 S는 직교행렬 Q에 의해 대각화된다. $\boxed{\boldsymbol{S = Q\Lambda Q^{-1} = Q\Lambda Q^T}}$
3. **양의 정부호**: 모든 $\lambda > 0 \Leftrightarrow$ 모든 피벗 $> 0 \Leftrightarrow$ 모든 좌상단 선행 행렬식 > 0
4. **에너지 테스트**는 모든 $\boldsymbol{x} \neq \boldsymbol{0}$에 대해 $\boldsymbol{x}^T S\boldsymbol{x} > 0$이다. 그러면 열들이 독립인 A에 대해 $S = A^T A$이다.
5. **양의 준정부호**는 $\lambda = 0$, 피벗 $= 0$, 행렬식 $= 0$, 에너지 $\boldsymbol{x}^T S\boldsymbol{x} = 0$을 허용한다.

대칭행렬 $S = S^T$는 주목을 받아 마땅하다. 이 행렬의 고윳값과 고유벡터를 보면, 왜 이 행렬이 특별한지 알게 된다.

1. **대칭행렬 S의 n개의 고윳값은 모두 실수다.**
2. **n개의 고유벡터 $\boldsymbol{q}$를 직교하도록 (서로 수직이도록) 선택할 수 있다.**

항등행렬 $S = I$는 극단적인 한 경우다. 이 행렬의 모든 고윳값은 $\lambda = 1$이고, $I\boldsymbol{x} = 1\boldsymbol{x}$이므로 $\boldsymbol{0}$이 아닌 모든 벡터 $\boldsymbol{x}$가 고유벡터다. 모든 벡터가 고유벡터라는 것은 위 대칭행렬의 두 번째 성질에서 왜 "선택할 수 있다"고 했는지에 대한 이유를 보여준다. $\lambda_1 = \lambda_2 = 1$과 같이 고윳값이 중복되면, 고유벡터를 고른다. 직교인 고유벡터를 선택할 수 있고, 또한 이 고유벡터들을 (길이가 1인) 단위벡터가 되도록 크기를 조정할 수 있다. 그러면 이 고유벡터들 $\boldsymbol{q}_1, \ldots, \boldsymbol{q}_n$은 직교할 뿐만 아니라, **정규직교**가 된다. **S의 고유벡터 행렬 Q는 $\boldsymbol{Q^T Q = I}$를 만족한다**. 즉, Q의 열들은 정규직교다.

$$\boldsymbol{q}_i^T \boldsymbol{q}_j = \begin{cases} 0 & i \neq j \\ 1 & i = j \end{cases} \text{로부터} \begin{bmatrix} — & \boldsymbol{q}_1^T & — \\ & \vdots & \\ — & \boldsymbol{q}_n^T & — \end{bmatrix} \begin{bmatrix} | & & | \\ \boldsymbol{q}_1 & \cdots & \boldsymbol{q}_n \\ | & & | \end{bmatrix} = \begin{bmatrix} \mathbf{1} & 0 & \cdot & 0 \\ 0 & \mathbf{1} & 0 & \cdot \\ \cdot & 0 & \mathbf{1} & 0 \\ 0 & \cdot & 0 & \mathbf{1} \end{bmatrix}$$

S의 고유벡터 행렬은 X 대신 Q를 쓰는데, 이 고유벡터들이 정규직교임을 강조하기 위해서다. $Q^TQ = I$ 그리고 $Q^T = Q^{-1}$이다. 이 고유벡터 행렬은 **직교행렬**(orthogonal matrix)이다. 일반적인 $A = X\Lambda X^{-1}$가 특별한 $S = Q\Lambda Q^T$가 된다.

스펙트럼 정리	**모든 실수 대칭행렬은 $S = Q\Lambda Q^T$ 형태를 갖는다.**

$Q\Lambda Q^T$를 전치하면 $(Q^T)^T\Lambda^TQ^T = Q\Lambda Q^T$를 얻기 때문에 이러한 형태의 모든 행렬은 대칭이다.

빠른 증명: 직교인 고유벡터와 실수 고윳값

먼저 $S\boldsymbol{x} = \lambda\boldsymbol{x}$이고 $S\boldsymbol{y} = 0\boldsymbol{y}$라고 가정하자. 즉, 대칭행렬 S의 고윳값이 0이 아닌 λ와 0이다. 그러면 $\boldsymbol{y}$는 S의 영공간 내에 있고 $\boldsymbol{x}$는 S의 열공간 내에 있다 ($\boldsymbol{x} = S\boldsymbol{x}/\lambda$는 S의 열들의 일차결합이다). 그런데 S는 대칭행렬이므로, 열공간 = 행공간이다! 행공간과 영공간은 언제나 직교이므로, **$\boldsymbol{x}$가 $\boldsymbol{y}$와 직교임**을 증명하였다.

두 번째 고유값이 0이 아니면, $S\boldsymbol{y} = \alpha\boldsymbol{y}$다. 이 경우에는 행렬 $S - \alpha I$를 살펴본다. 그러면 $(S - \alpha I)\boldsymbol{y} = 0\boldsymbol{y}$이고 $\lambda \neq \alpha$에 대해 $(S - \alpha I)\boldsymbol{x} = (\lambda - \alpha)\boldsymbol{x}$이다. 이제 $\boldsymbol{y}$는 $S - \alpha I$의 영공간에 있고 $\boldsymbol{x}$는 열공간(=행공간!)에 있다. 그러므로 $\boldsymbol{y}^T\boldsymbol{x} = 0$이다. 고윳값 $\lambda \neq \alpha$로 서로 다를 때 고유벡터는 직교한다.

복소수에 대한 언급 직교성을 증명할 때 S의 실수 고윳값과 실수 고유벡터를 가정하였다. 이제 증명을 위해 복소수를 포함할 수 있다고 가정하자. $S\boldsymbol{x} = \lambda\boldsymbol{x}$에 켤레복소벡터 $\bar{\boldsymbol{x}}^T$ (모든 i를 $-i$로 바꾼다)를 곱한다. 그러면 $\bar{\boldsymbol{x}}^TS\boldsymbol{x} = \lambda\bar{\boldsymbol{x}}^T\boldsymbol{x}$를 얻는다. $\bar{\boldsymbol{x}}^T\boldsymbol{x}$와 $\bar{\boldsymbol{x}}^TS\boldsymbol{x}$가 실수임을 보인다면, **$\boldsymbol{\lambda}$는 실수**임을 알 수 있다.

복소수와 복소 행렬은 이 절의 끝부분으로 미룬다. 복소수에 대한 규칙과 복소 행렬들은 중요하다. 그러나 양의 정부호 행렬은 너무 아름답고 또한 선형대수에서 수많은 아이디어들과 연결되므로 먼저 나오는 것이 마땅하다.

양의 정부호 행렬

지금 우리는 실수 대칭행렬 $S = S^T$을 다루고 있다. 이 행렬의 모든 고윳값들은 실수다. 이러한 대칭행렬들 중에 (모두는 아니고) 몇몇은 추가적인 강력한 성질을 가진다. 다음은 S를 응용수학의 중심에 놓는 중요한 성질이다.

테스트 1 **양의 정부호 행렬의 모든 고윳값은 양수다.**

우리는 수 λ를 직접 계산하지 않고서도 고윳값이 양수인지 체크하고 싶어한다. 다섯 개의 예를 본 후에 양의 정부호 행렬에 대한 네 가지 추가적인 테스트를 보게 될 것이다.

1. $S = \begin{bmatrix} 2 & 0 \\ 0 & 6 \end{bmatrix}$는 양의 정부호다. 이 행렬의 고윳값 2와 6은 모두 양수다.
2. $S = Q\begin{bmatrix} 2 & 0 \\ 0 & 6 \end{bmatrix}Q^T$는 $Q^T = Q^{-1}$이면 양의 정부호다. 동일하게 $\lambda = 2$와 6이다.
3. $S = C\begin{bmatrix} 2 & 0 \\ 0 & 6 \end{bmatrix}C^T$는 C가 가역이면 양의 정부호다.
4. $S = \begin{bmatrix} a & b \\ b & c \end{bmatrix}$는 정확하게 $a > 0$이고 $ac > b^2$일 때 양의 정부호다.
5. $S = \begin{bmatrix} 2 & 0 \\ 0 & 0 \end{bmatrix}$는 단지 **양의 준정부호**(positive semidefinite)다. 모든 고윳값 $\lambda \geq 0$이지만 $\lambda > 0$은 아니다.

다음 예에 테스트 1을 적용시켜보라 (뒤에 나올 다른 테스트를 적용하면 더 빠르게 답을 얻을 수도 있다). 테스트 결과는 차례대로 **아니오, 아니오. 그렇다**이다.

$$S = \begin{bmatrix} 1 & 2 \\ 2 & 1 \end{bmatrix} \qquad S = \boldsymbol{v}\boldsymbol{v}^T\,(\text{계수 } 1) \qquad S = \begin{bmatrix} 2 & 1 & 0 \\ 1 & 2 & 1 \\ 0 & 1 & 2 \end{bmatrix}$$

에너지 기반 정의

양의 정부호 행렬에 대한 가장 중요한 아이디어를 제시하려 한다. 이 새로운 접근방식은 직접적으로 고윳값과 관련은 없지만, 결국은 $\lambda > 0$에 대한 완벽한 테스트로 판명된다. 또한 이 테스트는 양의 정부호 행렬의 하나의 좋은 정의다. **테스트 2는 에너지 테스트다.**

$$\text{에너지 } \boldsymbol{x}^T S\boldsymbol{x}\text{가 모든 벡터 } \boldsymbol{x} \neq \mathbf{0}\text{에 대해 양수이면 } S\text{는 양의 정부호다.} \tag{1}$$

물론 $S = I$는 모든 $\lambda_i = 1$이므로 양의 정부호다. 그런데 $\boldsymbol{x} \neq \mathbf{0}$일 때, 에너지 $\boldsymbol{x}^T I\boldsymbol{x} = \boldsymbol{x}^T\boldsymbol{x}$가 양수다. 다음은 2×2 행렬의 에너지를 보여주는 예다. 에너지는 $\boldsymbol{x} = (x_1, x_2)$에 따라 달라진다.

에너지 $$\boldsymbol{x}^T S\boldsymbol{x} = \begin{bmatrix} x_1 & x_2 \end{bmatrix}\begin{bmatrix} 2 & 4 \\ 4 & 9 \end{bmatrix}\begin{bmatrix} x_1 \\ x_2 \end{bmatrix} = \mathbf{2}\boldsymbol{x}_1^2 + \mathbf{8}\boldsymbol{x}_1\boldsymbol{x}_2 + \mathbf{9}\boldsymbol{x}_2^2$$

$(x_1, x_2) = (0, 0)$을 제외하고 모든 x_1과 x_2에 대해 이 값은 양수인가? 그렇다. 제곱의 합이다.

$$\boldsymbol{x}^T S \boldsymbol{x} = 2x_1^2 + 8x_1x_2 + 9x_2^2 = 2(x_1 + 2x_2)^2 + x_2^2 = \text{양수 에너지}$$

이제 양수 에너지 $\boldsymbol{x}^T S \boldsymbol{x} > 0$를 양수 고윳값 $\lambda > 0$과 연결시켜야 한다.

$S\boldsymbol{x} = \lambda \boldsymbol{x}$이면 $\boldsymbol{x}^T S \boldsymbol{x} = \lambda \boldsymbol{x}^T \boldsymbol{x}$이다. 그러므로 $\lambda > 0$이면 에너지 $\boldsymbol{x}^T S \boldsymbol{x} > 0$이 된다.

이 한 줄은 각각의 개별적인 고유벡터 $\boldsymbol{x}$에 대해 $\boldsymbol{x}^T S \boldsymbol{x}$를 테스트하지만, 더 많은 사실이 참이다. 즉, 모든 고유벡터에 대해 에너지가 양수면, **영이 아닌 모든 벡터 $\boldsymbol{x}$에 대해 에너지가 양수다.**

S의 고유벡터에 대해 $\boldsymbol{x}^T S \boldsymbol{x} > 0$이면, 영이 아닌 모든 벡터 $\boldsymbol{x}$에 대해 $\boldsymbol{x}^T S \boldsymbol{x} > 0$이다.

이유는 다음과 같다. 모든 $\boldsymbol{x}$는 고유벡터들의 일차결합 $c_1\boldsymbol{x}_1 + \cdots + c_n\boldsymbol{x}_n$이다. S가 대칭이므로 이 고유벡터들은 직교가 되도록 선택할 수 있다. 이제 $\boldsymbol{x}^T S \boldsymbol{x}$가 개별 고유벡터에서의 에너지 $\lambda_k \boldsymbol{x}_k^T \boldsymbol{x}_k > 0$들의 일차결합임을 보이고자 한다.

$$\begin{aligned}
\boldsymbol{x}^T S \boldsymbol{x} &= (c_1\boldsymbol{x}_1^T + \cdots + c_n\boldsymbol{x}_n^T) S (c_1\boldsymbol{x}_1 + \cdots + c_n\boldsymbol{x}_n) \\
&= (c_1\boldsymbol{x}_1^T + \cdots + c_n\boldsymbol{x}_n^T)(c_1\lambda_1\boldsymbol{x}_1 + \cdots + c_n\lambda_n\boldsymbol{x}_n) \\
&= c_1^2\lambda_1\boldsymbol{x}_1^T\boldsymbol{x}_1 + \cdots + c_n^2\lambda_n\boldsymbol{x}_n^T\boldsymbol{x}_n > \mathbf{0} \quad \textbf{모든 } \boldsymbol{\lambda_i} > \mathbf{0}\textbf{일 때}
\end{aligned}$$

두 번째 줄에서 세 번째 줄로 갈 때, S의 고유벡터들의 직교성 $\boldsymbol{x}_i^T \boldsymbol{x}_j = 0$을 이용하였다. 다음은 어떤 고윳값이나 고유벡터에 대해 모르는 상황에서, 에너지 테스트를 사용하는 대표적인 예다.

S_1과 S_2가 대칭인 양의 정부호이면, $S_1 + S_2$도 대칭인 양의 정부호다.

에너지를 더해서 증명: $\quad \boldsymbol{x}^T (S_1 + S_2) \boldsymbol{x} = \boldsymbol{x}^T S_1 \boldsymbol{x} + \boldsymbol{x}^T S_2 \boldsymbol{x} > \mathbf{0} + \mathbf{0}$

$S_1 + S_2$의 고윳값과 고유벡터를 구하는 것은 쉽지 않은 것에 비해, 에너지는 단지 더할 뿐이다.

동치인 세 가지 추가 테스트

지금까지 양수인 고윳값에 대한 테스트 1과 양수인 에너지에 대한 테스트 2를 소개하였다. 에너지 테스트는 재빠르게 유용한 세 가지 테스트를 추가적으로 만들어낸다 (아마도 기타 다른 테스트 방법도 있겠지만, 여기서는 세 가지에서 멈춘다).

테스트 3	**열들이 독립인 어떤 행렬 $\boldsymbol{A}$에 대해 $\boldsymbol{S} = \boldsymbol{A}^T\boldsymbol{A}$**
테스트 4	**$\boldsymbol{S}$의 모든 좌상단 선행 행렬식 $\boldsymbol{D}_1, \boldsymbol{D}_2, \ldots, \boldsymbol{D}_n$이 양수다.**
테스트 5	**$\boldsymbol{S}$의 모든 피벗들이 양수다.**

테스트 3은 $S = A^TA$에 적용한다. 이 테스트에서 왜 A의 열들이 독립이어야 할까? 다음 식에서 괄호에 주의한다.

$$\boldsymbol{S} = \boldsymbol{A}^T\boldsymbol{A} \quad \textbf{에너지} = \boldsymbol{x}^T S\boldsymbol{x} = \boldsymbol{x}A^TA\boldsymbol{x} = (\boldsymbol{A}\boldsymbol{x})^T(\boldsymbol{A}\boldsymbol{x}) = \|\boldsymbol{A}\boldsymbol{x}\|^2 \tag{2}$$

이 에너지는 벡터 $A\boldsymbol{x}$의 **길이의 제곱**이고, $A\boldsymbol{x}$가 영벡터이지 않은 이상 양수다. $\boldsymbol{x} \neq \boldsymbol{0}$일 때 $A\boldsymbol{x} \neq \boldsymbol{0}$임을 보장하기 위해서는 A의 열들이 독립이어야 한다. 다음 2×3 예에서, A의 열들은 종속이다. A^TA의 계수는 3이 아니라 2다.

$$S = A^TA = \begin{bmatrix} 1 & 1 \\ 1 & 2 \\ 1 & 3 \end{bmatrix} \begin{bmatrix} 1 & 1 & 1 \\ 1 & 2 & 3 \end{bmatrix} = \begin{bmatrix} 2 & 3 & 4 \\ 3 & 5 & 7 \\ 4 & 7 & 10 \end{bmatrix}$$

는 양의 정부호가 **아니다.**
양의 준정부호다.
$\|A\boldsymbol{x}\|^2 \geq 0$

이 A에서 1열 + 3열 = 2(2열)이다. 그러면 $\boldsymbol{x} = (1, -2, 1)$에 대한 에너지는 0이다. 이 벡터는 $\lambda = 0$에 대한 A^TA의 고유벡터다. 따라서 $S = A^TA$는 단지 양의 준정부호인데 에너지와 고윳값이 0에 닿기 때문이다.

식 (2)는 A^TA가 최소한 준정부호임을 말하는데, 왜냐하면 $\boldsymbol{x}S\boldsymbol{x} = \|A\boldsymbol{x}\|^2$은 절대 음수가 아니기 때문이다. ***준정부호는 S의 에너지/ 고윳값/ 행렬식/ 피벗들이 영이 되는 것을 허용한다.***

행렬식 테스트와 피벗 테스트

행렬식 테스트는 행렬이 작은 경우에 추천한다. 아래에 4×4 대칭인 이차 차분행렬(second difference matrix)에 대한 네 개의 "좌상단 선행 행렬식(leading determinants)" D_1, D_2, D_3, D_4을 표시한다.

테스트 4 $S = \begin{bmatrix} 2 & -1 & & \\ -1 & 2 & -1 & \\ & -1 & 2 & -1 \\ & & -1 & 2 \end{bmatrix}$ 의 첫 번째 행렬식 $D_1 = \mathbf{2}$ / 두 번째 행렬식 $D_2 = \mathbf{3}$ / 세 번째 행렬식 $D_3 = \mathbf{4}$ / 네 번째 행렬식 $D_4 = \mathbf{5}$

여기서 행렬식 테스트는 통과된다! 에너지 $\boldsymbol{x}^T S\boldsymbol{x}$도 또한 양수여야 한다.

좌상단 선행 행렬식은 피벗(소거법 후에 대각선 위에 있는 수)과 밀접하게 연관되어 있다. 여기서 첫 번째 피벗은 **2**다. $\frac{1}{2}$(1열)을 2열에 더하면 두 번째 피벗 $\mathbf{\frac{3}{2}}$이 나타난다. $\frac{2}{3}$(새로운 2열)를 3열에 더하면 세 번째 피벗 $\mathbf{\frac{4}{3}}$가 나타난다. 이 분수들 $\frac{2}{1}, \frac{3}{2}, \frac{4}{3}$들은 각 행렬식들의 비다! 마지막 피벗은 $\mathbf{\frac{5}{4}}$다.

> **k번째 피벗은 (크기가 k와 $k-1$인) 좌상단 선행 행렬식들의 비 $\dfrac{D_k}{D_{k-1}}$와 같다.**

테스트 4: **좌상단 선행 행렬식들은 모두 양수다** 테스트 5: **피벗들은 양수다**

이 테스트 4와 테스트 5를 세 번째 테스트 $S = A^T A$로 빠르게 연결시킬 수 있다. 사실 S에 대한 소거법은 A의 중요한 선택을 하게 한다. 소거법 = 삼각 분해 ($\boldsymbol{S = LU}$)임을 기억하자. 지금까지는 L의 대각선 위에 1들이 있고 U는 피벗을 포함하고 있었다. 그러나 대칭행렬에 대해서는 S를 $\boldsymbol{LDL^T}$와 같이 균형을 맞출 수 있다.

$$\begin{bmatrix} 2 & -1 & 0 \\ -1 & 2 & -1 \\ 0 & -1 & 2 \end{bmatrix} = \begin{bmatrix} 1 & & \\ -\frac{1}{2} & 1 & \\ 0 & -\frac{2}{3} & 1 \end{bmatrix} \begin{bmatrix} 2 & -1 & 0 \\ & \frac{3}{2} & -1 \\ & & \frac{4}{3} \end{bmatrix} \qquad \boldsymbol{S = LU} \qquad (3)$$

$$\textbf{D에 피벗들을 넣는다. 테스트 5} \quad = \begin{bmatrix} 1 & & \\ -\frac{1}{2} & 1 & \\ 0 & -\frac{2}{3} & 1 \end{bmatrix} \begin{bmatrix} \mathbf{2} & & \\ & \mathbf{\frac{3}{2}} & \\ & & \mathbf{\frac{4}{3}} \end{bmatrix} \begin{bmatrix} 1 & -\frac{1}{2} & 0 \\ & 1 & -\frac{2}{3} \\ & & 1 \end{bmatrix} \qquad \boldsymbol{S = LDL^T} \qquad (4)$$

$$\textbf{이 피벗들을 } \boldsymbol{A^T}\textbf{와 } \boldsymbol{A} \textbf{ 사이에서 공유한다. 테스트 3} \quad = \begin{bmatrix} \sqrt{2} & & \\ -\sqrt{\frac{1}{2}} & \sqrt{\frac{3}{2}} & \\ 0 & -\sqrt{\frac{2}{3}} & \sqrt{\frac{4}{3}} \end{bmatrix} \begin{bmatrix} \sqrt{2} & -\sqrt{\frac{1}{2}} & 0 \\ & \sqrt{\frac{3}{2}} & -\sqrt{\frac{3}{2}} \\ & & \sqrt{\frac{4}{3}} \end{bmatrix} \boldsymbol{S = A^T A} \qquad (5)$$

제곱근들이 나타나 유감스럽지만, 패턴 $S = A^TA$는 아름답다. $\boldsymbol{A} = \sqrt{\boldsymbol{D}}\boldsymbol{L}^T$이다.

소거법은 모든 양의 정부호 행렬 $\boldsymbol{S}$를 $\boldsymbol{A}^T\boldsymbol{A}$로 분해한다 ($\boldsymbol{A}$는 상삼각행렬)

이것은 A의 주대각성분에 $\sqrt{\text{피벗}}$들이 있는 숄레스키(Cholesky) 분해 $S = A^TA$다.

S가 양의 정부호일 때, $S = A^TA$ 테스트를 적용하기 위해서는 최소한 한 개의 가능한 A를 찾아야 한다. (1) **대칭행렬**과 (2) **삼각행렬**을 포함하여, A를 선택할 수 있는 방법은 많다.

1. $S = Q\Lambda Q^T$이면, 고윳값들에 제곱근을 씌운다. 그러면 $A = Q\sqrt{\Lambda}Q^T = A^T$.

2. $S = LU = LDL^T$이고 D가 양수인 피벗을 가지면, $S = (L\sqrt{D})(\sqrt{D}L)^T$.

요약 $S = S^T$의 양의 정부호성에 대한 다섯 가지 테스트는 선형대수의 다섯 가지의 서로 다른 부분들인 피벗, 행렬식, 고윳값, $S = A^TA$, **그리고 에너지**를 관련시킨다. 각각의 테스트는 그 자체로 양의 정부호인지 또는 준정부호인지 또는 둘 다 아닌지에 대한 완벽한 답을 준다. **양수 에너지 $\boldsymbol{x}^T\boldsymbol{S}\boldsymbol{x} > 0$가 가장 좋은 정의다. 이것은 다른 것들을 모두 연결한다.**

양의 정부호 행렬과 최솟값 문제

S가 대칭인 양의 정부호 2×2 행렬이라고 하자. 네 가지 테스트를 적용하면,

$S = \begin{bmatrix} a & b \\ b & c \end{bmatrix}$	**행렬식**	$a > 0, ac - b^2 > 0$	**피벗**	$a > 0, (ac - b^2)/a > 0$
	고윳값	$\lambda_1 > 0, \lambda_2 > 0$	**에너지**	$ax^2 + 2bxy + cy^2 > 0$

$a = c = 5$이고 $b = 4$인 예를 선택하면, 행렬 S의 고윳값은 $\lambda = \mathbf{9}$와 $\lambda = \mathbf{1}$이다.

$$\textbf{에너지 } \boldsymbol{E} = \boldsymbol{x}^T\boldsymbol{S}\boldsymbol{x} \qquad \begin{bmatrix} x & y \end{bmatrix} \begin{bmatrix} \mathbf{5} & \mathbf{4} \\ \mathbf{4} & \mathbf{5} \end{bmatrix} \begin{bmatrix} x \\ y \end{bmatrix} = 5\boldsymbol{x}^2 + 8\boldsymbol{x}\boldsymbol{y} + 5\boldsymbol{y}^2 > 0$$

이 에너지 함수 $E(x, y)$의 그래프는 **위쪽으로 열린 그릇**이다. 이 그릇의 밑바닥 점은 $x = y = 0$일 때 에너지 $E = 0$이다. 이것은 미적분에서의 최솟값 문제를 선형대수에서의 양의 정부호 행렬과 연결한다.

이 책의 8장은 수치 최소화(numerical minimization)에 대해 설명한다. 가장 좋은 문제에서는 함수 $f(\boldsymbol{x})$가 $f = x^2$ 또는 $f = x^2 + y^2$과 같이 **엄격하게 볼록**(strictly convex)이다. 볼록성에 대한 테스트는 이계미분행렬이 모든 점에서 양의 정부호라는 것이다. 높은 차원에 있으면서도, 선형대수는 이계미분행렬의 중대한 성질을 식별한다.

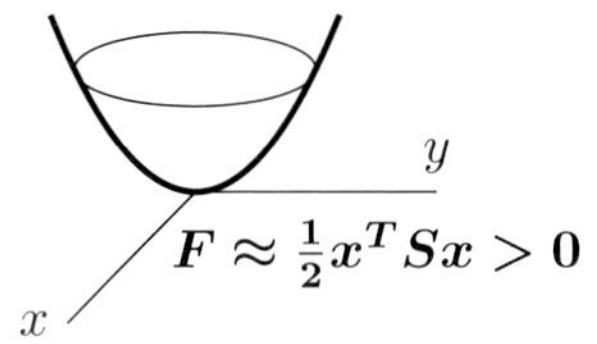

에너지 $\frac{1}{2}\boldsymbol{x}^T S\boldsymbol{x}$의 이계미분은 행렬 S 내에 있다.

단일 변수 x의 일반적인 함수 $f(x)$에 대한 최솟값 테스트는 널리 알려져 있다.

최소	$x = x_0$에서	**일계**미분 이 0	$\dfrac{df}{dx} = 0$	**이계**미분 이 양수	$\dfrac{d^2f}{dx^2} > 0$

변수가 두 개인 $f(x, y)$에 대해, 이계미분은 행렬로 들어간다. 양의 정부호다!

$\boldsymbol{x_0, y_0}$ **에서 최소**	$\boldsymbol{x_0, y_0}$ **에서** $\dfrac{\partial f}{\partial x} = 0, \dfrac{\partial f}{\partial y} = 0$이고 $\begin{bmatrix} \dfrac{\partial^2 f}{\partial x^2} & \dfrac{\partial^2 f}{\partial x \partial y} \\ \dfrac{\partial^2 f}{\partial x \partial y} & \dfrac{\partial^2 f}{\partial y^2} \end{bmatrix}$ **가 양의 정부호**

$z = f(x, y)$의 그래프는 점 x_0, y_0에서 $\partial f/\partial x = \partial f/\partial y = 0$이기 때문에 평평하다. 이계미분행렬이 양의 정부호이기 때문에 그래프는 위쪽으로 향한다. 그러므로 함수 $f(x, y)$의 최솟점이 있다. $f(x, y, z)$에 대해서도 비슷하다.

양의 준정부호 행렬

때때로 양의 정부호의 경계에 있을 수 있다. 행렬식이 0이고, 가장 작은 고윳값은 $\lambda = 0$이며, 이 고윳값의 고유벡터에 대한 에너지는 $\boldsymbol{x}^T S\boldsymbol{x} = \boldsymbol{x}0\boldsymbol{x} = 0$이다. 이렇게 경계에 있는 행렬은 "양의 준정부호" 다. 다음은 (가역이 아닌) 두 개의 예다.

$$S = \begin{bmatrix} 1 & 2 \\ 2 & 4 \end{bmatrix} \text{ 와 } T = \begin{bmatrix} 2 & -1 & -1 \\ -1 & 2 & -1 \\ -1 & -1 & 2 \end{bmatrix}$$
는 양의 준정부호이지만 양의 정부호는 아니다

S의 고윳값은 5와 0이고, 대각합은 $1+4=5$다. 좌상단 선행 행렬식은 1과 0이고, S의 계수는 단지 1이다. 이 행렬 S는 A의 열들이 종속인 A^TA로 분해된다.

$$\textbf{A의 열들은 종속 양의 준정부호 } \boldsymbol{S} \qquad \begin{bmatrix} 1 & 2 \\ 2 & 4 \end{bmatrix} = \begin{bmatrix} 1 & 0 \\ 2 & 0 \end{bmatrix} \begin{bmatrix} 1 & 2 \\ 0 & 0 \end{bmatrix} = A^TA$$

S의 성분 4를 아무리 작더라도 조금이라도 늘리면, 행렬 S는 양의 정부호가 될 것이다.

순환행렬 T 또한 행렬식이 0이다. 고유벡터 $\boldsymbol{x}=(1,1,1)$에 대해 $T\boldsymbol{x}=\boldsymbol{0}$이고 에너지는 $\boldsymbol{x}^TT\boldsymbol{x}=0$이다. 이 외의 모든 다른 방향의 벡터들 $\boldsymbol{x}$에 대한 에너지는 양수다.

$$\begin{array}{l}\textbf{일차 차분 } A\textbf{로부터 얻는} \\ \textbf{이차 차분 } \boldsymbol{T} \\ \textbf{열들을 더하면 } (\mathbf{0},\mathbf{0},\mathbf{0})\textbf{이 됨}\end{array} \qquad \begin{bmatrix} 2 & -1 & -1 \\ -1 & 2 & -1 \\ -1 & -1 & 2 \end{bmatrix} = \begin{bmatrix} 1 & -1 & 0 \\ 0 & 1 & -1 \\ -1 & 0 & 1 \end{bmatrix} \begin{bmatrix} 1 & 0 & -1 \\ -1 & 1 & 0 \\ 0 & -1 & 1 \end{bmatrix}$$

양의 준정부호 행렬은 모든 $\lambda \geq 0$이고 모든 $\boldsymbol{x}^TS\boldsymbol{x} \geq 0$이다. 이러한 약한 부등식은 ($>$ **대신** $\geq$) 경계에 있는 특이행렬들과 함께 양의 정부호 S를 포함한다.

S가 양의 준정부호면, 모든 행렬 A^TSA도 양의 준정부호다.

모든 벡터 $\boldsymbol{x}$에 대해 $\boldsymbol{x}^T\boldsymbol{S}\boldsymbol{x} \geq 0$이면, 모든 $\boldsymbol{x}$에 대해 $(\boldsymbol{A}\boldsymbol{x})^T\boldsymbol{S}(\boldsymbol{A}\boldsymbol{x}) \geq \mathbf{0}$이다

A^TSA가 실제로 양의 정부호라는 것을 보이는 엄격한 증명을 할 수 있다. 그러나 $(A\boldsymbol{x})^TS(A\boldsymbol{x})$가 0이 아닌 점을 확실히 하기 위해서는 $A\boldsymbol{x}$가 영벡터가 아니라는 것을 보장해야만 한다.

> $\boldsymbol{x}$가 영벡터가 아닐 때는 $\boldsymbol{x}^TS\boldsymbol{x} > 0$이고 $A\boldsymbol{x} \neq \mathbf{0}$이라고 하자. 그러면 A^TSA는 양의 정부호다.

다시 한 번 에너지 테스트를 사용한다. 모든 $\boldsymbol{x} \neq \mathbf{0}$에 대해, $A\boldsymbol{x} \neq \mathbf{0}$이다. $A\boldsymbol{x}$의 에너지는 $(A\boldsymbol{x})^TS(A\boldsymbol{x}) > 0$, 즉 엄격히 양수다. 행렬 A^TSA를 S와 "**합동**(congruent)" 이라고 한다.

예제 1 항등행렬 $S=I$는 양의 정부호다. 그러면 다음을 증명했다.

1. A^TA는 양의 준정부호다. 2. A가 가역이면, A^TA는 양의 정부호다.

이것은 양의 정부호 행렬에 대한 테스트 3이었다. A^TSA가 응용수학에서 매우 중요한 행렬이기 때문에 다시 언급한다. 우리는 이 행렬이 (단순히 준정부호가 아니라) 확실히 양의 정부호이길 원한다. 그러면 공학에서의 방정식 $A^TSA\boldsymbol{x}=\boldsymbol{f}$를 풀 수 있다.

다음은 **관성 법칙**(Law of Inertia)이라고 하는 일종의 확장이다.

$S^T = S$가 P개의 양수 고윳값과 N개의 음수 고윳값과 Z개의 0 고윳값을 가진다면,
A가 가역일 때, A^TSA에 대해서도 동일하다.

타원 $ax^2 + 2bxy + cy^2 = 1$

기울어진 타원 $\boldsymbol{x}^TS\boldsymbol{x} = 1$을 생각해보자. 중심은 그림 6.2(a)와 같이 $(0,0)$이다. 이것을 좌표축 (X와 Y축)과 정렬되도록 돌린 것이 그림 6.2(b)다. 이 두 그림은 Λ에 들어 있는 고윳값들과 Q와 $S = Q\Lambda Q^T$에 들어 있는 고유벡터들 뒤에 숨어 있는 기하학을 보여준다. **고유벡터 행렬 $\boldsymbol{Q}$는 타원을 반듯하게 맞춘다.**

기울어진 타원은 $\boldsymbol{x}^TS\boldsymbol{x} = 1$을 만족하고, 반듯하게 맞춰진 타원은 $\boldsymbol{X} = Q\boldsymbol{x}$일 때 $\boldsymbol{X^T\Lambda X} = 1$을 만족한다.

예제 2　기울어진 타원 $\mathbf{5}\boldsymbol{x}^2 + \mathbf{8}\boldsymbol{xy} + \mathbf{5}\boldsymbol{y}^2 = \mathbf{1}$의 축을 구하라.

풀이　이 방정식에 대응하는 양의 정부호 행렬 S로 시작한다.

$$\text{방정식은 } \begin{bmatrix} x & y \end{bmatrix} \begin{bmatrix} 5 & 4 \\ 4 & 5 \end{bmatrix} \begin{bmatrix} x \\ y \end{bmatrix} = 1 \text{이다.} \qquad \text{행렬 } \boldsymbol{S} = \begin{bmatrix} \mathbf{5} & \mathbf{4} \\ \mathbf{4} & \mathbf{5} \end{bmatrix} \text{이다.}$$

고유벡터는 $\begin{bmatrix} 1 \\ 1 \end{bmatrix}$와 $\begin{bmatrix} 1 \\ -1 \end{bmatrix}$이다. 이것을 단위벡터로 만들기 위해 $\sqrt{2}$로 나눈다. 그러면 $S = Q\Lambda Q^T$이다.

고유벡터들은 $\boldsymbol{Q}$에 있음
고윳값은 9와 1

$$\begin{bmatrix} \mathbf{5} & \mathbf{4} \\ \mathbf{4} & \mathbf{5} \end{bmatrix} = \frac{1}{\sqrt{2}} \begin{bmatrix} 1 & 1 \\ 1 & -1 \end{bmatrix} \begin{bmatrix} \mathbf{9} & 0 \\ 0 & \mathbf{1} \end{bmatrix} \frac{1}{\sqrt{2}} \begin{bmatrix} 1 & 1 \\ 1 & -1 \end{bmatrix}$$

이제 왼편에 $\begin{bmatrix} x & y \end{bmatrix}$를 곱하고 오른편에 $\begin{bmatrix} x \\ y \end{bmatrix}$를 곱하면 $\boldsymbol{x}S\boldsymbol{x} = (\boldsymbol{x}^TQ)\Lambda(Q^T\boldsymbol{x})$를 얻는다.

$$\boldsymbol{x}^TS\boldsymbol{x} = \textbf{제곱의 합} \quad 5x^2 + 8xy + 5y^2 = 9\left(\frac{x+y}{\sqrt{2}}\right)^2 + 1\left(\frac{x-y}{\sqrt{2}}\right)^2 \tag{6}$$

계수들은 Λ로부터의 고윳값 9와 1이다. 고유벡터들 $\boldsymbol{q}_1 = (1,1)/\sqrt{2}$와 $\boldsymbol{q}_2 = (1,-1)/\sqrt{2}$는 제곱 안에 있다.

기울어진 타원의 축들은 이 고유벡터들과 나란한 방향을 가리킨다. 이것은 왜 $S = Q\Lambda Q^T$를 “주축 정리(principal axis theorem)” 라고 하는지를 설명해준다. 고유벡터들이

축을 표시한다. (고유벡터로부터) 축의 방향 뿐만 아니라 (고윳값으로부터) 각 축의 길이 또한 나타내준다.

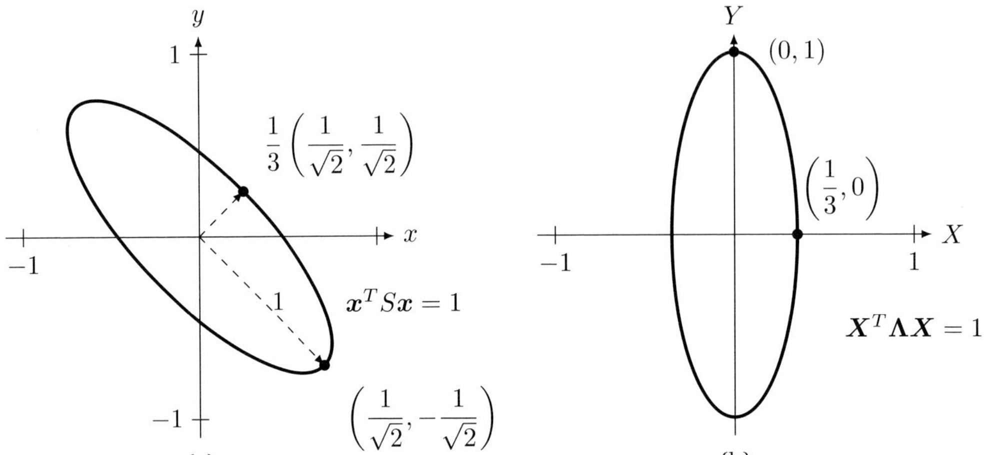

(a) (b)

그림 6.2: 타원 $\boldsymbol{x}^T S \boldsymbol{x} = 5x^2 + 8xy + 5y^2 = 1$. $9X^2 + Y^2 = 1$이면 반듯하게 맞춰진다

아 모든 것을 보기 위해, 타원을 반듯하게 맞춘 새로운 좌표계를 대문자로 표시하면,

$$\textbf{반듯하게 맞춤} \quad \frac{x+y}{\sqrt{2}} = X \quad \text{그리고} \quad \frac{x-y}{\sqrt{2}} = Y \quad \text{그리고} \quad \boldsymbol{9X^2 + Y^2 = 1}$$

X^2의 가장 큰 값은 $1/9$다. 더 짧은 축의 끝점은 $X = 1/3$이고 $Y = 0$이다. 주의: 더 큰 고윳값이 더 짧은 축이 된다. 이때 더 짧은 축의 1/2 길이는 $1/\sqrt{\lambda_1} = 1/3$이다. 더 작은 고윳값 $\lambda_2 = 1$이 더 긴 길이 $1/\sqrt{\lambda_2} = 1$이 된다.

xy좌표계에서, 타원의 축들은 S의 고유벡터들과 나란하다. XY좌표계에서, 축들은 좌표축인 **$\boldsymbol{\Lambda}$의 고유벡터들과 나란하다**. 모든 것들은 $S = Q\Lambda Q^T$로부터 나온다.

최적화와 기계학습

이 책은 $f(\boldsymbol{x})$을 최소화하는 **경사하강법**(gradient descent)으로 끝을 맺는다. $\boldsymbol{x}_{k+1}$로 가는 각 단계마다 현재 점 $\boldsymbol{x}_k$에서 경사가 가장 급한 방향을 택한다. 그런데 내려가면서 이 경사가 가장 급한 방향이 바뀐다. 최솟점 $\boldsymbol{x}^*$에서 미적분학과 선형대수가 만난다.

미적분학	f의 편미분은 $\boldsymbol{x}^*$에서 모두 0이다. 즉, $\dfrac{\partial f}{\partial x_i} = 0$이다.
선형대수	이계미분 $\dfrac{\partial^2 f}{\partial x_i \partial y_i}$의 행렬 S가 양의 정부호다.

S가 모든 점 $\boldsymbol{x} = (x_1, \dots, x_n)$에서 양의 정부호(또는 양의 준정부호)이면, **함수 $\boldsymbol{f}(\boldsymbol{x})$는 볼록(convex)이다**. S의 고윳값들이 어떤 양수 δ보다 큰 범위에 있으면, **$\boldsymbol{f}(\boldsymbol{x})$는 엄격하게 볼록이다**. 이 함수는 최적화하기 딱 좋은 최고의 함수다. 즉, 이 함수는 단 하나의 최솟값이 존재하며 이것을 경사하강법으로 찾을 것이다.

기계학습은 수 만개의 변수들로 이루어진 "손실함수(loss function)"를 만들어낸다. 손실함수는 최소로 만들고자 하는 오차를 측정한다. 그러나 모든 이계미분을 계산하는 것은 거의 불가능하다. 따라서 경사가 가장 급한 방향으로 오차가 가장 빠르게 떨어지는, 그러한 움직일 방향을 알려주는 일계미분을 사용한다. 그런 다음 새로운 방향으로 또 다른 하강 단계를 거친다. **경사하강법은 최소제곱법과 신경망 그리고 심층학습에서 핵심 계산이다.**

모든 대칭행렬은 대각화가능하다

이 절은 (실수) 스펙트럼 정리 $S = Q\Lambda Q^T$에 대한 증명으로 돌아가며 마무리한다. 모든 실수 대칭행렬 $\boldsymbol{S}$는 실수 직교행렬 $\boldsymbol{Q}$로 대각화할 수 있다.

A의 고윳값들이 중복되지 않는다면, 고유벡터들은 틀림없이 독립이다. 그러면 A를 대각화할 수 있다. 그러나 중복된 고윳값들로 인해 고유벡터가 부족해질 수 있다. 이러한 일은 때때로 대칭행렬이 아닌 행렬에서 발생한다. 대칭행렬에서는 이러한 일이 절대 발생하지 않는다. ***$\boldsymbol{S} = \boldsymbol{S}^T$를 대각화하는 충분한 고유벡터가 언제나 존재한다.***

이 증명은 **슈어 정리**(Schur's Theorem)로부터 나온다. 모든 실수 정사각행렬은 어떤 삼각행렬 T에 대해 $A = QTQ^{-1} = QTQ^T$로 분해된다. A가 대칭이면, $T = Q^TAQ$ 또한 대칭이다. 그러나 대칭인 삼각행렬 T는 실제로 대각행렬이다.

따라서 슈어(Issai Schur)는 우리가 원하는 행렬을 발견하였다. $A = S$가 대칭이면, 필요했던대로 $T = \Lambda$이고 $S = Q\Lambda Q^T$이다. 웹사이트 math.mit.edu/everyone에는 슈어 정리에 대한 증명이 있다. 여기에서는 A가 대각화가능하면 $(A = X\Lambda X^{-1})$ 이 삼각행렬 T를 볼 수 있다는 점만 언급하고자 한다. 4.4절에서의 그람-슈미트 과정을 사용하여 X를 QR로 분해한다.

$$A = X\Lambda X^{-1} = QR\Lambda R^{-1}Q^{-1} = QTQ^{-1}, \quad \text{여기서 } T = R\Lambda R^{-1}\text{은 삼각행렬}$$

복소벡터와 행렬

이 소절에서는 $\boldsymbol{x}$와 $\boldsymbol{S}$ 내에 복소수를 허용한다. $x_1 = 3+4i$의 켤레복소수는 $\overline{x}_1 = 3-4i$다. 그러면 x_1 곱하기 $\overline{x}_1$은 $3^2+4^2 = 25$(실수)다. 크기 $|\boldsymbol{x}_1| = \sqrt{25} = 5$다. 이제 복소벡터 $\boldsymbol{x} = (x_1, x_2) = (3+4i, 1+i)$가 있다고 하자.

길이 제곱 $\|\boldsymbol{x}\|^2$은 실수 $$\|\boldsymbol{x}\|^2 = \overline{\boldsymbol{x}}^T\boldsymbol{x} = \begin{bmatrix}3-4i & 1-i\end{bmatrix}\begin{bmatrix}3+4i\\1+i\end{bmatrix} = 25+2 = 27$$

행렬로 이동하기 전에, 다음은 복소수 $\boldsymbol{z} = \boldsymbol{a}+\boldsymbol{ib}$에 대한 핵심 사실들이다.

켤레는 $\overline{\boldsymbol{z}} = a-ib$	$\boldsymbol{z}+\overline{\boldsymbol{z}} = 2a$는 실수	$\boldsymbol{z}$ 곱하기 $\overline{\boldsymbol{z}} = \|\boldsymbol{z}\|^2 = a^2+b^2$은 실수
$\overline{\boldsymbol{z}_1}+\overline{\boldsymbol{z}_2}$는 $\overline{\boldsymbol{z}_1+\boldsymbol{z}_2}$와 같다	$\overline{\boldsymbol{z}}_1$ 곱하기 $\overline{\boldsymbol{z}}_2$는 $\overline{\boldsymbol{z}_1\boldsymbol{z}_2}$와 같다	$\dfrac{1}{\boldsymbol{z}} = \dfrac{\overline{\boldsymbol{z}}}{\|\boldsymbol{z}\|^2} = \dfrac{a-ib}{a^2+b^2}$

실수 대칭행렬은 $S^T = S$를 만족한다. 복소수가 있을 때는 S^T를 $\overline{S}^T$로 바꿔야 한다. 다음은 $\overline{S}^T = S$를 만족하는 행렬(**에르미트 행렬**(Hermitian matrix))이다.

$$\overline{\boldsymbol{S}}^T = \boldsymbol{S} \quad S = \begin{bmatrix}2 & 3-3i\\3+3i & 5\end{bmatrix}$$ **$\overline{\boldsymbol{x}}^T\boldsymbol{Sx}$ = 복소벡터 $\boldsymbol{x}$에 대해 실수**
8과 −1 = $\boldsymbol{S}$의 실수 고윳값

$$\det(S-\lambda I) = \det\begin{bmatrix}2-\lambda & 3-3i\\3+3i & 5-\lambda\end{bmatrix} = 10-7\lambda+\lambda^2-18 = (\lambda-8)(\lambda+1)$$

$$\overline{\boldsymbol{x}}^T S\boldsymbol{x} = \begin{bmatrix}\overline{x}_1 & \overline{x}_2\end{bmatrix}\begin{bmatrix}2 & 3-3i\\3+3i & 5\end{bmatrix}\begin{bmatrix}x_1\\x_2\end{bmatrix} = \begin{matrix}2\overline{x}_1x_1+5\overline{x}_2x_2+\\ \overline{x}_1(3-3i)x_2+\overline{x}_2(3+3i)x_i\end{matrix} = \textbf{실수} \quad (7)$$

$\overline{\boldsymbol{x}}^T S\boldsymbol{x}$는 실수다. 식 (7)은 복소수 $z+\overline{z} = a+ib+a-ib = 2a$(실수)로 끝난다.

에르미트 행렬 $\overline{S}^T = S$는 실대칭행렬 $S^T = S$와 유사한 복소수 버전이다.

유니타리 행렬 $\overline{Q}^T = Q^{-1}$은 $Q^T = Q^{-1}$인 직교행렬과 유사한 복소수 버전이다.

> $S = \overline{S}^T$의 고윳값은 실수다. 유니타리 행렬 Q의 고윳값은 $|\lambda| = 1$이다.
> 고유벡터들 $\boldsymbol{q}_1, \ldots, \boldsymbol{q}_n$은 복소수가 될 수 있다. 이 고유벡터들은 여전히 직교다.

MATLAB 또는 Julia에서 명령어 S'은 S가 복소수이면 자동으로 $\overline{S}^T$를 반환한다. 복소벡터의 내적은 $\overline{\boldsymbol{x}}^T\boldsymbol{y} = \overline{x}_1y_1+\cdots+\overline{x}_ny_n$이다.

두 복소 벡터의 내적을 보여주는 예 $\boldsymbol{x} = \begin{bmatrix} \mathbf{1} \\ \boldsymbol{i} \end{bmatrix} \quad \boldsymbol{y} = \begin{bmatrix} \mathbf{1} \\ -\boldsymbol{i} \end{bmatrix} \quad \overline{\boldsymbol{x}}^{\boldsymbol{T}}\boldsymbol{x} = 2 \quad \overline{\boldsymbol{x}}^{\boldsymbol{T}}\boldsymbol{y} = \mathbf{1} - \mathbf{1} = \mathbf{0}$

이 직교벡터들 $\boldsymbol{x}, \boldsymbol{y}$는 $\boldsymbol{Q} = \begin{bmatrix} \mathbf{0} & \mathbf{1} \\ -\mathbf{1} & \mathbf{0} \end{bmatrix}$와 $\boldsymbol{S} = \begin{bmatrix} \mathbf{0} & \boldsymbol{i} \\ -\boldsymbol{i} & \mathbf{0} \end{bmatrix}$의 고유벡터들이다.

풀이가 있는 연습 문제

6.3A 다음 대칭행렬 S와 T의 양의 정부호 여부를 테스트하라.

$$S = \begin{bmatrix} 2 & -1 & 0 \\ -1 & 2 & -1 \\ 0 & -1 & 2 \end{bmatrix} \quad \text{그리고} \quad T = \begin{bmatrix} 2 & -1 & b \\ -1 & 2 & -1 \\ b & -1 & 2 \end{bmatrix}$$

풀이 S의 피벗은 2와 $\frac{3}{2}$와 $\frac{4}{3}$인데 모두 양수다. 좌상단 선행 행렬식은 2와 3과 4인데 모두 양수다. S의 고윳값은 $2-\sqrt{2}$와 2와 $2+\sqrt{2}$인데 모두 양수다. 세 가지 테스트를 마쳤다. 어느 것 하나라도 결정적이다!

$S = A^TA$가 양의 정부호임을 보여주기 위한 세 개의 후보 $\boldsymbol{A}_1, \boldsymbol{A}_2, \boldsymbol{A}_3$가 있다. $\boldsymbol{A}_1$은 S 내의 이차차분 $-1, 2, -1$을 만들어내는 1과 -1로 이루어진 일차차분행렬이다.

$$\boldsymbol{S} = \boldsymbol{A}_1^T\boldsymbol{A}_1 \quad \begin{bmatrix} 2 & -1 & 0 \\ -1 & 2 & -1 \\ 0 & -1 & 2 \end{bmatrix} = \begin{bmatrix} 1 & -1 & 0 & 0 \\ 0 & 1 & -1 & 0 \\ 0 & 0 & 1 & -1 \end{bmatrix} \begin{bmatrix} 1 & 0 & 0 \\ -1 & 1 & 0 \\ 0 & -1 & 1 \\ 0 & 0 & -1 \end{bmatrix}$$

A_1의 세 열들은 독립이다. 따라서 S는 양의 정부호다.

$\boldsymbol{A}_2$는 $S = LDL^T$ ($S = LU$의 대칭행렬 버전)로부터 나온다. 소거법을 하면 D에 피벗들 $2, \frac{3}{2}, \frac{4}{3}$과 L에 상수배 $-\frac{1}{2}, 0, -\frac{2}{3}$을 만든다. **단순히 $\boldsymbol{A}_2 = \boldsymbol{L}\sqrt{\boldsymbol{D}}$로 둔다.**

$$LDL^T = \begin{bmatrix} 1 & & \\ -\frac{1}{2} & 1 & \\ 0 & -\frac{2}{3} & 1 \end{bmatrix} \begin{bmatrix} 2 & & \\ & \frac{3}{2} & \\ & & \frac{4}{3} \end{bmatrix} \begin{bmatrix} 1 & -\frac{1}{2} & 0 \\ & 1 & -\frac{2}{3} \\ & & 1 \end{bmatrix} = (L\sqrt{D})(L\sqrt{D})^T = A_2^TA_2$$

이 삼각행렬 A_2에는 (그렇게 아름답진 않은) 제곱근이 있다. A_2는 S의 "숄레스키 인수 (Cholesky factor)" 이고 MATLAB 명령어는 $A = \text{chol}(S)$이다. 응용에서 사각행렬 A_1은 S를 구축하는 방법이고 이 A_2는 소거법이 S를 분해하는 방법이다.

고윳값으로 대칭행렬 후보 $\boldsymbol{A}_3 = \boldsymbol{Q}\sqrt{\boldsymbol{\Lambda}}\boldsymbol{Q}^{\boldsymbol{T}}$를 얻는다. 이것은 $A_3^TA_3 = Q\Lambda Q^T = S$

이기 때문에 성공한다. 모든 테스트들은 행렬 S가 양의 정부호인 것을 보여준다.

세 가지 선택 A_1, A_2, A_3는 에너지 $\boldsymbol{x}^T S\boldsymbol{x}$를 쪼개는 서로 다른 세 가지 방법을 제시한다.

$$\boldsymbol{x}^T S\boldsymbol{x} = 2x_1^2 - 2x_1x_2 + 2x_2^2 - 2x_2x_3 + 2x_3^2 \qquad \textbf{제곱으로 다시 쓰기}$$

$$\|A_1\boldsymbol{x}\|^2 = x_1^2 + (x_2 - x_1)^2 + (x_3 - x_2)^2 + x_3^2 \qquad \boldsymbol{S} = \boldsymbol{A}_1^T\boldsymbol{A}_1$$

$$\|A_2\boldsymbol{x}\|^2 = 2\left(x_1 - \tfrac{1}{2}x_2\right)^2 + \tfrac{3}{2}\left(x_2 - \tfrac{2}{3}x_3\right)^2 + \tfrac{4}{3}x_3^2 \quad \boldsymbol{S} = \boldsymbol{LDL^T} = \boldsymbol{A}_2^T\boldsymbol{L}_2$$

$$\|A_3\boldsymbol{x}\|^2 = \lambda_1(\boldsymbol{q}_1^T\boldsymbol{x})^2 + \lambda_2(\boldsymbol{q}_2^T\boldsymbol{x})^2 + \lambda_3(\boldsymbol{q}_3^T\boldsymbol{x})^2 \qquad \boldsymbol{S} = \boldsymbol{Q\Lambda Q^T} = \boldsymbol{A}_3^T\boldsymbol{A}_3$$

두 번째 행렬 T에 대해서는 행렬식 테스트가 가장 쉽다.

$$\boldsymbol{T}\textbf{에 대한 테스트} \quad \det\boldsymbol{T} = 4 + 2b - 2b^2 = (\boldsymbol{1} + \boldsymbol{b})(\boldsymbol{4} - \boldsymbol{2b}) \quad \text{양수여야 함}$$

$b = -1$과 $b = 2$일 때 $\det T = 0$이다. $b = -1$과 $b = 2$ 사이에서는 이 행렬 T는 양의 정부호다. 행렬 S의 구석에 있는 성분 $b = 0$은 -1과 2 사이에 안전하게 있었다.

연습 문제

1 $S = S^T$라고 하자. 언제 ASB가 S와 동일한 고윳값을 가지면서 또한 대칭인가?

(a) $B =$ _______ 일 때 대칭을 유지하는 것을 보기 위해 ASB를 전치시켜라.

(b) ASB는 $B =$ _______ 일 때 S와 상사다 (고윳값이 같다).

(a)와 (b)를 결합하라. S와 상사인 대칭행렬들은 (_______)S(_______)처럼 보인다.

2 S와 T에 대해, 고윳값과 고유벡터들을 구하고 $Q\Lambda Q^T$로 분해하는 인수들을 구하라.

$$S = \begin{bmatrix} 2 & 2 & 2 \\ 2 & 0 & 0 \\ 2 & 0 & 0 \end{bmatrix} \qquad \text{그리고} \qquad T = \begin{bmatrix} 1 & 0 & 2 \\ 0 & -1 & -2 \\ 2 & -2 & 0 \end{bmatrix}$$

3 $S = \begin{bmatrix} 9 & 12 \\ 12 & 16 \end{bmatrix}$을 대각화하는 모든 직교행렬들을 구하라.

4 (a) 고윳값 중 하나가 음수인 대칭행렬 $\begin{bmatrix} 1 & b \\ b & 1 \end{bmatrix}$를 구하라.

(b) 이 행렬의 피벗 중 하나는 음수인 것을 어떻게 아는가?

(c) 이 행렬의 고윳값 두 개가 모두 음수일 수는 없다는 것을 어떻게 아는가?

5 C가 대칭행렬이면 A^TCA도 대칭행렬임을 증명하라. (전치시킨다.) A가 6×3일 때, C와 A^TCA는 어떤 형태인가?

6 $S = \begin{bmatrix} -2 & 6 \\ 6 & 7 \end{bmatrix}$을 대각화하는 직교행렬 Q를 구하라. Λ는 무엇인가?

$A^3 = 0$이면 A의 고윳값들은 ______ 이어야 한다. $A \neq 0$인 예를 들어라. 그러나 A가 대칭행렬이면, 이것을 대각화하여 A가 영행렬이어야 함을 증명하라.

7 S와 T를 스펙트럼 정리 $Q\Lambda Q^T$의 $\lambda_1 \boldsymbol{x}_1 \boldsymbol{x}_1^T + \lambda_2 \boldsymbol{x}_2 \boldsymbol{x}_2^T$ 형태로 써라.

$$S = \begin{bmatrix} 3 & 1 \\ 1 & 3 \end{bmatrix} \qquad T = \begin{bmatrix} 9 & 12 \\ 12 & 16 \end{bmatrix} \qquad (\|\boldsymbol{x}_1\| = \|\boldsymbol{x}_2\| = 1\text{을 유지하라.})$$

8 모든 2×2 행렬은 $\lambda_1 \boldsymbol{x}_1 \boldsymbol{x}_1^T + \lambda_2 \boldsymbol{x}_2 \boldsymbol{x}_2^T = \lambda_1 P_1 + \lambda_2 P_2$이다. Q의 열들 곱하기 행들로부터 $P_1 + P_2 = \boldsymbol{x}_1 \boldsymbol{x}_1^T + \boldsymbol{x}_2 \boldsymbol{x}_2^T = I$임을 설명하라. 왜 $P_1 P_2 = 0$인가?

9 $A = \begin{bmatrix} 0 & b \\ -b & 0 \end{bmatrix}$의 고윳값들은 무엇인가? 4×4 반대칭행렬 $(A^T = -A)$을 하나 만들고 이것의 모든 고윳값들은 허수임을 확인하라.

10 (추천) 다음 행렬 M은 반대칭이고 또한 ______ 이다. 그러면 이것의 모든 고윳값들은 순허수이고 따라서 $|\lambda| = 1$이다. (모든 $\boldsymbol{x}$에 대해 $\|M\boldsymbol{x}\| = \|\boldsymbol{x}\|$이므로 모든 고유벡터에 대해 $\|\lambda \boldsymbol{x}\| = \|\boldsymbol{x}\|$이다.) M의 대각합으로부터 네 개의 모든 고윳값들을 구하라.

$$M = \frac{1}{\sqrt{3}} \begin{bmatrix} 0 & 1 & 1 & 1 \\ -1 & 0 & -1 & 1 \\ -1 & 1 & 0 & -1 \\ -1 & -1 & 1 & 0 \end{bmatrix} \quad \text{의 고윳값은 오직 } i\text{와 } -i \text{ 뿐이다.}$$

11 (**대칭이지만 복소행렬**인) 다음 행렬 A의 고유벡터는 오직 한 방향 뿐임을 보여라.

$$A = \begin{bmatrix} i & 1 \\ 1 & -i \end{bmatrix} \text{ 는 대각화 가능하지 않다. 고윳값은 } \lambda = 0, 0$$

$A^T = A$는 복소행렬에 대해서는 특별한 성질이 아니다. 복소행렬에 대해 좋은 성질은 $\overline{A}^T = A$다. 그러면 모든 λ들은 실수이고 고유벡터들은 직교한다.

12 S의 고유벡터 행렬 Q와 B의 고유벡터 행렬 X를 구하라. $\lambda = 1$이 중복되더라도 $d = 1$에서 X는 붕괴되지 않음을 보여라. 이 고유벡터들은 수직인가?

$$S = \begin{bmatrix} 0 & d & 0 \\ d & 0 & 0 \\ 0 & 0 & 1 \end{bmatrix} \qquad B = \begin{bmatrix} -d & 0 & 1 \\ 0 & 1 & 0 \\ 0 & 0 & d \end{bmatrix} \quad \text{는 } \lambda = 1, d, -d \text{다.}$$

13 $\overline{S}^T = S$를 만족하는 2×2 복소행렬 ("에르미트 행렬") 하나를 써라. 이 복소행렬의 λ_1과 λ_2를 구하라. $\overline{\boldsymbol{x}}_1^T \boldsymbol{x}_2 = 0$인지 체크하라 (이것은 복소벡터의 직교성이다).

14 ***참 또는 거짓***을 말하라. 참이면 근거를 대고 거짓이면 반례를 들어라.

(a) n개의 실수 고윳값과 n개의 실수 고유벡터를 가진 행렬은 대칭이다.

(b) n개의 실수 고윳값과 n개의 정규직교인 고유벡터를 가진 행렬은 대칭이다.

(c) 가역인 대칭행렬의 역행렬은 대칭이다.

(d) 대칭행렬의 고유벡터 행렬 Q는 대칭이다.

15 (강사들에게 모순) $AA^T = A^T A$이면 A와 A^T는 고윳값이 같다 (참). A와 A^T는 언제나 동일한 고윳값을 공유한다. 다음 문장에서 모순을 찾아보라. A와 A^T는 동일한 X와 동일한 Λ를 가져야 한다. 따라서 A는 A^T와 같다.

16 A와 B가 가역인가? 직교인가? 정사영인가? 치환인가? 대각화가능한가? $\boldsymbol{LU}, \boldsymbol{QR}, \boldsymbol{X\Lambda X}^{-1}, \boldsymbol{Q\Lambda Q^T}$ 분해중 어떤 분해가 가능한가?

$$A = \begin{bmatrix} 0 & 0 & 1 \\ 0 & 1 & 0 \\ 1 & 0 & 0 \end{bmatrix} \qquad B = \frac{1}{3}\begin{bmatrix} 1 & 1 & 1 \\ 1 & 1 & 1 \\ 1 & 1 & 1 \end{bmatrix}$$

17 $A = \begin{bmatrix} 2 & b \\ 1 & 0 \end{bmatrix}$에서 어떤 수 b에 대해 $A = Q\Lambda Q^T$가 가능한가? 어떤 수 b에 대해 A의 대각화가 불가능한가? 어떤 수 b에 대해 A가 특이행렬이 되는가?

18 직교이면서 또한 대칭인 모든 2×2 행렬을 구하라. 그러한 두 행렬의 고윳값이 될 수 있는 것은 어떤 수들인가?

19 다음 A는 거의 대칭이다. 고유벡터들 사이의 각은 얼마인가?

$$A = \begin{bmatrix} 1 & 10^{-15} \\ 0 & 1 + 10^{-15} \end{bmatrix} \quad \text{의 고유벡터는 } \begin{bmatrix} 1 \\ 0 \end{bmatrix} \text{ 과 } \begin{bmatrix} \ ? \ \end{bmatrix}$$

20 $\lambda_{\max}$가 대칭행렬 S의 가장 큰 고윳값이면, 어떠한 대각성분들도 $\lambda_{\max}$보다 클 수 없다. $S = Q\Lambda Q^T$의 첫 번째 성분 a_{11}은 무엇인가? 왜 $a_{11} \le \lambda_{\max}$인지 보여라.

21 $A^T = -A$ (실수 반대칭행렬)이라고 하자. A에 대한 다음 사실들을 설명하라.

(a) 모든 실수 벡터 $\boldsymbol{x}$에 대해 $\boldsymbol{x}^T A\boldsymbol{x} = 0$

(b) A의 고윳값들은 순허수다.

(c) A의 행렬식은 양수이거나 0이다 (음수가 아니다).

(a)에 대해서는, 곱 $\boldsymbol{x}^T A\boldsymbol{x}$을 전개하여 항들이 상쇄되는 것을 관찰하라. 또는 $\boldsymbol{x}^T(A\boldsymbol{x})$을 $-(A\boldsymbol{x})^T\boldsymbol{x}$으로 반전시켜라. (b)에 대해서는, $A\boldsymbol{z} = \lambda\boldsymbol{z}$로부터 $\overline{\boldsymbol{z}}^T A\boldsymbol{z} = \lambda\overline{\boldsymbol{z}}^T\boldsymbol{z} = \lambda\|\boldsymbol{z}\|^2$을 얻는다. (a)는 $\overline{\boldsymbol{z}}^T A\boldsymbol{z} = (\boldsymbol{x} - i\boldsymbol{y})^T A(\boldsymbol{x} + i\boldsymbol{y})$의 실수부가 0임을 보여준다. 그러면 (b)는 (c)에 도움이 된다.

22 S가 대칭행렬이고 모든 고윳값이 $\lambda = 2$이면, S가 $2I$여야 한다는 것을 어떻게 아는가? 핵심 포인트: 대칭성은 $S = Q\Lambda Q^T$를 보장한다. 이 Λ가 무엇인가?

23 어떤 대칭행렬 S가 또한 직교인가? 왜 $S^2 = I$인지 보여라. 가능한 고윳값 λ는 무엇인가? 그러면 S는 어떤 Λ에 대해 $Q\Lambda Q^T$여야 하는가?

24–49번 문제는 양의 정부호 테스트에 관한 것이다.

24 $S = \begin{bmatrix} a & b \\ b & c \end{bmatrix}$가 2×2 테스트 $a > 0$과 $ac - b^2 > 0$을 통과한다고 하자.

(i) λ_1과 λ_2의 부호는 동일하다. 왜냐하면 곱 $\lambda_1\lambda_2$가 ______과 같기 때문이다.

(ii) 이 부호는 양수다. 왜냐하면 $\lambda_1 + \lambda_2$가 ______과 같기 때문이다. 그러므로 $\lambda_1 > 0$이고 $\lambda_2 > 0$이다.

25 S_1, S_2, S_3, S_4 중 어떤 것의 고윳값이 두 개의 양수인가? 테스트를 사용하고 λ를 계산하지는 말라. 또한 $\boldsymbol{x}^T S_1\boldsymbol{x} < 0$이 되는 $\boldsymbol{x}$를 구하라. 그러므로 S_1은 양의 정부호가 아니다.

$$S_1 = \begin{bmatrix} 5 & 6 \\ 6 & 7 \end{bmatrix} \quad S_2 = \begin{bmatrix} -1 & -2 \\ -2 & -5 \end{bmatrix} \quad S_3 = \begin{bmatrix} 1 & 10 \\ 10 & 100 \end{bmatrix} \quad S_4 = \begin{bmatrix} 1 & 10 \\ 10 & 101 \end{bmatrix}$$

26 어떤 수 b와 c에 대해 다음 행렬들이 양의 정부호인가? S를 LDL^T로 분해하라.

$$S = \begin{bmatrix} 1 & b \\ b & 9 \end{bmatrix} \qquad S = \begin{bmatrix} 2 & 4 \\ 4 & c \end{bmatrix} \qquad S = \begin{bmatrix} c & b \\ b & c \end{bmatrix}$$

27 $f(x,y) = x^2 + 4xy + 3y^2$을 제곱의 차로 쓰고 f가 음수인 점 (x,y)를 구하라. f의 계수들이 모두 양수이더라도 $(0,0)$에서 최소가 되지 않는다.

28 함수 $f(x,y) = 2xy$는 틀림없이 안장점을 가지며 $(0,0)$에서 최소가 아니다. 어떤 대칭행렬 S로 $\begin{bmatrix} x & y \end{bmatrix} S \begin{bmatrix} x \\ y \end{bmatrix} = 2xy$가 되는가? 행렬 S의 고윳값은 무엇인가?

29 각 경우에 A^TA가 양의 정부호인지 여부를 판단하는 테스트를 하라. A는 독립인 열들이 필요하다.

$$A = \begin{bmatrix} 1 & 2 \\ 0 & 3 \end{bmatrix} \quad \text{그리고} \quad A = \begin{bmatrix} 1 & 1 \\ 1 & 2 \\ 2 & 1 \end{bmatrix} \quad \text{그리고} \quad A = \begin{bmatrix} 1 & 1 & 2 \\ 1 & 2 & 1 \end{bmatrix}$$

30 어떤 3×3 대칭행렬 S와 T로 다음 이차식들이 만들어지는가?

$$\boldsymbol{x}^T S \boldsymbol{x} = 2(x_1^2 + x_2^2 + x_3^2 - x_1x_2 - x_2x_3) \quad \text{왜 } S\text{는 양의 정부호인가?}$$
$$\boldsymbol{x}^T T \boldsymbol{x} = 2(x_1^2 + x_2^2 + x_3^2 - x_1x_2 - x_1x_3 - x_2x_3) \quad \text{왜 } T\text{는 양준정부호인가?}$$

31 S의 세 개의 좌상단 선행 행렬식을 계산하여 양의 정부호임을 보여라. 이 행렬식들의 비가 소거법에서의 두 번째와 세 번째 피벗들이 되는 것을 확인하라.

피벗들 = 행렬식의 비 $\qquad S = \begin{bmatrix} 2 & 2 & 0 \\ 2 & 5 & 3 \\ 0 & 3 & 8 \end{bmatrix}$

32 어떤 수 c와 d에 대해 S와 T가 양의 정부호인가? 세 개의 행렬식을 테스트하라.

$$S = \begin{bmatrix} c & 1 & 1 \\ 1 & c & 1 \\ 1 & 1 & c \end{bmatrix} \qquad \text{그리고} \qquad T = \begin{bmatrix} 1 & 2 & 3 \\ 2 & d & 4 \\ 3 & 4 & 5 \end{bmatrix}$$

33 고윳값이 음수고 $a > 0$과 $c > 0$과 $a + c > 2b$를 만족하는 2×2 대칭행렬을 구하라.

34 S가 양의 정부호이면, S^{-1}도 양의 정부호다. 가장 좋은 증명은 S^{-1}의 고윳값들이 양수임을 보이는 것이다. 왜냐하면 ______ 이기 때문이다. 다른 테스트도 사용할 수 있겠는가?

35 양의 정부호 행렬은 주대각 위치에 0(또는 더 나쁘게는 음수)을 가질 수 없다. 이러한 행렬은 에너지 테스트 $\boldsymbol{x}^T S\boldsymbol{x} > 0$가 실패하는 것을 보여라.

$$\begin{bmatrix} x_1 & x_2 & x_3 \end{bmatrix} \begin{bmatrix} 4 & 1 & 1 \\ 1 & 0 & 2 \\ 1 & 2 & 5 \end{bmatrix} \begin{bmatrix} x_1 \\ x_2 \\ x_3 \end{bmatrix} \text{ 는 } (x_1, x_2, x_3) = (\quad,\quad,\quad) \text{ 일 때 양수가 아니다.}$$

36 대칭행렬의 대각성분 s_{jj}는 모든 λ들보다 더 작을 수 없다. 만일 더 작다면, $S - s_{jj}I$는 ___ 고윳값들을 가질 것이고 양의 정부호일 것이다. 그러나 $S - s_{jj}I$는 주대각 위치에는 ______ 이 있다.

37 다음 문장이 왜 참인지 간략한 근거를 대라.

(a) 모든 양의 정부호 행렬은 가역이다.

(b) 유일한 양의 정부호 정사영행렬은 $P = I$다.

(c) 대각성분이 양수인 대각행렬은 양의 정부호다.

(d) 행렬식이 양수인 대칭행렬은 양의 정부호가 아닐 수도 있다!

38 어떤 s와 t에 대해 S와 T의 모든 $\lambda > 0$인가(따라서 S와 T가 양의 정부호인가)?

$$S = \begin{bmatrix} s & -4 & -4 \\ -4 & s & -4 \\ -4 & -4 & s \end{bmatrix} \qquad \text{그리고} \qquad T = \begin{bmatrix} t & 3 & 0 \\ 3 & t & 4 \\ 0 & 4 & t \end{bmatrix}$$

39 $S = Q\Lambda Q^T$로부터 각 행렬의 양의 정부호 제곱근 $Q\sqrt{\Lambda}Q^T$를 계산하라. 이 제곱근이 $A^TA = S$를 만족시키는지 체크하라.

$$S = \begin{bmatrix} 5 & 4 \\ 4 & 5 \end{bmatrix} \qquad \text{그리고} \qquad S = \begin{bmatrix} 10 & 6 \\ 6 & 10 \end{bmatrix}$$

40 기울어진 타원 $x^2 + xy + y^2 = 1$을 그리고 해당하는 행렬 S의 고윳값으로부터 각 축들의 1/2 길이를 구하라.

41 D의 피벗들이 양수이면, 행렬분해 $S = LDL^T$는 $L\sqrt{D}\sqrt{D}L^T$가 된다. (피벗들의 제곱근이 $D = \sqrt{D}\sqrt{D}$이 되게 한다.) 그러면 $C = \sqrt{D}L^T$로 "대칭화된 LU"인 ***숄레스키 분해(Cholesky factorization)*** $A = C^TC$가 된다.

$C = \begin{bmatrix} 3 & 1 \\ 0 & 2 \end{bmatrix}$ 로부터 S를 구하라. $S = \begin{bmatrix} 4 & 8 \\ 8 & 25 \end{bmatrix}$ 로부터 $C = \text{chol}(S)$를 구하라.

42 $C = \sqrt{D}L^T$인 숄레스키 분해 $S = C^TC$에서 피벗들의 제곱근은 C의 대각선 위에 있다. 다음 행렬에 대해 C(상삼각행렬)를 구하라.

$$S = \begin{bmatrix} 9 & 0 & 0 \\ 0 & 1 & 2 \\ 0 & 2 & 8 \end{bmatrix} \qquad \text{그리고} \qquad S = \begin{bmatrix} 1 & 1 & 1 \\ 1 & 2 & 2 \\ 1 & 2 & 7 \end{bmatrix}$$

43 $S = \begin{bmatrix} \cos\theta & -\sin\theta \\ \sin\theta & \cos\theta \end{bmatrix} \begin{bmatrix} 2 & 0 \\ 0 & 5 \end{bmatrix} \begin{bmatrix} \cos\theta & \sin\theta \\ -\sin\theta & \cos\theta \end{bmatrix}$의 곱셈을 하지 않고서, 다음을 구하라.

(a) S의 행렬식 (b) S의 고윳값

(c) S의 고유벡터 (d) 왜 S가 대칭인 양의 정부호인지에 대한 근거

44 $z = x^2 + y^2$의 그래프는 위쪽으로 열린 그릇이다. $z = x^2 - y^2$의 그래프는 안장(saddle)이다. $z = -x^2 - y^2$의 그래프는 아래쪽으로 열린 그릇이다. $z = ax^2 + 2bxy + cy^2$이 $(x, y) = (0, 0)$에서 안장점이 존재하기 위한 a, b, c에 대한 테스트는 무엇인가?

45 $z = 4x^2 + 12xy + cy^2$의 그래프가 c의 어떤 값에 대해 그릇이 되고 어떤 값에 대해 안장이 되는가? c의 경계값에서 이 그래프를 묘사하라.

46 S와 T가 대칭인 양의 정부호일 때, ST는 대칭이 아닐 수도 있다. $ST\boldsymbol{x} = \lambda\boldsymbol{x}$에서 시작하여 $T\boldsymbol{x}$와 내적을 하라. 그런 다음 $\lambda > 0$임을 증명하라.

47 C가 양의 정부호이고 (따라서 $\boldsymbol{y} \neq \boldsymbol{0}$인 모든 $\boldsymbol{y}$에 대해 $\boldsymbol{y}^TC\boldsymbol{y} > 0$) A의 열들은 독립이라고 하자 (따라서 $\boldsymbol{x} \neq \boldsymbol{0}$인 모든 $\boldsymbol{x}$에 대해 $A\boldsymbol{x} \neq \boldsymbol{0}$) $\boldsymbol{x}^TA^TCA\boldsymbol{x}$에 에너지 테스트를 적용하여 ***공학에서 매우 중요한 $S = A^TCA$가 양의 정부호***임을 보여라.

48 **중요!** S가 양의 정부호이고 고윳값들이 $\lambda_1 \geq \lambda_2 \geq \cdots \geq \lambda_n$을 만족한다고 하자.

(a) 행렬 $\lambda_1 I - S$의 고윳값들은 무엇인가? 이 행렬은 양의 준정부호인가?

(b) 어떻게 모든 $\boldsymbol{x}$에 대해 $\lambda_1 \boldsymbol{x}^T\boldsymbol{x} \geq \boldsymbol{x}^T S\boldsymbol{x}$가 되는가?

(c) 다음 결론을 유도하라. $\boldsymbol{x^T S x / x^T x}$ **의 최솟값은** _______ 이다.

49 어떤 a와 c에 대해 다음 행렬이 양의 정부호인가? 어떤 a와 c에 대해 다음 행렬이 양의 준정부호인가 (이것은 정부호를 포함한다)?

$$S = \begin{bmatrix} a & a & a \\ a & a+c & a-c \\ a & a-c & a+c \end{bmatrix}$$

다섯 가지 모든 테스트가 가능하다.
에너지 $\boldsymbol{x}^T S\boldsymbol{x}$는
$a(x_1+x_2+x_3)^2 + c(x_2-x_3)^2$과 같다.

6.4 연립미분방정식

1. $A\boldsymbol{x} = \lambda\boldsymbol{x}$이면, $\boldsymbol{u}(t) = e^{\lambda t}\boldsymbol{x}$는 $\dfrac{d\boldsymbol{u}}{dt} = A\boldsymbol{u}$의 해가 된다. 각각의 λ와 $\boldsymbol{x}$마다 해 $e^{\lambda t}\boldsymbol{x}$가 하나씩 나온다.
2. $A = X\Lambda X^{-1}$이면 $\boxed{\boldsymbol{u}(t) = e^{At}\boldsymbol{u}(0) = Xe^{\Lambda t}X^{-1}\boldsymbol{u}(0) = c_1 e^{\lambda_1 t}\boldsymbol{x}_1 + \cdots + c_n e^{\lambda_n t}\boldsymbol{x}_n}$
3. **행렬 지수** $A = X\Lambda X^{-1}$일 때, $\boldsymbol{e^{At}} = I + At + \cdots + (At)^n/n! + \cdots = Xe^{\Lambda t}X^{-1}$
4. A의 모든 고윳값들의 실수부 < 0일 때, A는 안정하고 $\boldsymbol{u}(t) \to 0$이며 $e^{At} \to 0$
5. **이계미분방정식 일차연립방정식** $u'' + Bu' + Cu = 0$은 $\begin{bmatrix} u \\ u' \end{bmatrix}' = \begin{bmatrix} 0 & 1 \\ -C & -B \end{bmatrix}\begin{bmatrix} u \\ u' \end{bmatrix}$와 동치다.

고윳값과 고유벡터 그리고 $A = X\Lambda X^{-1}$은 행렬의 거듭제곱 A^k을 계산하는 데에 있어서 완벽하지만, 이들은 또한 미분방정식 $d\boldsymbol{u}/dt = A\boldsymbol{u}$에 있어서도 완벽하다. 이 절의 대부분의 내용은 선형대수지만, $e^{\lambda t}$의 미분은 $\lambda e^{\lambda t}$라는 미적분학으로부터의 한 가지 사실이 필요하다. **상수계수 미분방정식은 선형대수로 변환할 수 있다**는 것이 이 절의 핵심 요점이다.

상미분방정식 $\dfrac{du}{dt} = u$와 $\dfrac{du}{dt} = \lambda u$의 해는 지수함수다.

$$\boxed{\frac{d\boldsymbol{u}}{d\boldsymbol{t}} = \boldsymbol{u}\text{의 해는 } \boldsymbol{u}(\boldsymbol{t}) = \boldsymbol{C}\boldsymbol{e}^{\boldsymbol{t}}\text{이다} \qquad \frac{d\boldsymbol{u}}{d\boldsymbol{t}} = \boldsymbol{\lambda u}\text{의 해는 } \boldsymbol{u}(\boldsymbol{t}) = \boldsymbol{C}\boldsymbol{e}^{\boldsymbol{\lambda t}}\text{이다}} \tag{1}$$

시각 $t = 0$에서 $e^0 = 1$이기 때문에 이 해들은 $u(0) = C$에서 시작한다. C는 이 "초깃값"으로 알 수 있다. **해 $\boldsymbol{u}(\boldsymbol{t}) = \boldsymbol{u}(0)\boldsymbol{e}^{\boldsymbol{t}}$와 $\boldsymbol{u}(\boldsymbol{t}) = \boldsymbol{u}(0)\boldsymbol{e}^{\boldsymbol{\lambda t}}$는 $\boldsymbol{u}(0)$에서 시작한다.**

방금은 1×1 문제를 풀었지만, 선형대수는 $n \times n$으로 옮겨간다. 미지수는 (이제는 굵은체로 표시한) 벡터 $\boldsymbol{u}$이고, 초기 벡터 $\boldsymbol{u}(0)$에서 시작한다. n개의 방정식은 정사각행렬 A를 포함한다. 우리는 n개의 고윳값/고유벡터로부터 n개의 해 $\boldsymbol{u}(t) = e^{\lambda t}\boldsymbol{x}$를 예상한다.

방정식 n개의 연립방정식 $t=0$일 때의 벡터 $\boldsymbol{u}(0)=\begin{bmatrix}u_1(0)\\ \cdots\\ u_n(0)\end{bmatrix}$에서 시작하는 $\boxed{\dfrac{d\boldsymbol{u}}{dt}=A\boldsymbol{u}}$ (2)

이 미분방정식은 선형이다. 즉 $\boldsymbol{u}(t)$와 $\boldsymbol{v}(t)$가 해면, $C\boldsymbol{u}(t)+D\boldsymbol{v}(t)$도 해다. $\boldsymbol{u}(0)$의 n개의 성분에 대응하는 C와 D 같은 n개의 상수가 필요하다. 첫 번째 해야 할 일은 $A\boldsymbol{x}=\lambda\boldsymbol{x}$를 이용하여 n개의 "순수한 지수해" $\boldsymbol{u}=e^{\lambda t}\boldsymbol{x}$를 구하는 것이다.

A가 상수행렬인 점에 주목한다. 다른 선형방정식에서는 A가 t가 변함에 따라 변하고, 비선형방정식에서는 A가 $\boldsymbol{u}$가 변함에 따라 변한다. 여기에서는 이러한 어려움이 없고, $d\boldsymbol{u}/dt=A\boldsymbol{u}$는 "상수 계수로 이루어진 선형" 이다. 오직 이런 방정식들만 선형대수로 직접 변환할 미분방정식이다. 다음이 핵심이다.

$A\boldsymbol{x}=\lambda\boldsymbol{x}$ ***일 때 지수*** $e^{\lambda t}\boldsymbol{x}$ ***를 이용하여 선형 상수계수 미분방정식을 푼다.***

$d\boldsymbol{u}/dt=A\boldsymbol{u}$의 해

순수 지수해는 $e^{\lambda t}$에 고정된 벡터 $\boldsymbol{x}$를 곱하는 것이다. λ는 A의 고윳값이고 $\boldsymbol{x}$는 해당하는 고유벡터일 것으로 추측할 수 있다. $\boldsymbol{u}(t)=e^{\lambda t}\boldsymbol{x}$를 방정식 $d\boldsymbol{u}/dt=A\boldsymbol{u}$에 대입해보면 이러한 추측이 맞다는 것을 증명할 수 있다. 인수 $e^{\lambda t}$가 약분되어 $\lambda\boldsymbol{x}=A\boldsymbol{x}$가 남는다.

$A\boldsymbol{x}=\lambda\boldsymbol{x}$일 때 $\boldsymbol{u}(t)=e^{\lambda t}\boldsymbol{x}$로 선택 $\boxed{\dfrac{d\boldsymbol{u}}{dt}=\lambda e^{\lambda t}\boldsymbol{x}}$ 는 $\boxed{A\boldsymbol{u}=A\boldsymbol{e}^{\boldsymbol{\lambda t}}\boldsymbol{x}}$ 와 일치한다. (3)

이 특별한 해 $\boldsymbol{u}(t)=e^{\lambda t}\boldsymbol{x}$의 모든 성분들은 동일한 $e^{\lambda t}$를 공유하고 있다. 이 해는 $\lambda>0$이면 증가하고, $\lambda<0$이면 감소한다. λ가 복소수일 때는 실수부가 증가하는지 감소하는지를 결정하고, 허수부 ω는 사인파와 같은 진동 $e^{j\omega t}$를 만든다.

예제 1 $\boldsymbol{u}(0)=\begin{bmatrix}\mathbf{4}\\ \mathbf{2}\end{bmatrix}$에서 시작하는 방정식 $\dfrac{d\boldsymbol{u}}{dt}=A\boldsymbol{u}=\begin{bmatrix}\mathbf{0}&\mathbf{1}\\ \mathbf{1}&\mathbf{0}\end{bmatrix}\boldsymbol{u}$를 풀어라.

이것은 $\boldsymbol{u}$에 대한 벡터방정식이다. $\boldsymbol{u}$의 성분 y와 z에 대한 두 개의 스칼라 방정식을 포함하고 있다. A가 대각행렬이 아니므로 이 성분들은 "서로 커플링" 되어 있다.

$$\frac{d\boldsymbol{u}}{dt}=A\boldsymbol{u}\quad \frac{d}{dt}\begin{bmatrix}y\\ z\end{bmatrix}=\begin{bmatrix}0&1\\ 1&0\end{bmatrix}\begin{bmatrix}y\\ z\end{bmatrix} \text{ 는 } \frac{d\boldsymbol{y}}{d\boldsymbol{t}}=\boldsymbol{z} \text{ 그리고 } \frac{d\boldsymbol{z}}{d\boldsymbol{t}}=\boldsymbol{y}\text{를 의미한다.}$$

고유벡터의 아이디어는 이 방정식들을 1×1 문제로 되돌리는 방식으로 결합하는 것이다.

일차결합 $y+z$와 $y-z$가 바로 그러한 일을 해준다. 두 식을 더하고 빼면 다음 식을 얻는다.

$$\frac{d}{dt}(y+z)=z+y \quad \text{그리고} \quad \frac{d}{dt}(y-z)=-(y-z)$$

일차결합 $y+z$는 $\lambda=1$이기 때문에 e^t와 같이 증가한다. 일차결합 $y-z$는 $\lambda=-1$이기 때문에 e^{-t}와 같이 감소한다. 그런데 요점은 이러한 특별한 결합을 찾아 원래 방정식 $d\boldsymbol{u}/dt = A\boldsymbol{u}$를 곡예 부리듯 다룰 필요가 없다는 것이다. A의 고유벡터와 고윳값이 이러한 일을 자연스럽게 해줄 것이다.

행렬 A의 고윳값은 1과 -1이고, 고유벡터 $\boldsymbol{x}$는 $(1,1)$과 $(1,-1)$이다. 순수 지수해 $\boldsymbol{u}_1$과 $\boldsymbol{u}_2$는 $\lambda_1=1$이고 $\lambda_2=-1$인 $e^{\lambda t}\boldsymbol{x}$의 형태를 가진다.

$$\boxed{\boldsymbol{u}_1(t)=e^{\lambda_1 t}\boldsymbol{x}_1=e^t\begin{bmatrix}1\\1\end{bmatrix}} \quad \text{그리고} \quad \boxed{\boldsymbol{u}_2(t)=e^{\lambda_2 t}\boldsymbol{x}_2=e^{-t}\begin{bmatrix}1\\-1\end{bmatrix}} \qquad (4)$$

완전한 해 $\boldsymbol{u}(t)$는 $\boldsymbol{u}_1$과 $\boldsymbol{u}_2$를 결합한다.

$$\boldsymbol{u}(t)=\boldsymbol{C}\boldsymbol{e^t}\begin{bmatrix}\mathbf{1}\\\mathbf{1}\end{bmatrix}+\boldsymbol{D}\boldsymbol{e^{-t}}\begin{bmatrix}\mathbf{1}\\\mathbf{-1}\end{bmatrix}=\begin{bmatrix}Ce^t+De^{-t}\\Ce^t-De^{-t}\end{bmatrix} \qquad (5)$$

두 개의 상수 C와 D로 임의의 시작 벡터 $\boldsymbol{u}(0)=(u_1(0),u_2(0))$를 대응시킬 수 있다. $t=0$으로 두면 $e^0=1$이고, 예제 1은 초깃값이 $\boldsymbol{u}(0)=(4,2)$가 되도록 요구한다. 그러므로,

$\boldsymbol{u}(0)$는 C와 D를 결정한다

$$C\begin{bmatrix}1\\1\end{bmatrix}+D\begin{bmatrix}1\\-1\end{bmatrix}=\begin{bmatrix}4\\2\end{bmatrix} \text{ 로부터 } \boldsymbol{C}=\mathbf{3} \text{ 그리고 } \boldsymbol{D}=\mathbf{1}$$

해 (5)에서 $C=3$과 $D=1$로 두면, 이 초깃값 문제를 완전히 풀었다.

$n\times n$ 행렬에 대해서는 n개의 고유벡터를 찾는다. 그리고 C와 D는 $c_1,c_2,\dots,c_n$이 된다.

1. $\boldsymbol{u}(0)$를 **A의 고유벡터들의 일차결합** $c_1\boldsymbol{x}_1+\cdots+c_n\boldsymbol{x}_n$으로 쓴다.
2. 각 고유벡터 $\boldsymbol{x}_i$에 **증가 인수 $e^{\lambda_i t}$를 곱한다.**
3. $d\boldsymbol{u}/dt$에 대한 해는 순수한 지수해들 $e^{\lambda t}\boldsymbol{x}$의 동일한 일차결합이다.

$$\boxed{\boldsymbol{u}(\boldsymbol{t})=\boldsymbol{c}_1\boldsymbol{e}^{\boldsymbol{\lambda}_1\boldsymbol{t}}\boldsymbol{x}_1+\cdots+\boldsymbol{c_n}\boldsymbol{e}^{\boldsymbol{\lambda t}}\boldsymbol{x_n}} \qquad (6)$$

빠진 내용: 두 λ가 같고 고유벡터가 하나 밖에 없다면, 또 다른 해 ($te^{\lambda t}\boldsymbol{x}$일 것이다)가 필요하다. 단계 1에서 $A = X\Lambda X^{-1}$로 대각화하는 n개의 고유벡터 기저가 필요하다.

예제 2 A의 고윳값들이 $\lambda = 1, 2, 3$인 것을 알 때 $d\boldsymbol{u}/dt = A\boldsymbol{u}$를 풀어라.

대표적인 예
$\boldsymbol{u}$에 대한 방정식
초기 조건 $\boldsymbol{u}(0)$

$$\boldsymbol{u}(0) = \begin{bmatrix} 9 \\ 7 \\ 4 \end{bmatrix} \quad \text{에서 시작하는} \quad \frac{d\boldsymbol{u}}{dt} = \begin{bmatrix} 1 & 1 & 1 \\ 0 & 2 & 1 \\ 0 & 0 & 3 \end{bmatrix} \boldsymbol{u}$$

고유벡터 행렬 X에는 $\boldsymbol{x}_1 = (1, 0, 0)$와 $\boldsymbol{x}_2 = (1, 1, 0)$와 $\boldsymbol{x}_3 = (1, 1, 1)$가 들어가 있다.

1 단계 벡터 $\boldsymbol{u}(0) = (9, 7, 4)$는 $2\boldsymbol{x}_1 + 3\boldsymbol{x}_2 + 4\boldsymbol{x}_3$이다. 그러면 $(c_1, c_2, c_3) = (2, 3, 4)$.

2 단계 인수 $e^{\lambda t}$로부터 지수해 $e^t\boldsymbol{x}_1$와 $e^{2t}\boldsymbol{x}_2$와 $e^{3t}\boldsymbol{x}_3$을 얻는다.

3 단계 $\boldsymbol{u}(0)$에서 시작한 일차결합 $\boldsymbol{u}(t) = 2e^t\boldsymbol{x}_1 + 3e^{2t}\boldsymbol{x}_2 + 4e^{3t}\boldsymbol{x}_3$

계수들 $2, 3, 4$는 선형방정식 $c_1\boldsymbol{x}_1 + c_2\boldsymbol{x}_2 + c_3\boldsymbol{x}_3 = \boldsymbol{u}(0)$을 풀어서 얻었다.

$$\begin{bmatrix} \boldsymbol{x}_1 & \boldsymbol{x}_2 & \boldsymbol{x}_3 \end{bmatrix} \begin{bmatrix} c_1 \\ c_2 \\ c_3 \end{bmatrix} = \begin{bmatrix} 1 & 1 & 1 \\ 0 & 1 & 1 \\ 0 & 0 & 1 \end{bmatrix} \begin{bmatrix} 2 \\ 3 \\ 4 \end{bmatrix} = \begin{bmatrix} 9 \\ 7 \\ 4 \end{bmatrix} \quad \text{는} \quad X\boldsymbol{c} = \boldsymbol{u}(0) \qquad (7)$$

이제 $d\boldsymbol{u}/dt = A\boldsymbol{u}$를 푸는 방법에 대한 기본적인 아이디어를 알게 되었을 것이다. 이 절의 나머지 부분은 조금 더 나아가, 응용에서 자주 나타나는 이계미분을 포함한 방정식을 푼다. 또한 $\boldsymbol{u}(t)$가 0으로 다가갈지 또는 발산할지 또는 단순히 진동할지 여부를 결정한다.

마지막에는 ***행렬 지수(matrix exponential)*** e^{At}가 나온다. $A^k\boldsymbol{u}_0$이 방정식 $\boldsymbol{u}_{k+1} = A\boldsymbol{u}_k$의 해가 되는 것과 같은 방식으로 간략한 식인 $e^{At}\boldsymbol{u}(0)$이 방정식 $d\boldsymbol{u}/dt = A\boldsymbol{u}$의 해가 된다. 예제 3은 어떻게 "차분방정식"이 미분방정식을 푸는 데 도움이 되는지 보여줄 것이다.

이러한 모든 단계는 λ와 $\boldsymbol{x}$를 이용한다. 이 절은 선형대수로 전환되는 상수계수 미분방정식 문제를 푼다. 이것은 가장 간단하면서도 가장 중요한 미분방정식이고, 이 방정식의 해는 증가 인수 $e^{\lambda t}$에 전적으로 기반한다.

이계미분방정식

역학에서 가장 중요한 방정식은 $\boldsymbol{my'' + by' + ky = 0}$이다. 첫 번째 항은 질량 m 곱하기 가속도 $a = y''$이다. 그 다음 by'는 댐핑(damping)이고 ky는 탄성에 의한 힘이다. 이것은 (뉴턴 법칙(Newton's Law) $F = ma$를 표현한) 이계미분방정식이며, 이계미분 $y'' = d^2y = dt^2$을 포함하고 있고, 계수 m, b, k가 상수인 선형방정식이다.

미분방정식 수업에서는 $y = e^{\lambda t}$를 대입하여 해를 구한다. y를 미분할 때마다 인수 λ가 내려온다. $y = e^{\lambda t}$가 이 방정식의 해가 되기를 원한다.

$$\boxed{\boldsymbol{m\frac{d^2y}{dt^2} + b\frac{dy}{dt} + ky = 0} \quad \text{은} \quad \boldsymbol{(m\lambda^2 + b\lambda + k)e^{\lambda t} = 0} \quad \text{이 된다.}} \tag{8}$$

모든 것은 $m\lambda^2 + b\lambda + k = 0$에 달려 있다. λ에 대한 이 식의 두 근이 λ_1과 λ_2이면, y에 대한 방정식의 두 개의 순수한 지수해는 $y_1 = e^{\lambda_1 t}$와 $y_2 = e^{\lambda_2 t}$이다. 이것들의 일차결합 $c_1y_1 + c_2y_2$가 완전한 해가 된다. 그러나 이것은 $\lambda_1 = \lambda_2$일 때는 참이 아니다.

선형대수 수업에서는 행렬과 고윳값을 예상한다. 따라서 (y''가 있는) 스칼라방정식을 일계미분만 있는 y와 y'에 대한 벡터방정식으로 바꾼다. 식을 간단히 쓰기 위해 질량 $m = 1$이라고 가정하자. $\boldsymbol{u} = (y, y')$에 대한 두 개의 방정식은 $d\boldsymbol{u}/dt = A\boldsymbol{u}$가 된다.

$$\begin{matrix} \boldsymbol{dy/dt = y'} \\ \boldsymbol{dy'/dt = -ky - by'} \end{matrix} \quad \text{는} \quad \frac{d}{dt}\begin{bmatrix} y \\ y' \end{bmatrix} = \begin{bmatrix} \mathbf{0} & \mathbf{1} \\ \boldsymbol{-k} & \boldsymbol{-b} \end{bmatrix}\begin{bmatrix} y \\ y' \end{bmatrix} = A\boldsymbol{u} \quad \text{로 변환된다.} \tag{9}$$

첫 번째 방정식 $dy/dt = y'$는 시시하다 (그러나 참이다). 두 번째는 y''를 y와 y'에 연결하는 식 (8)이다. 이 식들은 함께 $\boldsymbol{u}'$을 $\boldsymbol{u}$와 연결한다. 이제 A의 고윳값으로 $\boldsymbol{u}' = A\boldsymbol{u}$를 푼다.

$$A - \lambda I = \begin{bmatrix} -\lambda & 1 \\ -k & -b-\lambda \end{bmatrix} \text{의 행렬식은 } \lambda^2 + b\lambda + k = 0\text{이다.}$$

이 λ에 대한 식은 식 (8)과 동일하다! $\boldsymbol{m} = 1$이므로 $\lambda^2 + b\lambda + k = 0$이다.

근 λ_1과 λ_2는 이제 A의 고윳값이다. 고유벡터와 해는 다음과 같다.

$$\boldsymbol{x}_1 = \begin{bmatrix} 1 \\ \lambda_1 \end{bmatrix} \quad \boldsymbol{x}_2 = \begin{bmatrix} 1 \\ \lambda_2 \end{bmatrix} \qquad \boldsymbol{u}(t) = c_1e^{\lambda_1 t}\begin{bmatrix} 1 \\ \lambda_1 \end{bmatrix} + c_2e^{\lambda_2 t}\begin{bmatrix} 1 \\ \lambda_2 \end{bmatrix}$$

$\boldsymbol{u}(t)$의 첫 번째 성분은 이전과 동일한 해인 $y = c_1e^{\lambda_1 t} + c_2e^{\lambda_2 t}$이다. 다른 어떤 것이 될

수 없다. $\boldsymbol{u}(t)$의 두 번째 성분에서는 속도 dy/dt를 볼 수 있다. 식 (9)에서 2×2 행렬 A는 식 (8)에 동반하는 동반행렬(companion matrix)이라 한다.

예제 3 $\boldsymbol{y}'' + \boldsymbol{y} = 0$ ***에 따라 원 주위를 도는 움직임과*** $\boldsymbol{y} = \cos \boldsymbol{t}$

이것은 질량 $m = 1$과 강성도 $k = 1$과 댐핑이 없는 $d = 0$인 기본 방정식이다. $y = e^{\lambda t}$를 $y'' + y = 0$에 대입하면 $\boldsymbol{\lambda}^2 + \mathbf{1} = \mathbf{0}$에 도달한다. 근은 $\boldsymbol{\lambda} = \boldsymbol{i}$와 $\boldsymbol{\lambda} = -\boldsymbol{i}$다. 그러면 $e^{it} + e^{-it}$의 1/2은 해 $y = \cos t$가 된다.

일계시스템으로서, 초깃값 $y(0) = 1, y'(0) = 0$은 $\boldsymbol{u}(0) = (1, 0)$안으로 들어간다.

$$\boldsymbol{y}'' = -\boldsymbol{y}\textbf{를 사용한다} \qquad \frac{d\boldsymbol{u}}{dt} = \frac{d}{dt}\begin{bmatrix} y \\ y' \end{bmatrix} = \begin{bmatrix} \mathbf{0} & \mathbf{1} \\ \mathbf{-1} & \mathbf{0} \end{bmatrix}\begin{bmatrix} y \\ y' \end{bmatrix} = A\boldsymbol{u}$$

A의 고윳값은 다시 동일한 $\lambda = i$와 $\lambda = -i$다 (놀랍지 않다). A는 고유벡터 $\boldsymbol{x}_1 = (1, i)$와 $\boldsymbol{x}_2 = (1, -i)$를 가진 반대칭행렬이다. $\boldsymbol{u}(0) = (1, 0)$에 매치되는 일차결합은 $\frac{1}{2}(\boldsymbol{x}_1 + \boldsymbol{x}_2)$다. 단계 2에서는 이 $\boldsymbol{x}$들에 e^{it}와 e^{-it}를 곱한다.

단계 3에서는 순수한 진동 e^{it}와 e^{-it}를 결합하여 예상했던 대로 $y = \cos t$를 구한다.

$$\boldsymbol{u}(t) = \frac{1}{2}e^{it}\begin{bmatrix} 1 \\ i \end{bmatrix} + \frac{1}{2}e^{-it}\begin{bmatrix} 1 \\ -i \end{bmatrix} = \begin{bmatrix} \mathbf{cos}\, \boldsymbol{t} \\ -\mathbf{sin}\, \boldsymbol{t} \end{bmatrix}. \qquad \text{이것이 } \begin{bmatrix} y(t) \\ y'(t) \end{bmatrix} \text{이다.}$$

모든 것이 순조롭다. 벡터 $\boldsymbol{u} = (\cos t, -\sin t)$는 원 주위를 돈다 (그림 6.3). $\cos^2 t + \sin^2 t = 1$이므로 반지름은 1이다. $\boldsymbol{u}$가 원 하나를 완성하는 "주기" 는 2π다.

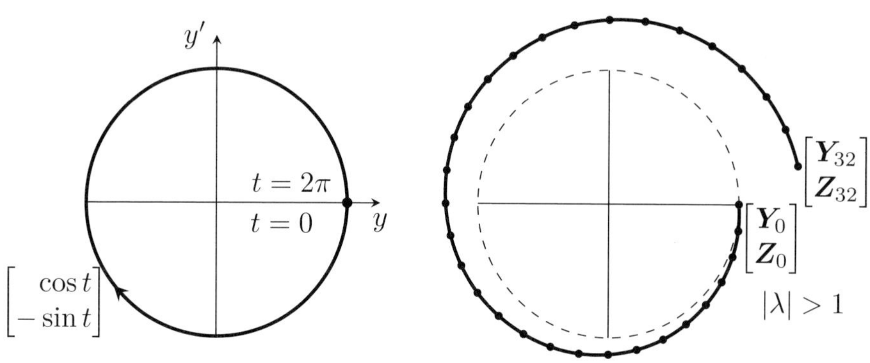

그림 6.3: 정확한 해 $\boldsymbol{u} = (\cos t, -\sin t)$는 원 위에 머문다. 앞방향 차분 $\boldsymbol{Y}_1, \boldsymbol{Y}_2, \ldots$는 32 단계에서 원으로부터 나선형으로 바깥으로 나간다.

차분방정식

스크린에 원을 표시하기 위해 $y'' = -y$를 ***차분방정식(difference equation)***으로 대체한다. 다음은 $\boldsymbol{Y}(t+\Delta t) - 2\boldsymbol{Y}(t) + \boldsymbol{Y}(t-\Delta t)$를 이용하는 세 가지 선택이다. $(\Delta t)^2$ 으로 나누어 d^2y/dt^2를 근사한다.

$$\begin{array}{lll} \textbf{F} & \boldsymbol{n-1}\textbf{로부터 전진} \\ \textbf{C} & \textbf{시각 }\boldsymbol{n}\textbf{에 맞춤} \\ \textbf{B} & \boldsymbol{n+1}\textbf{로부터 후진} \end{array} \qquad \frac{\boldsymbol{Y}_{n+1} - 2\boldsymbol{Y}_n + \boldsymbol{Y}_{n-1}}{(\Delta t)^2} = \begin{array}{ll} -\boldsymbol{Y}_{n-1} & (11\,\mathbf{F}) \\ -\boldsymbol{Y}_n & (11\,\mathbf{C}) \\ -\boldsymbol{Y}_{n+1} & (11\,\mathbf{B}) \end{array}$$

그림 6.3은 $t = 2\pi$에서 원 하나를 완성하는 정확한 $y(t) = \cos t$를 보여준다. 그러나 이 세 가지 차분 방법은 $\Delta t = 2\pi/32$ 길이의 32 개 시간 단계에서 하나의 완벽한 원을 완성하지 않는다. 이 그림에서의 나선형은 **11F, 11B, 11C**에 대한 고윳값 λ에 의해 설명될 것이다.

순방향 $|\boldsymbol{\lambda}| > 1$ (바깥쪽 나선형)　중심 $|\boldsymbol{\lambda}| = 1$ (최고)　역방향 $|\boldsymbol{\lambda}| < 1$ (안쪽 나선형)

2-단계 방정식 (11)은 1-단계 시스템 $\boldsymbol{U}_{n+1} = A\boldsymbol{U}_n$으로 축소된다. $\boldsymbol{u} = (y, y')$ 대신 미지수는 $\boldsymbol{U}_n = (Y_n, Z_n)$이다. $\boldsymbol{U}_0$에서 시작하여 크기 Δt의 n개 시간 단계를 거친다.

$$\begin{array}{l}\textbf{순방향} \\ (\mathbf{11F})\end{array} \qquad \begin{array}{l} Y_{n+1} = Y_n + \Delta t Z_n \\ Z_{n+1} = Z_n - \Delta t Y_n \end{array} \quad \text{는} \quad \boldsymbol{U}_{n+1} = \begin{bmatrix} 1 & \Delta t \\ -\Delta t & 1 \end{bmatrix} \begin{bmatrix} Y_n \\ Z_n \end{bmatrix} = A\boldsymbol{U}_n \qquad (12)$$

이 식들은 $Y' = Z$ 그리고 $Z' = -Y$와 비슷하다. 이것은 일계차분방정식이고, 이제 행렬이 있다. Z를 소거하면 이계방정식 (11 **F**)로 되돌아갈 것이다.

여기서 질문은 간단하다. 점들 (Y_n, Z_n)이 원 $Y^2 + Z^2 = 1$ 위에 머무를까? 그렇지 않다. 그림 6.3에서와 같이 이 점들은 무한대로 점점 자라난다. ***$\boldsymbol{e^{At}}$가 아닌 거듭제곱 $\boldsymbol{A^n}$을 취하고 있기에 우리는 고윳값 $\boldsymbol{\lambda}$의 실수부가 아닌 크기 $|\boldsymbol{\lambda}|$를 테스트한다.***

A**의 고윳값　$\boldsymbol{\lambda = 1 \pm i\Delta t}$　그러면 $|\boldsymbol{\lambda}| > 1$이고 $(\boldsymbol{Y_n}, \boldsymbol{Z_n})$은 바깥으로 돌아나간다.**

(11 **B**)의 역방향을 선택하면 그림 6.4에서와 같이 반대로 작용할 것이다. 새로운 A에 주목한다.

$$\textbf{역방향} \qquad \begin{array}{l} Y_{n+1} = Y_n + \Delta t Z_{n+1} \\ Z_{n+1} = Z_n - \Delta t \boldsymbol{Y}_{n+1} \end{array} \quad \text{는} \quad \begin{bmatrix} 1 & -\Delta t \\ \Delta t & 1 \end{bmatrix} \begin{bmatrix} Y_{n+1} \\ Z_{n+1} \end{bmatrix} = \begin{bmatrix} Y_n \\ Z_n \end{bmatrix} = \boldsymbol{U}_n \quad (13)$$

이 행렬의 고윳값은 $1 \pm i\Delta t$ 다. $\boldsymbol{U}_n$ 으로부터 $\boldsymbol{U}_{n+1}$ 에 도달하기 위해 역수를 취한다. 그러면 $|\lambda| < 1$ 이면 역방향 차분에 대해서는 왜 해가 $(0,0)$ 으로 돌면서 들어오는지가 설명된다.

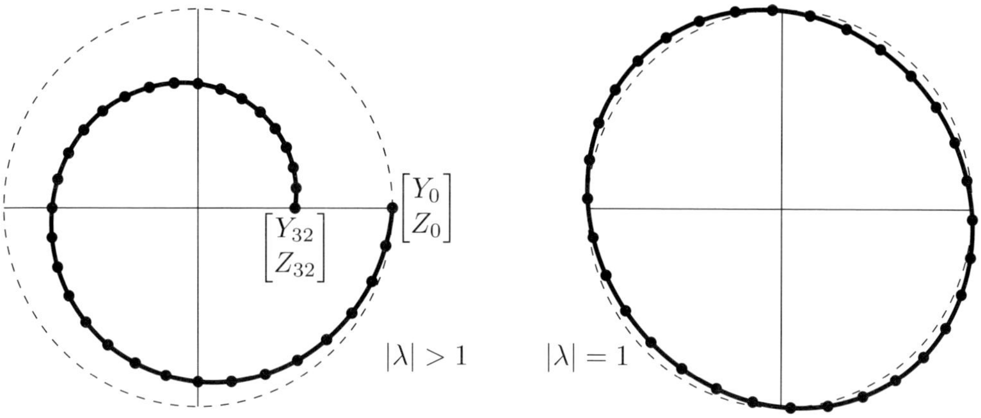

그림 6.4: 역방향 차분(**11B**)은 돌면서 들어온다. 등넘기(**11C**)는 원 근처에 머물러 있다

그림 6.4의 오른편에서 중심에 맞춘 선택을 한 경우의 32 단계를 볼 수 있다. 이 해는 $\Delta t < 2$ 이면 원에 가깝게 머물러 있다 (연습문제 28번). 이것은 지속적으로 사용되는 **등넘기 방법**(leapfrog method)이다. 식 (11)에서 이차 차분 $Y_{n+1} - 2Y_n + Y_{n-1}$ 이 중심값 Y_n 을 "뛰어 넘는다".

이것은 화학자들이 분자의 움직임을 쫓는 방법이다 (분자 동역학은 커다란 계산을 하게 만든다). 하나의 미분방정식을 어떤 것은 불안정하고, 어떤 것은 안정하고, 어떤 것은 중립인 수많은 차분방정식으로 대체할 수 있기 때문에 전산과학은 활기가 넘친다. 연습문제 26번에서 정확하게 원을 완성하는 네 번째 (매우 좋은) 방법을 소개한다.

진짜 공학과 물리학은 (한 점에 있는 단일 질량만이 아닌) 계를 다룬다. 미지수 $\boldsymbol{y}$ 는 벡터다. $\boldsymbol{y}''$ 의 계수는 n 개의 질량을 가진 질량 행렬 M 이다. $\boldsymbol{y}$ 의 계수는 하나의 수 k 가 아니라 강성도 행렬 K 다. $\boldsymbol{y}'$ 의 계수는 $\boldsymbol{0}$ 일 수 있는 댐핑 행렬이다.

벡터방정식 $\boldsymbol{My}'' + \boldsymbol{Ky} = \boldsymbol{f}$ 는 전산역학의 주요한 한 파트다.

2×2 행렬의 안정성

$d\boldsymbol{u}/dt = A\boldsymbol{u}$ 의 해에 대해, 근본적인 질문이 있다. $t \to \infty$ 일 때 해는 $\boldsymbol{u} = 0$ 으로 접근할까? 이 문제는 에너지를 소멸시키면서 안정할까? e^t 를 포함하는 해는 불안정하다.

안정성은 A의 고윳값에 의해 결정된다.

완전한 해 $\boldsymbol{u}(t)$를 순수 지수해 $e^{\lambda t}\boldsymbol{x}$로부터 구축하였다. 고윳값 λ가 실수이면, 언제 $e^{\lambda t}$가 영으로 접근하는지 정확하게 안다. 수 λ는 음수여야 한다. 고윳값이 복소수 $\lambda = r + is$면, 실수부 r이 음수여야만 한다. $e^{\lambda t}$를 $e^{rt}e^{ist}$로 분리하면, 인수 e^{ist}의 절댓값은 1로 고정된다.

$$e^{ist} = \cos st + i \sin st \text{ 는 } |e^{ist}|^2 = \cos^2 st + \sin^2 st = 1 \text{이다.}$$

그러면 $|e^{\lambda t}| = e^{rt}$가 증가하는지 $(r > 0)$ 또는 감소하는지 $(r < 0)$를 제어한다.

질문은 다음과 같다. 어떤 행렬이 음수인 고윳값이 존재하는가? 좀 더 정확하게는, 언제 λ***의 실수부들이 모두 음수***인가? 2×2 행렬의 경우만 하더라도 답은 명확하지 않다.

> A의 모든 고윳값 λ의 **실수부가 음수이면** A는 **안정하고** $\boldsymbol{u}(t) \to \mathbf{0}$이다. 2×2 행렬 $A = \begin{bmatrix} a & b \\ c & d \end{bmatrix}$는 다음 두 가지 테스트를 통과해야만 한다.
>
> | | | |
> |---|---|---|
> | $\boldsymbol{\lambda}_1 + \boldsymbol{\lambda}_2 < \mathbf{0}$ | 대각합 $T = a + d$는 음수여야 한다. | (14T) |
> | $\boldsymbol{\lambda}_1 \boldsymbol{\lambda}_2 > \mathbf{0}$ | 행렬식 $D = ad - bc$는 양수여야 한다. | (14D) |

이유 λ가 실수이고 음수이면, 이들의 합은 음수다. 고윳값의 합은 대각합 $T = a + d$다. 고윳값들의 곱은 양수다. 이것은 행렬식 D다. 이러한 논거는 또한 반대로도 성립한다.

$D = \lambda_1 \lambda_2$가 양수이면, λ_1과 λ_2는 동일한 부호를 갖는다.

$T = \lambda_1 + \lambda_2$가 음수이면, 이 부호는 음수다.

λ가 복소수면, $r + is$와 $r - is$ 형태여야 한다. 그렇지 않으면 T와 D는 실수가 아닐 것이다. 행렬식 D는 $(r + is)(r - is) = r^2 + s^2$이므로 자동으로 양수다. 대각합 T는 $r + is + r - is = 2r$이다. 그러므로 음수인 대각합 T는 $r < 0$을 의미하고 행렬은 안정하다. 식 (14)에서의 두 가지 테스트는 올바르다.

행렬의 지수

해 $\boldsymbol{u}(t)$***를 새로운 형태*** $e^{At}\boldsymbol{u}(0)$***로 쓰길 원한다.*** 먼저 지수에 행렬이 있는 e^{At}가 무엇인지 얘기해야만 한다. 행렬에 대한 e^{At}를 정의하기 위해, 우리는 수에 대한 e^x를 그대로 복제한다.

e^x는 무한 급수 $1+x+\frac{1}{2}x^2+\frac{1}{6}x^3+\cdots$에 의해 직접적으로 정의된다. x를 정사각행렬 At로 바꾸면, 이 무한급수는 행렬 지수 e^{At}를 정의한다.

행렬 지수 e^{At}	$e^{At} = I + At + \frac{1}{2}(At)^2 + \frac{1}{6}(At)^3 + \cdots$	(15)
이것의 t에 대한 미분은 Ae^{At}	$A + A^2t + \frac{1}{2}A^3t^2 + \cdots = Ae^{At}$	
이것의 고윳값은 $e^{\lambda t}$	$(I + At + \frac{1}{2}(At)^2 + \cdots)\boldsymbol{x} = (1 + \lambda t + \frac{1}{2}(\lambda t)^2 + \cdots)\boldsymbol{x}$	

$(At)^n$을 나누는 수는 "n 계승(factorial)"이다. 이것은 $n! = (1)(2)\cdots(n-1)(n)$이다. $1, 2, 6$ 이후의 계승은 $4! = 24$와 $5! = 120$이다. 이 값들은 빠르게 증가한다. 이 급수는 언제나 수렴하고 이 급수의 미분은 항상 Ae^{At}다. 따라서 $e^{At}\boldsymbol{u}(0)$은 하나의 간단한 공식으로 비록 고유벡터가 부족하더라도 이 미분방정식의 해가 된다.

이 장에서는 대각화에 의해 $\boldsymbol{u}(t) = e^{At}\boldsymbol{u}(0)$을 구하는 방법에 중점을 둔다. A가 n개의 독립인 고유벡터를 가진다 가정하므로 $A = X\Lambda X^{-1}$을 e^{At}에 대한 급수에 대입할 수 있다. $X\Lambda X^{-1}X\Lambda X^{-1}$이 나타날 때마다, 가운데 있는 $X^{-1}X$가 상쇄된다.

급수를 사용함	$\boldsymbol{e^{At}} = I + X\Lambda X^{-1}t + \frac{1}{2}(X\Lambda X^{-1}t)(X\Lambda X^{-1}t) + \cdots$
$\boldsymbol{X}$와 $\boldsymbol{X}^{-1}$를 묶어냄	$= \boldsymbol{X}[I + \Lambda t + \frac{1}{2}(\Lambda t)^2 + \cdots]\boldsymbol{X}^{-1}$
e^{At}가 대각화됨	$\boldsymbol{e^{At} = Xe^{\Lambda t}X^{-1}}$

e^{At}의 고유벡터 행렬 X는 A의 고유벡터 행렬과 동일하다. 그러면 Λ는 대각행렬이고 $e^{\Lambda t}$ 또한 마찬가지다. 수 $e^{\lambda_i t}$들이 대각선 위에 있다. $Xe^{\Lambda t}X^{-1}\boldsymbol{u}(0)$를 곱하면 $\boldsymbol{u}(t)$의 실체를 볼 수 있다.

$$e^{At}\boldsymbol{u}(0) = Xe^{\Lambda t}X^{-1}\boldsymbol{u}(0) = \begin{bmatrix} \boldsymbol{x}_1 & \cdots & \boldsymbol{x}_n \end{bmatrix} \begin{bmatrix} e^{\lambda_1 t} & & \\ & \ddots & \\ & & e^{\lambda_n t} \end{bmatrix} \begin{bmatrix} c_1 \\ \vdots \\ c_n \end{bmatrix} \quad (16)$$

해 $e^{At}\boldsymbol{u}(0)$은 다음 세 단계로 얻어지는 식 (6)에서 나오는 답과 동일하다.

1. $\boldsymbol{u}(0) = c_1\boldsymbol{x}_1 + \cdots + c_n\boldsymbol{x}_n = X\boldsymbol{c}$. 여기서 n개의 독립인 고유벡터가 필요하다.
2. 각 $\boldsymbol{x}_i$에 해당 증가 인수 $e^{\lambda_i t}$를 곱해 시간을 따라 앞으로 따라간다.
3. $e^{At}\boldsymbol{u}(0)$의 최고의 형태는 $\boldsymbol{u}(t) = \boldsymbol{c_1e^{\lambda_1 t}x_1 + \cdots + c_ne^{\lambda_n t}x_n}$이다. (17)

예제 4 $A = \begin{bmatrix} 0 & 1 \\ -1 & 0 \end{bmatrix}$에 대해 무한급수를 이용하여 e^{At}를 구하라. $A^4 = I$인 것에 주목한다.

$$A = \begin{bmatrix} & 1 \\ -1 & \end{bmatrix} \quad A^2 = \begin{bmatrix} -1 & \\ & -1 \end{bmatrix} \quad A^3 = \begin{bmatrix} & -1 \\ 1 & \end{bmatrix} \quad A^4 = \begin{bmatrix} 1 & \\ & 1 \end{bmatrix}$$

A^5, A^6, A^7, A^8은 A, A^2, A^3, A^4의 반복일 것이다. 맨 오른쪽 위의 원소는 A가 거듭제곱될 때마다 $1, 0, -1, 0$이 계속해서 반복된다. 그러면 $t - \frac{1}{6}t^3$은 맨 오른쪽 위에서 e^{At}에 대한 무한급수를 시작하고, $1 - \frac{1}{2}t^2$은 맨 왼쪽 위에서 시작한다.

$$e^{At} = I + At + \tfrac{1}{2}(At)^2 + \tfrac{1}{6}(At)^3 + \cdots = \begin{bmatrix} 1 - \frac{1}{2}t^2 + \cdots & t - \frac{1}{6}t^3 + \cdots \\ -t + \frac{1}{6}t^3 - \cdots & 1 - \frac{1}{2}t^2 + \cdots \end{bmatrix}$$

행렬 e^{At}는 $\cos t$와 $\sin t$에 대한 무한급수를 보여준다!

$$\boldsymbol{A} = \begin{bmatrix} \mathbf{0} & \mathbf{1} \\ \mathbf{-1} & \mathbf{0} \end{bmatrix} \qquad \boldsymbol{e^{At}} = \begin{bmatrix} \cos \boldsymbol{t} & \sin \boldsymbol{t} \\ -\sin \boldsymbol{t} & \cos \boldsymbol{t} \end{bmatrix} \tag{18}$$

A는 반대칭(antisymmetric) 행렬이다 ($A^T = -A$). 이 행렬의 지수 e^{At}는 직교행렬이다. A의 고윳값은 i와 $-i$다. 그러면 e^{At}의 고윳값은 e^{it}와 e^{-it}다.

1 ***e^{At}의 역행렬은 언제나 e^{-At}다.***

2 ***e^{At}의 고윳값은 언제나 $e^{\lambda t}$다.***

3 ***A가 반대칭일 때, e^{At}은 직교다. 역행렬 = 전치행렬 = e^{-At}***

반대칭은 "비대칭(skew-symmetric)"과 같다. 이 행렬들은 i와 $-i$와 같이 순허수인 고윳값을 갖는다. 그러면 e^{At}는 e^{it}와 e^{-it}와 같은 고윳값을 갖는다. 이들의 절댓값은 1이다. 중립 안정하고, 순진동하며, 에너지는 보존된다. 그러므로 $\|\boldsymbol{u}(t)\| = \|\boldsymbol{u}(0)\|$.

A가 삼각행렬이면, 고유벡터 행렬 X 또한 삼각행렬이다. X^{-1}과 e^{At}도 마찬가지다. 해 $\boldsymbol{u}(t)$는 고유벡터들의 일차결합이다. 이것의 축약 형태가 $e^{At}\boldsymbol{u}(0)$이다.

예제 5 $t = 0$일 때 $\boldsymbol{u}(0) = \begin{bmatrix} 2 \\ 1 \end{bmatrix}$에서 시작하는 $\dfrac{d\boldsymbol{u}}{dt} = A\boldsymbol{u} = \begin{bmatrix} 1 & 1 \\ 0 & 2 \end{bmatrix}\boldsymbol{u}$를 풀어라.

풀이 고윳값 1과 2가 A의 대각선 위에 있다 (A가 삼각행렬이므로). 고유벡터는 $(1, 0)$

과 $(1,1)$이다. 그러면 e^{At}는 모든 $\boldsymbol{u}(0)$에 대한 $\boldsymbol{u}(t)$를 생성한다.

$$\boldsymbol{u}(t) = Xe^{\Lambda t}X^{-1}\boldsymbol{u}(0) \text{ 은 } \begin{bmatrix}1 & 1\\0 & 1\end{bmatrix}\begin{bmatrix}e^t & \\ & e^{2t}\end{bmatrix}\begin{bmatrix}1 & -1\\0 & 1\end{bmatrix}\boldsymbol{u}(0) = \begin{bmatrix}e^t & e^{2t}+e^t\\0 & e^{2t}\end{bmatrix}\boldsymbol{u}(0) \text{ 이다.}$$

이 마지막 행렬은 $\boldsymbol{e^{At}}$다. A가 삼각행렬이므로 이것은 좋다. $A\boldsymbol{x} = \boldsymbol{b}$와 역행렬에서도 상황은 동일하다. $\boldsymbol{x}$를 구하기 위해 A^{-1}가 필요치 않고 $d\boldsymbol{u}/dt = A\boldsymbol{u}$를 푸는 데 e^{At}가 필요치 않다. 그러나 답을 구하기 위한 빠른 공식으로서는 $A^{-1}\boldsymbol{b}$와 $e^{At}\boldsymbol{u}(0)$를 이길 수는 없다.

예제 6 $e^{\lambda t}$를 대입하여 $y'' + 4y' + 3y = 0$을 풀어라. 또한 선형대수로도 풀어라.

풀이 $y = e^{\lambda t}$를 대입하면 $(\lambda^2 + 4\lambda + 3)e^{\lambda t} = 0$을 얻는다. 이 이차식은 $\lambda^2 + 4\lambda + 3 = (\lambda+1)(\lambda+3) = 0$으로 인수분해된다. 따라서 $\boldsymbol{\lambda_1 = -1}$과 $\boldsymbol{\lambda_2 = -3}$이다. 순수 지수해는 $y_1 = e^{-t}$와 $y_2 = e^{-3t}$다. 완전한 해 $\boldsymbol{y} = c_1y_1 + c_2y_2$는 0으로 다가간다.

선형대수를 이용하기 위해, $\boldsymbol{u} = (y, y')$로 놓는다. 그러면 벡터방정식은 $\boldsymbol{u}' = A\boldsymbol{u}$다.

$$\begin{aligned} dy/dt &= y' \\ dy'/dt &= -3y - 4y' \end{aligned} \quad \text{는} \quad \frac{d\boldsymbol{u}}{dt} = \begin{bmatrix}0 & 1\\-3 & -4\end{bmatrix}\boldsymbol{u} \quad \text{로 변환된다.}$$

이 A는 "동반행렬"이고 고윳값은 다시 $\lambda_1 = -1$과 $\lambda_2 = -3$이다.

$$\textbf{동일한 이차식} \quad \det(A - \lambda I) = \begin{vmatrix}-\lambda & 1\\-3 & -4-\lambda\end{vmatrix} = \lambda^2 + 4\lambda + 3 = 0$$

A의 고유벡터는 $(1, \lambda_1)$과 $(1, \lambda_2)$다. 어느 것이든, $y(t)$가 감소한다는 사실은 e^{-t}와 e^{-3t}로부터 나온다. 계수가 상수인 경우, 미적분학은 선형대수 $A\boldsymbol{x} = \lambda\boldsymbol{x}$가 유도된다.

고유벡터들은 직교다 (모든 대칭행렬에 대해 6.3절에서 증명하였다.)

세 λ_i가 모두 음수다. 이 A는 음의 정부호이고 e^{At}는 0으로 감소한다 (안정성).

시작하는 $\boldsymbol{u}(0) = (0, 2\sqrt{2}, 0)$은 $\boldsymbol{x}_3 - \boldsymbol{x}_2$다. 해는 $\boldsymbol{u}(t) = \boldsymbol{e^{\lambda_3 t}x_3} - \boldsymbol{e^{\lambda_2 t}x_2}$다.

열 방정식 그림 6.5(a)에서 중심에서의 온도는 $2\sqrt{2}$에서 시작한다. 열이 이웃하는 상자로 퍼져나간 다음 바깥쪽 상자로 퍼져 나간다 (0°에서 언다). 상자들 사이에서 열 전송률은 온도차다. 상자 2로부터, 열은 $u_1 - u_2$와 $u_3 - u_2$의 비율로 왼쪽과 오른쪽으로 흐른다. 그러므로 유출량은 $A\boldsymbol{u}$의 두 번째 행에 있는 $u_1 - 2u_2 + u_3$다.

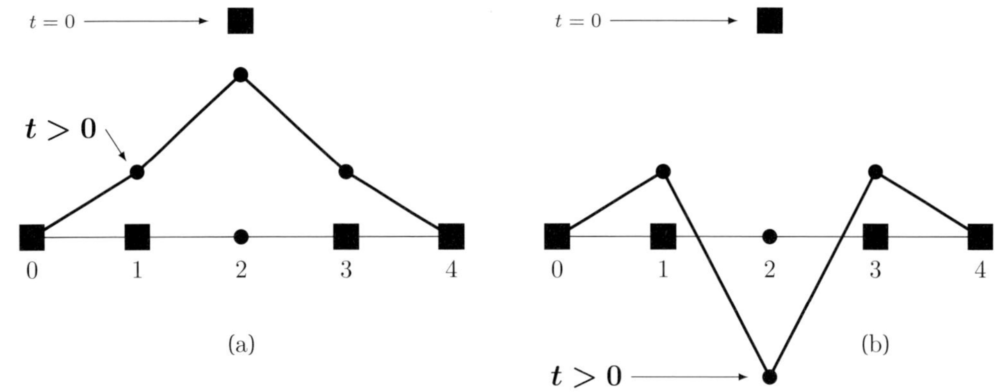

그림 6.5: 열이 상자 2로부터 퍼져 나간다 (왼쪽). 파동이 박스 2로부터 진행한다 (오른쪽)

파동 방정식 $d^2\boldsymbol{u}/dt^2 = A\boldsymbol{u}$는 동일한 고유벡터 $\boldsymbol{x}$를 갖는다. 그러나 이제 고윳값 λ가 **진동** $e^{i\omega t}\boldsymbol{x}$와 $e^{-i\omega t}\boldsymbol{x}$를 유도한다. 주파수는 $\omega^2 = -\lambda$로부터 나온다.

$$\frac{d^2}{dt^2}(e^{i\omega t}\boldsymbol{x}) = A(e^{i\omega t}\boldsymbol{x}) \quad \text{는} \quad (i\omega)^2 e^{i\omega t}\boldsymbol{x} = \lambda e^{i\omega t}\boldsymbol{x} \quad \text{그리고} \quad \boldsymbol{\omega^2 = -\lambda} \quad \text{가 된다.}$$

두 개의 $-\lambda$의 제곱근이 존재하므로 $e^{i\omega t}\boldsymbol{x}$와 $e^{-\omega t}\boldsymbol{x}$가 된다. 세 개의 고유벡터로 이것은 $\boldsymbol{u}'' = A\boldsymbol{u}$에 대한 여섯 개의 해를 만든다. 한 일차결합이 $\boldsymbol{u}(0)$와 $\boldsymbol{u}'(0)$의 여섯 개의 성분들과 매치될 것이다. 이 문제에서 $\boldsymbol{u}' = \boldsymbol{0}$이므로, $e^{i\omega t}\boldsymbol{x}$와 $e^{-\omega t}\boldsymbol{x}$는 $2\cos\omega t\boldsymbol{x}$를 생성한다.

예제 7 $y = e^{\lambda t}$를 $y'' - 2y' + y = 0$에 대입하면 **중근**을 갖는 방정식을 얻는다. $\lambda^2 - 2\lambda + 1 = (\lambda - 1)^2 = 0$으로부터 $\boldsymbol{\lambda = 1, 1}$이다. 미분방정식 수업에서는 두 개의 독립인 해로 e^t와 te^t를 제시했을 것이다. 왜 그런지 살펴본다.

선형대수는 $y'' - 2y' + y = 0$을 $\boldsymbol{u} = (y, y')$에 대한 벡터방정식으로 축소한다.

$$\frac{d}{dt}\begin{bmatrix} y \\ y' \end{bmatrix} = \begin{bmatrix} y' \\ 2y' - y \end{bmatrix} \quad \text{는} \quad \frac{d\boldsymbol{u}}{dt} = A\boldsymbol{u} = \begin{bmatrix} \mathbf{0} & \mathbf{1} \\ \mathbf{-1} & \mathbf{2} \end{bmatrix}\boldsymbol{u} \tag{19}$$

A는 **중복된 고윳값** $\boldsymbol{\lambda = 1, 1}$을 갖는다 (대각합 = 2이고 $\det A = 1$이다). 유일한 고유벡터는 $\boldsymbol{x} = (1, 1)$의 상수배다. 대각화가 불가능하다. 이 행렬 A의 고유벡터는 오직 한 직선이다. 그러므로 e^{At}를 급수에 의한 정의로부터 계산한다.

$$\textbf{짧은 급수} \qquad \boldsymbol{e^{At}} = e^{It}e^{(A-I)t} = \boldsymbol{e^t}[\boldsymbol{I} + (\boldsymbol{A} - \boldsymbol{I})\boldsymbol{t}] \tag{20}$$

$e^{(A-I)t}$에 대한 이 "무한" 급수는 $(A-I)^2$이 영행렬이기 때문에 전개가 빨리 끝났다. 식 (20)에서 $\boldsymbol{te^t}$를 볼 수 있다. $e^{At}\boldsymbol{u}(0)$의 첫 번째 성분이 우리의 답인 $y(t)$다.

$$\begin{bmatrix} y \\ y' \end{bmatrix} = e^t \left[I + \begin{bmatrix} -1 & 1 \\ -1 & 1 \end{bmatrix} t \right] \begin{bmatrix} y(0) \\ y'(0) \end{bmatrix} \qquad \boldsymbol{y(t) = e^t y(0) - te^t y(0) + te^t y'(0)}$$

연습 문제

참고 선형대수에서 심각한 위험은 고유벡터의 부족이다. 고유벡터 $(1, \lambda_1)$과 $(1, \lambda_2)$는 $\lambda_1 = \lambda_2$이면 같아진다. 그러면 A를 대각화할 수 없다. 이 경우에 $d\boldsymbol{u}/dt = A\boldsymbol{u}$에 대한 두 개의 독립인 해가 없다.

미분방정식에서 위험도 또한 중복된 λ다. $y = e^{\lambda t}$를 구한 후에, 두 번째 해를 구해야 하는데, 그것은 결국 $y = \boldsymbol{te^{\lambda t}}$이다. 이러한 (추가로 $\boldsymbol{t}$가 곱해진) "순수하지 않은" 해가 지수 행렬 e^{At}에 나타난다. 예제 7은 어떻게 그런지 보여주었다.

1 $\boldsymbol{u} = e^{\lambda t}\boldsymbol{x}$가 $\dfrac{d\boldsymbol{u}}{dt} = \begin{bmatrix} 4 & 3 \\ 0 & 1 \end{bmatrix}\boldsymbol{u}$의 해가 되는 두 개의 λ와 $\boldsymbol{x}$를 구하라.

어떤 일차결합 $\boldsymbol{u} = c_1 e^{\lambda_1 t}\boldsymbol{x}_1 + c_2 e^{\lambda_2 t}\boldsymbol{x}_2$가 $\boldsymbol{u}(0) = (5, -2)$에서 시작하는가?

2 $\boldsymbol{u} = (y, z)$에 대해 y 이전에 z를 대입하는 역대입으로 1번 문제를 풀어라.

$$z(0) = -2 \text{ 로부터 } \frac{dz}{dt} = z \text{ 를 풀어라.} \quad \text{그런 다음 } y(0) = 5 \text{ 로부터 } \frac{dy}{dt} = 4y + 3z \text{ 를 풀어라.}$$

y에 대한 해는 e^{4t}와 e^t의 일차결합이 될 것이다. λ는 4와 1이다.

3 (a) A의 열들이 모두 더해서 0이 되면, 왜 $\lambda = 0$이 고윳값인가?

(b) 대각 성분은 음수이고 비대각 성분은 양수이면서 더해서 0이 되면, $\boldsymbol{u}' = A\boldsymbol{u}$는 "연속" 마르코프 방정식이 될 것이다. 고윳값과 고유벡터를 구하고 $t \to \infty$일 때 정상상태를 구하라.

$$\boldsymbol{u}(0) = \begin{bmatrix} 4 \\ 1 \end{bmatrix} \text{ 인 조건에서 } \frac{d\boldsymbol{u}}{dt} = \begin{bmatrix} -2 & 3 \\ 2 & -3 \end{bmatrix}\boldsymbol{u}\text{를 풀어라. } \boldsymbol{u}(\infty)\text{는 무엇인가?}$$

4 $v(0) = 30$명과 $w(0) = 10$명을 수용하고 있는 두 방 사이의 문이 열린다. 방 사이의

이동은 차 $v-w$에 비례한다.

$$\frac{dv}{dt}=w-v \qquad \text{그리고} \qquad \frac{dw}{dt}=v-w$$

총합 $v+w$는 상수 (40명)임을 보여라. $d\boldsymbol{u}/dt = A\boldsymbol{u}$에서 행렬을 찾고 고윳값과 고유벡터를 구하라. $t=1$일 때와 $t=\infty$일 때 v와 w의 값은 무엇인가?

5 4번 문제에서 사람들의 확산을 $d\boldsymbol{u}/dt = -A\boldsymbol{u}$으로 거꾸로 한다.

$$\frac{dv}{dt}=v-w \qquad \text{그리고} \qquad \frac{dw}{dt}=w-v$$

총합 $v+w$는 여전히 상수를 유지한다. A가 $-A$로 바뀌어 λ는 어떻게 바뀌는가? 그러나 $v(t)$는 $v(0)=30$으로부터 무한대로 커짐을 보여라.

6 $A=\begin{bmatrix} a & 1 \\ 1 & a \end{bmatrix}$의 고윳값은 실수이지만 $B=\begin{bmatrix} b & -1 \\ 1 & b \end{bmatrix}$의 고윳값은 복소수다. $d\boldsymbol{u}/dt = A\boldsymbol{u}$와 $d\boldsymbol{v}/dt = B\boldsymbol{v}$의 모든 해가 $t\to\infty$일 때 0으로 다가가기 위한 (실수) a와 b에 대한 조건을 구하라. 즉, 모든 고윳값에 대해 $\operatorname{Re}\lambda < 0$이어야 한다.

7 $\mathbf{R}^2$ 내에서 기울기 45°인 직선 $y=x$ 위로의 정사영행렬을 P라고 하자. 이 행렬의 고윳값은 무엇인가? $d\boldsymbol{u}/dt = -P\boldsymbol{u}$이면 (마이너스 부호에 주의) $\boldsymbol{u}(0)=(3,1)$에서 시작한 $\boldsymbol{u}(t)$의 $t=\infty$에서의 극한을 구하라.

8 토끼의 개체수는 빠르게 증가하지만 ($6r$로부터) 늑대로 인해 감소한다 ($-2w$로부터). 늑대의 개체수는 이 모델에서 계속 증가한다 ($-w^2$이면 늑대를 제어할 것이다)

$$\frac{dr}{dt}=6r-2w \qquad \text{그리고} \qquad \frac{dw}{dt}=2r+w$$

고윳값과 고유벡터를 구하라. $r(0)=w(0)=30$이면 t일 때 개체수는 어떻게 되는가? 긴 시간이 흐른 후, 늑대 대비 토끼의 개체수 비는 얼마인가?

9 (a) $(4,0)$을 다음 A의 두 고유벡터의 일차결합 $c_1\boldsymbol{x}_1 + c_2\boldsymbol{x}_2$로 써라.

$$\begin{bmatrix} 0 & 1 \\ -1 & 0 \end{bmatrix}\begin{bmatrix} 1 \\ i \end{bmatrix} = i\begin{bmatrix} 1 \\ i \end{bmatrix} \qquad \begin{bmatrix} 0 & 1 \\ -1 & 0 \end{bmatrix}\begin{bmatrix} 1 \\ -i \end{bmatrix} = -i\begin{bmatrix} 1 \\ -i \end{bmatrix}$$

(b) $(4,0)$에서 시작한 $d\boldsymbol{u}/dt = A\boldsymbol{u}$에 대한 해는 $c_1e^{it}\boldsymbol{x}_1 + c_2e^{-it}\boldsymbol{x}_2$이다. $e^{it} = \cos t + i\sin t$와 $e^{-it} = \cos t - i\sin t$를 대입하여 $\boldsymbol{u}(t)$를 구하라.

10 $y'' = 5y' + 4y$를 $\boldsymbol{u} = (y, y')$에 대한 벡터방정식으로 바꿔주는 A를 구하라.

$$\frac{d\boldsymbol{u}}{dt} = \begin{bmatrix} y' \\ y'' \end{bmatrix} = \begin{bmatrix} \quad & \quad \\ \quad & \quad \end{bmatrix} \begin{bmatrix} y \\ y' \end{bmatrix} = A\boldsymbol{u}$$

A의 고윳값은 무엇인가? $y = e^{\lambda t}$인 $y'' = 5y' + 4y$로부터 또한 고윳값을 구하라.

11 $y'' = 0$의 해는 직선 $y = C + Dt$다. 행렬방정식으로 변환하라.

$$\frac{d}{dt}\begin{bmatrix} y \\ y' \end{bmatrix} = \begin{bmatrix} 0 & 1 \\ 0 & 0 \end{bmatrix}\begin{bmatrix} y \\ y' \end{bmatrix} \text{ 의 해는 } \begin{bmatrix} y \\ y' \end{bmatrix} = e^{At}\begin{bmatrix} y(0) \\ y'(0) \end{bmatrix} \text{ 이다.}$$

이 행렬 A의 고윳값은 $\lambda = 0, 0$이고 대각화할 수 없다. A^2을 구하고 $e^{At} = I + At + \frac{1}{2}A^2t^2 + \cdots$를 계산하라. 이렇게 구한 e^{At}에 $(y(0), y'(0))$을 곱하여 직선 $y(t) = y(0) + y'(0)t$가 되는지 체크하라.

12 $y = e^{\lambda t}$를 $y'' = 6y' - 9y$에 대입하여 $\lambda = 3$이 중근임을 보여라. 이것은 골치 아픈 일이다. e^{3t} 후에 두 번째 해가 필요하다. 행렬방정식은 다음과 같다.

$$\frac{d}{dt}\begin{bmatrix} y \\ y' \end{bmatrix} = \begin{bmatrix} 0 & 1 \\ -9 & 6 \end{bmatrix}\begin{bmatrix} y \\ y' \end{bmatrix}$$

이 행렬의 고윳값은 $\lambda = 3, 3$이고 고유벡터는 오직 한 방향임을 보여라. 여기에서도 역시 골칫거리다. $y = te^{3t}$가 $y'' = 6y' - 9y$의 두 번째 해가 되는지 체크하라.

13 (a) 방정식 $d^2y/dt^2 = -9y$의 해가 되는 두 개의 친숙한 함수를 써라. 어떤 것이 $y(0) = 3$과 $y'(0) = 0$에서 시작하는가?

(b) 이계미분방정식 $y'' = -9y$는 벡터 방정식 $\boldsymbol{u}' = A\boldsymbol{u}$를 만들어낸다.

$$\boldsymbol{u} = \begin{bmatrix} y \\ y' \end{bmatrix} \qquad \frac{d\boldsymbol{u}}{dt} = \begin{bmatrix} y' \\ y'' \end{bmatrix} = \begin{bmatrix} 0 & 1 \\ -9 & 0 \end{bmatrix}\begin{bmatrix} y \\ y' \end{bmatrix} = A\boldsymbol{u}$$

A의 고윳값과 고유벡터를 이용하여 $\boldsymbol{u}(t)$를 구하라. $\boldsymbol{u}(0) = (3, 0)$이다.

14 이 문제에서 행렬은 반대칭이다 ($A^T = -A$)

$$\frac{d\boldsymbol{u}}{dt} = \begin{bmatrix} 0 & c & -b \\ -c & 0 & a \\ b & -a & 0 \end{bmatrix} \boldsymbol{u} \qquad \text{즉} \qquad \begin{aligned} u_1' &= cu_2 - bu_3 \\ u_2' &= au_3 - cu_1 \\ u_3' &= bu_1 - au_2 \end{aligned}$$

(a) $\|\boldsymbol{u}(t)\|^2 = u_1^2 + u_2^2 + u_3^2$의 미분은 $2u_1u_1' + 2u_2u_2' + 2u_3u_3'$이다. $u_1'.u_2', u_3'$을 대입하여 0을 얻는다. 그러면 $\|\boldsymbol{u}(t)\|^2$은 $\|\boldsymbol{u}(0)\|^2$과 같은 값을 유지한다.

(b) $A^T = -A$는 $Q = e^{At}$를 직교로 만든다. Q에 대한 급수로부터 $Q^T = e^{-At}$임을 증명하라.

15 $d\boldsymbol{u}/dt = A\boldsymbol{u} - \boldsymbol{b}$에 대한 특수해는 A가 가역이라면, $\boldsymbol{u}_p = A^{-1}\boldsymbol{b}$다. $d\boldsymbol{u}/dt = A\boldsymbol{u}$에 대한 일반해는 $\boldsymbol{u}_n$이 된다. 완전한 해 $\boldsymbol{u} = \boldsymbol{u}_p + \boldsymbol{u}_n$을 구하라.

(a) $\dfrac{du}{dt} = u - 4$ (b) $\dfrac{d\boldsymbol{u}}{dt} = \begin{bmatrix} 1 & 0 \\ 1 & 1 \end{bmatrix} \boldsymbol{u} - \begin{bmatrix} 4 \\ 6 \end{bmatrix}$

16–25번 문제는 행렬 지수 e^{At}에 관한 것이다.

16 e^{At}에 대한 급수의 첫 다섯 개의 항을 써라. 각 항을 t에 대해 미분하라. Ae^{At}의 네 개의 항을 보여라. 결론: $e^{At}\boldsymbol{u}_0$은 $\boldsymbol{u}' = A\boldsymbol{u}$의 해다.

17 행렬 $B = \begin{bmatrix} 0 & -4 \\ 0 & 0 \end{bmatrix}$은 $B^2 = 0$을 만족한다. (짧은) 무한급수로부터 e^{Bt}를 구하라. e^{Bt}의 미분이 Be^{Bt}인지 체크하라.

18 $\boldsymbol{u}(0)$에서 시작하여 시각 T에서의 해는 $e^{AT}\boldsymbol{u}(0)$이다. 시간 t만큼 더 가면 $e^{At}e^{AT}\boldsymbol{u}(0)$에 도달한다. 시각 $t+T$에서의 이 해는 또한 _______ 처럼 쓸 수 있다. 결론: e^{At} 곱하기 e^{AT}는 _______과 같다.

19 $A^2 = A$이면 무한급수로부터 $e^{At} = I + (e^t - 1)A$임을 보여라.

20 일반적으로 $e^Ae^B \neq e^Be^A$다. 또한 양변은 모두 e^{A+B}와도 다르다. 다음 행렬에 대해 이것을 체크하라.

$$A = \begin{bmatrix} 1 & 4 \\ 0 & 0 \end{bmatrix} \qquad B = \begin{bmatrix} 0 & -4 \\ 0 & 0 \end{bmatrix} \qquad A + B = \begin{bmatrix} 1 & 0 \\ 0 & 0 \end{bmatrix}$$

21 $A = \begin{bmatrix} 1 & 3 \\ 0 & 0 \end{bmatrix}$를 무한급수에 대입하여 e^{At}를 구하라. 먼저 A^2과 A^n을 계산하라.

$$e^{At} = \begin{bmatrix} 1 & 0 \\ 0 & 1 \end{bmatrix} + \begin{bmatrix} t & 3t \\ 0 & 0 \end{bmatrix} + \frac{1}{2}\begin{bmatrix} & \\ & \end{bmatrix} + \cdots = \begin{bmatrix} e^t & \\ 0 & \end{bmatrix}$$

22 (추천) 왜 행렬 지수 e^{At}는 특이행렬이 될 수 없는지 두 가지 이유를 대라.

(a) 역행렬을 써라. (b) 왜 고윳값들 $e^{\lambda t}$는 0이 아닌가?

23 $t \to \infty$일 때 커지는 해 $x(t), y(t)$를 구하라. 이러한 불안정성을 피하기 위해 $\lambda < 0$을 얻도록 두 개의 방정식을 서로 바꾸었다. 이것은 어떻게 가능한가?

$$\frac{dx}{dt} = -4y \quad \text{그리고} \quad \frac{dy}{dt} = -2x + 2y$$

24 $Y_{n+1} - 2Y_n + Y_{n-1} = -(\Delta t)^2 Y_n$은 1-단계 차분방정식으로 쓸 수 있다.

$$\begin{aligned} Y_{n+1} &= Y_n + \Delta t Z_n \\ Z_{n+1} &= Z_n - \Delta t Y_{n+1} \end{aligned} \qquad \begin{bmatrix} 1 & 0 \\ \Delta t & 1 \end{bmatrix} \begin{bmatrix} Y_{n+1} \\ Z_{n+1} \end{bmatrix} = \begin{bmatrix} 1 & \Delta t \\ 0 & 1 \end{bmatrix} \begin{bmatrix} Y_n \\ Z_n \end{bmatrix}$$

좌변에서 역행렬을 곱하여 $\boldsymbol{U}_{n+1} = A\boldsymbol{U}_n$과 같이 써라. $\det A = 1$임을 보여라. 큰 시간 간격 $\Delta t = 1$을 선택하고 A의 고윳값 λ_1과 $\lambda_2 = \overline{\lambda}_1$을 구하라.

$\boldsymbol{A} = \begin{bmatrix} \mathbf{1} & \mathbf{1} \\ \mathbf{-1} & \mathbf{0} \end{bmatrix}$의 고윳값은 $|\boldsymbol{\lambda}_1| = |\boldsymbol{\lambda}_2| = 1$**을 만족한다.** $\boldsymbol{A}^6 = \boldsymbol{I}$ **임을 보여라.** 그러므로 **정확하게** $u_6 = u_0$ 이다.

25 24번 문제에서 등넘기 방법은 작은 시간 간격 Δt에 대해 매우 효과적이다. $\Delta t = \sqrt{2}$와 2에 대해 A의 고윳값을 구하라. $\Delta t > 2$인 임의의 시간 간격은 $|\lambda| > 1$인 결과를 가져오고 $\boldsymbol{U}_n = A^n \boldsymbol{U}_0$에서 거듭제곱은 발산할 것이다.

$$A = \begin{bmatrix} 1 & \sqrt{2} \\ -\sqrt{2} & -1 \end{bmatrix} \quad \text{그리고} \quad A = \begin{bmatrix} 1 & 2 \\ -2 & -3 \end{bmatrix} \quad \textbf{경계 불안정}$$

26 $y'' = -y$에 대한 매우 좋은 한 가지 아이디어는 (반은 앞으로 가고/ 반은 뒤로 가는) 사다리꼴 방법이다. ***이것은 아마도*** $(\boldsymbol{Y_n}, \boldsymbol{Z_n})$***을 정확하게 원 위에 유지하는 가장***

좋은 방법일 것이다.

$$\textbf{사다리꼴} \quad \begin{bmatrix} 1 & -\Delta t/2 \\ \Delta t/2 & 1 \end{bmatrix} \begin{bmatrix} Y_{n+1} \\ Z_{n+1} \end{bmatrix} = \begin{bmatrix} 1 & \Delta t/2 \\ -\Delta t/2 & 1 \end{bmatrix} \begin{bmatrix} Y_n \\ Z_n \end{bmatrix}$$

(a) 좌변의 역행렬을 곱해 이 식을 $\boldsymbol{U}_{n+1} = A\boldsymbol{U}_n$과 같이 써라. A는 직교행렬임을 보여라. 즉 $A^TA = I$이다. **이 점들 $\boldsymbol{U}_n$은 결코 원을 떠나지 않는다.** $A = (I-B)^{-1}(I+B)$는 $B^T = -B$이면 언제나 직교행렬이다.

(b) (MATLAB 선택 문제) $\Delta t = 2\pi/32$로 두고 $\boldsymbol{U}_0 = (1, 0)$으로부터 $\boldsymbol{U}_{32}$까지 32 단계를 수행하라. $\boldsymbol{U}_{32} = \boldsymbol{U}_0$인가? 약간의 오차가 있을 것이다.

27 e^A의 제곱은 e^{2A}라는 다음 세 가지 증명 중 하나를 설명하라.

(a) $t = 0$에서 1까지 e^A를 풀고 그 다음 1부터 2까지 풀면 e^{2A}를 0부터 2까지 푼 것과 일치한다.

(b) 급수의 제곱 $\left(I + A + \frac{A^2}{2} + \cdots\right)^2$은 $I + 2A + \frac{(2A)^2}{2} + \cdots = e^{2A}$와 상응한다.

(c) A가 대각화가능하다면, $(Xe^{\Lambda}X^{-1})(Xe^{\Lambda}X^{-1}) = Xe^{2\Lambda}X^{-1}$이다.

미분방정식 강의에 대한 참고

상수계수 선형미분방정식은 풀기가 가장 간단하다. 이 책의 6.4절은 미분방정식 강의의 일부를 보여주지만, 그 이상의 내용이 있다.

1. 이계방정식 $mu'' + bu' + ku = 0$은 응용에서 핵심적으로 중요하다. 해 $u = e^{\lambda t}$의 지수에 있는 λ는 $m\lambda^2 + b\lambda + k = 0$의 해다.

   미흡감쇠 $b^2 < 4mk$ **임계감쇠** $b^2 = 4mk$ **과감쇠** $b^2 > 4mk$

   이 식들은 λ_1과 λ_2가 실수근인지 중복된 근인지 또는 복소수근인지를 결정한다. $\lambda = a + i\omega$로 복소수이면, 해 $u(t)$는 e^{at}에 의해 줄어들면서 $e^{i\omega t}$에 의해 진동한다.

2. 위 식에는 외부로부터 인가되는 항 $f(t)$가 없다. 우리는 "영공간 해"를 찾고 있었다. 힘 $f(t)$와 균형을 맞추는 특수해 $\boldsymbol{u_p(t)}$를 $\boldsymbol{u_n(t)}$에 추가할 필요가 있다. 이 해는 또한 라플라스 변환(Laplace transform)으로 찾고 해석할 수 있다.

   시각 s에서의 입력 $\boldsymbol{f(s)}$
   증가 인수 $\boldsymbol{e^{A(t-s)}}$
   시각 t에서 출력에 더해짐

   $$\boldsymbol{u}_{\text{특수}} = \int_0^t e^{A(t-s)} f(s)\,ds$$

실제 응용에서, 비선형미분방정식은 수치적으로 푼다. 좋은 정확도를 가진 방법 중 하나가 "룽게-쿠타(Runge-Kutta)"이다. $du/dt = f(u)$에 대한 상수해는 $f(Y) = 0$이고 $du/dt = 0$인 $u(t) = Y$이다. 즉 움직임이 없다. Y에서 멀어지면, 컴퓨터가 제어권을 갖는다.

이러한 기초 강의가 (이 책과 동반 교재인) Differential Equations and Linear Algebra의 주제다. math.mit.edu/dela를 참조하라.

일련의 동영상 강의에서 이 책의 내용을 개별 절 단위로 설명하고 있으며 클리브 몰러(Cleve Moler)는 수치해에 대한 병행 강좌 시리즈를 마련하였다.

ocw.mit.edu/resources/res-18-009-learn-differential-equations-up-close-with-gilbert-strang-and-cleve-moler-fall-2015/

www.mathworks.com/academia/courseware/learn-differential-equaations.html

CHAPTER 7

특잇값 분해(SVD)

이번 장에서는 정사각행렬과 직사각행렬 모두에 적용되는 한 가지 아이디어를 전개한다. 이 아이디어는 고유벡터를 확장한 것이고, 이제는 입력벡터 $\boldsymbol{v}_1$부터 $\boldsymbol{v}_n$까지 그리고 출력벡터 $\boldsymbol{u}_1$부터 $\boldsymbol{u}_m$까지 두 세트의 직교벡터들이 필요하다. 이것은 $m \times n$ 행렬에 대해 완벽하게 자연스러운 세팅이다. 벡터들 $\boldsymbol{v}_1$부터 $\boldsymbol{v}_r$은 행공간 내에 있고 $\boldsymbol{u}_1$부터 $\boldsymbol{u}_r$은 열공간 내에 있다. 그러면 $r = \text{rank}(A)$이고 양수인 특잇값 $\sigma_1 \geq \sigma_2 \geq \cdots \geq \sigma_r > 0$이 대각행렬 Σ 안에 있을 때, 다음과 같이 r 조각의 계수가 1인 행렬들로부터 A를 복원한다.

$$\text{SVD} \qquad A = \boldsymbol{U\Sigma V^T} = \sigma_1 \boldsymbol{u}_1 \boldsymbol{v}_1^T + \sigma_2 \boldsymbol{u}_2 \boldsymbol{v}_2^T + \cdots + \sigma_r \boldsymbol{u}_r \boldsymbol{v}_r^T$$

오른쪽 특이벡터들 $\boldsymbol{v}_i$는 A^TA의 고유벡터들이고, A의 행공간과 영공간의 기저가 된다. 왼쪽 특이벡터들 $\boldsymbol{u}_i$는 AA^T의 고유벡터들이고, A의 열공간과 좌영공간의 기저가 된다. **그러면 $i \leq r$에 대해 $A\boldsymbol{v}_i$는 $\sigma_i \boldsymbol{u}_i$와 같다. 행렬 A는 이 두 기저에 의해 $AV = U\Sigma$로 대각화된다.**

A가 대칭인 양의 정부호 행렬이면 각각의 $\boldsymbol{u}_i = \boldsymbol{v}_i$이고, 이 특이벡터들은 고유벡터들 $\boldsymbol{q}_i$가 될 것이다. 그리고 특잇값 σ_i는 A의 고윳값이 된다. A가 정사각행렬이 아니거나 대칭행렬이 아니라면, $A = U\Sigma V^T$가 $S = Q\Lambda Q^T$를 대체하게 된다.

SVD는 데이터 행렬을 이해하는 귀중한 방법이다. A가 데이터 행렬인 경우, AA^T는 데이터를 중심으로 옮기고 $n-1$로 나눈 **표본 공분산행렬**(sample covariance matrix)이다 (7.3절). AA^T의 고윳값은 σ_1^2부터 σ_r^2이고, 고유벡터들은 SVD에서의 $\boldsymbol{u}$들이다. 주성분분석(Principal Component Analysis, PCA)은 데이터 행렬 A의 특이벡터에 전적으로 기반을 둔다.

SVD는 픽셀의 행렬인 한 장의 사진을 계수가 1인 성분들로 분리함으로써 멋진 프로젝트를 가능하게 해준다. 한 조각씩 $\sigma_i \boldsymbol{u}_i \boldsymbol{v}_i^T$을 추가할 때마다, 사진은 점점 더 선명해진다. 7.2절은 그러한 예를 보여주고 훌륭한 웹사이트에 대한 주소도 나와 있다. 7.3절은 PCA를 소개하고 PCA와 통계학에서의 공분산행렬과의 관계에 대해 기술한다.

7.4절은 이 모든 것들이 어떻게 하나의 아이디어인 직교성으로부터 전개되며 어떻게 이것에 의존하는지를 보여준다.

7.1 특잇값과 특이벡터

1. 임의의 행렬의 특이값분해는 $\boldsymbol{A} = \boldsymbol{U\Sigma V}^T$ 또는 $\boldsymbol{AV} = \boldsymbol{U\Sigma}$이다.

2. $A\boldsymbol{v}_i = \sigma_i \boldsymbol{u}_i$ 에서의 특이벡터들은 직교다. $\boldsymbol{V}^T\boldsymbol{V} = I$ 그리고 $\boldsymbol{U}^T\boldsymbol{U} = I$다.

3. 대각행렬 Σ는 특잇값 $\sigma_1 \geq \sigma_2 \geq \cdots \geq \sigma_r > 0$을 포함한다.

4. 이 특잇값들의 제곱은 A^TA와 AA^T의 고윳값들이다.

대칭행렬의 고유벡터들은 직교다. 이제 이 직교성을 포기하지 않으면서 대칭행렬을 넘어 모든 행렬로 나아가고자 한다. (심지어 $m \neq n$이더라도) 모든 $m \times n$ 행렬에 대해 이것이 가능하게 하기 위해서는 $\boldsymbol{R}^n$ 내의 정규직교벡터들 $\boldsymbol{v}_1, \ldots, \boldsymbol{v}_n$의 한 세트와 $\boldsymbol{R}^m$ 내의 두 번째 정규직교벡터들 $\boldsymbol{u}_1, \ldots, \boldsymbol{u}_m$의 한 세트가 필요하다. **우리는 $\boldsymbol{Sx} = \boldsymbol{\lambda x}$ 대신 $\boldsymbol{Av} = \boldsymbol{\sigma u}$를 원한다.**

다음은 입력과 출력이 직교이고, A는 대칭행렬이 아닌 2×2 예다.

$$A\boldsymbol{v}_1 = \begin{bmatrix} 3 & 0 \\ 4 & 5 \end{bmatrix} \begin{bmatrix} 1 \\ 1 \end{bmatrix} = \begin{bmatrix} 3 \\ 9 \end{bmatrix} \quad \text{그리고} \quad A\boldsymbol{v}_2 = \begin{bmatrix} 3 & 0 \\ 4 & 5 \end{bmatrix} \begin{bmatrix} -1 \\ 1 \end{bmatrix} = \begin{bmatrix} -3 \\ 1 \end{bmatrix} \tag{1}$$

$(1,1)$과 $(-1,1)$이 직교이고 $(3,9)$와 $(-3,1)$이 직교다. 이 벡터들은 단위벡터가 아니지만, 입력 $(1,1)$과 $(-1,1)$은 $\sqrt{2}$로 나누고, 출력벡터들은 $\sqrt{10}$으로 나누면 쉽게 수정할 수 있다. 그러면 $3\sqrt{5}$와 $\sqrt{5}$가 특잇값이 된다.

$$\boldsymbol{Av} = \boldsymbol{\sigma u} \qquad \begin{bmatrix} 3 & 0 \\ 4 & 5 \end{bmatrix} \boldsymbol{v}_1 = \boldsymbol{3\sqrt{5}u}_1 \quad \text{그리고} \quad \begin{bmatrix} 3 & 0 \\ 4 & 5 \end{bmatrix} \boldsymbol{v}_2 = \boldsymbol{\sqrt{5}u}_2 \tag{2}$$

이 특잇값 $\sigma_1 = 3\sqrt{5}$와 $\sigma_2 = \sqrt{5}$를 곱하면 $\sigma_1\sigma_2 = \det A = 15$를 얻는다. 위의 벡터 형식의 식들을 행렬 형태로 다시 쓸 수 있다. 그러면 $SQ = Q\Lambda$는 $\boldsymbol{AV} = \boldsymbol{U\Sigma}$가 된다.

$$\boldsymbol{AV} = \begin{bmatrix} 3 & 0 \\ 4 & 5 \end{bmatrix} \begin{bmatrix} 1 & -1 \\ 1 & 1 \end{bmatrix} \frac{1}{\sqrt{2}} = \begin{bmatrix} 1 & -3 \\ 3 & 1 \end{bmatrix} \frac{1}{\sqrt{10}} \begin{bmatrix} \boldsymbol{3\sqrt{5}} & 0 \\ 0 & \boldsymbol{\sqrt{5}} \end{bmatrix} = \boldsymbol{U\Sigma} \tag{3}$$

V와 U는 직교행렬이다. 그러므로 식 (3)에 V^T를 곱하면, A만 남는다.

$$\boxed{\boldsymbol{AV} = \boldsymbol{U\Sigma} \quad \text{는} \quad \boldsymbol{A} = \boldsymbol{U\Sigma V^T} = \sigma_1 \boldsymbol{u}_1 \boldsymbol{v}_1^T + \sigma_2 \boldsymbol{u}_2 \boldsymbol{v}_2^T \quad \text{가 된다.}} \tag{4}$$

이 식은 $\boldsymbol{V}$와 $\boldsymbol{U}$와 $\boldsymbol{\Sigma}$를 어떻게 찾는지와 이 행렬들이 무엇을 의미하는지를 제외하고는 모든 것을 말해주고 있다.

식 (4)에 $\boldsymbol{v}_i$를 곱하면 직교성에 의해 $A\boldsymbol{v}_i = \sigma_i \boldsymbol{u}_i$가 된다. 핵심 포인트는 모든 행렬 A가 한 세트의 고유벡터가 아니고 두 세트의 특이벡터에 의해 대각화된다는 것이다.

2×2 예에서, 첫 번째 조각은 두 번째 조각보다 더 중요한데 $\sigma_1 = 3\sqrt{5}$가 $\sigma_2 = \sqrt{5}$보다 더 크기 때문이다. A를 복원하기 위해 $\sigma_1 \boldsymbol{u}_1 \boldsymbol{v}_1^T + \sigma_2 \boldsymbol{u}_2 \boldsymbol{v}_2^T$와 같이 이 조각들을 더한다.

$$\frac{\mathbf{3\sqrt{5}}}{\sqrt{10}\sqrt{2}} \begin{bmatrix} \mathbf{1} \\ \mathbf{3} \end{bmatrix} \begin{bmatrix} \mathbf{1} & \mathbf{1} \end{bmatrix} + \frac{\sqrt{\mathbf{5}}}{\sqrt{10}\sqrt{2}} \begin{bmatrix} \mathbf{-3} \\ \mathbf{1} \end{bmatrix} \begin{bmatrix} -\mathbf{1} & \mathbf{1} \end{bmatrix} = \frac{3}{2} \begin{bmatrix} \mathbf{1} & \mathbf{1} \\ \mathbf{3} & \mathbf{3} \end{bmatrix} + \frac{1}{2} \begin{bmatrix} \mathbf{3} & \mathbf{-3} \\ \mathbf{-1} & \mathbf{1} \end{bmatrix} = \begin{bmatrix} \mathbf{3} & \mathbf{0} \\ \mathbf{4} & \mathbf{5} \end{bmatrix}$$

SVD의 축약형

A의 계수가 작고 A의 영공간이 크면, 완전한 형식인 $AV = U\Sigma$에서는 Σ 내에 0이 매우 많을 수 있다. 이 0들은 행렬 곱셈에 아무런 기여를 하지 않는다. SVD의 핵심은 첫 r개의 $\boldsymbol{v}$와 $\boldsymbol{u}$와 σ 안에 들어 있다. 0인 것이 확실한 부분들을 제거하면 $AV = U\Sigma$를 $\boldsymbol{AV_r} = \boldsymbol{U_r \Sigma_r}$로 바꿀 수 있다. 이렇게 하면 **$\boldsymbol{\Sigma_r}$가 이제 정사각행렬인** 축약된 SVD가 된다. 축약형 SVD의 행렬들의 크기는 $(\boldsymbol{m} \times \boldsymbol{n})(\boldsymbol{n} \times \boldsymbol{r}) = (\boldsymbol{m} \times \boldsymbol{r})(\boldsymbol{r} \times \boldsymbol{r})$이다.

$$\boxed{\begin{array}{l} \textbf{축약된 SVD} \\ \boldsymbol{AV_r} = \boldsymbol{U_r \Sigma_r} \\ \boldsymbol{Av_i} = \boldsymbol{\sigma_i u_i} \end{array} \quad \boldsymbol{A} \underset{\text{행공간}}{\begin{bmatrix} \boldsymbol{v}_1 & \cdots & \boldsymbol{v}_r \end{bmatrix}} = \underset{\text{열공간}}{\begin{bmatrix} \boldsymbol{u}_1 & \cdots & \boldsymbol{u}_r \end{bmatrix}} \begin{bmatrix} \boldsymbol{\sigma}_1 & & \\ & \ddots & \\ & & \boldsymbol{\sigma_r} \end{bmatrix}} \tag{5}$$

여전히 이러한 직교단위벡터들 $\boldsymbol{v}$와 $\boldsymbol{u}$들로부터 $V_r^T V_r = I_r$과 $U_r^T U_r = I_r$이 성립한다. V_r과 U_r이 정사각행렬이 아니면, 완전한 역행렬은 존재할 수 없다. 즉, $V_r V_r^T \neq I$이고 $U_r U_r^T \neq I$다. **그러나 $\boldsymbol{A} = \boldsymbol{U_r \Sigma_r V_r^T}$는 참이다.** $A = U\Sigma V^T$에서의 다른 곱들은 단지 0이 될 뿐이다.

예제 2 $\quad \boldsymbol{A} = \begin{bmatrix} \mathbf{1} & \mathbf{2} & \mathbf{2} \end{bmatrix} = \begin{bmatrix} \mathbf{1} \end{bmatrix} \begin{bmatrix} \mathbf{3} \end{bmatrix} \frac{1}{3} \begin{bmatrix} \mathbf{1} & \mathbf{2} & \mathbf{2} \end{bmatrix} = \boldsymbol{U_r \Sigma_r V_r^T}$은 $r = 1$이고 $\sigma_1 = 3$이다.

Σ 내에 있는 모든 0때문에 $U\Sigma V^T$의 나머지는 A에 아무런 기여도 하지 않는다. A를 $\sigma_1\boldsymbol{u}_1\boldsymbol{v}_1^T+\cdots+\sigma_r\boldsymbol{u}_r\boldsymbol{v}_r^T$로 쪼개는 가장 중요한 분할은 계수가 $r=1$이기 때문에 $\sigma_1\boldsymbol{u}_1\boldsymbol{v}_1^T$에서 멈춘다.

데이터 과학을 위한 중요한 사실

이번 주제와 이 책에서 SVD가 왜 그렇게 중요할까? $A=LU$와 $A=QR$과 $S=Q\Lambda Q^T$와 같은 다른 분해처럼, SVD는 계수가 1인 조각들로 행렬을 분리한다. SVD의 특별한 성질은 **그러한 조각들이 중요도에 따라 정렬된다**는 점이다. $\sigma_1>\sigma_2$일 때 첫 번째 조각 $\sigma_1\boldsymbol{u}_1\boldsymbol{v}_1^T$이 A에 가장 가까운 계수가 1인 행렬이다. 더욱 더 사실인 것은, **모든 $\boldsymbol{k}$에 대해, 첫 $\boldsymbol{k}$개 조각들의 합은 $\boldsymbol{A}$와 가장 가까운 계수 $\boldsymbol{k}$인 행렬이다.**

$\boldsymbol{A_k}=\boldsymbol{\sigma}_1\boldsymbol{u}_1\boldsymbol{v}_1^T+\cdots+\boldsymbol{\sigma_k}\boldsymbol{u_k}\boldsymbol{v_k}^T$**는** A**에 대한 계수가** $\boldsymbol{k}$**인 최고의 근사다**

"에카르트-영(Eckart-Young)" $\quad$ $\boxed{\boldsymbol{B}\text{의 계수가 }\boldsymbol{k}\text{이면 }\|\boldsymbol{A}-\boldsymbol{A_k}\|\leq\|\boldsymbol{A}-\boldsymbol{B}\|}$ (6)

이 명제를 이해하기 위해서는 기호 $\|\boldsymbol{A}-\boldsymbol{B}\|$의 의미를 이해할 필요가 있다. 이것은 (어떤 수의 절댓값과 마찬가지로) 크기의 척도의 하나인 행렬 $A-B$의 **"노름**(norm)**"**이다. 노름은 σ_1 또는 $\sigma_1+\cdots+\sigma_r$ 또는 $\sigma_1^2+\cdots+\sigma_r^2$의 제곱근이 될 수 있다.

먼저 해야 할 일은 U와 Σ와 V^T를 어떻게 계산하는지 알아내는 것이다. 작은 행렬에 대해서는 A^TA와 AA^T의 고유벡터와 고윳값으로부터 이 행렬들이 나온다.

큰 행렬에 대해서는 A에 A^T를 곱하는 것은 현명하지 않다. A를 두 개의 영이 아닌 대각선으로 축소한 다음 고윳값을 구하는 QR 알고리즘을 변형하는 두 단계가 더 낫다.

SVD의 첫 번째 증명

목표는 $A=U\Sigma V^T$다. 두 세트의 특이벡터 $\boldsymbol{u}$와 $\boldsymbol{v}$를 찾고자 한다. 이러한 벡터들을 구하는 한 가지 방법은 대칭행렬 A^TA와 AA^T를 구성하는 것이다.

$$\boldsymbol{A^TA}=(V\Sigma^TU^T)(U\Sigma V^T)=\boldsymbol{V\Sigma^T\Sigma V^T} \tag{7}$$
$$\boldsymbol{AA^T}=(U\Sigma V^T)(V\Sigma^TU^T)=\boldsymbol{U\Sigma\Sigma^TU^T} \tag{8}$$

식 (7)과 (8) 모두 대칭행렬을 만들어낸다. 일반적으로 A^TA와 AA^T는 서로 다르다. 두 식의 우변은 모두 특별한 형태 $Q\Lambda Q^T$다. **고유벡터들이 $\boldsymbol{Q}=\boldsymbol{V}$ 또는 $\boldsymbol{Q}=\boldsymbol{U}$ 안에 있다.**

그러므로 식 (7)과 (8)로부터 V와 U 그리고 Σ가 이 대칭행렬들 A^TA 및 AA^T와 어떻게 연결되는지 알 수 있다.

V는 A^TA의 정규직교인 고유벡터를 포함한다
U는 AA^T의 정규직교인 고유벡터를 포함한다
σ_1^2부터 σ_r^2는 A^TA 및 AA^T의 영이 아닌 고윳값들이다

다음 이유로 아직 끝난 것은 아니다. SVD는 **$Av_k = \sigma_k u_k$가 되도록 요구한다.** 이것은 $k = 1, \dots, r$에 대해 각각의 오른쪽 특이벡터 $\boldsymbol{v}_k$를 왼쪽 특이벡터 $\boldsymbol{u}_k$에 연결한다. $\boldsymbol{v}$를 선택하면, 이 선택으로 $\boldsymbol{u}$들의 부호가 결정될 것이다. $S\boldsymbol{u} = \lambda\boldsymbol{u}$이면 또한 $S(-\boldsymbol{u}) = \lambda(-\boldsymbol{u})$이므로 선택할 부호를 알아야만 한다. 그보다 더, λ가 이중 고윳값일 때, 고유벡터들의 전체 평면 하나가 존재한다. 이 평면에서 두 개의 $\boldsymbol{v}$를 선택한다면, $A\boldsymbol{v} = \sigma\boldsymbol{u}$는 두 개의 $\boldsymbol{u}$에 대해 알려줄 것이다. 이것이 식 (9)에 담겨 있다.

계획은 $\boldsymbol{v}$로 시작하는 것이다. A^TA의 **정규직교인 고유벡터들 $\boldsymbol{v}_1, \dots, \boldsymbol{v}_r$을 선택한다. 그런 다음 $\sigma_k = \sqrt{\lambda_k}$를 선택한다.** $A\boldsymbol{v} = \sigma\boldsymbol{u}$을 만족하게끔 $\boldsymbol{u}$들을 결정한다.

$$\boldsymbol{v}\text{ 다음에 }\boldsymbol{u} \quad A^TA\boldsymbol{v}_k = \sigma_k \boldsymbol{v}_k \quad \text{그런 다음} \quad k = 1, \dots, r\text{에 대해} \quad \boldsymbol{u}_k = \frac{A\boldsymbol{v}_k}{\sigma_k} \tag{9}$$

이것이 SVD를 만들어낸다! $\boldsymbol{u}_1$부터 $\boldsymbol{u}_r$ 벡터들이 AA^T의 고유벡터인지 확인해보자.

$$AA^T\boldsymbol{u}_k = AA^T\left(\frac{A\boldsymbol{v}_k}{\sigma_k}\right) = A\left(\frac{A^TA\boldsymbol{v}_k}{\sigma_k}\right) = A\frac{\sigma_k^2\boldsymbol{v}_k}{\sigma_k} = \sigma_k^2\boldsymbol{u}_k \tag{10}$$

$\boldsymbol{v}$들은 정규직교가 되도록 선택하였다. $\boldsymbol{u}$들도 또한 정규직교인지 체크해야 한다.

$$\boldsymbol{u}_j^T\boldsymbol{u}_k = \left(\frac{A\boldsymbol{v}_j}{\sigma_j}\right)^T\left(\frac{A\boldsymbol{v}_k}{\sigma_k}\right) = \frac{\boldsymbol{v}_j^T(A^TA\boldsymbol{v}_k)}{\sigma_j\sigma_k} = \frac{\sigma_k}{\sigma_j}\boldsymbol{v}_j^T\boldsymbol{v}_k = \begin{cases} 1 & j = k\text{ 이면} \\ 0 & j \neq k\text{ 이면} \end{cases} \tag{11}$$

$(AA^T)A = A(A^TA)$가 식 (10)에서 열쇠였던 것에 주목한다. 법칙 $(AB)C = A(BC)$는 선형대수에서 위대한 많은 증명에서 핵심이다. 괄호기호를 옮기는 것은 강력한 아이디어다. 이것은 결합법칙이다.

마지막으로 나머지 $n - r$개의 벡터 $\boldsymbol{v}_{r+1}$부터 $\boldsymbol{v}_n$과 나머지 $m - r$개의 벡터 $\boldsymbol{u}_{r+1}$부터 $\boldsymbol{u}_m$을 선택해야 하는데, 이것은 쉽다. **이 $\boldsymbol{v}$들과 $\boldsymbol{u}$들은 각각 A와 A^T의 영공간 내에 있다.** 이 두 영공간의 임의의 정규직교기저를 선택할 수 있다. 이것들은 A의 행공간

내에 있는 처음 $\boldsymbol{v}$들과 그리고 열공간 내에 있는 처음 $\boldsymbol{u}$들과 자동으로 직교가 될 것이다. 이것은 전체 공간들이 직교이기 때문이다. 즉, $\boldsymbol{N}(A) \perp \boldsymbol{C}(A^T)$이고 $\boldsymbol{N}(A^T) \perp \boldsymbol{C}(A)$이기 때문이다. 이러한 선형대수의 기본정리에 의해 SVD의 증명은 완성된다.

이제 식 (1)의 전체 크기의 SVD에서의 U와 V 그리고 Σ를 얻었다. m개의 $\boldsymbol{u}$들과 n개의 $\boldsymbol{v}$들이 있다. A^TA의 고윳값들이 $\Sigma^T\Sigma$에 있고 같은 개수의 σ_1^2부터 σ_r^2 또한 $\Sigma\Sigma^T$에 있는 AA^T의 고윳값임을 발견했을 것이다. 한 가지 놀라운 사실은 **BA는 언제나 AB와 영이 아닌 동일한 고윳값을 갖는다**는 것이다. B가 가역이면, $BA = B(AB)B^{-1}$은 AB와 상사다.

AB와 BA: 영이 아닌 동일한 고윳값

A가 $m \times n$이고 B가 $n \times m$이면, AB와 BA는 영이 아닌 동일한 고윳값을 갖는다.

$AB\boldsymbol{x} = \lambda\boldsymbol{x}$ 그리고 $\lambda \neq 0$에서 시작한다. 양변에 B를 곱하면 $BAB\boldsymbol{x} = \lambda B\boldsymbol{x}$를 얻는다. 이것은 $B\boldsymbol{x}$가 동일한 고윳값 λ를 갖는 BA의 고유벡터라는 것을 말하고, 이것은 정확하게 우리가 원하는 것이다. $B\boldsymbol{x}$가 진짜로 영이 아닌 고유벡터임을 확실히 하기 위해 $\lambda \neq 0$이 필요했다.

B가 정사각행렬이고 가역이면 $B^{-1}(BA)B = AB$인 것에 주목한다. 이것은 BA가 AB와 상사임을 말한다. 그러므로 고윳값이 같다. 하지만 첫 번째 증명은 A와 B가 $m\times n$과 $n \times m$인 것도 허용한다. $B = A^T$이면, 이것은 SVD의 하나의 중요한 예를 다루게 된다. 이 경우에 A^TA와 AA^T는 모두 r개의 영이 아닌 A의 특잇값으로 이어진다.

m이 n보다 크다면, AB는 BA에 비해 추가적으로 $m-n$개의 고윳값 0을 갖는다.

예제 **1** (완결) $A = \begin{bmatrix} \mathbf{3} & \mathbf{0} \\ \mathbf{4} & \mathbf{5} \end{bmatrix}$에 대한 행렬 U와 Σ 그리고 V를 구하라.

A는 계수가 2이고 두 개의 양수 특잇값 σ_1과 σ_2를 갖는다. σ_1은 $\lambda_{\max} = 5$보다 크고 σ_2는 $\lambda_{\min} = 3$보다 작음을 알게 될 것이다. A^TA와 AA^T로 시작한다.

$$A^TA = \begin{bmatrix} 25 & 20 \\ 20 & 25 \end{bmatrix} \qquad AA^T = \begin{bmatrix} 9 & 12 \\ 12 & 41 \end{bmatrix}$$

이 행렬들은 동일한 대각합(= 50)과 동일한 고윳값 $\sigma_1^2 = 45$와 $\sigma_2^2 = 5$를 갖는다. 제곱근은 $\boldsymbol{\sigma}_1 = \sqrt{\mathbf{45}}$와 $\boldsymbol{\sigma}_2 = \sqrt{\mathbf{5}}$다. 그러면 $\sigma_1\sigma_2 = 15$이고 이것은 A의 행렬식이다.

V를 찾는 핵심 단계는 (고윳값 45와 5에 대한) A^TA의 고유벡터를 구하는 것이다.

$$\begin{bmatrix}25 & 20\\20 & 25\end{bmatrix}\begin{bmatrix}1\\1\end{bmatrix} = 45\begin{bmatrix}1\\1\end{bmatrix} \qquad \begin{bmatrix}25 & 20\\20 & 25\end{bmatrix}\begin{bmatrix}-1\\1\end{bmatrix} = 5\begin{bmatrix}-1\\1\end{bmatrix}$$

그런 다음 $\boldsymbol{v}_1$과 $\boldsymbol{v}_2$를 $\sqrt{2}$로 나누면, 이 벡터들이 크기를 1로 조정한 직교인 고유벡터들이다.

$$\textbf{오른쪽 특이벡터} \quad \boldsymbol{v}_1 = \frac{1}{\sqrt{2}}\begin{bmatrix}1\\1\end{bmatrix} \quad \boldsymbol{v}_2 = \frac{1}{\sqrt{2}}\begin{bmatrix}-1\\1\end{bmatrix} \quad \textbf{왼쪽 특이벡터} \quad \boldsymbol{u}_i = \frac{A\boldsymbol{v}_i}{\sigma_i}$$

이제 $\sigma_1\boldsymbol{u}_1 = \sqrt{45}\boldsymbol{u}_1$ 및 $\sigma_2\boldsymbol{u}_2 = \sqrt{5}\boldsymbol{u}_2$와 같아야 하는 $A\boldsymbol{v}_1$과 $A\boldsymbol{v}_2$를 계산한다.

$$\begin{aligned} A\boldsymbol{v}_1 &= \frac{3}{\sqrt{2}}\begin{bmatrix}1\\3\end{bmatrix} &= \sqrt{45}\frac{\mathbf{1}}{\sqrt{\mathbf{10}}}\begin{bmatrix}\mathbf{1}\\\mathbf{3}\end{bmatrix} &= \sigma_1\boldsymbol{u}_1 \\ A\boldsymbol{v}_2 &= \frac{1}{\sqrt{2}}\begin{bmatrix}-3\\1\end{bmatrix} &= \sqrt{5}\frac{\mathbf{1}}{\sqrt{\mathbf{10}}}\begin{bmatrix}\mathbf{-3}\\\mathbf{1}\end{bmatrix} &= \sigma_2\boldsymbol{u}_2 \end{aligned}$$

$\sqrt{10}$으로 나눔으로써 $\boldsymbol{u}_1$과 $\boldsymbol{u}_2$가 정규직교가 된다. 그러면 예상했던대로 $\sigma_1 = \sqrt{45}$이고 $\sigma_2 = \sqrt{5}$다. A의 특잇값 분해는 U 곱하기 Σ 곱하기 V^T다.

$$\boxed{\boldsymbol{U} = \frac{1}{\sqrt{10}}\begin{bmatrix}1 & -3\\3 & 1\end{bmatrix} \qquad \Sigma = \begin{bmatrix}\sqrt{45} & \\ & \sqrt{5}\end{bmatrix} \qquad \boldsymbol{V} = \frac{1}{\sqrt{2}}\begin{bmatrix}1 & -1\\1 & 1\end{bmatrix}} \tag{12}$$

U와 V는 A의 열공간과 행공간(두 공간 모두 $\boldsymbol{R}^2$)의 정규직교기저를 포함한다. 진정한 성과는 바로 이 두 기저가 A를 대각화한 것이다. 즉, AV는 $U\Sigma$와 같다. $\sqrt{2}\sqrt{10} = \sqrt{20}$이고 행렬 $A = U\Sigma V^T$는 두 개의 계수가 1인 행렬들인 열벡터 곱하기 행벡터들로 쪼개진다. 이 두 행렬의 합은 A다.

$$\sigma_1\boldsymbol{u}_1\boldsymbol{v}_1^T + \sigma_2\boldsymbol{u}_2\boldsymbol{v}_2^T = \frac{\sqrt{\mathbf{45}}}{\sqrt{\mathbf{20}}}\begin{bmatrix}\mathbf{1} & \mathbf{1}\\\mathbf{3} & \mathbf{3}\end{bmatrix} + \frac{\sqrt{\mathbf{5}}}{\sqrt{\mathbf{20}}}\begin{bmatrix}\mathbf{3} & \mathbf{-3}\\\mathbf{-1} & \mathbf{1}\end{bmatrix} = \begin{bmatrix}\mathbf{3} & \mathbf{0}\\\mathbf{4} & \mathbf{5}\end{bmatrix} = \boldsymbol{A}$$

모든 행렬은 직교인 $\boldsymbol{v}$들과 직교인 $\boldsymbol{u}$들을 가진 계수가 1인 행렬들의 합이다. $[1 \quad 1]$와 $[3 \quad 3]$은 직교인 행들이고, $(1,3)$과 $(3,-1)$은 직교인 열들이다.

반복해서 말하자면, **좋은 코드는 A^TA와 AA^T로 시작하지 않는다.** 그 대신, 오직 두 개의 대각선만 남기는 (그리고 특잇값에 영향을 주지 않는) 회전에 의해 A 내에 영들을 만들어낸다. 이 절의 마지막 페이지에서는 성공적으로 SVD를 계산하는 방법에 대해 설명한다.

질문: $\boldsymbol{S = Q\Lambda Q^T}$ 가 대칭인 양의 정부호 행렬이면, S 의 SVD는 무엇인가?

답: SVD는 정확하게 $U\Sigma V^T = Q\Lambda Q^T$ 다. 행렬 $U = V = Q$ 는 직교행렬이다. 그리고 고윳값 행렬 Λ 는 특잇값 행렬 Σ 가 된다.

질문: $S = Q\Lambda Q^T$ 가 음수인 고윳값을 갖는다면 $(S\boldsymbol{x} = -\alpha\boldsymbol{x})$, 특잇값은 무엇이고 벡터 $\boldsymbol{v}$ 와 $\boldsymbol{u}$ 는 무엇인가?

답: 특잇값은 $\boldsymbol{\sigma} = +\boldsymbol{\alpha}$ (양수)가 될 것이다. 한 특이벡터는 ($\boldsymbol{u}$ 또는 $\boldsymbol{v}$) $-\boldsymbol{x}$ 가 되어야 한다 (부호를 반대로 한다). 그러면 $S\boldsymbol{x} = -\alpha\boldsymbol{x}$ 는 $S\boldsymbol{v} = \sigma\boldsymbol{u}$ 와 같다. 두 번의 부호 변화가 상쇄된다.

질문: $A = Q$ 가 직교행렬이면, 왜 모든 특잇값들이 1인가?

답: $A^TA = Q^TQ = I$ 이기 때문에 모든 특잇값들은 $\sigma = 1$ 이다. **그러면 $\boldsymbol{\Sigma} = \boldsymbol{I}$ 다.** 그러나 $U = Q$ 와 $V = I$ 는 특이벡터 $\boldsymbol{u}$ 와 $\boldsymbol{v}$ 에 대한 수많은 선택들 중 하나일 뿐이다.

$$Q = U\Sigma V^T \text{ 는 } Q = QII^T \text{ 또는 임의의 } Q = (QQ_1)IQ_1^T \text{ 가 될 수 있다.}$$

질문: 왜 정사각행렬 $\boldsymbol{A}$ 의 모든 고윳값들은 $\boldsymbol{\sigma}_1$ 보다 작거나 같을까?

답: 직교행렬 U 와 V^T 를 곱하는 것은 벡터의 길이를 변화시키지 않는다.

$$\text{모든 } \boldsymbol{x} \text{에 대해} \quad \|\boldsymbol{Ax}\| = \|U\Sigma V^T\boldsymbol{x}\| = \|\Sigma V^T\boldsymbol{x}\| \le \sigma_1\|V^T\boldsymbol{x}\| = \boldsymbol{\sigma}_1\|\boldsymbol{x}\| \tag{13}$$

고유벡터는 $\|A\boldsymbol{x}\| = |\lambda|\|\boldsymbol{x}\|$ 을 만족한다. 그러면 식 (13)은 $|\lambda|\|\boldsymbol{x}\| \le \sigma_1\|\boldsymbol{x}\|$ 이고 $|\boldsymbol{\lambda}| \le \boldsymbol{\sigma}_1$ 이 된다.

질문: $A = \boldsymbol{xy}^T$ 의 계수가 1이면, $\boldsymbol{u}_1$ 과 $\boldsymbol{v}_1$ 과 σ_1 은 무엇인가? **$|\boldsymbol{\lambda}| \le \boldsymbol{\sigma}_1$ 인지도 체크한다.**

답: 특이벡터들 $\boldsymbol{u}_1 = \boldsymbol{x}/\|\boldsymbol{x}\|$ 와 $\boldsymbol{v}_1 = \boldsymbol{y}/\|\boldsymbol{y}\|$ 의 길이는 1이다. 그러면 $\boldsymbol{\sigma}_1 = \|\boldsymbol{x}\|\|\boldsymbol{y}\|$ 은

특잇값 행렬 Σ 내에서 유일한 0이 아닌 수다. SVD는 다음과 같다.

$$\textbf{계수가 1인 행렬} \qquad \boldsymbol{x}\boldsymbol{y}^T = \frac{\boldsymbol{x}}{\|\boldsymbol{x}\|}(\|\boldsymbol{x}\|\|\boldsymbol{y}\|)\frac{\boldsymbol{y}^T}{\|\boldsymbol{y}\|} = \boldsymbol{u}_1\sigma_1\boldsymbol{v}_1^T$$

관찰 $A = \boldsymbol{x}\boldsymbol{y}^T$의 유일한 0이 아닌 고윳값은 $\lambda_1 = \boldsymbol{y}^T\boldsymbol{x}$이다. $(\boldsymbol{x}\boldsymbol{y}^T)\boldsymbol{x} = \boldsymbol{x}(\boldsymbol{y}^T\boldsymbol{x})$이기 때문에 고유벡터는 $\boldsymbol{x}$다. 그러면 핵심 부등식 $|\lambda_1| \le \sigma_1$은 정확하게 슈바르츠 부등식 $|\boldsymbol{y}^T\boldsymbol{x}| \le \|\boldsymbol{x}\|\|\boldsymbol{y}\|$이다.

SVD의 기하학

SVD는 한 행렬을 $A = U\Sigma V^T$, 즉 (**직교**) $\times$ (**대각**) $\times$ (**직교**)로 분해한다. 2차원에서 이러한 단계들을 그릴 수 있다. 직교행렬 U와 V는 평면을 회전시킨다. 대각행렬 Σ는 축을 따라 잡아늘린다. 그림 7.1은 **회전** 곱하기 **늘리기** 곱하기 **회전**을 보여준다. **단위원 위에 있는 벡터들 $\boldsymbol{x}$는 타원 위의 $A\boldsymbol{x}$로 간다.**

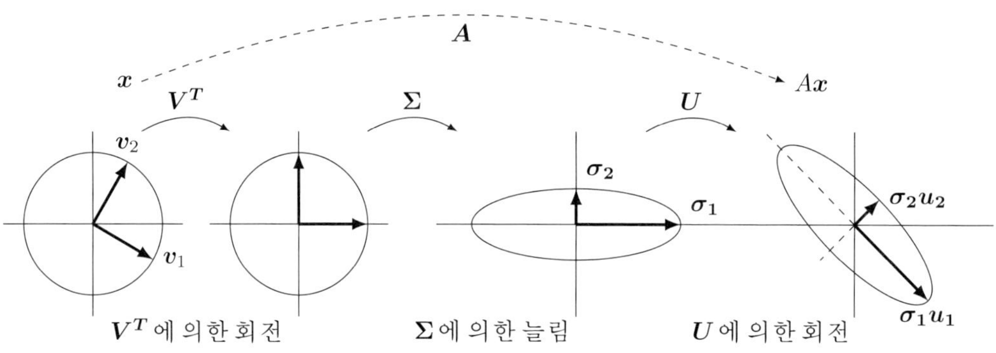

그림 7.1: U와 V는 회전이고 반사일 수 있다. Σ는 원을 타원으로 늘린다

이 그림은 2×2 가역 행렬 (왜냐하면 $\sigma_1 > 0$이고 $\sigma_2 > 0$이므로)에 적용된다. 첫 번째는 임의의 $\boldsymbol{x}$를 $V^T\boldsymbol{x}$로 회전시킨다. 그런 다음 Σ는 이 벡터를 $\Sigma V^T\boldsymbol{x}$로 늘린다. 그런 다음 U는 $A\boldsymbol{x} = U\Sigma V^T\boldsymbol{x}$로 회전시킨다. 반사를 피하기 위해 모든 행렬식을 양수로 유지하였다. 행렬 안의 네 수 a, b, c, d는 두 개의 회전 각도 θ, ϕ 그리고 Σ 내의 두 수 σ_1, σ_2와 연결된다.

$$A = \begin{bmatrix} a & b \\ c & d \end{bmatrix} = \begin{bmatrix} \cos\theta & -\sin\theta \\ \sin\theta & \cos\theta \end{bmatrix} \begin{bmatrix} \sigma_1 & \\ & \sigma_2 \end{bmatrix} \begin{bmatrix} \cos\phi & \sin\phi \\ -\sin\phi & \cos\phi \end{bmatrix} \qquad (14)$$

질문. 행렬이 대칭이면 $b = c$다. 이제 A는 (네 개가 아닌) 단지 세 개의 파라미터만 갖는다. 대칭행렬에 대해 어떻게 이 네 개의 수 $\theta, \phi, \sigma_1, \sigma_2$가 세 개의 수로 축소될까?

질문 2. $\theta = 30°$이고 $\sigma_1 = 2$이고 $\sigma_2 = 1$이고 $\phi = 60°$이면 A는 무엇일까?

첫 번째 특이벡터 $\boldsymbol{v}_1$

이 페이지는 $\boldsymbol{v}_1$을 바라보는 새로운 방식을 제시할 것이다. 이전 페이지들에서는 $\boldsymbol{v}$를 A^TA의 고윳값으로 선택하였다. 틀림없이 이것은 여전히 참이다. 그러나 **한꺼번이 아니라 한 번에 한 개씩** 이 특이벡터들을 이해하는 귀중한 방법이 있다. $\boldsymbol{v}_1$과 특잇값 σ_1으로 시작한다. $\boldsymbol{x}$의 길이는 $\|\boldsymbol{x}\|^2 = x_1^2 + \cdots + x_n^2 = \boldsymbol{x}^T\boldsymbol{x}$로부터 나온다.

$$\textbf{비 } \frac{\|A\boldsymbol{x}\|}{\|\boldsymbol{x}\|} \textbf{를 최대로 하라. 최댓값은 벡터 } \boldsymbol{x} = \boldsymbol{v}_1 \textbf{에서 } \boldsymbol{\sigma}_1 \textbf{ 이다.} \tag{15}$$

그림 7.1에서 타원은 왜 최대가 되게 하는 $\boldsymbol{x}$가 $\boldsymbol{v}_1$인지 보여준다. 그림에서 $\boldsymbol{v}_1$을 따라가면 이것은 $A\boldsymbol{v}_1 = \sigma_1\boldsymbol{u}_1$에서 끝난다. 타원의 더 긴 축의 길이는 $\|A\boldsymbol{v}_1\| = \sigma_1$이다.

그러나 SVD에 대한 독립적인 접근 방법을 목표로 한다. 이미 U 또는 Σ 또는 V를 알고있다고 가정하지 않는다. 비 $\|A\boldsymbol{x}\|/\|\boldsymbol{x}\|$가 $\boldsymbol{x} = \boldsymbol{v}_1$일 때 최댓값임을 어떻게 알 수 있을까? 미적분학에 따르면 일계미분들이 0이어야 한다. 함수를 제곱하고 $S = A^TA$를 다루면 미분 계산이 더 쉽다.

$$\textbf{문제: } \frac{\|A\boldsymbol{x}\|^2}{\|\boldsymbol{x}\|^2} = \frac{\boldsymbol{x}^TA^TA\boldsymbol{x}}{\boldsymbol{x}^T\boldsymbol{x}} = \frac{\boldsymbol{x}^TS\boldsymbol{x}}{\boldsymbol{x}^T\boldsymbol{x}} \textbf{의 최댓값 } \lambda\textbf{를 구하라.} \tag{16}$$

이 "레일리 몫(Rayleigh quotient)"은 $x_1, \ldots, x_n$에 따라 달라진다. 미적분학은 몫 규칙을 사용하므로 $\boldsymbol{x}^T\boldsymbol{x}$와 $\boldsymbol{x}^TS\boldsymbol{x}$의 편미분 $2\boldsymbol{x}$와 $2S\boldsymbol{x}$가 필요하다.

$$\frac{\partial}{\partial x_i}(\boldsymbol{x}^T\boldsymbol{x}) = \frac{\partial}{\partial x_i}\left(x_1^2 + \cdots + x_i^2 + \cdots + x_n^2\right) = 2x_i \tag{17}$$

$$\frac{\partial}{\partial x_i}(\boldsymbol{x}^TS\boldsymbol{x}) = \frac{\partial}{\partial x_i}\left(\sum_i\sum_j S_{ij}x_ix_j\right) = 2\sum_j S_{ij}x_j = 2\,(S\boldsymbol{x})_i \tag{18}$$

$\dfrac{\partial}{\partial x_i}\left(\dfrac{\boldsymbol{x}^T S\boldsymbol{x}}{\boldsymbol{x}^T\boldsymbol{x}}\right)$에 대해 몫 규칙을 사용하고 식 (16)의 n개의 편미분을 0으로 두면

$$i=1,\ldots,n\text{에 대해 } (\boldsymbol{x}^T\boldsymbol{x})\,2\,(S\boldsymbol{x})_i-(\boldsymbol{x}^T S\boldsymbol{x})\,2x_i=0 \tag{19}$$

식 (19)는 $(S\boldsymbol{x})_i=\lambda x_i$ 임을 말해주는데, 이때 λ는 $\boldsymbol{x}^T S\boldsymbol{x}/\boldsymbol{x}^T\boldsymbol{x}$다. **그러면 $S\boldsymbol{x}=\boldsymbol{\lambda x}$이고 식 (16)에서의 비를 최대로 하는 최적의 $\boldsymbol{x}$는 S의 고유벡터다!**

> $2\boldsymbol{Sx}=2\boldsymbol{\lambda x}$ **이고** $\dfrac{\boldsymbol{x}^T\boldsymbol{Sx}}{\boldsymbol{x}^T\boldsymbol{x}}=\dfrac{\|A\boldsymbol{x}\|^2}{\|\boldsymbol{x}\|^2}$ **의 최댓값은 S의 고윳값 $\boldsymbol{\lambda}$이다.**

탐색은 $S=A^TA$의 고유벡터로 좁혀진다. 가장 큰 λ에 대한 고유벡터는 $\boldsymbol{x}=\boldsymbol{v}_1$이고, 고윳값은 $\lambda_1=\sigma_1^2$이다. 이 최댓값 문제는 SVD에서의 σ_1과 $\boldsymbol{v}_1$으로 귀결되었고, 이 문제의 해 식 (15)는 미적분을 통해 검증되었다.

완전한 SVD를 위해서라면, 모든 특이벡터와 특잇값을 알 필요가 있다. $\boldsymbol{v}_2$와 σ_2를 찾기 위해 이 최댓값 문제를 $\boldsymbol{v}_1$과 직교인 벡터 $\boldsymbol{x}$만을 고려하도록 조정한다.

> $\boldsymbol{v}_1^T\boldsymbol{x}=0$ **조건 아래에서** $\dfrac{\|A\boldsymbol{x}\|}{\|\boldsymbol{x}\|}$**를 최대로 하라. 최댓값은 $\boldsymbol{x}=\boldsymbol{v}_2$에서 $\boldsymbol{\sigma}_2$다.**

$\boldsymbol{v}_1^T\boldsymbol{x}=0$와 같은 제한 조건을 다루기 위해 "라그랑지 승수(Lagrange multipliers)"가 고안되었다. 그리고 연습문제 9번은 이 조건 $\boldsymbol{v}_1^T\boldsymbol{x}=0$을 다루는 간단하고 직접적인 방법을 제시한다.

모든 특이벡터 $\boldsymbol{v}_{k+1}$은 처음 $\boldsymbol{v}_1,\ldots,\boldsymbol{v}_k$에 수직인 모든 벡터들 $\boldsymbol{x}$중에서 비 $\|A\boldsymbol{x}\|/\|\boldsymbol{x}\|$를 최대가 되게 한다. 왼쪽 특이벡터는 $\|A^T\boldsymbol{y}\|/\|\boldsymbol{y}\|$를 최대로 하는 것에서 나올 것이다. 한꺼번에 찾든 개별적으로 찾든, 우리는 언제나 타원면의 축과 대칭행렬 A^TA 또는 AA^T의 고유벡터를 찾고 있다.

고윳값과 특잇값 계산

대칭행렬의 고윳값문제 $S\boldsymbol{x}=\boldsymbol{\lambda x}$와 $\boldsymbol{Av}=\boldsymbol{\sigma u}$ 사이의 주된 차이점은 무엇일까? λ와 σ를 계산하기 전에 얼마나 S와 A를 간략화시킬 수 있을까?

Q가 직교행렬일 때 S와 $Q^{-1}SQ=Q^TSQ$의 고윳값은 동일하다.

그러므로 (대칭성을 유지하는) $Q^{-1}SQ$에서 0들을 생성하는 제한된 자유를 갖는다. $Q^{-1}S$에서 너무 많은 0들을 시도하면 마지막 Q에서 이 0들을 파괴할 것이다. 좋은 $Q^{-1}SQ$는 **삼중대각**(tridiagonal)행렬일 것이다. S를 영이 아닌 세 개의 대각선으로 축소할 수 있다.

Q_1과 Q_2가 다르더라도 A와 $Q_1^{-1}AQ_2$의 특잇값은 동일하다.

$Q_1^{-1}AQ_2$에서 0들을 생성하는 더 많은 자유를 갖는다. 올바른 Q를 쓴다면, 이것은 (0이 아닌 두 개의 대각선을 갖는) **이중대각**(bidiagonal)행렬일 것이다. 다음과 같이 되도록 Q와 Q_1과 Q_2를 빠르게 찾을 수 있다.

$$\boldsymbol{Q}^{-1}\boldsymbol{SQ} = \begin{bmatrix} \boldsymbol{a}_1 & \boldsymbol{b}_1 & & \\ \boldsymbol{b}_1 & \boldsymbol{a}_2 & \boldsymbol{b}_2 & \\ & \boldsymbol{b}_2 & \cdot & \cdot \\ & & \cdot & \boldsymbol{a}_n \end{bmatrix} \begin{matrix} \leftarrow \lambda\text{들에 대해} \\ \boldsymbol{Q}_1^{-1}\boldsymbol{AQ}_2 = \\ \sigma\text{들에 대해} \rightarrow \end{matrix} \begin{bmatrix} \boldsymbol{c}_1 & \boldsymbol{d}_1 & & \\ 0 & \boldsymbol{c}_2 & \boldsymbol{d}_2 & \\ & 0 & \cdot & \cdot \\ & & 0 & \boldsymbol{c}_n \end{bmatrix} \quad (20)$$

A의 특잇값들은 $S = A^TA$의 고윳값의 제곱근인 것을 알 것이다. 그리고 $Q_1^{-1}AQ_2$의 특잇값들은 A의 특잇값들과 같다. **(이중대각행렬)^T(이중대각행렬)을 곱하면 삼중대각행렬을 볼 수 있다.**

다음은 우리가 선택하면 안 되는 옵션이다. A^TA를 곱하고 이것의 고윳값을 찾지 말라. 이것은 불필요한 작업이고 문제의 조건이 불필요하게 제곱된다. SVD를 위한 골럽-카한(Golub-Kahan) 알고리즘은 두 단계로 A에 직접 작용한다.

1. $Q_1^{-1}AQ_2$가 식 (20)에서와 같이 이중대각행렬이 되는 Q_1과 Q_2를 찾는다.
2. 이동된 QR 알고리즘을 이 이중대각행렬의 특잇값을 보존하도록 조정한다.

단계 1에서는 $m \times n$ 행렬 A를 이중대각 형태로 만들기 위해 $O(mn^2)$번의 곱셈이 필요하다. 그런 다음 이후 단계들은 오직 이중대각행렬에 대해서만 작동할 것이다. 그러면 보통 (거의 기계 정밀도에 가깝게) 특잇값을 구하는 데에 $O(n^2)$번의 곱셈이 소요된다. 전체 알고리즘은 골럽-반 로안(Golub-Van Loan) 책의 제 4판 489–492페이지에 기술되어 있다.

A가 진짜로 크다면, **무작위 추출**(random sampling)로 방향을 바꾼다. 매우 높은 확률로 랜덤화된 선형대수는 정확한 결과를 낸다. 대부분의 도박사들은 주의깊은 무작위 추출에서 나온 좋은 결과는 확실하다고 말할 것이다.

연습 문제

1 A^TA와 AA^T를 구하고 A에 대한 특이벡터들 $\boldsymbol{v}_1, \boldsymbol{v}_2, \boldsymbol{u}_1, \boldsymbol{u}_2$를 구하라.

$$A = \begin{bmatrix} 0 & 1 & 0 \\ 0 & 0 & 8 \\ 0 & 0 & 0 \end{bmatrix} \text{ 의 계수 } r = 2\text{고 고윳값들은 } 0, 0, 0$$

식 $A\boldsymbol{v}_1 = \sigma_1\boldsymbol{u}_1$과 $A\boldsymbol{v}_2 = \sigma_2\boldsymbol{u}_2$와 $A = \sigma_1\boldsymbol{u}_1\boldsymbol{v}_1^T + \sigma_2\boldsymbol{u}_2\boldsymbol{v}_2^T$가 성립하는지 체크하라. (모두 0인) A의 3행을 제거하더라도, σ_1과 σ_2는 변하지 않음을 보여라.

2 B의 특잇값과 고윳값을 구하라.

$$B = \begin{bmatrix} 0 & 1 & 0 \\ 0 & 0 & 8 \\ \frac{1}{1000} & 0 & 0 \end{bmatrix} \text{ 의 계수 } r = 3\text{이고 행렬식은 } \frac{8}{1000}$$

위의 A와 비교하면, 고윳값이 특잇값보다 훨씬 많이 달라졌다.

3 SVD는 행공간 내의 $\boldsymbol{v}$들을 열공간 내의 $\boldsymbol{u}$들과 연결한다. $A = U\Sigma V^T$를 전치시키면 $\boldsymbol{A^T = V\Sigma^T U^T}$가 $\boldsymbol{u}$로부터 $\boldsymbol{v}$로 반대 방향으로 가는 것을 볼 수 있다.

$$\boldsymbol{k = 1, \ldots, r}\textbf{에 대해 } \boldsymbol{A^T u_k = \sigma_k v_k} \qquad \boldsymbol{k = r+1, \ldots, m}\textbf{에 대해 } \boldsymbol{A^T u_k} = 0$$

$A\boldsymbol{v}_k = \sigma_k\boldsymbol{u}_k$에 A^T를 곱한다. 식 (9)에서 $A^TA\boldsymbol{v}_k = \sigma_k^2\boldsymbol{v}_k$를 σ_k로 나눈다. 행렬의 한 예 [3 4 ; 0 5]의 전치에 대해 $\boldsymbol{u}$와 $\boldsymbol{v}$는 무엇인가?

4 $A\boldsymbol{v}_k = \sigma_k\boldsymbol{u}_k$이고 $A^T\boldsymbol{u}_k = \sigma_k\boldsymbol{v}_k$일 때 S의 고윳값이 σ_k와 $-\sigma_k$임을 보여라.

$$S = \begin{bmatrix} 0 & \boldsymbol{A} \\ \boldsymbol{A^T} & 0 \end{bmatrix} \text{ 의 고유벡터는 } \begin{bmatrix} \boldsymbol{u}_k \\ \boldsymbol{v}_k \end{bmatrix} \text{ 와 } \begin{bmatrix} -\boldsymbol{u}_k \\ \boldsymbol{v}_k \end{bmatrix} \text{ 이고 대각합} = 0\text{이다.}$$

이 대칭행렬 S의 고유벡터는 A의 특이벡터를 알려준다.

5 다음 2×2 행렬 A의 고윳값과 특잇값을 구하라.

$$A = \begin{bmatrix} 2 & 1 \\ 4 & 2 \end{bmatrix} \quad \text{이면} \quad A^TA = \begin{bmatrix} 20 & 10 \\ 10 & 5 \end{bmatrix} \quad \text{그리고} \quad AA^T = \begin{bmatrix} 5 & 10 \\ 10 & 20 \end{bmatrix}$$

A의 고유벡터 $(1,2)$와 $(1,-2)$는 직교가 아니다. A^TA의 고유벡터 $\boldsymbol{v}_1, \boldsymbol{v}_2$가 직교일 것임을 어떻게 아는가? A^TA와 AA^T의 고윳값은 $\lambda_1 = 25$와 $\lambda_2 = 0$으로 동일하다는 점에 주목한다.

6 $AV = U\Sigma$의 두 열은 $A\boldsymbol{v}_1 = \sigma_1\boldsymbol{u}_1$과 $A\boldsymbol{v}_2 = \sigma_2\boldsymbol{v}_2$다. 그러므로 다음 식이 성립하기를 희망한다.

$$A\boldsymbol{v}_1 = \begin{bmatrix} 1 & 0 \\ 1 & 1 \end{bmatrix}\begin{bmatrix} \sigma_1 \\ 1 \end{bmatrix} = \sigma_1\begin{bmatrix} 1 \\ \sigma_1 \end{bmatrix} \quad \text{그리고} \quad \begin{bmatrix} 1 & 0 \\ 1 & 1 \end{bmatrix}\begin{bmatrix} 1 \\ -\sigma_1 \end{bmatrix} = \sigma_2\begin{bmatrix} \sigma_1 \\ -1 \end{bmatrix}$$

첫 번째 식에서 $\sigma_1 + 1 = \sigma_1^2$이 필요하고 두 번째 식에서 $1 - \sigma_1 = -\sigma_2$가 필요하다. 이 식들은 참인가?

7 MATLAB 명령 $A =$ rand$(20, 40)$과 $B =$ randn$(20, 40)$은 20×40의 무작위 행렬을 만든다. A의 성분들은 균일한 확률로 0과 1 사이의 값이다. B의 성분들은 “종모양” 의 정규확률분포를 따른다. svd 명령어를 이용하여 이들의 특잇값 σ_1 부터 σ_{20}까지 구하고 그래프를 그려라. 왜 이 두 행렬은 스무 개의 σ를 갖는가?

8 대칭행렬 $S = A^TA$은 고윳값 λ_1부터 λ_n과 고유벡터 $\boldsymbol{v}_1$부터 $\boldsymbol{v}_n$을 갖는다. 그러면 임의의 벡터의 형태는 $\boldsymbol{x} = c_1\boldsymbol{v}_1 + \cdots + c_n\boldsymbol{v}_n$이다. 레일리 몫은 다음과 같다.

$$R(\boldsymbol{x}) = \frac{\boldsymbol{x}^TS\boldsymbol{x}}{\boldsymbol{x}^T\boldsymbol{x}} = \frac{\lambda_1c_1^2 + \cdots + \lambda_nc_n^2}{c_1^2 + \cdots + c_n^2}$$

어떤 벡터 $\boldsymbol{x}$에 대해 R이 최대가 되는가? 최대가 되게하는 벡터 $\boldsymbol{x}$에 대한 c_1부터 c_n까지의 수는 무엇인가? 어떤 벡터 $\boldsymbol{x}$에 대해 R이 최소가 되는가?

9 비 $R(\boldsymbol{x})$를 최대로 하는 σ_2와 $\boldsymbol{v}_2$를 구하라. $\boldsymbol{x}^T\boldsymbol{v}_1 = 0$을 요구함으로써 첫 번째 특이벡터 $\boldsymbol{v}_1$은 제외하여야 한다. c_1에 대해 이것이 의미하는 것은 무엇인가? 어떤 c들이 두 번째 고유벡터 $\boldsymbol{x} = \boldsymbol{v}_2$에서 새로운 최댓값 σ_2가 되게 하는가?

10 A^TA를 구하고 $A\boldsymbol{v}_1 = \sigma_1\boldsymbol{u}_1$과 $A\boldsymbol{v}_2 = \sigma_2\boldsymbol{u}_2$에서 특이벡터들을 구하라.

$$A = \begin{bmatrix} 2 & 2 \\ -1 & 1 \end{bmatrix} \qquad \text{그리고} \qquad A = \begin{bmatrix} 3 & 3 \\ 4 & 4 \end{bmatrix}$$

11 다음 직사각행렬에 대해 $\boldsymbol{v}_1, \boldsymbol{v}_2, \boldsymbol{v}_3$ 와 $\boldsymbol{u}_1, \boldsymbol{u}_2$ 와 σ_1, σ_2 를 구하라. 그런 다음 $U\Sigma V^T = (2 \times 2)(2 \times 3)(3 \times 3)$ 와 같이 A 에 대한 SVD를 써라.

$$A = \begin{bmatrix} 1 & 1 & 0 \\ 0 & 1 & 1 \end{bmatrix}$$

12 $(A^TA)\boldsymbol{v} = \sigma^2\boldsymbol{v}$ 이면, A를 곱하라. 괄호 기호를 옮기면 $(AA^T)A\boldsymbol{v} = \sigma^2(A\boldsymbol{v})$ 를 얻는다. **$\boldsymbol{v}$가 $\boldsymbol{A}^T\boldsymbol{A}$의 고유벡터이면, ______ 은 $\boldsymbol{A}\boldsymbol{A}^T$ 의 고유벡터다.**

13 A^TA 의 고윳값과 고유벡터 $\boldsymbol{v}_1, \boldsymbol{v}_2$ 를 구하라. 그런 다음 $\boldsymbol{u}_1 = A\boldsymbol{v}_1/\sigma_1$ 을 구하라.

$$A = \begin{bmatrix} 1 & 2 \\ 3 & 6 \end{bmatrix} \quad \text{그리고} \quad A^TA = \begin{bmatrix} 10 & 20 \\ 20 & 40 \end{bmatrix} \quad \text{그리고} \quad AA^T = \begin{bmatrix} 5 & 15 \\ 15 & 45 \end{bmatrix}$$

$\boldsymbol{u}_1$ 이 AA^T 의 단위 고유벡터임을 확인하라. 행렬 U, Σ, V 를 완성하라.

$$\text{SVD} \qquad \begin{bmatrix} 1 & 2 \\ 3 & 6 \end{bmatrix} = \begin{bmatrix} \boldsymbol{u}_1 & \boldsymbol{u}_2 \end{bmatrix} \begin{bmatrix} \sigma_1 & \\ & 0 \end{bmatrix} \begin{bmatrix} \boldsymbol{v}_1 & \boldsymbol{v}_2 \end{bmatrix}^T$$

14 (a) 왜 A^TA 의 대각합이 모든 a_{ij}^2 의 합과 같은가?

(b) 모든 계수 1인 행렬에 대해, 왜 $\sigma_1^2 =$ 모든 a_{ij}^2 의 합인가?

15 $A = U\Sigma V^T$ 가 가역인 정사각행렬이면, $A^{-1} =$ ______ ______ ______ 이다. 따라서 A^{-1} 의 가장 큰 특잇값은 $1/\sigma_{\min}(A)$ 다. 가장 큰 고윳값은 $1/|\lambda(A)|_{\min}$ 이다. 그러면 식 (13)은 $\boldsymbol{\sigma}_{\min}(\boldsymbol{A}) \leq |\boldsymbol{\lambda}(\boldsymbol{A})|_{\min}$ 임을 말한다.

16 $A = U\Sigma V^T$ 가 2×2 행렬이고 $\sigma_1 > \sigma_2 > 0$ 이라고 하자. A를 ***가급적이면 작은 행렬만큼만*** 바꾸어 특이행렬 A_0 를 만들어라. 힌트: U와 V는 변하지 않는다.

17 왜 $A + I$ 에 대한 SVD는 단지 $\Sigma + I$ 를 사용하지 않는가?

7.2 SVD에 의한 영상 압축

1. 영상은 모든 픽셀과 색상에 하나씩 부여된 그레이 스케일 값의 커다란 행렬이다.
2. 부근의 픽셀들이 (무작위가 아니고) 서로 연관되어 있으면 영상을 압축할 수 있다.
3. 국기는 종종 단순한 영상이다. 사진은 SVD로 압축할 수 있다.

영상처리와 압축은 선형대수를 사용하는 주된 분야다. 영상인식은 종종 심층학습에서 컨볼루션 신경망을 사용한다. 7장부터 8장에 걸쳐 다루는 이 주제들은 전산 공학과 수학이 방대하게 교차하는 부분을 대표한다.

이 절은 낮은 복잡도를 가진 국기와 같은 양식화된 영상으로 시작한다. 그런 다음 좀 더 많은 픽셀을 가진 사진으로 옮긴다. 우리는 모든 경우에 신호를 처리하고 전송하는 효율적인 방법들을 원한다. 영상은 모든 작은 픽셀에 대한 밝음/어둠 그리고 빨강/녹색/파랑을 표현할 수 있는 사실상 커다란 행렬(!)이다.

SVD는 A를 A_k로 대체하는, 행렬 근사에 대한 한 가지 접근 방법을 제공한다. A가 r개의 계수가 1인 행렬들 $\sigma_j \boldsymbol{u}_j \boldsymbol{v}_j^T$의 합일 때, 첫 k 항들의 합 A_k로 축소할 수 있다. 이 절은 (온라인의 도움과 함께) 국기 또는 사진과 같은 영상에 끼치는 효과를 고려할 것이다. 7.3절에서는 데이터 행렬을 근사시키고 이해해야 할 필요가 있는 더 많은 사례들을 살펴볼 것이다.

국기로 시작한다. 30개 이상의 국가가 세 개의 줄로 된 국기를 선택하였다. 이러한 국기들은 특히 간단한 형태를 지니고 있어서 압축하기가 쉽다. "세계의 국기(Flags of the World)" 라는 책을 보면 그림들이 단색(가다피 시절의 리비아의 국기는 전체가 녹색이었다)으로 된 것부터 매우 복잡한 이미지까지 걸쳐 있다. 어떻게 하면 최소한의 손실로 이 그림들을 압축할까?

선형대수의 답은 SVD를 사용하는 것이다. 세 개의 줄무늬가 여전히 계수 1을 생성한다는 점에 유의한다. 프랑스 국기는 파랑-하양-빨강 수직 줄이 있고 이것의 열에는 $b\ w\ r$이 있다. 우연히도 독일 국기는 검정-하양-빨강 색깔로 이루어진 거의 프랑스 국기의 전치행렬이다.

$$\begin{bmatrix} b & b & w & w & r & r \\ b & b & w & w & r & r \\ b & b & w & w & r & r \\ b & b & w & w & r & r \\ b & b & w & w & r & r \\ b & b & w & w & r & r \end{bmatrix} = \begin{bmatrix} 1 \\ 1 \\ 1 \\ 1 \\ 1 \\ 1 \end{bmatrix} [b\ b\ w\ w\ r\ r] \quad \textbf{프랑스} \qquad \begin{bmatrix} B & B & B & B & B & B \\ B & B & B & B & B & B \\ W & W & W & W & W & W \\ W & W & W & W & W & W \\ R & R & R & R & R & R \\ R & R & R & R & R & R \end{bmatrix} = \begin{bmatrix} B \\ B \\ W \\ W \\ R \\ R \end{bmatrix} [1\ 1\ 1\ 1\ 1\ 1] \quad \textbf{독일}$$

각 행렬은 두 개의 벡터로 축소된다. 이 영상을 전송하기 위해 N^2 개의 픽셀을 $2N$ 개의 픽셀로 대체할 수 있다. 유사하게, 이탈리아는 녹색-하양-빨강이고 아이슬란드는 녹색-하양-주황이다. 그러나 수많은 나라들은 이러한 줄무늬 위에 작은 뱃지를 추가함으로써 문제를 무한대로 더 어렵게 만든다. 일본은 흰 바탕에 하나의 빨간 태양이 있고, 몰디브는 하얀 직사각형 위에 녹색 직사각형이 있고 이 위에 우아한 흰 달이 있다. 이러한 곡선 영상은 무한대 계수를 갖는다. 하지만 이러한 영상도 계수 1은 아니더라도 압축이 여전히 가능하고 필요하다.

몇몇 국기들은 유한한 계수를 유지하지만, 십자가 형태를 추가하여 계수를 증가시킨다. 다음은 계수가 각각 3과 4인 그리스와 통가, 두 나라의 국기다.

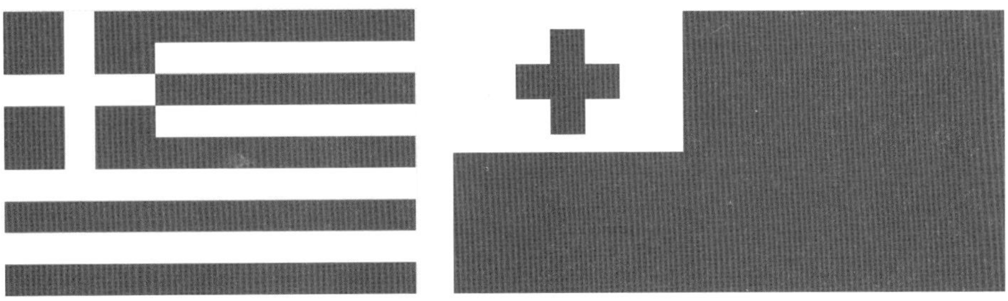

그리스 **통가**

그리스 국기에서는 서로 다른 네 행과 서로 다른 세 열을 볼 수 있다. 처음에는 계수가 4라고 생각하였으나, 2행 + 3행 = 1행이고 그리스 국기의 계수는 3이다.

반면에 통가 국기의 계수는 4인 것처럼 보인다. 좌반면에 모두 하양 - 짧은 빨강 - 더 긴 빨강 - 모두 빨강인 네 개의 행이 있다. 다른 행들의 일차결합으로 임의의 행을 만들어 낼 수 없다. 통가 왕국은 유한한 계수의 국기를 가지고 있다!

대각선의 특잇값들

바하마, 체코, 그리고 쿠웨이트, 이 세 나라의 국기는 오직 두 개의 대각선을 갖는다. 많은 나라들이 별들을 추가하고 다수의 대각선을 갖는다. 세계의 국기라는 책에서는 캐나다 국기 또한 조그마한 곡선이 있는지 여부를 확신할 수 없다. 대각성분을 포함하여 하삼각성분들은 1이고 상삼각성분들은 0인 다음 행렬의 SVD를 구하는 것은 흥미롭다.

삼각형 모양의 국기

$$A = \begin{bmatrix} \mathbf{1} & 0 & 0 & 0 \\ \mathbf{1} & \mathbf{1} & 0 & 0 \\ \mathbf{1} & \mathbf{1} & \mathbf{1} & 0 \\ \mathbf{1} & \mathbf{1} & \mathbf{1} & \mathbf{1} \end{bmatrix} \text{의 역행렬은 } A^{-1} = \begin{bmatrix} \mathbf{1} & 0 & 0 & 0 \\ -\mathbf{1} & \mathbf{1} & 0 & 0 \\ 0 & -\mathbf{1} & \mathbf{1} & 0 \\ 0 & 0 & -\mathbf{1} & \mathbf{1} \end{bmatrix}$$

A는 꽉찬 계수 $r = N$을 갖는다. 모든 고윳값들은 주대각선에 있는 1이다. 그러면 A는 (모두 양수이지만 1은 아닌) N개의 특잇값을 갖는다. SVD는 계수 1인 n개의 조각 $\sigma_i \boldsymbol{u}_i \boldsymbol{v}_i^T$을 만들어낸다. 완벽한 복원을 하려면 이 n개의 조각들이 모두 필요하다.

압축에서는 작은 σ들은 영상 화질의 큰 저하없이 버릴 수 있다. $n = 4$에 대한 특잇값들을 이해하고자 하고 또한 큰 n에 대해서는 모든 σ들을 도식화하고자 한다. 다음 페이지에 있는 그래프는 SVD가 A를 압축했는지 여부를 결정할 것이다.

손으로 해보면서 AA^T로 시작한다 (컴퓨터는 다르게 처리할 것이다)

$$AA^T = \begin{bmatrix} 1 & 1 & 1 & 1 \\ 1 & 2 & 2 & 2 \\ 1 & 2 & 3 & 3 \\ 1 & 2 & 3 & 4 \end{bmatrix} \text{ 그리고 } (AA^T)^{-1} = (A^{-1})^T A^{-1} = \begin{bmatrix} \mathbf{2} & -1 & 0 & 0 \\ -1 & \mathbf{2} & -1 & 0 \\ 0 & -1 & \mathbf{2} & -1 \\ 0 & 0 & -1 & \mathbf{1} \end{bmatrix} \quad (1)$$

이 $-1, 2, -1$ 역행렬은 이것의 모든 고윳값들이 $2 - 2\cos\theta$ 형태를 가지고 있기 때문에 포함하였다. 우리는 이 고유값들을 안다! 그러므로 우리는 A의 특잇값들을 안다.

$$\lambda(AA^T) = \frac{1}{2 - 2\cos\theta} = \frac{1}{4\sin^2(\theta/2)} \text{ 으로부터 } \sigma(A) = \sqrt{\lambda} = \frac{1}{2\sin(\theta/2)} \quad (2)$$

n개의 서로 다른 각 θ는 동일한 간격으로 떨어져 있고, 그것으로 인해 이 예는 매우 특별하다.

$$\theta = \frac{\pi}{2n+1}, \frac{3\pi}{2n+1}, \dots, \frac{(2n-1)\pi}{2n+1} \quad \left(n = 4\text{는 } 2\sin\frac{\theta}{2} = 1\text{이 되는 } \theta = \frac{3\pi}{9}\text{를 포함한다} \right)$$

중요한 점은 A의 n개의 특잇값을 그래프로 그려보는 것이다. 이 수들은 (모두 1인 A의 고윳값들과 다르게) 급격히 떨어진다. 그러나 이 떨어지는 경사가 급하진 않다. 그러므로 SVD로는 단지 이 삼각형 국기를 적절하게 압축할 뿐이다. 높은 압축은 힐버트를 이용한다.

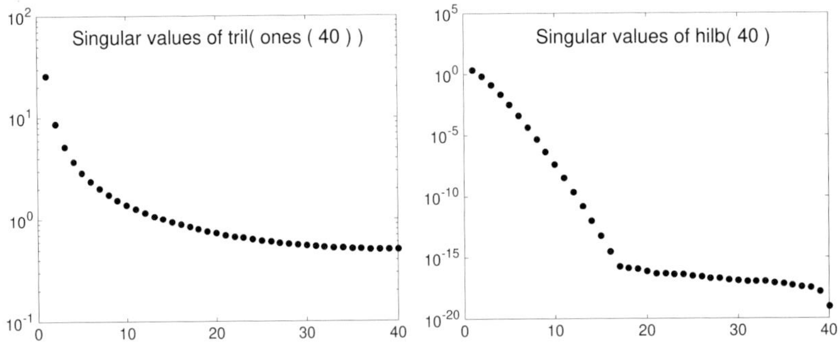

그림 7.2: 1들로 이루어진 40 × 40 삼각형의 특잇값들 (이것은 압축가능하지 않다). 악명 높은 힐버트 행렬 $H(i,j) = (i+j-1)^{-1}$는 낮은 유효 계수를 갖는다. 이것을 압축해야 한다.

그래프에서 놀라운 점은 삼각행렬에 대한 특잇값들이 $\frac{1}{2}$ 아래로는 내려가지 않는다는 점이다. 알렉스 타운센드(Alex Townsend)와 공동작업을 할 때, 우리는 1들이 (원과 같은) 다른 형태를 갖는 $0-1$ 행렬에 대해 이러한 현상을 목격한 적이 있다. 이 현상은 아직 설명되지 않고 있다.

SVD에 의한 영상 압축

사진과 영상을 압축하는 것은 SVD가 동작하는 것을 보는 하나의 특별한 방법이다. 화면상에서 계수가 1인 조각들 $\sigma \boldsymbol{u}\boldsymbol{v}^T$의 수를 다르게 하면서 이러한 동작이 나온다. 더 많은 항들을 보존하면 영상이 더 좋아진다.

이러한 개선되는 모습을 보여주는 웹사이트를 찾길 바랬다. 운이 좋게도, 팀 바우만(Tim Baumann)이 정확하게 우리가 바라는 일을 해냈고, 그의 작품을 자유롭게 사용할 수 있도록 허락하였다. `https://timbaumann.info/svd-image-compression-demo/`

Uncompressed image. Slider at 300.

IMAGE SIZE 600×600
#PIXELS $= 360000$

UNCOMPRESSED SIZE
proportional to number of pixels

COMPRESSED SIZE
approximately proportional to
$600 \times 300 + 300 + 300 \times 600$
$= 360300$

COMPRESSION RATIO
$360000/360300 = 1.00$

Show singular values

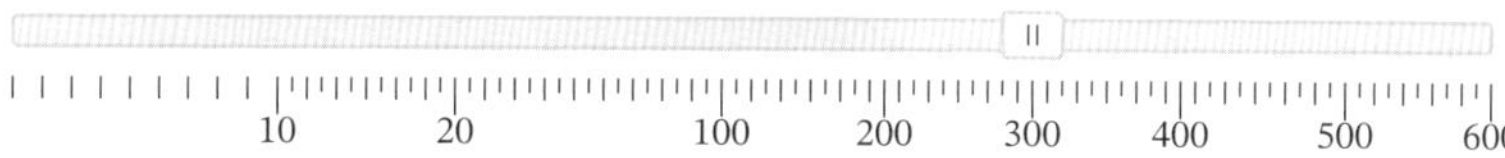

Compressed image. Slider at 20.

IMAGE SIZE 600×600
#PIXELS $= 360000$

UNCOMPRESSED SIZE
proportional to number of pixels

COMPRESSED SIZE
approximately proportional to
$600 \times 20 + 20 + 20 \times 600$
$= 24020$

COMPRESSION RATIO
$360000/24020 = 14.99$

Show singular values

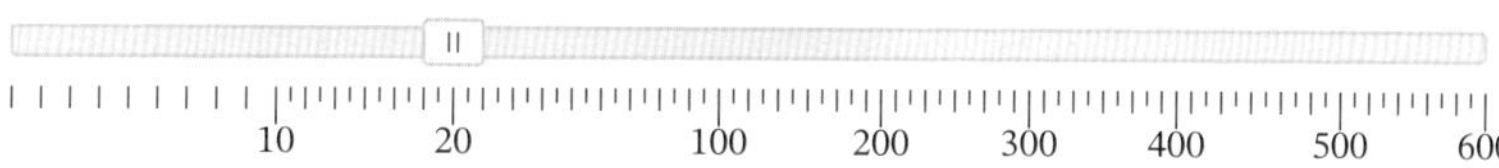

Change the number of singular values using the slider. Click on one of these images to compress it:

You can compress your own images by using the file picker or by dropping them on this page.

이것은 직접 이용가능한 다섯 개의 영상 중 하나다. 슬라이더의 위치가 압축비를 결정한다. 최고의 비율은 영상의 복잡도에 따라 다르다. 소녀와 몬드리안 작품은 덜 복잡하고 도시나 나무 또는 고양이들보다 더 높은 압축을 할 수 있다. 압축된 크기가 $600\times 80+80+80\times 600$일 때, 차원이 600인 벡터 $\boldsymbol{u}$와 $\boldsymbol{v}$로 이루어진 80개의 항 $\sigma \boldsymbol{u}\boldsymbol{v}^T$가 존재한다. 슬라이더는 80에 놓여 있다.

사이트에서 제공하는 여섯 개의 샘플 영상 아래에 있는 “file picker” 버튼을 사용하거나 또는 이 웹페이지에 직접 영상을 마우스로 가져다 놓으면 자신만의 영상을 압축할 수 있다.

팀 바우만의 사이트의 한 가지 아름다운 특징은 즉각적으로 결과를 보여주면서 브라우저에서 동작한다는 것이다. 이 책의 웹사이트 `math.mit.edu/everyone`도 독자들로부터의 아이디어를 담을 수 있다. 질문과 의견 그리고 제안 사항은 편집된 이 사이트를 참조해 주길 바란다.

연습 문제

1 항등행렬 I를 흔히 가능한 가장 간단한 것으로 생각한다. 그러나 왜 I는 압축하기 어려울까? 수평-수직으로 교차하는 계수 3인 국기에 대한 행렬을 만들어라.

2 다음 국기들은 계수가 2다. A와 B를 $\boldsymbol{u}_1\boldsymbol{v}_1^T+\boldsymbol{u}_2\boldsymbol{v}_2^T$와 같은 식으로 써라.

$$\boldsymbol{A}_{\text{Sweden}}=\boldsymbol{A}_{\text{Finland}}=\begin{bmatrix}1&2&1&1\\2&2&2&2\\1&2&1&1\end{bmatrix}\qquad \boldsymbol{B}_{\text{Benin}}=\begin{bmatrix}1&2&2\\1&3&3\end{bmatrix}$$

3 이제 2번 문제에서 BB^T의 대각합과 행렬식을 구하고 또한 B^TB의 대각합과 행렬식을 구하라. B의 특잇값은 $\sigma_1^2=28-\frac{1}{14}$ 그리고 $\sigma_2^2=\frac{1}{14}$와 가깝다. B는 압축가능한가 또는 불가능한가?

4 $[U,S,V]=\mathsf{svd}(A)$를 이용하여 $\boldsymbol{A}_{\text{Sweden}}$의 두 개의 직교 조각 $\sigma\boldsymbol{u}\boldsymbol{v}^T$를 구하라.

5 일본 국기에 대한 행렬은 모두 0인 성분으로 둘러싸인 성분 1로 된 원이 있다. 원의 중심선 (지름)이 $2N$개의 1을 가진다고 하자. 그러면 이 원은 약 πN^2개의 1을

포함할 것이다. 이 국기를 $1-0$ 행렬로 생각한다. 이 행렬의 계수는 근사적으로 N에 비례하는 CN이 될 것이다. 이 수 C는 얼마인가?

힌트: $\pm 45^\circ$와 $\pm 135^\circ$에 꼭짓점을 갖는 1로 된 큰 정사각 부분행렬을 제거한다. 이 정사각형 위쪽 행들과 오른쪽에 있는 열들은 독립이다. 그림을 그리고 이 열들의 수 cN을 추정하라. 그러면 $C = 2c$다.

6 다음은 함수 $F(x, y)$에서 출발하여 행렬 A를 구축하는 한 가지 방법이다. $A_{ij} = \boldsymbol{F}(\boldsymbol{i}/\boldsymbol{N}, \boldsymbol{j}/\boldsymbol{N})$이라 둔다. (인수 i와 j는 0부터 N이거나 또는 $-N$부터 N이다.) N이 증가할 때 A의 계수는 F의 단순성 또는 복잡성을 반영해야 한다. 함수 $F_1 = \boldsymbol{xy}$와 $F_2 = \boldsymbol{x} + \boldsymbol{y}$와 $F_3 = \boldsymbol{x}^2 + \boldsymbol{y}^2$에 대한 행렬의 계수를 구하라. 그런 다음 F_3에 대한 특잇값과 특이벡터를 구하라.

7 6번 문제에서, $F(x, y)$에 대한 어떤 조건이 대칭행렬 S이 되게 하는가? $F(x, y)$에 대한 어떤 조건이 반대칭행렬 A가 되게 하는가? $F(x, y)$에 대한 어떤 조건이 특이행렬 M이 되게 하는가? $F(x, y)$에 대한 어떤 조건이 계수 2인 행렬이 되게 하는가?

7.3 주성분분석

이 절에서는 특잇값분해(SVD) $A = U\Sigma V^T$의 응용을 목표로 한다. 행렬 A의 "주성분(principal components)"은 이 행렬의 특이벡터들, 행렬 U와 V의 직교열들인 $\boldsymbol{u}_j$와 $\boldsymbol{v}_j$다. **주성분분석(Principal Component Analysis (PCA))**은 데이터 행렬에 담긴 정보를 이해하기 위해 첫 $\boldsymbol{u}$ 및 $\boldsymbol{v}$들과 연결되어 있는 가장 큰 σ들을 사용한다.

행렬 A가 주어지면, 이 행렬의 가장 중요한 부분인 다음 A_k (**가장 큰 $\boldsymbol{\sigma}$들**)를 추출한다.

$$\boldsymbol{A_k} = \boldsymbol{\sigma}_1 \boldsymbol{u}_1 \boldsymbol{v}_1^T + \cdots + \boldsymbol{\sigma_k u_k v_k^T}. \quad \text{계수 rank } (\boldsymbol{A_k}) = \boldsymbol{k}$$

A_k는 행렬 최적화 문제의 해고 우리는 이 지점에서 출발한다. **$\boldsymbol{A}$에 가장 가까운, 계수 $\boldsymbol{k}$인 행렬이 $\boldsymbol{A_k}$다.** 통계학에서 보면 가장 큰 분산을 가진, 계수 1인 A의 조각들을 찾는 중이다. 이것은 SVD를 데이터 과학의 중심에 놓는다.

데이터 과학 분야에서 PCA는 "비지도(unsupervised)" 학습이다. 유일한 선생님은 선형대수인데, SVD는 A_k를 선택하라고 알려준다. 지도(supervised) 학습에서는 대용량의 학습 데이터 집합이 있다. 심층학습은 그 학습 데이터의 대부분을 올바르게 분류하는 (비선형!)함수 F를 구축한다. 8장에서 보게 되듯이, 그런 다음 이 F를 새로운 데이터에 적용한다.

주성분분석은 A_k에 의한 행렬 근사에 기반을 둔다. A_k가 최적의 선택임을 증명하는 것은 슈미트(Schmidt)에 의해 시작되었다 (1907). 슈미트는 함수공간에서의 연산자들에 관한 문헌을 남겼는데, 그의 아이디어는 직접적으로 행렬로 확장된다. 에카르트(Eckart)와 영(Young)은 ($A - A_k$를 측정하는 데 프로베니우스(Frobenius) 노름을 사용하여) 새로운 증명을 하였다. 그후 머스키(Mirsky)는 아래 정의 (2), (3), (4)에서와 같이 오직 특잇값에만 의존하는 임의의 노름 $\|A\|$을 허용하였다.

다음은 계수 k인 특별한 행렬 $A_k = \sigma_1 \boldsymbol{u}_1 \boldsymbol{v}_1^T + \cdots + \sigma_k \boldsymbol{u}_k \boldsymbol{v}_k^T$의 핵심적인 성질이다.

$\boldsymbol{A_k}$가 $\boldsymbol{A}$에 가장 가깝다. 만일 $\boldsymbol{B}$의 계수가 $\boldsymbol{k}$이면 $\|\boldsymbol{A} - \boldsymbol{A_k}\| \leq \|\boldsymbol{A} - \boldsymbol{B}\|$.	(1)

행렬 노름 $\|A\|$에 대한 세 가지 선택은 특별히 중요하고 자신들만의 이름이 있다.

스펙트럼 노름	$\|\boldsymbol{A}\| = \max \dfrac{\|A\boldsymbol{x}\|}{\|\boldsymbol{x}\|} = \boldsymbol{\sigma}_1$	(종종 $\boldsymbol{l}_2$ **노름**이라고 함)	(2)
프로베니우스 노름	$\|\boldsymbol{A}\|_{\boldsymbol{F}} = \sqrt{\sigma_1^2 + \cdots + \sigma_r^2}$	((7) 또한 $\|\boldsymbol{A}\|_{\boldsymbol{F}}$를 정의함)	(3)
핵 노름	$\|\boldsymbol{A}\|_{\boldsymbol{N}} = \boldsymbol{\sigma}_1 + \boldsymbol{\sigma}_2 + \cdots + \boldsymbol{\sigma}_{\boldsymbol{r}}$	(대각합 노름)	(4)

$n \times n$ 항등행렬에 대해서만 해도 벌써 이 노름들의 값이 다르다.

$$\|I\|_2 = 1 \qquad \|I\|_F = \sqrt{n} \qquad \|I\|_N = n. \tag{5}$$

I를 임의의 직교행렬 Q로 바꾸어도 (모든 $\sigma_i = 1$이기 때문에) 노름은 동일한 값을 유지한다

$$\|Q\|_2 = 1 \qquad \|Q\|_F = \sqrt{n} \qquad \|Q\|_N = n. \tag{6}$$

이보다 더, 임의의 행렬 A에 (어느 쪽이든) 직교행렬을 곱해도, 이 행렬의 스펙트럼 노름과 프로베니우스 노름과 핵 노름은 동일한 값을 유지한다. 그러므로 U와 V가 직교행렬이기 때문에 $A = U\Sigma V^T$의 노름은 Σ의 노름과 같다. 즉 $\|\boldsymbol{A}\| = \|\boldsymbol{\Sigma}\|$이다.

행렬의 노름

벡터 또는 행렬의 크기를 측정하는 방법이 필요하다. 벡터에 대해서는 가장 중요한 노름은 일반적인 길이 $\|\boldsymbol{v}\|$다. 행렬에 대해서는 프로베니우스가 제곱합의 아이디어를 A 내의 모든 성분을 포함하도록 확장하였다. 이 노름 $\|\boldsymbol{A}\|_F$는 또한 힐버트-슈미트(Hilbert-Schmidt)라고도 한다.

$$\|\boldsymbol{v}\|^2 = v_1^2 + \cdots + v_n^2 \qquad \|A\|_F^2 = a_{11}^2 + \cdots + a_{1n}^2 + \cdots + a_{m1}^2 + \cdots + a_{mn}^2 \tag{7}$$

분명하게 $\|\boldsymbol{v}\| \geq 0$이고 $\|c\boldsymbol{v}\| = |c|\|\boldsymbol{v}\|$이다. 이와 유사하게 $\|A\|_F \geq 0$이고 $\|cA\|_F = |c|\|A\|_F$다. $\boldsymbol{v} + \boldsymbol{w}$와 $A + B$에 대한 삼각부등식 또한 동등하게 필수적이다.

삼각 부등식 $\quad \|\boldsymbol{v} + \boldsymbol{w}\| \leq \|\boldsymbol{v}\| + \|\boldsymbol{w}\|$ 그리고 $\|A + B\|_F \leq \|A\|_F + \|B\|_F \qquad (8)$

내적 $\boldsymbol{v}^T\boldsymbol{w}$ 또는 행렬곱 AB를 만나면 하나 더 추가적인 사실을 이용한다.

$$\textbf{슈바르츠 부등식}\quad |\boldsymbol{v}^T\boldsymbol{w}| \le \|\boldsymbol{v}\|\|\boldsymbol{w}\| \text{ 그리고 } \|AB\|_F \le \|A\|_F\|B\|_F \tag{9}$$

이 프로베니우스 행렬 부등식은 벡터에 대한 슈바르츠 부등식으로부터 바로 나온다.

$$|(AB)_{ij}|^2 \le \|A\text{의 } i\text{ 행}\|^2\|A\text{의 } j\text{ 열}\|^2. \quad \text{모든 } i\text{와 } j\text{에 대해 더하면 } \|AB\|_F^2\text{을 보게 된다.}$$

이는 행렬의 내적도 존재할 수 있음을 시사하는데, 행렬의 내적은 $A \cdot B = \text{trace}(A^TB)$다.

참고. A의 최대 절대 고윳값 $|\lambda|$는 허용가능한 노름이 아니다! 우리는 영행렬이 아닌 행렬도 고윳값들이 모두 0일 수 있다는 사실을 알고 있다. 그러나 이것의 노름 $\|A\|$가 0이 되는 것은 허용되지 않는다. 이런 점에서 특잇값이 고유값보다 우월하다.

에카르트-영 정리

정리의 내용은 식 (1)에 있었다. 즉, **만일 $\boldsymbol{B}$의 계수가 $\boldsymbol{k}$이면** $\|\boldsymbol{A}-\boldsymbol{A_k}\| \le \|\boldsymbol{A}-\boldsymbol{B}\|$이다. 세 개의 모든 노름 $\|A\|$와 $\|A\|_F$와 $\|A\|_N$에서, SVD를 k항 이후에 잘라냄으로써 A에 가장 근접하게 다가간다. 가장 가까운 행렬은 $A_k = \sigma_1\boldsymbol{u}_1\boldsymbol{v}_1^T + \cdots + \sigma_k\boldsymbol{u}_k\boldsymbol{v}_k^T$다. 이것은 낮은 계수의 행렬로 A를 근사할 때 사용하는 사실이다!

다음 예는 대각행렬 A로서 매우 단순해 보일 수 있다.

$$A = \begin{bmatrix} \mathbf{4} & 0 & 0 & 0 \\ 0 & \mathbf{3} & 0 & 0 \\ 0 & 0 & \mathbf{2} & 0 \\ 0 & 0 & 0 & \mathbf{1} \end{bmatrix} \text{ 에 가장 가까운 계수 2인 행렬은 } A_2 = \begin{bmatrix} \mathbf{4} & 0 & 0 & 0 \\ 0 & \mathbf{3} & 0 & 0 \\ 0 & 0 & \mathbf{0} & 0 \\ 0 & 0 & 0 & \mathbf{0} \end{bmatrix} \text{ 이다.}$$

차 $A-A_2$는 2와 1을 제외하고 모두 0이다. 그러면 $\|A-A_2\|_F = \sqrt{2^2+1^2}$이다. 이 A_2 외에 계수가 2인 다른 행렬이 어떻게 A에 더 가까워질 수 있을까?

이 너무나 단순한 예가 Q_1AQ_2 형태의 모든 행렬들을 포함한다는 점을 알아채길 바란다. 이 직교행렬들 Q_1, Q_2에 의해 노름과 계수가 바뀌지 않는다. 그러므로 이 예는 특잇값이 $4, 3, 2, 1$인 모든 행렬들을 포함한다. 최적 근사 A_2는 4와 3을 유지하고 있다. 2019년에 출간된 본인의 도서 *Linear Algebra and Learning from Data* (Wellesley-Cambridge

Press)에 몇 가지 증명들이 나온다. 한편, 치퀑리(Chi-Kwong Li)는 오직 σ들에만 의존하는 모든 노름에 대해, A_k가 A에 가장 가깝다는 머스키의 증명을 단순화시켰다.

주성분분석

이제 우리는 SVD를 사용하기 시작한다. 행렬 A_0은 데이터로 가득 차 있다. n개의 표본이 있고, 각 표본에 대해 m개의 (키와 몸무게와 같은) 변수를 측정한다. 데이터 행렬 A_0은 n개의 열과 m개의 행이 있고, 대부분의 응용에서 매우 큰 행렬이다.

첫 번째 단계는 A_0의 각 행을 따라 산술평균(샘플 평균)을 구하는 것이다. 그 행에 있는 모든 m개의 성분에서 이 평균을 뺀다. 이제 중심에 놓인 행렬 A는 각 행의 평균이 0이다. A의 열들은 $\boldsymbol{R}^m$ 내에 있는 n개의 점이다. 중심에 맞췄기 때문에 n개 열벡터들의 합은 영이다. 그러므로 평균 열은 영벡터다.

종종 이러한 n개의 점들이 한 직선 또는 한 평면 또는 다른 더 낮은 차원의 $\boldsymbol{R}^m$의 부분공간 부근에 몰려있다. 그림 7.3은 (A에서 평균 $(0,0)$이 되도록 A_0를 왼쪽-오른쪽 그리고 위-아래로 점들을 평행이동시키는 중심 이동 후에) $\boldsymbol{R}^2$ 내의 한 직선을 따라 몰려 있는 일반적인 데이터 점들의 집합을 보여준다.

선형대수는 어떻게 $(0,0)$을 지나는 가장 가까운 직선을 찾을 것인가? **이것은 A의 첫번째 특이벡터 $\boldsymbol{u}_1$의 방향이다.** 이것이 PCA의 핵심 요점이다!

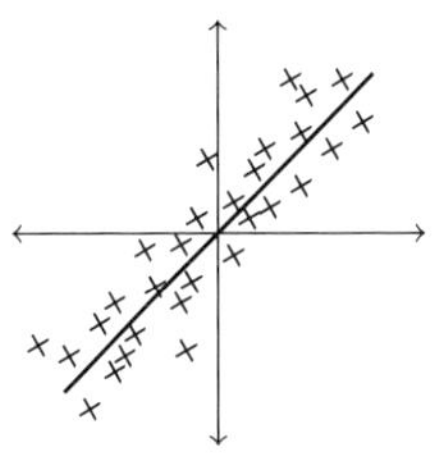

A는 $\mathbf{2} \times \boldsymbol{n}$이다 (큰 영공간)

AA^T는 $\mathbf{2} \times \mathbf{2}$이다 (작은 행렬)

A^TA는 $\boldsymbol{n} \times \boldsymbol{n}$이다 (큰 행렬)

두 개의 특잇값 $\boldsymbol{\sigma}_1 > \boldsymbol{\sigma}_2 > 0$

그림 7.3: 데이터 점들 (A의 열들)은 종종 $\boldsymbol{R}^2$ 내의 한 직선 또는 $\boldsymbol{R}^m$ 내의 한 부분공간에 가까이 있다.

PCA 이면의 기하학

그림 7.3에서 최적 직선은 **수직인 최소제곱** 문제의 해다. 이것을 또한 직교회귀(orthogonal regression)라고도 한다. 이 문제는 n개의 데이터 점에 대한 표준적인 최소제곱 적합이나 또는 선형시스템 $A\boldsymbol{x} = \boldsymbol{b}$에 대한 최소제곱 해와는 다르다. 4.3절에서의 이 고전적인

문제는 $\|A\boldsymbol{x}-\boldsymbol{b}\|^2$을 최소화하는데, 최적 직선까지의 위 그리고 아래로의 거리를 측정한다. 여기에서의 문제는 수직인 거리를 최소화한다. 예전 문제는 최적의 $\hat{\boldsymbol{x}}$에 대한 선형 방정식 $A^TA\hat{\boldsymbol{x}}=A^T\boldsymbol{b}$으로 이끌지만, 여기에서의 문제는 ($AA^T$의 고유벡터인) 특이벡터 $\boldsymbol{u}_i$로 이끈다. 이들은 선형대수의 같은 면이 아니라 두 가지 면이다.

데이터 점들로부터 $\boldsymbol{u}_1$ 직선까지 거리 제곱의 합이 최소다.

이것을 보기 위해, A의 각 열 $\boldsymbol{a}_j$를 $\boldsymbol{u}_1$ 및 $\boldsymbol{u}_2$와 나란한 성분으로 쪼갠다.

$$\sum_1^n \|\boldsymbol{a}_j\|^2 = \sum_1^n |\boldsymbol{a}_j^T\boldsymbol{u}_1|^2 + \sum_1^n |\boldsymbol{a}_j^T\boldsymbol{u}_2|^2 \tag{10}$$

좌변의 합은 데이터에 의해 고정되어 있다. 우변의 첫 번째 합은 $\boldsymbol{u}_1^T\boldsymbol{a}_j\boldsymbol{a}_j^T\boldsymbol{u}_1$ 항들이 있고, 이 항들을 더하면 $\boldsymbol{u}_1^T(AA^T)\boldsymbol{u}_1$이다. 그러므로 우리가 AA^T의 맨 위 고유벡터 $\boldsymbol{u}_1$을 선택하여 PCA에서 이 합을 최대로 할 때, 두 번째 합을 최소로 만든다. 즉, 데이터 점들로부터 최적 직선 (또는 최적 부분공간)까지 거리 제곱의 합인 이 두 번째 합이 가능한 가장 작다.

에카르트-영의 기하적 의미

그림 7.3은 이차원에서였고 가장 가까운 직선으로 이끌었다. 이제 n개 표본 각각에 대해 나이, 키, 몸무게와 같은 세 개의 측정값을 생각하여, 데이터 행렬 A_0가 $3\times n$이라고 가정하자. 다시 한 번 행렬의 각 행을 중심으로 이동시켜 A의 모든 행들은 더하면 0이다. 그리고 이 점들은 삼차원 안에서 움직인다.

여전히 가장 가까운 직선을 찾으려 할 수 있다. 이것은 A의 첫 번째 특이벡터 $\boldsymbol{u}_1$에 의해 드러날 것이다. 이 최적 직선은 $(0,0,0)$을 지날 것이다. 그러나 만일 데이터 점들이 그림 7.3에 비해 펼쳐져 있다면, 최적의 평면을 찾을 필요가 있다. 여기서 "최적"은 최적 평면까지 수직 거리의 제곱의 합이 최소임을 의미한다.

이 평면은 특이벡터 $\boldsymbol{u}_1$과 $\boldsymbol{u}_2$로 생성될 것이다. 이것이 에카르트-영의 의미다. 에카르트-영은 최적 평면은 최적 직선을 포함한다는 깔끔한 결론으로 이끈다.

PCA 이면의 통계학

확률 및 통계에서 핵심적인 수는 **평균**과 **분산**이다. "평균(mean)" 은 (A_0의 각 행에 있는) 데이터의 산술평균(average)이다. 이 평균을 A_0의 각 행에서 빼면 중심이 맞춰진 A를 얻는다. 중요한 양은 "분산(variance)" 와 "공분산(covariance)" 이다. 분산은 A의 각 행을 따라 평균으로부터 거리의 제곱의 합이다.

분산은 행렬 AA^T의 대각 성분들이다.

A의 열들이 x-축 위의 아동의 나이와 y-축 위의 키에 해당한다고 가정하자. (이 나이와 키는 평균 나이와 키로부터 떨어진 정도로 측정된다.) 그림 내에서 이 데이터 점들에 가장 가깝게 머물러 있는 직선을 찾고 있다. 그리고 이 데이터의 결합 나이-키 분포를 고려해야만 한다.

공분산은 행렬 AA^T의 비대각 성분들이다.

공분산은 내적 (A의 i 행)·(A의 j 행)이다. 높은 공분산은 키가 증가하면 나이도 따라 증가함을 의미한다. (음의 공분산은 한 변수가 감소할 때 다른 변수는 증가함을 의미한다.) 첫 번째 예는 나이와 키로부터의 단지 두 행만 있기 때문에 대칭행렬 AA^T는 2×2다. 표본 아동들의 수 n이 증가할 때, AA^T가 통계적으로 올바른 규모가 되도록 $n-1$로 나눈다.

표본공분산행렬은 $S = \dfrac{AA^T}{n-1}$로 정의된다.

자유도 하나가 평균 $=0$을 위해 이미 사용되었기 때문에 인수는 $n-1$이다. 나이와 키의 여섯 개의 표본을 가진 다음 예는 이미 중심에 맞춰져 있어 각 행을 합하면 0이 된다.

예 $$A = \begin{bmatrix} 3 & -4 & 7 & 1 & -4 & -3 \\ 7 & -6 & 8 & -1 & -1 & -7 \end{bmatrix}$$

이 데이터에 대해서는, 표본공분산행렬 S가 쉽게 계산된다. 이 행렬은 양의 정부호다.

분산과 공분산 $$S = \frac{1}{6-1}AA^T = \begin{bmatrix} 20 & 25 \\ 25 & 40 \end{bmatrix}$$

S의 직교인 두 고유벡터가 $\boldsymbol{u}_1$과 $\boldsymbol{u}_2$다. 이 고유벡터들은 A의 (종종 주성분이라고 하는) 왼쪽 특이벡터들이다. 에카르트-영 정리는 **벡터 $\boldsymbol{u}_1$이 그림 7.3에서의 가장 가까운 직선과**

나란한 방향을 가리키고 있음을 알려준다.

두 번째 특이벡터 $\boldsymbol{u}_2$는 이 가장 가까운 직선과 수직일 것이다.

중요한 참고 PCA는 대칭행렬 $S = AA^T/(n-1)$ 또는 사각행렬 A를 이용하여 기술할 수 있다. 틀림없이 S가 더 나은 행렬이다. 그러나 A 내에 데이터가 주어진다면, S를 계산하는 것은 계산면에서 잘못일 수 있다. 행렬이 클 때는 A의 직접적인 SVD가 더 빠르고 더 정확하다. AA^T로 가게되면서 우리는 σ_1과 σ_r과 조건수 σ_1/σ_r을 제곱한다.

이 예에서, S의 고윳값은 57과 3 근방이다. 이들의 합은 S의 대각합인 $20+40=60$이다. 첫 번째 계수가 1인 조각 $\sqrt{57}\boldsymbol{u}_1\boldsymbol{v}_1^T$은 두 번째 조각 $\sqrt{3}\boldsymbol{u}_2\boldsymbol{v}_2^T$ 보다 훨씬 더 크다. **선두 고유벡터 $\boldsymbol{u}_1 \approx (0.6, 0.8)$은 산포도에서 가장 가까운 직선의 기울기가 $8/6$에 가깝다는 것을 말해준다.** 그래프에서 이 방향은 거의 $6-8-10$ 직각 삼각형을 만든다.

PCA 이면의 선형대수

주성분분석은 데이터인 m-차원 공간 내의 n개의 표본들 $\boldsymbol{a}_1, \ldots, \boldsymbol{a}_n$을 이해하는 한 가지 방법이다. 이 데이터들의 도표는 중심에 맞춰져 있으므로, A의 모든 행들은 더하면 0이다. 선형대수와의 중대한 연결은 A의 특잇값과 왼쪽 특이벡터 $\boldsymbol{u}_i$에 있다. 이들은 표본공분산행렬 $S = AA^T/(n-1)$의 고윳값 $\lambda_i = \sigma_i^2$과 고유벡터들로부터 나온다.

데이터의 총분산은 A의 프로베니우스 노름의 제곱에서 나온다.

$$\textbf{총분산} \quad \boldsymbol{T} = \|\boldsymbol{A}\|_{\boldsymbol{F}}^2/(\boldsymbol{n}-1) = (\|\boldsymbol{a}_1\|^2 + \cdots + \|\boldsymbol{a}_{\boldsymbol{n}}\|^2)/(\boldsymbol{n}-1) \tag{11}$$

총분산은 S의 대각선을 따라 내려가면서 더하는 대각합이다. 선형대수는 대각합이 **표본공분산행렬 S의 고윳값들의 합**과 같음을 알려준다.

SVD는 상관관계가 없는 (공분산이 0인) 조각들로 데이터들을 분리하는, 직교인 특이벡터 $\boldsymbol{u}_i$를 만들어내고 있다. 이 조각들은 분산이 감소하는 순서로 나오며 첫 조각들이 우리가 알 필요가 있는 것들을 말해준다.

S의 대각합은 총분산을 주성분 $\boldsymbol{u}_1, \ldots, \boldsymbol{u}_r$의 분산들의 합과 연결한다.

$$\textbf{총분산} \qquad \boldsymbol{T} = \boldsymbol{\sigma}_1^2 + \cdots + \boldsymbol{\sigma}_{\boldsymbol{r}}^2 \tag{12}$$

첫 번째 주성분 $\boldsymbol{u}_1$은 총분산의 한 부분인 σ_1^2/T를 설명한다. A의 다음 특이벡터 $\boldsymbol{u}_2$는 그

다음으로 가장 큰 부분인 σ_2^2/T를 설명한다. 각각의 특이벡터는 행렬 내에 있는 의미를 포착하기 위해 최선을 다하고 있고 모두 함께 하여 그러한 일을 해낸다.

에카르트-영 정리의 포인트는 k개의 특이벡터들이 (함께 작용해서) 임의의 다른 k개의 벡터들의 집합보다 데이터를 더 많이 설명한다는 것이다. 그러므로 n개의 데이터 포인트에 가장 가까운 k-차원 부분공간에 대한 기저로서 $\boldsymbol{u}_1$ 부터 $\boldsymbol{u}_k$까지 선택하는 것이 정당화된다.

A와 S의 "유효 계수"는 데이터에서 잡음이 진짜 신호를 잠식하는 지점 위에 있는 특잇값들의 수다. 종종 이 지점은 특잇값 (또는 제곱인 σ_i^2)이 떨어지는 것을 보여주는 "**자갈비탈 도표**(scree plot)" (그림 7.2) 상에서 보인다. 신호가 끝나고 잡음이 우세해지는 자갈비탈 도표 내에서의 "팔꿈치" 부분을 찾아라.

연습 문제

1 A_0가 다섯 개 표본의 두 측정값을 가지고 있다고 하자.

$$A_0 = \begin{bmatrix} 5 & 4 & 3 & 2 & 1 \\ -1 & 1 & 0 & 1 & -1 \end{bmatrix}$$

각 열의 산술평균을 구하고 이 값을 빼서 중심에 놓인 행렬 A를 구하라. 표본공분산행렬 $S = AA^T/(n-1)$을 계산하고 이것의 고윳값 λ_1과 λ_2를 구하라. 원점을 지나는 어떤 직선이 A의 열들에 있는 다섯 표본들과 가장 가까운가?

2 다음 2×6 행렬 A_0에 대해 1번 문제의 단계들을 수행하라.

$$A_0 = \begin{bmatrix} 1 & 0 & 1 & 0 & 1 & 0 \\ 1 & 2 & 3 & 3 & 2 & 1 \end{bmatrix}$$

3 표본분산 s_1^2, s_2^2과 표본공분산 s_{12}는 S의 성분들이다. $A_0 = \begin{bmatrix} 1 & 2 & 3 \\ 5 & 2 & 2 \end{bmatrix}$로부터 행의 산술평균들을 뺀 후의 S를 구하라. σ_1은 무엇인가?

4 $S = AA^T$의 고유벡터들로부터, (중심점을 지나는 $\boldsymbol{u}_1$ 방향의) 직선을 구한 다음

3-차원 공간 상의 다음 네 점과 가장 가까운 ($\boldsymbol{u}_1$과 $\boldsymbol{u}_2$ 방향의) 평면을 구하라.

$$A = \begin{bmatrix} 1 & -1 & 0 & 0 \\ 0 & 0 & 2 & -2 \\ 1 & 1 & -1 & -1 \end{bmatrix}$$

5 일반적인 (4.3절의) 최소제곱과 (수직 최소제곱인) PCA를 비교하라. 둘 모두로부터 $t = -3, 1, 2$에서의 대칭인 데이터 $\boldsymbol{b} = -1, 0, 1$에 대한 가장 가까운 직선 $C + Dt$를 얻는다.

$$A = \begin{bmatrix} 1 & -3 \\ 1 & 1 \\ 1 & 2 \end{bmatrix} \qquad \boldsymbol{b} = \begin{bmatrix} -1 \\ 0 \\ 1 \end{bmatrix}$$

최소제곱: $A^T A\hat{\boldsymbol{x}} = A^T\boldsymbol{b}$
PCA: AA^T의 고유벡터
(A의 특이벡터 $\boldsymbol{u}_1$)

6 eigenface의 아이디어는 동일한 크기와 배치를 가진 N개의 영상으로 시작한다. 각 N개 영상으로부터 평균 영상을 뺀다. 표본공분산행렬 $S = \sum A_i A_i^T/(N-1)$을 만들고 가장 큰 고윳값을 가진 고유벡터(=eigenface)를 구하라. eigenface들이 얼굴처럼 안 보이겠지만 eigenface의 일차결합은 얼굴과 비슷해진다. 위키피디어에서 터크(Turk)와 펜틀런드(Pentland)가 개척한 이러한 차원 축소에 대한 코드를 찾을 수 있다.

7 A의 특잇값이 $5, 4, 3, 2, 1$이고 A_3은 A와 가장 가까운 계수 3인 행렬일 때 $A - A_3$의 특잇값은 무엇인가?

8 A의 $\sigma_1 = 9$이고 B의 $\sigma_1 = 4$이면, $A + B$의 σ_1에 대한 상한과 하한은 얼마인가? 왜 이 결과가 참일까?

7.4 직교성의 승리 (그리고 혁명)

이 책에서 선형대수를 돌이켜본다면, 직교행렬이 승리했다. 직교행렬은 승리할만 하다고 말해도 된다. 직교행렬의 성공에 대한 열쇠는 길이와 내적에 대한 내용을 다룬 1.2절로 거슬러 올라간다. 직교행렬의 승리에 대해 몇 가지를 상기해보고 새로운 것들을 추가하고자 한다.

1. $Q\boldsymbol{x}$의 길이는 $\boldsymbol{x}$의 길이와 같다. $(Q\boldsymbol{x})^T(Q\boldsymbol{x}) = \boldsymbol{x}^TQ^TQ\boldsymbol{x} = \boldsymbol{x}^T\boldsymbol{x} = \|\boldsymbol{x}\|^2$
2. 내적 $(Q\boldsymbol{x})^T(Q\boldsymbol{y})$는 내적 $\boldsymbol{x}^T\boldsymbol{y}$와 같다. $\boldsymbol{x}^TQ^TQ\boldsymbol{y} = \boldsymbol{x}^T\boldsymbol{y}$
3. 직교행렬의 모든 거듭제곱 Q^N과 곱 $Q_1Q_2\ldots Q_N$은 직교행렬이다.
4. $Q\ (m \times n)$의 열공간 위로의 정사영행렬은 $QQ^T = (QQ^T)^2$
5. $Q\boldsymbol{x} = \boldsymbol{b}\ (m > n)$의 최소제곱해는 $\hat{\boldsymbol{x}} = Q^T\boldsymbol{b} = Q^+\boldsymbol{b}$ (유사역행렬)
6. 대칭행렬 S의 고유벡터들은 정규직교가 되도록 선택할 수 있다. $S = Q\Lambda Q^T$
7. 모든 행렬의 특이벡터들은 정규직교다. $A = Q_1\Sigma Q_2^T = U\Sigma V^T$
8. $U\Sigma V^T$의 유사역행렬은 $V\Sigma^+U^T$다. $\Sigma^+(n \times m)$ 내의 0이 아닌 성분은 $\frac{1}{\sigma_1}, \ldots, \frac{1}{\sigma_r}$이다.

이 리스트는 중요한 무엇인가를 보여준다. 직교행렬의 성공은 **길이의 제곱합 정의** $\|\boldsymbol{x}\|^2 = \boldsymbol{x}^T\boldsymbol{x}$와 연결되어 있다. 최소제곱에서 $\|A\boldsymbol{x} - \boldsymbol{b}\|^2$의 미분은 대칭행렬 $S = A^TA$로 이끈다. 그러면 S는 직교행렬 Q (고유벡터들)에 의해 대각화된다. A는 두 개의 직교행렬 U와 V에 의해 대각화된다. 그리고 직교행렬에 대해 좀 더 많은 것들이 있다. $\boldsymbol{A} = \boldsymbol{QS}$와 $\boldsymbol{A} = \boldsymbol{QR}$이다.

9. **모든 가역행렬은 직교행렬 Q 곱하기 양의 정부호 행렬 S와 같다.**

$$\boxed{\textbf{극분해}\qquad \boldsymbol{A = U\Sigma V^T = (UV^T)(V\Sigma V^T) = QS}} \tag{1}$$

S는 양수 r과 비슷하고 Q는 크기가 1인 복소수 $e^{i\theta}$와 비슷하다. 모든 복소수 $x+iy$는 r 곱하기 $e^{i\theta}$로 쓸 수 있다. 모든 행렬은 Q 곱하기 S로 분해된다. $(x-iy)(x+iy)$의 제곱근은 r이다. $A^TA = V\Sigma^2V^T$의 제곱근은 $S = V\Sigma V^T$다.

예 $Q = UV^T$와 $S = V\Sigma V^T$는 7.1절에서 A의 SVD로부터 나온다.

$$A = \begin{bmatrix} 3 & 0 \\ 4 & 5 \end{bmatrix} = \frac{1}{\sqrt{5}} \begin{bmatrix} 2 & -1 \\ 1 & 2 \end{bmatrix} \sqrt{5} \begin{bmatrix} 2 & 1 \\ 1 & 2 \end{bmatrix} = \boldsymbol{QS}$$

10. **모든 가역행렬은 직교행렬 $\boldsymbol{Q}$ 곱하기 상삼각행렬 $\boldsymbol{R}$과 같다.**

예 Q와 R은 4.4절의 그람-슈미트 과정으로부터 나온다.

$$A = \begin{bmatrix} 3 & 0 \\ 4 & 5 \end{bmatrix} = \frac{1}{5} \begin{bmatrix} 3 & -4 \\ 4 & 3 \end{bmatrix} \begin{bmatrix} 5 & 4 \\ 0 & 3 \end{bmatrix} = \boldsymbol{QR}$$

하우스홀더(Householder) 반사행렬

다음은 회전행렬 (행렬식 = 1) 대신에 반사행렬 (행렬식 = -1)로서 직교행렬을 깔끔하게 구축한다. 모든 행렬 H는 단위벡터 $\boldsymbol{u}$에 의해 결정된다.

반사 행렬 $\quad \boldsymbol{H} = \boldsymbol{I} - 2\boldsymbol{u}\boldsymbol{u}^{\boldsymbol{T}} \quad H\boldsymbol{u} = \boldsymbol{u} - 2\boldsymbol{u}\boldsymbol{u}^{\boldsymbol{T}}\boldsymbol{u} = -\boldsymbol{u}$인 점에 주목한다

명확하게 $H^T = H$다. H가 직교행렬인 것을 확인해본다. 즉, $\boldsymbol{u}^T\boldsymbol{u} = 1$이기 때문에 $\boldsymbol{H^T H} = \boldsymbol{I}$다.

$$H^T H = (I - 2\boldsymbol{u}\boldsymbol{u}^T)(I - 2\boldsymbol{u}\boldsymbol{u}^T) = I - 4\boldsymbol{u}\boldsymbol{u}^T + 4\boldsymbol{u}\boldsymbol{u}^T\boldsymbol{u}\boldsymbol{u}^T = I \tag{2}$$

$H\boldsymbol{u} = \boldsymbol{u} - 2\boldsymbol{u}\boldsymbol{u}^T\boldsymbol{u}$는 $\boldsymbol{u} - 2\boldsymbol{u} = -\boldsymbol{u}$로 단순화되기 때문에, H의 한 고유벡터는 고윳값이 $\lambda = -1$인 $\boldsymbol{u}$다. 다른 고유벡터들 $\boldsymbol{x}$는 $\boldsymbol{u}$에 수직인 평면 $\boldsymbol{u}^T\boldsymbol{x} = 0$을 채운다.

$$\boldsymbol{u}^T\boldsymbol{x} = 0 \quad \text{은} \quad H\boldsymbol{x} = \boldsymbol{x} - 2\boldsymbol{u}\boldsymbol{u}^T\boldsymbol{x} = \boldsymbol{x} \quad \text{로 이끈다. 그러므로} \quad \lambda = 1$$

참고: H가 대칭이므로 고윳값 1과 -1은 실수다.
H가 직교이므로 고윳값은 $|\lambda| = 1$이다.
고윳값들은 $\lambda = 1$ ($n-1$번 중복됨)와 $\lambda = -1$ (하나)이다
λ들을 곱하는 것으로부터 H의 행렬식은 -1이다.

예제 $\boldsymbol{u} = \frac{1}{\sqrt{2}} \begin{bmatrix} 1 \\ -1 \end{bmatrix}$는 치환행렬 $H = I - \frac{2}{2} \begin{bmatrix} 1 & -1 \\ -1 & 1 \end{bmatrix} = \begin{bmatrix} \mathbf{0} & \mathbf{1} \\ \mathbf{1} & \mathbf{0} \end{bmatrix}$를 만든다. $\boldsymbol{u} = \begin{bmatrix} \cos\theta \\ \sin\theta \end{bmatrix}$는 반사행렬 $H = I - 2 \begin{bmatrix} \cos^2\theta & \cos\theta\sin\theta \\ \cos\theta\sin\theta & \sin^2\theta \end{bmatrix} = \begin{bmatrix} -\cos 2\theta & -\sin 2\theta \\ -\sin 2\theta & \cos 2\theta \end{bmatrix}$를 만든다.

두 가지 예 모두 행렬식은 -1이다. 만일 $\|\boldsymbol{a}\| = \|\boldsymbol{r}\|$이면, 어떤 행렬이 $\boldsymbol{a}$를 $H\boldsymbol{a} = \boldsymbol{r}$로 반사시킬까? 이 질문에 대한 답이 가장 깔끔한 공식이다.

> $\boldsymbol{v} = \boldsymbol{a} - \boldsymbol{r}$인 단위벡터 $\boldsymbol{u} = \dfrac{\boldsymbol{v}}{\|\boldsymbol{v}\|}$를 선택한다. 그러면 $H\boldsymbol{a} = (I - 2\boldsymbol{u}\boldsymbol{u}^T)\boldsymbol{a} = \boldsymbol{r}$

이것은 A를 직교행렬 곱하기 삼각행렬인 QR로 분해하는, 오차가 없는 알고리즘으로 이끈다. Q는 하우스홀더 반사행렬들의 곱 $H_n \dots H_2 H_1$이 될 것이다. 한 번에 한 열씩, H_j를 선택하여 R에서 원하는 열 $\boldsymbol{r}_j$를 만들어 낸다. 각 H_j로 이끄는 벡터들 $\boldsymbol{u}_j$를 기록해 둔다 (행렬이 아니고 벡터를 저장한다). 삼각행렬 R이 필요할 때, 단지 $\boldsymbol{u}_j$를 사용하여 행렬들 H_j를 복원한다. 이러한 아이디어는 $A = QR$에 대한 그람-슈미트 과정을 대체할 수 있다.

오래 전에 오일러(Euler)는 모든 직교행렬들을 만들어내는 또 다른 방법을 발견했다. 오일러는 어떠한 순서로 x 그리고 y 그리고 z 축 주변으로 회전시켰다 (세 평면 회전). 비행기 조종사에게 이러한 세 가지 회전은 롤(roll)과 피치(pitch)와 요(yaw)다.

이제 "함수공간"에서도 직교성이 승리하는 것을 보여주고자 한다. 벡터 $\boldsymbol{q}$는 함수 $q(x)$가 된다. 내적은 적분 $\int fg\,dx$가 된다. 차원은 ∞가 된다.

미적분학: 벡터는 함수가 된다

이 책은 (행렬에 대한) 선형대수 책이다. 직교성은 (함수에 대한) 미적분학에서도 그만큼 중요하다. 함수의 일차결합은 함수공간을 만들어 낸다. 길이 $\|\boldsymbol{f}\|$는 여전히 내적 $\boldsymbol{f}^T\boldsymbol{f}$의 제곱근이다. 두 벡터의 내적이 합인 곳에서, 두 함수 $f(x)$와 $g(x)$의 내적은 적분이다.

$$\textbf{내적}\quad (\boldsymbol{f},\boldsymbol{g}) = \int f(x)g(x)dx \qquad \textbf{길이}\quad \|\boldsymbol{f}\|^2 = (f,f) = \int |f(x)|^2 dx \tag{3}$$

수학의 위대한 두 부등식은 벡터에서 함수로 확장된다.

$$\textbf{슈바르츠 부등식}\quad \left|\int f(x)g(x)dx\right| \le \|f\|\|g\| \qquad \textbf{삼각 부등식}\quad \|f+g\| \le \|f\| + \|g\| \tag{4}$$

그람-슈미트로부터의 직교기저는 이제 벡터 대신 함수들 $q_k(x)$를 포함한다.

$$\textbf{기저함수들 } \boldsymbol{q}(\boldsymbol{x}) \qquad \boldsymbol{f}(\boldsymbol{x}) = c_1 q_1(x) + c_2 q_2(x) + \cdots \text{(무한 급수)} \tag{5}$$

푸리에 급수에서 이 q들은 사인 또는 코사인이다. 다른 급수들은 체비셰프(Chebyshev) 함수들을 사용하는데, Chebfun.org는 매우 높은 정확도로 계산한다. 각각의 푸리에 계수 c_k를 구할 수 있도록 해주는 것은 직교성 $\int q_i q_k \, dx = 0$이다. 단지 급수에 q_k를 곱하고 적분한다.

$$\int f(x)q_k(x)dx = c_1 \int q_1 q_k dx + c_2 \int q_2 q_k dx + \cdots + c_k \int (q_k)^2 dx + \cdots \qquad (6)$$

직교성에 의해, 우변의 모든 항들은 k번째 항을 제외하고 0이다.

$$\boldsymbol{c_k}\textbf{를 구한다} \qquad \int f(x)q_k(x)dx = c_k \int \left(q_k(x)\right)^2 dx \qquad (7)$$

$q_k = \sin kx$와 $\cos kx$와 같은 기저함수들은 직교임이 보장되는데, 왜냐하면 이 함수들은 대칭 미분방정식 $A^T A q_k = \lambda_k q_k$에 대한 고유함수이기 때문이다.

$$A = \frac{d}{dx} \qquad A^T = -\frac{d}{dx} \qquad \boldsymbol{A^T A} \sin \boldsymbol{qx} = -\frac{d^2}{dx^2} \sin qx = \boldsymbol{q}^2 \sin \boldsymbol{qx} \qquad (8)$$

대칭 행렬방정식 $A^T A\boldsymbol{x} = \boldsymbol{b}$가 대칭 미분방정식이 된다. 다음은 가속도 (이계미분)에 대해 $-A^T A\boldsymbol{y}$를 사용한 뉴턴 법칙 (Newton's Law)이다.

$$A = \frac{d}{dt} \text{ 그리고 } A^T = -\frac{d}{dt} \qquad -A^T A\boldsymbol{y} = \frac{d^2 y}{dt^2} = \frac{\text{힘}}{\text{질량}}$$

물리학과 역학의 방정식들은 양의 정부호 행렬에서 봤던 것과 마찬가지로 에너지 $\frac{1}{2}\boldsymbol{y}^T S\boldsymbol{y}$를 최소화하는 것에 대해 말한다. 중요한 점은 (파인만 (Feynman)이 설명한 것과 같은) 물리학의 기본 법칙들이 최소원리 (minimum principles)로부터 식들을 만들어 낸다는 것이다. 이 식들은 대칭성과 양의 정부호로 귀결된다. 그러면 고유함수들은 직교다.

희소성으로부터의 반혁명

대칭 방정식은 직교인 고유함수들을 갖는다는 고전역학으로부터의 메시지는 틀림없었다. 그러나 데이터의 세계는 고전적이지 않다. 커다란 사각행렬과 모든 종류의 훈련 데이터가 있다. 우리는 이 데이터를 간단한 방법으로 이해하길 원한다. 더 작은 제곱합이 반드시 최우선 목표가 되는 것은 아니다. 영이 아닌 성분이 거의 없는 희소 벡터 (sparse vector)들은 이해하기가 가장 쉽다.

우리는 그 희소성의 목표를 최소화에 내재시키고자 한다. 곧바로 제곱합은 부적절하다. $x_1 + \cdots + x_N = 1$인 조건에서 $x_1^2 + \cdots + x_N^2$을 최소화한다면, 최적벡터 $\boldsymbol{x}^*$의 모든 N개의 성분들은 $1/N$이다. 이것은 희소성과 정반대다! 그러므로 영이 아닌 성분이 거의 없는 쪽으로 이 해 $\boldsymbol{x}^*$를 밀어붙이는 제한 조건을 추가한다.

어려운 점은 **$\boldsymbol{x}$의 카디널리티**(cardinality)(0이 아닌 성분의 수)가 $\boldsymbol{x}$의 볼록함수 (convex function)가 아니라는 것이다. "card($\boldsymbol{x}$) ≤ 3"을 만족하는 벡터들의 집합은 볼록이 아니다. 왜냐하면 가운데 벡터 $\frac{1}{2}(\boldsymbol{x} + X)$가 카디널리티 6(여섯 개의 0이 아닌 성분)을 가질 수 있기 때문이다. 우리는 희소성을 촉진하도록 최소화가 유도되는 다른 볼록함수를 찾는다. 좋은 볼록함수를 찾을 것이라는 확신이 전혀 없었다.

사실 카디널리티에 대한 훌륭한 대안이 존재한다. 그것은 **$\boldsymbol{x}$의 ℓ^1 노름**이다.

ℓ^1 **노름**	$\|\boldsymbol{x}\|_1 = |x_1| + \cdots + |x_n|$은 $\|\boldsymbol{x} + \boldsymbol{y}\|_1 \leq \|\boldsymbol{x}\|_1 + \|\boldsymbol{y}\|_1$을 만족한다.	(9)

ℓ^1은 일련의 노름들 중 맨 첫 번째 노름이다. ℓ^p에서 지수는 $p = 1$과 $p = \infty$ 사이에 들어간다.

ℓ^p **노름** $\quad \|\boldsymbol{x}\|_p = \left[|x_1|^p + \cdots + |x_n|^p\right]^{1/p}$ 은 $\|\boldsymbol{x} + \boldsymbol{y}\|_p \leq \|\boldsymbol{x}\|_p + \|\boldsymbol{y}\|_p$을 만족한다. (10)

$p = 2$이면 일반적인 제곱합이다 (ℓ^2 노름). 맨 끝단 $p = \infty$는 "최댓값 노름" $\|\boldsymbol{x}\|_\infty = \max|x_i|$이다. $p = 1$ 아래로 가면 삼각부등식이 성립하지 않는다. 볼록성이 사라진다. $p \to 0$일 때, $\|\boldsymbol{x}\|_p$는 노름이 아닌 $\boldsymbol{x}$의 카디널리티로 다가간다.

어떻게 ℓ^2 노름에 ℓ^1 페널티를 추가하여 더 희소한 해 $\boldsymbol{x}^*$를 만들어내는지 보여주고자 한다.

페널티 없음 $\quad 2E = (x-1)^2 + (y-1)^2 + (x+y)^2$은 $\begin{matrix} \partial E/\partial x = 2x + y = 1 \\ \partial E/\partial y = x + 2y = 1 \end{matrix}$ 가 된다.

$x = y = \frac{1}{3}$ (희소하지 않음)에서의 최솟값은 $E = \frac{2}{3}$이다. 이제 페널티 $\|\boldsymbol{x}\|_1 = |x| + |y|$를 추가한다.

$2E = (x-1)^2 + (y-1)^2 + (x+y)^2 + \mathbf{2}|\boldsymbol{x}| + \mathbf{2}|\boldsymbol{y}|$은 $\begin{matrix} \partial E/\partial x = 2x + y = 0 \\ \partial E/\partial y = x + 2y = 0 \end{matrix}$ 이 된다.

최소로 하는 해 $(\boldsymbol{x}^*, \boldsymbol{y}^*)$는 $(\frac{1}{3}, \frac{1}{3})$로부터 완전히 희소한 $(\mathbf{0}, \mathbf{0})$으로 옮겨진다.

왜 ℓ^1 최소화가 희소한 해를 선택하는지 볼 수 있는 기하적인 방법이 있다. $|v_1|+|v_2| \leq 1$을 만족하는 벡터들은 $v_1 - v_2$ 평면에서 마름모를 채운다. ℓ^2 노름은 원 $v_1^2 + v_2^2 \leq 1$이 되고 ℓ^∞ 노름 $|v_1| \leq 1, |v_2| \leq 1$은 정사각형이 된다.

희소한 점에서 직선에 닿는 것은 마름모의 꼭짓점이다. 이들 꼭짓점 중 하나가 다음에 오는 전형적인 최적화문제에서 최솟값으로 이끈다.

직선 $\boldsymbol{a}_1\boldsymbol{v}_1 + \boldsymbol{a}_2\boldsymbol{v}_2 = \mathbf{1}$ 위에서 $\|\boldsymbol{v}\|$의 최소

$3v_1 + 4v_2 = 1$과 같은 대각선 위의 어떤 점이 $(0,0)$에 가장 가까울까? 답 (그리고 "가장 가까운" 의 의미)은 거리의 척도인 노름에 따라 달라진다. 이것은 ℓ^1과 ℓ^2와 ℓ^∞ 사이의 중요한 차이점을 알 수 있는 좋은 방법이다.

$(0,0)$에 가장 가까운 점을 찾기 위해 (벡터들이 $\|\boldsymbol{v}\|_1 \leq 1$과 $\|\boldsymbol{v}\|_2 \leq 1$과 $\|\boldsymbol{v}\|_\infty \leq 1$을 만족하는) ℓ^1 마름모와 ℓ^2 원과 ℓ^∞ 정사각형의 크기를 조정한다. 이 도형들이 직선 $3v_1 + 4v_2 = 1$에 닿을 때, 이 닿는 점 $\boldsymbol{v}^*$가 다음 최적화 문제의 해가 될 것이다.

직선 $3v_1 + 4v_2 = 1$ 위의 벡터들 (v_1, v_2) 중에 $\|\boldsymbol{v}\|$를 최소로 하라

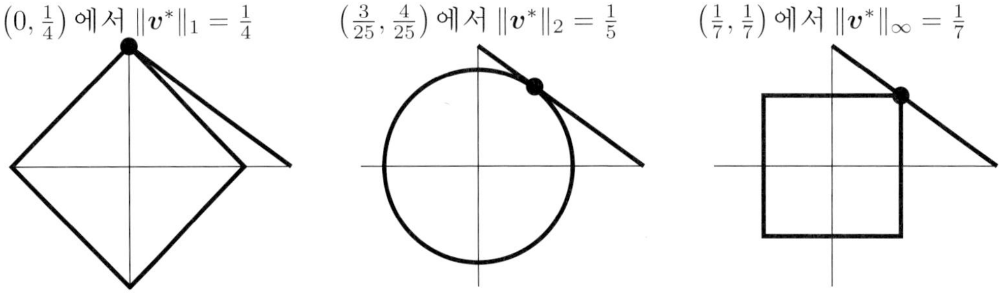

그림 7.4: ℓ^1과 ℓ^2와 ℓ^∞ 최소화에 대한 해 $\boldsymbol{v}^*$. 첫 번째 해가 **희소하다**

첫 번째 그림은 ℓ^1 문제에 대한 최소해의 매우 중요한 성질을 보여준다. 즉, **해 $\boldsymbol{v}^*$의 성분이 0이다.** 벡터 $\boldsymbol{v}^*$는 "희소하다". 반복하자면, 이와 같은 결과는 **마름모가 꼭짓점에서 직선과 닿기 때문에** 발생했다. 이 직선 (또는 높은 차원에서는 초평면)은 제한조건 $A\boldsymbol{v} = \boldsymbol{b}$를 만족하는 벡터들을 포함한다. 마름모는 꼭짓점에서 이 직선과 만나도록 확장된다!

핵심 포인트는 ℓ^1 **문제에 대한 해들이 희소하다**는 점이다. 이 해들은 영이 아닌 성분을 거의 갖지 않고, 이 영이 아닌 성분이 의미를 갖는다. 이에 반해 (ℓ^2를 사용하는) 최소제곱해는 작고 별 흥미가 없는 많은 성분들을 갖는다. 제곱을 함으로써 이 작은 성분들은 ℓ^2 거리에 거의 영향을 끼치지 않고 ℓ^2 해에 나타난다.

ℓ^1 노름으로 최소화

이 페이지의 포인트는 계산들이 모두 최소 에너지에 기반하지는 않는다는 점이다. 희소성이 바람직할 때, ℓ^1이 등장한다. 다음과 같은 새로운 문제에 대한 새로운 방법들이 필요하다.

기저 추적	$A\boldsymbol{x} = \boldsymbol{b}$ 하에서 $\|\boldsymbol{x}\|_1$을 최소화하라.
페널티가 있는 LASSO	$\|A\boldsymbol{x} - \boldsymbol{b}\|_2^2 + \lambda\|\boldsymbol{x}\|_1$을 최소화하라.
제한조건이 있는 LASSO	$\|\boldsymbol{x}\|_1 \le T$이면서 $\|A\boldsymbol{x} - \boldsymbol{b}\|_2^2$를 최소화하라.

LASSO는 일반적인 회귀 (= 최소제곱)에 대한 개선을 하기 위해 텝시라니(Tibshirani)가 개발하였다.

언제나 $\ell^2 + \ell^1$ 최소화를 위한 수치적인 방법은 $\boldsymbol{x}$를 각 단계마다 개선해 나가는 반복적인 성격을 갖는다. 각 스텝을 ℓ^2 조각과 별도의 ℓ^1 조각으로 분리하는 것을 배웠다. 라그랑지 (Lagrange)의 아이디어는 (라그랑지 승수를 미지수로 도입함으로써) 제한조건들을 최소화하는 함수 내에 구축하는 것이다. 이 승수들은 제한조건들에 대한 최소 비용의 편미분들이라는 의미를 갖는다.

수리 금융(mathematical finance)에서 이 승수들은 고전(the Greeks)이다 (우연히 라그랑지 상수를 그리스 문자 λ로 표현한다). 지정된 권리행사 가격과 같아질 때 자산을 사거나 또는 팔 수 있는 권리가 옵션 (option)인데, 이 승수들은 옵션을 살 때의 리스크를 측정한다.

연습 문제

1 $\boldsymbol{v}$가 복소수 벡터 (v_1, v_2)면, 이것의 길이는 $\|\boldsymbol{v}\|^2 = \overline{\boldsymbol{v}}^T\boldsymbol{v} = |v_1|^2 + |v_2|^2$이다. $\boldsymbol{v} = \begin{bmatrix} 1 \\ i \end{bmatrix}$에 대해 $\overline{\boldsymbol{v}}$와 $\|\boldsymbol{v}\|^2$와 $\overline{\boldsymbol{v}}^T$와 $\|\overline{\boldsymbol{v}}\|^2$을 구하라.

2 회전행렬과 반사행렬의 고윳값과 고유벡터를 구하라.

$$Q = \begin{bmatrix} \cos\theta & -\sin\theta \\ \sin\theta & \cos\theta \end{bmatrix} \qquad H = \frac{1}{\sqrt{2}} \begin{bmatrix} 1 & 1 \\ 1 & -1 \end{bmatrix}$$

3 **치환행렬**은 (어떤 순서로) 항등행렬과 동일한 열들을 갖는다. 왜 이 치환행렬과 모든 치환행렬은 직교인지 설명하라.

$$P = \begin{bmatrix} 0 & 1 & 0 & 0 \\ 0 & 0 & 1 & 0 \\ 0 & 0 & 0 & 1 \\ 1 & 0 & 0 & 0 \end{bmatrix}$$ 의 열들은 정규직교이므로 $P^T P =$ ___ 이고 $P^{-1} =$ ___ 이다.

한 행렬이 대칭이거나 또는 직교이면, **이 행렬은 직교인 고유벡터를 가질 것이다.** 이것은 응용수학에서 직교벡터들의 가장 중요한 원천이다.

4 행렬 P의 네 개의 고유벡터가 $\boldsymbol{x}_1 = (1, 1, 1, 1)$, $\boldsymbol{x}_2 = (1, i, i^2, i^3)$, $\boldsymbol{x}_3 = (1, i^2, i^4, i^6)$, $\boldsymbol{x}_4 = (1, i^3, i^6, i^9)$이다. P에 각 벡터를 곱하여 $\lambda_1, \lambda_2, \lambda_3, \lambda_4$를 구하라. 고유벡터는 4×4 **푸리에 행렬 $\boldsymbol{F}$**의 열들이다.

$$Q = \frac{F}{2} = \frac{1}{2} \begin{bmatrix} 1 & 1 & 1 & 1 \\ 1 & i & -1 & -i \\ 1 & i^2 & 1 & -1 \\ 1 & i^3 & -1 & i \end{bmatrix}$$ 의 열들이 정규직교, 즉 $\overline{\boldsymbol{Q}}^T \boldsymbol{Q} = \boldsymbol{I}$ 임을 보여라.

5 **하르 웨이블릿** (Haar wavelet)**은 $\mathbf{1}, \mathbf{-1}$ 그리고 $\mathbf{0}$만을 사용하는 직교벡터들 ($\boldsymbol{W}$의 열들)이다.**

$$n = 4 \quad W = \begin{bmatrix} 1 & 1 & 1 & 0 \\ 1 & 1 & -1 & 0 \\ 1 & -1 & 0 & 1 \\ 1 & -1 & 0 & -1 \end{bmatrix}$$

$\boldsymbol{W}^T\boldsymbol{W}$와 $\boldsymbol{W}^{-1}$를 구하고 $\boldsymbol{n} = 8$에 대한 여덟개의 하르 웨이블릿을 구하라.

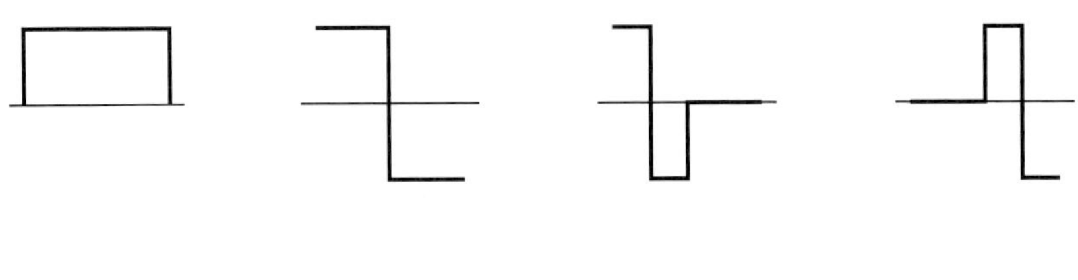

CHAPTER 8

데이터로부터 학습

이 장에서는 선형대수와 미적분학 그리고 기계학습의 결합에 대해 설명한다. 이들은 수많은 변수들의 비선형함수를 근사하는 "심층학습(딥러닝)"이라고 하는 알고리즘을 만들어 낸다. 이 미지의 함수는 데이터를 분류하고 영상을 인식하며 문장을 번역하고 바둑에서 최고의 수를 찾는다. 학습함수 $F(\boldsymbol{x}, \boldsymbol{v})$는 복잡성을 단순성과 결합해야만 한다.

단순성은 전체 학습함수 F의 각 층 F_k에서의 두 가지 핵심 단계로부터 나온다.

$$\boldsymbol{k-1} \textbf{ 층에서 } \boldsymbol{k} \textbf{ 층으로} \qquad \boldsymbol{v}_k = \boldsymbol{F}_k(\boldsymbol{v}_{k-1}) = \text{ReLU}(A_k\boldsymbol{v}_{k-1} + \boldsymbol{b}_k) \tag{1}$$

이 함수 F_k는 벡터 $\boldsymbol{w}_k = A_k\boldsymbol{v}_{k-1} + \boldsymbol{b}_k$에 대한 선형 단계로 시작한 다음 ReLU (나는 RayLoo로 읽는다)와 같은 하나의 고정된 비선형함수가 나온다. 이 함수는 모든 벡터 $A_k\boldsymbol{v}_{k-1} + \boldsymbol{b}_k$의 모든 성분들에 작용하여 $\boldsymbol{v}_k$를 내준다.

$$\text{ReLU (임의의 수 } x) = \max(0, x) = \begin{cases} 0 & x \le 0 \text{ 이면} \\ x & x \ge 0 \text{ 이면} \end{cases}$$

이 비선형함수가 그렇게나 많은 일들을 해낼 수 있다는 것은 놀랍다. 핵심은 함수들의

함수들의 함수들이라는 **합성**(composition)이다. $L+1$ 개의 $\ell = 0, 1, \dots, L$층이 있다 (0층은 입력, L층은 출력이다). 합성은 $\boldsymbol{v}_{L-1}$로부터 그리고 궁극적으로는 입력 $\boldsymbol{v}_0$으로부터 $\boldsymbol{v}_L$을 만들어낸다.

$$\boldsymbol{v}_L = F_L(\boldsymbol{v}_{L-1}) = F_L(F_{L-1}(\dots(F_1(\boldsymbol{v}_0)))) = \text{ 비선형함수 } F_k \text{의 연쇄} \qquad (2)$$

"가중치(weights)" $\boldsymbol{x}$는 행렬 A_1부터 A_L과 벡터 $\boldsymbol{b}_1$부터 $\boldsymbol{v}_L$ 내의 모든 성분들이다. 깊은 신경망의 빽빽한 행렬들 A_k로부터는 가중치가 많고, 컨볼루션 행렬들로부터는 가중치가 더 적다 (8.2절). $\boldsymbol{v}_L = F(\boldsymbol{x}, \boldsymbol{v}_0)$이 알려져 있는 출력 $\boldsymbol{w}$와 가깝도록, $\boldsymbol{x}$에 있는 그러한 A들과 $\boldsymbol{b}$들을 훈련 데이터 $\boldsymbol{v}_0$로부터 계산하려면 막대한 계산이 필요하다.

더 많은 훈련 데이터는 추가적인 연산 비용을 치르고 좀 더 정확한 가중치 A_k와 $\boldsymbol{b}_k$를 만들어야 한다. 이러한 계산은 $\boldsymbol{v}_L$과 $\boldsymbol{w}$ 사이의 차인 손실을 최소화하는 가중치를 목표로 한다. 확률적 경사하강법(stochastic gradient descent)은 그러한 가중치를 찾는데 선호되는 알고리즘이다. 역전파(backpropagation)는 연쇄법칙에 의해 모든 F_k의 미분으로부터 F의 미분을 계산한다. F의 설계는 연산비용과 학습능력 사이의 균형이다.

놀랍게도, F는 한 번도 본 적 없는 새로운 테스트 데이터에 대해 정확한 출력을 달성할 수 있다. 참고문헌: *Linear Algebra and Learning from Data*, Gilbert Strang, Wellesley-Cambridge (2019).

심층학습의 함수들

정사각형 안에 숫자 $0, 1, \dots, 9$ 중 하나가 씌여있다고 가정하자. 인간은 어떻게 그 숫자를 인식할까? 여기서 이러한 신경과학에 관한 질문에 대한 답을 하지는 않는다. 컴퓨터는 어떻게 그 숫자를 인식할까? 이것은 기계학습에 관한 질문이다. 아마도 두 답변이 모두 예에서 배운다는 동일한 아이디어로 시작할 것이다.

그러므로 M개의 서로 다른 영상(훈련 집합)으로 출발한다. 하나의 영상은 p개의 작은 픽셀들의 집합 또는 벡터 $\boldsymbol{v} = (v_1, \dots, v_p)$다. 성분 v_i는 영상 내 i번째 픽셀의 "그레이 스케일"을 말해준다. 그레이스케일은 그 픽셀이 얼마나 밝거나 또는 어두운지를 의미한다. 따라서 각각 p개의 특성을 가진 M개의 영상이 있는 것이다. 즉, p-차원 공간 내의 M개의 벡터들 $\boldsymbol{v}$가 있다. 훈련 집합 내의 각 $\boldsymbol{v}$에 대해 그것이 나타내는 숫자를 우리는 알고 있다.

어떤 면에서 우리는 함수 하나를 알고 있다. $\mathbf{R}^p$ 내의 M개의 입력이 있고 각각의 출력은 0부터 9까지다. 그러나 우리는 "규칙"을 모른다. 새로운 입력에 대해서는 무력하다. 기계학습은 (대부분의) 훈련 영상에 대해 성공하는 한 규칙을 생성하자고 제안한다. 그러나 "성공"은 이것보다 더 많은 것을 의미한다. 이 규칙은 동일한 모수로부터 꺼낸 훨씬 더 넓은 테스트 영상 집합에 대해 올바른 숫자를 출력해야 한다. 이러한 핵심 요구사항을 일반화 (generalization)라 한다.

이 규칙은 어떤 형태일까? 여기서 근본적인 질문에 부딪힌다. 첫 번째로는 $F(\boldsymbol{v})$가 $\mathbf{R}^p$에서 $\mathbf{R}^{10}$으로의 선형함수($10 \times p$ 행렬)가 될 수 있지 않을까라는 답변을 할지 모른다. 열 개의 출력은 수 0부터 9까지의 확률일 것이다. 우리는 $10p$개의 성분과 대부분 정답인 M개의 훈련 표본을 가질 것이다.

어려움은 선형성이 너무 제약적이라는 점이다. 예술적으로 두 개의 0으로 8을 만들 수 있을 것이다. 1과 0을 결합하여 손으로 쓴 9 또는 아마도 6을 만들 수 있을 것이다. 영상은 더하지 않는다. 숫자 대신 얼굴을 인식할 때, 더 많은 픽셀이 필요할 것이며 입력-출력 규칙은 선형과는 거리가 멀다.

인공지능은 새로운 아이디어의 출현을 기다리며 한 세대 동안 머물러 있었다. 현재 절대적으로 최고 종류의 함수들을 발견했다는 주장은 없다. 그러한 종류는 대단히 많은 (가중치라 부르는) 파라미터들을 허용할 필요가 있다. 그리고 그것은 훈련 집합의 지식으로부터 (받아들일 수 있는 시간 내에) 그 모든 가중치들을 계산할 수 있을 만큼 계속 구현 가능해야만 한다.

기대를 넘어 성공해왔고 얕은 학습을 깊은 학습으로 바꾼 선택은 연속 구간별 선형 (Continuous Piecewise Linear, CPL) 함수다. 단순함을 위해 **선형**이고, 미지의 그러나 타당한 규칙을 모델링하기 위해 **연속**이며, 실제 영상과 데이터에 대한 절대적인 요구사항인 비선형성을 달성하기 위해 **구간별**이다.

이것은 계산가능성에 대한 핵심 질문을 남긴다. 어떤 파라미터들이 CPL 함수의 큰 집합을 빠르게 기술할 것인가? 선형 유한 요소들은 삼각 그물망(mesh)으로 출발한다. 그러나 $\mathbf{R}^p$ 내의 많은 개별적인 노드들을 지정하는 것은 비용이 많이 든다. 이 노드들이 더 적은 수의 직선 (또는 초평면)의 교차점이라면 좀 더 낫다. 정규 그리드는 너무 단순하다는 점을 알기 바란다.

다음은 데이터 벡터 $\boldsymbol{v}$의 구간별 선형함수의 첫 번째 구축이다. 행렬 A_1과 벡터 $\boldsymbol{b}_1$을 선택한다. 그런 다음 $A_1\boldsymbol{v}+\boldsymbol{b}_1$의 모든 음의 성분들을 0으로 설정한다. (이것이 ReLU라고 하는 비선형 단계다.) 그런 다음 행렬 A_2를 곱하여 $\boldsymbol{w}=F(\boldsymbol{v})=A_2(A_1\boldsymbol{v}+\boldsymbol{b}_1)_+$에서 10개의 출력을 생성한다. 벡터 $(A_1\boldsymbol{v}+\boldsymbol{b}_1)_+$은 입력 $\boldsymbol{v}$와 출력 $\boldsymbol{w}$ 사이의 "은닉층(hidden layer)"을 형성한다.

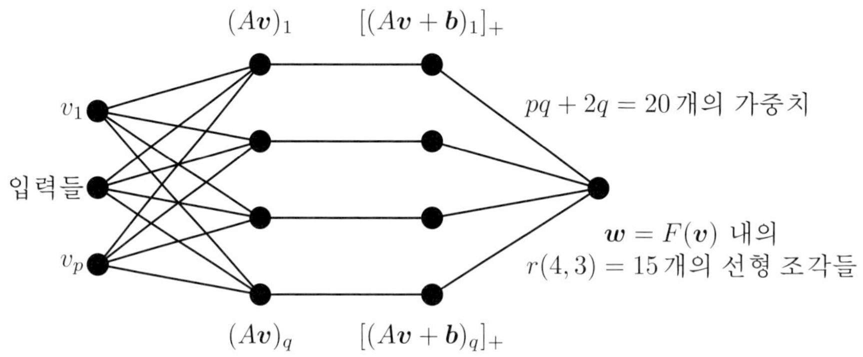

실제로 비선형함수 $\text{ReLU}(x)=x_+=\max(x,0)$는 처음에는 $1/(1+e^{-x})$와 같은 로지스틱 곡선으로 평활화되었다. 연속적인 미분이 가중치 $A_1, \boldsymbol{b}_1, A_2$를 최적화하는 데 도움이 될 것이라고 생각하는 것은 타당했지만, 틀린 것으로 판명되었다.

$(A_1\boldsymbol{v}+\boldsymbol{b}_1)_+$의 각 성분의 그래프는 두 개의 반평면을 갖는다 ($A_1\boldsymbol{v}+\boldsymbol{b}_1$이 음수인 곳에서 0이 되는 것으로부터 한 평면은 평평하다). A_1이 $q\times p$이면, 입력 공간 $\mathbf{R}^p$는 q개의 초평면에 의해 r개의 조각으로 쪼개진다. 이 조각들을 셀 수 있다! 이것은 전체 함수 $F(\boldsymbol{v})$의 "표현도(expressivity)"를 측정한다. 조합론에서의 공식은 이항계수를 사용한다 (8.1절 참조)

$$r(q,p)=\begin{bmatrix}q\\0\end{bmatrix}+\begin{bmatrix}q\\1\end{bmatrix}+\cdots+\begin{bmatrix}q\\p\end{bmatrix}$$

이 수는 은닉층을 가진 F의 그래프에 대한 한 인상을 준다. 그러나 이 함수는 아직 충분히 표현도가 크지 않고 한 가지 더 아이디어가 필요하다.

다음은 학습함수 F에서 필수적인 요소다. 간단한 함수들로부터 복잡한 함수들을 만드는 가장 좋은 방법은 **합성**(composition)에 의해서다. $F_i(\boldsymbol{v})=(A_i\boldsymbol{v}+\boldsymbol{b}_i)_+$로서 각 F_i는 선형 (또는 아핀)이고 비선형 ReLU가 뒤따른다. 이것들의 합성은 $F(\boldsymbol{v})=F_L(F_{L-1}(\ldots F_2(F_1(\boldsymbol{v}))))$이다. 이제 최종 출력층 전에 $L-1$개의 은닉층이 있다. L이

증가할수록 이 망은 깊어진다. 그 깊이는 (수많은 0으로 이루어진 줄무늬 모양의 퇴플리츠 (Toeplitz) 행렬 A를 가진) 컨볼루션망의 경우 급격히 증가할 수 있다.

심층학습의 위대한 최적화 문제는 출력 $F(\boldsymbol{v})$을 거의 정확하게 만들, 즉 영상 $\boldsymbol{v}$가 나타내는 숫자 $w(\boldsymbol{v})$에 가깝게 만들 가중치 A_i와 $\boldsymbol{b}_i$를 계산하는 것이다. $F(\boldsymbol{v}) - w(\boldsymbol{v})$의 어떤 척도를 최소화하는 이 문제는 그래디언트 비탈을 따라감으로써 푼다. 이 복잡한 함수의 미분은 연쇄 법칙을 실행하는 심층학습의 일꾼인 역전파에 의해 계산된다.

2012년에 있었던 역사적인 대회는 ImageNet에 수집된 120만장의 영상들을 식별하는 것이었다. 돌파구였던 AlexNet의 신경망은 6천만 개의 가중치를 가졌다. (확률적 경사하강법을 5일동안 적용한 후) 이것의 정확도는 차순위의 오차율을 반으로 줄였다. 심층학습이 도래한 것이다.

여기에서 우리의 목표는 연속 구간별 선형함수들이 강력한 근사함수임을 확인하는 것이었다. 이러한 종류의 함수는 덧셈과 최대화와 합성에 대해 닫혀 있는 등 또한 편리하기까지 하다. 학습함수 $F(A_i, \boldsymbol{b}_i, \boldsymbol{v})$가 전에 본 적 없는 영상 $\boldsymbol{v}$에 대해 정확한 결과를 내는 것은 마법같은 일이다.

8.1 구간별 선형 학습함수

깊은 신경망은 기계학습 분야에서 주요 동력으로 진화하였다. 점진적으로 이 망의 구조는 더 견실해지고 강력해져 왔으며, 새로운 응용에 더 쉽게 적응하였다. 시작하는 한 가지 방법은 이 구조 내 핵심 구성 요소를 설명하는 것이다. 이 구성 요소들은 훈련 데이터 $\boldsymbol{v}$로부터 정보를 포착하는 가중치 $\boldsymbol{x}$를 가진 하나의 **학습함수** $\boldsymbol{F}(\boldsymbol{x}, \boldsymbol{v})$로 결합되어 새로운 테스트 데이터에 대비한다.

다음은 그러한 함수 F를 생성해내는 중요 단계들이다.

1	핵심 연산	**합성** $\boldsymbol{F} = \boldsymbol{F}_3(\boldsymbol{F}_2(\boldsymbol{F}_1(\boldsymbol{x}, \boldsymbol{v})))$
2	핵심 규칙	$\boldsymbol{F}$**의** $\boldsymbol{x}$**-미분을 위한 행렬 연쇄법칙**
3	핵심 알고리즘	**최적의 가중치** $\boldsymbol{x}$**를 찾기 위한 확률적 경사하강법**
4	핵심 서브루틴	**연쇄법칙을 실행하는 역전파**
5	핵심 비선형	$\mathbf{ReLU}(\boldsymbol{y}) = \mathbf{max}(\boldsymbol{y}, \mathbf{0})$ **= 램프함수**

우리의 첫 번째 단계는 한 번에 한 층의 뉴런에 대한 조각들 $F_1, F_2, F_3, \ldots$을 설명하는 것이다. 층들을 연결하는 가중치 $\boldsymbol{x}$는 $\boldsymbol{F}$를 생성할 때 최적화된다. 벡터 $\boldsymbol{v} = \boldsymbol{v}_0$는 훈련 집합으로부터 나오고 함수 F_k는 k층에서 벡터 $\boldsymbol{v}_k$를 만들어 낸다. 전체적인 성공은 식 (1)에 있는 조각들 F_k로부터 F의 힘을 구축하는 데 있다.

$\boldsymbol{F_k}$는 $\boldsymbol{v_{k-1}}$의 구간별 선형함수다

F_k의 입력은 길이가 N_{k-1}인 벡터 $\boldsymbol{v}_{k-1}$이고, 출력은 길이가 N_k인 벡터 $\boldsymbol{v}_k$다. $\boldsymbol{v}_k$는 F_{k+1}에 대한 입력으로 준비된다. 이 함수 F_k는 두 부분으로 이루어져 있는데, 첫 번째는 선형이고 그 다음은 비선형이다.

1. F_k의 선형 부분은 $A_k\boldsymbol{v}_{k-1} + \boldsymbol{b}_k$를 만든다 (이 바이어스 벡터 $\boldsymbol{b}_k$가 이 식을 "아핀(affine)" 으로 만든다)

2. ReLU와 같은 고정된 비선형함수를 $A_k\boldsymbol{v}_{k-1} + \boldsymbol{b}_k$의 각 성분에 적용한다.

$$\boldsymbol{k}\textbf{층} \qquad \boxed{\boldsymbol{v}_k = F_k(\boldsymbol{v}_{k-1}) = \text{ReLU}(A_k\boldsymbol{v}_{k-1} + \boldsymbol{b}_k)} \tag{1}$$

각 표본에 대한 훈련 데이터는 특징 벡터 $\boldsymbol{v}_0$다. 행렬 A_k와 열벡터 $\boldsymbol{b}_k$는 최종 출력 $\boldsymbol{v}_L$이 올바른 출력 $\boldsymbol{w}$와 가깝도록 선택해야 할 "가중치" 다. 흔히 심층학습의 핵심 계산에서 확률적 경사하강법으로 최적의 가중치 $\boldsymbol{x} = (A_1, \boldsymbol{b}_1, \ldots, A_L)$을 산출한다. $\boldsymbol{v}_L - \boldsymbol{w}$의 손실함수의 최소화는 $\boldsymbol{x}$-미분을 구하는 "역전파"에 의존한다.

활성화함수 $\text{ReLU}(y) = \max(y, 0)$는 유연성과 융통성을 제공한다. 선형 단계만으로는 한계가 있었고 결국 성공하지 못했다.

ReLU는 모든 내부층에 있는 모든 "뉴런"에 적용된다. k층에는 N_k개의 뉴런이 있으며, 이는 식 (1)로부터의 N_k개 출력을 포함한다. ReLU 자체는 그래프가 보여주듯이 연속이고 구간별 선형이라는 점에 유의한다. (그래프는 단순히 기울기가 0과 1인 램프함수다. 이것의 미분은 일반적인 계단함수다.) ReLU를 선택하면, 합성함수 $\boldsymbol{F} = F_L \cdots (F_2(F_1(\boldsymbol{x}, \boldsymbol{v})))$는 중요하고 매력적인 성질을 갖는다.

학습함수 $\boldsymbol{F}$는 $\boldsymbol{v}$에 대해 연속이고 구간별 선형이다.

한 개의 내부층 ($L = 2$)

훈련 집합 내에 있는 한 표본의 $m = 3$개의 특징을 측정했다고 가정하자. 이 특징들은 입력 벡터 $\boldsymbol{v} = \boldsymbol{v}_0$의 세 성분들이다. 그러면 사슬 내의 첫 번째 함수 F_1은 $\boldsymbol{v}_0$에 행렬 A_1을 곱하고 오프셋 벡터 (바이어스 벡터) $\boldsymbol{b}_1$을 더한다. 만일 A_1이 4×3이고 벡터 $\boldsymbol{b}_1$이 4×1이면, $A_1\boldsymbol{v}_0 + \boldsymbol{b}_1$의 성분은 네 개다.

이 단계에서 $\boldsymbol{v} = \boldsymbol{v}_0$ 내에 있던 세 개의 원본 특징들의 네 가지 결합을 찾았다. 네 가지 통찰력 있는 결합을 찾아낼 4×3 행렬 (그리고 4×1 바이어스 벡터)을 선택하기 위해, 행렬 A_1의 열 두개 가중치들은 훈련 집합 내 다수의 특징 벡터들 $\boldsymbol{v}_0$에 대해 최적화되었다.

$\boldsymbol{v}_1$에 이르는 마지막 단계에서는 $A_1\boldsymbol{v}_0 + \boldsymbol{b}_1$의 네 성분 각각에 비선형 "활성화함수"를 적용한다. 역사적으로, 이 비선형함수의 그래프는 종종 부드러운 "S-곡선"이었다. 과거와 현재의 특정 선택들은 그림 8.1에 나와 있다.

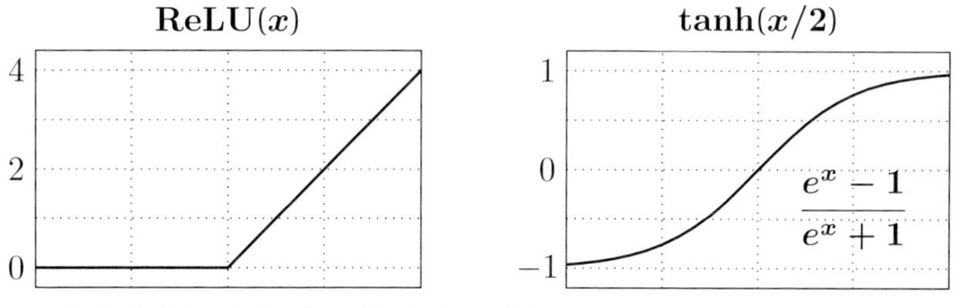

그림 8.1: 비선형성을 위한 정류된 선형 유닛(Rectified Linear Unit)과 S자형 옵션

이전에는 기울기의 급격한 변화가 위험하고 불안정할 가능성이 있을 것으로 생각되었다. 그러나 대규모의 수치 실험으로 그렇지 않다는 것을 보여주었다! **램프함수**(ramp function) $\text{ReLU}(y) = \max(y, 0)$으로 더 좋은 결과를 달성하였다. 우리는 ReLU를 가지고 작업할 것이다.

$$\boldsymbol{A}_1\boldsymbol{v}_0 + \boldsymbol{b}_1 \text{을 ReLU 안에 대입하여 } \boldsymbol{v}_1 \text{을 구한다 } (\boldsymbol{v}_1)_k = \max((A_1v_0 + b_1)_k, 0) \quad (2)$$

이제 1층 안의 네 개의 "뉴런"에서 $\boldsymbol{v}_1$의 성분들을 가진다. 입력층은 훈련 데이터의 이 특정 표본의 세 성분을 가지고 있다. 표본은 수천 개가 될 수 있다. 최적화 알고리즘이 A_1과 $\boldsymbol{b}_1$을 찾았는데, 아마도 경사하강법을 사용했을 것이다.

우리의 신경망이 깊은 망이 아니고 얕은 망이라고 가정하자. 우리의 망에는 네 개의 뉴런을 가진 오직 이 첫 번째 층만 있다. 그러면 마지막 단계에서는 네 성분을 가진 벡터 $\boldsymbol{v}_1$에 1×4 행렬 A_2 (행벡터)를 곱할 것이다. 벡터 $\boldsymbol{b}_2$와 비선형 ReLU는 이 출력에 적용하지 않는다.

$$\text{전체적으로 훈련 집합 내 각 특징 벡터 } \boldsymbol{v}_0 \text{에 대해 } \boldsymbol{v}_2 = F(\boldsymbol{x}, \boldsymbol{v}_0) \text{을 계산한다. 이 단계는 } \boldsymbol{v}_2 = A_2(\text{ReLU}(A_1\boldsymbol{v}_0 + \boldsymbol{b}_1)) = F(\boldsymbol{x}, \boldsymbol{v}_0) \text{이다.} \quad (3)$$

$\boldsymbol{x} = A_1, \boldsymbol{b}_1, A_2$를 최적화할 때 목표는 마지막 $L = 2$층에서의 출력값 $\boldsymbol{v}_L = \boldsymbol{v}_2$가 훈련 데이터 $\boldsymbol{v}_0$의 중요한 특성들을 올바르게 포착해야 하는 것이다.

기계학습의 초창기에 함수 F는 선형이었고, 심각한 제약이 있었다. 현재는 F가 확실히 비선형이다. 단지 각 층에 있는 모든 뉴런에 ReLU를 도입하는 것만으로 극적인 변화를 가져왔다. 데이터에 대한 빠른 연산이 가능한 것은 컴퓨터의 처리 능력 덕분이다. 깊은 신경망의 경우, (컴퓨터 게임을 위해 개발되었던) GPU(Graphic Processing Unit)의 속도에 의존한다.

분류 문제(classification problem)에서는 훈련 데이터의 각 표본 $\boldsymbol{v}_0$에 $\mathbf{1}$ 또는 $\mathbf{-1}$을 부여한다. 우리는 출력 $\boldsymbol{v}_2$의 그 부호가 (대부분의 경우) 올바르길 원한다. **회귀 문제**(regression problem)에서는 $\boldsymbol{v}_2$의 (**단지 부호가 아닌**) 수치값을 사용한다. $\boldsymbol{v}_2 - \boldsymbol{w}$의 손실함수를 어떻게 선택했느냐에 따라, 이 문제는 최소제곱 또는 엔트로피 최소화와 비슷해질 수 있다. 이 손실을 최소화하기 위한 $\boldsymbol{x} =$ (가중치 행렬A_k와 벡터$\boldsymbol{b}_0$)를 고르고

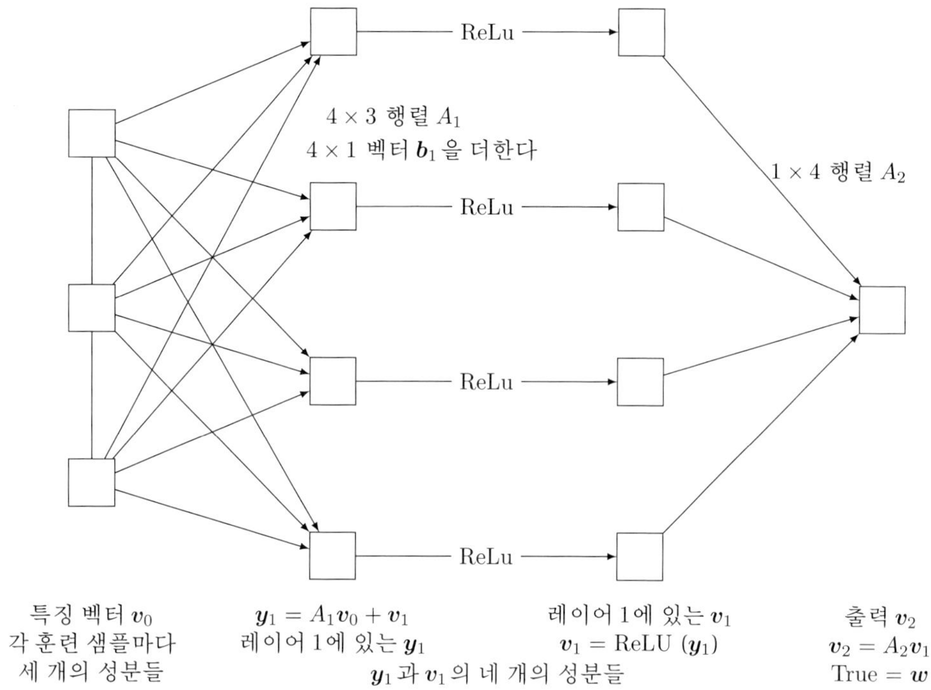

그림 8.2: **하나의 내부층**에서 네 개의 뉴런을 가진 앞먹임 신경망. 출력 $\boldsymbol{v}_2$ (플러스 또는 마이너스)은 입력 $\boldsymbol{v}_0$ (개 또는 고양이)을 분류한다. 그러면 $\boldsymbol{v}_2$는 세 개의 성분을 갖는 특징 벡터 $\boldsymbol{v}_0$의 합성된 척도이다. 이 망은 A_k와 $\boldsymbol{b}_k$에 스무 개의 가중치가 있다.

있다. 다음은 세 가지 가능한 손실함수들이다.

1. **제곱 손실** $\quad L(\boldsymbol{x}) = \dfrac{1}{N}\displaystyle\sum_1^N \|F(\boldsymbol{x}, \boldsymbol{v}_2) - \text{참값}\|^2$: N개의 훈련 표본

2. **경첩** (hinge) **손실** $\quad L(\boldsymbol{x}) = \dfrac{1}{N}\displaystyle\sum_1^N \max(0, 1 - yF(\boldsymbol{x}))$ **분류**인 경우에는 $y = 1$ 또는 -1

3. **교차-엔트로피** (cross-entropy) **손실** $\quad L(\boldsymbol{x}) = -\dfrac{1}{N}\displaystyle\sum_1^N [y_i \log \hat{y}_i + (1 - y_i) \log(1 - \hat{y}_i)]$ **분류**인 경우에는 $y = 1$ 또는 -1

우리는 **이 함수 F가 데이터 "학습"을 완료**했길 바란다. 이것이 기계학습이다. 우리는 이 함수 F가 개와 고양이를 구분하거나 또는 다가오는 차량과 회전하는 차량을 식별하는데 있어서 중요한 것들을 발견해낼 수 있는 충분한 가중치를 목표로 한다.

기계학습의 목표는 숫자들 $0, 1, 2, \ldots, 9$의 모든 세부 사항들을 포착하는 것이 아니다. 기계학습의 목표는 단지 어떤 숫자인지를 올바르게 결정하는데 충분한 정보들을 포착하는 것이다.

경사하강법에서 초기 가중치 $\boldsymbol{x}_0$

신경망 내의 구조(architecture)는 학습함수 $F(\boldsymbol{x}, \boldsymbol{v})$의 형태를 결정한다. 훈련 데이터가 $\boldsymbol{v}$ 안으로 들어가고, 그런 다음 행렬 A와 벡터 $\boldsymbol{b}$에 있는 가중치 $\boldsymbol{x}$를 초기화한다. $\boldsymbol{x}_0$에서 출발하여, 최적화 알고리즘(8.3절 참조)은 전체 손실을 최소화하는 가중치 $\boldsymbol{x}$를 구하는 것을 목표로 하여 가중치 $\boldsymbol{x}_1$과 $\boldsymbol{x}_2$ 등등을 계산한다.

어떤 가중치 $\boldsymbol{x}_0$로 출발할지가 질문이다. $\boldsymbol{x}_0 = 0$으로 선택하는 것은 재앙일 것이다. 잘못된 초기화는 심층학습 실패의 중요한 원인이다. 망과 초기 $\boldsymbol{x}_0$를 적절하게 선택하여, 다음 두 가지 조건을 만족하는 무작위의 (그리고 독립적인) 가중치를 갖는다.

1. $\boldsymbol{x}_0$은 주의깊게 선택된 분산 σ^2을 가져야 한다.

2. 신경망 내 숨겨진 층은 충분한 개수의 뉴런을 가져야 한다.

하닌(Hanin)과 롤닉(Rolnick)은 초기 분산 σ^2이 계산된 가중치의 평균을 제어한다는 것을 보였다. 층의 너비는 가중치의 분산을 제어한다. 핵심 포인트는 다음과 같다. 많은 층을 가진 깊이는 훈련 집합에 대해 손실을 줄일 수 있다. 그러나 σ^2이 틀렸거나 너비가 희생된다면, 경사하강법은 가중치 제어권을 잃을 수 있다. $\boldsymbol{x}$의 계산이 무한대로 폭발하거나 0으로 붕괴될 수 있다.

$\boldsymbol{x}_0$의 분산은 가중치가 지수적으로 커지거나 또는 지수적으로 작아지는 위험을 제어한다. 좋은 선택은 σ^2/팬인(fan-in)이다. 여기서 팬인은 뉴런들에 대한 입력의 최대 개수다 (그림 8.2에서 출력단에서 팬인 = 4). Keras와 같은 소프트웨어는 σ^2에 대한 좋은 선택을 한다.

차원을 줄이기 위한 최대-풀링

한 장의 영상에는 수많은 픽셀이 있고, 입력 $\boldsymbol{v}_0$은 수많은 특징을 포함할 수 있다. 그러면 계산량의 크기가 감당이 안 될 정도로 증가할 수 있다. 일반 층에서 (뉴런이라고도 하는) 구성요소들의 수를 줄여야 한다. AlexNet의 구조를 보면 차원을 줄이기 위한 “풀링 층 (pooling layers)” 을 볼 수 있다.

가장 흔한 선택은 단순히 **최대-풀링**(max-pooling)이다. 영상을 네 픽셀로 이루어진 블록들로 나누고, 각 2×2 블록을 1×1으로 대체한다. 일반적으로 네 수중 가장 큰 수로 대체한다. (평균 풀링은 이 수들의 평균값을 유지한다.) 그림 8. 3은 AlexNet을 보여준다.

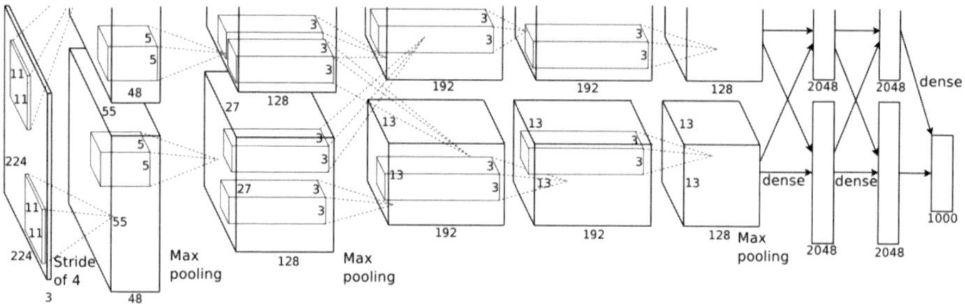

그림 8.3: AlexNet은 특정 층에서 연결된 두 개의 GPU를 사용한다. 풀링은 단순히 영상 차원을 줄인다. 대부분의 층은 컨볼루션 행렬 A_k(8.2절 참조)에 의해 연결하지만 최종 층은 밀집 행렬 A_k에 의해 완전하게 연결된다. 입력의 차원은 $150,528$이고 AlexNet은 $60,000,000$개의 가중치를 가졌다. AlexNet은 ImageNet을 분류하는 2012년 대회에서 우승하였다.

학습함수 $F(v)$의 그래프

$F(\boldsymbol{v})$의 그래프는 매우 매우 많은 반듯한 조각들로 이루어진 표면이다. 이 조각들은 ReLU가 기울기 변화를 일으킨 곳에서 접힌 모든 곳을 따라 서로 맞물리는 평면 또는 초평면이다. 이 그래프가 무한대로 가는 평평한 조각들을 가진다는 점을 제외하고는 이것은 종이접기와 비슷하다. 그리고 특성 벡터 $\boldsymbol{v} = \boldsymbol{v}_0$의 성분은 $N_0 = m$개이기 때문에 이 그래프는 $\mathbf{R}^3$ 내에 없을 것이다.

심층학습 수학의 일부는 이 평평한 조각의 수 $\boldsymbol{r}$을 추정하고, 이들이 하나의 구간별 선형인 평면에 어떻게 맞물리는지 시각화하는 것이다. 그러한 추정은 내부층이 하나인 신경망의 예시 이후에 나온다. 각 특징 벡터 $\boldsymbol{v}_0$은 훈련 집합 내 한 표본의 키, 몸무게, 나이와 같은 m개의 측정값을 포함한다.

그림 8.2에서 F는 $\boldsymbol{v}_0$에 세 개의 입력이 있고 $\boldsymbol{v}_2$에 한 개의 출력이 있다. F의 그래프는 4차원 공간 상에서 구간별로 평평한 표면일 것이고, 그래프의 높이는 3차원 공간상의 점 $\boldsymbol{v}_0$에서 $\boldsymbol{v}_2 = F(\boldsymbol{v}_0)$이다. 이 책의 지면 한계로 (그리고 저자의 심각한 상상력의 한계로) $\mathbf{R}^4$ 에서 이 그래프를 그리는 것은 어렵다. 그럼에도 불구하고 세 개의 입력과 네 개의 뉴런과 한 개의 출력을 바탕으로, 평평한 조각들의 개수를 세는 시도를 할 수 있다.

참고 `playground.tensorflow.org` 상에서 예제들을 실행해 보면 F 그래프 위의 점들을 실제로 볼 수 있다. 이것은 매우 유익한 사이트다.

이 웹사이트는 훈련 집합의 점들 $\boldsymbol{v}_0$에 대한 네 가지 옵션을 제공한다. 층과 뉴런의 개수를 고르고, ReLU 활성화함수를 선택하길 바란다! 그런 다음 경사하강법이 가중치를 최적화시킬 때 프로그램은 에포크(epoch)를 센다 (하나의 에포크는 평균적으로 한 번 모든 표본들을 본다). 파란색과 주황색 훈련 표본을 올바르게 분류하기에 충분한 층과 뉴런을 허용했다면, 이 표본들을 구별하는 하나의 다각형을 보게 될 것이다. **이 다각형은 $\boldsymbol{F}=0$ 인 곳들을 보여준다**. 이것은 $z=F(\boldsymbol{v})$ 의 그래프의 높이 $z=0$ 에서 절단면이다.

주황색과 파란색을 분리하는 (또는 마이너스와 플러스를 분리하는: 이것이 분류(classification)다) 이 다각형은 서포트 벡터 머신(Support Vector Machine)에서의 분리초평면 (separating hyperplane)과 유사하다. 만일 선형함수로 제한되고 파란색 공과 원형으로 둘러싼 주황색 공 사이에 직선들로만 제한된다면, 분리하는 것은 불가능할 것이다. 그러나 심층학습 함수 F 에게는 이런 일들이 어렵지 않다...

연습문제에서 이 `playground.tensorflow.org` 사이트에서의 실험에 대해 논의할 것이다.

> **중요한 참고: 완전연결 대 컨볼루션**
>
> 독자들을 오해하게 만들고 싶진 않다. 종종 "완전히 연결된" 망이 가장 효율적인 것은 아니다. 영상 내 한 픽셀 주위의 가중치들이 모든 픽셀 주위에서 반복될 수 있다면 (왜 아니겠는가?) A 의 한 행만이 우리가 필요한 모든 것이다. 이 행은 멀리 떨어진 픽셀에 가중치 0을 할당할 수 있다. 지역적인 **컨볼루션 신경망** (convolution neural net, CNN)이 AlexNet 내에 있고 8.2절에도 나온다. 웹사이트 `math.mit.edu/ENNUI`에서는 풀링을 가진 CNN을 독자들이 생성할 수 있다.

카운트 $\boldsymbol{r}$ 이 뉴런과 층의 수에 따라 기하급수적으로 증가하는 것을 알게 될 것이다. 이것은 심층학습의 힘을 이해하는 데 하나의 유용한 통찰이다. 신경망의 크기와 깊이로 인해 전체적인 세부 사항을 완전하게 시각화하기 어렵기 때문에 이러한 통찰은 절실히 필요하다.

그래프의 평평한 조각 개수 세기: 내부층 한 개

가중치 행렬 A_k 와 바이어스 벡터 $\boldsymbol{b}_k$ 내 성분들의 수를 세는 것은 쉽다. 이 수들이 함수 F 를 결정한다. 그러나 좀 더 흥미있는 것은 F 그래프의 평평한 조각들의 수를 세는 것이다. 이 수 $\boldsymbol{r}$ 은 신경망의 **표현도**(expressivity)를 측정한다. $F(\boldsymbol{x},\boldsymbol{v})$ 는 우리가 (최소한 지금까지) 완전히 이해한 함수들보다 훨씬 더 복잡한 함수다. 이 시스템은 "사고" 에 대한 명시적인 승낙 없이 스스로 판단하고 행동하고 있다. 무인 자동차에서 조만간 그 결과를 보게 될 것이다.

$\boldsymbol{v}_0$의 성분이 m개이고 $A_1\boldsymbol{v}_0 + \boldsymbol{b}_1$의 성분이 N개라고 가정하자. $\boldsymbol{v}_0$에 대한 N개의 함수가 존재한다. 이 선형함수 각각은 $\mathbf{R}^m$ 내의 $(m-1$ 차원인) 초평면을 따라 영이다. 이 선형함수에 ReLU를 적용하면 이것은 구간별 선형이 되고, 이 초평면을 따라 접히게 된다. 접힌 부분의 한 쪽에서는 그래프가 기울기를 가지며, 다른 쪽에서는 $\boldsymbol{v}_1$의 해당 성분이 ReLU로 인해 0이 된다.

그러고 나서 다음 행렬 A_2는 $\boldsymbol{v}_0$의 이 N개의 구간별 선형함수들을 결합하므로 $\boldsymbol{v}_2$는 이제 $\mathbf{R}^m$ 내에서 N개의 서로 다른 초평면들을 따라 접힌다. 이 단어들은 다음 층 $A_2(\text{ReLU}(A_1\boldsymbol{v}_0 + \boldsymbol{b}_1))$ (우리의 경우에는 출력)의 각 구간별 선형인 성분을 기술한다.

한 평면 내의 N개의 반듯한 접힘(이 접힘은 실제로는 m-차원 공간 내 N개의 초평면들을 따라 있다)을 생각할 수도 있을 것이다. 첫 번째 접힘이 평면을 두 조각으로 나눈다. ReLU로부터의 다음 접힘이 네 조각이 되게 할 것이다. 세 번째 접힘은 시각화가 더 어렵지만, 다음에 오는 그림 8.4는 (여덟 개가 아닌) 일곱 개의 조각이 존재함을 보여준다.

조합론에서는 **초평면 배열**(hyperplane arrangement)이 있고, 토마스 자슬라브스키(Thomas Zaslavsky)의 정리는 이 조각들의 수를 센다. 이에 대한 증명은 리차드 스탠리(Richard Stanley)의 명저인 *Enumerative Combinatorics* (2001)에 나와 있다. 그러나 그 정리는 우리가 필요한 것보다 훨씬 더 복잡하다. 왜냐하면 그 정리에서는 접힘 직선들이 모든 가능한 방법으로 만나는 것이 허용되기 때문이다. 우리는 접힘 직선이 "일반적인 위치" 에 있어서 $m+1$개의 접힘은 만나지 않는다고 가정한다. 선형 조각들의 수를 세는 깔끔한 한 가지 방법이 *On the Expressive Power of Deep Neural Networks* (arXiv: 1606.05336)에 나와 있다.

정리 m 차원 $\mathbf{R}^m$ 내의 $\boldsymbol{v}$에 대해 $F(\boldsymbol{v})$의 그래프가 N개의 초평면 $H_1, \ldots, H_n$을 따라 접힌다고 가정하자. 이것들은 N개의 선형방정식 $\boldsymbol{a}_i^T\boldsymbol{v} + b_i = 0$에서 나온다. 즉, N개 뉴런에 있는 ReLU로부터 나온다. 그러면 F의 선형 조각의 수 그리고 이

N개의 초평면에 의해 둘러싸인 영역의 수 $r(N, m)$은 다음과 같다.

$$\boldsymbol{r}(\boldsymbol{N}, \boldsymbol{m}) = \binom{\boldsymbol{N}}{\boldsymbol{0}} + \binom{\boldsymbol{N}}{\boldsymbol{1}} + \cdots + \binom{\boldsymbol{N}}{\boldsymbol{m}} \tag{4}$$

여기서 이항계수는

$$\binom{\boldsymbol{N}}{\boldsymbol{i}} = \frac{N!}{i!(N-i)!} \qquad 0! = 1 \text{ 그리고 } \binom{\boldsymbol{N}}{\boldsymbol{0}} = 1 \text{ 그리고 } i > N\text{이면 } \binom{\boldsymbol{N}}{\boldsymbol{i}} = 0$$

예제 함수 $F(x, y, z) = \text{ReLU}(x) + \text{ReLU}(y) + \text{ReLU}(z)$는 세 개의 평면 $x = 0, y = 0, z = 0$을 따라 세 번 접힌다. 이 평면들은 $\mathbf{R}^3$를 $F = x + y + z$와 $x + z$와 x와 0(그리고 네 개 더)에서 $r(3, 3) = 8$개의 조각들로 나눈다. $\text{ReLU}(x + y + z - 1)$를 추가하면 네 번째 접힘이 생기고 $\mathbf{R}^3$ 내에 $r(4, 3) = 15$개의 조각이 생긴다. 16개가 아닌데 그 이유는 새로운 접힘 평면 $x + y + z = 1$이 $x < 0, y < 0, z < 0$에서 여덟 번째 원래 조각과 만나지 않기 때문이다.

죄르지 포여(George Pólya)의 유명한 유튜브 영상인 *Let Us Teach Guessing*에서는 케이크를 다섯 개의 평면으로 자른다. 그는 반 학생들이 $r(5, 3) = 26$개의 조각을 찾도록 돕는다. 식 (4)는 m-차원 케잌을 허용한다.

$\mathbf{R}^m$ 내의 한 초평면은 $\binom{1}{0} + \binom{1}{1} = 2$개의 영역을 만들어낸다. $N = 2$개의 초평면은 $m > 1$이면 $r(2, m) = 1 + 2 + 1 = 4$개의 영역을 만든다. $m = 1$이면 한 직선 내에 두 개의 접힘이 있고 이것은 직선을 단지 $r(2, 1) = 3$개의 조각으로 구분한다.

N개의 접힘으로부터 r개의 선형 조각들의 수를 세는 것은 다음과 같은 재귀식을 따를 것이다.

$$\boxed{r(N, m) = r(N-1, m) + r(N-1, m-1)} \tag{5}$$

이 재귀식을 이해하기 위해 $\mathbf{R}^m$ 내의 $N - 1$개의 초평면과 $r(N - 1, m)$개의 영역으로 출발한다. 초평면 H ($m - 1$ 차원)을 하나 더 추가한다. 기존에 있던 $N - 1$개의 초평면은 H를 $r(N - 1, m - 1)$개의 영역들로 자른다. H의 이러한 각 조각들은 기존 한 개의 영역을 두 개로 나누고 원래 $r(N - 1, m)$개의 영역에 $r(N - 1, m - 1)$개의 영역을 추가한다. 그림 8.4를 참조한다. 그러므로 이 재귀식은 올바르고 이제 식 (5)를 적용하여 $r(N, m)$

을 계산한다.

$r(1,0) = r(0,1) = 1$에서 세기 시작한다. 그러면 식 (4)는 $N + m$에 대해 수학적 귀납으로 증명된다.

$$\begin{aligned} r(N-1,m)+r(N-1,m-1) &= \sum_0^m \binom{N-1}{i} + \sum_0^{m-1}\binom{N-1}{i} \\ &= \binom{N-1}{0} + \sum_0^{m-1}\left[\binom{N-1}{i}+\binom{N-1}{i+1}\right] \\ &= \binom{N}{0} + \sum_0^{m-1}\binom{N}{i+1} = \sum_0^m \binom{\boldsymbol{N}}{\boldsymbol{i}} \end{aligned} \tag{6}$$

(두 번째 줄의) 큰 괄호 안에 있는 두 항은 다음 항등식 때문에 하나의 항이 되었다.

$$\binom{N-1}{i} + \binom{N-1}{i+1} = \binom{N}{i+1} \quad \text{그리고 귀납법이 완료된다.}$$

마이클 길스(Michael Giles)는 이를 더 명확하게 설명하였고 마지막 초평면 H의 효과를 보여주기 위해 그림 8.4를 제시하였다. $N \leq m$일 때 $r = 2^N$개의 $F(\boldsymbol{v})$의 선형 조각이 존재하고 은닉층에 많은 뉴런이 있는 $N >> m$에 대해서는 $r \approx N^m/m!$ 이다.

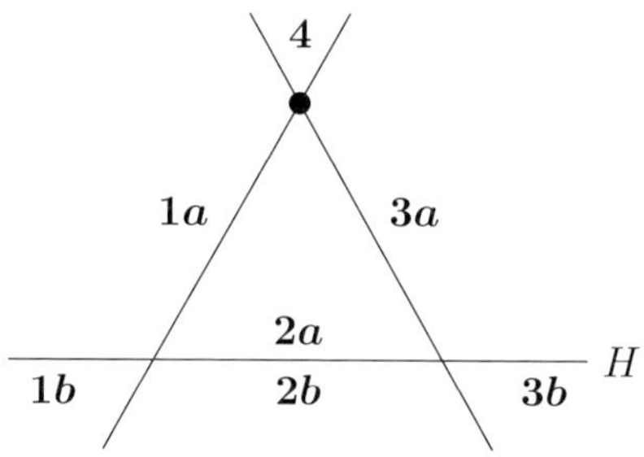

2개의 평면으로 시작한다

$\leftarrow r(2,2) = 4$

새 평면 H를 추가한다

$\leftarrow r(2,1) = 3$

총 $\boldsymbol{r(3,2) = 7}$

그림 8.4: H의 $r(2,1) = 3$개의 조각들은 세 개의 새로운 영역을 만들어낸다. 그러면 연속 구간별 선형 표면 $\boldsymbol{v}_2 = F(\boldsymbol{v}_0)$에서 개수는 $r(3,2) = 4 + 3 = 7$개의 평평한 영역이 된다. 네 번째 접힘은 모든 세 개의 기존 접힘을 지날 것이고 네 개의 새로운 영역을 만들어 낼 것이므로 $r(4,2) = 11$이다.

더 많은 은닉층을 가진 $F(\boldsymbol{v})$의 평평한 조각들

$F(\boldsymbol{v})$의 선형 조각들의 수를 세는 것은 망 내에 두 개의 은닉층이 있게 되면 더 어려워진다. 다시 $\boldsymbol{v}_0$와 $\boldsymbol{v}_1$의 성분은 m개와 N_1개다. 이제 ReLU 이전에 $A_2\boldsymbol{v}_1 + \boldsymbol{b}_2$의 성분은 N_2개다. 각각이 앞에서 설명한 한 층에 대한 함수 F와 비슷하다. 그런 다음 ReLU를 적용하면

그래프에서 새로운 접힘을 만들어 낼 것이다. 이 접힘들은 $A_2\boldsymbol{v}_1 + \boldsymbol{b}_2$의 성분이 0이 되는 직선을 따라 놓여 있다.

$A_2\boldsymbol{v}_1 + \boldsymbol{b}_2$의 각 성분은 선형이 아니고 구간별 선형임을 상기하자. 그러므로 이것은 초평면이 아니라 구간별 선형 표면을 따라 (만일 지난다면) 0을 지난다. 그림 8.4에서 $\boldsymbol{v}_1$에서의 접힘에 대한 직선들은 $\boldsymbol{v}_2$ 내의 접힘에 대한 구간별 직선들로 바뀔 것이다. 따라서 $\boldsymbol{v}_0, A_1, \boldsymbol{b}_1, A_2$ 그리고 $\boldsymbol{b}_2$의 세부 사항에 따라 개수는 가변적이 된다.

여전히 선형 조각들의 수를 추정할 수 있다. 두 번째 은닉층에서 N_2개의 ReLU로부터 N_2개의 구간별 직선들 (또는 $\mathbf{R}^m$ 내의 구간별 초평면들)이 있다. 이 직선들이 실제로 반듯하다면, $\boldsymbol{v}_3 = F(\boldsymbol{v}_0)$의 각 성분에서 총 $N_1 + N_2$개의 접힘이 있을 것이다. 그러면 조각의 수를 세는 식 (4)은 N 대신에 $N_1 + N_2$가 될 것이다. 이러한 추정은 하닌(Hanin)과 롤닉(Rolnick) (arXiv: 1906.00904)에 의해 확인되었다. 따라서 층과 깊이가 아닌 뉴런의 개수가 $F(\boldsymbol{x}, \boldsymbol{v})$ 내의 선형 조각들의 수를 결정한다.

합성 $\boldsymbol{F}_3(\boldsymbol{F}_2(\boldsymbol{F}_1(\boldsymbol{v})))$

"합성(composition)" 이라는 단어는 만일 모든 함수들이 선형이라면 단순히 "행렬 곱" 을 나타낼 것이다. $F_k(\boldsymbol{v}) = A_k\boldsymbol{v}$이면 $F(\boldsymbol{v}) = A_3A_2A_1\boldsymbol{v}_0$으로서 하나의 행렬이다. 비선형인 F_k에 대해서도 의미는 동일하다. $\boldsymbol{v}_1 = F_1(\boldsymbol{v}_0)$을 계산하고 그 다음 $\boldsymbol{v}_2 = F_2(\boldsymbol{v}_1)$을 계산하고 마지막으로 $\boldsymbol{v}_3 = F_3(\boldsymbol{v}_2)$를 계산한다. 이제 놀라운 함수들을 얻는다. 이 **합성** $\boldsymbol{F}_3(\boldsymbol{F}_2(\boldsymbol{F}_1(\boldsymbol{v})))$은 함수를 만들어 내는 능력이 덧셈보다 훨씬 더 강력하다!

신경망에서는, 합성은 연속인 구간별 선형함수 $F(\boldsymbol{v}_0)$을 만들어낸다. 1900년 힐버트(Hilbert)의 23개의 미제 문제 리스트에서 열 세 번째 문제는 모든 연속 함수에 대한 질문이다. 이 질문의 유명한 일반화는 다음과 같다.

> 모든 삼변수 연속함수 $F(x, y, z)$는 이변수 연속함수 $G_1, \ldots, G_N$들의 합성인가? 답은 그렇다이다.

힐버트는 아니오라는 대답을 기대했던 것 같다. 그러나 1957년에 블라디미르 아르놀트(Vladimir Arnold) (그때 나이 19살)가 긍정적인 답을 제시하였다. 그의 스승 안드레이 콜모고로프(Andrey Kolmogorov)는 이전에 삼변수함수들로부터 다변수함수들을 생성하였었다. 이변수함수들 xy와 x^y은 일변수함수 exp와 log를 사용하고 덧셈을 허용해야만 한다.

$$xy = \exp(\log x + \log y) \quad \text{그리고} \quad x^y = \exp(\exp(\log y + \log\log x)) \quad (7)$$

웹사이트에서 배울 것이 많다. *Kolmogorov's Heritage in Mathematics* (Springer, 2007)의 한 장은 이러한 질문들을 명시적으로 신경망과 연결짓는다.

힐버트에 대한 답은 구간별 선형인 연속함수에 대해서도 여전히 그렇다인가?

충분한 층과 뉴런을 가지면 F는 임의의 연속인 $f(v)$를 근사할 수 있다. 이것이 **보편성** (universality)이다. 텔가스키(Telgarsky)와 타운센트(Townsend)의 새로운 결과는 유리함수의 힘을 보여준다.

연습 문제

1 $r(N,m)$에 대한 공식 (4)를 따르는 예 $F = \text{ReLU}(x) + \text{ReLU}(x) + \text{ReLU}(z)$에서, 네 번째 접힘이 $\text{ReLU}(x+y+z)$에서 나온다고 하자. 이것의 접힘 평면 $x+y+z=0$은 이제 세 개의 원래 접힘 평면 $x=0, y=0, z=0$과 유일한 점 $(0,0,0)$에서 만난다. 이것은 하나의 예외적인 경우다. $F =$ 이 네 개의 ReLU들의 합의 (열 다섯 개가 아닌) 열 여섯 개의 선형 조각들에 대해 묘사하라.

2 $m=2$개의 입력과 은닉층에 N개의 뉴런이 있다고 하면, $F(x,y)$는 N개 ReLU들의 일차결합이다. $r(N,2)$에 대한 공식을 작성하여 F의 선형부분의 개수는 최상위 항이 $\frac{1}{2}N^2$임을 보여라.

3 한 평면 내에 $N=18$개의 직선이 있다고 하자. 9개는 수직이고 9개는 수평이라면, 얼마나 많은 평면의 조각들이 있는가? 직선들이 일반적인 위치에 있고 어느 세 개도 서로 만나지 않을 때 $r(18,2)$와 비교하라.

4 어떤 가중치 행렬 A_1과 바이어스 벡터 $\boldsymbol{b}_1$이 첫 번째 은닉층의 $N=3$개의 성분으로서 $\text{ReLU}(x+2y-4)$와 $\text{ReLU}(3x-y+1)$과 $\text{ReLU}(2x+5y-6)$을 만들어내는가? (입력층은 x와 y의 두 개의 성분을 갖는다.) 만일 출력 w가 이러한 세 개의 ReLU들의 합이라면, 구간별 선형인 $w(x,y)$에 얼마나 많은 편평한 조각들이 있는가?

5 직선을 네 번 접으면 $r(4,1) = 5$ 조각이 된다. 평면을 네 번 접으면 $r(4,2) = 11$ 조각이 된다. 공식 (4)에 따르면, $\mathbf{R}^3$을 네 번 접는 것으로부터 얼마나 많은 편평한 부분집합들이 나오는가? $\mathbf{R}^3$의 이러한 편평한 부분집합들은 (문틀과 같이) 2D 평면에서 만난다.

6 이항 정리는 $(a+b)^N = \sum_0^N \binom{N}{k} a^k b^{N-k}$에서 계수 $\binom{N}{k}$를 구한다. $a = b = 1$일 때, 이항 정리는 이 계수들과 $m \geq N$에 대한 $r(N,m)$에 대해 무엇을 드러내는가?

7 그림 8.4에서, 한 번 더 접으면 $z = F(x,y)$의 그래프에 열 한 개의 편평한 조각을 만들어낸다. 공식 (4)로부터 $r(4,2) = 11$가 되는지 체크하라. 다섯 번 접고 난 후는 몇 조각이 되는가?

8 다음 각 연속 구간별 선형함수 (CPL 함수)에 대한 명제들이 왜 참인지 말로 설명하거나 그래프로 보여라.

$\boldsymbol{M}$	두 CPL 함수 $F_1(x,y)$와 $F_2(x,y)$의 최대 $M(x,y)$는 CPL이다.
$\boldsymbol{S}$	두 CPL 함수 $F_1(x,y)$와 $F_2(x,y)$의 합 $S(x,y)$는 CPL이다.
$\boldsymbol{C}$	일변수 함수 $y = F_1(x)$와 $z = F_2(y)$가 CPL이면, 합성함수 $C(x) = z = F_2(F_1(x))$도 CPL이다.

9 각 특징 벡터 $\boldsymbol{v}_0$에 $m = N_0 = 4$개의 입력이 있고 세 개의 은닉층 각각에 $N = 6$개의 뉴런이 있는 신경망에는 얼마나 많은 수의 가중치와 바이어스가 있는가? 최종 출력 이전에 이 신경망에는 얼마나 많은 개수의 활성화함수(ReLU)가 있는가?

10 (실험 문제) 두 개의 내부층과 총 열 개의 뉴런을 가진 신경망에, 1층과 2층에 뉴런을 더 많이 넣어야 할까?

11–13번 문제는 한 개의 은닉층과 (Tanh가 아니고) ReLU에 의한 활성화 함수를 가진 playground.tensorflow.org에서의 파란 공, 원형 주황색 공 예를 사용한다. 학습이 성공하면, 코드가 생성한 그림에서 하얀색 다각형이 파란색과 주황색을 분리한다.

11 $N = 4$에 대해 학습이 성공하는가? $F(x)$에서 편평한 조각의 수 $r(N,2)$는 얼마인가? 하얀색 다각형은 $F(x)$의 그래프에서 편평한 평면들이 기초 평면 $z = 0$을 지날 때 부호를 바꾸는 곳들을 보여준다. 이 다각형의 면은 몇 개인가?

12 한 층에서 $N = 3$개 뉴런으로 축소하라. F가 여전히 파란색과 주황색을 올바르게 분류하는가? $F(\boldsymbol{v})$의 그래프에서 편평한 조각들 $r(3,2)$는 몇 개이고 분리하는 다각형에 면은 몇 개인가?

13 한 층에서 $N = 2$개 뉴런으로 더욱 축소하라. 여전히 학습이 성공하는가? 편평한 조각의 수 $r(2,2)$는 몇 개인가? $F(\boldsymbol{v})$ 그래프에 접힘은 몇 개인가? 흰색 구분자에 면은 몇 개인가?

14 예제 2는 두 사분면 각각에 파란색과 주황색이 있다. 층이 한 개일 때, $N = 3$개의 뉴런과 심지어 $N = 2$개의 뉴런은 이러한 훈련 데이터를 정확하게 분류하는가? 분류가 성공하기 위해서는 몇 개의 편평한 조각들이 필요한가? $N = 2$일 때 $F(\boldsymbol{v})$의 특이한 그래프에 대해 기술하라.

15 파란색과 주황색의 나선형을 가진 예제 4는 훨씬 더 어렵다! 하나의 은닉층을 가지고 신경망이 이러한 훈련 데이터를 학습할 수 있는가? N이 증가할 때의 결과에 대해 묘사하라.

16 그러한 어려운 예제를 두 개의 은닉층으로 시도해보라. $4+4$와 $6+2$ 그리고 $2+6$ 뉴런으로 시작하라. $2+6$이 $6+2$보다 더 나은가 또는 더 안 좋은가 또는 더 특이한가?

17 은닉층이 두 개일 때 몇 개의 뉴런이 이 나선형을 완전하게 분리할 수 있는가? 두 개의 은닉층보다 더 적은 수의 뉴런을 가진 세 개의 은닉층은 성공할 수 있을까?

저자는 이 나선형 그래프에 대해 $4+4+2$와 $4+4+4$ 뉴런은 매우 불안정한 반복을 나타내는 것을 발견하였다. 알고리즘이 시도를 멈출 때까지 훈련 손실에서 스파이크들이 존재하였다. playground.tensorflow.org는 다니엘 스밀코프(Daniel Smilkov)가 만들었다.

18 한 평면 내에 스무 개의 접힘 직선이 만들어낼 수 있는 가장 적은 수의 조각은 몇 개인가?

19 열 개의 수직 접힘과 열 개의 수평 접힘으로부터 몇 개의 조각이 만들어지는가?

20 한 평면 내에 스무 개의 접힘 직선으로부터 만들어지는 최대 조각의 수는 몇 개인가?

8.2 컨볼루션 신경망

이 장은 다른 구조를 가진 신경망에 관한 것이다. 여전히 $m \times n$ 행렬이 n개의 뉴런을 가진 층과 m개의 뉴런을 가진 층 사이를 연결한다. 지금까지는 이 층들이 완전히 연결되었다. 즉, A는 mn개의 독립인 가중치를 가진다. 이제 A는 이보다 훨씬 적은 수의 $E = 3$ 또는 $E^2 = 9$개의 독립인 가중치를 갖게 될 것이다.

완전히 연결된 "촘촘한 망"을 영상인식에 적용한다면 극도로 비효율적일 것이다. 먼저, 가중치 행렬 A가 커질 것이다. 한 영상이 200×300 픽셀이라면, 입력층은 $60,000$개의 성분을 가지게 된다. 따라서 이 첫 은닉층에 대한 가중치 행렬 A_1은 $60,000$개의 열을 가지게 된다. 문제는 우리는 멀리 떨어져 있는 픽셀들 사이의 연결을 찾고 있다는 점이다.

거의 언제나, 영상 내에서 중요한 연결은 **지역적**이다.

음악은 1D의 지역적 구조를 갖는다.

영상은 2D의 지역적 구조를 갖는다. (빨강-녹색-파랑 세 벌)

시계열 상의 영상들인 비디오는 3D의 지역적 구조를 갖는다.

이보다 더, 구조에 대한 탐색은 근본적으로 영상 내 어디에서나 동일하다. 일반적으로 텍스트 또는 영상 또는 동영상의 어떤 한 부분을 다른 부분과 다르게 처리해야 할 이유가 없다. 모든 부분에서 동일한 가중치를 사용할 수 있다. 즉, 가중치를 공유한다. 픽셀들 사이의 지역적 연결을 가진 신경망은 **이동불변**(shift-invariant)이므로, 어디에서나 동일하다.

이러한 결과 덕분에 독립적인 가중치의 수를 크게 줄일 수 있다. 각 뉴런이 오직 다음 층의 뉴런 E개와 연결되고, 그러한 연결이 모든 뉴런에서 동일하다고 가정해보자. 그러면 층 사이의 행렬 A는 오직 E개의 독립인 가중치 $\boldsymbol{x}$만을 갖는다. 줄어든 가중치의 최적화는 월등히 더 빨라진다. 실제로 우리는 각각 E 또는 E^2개의 가중치를 가진 몇 가지 서로 다른 채널을 생성할 시간이 있다. 그리고 이 채널들은 서로 다른 방향 (수평, 수직, 그리고 대각선)으로 경계선(edge)을 찾을 수 있다.

일차원에서, 줄무늬 모양의 이동불변 행렬은 **퇴플리츠**(Toeplitz) **행렬** 또는 **필터**다. 이 행렬 A와 곱하는 것은 **컨볼루션** $\boldsymbol{x} * \boldsymbol{v}$다. 층 사이의 연결망이 **컨볼루션 신경망**(Convolution Neural Net, CNN 또는 ConvNet)이다. 다음은 $E = 3$일 때의 예다.

$$A = \begin{bmatrix} x_1 & x_0 & x_{-1} & 0 & 0 & 0 \\ 0 & x_1 & x_0 & x_{-1} & 0 & 0 \\ 0 & 0 & x_1 & x_0 & x_{-1} & 0 \\ 0 & 0 & 0 & x_1 & x_0 & x_{-1} \end{bmatrix} \qquad \begin{array}{l} \boldsymbol{v} = (v_0, v_1, v_2, v_3, v_4, v_5) \\ y = A\boldsymbol{v} = (y_1, y_2, y_3, y_4) \\ N+2\text{개의 입력 } \boldsymbol{v}\text{와 } N\text{개의 출력 } \boldsymbol{y} \end{array}$$

A를 각각 왼쪽, 중앙, 오른쪽을 의미하는 **이동 행렬** $\boldsymbol{L}, \boldsymbol{C}, \boldsymbol{R}$의 일차결합으로 보는 것은 의미가 있다.

$$\textbf{각 이동의 대각선 성분들은 1이다} \qquad \boldsymbol{A} = \boldsymbol{x}_1\boldsymbol{L} + \boldsymbol{x}_0\boldsymbol{C} + \boldsymbol{x}_{-1}\boldsymbol{R}$$

그러면 $\boldsymbol{y} = A\boldsymbol{v} = \boldsymbol{x}_1\boldsymbol{L}\boldsymbol{v} + \boldsymbol{x}_0\boldsymbol{C}\boldsymbol{v} + \boldsymbol{x}_{-1}\boldsymbol{R}\boldsymbol{v}$의 미분은 이례적으로 간단하다.

$$\frac{\partial(\text{출력})}{\partial(\text{가중치})} \qquad \boxed{\frac{\partial \boldsymbol{y}}{\partial x_1} = L\boldsymbol{v} \quad \frac{\partial \boldsymbol{y}}{\partial x_0} = C\boldsymbol{v} \quad \frac{\partial \boldsymbol{y}}{\partial x_{-1}} = R\boldsymbol{v}} \qquad (1)$$

벡터의 컨볼루션 $\boldsymbol{x} * \boldsymbol{v}$

두 벡터의 컨볼루션을 $\boldsymbol{x} * \boldsymbol{v} = (2,1,2) * (3,3,1)$로 쓴다. 결과를 계산하면 수 212와 331을 올림을 하지 않고 곱하는 것과 비슷하게 $\boldsymbol{x} * \boldsymbol{v} = (6,9,11,7,2)$다.

$$\begin{array}{ccccc} & & 3 & 3 & 1 \\ & & 2 & 1 & 2 \\ \hline & & 6 & 6 & 2 \\ & 3 & 3 & 1 & \\ 6 & 6 & 2 & & \\ \hline \mathbf{6} & \mathbf{9} & \mathbf{11} & \mathbf{7} & \mathbf{2} \end{array}$$

$6+3+2=11$을 (올림을 하지 않고)
그대로 두었다는 점에 주목한다
$2x^2+x+2$ 곱하기 $3x^2+3x+1$
에서도 동일한 단계이다
이 답은
$\mathbf{6}x^4 + \mathbf{9}x^3 + \mathbf{11}x^2 + \mathbf{7}x + \mathbf{2}$ 일 것이다

앞 페이지에서 수 $(x_1, x_0, x_{-1}) = (2,1,2)$를 A의 세 대각선에 두었다. 그러면 일반적인 212 곱하기 331은 행렬-벡터 곱셈 $A\boldsymbol{v}$로 변환된다. $\boldsymbol{x}$의 길이가 $j+1$이고 $\boldsymbol{v}$의 길이가 $k+1$이면 컨볼루션 $\boldsymbol{x} * \boldsymbol{v}$의 길이는 $j+k+1$이다.

이동 윈도우로서 컨볼루션

$\boldsymbol{v} = (1, 3, 5)$ 내의 각각의 수를 다음 수와 평균을 낸다고 하자. 그 결과는 $\boldsymbol{y} = (2, 4)$다. 이것은 평균화 벡터 $\boldsymbol{x} = (\frac{1}{2}, \frac{1}{2})$와 $\boldsymbol{v}$의 일반적인 컨볼루션이다.

$$\boldsymbol{y} = A\boldsymbol{v} = \begin{bmatrix} \frac{1}{2} & \frac{1}{2} & 0 \\ 0 & \frac{1}{2} & \frac{1}{2} \end{bmatrix} \begin{bmatrix} 1 \\ 3 \\ 5 \end{bmatrix} = \begin{bmatrix} 2 \\ 4 \end{bmatrix}$$

$\boldsymbol{v}$에 0을 덧대지 않는 (그리고 A를 4×5로 확대하지 않은) 결정에 주목한다. 그렇게 했더라면 두 개 대신 네 개의 출력 $\boldsymbol{y}$가 되었을 것이다. 즉, 11 곱하기 135는 1485이고 2로 나누면 $\frac{1}{2}, 2, 4, \frac{5}{2}$가 되어, 두 수를 곱하는 것과 일관성이 있었을 것이다.

Python과 MATLAB은 덧붙인 버전과 그렇지 않은 버전의 두 가지 컨볼루션을 제공한다 (그리고 세 개의 출력을 갖는 세 번째 옵션도 있다). 여기에서는 입력에 0을 덧대지 않는 것으로 선택한다. A의 각각의 행은 위에서와 같이 이전 행을 그대로 이동한 것이다.

종종 컨볼루션 과정 $A\boldsymbol{v}$는 이동 윈도우로 간주된다. 이 윈도우는 1 3에서 출발하고 3 5로 이동한다. 첫 번째 윈도우에서 평균을 하면 2가 되고 두 번째 윈도우에서 평균을 하면 4가 된다. "이동 불변"의 중요한 점은 컨볼루션이 각 윈도우에서 동일한 일을 한다는 점이다.

이차원에서 윈도우

이 접근 방식은 윈도우가 정사각형 또는 직사각형인 이차원에서 도움이 된다. 2×2 크기의 겹쳐진 윈도우들이 $n \times n$ 크기의 정사각형을 채우는 모습을 쉽게 볼 수 있다. $(n-1)^2$개의 윈도우와 각 윈도우에 걸쳐 평균값이 하나씩 존재할 것이다. 행렬 A는 n^2개의 입력으로부터 $(n-1)^2$개의 출력을 낸다. A의 각 행은 2×2 윈도우에 걸쳐 평균을 하기 위한 영이 아닌 수 네 개로 이루어진 $(\frac{1}{4}, \frac{1}{4}, \frac{1}{4}, \frac{1}{4})$다.

이러한 이차원 평균 컨볼루션을 하기 위해, 먼저 모든 행에서 이웃하는 쌍들을 평균한다. 그런 다음 모든 열에서 이웃하는 쌍들을 평균한다. 이것을 결합하면 모든 정사각형에 걸쳐 평균할 것이다. 2D 평균화 행렬의 계수가 1이기 때문에 이러한 방식이 동작한다.

$$\begin{matrix} 2 \times 2 \text{ 윈도우} \\ \text{에 걸친 평균} \end{matrix} = \begin{bmatrix} \frac{1}{4} & \frac{1}{4} \\ \frac{1}{4} & \frac{1}{4} \end{bmatrix} = \begin{bmatrix} \frac{1}{2} \\ \frac{1}{2} \end{bmatrix} \begin{bmatrix} \frac{1}{2} & \frac{1}{2} \end{bmatrix} = \begin{matrix} \text{행 평균의} \\ \text{열 평균} \end{matrix}$$

실험 결과는 심층학습에서의 컨볼루션에 대해 $E = 3$이 적합한 선택임을 시사한다. 심층학습은 이와 같은 계수가 1인 $E \times E$ 행렬을 찾을 수 있었고, 먼저 행을 따라 그 다음에는 열을 따라 두 개의 평균을 적용할 수 있었다. $E \times E = 3 \times 3$ 행렬로부터의 2D 컨볼루션을 위한 계수가 1인 행렬은 $E^2 = 9$개 대신 $2E - 1 = 5$개의 미지의 가중치를 가질 것이다.

명확한 이해를 위해 다음 예는 5×5 정사각형을 채운 아홉 개의 3×3 윈도우다.

5×5 **정사각형 내의**
3×3 **윈도우**

1	2	3
4	5	6
7	8	9

이 윈도우를 왼쪽/ 오른쪽/ 위/ 아래/ 왼쪽 위/ 오른쪽 위/ 왼쪽 아래/ 오른쪽 아래 방향으로 움직이면 이러한 아홉 개의 위치에 중심을 맞춘 아홉 개의 윈도우를 만들어낸다

하나의 큰 행렬에 의한 2D 컨볼루션

입력 $\boldsymbol{v}$가 하나의 영상일 때, 컨볼루션은 이차원이 된다. $E = 3$개의 수 x_{-1}, x_0, x_1은 $E^2 = 3^2$개의 독립적인 가중치로 바뀐다. 입력 v_{ij}의 인덱스는 두 개이고 $\boldsymbol{v}$는 $(N+2)^2$개의 픽셀을 나타낸다. 경계에서 $\boldsymbol{v}$에 0을 덧대지 않는다면 출력은 N^2개의 픽셀을 갖는다. 2D 컨볼루션 $A\boldsymbol{v}$는 **아홉 개 $\boldsymbol{v}$ 이동**의 일차결합이다.

가중치

$$\begin{matrix} x_{11} & x_{01} & x_{-11} \\ x_{10} & x_{00} & x_{-10} \\ x_{1-1} & x_{0-1} & x_{-1-1} \end{matrix}$$

입력 영상 v_{ij} i, j는 $(0,0)$부터 $(N+1, N+1)$까지
출력 영상 y_{ij} i, j는 $(1,1)$부터 (N, N)까지
이동 $\mathbf{L}, \mathbf{C}, \mathbf{R}, \mathbf{U}, \mathbf{D}$ = **L**eft, **C**enter, **R**ight, **U**p, **D**own

$$\boxed{A = x_{11}LU + x_{01}CU + x_{-11}RU + x_{10}L + x_{00}C + x_{-10}R + x_{1-1}LD + x_{0-1}CD + x_{-1-1}RD}$$

이 식은 컨볼루션 행렬 A를 아홉 개 이동의 일차결합으로 표현한다. 출력 $\boldsymbol{y} = A\boldsymbol{v}$의 미분은 또다시 이례적으로 간단하다. 식 (2)에 있는 아홉 개의 미분을 사용하여 경사하강법에서 가중치 $\boldsymbol{x}_k$를 개선하는데 필요한 그래디언트 $\boldsymbol{\nabla F}$와 $\boldsymbol{\nabla L}$(학습함수, 손실함수)을 계산한다. 다음 재귀식 $\boldsymbol{x}_{k+1} = \boldsymbol{x}_k - s\boldsymbol{\nabla L_k}$는 훈련 데이터로부터 올바른 출력을 더 잘 매치시키는 가중치를 갖게 된다.

역전파는 아홉 개의 가중치에 대한 $\boldsymbol{y} = A\boldsymbol{v}$의 아홉 개의 다음 미분을 구한다.

$$\frac{\partial \boldsymbol{y}}{\partial x_{11}} = LU\boldsymbol{v} \quad \frac{\partial \boldsymbol{y}}{\partial x_{01}} = CU\boldsymbol{v} \quad \frac{\partial \boldsymbol{y}}{\partial x_{-11}} = RU\boldsymbol{v} \quad \cdots \quad \frac{\partial \boldsymbol{y}}{\partial x_{-1-1}} = RD\boldsymbol{v} \qquad (2)$$

CNN은 **B개의 병렬 채널**을 쉽게 감당할 수 있다 (그리고 이 수 B는 망 내부로 더 깊히 들어가면서 변할 수 있다). $\boldsymbol{x}$에 있는 가중치의 수는 가중치 공유와 가중치 지역성에 의해 크게 줄어들어 컨볼루션 망의 전체 작업을 하는 데 한 세트의 $E^2 = 9$개 가중치가 필요하지도 않고 기대할 수도 없다. B번의 컨볼루션으로 다음 층이 주어진다.

> 컨볼루션은 (필터 또는 퇴플리츠 행렬을 만들어내는) 이동 행렬들의 일차결합이다.
> 심층학습에서, 일차결합 내의 계수들이 학습될 "가중치"가 될 것이다.
> 몇 개의 병렬 컨볼루션이 영상으로부터 더 많은 정보를 추출할 것이다.

이차원 컨볼루션 망

이제 CNN의 진정한 성과인 **영상인식(image recognition)**에 대해 살펴본다. ConvNet과 심층학습은 컴퓨터비전 영역에서 작은 혁명을 일으켰다. 이들의 응용으로는 자율주행차, 드론, 의료 영상, 보안, 로보틱스 등이고 현재도 널리 확장중이다. 우리의 관심은 이러한 모든 일들이 가능하도록 만든 대수와 기하와 통찰에 있다.

이차원에서 (영상의) 행렬 A는 **블록 퇴플리츠**(Toeplitz)다. 각 작은 블록들이 $E \times E$다. 이것은 전산 공학에서 익숙한 구조다. 최적화되는 독립 가중치의 개수 E^2은 완전연결망에 비해 월등하게 적다. 동일한 가중치를 모든 픽셀에서 사용한다 (이동 불변성). 행렬 A는 2D 컨볼루션 $\boldsymbol{x} * \boldsymbol{v}$를 계산한다. 흔히 A를 **필터**라고 한다.

영상을 이해하려면, 변하는 지점을 살펴본다. 즉, 경계선(edge)을 찾는다. 우리의 눈은 날카로운 경계와 급격한 기울기를 찾아낸다. 컴퓨터는 필터를 만들어 이와 동일한 일을 할 수 있다. 이차원 또는 그 이상의 고차원에서의 어려움은 경계선의 방향이 여럿일 수 있다는 점이다. 테스트 영상에 대한 수직, 수평, 그리고 대각선 필터가 필요할 것이다. 그리고 필터는 평활화(smoothing)와 변화량 감지(gradient detection) 그리고 경계선 추출(edge detection)과 같은 다양한 목적을 갖는다.

평활화 함수들에 대해서는, 한 가지 평활기(smoother)는 가우시안 $e^{-x^2/2\sigma^2}$으로 하는 컨볼루션이다. 벡터에 대해서는, $G = \frac{1}{17}(1, 4, 7, 4, 1)$일 때 컨볼루션 $v * G$를 할 수 있을 것이다.

변화량 감지 (CNN에 의한 학습과 별개로) 영상 처리는 변화(gradient)를 감지하는 필터가 필요한데, 이 필터는 특별하게 선택된 가중치를 포함한다. $\boldsymbol{f}$의 일계미분을 어떻게 구할 수 있는지만 보여주기 위해 몇 가지 간단한 필터만 언급한다.

일차원 $E = 3$ $\quad (x_1, x_0, x_{-1}) = \left(-\frac{\mathbf{1}}{\mathbf{2}}, \mathbf{0}, \frac{\mathbf{1}}{\mathbf{2}}\right)$ 그러면 $(A\boldsymbol{v})_i = \frac{1}{2}v_{i+1} - \frac{1}{2}v_{i-1}$

이차원 다음 3×3 소벨 연산자(Sobel operator)는 $\partial/\partial x$와 $\partial/\partial y$를 근사한다.

$$E = 3 \qquad \frac{\boldsymbol{\partial}}{\boldsymbol{\partial x}} \approx \frac{1}{2}\begin{bmatrix} -1 & 0 & 1 \\ -2 & 0 & 2 \\ -1 & 0 & 1 \end{bmatrix} \qquad \frac{\boldsymbol{\partial}}{\boldsymbol{\partial y}} \approx \frac{1}{2}\begin{bmatrix} -1 & -2 & -1 \\ 0 & 0 & 0 \\ 1 & 2 & 1 \end{bmatrix} \tag{3}$$

경계선 검출 이 가중치들은 일반적인 영상들의 가장 중요한 특징인 경계선의 위치를 찾기 위한 영상 처리용으로 만들어졌다. 이것들은 2D 컨볼루션 행렬 A 내부에서 $E \times E$ 필터에 대한 후보가 될 것이다. 그러나 심층학습에서는 $\frac{1}{2}$와 $-\frac{1}{2}$와 같은 가중치들을 사용자가 선택하는 것이 아니라는 것을 기억해야 한다. 이 가중치들은 훈련 데이터로부터 만들어진다.

중요 지금까지 서술한 필터들은 모두 **보폭**(stride) $S = 1$을 갖는다. 더 큰 보폭을 위해서는 영상 전체에 걸쳐 이동 윈도우가 움직일 때 더 긴 단계가 필요하다. 다음은 보폭 2를 갖는 일차원 3-가중치 필터에 대한 행렬 A다. 출력 $\boldsymbol{y} = A\boldsymbol{v}$의 길이가 보폭인 2만큼 줄어든 점에 특히 주목한다 (앞에서는 출력이 네 개였지만 지금은 두 개).

$$\textbf{보폭 } \boldsymbol{S} = \mathbf{2} \qquad A = \begin{bmatrix} \boldsymbol{x}_1 & \boldsymbol{x}_0 & \boldsymbol{x}_{-1} & 0 & 0 \\ 0 & 0 & \boldsymbol{x}_1 & \boldsymbol{x}_0 & \boldsymbol{x}_{-1} \end{bmatrix} \tag{4}$$

이제 x_1과 같은 0이 아닌 가중치들이 두 열만큼씩 떨어져 있다 (보폭 S에 대해 S개의 열만큼 떨어짐). 이차원에서, 보폭 $S = 2$는 모든 방향을 2만큼씩 줄이고 출력의 크기를 4만큼 줄인다.

입력과 출력 개수 세기

일차원 문제에서, 층 하나가 N개의 뉴런을 갖는다 가정한다. E개의 0이 아닌 가중치를 갖는 컨볼루션 행렬을 적용한다. 보폭은 S이고 입력 신호 각 끝단에 P개의 0을 덧붙인다.

이 필터는 얼마나 많은 출력(M개의 수)을 만들어낼까?

$$\textbf{카르파티 (Karpathy)의 공식} \qquad \boldsymbol{M = \frac{N - E + 2P}{S} + 1} \tag{5}$$

2D 또는 3D 문제에서, 이 1D 공식은 각 방향으로 적용된다.

$E = 3$이고 보폭 $S = 1$이라고 가정하자. 각 끝단에서 하나의 0을 덧붙인다면 ($P = 1$),

$$M = N - 3 + 2 + 1 = N \qquad (\text{입력 길이} = \text{출력 길이})$$

보폭 $S = 1$일 때 $2P = E - 1$인 이 경우가 CNN에서 가장 흔한 구조다.

입력에 0을 덧붙이지 않는다면, (이 절 시작 부분에서 4×6 행렬 A에서와 같이) $P = 0$이고 $M = N - 2$다. 이차원에서는 이것이 $M^2 = (N-2)^2$이 된다. 이런 식으로 뉴런을 잃지만, 임의의 인공적인 0-덧댐은 피한다.

이제 보폭 $S = 2$라고 가정하자. 그러면 $N - E$는 짝수가 되어야 한다. 그렇지 않으면 공식 (5)는 분수가 된다. 다음은 $N - E = 5 - 3$이고 덧붙임 $P = 0$이거나 $N = 5$개 입력 양 끝에 $P = 1$일 때의 보폭 $S = 2$에 대한 두 가지 성공 예다.

$$\textbf{보폭 2} \quad \begin{bmatrix} x_{-1} & x_0 & x_1 & 0 & 0 \\ 0 & 0 & x_{-1} & x_0 & x_1 \end{bmatrix} \begin{bmatrix} x_{-1} & x_0 & x_1 & 0 & 0 & 0 & 0 \\ 0 & 0 & x_{-1} & x_0 & x_1 & 0 & 0 \\ 0 & 0 & 0 & 0 & x_{-1} & x_0 & x_1 \end{bmatrix}$$

깊은 컨볼루션망

영상인식은 심층학습의 주요한 응용 분야다 (그리고 주요한 성공이다). 이러한 성공은 AlexNet의 창조와 컨볼루션 망의 개발에서 비롯되었다. 이 페이지에서는 영상인식을 위한 지역적 컨볼루션 행렬들의 깊은 신경망에 대해 설명한다. ICLR 2015에서 수상한 논문인 시몬얀(Simonyan)과 지서만(Zisserman)의 논문을 따라가 본다. 이 논문은 작은 (3×3) 필터를 가진 $L = 16 - 19$ 층의 깊은 구조를 추천한다. 이 망은 B개의 병렬 채널 폭을 가진다 (각 층마다 B개의 이미지).

이 폭 B가 모든 층에서 동일하게 유지된다면, 그리고 모든 필터들이 $E \times E$의 지역적인 가중치를 갖는다면, 간단한 공식으로 망 내의 가중치의 개수 W를 추정할 것이다.

$$\boldsymbol{W \approx LBE^2} \qquad \boldsymbol{L}\textbf{개 층, } \boldsymbol{B}\textbf{개 채널, } \boldsymbol{E \times E}\textbf{ 지역 컨볼루션} \tag{6}$$

W는 각 층에 있는 뉴런의 개수와는 무관한 것에 주목한다. 이것은 E^2개의 가중치가 공유되기 때문이다. 풀링이 뉴런의 수를 줄일 것이다.

완전연결된 층으로 CNN을 마무리하는 것은 매우 일반적이다. AlexNet의 마지막 층을 보라 (8.1절). 그러한 촘촘한 층은 $W \approx 135,000,000$까지 가중치의 개수를 갑작스럽게 증가시킨다.

다중클래스 망을 위한 Softmax 출력

숫자 인식에서는 열 개의 가능한 출력이 있다. 문자와 다른 기호의 경우에는 26개거나 그 이상이다. 다중 출력 클래스인 경우에는 최끝단 층 ($\boldsymbol{v}$로 시작한 신경망에서 출력층 $\boldsymbol{w}$)을 결정하는 적절한 방법이 필요하다. "Softmax"는 로지스틱 회귀의 2-출력 경우를 대체한다. **우리는 n개의 수들을 확률로 바꾸고 있다.**

출력 $\boldsymbol{w}_1, \ldots, \boldsymbol{w}_n$은 더하면 1이 되는 확률 $p_1, \ldots, p_n$으로 변환된다.

$$\text{Softmax} \qquad \boldsymbol{p_j} = \frac{\mathbf{1}}{\boldsymbol{S}} \boldsymbol{e}^{\boldsymbol{w_j}} \quad \text{여기서} \quad \boldsymbol{S} = \sum_{k=1}^{n} \boldsymbol{e}^{\boldsymbol{w_k}} \tag{7}$$

확실히 softmax는 가장 큰 확률 p_j를 가장 큰 출력 w_j에 부여한다. 그러나 e^w는 w의 비선형 함수다. 그래서 softmax 할당은 크기 재조정에 대해 불변은 아니다. 즉, 모든 출력 w_j가 두 배가 된다면, softmax는 다른 확률 p_j를 만들어낼 것이다. 작은 w의 경우, softmax는 실제적으로 가장 큰 수 $w_{\max}$를 약화시킨다.

숫자를 인식하는 `teachyourmachine.com`의 CNN 예에서, 훌륭한 시각적 보조 장치인 파이 차트 표시를 통해 어떻게 softmax가 확률들을 만들어내는지 볼 수 있다.

잔차 망(ResNets)

망은 점점 더 많은 은닉층을 가지면서 엄청나게 깊어지고 있다. 대부분 이들은 적절한 수의 독립 가중치를 갖는 컨볼루션 층들이다. 그러나 깊이는 위험을 불러온다. 정보가 체증되어 출력까지 도달하지 못할 수 있다. "사라지는 기울기" 문제는 심각해질 수 있다. 전파를 해 나가면서 매우 많은 곱셈을 거치게 되고 계산된 기울기가 지수적으로 작아지는 결과가 될 수 있다. 잘 설계된다면 깊이는 좋은 것이지만 **학습이 앞으로 나아갈 수 있는 경로를 반드시 생성해야만 한다.**

놀라운 것은 그러한 빠른 경로가 매우 간단할 수 있다는 점인데, "연결 생략" 은 일반적인 단계 $\boldsymbol{v}_n = (A_n\boldsymbol{v}_{n-1} + \boldsymbol{b}_n)_+$ 를 우회하여 다음 층으로 바로 간다. L개의 층은 각 층에서 다음 층으로 빠르든 보통이든 총 2^L 개의 가능한 루트를 허용할 수 있을 것이다.

커다란 영향을 미치지 않고 전체 층을 제거할 수 있다는 결과가 있다. n번째 층은 2^{n-1} 개의 가능한 경로를 통해 도달한다. 경로 생략을 고려하지 않는다면, 많은 경로들의 길이가 n보다 훨씬 낮다. 정보들을 앞으로 멀리 보냄으로써 초기에 학습된 특징들이 출력 이전에 상실되지 않는다. 잔차 망은 매우 성공적인 깊은 신경망이 되었다.

간단한 CNN: 문자 읽기 학습

MIT에서의 수업 프로젝트 중 하나가 컨볼루션 망 teachyourmachine.com이었다. 사용자는 A와 B를 여러 개 (그렇게 많지는 않게) 쓰면서 시작한다. 이 훈련 집합에 대해, 올바른 분류는 사용자 입력의 일부다. 그러면 올바른 답 (의도했던 문자)에 대해 높은 확률을 제공하는 연속 구간별 선형함수 $F(\boldsymbol{v})$를 생성하는, 이 데이터를 학습하는 불가사의한 단계가 나온다.

숫자를 읽는 학습의 경우, 열 개의 확률들이 파이 차트에 나타난다. 너무 작은 훈련 집합으로는 자주 오류가 난다는 것을 곧 알아차릴 것이다. 만일 예들은 숫자 또는 문자의 중심을 맞추었지만 테스트 영상은 중심이 맞지 않다면, 사용자는 왜 그러한 오류가 발생하는지 이해한다. **teachyourmachine.com의 목적 중 하나는 모든 수준에서의 기계 학습 교육이다.**

바둑 세계 챔피언

깊은 컨볼루션 망이 이룬 드라마틱한 업적은 (인간) 바둑 세계 챔피언을 무찌른 것이었다. 바둑은 19×19의 바둑판 위에서 하는 어려운 게임이다. 차례대로 두 선수가 상대의 돌을 둘러싸는 시도를 하면서 "돌" 을 놓는다. 한 색깔의 여러 돌들이 그 옆에 (왼쪽, 오른쪽, 위 또는 아래) 빈 공간이 없으면, 그 돌들은 바둑판에서 제거한다. Wikipedia에 이 단계들을 보여주는 애니메이션 게임이 있다.

AlphaGo는 2016년에 최고 선수인 이세돌을 4:1로 이겼다. AlphaGo는 수천 번의 인간이 둔 게임들에 대해 훈련하였다. 이것은 확실히 승리였지만, 압도적인 승리는 아니었다. 그후 신경망은 깊어지고 개선되었다. 구글의 새로운 버전인 AlphaGo Zero는 어떠한 인간의 개입 없이 단지 스스로 자신과 경기하면서 학습하였다. 이제 이것은 자기 자신의 조상인 AlphaGo를 100:0으로 이겼다.

새로운 더 나은 버전의 핵심 포인트는 **기계가 스스로 학습했다**는 점이다. 규칙만 알려줬고 더 이상 아무 것도 알려주지 않았다. 이에 비해 첫 번째 버전은 승패 이유를 발견하는 것을 목표로 이전의 게임들을 집어 넣었다. 새로운 접근법의 결과는 언어간 기계 번역과 유사했다. 한 언어를 마스터하기 위해서는 문법의 특별한 사례들이 필수적인 것처럼 보였다. 그 모든 예외들을 어떻게 배울 수 있겠는가? 구글 번역팀은 시스템(기계)이 알아야 할 내용을 가르치고 있었다.

한편 다른 소규모의 팀은 다른 접근 방법을 택하고 있었다. 기계가 알아내게 한다. 바둑을 두는 것과 언어를 번역하는 두 경우 모두에서 더 깊은 신경망과 더 많은 경기를 사용하고 코치 없이도 성공했다.

기계가 가끔씩 이전에는 인간이 거의 또는 전적으로 선택하지 않았던 열린 수를 둔다는 점은 흥미롭다. 망에 넣어주는 입력은 판세와 돌을 놓은 이력이다. 출력 벡터는 각 수를 선택할 확률과 또한 그 판세로부터 이길 확률을 추정하는 스칼라다. 각 단계마다 몬테카를로 (Monte Carlo) 트리 탐색과 교신한다. 그리하여 강화학습(reinforcement learning)을 만들어 낸다.

8.3 경사하강법에 의한 손실 최소화

이 절은 $\boldsymbol{F}(\boldsymbol{x}_1, \ldots, \boldsymbol{x}_n)$**을 최소화**하는 근본적인 문제에 관한 것이다. 미적분학에 의하면 (F가 평활함수(smooth function)일 때) 최솟점에서 일계미분들 $\partial F / \partial x_i$가 모두 0 이다. (심층학습에서는 작은 수인) $n = 20$개의 미지수가 있다면, 하나의 함수 F의 최소화를 위한 20개의 방정식 $\partial F / \partial x_i = 0$이 유도된다. "경사하강법"은 $F(\boldsymbol{x})$를 감소시키는 방향을 찾기 위해 미분 $\partial F / \partial x_i$를 사용한다. $F(\boldsymbol{x})$가 가장 빠르게 감소하는 가장 가파른 방향은 그래디언트 $-\boldsymbol{\nabla F}$에 의해 주어진다.

$$\boxed{\textbf{경사하강법/ 학습률 } \boldsymbol{s_k} \qquad \boldsymbol{x_{k+1}} = \boldsymbol{x_k} - \boldsymbol{s_k} \boldsymbol{\nabla F}(\boldsymbol{x_k})} \tag{1}$$

$\boldsymbol{\nabla F}$는 F의 n개 편미분들의 벡터 $(\partial F / \partial x_1, \ldots, \partial F / \partial x_n)$을 나타낸다. 그러므로 식 (1)은 각 단계 $k = 1, 2, 3, \ldots$에서 하나의 벡터방정식이고 s_k는 단계 크기(stepsize) 또는 학습률(learning rate)이다. 우리는 $F(\boldsymbol{x})$의 그래프가 바닥인 점 $\boldsymbol{x}^*$를 향해 움직이기를 희망한다.

우리는 당분간 20개의 일계미분이 존재하며 계산 가능하다고 가정한다. 이 20개의 일계미분들이 다시 20개의 간편한 도함수 $\partial / \partial x_j (\partial F / \partial x_i)$를 가진다고는 가정하지 않는다. 그 도함수들은 20×20 대칭행렬 (헤시안 행렬(Hessian matrix))에 들어가는 F의 210개의 **이계미분**이다. (대칭성 덕분에 $n^2 = 400$이 $\frac{1}{2}n^2 + \frac{1}{2}n = 210$개의 계산으로 줄어든다.) 이계미분은 매우 유용한 추가 정보가 될 수 있지만, 많은 문제에서는 이를 포기해야 한다.

20개의 일계미분과 210개의 이계미분이 계산 비용을 20배와 210배가 되도록 하지는 않는다는 점을 알아야 한다. 기계학습에서 **역전파**(backpropagation)로 재발견되고 확장된, **자동 미분**(automatic differentiation)이라는 깔끔한 아이디어 덕분에 그러한 비용 증가율은 실제에서는 훨씬 더 작다. 역전파는 한꺼번에 n개의 연쇄 법칙을 따르는 신속한 방법이다.

잠시 식 (1)로 돌아가보자. $-s_k \boldsymbol{\nabla F}(\boldsymbol{x_k})$ 단계에는 (하강하는) 마이너스 부호, (단계 크기를 제어하는) 인수 s_k, 그리고 (현재점 $\boldsymbol{x}_k$에서 계산된 F의 일계미분 값들의) 그래디언트 벡터 $\boldsymbol{\nabla F}$가 포함되어 있다. 단계 크기와 탐색 방향의 선택에는 수많은 고민과 계산 경험이 반영되었다.

우리는 미분과 그래디언트 벡터 $\boldsymbol{\nabla F}$에 대한 주요 사실로부터 시작한다. 이 책은 선형대수 책이지만 미적분학의 흔적을 남기며 마무리하고 있음을 양해바란다.

다변수 미적분학

기계학습은 수많은 변수들의 함수 $F(x_1, \ldots, x_n)$을 수반한다. 우리는 F의 일계 및 이계 미분에 대한 기초적인 사실이 필요하다. 다음은 $n > 1$일 때 "편미분들"이다.

하나의 함수 F **n개의 변수 x**	$\boldsymbol{F}(\boldsymbol{x}+\boldsymbol{\Delta x}) \approx \boldsymbol{F}(\boldsymbol{x}) + (\boldsymbol{\Delta x})^{\boldsymbol{T}}\boldsymbol{\nabla F} + \frac{1}{2}(\boldsymbol{\Delta x})^{\boldsymbol{T}}\boldsymbol{H}(\boldsymbol{\Delta x})$	(2)

이것은 테일러 급수(Taylor series)의 시작 부분인데 이차항 이상 가는 경우는 거의 없다. 첫 두 개의 항 $F(\boldsymbol{x}) + (\Delta x)^T \nabla F$는 $\boldsymbol{x}$에서의 정보를 이용하여 $F(\boldsymbol{x}+\Delta\boldsymbol{x})$에 대해 일차 근사를 한다. 그런 다음 $(\Delta \boldsymbol{x})^2$ 항은 이차 근사를 한다.

예제 1 S가 대칭일 때, $F(\boldsymbol{x}) = \boldsymbol{x}^T S\boldsymbol{x}$의 그래디언트는 $\boldsymbol{\nabla F} = 2\boldsymbol{S x}$다. 이 벡터를 직접 보기 위해, $n = 2$일 때 함수 $F(x_1, x_2)$를 써 본다. 행렬 S는 2×2다.

$$F = \begin{bmatrix} x_1 & x_2 \end{bmatrix} \begin{bmatrix} a & b \\ b & c \end{bmatrix} \begin{bmatrix} x_1 \\ x_2 \end{bmatrix} = \begin{matrix} ax_1^2 + cx_2^2 \\ +2bx_1x_2 \end{matrix} \qquad \begin{bmatrix} \partial F/\partial x_1 \\ \partial F/\partial x_2 \end{bmatrix} = 2\begin{bmatrix} ax_1 + bx_2 \\ bx_1 + cx_2 \end{bmatrix} = 2\boldsymbol{S}\begin{bmatrix} \boldsymbol{x}_1 \\ \boldsymbol{x}_2 \end{bmatrix}$$

예제 2 양의 정부호 대칭행렬 S에 대해, 이차식 $F(\boldsymbol{x}) = \frac{1}{2}\boldsymbol{x}^{\boldsymbol{T}}\boldsymbol{S x} - \boldsymbol{a}^{\boldsymbol{T}}\boldsymbol{x}$의 최솟값은 음수 $\boldsymbol{F}_{\min} = -\frac{1}{2}\boldsymbol{a}^{\boldsymbol{T}}\boldsymbol{S a}$이다

이것은 중요한 예다! 최솟값은 F의 일계미분이 0인 곳에서 발생한다.

$$\boldsymbol{\nabla F} = \begin{bmatrix} \boldsymbol{\partial F/\partial x}_1 \\ \vdots \\ \boldsymbol{\partial F/\partial x_n} \end{bmatrix} = \boldsymbol{S x} - \boldsymbol{a} = 0 \text{ 으로부터 } \boldsymbol{x}^* = \boldsymbol{S}^{-1}\boldsymbol{a} = \arg\min \boldsymbol{F}. \tag{3}$$

언제나처럼 기호 $\arg\min \boldsymbol{F}$**는** $F(\boldsymbol{x}) = \frac{1}{2}\boldsymbol{x}^{\boldsymbol{T}}\boldsymbol{S x} - \boldsymbol{a}^T\boldsymbol{x}$**의 최솟값에 도달한 점** $\boldsymbol{x}^*$**을 의미한다.** 보통 그 점에서의 실제 최솟값 $\boldsymbol{F}_{\min} = F(\boldsymbol{x}^*)$보다 최소화하는 벡터 $\boldsymbol{x}^* = S^{-1}\boldsymbol{a}$에 더 많은 관심이 있다.

$$\boldsymbol{F}_{\min} \text{ 은 } \frac{1}{2}(S^{-1}\boldsymbol{a})^T S(S^{-1}\boldsymbol{a}) - \boldsymbol{a}^T(S^{-1}\boldsymbol{a}) = \frac{1}{2}\boldsymbol{a}^T S^{-1}\boldsymbol{a} - \boldsymbol{a}^T S^{-1}\boldsymbol{a} = -\frac{1}{2}\boldsymbol{a}^{\boldsymbol{T}}\boldsymbol{S}^{-1}\boldsymbol{a}$$

F의 그래프는 $\boldsymbol{x} = 0$에서 0을 지나고 $\boldsymbol{x}^*$에서의 최솟값쪽으로 움푹 파인 그릇 형태다.

그래디언트 벡터 ∇f의 기하학

$n = 2$개의 변수를 가진 함수 $f(x, y)$로 시작하자. 이 함수의 그래디언트는 벡터 $\boldsymbol{\nabla f} = (\boldsymbol{\partial f/\partial x}, \boldsymbol{\partial f/\partial y})$이며, 미분값이 계산되는 점 x, y를 이동함에 따라 그 길이가 변한다.

$$\boldsymbol{\nabla f} = \left(\frac{\partial f}{\partial x}, \frac{\partial f}{\partial y}\right) \qquad \textbf{길이} = \|\boldsymbol{\nabla f}\| = \sqrt{\left(\frac{\partial f}{\partial x}\right)^2 + \left(\frac{\partial f}{\partial y}\right)^2} = \text{경사가 가장 급한 방향으로의 기울기}$$

이 길이 $\|\boldsymbol{\nabla f}\|$는 $z = f(x, y)$의 그래프의 가파른 정도를 말해준다. 이 그래프는 일반적으로 xyz 공간 내에 있는 산이나 계곡과 같이 휘어진 곡면이다. 각 점에서 x-방향으로의 기울기 $\partial f/\partial x$와 y-방향으로의 기울기 $\partial f/\partial y$가 있다. **가장 가파른 경사는 $\boldsymbol{\nabla f} = \mathbf{grad} \boldsymbol{f}$ 방향이고,** 그 가장 가파른 경사의 크기가 $\|\boldsymbol{\nabla f}\|$다.

예제 3 선형함수 $f(x, y) = ax + by$의 그래프는 평면 $z = ax + by$다. 그래디언트는 편미분들의 벡터인 $\boldsymbol{\nabla f} = \begin{bmatrix} a \\ b \end{bmatrix}$이고, 이 벡터의 길이는 $\|\boldsymbol{\nabla f}\| = \sqrt{a^2 + b^2}$ = 지붕의 경사다. 이 경사는 $\boldsymbol{\nabla f}$ 방향으로 가장 가파르다.

가장 가파른 방향은 등위 방향과 수직이다. 등위 방향 z = 상수는 $ax + by$ = 상수다. $\boldsymbol{\nabla f}$와 수직인 이 방향은 걷기에 안정한 방향이다. 그림 8.5는 평면 $\boldsymbol{z = x + 2y}$ 위에서 서로 수직인 등위 방향과 경사가 가장 가파른 방향을 보여준다.

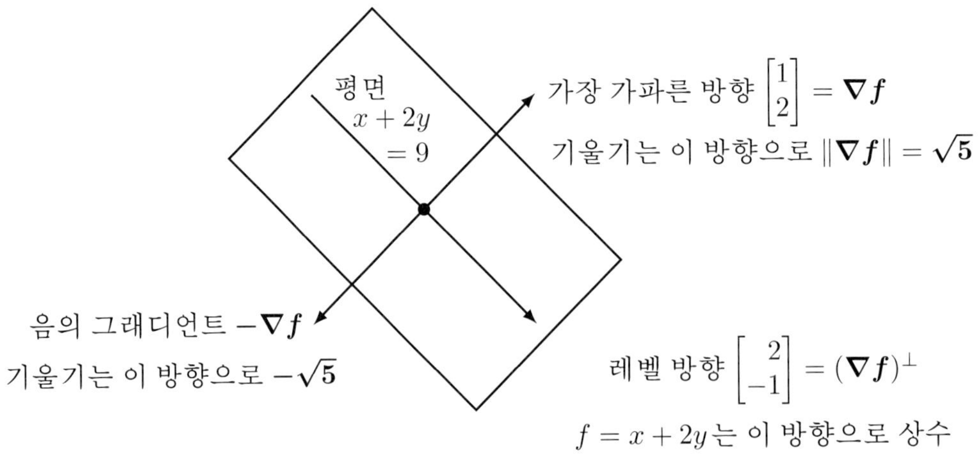

그림 8.5: 음의 그래디언트 $-\boldsymbol{\nabla f}$는 가장 급하게 하강하는 방향을 가리킨다

예제 4 이차식 $\boldsymbol{f} = ax^2 + by^2$의 그래디언트는 $\boldsymbol{\nabla f} = \begin{bmatrix} \partial f/\partial x \\ \partial f/\partial y \end{bmatrix} = \begin{bmatrix} 2ax \\ 2by \end{bmatrix}$이다. 이것은 지점을 바꿔가면서 경사가 가장 가파른 방향을 알려준다. (위로 열린 그릇 형태인) 곡면 위에 있다고 해보자. 이 그릇의 바닥은 그래디언트 벡터가 영인 $x = y = 0$인 지점에 있다. 가장 가파른 방향의 경사는 $\|\boldsymbol{\nabla f}\|$다. 최소점에서 $\boldsymbol{\nabla f} = (2ax, 2by) = (0,0)$이고 경사 = 0이다.

등위 방향은 $\boldsymbol{z = ax^2 + by^2}$ = 상수 높이다. 평면 z = 상수는 한 등위선(level curve)에서 그릇을 절단한다. 이 예에서 등위선 $ax^2 + by^2 = c$는 타원이다. (등위 방향인) 이 타원의 접선은 (경사가 가장 가파른 방향인) 그래디언트와 수직이다. 그러나 최대급하강에 대한 심각한 여러움이 있다!

경사가 가장 가파른 방향이 아래로 내려갈수록 바뀌는 것이다! 그래디언트가 바닥을 가리키지 않는다!

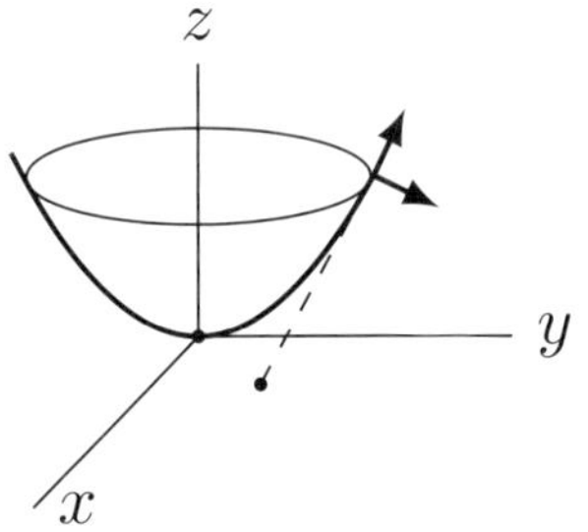

그릇 $ax^2 + by^2 = z$ 위아래로의 최대급 방향 $\boldsymbol{\nabla f}$
타원 $ax^2 + by^2$ = 상수를 따른 평평한 방향 $(\boldsymbol{\nabla f})^{\perp}$
최대급 방향은 평평한 방향과 수직이지만
최대급 방향이 최솟점 $(0,0)$을 가리키진 않는다.

그림 8.6: **최대급하강법은 그래디언트 방향 $\begin{bmatrix} -2a\boldsymbol{x} \\ -2b\boldsymbol{y} \end{bmatrix}$으로 그릇을 따라 아래로 움직인다**

반복해보자. 점 x_0, y_0에서 $f = ax^2 + by^2$에 대한 그래디언트 방향은 $\boldsymbol{\nabla f} = (2ax_0, 2by_0)$와 나란하다. x_0, y_0을 지나는 경사가 가장 가파른 직선은 $2ax_0(y - y_0) = 2by_0(x - x_0)$이다. 그러면 가장 낮은 점 $(x, y) = (0,0)$이 이 직선 위에 놓여있지 않다! **"최대급하강법(steepest descent)"의 한 단계만으로는 이 최솟점을 찾지 못할 것이다. $b = a$여서 그릇이 원형인 경우를 제외하고, 경사가 가장 가파른 방향이 그릇의 바닥으로 유도하지 않는다.**

물은 산을 따라 아래로 내려가면서 방향을 바꾼다. 조만간 우리도 또한 방향을 바꿔야 한다. 실제로 그래디언트 방향으로 계속 가다 비용 함수 f가 빠르게 줄어들지 않을 때 (또는 증가하기 시작할 때) 멈춘다. 그 지점에서 1 단계가 끝나고 그래디언트 $\boldsymbol{\nabla f}$를 다시 계산한다. 이것으로 2 단계에서의 새로운 하강 방향을 얻는다.

지그재그가 나타나는 중요한 예

예 $f(x,y) = \frac{1}{2}(\boldsymbol{x}^2 + \boldsymbol{b}\boldsymbol{y}^2)$은 $0 < b \leq 1$인 경우에 매우 유용하다. 이 함수의 그래디언트 $\boldsymbol{\nabla f}$의 두 성분은 $\partial f/\partial x = \boldsymbol{x}$와 $\partial f/\partial y = \boldsymbol{by}$다. f는 점 $(x^*, y^*) = (0,0)$에서 최솟값 0에 도달한다. 무엇보다도 가장 좋은 점은, 정확한 직선 탐색을 통한 최대급하강이 $(0,0)$을 향해 그릇을 따라 천천히 내려가는 각 지점 (x_k, y_k)에서의 간단한 공식을 만들어낸다는 것이다. $(x_0, y_0) = (b, 1)$에서 시작하여 우리는 다음 점들 (x_k, y_k)을 찾는다.

$$\boxed{\boldsymbol{x_k} = \boldsymbol{b}\left(\frac{\boldsymbol{b}-1}{\boldsymbol{b}+1}\right)^{\boldsymbol{k}} \quad \boldsymbol{y_k} = \left(\frac{1-\boldsymbol{b}}{1+\boldsymbol{b}}\right)^{\boldsymbol{k}} \quad \boldsymbol{f}(\boldsymbol{x_k}, \boldsymbol{y_k}) = \left(\frac{1-\boldsymbol{b}}{1+\boldsymbol{b}}\right)^{2\boldsymbol{k}} \boldsymbol{f}(\boldsymbol{x}_0, \boldsymbol{y}_0)} \tag{4}$$

$b = 1$이면, 한 단계만에 즉시 성공하는 것을 보게 된다. 점 (x_1, y_1)이 $(0,0)$이다. 이때 그릇은 $f = \frac{1}{2}(x^2 + y^2)$인 완벽한 구형이다. 음의 그래디언트는 그릇의 바닥을 가리키고 이것은 정확하게 $(0,0)$을 지난다. 그러면 경사하강법의 첫 단계에서 $f = 0$인 올바른 최소화 지점을 찾는다.

이 예의 진짜 목적은 b가 작을 때 볼 수 있다. 식 (4)에서 중요한 비가 $r = (1-b)/(1+b)$다. $b = \frac{1}{10}$이면 이 비는 $r = 9/11$이고, $b = \frac{1}{100}$이면 이 비는 $99/101$이다. 이 비가 1에 가까워지고 b가 매우 작을 때 $(0,0)$ 방향으로의 진행이 사실상 멈춘다.

그림 8.7은 $(0,0)$을 향한 단계들의 짜증나는 지그재그 패턴을 보여준다. 각 단계는 짧고 진전은 매우 느리다. 이것은 $\boldsymbol{x}_{k+1} = \boldsymbol{x}_k - s_k \boldsymbol{\nabla f}(\boldsymbol{x}_k)$에서의 단계 크기 s_k가 정확하게 f를 최소화하도록 (정확한 직선 탐색) 선택되었을 경우이다. 그러나 $-\boldsymbol{\nabla f}$의 방향은 그것이 아무리 경사가 가장 가파르다 하더라도, 최종 답 $(x^*, y^*) = (0,0)$에서 벗어난 곳을 가리키고 있다.

이 그릇은 b가 작으면 좁은 계곡 형태가 된다. 바닥을 향해 계곡 아래로 내려가는 대신에 쓸모없이 계곡을 가로지르고 있는 것이다.

b가 1에 가까우면, 이 그릇은 더 둥그렇게 되고 하강이 더 빨라진다. 일차 수렴은 $(x^*, y^*) = (0,0)$까지의 거리가 각 단계마다 상수 비율로 줄어드는 것을 의미한다. 이 함수 f에 최대급하강법을 적용하는 경우, 식 (4)에서의 수렴률은 $(1-b)^2/(1+b)^2$이다.

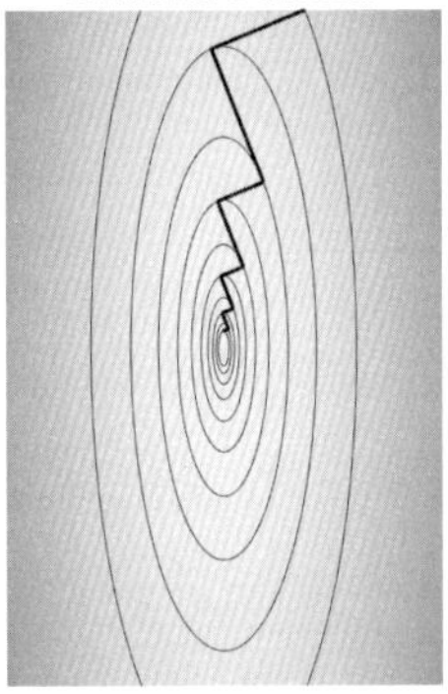

첫 번째 하강 단계는 등위 집합에 수직으로 출발한다. 더 낮은 등위 집합을 지날 때, 이 함수 $f(x, y)$는 감소하고 있다. **마침내 이 경로는 한 등위집합 L과 접한다.** 하강을 멈춘다. 더 가게되면 f를 증가시킨다. 첫 번째 단계가 끝난다. 다음 단계는 L에 수직이다. 따라서 이 지그재그 패턴은 90° 회전한다.

그림 8.7: $f = x^2 + by^2$의 최솟점으로 가는 지그재그 경로에서의 느린 수렴

모멘텀과 무거운 공의 경로

최대급하강의 이 느린 지그재그 경로는 진짜 문제이므로 이것을 개선해야만 한다. 앞의 본보기 예 $f = \frac{1}{2}(x^2 + by^2)$의 변수는 오직 x, y 두 개 뿐이고, 이계미분 행렬 H는 성분이 상수 $f_{xx} = 1$과 $f_{yy} = b$와 $f_{xy} = 0$인 대각행렬이다. 그런데 이 행렬은 $\boldsymbol{b = \lambda_{\min}/\lambda_{max} = b/1}$ **이 매우 작을 때** 지그재그 문제점을 매우 명확하게 보여준다.

핵심 아이디어는 언덕 아래로 굴러 내려가는 무거운 공에서는 지그재그가 발생하지 않을 것이라는 것이다. 공이 좁은 계곡을 가로지르며 옆면과 부딪히면서도 공의 모멘텀이 대부분 앞 방향으로 나아가게 한다. 따라서 **그래디언트에 계수 β를 가진 모멘텀을 추가한다** (이것이 폴야크(Polyak)의 중요한 아이디어다).

개선된 각 단계의 방향 $\boldsymbol{z}_k$는 이전 방향 $\boldsymbol{z}_{k-1}$을 기억한다.

모멘텀을 가진 하강 $\quad \boxed{\boldsymbol{x}_{k+1} = \boldsymbol{x}_k - s\boldsymbol{z}_k \text{ 여기서 } \boldsymbol{z}_k = \boldsymbol{\nabla f}(\boldsymbol{x}_k) + \beta \boldsymbol{z}_{k-1}} \quad (5)$

이제 우리에게는 선택해야 할 두 개의 계수, 스텝 크기 s와 또한 β가 있다. 가장 중요한 것은 **식 (5)에서 $\boldsymbol{x}_{k+1}$로 가는 단계에 $\boldsymbol{z}_{k-1}$이 연관된다**는 점이다. 모멘텀은 1-단계 방법 (경사 하강)을 2-단계 방법으로 바꾼다. 1 단계 방법으로 돌아가기 위해서는, 식 (5)를 시각 $k+1$에서의 상태에 대한 **두 개의 연립방정식** (하나의 벡터방정식)으로 다시 써야

한다.

모멘텀을 가진 벡터방정식
$$\boxed{\begin{aligned} \boldsymbol{x}_{k+1} \qquad\qquad &= \boldsymbol{x}_k - \boldsymbol{s}\boldsymbol{z}_k \\ \boldsymbol{z}_{k+1} - \boldsymbol{\nabla f}(\boldsymbol{x}_{k+1}) &= \qquad \boldsymbol{\beta}\boldsymbol{z}_k \end{aligned}} \qquad (6)$$

이 두 방정식으로 1-단계 방법을 복원하였다. 이것은 정확하게 하나의 이계미분방정식을 두 개의 일계미분방정식으로 이루어진 연립방정식으로 축소하는 것과 같다. y와 함께 dy/dt가 두 번째 미지수가 되면 이계미분이 일계미분으로 축소된다.

이계방정식
연립일계방정식
$$\frac{d^2y}{dt^2} + b\frac{dy}{dt} + ky = 0 \text{ 이 } \frac{d}{dt}\begin{bmatrix} y \\ dy/dt \end{bmatrix} = \begin{bmatrix} 0 & 1 \\ -k & -b \end{bmatrix}\begin{bmatrix} y \\ dy/dt \end{bmatrix} \text{가 된다.}$$

이 b는 움직임을 감쇠시키는 반면에 β는 움직임을 촉진시키는 모멘텀을 추가한다는 점이 흥미롭다.

이차식 모델

$f(\boldsymbol{x}) = \frac{1}{2}\boldsymbol{x}^T S\boldsymbol{x}$가 이차식일 때, 이것의 그래디언트 $\boldsymbol{\nabla f} = S\boldsymbol{x}$는 선형이다. S가 대칭인 양의 정부호 행렬이고 $\boldsymbol{\nabla f}(\boldsymbol{x}_{k+1})$는 $S\boldsymbol{x}_{k+1}$이 되는 것이 이해하는 데 가장 적합한 대표적인 문제다. 그 중에서도 최고의 모델인, 성분이 1과 b인 2×2 대각행렬 S도 포함된다. S가 2×2보다 더 큰 행렬이면, β와 단계 크기 s에 대한 가장 좋은 선택은 S의 최대 고윳값과 최소 고윳값으로 결정된다. 그러므로 이 2×2 사례가 실질적으로 전체 문제의 본질을 담고 있다.

가속화된 하강의 단계들을 이해하기 위해, S의 각 고유벡터 $\boldsymbol{q}$를 따라가 본다. 여기서 우리는 고유벡터를 따라가라는 선형대수에서의 핵심 아이디어를 사용하고 있다 (6장 참조).

$S\boldsymbol{q} = \lambda\boldsymbol{q}$이고 $\boldsymbol{x}_k = c_k\boldsymbol{q}$ 이고 $\boldsymbol{z}_k = d_k\boldsymbol{q}$ 이고 $\boldsymbol{\nabla f}_k = S\boldsymbol{x}_k = \lambda c_k\boldsymbol{q}$라고 가정하자. 그러면 식 (7)은 단계 k에서의 수 c_k 및 d_k와 단계 $k+1$에서의 c_{k+1} 및 d_{k+1}을 연결한다.

고유벡터 $\boldsymbol{q}$
를 따라가기
$$\begin{aligned} c_{k+1} \qquad\quad &= c_k - sd_k \\ -\lambda c_{k+1} + d_{k+1} &= \qquad \beta d_k \end{aligned} \qquad \begin{bmatrix} 1 & 0 \\ -\boldsymbol{\lambda} & 1 \end{bmatrix}\begin{bmatrix} c_{k+1} \\ d_{k+1} \end{bmatrix} = \begin{bmatrix} 1 & -\boldsymbol{s} \\ 0 & \boldsymbol{\beta} \end{bmatrix}\begin{bmatrix} c_k \\ d_k \end{bmatrix} \quad (7)$$

이제 첫 번째 행렬의 역행렬 ($-\lambda$가 λ로 됨)을 곱하면 각 하강 단계를 명확하게 보게 된다.

$$\textbf{R을 곱한 하강 단계}\quad \boxed{\begin{bmatrix} c_{k+1} \\ d_{k+1} \end{bmatrix} = \begin{bmatrix} 1 & 0 \\ \lambda & 1 \end{bmatrix} \begin{bmatrix} 1 & -s \\ 0 & \beta \end{bmatrix} \begin{bmatrix} c_k \\ d_k \end{bmatrix} = \begin{bmatrix} 1 & -\boldsymbol{s} \\ \boldsymbol{\lambda} & \boldsymbol{\beta} - \boldsymbol{\lambda s} \end{bmatrix} \begin{bmatrix} c_k \\ d_k \end{bmatrix} = \boldsymbol{R} \begin{bmatrix} c_k \\ d_k \end{bmatrix}} \tag{8}$$

k 단계 후에는 출발했던 벡터에 R^k가 곱해진다. ($f = \frac{1}{2}\boldsymbol{x}^T S \boldsymbol{x}$의 최솟값인) 0으로 빠르게 수렴하기 위해서는 R의 고윳값 e_1과 e_2 모두 가능한 작은 값이길 원한다. 명확하게 R의 이 고윳값들은 S의 고윳값 λ에 따라 달라진다. 이 고윳값 λ는 $\lambda_{\min}(S)$와 $\lambda_{\max}(S)$ 사이 어디쯤 일 것이다. 우리의 문제는 다음과 같다.

$\lambda_{\min}(S) \le \lambda \le \lambda_{\max}(S)$ 에 대해 $\max\left[|\boldsymbol{e}_1(\boldsymbol{\lambda})|, |\boldsymbol{e}_2(\boldsymbol{\lambda})|\right]$ **를 최대화하는 $\boldsymbol{s}$와 $\boldsymbol{\beta}$를 선택하라**

이 문제의 아름다운 해가 존재한다는 것은 기적처럼 보인다. 최적의 s와 β는 다음과 같다.

$$\boxed{s = \left(\frac{2}{\sqrt{\lambda_{\max}} + \sqrt{\lambda_{\min}}}\right)^2 \quad \text{그리고} \quad \beta = \left(\frac{\sqrt{\lambda_{\max}} - \sqrt{\lambda_{\min}}}{\sqrt{\lambda_{\max}} + \sqrt{\lambda_{\min}}}\right)^2} \tag{9}$$

S의 고윳값이 $\lambda_{\max} = 1$과 $\lambda_{\min} = b$인 2×2 슈퍼모델에 대한 최적의 계수는 다음과 같다.

$$s = \left(\frac{2}{1 + \sqrt{b}}\right)^2 \quad \text{그리고} \quad \beta = \left(\frac{1 - \sqrt{b}}{1 + \sqrt{b}}\right)^2 \tag{10}$$

단계 크기와 모멘텀을 이렇게 선택하면 (모멘텀이 없는) 일반적인 최대급하강의 수렴율이 식 (4)에서의 수렴률과 비슷하게 보인다. 그러나 식 (10)과 식 (4) 사이에는 결정적인 차이점이 존재하는데, **$\boldsymbol{b}$가 $\sqrt{\boldsymbol{b}}$로 대체된다**는 것이다.

$$\boxed{\textbf{일반적인 하강률} \quad \left(\frac{1 - \boldsymbol{b}}{1 + \boldsymbol{b}}\right)^2 \qquad \textbf{가속화된 하강률} \quad \left(\frac{1 - \sqrt{\boldsymbol{b}}}{1 + \sqrt{\boldsymbol{b}}}\right)^2} \tag{11}$$

이 두 식은 매우 비슷하면서도 매우 다르다. 진정한 테스트는 b가 매우 작을 때 나타난다. 일반적인 하강률은 본질적으로 $1 - 4b$로서 1에 매우 가깝다. 가속화된 하강률은 본질적으로 $1-4\sqrt{b}$로서 1보다 훨씬 더 아래에 있다.

이 모멘텀이 가져오는 개선 효과를 강조하기 위해 $b=1/100$이라고 가정하자. 그러면 $\sqrt{b}=1/10$이다 (b보다 10배 더 크다). 식 (11)에서 수렴률은 다음과 같다.

$$\textbf{최대급하강}\quad \left(\frac{.99}{1.01}\right)^2 \approx .96 \qquad\qquad \textbf{가속화된 하강}\quad \left(\frac{.9}{1.1}\right)^2 \approx .67$$

일반적인 하강의 10 단계는 시작 오차에 0.67을 곱하는데, 이것은 한 번의 모멘텀 단계와 맞먹는다. 모멘텀 하강의 10 단계는 오차에 0.018을 곱한다. **$\boldsymbol{\lambda}_{\max}/\boldsymbol{\lambda}_{\min}=1/\boldsymbol{b}=\boldsymbol{\kappa}$는 $\boldsymbol{S}$의 조건수(condition number)다.**

확률적 경사하강법

경사하강법은 깊은 신경망 훈련에 필수다. 이것은 $\boldsymbol{x}_{k+1}=\boldsymbol{x}_k-s_k\nabla L(\boldsymbol{x}_k)$ 형태의 단계에 기반을 둔다. 이 단계는 테스트 데이터 $\boldsymbol{v}$에 대해 손실함수 $L(\boldsymbol{x})$가 최소화되는 점 $\boldsymbol{x}^*$를 향해 아래쪽 비탈로 우리를 끌고 가야 한다. 그러나 훈련 집합 내의 수많은 표본을 가진 큰 망인 경우에는, 이 알고리즘이 (현재 상태 그대로는) 성공적이지 않다!

고전적인 최대급하강법의 서로 다른 두 가지 문제점을 인식하는 것이 중요하다.

1. 모든 하강 단계에서 ∇L (망 내의 모든 가중치 $\boldsymbol{x}$에 대한 총손실 L의 미분)을 계산하는 것은 너무 비용이 많이 든다. 이 총손실은 훈련 집합 내의 모든 표본 $\boldsymbol{v}_i$에 대한 개별적인 손실 $\ell(\boldsymbol{x},\boldsymbol{v}_i)$들을 더하는데 L의 각 계산에서 어쩌면 수백만의 독립된 손실들을 계산하고 더하게 된다.

2. 가중치의 수는 심지어 더 많다. 따라서 가중치의 수많은 다른 선택 $\boldsymbol{x}^*$에 대해서도 $\boldsymbol{\nabla}_x\boldsymbol{L}=0$이다. **이들 중 어떤 선택은 이전에 본 적이 없는 테스트 데이터에 대해 저조한 결과를 낼 수도 있다**. 즉, 학습함수 $\boldsymbol{F}$가 "일반화"에 실패할 수 있다. 그러나 **확률적 경사하강법**(stochastic gradient descent, SGD)은 (유사한 집단으로부터의 본 적 없는 입력 데이터 $\boldsymbol{v}$에 대해 성공할) 일반화하는 가중치 $\boldsymbol{x}^*$를 찾을 수 있다.

확률적 경사하강법은 각 단계에서 훈련 데이터의 "미니배치 (minibatch)" 만을 사용한다. B개의 표본을 무작위로 선택할 것이다. 모든 훈련 데이터의 전체 묶음을 미니배치로 대체하면 $L(\boldsymbol{x})=\frac{1}{n}\sum\ell_i(\boldsymbol{x})$를 오직 B개만의 손실의 합으로 바꾸게 된다. 이것으로 한 번에 두 가지 어려움을 해결한다. 심층학습의 성공은 다음 두 가지 사실에 기인한다.

1. 표본 B개에 대한 역전파로 $\boldsymbol{\nabla L}$을 계산하는 것이 훨씬 빠르다. 종종 $B = 1$이다.

2. 확률적 알고리즘은 아직 보지 못했던 데이터에 대해서도 성공적인 가중치 $\boldsymbol{x}^*$를 만들어낸다.

첫 번째 사실은 명확하다. 단계별 계산이 월등하게 감소한다. 두 번째 사실은 기적이다. 새로운 데이터에 잘 일반화하는 것은 연구자들이 설명하기 어려워하는 하나의 선물이다.

매 단계마다 한 개의 표본을 사용하는 확률적 하강

간단히 하기 위해, 각 미니배치는 오직 한 개의 표본 $\boldsymbol{v}_k$만을 포함한다고 가정하자 (그러므로 $B = 1$). 이 표본은 무작위로 선택한다. 확률적 하강의 이론은 일반적으로 이 표본을 사용 후에 대체한다고 가정하지만 실제에서는 이 표본이 단계 $k+1$에서 다시 선택될 수도 있다. 그러나 표본들을 무작위로 정렬시키고 시작하는 것과 비교하면 비용이 많이 든다. 실제에서는, 종종 표본 대체를 생략하고 무작위 순서로 정렬된 표본으로 처리한다.

훈련 데이터를 한 번 통과하는 것이 하강 알고리즘의 **한 에포크**(one epoch)이다. 일반적인 경사하강법은 매 단계마다 한 에포크를 계산한다 (배치 모드). 확률적 경사하강법은 (미니배치에 대해) 더 많은 단계가 필요하다. 온라인상에서는 $B \leq 32$를 선택하기를 조언하다.

확률적 하강은 전체 경사하강법보다 단계 크기 s_k에 더 민감하다. 단계 k에서 표본 $\boldsymbol{v}_i$를 무작위로 선택한다면, k번째 하강 단계에서는 오직 하나의 손실만 보게 된다.

$$\boxed{\boldsymbol{x}_{k+1} = \boldsymbol{x}_k - s_k \boldsymbol{\nabla}_{\boldsymbol{x}} \ell(\boldsymbol{x}_k, \boldsymbol{v}_i)} \qquad \boxed{\boldsymbol{\nabla}_{\boldsymbol{x}} \ell = \text{표본 } \boldsymbol{v}_i \text{로부터의 손실 항의 미분}}$$

매 단계마다 더 적은 작업을 하고 있으면서도 (훈련 데이터로부터 모든 입력 대신 B개의 입력을 받기 때문에), 반드시 더 느리게 수렴하지는 않는다. 확률적 경사하강법의 대표적인 특징은 처음에 빠르게 수렴하는 **"준-수렴성**(semi-convergence)**"** 이다.

빠른 출발: $n = 1$일 때 최소제곱

SGD의 초기 단계들은 종종 GD보다 해 x^*를 향해 빠르게 수렴한다. SGD의 이후의 반복에서는 자주 오류가 난다는 사실 또한 인정한다. **초기의 수렴은 해 근처에서 큰 진동으로**

바뀐다. 그림 8.8은 이런 사실을 보여준다. 이에 대한 하나의 대응은 일찍 멈추는 것이다. 그리고 그렇게 함으로써 데이터 과적합 (overfitting)을 피한다.

다음 예에서, 해 $\boldsymbol{x}^*$는 특정 구간 I 내에 있다. 현재 근사 $\boldsymbol{x}_k$가 이 구간 바깥에 있다면, 다음 근사 $\boldsymbol{x}_{k+1}$은 I에 더 가까워진다 (또는 I 내부로 들어간다). 이것이 좋은 출발인 준-수렴성을 제공한다. 그러나 궁극적으로 이 $\boldsymbol{x}_k$는 I 내부에서 이리저리 튀어다닌다.

저자는 가장 간단한 예가 가장 좋은 예임을 수브리트 스라(Suvrit Sra)로부터 배웠다. 벡터 $\boldsymbol{x}$의 성분은 오직 하나인 x다. i번째 손실은 $a_i > 0$일 때 $\ell_i = \frac{1}{2}(a_i x - b_i)^2$이다. ℓ_i의 그래디언트는 이것의 미분인 $a_i(a_i x - b_i)$다. 이 미분이 0이고 ℓ_i는 $\boldsymbol{x} = \boldsymbol{b}_i/\boldsymbol{a}_i$에서 최소화된다. 모든 N개의 표본에 걸친 총손실은 $L(x) = \frac{1}{2N}\sum(a_i x - b_i)^2$이다. 한 개의 미지수와 N개의 방정식을 가진 최소제곱문제다.

해를 얻기 위한 방정식은 $\boldsymbol{\nabla L} = \dfrac{1}{N}\displaystyle\sum_1^N a_i(a_i x - b_i) = 0$이다. 해는 $\boldsymbol{x}^* = \dfrac{\sum \boldsymbol{a_i b_i}}{\sum \boldsymbol{a_i^2}}$이다.

중요 B/A가 b_i/q_i의 가장 큰 비면, 실제 해 $\boldsymbol{x}^*$**는** $\boldsymbol{B/A}$**보다 아래에 있다.** 이것은 다음 일련의 네 부등식으로부터 나온다.

$$\text{모든 } \frac{\boldsymbol{b_i}}{\boldsymbol{a_i}} \le \frac{\boldsymbol{B}}{\boldsymbol{A}} \quad Aa_ib_i \le Ba_i^2 \quad A\left(\sum a_ib_i\right) \le B\left(\sum a_i^2\right) \quad \boldsymbol{x}^* = \frac{\sum a_ib_i}{\sum a_i^2} \le \frac{\boldsymbol{B}}{\boldsymbol{A}}$$

비슷하게 $\boldsymbol{x}^*$**는 가장 작은 비** $\boldsymbol{\beta/\alpha}$**보다 위에 있다.** **결론:** $\boldsymbol{x}_k$가 β/α부터 B/A까지의 구간 $\boldsymbol{I}$ 바깥에 있다면, k번째 경사하강법 단계에서는 $\boldsymbol{x}^*$를 포함하고 있는 구간 $\boldsymbol{I}$을 향해 움직인다. 확률적 경사하강법으로부터 다음을 기대할 수 있다.

> $\boldsymbol{x_k}$**가** $\boldsymbol{I}$**의 바깥에 있다면,** $\boldsymbol{x_{k+1}}$**은 구간** $\boldsymbol{\beta/\alpha \le x \le B/A}$**를 향해 움직인다.**
> $\boldsymbol{x_k}$**가** $\boldsymbol{I}$**의 안에 있다면,** $\boldsymbol{x_{k+1}}$**도 역시 안에 있다. 반복하면서** $\boldsymbol{I}$ **내부에서 이러저리 튀어다닐 수 있다.**

확률적 경사하강법에 의해 $\|A\boldsymbol{x} - \boldsymbol{b}\|^2$을 최소화하는 대표적인 수열 $\boldsymbol{x}_0, \boldsymbol{x}_1, \boldsymbol{x}_2, \ldots$이 그림 8.8에 그래프로 표현되어 있다. 빠른 출발과 진동하는 마무리를 볼 수 있다. 이러한 동작 특성은 이른 종료 또는 평균화를 생각하게 하는 완벽한 신호다.

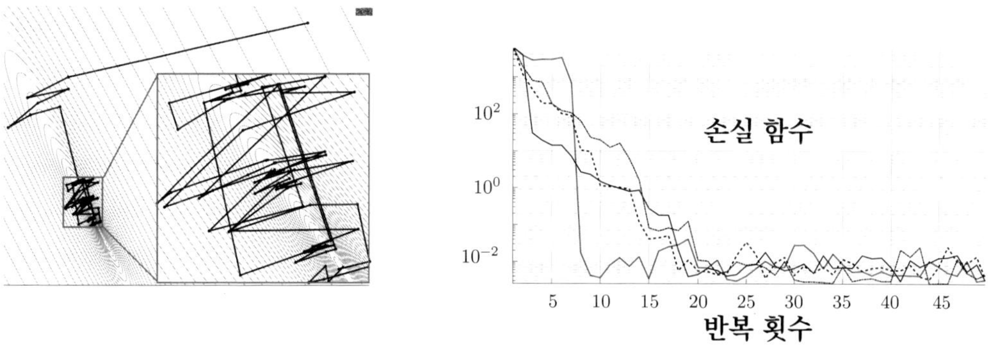

그림 8.8: 초반 반복은 성공적이지만 이후 반복은 진동한다. 이 네 개의 SGD 경로에 대해, 이차 비용함수는 빠르게 감소하고 그런 다음 수렴하는 대신 요동친다.

과적합

다음은 경험으로부터 얻은 관찰 결과다. 우리는 훈련 데이터를 너무 완벽하게 적합시키는 것을 원하지 않을지 모른다. 그렇게 하면 **과적합**(overfitting)이 될 수 있다. 함수 F는 과도하게 민감해지고, 모든 것을 기억하지만 아무 것도 학습하지 않는다. **일반화**(generalization)는 훈련 데이터로부터 학습했던 가중치 $\boldsymbol{x}$를 기반으로 여태 보지 못했던 테스트 데이터 $\boldsymbol{v}$에 대해 올바른 분류를 할 수 있는 능력이다.

저자는 61개의 데이터 포인트를 정확하게 피팅하는 60차 다항식을 선택하여 과적합을 비교하였다. 이 다항식의 61개의 계수들 a_0 부터 a_{60}은 완벽하게 데이터를 학습할 것이다. 그러나 그와 같은 고차 다항식은 데이터 점들 사이에서 심하게 진동할 것이다. 가까이 있는 테스트 데이터에 대해, 완벽하게 적합된 다항식은 완전히 틀린 답을 준다. 심각한 과적합으로부터의 예상치 못한 결과는 그림 8.9를 참조한다.

(훈련 데이터로부터 학습하고 테스트 데이터에 대해 잘 일반화하는 함수를 찾는 것을 의미하는) 신경망 훈련의 한 가지 기본 전략은 **조기 종료**(early stopping)다. 기계학습은 언제 멈춰야 하는지 알 필요가 있다! 아마도 이것은 인간의 학습에서도 또한 마찬가지일 것이다.

이중 하강곡선

이 절은 (보통의 최소제곱을 포함한) 실험에 대한 일종의 리포트다. 일반적으로 큰 문제를 더 작은 수의 파라미터로 적합시킨다. 그러면 m개의 방정식과 $n < m$개의 미지수가 있다. 가늘고 긴 행렬 A를 가진 $A\boldsymbol{x} = \boldsymbol{b}$이다. m개의 측정값 $\boldsymbol{b}$는 정확하지 않을 수 있고,

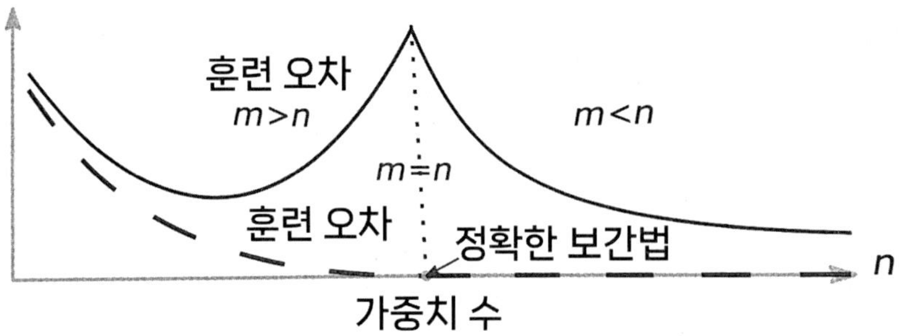

그림 8.9: 이것은 벨킨(Belkin)의 **이중 하강곡선**(double descent curve)이다 (arXiv 2003.00307). 이 곡선은 n이 증가할수록 테스트 오차가 줄어들다가 과적합에서는 올라가는 것을 보여준다. 놀라운 점은 $n > m$인 경우 오차가 다시 아래로 내려간다는 것이다. 많은 해 중에 하나를 고른다.

또한 너무 적은 개수의 파라미터(직선으로 적합시키는 경우에는 $n = 2$)로는 데이터를 모델링할 수 없다.

결과를 개선하기 위해 우리는 더 많은 파라미터를 허용하고, n이 증가할수록 모델이 개선되기 시작한다. 즉, "바이어스가 줄어든다." 그러나 어떤 것도 완벽하지 않고 그림 8.9에서의 첫 하강은 위를 향한다. 이 모델은 **과적합**으로부터 실패하기 시작한다. 이 모든 것이 일반적인 상황인 $n < m$인 경우다.

층과 행렬의 가중치 수가 너무 많이 늘어나면 깊은 학습이 깊은 고통이 될 것임은 충분히 예견되었다. 컴퓨터가 너무 빠르고 강력해져서 **n이 m을 넘어설 때까지는** 그러한 예견이 맞음을 보여주는 증거가 있었다. 이제는 모델은 **과잉 파라미터화**(overparameterized) 되고, 선택할 수 있는 수많은 해들이 존재한다. 즉, 손실함수 $\boldsymbol{L}(\boldsymbol{x})$를 최소화하는 수많은 서로 다른 가중치 $\boldsymbol{x}$가 존재한다.

(전체 배치든 또는 확률적으로 선택된 미니배치든) 경사하강법은 좋은 가중치로 수렴하려고 노력한다! 그림 8.9에서 두 번째 하강을 본다면 명확하게도 그렇다. 이 방법은 모든 가능한 해 중에서 특히 좋은 해를 선택함으로써 새로운 데이터에 잘 일반화된다. 이 과정은 이 책이 저술되는 시점에서는 완전히 이해되지 않고 있다.

선형 최소제곱 방정식 $A^TA\hat{\boldsymbol{x}} = A^T\boldsymbol{b}$에 대해, $A\boldsymbol{x} = \boldsymbol{0}$의 임의의 해는 $\hat{\boldsymbol{x}}$에 더해질 수 있다. 그러면 $A^TA(\hat{\boldsymbol{x}} + \boldsymbol{x})$는 여전히 $A^T\boldsymbol{b}$와 같다. 이러한 영공간 해 $\boldsymbol{x}$는 $n > m$ (방정식보다 더 많은 미지수)이 되자마자 나타날 것이다. 그러나 **최소노름 해**는 $\hat{\boldsymbol{x}}$를 A의 열공간 내에 유지한다. 이것은 A의 영공간으로부터 $\boldsymbol{x}$를 더하는 것을 피하는데, 왜냐하면 $\|\hat{\boldsymbol{x}} + \boldsymbol{x}\|^2 = \|\hat{\boldsymbol{x}}\|^2 + \|\boldsymbol{x}\|^2$이므로 그렇게 하면 노름이 증가할 것이기 때문이다. 그리고 이것은 성공적이다.

포지오(Poggio)에 의한 깔끔한 관찰 (arXiv 1912.06190)은 $A^T A$의 조건수에 주목한다. n이 증가할수록, 조건수의 그래프는 그림 8.9와 매우 가깝다. 큰 n에 대해 오차가 다시 아래로 내려온다. $n > m$일 때의 많은 해 중에서, 벨킨(Belkin)과 다른 저자들은 경사하강법이 어떻게든 새로운 데이터에 잘 일반화하는 해를 선택하는 것을 보여준다.

ADAM: 이전의 그래디언트를 사용하는 적응적인 방법

경사하강법과 확률적 경사하강법의 더 빠른 수렴에 대해, 적응적인 방법들이 주요한 성공을 거두어 왔다. 아이디어는 더 이전 단계들로부터의 그래디언트를 사용하는 것이다. "모멘텀"은 한 단계 전, $k-1$로 간다. 이러한 적응적인 방법(ADAM)은 왔던 길을 전부 돌아간다. 메모리가 부분적으로 탐색 방향 $\boldsymbol{D}_k$와 단계 크기 s_k의 선택을 안내한다. 우리는 지금 특정한 손실함수 $L(\boldsymbol{x})$를 최소화하는 벡터 $\boldsymbol{x}^*$를 찾고 있다. $\boldsymbol{x}_{k+1} = \boldsymbol{x}_k - \boldsymbol{s}\boldsymbol{D}_k$로 가는 단계에서 방향 $\boldsymbol{D}_k$와 단계 크기 s_k를 자유롭게 선택한다.

$$\boldsymbol{D}_k = \boldsymbol{D}(\boldsymbol{\nabla L}_k, \boldsymbol{\nabla L}_{k-1}, \ldots, \boldsymbol{\nabla L}_0) \quad \text{그리고} \quad s_k = s(\boldsymbol{\nabla L}_k, \boldsymbol{\nabla L}_{k-1}, \ldots, \boldsymbol{\nabla L}_0) \tag{12}$$

(적응적인 것이 아닌) 표준적인 반복에서는 $\boldsymbol{D}_k$가 오직 현재의 그래디언트 $\boldsymbol{\nabla L}_k$에만 의존한다 (그리고 s_k는 $s/\sqrt{k}$가 될 수 있다). 이 그래디언트는 테스트 데이터의 무작위한 미니배치 B에 대해서만 평가된다. 이제 깊은 신경망은 종종 이전 미니배치로부터의 모든 그래디언트를 평균할지 또는 일부만 평균할지에 대한 옵션을 갖는다. 성공이냐 실패냐는 $\boldsymbol{D}_k$와 s_k에 달려있다.

ADAM에서 지수 이동평균은 가장 인기가 좋다. s_k와 단계 방향 $\boldsymbol{D}_k$에서 모두 최근 그래디언트 $\boldsymbol{\nabla L}$이 이전 그래디언트보다 더 큰 가중치를 갖는다. $\boldsymbol{D}$와 s에서의 지수 가중치는 $\delta < 1$과 $\beta < 1$에서 나온다. 일반적인 값은 $\delta = 0.9$와 $\beta = 0.999$다. δ와 β의 값이 작으면 이동 메모리를 실질적으로 제거하게 되어 적응적인 방법의 장점을 잃어버린다.

$\boldsymbol{D}_k$와 s_k의 실제 계산은 예전 값과 새로운 값의 재귀적인 결합일 것이다.

$$\boxed{\boldsymbol{D}_k = \delta \boldsymbol{D}_{k-1} + (1-\delta)\boldsymbol{\nabla L}(\boldsymbol{x}_k) \qquad s_k^2 = \beta s_{k-1}^2 + (1-\beta)\|\boldsymbol{\nabla L}(\boldsymbol{x}_k)\|^2} \tag{13}$$

몇 번의 수업 프로젝트에서, 적응적인 방법이 확실히 더 빠른 수렴을 만들어냈다.

거의 $\boldsymbol{\nabla L}(\boldsymbol{x}) = 0$의 해가 되는 가중치로 빠르게 수렴한 후에도 여전히 핵심 이슈가 남아 있다. **왜 이러한 가중치들이 본적 없는 테스트 데이터에 잘 일반화할까?**

$A\boldsymbol{x} = \boldsymbol{b}$에 대한 랜덤화된 카츠마르즈(Kaczmarz)는 확률적 경사하강법이다

$$\boxed{\textbf{무작위 } i(k)\textbf{를 갖는 } A\boldsymbol{x}=\boldsymbol{b}\textbf{에 카츠마르즈} \qquad \boldsymbol{x}_{k+1} = \boldsymbol{x}_k + \frac{b_i - \boldsymbol{a}_i^T\boldsymbol{x}_k}{\|\boldsymbol{a}_i\|^2}\boldsymbol{a}_i} \tag{14}$$

카츠마르즈 아이디어는 간단하다. k 단계에서 A의 i행을 선택한다. $A\boldsymbol{x} = \boldsymbol{b}$의 방정식 i의 해가 되도록 $\boldsymbol{x}_{k+1}$을 조정한다. (식 (14)에 $\boldsymbol{a}_i^T$를 곱하여 $\boldsymbol{a}_i^T\boldsymbol{x}_{k+1} = b_i$ 임을 확인하라. 이것은 $A\boldsymbol{x} = \boldsymbol{b}$에서 방정식 i다.) 기하적으로, $\boldsymbol{x}_{k+1}$은 $\boldsymbol{x}^* = A^{-1}\boldsymbol{b}$로부터 만족하는 초평면 $\boldsymbol{a}_i^T\boldsymbol{x} = b_i$ 중 하나 위로 내린 $\boldsymbol{x}_k$의 정사영이다.

이 알고리즘은 수년동안 면밀한 분석이 잘 되지 않았다. 방정식 $\boldsymbol{a}_1^T\boldsymbol{x} = b_1, \boldsymbol{a}_2^T\boldsymbol{x} = b_2, \ldots$를 순환하는 순서 1부터 n, 1부터 n, ...로 택하였다. 그러다 스트로머(Strohmer)와 버시닌(Vershynin)이 랜덤 카츠마르즈에 대한 빠른 수렴을 증명하였다. 그들은 노름-제곱 샘플링을 가진 SGD를 사용하였다. $\|\boldsymbol{a}_i\|^2$에 비례하는 확률 p_i로 A의 행 i를 선택한다.

앞 페이지에서 A가 $N \times 1$일 때 $A\boldsymbol{x} = \boldsymbol{b}$에 대한 카츠마르즈 반복을 기술하였다. 수열 $x_0, x_1, x_2, \ldots$는 구간 I를 향해 움직였다. 최소제곱해 $\boldsymbol{x}^*$는 이 구간 내에 있었다. $N \times K$ 행렬 A에 대해, 우리는 $K \times 1$ 벡터 $\boldsymbol{x}_i$가 $\boldsymbol{x}^*$ 주변의 K-차원 박스 내로 움직이기를 기대한다. 그림 8.8은 이것을 $K = 2$에 대해 보여주었다.

다음 페이지는 확률적 경사하강법에 대한 수치 실험에 대해 설명할 것이다.

랜덤 카츠마르즈와 반복적인 정사영

$A\boldsymbol{x}^* = \boldsymbol{b}$를 가정하자. 랜덤 카츠마르즈의 일반적인 단계는 현재의 오차 $\boldsymbol{x}_k - \boldsymbol{x}^*$를 초평면 $\boldsymbol{a}_i^T\boldsymbol{x} = b_i$ 위로 정사영시킨다. 여기서 i는 단계 k에서 (보통 $\|\boldsymbol{a}_i\|^2$에 비례하는 확률을 사용한 중요도 추출법(importance sampling)으로) 무작위로 선택된다 . 이 정사영행렬 $\boldsymbol{a}_i\boldsymbol{a}_i^T/\boldsymbol{a}_i^T\boldsymbol{a}_i$를 보기 위해, 업데이트 단계에 $b_i = \boldsymbol{a}_i^T\boldsymbol{x}^*$를 대입한다.

$$\boldsymbol{x}_{k+1} - \boldsymbol{x}^* = \boldsymbol{x}_k - \boldsymbol{x}^* + \frac{b_i - \boldsymbol{a}_i^T\boldsymbol{x}_k}{\|\boldsymbol{a}_i\|^2}\boldsymbol{a}_i = (\boldsymbol{x}_k - \boldsymbol{x}^*) - \frac{\boldsymbol{a}_i\boldsymbol{a}_i^T}{\boldsymbol{a}_i^T\boldsymbol{a}_i}(\boldsymbol{x}_k - \boldsymbol{x}^*) \tag{15}$$

직교 정사영은 절대로 길이를 증가시키지 않는다. 오차는 오직 줄어들 수만 있다. 비용함수 $\|A\boldsymbol{x}_k - \boldsymbol{b}\|$가 줄어들지 않더라도 이 오차 노름 $\|\boldsymbol{x}_k - \boldsymbol{x}^*\|$은 꾸준히 줄어든다. 그러나 수렴은 일반적으로 느리다! 스트로머-버시닌은 기대 오차를 다음과 같이 추정하였다.

$$\mathrm{E}\left[\|\boldsymbol{x}_k - \boldsymbol{x}^*\|^2\right] \le \left(1 - \frac{1}{c^2}\right)^k \|\boldsymbol{x}_0 - \boldsymbol{x}^*\|^2, \quad c = A\text{의 조건수} \tag{16}$$

이것은 경사하강법에 비하면 느리다 (거기에 c^2이 c에 의해 대체되고 그런 다음 모멘텀이 추가된 $\sqrt{c}$로 대체된다). 그러나 식 (16)은 A의 크기와 무관하다. 이것은 큰 문제에 대해 매력적이다.

우리의 실험은 느리게 수렴한다! 100×10 행렬 A는 $c \approx 400$인 랜덤이다. 그림은 $600,000$ 단계에 대한 랜덤 카츠마르즈를 보여준다. $\boldsymbol{x}_k - \boldsymbol{x}^*$와 k 단계에서 선택된 행 $\boldsymbol{a}_i$ 사이의 각 θ_k에 의해 수렴을 측정한다. 오차 방정식 (15)는 다음과 같다.

$$\|\boldsymbol{x}_{k+1} - \boldsymbol{x}^*\|^2 = (1 - \cos^2\theta_k)\|\boldsymbol{x}_k - \boldsymbol{x}^*\|^2 \tag{17}$$

그래프는 이 수들 $1 - \cos^2\theta_k$가 1에 매우 가깝다는 것을 보여준다. **수렴이 느리다**. 그러나 두 번째 그래프는 수렴이 일어나고 있음을 확인해준다. 스트로머-버시닌 경계는 $\mathrm{E}\left[\cos^2\theta_k\right] \ge 1/c^2$이 된다. 이 예에서 행렬은 $1/c^2$이 10^{-5}에 가깝고 실험적으로 $\cos^2\theta_k \approx 2 \cdot 10^{-5}$이어서 이 경계를 확인해준다.

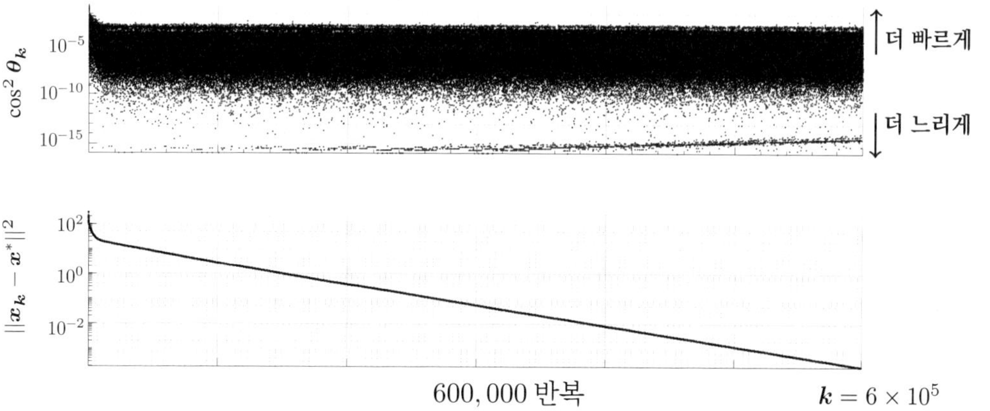

그림 8.10: 랜덤 카츠마르즈에 대한 오차 제곱의 수렴. $1 - 10^{-5}$에 가까운 $1 - \cos^2\theta_k$를 가진 식 (17)은 아래 그래프에서 느린 수렴이 되게 한다.

행렬의 곱 ABC: 어떤 순서로?

역전파는 개별적인 $\partial F/\partial x_i$의 계산 방식을 믿을 수 없을 정도로 효율적으로 개선한다. 처음에는 계산 과정을 재조직하는 것이 그렇게나 어마어마한 차이를 만들어낸다는 것이 믿을 수 없는 것처럼 보인다. (의심하는 사람들은 말하길) 결국 각각의 작은 단계마다 미분을 계산하고 연쇄 법칙에 의해 곱해야 한다. 그러나 순서를 재조정하는 것은 효과가 있고, N개의 미분을 하나의 미분 $\partial F/\partial x_1$에 드는 비용의 N배보다 훨씬 덜 들고 계산한다.

역전파는 후진-모드 자동 미분(역 모드 AD)이다. F 내의 연속된 합성함수들은 $\boldsymbol{\nabla F}$ 내에서 연속된 미분으로 이끈다. 기초 미적분학 시간에서는 이 미분들이 수였지만, 각 층이 다음 층과 연결되는 심층학습에서는 이 미분들이 행렬이다.

행렬 곱셈이 여전히 올바른 연쇄법칙이 되도록 한다는 점은 아름답다 (아래 참조). 그러나 세 개의 행렬 ABC를 곱하라고 할 때, 결합법칙은 곱셈 순서에 대해 두 가지 선택을 제공한다. "뒤(back)" 라는 단어가 더 좋은 순서임을 말해줄 것이다.

AB 먼저냐 또는 BC 먼저냐? $(AB)C$를 계산하느냐 또는 $A(BC)$를 계산하느냐?

결과는 동일하지만 개별적인 곱셈의 수는 크게 다를 수 있다. 행렬 A가 $\boldsymbol{m \times n}$이고 B가 $\boldsymbol{n \times p}$고 C가 $\boldsymbol{p \times q}$라고 가정하자.

첫 번째 방법	$AB = (m \times n)(n \times p)$는 $\boldsymbol{mnp}$번의 곱셈을 한다. $(AB)C = (m \times p)(p \times q)$는 $\boldsymbol{mpq}$번의 곱셈을 한다.
두 번째 방법	$BC = (n \times p)(p \times q)$는 $\boldsymbol{npq}$번의 곱셈을 한다. $A(BC) = (m \times n)(n \times q)$는 $\boldsymbol{mnq}$번의 곱셈을 한다.

그러므로 $\boldsymbol{mp(n+q)}$와 $\boldsymbol{nq(m+p)}$ 사이의 비교다. 두 수를 모두 $mnpq$로 나누면

$$\frac{\mathbf{1}}{\boldsymbol{q}} + \frac{\mathbf{1}}{\boldsymbol{n}} \text{이 } \frac{\mathbf{1}}{\boldsymbol{m}} + \frac{\mathbf{1}}{\boldsymbol{p}} \text{보다 작으면 첫 번째 방법이 더 빠르다.}$$

다음은 극단적인 경우다 (극단적으로 중요하기도 하다). C가 $\boldsymbol{p} \times 1$인 열벡터라고 가정하자. 따라서 $q = 1$이다. BC를 곱해서 또 하나의 열벡터 $(n \times 1)$을 얻은 다음 $A(BC)$를 곱해서 출력 $(m \times 1)$을 구해야 할까? 아니면 AB를 먼저 곱해야 할까?

질문 자체에 거의 답이 들어있다. 올바른 $A(BC)$는 각 단계마다 벡터를 만들어 낸다. 행렬-벡터 곱 BC는 np개의 단계가 있다. 그 다음 행렬-벡터 곱 $A(BC)$는 mn개의 단계

가 있다. 이러한 행렬-벡터 단계를 행렬-행렬 옵션으로 시작하는 AB (mnp개의 단계다!)의 비용과 비교해보라. 제 정신을 가진 사람이라면 누구도 그렇게 하지 않을 것이다.

$A(BC)$을 연쇄 법칙에 응용하면, 마지막 F_L의 미분인 C층에서 시작하고 첫 번째 층으로 **돌아**간다 (A는 F_1의 미분이다).

다변수 연쇄법칙

n개의 성분 v_i를 갖는 벡터 $\boldsymbol{v}$가 m개의 성분 u_j를 갖는 벡터 $\boldsymbol{u}$의 함수라고 가정하자. 각 u_j에 대한 각 v_i의 미분은 (종종 야코비안(Jacobian) 행렬 J라고 하는) 미분 행렬 $\partial\boldsymbol{v}/\partial\boldsymbol{u}$ 안으로 들어간다. 이 행렬의 모양은 ($m\times n$ 아니라) $n\times m$이다. 비슷하게 $\boldsymbol{v}=(v_1,\dots,v_n)$의 성분들에 대한 벡터 함수 $\boldsymbol{w}=(w_1,\dots,w_p)$의 미분 행렬 $\partial\boldsymbol{w}/\partial\boldsymbol{v}$는 $p\times n$ 행렬이다.

$$\frac{\partial\boldsymbol{w}}{\partial\boldsymbol{v}}=\begin{bmatrix}\frac{\partial w_1}{\partial v_1} & \cdots & \frac{\partial w_1}{\partial v_n}\\ & \cdots & \\ \frac{\partial w_p}{\partial v_1} & \cdots & \frac{\partial w_p}{\partial v_n}\end{bmatrix}\qquad\qquad \frac{\partial\boldsymbol{v}}{\partial\boldsymbol{u}}=\begin{bmatrix}\frac{\partial v_1}{\partial u_1} & \cdots & \frac{\partial v_1}{\partial u_m}\\ & \cdots & \\ \frac{\partial v_n}{\partial u_1} & \cdots & \frac{\partial v_n}{\partial u_m}\end{bmatrix} \tag{18}$$

각 w_i는 $\boldsymbol{v}$들에 의존하고 각 v_j는 $\boldsymbol{u}$들에 의존한다. 따라서 각 함수 $w_1,\dots,w_p$는 $u_1,\dots,u_m$에 의존한다. 연쇄법칙은 미분 $\partial w_i/\partial u_k$를 찾는 것이 목표다. 그리고 이 법칙은 정확하게 내적이다. ($\partial\boldsymbol{w}/\partial\boldsymbol{v}$의 i 행) · ($\partial\boldsymbol{v}/\partial\boldsymbol{u}$의 k 열)

$$\frac{\partial w_i}{\partial u_k}=\frac{\partial w_i}{\partial v_1}\frac{\partial v_1}{\partial u_k}+\cdots+\frac{\partial w_i}{\partial v_n}\frac{\partial v_n}{\partial u_k}=\left(\frac{\partial w_i}{\partial v_1},\dots,\frac{\partial w_i}{\partial v_n}\right)\cdot\left(\frac{\partial v_1}{\partial u_k},\dots,\frac{\partial v_n}{\partial u_k}\right) \tag{19}$$

다변수 연쇄법칙
식 (18)의 행렬들을 곱한다

$$\frac{\partial\boldsymbol{w}}{\partial\boldsymbol{u}}=\left(\frac{\partial\boldsymbol{w}}{\partial\boldsymbol{v}}\right)\left(\frac{\partial\boldsymbol{v}}{\partial\boldsymbol{u}}\right)$$

이 연쇄법칙에서 다시 한 번 보인 것처럼 행렬 미적분학의 핵심은 선형대수다.

연습 문제

1 계수 1인 행렬 $P=\boldsymbol{a}\boldsymbol{a}^T/\boldsymbol{a}^T\boldsymbol{a}$는 $\boldsymbol{a}$를 지나는 직선 위로의 직교 정사영이다. $P^2=P$ (정사영)인지 확인하고 $P\boldsymbol{x}$가 이 직선 위에 있으며 $\boldsymbol{x}-P\boldsymbol{x}$가 언제나 $\boldsymbol{a}$와 수직인지 확인하라. (왜 $\boldsymbol{a}^T\boldsymbol{x}=\boldsymbol{a}^TP\boldsymbol{x}$ 일까?)

2 $\boldsymbol{x}_{k+1} - \boldsymbol{x}^*$가 정확하게 $P(\boldsymbol{x}_k - \boldsymbol{x}^*)$임을 보여주는 식 (15)를 확인하라.

3 A의 행이 단지 $\boldsymbol{a}_1$과 $\boldsymbol{a}_2$ 뿐이라면, 카츠마르즈는 다음 그림에서 교차하는 정사영(alternating projection)을 만들어낼 것이다. 임의의 오차 벡터 $\boldsymbol{e}_0 = \boldsymbol{x}_0 - \boldsymbol{x}^*$에서 출발하면, 왜 $\boldsymbol{e}_k$가 0으로 다가갈까? 0에서의 각 θ를 안다면 얼마나 빠르게 0으로 수렴할까?

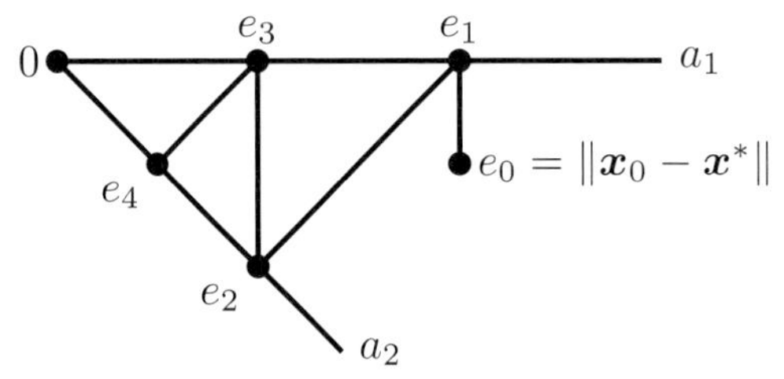

4 $F(x, y) = y^2 + (y-x)^2$을 최소화하고 싶다고 하자. 실제 최솟값은 $(x^*, y^*) = (0, 0)$에서 $F = 0$이다. 시작점 $(x_0, y_0) = (1, 1)$에서 그래디언트 벡터 $\boldsymbol{\nabla F}$를 구하라. 스텝 크기 $s = \frac{1}{2}$인 (확률적이 아닌) 온전한 경사하강이라면, (x_1, y_1)은 어디인가?

5 $F(\boldsymbol{x}) = \|A\boldsymbol{x} - \boldsymbol{b}\|^2$을 최소화할 때, 미니배치 크기가 $B = 1$인 확률적 경사하강법은 매 단계마다 하나의 방정식 $\boldsymbol{a}_i^T \boldsymbol{x} = b_i$를 풀 것이다. 미니배치 크기가 $B = 2$에 대한 일반적인 단계를 설명하라.

6 (실험 문제) 무작위 (20 × 4와 20 × 1인) A와 $\boldsymbol{b}$에 대해, 미니배치 크기가 $B = 1$과 $B = 2$일 때 확률적 경사하강법을 시도하라. 수렴 빠르기인 비 $r_k = \|\boldsymbol{x}_{k+1} - \boldsymbol{x}^*\| / \|\boldsymbol{x}_k - \boldsymbol{x}^*\|$를 비교하라.

7 (실험 문제) arXiv: 1803.05407에서 제안한 가중치평균 방법을 시도하라. 무작위로 선택한 A (20 × 10)와 $\boldsymbol{b}$ (20 × 1), 그리고 미니배치 크기 $B = 1$에 대해 $\|A\boldsymbol{x} - \boldsymbol{b}\|^2$의 최소화에 이것을 적용하라.

확률적 경사하강에서 평균 방법은 일반적인 반복 $\boldsymbol{x}_k$보다 더 빠르게 수렴하는가?

8.4 평균, 분산, 그리고 공분산

1. 결과 $\boldsymbol{x}_1$ 부터 $\boldsymbol{x}_n$까지의 **확률** $\boldsymbol{p}_1$부터 $\boldsymbol{p}_n$은 모두 더하여 1이 되는 양수다.
2. **평균** $\boldsymbol{m}$은 결과의 산술평균값 또는 기댓값이다. $\boldsymbol{m} = \sum \boldsymbol{p_i x_i}$
3. **분산** $\boldsymbol{\sigma}^2$은 평균으로부터 거리의 제곱의 산술평균이다. $\sum \boldsymbol{p_i}(\boldsymbol{x_i} - \boldsymbol{m})^2$

평균이 간단하므로 평균에서 시작하자. 즉시 두 가지 서로 다른 상황이 있다. 완료된 시행으로부터 결과들 (표본값들)이 있을 수 있고, 또는 미래 시행으로부터 기대되는 결과들 (기댓값들)이 있을 수 있다. 예를 통해 그 차이를 본다.

표본값 무작위로 추출한 다섯 명의 1학년 학생들의 나이가 $\mathbf{18, 17, 18, 19, 17}$이다.
표본평균 $\dfrac{\mathbf{1}}{\mathbf{5}}(18 + 17 + 18 + 19 + 17) = \mathbf{17.8}$
확률 1학년 수업에서 나이는 17(**20%**), 18(**50%**), 또는 19(**30%**)이다
무작위 추출한 1학년 학생의 **기대 나이** $\mathrm{E}[\boldsymbol{x}] = (0.2)17 + (0.5)18 + (0.3)19 = \mathbf{18.1}$

17.8과 18.1 두 수 모두 올바른 평균이다. 표본평균은 완료된 시행으로부터 얻은 N개의 표본 x_1부터 x_N으로 시작한다. 이들의 평균은 N개의 관측된 표본들의 산술평균(average)이다.

$$\boxed{\textbf{표본평균} \qquad \boldsymbol{m} = \boldsymbol{\mu} = \frac{1}{\boldsymbol{N}}(\boldsymbol{x}_1 + \boldsymbol{x}_2 + \cdots + \boldsymbol{x}_{\boldsymbol{N}})} \tag{1}$$

$\boldsymbol{x}$의 기댓값은 나이 $x_1, \ldots, x_n$의 확률 $p_1, \ldots, p_n$으로 시작한다.

$$\boxed{\textbf{기댓값} \qquad \boldsymbol{m} = \mathrm{E}[\boldsymbol{x}] = \boldsymbol{p}_1\boldsymbol{x}_1 + \boldsymbol{p}_2\boldsymbol{x}_2 + \cdots + \boldsymbol{p}_{\boldsymbol{n}}\boldsymbol{x}_{\boldsymbol{n}}} \tag{2}$$

이것은 $\boldsymbol{p} \cdot \boldsymbol{x}$다. 수 $m = \mathrm{E}[x]$는 어떤 값을 기대할 수 있는지를 말해주고, $m = \mu$는 어떤 값을 얻었는지를 말해준다.

정상적인 동전은 뒷면 확률 $p_0 = \frac{1}{2}$과 앞면 확률 $p_1 = \frac{1}{2}$을 갖는다. 그러면 $\mathrm{E}[x] = \left(\frac{1}{2}\right)0 + \left(\frac{1}{2}\right)1$이다. N개 동전 던지기에서 앞면의 비율이 표본평균이다. **"큰 수의 법칙**

(Law of Large Numbers)" 에 따르면 확률 1로서 표본 크기 N이 증가할수록 표본평균이 기댓값 $\mathrm{E}[x] = \frac{1}{2}$로 수렴할 것이다. 그러나 이것이 만일 뒷면을 앞면보다 더 많이 봤다면 그 다음 표본은 앞면일 것이라는 의미는 아니다. 가능성은 여전히 50-50을 유지한다.

첫 1000번의 던지기는 표본평균에 영향을 미친다. 그러나 1000번의 던지기가 극한에는 영향을 미치지 않을 것이다. 왜냐하면 $N \to \infty$로 나누고 있기 때문이다.

참고 확률 및 통계는 현대 응용수학에서 핵심이다. 다수의 실험을 한다면 평균 $\boldsymbol{m}$은 벡터다. 분산/공분산은 행렬이 된다. 확률 $p(t)$는 마스터 방정식에서 시간에 따라 변한다.

(평균 주변의) 분산

분산(variance) $\boldsymbol{\sigma}^2$은 기대평균 $\mathrm{E}[x]$로부터의 (제곱한) 기대 거리를 측정한다. **표본분산**(sample variance) $\boldsymbol{S}^2$은 실제 표본평균으로부터의 (제곱한) 실제 거리를 측정한다. 분산과 표본분산의 제곱근은 **표준편차**(standard deviation) $\boldsymbol{\sigma}$ 또는 $\boldsymbol{S}$다. 시험을 보고 난 후에 수강생들에게 결과 μ와 S를 이메일로 보낸다. 저자는 각 점수에 대한 확률들인 p_1 부터 p_{100}을 모르기 때문에 기대평균 m과 σ^2은 알 수 없다. (60년이 지난 이후에도, 저자는 여전히 어떤 값을 기대해야 할지 도무지 알 수 없다.)

거리는 언제나 표본평균이든 기대평균이든 평균으로부터다. 평균값 $x = m$ 주변으로 "펼쳐짐" 의 크기를 구하고 있다. N개의 표본으로 시작한다.

$$\textbf{표본분산} \qquad \boldsymbol{S}^2 = \frac{1}{\boldsymbol{N}-1}\left[(\boldsymbol{x}_1 - \boldsymbol{m})^2 + \cdots + (\boldsymbol{x}_{\boldsymbol{N}} - \boldsymbol{m})^2\right] \tag{3}$$

표본 나이 $x = 18, 17, 18, 19, 17$의 평균 $m = 17.8$이다. 이 표본의 분산은 0.7이다.

$$S^2 = \frac{1}{4}\left[(.2)^2 + (-.8)^2 + (.2)^2 + (1.2)^2 + (-.8)^2\right] = \frac{1}{4}(2.8) = \mathbf{0.7}$$

제곱을 하면 마이너스 부호가 사라진다. 다음에 주목하라! 통계학자들은 S^2이 σ^2에 대한 불편(unbiased) 추정값이 되도록 ($N = 5$가 아닌) $N - 1 = 4$로 나눈다. 표본평균에는 이미 자유도 하나가 반영되어 있다.

각 $(x-m)^2$을 $x^2-2mx+m^2$으로 쪼개면 중요한 등식을 얻는다.

$$\begin{aligned}(x_i-m)^2\text{의 합} &= (x_i^2\text{의 합}) - 2m(x_i\text{의 합}) + (m^2\text{의 합})\\ &= (x_i^2\text{의 합}) - 2m(Nm) + Nm^2\\ \boldsymbol{(x_i-m)^2}\textbf{의 합} &= \boldsymbol{(x_i^2}\textbf{의 합}\boldsymbol{) - Nm^2}\end{aligned} \tag{4}$$

이것은 덧셈 $x_1^2+\cdots+x_N^2$으로 $(x_1-m)^2+\cdots+(x_N-m)^2$을 구하는 동등한 방법이다.

이제 표본 대신 확률 p_i (절대 음수일 수 없다!)로 시작하자. 표본값 대신 기댓값을 구한다. 분산 σ^2은 통계학에서 핵심적인 수다.

$$\boxed{\textbf{분산} \qquad \boldsymbol{\sigma^2 = \mathbf{E}[(x-m)^2] = p_1(x_1-m)+\cdots+p_n(x_n-m)^2}} \tag{5}$$

기댓값 $m=\mathrm{E}[x]$로부터 거리를 제곱하고 있다. 표본은 없고 오직 기댓값만 있다. 확률은 알지만 시행 결과는 알지 못한다. 표본분산 S^2에 대한 식 (3)은 분산 σ^2에 대한 식 (6)으로 직접 확장된다.

$$p_i(x_i-m)^2\text{의 합} = (p_ix_i^2\text{의 합}) - (p_ix_i\text{의 합})^2 \text{ 즉 } \boxed{\boldsymbol{\sigma^2 = \mathbf{E}[x^2] - (\mathbf{E}[x])^2}} \tag{6}$$

예제 1 동전 던지기는 확률 $p_0=p_1=\frac{1}{2}$인 결과 $x=0$과 $x=1$이 있다.

평균 $\boldsymbol{m} = \frac{1}{2}(0)+\frac{1}{2}(1) = \frac{1}{2} =$ 평균 결과 $=\mathrm{E}[x]$
분산 $\boldsymbol{\sigma^2} = \frac{1}{2}(0-\frac{1}{2})^2+\frac{1}{2}(1-\frac{1}{2})^2 = \frac{1}{8}+\frac{1}{8} = \frac{1}{4} =$ (m으로부터의 거리)^{2}의 산술평균

m으로부터의 (제곱이 아닌) 평균 거리에 대해 우리가 기대할 수 있는 것은? $\mathbf{E}[\boldsymbol{x-m}]$**은 0이다!**

예제 2 대학교 1학년 학생들 나이의 분산 σ^2을 구하라.

풀이 나이 $x_i=17,18,19$의 확률은 각각 $p_i=0.2, 0.5$ 그리고 0.3이었다. 기댓값은 $\boldsymbol{m=\sum p_ix_i}=18.1$이었다. 분산은 이러한 표본확률을 이용한다.

$$\begin{aligned}\boldsymbol{\sigma^2} &= (0.2)(\mathbf{17-18.1})^2+(0.5)(\mathbf{18-18.1})^2+(0.3)(\mathbf{19-18.1})^2\\ &= (0.2)(\mathbf{1.21})+(0.5)(\mathbf{0.01})+(0.3)(\mathbf{0.81}) = \mathbf{0.49}. \quad \text{그러면 } \boldsymbol{\sigma} = \mathbf{0.7}\end{aligned}$$

분산은 17, 18, 19가 확률 0.2, 0.5, 0.3으로 가중치가 적용되어 E[x] 주변으로 펼쳐져 있는 정도를 측정한다.

연속확률분포

지금까지는 나이에 대해 17, 18, 19, 세 개의 결과만 허용하였다. 만일 나이를 년수가 아닌 일자로 측정한다면 가능한 나이 값들이 너무 많이 있을 것이다. 가능한 나이의 연속값인 17과 20 사이의 모든 수를 허용하는 것이 더 낫다. 그러면 나이 x_1, x_2, x_3에 대한 확률 p_1, p_2, p_3는 나이 범위 $17 \le x \le 20$에서의 **확률분포**(probability distribution) $\boldsymbol{p(x)}$로 바뀐다.

확률분포를 설명하기 가장 좋은 방법은 두 개의 예를 드는 것이다. 하나는 **균등분포**(uniform distribution)이고 다른 하나는 **정규분포**(normal distribution)다. 첫 번째 균등분포는 쉽고, 정규분포는 가장 중요하다.

균등분포 나이가 17.0과 20.0 사이에서 균등하게 분포되어 있다고 가정하자. 이 연령대는 모두 "동등한 가능성을 가진다". 물론 임의의 정확한 나이가 될 가능성은 전혀 없다. 정확한 수 $x = 17.1$ 또는 $x = 17 + \sqrt{2}$를 적중할 확률은 0이다. 그러나 **무작위로 선택한 1학년 학생의 나이가** $\le \boldsymbol{x}$**일 가능성** $\boldsymbol{F(x)}$를 제공할 수는 있다.

나이가 $x = 17$보다 적을 가능성은 $F(17) = \mathbf{0}$ $x \le 17$은 발생하지 않을 것이다
나이가 $x = 20$보다 적을 가능성은 $F(20) = \mathbf{1}$ $x \le 20$은 언제나 발생할 것이다
나이가 x보다 적을 가능성 $\boldsymbol{F(x) = \frac{1}{3}(x - 17)}$ 17**에서** 20**까지 :** $\boldsymbol{F}$**는 0에서 1로 간다**

17부터 20까지, **누적분포**(cumulative distribution) $\boldsymbol{F(x)}$는 p가 상수일 때 선형적으로 증가한다.

$p(x)dx$를 표본이 x와 $x + dx$ 사이에 들어갈 확률이라고 말할 수 있을 것이다. 이것은 "무한소적으로(infinitestimally) 참" 이다. $p(x)dx$는 $F(x + dx) - F(x)$다. 다음은 미적분학이다.

$$\boldsymbol{F = p}\text{의 적분} \qquad \boldsymbol{a \le x \le b}\text{의 확률} = \int_a^b \boldsymbol{p(x)dx = F(b) - F(a)} \tag{7}$$

$F(b)$는 $x \le b$의 확률이다. $x \ge a$를 유지하기 위해 $F(a)$를 뺀다. 그러면 $a \le x \le b$가 남는다.

$p(x)$의 평균과 분산

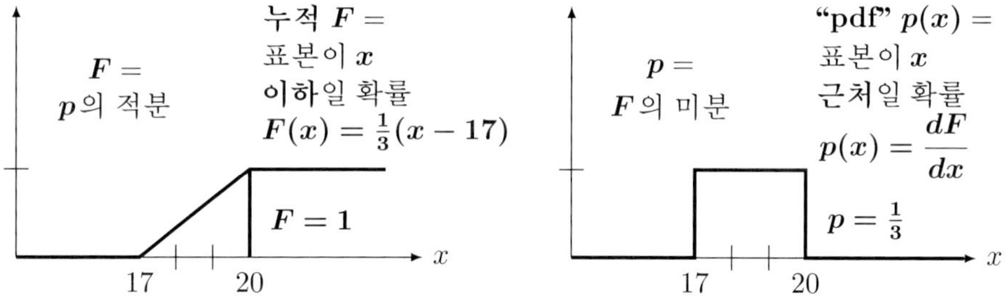

그림 8.11: $F(x)$는 누적분포이고 이것의 미분 $p(x) = dF/dx$는 **확률밀도함수**(probability density function, pdf)다. $p(x)$의 그래프 아래 x까지의 면적이 $F(x)$다.

확률분포의 평균 m과 분산 σ^2은 무엇일까? 앞에서 평균 (기댓값)을 구하기 위해 $\boldsymbol{p_i x_i}$를 더했다. 연속분포에서는 $\boldsymbol{xp(x)}$를 **적분한다.**

$$\textbf{평균} \quad \boldsymbol{m} = \mathbf{E}[\boldsymbol{x}] = \int \boldsymbol{xp(x)dx}$$

$$\textbf{분산} \quad \boldsymbol{\sigma}^2 = \mathbf{E}[(\boldsymbol{x}-\boldsymbol{m})^2] = \int \boldsymbol{p(x)(x-m)^2dx}$$

나이가 17과 20 사이에서 균등하다면, 평균은 $m = 18.5$이고 분산은 $\sigma^2 = \frac{3}{4}$이다.

$$\sigma^2 = \int_{17}^{20} \frac{1}{3}(x-18.5)^2 dx = \int_0^3 \frac{1}{3}(x-1.5)^2 dx = \frac{1}{9}(x-1.5)^3 \Big|_{x=0}^{x=3} = \frac{2}{9}(1.5)^2 = \frac{3}{4}.$$

이것은 대표적인 예이고, 다음은 균등한 $p(x)$에 대해 0부터 a까지의 완전한 그림이다.

$$\begin{array}{ll} \boldsymbol{0 \le x \le a}\textbf{에서 균등} \quad \textbf{밀도} \ \boldsymbol{p(x)} = \dfrac{1}{\boldsymbol{a}} & \textbf{누적} \ \boldsymbol{F(x)} = \dfrac{\boldsymbol{x}}{\boldsymbol{a}} \\ \textbf{평균} \ \boldsymbol{m} = \displaystyle\int \boldsymbol{xp(x)dx} = \dfrac{\boldsymbol{a}}{\mathbf{2}} & \textbf{분산} \ \boldsymbol{\sigma}^2 = \displaystyle\int_0^a \frac{1}{a}\left(x-\frac{a}{2}\right)^2 dx = \dfrac{\boldsymbol{a}^2}{\mathbf{12}} \end{array} \qquad (8)$$

0과 1 사이의 하나의 무작위 수에 대해 (평균 $\frac{1}{2}$) 분산은 $\sigma^2 = \frac{1}{12}$다.

정규분포: 종모양 곡선

정규분포는 또한 “가우시안(Gaussian)” 분포라고도 한다. 이것은 모든 확률밀도함수 $f(x)$ 중에서 가장 중요하다. 압도적인 중요성의 이유는 반복적인 실험과 결과들을 평균화시키는 것에서 기인한다. 실험은 (뒷면 및 앞면과 같이) 그 자체의 분포를 갖는다. 평균은 정규분포로 다가간다.

> **중심극한정리(Central Limit Theorem) (비공식적)** “임의의” 확률분포의 N개 표본의 평균은 $N \to \infty$일 때 정규분포로 다가간다.

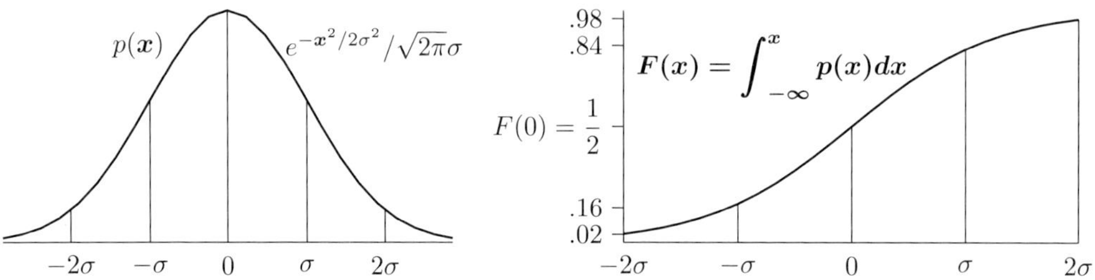

그림 8.12: 표준정규분포 $p(x)$는 평균이 $m = 0$이고 $\sigma = 1$이다.

“표준정규분포” $p(x)$는 $x = 0$에 대해 대칭이므로 이것의 평균값은 $m = 0$이다. 이것은 표준분산 $\sigma^2 = 1$을 갖도록 선택되었다. 이것을 $\mathrm{N}(0, 1)$이라고 한다.

$$\boldsymbol{p(x) = \frac{1}{\sqrt{2\pi}} e^{-x^2/2}} \text{는 분산 } \sigma^2 = 1 \text{인 } \textbf{종모양 곡선}\text{이다.}$$

대칭성에 의해 평균은 $m = 0$이다. 연습문제 11번에서의 아이디어를 사용하여 σ^2을 구하기 위한 적분을 하면 1이 된다. 그림 8.12는 $\mathrm{N}(0, \sigma^2)$에 대한 $p(x)$의 그래프를 보여주고 있고 또한 누적분포 $F(x) = p(x)$의 적분을 보여준다. $F(x)$로부터 다음과 같이 여론조사에 대한 중요한 근사를 볼 수 있다.

$$-\sigma \text{와 } \sigma \text{ 사이에 랜덤한 표본이 속할 확률은 } \boldsymbol{F(\sigma) - F(-\sigma)} \approx \frac{2}{3} \text{이다.}$$

비슷하게, 랜덤한 x가 -2σ와 2σ 사이에 놓일 (“평균으로부터 2 표준편차 이내에 들어올”) 확률은 $F(2\sigma) - F(-2\sigma) \approx 0.95$다. 만일 평균으로부터 2σ 보다 더 떨어진 실험결과를 얻는다면, 그것은 우연이 아니라는 것이 꽤 확실하다. 표준정규분포 $\mathrm{N}(0, 1)$

을 평행이동시키고 늘려서 임의의 평균 m과 표준편차 σ를 가진 정규분포를 얻는다. $\boldsymbol{x}$**를** $\boldsymbol{x-m}$**으로 이동시킨다.** $\boldsymbol{x-m}$**을** $(\boldsymbol{x-m})/\boldsymbol{\sigma}$**로 늘린다.**

가우시안 밀도 $\boldsymbol{p(x)}$ **정규분포** $\mathrm{N}(\boldsymbol{m},\boldsymbol{\sigma}^2)$	$\boldsymbol{p(x)} = \dfrac{1}{\boldsymbol{\sigma}\sqrt{2\pi}}\boldsymbol{e}^{-(\boldsymbol{x}-\boldsymbol{m})^2/2\boldsymbol{\sigma}^2}$

(9)

$p(x)$의 적분은 무작위 표본이 x 아래에 속할 확률인 $F(x)$다. $e^{-x^2/2}$를 적분하는 간단한 공식은 없으므로 $F(x)$는 매우 조심스럽게 계산한다.

N개의 동전 던지기와 $N \to \infty$

예제 3 **x가 동일한 확률 $p_1 = p_{-1} = \frac{1}{2}$을 가진 1 또는 -1이라고 가정하자.** 평균값은 $\boldsymbol{m} = \frac{1}{2}(1) + \frac{1}{2}(-1) = \boldsymbol{0}$이다. 분산은 $\boldsymbol{\sigma}^2 = \frac{1}{2}(1)^2 + \frac{1}{2}(-1)^2 = \boldsymbol{1}$이다.

산술평균 $A_N = (x_1 + \cdots + x_N)/N$이 핵심 질문이다. 독립적인 x_i는 ±1이고 이것들의 합을 N으로 나눈다. A_N의 기대평균은 여전히 0이다. 큰 수의 법칙에 의하면 이 표본평균은 확률 1로서 0으로 다가간다. 얼마나 빠르게 A_N이 0으로 다가갈까? **분산** $\boldsymbol{\sigma_N^2}$**은 무엇일까?**

$$\text{선형성에 의해} \quad \boldsymbol{\sigma_N^2} = \frac{\sigma^2}{N^2} + \frac{\sigma^2}{N^2} + \cdots + \frac{\sigma^2}{N^2} = N\frac{\sigma^2}{N^2} = \frac{\boldsymbol{1}}{\boldsymbol{N}} \quad \sigma = 1\text{이므로}$$

> 다음은 N번 시행에 걸쳐 평균된 랜덤한 0 또는 1에 대한 세 가지 수치 테스트로부터의 결과들이다. [N = **100**에서 **48**개의 1] [N = **10000**에서 **5035**개의 1] [N = **40000**에서 **19967**개의 1] **표준화된** $\boldsymbol{X} = (x-m)/\sigma = \left(A_N - \frac{1}{2}\right)/2\sqrt{N}$은 [−.**40**] [.**70**] [−.**33**]이었다.

중심극한정리로부터 수많은 동전 던지기의 평균은 정규분포로 다가갈 것이다. 어떻게 이러한 일이 일어나는지 살펴보기 시작하자. **이항분포는 정규분포로 다가간다. "이항" 확률** $\boldsymbol{p_0, \ldots, p_N}$**은** $\boldsymbol{N}$**번의 동전 던지기에서 앞면이 나오는 횟수를 센다.**

각 (정상적인) 던지기에 대해, 앞면의 확률은 $\frac{1}{2}$이다. $N = 3$번 던지기에 대해, 세 번 모두 앞면이 나올 확률은 $\left(\frac{1}{2}\right)^3 = \frac{1}{8}$이다. 앞면이 두 번, 뒷면이 한 번 나올 확률은 세 가지 경우 HHT 그리고 HTH 그리고 THH로부터 $\frac{3}{8}$이다. 이 수들 $\boldsymbol{\frac{1}{8}}$과 $\boldsymbol{\frac{3}{8}}$은

$\left(\frac{1}{2}+\frac{1}{2}\right)^3 = \frac{\mathbf{1}}{\mathbf{8}}+\frac{\mathbf{3}}{\mathbf{8}}+\frac{\mathbf{3}}{\mathbf{8}}+\frac{\mathbf{1}}{\mathbf{8}} = 1$의 부분들이다. 세 번의 던지기에서 앞면이 나올 평균 수는 1.5다.

$$\textbf{평균}\quad m = (3\text{번 앞면})\frac{1}{8}+(2\text{번 앞면})\frac{3}{8}+(1\text{번 앞면})\frac{3}{8}+0 = \frac{3}{8}+\frac{6}{8}+\frac{3}{8} = \mathbf{1.5\text{번 앞면}}$$

N번 던지면, 예제 3 (또는 상식)으로부터 평균 $\boldsymbol{m} = \sum \boldsymbol{x_i p_i} = \frac{\mathbf{1}}{\mathbf{2}}\boldsymbol{N}$번 앞면이다.

분산 σ^2은 이 평균 $N/2$로부터의 거리 제곱에 기반한다. $N = 3$이면 분산은 $\sigma^2 =$ ($N/4$인) $\frac{\mathbf{3}}{\mathbf{4}}$이다. σ^2을 구하기 위해 $m = 1.5$일 때 $(x_i - m)^2 p_i$를 모두 더한다.

$$\boldsymbol{\sigma}^2 = (3-1.5)^2\frac{1}{8}+(2-1.5)^2\frac{1}{8}+(1-1.5)^2\frac{1}{8}+(0-1.5)^2\frac{1}{8} = \frac{9+3+3+9}{32} = \frac{\mathbf{3}}{\mathbf{4}}$$

임의의 N에 대해, 이항분포의 분산은 $\boldsymbol{\sigma_N^2 = N/4}$이다. 그러면 $\sigma_N = \sqrt{N}/2$다.

그림 8.13은 $N = 4$에서 어떻게 $0, 1, 2, 3, 4$번 앞면의 확률들이 종모양의 가우시안으로 가까워지는지 보여준다. 이 가우시안의 중심은 평균값 $m = N/2 = 2$다.

(평균 0이고 분산 1인) 표준 가우시안에 도달하기 위해 그림 8.13을 평행이동하고 크기를 조정한다. x가 N번 던지기에서 앞면의 수이면, x를 이것의 평균인 $m = N/2$ (N번의 $0-1$ 결과들의 평균)만큼 이동시키고 $\sigma = \sqrt{N}/2$로 스케일을 조정하면 표준 X를 얻는다.

평행이동되고 크기가 조정된 $\quad \boldsymbol{X = \dfrac{x-m}{\sigma} = \dfrac{x-\frac{1}{2}N}{\sqrt{N}/2}} \quad$ ($\boldsymbol{N = 4}$**이면** $\boldsymbol{X = x-2}$)

$\boldsymbol{m}$**을 빼는 것은 "중심맞추기" 또는 "추세제거(detrending)" 다.** $\boldsymbol{X}$**의 평균은 0이다.**

$\boldsymbol{\sigma}$**로 나누는 것은 "정규화" 또는 "표준화" 다.** $\boldsymbol{X}$**의 분산은 1이다.**

중심극한정리가 중심점 $X = 0$에서 올바른 답을 하고 있음을 보는 것은 즐겁다. 이 점에서 인수 $e^{-X^2/2}$는 1과 같다. N번 동전 던지기의 분산은 $\sigma^2 = N/4$임을 알고 있다. 종모양 곡선의 중심의 높이는 $1/\sqrt{2\pi\sigma^2} = \sqrt{2/\boldsymbol{N\pi}}$이다.

p_0부터 p_N까지 동전 던지기 분포 (이항분포)의 중심에서의 높이는 얼마일까? $N = 4$이면, $0, 1, 2, 3, 4$번 앞면이 나올 확률은 $\left(\frac{1}{2}+\frac{1}{2}\right)^4$에서 나온다.

$$\textbf{중심 확률} = \frac{\mathbf{6}}{\mathbf{16}} \qquad \left(\frac{1}{2}+\frac{1}{2}\right)^4 = \frac{1}{16}+\frac{4}{16}+\frac{\mathbf{6}}{\mathbf{16}}+\frac{4}{16}+\frac{1}{16} = 1. \tag{10}$$

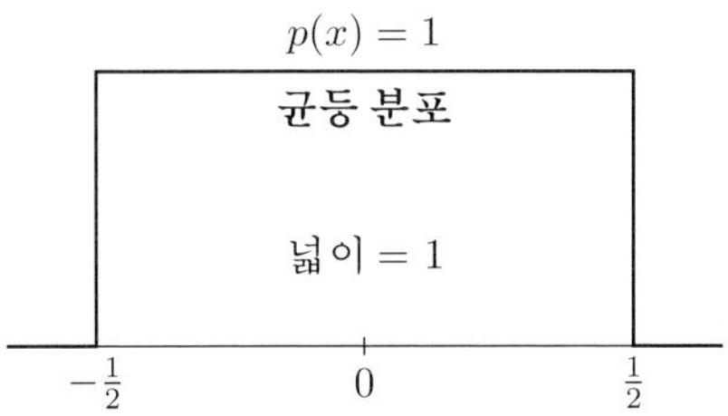

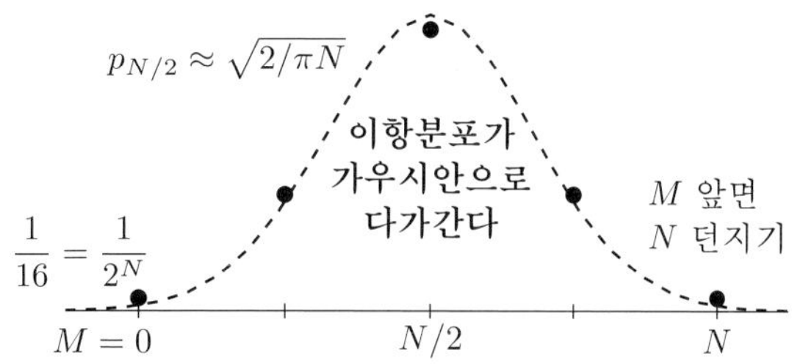

그림 8.13: 네 번 동전 던지기에서 앞면의 수에 대한 확률 $p = (1,4,6,4,1)/16$. 이 p_i는 $m = N/2$에 중심이 놓이고 분산 $\sigma^2 = N/4$인 가우시안 분포로 접근한다. X는, 중심극한정리에 의해 정규분포 N(0, 1)로 수렴한다.

$\left(\frac{1}{2}+\frac{1}{2}\right)^N$의 이항전개는 $0, 1, \ldots, N$개의 앞면이 나올 확률을 말해준다.

중앙의 항이 $\frac{N}{2}$개의 앞면, $\frac{N}{2}$개의 뒷면이 나올 확률이다 $\quad \boldsymbol{\frac{1}{2^N}\frac{N!}{(N/2)!(N/2)!}}$

$N = 4$이면, 이 식에 있는 계승은 $4!/2!2! = 24/4 = 6$이 된다. N이 큰 수일 때, 스털링(Stirling)의 공식 $\sqrt{2\pi N}(N/e)^N$은 $N!$에 대한 가까운 근사다. N과 $N/2$에 대해 이 공식을 적용하면

$$\boxed{\textbf{동전 던지기 극한 가운데 확률} \quad p_{N/2} \approx \frac{1}{2^N}\frac{\sqrt{2\pi N}(N/e)^N}{\pi N(N/2e)^N} = \frac{\sqrt{2}}{\sqrt{\pi N}} = \frac{1}{\sqrt{2\pi}\sigma}} \tag{11}$$

마지막 단계에서 동전-던지기에 대한 분산 $\sigma^2 = N/4$를 사용하였다. 이 결과 $1/\sqrt{2\pi}\sigma$는 위 가우시안의 중앙값과 대응된다. 중심극한정리는 참이다.

중심에 놓인 이항분포는 $N \to \infty$일 때 정규분포 $p(x)$로 다가간다.

공분산행렬과 결합확률

M개의 서로 다른 실험을 동시에 실행할 때 선형대수가 들어온다. 예를 들어, 우리는 나이와 키를 측정할 수 있을 것이다 (그러면 N명의 아이들에 대한 $M = 2$개의 측정이다). 각 실험은 각자 자신의 평균값을 갖는다. 따라서 두 개의 평균값을 포함하는 벡터 $\boldsymbol{m} = (m_1, m_2)$가 있다. 이것들은 나이와 키의 표본평균일 수 있다. 또는 m_1과 m_2가 알려진 확률에 기반한 나이와 키의 기댓값일 수도 있다.

분산을 고려할 때 행렬이 관여하게 된다. 각 실험은 표본분산 S^2 또는 평균으로부터의 거리 제곱에 근거한 기대분산 $\sigma_i^2 = \mathrm{E}[(x_i - m_i)^2]$을 가질 것이다. 이 M개의 수들

$\sigma_1^2, \ldots, \sigma_M^2$ 은 "분산-공분산행렬" 의 주대각 위치로 들어갈 것이다. 지금까지는 M 개의 동시 실험 사이에 어떠한 연결도 짓지 않았다. 하지만 이 실험들이 서로 다른 랜덤 변수를 측정하지만, 이 실험들이 반드시 독립인 것은 아니다!

아이들의 나이와 키를 잰다면, 그 결과들은 강하게 상호연관되어 있을 것이다. 나이가 더 많은 아이들이 일반적으로 더 크다. 평균들 m_a 와 m_h 를 안다고 가정하자. 그러면 σ_a^2 과 σ_h^2 은 나이와 키에서의 별개의 분산들이다. **새로운 수가 공분산 $\boldsymbol{\sigma_{ah}}$ 인데, 이것은 모든 가능한 나이와 모든 가능한 키 사이의 연관성을 측정한다.**

$$\boxed{\textbf{공분산} \quad \boldsymbol{\sigma_{ah}} = \mathbf{E}[(\textbf{나이 - 평균 나이})(\textbf{키 - 평균 키})]} \tag{12}$$

이 정의는 면밀히 들여다 볼 필요가 있다. σ_{ah} 를 계산하기 위해서는 각 나이의 확률과 각 키의 확률을 아는 것만으로는 충분치 않다. **각 쌍 (나이와 키)의 결합확률 $\boldsymbol{p_{ah}}$** 을 알아야 한다. 이것은 나이가 키와 연관되어 있기 때문이다.

$$\boldsymbol{p_{ah}} = \text{무작위로 고른 아이의 나이} = \boldsymbol{a}\ \textbf{그리고}\ \text{키} = \boldsymbol{h}\text{일 확률(두 개가 동시에)}$$
$$\boldsymbol{p_{ij}} = \textbf{실험 1이 } \boldsymbol{x_i} \textbf{ 를 만들고 실험 2가 } \boldsymbol{y_j} \textbf{ 를 만들어 낼 확률}$$

실험 1 (나이)의 평균이 m_1 이라고 하자. 실험 2 (키)는 자신만의 평균 m_2 를 갖는다. 실험 1과 실험 2 사이의 공분산은 나이 x_i 와 키 y_j 의 **모든 쌍**을 고려한다. 그 나이와 키의 각 쌍에 결합확률 p_{ij} 을 곱한다.

$(\boldsymbol{x} - \boldsymbol{m}_1)(\boldsymbol{y} - \boldsymbol{m}_2)$
의 기댓값

$$\boxed{\textbf{공분산} \quad \boldsymbol{\sigma}_{12} = \sum_{\text{모든}\, i,j} \sum \boldsymbol{p_{ij}}(\boldsymbol{x_i} - \boldsymbol{m}_1)(\boldsymbol{y_j} - \boldsymbol{m}_2)} \tag{13}$$

이러한 "결합확률 p_{ij}" 의 아이디어를 이해하기 위해 두 개의 작은 예로 시작해보자.

예제 4 **두 개의 동전을 따로 던진다.** 앞면을 1로 하고 뒷면을 0으로 하면, 결과는 $(1,1)$ 또는 $(1,0)$ 또는 $(0,1)$ 또는 $(0,0)$이다. 이 네 결과들은 모두 확률이 $\left(\frac{1}{2}\right)^2 = \frac{1}{4}$이다. 독립 실험인 경우는 확률을 곱한다. 공분산은 0이다.

$$\boldsymbol{p_{ij}} = (\boldsymbol{i}, \boldsymbol{j})\textbf{의 확률} \ = (\boldsymbol{i}\textbf{의 확률})\ \textbf{곱하기}\ (\boldsymbol{j}\textbf{의 확률})$$

예제 5 같은 면들이 나란히 놓이게끔 동전을 함께 붙인다. 가능성은 $(1,1)$과 $(0,0)$뿐이다. 확률은 $\frac{1}{2}$과 $\frac{1}{2}$이다. 확률 p_{10}과 p_{01}은 0이다. 동전이 서로 붙어 있기 때문에 $(1,0)$과 $(0,1)$은 나오지 않는다. 모두 앞면이거나 또는 모두 뒷면이다.

예제 4와 예제 5에 대한 결합확률행렬 $\boldsymbol{P}_1 = \begin{bmatrix} \frac{1}{4} & \frac{1}{4} \\ \frac{1}{4} & \frac{1}{4} \end{bmatrix}$ 그리고 $\boldsymbol{P}_2 = \begin{bmatrix} \frac{1}{2} & \mathbf{0} \\ \mathbf{0} & \frac{1}{2} \end{bmatrix}$

이것을 좋은 행렬 기호로 보여주기 위해 P와 좀 더 오래 머물고자 한다. 이 행렬은 $(x_1, y_1) =$ (앞면, 앞면) 그리고 $(x_1, y_2) =$ (앞면, 뒷면)으로 시작하여 각 쌍 (x_i, y_j)의 확률 p_{ij}를 보여준다. 행의 합 p_1, p_2와 열의 합 P_1, P_2 그리고 총합 = 1임에 주목한다.

확률 행렬 $P = \begin{bmatrix} p_{11} & p_{12} \\ p_{21} & p_{22} \end{bmatrix}$ $\quad \begin{matrix} p_{11} + p_{12} = \boldsymbol{p}_1 \\ p_{21} + p_{22} = \boldsymbol{p}_2 \end{matrix}$ (첫번째 동전)

(두 번째 동전)열 합 $\quad \boldsymbol{P}_1 \quad \boldsymbol{P}_2 \quad$ 네 개의 성분을 더하면 1

이 합들 p_1, p_2와 P_1, P_2는 결합확률행렬 P의 **주변확률**(marginal)들이다.

$p_1 = p_{11} + p_{12} =$ **동전** 1에서 앞면의 가능성 (동전 2는 앞면 또는 뒷면일 수 있음)
$P_1 = p_{11} + p_{21} =$ **동전** 2에서 앞면의 가능성 (동전 1은 앞면 또는 뒷면일 수 있음)

예제 4는 독립인 확률변수들을 보여주었다. 모든 확률 p_{ij}는 p_i 곱하기 p_j와 같다 (그 예에서 $\frac{1}{2}$ 곱하기 $\frac{1}{2}$는 $p_{ij} = \frac{1}{4}$이 된다). 이 경우에 **공분산 $\boldsymbol{\sigma}_{12}$는 0이 될 것이다.** 첫 번째 동전이 앞면 또는 뒷면인지는 두 번째 동전에 대한 아무런 정보를 주지 않았다.

독립시행에 대해 공분산 $\boldsymbol{\sigma}_{12}$은 영	$\boldsymbol{V} = \begin{bmatrix} \boldsymbol{\sigma}_1^2 & 0 \\ 0 & \boldsymbol{\sigma}_2^2 \end{bmatrix}$ = **대각 공분산행렬 $\boldsymbol{V}$**

독립적인 실험은 식 (13)에서 모든 p_{ij}가 $(p_i)(p_j)$와 같기 때문에 $\sigma_{12} = 0$이다.

$$\sigma_{12} = \sum_i \sum_j (p_i)(p_j)(x_i - m_1)(y_j - m_2) = \left[\sum_i (p_i)(x_i - m_1)\right] \left[\sum_j (p_j)(y_j - m_2)\right]$$
$$= [\mathbf{0}][\mathbf{0}]$$

예제 6 붙여진 동전은 완벽한 상관관계를 보여준다. 한 동전에서의 앞면은 다른 동전에서의 앞면을 의미한다. 공분산 σ_{12}는 0에서 $\boldsymbol{\sigma}_1$ **곱하기** $\boldsymbol{\sigma}_2$로 옮겨간다. 이것은

σ_{12}의 가능한 값 중 가장 큰 값이다. 여기서 공분산은 별도의 계산이 확인해주는 것처럼 $(\frac{1}{2})(\frac{1}{2}) = \sigma_{12} = (\frac{1}{4})$이다.

$$\textbf{평균} = \mathbf{\frac{1}{2}} \qquad \boldsymbol{\sigma}_{12} = \mathbf{\frac{1}{2}}\left(1-\frac{1}{2}\right)\left(1-\frac{1}{2}\right) + \mathbf{0} + \mathbf{0} + \mathbf{\frac{1}{2}}\left(1-\frac{1}{2}\right)\left(1-\frac{1}{2}\right) = \mathbf{\frac{1}{4}}$$

동전 1이 앞면 또는 뒷면인지는 동전 2가 앞면 또는 뒷면인지에 대한 완전한 정보를 제공한다.

> **붙여진 동전은 가능한 가장 큰 공분산을 만든다**
> **특이 공분산행렬(행렬식 = 0)**
> $$\boldsymbol{V}_{\text{glue}} = \begin{bmatrix} \boldsymbol{\sigma}_1^2 & \boldsymbol{\sigma}_1\boldsymbol{\sigma}_2 \\ \boldsymbol{\sigma}_1\boldsymbol{\sigma}_2 & \boldsymbol{\sigma}_2^2 \end{bmatrix}$$

언제나 $\boldsymbol{\sigma}_1^2\boldsymbol{\sigma}_2^2 \geq (\boldsymbol{\sigma}_{12})^2$이다. 따라서 σ_{12}는 $-\sigma_1\sigma_2$와 $\sigma_1\sigma_2$ 사이에 있다. 행렬 V는 **양의 정부호**다 (또는 이 붙여진 동전의 특이 경우에서는 V는 **양의 준정부호**다). 이것은 M번의 실험에 대한 모든 $M \times M$ 공분산행렬 V에 대해 중요한 사실이다.

N번의 시행으로부터의 **표본 공분산행렬 $\boldsymbol{S}$**는 확실히 준정부호라는 점에 유의한다. 모든 표본 $X =$ (나이, 키)는 **표본평균 $\bar{\boldsymbol{X}}$** $= (m_a, m_h)$에 기여한다. 각각의 계수가 1인 항 $(X_i - \bar{X})(X_i - \bar{X})^T$는 양의 준정부호이고 단지 더하면 행렬 S에 이른다. S에는 어떠한 확률도 없고 실제 결과를 사용한다.

$$\bar{\boldsymbol{X}} = \frac{X_1 + \cdots + X_N}{N} \quad \boldsymbol{S} = \frac{(X_1 - \bar{X})(X_1 - \bar{X})^T + \cdots + (X_N - \bar{X})(X_N - \bar{X})^T}{N-1} \tag{14}$$

공분산행렬 V는 양의 준정부호다

두 개의 실험 1과 실험 2 (두 개의 동전) 사이의 기대 공분산 σ_{12}로 돌아간다.

> $\sigma_{12} = [($결과 1 - 평균 1$)$ 곱하기 $($결과 2 - 평균 2$)]$의 기댓값
> $\boldsymbol{\sigma}_{12} = \sum\sum \boldsymbol{p}_{ij}(\boldsymbol{x}_i - \boldsymbol{m}_1)(\boldsymbol{y}_j - \boldsymbol{m}_2)$. 합은 모든 i, j를 포함한다. (15)

$p_{ij} \geq 0$는 실험 1에서 결과 x_i를 보고 **그리고** 실험 2에서 결과 y_j를 볼 확률이다. 결과들의 어떤 쌍이 나타나야 하므로, N^2개의 결합확률들 p_{ij}를 모두 더하면 1이다.

$$\textbf{(모든 쌍들의) 전체 확률은 1이다.} \qquad \sum\sum_{\text{모든}\,i,j} p_{ij} = 1 \tag{16}$$

필요한 사실이 하나 더 있다. 실험 1에서 하나의 특정한 결과 x_i를 고정한다. 실험 2에서는 모든 출력 y_j를 허용한다. $(x_i, y_1), (x_i, y_2), \ldots, (x_i, y_n)$의 확률을 더한다.

$$\boldsymbol{P}\textbf{의 행 합 }\boldsymbol{p_i} \qquad \sum_{j=1}^{n} \boldsymbol{p_{ij}} = \textbf{실험 1에서 }\boldsymbol{x_i}\textbf{의 확률 }\boldsymbol{p_i} \tag{17}$$

어떤 y_j는 실험 2에서 반드시 발생해야 한다! 두 개의 동전이 완전히 개별적이든 붙어있든, 동전 1이 앞면일 확률 $p_H = p_{HH} + p_{HT}$에 대해 동일한 답 $\frac{1}{2}$을 얻는다.

$$(\text{개별적인})\ P_{HH} + P_{HT} = \frac{1}{4} + \frac{1}{4} = \mathbf{\frac{1}{2}} \qquad (\text{붙어있는})\ P_{HH} + P_{HT} = \frac{1}{2} + 0 = \mathbf{\frac{1}{2}}$$

이러한 기초적인 논증 덕분에 실험 1과 실험 2에 대한 개별적인 분산 σ_1^2과 σ_2^2과 함께 공분산 σ_{12}를 포함하는 하나의 행렬 공식을 쓸 수 있다. 모든 쌍 (i, j)에 대한 행렬 V_{ij}를 더하면 전체 공분산행렬 V를 얻는다.

$$\begin{array}{l}\textbf{공분산행렬 }\boldsymbol{V}\\ = \textbf{모든 }\boldsymbol{V_{ij}}\textbf{의 합}\end{array} \quad \boldsymbol{V} = \sum\sum_{\text{모든}\,i,j} p_{ij} \begin{bmatrix} (x_i - m_1)^2 & (x_i - m_1)(y_j - m_2) \\ (x_i - m_1)(y_j - m_2) & (y_j - m_2)^2 \end{bmatrix} \tag{18}$$

비대각 위치의 성분들은 공분산 σ_{12}에 대한 식 (13)이다. 대각 위치에서는 일반적인 분산 σ_1^2과 σ_2^2를 얻는다. 어떻게 식 (17)을 이용하여 $V_{11} = \sigma_1^2$을 얻는지 자세하게 보여줄 것이다. j가 모든 값이 될 수 있으면 실험 1에서 x_i의 확률 p_i가 남는다.

$$\boldsymbol{V}_{11} = \sum\sum_{\text{모든}\,i,j} p_{ij}(x_i - m_1)^2 = \sum_{\text{모든}\,i} (x_i\text{의 확률})(x_i - m_1)^2 = \boldsymbol{\sigma}_1^2 \tag{19}$$

이 식을 두 번 보길 바란다. 이것이 하나의 공식 (18)에 의해 전체 공분산행렬을 만들어내는 핵심이다. 이 공식의 아름다움은 2×2 행렬들 V_{ij}를 결합한다는 점이다. 그리고 결과들 i, j의 모든 쌍에 대한 식 (18)에서 행렬 V_{ij}는 **양의 준정부호**다.

V_{ij}의 대각 성분들 $p_{ij}(x_i - m_1)^2 \geq 0$ 그리고 $p_{ij}(y_j - m_2)^2 \geq 0$ 그리고 $\det(V_{ij}) = 0$

이 행렬 V_{ij}의 계수는 1이다. 식 (18)은 p_{ij}에 행벡터 $\boldsymbol{U}$와 열벡터 $\boldsymbol{U}^T$를 곱한다.

$$\begin{bmatrix} (x_i - m_1)^2 & (x_i - m_1)(y_j - m_2) \\ (x_i - m_1)(y_j - m_2) & (y_j - m_2)^2 \end{bmatrix} = \begin{bmatrix} x_i - m_1 \\ y_j - m_2 \end{bmatrix} \begin{bmatrix} x_i - m_1 & y_j - m_2 \end{bmatrix} \quad (20)$$

모든 행렬 $\boldsymbol{p_{ij}UU^T}$는 양의 준정부호다. 따라서 (이러한 계수가 1인 행렬들의 합인) 전체 행렬 V는 **최소한 양의 준정부호**이고 아마도 V는 양의 정부호일 것이다.

공분산행렬 $\boldsymbol{V}$는 실험이 종속적이지 않다면 양의 정부호다.

이제 두 개의 변수 x와 y에서 나이-키-몸무게와 같이 M개의 변수로 옮겨간다. 각 시행에서의 결과는 M개의 성분을 가진 벡터 X다. (각 아이들이 세 개의 성분으로 이루어진 하나의 나이-키-몸무게 벡터 $\boldsymbol{X}$를 갖는다.) 공분산행렬 V는 이제 $M \times M$이다. 행렬 $\boldsymbol{V}$는 결과 벡터 $\boldsymbol{X}$와 이것의 평균 $\overline{\boldsymbol{X}} = \mathrm{E}[\boldsymbol{X}]$로부터 만들어진다.

공분산 행렬	$\boldsymbol{V} = \mathbf{E}\left[(\boldsymbol{X} - \overline{\boldsymbol{X}})(\boldsymbol{X} - \overline{\boldsymbol{X}})^T\right] \quad \boldsymbol{V_{ij}} = \sum \boldsymbol{p_{ij}}(\boldsymbol{X_i} - \boldsymbol{m_i})(\boldsymbol{X_j} - \boldsymbol{m_j})$

(21)

$\boldsymbol{XX^T}$와 $\overline{\boldsymbol{XX}}^{\boldsymbol{T}}$ = (열)(행)은 $M \times M$ 행렬임을 기억해야 한다.

$M = 1$(일변수)에 대해 $\overline{X}$는 평균 m이고 V는 분산 σ^2이다. $M = 2$(동전 두 개)에 대해 $\overline{X}$는 (m_1, m_2)이고 V는 식 (7)에 대응된다. 기댓값은 항상 결과에 각 확률을 곱하여 더한다. 나이-키-몸무게의 경우 결과는 $X = (5살, 31인치, 48파운드)$가 될 수 있고 이것의 확률은 $\boldsymbol{p}_{5,31,48}$이다.

이제 새로운 아이디어가 나온다. 임의의 일차결합 $\boldsymbol{c}^T\boldsymbol{X} = c_1X_1 + \cdots + c_MX_M$을 한다. $\boldsymbol{c} = (6, 2, 5)$이면 이것은 $\boldsymbol{c}^T\boldsymbol{X} = 6 \times 나이 + 2 \times 키 + 5 \times 몸무게$다. 선형성에 의해 이것의 기댓값은 $\mathrm{E}[\boldsymbol{c}^T\boldsymbol{X}] = \boldsymbol{c}^T\mathrm{E}[\boldsymbol{X}] = \boldsymbol{c}^T\overline{\boldsymbol{X}}$이다.

$$\mathrm{E}[\boldsymbol{c}^T\boldsymbol{X}] = \boldsymbol{c}^T\mathrm{E}[\boldsymbol{X}] = 6(\text{나이 기댓값}) + 2(\text{키 기댓값}) + 5(\text{몸무게 기댓값})$$

$\boldsymbol{c}^T\boldsymbol{X}$의 평균 이상으로, 또한 이것의 분산은 $\boldsymbol{\sigma}^2 = \boldsymbol{c}^T\boldsymbol{V}\boldsymbol{c}$임을 안다.

$$\boldsymbol{c}^T\boldsymbol{X}\text{의 분산 } = \boldsymbol{c}^T\mathrm{E}\left[(\boldsymbol{X}-\overline{\boldsymbol{X}})(\boldsymbol{X}-\overline{\boldsymbol{X}})^T\right]\boldsymbol{c} = \boldsymbol{c}^T\boldsymbol{V}\boldsymbol{c} \tag{22}$$

이제 핵심 포인트다. $\boldsymbol{c}^T\boldsymbol{X}$의 분산은 절대 음수가 될 수 없다. 그러므로 $\boldsymbol{c}^T\boldsymbol{V}\boldsymbol{c} \geq 0$이다. 새로운 증명: 공분산행렬 V는 에너지 테스트 $\boldsymbol{c}^T\boldsymbol{V}\boldsymbol{c} \geq 0$에 의해 양의 준정부호다.

공분산행렬 V는 확률과 선형대수 사이의 연결 고리를 열어준다. 고윳값 $\lambda_i \geq 0$이고 $\boldsymbol{q}_1$부터 $\boldsymbol{q}_M$이 정규직교인 고유벡터들일 때, **$\boldsymbol{V}$는 $\boldsymbol{Q\Lambda Q^T}$와 같다.**

공분산행렬 $\boldsymbol{V}$를 대각화하는 것은 M개의 독립인 실험을 원래 M개 실험들의 일차결합으로서 찾는 것을 의미한다.

$\boldsymbol{Z} = \boldsymbol{AX}$에 대한 공분산행렬

$z = x + y$일 때 σ_z^2을 바라보는 좋은 방법이 있다. (x, y)를 열벡터 $\boldsymbol{X}$로 생각한다. 1×2 행렬 $\boldsymbol{A} = [1 \quad 1]$에 이 벡터 $\boldsymbol{X} = (x, y)$를 곱한다고 생각하자. 그러면 $\boldsymbol{AX}$는 합 $z = x + y$가 된다. 분산 σ_z^2을 다음처럼 행렬 기호로 나타낸다.

$$\boldsymbol{\sigma_z^2} = [1 \quad 1]\begin{bmatrix}\sigma_x^2 & \sigma_{xy}\\ \sigma_{xy} & \sigma_y^2\end{bmatrix}\begin{bmatrix}1\\1\end{bmatrix} \quad \text{즉} \quad \boldsymbol{\sigma_z^2} = \boldsymbol{AVA^T} \tag{23}$$

주요 내용은 다음과 같다. 벡터 $\boldsymbol{X}$는 (단지 2 대신에) M개의 실험들로부터 나오는 M개의 성분을 가질 수 있을 것이다. 이러한 실험들은 $M \times M$ 공분산행렬 $\boldsymbol{V_X}$를 갖을 것이다. 행렬 A는 $K \times M$이 될 수 있을 것이다. 그러면 $A\boldsymbol{X}$는 (두 개의 결과들의 하나의 결합 $x + y$ 대신에) M개의 결과들의 K개의 결합으로 이루어진 벡터다.

길이가 K인 이 벡터 $\boldsymbol{Z} = A\boldsymbol{X}$는 $K \times K$ 공분산행렬 $V_{\boldsymbol{Z}}$를 갖는다. 그러면 식 (23)은 단지 1×2 예였고, 공분산행렬의 위대한 규칙은 다음과 같은 아름다운 공식이다. $\boldsymbol{AX}$의 공분산행렬은 $\boldsymbol{A}(\boldsymbol{X}$**의 공분산**$)\boldsymbol{A^T}$다.

$$\boldsymbol{Z} = \boldsymbol{AX}\text{의 공분산 행렬} \qquad \boxed{\boldsymbol{V_Z} = \boldsymbol{AV_XA^T}} \tag{24}$$

저자에게는 이 깔끔한 공식이 행렬 곱셈의 아름다움을 보여준다. 여기에서 이 공식을 증명하지는 않을 것이지만 다만 숭배할 따름이다. 이 식은 응용에서 끊임없이 사용된다.

상관관계 ρ

상관관계 ρ_{xy}는 공분산 σ_{xy}와 밀접하게 연관되어 있다. 상관관계와 공분산 모두 독립 또는 종속을 측정한다. 확률변수 x와 y를 크기 재조정 또는 "표준화" 하는 것으로 시작한다. **새 변수 $X = x/\sigma_x$와 $Y = y/\sigma_y$의 분산은 $\sigma_X^2 = \sigma_Y^2 = 1$이다.** 이것은 마치 벡터 v를 길이로 나누어 길이가 1인 단위벡터 $v/\|v\|$를 만드는 것과 비슷하다.

x와 y의 상관관계는 X와 Y의 공분산이다. x와 y의 원래 공분산이 σ_{xy}라면, X와 Y로 크기를 재조정하면 상관관계 $\boldsymbol{\rho_{xy} = \sigma_{xy}/\sigma_x\sigma_y}$를 얻는다.

상관관계 $\rho_{xy} = \dfrac{\sigma_{xy}}{\sigma_x\sigma_y} = \dfrac{x}{\sigma_x}$ 와 $\dfrac{y}{\sigma_y}$ 의 공분산

언제나 $-1 \le \rho_{xy} \le 1$

연습 문제

1 한 인구집단으로부터 24개의 표본이 모두 동일한 나이 $x = 20$이면, 표본평균 μ와 표본분산 S^2은 얼마인가? 열두 개씩 각각 $x = 20$ 또는 21이면 어떻게 되는가?

2 모든 출력 x에 7을 더하라. 평균과 분산에 어떤 일이 발생하는가? 새로운 표본평균, 새로운 기대평균, 그리고 새로운 분산은 무엇인가?

3 모든 정수의 $\frac{1}{3}$은 3으로 나누어 떨어지고 정수의 $\frac{1}{7}$은 7로 나누어 떨어진다는 것을 안다. 정수의 어느 정도가 3 또는 7 또는 3과 7 모두로 나누어 떨어지는가?

4 수 1부터 1000으로부터 균일한 확률 1/1000로 수 하나를 추출한다고 하자. 추출한 표본의 마지막 자릿수가 $0, \dots, 9$일 확률 p_0부터 p_9는 무엇인가? 마지막 자릿수의 기대평균 m은 무엇인가? 이것의 분산 σ^2은 무엇인가?

5 다시 한 번 1부터 1000에서 추출하는데 이번에는 표본의 제곱의 마지막 자릿수를 관찰하라. 이 제곱수는 $x = 0, 1, 4, 5, 6$ 또는 9로 끝날 수 있다. 확률 $p_0, p_1, p_4, p_5, p_6, p_9$은 무엇인가? 이 수 x의 (기대)평균 m과 분산 σ^2은 무엇인가?

6 (약간 까다로움) 균등한 확률로 1부터 1000에서 추출하고 x를 첫 번째 자릿수라고 하자 (수가 15이면 $x = 1$). $x = 1, \dots, 9$의 (더해서 1이 되는) 확률 p_1부터 p_9은 무엇인가? x의 평균과 분산은 무엇인가?

7 5번 문제에서 $N = 4$개의 표본이 157, 312, 696, 602라고 하자. 제곱의 첫 번째 자릿수 x_1부터 x_4는 무엇인가? 표본평균 μ는 얼마인가? 표본분산 S^2은 얼마인가? $N = 4$가 아닌 $N - 1 = 3$으로 나누어야 한다는 점을 기억하라.

8 식 (4)는 (표본을 이용한 분산) S^2에 대한 두 번째 동등한 형태를 제공한다.

$$\boldsymbol{S}^2 = \frac{1}{N-1}(x_i - m)^2\text{의 합} \;= \frac{1}{N-1}[(x_i^2\text{의 합}) - Nm^2]$$

($m = \sum p_i x_i$를 이용하여) 기대분산 σ^2에 대한 상응하는 항등식을 확인하라.

$$\boldsymbol{\sigma^2 = p_i(x_i - m)^2\text{의 합} \;= (p_i x_i^2\text{의 합}) - m^2}$$

9 컴퓨터 실험: 1백만 개의 랜덤한 $0-1$ 표본들의 평균 $A_{1000000}$을 구하라! 표준화된 변수 $X = (A_N - \frac{1}{2})/2\sqrt{N}$의 값은 얼마인가?

10 임의의 함수 $f(x)$에 대해 기댓값은 $\mathrm{E}[f] = \sum p_i f(x_i)$ 또는 $\int p(x)f(x)dx$ (이산확률 또는 연속확률)다. 이 함수는 x이거나 $(x-m)^2$이거나 x^2이 될 수 있다. 평균이 $\mathrm{E}[x] = m$이고 분산이 $\mathrm{E}[(x-m)^2] = \sigma^2$이면, **E[$x^2$]은 무엇인가?**

11 표준정규분포 $p(x)$는 요구하는대로 총 확률이 $\int p(x)dx = 1$임을 보여라. 한가지 유명한 방법은 $\int p(x)dx$에 $\int p(y)dy$를 곱하고 모든 x와 모든 y에 대해 ($-\infty$부터 ∞까지) 적분을 계산하는 것이다. 이 방법은 이러한 이중적분에서 $dxdy$를 $rdrd\theta$ ($x^2 + y^2 = r^2$인 극좌표계)로 치환하는 것이다. 다음 각 단계를 설명하라.

$$\begin{aligned} 2\pi \int_{-\infty}^{\infty} p(x)dx \int_{-\infty}^{\infty} p(y)dy &= \int_{-\infty}^{\infty}\int_{-\infty}^{\infty} e^{-(x^2+y^2)/2}dxdy \\ &= \int_{\theta=0}^{2\pi}\int_{r=0}^{\infty} e^{-r^2/2} r dr d\theta = \boldsymbol{2\pi} \end{aligned}$$

부록 I AB와 $A+B$의 계수

이 페이지는 계수에 관한 핵심 사실들을 규명한다. **행렬을 곱할 때, 계수는 증가할 수 없다.** 이 사실을 열공간과 행공간에 집중함으로써 알 수 있을 것이다. 그리고 계수가 감소할 없는 한 가지 특별한 상황이 존재한다. 그러면 AB의 계수를 안다. 4번 명제는 데이터 과학에서 행렬을 UV 또는 CR로 분해할 때 중요하다.

다음은 한 곳에 정리한 다섯 가지 핵심 사실들이다. 계수에 대한 등식과 부등식들이다.

1. AB의 계수 $\le$ A의 계수 　　 AB의 계수 $\le$ B의 계수
2. $A+B$의 계수 $\le$ (A의 계수) + (B의 계수)
3. A^TA의 계수 = AA^T의 계수 = A의 계수 = A^T의 계수
4. A가 $m \times r$이고 B가 $r \times n$이며 둘 모두 계수가 r이면, AB의 계수 또한 r

명제 1은 AB의 열공간과 행공간을 끌어들인다.

$$\boldsymbol{C}(AB) \text{ 는 } \boldsymbol{C}(A)\text{에 포함된다} \qquad \boldsymbol{C}((AB)^T) \text{ 는 } \boldsymbol{C}(B^T)\text{에 포함된다}$$

AB의 모든 열은 A의 열들의 일차결합이다 (행렬 곱셈)

AB의 모든 행은 B의 행들의 일차결합이다 (행렬 곱셈)

1.4절로부터 **행계수 = 열계수**인 점을 기억하자. 행을 써도 되고 열을 써도 된다. AB와 같이 곱할 때 계수는 증가할 수 없다. 상자 안의 명제 1은 자주 사용된다.

명제 2 $A+B$의 각 열은 (A의 열) + (B의 열)이다.

rank $(A+B) \le$ rank (A) + rank(B)는 언제나 참이다. 이것은 $\boldsymbol{C}(A)$와 $\boldsymbol{C}(B)$에 대한 기저들을 결합한다.

rank $(A+B)$= rank(A) + rank(B)는 언제나 참은 아니다. $A=B=I$이면 이것은 확실히 거짓이다.

명제 3 A와 A^TA 모두 열이 n개다. **이들은 또한 영공간도 동일하다.** (4.1절 연습문제 9번 참조). 따라서 $n-r$은 둘 모두에 대해 동일하고, 계수 r도 둘 모두에 대해 동일하다.

그러면 $\text{rank}(A^T) \geq \text{rank}(A^T A) = \text{rank}(A)$. A와 A^T를 서로 바꾸면 이것들의 계수가 서로 같음을 보여준다.

명제 4 A와 B의 계수가 모두 r이라고 하였다. 명제 3에 의해, $A^T A$와 BB^T의 계수는 r이다, 두 행렬은 $r \times r$이므로 둘 모두 가역이다. 그러므로 이들의 곱 $A^T ABB^T$도 가역이다. 그러면 명제 1에 의해 $\boldsymbol{r} = \text{rank}(\boldsymbol{A^T ABB^T}) \leq \text{rank}(\boldsymbol{AB})$다. 즉, A^T와 B^T는 계수를 늘릴 수 없다. 또한 $\text{rank}(AB) \leq \text{rank}A = r$임을 알고 있다. 그러므로 **$\boldsymbol{AB}$의 계수가 정확하게 $\boldsymbol{r}$임을 증명하였다.**

참고 이것은 계수 r인 행렬들의 모든 곱의 계수가 r이 될 것임을 의미하는 것은 아니다. 명제 4는 A의 열이 정확하게 r개고 B의 행도 정확하게 r개 인 것을 가정한다. BA는 쉽게 실패할 수 있다.

$$\boldsymbol{A} = \begin{bmatrix} 1 \\ 1 \\ 1 \end{bmatrix} \quad \boldsymbol{B} = \begin{bmatrix} 1 & 2 & -3 \end{bmatrix} \qquad \textbf{AB의 계수가 } 1 \qquad \textbf{그러나 BA의 계수는 } 0!$$

부록 II 고윳값과 특잇값: 계수가 1

계수 1인 행렬은 동일한 형태 $A = \boldsymbol{x}\boldsymbol{y}^T$를 갖는다. 이것의 특이벡터 $\boldsymbol{u}_1, \boldsymbol{v}_1$과 이것의 유일한 0이 아닌 특잇값 σ_1은 놀라울 정도로 구하기 쉽다.

$$\boldsymbol{u}_1 = \frac{\boldsymbol{x}}{\|\boldsymbol{x}\|} \qquad \boldsymbol{v}_1 = \frac{\boldsymbol{y}}{\|\boldsymbol{y}\|} \qquad \sigma_1 = \|\boldsymbol{x}\|\|\boldsymbol{y}\|$$

즉시 $\boldsymbol{A} = \boldsymbol{x}\boldsymbol{y}^T = \boldsymbol{u}_1\sigma_1\boldsymbol{v}_1^T$임을 알 수 있다. $m \times n$ 행렬 Σ 내에 0이 아닌 성분 하나가 있다. 직교행렬 U와 V의 다른 모든 열들은 $\boldsymbol{u}_1$과 $\boldsymbol{v}_1$과 수직이다. 분해 $A = U\Sigma V^T$는 계수 = 1이기 때문에 첫 번째 항 $A = \boldsymbol{u}_1\sigma_1\boldsymbol{v}_1^T$로 축소된다.

고윳값과 고유벡터는 그렇게 쉽진 않다. 물론 행렬 A는 정사각행렬이어야 한다. 편의를 위해 2×2 행렬 $A = \boldsymbol{x}\boldsymbol{y}^T$로 계속한다. 분명 $\boldsymbol{x}$는 고유벡터다!

$$A\boldsymbol{x} = \boldsymbol{x}\boldsymbol{y}^T\boldsymbol{x} = \lambda_1\boldsymbol{x} \quad \text{그러므로 } \lambda_1 \text{은 수 } \boldsymbol{y}^T\boldsymbol{x}\text{다.} \tag{1}$$

A가 특이행렬 (계수 = 1)이기 때문에 다른 고윳값 $\lambda_2 = 0$이다. 고유벡터 $\boldsymbol{x}_2 = \boldsymbol{y}^\perp$는 $\boldsymbol{y}$와 수직이어야 한다. 따라서 $A\boldsymbol{x}_2 = \boldsymbol{x}\boldsymbol{y}^T\boldsymbol{y}^\perp = 0$이다. 만일 $\boldsymbol{y} = (a, b)$이면 $\boldsymbol{y}^\perp$는 이것의 90° 회전인 $(b, -a)$다.

전치행렬 $A^T = \boldsymbol{y}\boldsymbol{x}^T$의 고윳값은 동일하게 $\boldsymbol{y}^T\boldsymbol{x}$과 0이다. 이것의 고유벡터들은 A의 "왼쪽 고유벡터들" 이다. 이것은 $\boldsymbol{y}$와 $\boldsymbol{x}^\perp$가 될 것이다 (왜냐하면 $\boldsymbol{x}\boldsymbol{y}^T$의 고유벡터는 $\boldsymbol{x}$와 $\boldsymbol{y}^\perp$이기 때문이다). 남은 문제는 고유벡터의 길이를 결정하는 크기 조정 뿐이다.

요구사항은 (왼쪽 고유벡터)^T(오른쪽 고유벡터) = 1이다. 그러면 오른쪽 고유벡터들이 X의 열들일 때 왼쪽 고유벡터들은 X^{-1}의 행들이다. 완성! 우리의 경우 그러한 고유벡터들의 내적은 이제 $\boldsymbol{y}^T\boldsymbol{x}$와 $(\boldsymbol{x}^\perp)^T\boldsymbol{y}^\perp$에 있다. 왼쪽 고유벡터 $\boldsymbol{y}$와 $\boldsymbol{x}^\perp$ 모두를 수 $\boldsymbol{y}^T\boldsymbol{x}$로 나누면 $X^{-1}X = XX^{-1} = I$가 된다.

$$\boxed{\boldsymbol{x}\boldsymbol{y}^T = \boldsymbol{X\Lambda X}^{-1} = \begin{bmatrix} \boldsymbol{x} & \boldsymbol{y}^\perp \end{bmatrix} \begin{bmatrix} \boldsymbol{y}^\perp\boldsymbol{x} & 0 \\ 0 & 0 \end{bmatrix} \begin{bmatrix} \boldsymbol{y} \\ \boldsymbol{x}^\perp \end{bmatrix} \Big/ \boldsymbol{y}^T\boldsymbol{x}} \tag{2}$$

마지막으로 한 가지 더 $\boldsymbol{y}^\perp\boldsymbol{x} = 0$인 중요한 가능성이 존재한다. 이제 $A = \boldsymbol{x}\boldsymbol{y}^T$의 고윳값은 **영과 영**이다. $\boldsymbol{y}^\perp$가 $\boldsymbol{x}$와 동일한 방향이기 때문에 A는 오직 한 방향의 고유벡

터만 갖는다. 대각화 (2)는 실패하는데 왜냐하면 고유벡터 행렬 X가 특이행렬이 되기 때문이다. 이것의 행렬식 $\boldsymbol{y}^T\boldsymbol{x} = 0$으로 나눌 수가 없다.

이것은 어떻게 고유벡터들이 죽음의 나선으로 (또는 치명적인 수용 $\boldsymbol{x} = \boldsymbol{y}^\perp$으로) 들어갈 수 있는지 보여준다. 물론 특이벡터들의 쌍 $\boldsymbol{x}, \boldsymbol{x}^\perp$와 $\boldsymbol{y}, \boldsymbol{y}^\perp$는 직교인 상태를 유지한다.

질문 식 (2)에서, $\begin{bmatrix} \boldsymbol{y}^T \\ \boldsymbol{x}^{\perp T} \end{bmatrix} \begin{bmatrix} \boldsymbol{x} & \boldsymbol{y}^\perp \end{bmatrix} = (\boldsymbol{y}^T\boldsymbol{x}) \begin{bmatrix} 1 & 0 \\ 0 & 1 \end{bmatrix}$인지 확인하라.

질문 언제 $A = \boldsymbol{x}\boldsymbol{y}^T$는 직교인 고유벡터를 갖는가?

부록 III 기본적인 분해에서 파라미터 개수 세기

$$\boldsymbol{A = LU} \quad \boldsymbol{A = QR} \quad \boldsymbol{S = Q\Lambda Q^T} \quad \boldsymbol{A = X\Lambda X^{-1}} \quad \boldsymbol{A = QS} \quad \boldsymbol{A = U\Sigma V^T}$$

이것은 선형대수의 핵심 아이디어들에 대한 복습이다. 이 아이디어들은 행렬의 분해로 표현되며 계획은 다음과 같다. 각 행렬에서의 파라미터 개수를 센다. $A = LU$와 같은 각 식에서 양변에 같은 수의 파라미터가 있음을 보고자 한다.

$A = LU$에 대해, 양변은 모두 n^2개의 파라미터를 갖는다.

$\boldsymbol{L}$: 대각 위치에 1을 갖는 $n \times n$ **삼각**행렬	$\frac{1}{2}\boldsymbol{n(n-1)}$
$\boldsymbol{U}$: 자유로운 대각성분을 갖는 $n \times n$ **삼각**행렬	$\frac{1}{2}\boldsymbol{n(n+1)}$
$\boldsymbol{Q}$: $n \times n$ **직교**행렬	$\frac{1}{2}\boldsymbol{n(n-1)}$
$\boldsymbol{S}$: $n \times n$ **대칭**행렬	$\frac{1}{2}\boldsymbol{n(n+1)}$
$\boldsymbol{\Lambda}$: $n \times n$ **대각**행렬	$\boldsymbol{n}$
$\boldsymbol{X}$: 독립인 **고유벡터들**의 $n \times n$ 행렬	$\boldsymbol{n^2 - n}$

Q에 대해서는 언급이 필요하다. 이것의 첫 번째 열 $\boldsymbol{q}_1$은 R^n 내의 단위구면 위의 한 점이다. R^2 내의 단위원 $x^2 + y^2 = 1$이 단지 하나의 파라미터 (각 θ)를 갖는 것과 마찬가지로, 이 구는 $(\boldsymbol{n-1})$-차원의 평면이다. $\|\boldsymbol{q}_1\| = 1$이라는 요구사항으로 $\boldsymbol{q}_1$ 내의 n개의 파라미터들 중 하나를 이미 사용했다. 그러면 $\boldsymbol{q}_2$에는 $n-2$개의 파라미터가 있다. $\boldsymbol{q}_2$는 단위벡터이고 $\boldsymbol{q}_1$과 직교이다. 합 $(n-1)+(n-2)+\cdots+1$은 Q 내에 있는 $\frac{1}{2}\boldsymbol{n(n-1)}$개의 파라미터와 같다.

고유벡터 행렬 X는 n^2이 아닌 단지 $n^2 - n$개의 파라미터를 갖는다. $\boldsymbol{x}$가 고유벡터이면, 임의의 $c \neq 0$에 대해 $c\boldsymbol{x}$도 고유벡터다. 모든 $\boldsymbol{x}$의 가장 큰 성분이 1이 되도록 요구할 수 있을 것이다. 그러면 각 고유벡터에 대해 $n-1$개의 파라미터들이 남는다 (그리고 X^{-1}에 대해서는 자유 파라미터는 없다).

양변에서 파라미터 개수를 세면 첫 다섯 가지의 분해 모두에서 그 수가 일치한다.

SVD에 대해서는, 축약형 $\boldsymbol{A_{m\times n} = U_{m\times r}\Sigma_{r\times r}V^T_{r\times n}}$를 사용한다 (알려져 있는 0들은 자유 파라미터가 아니다!). $m \leq n$이고 A가 $\boldsymbol{r = m}$인 계수가 꽉찬 행렬이라고 하자. A에 대한 파라미터 개수는 $\boldsymbol{mn}$이다. U, Σ, 그리고 V에 대한 총 개수도 mn이다. U와 V

에서의 정규직교인 열들에 대한 근거는 Q에서의 정규직교인 열들에 대해서와 동일하다.

$$U\text{는 } \frac{1}{2}\boldsymbol{m}(\boldsymbol{m}-1)\text{개} \quad \Sigma\text{는 } \boldsymbol{m}\text{개} \quad V\text{는 } (n-1)+\cdots+(n-m)=\boldsymbol{mn}-\frac{1}{2}\boldsymbol{m}(\boldsymbol{m}+1)\text{개}$$

마지막으로, A가 계수 r인 $n \times n$ 행렬이라고 하자. **계수 r인 행렬에는 몇 개의 자유 파라미터들이 있을까?** $U_{m\times r}\Sigma_{r\times r}V^T_{r\times n}$에 대해 다시 셀 수 있다.

$$U\text{는 } (m-1)+\cdots+(m-r)=\boldsymbol{mr}-\frac{1}{2}\boldsymbol{r}(\boldsymbol{r}+1)\text{개} \quad V\text{는 } \boldsymbol{nr}-\frac{1}{2}\boldsymbol{r}(\boldsymbol{r}+1)\text{개} \quad \Sigma\text{는 } \boldsymbol{r}\text{개}$$

계수가 r인 경우에 대한 총 개수는 $(\boldsymbol{m}+\boldsymbol{n}-\boldsymbol{r})\boldsymbol{r}$개다.

1.4절에서의 $A=CR$에 대해서도 동일한 총합에 이른다. C의 r개의 열들은 A에서 바로 가져왔다. 행벡터 행렬 R은 $r \times r$ 항등 행렬을 포함한다 (자유 변수가 아니다!). 그러면 CR에 대한 개수는 앞에서의 $U\Sigma V^T$에 대한 개수와 일치한다. 계수가 r일 때

$$C\text{는 파라미터 } \boldsymbol{mr}\text{개} \quad R\text{은 파라미터 } \boldsymbol{nr}-\boldsymbol{r}^2\text{개} \quad \text{총 } (\boldsymbol{m}+\boldsymbol{n}-\boldsymbol{r})\boldsymbol{r}\text{개}$$

부록 IV 수치선형대수 코드와 알고리즘

LAPACK	은 밀도있는 선형대수 코드를 위한 첫 번째 선택이다
ScaLAPACK	대규모 문제에서 높은 성능을 보여준다
COIN/OR	운영연구(OR)의 최적화 문제를 위한 고수준의 코드를 제공한다

다음은 구체적인 알고리즘에 대한 출처다.

연립일차방정식의 직접적인 해	
기본적인 행렬-벡터 연산	BLAS
행교환이 가능한 소거법	LAPACK
희소 직접 솔버(solver)	SuiteSparse, SuperLU
그람-슈미트와 하우스홀더에 의한 QR	LAPACK

고윳값과 특잇값	
고윳값을 위한 이동 QR 방법	LAPACK
SVD를 위한 골럽-카한 방법	LAPACK

반복해	
$Sx = \boldsymbol{b}$를 위한 미리조정된 공액 그래디언트	Trilinos
$Ax = \boldsymbol{b}$를 위한 미리조정된 GMRES	Trilinos
$Ax = \lambda x$를 위한 클릴로프-아르놀디(Krylov-Arnoldi)	ARPACK, Trilinos, SLEPc
S의 극단적 고윳값	BLOPEX 또한 참조

최적화	
선형계획법	COIN/OR 내의 CLP
준정부호 프로그래밍	COIN/OR 내의 CSDP
내부점 기법	COIN/OR 내의 IPOPT
볼록 최적화	CVX, CVXR

무작위 선형대수	
피벗화된 QR을 통한 무작위 분해	users.ices.utexas.edu/
$A = CMR$ 열/혼합/행	~pgm/main_codes.html
고속푸리에변환	FFTW.org
고품질 코드 저장소	GAMS와 Netlib.org
ACM Transactions on Mathematical Software	TOMS

심층학습 소프트웨어	
Julia 심층학습	Fluxml.ai/Flux.jl/stable
MATLAB 심층학습	Mathworks.com/learn/tutorials/deep-learning-onramp.html
Python과 JavaScript 심층학습	Tensorflow.org, Tensorflow.js
R 심층학습	Keras, KerasR

부록 V 행렬 분해

1. $\boldsymbol{A} = \boldsymbol{CR} =$ (A의 열공간의 기저)(A의 행공간의 기저)

   요구사항: C는 $m \times r$이고 R은 $r \times n$. A의 열들이 이전 열들의 일차결합이 아니면 C로 들어간다. R은 축약행사다리꼴 $\boldsymbol{R}_0 = \text{rref}(A)$의 0이 아닌 행들을 포함한다. 이 행들은 $r \times r$ 항등행렬로 시작하므로 R은 $[\ I \quad F\ ]$ 곱하기 열치환 P와 같다.

2. $\boldsymbol{A} = \boldsymbol{CMR}^* = \begin{pmatrix} C = \text{첫 } r\text{개의} \\ \text{독립인 열들} \end{pmatrix} \begin{pmatrix} W = \text{첫 } r \times r \\ \text{가역 부분행렬} \end{pmatrix}^{-1} \begin{pmatrix} R^* = \text{첫 } r\text{개의} \\ \text{독립인 행들} \end{pmatrix}$

   요구사항: C와 R^*는 A로부터 직접 나온다. 이 행과 열들은 $r \times r$ 행렬 $W = M^{-1}$에서 만난다 (3.2절). M = 혼합 행렬. 첫 $r \times r$ 가역 부분행렬 W는 C의 r개의 열과 R^*의 r개의 행들의 교차다.

3. $\boldsymbol{A} = \boldsymbol{LU} = \begin{pmatrix} \text{하삼각행렬 } L \\ \text{대각원소는 } 1 \end{pmatrix} \begin{pmatrix} \text{상삼각행렬 } U \\ \text{대각원소는 피벗들} \end{pmatrix}$

   요구사항: 가우스 소거법으로 A를 U로 축소시킬 때 행교환이 없어야 한다.

4. $\boldsymbol{A} = \boldsymbol{LDU} = \begin{pmatrix} \text{하삼각행렬 } L \\ \text{대각원소는 } 1 \end{pmatrix} \begin{pmatrix} \text{피벗 행렬} \\ D\text{는 대각행렬} \end{pmatrix} \begin{pmatrix} \text{상삼각행렬 } U \\ \text{대각원소는 } 1 \end{pmatrix}$

   요구사항: 행교환이 없어야 한다. D의 피벗은 U의 행들로부터 쪼개져 나와서 U의 대각원소들을 1로 남긴다. A가 대칭이면 U는 L^T이고 $\boldsymbol{A} = \boldsymbol{LDL^T}$이다.

5. $\boldsymbol{PA} = \boldsymbol{LU}$ (피벗 위치에서 0을 피하기 위한 치환행렬 P)

   요구사항: A가 가역이어야 한다. 그러면 P, L, U는 가역이다. P는 사전에 A에 대해 모든 행치환을 하여 일반적인 LU가 가능하도록 해준다. 대안: $A = L_1 P_1 U_1$

6. $\boldsymbol{S} = \boldsymbol{C^T C}$ = (하삼각행렬)(상삼각행렬) 양쪽 대각성분에 $\sqrt{D}$가 있음

   요구사항: S가 대칭행렬이고 양의 정부호 행렬(D에 있는 모든 n개의 피벗들이 양수)이어야 한다. 숄레스키 분해 C = chol(S)는 $C^T = L\sqrt{D}$다. 그러므로 $S = C^T C = LDL^T$다.

7. $\boldsymbol{A} = \boldsymbol{QR} =$ (Q에 정규직교인 열들) (상삼각행렬 R)

   요구사항: A가 독립인 열들을 가져야 한다. 이것들은 그람-슈미트 또는 하우스홀더 과정에 의해 Q 내에서 직교화된다. A가 정사각행렬이면 $Q^{-1} = Q^T$다.

8. $\boldsymbol{A} = \boldsymbol{X \Lambda X}^{-1} = (X$에 고유벡터들$)(\Lambda$에 고윳값들$)(X^{-1}$에 왼쪽 고유벡터들)

요구사항: A가 n개의 일차독립인 고유벡터를 가져야 한다.

9. $\boldsymbol{S} = \boldsymbol{Q \Lambda Q^T} =$ (직교행렬 Q)(실수 고윳값 행렬)(Q^T는 Q^{-1})

요구사항: S는 실수행렬이자 대칭행렬이다. $S^T = S$. 이것은 스펙트럼 정리다.

10. $\boldsymbol{A} = \boldsymbol{BJB}^{-1} = (B$에 일반화된 고유벡터들$)(J$에 조르당 블록$)(B^{-1})$

요구사항: A는 임의의 정사각행렬이다. 이 조르당 표준형 J는 A의 각 일차독립인 고유벡터들에 대해 하나의 블록이다. 모든 블록은 오직 한 개의 고윳값만을 갖는다.

11. $\boldsymbol{A} = \boldsymbol{U \Sigma V^T} = \begin{pmatrix} \text{직교행렬} \\ U\text{는 } m \times n \end{pmatrix} \begin{pmatrix} m \times n \text{ 특잇값 행렬} \\ \text{대각성분은 } \sigma_1, \dots, \sigma_r \end{pmatrix} \begin{pmatrix} \text{직교행렬} \\ V\text{는 } n \times n \end{pmatrix}$

요구사항: 없음. 이 ***특잇값 분해*** (SVD)는 U에 AA^T의 고유벡터들이 있고 V에 A^TA의 고유벡터들이 있다. $\sigma_i = \sqrt{\lambda_i(A^TA)} = \sqrt{\lambda_i(AA^T)}$. 이 특잇값들은 $\sigma_1 \geq \sigma_2 \geq \cdots \geq \sigma_r > 0$이다. 열-행 곱셈에 의해

$$\boldsymbol{A} = \boldsymbol{U \Sigma V^T} = \sigma_1 \boldsymbol{u}_1 \boldsymbol{v}_1^T + \cdots + \sigma_r \boldsymbol{u}_r \boldsymbol{v}_r^T$$

S가 대칭인 양의 정부호 행렬이면, $U = V = Q$이고 $\Sigma = \Lambda$이고 $S = Q \Lambda Q^T$다.

12. $\boldsymbol{A}^+ = \boldsymbol{V \Sigma^+ U^T} = \begin{pmatrix} \text{직교행렬} \\ n \times n \end{pmatrix} \begin{pmatrix} \Sigma\text{의 유사역행렬 } n \times m \\ \text{대각성분은 } 1/\sigma_1, \dots, 1/\sigma_r \end{pmatrix} \begin{pmatrix} \text{직교행렬} \\ m \times m \end{pmatrix}$

요구사항: 없음. 유사역행렬 A^+는 $A^+A = A$의 행공간 위로의 정사영이고 $AA^+ =$ 열공간위로의 정사영이다. A가 가역이면 $A^+ = A^{-1}$이다. $A\boldsymbol{x} = \boldsymbol{b}$에 대한 가장 짧은 최소제곱해는 $\boldsymbol{x}^+ = A^+\boldsymbol{b}$이다. 이것은 $A^TA\boldsymbol{x}^+ = A^T\boldsymbol{b}$의 해다.

13. $\boldsymbol{A} = \boldsymbol{QS} =$ (직교행렬 Q)(대칭인 양의 정부호 행렬 S)

요구사항: A는 가역이다. 이 극분해는 $S^2 = A^TA$를 만족한다. 인수 S는 A가 특이행렬이면 준정부호다. 역극분해 $A = KQ$는 $K^2 = AA^T$를 만족한다. 둘 모두 SVD로부터 $Q = UV^T$를 만족한다.

14. $\boldsymbol{A} = \boldsymbol{U \Lambda U}^{-1} =$ (유니타리 U)(고윳값 행렬 Λ)($U^H = \overline{U}^T$를 만족하는U^{-1})

요구사항: A가 정규행렬이다. $A^HA = AA^H$. 이것의 정규직교인 (아마도 복소수인) 고유벡터가 U의 열들이다. 에르미트 경우인 $S = S^H$가 아니면 λ들은 복소수다.

15. $\boldsymbol{A} = \boldsymbol{QTQ}^{-1} =$ (유니타리 Q)(대각성분이 λ인 삼각행렬 T)($Q^{-1} = Q^H$)

요구사항: 임의의 정사각행렬 A의 슈어(Schur) 삼각행렬화. $Q^{-1}AQ$를 삼각행렬로 만드는 정규직교인 열들로 구성된 행렬 Q가 존재한다 (6.3절).

16. $\boldsymbol{F_n} = \begin{bmatrix} I & D \\ I & -D \end{bmatrix} \begin{bmatrix} \boldsymbol{F_{n/2}} & \\ & \boldsymbol{F_{n/2}} \end{bmatrix} \begin{bmatrix} \text{짝-홀} \\ \text{치환} \end{bmatrix} =$ 반복 FFT의 한 단계

요구사항: $F_n = \omega^n = 1$을 만족하는 성분들 w^{jk}를 갖는 푸리에 행렬. $F_n\overline{F_n} = nI$. D의 대각성분들은 $1, w, \dots, w^{n/2-1}$이다. $n = 2^l$에 대해, 고속푸리에변환은 D의 l 단계로부터 오직 $\frac{1}{2}nl = \frac{1}{2}n\log_2 n$ 곱셈만으로 $F_n\boldsymbol{x}$를 계산할 것이다.

부록 VI 행렬의 열-행 분해

초록

선형대수에서 활발한 아이디어들은 종종 행렬분해로 표현되곤 한다. 대칭행렬에 대한 $S = Q\Lambda Q^T$ (스펙트럼 정리)와 모든 행렬에 대한 $A = U\Sigma V^T$ (특잇값 분해). 성공적인 소거법을 위한 하삼각행렬 곱하기 상삼각행렬인 $A = LU$는 아주 먼 태초에 나온다. 이 논문은 이보다 좀 더 앞으로 가서 기저들이 임의의 열공간과 행공간에 대한 $A = CR$에 있고 열계수 = 행계수에 대한 증명이다. A의 사다리꼴과 의사역행렬 A^+가 자연스럽게 나타난다. "증명" 은 대부분 "관찰" 이다.

서론

이처럼 짧은 논문에는 서론이 거의 필요치 않다. 하지만 배경을 설명할 수 있다.

선형대수를 가르칠 때, 이 과목은 종종 천천히 시작한다. 벡터공간에 대한 아이디어는 3장까지 기다린다. 매우 중요한 특잇값에 대한 주제는 마지막 주에 몰려 있거나 완전히 생략된다. 새로운 계획이 필요하다.

저자는 이제 다른 방식으로 이 과목을 시작한다. 곱 $A\boldsymbol{x}$는 A 열들의 일차결합을 만들어낸다. 모든 일차결합은 A의 열공간을 채운다. 이것은 시각화를 위한 핵심 아이디어다. $A\boldsymbol{x} = 0$의 간단한 예들은 일차종속에 대한 아이디어를 보여준다. 1열로 시작해서, 독립인 열들(열공간의 기저)의 완전한 세트를 가진 행렬 C를 만든다.

저자는 이러한 "빠른 시작" 이 또한 더 좋은 시작이라고 믿는다. A의 모든 열은 C의 열들의 일차결합이다. 행렬 곱셈을 소개할 때, 이러한 사실은 $A = CR$이 된다. A에 대한 자연스러운 분해가 하나 나오고, $A = LU$(소거법)와 $A = QR$(그람-슈미트)과 $S = Q\Lambda Q^T$(스펙트럼 정리에서 고윳값들) 그리고 $A = U\Sigma V^T$(SVD에서 특잇값들)가 뒤따라 나온다. 이 과목은 학생들이 따라올 수 있는 구조를 가지고 있다. "Linear Algebra for Everyone" 이라는 제목의 새로운 교과서가 준비중이다.

이 논문의 핵심 포인트는 $A = CR$에서의 행렬 R이 이미 잘 알려져 있다는 것이다. R은 모든 0인 열들이 제거된 A의 축약행사다리꼴이다. 이것은 소거법이 실행할 간단한 "공식" $R = [I \quad F]P$를 갖는다. 그리고 이것은 A에 대한 이러한 행변환 이면에 숨어있는 "의미" 를 가진다. R은 C의 독립인 열들의 일차결합을 말해준다. 이 일차결합이 A의 모든 열들을 만들어낸다.

분해 $A = CR$

A는 m개의 행과 n개의 열을 가진 실수 행렬이다. 이 열들 중 몇몇은 이전 열들의 일차결합일 수 있다. 다음은 독립인 열들의 완전한 집합을 구하는 왼쪽으로부터 오른쪽으로 가면서 하는 자연스러운 한 가지 방법이다.

1열이 0이 아니면, 1열을 C에 넣는다.

A의 2열이 1열의 상수배가 아니면, 2열을 C에 넣는다.

3열이 1열과 2열의 일차결합이 아니면, 3열을 C에 넣는다. 계속한다.

결국에는, C는 r개의 독립인 열들을 갖게 될 것이다. 이 열들은 A의 열공간의 기저가 될 것이다. A의 모든 열은 C 열들의 일차결합이고 그 일차결합에서의 계수들이 R의 열로 들어간다.

$$A = \begin{bmatrix} 1 & 4 & 7 \\ 2 & 5 & 8 \\ 3 & 6 & 9 \end{bmatrix} = \begin{bmatrix} 1 & 4 \\ 2 & 5 \\ 3 & 6 \end{bmatrix} \begin{bmatrix} 1 & 0 & -1 \\ 0 & 1 & 2 \end{bmatrix} = CR, \qquad r = 2$$

행렬 R은 A의 독립인 열들에 상응하는 열에 $r \times r$ 항등행렬을 포함한다. R의 3열은 A의 열들이 $\boldsymbol{a}_3 = -\boldsymbol{a}_1 + 2\boldsymbol{a}_2$ 임을 말해준다. 첫 번째 관찰: R은 $m - r$개의 0인 행들을 제거한 A의 "축약행사다리꼴" 이다.

두 번째 관찰: A의 모든 행은 R의 행들의 일차결합이다. 이것은 행렬곱 $A = CR$로부터 직접 나온다. 이 예에서 A의 1행은 R의 1행 더하기 R의 2행의 네 배다. 이 일차결합에서 1과 4와 같은 계수들은 C의 열에 들어 있다. 그리고 R의 열들은 독립이다. 왜냐하면 $r \times r$ 항등행렬이 R의 부분행렬이기 때문이다. 그러면 R의 행들은 A의 행공간에 대한 기저다.

이 행렬 R은 일반적으로 "사다리꼴" 에 도달하기 위한 A에 대한 행변환에 의해 계산된다. 여기서 R은 C에 있는 열공간 기저 뒤에 나타난다.

세 번째 관찰은 $A = CR = (m \times r)(r \times n)$으로부터 나온다. A의 열계수는 A의 행계수와 같다. 동일한 수 r은 C에서 독립인 열들과 R에서의 독립인 행의 개수다.

네 번째 관찰은 축약행사다리꼴 $R_0 = \text{rref}(A)$에 대한 "공식"이다. 일반적으로 $m-r$ 개의 영행을 갖는 이 행렬은 A에 대한 행변환에 의해 직접적으로 만들어지고 C는 나타나지 않는다. R_0에 대한 직접적인 기술은 다음과 같을 수 있다.

C 안에 있는 기저 열들이 A의 $n_1 < n_2 < \cdots < n_r$이라고 하자. A의 나머지 $n-r$ 개의 열들은 그러한 r개의 기본 열들의 (순서대로) 일차결합 $N = CF$이다. 그러면 $m-r$ 개의 영행을 갖는 A의 축약행사다리꼴은 R_0다.

$$R_0 = \begin{bmatrix} I & F \\ 0 & 0 \end{bmatrix} P$$

치환행렬 P는 C의 n개의 열들과 N을 A 내에 각각의 올바른 자리에 둔다. 그리고 $I = r \times r$ 항등행렬이다.

$A = C[I \quad F]P = [C \quad N]P$는 P 덕분에 원래 순서대로 A의 열들을 갖는다. 위 공식에서, R_0는 A로부터 직접적으로 만들어지고 이것의 유일성은 자명하다. 에릭 그린버그(Eric Grinberg)는 C의 열들에 대한 "왼쪽 기저(gauche basis)"라는 이름을 지었다. 이것은 A의 열공간에 대한 왼쪽에서 오른쪽으로의 기저 구성을 강조하는 매우 뛰어난 제안이다.

축약행사다리꼴의 유일성은 이 행렬 R_0에 대한 명확한 공식이 존재한다면 고려할 가치가 없는 문제처럼 보인다. 이 공식이 새로울 수는 없지만, 참고문헌은 알지 못한다. 첫 번째부터 세 번째까지 관찰은 명확하게 새로운 것은 아니다.

혼합 행렬

다음은 행렬 분해 $A = CR$에 대한 한 가지 변형이다. 행렬 C는 A의 실제 열들을 포함하지만 행렬 R은 A의 열들을 포함하지 않는다. 대칭적인 완전성을 위해, A로부터 직접 꺼낸 가장 위의 r개의 일차독립인 행들을 포함하는 행렬 R^*를 더 선호할지도 모른다. 일반적으로 $A = CR^*$는 참이 아닐 것이다. A의 올바른 분해를 복구하기 위해, C와 R^* 사이에 **혼합 행렬** M을 집어넣을 필요가 있다. 그러면 $\boldsymbol{A} = \boldsymbol{CMR}^*$이다. (혼합 행렬의 아이디어는 수치선형대수에서는 이미 널리 퍼져있다. 기호 U를 M 대신에 종종 사용하지만, U는 중요한 분해인 LU와 $U\Sigma V^T$에서 필요하다. 우리는 문자 M과 혼합(mixing)이라는 형용사를 후보로 세우고자 한다.

M은 간단한 공식이 있을까? 그렇다. M^{-1}은 C의 r개의 열들과 R^*의 r개의 행들이 교차하는 곳에 있는 $r \times r$ 부분행렬이다. 이것이 우연히 첫 r개의 열과 첫 r개의 행이라면,

MR^*가 축약행사다리꼴 R을 시작하는 친숙한 $r \times r$ 항등행렬을 만들어 낼 것임을 쉽게 알 수 있다. 그러면 $A = CMR^*$는 $A = CR$과 동일하다.

유사역행렬

$A = CR$과 같은 분해들은 대수학 전공자들에게 친숙하다. 이 분해가 다른 것들을 만들어 내는 것과 연결되는 점은 놀랍지 않다. 선형대수에서 한 예가 **$\boldsymbol{A}$의 유사역행렬**이다.

유사역행렬을 A^+로 쓰겠다. 이것은 행공간으로부터 열공간으로의 대응(A와의 곱)을 역으로 한다. 이 유사역행렬은 A^T의 영공간에 대해서는 0이다. 따라서 이것은 역이 가능한 곳에서 A를 반전시킨다. $\boldsymbol{AA^+A = A}$

$$\begin{bmatrix} 2 & 0 & 0 \\ 0 & 0 & 0 \end{bmatrix}^+ = \begin{bmatrix} \frac{1}{2} & 0 \\ 0 & 0 \\ 0 & 0 \end{bmatrix} \quad \text{그리고} \quad A^+ = (U\Sigma V^T)^+ = V\Sigma^+ U^T$$

이 유사역행렬은 $A = CR$에서 계수 r개의 인수들을 완벽하게 연결한다. C의 유사역행렬은 왼쪽 역행렬 $C^+ = (C^TC)^{-1}C^T$다. R의 유사역행렬은 이것의 오른쪽 역행렬 $R^+ = R^T(RR^T)^{-1}$이다. 그러면 $A = CR$의 유사역행렬은 $\boldsymbol{A^+ = R^+C^+}$이다. 왜냐하면 모든 계수들이 r로 같기 때문이다.

이 짧은 논문은 *Journal of Convex Analysis*에 투고되었다. 이 분해에 대한 추가적인 해설을 다니엘 드러커(Daniel Drucker) 및 알렉산더 린(Alexander Lin)과 함께 진행중이다. 우리의 계획은 이 두 논문을 2020년에 arXiv 웹사이트에 게시하는 것이다.

부록 VII 정사각행렬의 조르당 표준형

고윳값이 중복되는 어떤 정사각행렬 A는 n개의 독립인 고유벡터가 존재하지 않을 수도 있음을 알고 있다. 그러면 이러한 행렬들은 $X\Lambda X^{-1}$에 의해 대각화되지 않는다. X가 가역이 아니다. 조르당(Camille Jordan)은 A의 독립인 고유벡터가 k개 일 때, k개의 조르당 블록 $J_1, \ldots, J_k$으로 이루어진 거의 대각형태에 가까운 식 $J = BAB^{-1}$을 수립하였다.

$$J = BAB^{-1} = \begin{bmatrix} J_1 & & \\ & \cdot & \\ & & \cdot \\ & & & J_k \end{bmatrix} \text{는 조르당 블럭들 } J_i = \begin{bmatrix} \lambda_i & 1 & 0 & 0 \\ & \cdot & 1 & 0 \\ & & \cdot & 0 \\ & & & \lambda_i \end{bmatrix} \text{로 구성된다.}$$

A를 대각화할 수 있다면, $k = n$이고 $B = X$이며 J는 (모든 n개의 조르당 블럭들이 1×1인) 고윳값행렬 Λ다. 만일 A를 대각화할 수 없다면, 하나 또는 그 이상의 조르당 블럭들은 1×1보다 더 클 것이다. 크기가 n_i인 각 블럭 J_i에는 오직 하나의 진짜 고유벡터 $\boldsymbol{x}_i = (1, 0, \ldots, 0)$과 하나의 고윳값 λ_i만이 있다. 행렬 B는 "일반화된 고유벡터(generalized eigenvector)"와 함께 A의 고유벡터들을 포함한다. 다음은 증명이기보다는 하나의 예다.

예 $J = \left[\begin{array}{cc|c} 3 & 1 & 0 \\ 0 & 3 & 0 \\ \hline 0 & 0 & 3 \end{array}\right]$ 의 $\lambda = 3, 3, 3$이고 오직 두 개의 진짜 고유벡터 $\begin{bmatrix} 1 \\ 0 \\ 0 \end{bmatrix}$와 $\begin{bmatrix} 0 \\ 0 \\ 1 \end{bmatrix}$만이 있고 $A = B^{-1}JB$이다.

이 조르당 표준형은 $A^N = B^{-1}J^N B$와 $e^{At} = B^{-1}e^{Jt}B$의 계산을 가급적 간단하게 만든다. J의 거듭제곱 계산은 단지 블록 단위로 하면 된다.

$$\begin{bmatrix} 3 & 1 \\ 0 & 3 \end{bmatrix}^N = \begin{bmatrix} 3^N & N3^{N-1} \\ 0 & 3^N \end{bmatrix} \qquad \exp\left(\begin{bmatrix} 3 & 1 \\ 0 & 3 \end{bmatrix} t\right) = \begin{bmatrix} e^{3t} & te^{3t} \\ 0 & e^{3t} \end{bmatrix}$$

이 지수 공식은 미분방정식 $d\boldsymbol{U}/dt = J\boldsymbol{U}$ (그리고 또한 $d\boldsymbol{u}/dt = A\boldsymbol{u}$)의 누락된 해를 알려준다. e^{3t}가 일반적인 해이지만, 만일 $\lambda = 3$이 중복된다면 이 해를 단순하게 두 번 사용할 수는 없다. 여기서 누락된 해가 $\boldsymbol{te^{3t}}$다. 그리고 단지 하나의 고유벡터만 있고 고윳값 $\lambda = 3$가 세 번 겹치면, 누락된 해에는 (그리고 한 개의 조르당 블록에는) t^2e^{3t}가 포함될 것이다.

케일리-해밀턴 정리

"모든 행렬 A는 그 자신의 특성방정식 $p(A)=0$을 만족시킨다." $A-\lambda I$의 행렬식은 다항식 $p(\lambda)$이고 $p(\lambda)=0$의 해 n개는 A의 고윳값들이다. 위의 예에서는 $p(\lambda)=(\lambda-3)^3$이고 고윳값은 세 번 겹친 $\lambda=3,3,3$이다. 그러면 케일리-해밀턴 정리로부터 $p(A)=(A-3I)^3$가 영행렬이어야 한다. 조르당은 이것을 쉽게 만들었다. 왜냐하면 $p(A)=Bp(J)B^{-1}$이고 $p(J)$는 확실하게 $\mathbf{0}$이기 때문이다.

예 $p(J)=(J-3I)^3=\begin{bmatrix}0&1&0\\0&0&0\\0&0&0\end{bmatrix}^3=\begin{bmatrix}0&0&0\\0&0&0\\0&0&0\end{bmatrix}$ 이고 그러면 $(A-3I)^3=\mathbf{0}$.

부록 VIII 텐서

선형대수에서 텐서(tensor)는 다차원 배열이다. (아인슈타인에게 텐서는 어떠한 변환 규칙을 따르는 함수였다.) 행렬은 2-차원(2-way) 텐서다. 3-차원 텐서 T는 행렬의 스택(stack)이다. T의 원소들의 세 인수는 행번호 i와 열번호 j와 "튜브 번호" k다.

T의 한 예가 컬러 영상이다. 컬러 영상에는 빨강-초록-파랑에 해당하는 세 개의 슬라이스(slice)가 있다. T의 하나의 슬라이스는 영상 내 각 픽셀 (i, j)에서 이들 원색 RGB 중 하나($k = 1$부터 3)의 밀도를 보여준다.

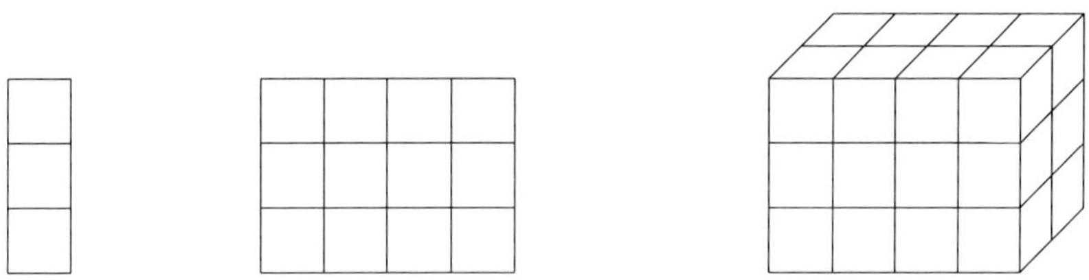

벡터 **행렬(2-way 배열)** **텐서(3-way 배열)**

또 하나의 예는 교차확률 텐서다. 이제 p_{ijk}는 무작위로 선택한 한 개인의 (예를 들면) 나이가 i고 키가 j이고 몸무게가 k일 확률이다. 이러한 모든 수 p_{ijk}를 더하면 1이 될 것이다. $i = 9$이면, 텐서의 한 슬라이스에 대한 합인 모든 p_{9jk}의 합은 나이가 9살인 사람들의 비율이 될 것이다.

행렬에서와 마찬가지로 텐서에서의 근본적인 문제는 텐서 T를 더 작은 조각으로 분해하는 것이다. 행렬 A에 대해서는, SVD로 그러한 작업을 달성한다. 또한 더해서 A가 되는 각 조각들 $\boldsymbol{u}\boldsymbol{v}^T$는 계수 1인 행렬이라는 특별한 성질을 가진 (이제는 2-차원 텐서라고 불러야 하는) 행렬들이다. 선형대수에 의해 서로 다른 조각들의 $\boldsymbol{u}$가 직교여야 하고, $\boldsymbol{v}$들도 또한 직교여야 하며, 오직 r ($r \le m$이고 $r \le n$)개의 조각들만 있어야 한다는 것을 요구할 수 있다. 아쉽게도, 3-차원 텐서에 대해서는 이러한 SVD 형태가 불가능하다. 그렇더라도 더해서 근사적으로 T가 되는, 계수가 1인 R개의 조각들을 요구할 수 있다.

$$\textbf{CP 분해} \qquad T \approx \boldsymbol{a}_1 \circ \boldsymbol{b}_1 \circ \boldsymbol{c}_1 + \cdots + \boldsymbol{a}_R \circ \boldsymbol{b}_R \circ \boldsymbol{c}_R \tag{1}$$

$\boldsymbol{a}$와 $\boldsymbol{b}$의 $\boldsymbol{c}$들의 직교성은 일반적으로 불가능하다. 조각의 수도 T가 설정하지 않는다 (T의 "계수"가 잘 정의되지 않는다). 그러나 이러한 종류의 근사 분해는 여전히 텐서로

계산하는 데 있어 유용하다. 한 가지 선택은 ($\boldsymbol{b}_i$와 $\boldsymbol{c}_i$는 고정하고) $\boldsymbol{a}_i$에 대해서 풀고 그 다음에 ($\boldsymbol{a}_i$와 $\boldsymbol{c}_i$는 고정하고) $\boldsymbol{b}_i$에 대해서 풀고 그 다음에 ($\boldsymbol{a}_i$와 $\boldsymbol{b}_i$는 고정하고) $\boldsymbol{c}_i$에 대해 푸는 등 번갈아 가면서 푸는 것이다. 이러한 하위문제들은 최소제곱문제로 간략화시킬 수 있다. 또한 T의 다른 근사 분해도 가능하다.

텐서 분해에 대한 이론(다중선형대수)는 응용이 주도한다. 우리는 T로 계산할 수 있어야 한다. 따라서 SVD에서의 직교 성질이 없더라도 텐서 분해 알고리즘은 꾸준히 개선되고 있다.

부록 IX 조건수

조건수(condition number)는 (데이터의 변화량) 대비 (해의 변화량)의 비를 측정한다. 가장 흔한 문제는 n개의 미지수 $\boldsymbol{x}$에 대한 n개의 선형연립일차방정식 $A\boldsymbol{x} = \boldsymbol{b}$를 푸는 것이다. 이 경우에 데이터는 $\boldsymbol{b}$이고 해는 $\boldsymbol{x} = A^{-1}\boldsymbol{b}$다. 행렬 A는 고정되어 있다. 데이터의 변화량은 $\boldsymbol{\Delta b}$이고 해의 변화량은 $\boldsymbol{\Delta x} = A^{-1}\boldsymbol{\Delta b}$다. "변화량"이라는 용어의 의미를 결정해야 한다. 절대적인 변화량 $\|\boldsymbol{\Delta b}\|$를 계산할까 또는 상대적인 변화량 $\|\boldsymbol{\Delta b}\|/\|\boldsymbol{b}\|$을 계산할까? 데이터 $\boldsymbol{b}$에 대한 이러한 결정은 해 $\boldsymbol{x}$에 대해서도 비슷하게 적용한다.

$$\begin{matrix}\textbf{절대}\\\textbf{조건}\end{matrix} = \max_{\boldsymbol{b},\Delta \boldsymbol{b}} \frac{\|\Delta \boldsymbol{x}\|}{\|\Delta \boldsymbol{b}\|} = \max \frac{\|A^{-1}\Delta \boldsymbol{b}\|}{\|\Delta \boldsymbol{b}\|} \qquad \begin{matrix}\textbf{상대}\\\textbf{조건}\end{matrix} = \max_{\boldsymbol{b},\Delta \boldsymbol{b}} \frac{\|\Delta \boldsymbol{x}\|/\|\boldsymbol{x}\|}{\|\Delta \boldsymbol{b}\|/\|\boldsymbol{b}\|} \tag{1}$$

절대 조건수를 선택하는 것이 좋아보이지만 한 가지 문제가 있다. 행렬 A를 10으로 나눈다면, A^{-1}을 10으로 곱하게 된다. 절대 조건수가 열 배로 증가한다. 그러나 $A\boldsymbol{x} = \boldsymbol{b}$를 푸는 것은 열 배 더 어려운 것은 아니다. 상대 조건수를 선택하는 것이 옳은 선택이다.

$$\boxed{\mathrm{cond}(A) = \max_{\boldsymbol{b},\Delta \boldsymbol{b}} \frac{\|A^{-1}\Delta \boldsymbol{b}\|}{\|\Delta \boldsymbol{b}\|}\frac{\|A\boldsymbol{x}\|}{\|\boldsymbol{x}\|} = \|\boldsymbol{A}^{-1}\|\|\boldsymbol{A}\| = \frac{\boldsymbol{\sigma}_{\max}}{\boldsymbol{\sigma}_{\min}}} \tag{2}$$

A가 성분들이 $\sigma_1 \geq \cdots \geq \sigma_r = \sigma_{\min}$인 단순한 대각행렬 Σ이면, A의 노름은 $\sigma_{\max} = \sigma_1$이고, A^{-1}의 노름은 $1/\sigma_{\min}$이다. SVD에서 직교행렬 U와 V는 노름을 바꾸지 않는다. 그러므로 비 $\sigma_{\max}/\sigma_{\min}$가 cond$(A)$다. 이때 길이에 대한 척도는 일반적인 $\|\boldsymbol{x}\|^2 = x_1^2+\cdots+x_n^2$을 사용한다.

($\lambda_{\min}$이 아니고) $\sigma_{\min}$은 A로부터 가장 가까운 특이행렬까지의 거리를 측정한다는 점에 주목한다. 얼핏 보기에는 가장 작은 고윳값을 0으로 가져가는 $A - \lambda_{\min}I$을 보게될 것을 기대할지 모르겠지만, 틀린 생각이다. $A = U\Sigma V^T$까지 가장 가까운 특이행렬은 $U(\Sigma - \sigma_{\min}I)V^T$다. 왜냐하면 직교행렬 U와 V^T는 노름에 영향을 주지 않기 때문이다. 가장 작은 특이값을 0으로 가져가라.

A의 고윳값은 서로 다른 조건수를 갖는다. λ가 방정식 det$(A - \lambda I) = 0$의 (중근이 아닌) 단순해라고 하자. 그러면 단위 벡터 $\|\boldsymbol{x}\| = \|\boldsymbol{y}\| = 1$에 대해 $A\boldsymbol{x} = \lambda\boldsymbol{x}$이고 $A^T\boldsymbol{y} = \lambda\boldsymbol{y}$다. **$\boldsymbol{\lambda}$의 조건수는 $1/|\boldsymbol{y}^T\boldsymbol{x}|$다.** 다시 말하면 θ가 오른쪽 고유벡터 $\boldsymbol{x}$와 왼쪽 고유벡터 $\boldsymbol{y}$

사이의 각일 때 이것은 $1/|\cos\theta|$다. (왼쪽 고유벡터라는 용어는 A의 왼쪽에 $\boldsymbol{y}^T$가 있는 방정식 $\boldsymbol{y}^T A = \lambda \boldsymbol{y}^T$로부터 나온 것이다.)

대칭행렬 A는 $\cos\theta = 1$이고 $\boldsymbol{y} = \boldsymbol{x}$을 만족한다는 점에 주목한다. $A\boldsymbol{x} = \boldsymbol{b}$이 $\|Q\|\|Q^{-1}\| = 1$인 직교행렬에 대해 완전히 조건화되는(fully conditioned) 것처럼 고윳값 문제는 대칭행렬에 대해 완전히 조건화된다.

공식 $1/|\boldsymbol{y}^T\boldsymbol{x}|$는 행렬에서의 작은 변화 ΔA에 의해 만들어진 고윳값에서의 변화 $\Delta\lambda \approx \boldsymbol{y}^T \Delta A \boldsymbol{x}/\boldsymbol{y}^T\boldsymbol{x}$로부터 나온다.

부록 X 마르코프 행렬과 페론-프로베니우스

이 부록은 양수행렬 (모든 $a_{ij} > 0$)과 비음수행렬 (모든 $a_{ij} \geq 0$)에 관한 것이다. 마르코프 행렬 M은 중요한 예인데 M의 모든 열들이 각 성분의 합이 1이다. 더해서 1이 되는 양수는 즉시 확률을 떠올리게 한다.

임의의 마르코프 행렬 M의 유용한 사실은 가장 큰 고윳값이 항상 $\lambda = 1$이라는 점이다. $M - I$의 모든 열들은 더하면 0이 된다는 것을 안다. 그러므로 행들을 전부 더하면 영행이 되고 $M - I$는 가역이 아니다. 즉 $\lambda = 1$은 고윳값이다. 여기 두 가지 예가 있다.

$$A = \begin{bmatrix} 0.8 & 0.3 \\ 0.2 & 0.7 \end{bmatrix} \text{ 의 고윳값은 1과 } \frac{1}{2} \qquad B = \begin{bmatrix} 0 & 1 \\ 1 & 0 \end{bmatrix} \text{ 의 고윳값은 1과 } -1$$

이 행렬 A가 전형적인 마르코프 행렬이다. 고유벡터는 $\boldsymbol{x}_1 = (0.6, 0.4)$와 $\boldsymbol{x}_2 = (1, -1)$이다.

$$\begin{bmatrix} 0.8 & 0.3 \\ 0.2 & 0.7 \end{bmatrix} \begin{bmatrix} 0.6 \\ 0.4 \end{bmatrix} = \begin{bmatrix} 0.6 \\ 0.4 \end{bmatrix} \text{ 는 정상상태다}$$

$$\begin{bmatrix} 0.8 & 0.3 \\ 0.2 & 0.7 \end{bmatrix} \begin{bmatrix} 1 \\ -1 \end{bmatrix} = \frac{1}{2} \begin{bmatrix} 1 \\ -1 \end{bmatrix} \text{ 는 사라지는 “과도상태” 다.}$$

시카고와 덴버에서의 차량 렌털에 기반을 둔 좋은 예가 하나 있다. 시카고에 100대의 차량이 있고 덴버에는 차량이 하나도 없는 상태에서 시작한다. 즉 $\boldsymbol{y}_0 = (100, 0)$이다. 매달 현재 벡터 $\boldsymbol{y}_n$에 A를 곱해 $\boldsymbol{y}_{n+1}$을 구한다. 즉, $n+1$달 후 시카고와 덴버에 있는 차량의 수는 다음과 같다.

$$\boldsymbol{y}_0 = \begin{bmatrix} 100 \\ 0 \end{bmatrix} \quad \boldsymbol{y}_1 = \begin{bmatrix} 80 \\ 20 \end{bmatrix} \quad \boldsymbol{y}_2 = \begin{bmatrix} 70 \\ 30 \end{bmatrix} \quad \boldsymbol{y}_3 = \begin{bmatrix} 65 \\ 35 \end{bmatrix} \cdots \boldsymbol{y}_\infty = \begin{bmatrix} 60 \\ 40 \end{bmatrix}$$

이 정상상태 $(60, 40)$은 $\lambda = 1$에 대한 A의 고유벡터다. 만일 $\boldsymbol{y}_0 = (60, 40)$에서 시작했다면, 영원히 그 상태를 유지하고 있을 것이다. 그런데 $(100, 0)$에서 시작하였으므로 차량 40대를 덴버로 가져갈 필요가 있었다. 아래에서 보는 것과 같이 시각 0에서의 수 40은 시각 1에서는 20, 시각 2에서는 10, 시각 3에서는 5로 줄어드는 것을 알 수 있다. 이것은 매 단계마다 고유벡터를 2로 나누는 또 하나의 고윳값 $\lambda = \frac{1}{2}$의 효과다.

$$\boldsymbol{y}_0 = \begin{bmatrix} 60 \\ 40 \end{bmatrix} + \begin{bmatrix} 40 \\ -40 \end{bmatrix} \quad \boldsymbol{y}_1 = \begin{bmatrix} 60 \\ 40 \end{bmatrix} + \begin{bmatrix} 20 \\ -20 \end{bmatrix} \quad \cdots \quad \boldsymbol{y}_n = \begin{bmatrix} 60 \\ 40 \end{bmatrix} + \left(\frac{1}{2}\right)^n \begin{bmatrix} 40 \\ -40 \end{bmatrix}$$

이것은 개별 단계 방정식 $\boldsymbol{y}_{n+1} = A\boldsymbol{y}_n$으로부터 나오는 $\boldsymbol{y}_n = A^n \boldsymbol{y}_0$이다. 행렬 용어로 말하자면 A^n은 계수 1로 다가간다!

$$A^n = (X\Lambda X^{-1})^n = X\Lambda^n X^{-1} = \begin{bmatrix} 0.6 & 1 \\ 0.4 & -1 \end{bmatrix} \begin{bmatrix} 1 & \\ & (\frac{1}{2})^n \end{bmatrix} \begin{bmatrix} 1 & 1 \\ 0.4 & -0.6 \end{bmatrix} \to A^\infty = \begin{bmatrix} 0.6 & 0.6 \\ 0.4 & 0.4 \end{bmatrix}$$

$\lambda_{\max} = 1$인 전형적인 마르코프 행렬을 방금 보았다. 이 행렬의 고유벡터 $(0.6, 0.4)$는 시간이 흘러도 살아남는다. 작은 고윳값들은 모두 $\lambda^n \to 0$이 된다. 그런데 두 번째 마르코프 예 B는 두 번째 고윳값이 $\lambda = -1$이다. 이제 정상 상태로 다가가지 않는다.

$$B = \begin{bmatrix} 0 & 1 \\ 1 & 0 \end{bmatrix} \text{는 } \boldsymbol{x}_1 = \begin{bmatrix} 1 \\ 1 \end{bmatrix} \text{일 때 고윳값 } \lambda_1 = 1 \text{ 그리고 } \boldsymbol{x}_2 = \begin{bmatrix} 1 \\ -1 \end{bmatrix} \text{일 때 고윳값 } \lambda_1 = -1$$

B의 성분 0 때문에 두 번째 고윳값 $\lambda_2 = -1$의 크기가 $\lambda_1 = 1$과 동일해진다. 모든 차량들이 매달 두 도시 사이에서 서로 바뀐다 (시카고에서 덴버로, 덴버에서 시카고로). 만일 $\boldsymbol{y}_0 = (60, 40)$으로 시작한다면, 다음 달은 $\boldsymbol{y}_1 = B\boldsymbol{y}_0 = (40, 60)$이 된다.

$$\boldsymbol{y}_0 = \begin{bmatrix} 60 \\ 40 \end{bmatrix} = \begin{bmatrix} 50 \\ 50 \end{bmatrix} + \begin{bmatrix} 10 \\ -10 \end{bmatrix} \quad \boldsymbol{y}_1 = \begin{bmatrix} 40 \\ 60 \end{bmatrix} = \begin{bmatrix} 50 \\ 50 \end{bmatrix} - \begin{bmatrix} 10 \\ -10 \end{bmatrix} \quad \boldsymbol{y}_2 = \boldsymbol{y}_0 \quad \boldsymbol{y}_3 = \boldsymbol{y}_1 \cdots$$

$\lambda_2 = -1$ 또한 크기가 $|\lambda_2| = 1$이기 때문에 정상상태가 없다. 이러한 일은 마르코프 행렬 A의 모든 성분이 $a_{ij} > 0$일 때는 발생하지 않는다. 이것은 B의 몇몇 성분이 $B_{ij} = 0$일 때 발생할 수 있다.

페론(Perron)은 $A_{ij} > 0$인 첫 번째 경우에 대한 증명을 찾았다. 그리고 프로베니우스(Frobenius)는 $B_{ij} = 0$인 경우까지 허용한 증명을 찾았다. 이 짧은 부록에서는 페론의 경우만 다룬다. A는 모든 양수 행렬이다.

정리(페론) $\quad A\boldsymbol{x} = \lambda_{\max}\boldsymbol{x}$에서 모든 수들은 순양수다.

증명 $\quad A > 0$로 시작한다. 핵심 아이디어는 ($\boldsymbol{x} = \mathbf{0}$이 아닌) 어떤 비음수 벡터 $\boldsymbol{x}$에 대해 $A\boldsymbol{x} \geq t\boldsymbol{x}$를 만족하는 모든 수 t를 살펴보는 것이다. 수많은 매우 작은 양수 후보 t를 위해 $A\boldsymbol{x} \geq t\boldsymbol{x}$에서 부등식까지 포함하고 있다. (도달한) **가장 큰 값 $\boldsymbol{t}_{\max}$**에 대해, $A\boldsymbol{x} = t_{\max}\boldsymbol{x}$

와 같이 **등식이 성립함**을 보이고자 한다. 그러면 $t_{\max}$가 우리의 고윳값 $\lambda_{\max}$이고 $\boldsymbol{x}$는 양수 고유벡터다. 이것이 지금 우리가 증명하는 것이다.

만일 $A\boldsymbol{x} \geq t_{\max}\boldsymbol{x}$가 등식이 아니라면, 양변에 A를 곱한다. $A > 0$이기 때문에 이것은 순부등식 $A^2\boldsymbol{x} > t_{\max}A\boldsymbol{x}$를 만든다. 따라서 양수 벡터 $\boldsymbol{y} = A\boldsymbol{x}$는 $A\boldsymbol{y} > t_{\max}\boldsymbol{y}$를 만족한다. 이것은 $t_{\max}$를 증가시킬 수 있음을 의미한다. 이러한 모순은 등식 $A\boldsymbol{x} = t_{\max}\boldsymbol{x}$가 되게끔 하고 고윳값이 존재한다. 등식의 양변에서 $A\boldsymbol{x}$가 틀림없이 양수이기 때문에 이것의 고유벡터 $\boldsymbol{x}$는 양수다.

어떠한 고윳값도 $t_{\max}$보다 클 수 없음을 보기 위해, $A\boldsymbol{z} = \lambda\boldsymbol{z}$라고 가정하자. λ와 $\boldsymbol{z}$는 음수일 수도 있고 복소수일 수도 있기 때문에, 절댓값을 씌우면 "삼각부등식"에 의해 $|\lambda||\boldsymbol{z}| = |A\boldsymbol{z}| \leq A|\boldsymbol{z}|$다. 이 $|\boldsymbol{z}|$는 비음수 벡터이므로 이 $|\lambda|$는 가능한 후보 t 중 하나다. 따라서 $|\lambda|$는 $\lambda_{\max}$임에 틀림없는 $t_{\max}$보다 클 수 없다.

많은 마르코프 예들이 행렬 내에 0이 존재하는 것으로 시작하지만 (프로베니우스) 그러면 A^2 또는 더 높은 거듭제곱 A^m이 순양수다 (페론). 그러므로 이러한 "원시 행렬들" 또한 $\lambda = 1$로부터 하나의 정상상태 고유벡터가 존재한다.

하나의 큰 예가 PageRank 알고리즘에 대한 기초가 되는 **구글(Google) 행렬** G다. (한 대기업이 전적으로 선형대수로 생존하고 있다.) 이 행렬은 j 페이지가 i 페이지에 연결되면 $A_{ij} = 1$인 것에서 시작한다. 그런 다음 A의 각 j열을 나가는 링크의 수로 나눈다. 그러면 열들의 합 = 1이다. 마지막으로 $G_{ij} = \alpha A_{ij} + (1-\alpha)/N$이고 모든 $G_{ij} > 0$ (페론)이다. 위키피디어 및 에이미 랭빌(Amy Langville)과 칼 마이어(Carl Meyer)의 책 (구글을 이용하면 쉽게 찾을 수 있다)을 참조하라.

참고문헌

Amy Langville and Carl Meyer, *Google's Page Rank and Beyond: The Science of Search Engine Rankings*, Princeton University Press (2011)

찾아보기

기호 색인

선형대수의 위대한 여섯 가지 정리

차원 정리 한 벡터공간의 모든 기저들은 동일한 수의 벡터를 갖는다.

집계 정리 열공간의 차원 + 영공간의 차원 = 열의 수

계수 정리 열공간의 차원 = 행공간의 차원이고, 이 차원이 계수다.

기본 정리 A의 행공간과 영공간은 $\boldsymbol{R}^{\boldsymbol{n}}$ 내에서 직교여공간이다.

SVD $A\boldsymbol{v}_i = \boldsymbol{\sigma}_i \boldsymbol{u}_i$ 인 (행공간과 열공간의) 정규직교기저가 존재한다.

스펙트럼 정리 $A^T = A$이면, $\boldsymbol{A}\boldsymbol{q}_i = \boldsymbol{\lambda}_i \boldsymbol{q}_i$ 이고 $\boldsymbol{A} = \boldsymbol{Q}\boldsymbol{\Lambda}\boldsymbol{Q}^{\boldsymbol{T}}$ 인 정규직교인 $\boldsymbol{q}$들이 존재한다.

선형대수 핵심 요약
(행렬 A는 $n \times n$이다)

비특이	특이
A가 가역이다	A가 가역이 아니다
열들이 독립이다	열들이 종속이다
행들이 독립이다	행들이 종속이다
행렬식이 0이 아니다	행렬식이 0이다
$A\boldsymbol{x} = \mathbf{0}$의 해는 유일해 $\boldsymbol{x} = \mathbf{0}$이다	$A\boldsymbol{x} = 0$의 해가 무수히 많다
$A\boldsymbol{x} = \mathbf{b}$의 해는 유일해 $\boldsymbol{x} = A^{-1}\boldsymbol{b}$다	$A\boldsymbol{x} = \mathbf{b}$의 해가 없거나 무수히 많다
A는 (영이 아닌) n개의 피벗을 갖는다	A는 $r < n$개의 피벗을 갖는다
A는 꽉찬 계수 $r = n$을 갖는다	A의 계수는 $r < n$이다
축약행사다리꼴은 $R = I$이다	R에는 적어도 하나의 영행이 있다
열공간은 $\boldsymbol{R}^n$ 전체다	열공간의 차원은 $r < n$이다
행공간은 $\boldsymbol{R}^n$ 전체다	행공간의 차원은 $r < n$이다
모든 고윳값이 영이 아니다	영은 A의 고윳값이다
$A^T A$는 대칭 양의 정부호다	$A^T A$는 단지 준정부호다
A는 n개의 (양수) 특잇값을 갖는다	A는 $r < n$개의 특잇값을 갖는다

김 광 수
현) 국립한밭대학교 전자공학과 교수
서울대학교 전기공학부 박사
삼성전자 통신연구소 책임연구원

장 동 의
현) KAIST 전기 및 전자공학부 교수
California Institute of Technology 박사
University of Waterloo 교수

모두를 위한 선형대수학
Linear Algebra for Everyone

초판발행 2026년 1월 20일
저　자 Gilbert Strang
옮긴이 김광수 · 장동의
펴낸이 오판근
펴낸곳 (주) 교우
주　소 서울시 동대문구 약령시로 8 교우빌딩 2층 (주)교우
전　화 02-925-2861 / **팩　스** 02-925-2860, **편집부** 02-925-2825
홈페이지&북스토어 www.kyowoo.co.kr / **이메일** kyowoo@kyowoo.co.kr
등　록 1994년 3월 24일 제1994-000013호
ISBN 979-11-251-0476-6 (93410)

가격 43,000원

교우미디어는 (주) 교우의 Imprint 사입니다.
수학정원·과학정원은 (주) 교우의 새로운 브랜드명입니다.

잘못된 책은 구입하신 서점에서 교환해 드립니다.